Dr. Emil du Bois - Reymond

Archiv für Physiologie

Dr. Emil du Bois - Reymond

Archiv für Physiologie

ISBN/EAN: 9783742813374

Hergestellt in Europa, USA, Kanada, Australien, Japan

Cover: Foto ©Klaus-Uwe Gerhardt /pixelio.de

Manufactured and distributed by brebook publishing software
(www.brebook.com)

Dr. Emil du Bois - Reymond

Archiv für Physiologie

ARCHIV

FÜR

ANATOMIE UND PHYSIOLOGIE.

FORTSETZUNG DES VON REIL, REIL u. AUTENRIETH, J. F. MECKEL, JOH. MÜLLER, REICHERT u. DU BOIS-REYMOND HERAUSGEGEBENEN ARCHIVES.

HERAUSGEGEBEN

VON

DR. WILH. HIS UND DR. WILH. BRAUNE,

PROFESSOREN DER ANATOMIE AN DER UNIVERSITÄT LEIPZIG,

UND

DR. EMIL DU BOIS-REYMOND,

PROFESSOR DER PHYSIOLOGIE AN DER UNIVERSITÄT BERLIN.

JAHRGANG 1879.

PHYSIOLOGISCHE ABTHEILUNG.

LEIPZIG,

VERLAG VON VEIT & COMP.

1879.

ARCHIV

für

PHYSIOLOGIE.

PHYSIOLOGISCHE ABTHEILUNG DES
ARCHIVES FÜR ANATOMIE UND PHYSIOLOGIE.

UNTER MITWIRKUNG MEHRERER GELEHRTEN

HERAUSGEGEBEN

VON

Dr. EMIL DU BOIS-REYMOND.
PROFESSOR DER PHYSIOLOGIE AN DER UNIVERSITÄT BERLIN.

JAHRGANG 1879.

MIT ABBILDUNGEN IM TEXT UND 8 TAFELN.

LEIPZIG,
VERLAG VON VEIT & COMP.
1879.

Inhalt.

Versuche über die Pankreasverdauung der Vögel.

Von

Dr. Oscar Langendorff
in Königsberg.

(Aus dem physiologischen Laboratorium in Königsberg.)

(Hierzu Tafel I.)

I. Pankreas und Pankreassaft der Taube.

Ueber den pankreatischen Saft der Vögel enthält die physiologische Literatur nur dürftige Notizen. Nach Magendie[1] ist das Secret bei ihnen viel reichlicher, wie bei den Säugethieren und „beinahe gänzlich eiweissstofflicher Natur", da es durch die Hitze wie Eiweiss gerinnt. Tiedemann und Gmelin[2] ist es niemals geglückt, diesen Saft aufzufangen. „Nur bei einem Truthahn," sagen sie, „und bei einer Gans pressten wir aus den Ausführungsgängen etwas weniges einer weisslichen, consistenten Flüssigkeit, deren Menge aber so gering war, dass nicht einmal die Prüfung durch Lakmuspapier ein sicheres Resultat ergab."

Glücklicher sind Bouchardat und Sandras[3] gewesen, die, wie aus einer Notiz bei Milne Edwards[4] hervorgeht, Pankreassaft von Hühnern gesammelt und diastatisch wirksam gefunden haben.

Doch erst Claude Bernard's Untersuchungen[5] verdanken wir einige

[1] Magendie, *Lehrbuch der Physiologie.* (Uebersetzt von Hofacker.) 1826. Bd. II, S. 334.

[2] Tiedemann und Gmelin. *Die Verdauung nach Versuchen.* 1831. Bd. II, S. 146.

[3] Bouchardat et Sandras, *Des fonctions du pancréas etc.* 1846. p. 147.

[4] Milne Edwards, *Leçons sur la physiologie et l'anatomie comparée.* T. VII. 1863. p. 68. Die Originalarbeit ist mir nicht zugänglich gewesen.

[5] Bernard, Mémoire sur le pancréas etc. *Académie des Sciences, Supplément aux Comptes rendus.* T. I. 1856.

nähere Angaben über die Beschaffenheit dieses Secretes. Freilich scheint auch er, obwohl er am Pankreas von Tauben, Gänsen, Hühnern und Enten experimentirte, pankreatischen Saft nur einmal, und zwar von einer Gans, gewonnen zu haben. Sie lieferte ihm in 4½ bis 5 Stunden 1 bis 1·5^{grm} Secret. Dasselbe war alkalisch, viscös, coagulirte beim Erwärmen und zerlegte Fett; auch die Substanz der Drüse verhielt sich bezüglich ihrer chemischen Eigenschaften wie bei den Säugern.

Bérard und Colin,[1] die gelegentlich ihrer scharfen gegen Bernard gerichteten Angriffe am Pankreas von Vögeln operirten, sowie einige andere, bei späterer Gelegenheit noch zu erwähnende Forscher, die sich dieser Opposition angeschlossen hatten, haben sich mit dem Secrete dieser Drüse des Näheren nicht befasst.

Die vorhandenen Daten sind demnach, wie man sieht, nicht gerade zahlreich.

Es ist diese Theilnahmlosigkeit gegen das durch seine Grösse auffallende und operativen Eingriffen leicht zugängliche Organ schwerverständlich, zumal wenn man erfährt, dass gerade am Vogelpankreas zuerst die drüsige Natur des lange räthselhaften Gebildes erkannt worden ist. Wenigstens wird berichtet, dass Hofmann (1642) an ihm zum ersten Male den Ausführungsgang gesehen hat.[2] — Auch hätte, was speciell das Pankreas der Taube betrifft, die Grösse dieser Drüse bei einem nur von Vegetabilien sich nährenden Thiere auffallen müssen, da man vielfach hervorhob, dass sie bei fleischfressenden Säugethieren eine viel ansehnlichere Ausdehnung besitze, wie bei den Pflanzenfressern. Nach Bidder und Schmidt[3] beträgt das Gewicht des Pankreas beim Kaninchen $\frac{1}{800}$, bei Katze und Hund $\frac{1}{300}$ des Körpergewichtes[4]; ich fand es bei der Taube zu $\frac{1}{87}$ bis $\frac{1}{125}$. Bei Hühnern, Enten, Gänsen ist es verhältnissmässig weniger umfangreich. Junge Tauben besitzen eine stärkere Bauchspeicheldrüse als alte; auch das Secret fliesst hier reichlicher. Die Untersuchungen, über die im Nachfolgenden berichtet werden soll, sind deshalb zumeist an jüngeren Tauben angestellt.

Es eignen sich Tauben zu physiologischen Versuchen vortrefflich.

---

[1] Bérard und Colin, s. u.

[2] Haller (*Elementa physiologiae etc.* T. VI, p. 434) erzählt im Anschluss an Bartholin und Schenk: „Mauritius quidem Hofmannus Patavii eum ductum in gallo indico visum J. Georgio Wirsung, medico bavaro ostendit, adque Hofmannum a plurimis Germanis novi inventi decus refertur; ut etiam solemni quotannis convivio ejus inventi gloria concelebretur.“

[3] Bidder und Schmidt, *Die Verdauungssäfte u. d. Stoffwechsel.* 1852. S. 258.

[4] Jones (bei Milne Edwards, a. a. O., p. 518) giebt an: für das Schaf $\frac{1}{1125}$, für die Katze $\frac{1}{402}$, für den Hund $\frac{1}{337}$.

Sie besitzen eine erstaunliche Toleranz gegen eingreifende Operationen jeder Art. Schon Bernard hebt hervor, dass man ihnen die Bauchhöhle eröffnen kann, ohne Peritonitis befürchten zu müssen. Die Thiere sind nicht nur während der Dauer der Operation und des daran sich anschliessenden Versuches sehr ruhig — sie übertreffen in ihrer Indolenz fast das Kaninchen —; sondern sie führen nach Beendigung des Experiments meistens fort zu fressen, und lassen kaum merken, dass sie zu stundenlangen Versuchen gedient haben. Die Wunden verheilen schnell und gut, und, wenn man, was ich selten versäumte, sich antiseptischer Cautelen bedient, ohne Eiterung.

Die Zugänglichkeit des Pankreas und seiner Gänge ist bequemer, wie bei den meisten anderen Thieren.

1. Anlegung der Fistel.

Wenn man die Bauchhöhle einer Taube durch einen 1—2 cm langen, unter der Spitze der Carina sterni beginnenden, in der Mittellinie geführten Schnitt eröffnet hat, liegt die Drüse mit der sie einschliessenden Duodenalschlinge gerade zu Tage. Durch einen leichten Zug an dem einen Schenkel dieser Schlinge befördert man das Pankreas bequem und ohne es zu berühren heraus. Die Ausführungsgänge, deren drei, mitunter vier, seltener zwei vorhanden sind, sind auf den ersten Blick erkennbar. In langem Verlaufe ziehen sie zur aufsteigenden Partie der Darmschlinge,[1] ohne je miteinander sich zu verbinden. Dieses letztere Verhalten, das zuerst von Cl. Bernard[2] erwähnt wird, und das ich selbst durch Injectionsversuche bestätigen konnte, ist im Gegensatze zu den bei Hunden und Katzen sich findenden, bereits Conrad Brunner bekannten Anastomosen der Gänge sehr bemerkenswerth.

Die Zahl der vorhandenen Bauchspeicheldrüsen richtet sich somit nach der Zahl der Ausführungsgänge, wenn auch die gröbere anatomische Trennung nicht immer deutlich sich ausspricht.

Der oberste Gang, der in der Nähe eines langen aber dünnen secundären Gallenganges — der mehr als stricknadeldicke Duct. choledochus mündet viel weiter oberhalb — in den Darm sich einsenkt, sammelt das Secret des hinteren Drüsenkörpers; die beiden unteren Gänge, die zuweilen in einen einzigen verschmelzen, entstammen dem Vordertheile der Drüse, die in ihrer Totalität etwa die Form eines lang gestreckt-ovalen, auf beiden Seiten fast gleich grossen Manschettenknopfes besitzt.

---

[1] Vgl. Beschreibung und Abbildung bei Bernard, *Leçons de Physiologie expérimentale.* T. II. 1856. p. 464 et suiv.

[2] Bernard, *Mémoire sur le pancréas.* p. 524.

Zum Zwecke der Anlegung einer Fistel wird die Taube auf einem eigens für diese Versuche angefertigten Brette befestigt. Dasselbe steht auf vier Füssen und besitzt eine muldenförmige Vertiefung zur Aufnahme des Thieres. Der Körper der Taube wird durch ein elastisches Band — eine Esmarch'sche Binde — fixirt, welches durch zwei seitliche Spalten des Brettes hindurchgehend Thorax und Flügel umschlingt. Die Füsse werden einzeln festgebunden. Der Kopf wird für gewöhnlich nicht fixirt, sondern mit einem Tuche leicht bedeckt; die Taube bleibt dann stundenlang ruhig liegen. Sind Operationen am Halse vorzunehmen, so wird der Kopf in eine den eisernen Retortenhaltern nachgebildete, am Kopfende des Brettes befestigte Vorrichtung eingeklemmt.

Sind die nothwendigen Vorbereitungen, z. B. Entfernung der Federn auf dem Operationsgebiete, geschehen, so wird die Drüse hervorgeholt. Unter einen der Ausführungsgänge legt man dann einen dünnen Faden, wobei man sich vor Blutungen aus darunter liegenden Venen sehr in Acht zu nehmen hat; durch eine in die Wand des Ganges gemachte feine Oeffnung wird erst als „Finder" eine Carlsbader Nadel, und, nach-dem sie den Weg gezeigt, eine sehr fein ausgezogene Glasröhre einge-führt und durch den Faden befestigt.

Leider verstopft sich eine solche Canüle bei der Einführung sehr leicht, besonders wenn eine Blutung in der Nähe des Ganges entstanden ist. Ich habe deshalb in einigen Fällen die Röhre vor der Einbringung mit Sodalösung gefüllt, wie man dies bei hämodynamischer Versuchen thut — Wasser darf man nicht benutzen, weil es mit dem Pankreassafte einen Niederschlag giebt —, allein es wird dabei durch daneben fallende Tropfen der ätzenden Lösung die Reinheit des Operationsfeldes allzu-leicht geschädigt.

Die Glascanüle ist lang, und zweimal in der Weise knieförmig ge-bogen, dass ihre drei Schenkel in drei verschiedenen Ebenen liegen. Der äusserste derselben, wie der innere mit einer feinen Spitze endend, ragt über die Seitenkante des Brettes hervor, und sieht senkrecht nach unten. Durch Nadeln, die man neben der Röhre in die Brust-muskulatur des Thieres sowie in das Brett einstösst, kann man die Lagerung der Canüle sichern.

Auf diese Weise ist man in den Stand gesetzt, durch Zählung der ausfliessenden Tropfen, mit Bequemlichkeit die Secretion zu beobachten. Ist die äussere Canülenspitze fein ausgezogen, so fallen die Tropfen schon bei geringer Grösse ab. Die Drüse wird nicht reponirt; Knickung des Ganges wäre bei der Länge desselben dabei kaum zu vermeiden. Be-deckt man sie mit feuchtem Fliesspapier, so genügt das vollkommen, um die Secretion stundenlang, augenscheinlich ohne grössere Störung, zu beobachten.

2. Absonderung des pankreatischen Saftes.

Die Secretion ist bei der Taube verhältnissmässig nicht unbedeutend. Obwohl in der Regel nur das von einem Drittheil der Drüse gelieferte Secret aufgefangen wurde, gelang es mir doch in einigen Fällen bis 0·5 grm in einer Stunde zu sammeln. Das ist eine beträchtliche Menge, wenn man bedenkt, dass bei den am Hunde angestellten Versuchen von Landau[1] in sieben Fällen von temporären Fisteln im Mittel nur 0·2 ccm Secret in einer Stunde geliefert wurden, und dass das Pankreas von Kaninchen in der gleichen Zeit nur in günstigen Fällen 0·6—0·7 ccm Saft secernirt.[2] Freilich ist man auch bei Tauben nicht immer in so günstiger Lage. Wie bei den bisher untersuchten Thieren hängt die Stärke der Absonderung nachweislich mit der Nahrungsaufnahme zusammen. Man kann bei der Taube, die ihr Futter bis zu 20 Stunden lang im Kropf behalten kann, nicht so leicht wie bei Hunden und Kaninchen einen bestimmten Verdauungszustand nach Belieben erzeugen. Am günstigsten für die Pankreassecretion scheint bei ihr die 3—4 Stunden vorhergehende Nahrungsaufnahme zu wirken; wenigstens erhielt ich dann, bei intensiv geröteter Drüse, die reichlichsten Saftmengen, obwohl der Kropf noch den grössten Theil des Futters enthielt. Es scheint als ob schon die Anfüllung des Kropfes die Secretion befördere.

Minimale Secretmengen lieferten mir Thiere, die seit 12—15 Stunden nüchtern geblieben waren.

Genaueres weiss ich nicht anzugeben über diese Verhältnisse, die an permanenten Fisteln eingehender untersucht zu werden verdienen. — Schon Magendie[3] erwähnt, dass an den Pankreasgängen der Vögel eine peristaltische Bewegung sichtbar ist.

Bei Tauben sieht man die Contractionen sehr häufig. In rhythmischer Folge ziehen sich die einzelnen Partieen des Ausführungsrohres zusammen. In einer langen, mit ihm verbundenen Glascanüle erkennt man diese Bewegungen an dem stossweisen Vorrücken des Secretes. Ist die Glasröhre eng genug, so sieht man zuweilen auf jedes Vorrücken des Saftes ein leichtes Zurückweichen folgen. Ich weiss mir diese Erscheinung nicht anders zu deuten, als durch die Annahme, dass der Ausführungsgang nach Ablauf jeder Contractionswelle eine kurze Zeit lang im Zu-

---

[1] Landau, *Zur Physiologie der Bauchspeichelabsonderung.* Breslau. Dissert. 1873. S. 6.
[2] Heidenhain, Einige Beobachtungen über das Pankreassecret pflanzenfressender Thiere (angestellt mit den Stud. Henry und Wollheim). Pflüger's *Archiv u. s. w.*
[3] Magendie, a. a. O. p. 324.

stande der Diastole verharrt und dadurch eine gewisse Ansaugung auf das vorher systolisch ausgetriebene Secret ausübt.

Mit den Athembewegungen steht das rhythmische Vorrücken des Secretes durchaus in keinem Zusammenhange. Der Rhythmus beider Bewegungen ist ein völlig verschiedener. Auch ist daran zu erinnern, dass bei unseren Versuchen das Pankreas völlig aus der Bauchhöhle entfernt, den Einflüssen intraabdominaler Druckverhältnisse also entzogen war. Zudem fällt bei Vögeln die für die Pankreasexcretion der Säugethiere vielleicht förderliche mechanische Wirkung von Zwerchfellbewegungen fort.

Valentin[1] giebt übrigens an, dass sich auch bei Säugethieren zuweilen eine lebhafte wurmförmige Bewegung des Wirsung'schen Ganges beobachten lasse.

3. Der Pankreassaft der Taube.

Das gewonnene Secret ist wasserklar, von schwach alkalischer Reaction, salzigem Geschmack, und in bei weitem den meisten Fällen dünnflüssig; in zwei Bestimmungen enthielt es 1·294 und 1·412 Proc. an festen Bestandtheilen; davon kamen bei der zweiten Untersuchung nur 0·333 Proc. auf organische Körper.

In einigen wenigen Fällen fand ich den Saft etwas viscide, und nur einmal beobachtete ich ein Secret von ausgesprochen zäher Beschaffenheit und stark alkalischer Reaction; leider konnte in diesem Falle eine zur Trockenbestimmung ausreichende Menge nicht gewonnen werden.

Beim Kochen trübt sich der Saft, ohne jemals ein consistenteres Gerinnsel zu liefern. Diese Trübung nimmt bei vorsichtigem Essigsäurezusatz nicht wesentlich zu, verschwindet dagegen bei Zusatz grösserer Mengen der Säure.

Tropft man den Saft in destillirtes Wasser, so entsteht eine Trübung, die bei Essigsäurezusatz verschwindet. Es dürfte demnach wohl ein dem Myosin oder dem Paraglobulin entsprechender Körper vorhanden sein. Salpetersäure macht starke Trübung; beim Kochen damit tritt Gelbfärbung ein. —

Bei mikroskopischer Untersuchung fand ich das frische Secret stets frei von morphotischen Elementen. — Die drei bei den Säugethieren sich findenden Pankreasfermente sind auch im Pankreassecrete der Taube vorhanden.

Ein einziger Tropfen des Saftes verwandelt in kürzester Frist ge-

---

[1] Valentin, *Lehrbuch der Physiologie des Menschen.* 1847. Bd. I, S. 638.

kochten Stärkekleister in Zucker; rohe Stärke bedarf weit längerer Einwirkung. Fibrin wird anscheinend nicht so schnell verdaut, wie durch Pankreassaft vom Hunde; verdünnt man das Secret mit Wasser, so ist die tryptische Einwirkung sogar eine äusserst träge, wahrscheinlich wegen der Abnahme der die Trypsinverdauung unterstützenden Alkalescenz.

Dagegen ist die Einwirkung auf neutrale Fette eine sehr kräftige. Schon im Laufe von $\frac{1}{2}$ Stunde zeigt ein vorher völlig neutrales Gemisch von Pankreassaft und gut gereinigter Butter[1] deutlich saure Reaction, und in einer Zeit von 2—3 Stunden wird bei Körperwärme die Ansäuerung so bedeutend, wie ich sie beim Pankreassafte von Hunden niemals gesehen zu haben glaube.

Gleiche fermentative Eigenschaften wie das Secret hat auch das Drüsengewebe selbst. Das Glycerinextract desselben besitzt, auch wenn die Drüse noch lebenswarm in Glycerin gebracht wurde, sehr kräftige diastatische Eigenschaften. Dagegen ist der Trypsingehalt äusserst gering.[2]

Der aus den Fisteln gewonnene Saft wurde, soweit er nicht zur sofortigen chemischen Prüfung diente, zu ungefähr gleichen Theilen mit Glycerin gemengt. Eine solche Mischung lässt sich wochenlang aufbewahren, ohne auch nur eine einzige ihrer fermentativen Eigenschaften einzubüssen. Es erhellt daraus, mit wie grossem Unrecht Bernard das Glycerin beschuldigt hat, dass es das Fettferment zerstöre.[3] Das diastatische und das tryptische Ferment sind in solcher Mischung noch nach Monaten reichlich vorhanden.

4. Der Einfluss einiger Gifte auf die Geschwindigkeit der Secretion.

Das Studium der Einwirkung von Giften auf die Secretionen ist bei Tauben von ganz besonderem Interesse, da diese Thiere, wie bekannt, sehr hohe Dosen der giftigsten Alkaloide ungefährdet ertragen.

Bekannt ist ihr Verhalten gegen Morphin, das ihnen erst bei Gaben von 0·05—0·1 ^{grm} verderblich wird. Gegen Atropin sind sie, wie die Kaninchen, fast immun. Nicotin, Pilocarpin werden vortrefflich vertragen. Dagegen sind Tauben empfindlich gegen Strychnin. Die minimalsten Dosen dieses Giftes lösen tödtliche Krämpfe aus. Das ist um

---

[1] Die Reaction derselben wird am besten im Aetherextract geprüft.

[2] Auf Trypsin wird das Extract am besten, nach dem Vorgange von Heidenhain, unter Zusatz von Sodalösung geprüft.

[3] Vgl. übrigens auch Grützner, Notizen über einige ungeformte Fermente des Säugethierorganismus. Pflüger's Archiv, 1876. Bd. XII, S. 302.

so wunderbarer, als Leube von den Hühnern angiebt, dass sie hohe Strychnindosen gut vertragen.[1]

Die Geschwindigkeit der Secretion wurde in den mitzutheilenden Versuchen durch Tropfenzählung geschätzt. Es ist mir unter den zu Gebote stehenden Verfahren dieses als das einfachste und zweckmässigste erschienen.

Bei der Anstellung dieser mühsamen und zeitraubenden Versuche haben mich die Hrn. Stud. Heyne und Stud. Mandelbaum freundlichst unterstützt.

a. Curare.

N. O. Bernstein[2] hatte aus einigen Versuchen geschlossen, dass Curarisirung von Hunden eine mehr oder weniger bedeutende Beschleunigung der Bauchspeichelabsonderung zur Folge hat. Dem gegenüber hat Heidenhain[3] bei Hunden und bei Kaninchen die Secretionsgeschwindigkeit unter dem Einflusse des Pfeilgiftes immer abnehmen gesehen. Bei meinen Versuchen ergab sich entweder gar kein Einfluss der Curarenarkose oder eine sehr geringe Verlangsamung der Secretion in derselben.

In zweien der mitzutheilenden Fälle wurde die künstliche Athmung bereits vor der Vergiftung eingeleitet, zur Beurtheilung des Antheils, den der veränderte Respirationsmodus an einer etwaigen Veränderung der Absonderungsgeschwindigkeit haben konnte. Von Interesse dürfte die Beobachtung sein, dass bei der Curarisirung von Tauben dem Eintritte der Lähmung häufig Krämpfe vorangehen.

Bei anderen Thieren sind ähnliche Beobachtungen von verschiedenen Forschern gemacht worden, so von v. Bezold, der beim Frosche vor der Paralyse die Reflexerregbarkeit erhöht fand. Aehnliche Beobachtungen citirt Hermann[4] von Wundt und Schelske, sowie von Martin-Magron und Buisson, die von strychninähnlichen Wirkungen des Curare berichten.

Die letztgenannten französischen Forscher scheinen mir nicht mit Unrecht daran zu erinnern, dass das Curare von Strychnosarten gewonnen wird.[5]

---

[1] Hermann, *Lehrbuch der experimentellen Toxicologie.* 1874. S. 318.
[2] Bernstein, *Zur Physiologie der Bauchspeichelabsonderung. Berichte der Kgl. Sächsischen Gesellschaft der Wissenschaften.* Math.-phys. Classe. 1869. S. 122.
[3] Heidenhain, Beiträge zur Kenntniss des Pankreas. Pflüger's *Archiv.* Bd. X, S. 607.
[4] Hermann, *Toxicologie.* 1874. S. 307.
[5] Möglicherweise sind die Ursachen des Krampfes periphere; denn Rossbach und Clostermeyer sahen die Maximalzuckungen des Kaninchenmuskels

Uebrigens muss ich bemerken, dass das von mir benutzte Pfeilgift bei anderen Thieren (Hunden, Kaninchen, Fröschen) durchaus keine Krampferscheinungen erzeugte.

Ich theile hier drei von den von mir angestellten Curareversuchen mit:

Versuch I.

Zeit des Tropfen-falles.	Intervall zwischen 2 Tropfen.	Bemerkungen.	Zeit des Tropfen-falles.	Intervall zwischen 2 Tropfen.	Bemerkungen.
St. Min. Sec.	Min.		St. Min. Sec.	Min.	
11 16 30			11 55 45	3·25	
11 18 30	2		11 59	8·25	
11 21 30	8		12 2 45	3·75	0·4 ᶜᶜᵐ Curare-lösung.
11 24 30	3				
11 27 15	2·75				
11 30	2·25	Subcutane Injection von 0·4 ᶜᶜᵐ einer 1% Curarelösung.	12 6 30 (?)	1·75 (?)	
11 32 45	2·75		12 10 15	3·75	
			12 13 45	3·5	
11 35 30	2·75	Spontane Athmung dauert fort.	12 17 45	4·0	
11 38 15	2·75		12 22	4·25	
11 41 45	3·5	Gleiche Curaredosis. Künstl. Athmung.	12 26 15	4·25	
			12 28 30	—	Tropfen durch Versehen abgeschüttelt. 0·4 ᶜᶜᵐ Curarelösung.
11 44 30	2·75				
11 46 45	1·75	Willkürl. Bewegungen noch vorhanden. Krämpfe.	12 32	3·5	
11 49 30	2·75		12 36 30	4·5	
11 52 30	3		12 41 15	4·75	
			12 45 45	4·5	

Nach Unterbrechung der künstlichen Athmung wird das Vorhandensein kräftiger Herzpulsationen constatirt.

---

bei kleinen Curaregaben höher werden, als vor der Vergiftung; und C. Sachs bemerkt dazu, dass er bei seinen Versuchen am Gymnotus electricus die Erregbarkeit des elektrischen Nerven im ersten Stadium der Curarevergiftung erhöht gefunden (*Centralbl. f. d. medicinischen Wissenschaften.* 1878. S. 550).

Versuch II.
Canüle im untersten Pankreasgange. Tracheotomie.

Zeit des Tropfenfalles.			Intervall zwischen 2 Tropfen.	Bemerkungen.	Zeit des Tropfenfalles.			Intervall zwischen 2 Tropfen.	Bemerkungen.
St.	Min.	Sec.	Min.		St.	Min.	Sec.	Min.	
11	19	45			11	56	15	3·75	
11	24	30	4·75		12			3·75	0·4 ccm Curarelösung.
11	28	15	3·75		12	4		4	
11	31	45	3·5		12	8	15	4·25	
11	35		3·25	Einleitung künstlicher Athmung.	12	9		—	Tropfen abgeschüttelt.
11	38	30	3·5		12	12		3·0	
11	41	45	3·25		12	15		—	Abgeschüttelt.
11	45	15	3·5		12	19	30	4·5	
11	49		3·75	0·4 ccm Curarelösung in die Bauchhöhle gespritzt.	12	23	45	4·25	
11	52	30	3·5	Reflexe noch vorhand.	12	28	14	4·5	
					12	32	45	4·5	
					12	37	15	4·5	

Versuch III.
Canüle im obersten Pankreasgange. Tracheotomie.

Zeit des Tropfenfalles.			Intervall zwischen 2 Tropfen.	Bemerkungen.	Zeit des Tropfenfalles.			Intervall zwischen 2 Tropfen.	Bemerkungen.
St.	Min.	Sec.	Min.		St.	Min.	Sec.	Min.	
10	54				11	19		5·5	Subcutane Injection von 0·8 ccm Curare.
10	58	30	4·5		11	24	30	5·5	
11	3	15	4·75		11	31	45	7·25	
11	8	15	5		11	37	45	6·0	
11	13	30	5·25	Künstliche Athmung eingeleitet (50 pro Minute.)	11	44	15	6·5	
					11	49	45	5·5	

b. Nicotin.

Vom Nicotin giebt Landau[1] an, dass es die Bauchspeichelabsonderung beschleunige. Bei Tauben scheint es, so viel ich aus meinen Versuchen schliessen kann, eine derartige Wirkung nicht zu üben; ich fand es stets völlig wirkungslos. Zum Belege theile ich drei dieser Experimente mit:

---

[1] Landau, *Zur Physiologie der Bauchspeichelabsonderung.* Inaug.-Dissertation. Breslau 1873. S. 10.

Versuch I.
Junges Thier. Canüle im unteren Gange.

Zeit des Tropfenfalles	Intervall zwischen 2 Tropfen	Bemerkungen.	Zeit des Tropfenfalles	Intervall zwischen 2 Tropfen	Bemerkungen.
St. Min. Sec.	Min.		St. Min. Sec.	Min.	
9 30 45	.		10 44 15	4·75	Das Thier bleibt ganz ruhig. Keine Myosis.
9 36 15	5·5		10 51	6·75	
9 41 30	5·25		10 57	6·0	
9 45 30(?)	4·0 (?)		11 4 30	7·5	
		Eine Bewegung des Thieres schüttelt d. Tropfen vorzeitig ab.	11 10 30	6·0	Gleiche Nicotindosis.
9 51 15	5·75	Injection von circa 0·00025 Nicotin.	11 16 30	6·0	
			11 22 15	5·75	
9 56	5·75		11 28 15	6·0	
10 1 30	5·5		11 34 39	6·25	
10 6 15	4·75		11 40 30	6·0	Gleiche Nicotindosis.
10 11 45	5·5		11 45 45	5·25	Gleiche Nicotindosis.
10 16 45	5·0	Gleiche Nicotindosis. Unruhe.	11 51 30	5·76	
10 22 45	6·0	Krämpfe. Athmung verlangsamt, stossweise.	11 56 30	5·0	Athmung wird flach und etwas krampfhaft. Schüttelkrämpfe.
10 28	5·25				
10 34	6·0		12 2	5·5	
10 39 30	5·5	Gleiche Nicotindosis.	12 7 30	5·5	Athmung wieder normal, die Krämpfe haben aufgehört.

Versuch II.

Zeit des Tropfenfalles	Intervall zwischen 2 Tropfen	Bemerkungen,	Zeit des Tropfenfalles	Intervall zwischen 2 Tropfen	Bemerkungen.
St. Min. Sec.	Min.		St. Min. Sec.	Min.	
10 42 30			12 13	—	Canüle wird, da die Secretion stockt, sondirt.
10 48 30	6·0				
10 53 30	5·0		12 19 15	6·25	
10 59 30	6·0		12 26 45	7·5	
11 3 00	4·0		12 34 15	7·5	
11 11	7·5		12 36 (?)	—	Gleiche Nicotindosis. Tropfen abgeschüttelt. Athmung sehr frequent.
11 16 45	5·75		12 42 30	6·5	
11 24	7·25				
11 31 45	7·75	Subcut. Injection von 0·8ccm Nicotinlösung. (3 Tropf. auf 100 Aq.) Unruhe. Athmung frequenter.	12 45 (?)	—	Heftige Krämpfe.
11 37	5·25		12 51 45	6·75	
11 44	7·0		12 58	6·25	

Versuch III.

Canüle in dem einfach vorhandenen unteren Gange.

Zeit des Tropfenfalles.			Intervall zwischen 2 Tropfen.	Bemerkungen.	Zeit des Tropfenfalles.			Intervall zwischen 2 Tropfen.	Bemerkungen.
St.	Min.	Sec.	Min.		St.	Min.	Sec.	Min.	
10	8	30			11	27		5·0	
10	12		3·5		11	33		6·0	Gleiche Nicotindosis. Athmung beschleunigt.
10	17		5·0						
10	21	50	4·5		11	37		4·0	
10	25	30	4·0		11	42	30	5·5	
10	29	30	4·0		11	48	30	6·0	
				Einspritzung v. 0·5 grm einer 0·25% Nicotinlös. in die Bauchhöhle. Athmung beschleunigt; leichte Krämpfe.	11	54		5·5	Gleiche Nicotindosis. Athmung beschleunigt.
10	33		3·5						
10	37	15	4·25						
10	42		4·75		11	58	30	4·5	Krampfh. Zuckungen.
10	47	15	5·25		12	5		6·5	
10	53		5·75		12	10		5·0	
				Gleiche Nicotindosis. Canüle entgleitet dem Gange; wird wieder eingebracht.	12	16		6·0	Erst nachdem die Nicotindosis noch zweimal wiederholt worden war, trat unter heftigen Krämpfen der Tod ein.
11	17	15							
11	22		4·75						

c. Pilocarpin.

Das die Secretion des Speichels und des Schweisses so kräftig befördernde Pilocarpin hat auf die Absonderung des Bauchspeichels bei Tauben keinen begünstigenden Einfluss.

Die Absonderung der Mundflüssigkeit wird auch bei Tauben durch die Jaborandiintoxication beträchtlich vermehrt.

Einen eigenen Einfluss äussert dieses Gift ferner auf die Athmung. Dieselbe wird intermittirend. Auf eine Anzahl von 3—4 hastigen Athemzügen folgt eine Pause; dann kommt wieder eine mehrfache respiratorische Entladung, wieder eine Pause u. s. f. in rhythmischem Wechsel. Zuweilen wird die Athmung ganz irregulär. Vielleicht hängt dies mit einer Vermehrung der Bronchialsecretion zusammen, auf die mich Prof. Jaffe aufmerksam gemacht hat.

Versuch I.

Zeit des Tropfenfalles.	Intervall zwischen 2 Tropfen.	Bemerkungen.	Zeit des Tropfenfalles.	Intervall zwischen 2 Tropfen.	Bemerkungen.
St. Min. Sec.	Min.		St. Min. Sec.	Min.	
9 58 30			10 35	0	
10 6 30	8		10 44	9	Athmung intermittirend.
10 16 30	10	Um 10 Uhr 15 Min. subcutane Injection von 0·01 Pilocarpin.	10 54	10	
10 26	9·5				

Versuch II.

Zeit des Tropfenfalles.	Intervall zwischen 2 Tropfen.	Bemerkungen.	Zeit des Tropfenfalles.	Intervall zwischen 2 Tropfen.	Bemerkungen.
St. Min. Sec.	Min.		St. Min. Sec.	Min.	
11 6 15			11 53	7·5	
11 13 15	7		12 1	8·0	
11 21	8		12 9 30	8·5	Gleiche Pilocarpindos. Athmung wird irregulär und unruhig.
11 28	7		12 18 45	9·25	
11 36	8·0		12 28	9·25	Intermittirende Athmung.
11 45 30	9·5	Subcutane Inject. von 0·005^{grm} Pilocarpin. Athmung unverändert.			

In dem dritten der mitzutheilenden Versuche, der an einem sehr jungen Thiere angestellt wurde, nahm die Secretionsgeschwindigkeit in Folge der Pilocarpininjection entschieden ab. Ich bin mir nicht bewusst, bei der Beobachtung irgend einen Fehler begangen zu haben.

Versuch III.

Zeit des Tropfenfalles.	Intervall zwischen 2 Tropfen	Bemerkungen.	Zeit des Tropfenfalles.	Intervall zwischen 2 Tropfen.	Bemerkungen.
St. Min. Sec.	Min.		St. Min. Sec.	Min.	
9 56 30			10 6 45	2·75	
9 59 15	2·75		10 9 30	2·75	
10 1 45	2·5		10 12 15	2·75	0·01 Pilocarpin in die Bauchhöhle gespritzt.
10 4	2·75				

Zeit des Tropfenfalles.			Interval zwischen 2 Tropfen.	Bemerkungen.	Zeit des Tropfenfalles.			Interval zwischen 2 Tropfen.	Bemerkungen.
St.	Min.	Sec.	Min.		St.	Min.	Sec.	Min.	
10	15	45	3·5		10	51	30		
10	19		3·25	Athmung dyspnoisch.	10	55		4·5	Erneute Injection von 0·01 Pilocarpin.
10	22	30	3·5		10	59	45	4·75	
10	26		3·5		11	4	30	4·75	Athmung mühsam und intermittirend. Aus dem Schnabel fliesst reichlich schleimige Flüssigkeit.
10	30		4·0		11	9	15	4·75	
10	34		4·0						
10	37	45	3·75	Athmung intermittirend.					
10	41		3·25						
Die Beobachtung wird eine Zeit lang unterbrochen.									

d. Atropin.

Betreffs des Atropins besteht eine Differenz zwischen Heidenhain und Pawlow. Ersterer fand in den von Landau[1] publicirten Versuchen dieses Gift der Pankreasabsonderung gegenüber vollständig wirkungslos. Pawlow[2] dagegen sah bei Hunden eine entschiedene Hemmung der Secretion durch Atropin; bei Kaninchen war es ohne Einfluss.

In meinen Versuchen sah ich in Folge der Atropininjection die Absonderung stets abnehmen, ohne je einen völligen Stillstand derselben zu erzielen.

Versuch I,
Sehr junges Thier. Canüle im untersten Gange.

Zeit des Tropfenfalles.			Interval zwischen 2 Tropfen.	Bemerkungen.	Zeit des Tropfenfalles.			Interval zwischen 2 Tropfen.	Bemerkungen.
St.	Min.	Sec.	Min.		St.	Min.	Sec.	Min.	
11	42	15			12	15		4·25	
11	45		2·75		12	19		4·0	Gleiche Atropindosis.
11	48		3·0						
11	51	15	3·0		12	24		5·5	
11	54	15	3·0		12	30	30	5·5	
11	58	15	4·0	Injection von 0·008 Atrop. sulf. in die Bauchhöhle.	12	35	45	5·75	
					12	41	15	5·5	0·004 Atropin injicirt.
12	2	15	4·0		12	47	15	6·0	
12	6	30	4·25		12	53	30	6·25	
12	10	45	4·25		1			6·5	

[1] Landau, a. a. O.
[2] Pawlow, Weitere Beiträge zur Physiologie der Bauchspeicheldrüse. Pflüger's Archiv u. s. w. 1878. Bd. XVII, S. 555.

Versuch 11.

Zeit des Tropfenfalles			Intervall zwischen 2 Tropfen.	Bemerkungen.
St.	Min.	Sec.	Min.	
10	28			
10	29		1·0	
10	30		1·0	
10	31	15	1·25	
10	32	15	1·0	
10	33	15	1·0	
10	34	30	1·25	
10	35	45	1·25	Injection von 0·003 Atrop. in die Bauchhöhle.
10	37		1·25	
10	38	30	1·5	
10	39	45	1·25	
10	41		1·25	
10	42	30	1·5	
10	43	45	1·25	
10	45		1·25	
10	46	30	1·5	Gleiche Atropindosis.
10	48		1·5	Leichte Krämpfe.
10	48	45	—	Abgeschüttelt.
10	49		—	Desgleichen.
10	50	30	1·5	
10	52		1·5	
10	53	30	1·5	
10	54	45	1·25	
10	56	15	1·5	
10	58		1·75	
10	59	20	1·5	
11	1		1·5	
11	2	45	1·75	0·005 Atropin injicirt.
11	4	30	1·75	

Zeit des Tropfenfalles			Intervall zwischen 2 Tropfen.	Bemerkungen.
St.	Min.	Sec.	Min.	
11	6	15	1·75	
11	8		1·75	
11	1		2·0	
11	12		2·0	
11	14	15	2·25	Krämpfe.
11	16	15	2·0	
11	18	15	2·0	
11	20	30	2·25	
11	22	30	2·0	
11	25		2·5	
11	27	15	2·25	
11	29	30	2·25	0·005 Atropin injicirt.
12	31	45	2·25	
11	34		2·25	
11	35	15	—	Abgeschüttelt. Grosse Unruhe.
11	37	30	2·25	
11	39	30	2·0	
11	41	45	2·25	
11	44		2·23	
11	46	15	2·25	0·005 Atropin injicirt.
11	48	30	2·25	
11	51		2·5	
11	53	30	2·5	Athmung unregelm. und verlangsamt.
11	55	45	2·25	
11	58	15	2·5	
11	59		—	Abgeschüttelt.
12	2		3·0	Grosse Unruhe. Athmung sehr verlangsamt und mühsam.

Das Ergebniss dieser Vergiftungsversuche ist somit wenig erheblich. Immerhin glaubte ich dieselben mittheilen zu sollen, weil ich meine, dass man durch solche Versuche an Vögeln, die hohe Giftdosen vertragen, leichter zu einem Verständniss der toxischen Wirkungen, insbesondere der secretorischen Effecte der Gifte, gelangen wird, wie durch Säugethierexperimente. Zur Auffindung nervöser Bahnen haben meine Giftversuche nicht geführt. Selbst die geringfügige durch Atropin herbeigeführte Secretionsverlangsamung meine ich eher auf ein Aufhören der die Ausscheidung des Saftes begünstigenden Peristaltik der Drüsengänge, wie auf eine Lähmung secretorischer Nerven beziehen zu müssen.

II. Historisches und Experimentelles über Exstirpation des Pankreas.

Die Bedeutung des Pankreas für die Verdauung erhellt am besten aus den Folgen, die eine Ausschaltung der Drüse nach sich zieht. Ich habe eine solche bei Tauben versucht, und bin dabei zu Resultaten gelangt, die von der gegenwärtig landläufigen Anschauung abweichen.

Da ich damit eine alte und theilweise mit vieler Heftigkeit verfochtene Streitfrage wieder erhebe, so sei es mir gestattet, eine kurze geschichtliche Darstellung der einschlägigen Versuche der Mittheilung meiner eigenen Erfahrungen voranzuschicken.[1]

Versuche, das Pankreas zu entfernen, reichen bis in's 17. Jahrhundert zurück.

Vesling[2], dessen Prosector Wirsung den Ausführungsgang des Pankreas beim Menschen auffand, stützt sich kaum auf Thierexperimente, wenn er angiebt, dass bei Verstopfung des Ausführungsganges die Drüse „retentis excrementis" anschwelle und durch Druck auf Leber und Milz schwere Krankheitserscheinungen verursache.

Erst Conrad Brunner[3] hat den Versuch gemacht, bei Hunden das Pankreas auf blutigem Wege zu entfernen. Die von ihm gewonnenen Resultate sind indess weder merkwürdig noch beweisend. Er selbst bekennt, dass er nicht im Stande gewesen sei, das ganze Pankreas fortzunehmen; einen grossen Theil, den ganzen horizontalen Abschnitt der Drüse, liess er wegen seiner Beziehungen zu den grossen Gefässen zurück.

Was nun die Folgen des Eingriffs anlangt, so überstanden einige der operirten Hunde die schwere Verwundung. Sie wurden sehr gefrässig, bekamen Verstopfung, gediehen aber bei reichlicher Fütterung und blieben

---

[1] Ich entnehme diese historische Darstellung meiner im Jahre 1875 von der medicinischen Facultät in Freiburg i. Br. gekrönten, bisher nicht publicirten Preisschrift.

[2] Vesling, *Syntagma anatomicum.* 1647. p. 88.

[3] Brunner, *Experimenta nova circa pancreas etc.* Amstelod. 1682. — De experim. circa pancreas novis etc. in *Misc. nat. curios.* Dec. II. 1688.

am Leben. Brunner meinte durch diesen Erfolg einen wesentlichen Stoss geführt zu haben gegen die Lehren der Sylvianischen Schule, die dem Pankreassafte eine für das Leben in hohem Grade wichtige, aber dem ungeachtet sehr mysteriöse Rolle zuertheilt hatten.[1] —

Anderthalb Jahrhunderte lang sind ähnliche Versuche, wie die von Brunner, nicht wiederholt worden. Das 18. Jahrhundert, das mit mitleidigem Lächeln auf die unfruchtbaren Bestrebungen der Jatrochemiker, dem Verständniss der Drüse näher zu treten, herabsah, hat keine einzige zur Erreichung dieses Zweckes taugliche Beobachtung beigesteuert. Selbst Haller, der nicht ohne Ironie von den Irrlehren des Franciscus Sylvius und seiner Anhänger berichtet, vermochte sich nur ganz allgemeine, auf eigene Anschauung kaum gegründete Vorstellungen von der Bedeutung des räthselhaften Gebildes und dessen Secretes zu machen.[2] Die blutigen Versuche Brunner's zu wiederholen, scheute sich Jeder.

Selbst in unserem Jahrhundert gelangten Beobachter, wie Tiedemann und Gmelin[3] in Bezug auf die Bedeutung des pankreatischen Saftes nur zu Wahrscheinlichkeitsergebnissen. Ein Schaf, dem sie, nach dem Vorgange von Regner de Graaf, eine Pankreasfistel angelegt hatten, starb nach einigen Stunden, nachdem es 9·214 grm Flüssigkeit secernirt hatte. Tiedemann und Gmelin betrachten diesen Verlust des eiweissreichen Saftes als Todesursache, und schliessen daraus auf die hohe Dignität des Secretes. —

Erst die Arbeiten von Claude Bernard haben den Weg für ergebnissreichere Untersuchungen gebahnt. Ich beschränke mich hier auf die Besprechung seiner, in dem grossen *Mémoire sur le pancréas* mitgetheilten, auf Ausschaltung der Drüse abzielenden Versuche, die er bekanntlich vorwiegend in Rücksicht auf die von ihm erkannte und für unentbehrlich erklärte fettemulgirende Kraft des Pankreassaftes unternommen hatte.

Bernard hat drei verschiedene Methoden zur Abhaltung des Secretes vom Darmcanal in Anwendung gebracht.

1) Er unterband die Ausführungsgänge. Wichtig ist, dass er die Existenz zweier, mit einander communicirender Pankreasgänge bei Hunden und Katzen (oft auch, wenngleich ohne Anastomose, bei Kaninchen) betont. Schon Regner de Graaf kannte die Duplicität und die

---

[1] „Nam et in intestino cum bile luctari, ita chylum separari a faecibus, et praeterea eosdem succos in sanguinem venire, atque iterato in corde dextro configere, vitalemque focum ejus praecipui organi alere, non sine plausu docebat." Haller, *Elementa physiologiae.* T. VI, p. 447.

[2] Haller, l. c. p. 452, 453.

[3] A. a. O.

Anastomose der Gänge beim Hunde.[1] Durch Unbekanntschaft mit dieser Thatsache hatten dagegen die gegen Bernard's erste Mittheilung[2] aufgetretenen Forscher: Lenz, Frerichs, Bidder und Schmidt, Herbst die Beweiskraft ihrer Versuche schwer geschädigt.

Bernard selbst nahm später von der Unterbindung der Gänge Abstand, weil er, wie schon lange vor ihm Brunner, die Erfahrung gemacht hatte, dass die Ligaturen bald durchschnüren, und der Gang dann in wenigen Tagen wieder zusammenheilt.

2) Er exstirpirte die Drüse. Es ist das eine schwere und sehr blutige Operation. Wir haben gesehen, dass Brunner, der sie ausführte, einen wesentlichen Theil der Drüse zurücklassen musste. Bernard gab deshalb dieses Verfahren für Hunde gänzlich auf, und behielt es nur für Vögel und kleinere Säugethiere bei.

3) Er injicirte Fett in die Ausführungsgänge und brachte dadurch die Drüse zur Atrophie. Diese Methode schien alles zu leisten, was man von ihr verlangte. „Ich bin überzeugt," sagt Bernard von ihr, „dass dieses das classische Verfahren ist, welches man zur Zerstörung des Pankreas benutzen muss, um so zu einem Urtheil über die Functionen desselben zu gelangen durch die Störungen, die seine Vernichtung nach sich zieht."[3]

Bekanntlich ist dieses Verfahren auch für die Speicheldrüsen von Bernard mit Glück verwendet worden; beim Pankreas hatte es nur die unangenehme Eigenschaft, leicht Peritonitis zu erzeugen. —

Die nach Ausschaltung des Pankreas von Bernard beobachteten Erscheinungen sind bekannt: die Thiere entleeren ihre Nahrung fast unverdaut; besonders die Fette und Amylaceen verlassen den Körper fast unverändert; sie werden sehr gefrässig, magern aber dennoch stark ab. Unter den zehn Versuchen, die Bernard in dieser Richtung an Hunden angestellt hat, sind nur zwei geglückt; sieben Thiere gingen an Peritonitis zu Grunde.

Die beiden überlebenden entleerten vom 15. bis 16. Tage an wieder normalen Koth, und nahmen an Körperumfang wieder zu. Als man sie tödtete, fand sich, dass ein Theil des Pankreas in der Weise seine normale Beschaffenheit entweder behalten oder wiedergewonnen hatte, dass er die Function der ganzen Drüse ganz wohl allein übernehmen konnte.

Diese Versuche mögen nun vielleicht einige Beweiskraft für die von Bernard behauptete Nothwendigkeit des pankreatischen Saftes für die

---

[1] Bernard, a. a. O. S. 388.
[2] Bernard, Recherches sur les usages du suc pancréatique dans la digestion, Comptes rendus etc. 1849. T. XXVIII. p. 244.
[3] Bernard, a. a. O., S. 480.

Fettverdauung haben, für die universelle Bedeutung dieses Secretes, durch welche nach Bernard die Mithilfe von Galle und Magensaft bei der Verdauung überflüssig werden sollte, beweisen sie absolut nichts.

Anders steht es mit den Angaben über die bei Vögeln ausgeführte Exstirpation oder Destruction der Drüse. Sie interessiren uns hier ganz besonders und ich kann nicht umhin, Bernard's Bericht hier wörtlich anzuführen, weil ich in der Lage bin, seine wörtliche Richtigkeit zu bestätigen. Ich muss indess gleich hier mich gegen die Annahme verwahren, als beabsichtigte ich dem französischen Forscher in der Generalisirung der bei Tauben gefundenen Thatsachen zu secundiren.

Bernard[1] sagt: „En effet, chez les pigeons qui avaient subi cette opération, les excréments renferment les graines dont ils s'étaient nourris, simplement broyées par le gésier et seulement colorées par la bile, et mélangées avec les urates que renfermaient les excréments de ces animaux. Au microscope on reconnaissait les cellules végétales dans leur entier, renfermant les grains de fécule non altérés et se colorant en bleu par l'iode, tandisque les parois de la cellule végétale se coloraient en jaune par le même réactif. — — — — Les pigeons, surtout quand ils sont jeunes, supportent assez bien ces sortes d'opération, qui consistent à enlever le pancréas; ils continuent à manger après, mais ils maigrissent et diminuent rapidement de poids. La vie ne se prolonge pas au delà de dix à douze jours pour de jeunes pigeons, et la mort arrive évidemment par le défaut de nutrition, qu'entraîne la soustraction du suc pancréatique, car au bout de deux ou trois jours la plaie est parfaitement cicatrisée."

Aehnliche Resultate ergaben Versuche an fleischfressenden Vögeln (Enten); auch diese starben bald an Marasmus. —

Den zahlreichen Gegnern, welche sich gegen Bernard's Ausführungen erhoben, konnte es nicht schwer fallen, die wunden Stellen seiner Beweisführung aufzudecken. Die beiden mangelhaften Versuche am Hunde, die Beobachtungen am Pankreas der Vögel; die zahlreichen, aber nicht immer mit Kritik ausgewählten Angaben über Erkrankung der Bauchspeicheldrüse beim Menschen, besassen zusammen vielleicht eine gewisse subjective Ueberzeugungskraft; sie waren aber nicht zureichend, die von Bernard behauptete Omnipotenz und Lebenswichtigkeit des pankreatischen Saftes für Säugethiere wie für Vögel zu erweisen.

Einen Befund, wie er selbst ihn am Hunde gehabt hatte, würde Bernard seinen Gegnern niemals verziehen haben; urgirt er doch ihnen gegenüber immer und immer wieder die Nothwendigkeit, die ganze

---

[1] Bernard, a. a. O. S. 533.

2*

Drüse zu vernichten. Was setzte ihn in den Stand, mit Sicherheit zu behaupten, dass während des Kräfteverfalls der Thiere und während der lienterischen Erscheinungen die ganze Drüse in Wahrheit ausser Function gesetzt war?

Von vielen der citirten Krankheitsbeobachtungen am Menschen liess sich nachweisen, dass die Pankreaserkrankung theils mit schweren All. gemeinleiden, theils mit ernster Erkrankung anderer Organe, z. B. der Leber, in Verbindung stand.

Die Versuche an Vögeln waren nur für die Classe der Vögel beweisend. —

Es sind besonders zwei französische Forscher gewesen, Colin und Bérard, die unter Opferung wahrer Hekatomben von Versuchsthieren die von Bernard angeregten Versuche der Exstirpation der Drüse wieder aufnahmen, und durch sie zu einem wesentlich abweichenden Resultate gelangten.[1]

Sie sahen die der Bauchspeicheldrüse völlig oder fast völlig beraubten Thiere[2] (Schweine, Hunde, Vögel) nicht nur nicht abmagern, Fett entleeren und zu Grunde gehen, sondern bei reichlicher Fütterung vortrefflich gedeihen, Fett ansetzen, an Körpergewicht zunehmen.

Fünf junge Hunde lebten noch 8 Monate nach der Zerstörung der Drüse; einer derselben, der vor der Operation 4·692 ^{kgr} gewogen hatte, kam in kurzer Zeit bis auf 18·14 ^{kgr}. Ein Schwein, das $5^1/_2$ Monat nach der Exstirpation getödtet wurde, hatte in dieser Zeit um 25 ^{kgr} an Körpergewicht gewonnen; die Speckschicht auf dem Rücken war 3 ^{cm} dick. —

Am unanfechtbarsten schienen von den Bernard'schen Versuchen die an Vögeln angestellten zu sein. Durch die Beobachtungen von Bérard und Colin waren auch sie in Frage gestellt. Eine von ihnen operirte Ente wurde in 6 Monaten fast um 1000 ^{grm} schwerer; bei der Section fand sich von der Drüse beinahe nichts übrig. Eine ebenso operirte Gans starb erst nach einem halben Jahre. An Tauben wurden keine Versuche von ihnen gemacht.

---

[1] Colin und Bérard, *L'Union* 1856. — *Gazette médicale de Paris* 1857, 1858. — *Gazette hebdomadaire de médecine.* 1858. — Da mir diese Journale hier nicht zugänglich gewesen sind, musste ich nach älteren von mir gemachten Auszügen referiren. — Vgl. auch Milne Edwards, *Leçons d'Anatomie et de Physiologie comparée.* T. VII.

[2] Bei Enten gelang die völlige Entfernung; bei Hunden und Schweinen musste man einen Theil der Drüse zurücklassen; doch durfte man such in solchen Fällen das Pankreas als völlig beseitigt ansehen, da der zurückgebliebene Abschnitt bei der Section sich als völlig atrophisch erwies: „er war, so gaben Bérard und Colin an, hart, fibrös, und knirschte unter dem Messer".

Doch gelangte Schiff[1] bei diesen zu ähnlichen Ergebnissen, wie sie an Gänsen und Enten. Er exstirpirte das Pankreas bei Tauben und Raben, ohne dass nachtheilige Folgen eintraten. Leider theilt Schiff Genaueres über seine Versuche nicht mit.

Hierher gehört auch die Bemerkung von Ayres[2], der im Jahre 1855 angiebt, dass bei Vögeln die Verdauung der Stärke dann noch vor sich gehe, wenn man Gallengang und Pankreasgang unterbunden habe.

Auch Hartsen[3] gelang die völlige Exstirpation des Pankreas bei Tauben. Die Thiere erholten sich, wie er angiebt, schnell von der Operation; wurden sie mit amylumreicher Nahrung gefüttert, so schieden sie, wie vergleichsweise angestellte Versuche zeigten, stets ebensoviel Zucker und unverdaute Stärke mit dem Kothe aus, wie gesunde Tauben, denen gleiches Futter gereicht worden war. Die Verdauung der Fette war dagegen geschädigt: nach Fütterung mit Fett enthielten die Excremente der operirten Thiere constant dreimal soviel in Aether lösliche Substanz, als die gesunder Tauben.

Noch drei Monate nach der Exstirpation waren die Thiere am Leben.

Uebrigens hat Hartsen bei Hunden die Oelinjectionen Bernard's wiederholt. Allein die Versuchsthiere starben sämmtlich in den ersten 24 Stunden an den unmittelbaren Folgen der sehr verletzenden Operation. —

Bei einer so energischen Widerlegung, die sich auch der, wie wir oben zeigten, nicht allzustarken, aus pathologischen Beobachtungen hergeholten Beweismittel Bernard's bemächtigte, mussten dessen Ausführungen in den Augen der Zeitgenossen jeglichen Boden verlieren.

Die Unwichtigkeit des pankreatischen Saftes für die Erhaltung des Lebens, seine Bedeutungslosigkeit für das Zustandekommen der Fettresorption schien erwiesen.

Bernard selbst wusste seinen Gegnern nur wenig zu erwiedern.[4] Er wirft Bérard und Colin vor: einen anatomischen Fehler (sie hatten die Drüse nicht gänzlich entfernt, oder secundäre Ausführungsgänge vernachlässigt); einen Fehler in der Wahl der Nahrung, die sie den operirten Thieren reichten (sie hatten die zum Versuche dienenden Herbivoren mit Pflanzen gefüttert, die bereits emulgirtes Fett enthielten). Aber

---

[1] M. Schiff in Moleschott's *Untersuchungen zur Naturlehre des Menschen u. s. w.* Bd. II. S. 345.

[2] Ayres, Micro-chemical Researches on the digestion of Starch etc. *Quarterly Journal of microscop. science.* No. XI. 1855. (Canstatt's *Jahresberichte* für 1855.)

[3] Hartsen, Over de alvleeschklier en hare verrigting. Amsterdam 1862. (Schmidt, *Jahrbücher*, Bd. 119.)

[4] Vgl. *Leçons sur les liquides de l'organisme*. 1859. T. II.

der restirende Theil der Drüse fiel ja der Atrophie anheim, der secundäre Ausführungsgang war winzig klein im Verhältniss zu den unterbundenen, und ein Theil der schlagendsten Versuche war an fleischfressenden Thieren gemacht worden, die kein emulgirtes Fett zur Nahrung erhielten. —

Auch den anscheinend durchaus vorwurfsfreien Versuchen, die Bernard an Vögeln gemacht hatte, waren andere mit entgegengesetzten Ergebnissen entgegengestellt worden. Doch hier stand Versuch gegen Versuch; auf welcher Seite der Fehler begangen worden, war nicht ersichtlich; und es mochte wohl lohnend erscheinen, noch einmal die experimentelle Lösung dieser Streitfrage zu versuchen.

———————

Die unmittelbare Veranlassung zu meiner Untersuchung gab mir eine vor Kurzem aus Heidenhain's Laboratorium hervorgegangene Untersuchung von Pawlow[1], durch welche ein einfaches Mittel gegeben wurde, die Drüse ausser Thätigkeit zu setzen. Derselbe unterband, wie früher schon unter Heidenhain's Leitung Henry und Wollheim[2], den Dct. pancreaticus bei Kaninchen.

Der Einfluss dieser Operation auf das allgemeine Befinden der Thiere war gleich Null. „Kein Symptom wies bei den Thieren auf eine krankhafte Affection hin." Das Körpergewicht nahm nur in den ersten Tagen nach der Unterbindung etwas ab; dann erreichte es wieder seine frühere Grösse. Der Koth der Thiere schien normal, die Verdauung nicht geschädigt; dreissig Tage nach der Unterbindung waren die Kaninchen noch am Leben.

Im Drüsengewebe bildete sich inzwischen eine starke interstitielle Entzündung aus, die schliesslich zu einer merklichen Atrophie des Organs führte.

Mit der Erzeugung einer solchen Schrumpfung war das von Bernard, für Säugethiere wenigstens, vergeblich erstrebte Problem einer gänzlichen Ausrottung der Drüse gelöst; und es war zu untersuchen, ob andere Thiere sich ebenso gleichgiltig gegen diesen Eingriff verhalten würden, wie das Kaninchen, dessen nur schwach entwickelte Pankreasdrüse die Bedeutungslosigkeit derselben schon a priori zu documentiren scheint.

———————

[1] Pawlow, Folgen der Unterbindung der Pankreasganges bei Kaninchen. Pflüger's *Archiv u. s. w.* 1878. Bd. XVI, S. 123.

[2] Einige Beobachtungen über das Pankreassecret pflanzenfressender Thiere. Angestellt von den Studirenden A. Henry und P. Wollheim. Mitgetheilt von R. Heidenhain. Pflüger's *Archiv u. s. w.* 1877. Bd. XIV. S. 457.

———————

II. Versuche.

Die Unterbindung der Pankreasgänge bei der Taube ist eine nur wenige Minuten in Anspruch nehmende Operation. Nur der oberste, dem hinteren Abschnitte der Drüse entsprechende Gang ist nicht immer leicht zu finden: oft muss man die Duodenalschlinge kräftig nach unten ziehen, um ihn zu sehen. Auch wird er leicht mit einem neben ihm verlaufenden und in seiner Nähe einmündenden secundären Gallengange verwechselt, dessen Unterbindung ohne üble Folgen ist. Die Operation geschah stets mit sorgfältig desinficirten Instrumenten und unter temporärer Anwendung des Lister'schen Carbolspray. Zur Ligatur verwandte ich Seide oder Zwirn; die kleine Bauchwunde wurde mit Catgutnäthen geschlossen. Niemals entsteht bei solcher Behandlung Eiterung der Wunde; nur bisweilen zeugen leichte Verklebungen des Darms mit der Bauchwand von entzündlichen Processen.

In einem Falle sah ich nach etwas energischer Anwendung des Spray einen förmlichen Carbolcollaps erfolgen: das Thier zitterte heftig, hielt sich nur mit Mühe aufrecht, bekam Nystagmus, erholte sich aber in wenigen Stunden vollkommen. —

Die anatomische Veränderung der Drüse bildet sich in kürzester Zeit aus. Schon am 6. bis 7. Tage sieht man das beim gesunden Pankreas spärliche Interstitialgewebe vermehrt, und von reichlichen Rundzellen durchsetzt. Bald schwindet die von der überhandnehmenden Bindegewebswucherung verdrängte Drüsensubstanz mehr und mehr; nach 10 bis 14 Tagen ist die Drüse hart und verkleinert, und enthält, wie die mikroskopische Untersuchung zeigt, nur noch kleine Inseln unveränderten Drüsengewebes. Zuweilen finden sich multiple Hämorrhagien. Die Ausführungsgänge sind manchmal cystenartig erweitert, und mit alkalisch reagirender Flüssigkeit prall gefüllt.

Niemals ist es mir übrigens vorgekommen, dass (wie das Brunner und Bernard bei Hunden sahen) eine Ligatur durchschnürte und Wiederverheilung des Ganges zu Stande kam.

Es scheint, dass die entzündliche interstitielle Wucherung ihren Ausgang von der Umgebung der Drüsengänge nimmt. Auch Pawlow äussert eine ähnliche Vermuthung. Mein College, Hr. Dr. Baumgarten, der die Freundlichkeit hatte, einige der veränderten Drüsen zu untersuchen, fand in der Nähe der Ausführungsgänge die entzündliche Neubildung besonders reichlich; unter dem Epithel derselben waren Anhäufungen von Rundzellen zu erkennen, die das Bild einer förmlichen subepithelialen Eiterung darstellten. — Ich bin mit Pawlow der Ansicht, dass der Stauungsdruck des Secretes zur Erklärung der Erscheinungen nicht genügt;

auch ich glaube, dass es sich hier um eine Reizung handelt, die durch die chemische Beschaffenheit des Saftes bedingt ist. — Nur nach Unterbindung aller Ausführungsgänge darf man eine totale Veränderung der Drüse erwarten. Ist ein Gang freigelassen, so erleidet der ihm entsprechende Drüsenantheil keine Veränderung.[1] —

Die Thiere erholen sich von der Operation sehr schnell; kurze Zeit nachher fangen sie wieder an zu fressen; sie erscheinen meist völlig munter; nur ihr scheues Betragen lässt sie von gesunden Thieren unterscheiden. In einigen Tagen hat ihre Fresslust einen ganz abnormen Umfang angenommen.

Das Auftreten dieses von Bernard bei seinen Versuchsthieren mehrfach erwähnten und von vielen ärztlichen Beobachtern bei Erkrankung der menschlichen Bauchspeicheldrüse hervorgehobenen Symptomes konnte ich hier auf das unzweifelhafteste bestätigen.

Ein Beispiel wird diese Beobachtung am besten illustriren:

Eine Taube, die am 10. November 285 ^{grm} wog, frass in 24 Stunden von den ihr ad libitum vorgesetzten Erbsen 33 ^{grm}; also ungefähr $\frac{1}{8 \cdot 6}$ ihres Körpergewichtes.

Am Morgen des 11. November wurde sie operirt; bis zum 12. November frass sie fast nichts; in den nächstfolgenden Tagen nur wenig.

Am 20. November betrug ihr Körpergewicht 235 ^{grm}. Sie frass vom Morgen des 20. bis zum Morgen des 21. November 50 ^{grm} Erbsen, also $\frac{1}{4 \cdot 7}$ ihres damaligen oder $\frac{1}{5 \cdot 7}$ ihres anfänglichen Körpergewichtes.

Dabei hatte ihre Schwere in diesen 24 Stunden um 14 ^{grm} abgenommen.

In vielen Fällen wird noch weit mehr Futter vertilgt. Leider habe ich versäumt, bei mehreren Beispielen exorbitanter Gefrässigkeit numerische Daten zu sammeln.

Die Bestimmung der verzehrten Futtermenge ist etwas umständlich, da man wegen der Neigung vieler Tauben, einen Theil ihres Futters weit umher zu streuen, besonderer Schutzvorrichtungen bedarf.

In einen dunkeln Raum darf man die Thiere nicht sperren, weil sie dann oft jegliche Futteraufnahme verweigern.

Das Nahrungsbedürfniss ist somit nach der Unterbindung der Pankreasgänge in hohem Grade vermehrt. Es kann diese Erscheinung zum Beweise für die Richtigkeit der Anschauung dienen, nach welcher das Gefühl des Nahrungsbedürfniss nicht sowohl aus der Leere des Verdauungsschlauches, als vielmehr aus einem sich irgendwie bemerkbar machenden Deficit in

---

[1] Bei Hunden findet man in solchen Fällen gar keine Veränderung der Drüse, das Secret gewinnt durch die Anastomose einen Abfluss.

dem Bestande der allgemeinen Säftemasse entsteht. Magen und Darm
sind bei den gierig und in manchen Fällen ununterbrochen fressenden
Thieren stets gefüllt. Dagegen wird die Nahrung nur kurze Zeit im
Kropfe zurückbehalten. Versucht man den Thieren die genügende Futtermenge vorzuenthalten, so fressen sie, wie ich das mehrfach bemerkte,
ihren eigenen Koth.

Die in so beträchtlicher Menge aufgenommene Nahrung
verlässt den Körper fast unverändert.

Gesunde, mit Erbsen gefütterte Tauben entleeren neben der Harnsäure eine mässige Menge weichen, grüngefärbten Kothes, der fast nur
aus Cellulose und Chlorophyll besteht und Stärkekörner gar nicht oder
nur in geringer Quantität enthält. Das alkoholische Extract ist von lebhaft grüner Farbe. — Die Kothausscheidung der operirten Thiere ist
vom 4. bis 5. Operationstage an bedeutend vermehrt und von eigenthüm-
lichem, auffallendem Aussehen. Die oben erwähnte, am 10. November
zur Untersuchung gelangte, Taube entleerte vom Morgen dieses Tages
bis zum Morgen des nächstfolgenden 30^{grm} Koth (am Tage zuvor waren
32^{grm} Koth entleert worden).

Am Tage der Operation (11. Nov.) war der Koth zum Theil flüssig
oder breiig und von geringer Menge. Entsprechend der geringen Nahrungsaufnahme stieg sein Gewicht auch nicht in den bald darauf folgenden Tagen. Dagegen betrug die Kothmenge am 20. November nicht
weniger als 77^{grm}.

Bei einem anderen Thiere, das am 2. Mai operirt und durch Darreichung von Zucker (s. u.) länger am Leben erhalten worden war, wogen
die Excremente vom 18. bis 19. Mai 73^{grm} (Körpergewicht = 182); eine
gesunde Vergleichstaube hatte in derselben Zeit nur 32^{grm} Koth und
Harn entleert.

Der Koth der Pankreastauben ist meistens trocken und von stroh-
gelber Farbe — auf das frappanteste an einen derben Erbsenbrei er-
innernd. Durch Alkohol lassen sich nur geringe Mengen von Chlorophyll extrahiren. Es scheint, als ob bei der durch das Fehlen des
Pankreassaftes verringerten oder vielleicht aufgehobenen Alkalescenz des
Darminhaltes das Chlorophyll einer theilweisen Zerlegung unterliege.[1]

Die mikroskopische Untersuchung ergiebt neben dem normalen Befunde von Zellenmembranen und Chlorophyll die Anwesenheit von grossen
Mengen unveränderter, mit Jod sich intensiv bläuender Stärke.

Die Amylaceenverdauung scheint somit bei diesen Thieren völlig
aufgehoben. Es darf nicht überraschen, dass bei dieser Sachlage die auf

---

[1] Wie mir übrigens ein Taubenzüchter mittheilt, kommen solche eigenthümlich aussehende Faecalmassen zeitweilig auch bei gesunden Tauben vor.

stärkemehlhaltiges Futter vorwiegend angewiesenen Thiere trotz der
überreichlichen Nahrung an Körpergewicht stetig abnehmen, beträchtlich abmagern, und in kurzer Zeit unter den Erscheinungen der Inanition zu Grunde gehen.

Dieser Tod durch Verhungern ist in den Fällen, in welchen alle
Gänge unterbunden wurden, unausbleiblich. Er erfolgt gewöhnlich zwischen
dem 6. und 12. Tage, selten früher oder später. Die Körpergewichtscurve
sinkt fast stetig ab, etwas langsamer, wie es scheint, wie bei completer
Nahrungsentziehung, bei welcher der Tod am 6. oder 7. Tage einzutreten
pflegt. Der Tod erfolgte bei meinen Versuchsthieren, deren Anfangs-
gewicht immer unter 300 ^{grm} betrug, gewöhnlich, wenn das Körpergewicht auf 155—165 ^{grm} gesunken war. Aus sehr zahlreichen Wägungen
habe ich zur Illustration des Gesagten **Curve I und II** ausgewählt, in
denen die Gewichtsabnahme bei zwei Versuchsthieren graphisch dargestellt ist.

Hat man nicht sämmtliche Gänge unterbunden, sondern, sei es aus
Versehen oder mit Absicht, auch nur einen einzigen Gang verschont, so
ist von den erwähnten Erscheinungen wenig zu sehen. Zwar am Anfang
nimmt das Körpergewicht ab, allein bald steigt es wieder an, nimmt
sogar bei guter Fütterung zu; die Fresslust ist nur in der ersten Zeit
gesteigert, die Kothmasse nur eine Zeit lang auffallend reichlich. Bei
der Wochen oder Monate nachher vorgenommenen Section findet man
die Drüse nur in den Theilen verändert, die mit den unterbundenen Ausführungsgängen in Verbindung standen; der dem freigebliebenen Gange
entsprechende Theil ist vollständig intact geblieben, und da er gewöhnlich ¹/₃—¹/₄ der gesammten Drüsenmasse darstellt, kann man wohl annehmen, dass er die Function der ganzen Drüse zu übernehmen im
Stande gewesen sei.

Curve III stellt das Verhalten des Körpergewichtes bei einer solchen
unzureichenden Unterbindung dar. Sie ist einem schwächlichen Thiere
entlehnt, dem am 1. April 1878 zwei Pankreasgänge unterbunden wurden.
Am 7. April waren die Kothmassen noch sehr reichlich und erbsenbrei-
artig, das Thier sehr gefrässig. Nach 8 Tagen verloren die Faeces ihr
eigenthümliches Aussehen, blieben aber noch sehr reichlich bis zum 22.
bis 25. April. Das Thier lebte noch am 26. Mai. —

Unterbindet man nur einen Gang, so kann jegliche auf eine Beeinträchtigung der Verdauung hindeutende Erscheinung fehlen. In dem
durch **Curve IV** dargestellten Versuche waren bei einer sehr jungen
Taube am 8. Mai 1878 der oberste Pankreasgang und der neben ihm
verlaufende kleine Gallengang unterbunden worden. Man sieht, wie im
Laufe von 9 Tagen das Körpergewicht zunimmt.

Solche Versuche lehren zugleich, dass der operative Eingriff als
solcher ohne jedwede üble Folgen ertragen wird. —

Bei der completen Unterbindung der Pankreasgänge ist es offenbar
in erster Reihe der Mangel an Kohlehydrataufnahme, der zum Inanitions-
tode führt, also der Ausfall diastatischer Processe.

Zwar finden sich bei der Taube, wie mir eine Reihe von Versuchen
gezeigt hat, zuckerbildende Fermente im Körper weit verbreitet: die
Galle ist, wie bei mehreren Säugethieren,[1] auch bei den Tauben diastatisch wirksam;[2] die Speicheldrüsen sondern ein fermenthaltiges Secret
ab; aus dem Kropf kann man, wie Versuche zeigten, die Hr. Stud. med.
Mandelbaum auf meine Veranlassung anstellte, durch eingebrachte
Schwämmchen, sowie durch Glycerinextraction der Schleimhaut eine
kräftig auf Amylum wirkende Flüssigkeit gewinnen.

Allein die Wirksamkeit dieser Secrete kann nur verschwindend klein
sein gegen die gewaltige diastatische Fähigkeit des pankreatischen Saftes.
Auch finden Speichel und Kropfflüssigkeit kaum Gelegenheit, ihre verdauende Kraft zu erweisen. Ich habe niemals in der Flüssigkeit, die
mit Erbsen stunden-, ja tagelang[3] im Kropf verweilt hatte, eine Spur
von Zucker entdecken können; ich habe ferner niemals gesehen, dass
durch Schwämmchen gewonnene und auf gekochte Stärke gut wirkende
Kropfflüssigkeit, die ausserhalb des Körpers mit rohen Erbsen stundenlang bei 35—40° C. digerirt wurde, auch nur die geringste Menge Zucker
gebildet hätte. Die vorangehende Zermalmung der Erbsen durch den
Muskelmagen, möglicherweise auch die durch den Magensaft bewirkte
Lockerung des Gewebszusammenhanges ist offenbar Bedingung für den
erfolgreichen Angriff eines diastatischen Fermentes.

Nach Unterbindung der Pankreasgänge bleibt also allein der Galle,
vielleicht noch dem Darmsafte, dessen verdauende Fähigkeiten ich nicht
kenne, überlassen, die Amylaceen der Nahrung zu saccharificiren. Einer
solchen Aufgabe ist sie aber sicherlich nicht gewachsen.[4] —

Was die Verdauung der Eiweisskörper nach Unterbindung der Pan-

[1] v. Wittich, Weitere Mittheilungen über Verdauungsfermente. Pflüger's
Archiv u. s. w. 1870. Bd. III, S. 341.

[2] Cl. Bernard leugnet mit Unrecht jegliche verdauende Fähigkeit der
Vogelgalle.

[3] Nach doppelseitiger Vagusdurchschneidung fand Hr. Caud. med. Zander bei
seinen im hiesigen Laboratorium angestellten Versuchen den Kropf oft prall mit
Flüssigkeit und Erbsen gefüllt. Zucker war darin niemals nachweisbar.

[4] Merkwürdig ist bei alledem, dass der Koth der operirten Thiere noch diastatisch wirksam ist. Bei gesunden Tauben enthält der Koth übrigens, wie ich
mich überzeugte, beträchtliche Mengen diastatischen Fermentes, das offenbar zum
grössten Theile dem Pankreassafte entstammt.

kreasgänge betrifft, so fehlen mir zwar eingehende Versuche darüber;
allein ich möchte doch, in Rücksicht auf die nicht gerade starken tryptischen Wirkungen des Secretes (s. o.), sowie auf den anscheinend nicht
sehr beträchtlichen Eiweissgehalt des Kothes, annehmen, dass von ernster
Bedeutung für die Aufnahme von Albuminaten das Fehlen des Saftes
nicht ist. —

Die Einwirkung des Pankreassaftes auf die Fette spielt bei der Taube
wohl nur eine geringfügige Rolle.[1]

Man müsste nach alledem den bei den operirten Thieren eintretenden Zustand als eine „unvollständige Inanition in qualitativer
Beziehung" bezeichnen. Bekanntlich geht ein einer solchen Diät unter-
worfenes Thier meistens ebenso rasch zu Grunde wie bei completer Nahrungsentziehung.

In der That zeigte mir ein Versuch, dass es nicht viel Unterschied
in der Lebensdauer macht, ob man die Taube, deren Pankreasgänge unterbunden wurden, hungern lässt oder ob man ihr Nahrungsaufnahme nach
Belieben gestattet.

Eine junge Taube, der die Gänge unterbunden worden waren, und
die kein Futter erhielt, starb am 6. Tage, nachdem ihr Körpergewicht
von 255^{grm} bis auf 159 sich verringert hatte. Nach Chossat gehen
hungernde Tauben zu Grunde, wenn sie $^3/_5$ ihres Körpergewichts verloren haben; in unseren Fällen ist eine bald grössere, bald geringere
Uebereinstimmung mit diesem Gesetze vorhanden; in dem letzten Versuche ist das beobachtete Endgewicht (159^{grm}) nur wenig höher als das
durch das Gesetz geforderte (153^{grm}). —

Eine Reihe von weiterhin angestellten Experimenten bezog sich auf
den Versuch, den durch die Fernhaltung des pankreatischen Secretes bedingten Ausfall durch anderweitige Zuführung von diastatischen Fermenten oder von resorptionsfähigeren Nahrungsmitteln zu decken.

Gegen die Darreichung von Pankreassaft oder Pankreassubstanz liess
sich schon von vornherein der Einwand machen, dass es in hohem Grade
fraglich sei, ob das darin enthaltene diastatische Ferment der verdauen-
den Kraft des Magensaftes Widerstand zu leisten vermöge. Von dem
Trypsin hat bekanntlich Kühne[2] erwiesen, dass es hier nicht der Fall ist.

Aber es gelang mir nicht einmal, eine Entscheidung dieser Frage

---

[1] Der Gehalt der Erbsen an Fetten beträgt nicht einmal 2 Procent. Gorup-
Besanez, *Lehrbuch der physiologischen Chemie.* 1874. S, 327.

[2] Kühne, Ueber das Verhalten verschiedener organisirter und sogenannter
ungeformter Fermente. *Verhandlungen des naturwissenschaftlich-medicinischen Vereins
zu Heidelberg.* N. S., I, 3.

herbeizuführen; denn die meisten Thiere, denen ich Pankreassubstanz beibrachte, erbrachen dieselbe.

Gelang die Beibringung; so war ein Einfluss auf die Verdauung durchaus nicht wahrnehmbar, das Körpergewicht nahm nach wie vor ab. — Eine ähnliche Erfahrung habe ich mit Fleisch gemacht. Niemals wurde es spontan aufgenommen, das zwangsweise in den Kropf gestopfte wurde häufig erbrochen. Geschah das letztere nicht, so trat ausser sehr übelriechenden Dejectionen keine merkliche Veränderung ein. —

Gekochte Erbsen, die naturgemäss leichter verdaut werden mussten, wie rohe, wurden von den meisten Thieren verschmäht; in einem Falle, in welchem die Verfütterung derselben gelang, sank das Körpergewicht trotzdem wie bei Darreichung roher Nahrung. —

Besser sind mir Versuche mit Zucker geglückt. Ich benutzte Rohrzucker, anstatt des freilich rationelleren, aber von den Thieren ungern genommenen Traubenzuckers; in Mengen von 4—6 ^{grm} wurde er dem Trinkwasser beigemischt. Im Uebrigen erhielten die Thiere ihre Erbsennahrung wie gewöhnlich. Grössere Mengen von Zucker zu verabreichen, ist nicht thunlich, weil Tauben in solchen Fällen leicht Diarrhoe bekommen und schnell zu Grunde gehen.

Geringe Quantitäten werden von den Thieren sehr gern genommen und gut vertragen. Der Erfolg der geringfügigen Zugabe von Zucker ist ein wahrhaft überraschender. Das Sinken des Körpergewichts wird in allen Fällen aufgehalten, der Todeseintritt mehr oder weniger hinausgeschoben.

Curve V und VI[1] geben davon ein Bild; die Gewichtscurve ist, wenn man von vornherein Zucker reicht, weit weniger steil wie in den gewöhnlichen Fällen und sie zeigt hin und wieder Elevationen; setzt man den Zucker aus, so sinkt sie schroff ab.

Reicht man einem der wie gewöhnlich mit Erbsen gefütterten Thiere hin und wieder einmal Zucker, so markiren sich diese Tage stets durch ein Ansteigen oder wenigstens bedeutend vermindertes Absinken des Gewichtes. Das Leben kann durch die Mitverfütterung von Zucker beträchtlich verlängert worden; in einem Falle erfolgte der Tod erst am 23. Tage nach der Operation; in einem anderen nach 22 Tagen.

Vergeblich habe ich mich bemüht, durch Darreichung von Zucker den tödtlichen Ausgang gänzlich abzuwenden. Ich konnte die mittlere Zuckerdosis nicht auffinden, die einerseits zur Ernährung ausreicht, andererseits keine üblen Nebenwirkungen herbeiführt.

---

[1] Die Tage, an denen Zucker verabreicht wurde, sind durch unterbrochene Linien gekennzeichnet.

Jedenfalls zeigen schon diese unvollkommenen Versuche das, was sie zeigen sollten: dass die Gewichtsabnahme nach der Unterbindung der Pankreasgänge in der Störung der Amylaceenverdauung ihren Grund hat, und dass sie aufgehalten werden kann durch Darreichung resorbirbaren Kohlenhydrates.

Ich habe nun noch über Versuche zu berichten, die darauf abzielten, dem am Abfluss verhinderten Pankreassafte im Blute nachzuspüren. Schon Heidenhain[1] und nach ihm Pawlow[2] hatten sich die Frage vorgelegt, was nach der Unterbindung aus dem doch wahrscheinlich resorbirten Secrete wird. Es frägt sich allerdings, ob man a priori berechtigt ist, die Frage in dieser Weise zu stellen. Denn sie macht die Voraussetzung, dass die Pankreasdrüse wirklich der Bildungsheerd für die Secretbestandtheile ist. Man könnte aber auch denken — und für das diastatische Ferment wenigstens liegen Beobachtungen vor, die sehr dafür sprechen —, dass der Bildungsort für die Fermente eher im ganzen Körper zu suchen, und in der Pankreasdrüse selbst nur der Ort der Ausscheidung zu sehen sei. Man würde, wenn das richtig ist, nach Pankreasunterbindung nicht von einer Resorption secernirter Stoffe sprechen können, sondern von einer Anstauung an der Ausscheidung verhinderter Stoffe; also nicht, wie Pawlow meint, einen der Cholämie, dem Ikterus ähnlichen Zustand erhalten müssen, sondern eine Veränderung, die eher der Urämie entspräche.

Wie dem auch sein mag, Trypsin durfte man, Heidenhain's Erfahrungen entsprechend, auf keinen Fall im Blute vermuthen;[3] nur die Anwesenheit des Zymogen war zu erwarten.

Durch genaue Blutuntersuchungen konnte man hoffen, nicht nur den Verbleib der Secretbestandtheile, bezw. ihrer Vorstufen auf die Spur zu kommen, sondern auch zu einem Entscheid über die Frage nach dem Sitze der Fermentbildung zu gelangen. Eine völlig atrophische Drüse nämlich, bei deren mikroskopischer Untersuchung nur vereinzelte Inseln intacter Drüsensubstanz sich fanden, musste zur Fermentbildung untauglich sein; versah sie nun unter normalen Verhältnissen diese Function, so war eine Enzymämie bei atrophischer Drüse nicht denkbar

---

[1] A. a. O.

[2] A. a. O.

[3] Ausser wenn man der Ansicht ist, dass nach der Unterbindung das Secret erst aus den Drüsengängen in's Blut übertritt.

und das Bestehen einer solchen musste ein Beweis sein für die Nicht-localisation der Enzymbildung.

Ich habe deshalb die Prüfung des Blutes vorgenommen, theils 24 Stunden nach der Unterbindung sämmtlicher Gänge, theils zu einer Zeit, wo der niedrige Werth des Körpergewichts den baldigen Tod er-warten liess. Die Untersuchung, bei der ich das Fettferment vernach-lässigte, geschah in der Weise, dass das Thier durch Kopfabschneiden getödtet, das aus der Halswunde ausfliessende Blut in Alkohol aufge-fangen wurde.

Unter diesem blieb es, unter häufigem Umrühren (zur Lösung des Zuckers, von dessen Anwesenheit ich mich überzeugt hatte) 12—24 Stun-den stehen; der Niederschlag wurde getrocknet und mit Wasser oder mit Glycerin verrieben.

Niemals fand sich in dem Extracte Trypsin.

Nach dem Vorausgeschickten war dieses Ergebniss zu erwarten; es handelte sich nunmehr um den Nachweis des Trypsinogens.

Zu diesem Zwecke wurden zwei Wege eingeschlagen; entweder ich leitete durch das nach obiger Angabe angefertigte Glycerinextract $1/_2$ bis $3/_4$ Stunden lang Sauerstoff, nach dem Vorgange von Podolinski[1], um das darin enthaltene Zymogen zu Trypsin zu oxydiren; oder ich breitete das der Taube entzogene Blut sorgfältig auf grosser Fläche aus, behan-delte es erst mit Alkohol, nachdem es 24 Stunden lang bei Zimmerwärme der Einwirkung der atmosphärischen Luft ausgesetzt worden war, und extrahirte dann mit Wasser.

In beiden Fällen liess sich Trypsin nachweisen; das Extract verdaute in 12—24 Stunden kleine Mengen von ungekochtem Fibrin.[2]

Der Nachweis von der Anwesenheit des Zymogens im Blute von Tauben, deren Pankreasgänge unterbunden worden, war somit geführt. Die geringe Menge desselben darf bei der nicht sehr kräftigen eiweiss-lösenden Fähigkeit des Taubenbauchspeichels nicht Wunder nehmen. Auch ist es nach den Beobachtungen von Kühne, der in's Blut injicirtes Trypsin in den Harn übergehen sah, wohl denkbar, dass ein Theil des im Blute kreisenden Ferments durch die Niere schnell zur Ausscheidung gelangt. Vielleicht unterliegt es auch theilweise der Zerstörung.

Im Blute gesunder Thiere fand Kühne keine Spur von Trypsin;

---

[1] Pflüger's *Archiv u. s. w.* Bd. XIII, S. 322 ff.

[2] Das Blut der Pankreastaube oder sein Extract fault bei Körpertemperatur viel schneller, als normales Blut und dessen Auszug. Es wird auch im Wasserbade von 35—40° C. sehr schnell trübe und misfarben — alles Erscheinungen, die der Anwesenheit von Pankreasferment das Wort reden.

ich selbst fand bei gesunden Tauben weder Trypsin noch sein Zymogen im Blute vor. —

Behandelt man in der angegebenen Weise das Blut von Tauben, welchen die Unterbindung schon eine Reihe von Tagen vorher gemacht worden war, so erhält man ebenfalls ein auf Fibrin lösend wirkendes Extract. Ja es scheint, als ob das Ferment hier sogar in grösserer Menge vorhanden sei, wie bei den erst kurz vorher operirten Thieren. In einem Falle, dessen Geschichte durch Curve V bereits mitgetheilt ist, und in welchem das Thier die Operation 16 Tage überlebte, begann ein deutlicher Zerfall des zu der Blutlösung hinzugefügten Fibrins bereits nach 3 Stunden; nach 6 Stunden war nur noch ein aus Fibrintrümmern bestehender Bodensatz nachweisbar. Die Pankreasdrüse selbst war völlig atrophirt, und sie enthielt von tryptischen Fermenten nur Spuren. (Nach 18 Stunden waren nur sehr geringe Mengen des mit der Drüse zusammen in's Wasserbad gebrachten Fibrins zerfallen.)

Dieser Nachweis spricht entschieden dafür, dass die Fermentbildung nicht in der Drüse ihren Sitz hat, dass die Fermente vielmehr ihre Entstehung dem allgemeinen Stoffwechsel verdanken. Die von Heidenhain und von Kühne beobachteten morphologischen Veränderungen der Drüsenzellen bei der Secretion sind, für diese Annahme kein Hinderniss; denn sie können ebenso gut auf die Aufnahme und Ausscheidung von Secretionsmaterial, wie auf die Bildung desselben bezogen werden. —

Die Aufsuchung des diastatischen Ferments des Pankreassaftes, für welches der nunmehr vacante Name „Pankreatin" wohl der passendste sein dürfte, war von nicht geringerem Interesse. Handelte es sich doch vielleicht hierbei um nichts geringeres als um den Schlüssel zu der räthselhaften, von vielen Aerzten (zuerst wohl von Frerichs) beobachteten Coincidenz von Pankreaserkrankung und Diabetes.

Hartsen freilich hat, zum Theil auf Grund seiner an Tauben angestellten Versuche, behauptet, dass ein Causalzusammenhang nicht existire; in Bezug auf den Zuckergehalt der Leber fand er bei seinen Versuchsthieren keine Abweichung von der Norm.

Später haben Munk und Klebs[1] negative Ergebnisse erhalten, als sie bei Hunden die Bauchspeicheldrüse exstirpirten oder den (?) Duct. pancreaticus unterbanden oder die Drüse abschnürten.

In der letzten Zeit hat Heidenhain bei zwei Kaninchen, denen er den Pankreasgang unterbunden hatte, den Harn vergeblich auf Zucker untersucht; zu demselben Resultate gelangte in seinem Laboratorium Pawlow. —

_____

[1] Tageblatt der Innsbrucker Naturforscher-Versammlung. 1869. Schmidt, *Jahrbücher*. Bd. 144.

Ich selbst habe niemals Diabetes bei meinen Versuchstauben constatiren können; selbst dann nicht, wenn die Thiere mit Zucker gefüttert wurden. Dagegen weichen meine Ergebnisse in Bezug auf den Leberzucker von denen Hartsen's entschieden ab. In keinem Falle, und ich habe in 6 Fällen untersucht, war in der sofort nach dem Tode untersuchten Leber Glykogen nachweisbar; zweimal dagegen fand sich Zucker vor. Die Untersuchung geschah theils 1—2 Tage nach der Unterbindung der Gänge, theils bei Thieren, die an den unmittelbaren Folgen der Operation zu Grunde gingen, und bald nach dem Tode zur Section gelangten. Man würde indess voreilig urtheilen, wollte man aus diesem Befunde auf den Uebergang von diastatischem Ferment in's Blut schliessen. Denn einerseits haben mir Versuche an Kaninchen gezeigt, dass man diesen Thieren grosse und kräftig wirksame Mengen von diastatischer Flüssigkeit selbst in's Pfortadergebiet einspritzen kann, ohne dass die Leber ihr Glykogen vollständig verliert; andererseits lag es bei den Versuchen an den bereits vor längerer Zeit operirten Thieren näher, bei dem Glykogenmangel an eine Inanitionserscheinung zu denken; und, was die kurze Zeit vorher operirten Thiere betrifft, so habe ich zusammen mit dem praktischen Arzt Hrn. Neiss vor längerer Zeit die Erfahrung gemacht, dass es bei Tauben zuweilen genügt, allein die Bauchhöhle zu eröffnen und wieder zu verschliessen, um am folgenden Tage die Leber völlig glykogenfrei zu erhalten.

Als ich nun, unbeeinflusst durch den Befund an der Leber, die Untersuchung des Blutes vornahm, fand ich dasselbe, gleichviel ob es einen oder mehrere Tage nach der Operation untersucht wurde, stets reich an diastatischen Fermenten. Allein auch hier gebot ein Umstand Vorsicht im Urtheil.

Schon v. Wittich[1] hatte nämlich gezeigt, dass im Blute, wie in vielen anderen Theilen des Thierkörpers normaler Weise zuckerbildende Fermente sich finden.

Kühne[2] wies im Rinderblute und im Blute von Hunden reichliche Mengen von Ptyalin nach. Ich selbst überzeugte mich, dass das Blut ganz normaler Tauben — mit allen Cautelen untersucht — nicht unbedeutende Mengen von diastatischem Fermente unzweifelhaft besitzt. Dadurch war der Nachweis einer Pankreatinämie bedeutend erschwert; es handelte sich nunmehr um eine quantitative Feststellung des Fermentgehaltes normalen Blutes und des der operirten Thiere.

Eine solche hat auf meine Veranlassung Hr. Stud. Marchand

---

[1] v. Wittich, A. a. O. S. 389.
[2] Verhandlungen des nat.-medic. Vereins in Heidelberg. Bd. II. 1. Heft.

nach einer von mir bereits seit zwei Jahren, besonders zu Demonstrations-
zwecken, benutzten Methode, unternommen. Diese Methode, die nicht
mehr beansprucht, als zur annähernden relativen Schätzung von
diastatischen Fermentmengen zu dienen, ist folgende:

Eine durch Jod gefärbte Glykogenlösung[1] wird durch Zusatz von
diastatischem Ferment allmählich, in Folge der Bildung von durch Jod
weniger tingirbarer Substanzen, entfärbt. Diese Entfärbung geht stufenweise vor sich, von sattem Rothbraun bis zum hellen Gelb; und sie erfolgt im Allgemeinen um so schneller, je reicher der Gehalt an Ferment ist.

Hat man zwei gleich weite Reagensgläser mit gleichen Mengen einer
solchen Lösung gefüllt, und jedem von beiden gleiche aber geringe
Mengen zweier verschieden starker Fermentlösungen hinzugesetzt, so
wird die eine Flüssigkeit schneller entfärbt werden, als die andere. Eine
vorher angefertigte Farbenscala, durch verschiedene Verdünnungen derselben
Glykogenlösung hergestellt, erlaubt, den Eintritt einer bestimmten Farben-
nuance festzuhalten, und die Zeit dieses Eintrittes bei der einen Lösung
mit der bei den anderen zu vergleichen.

Dieses Verfahren leidet an allen Fehlern der colorimetrischen Methoden; und die unbewiesene Voraussetzung, dass die Saccharifications-
zeit eine Function der Fermentmenge sei, hat es mit den meisten der
bisher zur quantitativen Fermentbestimmung angegebenen Methoden ge-
mein; auch die Annahme, dass die Saturation der Farbe mit der Gly-
kogenmenge wächst und abnimmt, ist im Grunde nicht völlig richtig.
Nichtsdestoweniger leistet die Methode, wie bemerkt, zu Demonstrations-
zwecken gute Dienste, und für die von uns beabsichtigte Vergleichung
reichte sie vollkommen aus.

Die Glycerin- oder Wasserextracte des Blutes wurden in der bekannten Weise angefertigt. Einer gesunden Taube und einer Pankreastaube wurden gleiche Mengen Blut entzogen, durch gleiche Alkohol-
mengen gefällt; die Niederschläge gleich lange getrocknet, und während
gleicher Zeiten mit bestimmten Quantitäten von Wasser oder Glycerin
extrahirt.

Gleiche Mengen der Extracte wurden sodann nach der angegebenen
Weise auf ihren Fermentgehalt geprüft.

Das Ergebniss waren in allen beiden in dieser Richtung angestellten
Versuchen ein früheres Erblassen der mit dem Blutextracte der
Pankreastaube versetzten Glykogenlösung; und zwar hatte sich

---

[1] Ich sollte besser sagen: eine durch Glykogen gefärbte Jodlösung; denn, um
eine dunkelrothbraune Färbung zu erhalten, darf man bekanntlich der hellgelben Jodlösung nur wenige Tropfen einer Glykogensolution hinzufügen.

bei dem zweiten Versuche die Färbung der Normalblutlösung nur wenig von der Farbe der von Ferment freien Jodglykogenlösung entfernt, als die Farbe der anderen Flüssigkeit bereits der der reinen, glykogenfreien Jodlösung sehr nahe stand.

Es kann somit keinem Zweifel unterliegen, dass das Blut der operirten Tauben bedeutend mehr diastatisches Ferment besitzt, wie das Blut gesunder Thiere.

In diesem Sinne kann man somit auch von einer „Pankreatinämie" sprechen.

———

Fassen wir nunmehr die in dem letzten Theil dieser Arbeit gewonnenen Thatsachen zusammen, so ergibt sich folgendes:

Die Fernhaltung des Pankreassaftes vom Darmkanal stört bei Tauben die Verdauung der amylumhaltigen Nahrung in so hohem Grade, dass die Thiere trotz ihres gesteigerten Nahrungsbedürfnisses unter steter Gewichtsabnahme und Abmagerung in kurzer Zeit zu Grunde gehen. Durch Darreichung von Zucker kann der tödtliche Ausgang etwas hinausgeschoben werden. Im Blute der operirten Thiere lässt sich Zymogen (Trypsinogen Kühne) und diastatisches Ferment (Pankreatin) nachweisen, selbst zu einer Zeit, wo die Drüse schon in Folge der Unterbindung ihrer Gänge völlig functionsunfähig geworden ist. Das Blut der operirten Thiere ist reicher an Pankreatin, wie das gesunder.

Bei einem Rückblick auf die Gesammtheit der in dieser Arbeit enthaltenen Versuche kann ich mir nicht verhehlen, dass viele dieser Mittheilungen sehr fragmentarischer Natur sind. Manche der angeregten Fragen konnten mit den zu Gebote stehenden Mitteln nicht in ausreichender Weise behandelt werden. Ich bin gegenwärtig bemüht, permanente Pankreasfisteln bei Tauben herzustellen. Sie wären, im Falle des Gelingens, am besten geeignet, Aufschluss über diese und jene Frage zu geben, die sich bei den vorliegenden Untersuchungen der Beantwortung entzog.

In wie weit die an Tauben gemachten Beobachtungen auch für andere Thiere gelten, mag die Zukunft lehren.

Königsberg i. Pr., im November 1878.

———

Ueber einen Apparat für die künstliche Respiration.

Mitgetheilt von

Dr. L. Lewin,
Assistenten am Pharmakologischen Institut zu Berlin.

Aus dem Pharmakologischen Institute der Universität.

(Hierzu Taf. II.)

Von den vielen Apparaten, die für die Vornahme der künstlichen Athmung in physiologischen oder pharmakologischen Versuchen angegeben sind, hat sich keiner derart bewährt, um allen hier zu stellenden Anforderungen zu genügen. Als solche sind zu nennen:

1) Möglichste Rhythmicität in der Frequenz und dem zeitlichen Verlaufe der Respirationen.
2) Die Möglichkeit, Zahl und Tiefe der Respiration nach Belieben wechseln zu lassen.
3) Automatischer und geräuschloser Gang des möglichst compendiösen Apparates, der zugleich leicht transportabel sein muss.

Es ist seither eine grosse Reihe von derartigen Athmungsapparaten angegeben worden, von dem einfachsten Blasebalge an, der durch Händekraft in Bewegung gesetzt wird, bis zu den durch Wasserdruck oder Gaskraft getriebenen, complicirten Einrichtungen. Fast alle diese Apparate erfüllen nur theilweise die eben gestellten Bedingungen. Denn die einfach gebauten sind für den Hand- oder Fussbetrieb eingerichtet, — ein Uebelstand, der besonders da empfunden wird, wo dem Experimentator nicht immer ein Gehülfe bei den Versuchen zu Gebote steht — und die complicirter construirten Apparate waren bisher meist zu theuer und gaben die geforderte Exactheit nur auf Kosten umständlicher und sonst hinderlicher Einrichtungen.

Der Gréhant'sche[1] Apparat nimmt hinsichtlich seiner Leistungs-fähigkeit eine der ersten Stellen ein. Derselbe ist jedoch für den Hand-betrieb eingerichtet und müsste demnach erst mit einer kostspieligen Gas- oder Wasserturbine verbunden werden, um der wichtigen Anforderung der Selbstthätigkeit zu genügen. Das Gleiche gilt von den Ludwig'schen Athmungsapparaten.

Der auf Tafel II abgebildete in dem hiesigen pharmakologischen Institut seit einiger Zeit in Gebrauch befindliche und von Hrn. Professor Liebreich zusammengestellte Apparat entspricht, wie ich glaube, so-wohl hinsichtlich der Einfachheit seiner Construction, als auch der er-probten Vollkommenheit seiner Leistungen allen billigen Forderungen.[2]

Die bewegende Kraft für denselben ist das Wasser, das von H aus (s. Fig. 1) durch einen kleinen Motor (Moteur hydraulique, Pat. A. Schmid, Zürich — s. Fig. 3) strömend, durch eine einfache, innerhalb des Apparates befindliche Vorrichtung die Schnurscheibe R_I in Bewegung setzt und seinen Abfluss in der Richtung der Pfeile zum Bassin einer Wasserlei-tung nimmt.

Die Bewegung dieser Schnurscheibe überträgt sich auf die Schnur-scheibe R_{II}. Diese steht mit einer kleinen eisernen Betriebsaxe A in Ver-bindung. Die letztere trägt ein Eisenstück S (Fig. 2), das an einem Ende massiv, ein Contregewicht P darstellt, an dem anderen verjüngt ist und eine prismatische Nuth besitzt, in welche die mit einer Flügelschraube F versehene Gelenkstange G G_1 passt. Diese ist an ihrem oberen Ende durch eine Schraube an dem Blasebalge B befestigt, der entweder in den Operationstisch vermittelst zweier Holzleisten eingeschoben ist, oder durch zwei Flügelschrauben auf demselben gehalten wird. Vom Blase-balge aus geht ein Schlauch L zur Canüle C. Es ist aus der Figur leicht ersichtlich, wie der Blasebalg zur automatischen Action ge-langt. Wenn die beiden Schnurscheiben R_I und R_{II} durch den Wasser-strom in Bewegung gesetzt sind, so gelangt auch die Betriebsaxe A in Thätigkeit und damit auch das Eisenstück S, dessen Bewegungen durch das Contregewicht P regulirt werden. Diesen Bewegungen muss noth-wendiger Weise die festgeschraubte Gelenkstange $G G_1$ folgen, und sie bewirkt, da sie auch an ihrem oberen Ende befestigt ist, In- und Exspi-rationsbewegungen des Blasebalges. Die Anzahl dieser Respirationen ist direct proportional dem Wasserzufluss in der Zeiteinheit und demnach

---

[1] Cyon, *Methodik der physiolog. Experimente und Vivisectionen*. Giessen und St. Petersburg 1876. S. 63.

[2] Der Apparat wird complet hergestellt von dem Mechaniker B. Stabernack, Berlin, W., Potsdamerstr. 26, und zwar, einschliesslich des Preises für den Patentmotor, für 150 Mark.

leicht durch den Wasserbahn zu reguliren.   Die Tiefe der Respirationen ist proportional den Excursionen des Blasebalges, die sich leicht durch Verschiebung der Gelenkstange in der prismatischen Nuth N nach Belieben feststellen lassen.   Es ist klar, dass der Hub wächst mit dem Halbmesser des Kreises, den das untere Ende der Gelenkstange beschreibt. Dieser Kreis wird aber um so grösser, je näher die Gelenkstange der Ausgangsöffnung der Nuth N geschoben wird, und umgekehrt.

Will man ein für alle Mal constante Punkte haben, auf die die Gelenkstange eingestellt werden kann, so graduirt man empirisch die Seitenschienen der Nuth. Auf diese Weise erzielt man bei gewöhnlichem Wasserdruck und bei einem gewöhnlichen Durchlasshahn von $^3/_8$" vollkommen gleichmässige, rhythmische, und je nach Bedürfniss mehr oder minder grosse Excursionen des Blasebalges.

Soll der ganze Raum des Tisches für Operationszwecke benutzt werden, so kann der Blasebalg leicht an der unteren Fläche der Tischplatte befestigt werden.

Berlin, im September 1878.

Untersuchungen über die Verdauung der Eiweisskörper.

Von

Dr. Adolf Schmidt-Mülheim,
Assistent an der Veterinärklinik der Universität zu Leipzig.

————

Aus der physiologischen Anstalt zu Leipzig.

————

Seit dem Nachweise chemischer Kräfte bei der Pepsinverdauung hat man sich zum Zwecke eines genaueren Studiums der Verdauungsvorgänge dreier verschiedenen Untersuchungsmethoden bedient:

1) der Verdauung durch natürlichen Magensaft ausserhalb des Organismus,
2) der Einwirkung künstlichen Magensaftes auf die Eiweisskörper,
3) der Beobachtung der Verdauungsvorgänge an Thieren mit Magenfisteln.

Die erste Methode ist die älteste und nimmt ihren Anfang mit Versuchen von Réaumur[1], Spallanzani[2] und Braconnot[3]. Die Genannten liessen Thiere an Fäden befestigte Schwämme verschlucken und erhielten durch Auspressen der hervorgezogenen Schwämme eine Flüssigkeit, welche Fleischstückchen bei Brutofenwärme ebenso löste, wie dieses bei der Verdauung im Magen zu beobachten war. Später haben Tiedemann und Gmelin[4], sowie Leuret und Lassaigne[5] Verdauungsversuche mit natürlichem Magensafte in grösserem Umfange ausgeführt; aber bei der Unmöglichkeit, natürlichen Magensaft leicht und frei von Beimengungen anderer Verdauungssecrete zu erhalten, ist diese Untersuchungsmethode von der Neuzeit gänzlich verlassen und hat für uns nur noch historischen Werth.

Ein neues Stadium für die Erforschung der Eiweissverdauung beginnt mit dem Jahre 1884: Eberle[6] präparirt durch blosse Extraction der abgespülten Magenschleimhaut mit angesäuertem Wasser „künstlichen

Magensaft" von grosser Wirksamkeit und führt eine Methode ein —
Verdauungen mit „künstlichen Verdauungssäften" —, welche unser Wissen
von dem Chemismus der Eiweissverdauung bisher am meisten gefördert
hat. Eine ganz besondere Bedeutung erlangte die Methode der künstlichen Verdauung für das Studium der Verdauungsproducte der Eiweisskörper. Dieses beginnt mit Beobachtungen Mialhe's[7], der unter dem
Namen Albuminose eine durch die Einwirkung des Magensaftes auf
Eiweisskörper entstehende Substanz beschreibt, als deren charakteristische
Eigenschaften er Löslichkeit in Wasser, Unlöslichkeit in absolutem
Alkohol sowie Unveränderlichkeit durch Kochen und durch Säuren bezeichnet. Lehmann[8] war es dann, der sich mit einer weiteren Untersuchung dieses Körpers beschäftigte, der für ihn den Namen Pepton einführte und der zeigte, dass dieses in seiner Elementarzusammensetzung von
den ursprünglichen Eiweissstoffen nicht wesentlich verschieden sei. Auch
beschrieb Lehmann mehrere neue Reactionen des Körpers und stellte als
Grenze zwischen Pepton und Eiweiss die Blutlaugensalz-Essigsäurereaction
fest. Meissner[9] fand, dass bei der Verdauung der Eiweissstoffe durch den
Magensaft noch ein zweiter Körper in keineswegs zu vernachlässigender
Menge gebildet werde; diesen bezeichnet er als Parapepton und er gibt
als dessen charakteristische Kennzeichen die Unlöslichkeit des Körpers
in genau neutralisirten Flüssigkeiten, sowie seine leichte Löslichkeit im
geringsten Ueberschuss von Säure oder Alkali an. Meissner weiss
nicht, ob er den Körper als Vorstufe oder als Umwandlungsproduct des
Peptons betrachten soll oder ob er ein neben dem Pepton entstehendes
Spaltungsproduct der Eiweisskörper bildet; er sagt aber ausdrücklich,
dass ihm die Umwandlung des Parapeptons in Pepton niemals gelungen
sei. Nachdem schon Mulder[10] durch anhaltende Einwirkung des Magensaftes die Umwandlung sämmtlichen Eiweisses in Pepton bewirken konnte,
hat Brücke[11] erkannt, dass Meissner's Parapepton nur ein Durch-
gangsproduct der Verdauung ist, welches in seiner ganzen Menge in
Pepton übergeführt werden kann, dass es aber durchaus kein specifisches
Verdauungsproduct bildet, da es auch durch blosse Behandlung der
Eiweisskörper mit schwacher Salzsäure erhalten wird. Die entgegengesetzten Angaben Meissner's erklärt Brücke durch den Umstand,
dass sich das Acidalbumin bei niederen Temperaturen oft lange Zeit
unverändert in der Verdauungsflüssigkeit hält. Von jetzt an unterschied
man bei der Magenverdauung einfach gelöste Eiweissstoffe von den
wirklich verdauten.

Kommen wir zu der letzten und jüngsten Forschungsmethode.
Beaumont's[12] Beobachtungen an einem mit einer Magenfistel versehenen
canadischen Jäger veranlassten Bassow[13] und Blondlot[14] zum Zwecke

des Studiums der Magenverdauung Thieren künstliche Magenfisteln anzulegen. Die bisherige Handhabung dieser Methode rechtfertigt durchaus nicht die hohe Meinung, welche man von ihrem Werthe besitzt. Sie hat fast ausschliesslich für die Beobachtung der Secretionsverhältnisse des Magensaftes Bedeutung erlangt, während unsere Kenntnisse von den chemischen Vorgängen bei der Verdauung durch sie kaum bereichert wurden.

Nach der Entdeckung der eiweissverdauenden Kraft des Bauchspeichels durch Corvisart[15] musste auch die besondere Veränderung der Eiweisskörper innerhalb des Darmkanales die Aufmerksamkeit der Forscher in Anspruch nehmen. Als Methode für Untersuchungen über die pankreatische Eiweissverdauung dienten fast ausschliesslich künstliche Verdauungsversuche; ein Thierexperiment Kühne's[16] und einzelne unbedeutende Beobachtungen an Kranken mit Darmfisteln haben die Kenntnisse von dem Chemismus der Verdauung nicht wesentlich gefördert. Hinsichtlich der Ergebnisse der bisherigen Untersuchungen ist zu bemerken, dass Corvisart die Pankreasverdauung sowohl bei alkalischer als auch bei neutraler und schwach saurer Reaction vor sich gehen lässt, dass Meissner[17] aber hervorhebt, dass nur bei der Einwirkung des Bauchspeichels in schwach sauren Lösungen von reiner Verdauung die Rede sein könne, während in alkalischen Flüssigkeiten neben den Verdauungsvorgängen Fäulnissprocesse zugegen seien. Meissner fand gleichzeitig, dass das Eiweiss seiner Hauptmasse nach in Pepton umgewandelt werde und dass das Auftreten von Parapepton nicht beobachtet werden könne. Seit den umfangreichen Arbeiten Kühne's[18] über die Pankreasverdauung hat man sich bei den Versuchen ganz ausschliesslich alkalischer Fermentlösungen bedient; da nun Kühne bei seinen Verdauungen das Auftreten nicht unbedeutender Mengen von krystallinischen Zersetzungsproducten des Eiweisses feststellte, so hat man angenommen, dass innerhalb des Darmkanales nicht allein eine Peptonisirung erfolge, sondern dass daselbst auch eine nicht unbedeutende Quote des Eiweisses in Leucin und Tyrosin zerfalle.

Da methodische Untersuchungen über die Veränderungen der Eiweisskörper innerhalb des Verdauungsapparates selbst bis jetzt nicht vorgelegen haben, da sich vielmehr unser ganzes Wissen von dem Chemismus der Verdauung auf künstliche Verdauungsversuche stützt, so bin ich auf Anregung des Hrn. Prof. C. Ludwig die den natürlichen Verdauungsversuchen entgegenstehenden Hindernisse fortzuräumen bestrebt gewesen und es entstanden die nachfolgenden Untersuchungen, welche sich mit der natürlichen Eiweissverdauung innerhalb des Digestionsapparates des Hundes beschäftigen. Sollten diese Versuche den Anstoss zu einer weiteren Ausbildung der

in Anwendung gezogenen Untersuchungsmethode geben, so würde hierdurch der Chemie der Verdauung kein unwesentlicher Dienst geleistet
werden.

Den eigentlichen Versuchen gingen Bemühungen voraus, welche eine
möglichst scharfe Scheidung des Peptons von einfach gelösten Eiweissstoffen und eine Trennung dieser beiden von krystallinischen Zersetzungsproducten anstrebten. Bei diesen Untersuchungen zeigte es sich, dass
einfach gelöste Eiweisskörper aus dem Inhalte des Verdauungsapparates
durch blosses Aufkochen mit essigsaurem Eisenoxyd und einem kleinen
Quantum von schwefelsaurem Eisenoxyd vollständig abgeschieden werden
können, ohne dass eine nennenswerthe Verunreinigung der eiweissfreien
Filtrate durch die zugefügten Reagentien bewirkt wird und ohne dass
eine Einwirkung dieser Substanzen auf Pepton und krystallinische Zersetzungsproducte erfolgt. Schon einmaliges Aufkochen der mit den
Eisenlösungen versetzten Flüssigkeit, für deren geringe Concentration
stets Sorge getragen werden muss, macht die Lösungen vollkommen
eiweiss- und eisenfrei. Die Abscheidung des Eiweisses wurde dann als
gelungen betrachtet, wenn die Ferrocyankalium-Essigsäurereaction, welche
nach den Angaben Hofmeister's noch bei 50,000facher Verdünnung
der Eiweisskörper eine merkliche Trübung erzeugt, in den klaren Fil-
traten nicht die Spur einer Veränderung bewirkte. Als ein vortreffliches
Mittel für die Ausfällung des Peptons aus dem flüssigen Inhalte der
Verdauungshöhle und für die Trennung dieses Körpers von den krystallinischen Zersetzungsproducten bewährte sich die Phosphorwolframsäure.
Sie vermag den Körper so vollständig nieder zu reissen, dass die Natron-
Kupfersulphatreaction, welche nach unseren Beobachtungen in Peptonlösungen von 1:10 000 noch eine wahrnehmbare Rothfärbung bewirkt,
kein Pepton mehr nachzuweisen vermag. Zugleich lässt sie die krystallinischen Zersetzungsproducte der Eiweisskörper unverändert. Will man
das Pepton vollständig ausfällen, so ist es erforderlich, dass die Einwirkung der Phosphorwolframsäure nicht auf gar zu sehr verdünnte
Lösungen erfolgt. Während nämlich aus concentrirten Peptonlösungen
die Phosphorwolframsäure allein alles Pepton abzuscheiden vermag, gelingt dieses in schwächeren Lösungen nur nach vorherigem Ansäuern
mit Salzsäure; sehr verdünnte Lösungen aber sind selbst unter diesen
Umständen nicht völlig peptonfrei zu bekommen.

Diese Ergebnisse liessen quantitative Untersuchungen über die Umwandlungsproducte des Eiweisses innerhalb des Verdauungsapparates als
ausführbar erscheinen, denn die scharfe Trennung der einzelnen Körper
bei Vermeidung jeder Einfuhr stickstoffhaltiger Reagentien in die zu
untersuchenden Flüssigkeiten gestattete einen Aufschluss über die Menge

des einfach gelösten Eiweisses sowohl, als auch über diejenige des Peptons und der krystallinischen Zersetzungsproducte an der Hand einfacher Stickstoffbestimmungen. Von einer Eliminirung der durch das Zuströmen der Secrete des Verdauungsapparates bedingten Versuchsfehler musste vorläufig Abstand genommen werden.

Methode der Untersuchung. Als Versuchsthiere dienten Hunde, die in Körpergewicht, Bau, Race und Temperament möglichst übereinstimmten. Die Thiere weilten in gewöhnlichen Käfigen. Durch zweitägiges Hungern wurde ihr Verdauungsapparat von alten Futterrückständen möglichst zu befreien gesucht. 24 Stunden vor der Verabreichung des Versuchsfutters erhielten sie 50ᵍʳ Kalbsknochen, damit der auf den Versuch fallende Theil des Darminhaltes von etwaigen älteren Futterrückständen scharf getrennt werden könne.

Das Versuchsfutter bestand aus bestem Pferdefleisch, welches nach seiner Befreiung von Fett und sehnigen Gebilden auf einer Fleischschneidemaschine zerkleinert und alsdann eine Viertelstunde hindurch gekocht wurde. Behufs der Entfernung von stickstoffhaltigen krystallinischen Bestandtheilen (Kreatin u. s. w.) und von anhängendem Pepton wurde das gekochte Fleisch auf einem Siebe ausgewaschen. Zur Erhöhung der Schmackhaftigkeit des so zubereiteten Futters dienten kleine Zusätze von Kochsalz. Den Eiweissgehalt des Versuchsfutters berechnete man aus einer Bestimmung des Stickstoffes nach Dumas.

Jeder Hund erhielt 200ᵍʳ Fleisch. Nach Verlauf bestimmter Zeiträume tödtete man die Thiere durch Injection von Cyankalium in den Thorax. Sofort nach dem Eintritt des Todes wurde die Bauchhöhle geöffnet und Magen- vom Darminhalt durch zwei um den Anfangstheil des Duodenums gelegte Ligaturen getrennt. Das Aufsammeln des Mageninhaltes geschah in der bereits in früheren Versuchen beschriebenen Weise. Das Waschwasser der Magenschleimhaut vereinigte man mit dem Mageninhalt und setzte zu diesem Gemenge noch so viel Wasser, dass das Ganze behufs einer Zerstörung der Verdauungsfermente ohne Gefahr des Anbrennens aufgekocht werden konnte. Genau dieselbe Behandlung erfuhr der bis an den Knochenkoth reichende Theil des Darminhaltes.

Magen- und Darminhalt wurden getrennt durch feine Leinwand gepresst und die Pressrückstände so lange mit Wasser versetzt und auf's Neue ausgepresst, bis sie nennenswerthe Spuren von organischen Substanzen an das Wasser nicht mehr abgaben. Die sorgfältig gesammelten Flüssigkeiten klärte man durch Filtration. Die mit Vorsicht gesammelten ungelösten Massen wurden getrocknet; aus ihrem Stickstoffgehalte berechnete man die Menge des ungelösten Eiweisses.

Behufs der Bestimmung der einfach gelösten Eiweissstoffe in den

Flüssigkeiten wurde ein abgemessenes Quantum der Lösungen mit essigsaurem Eisenoxyd und kleinen Mengen von schwefelsaurem Eisenoxyd versetzt und aufgekocht. Die Eiweissausfällung betrachtete man erst dann als vollendet, wenn die ihres Niederschlages beraubte Flüssigkeit auf Zusatz von Blutlangensalz und Essigsäure keine Trübung mehr zeigte. Der braune flockige Niederschlag wurde sorgfältig gesammelt, gewaschen und bei 100° getrocknet. Aus seinem nach dem Dumas'schen Verfahren ermittelten Stickstoffgehalte wurde die Menge des einfach gelösten Eiweisses bestimmt; hierbei kam der mittlere Stickstoffgehalt der Eiweisskörper mit 15.6 Proc. in Rechnung.

Das vereinigte Filtrat und Waschwasser brachte man auf ein kleineres Volumen, säuerte es nach dem Erkalten stark mit Essigsäure an und versetzte es so lange mit Phosphorwolframsäure, bis eine filtrirte Probe der Lösung auf Zusatz von Natron-Kupfersulphatlösung nicht die Spur einer Rothfärbung mehr erkennen liess. Der weisse Phosphorwolframsäureniederschlag wurde wie der Eisenniederschlag behandelt und aus seinem nach Dumas ermittelten Stickstoffgehalte die Menge des Peptons berechnet. Hierbei wurde der Stickstoffgehalt des Peptons auf 15.6 Proc. veranschlagt.

Für den Mageninhalt konnten Untersuchungen auf krystallinische Zersetzungsproducte in Wegfall kommen. Der durch Eindampfen der eiweiss- und peptonfreien Lösung aus dem Darmkanal gewonnene feste Rückstand diente dreifacher Bestimmung. Zur Untersuchung auf Leucin extrahirte man einen Theil des Rückstandes mit heissem Alkohol, stellte das eingeengte Extract zur Krystallisation hin und untersuchte es makro- wie mikroskopisch auf die leicht erkennbaren Leucinkrystalle. Für den Nachweis von Tyrosin wurde ein anderer Theil des Rückstandes mit concentrirter Schwefelsäure übergossen und einige Zeit erwärmt. Nach dem Erkalten und dem Verdünnen der erhaltenen Lösung mit Wasser wurde auf's Neue erwärmt und jetzt so lange kohlensaurer Baryt in die Flüssigkeit eingetragen, bis auf Zusatz weiterer Mengen eine Entwickelung von Gasbläschen nicht mehr erfolgte. Alsdann wurde filtrirt, das Filtrat auf ein kleines Volumen eingeengt und durch vorsichtigen Zusatz einer sehr verdünnten Lösung von neutralem Eisenchlorid die bekannte Piria'sche Probe angestellt. Endlich bestimmte man in dem Rückstande den Stickstoff nach der Dumas'schen Methode und bezog seine Menge auf krystallinische Zersetzungsproducte des Eiweisses. Wegen der Beimengung stickstoffhaltiger Gallenbestandtheile zum Darminhalt sind die auf diesem Wege ermittelten Werthe viel zu hoch, und es wird die wirkliche Menge des Leucins und Tyrosins weit minimaler sein, als es durch diese Bestimmungen ermittelt wurde.

Versuche:

Versuch I. Ein $8\cdot7^{\,kgr}$ schwerer Hund erhält nach 24 ständigem Fasten 50 ^{grm} Kalbsknochen und nach Ablauf weiterer 24 Stunden 200 ^{grm} Fleisch, welches in der oben beschriebenen Weise zubereitet war. Der Stickstoffgehalt des Futters beträgt $4\cdot772$ Proc.

Eine Stunde nach der Aufnahme des Fleisches wird das Thier durch eine Injection von Cyankalium in den Thorax getödtet. Der sofort gewonnene Mageninhalt ist von einer so trockenen Beschaffenheit, dass die einzelnen Fleischstückchen beim Aufsammeln in einer Schale krümelig auseinanderfallen. An dem Futter können äusserlich nur geringe Veränderungen wahrgenommen werden. Die Masse wird in der beschriebenen Weise behandelt und filtrirt. Der ungelöste Theil des Mageninhaltes wird behufs einer Bestimmung seiner Eiweissmenge sorgfältig gesammelt und getrocknet.

Die durch Auswaschen des Mageninhaltes gewonnene Flüssigkeit stellt eine klare Lösung von saurer Reaction dar. Ihr Volumen beträgt 430 ^{ccm}. Hiervon werden 100 ^{ccm} in einer Schale erwärmt und es wird unter Umrühren so viel Eisenlösung in die Flüssigkeit eingetragen, dass eine filtrirte kleine Probe durch Blutlaugensalz und Essigsäure nicht im Mindesten mehr getrübt wird. Alsdann wird das Filtrat auf ein Volumen von circa 20 ^{ccm} eingeengt, mit Salzsäure versetzt und behufs der Ausfüllung des Peptons in der angegebenen Weise mit Phosphorwolframsäure behandelt.

Eine ebensolche Behandlung wird auch dem bis an die Knochenrückstände reichenden Darminhalt zu Theil. Die wässrige Lösung des Darminhaltes ist ziemlich klar und von ausgesprochener saurer Reaction. Zur Bestimmung des Eiweisses und des Peptons werden 55 ^{ccm} dieser Lösung in Arbeit genommen, während zur Bestimmung der krystallinischen Zersetzungsproducte die ganze Flüssigkeit (110 ^{ccm}) benutzt wird. Der ungelöste Rückstand wird wie der entsprechende Theil des Mageninhaltes behandelt.

Ergebnisse der Analysen:

I. Mageninhalt.

A. Gelöster Theil.

1) Einfach gelöste Eiweisskörper.

Gewicht des Eisenniederschlages aus 100 ^{ccm} . $1\cdot247^{\,grm}$

Stickstoffmenge nach Dumas . . . . . . $0\cdot082$ „

Einfach gelöste Eiweissstoffe im Magen $2\cdot262^{\,grm}$.

2) Pepton.

Gewicht des Phosphorwolframsäureniederschlages $1\cdot983^{\,grm}$

„ „ Stickstoffes nach Dumas. . . . $0\cdot112$ „

Gesammtmenge des Peptons im Magen $3\cdot087^{\,grm}$.

B. Nicht gelöster Theil. Gewicht des Stickstoffes nach Dumas $7\cdot4763^{\,grm}$.

II. Darminhalt.

A. Gelöster Theil.

1) Einfach gelöste Eiweissstoffe.

Gewicht des Eisenniederschlages aus 55 ^{ccm} . 0·893 ^{grm}
„   „   Stickstoffes nach Dumas . . . 0·0376 „

Gewicht der einfach gelösten Eiweissstoffe im Darm 0·482 ^{grm}.

2) Pepton.

Gewicht des Phosphorwolframsäureniederschlages 0·527 ^{grm}
„   „   Stickstoffes nach Dumas . . . 0·0399 „

Gesammtmenge des Peptons 0·512 ^{grm}.

3) Krystallinische Zersetzungsproducte.

Die ganze Darmflüssigkeit wird nach ihrer völligen Befreiung von einfach gelösten und verdauten Eiweissstoffen auf dem Wasserbade zur Krystallisation eingeengt. In dem Krystallbrei ist weder makro- noch mikroskopisch Leucin oder Tyrosin aufzufinden. Die Hoffmann'sche Probe auf Leucin gibt ein negatives Resultat. Eine Quantität des Rückstandes wird im Uhrglase mit concentrirter Schwefelsäure übergossen und einige Zeit erwärmt. Nach dem Erkalten wird die Lösung mit Wasser verdünnt und unter Erwärmen so lange kohlensauren Baryt eingetragen, bis kein Entweichen von Kohlensäure mehr wahrgenommen wird. Das Filtrat wird auf ein kleines Volumen gebracht und mit einigen Tropfen neutraler Eisenchloridlösung versetzt; es entsteht keine Farbenveränderung; auf Zufügen einer kleinen Spur von Tyrosin-Schwefelsäure entsteht aber sofort eine lebhafte Violetfärbung. Diese Probe wird mit einer grösseren Menge des krystallinischen Rückstandes wiederholt, ohne dass sie ein anderes Ergebniss hätte. Der ganze Rest des Rückstandes wird mit circa 25 ^{ccm} heissem Alkohol extrahirt. Nach dem Verdunsten des Weingeistes hinterbleibt ein Rückstand, in dem mikroskopisch ganz vereinzelte Kryställchen von Leucin aufgefunden werden.

Die Untersuchungen ergaben also die Abwesenheit irgend nennenswerther Mengen von krystallinischen Zersetzungsproducten der Eiweisskörper.

B. Ungelöster Theil. Gewicht des Stickstoffes nach Dumas 0·298 ^{grm}.

III. Menge des resorbirten Eiweisses.

Da es an brauchbaren Versuchen über die in der Zeiteinheit aus der Darmhöhle abgeführte Eiweissmenge noch vollständig fehlt, so wurden unsere Versuche auch nach dieser Richtung hin nutzbar zu machen gesucht.

In dem eben mitgetheilten Versuche erhielt das Thier 200 ^{grm} Fleisch = 9·544 ^{grm} Stickstoff = 61·15 ^{grm} Eiweiss. Hiervon fanden sich vor:

Gelöstes Eiweiss   im Magen . . . . 2·262 ^{grm}
Pepton   „   „   . . . . 3·087 „
Unverändertes Futter „   „ . . . . 50·389 „
Gelöstes Eiweiss im Darmkanal . . . 0·482 „
Pepton ·   „   „   . . . . 0·512 „
Ungelöster Darminhalt . . . . . . 1·914 „

Summa 58·746 ^{grm}.

Mithin sind resorbirt 2·404 ^{grm} Eiweiss.

(Wegen der Beimengung von stickstoffhaltigen Verdauungssecreten wird die Menge des wirklich resorbirten Eiweisses diese Grösse um ein Geringes übertreffen.)

Versuch II. Ein in der angegebenen Weise für den Versuch vorbereiteter Hund von 8·95 ^{kgr} Körpergewicht verzehrt 200 ^{grm} Fleisch (Stickstoffgehalt 3·987 Proc.) und wird zwei Stunden nach der Fütterung durch Injection von Cyankalium getödtet.

Magen- und Darminhalt, die sich hinsichtlich ihrer Consistenz und Reaction wie in dem ersten Versuche verhalten, werden in der beschriebenen Weise gesammelt und behandelt.

I. Mageninhalt.

A. Gelöster Theil. Die wässrige Lösung misst 830 ^{ccm} und ist von saurer Reaction. Es werden 150 ^{ccm} der Flüssigkeit verarbeitet.

1) Einfach gelöstes Eiweiss.

Gewicht des Eisenniederschlages . . . . . 1·052 ^{grm}
  „   „ Stickstoffes nach Dumas . . . 0·0506 „
Gesammtmenge des einfach gelössten Eiweisses 1·745 ^{grm}.

2) Pepton.

Gewicht des Phosphorwolframsäureniederschlages 1·336 ^{grm}
  „   „ Stickstoffes nach Dumas . . . 0·101 „
Gesammtmenge des Peptons 3·653 ^{grm}.

B. Ungelöster Theil. Derselbe wiegt im getrockneten Zustande 30·0 ^{grm}. und liefert bei der Verbrennung nach der Dumas'schen Methode her 3·898 ^{grm} Stickstoff.

II. Darminhalt.

A. Gelöster Theil. Menge der Flüssigkeit 200 ^{ccm}; Reaction sauer.

1) Gelöstes Eiweiss.

Gewicht des Eisenniederschlages . . . . . 0·825 ^{grm}
  „   „ Stickstoffes nach Dumas . . . 0·0214 „
Gewicht des einfach gelösten Eiweissstoffes im Darm 0·137 ^{grm}.

2) Pepton.

Gewicht des Phosphorwolframsäureniederschlages 0·746 ^{grm}
„   „   Stickstoffes nach Dumas . . . 0·0485 „
Menge des Peptons im Darmkanal 0·311 ^{grm}.

3) Krystallinische Zersetzungsproducte.

Tyrosin kann mit Hülfe der Piria-Städeler'schen Methode nicht nachgewiesen werden. Der alkoholische Auszug aus der ungefähren Hälfte des festen Rückstandes scheidet ganz minimale Mengen mikroskopisch erkennbarer Leucinkrystalle aus. Der ganze Rückstand des Alkoholextractes wird mit dem Rest des festen Rückstandes aus der eiweiss- und peptonfreien Darmflüssigkeit vereinigt und das Gemenge nach der Methode Dumas verbrannt. Es werden 2·6 ^{ccm} Stickstoff bei 13 ^{0} C. und 753 ^{mm} Luftdruck erhalten. Bezieht man diesen ganzen Stickstoff auf Leucin, so würden ihm 0·0292 ^{grm} Leucin entsprechen. Berücksichtigt man, dass der grösste Theil des erhaltenen Stickstoffs aber unzweifelhaft Gallenbestandtheilen angehört, so erscheint die Menge der krystallinischen Zersetzungsproducte als eine ausserordentlich minimale.

B. Ungelöster Theil. Gewicht im getrockneten Zustande 2·1 ^{grm}. Aus 0·682 ^{grm} werden 0·00562 ^{grm} Stickstoff erhalten. Der ganze Darm enthält also 0·256 ^{grm} Stickstoff.

III. Menge des resorbirten Eiweisses.

200 ^{grm} Fleisch = 51·0111 ^{grm} Eiweiss. Hiervon finden sich vor:

Einfach gelöstes Eiweiss im Magen	·	. .	1·795 ^{grm}
Pepton	„	„	3·653 „
Unverändertes Futter	„	„	24·494 „
Gelöstes Eiweiss im Darmkanal	.	. .	0·137 „
Pepton	„	„	0·311 „
Ungelöster Darminhalt	.	. .	1·641 „
		Summa	32·531 ^{grm}.

Mithin sind resorbirt 18·48 ^{grm} Eiweiss.

Versuch III. Gewicht des Hundes 7·2 ^{kgr}. Vier Stunden nach der Verabreichung des Fleisches (Stickstoffgehalt 5·1337 Proc.) Tod durch Cyankalium. Der Mageninhalt ist auffallend trocken. Der Inhalt des Dünndarms besitzt eine saure Reaction.

I. Mageninhalt.

A. Gelöster Theil. Die wässrige Lösung nimmt ein Volumen von 690 ^{ccm} ein, ist völlig klar und besitzt eine stark saure Reaction. Von dieser Menge werden 250 ^{ccm} für die Bestimmungen benutzt.

1) Einfach gelöstes Eiweiss.

Gewicht des Eisenniederschlages . . . 1·722 ^{grm}
„   „ Stickstoffes nach Dumas . 0·118 „

Gewicht des einfach gelösten Eiweisses im Magen 2·086 ^{grm}.

2) Pepton.

Gewicht des Phosphorwolframsäureniederschlages 2·651 ^{grm}
„ „ Stickstoffes nach Dumas . . . 0·187 „
Gesammtmenge des Peptons im Magen 3·312 ^{grm}.

B. Nicht gelöster Theil. Gewicht des Stickstoffs nach Dumas 4·0148 ^{grm}.

II. Darminhalt.

A. Gelöster Theil. Die Menge des völlig klaren Filtrates beträgt 115 ^{ccm}; die Reaction der Flüssigkeit ist ausgesprochen sauer. Die ganze Menge der Lösung wird verarbeitet.

1) Einfach gelöstes Eiweiss.

Gewicht des Eisenniederschlages . . . . . 1·406 ^{grm}
„ „ Stickstoffes nach Dumas . . . 0·068 „
Menge des einfach gelösten Eiweisses 0·436 ^{grm}.

2) Pepton.

Gewicht des Phosphorwolframsäureniederschlages 2·217 ^{grm}
„ „ Stickstoffes nach Dumas . . . 0·148 „
Gewicht des ganzen Pepton 0·948 ^{grm}.

3) Krystallinische Zersetzungsproducte.

In dem Alkoholextracte lassen sich nach dem Verdunsten des Weingeistes ganz vereinzelte mikroskopische Krystalle von Leucin nachweisen. Tyrosin kann mit Hülfe der Piria'schen Reaction nicht aufgefunden werden.

B. Nicht gelöster Theil. Gesammtmenge des Stickstoffs nach Dumas 0·2983 ^{grm}.

III. Menge des resorbirten Eiweisses.

200 ^{grm} Fleisch enthalten 65·817 ^{grm} Eiweiss. Angetroffen werden:

Einfach gelöstes Eiweiss im Magen . . 2·086 ^{grm}
Pepton „ „ . . 3·312 „
Unverdautes Futter „ „ . . 25·928 „
Gelöstes Eiweiss im Darmkanal . . . 0·436 „
Pepton „ „ . . . . 0·498 „
Ungelöstes Eiweiss „ „ . . . . 1·912 „
Summa 34·622 ^{grm}.

Mithin sind resorbirt 31·195 ^{grm}.

Versuch IV. Körpergewicht des Hundes 8·3 ^{kgr}. Sechs Stunden nach der Fütterung wird das Thier getödtet. Der Stickstoffgehalt des Futters beträgt 4·991 Proc.

Der Mageniuhalt hat die Consistenz eines trockenen Teiges. Dünndarm, Coecum, Colon und ein 10 ^{cm} langer Abschnitt des Rectums bergen Rückstände vom Versuchsfutter; erst dann kommt der Knochenkoth.

I. Mageninhalt.

A. Gelöster Theil. Das klare Filtrat besitzt stark saure Reaction und misst 540 ^{ccm}. Hiervon wird die Hälfte verarbeitet.

1) Einfach gelöstes Eiweiss.

Gewicht des Eisenniederschlages . . . . . 2·582 ^{grm}
„   „ Stickstoffes nach Dumas . . . 0·163 „

Gesammtquantum des gelösten Eiweisses 2·096 ^{grm}.

2) Pepton.

Gewicht des Phosphorwolframsäureniederschlages 4·401 ^{grm}
„   „ Stickstoffes nach Dumas. . . . 2·912 „

Menge des Peptons im Magen 2·912 ^{grm}.

B. Nicht gelöster Theil. Gesammtmenge des Stickstoffs nach Dumas 2·782 ^{grm}.

II. Darminhalt.

A. Gelöster Theil. Das Filtrat ist klar, von braungelber Farbe und von schwach saurer Reaction. Seine Menge beträgt 205 ^{ccm}.

1) Einfach gelöstes Eiweiss.

Gewicht des Eisenniederschlages . . . . . 2·704 ^{grm}
„   „ Stickstoffes nach Dumas . . . 0·143 „

Gewicht des einfach gelösten Eiweisses 0·417 ^{grm}.

2) Pepton.

Gewicht des Phosphorwolframsäureniederschlages 3·606 ^{grm}
„   „ Stickstoffes nach Dumas . . . 0·211 „

Menge des Peptons im Darmkanal 1·352 ^{grm}.

3) Krystallinische Zersetzungsproducte.

Ein grosser Theil des krystallinischen Rückstandes wird in der angegebenen Weise auf Tyrosin untersucht. Es kann eine ganz unbedeutende schmutzige Violetfärbung beobachtet werden, die sofort in ein lebhaftes Violet übergeht, sobald der Flüssigkeit eine Spur von Tyrosinschwefelsäure zugefügt wird. Es kann sich daher nur um die Gegenwart äusserst minimaler Mengen von Tyrosin gehandelt haben.

Der ganze Rest des Rückstandes wird mit heissem Alkohol extrahirt. Nach dem Verdunsten des Weingeistes hinterbleibt ein sehr kleines Quantum mikroskopisch erkennbarer Leucinkrystalle.

B. Nicht gelöster Theil. Stickstoffmenge nach Dumas 0·428 ^{grm}.

III. Menge des resorbirten Eiweisses.

200 ^{grm} Fleisch = 64·0 ^{grm} Eiweiss. Angetroffen werden:

Einfach gelöstes Eiweiss im Magen	.	.	2·096 ^{grm}
Pepton	„	„	2·912 „
Unverändertes Futter	„	„	17·833 „
Einfach gelöstes Eiweiss im Darmkanal	.	0·917 „
Pepton	„	„	1·352 „
Ungelöster Darminhalt	.	.	2·743 „

Summa 27·853 ^{grm}.

Mithin sind resorbirt 36·147 ^{grm} Eiweiss.

Versuch V. Ein 7·7 ^{kgr} schwerer Hund erhält das gewöhnliche Versuchsfutter, welches einen Stickstoffgehalt von 4·837 Proc. besitzt und wird nach Ablauf von neun Stunden getödtet.

Der Mageninhalt ist von dickbreiiger Beschaffenheit. Beim Aufbinden hat das Thier Knochenkoth und einen Theil des auf das Versuchsfutter fallenden Fleischkothes entleert.

I. Mageninhalt.

A. Gelöster Theil. Das vollkommen klare Filtrat ist von saurer Reaction. Es wird die Hälfte der Flüssigkeit (60 ^{ccm}) in Arbeit genommen.

1) Einfach gelöstes Eiweiss.

Gewicht des Eisenniederschlages . . . . . 3·107 ^{grm}
„ „ Stickstoffes nach Dumas . . . 0·1482 „

Menge des einfach gelösten Eiweisses 1·810 ^{grm}.

2) Pepton.

Gewicht des Phosphorwolframsäureniederschlages 4·012 ^{grm}
„ „ Stickstoffes nach Dumas . . . 0·253 „

Gesammtmenge des Peptons 3·242 ^{grm}.

B. Nicht gelöster Theil. Gewicht des Stickstoffs nach Dumas 1·104 ^{grm}.

II. Darminhalt.

A. Gelöster Theil. Die braungefärbte und ziemlich klare Flüssigkeit besitzt ein Volumen von 165 ^{ccm} und hat eine deutlich saure Reaction. Die ganze Lösung dient den Bestimmungen.

1) Einfach gelöstes Eiweiss.

Gewicht des Eisenniederschlages . . . . . 4·401 ^{grm}
„ „ Stickstoffes nach Dumas . . . 0·0683 „

Menge des einfach gelösten Eiweisses 0·438 ^{grm}.

4*

2) Pepton.

Gewicht des Phosphorwolframsäureniederschlages 3·552 ^{grm}
     „   „   Stickstoffes nach Dumas . . . 0·1907 „
Menge des im Darm befindlichen Peptons 1·222 ^{grm}.

3) Krystallinische Zersetzungsproducte.

In der Hälfte des festen Rückstandes der eiweiss- und peptonfreien Darm-flüssigkeit kann vermittelst der Piria'schen Reaction kein Tyrosin nachgewiesen werden. In dem alkoholischen Auszuge aus der anderen Hälfte ist Leucin in so geringer Menge vertreten, dass es nur unter dem Mikroskop erkannt wer-den kann.

B. Ungelöster Theil. Gewicht des Stickstoffs nach Dumas 0·286 ^{grm}.

III. Menge des resorbirten Eiweisses.

200 ^{grm} Fleisch = 62·013 ^{grm} Eiweiss. Hiervon finden sich vor:

Einfach gelöstes Eiweiss im Magen . . 1·810 ^{grm}
Pepton   „   „ . . 3·422 „
Unverändertes Futter   „   „ . . 7·077 „
Gelöstes Eiweiss im Darmkanal . . . 0·438 „
Pepton   „   „ . . . 1·222 „
Ungelöstes Eiweiss „   „ . . . 1·840 „

Summa 15·329 ^{grm}.
Mithin sind resorbirt 46·684 ^{grm} Eiweiss.

Versuch VI. Ein in der gewöhnlichen Weise behandelter Hund von 7·35 ^{kgr} Körpergewicht wird 12 Stunden nach der Verabreichung von 200 ^{grm} Fleisch (Stickstoffgehalt 4·803 Proc.) getödtet.

Der Magen enthält 15 bis 20 ^{ccm} einer farblosen Flüssigkeit von schleimiger Beschaffenheit. In derselben schwimmt ein grauer Ballen von Wallnussgrösse, der aus verschluckten Haaren und ziemlich weit zerfallenen Muskelfibrillen besteht. Diese Masse wird mit dem Waschwasser der Magenschleimhaut vereinigt und in der bekannten Weise behandelt.

Der Dünndarm ist ziemlich leer; in seinem letzten Abschnitte finden sich geringe Mengen einer zähflüssigen braunen Masse. Der Dickdarm beherbergt dunkelbraunen Fleischkoth; im letzten Endstück des Rectums wird trockener Knochenkoth angetroffen.

I. Mageninhalt.

A. Gelöster Theil. Das stark saure Filtrat ist vollkommen klar und misst 50 ^{ccm}.

1) Einfach gelöstes Eiweiss.

Gewicht des Eisenniederschlages . . . . . 0·742 ^{grm}
     „   „ Stickstoffes nach Dumas . . . 0·0076 „
Menge des einfach gelösten Eiweisses 0·0076 ^{grin}.

2) Pepton.

Gewicht des Phosphorwolframsäureniederschlages 0·391 ᵍʳᵐ

„   „   Stickstoffes nach Dumas . . . 0·013 „

Menge des Peptons im Magen 0·083 ᵍʳᵐ.

B. Nicht gelöster Theil. Gewicht des Stickstoffes nach Dumas
0·0187 ᵍʳᵐ.

II. Darminhalt.

A. Gelöster Theil. Das bräunlich gefärbte Filtrat ist von saurer Reaction
und misst 280 ᶜᶜᵐ. Die ganze Flüssigkeit wird verarbeitet.

1) Einfach gelöstes Eiweiss.

Gewicht des Eisenniederschlages . . . . . . 1·472 ᵍʳᵐ

„   „   Stickstoffes nach Dumas . . . 0·0315 „

Menge des einfach gelösten Eiweisses 0·202 ᵍʳᵐ.

2) Pepton.

Gewicht des Phosphorwolframsäureniederschlages 2·315 ᵍʳᵐ

„   „   Stickstoffes nach Dumas . . . 0·128 „

Gewicht des Peptons 0·820 ᵍʳᵐ.

3) Krystallinische Zersetzungsproducte.

Tyrosin kann nicht nachgewiesen werden. Leucin kann nur durch Extraction des festen Rückstandes mit heissem Alkohol in ganz vereinzelten mikroskopischen Kryställchen erhalten werden.

Circa ⅔ des trockenen Rückstandes der eiweiss- und peptonfreien Darm-
flüssigkeit wird nach der Dumas'schen Methode verbrannt, und es werden 3·2 ᶜᶜᵐ
Stickstoff erhalten. Wollte man diese ganze Gasmenge auf Leucin beziehen, so
würden ihr 0·0374 ᵍʳᵐ Leucin entsprechen.

B. Nicht gelöster Theil. Gewicht des nach dem Dumas'schen Verfahren ermittelten Stickstoffes 0·302 ᵍʳᵐ.

III. Menge des resorbirten Eiweisses.

200 ᵍʳᵐ Fleisch = 61·705 ᵍʳᵐ Eiweiss. Hiervon werden angetroffen:

Einfach gelöstes Eiweiss im Magen . . 0·049 ᵍʳᵐ
Pepton   „   „   . . 0·083 „
Unverändertes Fleisch   „   „   . . 0·120 „
Einfach gelöstes Eiweiss im Darmkanal . 0·202 „
Pepton   „   „   . . 0·820 „
Ungelöster Darminhalt . . . . . . 1·936 „
Summa 3·210 ᵍʳᵐ.

Mithin sind resorbirt 58·515 ᵍʳᵐ.

Ergebnisse der Versuche:

Hinsichtlich der Magenverdauung geht aus den mitgetheilten Versuchen hervor, dass zu ihrem Ablaufe ein viel grösserer Zeitraum erforderlich ist, als man gewöhnlich annimmt. Während allgemein angegeben wird, das Fleisch weile nur 5 bis 6 Stunden im Magen, sehen wir, dass nach der Verabreichung mässiger Quantitäten eines Fleisches, dem durch tüchtiges Zerkleinern auf der Fleischschneidemaschine und durch Kochen die leichteste Verdaulichkeit gegeben wurde, noch nach Ablauf von 9 Stunden eine nicht unbedeutende Menge unverdauten Futters im Magen angetroffen wird und dass erst nach 12 Stunden der Verdauungsprocess als vollendet betrachtet werden kann.

In unseren Versuchen begann die Magenverdauung bald nach erfolgter Einfuhr des Futters, erreichte ihren grössten Umfang um die zweite Stunde und nahm von dieser bis gegen die neunte Stunde langsam ab, um gegen die zwölfte Stunde ihr Ende zu erreichen.

Ueberraschen musste auch die physikalische Beschaffenheit des Mageninhaltes. Während künstliche Verdauungsversuche nur bei Gegenwart eines bedeutenden Quantums Wasser günstige Erfolge liefern, und während man die Menge des secernirten Magensaftes allgemein als eine sehr bedeutende angibt, sahen wir den Mageninhalt — wenigstens gilt dieses für die ersten 6 Stunden der Verdauung — von einer so trockenen Beschaffenheit, dass er krümelig auseinanderfiel. Der geringe Flüssigkeitsgehalt des Mageninhaltes macht es unwahrscheinlich, dass der Magen nach Art eines mit Flüssigkeit gesättigten Schwammes seine Verdauungsproducte in den Dünndarm presst.

Hinsichtlich der bei der Magenverdauung gebildeten Producte ergaben die Versuche, dass das Pepton zu allen Zeiten der Verdauung die einfach gelösten Eiweissstoffe nicht unerheblich an Menge übertrifft, dass aber in dem Mengenverhältnisse der beiden Eiweissarten zu einander in den verschiedenen Stadien der Verdauung wesentliche Differenzen nicht bestehen. Folgende Tabelle gibt uns hierüber Aufschluss:

Zeit nach der Fütterung	Verhältniss des einf. gelöst. Eiw. z. Pepton.
1 Stunde	1 : 1·4
2 ,,	1 : 2·0
4 ,,	1 : 1·6
6 ,,	1 : 1·4
9 ,,	1 : 1·8
12 ,,	1 : 1·8

Bedeutsam dürfte auch die Erscheinung sein, dass die Menge der im Magen vorhandenen gelösten und verdauten Eiweissstoffe zu allen Zeiten der Verdauung annähernd dieselbe ist. Es fanden sich nämlich vor:

Zeit nach der Fütterung.	Menge des einfach gelösten Eiweises und des Peptons.
1 Stunde	5·349 grm
2 „	5·448 „
4 „	5·398 „
6 „	5·008 „
9 „	5·052 „

In der Menge des im Magen vorhandenen Peptons zeigten sich nur sehr unwesentliche Differenzen, denn es wurden angetroffen:

Zeit nach der Fütterung.	Gewicht des Peptons.
1 Stunde	3·087 grm
2 „	3·653 „
4 „	3·312 „
6 „	2·912 „
9 „	3·242 „

Die mitgetheilten Zahlen sprechen dafür, dass nach der Bildung eines bestimmten Maasses von Verdauungsproducten die Abfuhr dieser Körper gleichen Schritt mit der Verdauung hält, sodass es niemals zu einer Anhäufung von Verdauungsproducten kommen kann. Wie ist diese Erscheinung zu erklären? Verfügt der Magen über Einrichtungen, welche jeden Ueberschuss von Verdauungsproducten in den Darmcanal leiten, oder ist er selbst begabt, eine Resorption im Umfange der Verdauung auszuführen? Bei unseren gegenwärtigen Kenntnissen von den mechanischen Einrichtungen des Magens lässt sich hier keine sichere Entscheidung treffen, doch geht aus der Zusammensetzung des Darminhaltes, auf welche wir gleich noch zu sprechen kommen werden, hervor, dass ein nicht unerheblicher Theil der gelösten Stoffe des Magens in den Darmkanal gelangt.

Durch unsere Versuche ist auch der Beweis gebracht, dass die Peptonisirung der Eiweisskörper innerhalb des Verdauungsapparates in einem viel grösseren Umfange erfolgt, als man bisher gelehrt hat. Die

auf die Ergebnisse künstlicher Verdauungsversuche gestützte Annahme
Brücke's[19], die Endproducte der Wirkung des Pepsins in saurer Lösung
kämen für die Lehre von der Verdauung erst in zweiter Linie in Betracht, während einfach gelösten Eiweisskörpern die Hauptrolle zufiele,
konnte durch unsere Versuche nicht bestätigt werden, vielmehr hatte die
Peptonisirung bereits im Magen eine Ausdehnung erreicht, dass die Annahme begründet ist, es werde bereits in diesem Organe der weitaus
grösste Theil des genossenen Eiweisses in Pepton übergeführt.

Kommen wir zu den Ergebnissen hinsichtlich der Darmverdauung,
so verdient die in allen unseren Versuchen beobachtete saure Reaction
des Dünndarminhaltes zunächst hervorgehoben zu werden. Nicht allein
im oberen Abschnitte des Dünndarmes ist ein saurer Inhalt anzutreffen,
sondern auch die braunen und weniger flüssigen Massen, denen man am
Endabschnitte des Dünndarmes begegnet, zeigen in der Regel noch eine
schwach saure Reaction. Durch diesen Befund wird die allgemeine Angabe widerlegt, dass der Zufluss der drei alkalischen Verdauungssäfte
des Dünndarmes im Stande sei, den in diesen Darmabschnitt über-
tretenden Massen sofort alkalische Reaction zu verleihen. Bemerkt sei
übrigens, dass sich unsere Angaben nur auf den Darmkanal des Hundes
zur Zeit der Eiweissverdauung beziehen.

Die Reaction des Darminhaltes ist nun für die Einwirkung des
Bauchspeichels nicht ohne Bedeutung. Denn während alkalische Verdauungsgemische sehr schnell Fäulnisserscheinungen zeigen und während
in ihnen schon bald krystallinische Zersetzungsproducte und Indol in
grösserer Menge auftreten, tragen die Processe bei der Einwirkung eines
sauren Pankreasinfuses auf Eiweisskörper durchaus den Stempel reiner
Verdauungsvorgänge. Gelegentlich der Anwendung eines Drüsenauszuges,
zu dessen Bereitung eine Salzsäure von 0·2 ‰ benutzt wurde, konnte
beobachtet werden, dass die Verdauung grösserer Mengen von Fibrin
ziemlich schnell erfolgte und dass die Verdauungsgemische noch nach
vierzehntägiger Aufbewahrung bei 40° C. einen durchaus frischen Geruch
besassen; sie enthielten nicht die Spur von Indol und waren arm an
Leucin und Tyrosin.

Aber auch nach einer anderen Richtung hin ist die saure Reaction
des Darminhaltes von Bedeutung, nämlich für die Entstehung des zähen
gelben Niederschlages, den man im Dünndarm antrifft. Bei der Anwesenheit dieses Niederschlages kann mit Sicherheit auf saure Reaction geschlossen werden. Die zähen Massen lösen sich aber leicht, sobald die
Säure abgestumpft wird, daher findet man den Niederschlag in den aller-
letzten Abschnitten des Dünndarmes in der Regel nicht mehr. Der
Dünndarmniederschlag dürfte nun für die Sistirung der Pepsinver-

dauung von der grössten Wichtigkeit sein. Wir sind durch Brücke davon unterrichtet, dass das Pepsin im hohen Grade die Eigenschaft besitzt, sich kleinen festen Körpern anzuhängen; dieses Adhäsionsvermögen ist so bedeutend, dass es für die Reindarstellung des Pepsins benutzt wird. Der zähe Niederschlag des Dünndarms wird daher für diese Ausfällung in hohem Grade geeignet sein und es dürfte das Ferment erst wieder in Freiheit treten, nachdem der Gallenniederschlag in Folge der alkalischen Reaction im Endabschnitte des Dünndarms in Lösung gegangen ist. Durch Kühne davon in Kenntniss gesetzt, dass das Pepsin in saurer Lösung das pankreatische Eiweissferment zu zerstören vermag, sehen wir ein, dass die Rolle des Niederschlages für den Verdauungsprocess darin bestehen dürfte, das Trypsin vor der Zerstörung durch den Magensaft zu schützen. Ist das Pepsin im Endabschnitte des Dünndarms wieder in Freiheit gelangt, so vermag es keinen Schaden mehr anzustiften: Pepsin in alkalischer Lösung ist unwirksam.

Hinsichtlich der Umwandlungsproducte der Eiweisskörper im Darmkanal zeigte es sich, dass auch hier das Pepton am reichlichsten vertreten ist. Neben diesem finden sich stets nicht unbeträchtliche Mengen einfach gelöster Eiweisskörper vor. In einigen Versuchen wurde ermittelt, dass unter den gelösten Eiweisskörpern das Syntonin eine bedeutende Rolle spielt. Das Verhältniss der einfach gelösten Eiweisskörper zum Pepton zeigte nicht wesentliche Differenzen von demjenigen, wie es für den Mageninhalt festgestellt wurde. Da wir nun wissen, dass bei der Einwirkung des pankreatischen Saftes auf Eiweisskörper eine einfache Lösung nicht erfolgt, so dürfte dieser Befund ein wichtiges Zeugniss für die untergeordnete Rolle des pankreatischen Saftes bei der Eiweissverdauung der Fleischfresser sein und es dürfte die Annahme begründet sein, dass bei diesen Thieren fast die ganze Eiweissverdauung durch Pepsinwirkung in saurer Lösung zu Stande kommt. Für eine solche Anschauung spricht auch der Umstand, dass der Darm stets eine bedeutend geringere Menge von Verdauungsproducten enthält als der Magen und dass niemals ein grösseres Quantum verdaubaren Futters in ihm angetroffen wird.

Die Bildung krystallinischer Zersetzungsproducte des Eiweisses ist unter physiologischen Verhältnissen so unbedeutend, dass von der Umwandlung und Resorption einer irgend nennenswerthen Menge Eiweiss in Form krystallinischer Körper gar keine Rede sein kann. Nur in einem Falle gelang es, mit Hilfe der höchst empfindlichen Piria'schen Reaction winzige Spuren von Tyrosin nachzuweisen, und was das Auftreten von Leucin betrifft, so war die Menge dieses Körpers stets so gering, dass man sich nur auf mikroskopischem Wege von seiner Anwesenheit Gewissheit verschaffen konnte.

Die herrschende Lehre von der Eiweissverdauung im Dünndarm konnte daher durch unsere Versuche keine Bestätigung erhalten und dieses kann gar nicht überraschen, wenn man berücksichtigt, dass die herkömmlichen Anschauungen sich auf Ergebnisse künstlicher Verdauungsversuche stützen, die unter Verhältnissen angestellt wurden, welche — wenigstens gilt dieses für den Hund — gar nicht im Bereiche der physiologischen Möglichkeit liegen.

Für die Frage, welche Zeit verstreicht, bevor die unverdauten Fleischrückstände nach aussen gelangen, mag die Beobachtung nicht uninteressant sein, dass in Versuch V neun Stunden nach der Fütterung mit Fleisch Knochenkoth abgesetzt wurde, dem unmittelbar ein kleines Quantum Fleischkoth von vollkommen normaler Consistenz folgte, dass also das Futter in neun Stunden den ganzen Verdauungsapparat des Hundes zu passiren vermag.

[1] Réaumur, Sur la digestion etc. (*Mém. de l'Acad. des sciences*, 1752).
[2] Spallanzani, *Expériences sur la digestion.* 1783.
[3] Braconnot, Expériences chimiques sur le suc gastrique. (*Ann. de chimie et de physique*, t. XLIX.)
[4] Tiedemann und Gmelin, *Die Verdauung nach Versuchen.* 1826.
[5] Leuret und Lassaigne, *Recherches physiol. pour servir à l'histoire de la digestion.* 1825.
[6] Eberle, *Physiologie der Verdauung.* 1834.
[7] Mialhe, *Mém. sur la digestion et l'assimilation des matières albuminoïdes.* 1847.
[8] Lehmann, *Lehrbuch d. physiolog. Chemie.* 1857.
[9] Meissner, Untersuchungen über die Verdauung der Eiweisskörper. (*Zeitschrift f. rat. Medic.* III. Reihe, Bd. VII.)
[10] Mulder, Die Peptone. (*Arch. der Holl. Beitr. d. Natur- u. Heilkunde*, 1858.)
[11] Brücke, Beiträge zur Lehre von der Verdauung. (*Sitzungsber. d. mathem.-naturw. Klasse der K. Akad. d. Wissenschaften zu Wien.* Bd. XXXVII).
[12] Beaumont, *Experiments and observations on the gastric juice and the Physiol. of digestion.* 1834.
[13] Bassow, *Bullet. de la Société des naturalistes de Moscou.* 1842.
[14] Blondlot, *Traité analytique de la digestion.* 1843.
[15] Corvisart, Sur une fonction peu connue du pancréas etc. (*Gaz. hebdomadaire de médecine.* 1857.)
[16] Kühne, Virchow's *Archiv*, Bd. 39.
[17] Meissner, A. a. O.
[18] Kühne, *Verhandl. d. naturhist.-med. Vereins in Heidelberg.* N. F., Bd. I.
[19] Brücke, O. a. O.

Ueber den Zuckergehalt des Blutes.

Von

Dr. A. M. Bleile.

Aus der physiologischen Anstalt zu Leipzig.

Nach seinen Beobachtungen hält es v. Mering für wahrscheinlich, dass der im Hundeblut enthaltene Zucker vorzugsweise, vielleicht sogar ausschliesslich im Plasma gelöst sei. Ganz abgesehen von dem Lichte, in welchem die rothen Scheiben erscheinen, wenn sie sich frei von Zucker halten, obwohl sie in einer Lösung dieses indifferenten und leicht diffundirbaren Stoffes schwimmen, müssen auch, wenn jene Vorstellung richtig, an die Stelle der Bestimmungen der Zuckerprocente des Gesammtblutes diejenige des Serums treten. Aus diesem letzteren Grunde schien mir eine Prüfung jener Annahme vor Allem nothwendig, als ich den Entschluss fasste, über die Aenderungen zu arbeiten, welche im Zuckergehalt des Blutes durch die Fütterung mit Kohlenhydraten eintreten.

1. Zur quantitativen Bestimmung des Zuckers bediente ich mich der Titrirung durch eine alkalische Lösung von Jodquecksilber nach Sachsse, welcher ich in Folge einer Reihe von vergleichenden Untersuchungen vor der Fehling'schen Lösung den Vorzug geben musste. Anfänglich erschien mir die Genauigkeit des Verfahrens von Sachsse durch die Anwesenheit der Eiweissstoffe beeinträchtigt, welche nach der Erhitzung des neutralisirten Blutes oder Serums in Lösung verbleiben, weil ich beobachtet hatte, dass eine Peptonlösung das Quecksilber in der Siedetemperatur, wenn auch schwach, aber doch merklich reducirt.

Da nach den Erfahrungen von Prof. Drechsler das Pepton durch Phosphorwolframsäure aus der Lösung gefällt wird, und da ich mich davon überzeugt hatte, dass die Anwesenheit dieser Säure die Auswerthung des Zuckers durchaus nicht beeinflusst, so liess sich der von

Seiten der uncoagulablen Eiweisskörper drohende Fehler leicht bestimmen. — Zu diesem Ende wurde eine grössere Quantität von Serum in zwei Portionen getheilt und in dem wässerigen Extract der einen der Zucker nach der Ausfällung der Albuminate mit Phosphorwolframsäure, in dem anderen, ohne dass dieses geschehen, titrirt. Im ersteren Falle erfuhren die Vorschriften von Sachsse folgende Abänderung. Nachdem das Blut oder Serum mit Essigsäure neutralisirt und gekocht, das Coagulum abfiltrirt und ausgewaschen war, wurde die Lösung mit Chlorwasserstoff stark angesäuert und darauf mit Phosphorwolframsäure versetzt. Dieser letztere wurde abfiltrirt, ausgewaschen und die Flüssigkeit auf dem Wasserbade eingeengt, hierauf wurde sie mit Natronlauge bis zur alkalischen Reaction versetzt und dann nach Sachsse weiter verfahren. Von den vergleichenden Bestimmungen mögen zwei Beispiele genügen.

1) Serum
  a. ohne Zusatz von Phosphorwolframsäure 0·106 Proc. Zucker
  b. nach Zusatz von derselben . . . . $\begin{cases} 0·108 \quad „ \quad „ \\ 0·107 \quad „ \quad „ \end{cases}$

2) Serum
  a. ohne Zusatz von Phosphorwolframsäure 0·064 Proc. Zucker
  b. nach Zusatz von derselben . . . . . 0·064 „ „

Die Uebereinstimmung der Zahlen in diesen und anderen Fällen lässt die Anwendung der Phosphorwolframsäure bei der Zuckerbestimmung im Serum als überflüssig erscheinen. Anders könnte es sich vielleicht mit dem Gesammtblute verhalten, da sich aus den durch Centrifugiren mit Salzlösung von Zucker befreiten Blutscheiben mittels kochenden Wassers ein Körper ausziehen lässt, welcher auf Quecksilber reducirend wirkt; aber auch hier tritt ein anderer Umstand ein, der mich auf die Anwendung der Phosphorwolframsäure verzichten liess.

Bei meinen vielfachen Bestimmungen machte ich öfter die Erfahrung, dass trotz der stets gleichen Sorgfalt doch Abweichungen im Zuckergehalt zweier Portionen derselben Flüssigkeit vorkamen, die aus den mit der Titrirung verknüpften Fehlern unerklärt blieben. Um diese letzteren möglichst zu verkleinern, hatte ich stets mindestens 20 ᶜᶜᵐ Blut oder Serum in Arbeit genommen und den Titer der Jodquecksilberlösung derart gestellt, dass 1 ᶜᶜᵐ derselben 3·8 ᵐᵍʳ Zucker entsprachen. Hiernach wären im ungünstigsten Falle Unsicherheiten in den Grenzen von 1 bis 2 ᵐᵍʳ zu erwarten gewesen. Wenn sich nun auch in der überwiegenden Mehrzahl der Fälle die Abweichungen zweier Parallelbestimmungen nicht über diesen Werth hinaus erstreckten, so kamen doch auch solche bis zu 7 ^{mgr} vor. Den einzigen Grund, aus dem ich diesen Fehler erklären kann, finde ich darin, dass die Coagulation des Albumins der Titrirung vorangehen muss; je nachdem dasselbe in Flocken oder Klumpen ausfällt, wird sich das Gerinnsel mehr oder weniger vollständig auswaschen lassen. Ist diese Bemerkung richtig, so lässt sich auch erwarten, dass bei vergleichenden Bestimmungen aus dem Gesammtblute und des ihm angehörigen Serums der proportionale Fehler wegen des umfänglicheren Coagulums in dem ersteren grösser ausfallen wird, und es dürfte sich manche Frage erst dann endgültig entscheiden lassen, wenn es gelungen sein würde, die Titrirung vor der Ausfällung der Eiweisskörper vorzunehmen.

In einer besonderen Versuchsreihe habe ich auch den Einfluss geprüft, welchen die Zeit auf den Zuckergehalt des Blutes übt, die mehrfacher Manipulationen wegen zwischen dem Aderlass und dem Aufkochen des Blutes zu verstreichen pflegt. Als Ergebniss derselben stellte sich heraus, dass während der ersten 5 Stunden der Zuckergehalt keine Minderung erfährt, vorausgesetzt, dass das Blut bei Zimmerwärme in einem gut zugedeckten Glase aufbewahrt wird. Dieses bezeugen die nachstehenden Zahlen, welche sich sämmtlich auf defibrinirtes Blut beziehen:

1) unmittelbar nach dem Aderlass aufgekocht 0·160 Proc. Zucker
   fünf Stunden später aufgekocht . . . . 0·159 „ „

2) unmittelbar nach dem Aderlass aufgekocht 0·124 „ „
   drei Stunden später aufgekocht . . . . 0·126 „ „

3) unmittelbar nach dem Aderlass aufgekocht 0·118 „ „
   fünf Stunden später aufgekocht . . . . 0·104 „ „

4) unmittelbar nach dem Aderlass aufgekocht 0·120 „ „
   fünf Stunden später aufgekocht . . . . 0·111 „ „

Es bewegen sich, wie man sieht, die Abweichungen in den unvermeidlichen Fehlergrenzen. — Anfänglich hatte ich, zur Vermeidung einer drohenden Zersetzung, dem Blute, welches einige Stunden nach dem Aderlass analysirt werden sollte, verschiedene Stoffe zugesetzt, z. B. schwefelsaures Natron, Essigsäure, Thymol und Carbolsäure; da ich jedoch mit ihrer Hülfe keine besseren Resultate als ohne dieselbe erzielte, so habe ich von ihnen Abstand genommen.

Anders verhält sich das Blut, wenn es statt in den verschlossenen Gefässen zu ruhen, mehrere Stunden hindurch mit Hülfe des Gasmotors anhaltend geschüttelt wird. In diesem Falle macht sich eine Verminderung des Zuckergehaltes geltend:

1) nach dreistündigem ruhigen Stehen . 0·178 Proc. Zucker
   drei Stunden hindurch geschüttelt . . 0·157 „ „

2) nach dreistündigem ruhigen Stehen . 0.197 „ „
   drei Stunden hindurch geschüttelt . . 0·170 „ „

Dieser Erfolg führte zu der Frage, ob nicht vielleicht durch das zur Ausscheidung des Serums nothwendige Centrifugiren ein Verlust eintreten möchte; es scheint jedoch nicht der Fall, oder mindestens nur innerhalb der sonst unvermeidlichen Fehler. Dieses zeigt das folgende Beispiel, welches ebenfalls für geschlagenes Blut gilt:

nach dreistündigem ruhigen Stehen 0·126 Proc. Zucker
nach dreistündigem Centrifugiren . 0·118 „ „

2. Ueber das Verhältniss, in welchem der Zuckergehalt des Serums zu dem der Scheiben steht, kann uns gegenwärtig nur ein Versuch aufklären: die vergleichende Bestimmung der procentischen Zuckermengen im Blute und in dessen Serum.

Allerdings kann man auch auf der Centrifuge die Blutkörperchen durch zweimaliges Auswaschen mit dem zehnfachen Volumen 2·5 procentiger Kochsalzlösung von dem anhängendem Serum befreien und sich davon überzeugen, dass die zurückbleibenden Scheiben keinen Zucker mehr enthalten. Doch aus dieser Erfahrung kann auf den Zuckergehalt der im Blute kreisenden Körperchen nicht geschlossen werden, so lange es im hohen Grade wahrscheinlich bleibt, dass der in ihnen möglicher Weise enthaltene Zucker durch Diffusion in die auswaschende Flüssigkeit übergeht.

So blieb mir denn zur Lösung meiner Aufgabe nichts anderes übrig, als in einer grösseren Reihe von Blutarten den Zuckergehalt des Gesammtblutes und des zugehörigen Serums zu vergleichen. Hierbei bin ich zu den folgenden Zahlen gekommen, welche für je 100 Theile der betreffenden Flüssigkeit gelten:

	Blut.	Serum.
1.	0·052	0·102
2a.	0·082	0·155
2b.	0·097	0·176
3.	0·035	0·056
4.	0·068	0·109
5.	0·117	0·181
6.	0·109	0·165
7.	0·102	0·126
8.	0·108	0·125

Nach seinen absoluten Werthen weicht der Zuckergehalt des Gesammtblutes und des Serums von Fall zu Fall nicht unbeträchtlich von
einander ab, aber durchweg befindet sich derjenige des Serums in einem
Uebergewicht über den des Gesammtblutes. Inwieweit dieses der Fall,
tritt am deutlichsten dadurch hervor, dass man aus den gewonnenen
Daten die Serumsmenge berechnet, welche dem Blute eigen sein muss,
wenn durch die ihm angehörige die gesammte Zuckermenge des Blutes
bestritten werden solle. Da nach der oben ausgesprochenen Annahme
$Sz = Z$ sein soll, vorausgesetzt, dass S die Serumsmenge in 100 Theilen
Blut, z und Z den procentischen Zuckergehalt des Serums und des Blutes
bedeuten, so ist die gesuchte Menge des Serums $S = \dfrac{Z}{z} 100$. Führt man
diese Rechnung aus, so ergeben sich für die mitgetheilten Bestimmungen
der Reihe nach als hypothetische Serumprocente des Blutes:

1.	50·98	5.	64·64
2 a.	52·90	6.	66·06
2 b.	55·11	7.	80·95
3.	62·50	8.	86·40
4.	62·89		

Aus diesen Zahlen geht mit einem hohen Grade von Wahrscheinlichkeit hervor, dass es Blutarten giebt, deren Serum einen genügend
grossen Zuckergehalt besitzt, um denjenigen des Gesammtblutes zu decken,
mit anderen Worten: deren geformte Bestandtheile als zuckerfrei gelten
dürfen. Den einzigen Einwand, welchen man gegen die Beweiskraft der
vorgelegten Zahlen und der an sie geknüpften Betrachtungen erheben
kann, leitet sich aus der Unsicherheit ab, welche für die Bestimmung
des Zuckers aus dem Gesammtblute besteht. Es kann dieselbe, wie schon
erwähnt, zu niedrig ausfallen, da sich sein festeres Gerinnsel möglicherweise
nicht so vollkommen wie dasjenige des Serums auswaschen lässt. Doch
wie gross man auch die hieraus erwachsende Verminderung des Zählers
in dem Bruche $\dfrac{Z}{z}$ annehmen will, keinesfalls würde bei sorgfältiger Arbeit diese Annahme genügen, um daraus in den Beobachtungen 1 und 2
den hypothetischen Serumgehalt soweit empor zu heben, dass er mehr
als 60 Proc. des Blutes ausmachen würde. Da zudem sieben Mal unter
neun Beobachtungen sich der Serumgehalt auf nicht höher als 65 Proc.
berechnet, da er mithin in der überwiegenden Mehrzahl der Fälle sich
in den Grenzen hält, welche dem Procentgehalt des Blutes an Serum
durch andere Beobachtungen angewiesen sind, so wird es mindestens un-

wahrscheinlich, dass die von mir gewonnenen Resultate auf einer Zu-
fälligkeit beruhen.

Von einer noch geringeren Bedeutung, als der eben besprochene,
ist der Einwand, welcher aus dem ungleichen Gehalte des Hundeblutes
an Serum bei den verschiedenen zu meinen Versuchen benutzten Individuen hergenommen wird. Durch die Beobachtungen über die Färbekraft
des Blutes ist schon seit lange bekannt, dass sein Gehalt an Körperchen
bedeutende Variationen erleidet.[1]

Wenn sich nun auch die mitgetheilten Zahlen mit der Annahme
vereinigen lassen, dass die Körperchen des Blutes zuckerfrei sein können,
so liefern sie doch keinenfalls einen Beweis für dieselbe.

Hierzu würden sie erst für genügend erachtet werden müssen, wenn
das aus ihnen berechnete Serumprocent mit dem übereinkäme, welches
nach einer anderen unanfechtbaren Methode ermittelt worden wäre. Als
eine solche gilt diejenige, welche nach dem Vorschlage von Hoppe-
Seyler auf eine Auswerthung des Eiweisses und Hämoglobins in dem
Blute und in dem serumfreien Cruor und daneben auf die des Eiweisses
im Serum ausgeht. Ihr Princip ist durch die Gleichung $S = \dfrac{b-k}{e} 100$
ausgesprochen, in welcher S die procentische Serummenge, b das Eiweiss
und Hämoglobin in 100 Theilen des Gesammtblutes, k das Hämoglobin
und Eiweiss in den Körperchen von 100 Theilen Blutes, e endlich das
Eiweiss in 100 Theilen Serum bedeutet. Unter den Werthen, welche die
Analyse zur Auflösung dieser Gleichung liefern muss, erregt der von k
das Gewicht des Hämoglobins und Eiweisses in dem Körperchen von
100 Theilen Blut einiges Bedenken. Um dasselbe feststellen zu können,
müssen die geformten von den flüssigen Bestandtheilen des Blutes befreit werden, ohne dass sie einen Verlust an den fraglichen Verbindungen
erleiden; zu diesem Ende setzt man das mit dem zehnfachen Volum
einer 2·5 Proc. NaCl-Lösung verdünnte Blut so lange auf die Centrifuge,
bis die Körperchen zu einem zähen Brei zusammengedrängt sind; hebt
man dann die Flüssigkeit ab und wiederholt unter ebenso vielfacher Erneuerung derselben das Centrifugiren noch zwei- bis dreimal, so kann
man darauf rechnen, das Serum bis auf Spuren entfernt zu haben. Da
sich hierbei das Salzwasser nicht röthet, so ist aus den Körperchen kein

---

[1] Zur Vergleichung mit den obigen Zahlen mögen die Bestimmungen des
Serumprocentes dienen, welche von Sacharjin nach der Fibrinmethode Hoppe's
und von Bunge nach der Hämoglobin-Eiweissmethode Hoppe's gewonnen sind:
Sacharjin (Virchow's Archiv, Bd. 21) findet im Hundeblut bei drei Versuchen
63·71, 66·55, 74·48 Proc. Plasma. Bunge (Zeitschrift für Biologie, Bd. 12) im
Schwein 56·32, im Pferd 46·41, im Rind 68·13 Proc. Plasma.

Hämoglobin ausgetreten, insofern aber dieses als ein krystallisirbares Molecül leichter als das colloide Eiweiss diffundirt, kann man auch erwarten, dass von diesem in die Salzlösung gewiss nichts übergegangen sei. Dieser Schluss, welcher unter Umständen ganz gerechtfertigt erscheint, wird für unseren Fall so lange auf keine unbedingte Zustimmung zählen dürfen, als wir die Bindungs- und Mischungsart des Eiweisses und Hämoglobins in der Blutscheibe nicht kennen. Das Gewicht der Bedenken wächst, wenn wir erfahren, dass die Körperchen durch das fortgesetzte Auswaschen mit 2·5 Proc. NaCl-Lösung ihrer Fähigkeit beraubt werden, das Hämoglobin so fest zu halten, wie sie es ursprünglich vermochten; so sah Bunge, dessen Erfahrung ich bestätigen kann, dass das Salzwasser spätestens bei der vierten Erneuerung, manchmal aber auch schon bei einer früheren einen Stich in's Rothe angenommen hatte, nachdem es von der Centrifuge ausgeschieden war. Würde aber durch das Salzwasser gleichzeitig mit der Entfernung des Serums auch den Scheiben ein Theil ihres Eiweisses entzogen, so müsste, entsprechend der Gleichung, auf welcher die Analyse ruht, das nach ihr bestimmte Serumprocent sich höher berechnen, als es in Wirklichkeit ist. Da jedoch nach den Analysen, welche Bunge mittheilt, der drohende Fehler nicht sehr in das Gewicht zu fallen scheint, so habe ich mich ebenfalls des Verfahrens von Hoppe-Seyler bedient, als es sich um eine Controle der durch den Zucker bestimmten Serumprocente handelte.

Bei den vergleichenden Analysen bediente ich mich je zweier Antheile desselben Blutes; der Serumgehalt aus der einen wurde nach Hoppe-Seyler, aus der anderen aber durch die Titrirung des Zuckers bestimmt.

In zwei aus verschiedenen Thieren stammenden Blutarten ergaben sich für 100 Theile Blut

1) Nach der Methode von Hoppe-Seyler . . 68·66 Serum
   durch die Titrirung mit Zucker . . . . . 62·66 „
2) Nach der Methode von Hoppe-Seyler . . 69·04 „
   durch die Titrirung mit Zucker . . . . . 64·64 „

Der Mangel an Uebereinstimmung, welcher zwischen den auf verschiedene Weise gewonnenen Zahlen herrscht, beeinträchtigt allerdings die Zuversicht auf die an ihnen abzuleitenden Schlüsse. Gesetzt aber es wären die durch das Eiweisshämoglobinverfahren gewonnenen Zahlen der Wahrheit gemäss, so würde aus den durch Titrirung erhaltenen hervorgehen, dass sich zwar der Gehalt des Blutes an Serum mittels der hierzu verwendeten Zuckerbestimmung nicht mit Sicherheit erfahren lasse, dass dagegen höchst wahrscheinlich in den beiden vorliegenden Fällen der Zucker des Blutes nur in dem Serum enthalten gewesen sei. Zur Unterstützung der eben gegebenen Auslegung verweise ich auf eine frühere Bemerkung, wonach eine Wahrscheinlichkeit dafür besteht, dass sich aus den Zuckerbestimmungen der Serumgehalt niedriger, als er in Wahrheit ist, ergiebt. Uebrigens liegt keine Nöthigung dafür vor, die Ursache für die Abweichung je zweier zueinander gehörigen Zahlen allein auf die Zuckerbestimmung zu schieben, denn da es nicht sicher steht, ob nicht die mittels der Eiweisshämoglobinmethode erlangten Resultate niedriger als die wahren Werthe ausfallen, so könnte möglicherweise die Wahrheit irgendwo in der Mitte zwischen den durch die beiden Verfahrungsarten aufgefundenen Werthen liegen.

Abweichend von den eben besprochenen verhielt sich ein drittes Blut; in 100 Theilen desselben wurden angegeben:

Nach der Methode von Hoppe-Seyler . 54·24 Serum
nach der Titrirung des Zuckers . . 64·72 „

Da in diesem Falle das durch den Zucker ermittelte Serumprocent gerade nach der entgegengesetzten Seite von der fällt, auf welcher es nach den ersten beiden Analysen und unter Berücksichtigung des wahrscheinlichen Fehlers zu erwarten gewesen, so muss man schliessen, dass diesmal die Körperchen einen geringen Zuckergehalt besessen haben. Nimmt man das nach Hoppe-Seyler bestimmte Serumprocent als richtig an, so wären in den Körperchen der 20 ^{ccm} Blut, welche der Titrirung unterzogen wurden, nur 3·9 ^{mgr} Zucker enthalten gewesen.[1]

Die Versuche, welche ich über die Vertheilung des Zuckers unter die flüssigen und geformten Bestandtheile des Blutes mitgetheilt, kann ich mit dem Satze schliessen: In dem Blute scheint der Regel nach der Zucker nur dem Serum eigen zu sein, doch mag es auch vorkommen, dass ein kleiner Antheil des Zuckers in den Körperchen enthalten ist. — Das was hier bedingt ausgesprochen, wird sich erst definitiv behaupten lassen, wenn die Methode, wonach der Zucker im Blute bestimmt wird, der Coagulation entbehren kann. — In der Annahme, dass die Körperchen je nach Umständen Zucker enthalten oder auch frei davon sein können,

---

[1] In 100 Theilen Blut wurden gefunden 0·118 und in 100 Theilen Serum 0·182 Zucker. Nehmen wir an, dass in 100 Theilen Blut 54·24 Serum enthalten gewesen, so ergiebt sich der Gehalt von 100 Theilen Körperchen an Zucker =

$$\frac{(100 \times 0·118) - (54·24 \times 0·182)}{45·76}$$

und hieraus folgt die obige Zahl für 9·15 ^{ccm} Körperchen, welche in dem titrirten Blute enthalten waren.

liegt übrigens nichts an sich Unwahrscheinliches; stellen sie sich doch nach Bunge ebenso dem Chlornatrium gegenüber.

Als ich nun zur Ausführung der Versuche schritt, durch welche ich mich über Aenderungen unterrichten wollte, die das Blut während der Verdauung von Zucker bildenden Stoffen erfährt, so konnte es für mich nicht mehr zweifelhaft sein, dass es nur zum Vortheil für die Genauigkeit der Bestimmungen und für die Sicherheit des Vergleiches verschiedener Blutarten diene, wenn man den Zucker aus dem Serum, nicht aber aus dem Gesammtblute titrirt.

3. An einer genaueren Kenntniss darüber, bis zu welcher Grösse und in welchem zeitlichen Verlauf der Zucker im arteriellen Blute zunimmt, wenn aus dem Darmrohr die saccharogenen Stoffe des Futters verschwinden, fehlt es uns noch gänzlich.

Die Thiere, welche zu Versuchen hierüber dienen sollten, fasteten vor Beginn derselben so lange, bis man des nüchternen Zustandes ihrer Verdauungswege sicher sein konnte. — Alsdann wurde ihnen ein Brei aus bekannten Gewichten Rohrzuckers und Dextrins gereicht oder wenn von diesen beiden nur das letztere gegeben wurde, so erhielt dasselbe als schmackhaften Zusatz noch einige Cubikcentimeter Milch. Aderlässe, die das Blut zur Analyse lieferten, wurden unmittelbar vor und in gemessenen Zeiten nach der Fütterung ausgeführt, jedesmal in genügender Menge, um 20 ccm Serum gewinnen zu können. — Einige Stunden nach der Fütterung wurde das Thier getödtet, der Inhalt des Magens und des Darmes sorgfältig gesammelt, durch Alkohol oder Aufkochen vor weiterschreitender Zersetzung geschützt. Dann wurden alle Zucker gebenden Bestandtheile durch Erhitzen mit verdünnter Schwefelsäure in Traubenzucker übergeführt.

I. Körpergewicht 10.5^k, 24 Stunden Fasten, dann einen Aderlass aus der Carotis von 75^{ccm}, hierauf 100^{grm} Dextrin mit 50^{grm} Rohrzucker, entsprechend 163·89 Traubenzucker, gefüttert und in den angegebenen Zeiten noch drei Aderlässe von je 75^{ccm} vorgenommen. 5 Stunden 10 Minuten nach der Fütterung wird das Thier getödtet. Der Magen enthielt eine gelbe Flüssigkeit. Magen und Darmcanal werden sorgfältig entleert mit Alkohol ausgewaschen. Der Inhalt jedes dieser Abschnitte besonders gesammelt, getrocknet und der Rückstand mit SO$_4$H$_2$ von 2 Proc. 4 Stunden lang erhitzt; neutralisirt und eingedampft. Aus dem Versuche ergaben sich folgende Zahlen:

Verfüttert ein Aequivalent von . . 163·89 ^{grm} Traubenzucker

Gefunden im Magen 61·98}
       „   „ Darm 12·51} . . 74·49 „   „

In 5 Stunden 10 Minuten verdaut . 89·40 „   „

5*

100 Theile Carotidenserum enthielten vor der
    Fütterung . . . .   0·216^{grm} Zucker
1 Stunde 20 Minuten nach der Fütterung .   0·252 „   „
3   „   40   „   „   „   „   . 0·264 „   „
5   „   10   „   „   „   „   . . 0·260 „   „

II. Körpergewicht 13·6 ^{k}, 4 Tage Fasten, dann einen Aderlass aus der A. carotis von 75 ^{ccm}, hierauf 100 ^{grm} Dextrin, entsprechend 111·11 Traubenzucker, gefüttert und zu den angegebenen Zeiten zwei Aderlässe von je 75 ^{ccm} gemacht. 4 Stunden 30 Minuten nach der Fütterung wird das Thier getödtet. Magen- und Darminhalt besonders gesammelt, mit dem Waschwasser verdünnt, sogleich aufgekocht und dann wie oben weiter behandelt. Es ergaben sich die folgenden Zahlen:

Verfüttert ein Aequivalent von . . .   111·11 ^{grm} Traubenzucker
Gefunden im Magen 22·24 }
   „   „   Darm   6·959} . .   29·19 „   „

In 4 Stunden 30 Minuten aus den
    Eingeweiden verschwunden . .   81·92 ^{grm} Traubenzucker

100 Theile Carotidenserum enthielten vor der
    Fütterung . . . .   0·170 ^{grm} Zucker
2 Stunden 30 Minuten nach der Fütterung.   0·348 „   „
4   „   30   „   „   „   „   . 0·384 „   „

Es nimmt also nach der Einführung von zuckergebenden Stoffen in den Magen der Zuckergehalt des arteriellen Blutes zu, aber die Summe, um welche das Blut an Zucker zugenommen, kommt nicht in Betracht gegen die Menge dessen, welche aus den Eingeweiden verschwand. — So hatte im Versuche I in der fünften Stunde nach der Dextrinverdauung der Zuckergehalt des Serums gegen den Hungerzustand um 0·048 Proc. zugenommen. Besässe das Thier 8 Proc. seines Körpergewichts an Blut, also = 840 ^{ccm} und wären 75 Proc. hiervon Serum = 630 ^{ccm}, so würde die Gesammtmenge des Zuckers bei einem Procentgehalt des Serums von 0·264 Zucker nur 1·66 ^{grm} und der Zuwachs nur 0·30 ^{grm} betragen haben, obwohl aus dem Darm 89 ^{grm} des Zuckeraequivalents verschwunden waren. — Zu demselben Ergebniss führt, wie ohne eine weitere Zergliederung ersichtlich, der zweite Versuch.

Nach allem, was wir von früher her wissen, ist dieses Resultat kein unerwartetes, denn niemals wurde bei Thieren, wenn sie eine an zuckergebenden Stoffen reiche Kost verdauten, auch nur annähernd ein Zuckergehalt des Blutes gefunden, wie er zu erwarten gewesen, wenn sich in diesem die aus dem Darmcanal verschwundenen Zuckerstoffe angehäuft hätten. Neu ist in den vorgelegten Beobachtungen nur das Ergebniss, dass die Vermehrung, welche der Zuckergehalt des Blutes erfährt, schon in einer verhältnissmässig frühen Periode der Verdauung einen Werth erreicht, der später nicht mehr überschritten wird, trotzdem dass sich in den Eingeweiden noch reichliche Zuckermengen vorfinden, die von dort in einem stetigen Verschwinden begriffen sind. Diese Erfahrungen lassen keine andere Deutung als die zu, dass der Zucker schon während der Verdauung der Kohlehydrate, aus denen er hervorgeht, weiter zerlegt werde; denn wenn sich die 80 und mehr Gramme, welche in wenigen Stunden aus den Eingeweiden verschwinden, in einer Körpermasse von 10 Kilo vertheilt hätten, so müssten einzelne Säfte derselben um ganze Procente an Zucker zugenommen haben und zwar um so gewisser, weil sich die Lymphe, wie v. Mering gezeigt, und weil sich, wie oben gezeigt, das Blut nur mit geringen Bruchtheilen eines Procentes an der Aufspeicherung des genannten Stoffes betheiligen.

Ob aber die Zersetzung schon im Darmcanal oder erst jenseits desselben geschieht, darüber lassen uns die bis jetzt bekannten Thatsachen noch im Unklaren. Bildete sich z. B. noch innerhalb des Dünndarms ein bedeutender Antheil des entstandenen Zuckers in Milchsäure u. s. w. um, so würde sich der Stillstand, den wir im Zuckergehalt des arteriellen Blutes trotz der fortschreitenden Verdauung der Kohlehydrate kennen lernten, aus dem mangelnden Zufluss desselben erklären lassen.

4. Mit dieser Stellung der Frage war der Versuch vorgezeichnet, welcher, wenn auch nicht zur vollen Entscheidung der hingestellten Alternative, so doch mindestens zu einem weiteren Aufschluss über den Ort führen musste, an welchem die Umsetzung des Zuckers vor sich geht. Jedenfalls entzieht sich der Theil des Zuckers, welcher aus dem Blut übertritt, einer im Darmcanal stattfindenden Zersetzung und somit war zu prüfen, ob in allen Stadien der Dextrinverdauung durch das Pfortaderblut mehr Zucker abgeführt wurde als mit dem arteriellen in die Darmcapillaren hineingebracht worden, namentlich aber ob auch in jener Zeit, in welcher trotz der fortdauernden Dextrinverdauung der Gehalt des arteriellen Blutes an Zucker auf seine obere Grenze gelangt war, das Ueberströmen dieses Stoffes in die Pfortaderwurzeln noch anhielt.

Die Hoffnung, dass dieser Plan zu einem Ziele führen werde, gründete sich wesentlich auf die Beobachtungen v. Mering's; dieser hatte, als er das Pfortaderblut nach einem vertrauenswürdigeren Verfahren als

den vor ihm geübten auffing, gefunden, dass sich während der Verdauung
von saccharogenen Stoffen der Zucker des venösen Darmblutes quantitativ
oder qualitativ von dem des arteriellen Blutes unterscheidet.

Der hiermit vorgezeichnete Weg war also weiter zu verfolgen.
Ueber die Mittel und Bedingungen der Versuche, in denen dieses geschah,
ist zu bemerken: Alle Thiere, die in dieser und der folgenden Reihe
dienten, waren nach vorgängigem Fasten nur mit Dextrin gefüttert; und
es wurde mit dem Auffangen des Portalblutes erst begonnen, nachdem
man sicher sein konnte, dass die Verdauung bezw. die Zuckerbildung in
vollem Gange war. — Das Blut gewann ich nach der durch v. Mering
genauer beschriebenen Weise aus einem durch die Milzvene eingeführten
Rohre, welches bis in den Pfortaderstamm reichte. In mehreren Versuchen unterschied sich das Verfahren nur dadurch von dem am angeführten Orte dargestellten, dass die Anlegung der leicht lösbaren Schlinge
und des Ligaturstabes um die Pfortader und zwar deshalb unterblieb,
weil ich gesehen hatte, dass das Blut aus der Vene durch das eingelegte Rohr in vollem Strahle abfloss, obwohl ihm der Ausweg gegen
die Leber hin offen stand. Somit konnte eine Operation erspart
und dabei auch noch erreicht werden, dass nicht einen Augenblick hindurch der Blutstrom in der Darmwand stockte. Ehe noch das Rohr in
die Milzvene geschoben ward, unterband ich die Milzarterie, so dass das
Blut, welches zur Pfortader kam, ihr ausschliesslich von dem Verdauungs-
canal zuströmte.

Da man nach einer Erfahrung v. Mering's darauf gefasst sein
musste, dass ausser dem Traubenzucker auch noch andere Verdauungsproducte des Dextrins im Pfortaderblut auftreten würden, und da zu
erwarten war, dass dieses bei voller und ausschliesslicher Verarbeitung
des Dextrins ganz vorzugsweise geschehen möchte, so war auf dieses
Vorkommen besonders zu achten. Bei den unter Berücksichtigung dieses
Umstandes vorgenommenen Reactionen traf ich im Pfortaderblute niemals
auf Erythrodextrin, dagegen wurde einmal das Reductionsvermögen des
Blutextractes durch Erhitzen mit Säure sehr bedeutend erhöht, denn es
waren nach Angabe des Titers vor dem Kochen 0,375 Proc. Zucker vorhanden gewesen, während sich nach dem Kochen mit verdünnter Salzsäure das Zuckerprocent auf 0,500 stellte. Obwohl nun keineswegs
jedesmal durch das Kochen mit Säure eine Steigerung des Reductions-
vermögens erzeugt wird, so dürfte es doch zu den unumgänglichen Vorsichtsmaassregeln gehören, der Titrirung des wässerigen Serumauszuges
der Pfortader die Erhitzung desselben mit Säure voraufgehen zu lassen.

Von der Milzvene aus kann der Zugang zur Pfortader allerdings
gewonnen werden, ohne den Blutstrom durch den Darm zu beeinträch-

tigen; das Gleiche darf man leider nicht von der Eröffnung der Peritonaealhöhle erwarten, deren Folgen sich trotz der Anwendung von Carbol und wärmender Bedeckung allmählich geltend machen. Aus diesem Grunde ist die Zeit, während welcher man nach der Einlegung der Röhre in die Milzvene das Blut aus der Pfortader entnehmen kann, eine beschränkte; solche Reihen von Blutentziehungen, wie in den verschiedenen Stadien der Dextrinverdauung an den Arterien, werden sich nicht an der Pfortader anstellen lassen. Wollen wir also erfahren, ob der Uebergang von Zucker aus dem Darm in die Pfortader auch noch während der Zeit fortdauert, in welcher der Zuckergehalt des arteriellen Blutes auf seinen constanten Werth angewachsen ist, so bleibt uns nichts anderes übrig, als den Versuch einige Stunden nach der Dextrinfütterung vorzunehmen. Nach dieser Regel habe ich mich gerichtet.

Körpergewicht 25.9^k, 5 Tage Fasten, dann 100^{grm} Dextrin verfüttert; 3 Stunden später werden abwechselnd in ununterbrochener Reihenfolge je 75^{ccm} Blut aus der Art. carotis und Vena porta gesammelt. Die zeitliche Ordnung, in welcher die Blutungen vorgenommen werden, sind durch die Zahlen 1, 2, 3 u. s. w. bezeichnet, welche vor den Ergebnissen der Serumanalyse stehen.

1) Serum des Pfortaderblutes gab . . . 0·310 Proc. Zucker
2) „ „ Carotidenblutes „ . . . 0·232 „ „
3) „ „ Pfortaderblutes „ . . . 0·325 „ „
4) „ „ Carotidenblutes „ . . . 0·226 „ „
5) „ „ Pfortaderblutes „ . . . 0·238 „ „
6) „ „ Carotidenblutes „ . . . 0·240 „ „

Durch das analytische Resultat der vier ersten Blutentziehungen aus der V. porta und der A. carotis ist es somit erwiesen, dass der Uebergang des Zuckers aus dem Darm in die Pfortader noch fortdauert, wenn auch schon der Procentgehalt dieses Stoffes im Carotidenblut auf sein durch die Dextrinverdauung erreichbares Maximum gebracht ist. Weil dieses Ergebniss von vornherein wahrscheinlich war, noch mehr aber, weil es durch später mitzutheilende Beobachtungen seine Bestätigung empfängt, habe ich die Wiederholung des Versuches nicht für nöthig erachtet.

Sieht man es nun für gewiss an, dass sich während der gesammten Dauer der Dextrinverdauung das Blut einen Antheil des entstandenen Zuckers aneignet, so fragt sich, wie gross dieser sei. Nach den vorgelegten und noch mitzutheilenden Beobachtungen kann man es als wahrscheinlich annehmen, dass der mittlere Ueberschuss von 100^{ccm} Pfortaderserum, über das arterielle = 100^{mgr}, also der von 100^{ccm} Pfortaderblut etwa 70^{mgr} betrage. Legen wir nun der weiteren Rechnung die Beobachtung auf S. 67 zu Grunde, in welcher während 300 Minuten ·80^{grm} Zucker, also in 1 Minute 267^{mgr} aus dem Darm verschwanden, so müssten um sie zu entfernen in einer Minute über 380^{ccm} wegführenden Blutes zur Verfügung gestanden haben. Wenn wir es nun auch dahin gestellt sein lassen, ob eine solche Blutmasse durch die Darmwand eines Hundes von 10·5^k Körpergewicht fliesst, so können wir andererseits nicht bezweifeln, dass der Strom durch das Portalsystem ein mächtiger ist; und wäre er auch nur halb so stark wie der oben geforderte, so würde von ihm immer noch ein sehr grosser Theil des Zuckers, der im Darm entstand, weggeführt werden.

Nicht minder wichtig und namentlich ganz unabhängig von allen Rechnungen auf hypothetischen Grundlagen ist eine andere Auskunft, die uns die Versuche gewähren. Sie zeigen, dass sich das Dextrin nur sehr allmählich aus dem Darm entfernt und dass der Antheil seiner Verdauungsproducte, welcher dem Blut zufällt, in der Regel aus Traubenzucker besteht. Hiernach erscheint die Annahme von Cl. Bernard[1], wonach die Leber auf den Uebergang des Zuckers aus der Nahrung in das Arterienblut verzögernd wirkt, nicht mehr nothwendig.

Aber wenn auch der Zucker mit einer weit geringeren Geschwindigkeit, als man sich früher vorstellte, in das Blut übergeht, so besteht doch unzweifelhaft ein sehr merklicher Unterschied zwischen dem Zuckergehalt des Portal- und Arterienblutes, angesichts dessen die Frage nicht müssig ist, ob derselbe durch einen in der Leber stattfindenden Vorgang verwischt werde. Da es durch zahlreiche Versuche von Tscherinow, Dock, Weiss, Fick, Luchsinger, Gamgee u. A. feststeht, dass sich unter dem Einfluss einer saccharogenen Nahrung die an Glykogen arme Leber mit diesem Stoffe beladet, so könnte man unterstellen, dass der grösste Theil des aus dem Darme herübergekommenen Zuckers zur Bildung dieses Körpers verwendet würde. Um diese Hypothese aufrecht zu erhalten, müsste man aber noch hinzusetzen, dass das Glykogen in der Leber alsbald wieder zerstört würde und zwar in der Art, dass unter den aus diesem Process hervorgehenden Producten der Zucker gar nicht oder in nur geringer Menge vertreten sei. Dass die Glykogenanhäufung für sich allein den Unterschied im Zuckergehalt des Blutes diesseits und jenseits der Leber nicht zu erklären vermag, darüber wird man dann am wenigsten in Zweifel sein können, wenn sich bei andauernder Verdauung von Kohlehydraten der Glykogengehalt der Leber mit der Nahrung in's Gleichgewicht gesetzt hat. Denn dass bei der täglichen

---

[1] Sur le diabète 1877. p. 268 et suiv., 319 et suiv.

Wiederkehr gleicher Gewichte desselben Pflanzenfutters der Glykogengehalt
der Leber nicht bis in das Endlose wachsen, vielmehr eine obere Grenze
nicht überschreiten wird, kann als selbstverständlich gelten. Und von
dem Augenblick an, wo diese Grenze erreicht ist, würde ein Kreisprocess
aus Zucker in Glykogen und aus diesem wieder in Zucker für die gleichmässige Vertheilung dieses letzteren über längere Zeiträume von keiner Bedeutung mehr sein. Aber selbst wenn die Thiere das beim Fasten verlorene
Glykogen aus dem Dextrinfutter wieder ersetzen, kann die blosse Aufspeicherung desselben für die Herstellung eines merklichen Unterschieds
im Zucker des Portal- und des Lebervenenblutes nur wenig ins Gewicht
fallen in Anbetracht der grossen Dextrinmengen, die in wenigen Stunden
verdaut werden. Ist dagegen das Glykogen die Vorstufe einer weiterschreitenden Zerstörung des Zuckers oder vermag diesen die Leber noch
auf andere Weise zu spalten, so würde sich hiermit mehr ausrichten lassen.

5. Zur Entscheidung der Frage, ob der Zucker innerhalb der Leber
in einem Maasse umgeformt werde, welches seiner Ueberwanderung aus dem
Darmcanal entspricht, eignen sich vorzugsweise die Versuchsthiere, welche
nach vorausgegangenem Fasten mit Dextrin gefüttert wurden, weil sich
bei ihnen voraussichtlich der Erfolg der Aufspeicherung und der Spaltung summiren. In der That schien es nach einigen Beobachtungen,
die v. Mering unter ähnlichen Umständen ausführte, als ob die Leber
zuckerzerlegend wirkte.

Als erstes Erforderniss für die hier vorzunehmenden Versuche muss
man das Blut aus der Portal- und Lebervene, jedes für sich, unvermischt
mit anderen Blutsorten sammeln können, ohne dabei den Strom in den
Wurzeln beider Venen zu stören. Zu diesem Ende reichen die von
v. Mering beschriebenen Verfahrungsarten im Wesentlichen aus; dass ich
jedoch an die zum Sammeln des Pfortaderblutes dienenden eine Aenderung
angebracht, wurde schon erwähnt. Hier habe ich hinzuzufügen, dass ich
auch das Verfahren für das Auffangen des Lebervenenblutes in etwas modificirte, um das Abzapfen mehrere Male hintereinander vornehmen zu können.
v. Mering schob unter besonderen, in seiner Abhandlung nachzusehenden
Vorsichtsmaassregeln nahe zur Mündung der Lebervenen zwei Röhren in
entgegengesetzter Richtung ein. Die eine derselben gelangte durch die
rechte Schenkelvene in die Vena cava inferior bis zur Leber: um sie
wurde oberhalb der Nierenvenen eine Schlinge gelegt, so dass sich in
die obere Mündung des Rohrs nichts von dem Blute ergiessen konnte,
welches durch die Venen fliesst, die unterhalb der Leberarterie in die
Vena cava eintreten. Eine Ausnahme hiervon machte nur die linke
Vena lumbalis prima, da die rechte gleichnamige Vene in der Wunde

zugebunden war, durch welche die eben erwähnte Fadenschlinge eingeführt worden. Aus diesem unteren Rohre wurde zu der bestimmten
Zeit das Blut abgelassen. Das zweite Metallrohr wurde von oben her in
die Vena jugularis dextra durch den rechten Vorhof hindurch in den
Abschnitt der Hohlvene eingeschoben, der sich zwischen dem Herzen
und dem Zwerchfell hin erstreckt. An das untere Ende dieses Rohres
war eine ausdehnbare Blase angebunden, so dass, je nachdem sie leer
oder gefüllt, die Verbindung zwischen dem Herzen und der Lebervene
offen oder geschlossen blieb. Die Füllung und die Entleerung der Blase
wurde durch eine Luftmasse besorgt, welche unter einen positiven oder
negativen Quecksilberdruck in bekannter Weise zu setzen war. Die hier zu
lösende Aufgabe bestand darin, die Blase an den richtigen Ort zu bringen
und sie dort nach Belieben zu füllen oder zu entleeren. Dieserhalb
wurde die Metallröhre mit einer Längentheilung versehen, so dass, wenn
der Abstand der Jugularis-Wunde von dem sechsten Zwischenrippenraum
vorher ermittelt war, dieselbe bis auf den Theilstrich vorgeschoben werden
konnte, welcher die richtige Lage garantirte. Nach sorgfältig ausgeübter
Operation gelingt es, kleine Beimengungen aus einer Lumbal- und der
Zwerchfellvene abgerechnet, das Blut, welches aus der Leber kommt,
rein aufzufangen, aber dieses stammt nicht allein aus der Pfortader.
Gesetzt also, es büsste das Pfortaderblut auf seinem Durchgange durch
die Lebercapillaren von seinem Zuckergehalte nichts ein, so müsste
doch die aus der Lebervene hervorkommende Blutmasse weniger Zucker
als jenes führen und zwar in dem Maasse weniger, in welchem das
Volum des beigemengten aus der Leberarterie stammenden Blutes gewachsen wäre. Den hieraus entspringenden Fehler durch vorgängige
Unterbindung der Leberarterie zu beseitigen, hielt ich nicht für rathsam,
weil uns die bekannten Folgen dieser Operation darüber belehren, dass
durch sie die chemischen Processe innerhalb der Leber wesentlich
geändert werden. Dazu kommt, dass man ohnehin nicht auf eine vollkommene Uebereinstimmung im Zuckergehalt der in die Leber einströ-
menden und der aus ihr hervorgehenden Blutmassen rechnen kann, weil
sie zu verschiedenen Zeiten an dem einen und an dem anderen Orte
aufgefangen werden. Nur auf einem Zufall würde es beruhen, wenn
der Zuckergehalt des Pfortaderblutes in der Zeit, in welcher es von der
Leber abgelassen wird, gerade so gross als zu der anderen wäre, in
welcher es erst nach dem Durchgang durch diese letztere gesammelt
würde. Deshalb ist es möglich, dass trotz der völligen Unwirksamkeit
der Leber das aus ihr hervorgehende Blut bald mehr und bald weniger
Zucker enthält als dasjenige, welches man vorher oder später aus der
Pfortader zur Vergleichung gewonnen hat. Ein Ausgleich der Abwei-

chungen kann demnach nur durch das Mittel aus zahlreichen Blutproben erwartet werden.

Da man sich öfter damit begnügt[1] hat, das Blut aus der Vena cava inferior mit einem Rohre wegzunehmen, welches in sie durch das rechte Herz hindurch bis in die Nähe der Mündungen der Lebervene geführt worden war, so habe ich auch einige Versuche auf diese Weise ausgeführt. Ich will sie voranschicken.

I. Körpergewicht 32^k, 6 Tage Fasten, dann Fütterung mit 100^{grm} Dextrin in 250^{ccm} Milch gerührt. Drei und eine halbe Stunde später Blut aus der Vena porta und zweimal nacheinander aus der Vena cava durch das in die Vena jugularis eingelegte Rohr angesaugt. Je 100 Theile Serum enthielten:

Aus der Vena porta . . . . 0·307 Zucker
„ „ Vena cava 0·283 und 0·287 „

II. Körpergewicht 24,3^k. Fasten, dann 100^{grm} Dextrin mit etwas Milch verfüttert. Drei Stunden später Blut aus der Vena porta, dann aus Vena cava und in derselben Reihenfolge wiederholt. Je 100 Theile Serum enthielten:

1) Aus der Vena porta 0·412 Zucker
2) „ „ Vena cava 0·320 „
3) „ „ Vena porta 0·421 „
4) „ „ Vena cava 0·347 „

An die Mittheilung dieser schliesse ich die Aufzählung der Beobachtungen, in welchen durch die Verschliessung an den oben angegebenen Stellen das Blut der Lebervenen möglichst rein aufgesammelt war.

I. Mittelgrosser Hund. Vier Tage Fasten. 100^{grm} Dextrin mit 250^{ccm} Milch verfüttert, nach drei Stunden aus der Vena porta, dann zweimal aus der Vena hepatica das Blut entnommen. Je 100 Theile Serum enthielten:

1) Aus der Vena porta . . . . . 0·355 Zucker
2) „ „ Vena hepatica 0·360 und 0·385 „

II. Grosser Hund. Vier Tage Fasten. 100^{grm} Dextrin mit Milch verfüttert. Vier Stunden später 100^{ccm} Portal- und dann 100^{ccm} Lebervenenblut. Je 100 Theile Serum enthielten:

1) Aus der Vena porta 0·355 Zucker
2) „ „ Vena hepatica 0·469 „

III. Grosser Hund. Fünf Tage Fasten. 100^{grm} Dextrin mit Milch gefüttert. Drei und eine halbe Stunde später wechselnd Portal- und Lebervenenblut. Je 100 Theile Serum enthielten:

[1] Cl. Bernard, *Sur le diabète.*

1) Aus der Vena porta   0·246 Zucker
2) „   „ Vena hepatica 0·251   „
3) „   „ Vena porta   0·291   „
4) „   „ Vena hepatica 0·340   „

Die Obduction ergab, dass die linke Nierenvene nicht abgebunden war.

IV. Grosser Hund. Zwei Tage Fasten. 100 grm Dextrin mit Milch. Zwei und dreiviertel Stunden nachher abwechselnd Blut aus der Vena porta und Vena hepatica. In je 100 Theilen Serum waren enthalten:

1) Aus der Vena porta   0·246 Zucker
2) „   „ Vena hepatica 0·232   „
3) „   „ Vena porta   0·217   „
4) „   „ Vena hepatica 0·306   „

Zwischen den Versuchen ohne und mit Abschluss des Blutes der Vena cava inferior von dem der Lebervene besteht somit ein deutlicher Unterschied, in den ersteren überwiegt der Zuckergehalt der Pfortader und in den letzteren der des Lebervenenblutes. Will man die Ursache des entgegengesetzten Verhaltens nicht in einer Fügung des Zufalls finden, vermöge welcher bei den Versuchen mit offener Vena cava das Blut, welches hinter der Leber gefangen wurde, schon vor seinem Einströmen in diese letztere zuckerärmer gewesen sei als das unmittelbar aus der Vena porta entnommene, so wäre man zur Erklärung der Abweichung auf andere Annahmen angewiesen. Das Uebergewicht, welches der Zuckergehalt des aus der Portalvene gefangenen Blutes über dasjenige aufwies, welches aus der Vena cava ohne vorgängige Unterbindung der letzteren gewonnen wurde, könnte man z. B. aus der Beimischung von zuckerärmeren Blute ableiten, welches aus anderen Zuflüssen zu dem Lebervenenblute hinzugekommen wäre. Oder aber man könnte den grösseren Reichthum, welchen das Blut der Vena hepatica in der anderen Reihe zeigte, mit Störungen des Blutstromes der Leber in Verbindung bringen, bedingt durch die Handgriffe und deren Folgen, welche bei der Isolation der Lebervene in Anwendung kamen. Ihretwegen hätte sich, so würde man hinzusetzen müssen, ein Theil des in der Leber aufgespeicherten Glykogens in Zucker umgewandelt, welcher sich dann dem abfliessenden Blute beigemengt habe. Weitere Versuche müssen und können entscheiden, ob und welche von diesen Annahmen einen Anspruch auf Gültigkeit besitzen.

Doch würde man im Unrecht sein, wenn man, veranlasst durch die eben erhobenen Zweifel, die Ergebnisse der letzten sechs Beobachtungen ohne Weiteres bei Seite legen wollte; dass es ein solches wäre, ergiebt

sich aus der Zusammenstellung ihrer Mittelwerthe. Denn es betrug in
den beiden Beobachtungen, in welchen das Blut der Vena hepatica möglicher Weise durch das Blut aus anderen Zuflüssen verdünnt war, der
mittlere procentische Gehalt an Zucker in dem Portalserum 0,380 und
in dem Serum der Vena hepatica 0,309.

Aus den vier Beobachtungen dagegen, in welchen das Lebervenenblut möglichst rein aufgefangen wurde, leitet sich als mittlerer procen-
tischer Zuckergehalt ab: für das Portalserum = 0,285 und für das Serum
der Vena hepatica $\doteq$ 0,334.

Die mittleren Werthe des Zuckergehaltes in dem aus der Vena cava
hinter der Leber gefangenen Blute übertreffen demnach an Grösse immer
noch diejenigen, welche sich aus zahlreichen Beobachtungen am arteriellen
Blute ableiten, und die Unterschiede zwischen dem Zuckergehalte des
Blutes, das aus den Venen vor und hinter der Leber unter verschiedenen
Bedingungen entnommen wurde, weichen nicht beträchtlich genug voneinander ab, um uns zu dem Schlusse zu berechtigen, dass die Leber
in nennenswerthem Maasse mindernd oder mehrend auf den von der
Pfortader zugebrachten Zucker wirke.

Dasjenige, was sich als sicher und was sich als höchst wahrscheinlich aus meinen Versuchen über Fütterung mit Dextrin ergiebt, lässt
sich dahin zusammenfassen, dass der Zucker, welcher nach dem Genuss
von Kohlehydraten im Darmcanal entsteht, jedenfalls zum grossen Theile,
zugleich aber sehr allmählich in das Blut der Pfortader übergeht und mit
diesem höchst wahrscheinlich unverändert in das rechte Herz gelangt; da
aber der Zuckergehalt des arteriellen Blutes, trotz des stetigen Zuflusses
von zuckerreicherem Blute sich stundenlang auf derselben Höhe hält, so
muss in seinem Stromgebiet auch die Gelegenheit zu einem entsprechenden Verluste an Zucker gegeben sein.

Tonus quergestreifter Muskeln.

Von

Dr. S. Tschirjew.

(Hierzu Tafel III.)

Die Versuche, welche ich zur Aufklärung des Ursprunges und der Bedeutung der sogenannten Sehnenreflexe angestellt habe,[1] haben mich zu folgenden physiologisch interessanten Ergebnissen geführt.

1) Die quergestreiften Muskeln des Organismus sind in doppelter Weise mit dem centralen Nervensystem verbunden: sie besitzen ausser den motorischen, d. h. centrifugalen Nervenbahnen, noch centripetale. Der Verlauf dieser letzteren lässt sich auf folgende Weise bestimmen: die centripetalen Nervenbahnen jedes Muskels verlaufen in dem ihn versorgenden Nervenstamme bis zum Rückenmarke und treten dann durch die hinteren Wurzeln dieses Stammes in's Rückenmark ein.

2) Die durch mechanische Erschütterung gewisser Sehnen hervorgerufenen Zuckungen entstehen auf reflectorischem Wege, nämlich vermittelst der centripetalen Muskelnerven. Die Erregung geschieht dabei nicht etwa in der Sehne an dem Orte der Erschütterung selbst, sondern „erst an der Grenze zwischen Muskel und Sehne, oder in den dem Muskel zunächst liegenden Schichten der letzteren". Dadurch wird die Möglichkeit ausgeschlossen, dass die in Rede stehenden centripetalen Nervenbahnen Sehnennerven oder hypothetische sensible Nervenfasern der Muskeln seien.

Seitdem führten mich meine histologischen Studien[2] zur Auffindung

---

[1] Ursprung und Bedeutung des Kniephänomens und verwandter Erscheinungen. *Archiv für Psychiatrie.* Bd. VIII, Heft 3.

[2] Sur les terminaisons nerveuses dans les muscles striés. *Comptes rendus etc* 22 Octobre 1878.

eines zuweilen sehr reichen Nervennetzes in den Muskelaponeurosen. Die
Nervenfasern, welche dieses Netz bilden, verlaufen zuerst mit den intra-
musculären Nerven; denn verlassen sie dieselben und treten in die Aponeurose ein. Ihrer anatomischen Lage nach stimmen sie auf das voll-
kommenste mit denjenigen Nervenfasern überein, welche man nach den
obenerwähnten Versuchen als centripetale Nervenfasern der Muskeln auffassen musste.

Andererseits scheiterten alle meine Bestrebungen, im Muskel sensible
Nerven aufzufinden.

In der letzten Zeit konnte ich dies Ergebniss noch auf experimen-
tellem Wege bestätigen. Es hat sich nämlich herausgestellt, dass
schwache elektrische Reizung rein musculärer Nervenäste, die noch einen
ziemlich bedeutenden Tetanus im betreffenden Muskel oder der Muskelgruppe hervorruft, ohne irgend eine Schmerzäusserung von Seiten des
Thieres bleibt. Dagegen erzeugt dieselbe schwache Reizung gemischter
Nervenäste nicht nur Muskelcontractionen, sondern auch deutliche
Schmerzäusserungen. Man bemerkt diesen Unterschied zwischen den
rein musculären und den gemischten Nervenästen zuweilen schon während des Präparirens. Die Berührung oder das Aufheben der gemischten
Nervenäste mit der Präparirnadel wird von einer Schmerzäusserung begleitet; dagegen bleibt das Thier beim Präpariren der rein musculären
Nervenäste sehr ruhig, wenn nur dabei nicht der ganze Nervenstamm
gezerrt wird. Denselben Unterschied gelingt es zuweilen bei der Nervendurchschneidung zu constatiren. Die Durchschneidung der rein musculären Aeste wird oft nur von einer Zuckung in den entsprechenden
Muskeln und von einer Schmerzäusserung begleitet: nur ruft eine starke
und dauernde Reizung der rein musculären Aeste zuweilen eine Reihe
von reflectorischen Zuckungen im ganzen Körper hervor.

Ich glaube in Folge dessen folgenden Satz aufstellen zu dürfen.

3) Die in den Aponeurosen endigenden Nerven sind die
einzigen centripetalen Nervenfasern der Muskeln und keine
specifisch sensible Nerven.

Man muss das Entstehen der sogenannten Sehnenreflexe dadurch
erklären, dass die aponeurotischen Nervenfasern bei der Sehnenerschüt-
terung an der Uebergangsstelle vom Muskel in die Aponeurose gezerrt
werden. Es fragt sich nun: ob nicht auch gewisse Spannungen der Aponeurosen, bei denen die darin enthaltenen Nervenendigungen mechanisch
gereizt werden, zur Zusammenziehung oder vielmehr zu Tetanus des be-
tregenden Muskels führen können? Mit anderen Worten: ob der Muskeltonus nicht durch eine gewisse Spannung des Muskels veranlasst wird?

Auf Grund der Untersuchungen von Heidenhain, Hermann und

anderen wird die Existenz des Tonus quergestreifter Muskeln von vielen
Physiologen geleugnet. Dem gegenüber stehen ziemlich isolirt Brondgeest und E. Cyon, indem dieser letztere sowohl die Existenz eines
reflectorischen Muskeltonus, als auch die Thatsache der Verlängerung
des Froschmuskels nach der Durchschneidung der hinteren Wurzeln auf-
rechterhält.

Alle hierher gehörigen Beobachtungen waren bis jetzt fast ausschliesslich an Froschmuskel angestellt und dazu noch zuweilen an dem
kurzfaserigen Gastroknemius. Dadurch erklärt es sich, warum die hier
in Rede stehende kleine Verlängerung der Muskeln nach Nervendurchschneidung — eine der Grundthatsachen, auf der die Annahme des
Muskeltonus basirt — nicht von allen Beobachtern constatirt werden
konnte.

Man musste also ein anderes mehr geeignetes Object für diese Versuche suchen. Die an die Patella angeheftete Muskelgruppe des Kaninchens bietet die gewünschte Gelegenheit. Versuche, welche ich in dieser
Richtung angestellt habe, führten zu Ergebnissen, die ich hier mittheilen will.

Ein Theil dieser Versuche wurde noch in Hrn. E. du Bois-Reymond's neuem physiologischen Institute in Berlin durchgeführt; der
andere in Hrn. Marey's Laboratorium im Collège de France in Paris.

Die Versuchsanordnung und der Versuchsverlauf

waren folgende. Bei einem mit 0·02—0·04 ^{grm} einer ziemlich starken
Dosis Morphium narkotisirten und auf dem Rücken befestigten Kaninchen wurde der eine N. cruralis auf einen Faden genommen. Der Nerv
wurde oberhalb des Lig. Poupartii vor seiner Verästelung aufgesucht.
Sowohl die Präparation des Nerven, als auch das Durchziehen des Fadens
wurden mit möglicher Schonung des Nerven ausgeführt. Diese Rücksicht war hier von besonderer Wichtigkeit. Es genügt nämlich, den
N. cruralis mit der Präparirnadel etwas stark in die Höhe zu heben,
oder ohne Vorsicht unter ihm einen Faden durchzuziehen, damit das
Kniephänomen zu erscheinen aufhöre.[1] Dieses Aufhören wird durch
Verletzung der centripetalen Nervenbahnen bedingt. Es musste also
nach der Präparation jedesmal das Kniephänomen auf der entsprechenden

----

[1] S. meine oben angeführte Arbeit: *Ueber das Kniephänomen.*

Seite geprüft werden. Nur im Falle seines Vorhandenseins wurde der Versuch weiter fortgesetzt.

Darauf wurde die Patellarsehne durch einen Hautschnitt blossgelegt, und an ihrem Ende, nahe der Tibia, ein starker Faden durch zweimaliges Durchziehen durch die Sehne und Umbinden gut befestigt. Nachher wurde die Sehne sowohl von der Tibia, als auch vom Kniegelenk getrennt.

Es war von grosser Wichtigkeit bei diesen Versuchen, jede Lageveränderung des Oberschenkels unmöglich zu machen. Dies erzielte ich einerseits durch eine vollständige Streckung des Thieres, andererseits durch eine vollkommene Befestigung des Unterschenkels. Die letztere wurde auf folgende Weise zu Stande gebracht. Das untere Ende des Unterschenkels wurde an das Brett festgebunden, unter dem Knie ein Holzstück gelegt und mittels einer starken Schnur, die um das Kniegelenk einen Knoten bildete, letzteres stark gegen das Brett gezogen. Dadurch wurde jede seitliche sowohl als verticale Verschiebung des Kniegelenkes vollständig verhindert.

Der Versuch zeigte, dass die auf diese Art der Befestigung gesetzte Hoffnung vollständig berechtigt war. Wurde der an der Patellarsehne angebundene Faden mit dem Hebel eines Myographions verbunden und rief man in der Quadricepsgruppe auf reflectorischem Wege oder durch directe Reizung des N. cruralis oder der Muskeln eine Zuckung hervor, so kehrte die zeichnende Spitze des Hebels nach der Zuckung genau auf die frühere Abseisse zurück.

Dank der Morphiumnarkose traten gewöhnlich während des ganzen Versuches keinerlei willkürliche Bewegungen ein; die reflectorische Thätigkeit war dagegen etwas erhöht.

Als Myographion benutzte ich entweder einen langen, durch eine Rolle mit einer Wagschale verbundenen Hebel, oder ein Marey'sches Myographion *à transmission*, bei dem die Belastung theils durch Spannung der in der ersten Trommel eingeschlossenen Feder, theils durch einen Kautschukfaden regulirt werden konnte. Dem Hebel war das Verhältniss des Abstandes der zeichnenden Spitze von der Hebelaxe zur Länge des Hebelarmes, auf den die Muskelgruppe wirkte, ungefähr wie 8·5 zu 1·0 gegeben. Beim Marey'schen Myographion war der Schreibehebel von gewöhnlicher Länge; das Verbindungsscharnier der Trommel mit dem Hebel wurde der Drehungsaxe des letzteren möglichst nahe gestellt.

Ich brauche kaum zu erwähnen, dass für die vollkommene Stabilität des Myographions und für die Constanz seines Abstandes vom Operationsbrette gesorgt war. Beim Marey'schen Myographion *à transmission* war dies sehr einfach, durch die Befestigung der ersten Trommel auf dem Operationsbrette selbst, zu erreichen. Beim Gebrauch des einfachen Hebels waren sowohl das Operationsbrett, als das Myographion am Tische unbeweglich befestigt.

Die Verbindung der Patellarsehne mit dem Hebel des Myographions bestand aus einem dünnen, weichen Kupferdrahte, der an die Sehne mittels des daran angebundenen Fadens befestigt wurde.

Der Schreibehebel zeichnete an einer rotirenden Trommel mit dem Foucault'schen Regulator.

Endlich soll noch erwähnt werden, dass vor Anfang des Versuches den Wundrändern eine solche Lage gegeben wurde, dass bei der Durchschneidung des Nerven jede Manipulation an der Wunde unnöthig war.

War alles vorbereitet und die erste Dehnung der Muskeln in Folge der Belastung vorüber, so dass die zeichnende Hebelspitze auf derselben Höhe blieb, so wurde zur Erzeugung einzelner Zuckungen in den Muskeln, meistentheils durch directe Reizung derselben, geschritten. War der Erfolg günstig, d. h. kehrte die zeichnende Hebelspitze nach der Muskelzuckung auf die ursprüngliche Abscisse zurück, so wurde endlich die Durchschneidung des Nerven ausgeführt. Zur Controle wurde nachher der peripherische Nervenstumpf einige Male elektrisch gereizt.

Nach Durchschneidung des Nerven auf der einen Seite wurde dieselbe Operation auch auf der anderen Seite ausgeführt.

In den ersten Versuchen, als ich der Stabilität meiner Verbindungen noch nicht ganz traute, schickte ich dieser Operation eine Rückenmarksdurchschneidung auf der Höhe des ersten Lendenwirbels voraus.

Ergebnisse und Schlussfolgerungen.

Die Ergebnisse dieser Nervendurchschneidungen waren sehr constant: die Muskeln verfielen gleich nach der Durchschneidung zuerst in einen Zustand tonischer Contraction; dieser liess allmählich nach und am Ende dehnten sich die Muskeln über ihre ursprüngliche Länge aus. (Taf. III, Fig. 1 und 2.) Es entsteht also wirklich nach der Durchschneidung des Nerven eines belasteten Muskels eine gewisse Verlängerung des letzteren.

Dass diese Verlängerung nicht etwa durch Unzulässigkeit der Verbindungen bedingt war, dafür sprachen schon die Ergebnisse der Reizungen der Muskeln oder der Nerven vor und nach der Nervendurch-

schneidung. Nach den Zuckungen, die durch diese Reizungen erzeugt
waren, kehrte die zeichnende Hebelspitze immer zur ursprünglichen Abcisse zurück.

Auf Taf. III habe ich zwei auf diese Weise erhaltene Curven wiedergegeben. Curve *A* ist vermittelst des einfachen Hebels erhalten, Curve
B mit Hülfe des Marcy'schen Myographions *à transmission*. Die Curve
A bezieht sich ausserdem auf den Fall, wo das Rückenmark in Höhe
des ersten Lendenwirbels vorher durchschnitten war.

Man erkennt an diesen Curven die sofort nach der Nervendurchschneidung eintreffende tonische Muskelcontraction, welche nur allmählich nachlässt. Man sieht auch, dass am Ende der Contraction die Curve
unter der ursprünglichen Höhe herabsinkt, was auf die eingetretene Verlängerung der Muskeln hinweist. Die Ursache der tonischen Muskelcontraction liegt natürlich in dem dauernden Erregungszustande des
Nerven in Folge des angelegten Querschnittes.

Die Grösse dieser Verlängerung war in verschiedenen Fällen verschieden. Sie hing sichtlich von der Belastung des Muskels ab. Zuerst
wuchs sie mit der Belastung, dann aber nahm sie ab; so dass bei einer
gewissen Stärke der Belastung die Nervendurchschneidung entweder zu
gar keiner Muskelveränderung mehr führte, oder nur zu einer ganz un-
bedeutenden. Es war mir leider unmöglich genauere Untersuchungen
über diese Abhängigkeit anzustellen; ich muss mich diesmal nur mit der
einfachen Hinweisung auf diese Abhängigkeit begnügen. Gewöhnlich
bekam ich die grösste Muskelverlängerung, wenn die angewandte Belastung des Muskels nur unbedeutend diejenige überwog, welche für die
genaue Rückkehr des Schreibehebels nach der Muskelzuckung auf die
ursprüngliche Abscisse nöthig war.

Bei gewissen Spannungsverhältnissen der Muskeln tritt
also nach der Nervendurchschneidung eine Muskelverlängerung ein. Ehe ich zur Besprechung der physiologischen Bedeutung
dieser Thatsache übergehe, will ich noch auf eine interessante Beobachtung aufmerksam machen, die ich während dieser Versuche gemacht
habe. Vergleicht man nämlich die durch eine einzelne Nervenreizung
(einen Oeffnungsinductionsschlag) erzeugten Zuckungscurven der Muskeln
vor Durchschneidung der Nerven (Taf. III, Figg. 3 u. 4) mit denen nach der
Durchschneidung (Taf. III, Figg. 5, 6, 7),[1] so bemerkt man einen sehr
wesentlichen Unterschied. Vor der Nervendurchschneidung verläuft die
Zuckungscurve in ihrem absteigenden Theile convex gegen die Abscissen-

---

[1] Die Curve Fig. 7 ist mit einer kleineren Drehungsgeschwindigkeit der Trommel
erhalten, als die übrigen.

axe und nähert sich letzterer nur ganz allmählich. Dagegen fällt nach
der Nervendurchschneidung die Zuckungscurve steil ab, überschreitet die
Abscisse und verläuft noch einige Zeit wellenförmig, wobei jede Welle
die Abscisse schneidet. Mit anderen Worten, in dem absteigenden
Theile der Zuckungscurve eines vom centralen Nervensystem
abgetrennten, belasteten Muskels findet man elastische
Schwingungen, was beim Muskel, so lange alle seine Nerven-
verbindungen intact bleiben, nicht vorkommt.

Da wir nur die Zuckungscurve eines Muskels nach der Nervendurchschneidung als eine einfache Zuckungscurve betrachten können, so müssen
wir eine Zuckungscurve, wie die Curven Figg. 3 und 4, bis zu einem gewissen Grade als eine Tetanuscurve auffassen. Der Verlauf des absteigenden Theiles der Zuckungscurve nach Nervendurchschneidung weist
sehr deutlich darauf hin, dass der Muskel sich noch gewisse Zeit nach
der Beendigung seiner Contraction in einem tonischen Zustande befindet,
der nur allmählich nachlässt. Es lässt sich zuweilen in dem absteigenden
Theile der Curve sogar ein Wendepunkt nachweisen (Taf. III, Fig. 3), der
den Anfang dieser tetanischen Contraction sehr deutlich bezeichnet.

Es wurde schon früher, nämlich von Hrn. Schwalbe[1], an den
Froschmuskeln nach lebhaften Contractionen ein Zustand der „lange anhaltenden geringen Contraction beobachtet. Er konnte dieselbe Erscheinung auch nach Trennung der Muskeln vom Rückenmark constatiren.
In Folge dessen suchte er natürlich die Ursache dieser zurückbleibenden
Contraction im Muskel selbst, und zwar in dessen veränderten Elasti-
citätsverhältnissen: in dem bleibenden Zustande „vermehrter Elasticität".
Dagegen habe ich niemals nach der vorhergehenden Nervendurchschneidung eine einzelne Muskelzuckung, gefolgt von einem derartigen Zustande
der anhaltenden Contraction, beobachtet. Abgesehen davon sind die Bedingungen des Zustandekommens der zurückbleibenden Contraction, wie
auch ihre Dauer, in unserem Falle und in dem von Hrn. Schwalbe so
verschieden, dass es kaum einem Zweifel unterliegt, dass es sich hier
um Erscheinungen ganz verschiedener Natur handelt.

Dagegen finden wir in einer Mitheilung von Hrn. E. Cyon[1], die
die er vor zwei Jahren der Pariser biologischen Gesellschaft machte, die
Beschreibung ganz analoger Erscheinungen. Er experimentirte an Fröschen
und hat denselben Unterschied in dem Charakter der Zuckungscurven

---

[1] Zur Lehre vom Muskeltonus. *Untersuchungen aus dem physiologischen Laboratorium zu Bonn.* 1865.

[2] Sur la secousse musculaire produite par l'excitation des racines de la moelle
épinière. *Gazette médicale de Paris* N. 21, *Séance de la Société de Biologie* du
22 Avril 1876.

eines Muskels gefunden, je nachdem letzteres vom centralen Nervensysteme getrennt wurde oder nicht. Nur erwähnt er nichts von den elastischen Schwankungen im Falle der vorhergehenden Nervendurchschneidung. Hr. E. Cyon reizte vor der Durchschneidung nicht den gemischten Nervenstamm, sondern die hinteren oder die vorderen Rückenmarkswurzeln. Dabei fand er, dass der Charakter der Zuckungscurve auch im Falle der Reizung nur der vorderen Wurzeln derselbe bleibt, d. h. dass die Curve nach ihrem Maximum nicht sofort zur Abscisse zurückkehrt, sondern nur allmählich sich dieser letzteren nähert.

Diese Beobachtung von Hrn. E. Cyon schliesst schon die Möglichkeit aus, den eigenthümlichen Verlauf der Zuckungscurve eines Muskels nach der Nervendurchschneidung durch die Betheiligung einer reflectorischen Muskelerregung durch die sensiblen Nervenbahnen zu erklären.

Andererseits ist es unmöglich die Ursache dieses Verlaufes der Zuckungscurve im Muskel selbst zu suchen, weil man nach der Nervendurchschneidung einen ganz anderen Verlauf beobachtet.

Es liesse sich meines Erachtens diese Erscheinung folgendermaassen erklären.

Nach der Beendigung der Zusammenziehung wird der Muskel durch das ihn belastende Gewicht gedehnt. Diese Dehnung erregt die in der Muskelaponeurose verästelten Nervenfasern und versetzt vermittelst derselben, auf reflectorischem Wege, den Muskel in einen dauernden Zustand tetanischer Contraction, der nur allmählich nachlässt.

Jetzt wollen wir wieder zu der oben festgestellten Thatsache der Verlängerung eines belasteten Muskels nach der Nervendurchschneidung zurückkehren und eine Erklärung dafür suchen.

Erstens ist klar, dass, wenn nach der Nervendurchschneidung eine Muskelverlängerung eintritt, der Muskel vorher im Zustande einer tonischen Contraction sich hat befinden müssen, bedingt durch seine nervösen Verbindungen mit dem centralen Nervensystem. Mit anderen Worten: es wird dadurch das Vorhandensein eines Muskeltonus bei gewissen Spannungsverhältnissen in den Muskeln unmittelbar bewiesen. Es handelt sich nur darum, eine genügende Erklärung für das Zustandekommen dieses Muskeltonus zu finden.

Gegen die Annahme eines fortwährenden centralen Tonus quergestreifter Muskeln im Sinne von J. Müller, R. Remak und Brondgeest, bedingt durch eine fortwährende schwache Innervation aller Muskeln vom Centrum aus, sei's dass letztere automatischer oder reflectorischer Natur sei, sprechen einige physiologische und pathologische Beobachtungen. Es ist bekannt, dass die Muskeln bei der Annäherung ihrer Ansatzpunkte, welche durch eine gewisse Stellung der Glieder er

zielt wird, ganz erschlafft werden. Dies kann sowohl am Menschen, und
zwar am besten an den Flexoren des Armes und des Oberschenkels,
beobachtet werden, als auch an Thieren. An einem auf den Rücken
fixirten Kaninchen lässt sich beispielsweise die Erschlaffung gewisser
Muskeln des Oberschenkels sehr schön beobachten. Daraus folgt, dass
die Muskeln in einem intacten Organismus nicht fortwährend in tetanischer Contraction sich befinden, — dass die Intactheit der nervösen
Verbindungen des Muskels mit Nervencentren allein für das Zustandekommen dieser Contraction noch nicht genügt. Es müssen die Muskeln
noch bis zu einem gewissen Grade gespannt werden. Andererseits beobachtet man an Tabischen in einem gewissen Stadium der Krankheits-
entwickelung eine vollständige Erschlaffung der Musculatur der Extremitäten, wobei sowohl die willkürliche Innervation dieser Musculatur,
wie auch die Hautsensibilität intact sein kann. Hier sind die centrifugalen nervösen Verbindungen der Muskeln mit den Nervencentren
sichtlich erhalten; auch die erhaltene normale Stärke der willkürlichen
Muskelcontractionen spricht zum Theil für die normale Erregbarkeit der
motorischen Bahnen, und doch besteht kein Muskeltonus.

Endlich sprechen die Fälle hochgradiger Ataxie ohne jede Sensibi-
litätsstörung (Friedreich, Cyon, Eulenburg) und vollständiger spinaler Anästhesie ohne Ataxie[1] (Späth, Schüppel) sowohl als die
Fälle beiderseitiger hysterischer Anästhesien ohne jede Muskelerschlaffung
gegen die Annahme eines reflectorischen Muskeltonus, bedingt durch die
Summe der Erregungen, welche das Rückenmark von der ganzen Körperoberfläche mittels der sensiblen Nervenbahnen erhält. In diesen Fällen
beobachtet man bei vollkommenem Verluste der Sensibilität keine Spur
von irgend einer Muskelerschlaffung, und umgekehrt. Die Hautreflexe
verhalten sich bei Tabischen nach den klinischen Beobachtungen meistentheils ebenso wie bei Gesunden; mindestens haben die vorkommenden
Störungen in dieser Beziehung nichts Charakteristisches für diese Krankheit.

Dagegen finden alle bisherigen physiologischen sowohl als pathologischen Beobachtungen ihre Erklärung, wenn man einen reflectorischen
Muskeltonus, bedingt durch die Erregung der aponeurotischen Nervenfasern, annimmt. Die Erregung wird nur bei einer gewissen Spannung
der Muskelaponeurosen hervorgebracht. Nach dieser Auffassung muss
man annehmen, dass es zwar keinen Muskeltonus im alten Sinne
giebt, dass aber die quergestreiften Muskeln des Organismus

---

[1] Da die Ataxie bei Tabischen niemals ohne Muskelerschlaffung beobachtet
wird, so muss jedesmal, wenn man von solcher Ataxie spricht, eine Muskelerschlaffung
vorausgesetzt werden, und umgekehrt.

nur bei gewisser Spannung in eine tonische Contraction verfallen, die bei sonst gleichen Bedingungen so lange dauert, wie die Muskelspannung.

Die obenangeführte Muskelerschlaffung, welche man an den Muskeln eines unversehrten Thieres bei Annäherung ihrer Ansatzpunkte beobachtet, wird jetzt nicht nur verständlich, sondern man kann sie auch als Beweis für eine derartige Entstehung des Muskeltonus betrachten.

Alle anderen erwähnten Fälle, welche sich auf Tabische oder Hysterische beziehen, erklären sich auch ganz einfach entweder durch Zerstörung der Verbindungsbahnen zwischen den aponeurotischen und motorischen Nervenfasern der Muskeln, worauf das Aufhören der Sehnenreflexe hinweist, oder, bei Intactbleiben derselben, durch vollständige spinale Anästhesie ohne Ataxie.

Die grosse physiologische Bedeutung eines reflectorischen Tonus quergestreifter Muskeln in unserem Sinne für die Mechanik unserer willkürlichen Bewegungen springt in die Augen.

1) Es wird dadurch bei den Muskelbewegungen eine Erscheinung vermieden, welche dem todten Gange der Maschine zu vergleichen wäre.

2) Es werden die elastischen Schwankungen, die sonst nach jeder Muskelcontraction eintreten würden, verhindert. Denn wir sehen oben, dass nach Abtrennung des Muskels vom centralen Nervensystem jeder Muskelcontraction elastische Schwankungen um die Abscisse folgen.

Endlich kann man die Möglichkeit einer feineren Abstufung unserer willkürlichen Bewegungen als Ergebniss der beiden ersten Momente betrachten.

Es scheint beim ersten Anblick, dass diese Abstufung willkürlicher Bewegungen ihre volle Erklärung in der Natur der normalen Erregungen vom Grosshirn aus und in dem elastischen Widerstande der Muskelantagonisten finden könnte. Allein gegen die ausschliessliche Abhängigkeit der feineren Abstufung nur von diesen Momenten spricht die bekannte specifische Ataxie der Tabischen, nämlich die schwankenden Bewegungen der Extremitäten um den Zielpunkt. Diese Ataxie ist bei aller möglichen Variation der übrigen pathologischen Erscheinungen immer an die beiden folgenden geknüpft: Abwesenheit der sogenannten Sehnenreflexe in der entsprechenden Muskelgruppe und Erschlaffung der Musculatur; die sensiblen Nervenbahnen können dabei intact sein. Mit anderen Worten, es tritt diese Ataxie jedesmal ein, wenn die reflectorische Muskelerregung, in welcher der Grund des Tonus unserer Ansicht nach liegt, in Folge der Verletzung der betreffenden Nervenbahnen unmöglich wird. Da die centrifugalen Nervenbahnen der Muskeln sowohl als der elastische Widerstand der Antagonisten dabei unverändert bleiben können,

so ist klar, dass die Intactheit der nervösen Verbindungen des Muskels,
durch welche für das Eintreten einer tonischen Contraction in Folge der
Muskeldehnung gesorgt wird, für die normale Abstufung und Präcision
willkürlicher Bewegungen unbedingt nothwendig ist.

Diese peripherische Regulirung der Bewegungen liesse sich auf folgende Weise erklären.

Wenn man irgend eine Muskelgruppe innervirt, so nimmt bei den
normalen Bedingungen der Tonus der Antagonisten in Folge ihrer
grösseren Dehnung zu. Dadurch wird ein viel grösserer Widerstand
seitens der Antagonisten geleistet und in Folge dessen wird einerseits
der zu bewegende Hebel in seiner Excursion stärker gehemmt, seine
Bewegung verliert den Charakter einer werfenden Bewegung; andererseits werden die elastischen Schwankungen an der Höhe der Contraction,
wie wir es an den vom centralen Nervensystem abgetrennten Muskeln
beobachten, verhindert. Wäre der Widerstand der Antagonisten nur von
ihren elastischen Kräften abhängig, so müssten auf der Höhe der ge-
wollten Contraction unbedingt elastische Schwankungen eintreten. Besteht dagegen ein Theil des Widerstandes der Antagonisten in ihrer
tonischen Contraction, so können keine elastischen Schwankungen eintreten, weil bei jeder Verkürzung der Antagonisten ihr Tonus und also
auch ihr Widerstand abnehmen müsste, wodurch jede eintretende elastische Verkürzung sofort eine Verlängerung nach sich ziehen würde u. s. w.
Auf diese Weise müssen die elastischen Schwankungen auf ein Minimum
reducirt werden.

Bei den Tabischen, bei welchen die Degeneration der centralen
Enden centripetaler Nervenfasern der Muskeln, oder ihrer Verbindungsbahnen mit den motorischen Ganglien schon so weit vorgeschritten ist,
dass eine gewisse Erschlaffung der Musculatur, beispielsweise der unteren
Extremitäten, eingetreten ist, bekommen die Bewegungen einen werfenden
Charakter und es entstehen diese bekannten schwankenden Bewegungen
um den Zielpunkt, wenn man den Kranken auffordert, sein Bein bis zu
einem gewissen Punkte in die Höhe zu heben und in dieser Lage zu
fixiren. Diese Bewegungsstörungen hängen sichtlich nur vom Verlust
dieser peripherischen Regulirung ab und können nicht etwa als ataktische
Bewegungen in eigentlichem Sinne (in Folge der Innervationsstörung)
angesehen werden.

Paris, im November 1878.

Erklärung der Tafel.

Die Bedeutung der Curven ist im Texte angegeben. Der Pfeil zeigt die Richtung, in welcher die Curven aufgeschrieben wurden.

Die Buchstaben D auf den Figg. 1 und 2 bezeichnen die Momente der Nervendurchschneidungen.

Der Raumersparniss halber sind die Curven Figg. 1, 2 und 4 nicht in ihrer ganzen Länge dargestellt, sondern jede in zwei Stücke getheilt. Das Stück cd jeder Curve bildet die Fortsetzung der ersten Curvenhälfte ab und ist unter der Berücksichtigung der Abstände seiner Punkte von der Abscisse über einer und derselben Linie als Abscisse mit dem Stücke ab aufgetragen.

Die Anfangspartien der Curven bis zu den Momenten der Zuckungen (aA, aB u. s. w.) bezeichnen die anfängliche Lage des Schreibehebels, welche also der ursprünglichen Muskellänge (vor der Nervendurchschneidung oder vor der Zuckung) entsprach. In Folge dessen drückt der Unterschied zwischen der Entfernung der Anfangspartie der Curve und der Entfernung der niedrigsten Punkte des Curvenstücks cd von der Abscisse die eingetretene Veränderung der Muskellänge aus.

Der horizontale Verlauf der Curve A bei ihrer maximalen Erhebung (x) rührt von dem Anschlagen des Schreibehebels an eine Arretirungsvorrichtung her.

Zur elektrischen Reizung des Froschgehirns.

Von

Léon Krawzoff aus Jekaterinoslaw und Dr. Oscar Langendorff.

Aus dem physiologischen Institut zu Königsberg.

Der Eine von uns[1] hat vor etwa zwei Jahren mitgetheilt, dass es gelingt, auch beim Frosche durch galvanische oder faradische Reizung des Grosshirns contralaterale Bewegungen auszulösen.

In der weiteren Verfolgung dieses Gegenstandes konnten wir im Wesentlichen die damals gewonnenen Resultate bestätigen und erweitern.

Es gelang uns zwei distincte Gebiete als Centren für die vordere und für die hintere Extremität der entgegengesetzten Seite festzustellen, welche beide in den parietalen oder temporalen Abschnitt der Hemisphäre fallen, von denen aber das erstgenannte mehr ventral- und oralwärts, das letztere mehr dorsal- und caudalwärts gelegen ist. Das eine legt man am bequemsten durch Wegnahme des Schädeldaches, das andere durch Entfernung der Schädelbasis frei.

Die ausführliche Darlegung unserer Versuche ist hier nicht unsere Absicht; sie soll an anderer Stelle erfolgen.[2] Wir wollen hier nur der Resultate erwähnen, die wir durch zeitmessende Versuche in Betreff der Fortpflanzungsgeschwindigkeit des Reizes in centralen Theilen gewonnen haben.

---

[1] Langendorff, Ueber die electrische Erregbarkeit der Grossbirnhemisphären beim Frosche. *Centralblatt f. d. med. Wissenschaften.* 1876. Nr. 53 und Berliner klinische Wochenschrift 1877. S. 607. *(Sitzungsber. d. Vereins f. wissensch. Heilkunde zu Königsberg i. Pr.)*

[2] Sie wird den Gegenstand der demnächst erscheinenden Inaugural-Dissertation von Krawzoff bilden.

Solche Versuche sind bisher nur von Schiff und von François Franck angestellt worden.

Schiff[1], der sich drei verschiedener Methoden bedient hat, findet die Zeit, welche verfliesst vom Eintritte des electrischen Reizes in das Grosshirn bis zum Beginne der Gastroknemiuszuckung 7—11 mal länger, als wenn die ganze durchlaufene Strecke aus einer mit der Fortpflanzungsgeschwindigkeit des N. ischiadicus begabten Substanz bestanden hätte. Darin sieht er einen neuen Beweis für seine Anschauung, nach welcher es sich bei der Reizung der sog. psychomotorischen Centren nur um Reflexe handelt.

Franck und Pitres[2] finden nach der graphischen Methode die gesammte Latenzzeit („Totalverzögerung") = 0·065 Secunden; für die Uebertragungszeit von der Hirnrinde bis zur Ursprungsstelle des Nerven im Rückenmark berechnen sie daraus einen Werth von etwa 0·045".

Wir haben an Fröschen ähnliche Untersuchungen nach zwei verschiedenen Methoden gemacht:

1. nach dem gewöhnlich angenommenen graphischen Verfahren, bei welchem erst das Gehirn, dann bei demselben Stande der Trommel der Ischiadicus gereizt wurde;

2. nach einer zweiten graphischen Methode, bei welcher nur das Gehirn oder nur der Ischiadicus gereizt, und bei der durch eine Wippe mit Quecksilbercontact in dem gleichen Momente der reizende Strom geschlossen und ein reizmarkirender Strom geöffnet wurde. Der letztere setzte ein Signal Deprèz[3] in Thätigkeit.

In beiden Fällen verzeichnete während der Reizung eine Stimmgabel (512 VD) die Zeit.

Beide Versuchsreihen, obwohl nicht nur nach verschiedenen Methoden, sondern auch zu sehr verschiedenen Jahreszeiten (Frühjahr und Spätherbst) ausgeführt, gaben im wesentlichen übereinstimmende Resultate.

Nach der ersten Methode, bei welcher also die Zeit bestimmt wurde, die vom Einbruch des Reizes in's Gehirn bis zum Austritt desselben aus dem Rückenmark verfloss, erhielten wir in fünf Versuchsreihen (deren Einzelresultate theils vollkommen übereinstimmten, theils im Mittel berechnet sind) folgende Zeitwerthe:

---

[1] M. Schiff: Appendici alle lezioni sul sistemo nervoso encefalico. 1873 p. 529 ff.

[2] François-Franck: L'analyse expérimentale des mouvements provoqués par l'excitation etc. *Gaz. des hôpit.* 1877. Nr. 149.

[3] Vgl. Marey, *Le méthode graphique etc.* p. 478.

$$0 \cdot 0351 \text{ Secunden}$$
$$0 \cdot 0332 \quad \text{„}$$
$$0 \cdot 039 \quad \text{„}$$
$$0 \cdot 0341 \quad \text{„}$$
$$0 \cdot 030 \quad \text{„}$$

Im Mittel also $0 \cdot 036$ Secunden.

Man kann ganz ähnliche aber gleichseitige motorische Wirkungen, wie bei Reizung der Grosshirnhemisphäre erhalten, wenn man einen Rückenmarksquerschnitt (dicht unter der Med. oblongata) mit sehr feinen Elektroden und sehr schwachen Strömen reizt.[1] Wir bestimmten auch für eine solche Reizung die Uebertragungszeit und fanden sie zu $0 \cdot 0173''$; der elektrische Reiz braucht also allein für den kaum 1ᶜᵐ langen Weg durch das Gehirn nahezu 0·02 Secunden.

Nach der zweiten Methode wurden sieben Versuchsreihen angestellt. Es handelte sich hier um die Zeit zwischen Reizmoment und Muskelzuckung. (Wir benutzten den M. triceps femoris Ecker, dessen Sehne mit einem Marey'schen Myographion in Verbindung stand.)
Wir erhielten folgende Mittelwerthe:

$$0 \cdot 0488 \text{ Secunden}$$
$$0 \cdot 0566 \quad \text{„}$$
$$0 \cdot 0609 \quad \text{„}$$
$$0 \cdot 0476 \quad \text{„}$$
$$0 \cdot 0507 \quad \text{„}$$
$$0 \cdot 0546 \quad \text{„}$$
$$0 \cdot 0488 \quad \text{„}$$

Im Gesammtmittel somit $0 \cdot 0525$ Secunden.

Zieht man davon den Werth ab, den wir als Mittel mehrerer Versuchsreihen gewannen für die Zeit, die vom Eintritt des Reizes in den Plexus ischiadicus bis zur Muskelzuckung verfliesst, nämlich 0·015'', so erhalten wir als Zeitwerth für die cerebrospinale Leitung allein

$$\mathbf{0 \cdot 0375''},$$

ein Resultat, was mit dem oben gewonnenen ziemlich gut stimmt.

---

[1] Die viel discutirte Frage von der directen elektrischen Erregbarkeit der motorischen Theile des Rückenmarkes ist durch die Hitzig'schen Versuche an der Hirnrinde sicher in ein neues, für ihre Bejahung günstiges Stadium getreten. Nach unseren eigenen, allerdings wenig zahlreichen, aber mit den erforderlichen Cautelen vorgenommenen Versuchen müssen wir uns für die directe Reizbarkeit aussprechen.

Wir sind somit zu sehr ähnlichen Werthen für die Uebertragungszeit gelangt, wie Franck und Schiff. Wenn letzterer aber aus der
langen Dauer derselben schliesst, dass es sich um Reflexbewegungen
handle, so können wir uns nur der Ansicht anschliessen, die bereits
v. Wittich bei Gelegenheit eines Referates über die Schiff'sche Mittheilung[1] geäussert hat, dass es sich nämlich auch bei der Reizung der
Hirnrinde jedenfalls um mehrfache Ueberleitungen in verschiedene Centralapparate handle, deren Verzögerungen sich einer jeden auch nur
ungefähren Schätzung entzögen.

Wir sind zudem im Stande, eine Anzahl von Beobachtungen anzuführen, nach denen uns die fernere Annahme, dass es sich um einfache
Reflexe handle, völlig unhaltbar erscheinen muss.

Da es nicht unsere Absicht ist, hier dieser Streitfrage näher zu
treten, sei nur folgender oft wiederholter Versuch erwähnt:[2]

Wenn man einem Frosche, der auf Reizung der Hirnsphären prompt
mit Bewegungen antwortet, eine kleine Menge Aether unter die Haut
spritzt, so verliert sich im Verlauf einer bis mehrerer Minuten (je nach
der Aetherdosis) die elektrische Erregbarkeit des Grosshirns vollständig.
Zu gleicher Zeit sind aber die Reflexbewegungen noch sehr lebhaft: das
Lid schliesst sich bei Berührung der Cornea, das Bein wird kraftvoll
zurückgezogen, wenn man es kneift; auch die Athembewegungen sind
noch erhalten.

Wenn es sich um Reflexe von einem sensiblen Kopfnerven aus (vom
Trigeminus wäre zu vermuthen) handelt, warum erlischt dann der Reflex
auf die Extremitäten, während der auf die Augenmuskeln persistirt,
zumal anderweitig die Extremitäten reflectorisch noch erregt werden
können?

Unser Versuch schliesst sich an eine Mittheilung von Hitzig an,
nach welcher bei Hunden in der Aethernarkose die Erregbarkeit der
Hirnrinde noch fortdauern kann, wenn die Reflexe bereits erloschen sind.
In unseren Versuchen am Frosche war das Gegentheil der Fall — eine
gewiss merkwürdige Differenz in dem Verhalten zweier verschiedener
Thierklassen gegen dasselbe Gift. Schiff hinwiederum sah bei ätherisirten
Hunden die Reflexbemerkungen wiederkehren, ohne dass die Unerreg-
barkeit der Hirnrinde aufhörte (a. a. O.)

---

[1] *Jahresbericht der gesammten Medicin*, herausgeg. von Virchow und Hirsch
1874. Bd. I, S. 268.
[2] Die Beobachtung ist bereits im Jahre 1876 dem Vereine für wissenschaft-
liche Heilkunde in Königsberg mitgetheilt worden.

Nachschrift.

Nach Abschluss dieser Mittheilungen finde ich, dass bereits S. Exner[1] ähnliche Versuche, wie wir, am Frosche angestellt hat. Er reizt das Grosshirn mechanisch und bestimmt die Zeit, die vom Einbruche des Reizes bis zum Eintritt der Muskelzuckung verfliesst. Aus neun „guten" Versuchen berechnet sich diese Zeit zu $0 \cdot 0512''$ im Durchschnitt.

Das stimmt mit dem Resultate unserer zweiten Versuchsreihe annähernd überein.

Indessen kann ich den Verdacht nicht unterdrücken, dass es sich nur um Reflexbewegungen gehandelt habe. Ich selbst fand mechanische Reizung niemals wirksam, und Exner muss, um sicher auf jeden Reiz eine Zuckung zu erhalten, die Thiere mit Strychnin vergiften.

Exner selbst scheint seinen Versuchen gegenüber in dieser Beziehung nicht ohne Zweifel gewesen zu sein.

---

[1] Exner, Experimentelle Untersuchungen der einfachsten psychischen Processe. 2. Abhandlung. Pflüger's *Archiv* u. s. w. Bd. VIII, S. 532.

O. Langendorff.

Ueber die Entstehung der Verdauungsfermente beim Embryo.

Von

Dr. Oscar Langendorff.

— —

Aus dem physiologischen Institut in Königsberg in Pr.

— —

Während der Erforschung der morphologischen Verhältnisse des Thierkörpers die Anwendung der entwicklungsgeschichtlichen Methode die grössten Dienste geleistet hat, ist bisher die Physiologie, obwohl durch **Darwin** deutlich genug auf diese Bahn gewiesen, einer (in diesem Sinne) genetischen Untersuchungsweise ziemlich fremd geblieben.

Naturgemäss zerfällt eine solche, die Entstehung der Functionen in's Auge fassende Untersuchung in einen phylogenetischen und einen ontogenetischen Theil. Das erstere Gebiet, das der vergleichenden Physiologie, ist das bisher fast allein bebaute.[1] Für die zweite, die ontogenetische Untersuchung ist noch Alles zu thun. Selbst die Seite, von der man eine solche am leichtesten unternehmen konnte, die Embryochemie, hat nur hin und wieder Bearbeiter gefunden. Die hier mitzutheilenden Untersuchungen enthalten Vorstudien zu einer **Entstehungsgeschichte der Verdauungsfermente**.

Ich habe durch diese seit zwei Jahren fast ununterbrochen fortgesetzten Versuche freilich wenig mehr gewonnen, als eine trockene Statistik über die Zeit des ersten Auftretens dieser Körper; indessen sollte ich meinen, dass, wenn es gelingt, auch die Erscheinungszeiten anderer, für die Kenntniss des Stoffwechsels wichtiger Stoffe (des Glycogens, des Harnstoffs u. a. m.) festzustellen, man dereinst im Stande sein wird, das Auftreten der verschiedenen Stoffwechselproducte in einen

---

[1] Vgl. besonders die interessanten aus dem Heidelberger physiologischen Laboratorium hervorgegangenen *Untersuchungen über die Enzymbildung niederer Thiere.*

causalen Zusammenhang zu bringen und dadurch dem Modus ihrer Entstehung näher zu kommen.

An neugeborenen Thieren und Menschen sind bekanntlich bereits Untersuchungen über die Existenz der Verdauungsfermente von Zweifel und von Anderen angestellt worden; über die Fermente des Embryo liegen nur wenige Mittheilungen, meistens gelegentliche Notizen, vor.

Literatur.

Elsässer: *Die Magenerweichung der Säuglinge.* 1846. S. 72.

„Die Magenschleimhaut ist unter den genannten Bedingungen stets fähig, verdauend zu wirken, möge sie aus einem gesunden, jungen oder alten, oder aus einem durch Krankheit heruntergekommenen Körper (selbst wenn die Verdauung im Leben sehr geschwächt oder Wochen lang auf ein Minimum reducirt war), oder selbst aus einem Foetus stammen. Ich habe wenigstens die Magenschleimhaut von todtgeborenen Kindern mit Erfolg zur künstlichen Verdauung von Mägen selbst oder von Darmstücken, Eiweiss angewendet. Nur ist bei Foetusmägen oder nach langwierigen Krankheiten, sowie in ganz nüchternen Mägen die peptische Kraft merklich schwächer als sonst."

Claude Bernard: *Mémoire sur le Pancréas.* 1856. S. 425.

„La sécrétion du suc pancréatique paraît avoir lieu, de même que celle de la bile, avant la naissance; nous verrons, en effet, que dans les matières intestinales du foetus on peut constater, dans certains cas, les caractères du suc pancréatique d'une manière évidente."

Die wichtigsten Angaben rühren her von

Zweifel: *Untersuchungen über den Verdauungsapparat der Neugeborenen.* 1874.

(Hier sind auch die früheren Angaben von Schiffer, Ritter, Korowin mitgetheilt, die sich auf die Speicheldrüsen oder vielmehr den Speichel neugeborener Kinder beziehen).

Zweifel selbst findet beim neugeborenen Menschen von den Speicheldrüsen nur die Parotis ptyalinhaltig; Submaxillardrüse und Pankreas entbehren des diastatischen Fermentes bis zum Ende des zweiten Monats; die Magenverdauung ist schon beim Neugeborenen intensiv und constant vorhanden; im Pankreas ist Trypsin und der Fette zerlegende Körper nachweisbar.

Von jüngeren Embryonen hat Zweifel einen dreimonatlichen und einen viermonatlichen untersucht; bei beiden fehlten die Mundspeichel-fermente; bei den letzteren fand sich in der Mageuschleimhaut kein Pepsin.

Hammarsten: Beobachtungen über die Eiweissverdauung bei Neu-geborenen u. s. w. In: *Beiträge zur Anatomie und Physiologie*, als Fest-gabe für Carl Ludwig. 1874. S. CXVI.

Die Arbeit erschien ungefähr gleichzeitig mit der Zweifel'schen. Hammacher fand bei Hunden im Magen während der ersten Woche fast gar kein Pepsin vor; während der zweiten Lebenswoche fängt es an, in merklicher Menge zu erscheinen; erst nach drei bis vier Wochen wird der Pepsingehalt der Magenschleimhaut beträchtlich.

Das Pankreas enthält schon bei neugeborenen Hunden ein eiweiss-lösendes Ferment.

Wichtig ist der Nachweis, dass nicht alle Thiere desselben Alters gleiche Pepsinmengen besitzen. — Aehnlich sind die Verhältnisse bei saugenden Katzen.

Beim Kaninchen dagegen ist die Gesetzmässigkeit geringer. Einmal fanden sich schon am ersten Tage Spuren von Pepsin. Für gewöhnlich treten bedeutende Mengen nach der ersten Woche auf.

Trypsin ist auch beim neugeborenen Kaninchen vorhanden.

Beim neugeborenen Menschen findet Hammarsten immer Pepsin, doch in sehr wechselnden Mengen; bei einem Sieben-Monats-Kinde, das 14 Tage am Leben erhalten worden war, enthielt die Magenschleimhaut Spuren von Pepsin.

Grützner: *Neue Untersuchungen über die Bildung und Ausscheidung des Pepsins.* 1875. S. 30.

Grützner giebt an:

„1. Der Magen von Embryonen (Schaf, Rind, Schwein, Hund) ent-hält geringe Spuren von Pepsin, aber keine Säure.

2. Die Menge des Pepsins steigt mit der fortschreitenden Entwicke-lung, und es enthält natürlich auch

3. der Magen des eben geborenen Thieres und Menschen Pepsin."

Moriggia: Ueber Verdauungsvermögen und Verdauungsvorgänge beim Fötus. *Untersuchungen zur Naturlehre des Menschen und der Thiere*; herausgegeben von Jac. Moleschott. B. XI. 1876. S. 455.

Moriggia weist nach, dass bei Rindsembryonen bereits gegen Ende des dritten Fötalmonats das Vermögen der Magenverdauung auftritt und sich von da ab mit der ferneren Entwickelung des Fötus allmählich steigert.

Moriggia meint, dass der Magen des Fötus schon verdauend thätig ist. Den Inhalt des Labmagens findet er fast immer leicht sauer reagirend.

Wolffhügel: Ueber die Magenschleimhaut neugeborener Säugethiere. *Zeitschrift für Biologie.* B. XII. 1876. S. 217.

Wolffhügel findet weder bei 90 ^{mm} langen Kaninchenembryonen (eine Untersuchung), noch bei 95 bis 100 ^{mm} langen neugeborenen Kaninchen (zwei Untersuchungen) Pepsin vor.

Beim Hunde treten nach Wolffhügel die ersten Spuren von Pepsin erst 12 bis 43 Stunden nach der Geburt auf; die Menge des Fermentes ist aber selbst nach fünf Tagen noch zur Verdauung von gekochtem Fibrin unzureichend. (Eine Untersuchung). Die Säurebildung tritt bereits früher auf.

Ich selbst habe im Ganzen 377 Embryonen und Neugeborene untersucht. Diese ansehnliche Zahl verliert aber an Bedeutung, wenn ich hinzufüge, dass ich, besonders wenn es sich um jüngere Früchte handelte, meistens mehrere derselben (gewöhnlich einen Wurf) zusammen in Angriff genommen habe.

Das am meisten zur Verwendung gekommene Thier war das Schwein. Die 289 Exemplare dieser Thierspecies bilden eine fast lückenlose Reihe.

Da die Menge des Materials von vornherein eine ganz vollständige Berücksichtigung aller Fermente ausschloss, habe ich mein Augenmerk allein auf das Pepsin, auf das Trypsin und auf das Pankreatin (wie ich das diastatische Ferment des Pankreas zu nennen in einer früheren Arbeit vorgeschlagen habe) gerichtet.

Die Untersuchung auf Pepsin geschah entweder

1. durch mehrstündige Extraction der Magenschleimhaut mit 0·1 bis 0·2 procentiger Salzsäure und Zusetzen des Extractes zu gut ausgewaschenem, rohem Blutfaserstoff; oder

2. durch Hinzufügung der fein zerkleinerten Magenschleimhaut zu gut gequollenem Fibrin (eine sichere und meistens schnell zum Ziele führende Probe); oder

3. durch 8 — 14 tägige Extraction der entwässerten oder frischen Schleimhaut mit Glycerin und Hinzufügung des Extractes zu gequollenem Fibrin.

Die Prüfung geschah stets bei Körperwärme im Wasserbad. Gewöhnlich wurde ein Controlversuch mit gequollenem Fibrin (mit H Cl) zu gleicher Zeit angestellt. In vielen, besonders in allen zweifelhaften Fällen, wurde die Verdauungsflüssigkeit auf Peptone geprüft.

War das Material nicht allzu spärlich, so gelangten mehrere der genannten Untersuchungsmethoden gleichzeitig zur Verwendung.

Der Pankreatin-Nachweis wurde in der Weise geführt, dass entweder

1. die zerkleinerte und zerriebene Pankreassubstanz direct einem dünnen gekochten Stärkekleister zugefügt wurde, oder dass

2. das wässerige, seltener das Glycerin-Extract der Drüse zur Verwendung kam.

In ähnlicher Weise, also durch Zusatz der Pankreassubstanz oder ihres Extractes zu Fibrin wurde auf Trypsin untersucht. In vielen Fällen habe ich den von Heidenhain empfohlenen Zusatz von $Na_2 CO_3$-Lösung mit Vortheil verwerthet.

Standen nur sehr geringe Mengen von Pankreassubstanz zur Verfügung, so fügte ich dieselben zur Prüfung auf diastatisches Ferment zur Amylumlösung; war Zucker gebildet, oder war nach 18—24 Stunden noch keine Zuckerbildung nachweisbar, so konnte der Rest dieser Verdauungsflüssigkeit immer noch gut zur Prüfung auf das Eiweissferment verwendet werden.

Umgekehrt darf dagegen, aus naheliegenden Gründen, der Versuch nicht angestellt werden.

I. Untersuchungen an Schweinsembryonen.

Ich theile zuerst die Versuche an Schweinsembryonen mit. Die folgende Tabelle enthält deren Resultate in der Weise, dass die untersuchten Embryonen nach ihrer Grösse in fünf Kategorien getheilt sind. (Gemessen wurde der Abstand vom Scheitel bis zur Analöffnung.)

Andere Kriterien wie die Grösse habe ich zur Bestimmung des Alters nicht verwerthen können. Da gleiche Grösse selbst bei derselben Thierspecies nicht immer dem gleichen Entwickelungsstadium entspricht, und da auch Racenverschiedenheiten in Frage kommen dürften [1], ist das freilich

[1] Man unterscheidet hier eine einheimische und eine gekreuzt polnisch-englische Schweinerace.

7*

ein Uebelstand. Bei dem Mangel ausreichender Angaben über die Entwickelung des Schweines[1] wusste ich ihn aber nicht zu vermeiden.

Die Bedeutung der + und − Zeichen ist ohne Erklärung verständlich.

Tabelle I.

Kategorie 1.   45—100 ^{mm} Körperlänge.

Zahl der unter- suchten Thiere.	Zahl der verar- beiteten Serien.
130.	16.

In 16 Versuchen Pepsin . . 16 −
In 7   „   Trypsin . . 7 −
In 8   „   Pankreatin 7 −
                        1 mal Spuren (bei 90 ^{mm} Länge).

Kategorie 2.   100—150 ^{mm} Körperlänge.

72 Thiere.   12 Serien.

In 12 Versuchen Pepsin . . 11 −
                        1 Spuren (120—135 ^{mm}).
In 9   „   Trypsin . . 3 − (100—135 ^{mm}).
                        6 +
In 9   „   Pankreatin 1 − (100—105 ^{mm}).
                        8 +

Kategorie 3.   150—200 ^{mm} Körperlänge.

51 Thiere.   10 Serien.

In 10 Versuchen Pepsin . . 3 −
                        3 mal Spuren.
                        4 +
In 7   „   Trypsin . . 6 +
                        1 mal Spuren (150 ^{mm}).
In 7   „   Pankreatin 7 +

---

[1] Selbst die Angaben von C. E. v. Baer, der hier in Königsberg gleichfalls
Gelegenheit zur Untersuchung zahlreicher Schweinsembryonen hatte, geben nur
geringe Anhaltspunkte.

Kategorie 4. 200—250ᵐᵐ Körperlänge.

31 Thiere.   6 Serien.

In 6 Versuchen Pepsin . . 4 —
2 +
In 5   „   Trypsin . . 5 +
In 5   „   Pankreatin 5 +

Kategorie 5. 250—300ᵐᵐ Körperlänge.

5 Thiere.   5 Serien.

In 5 Versuchen Pepsin . . 1 —
2 mal Spuren.
2 +
In 5   „   Trypsin . . 5 +
In 5   „   Pankreatin 5 +

Aus den mitgetheilten Versuchen gehen folgende Gesetze hervor:

1. Das Pepsin kann in Spuren bereits bei einer Körperlänge von 120—135ᵐᵐ auftreten; in grösserer Menge bei Embryonen von einer Länge von 170—190ᵐᵐ. Es kann aber noch bei viel älteren Thieren fehlen. (Es fehlte einmal bei einem Embryo, der, bei 280ᵐᵐ Länge, bereits Haare und Zähne besass, vollständig.) In der Mehrzahl der Fälle scheint es kurz vor der Geburt aufzutreten. Gross wird seine Menge im intrauterinen Leben niemals.

Anmerkung. Der Mageninhalt, sowie die Schleimhaut selbst fanden sich beim Schweine niemals sauer — mit einigen wenigen Ausnahmen, bei denen ich jedoch einer vollkommenen fehlerlosen Untersuchung nicht sicher bin.

Den Mageninhalt bildet bei älteren Embryonen eine reichliche, z. Th. dünnflüssige, gelblichgefärbte, alkalische Kupferlösung kräftig reducirende Flüssigkeit; bei jüngeren Embryonen ist der Magen meistens mit einer zähen Schleimmasse angefüllt. Das Contentum enthält niemals Pepsin, auch dann nicht, wenn die Schleimhaut peptisch wirksam befunden wird.

2. Das Trypsin findet sich constant von einer Körperlänge von 135—150ᵐᵐ an; zuerst nur in Spuren, später in wachsender Menge.

3. Pankreatin erscheint zum ersten Male bei einer Grösse von 90—100ᵐᵐ. Bei den über 100ᵐᵐ langen Embryonen ist es stets vorhanden; seine Menge wächst im Allgemeinen mit der Körperlänge, und kann bei grossen Embryonen sehr beträchtlich werden (Saccharificirung von gekochter Stärke in wenigen Minuten).

II. Untersuchungen an Rindsembryonen.

Die Thiere wurden hier einzeln untersucht. Von den Mägen gelangte meist nur der Labmagen zur Verarbeitung.

Sehr bemerkenswerth ist, dass ich in zwei Fällen, in denen die fast wie ein fünfter Magen abgegrenzte Pars pylorica geprüft wurde, auch in dieser Ferment vorfand, obwohl hier von einer Magensaftabsonderung, folglich auch von einer Imbibition nicht die Rede sein konnte.

Die Mägen enthielten eine dünne, überall alkalische, peptisch unwirksame, Metalloxyd kräftig reducirende Flüssigkeit. Die Magenschleimhaut reagirte (im Vers. 5 und Vers. 7 untersucht) weder auf der Oberfläche noch in der Tiefe (Zerquetschen zwischen Lakmuspapier) sauer. (Moriggia (a. a. O.) fand dagegen den Inhalt des Labmagens fast immer leicht sauer, und den des Pansens peptisch wirksam).

Tabelle II.

Grösse in Millimetern.	Pepsin.	Trypsin.	Pankreatin.
1. 120 ^{mm}	—	—	
2. 165 „	Spuren	Spuren	—
3. 230 „	Spuren	—	
4. 250 „	+	+	Spuren.
5. 350 „	+	+	+
6. 480—500 ^{mm}	+	+	+
7. 540 ^{mm}	+	+	+

Aus dieser Tabelle folgt, dass:

1. Das Pepsin beim Rinde in Spuren bereits bei 165 ^{mm} langen Embryonen sich findet. Bei grösseren Thieren ist seine Anwesenheit constant und seine Menge bedeutend.

2. Das Trypsin zeigte sich einmal in Spuren bei 165 ^{mm}. Sicher findet man es von 250 ^{mm} an.

3. Das Pankreatin tritt bei dieser Länge (250) erst in minimalen Mengen auf. Später wird es sehr reichlich.

III. Untersuchung an Schafsembryonen.

Es wurden nur drei Versuche angestellt; bei einem Embryo von 70 mm Länge fand sich kein Pepsin, kein Pankreatin. Bei zwei 90 mm langen Früchten war Pepsin nicht nachweisbar. In Spuren war es bei einem Embryo von 190 mm Länge vorhanden.

IV. Untersuchung an Kaninchen.

Zur Untersuchung gelangten 26 Embryonen verschiedenen Alters (5 Serien), 12 neugeborene (7 Serien) und ein acht Tage altes Kaninchen.

Tabelle III.

	Zahl.	Länge.	Pepsin.	Trypsin.	Pankreatin.
a) Embryonen:					
1)	7	23 mm	Spuren		
2)	6	63—76 mm	+	Spuren	—
3)	3	70—80 „	+		
4)	5	80 mm	+		
5)	5	Nahezu ausgetragen	+		
b) Neugeborene:					
6)	1		Spuren	+	—
7)	1		Spuren	+	—
8)	1	Sofort oder	Spuren	+	—
9)	1	wenige Stunden	+	+	—
10)	1	nach der Geburt	+	+	—
11)	2		+ (viel!)	+	
12)	5		+		
13)	1	(acht Tage alt)	+ (viel!)	+	+

Es tritt somit Pepsin wie Trypsin in Spuren bereits bei sehr jungen Embryonen auf; ersteres freilich ist auch bei neugeborenen Kaninchen häufig nur in minimaler Menge nachweisbar; selten ist seine Quantität beträchtlich.

Das Pankreatin fehlt beim neugeborenen Kaninchen und erscheint wahrscheinlich erst im Laufe der ersten Lebenswoche. — In Versuch 5 zeigte der grünlich gefärbte, schleimige, sauer reagirende Inhalt des embryonalen Magens Spuren von peptischer Wirkung auf gequollenes

Fibriu. In Versuch 11 verdaute der Mageninhalt recht kräftig. Da
die in Vers. 11 verarbeiteten Thiere bald nach dem Tode untersucht
wurden, ist eine Imbibition des Mageninhaltes mit Pepsin aus der todten
Schleimhaut unwahrscheinlich. Man wird also annehmen müssen, dass
schon im Neugeborenen eine Secretion von Magensaft stattfinden kann.
Das Resultat von Vers. 5 ist mir nicht ganz sicher. Saure Reaction
wird im Mageninhalt neugeborener Kaninchen (auch wenn derselbe nicht
aus Milchcoagulis besteht) niemals vermisst.

V. Untersuchung von Ratten.

Ich untersuchte 2 neugeborene und 2 zwei bis drei Tage alte Albinoratten, ferner 6 Embryonen von 45^{mm} Länge. In sämmtlichen Versuchen
(3 Serien) fand sich Pepsin, Trypsin und Pankreatin war; das
erstere und das letztgenannte Ferment (sogar bei den Embryonen) in sehr
reichlichen Mengen.

Zwei weitere Versuche (mit 9 neugeborenen Albinoratten), bei denen
kein Pepsin vorgefunden wurde, glaube ich, weil die Untersuchung nur
eine mangelhafte war, unterdrücken zu müssen.

Bei 4 drei bis vier Tage alten Exemplaren von Mus decumanus
fanden sich alle drei Fermente in reichlicher Quantität.

VI. Untersuchung neugeborener Hunde.

Es konnten nur drei junge Hunde desselben Wurfes untersucht
werden; der eine am zweiten, der andere am fünften, der dritte am
siebenten Tage nach der Geburt. Bei keinem fand sich eine Spur von
Pepsin. Doch ist vielleicht wichtig hinzuzufügen, dass der Magen des
letztgenannten Thierchens sich im Zustande hochgradigen Katarrhs befand.

Weder der Mageninhalt, noch die Magenschleimhaut zeigte saure
Reaction.[1]

Trypsin wurde bei allen drei Thieren gefunden, Pankreatin
merkwürdiger Weise nur bei dem jüngsten.

---

[1] Wenn der Magen bereits Milch enthält, so beweist natürlich saure Reaction
des Mageninhaltes nichts für Säurebildung von Seiten der Schleimhaut. Die diesbezüglichen Angaben Wolffhügel's und die auf Grund seines Befundes angestellten mikroskopischen Untersuchungen sind deshalb theilweise von zweifelhaftem
Werthe.

VII. Untersuchung neugeborener Katzen.

Bei drei neugeborenen Katzen fand ich im Magen nur zweifelhafte Spuren von Pepsin; dagegen enthielt die Bauchspeicheldrüse kräftig wirkende tryptische und diastatische Fermente. Die Mägen waren mit festen, sauer reagirenden Milchcoagulis angefüllt.

VIII. Untersuchung von Sperlingen.

Bei 10 etwa 8 Tage alten Sperlingen waren alle drei Fermente in in sehr reichlicher Menge vorhanden.

IX. Untersuchung menschlicher Embryonen.

Die Untersuchung menschlicher Früchte aus verschiedenen Fötalzeiten musste von ganz besonderem Interesse sein. Durch die Erlaubniss des Hrn. M.-R. Prof. Hildebrandt und durch die liebenswürdige Unterstützung Seitens der Hrrn. Collegen Dahlmann, Münster und Unterberger bin ich in den Besitz von 8 meistens ganz frischen, stets sehr gut conservirten Embryonen gelangt, deren Alter nicht nur aus dem äusseren Aspect, sondern auch nach den Mittheilungen der genannten Aerzte mit ziemlicher Genauigkeit festgestellt werden konnte.

Ich gebe die Versuchsresultate genau nach meinem Tagebuche.

Versuch 1. Männlicher Fötus, 124ᵐᵐ lang (Scheitel bis After); angeblich aus der 16—17. Woche (was auch mit dem Zustande der Hinterhauptsverknöcherung [Stud. med. Hagen] gut stimmt).

Der Magen enthält eine neutral reagirende, schleimige Masse. Er wird gereinigt, zerkleinert und 1½ Stunde lang mit 0·1%/₀ HCl extrahirt. Um 3ʰ wird das Extract zu gequollenem Fibrin gefügt, um 4ʰ ist das letztere (bei Körperwärme) vollständig gelöst.

Das Pankreas wird zerkleinert und zerrieben. Ein Theil wird
a) mit Wasser und Fibrin um 3ʰ in's Wasserbad (40° C.) gebracht. Am nächsten Morgen 8ʰ 30ᵐ ist nichts gelöst.

Die andere Hälfte
b) wird um 4ʰ 15ᵐ zu gekochtem Stärkekleister gefügt. Am nächsten Morgen 8½ʰ ist keine Reduction nachweisbar.[1]

---

[1] Die Verdauungsversuche wurden stets im Wasserbad bis 35—40° C. angestellt.

Versuch 2.[1] Männliche Frucht, 135^{mm} lang, angeblich aus dem Anfang des 5. Monats. (Stimmt mit der Hinterhauptsverknöcherung.)

Magen: Inhalt spärlich, dickflüssig, neutral.

Der Magen wird zerkleinert zu gequollenem Fibrin gesetzt um 5^h 45^m. Die Verflüssigung beginnt alsbald. Um 6^h 30^m ist der grösste Theil, um 7^h alles gelöst.

Pankreas zerkleinert,

a) zu Fibrin um 5^h 42^m Nachm., bis 8^h des nächsten Morgens ist nichts verdaut.

b) zu gekochtem Stärkekleister um 5^h 45^m Nachm. Am nächsten Morgen 8$^1/_2$^{h} kein Zucker nachweisbar.

Versuch 3. Am vorhergehenden Tage geborener, sechsmonatlicher Fötus, gut ausgebildet, 180^{mm} lang.

Magen zerkleinert,

a) mit gequollenem Fibrin um 11^h 55^m ins Wasserbad gebracht. Um 12^h 40^m beginnende Verflüssigung. Um 3$^3/_4$^{h} ist alles gelöst.

b) Mit HCl 3$^3/_4$ Stunden lang extrahirt. Das Extract zu gequollenem Fibrin um 3$^3/_4$^{h}.

α) in der Kälte. Um 7^h ist ein Theil gelöst; am nächsten Morgen ist fast alles verdaut. (Die Zimmerwärme betrug ad maximum 10—11^0 R.)

β) bei 40^0 C. Um 5^h ist ein grosser Theil, um 6^h alles verdaut.

Der Magen enthielt eine schmierige, braune, neutral reagirende Masse.

Pankreas zerkleinert.

a) mit Fibrin und Na$_2$CO$_3$ um 11^h 45^m M. Am nächsten Morgen 8$^1/_2$^{h} ist noch keine Spur des Fibrins gelöst.

b) mit Amylumkleister um 11^h 50^m M. Am nächsten Morgen kein Zucker nachweisbar (während der Nacht stand die Flüssigkeit kalt).

Versuch 4. Männlicher Fötus, soeben geboren, 155^{mm} lang, Beginn des 6. Fötalmonats.

Magen enthält eine geringe Menge zähschleimiger, grünlichgelber, schwach alkalisch reagirender Masse. Die Schleimhaut reagirt nirgend sauer.

Der Magen wird zerkleinert um 12$^3/_4$^{h} M. zu gequollenem Fibrin gefügt. Um 1^h beginnt bereits die Verflüssigung, um 1$^1/_2$^{h} ist schon viel gelöst; Nachmittags wird alles gelöst gefunden.

---

[1] Ich verdanke diesen Embryo der Güte des Herrn Dr. Bluhm.

Pankreas

a) mit Fibrin um 12^h 50^m. Um 4^1/$_2$^{h} ist ein Theil zerfallen; um 6^1/$_2$^{h} ist der grösste Theil gelöst.

b) mit gekochter Stärke um 12^h 50^m. Am nächsten Morgen 8^h ist kein Zucker nachweisbar.

Versuch 5. Fünfmonatlicher männlicher Fötus von 155^{mm} Länge. Nicht ganz frisch.

Magen: der Inhalt braun gefärbt, schwach alkalisch. Er wird zu gequollenem Fibrin um 11^1/$_2$^{h} M. gefügt. Um 5^h ist nichts gelöst.

Die Mageuschleimhaut reagirt nirgend sauer. Sie wird zerkleinert.

a) mit H Cl 5^1/$_2$ Stunde lang extrahirt. Um 5^h Nachm. wird das Extract zu Fibrin hinzugefügt; um 8^h Abends ist ein kleiner Theil, am nächsten Morgen fast alles verdaut.

b) zu gequollenem Fibrin um 11^1/$_2$^{h}. Um 12^h ist ein Theil bereits gelöst. Indessen ist selbst Abends 8^h noch nicht alles verdaut.

Pankreas

a) mit Fibrin und Na$_2$CO$_3$ um 11^1/$_2$^{h}. Um 3^h der grösste Theil, um 8^h alles gelöst.

b) mit Amylum um 11^1/$_2$^{h}. Am nächsten Morgen 8^1/$_2$^{h} ist noch keine Reduction nachweisbar.

Versuch 6. Männlicher Embryo 65^{mm} lang; Beginn des 4. Monats.

Magen zerkleinert zu gequollenem Fibrin um 11^h. Bis 4^h Nachm. ist nichts gelöst. Dagegen ist am nächsten Morgen 9^h alles verdaut. (Peptone nachweisbar; im Controlversuch nur spurweise Verflüssigung.)

Versuch 7. Weibliche Frucht von 140^{mm} Länge (160^{grm} schwer). Anfang des 5. Fötalmonats. Nicht ganz frisch.

Magen: Schleimhaut mit dickem, schwach alkalisch reagirendem Schleime überzogen. Der zerkleinerte Magen

a) mit H Cl vier Stunden lang extrahirt. Dann Fibrin hinzugefügt (um 4^1/$_2$^{h}). Bis 7^1/$_2$^{h} nur Spuren gelöst; am nächsten Morgen ist fast alles verdaut.

b) mit gequollenem Fibrin um 1^h M. Bis 4^h ist nichts gelöst; um 7^1/$_2$^{h} der grösste Theil, am nächsten Morgen alles verdaut. (Pepton nachgewiesen.)

Pankreas

a) mit Fibrin und Na$_2$CO$_3$ um 1^h. Um 4^h ist fast alles gelöst.

b) mit Amylumkleister um 12^3/$_4$^{h}. Am nächsten Morgen 9^3/$_4$^{h} keine Reduction.

Versuch 8. Fötus aus dem Anfang des 3. Monats, 35 mm lang.
Magen zerkleinert mit HCl und Fibrin um 12 h M. Bis zum
nächsten Morgen 9 h ist nichts verdaut.
Isolation des Pankreas war nicht möglich.

Die in den mitgetheilten Versuchen enthaltenen Ergebnisse stelle
ich in folgender Tabelle übersichtlich zusammen.

Tabelle IV.

, Alter.	Länge.	Pepsin.	Trypsin.	Pankreatin.
1) Anfang des 3. Monats	35 mm	—		
2) Anfang des 4. Monats	65 mm	+		
3) Ende des 4. Monats	124 mm	+(viel)	—	—
4) Anfang des 5. Monats	135 mm	+(viel)	—	—
5) Anfang des 5. Monats	140 mm	+	+	—
6) Fünfter Monat	155 mm	+	+	—
7) Anfang des 6. Monats	155 mm	+	+	—
8) Anfang des 6. Monats	180 mm	+	—	—

Zu diesen Versuchen kommt noch die Angabe von Zweifel, dass
bei einem von ihm untersuchten viermonatlichen Fötus der Magen kein
Pepsin enthielt. Ich muss annehmen, dass es sich um den ersten Beginn des 4. Monats gehandelt hat. Ueber die Grösse der Frucht ist
nichts angegeben.

Wenn es erlaubt ist, aus so wenig zahlreichen Versuchen allgemeine Schlüsse zu ziehen, so möchte ich aus ihnen nachstehende Sätze
folgern:

1) Das Pepsin tritt beim Menschen im Verlaufe des dritten oder
(mit Rücksicht auf die Beobachtung von Zweifel) im Beginn des vierten
Monats des Fötallebens auf. Seine Menge ist wechselnd, doch scheinen
diese, mit einer progressiven Fortentwickelung nicht übereinstimmenden
Schwankungen im Wesentlichen von der Frische des untersuchten Präparates abzuhängen.

Jedenfalls kann schon gegen Ende des 4. Monats die Pepsinmenge
eine beträchtliche sein. Die Magensäure fehlt noch in späteren Fötalzeiten.

Halten wir mit diesem Ergebniss die wenigen Angaben zusammen,
die über die embryonale Entwickelung der Magenschleimhaut im anatomischen Sinne vorliegen, so stellt sich eine bemerkenswerthe Thatsache
heraus.

Nach Kölliker[1] nämlich ist bei menschlischen Embryonen des 2. Monats die innere Magenoberfläche noch ganz glatt und ohne Drüsen; im dritten Monat ist die spätere Mucosa bereits zu erkennen; im vierten hat in ihr die Bildung der Drüsen begonnen; im fünften sind „die Magendrüsen schon ganz gut ausgebildet", und im sechsten Monat ist die Entwickelung der Schleimhaut vollendet.

Daraus geht hervor, dass die Pepsinbildung in den Magendrüsen beginnt, sowie die Drüsen auftreten und dass diese Fermenterzeugung schon bedeutend sein kann, bevor noch das ihr dienende Organ seine vollständige Ausbildung erreicht hat.

Bei dem grossen Interesse, welches sich an die gleichzeitige Beobachtung der anatomischen und der physiologischen Entwickelung eines Organs knüpft, ist es nur zu bedauern, dass die jüngst von Nussbaum beobachtete Osmiumsäure-Reaction der fermentführenden Zellen auf Zuverlässigkeit keinen Anspruch machen kann. Man hätte mit diesem einfachen mikrochemischen Verfahren das erste Auftreten des Ferments in der entstehenden Drüse weit schärfer feststellen können, als das bei der Subtilität des Organes mit Zuhilfenahme der makrochemischen Untersuchung möglich wäre.

Ich selbst sah bei einem fermentreichen Fötalmagen die Drüsenzellen durch OsO_4 sich nicht dunkler schwärzen, wie die Muskelhaut.

2) Das Trypsin erscheint zu Beginn des fünften Monats. Eine Ausnahme bildet Versuch III.[2]

3) Das Pankreatin ist im fötalen Leben beim Menschen noch nicht vorhanden.

Bekanntlich haben schon Korowin und Zweifel gezeigt, dass es auch beim neugeborenen Kinde noch fehlt.

---

[1] Kölliker: *Entwickelungsgeschichte der Menschen und der höheren Thiere.* 2. Aufl. 1879. S. 853 u. 854.
[2] Man könnte denken, durch die Anwendung der Na_2CO_3-Solutionen sei hier ein Fehler begangen, im Sinne der von Heidenhain gemachten Beobachtungen über die Störung der Verwandlung von Zymogen in Trypsin durch Sodalösung. Da der Foetus aber bereits am vorhergehenden Tage geboren war, trifft ein solcher Vorwurf nicht zu.

Schluss.

Als Gesammt-Ergebniss geht aus einer Betrachtung der mitgetheilten Versuche hervor, dass die Verdauungsfermente bei verschiedenen Thierclassen zu sehr verschiedenen Epochen des fötalen Lebens zum ersten Male erscheinen.

Es stellt sich heraus, dass, während z. B. das Pepsin bei den pflanzenfressenden Thieren (Wiederkäuern und Nagern [1]) und beim Menschen durchgehends in sehr frühen Fötalzeiten bereits auftritt, es beim Schweine meistens erst kurz vor der Geburt, bei Fleischfressern erst während des extrauterinen Lebens erscheint.

Trypsin tritt bei allen darauf untersuchten Thieren (Embryonen von Hund und Katze wurden nicht untersucht) schon sehr früh auf.

Das Pankreatin fehlt beim neugeborenen Menschen und beim neugeborenen Kaninchen, erscheint aber bei Schweinen, Ratten und Rindern in frühester Fötalzeit.

Ob und wie dieses gewiss merkwürdige Verhalten mit der Ernährungsweise der verschiedenen Ordnungen des Thierreichs zusammenhängt, darüber wage ich nicht einmal vermuthungsweise mich zu äussern.

Da die Nahrung für alle Säugethiere in der ersten Zeit des extrauterinen Lebens Milch ist, so erschiene eine auf die Verschiedenheit der Nahrung gegründete Differenz vom teleologischen Standpunkte unverständlich.

Hat man es aber mit einer ererbten frühzeitig embryonalen Anpassung an die spätere Lebensweise zu thun, so ist unerklärlich, warum dem omnivoren Menschen das Pankreatin noch fehlt, während der 90 bis 100 ^{mm} lange Embryo des omnivoren Schweines es bereits besitzt; warum das für die Fleischverdauung gewiss wichtige Pepsin dem neugeborenen Hunde noch mangelt, während es beim pflanzenfressenden Kaninchen in früher Fötalzeit schon sich vorfindet.

Dass, wie Moriggia meint, die Verdauungssäfte (speciell der Magensaft) schon im Fötus der Verdauung dienen, möchte ich schon deshalb in Abrede stellen, weil nur in seltenen Fällen (s. d. Versuche an Kaninchenembryonen) der Mageninhalt Pepsin enthält, und weil ich auch dann eher an eine postmortale Extraction der fermenthaltigen Schleimhaut durch den flüssigen Mageninhalt, wie an eine fötale Magensaftsecretion glauben müsste.

---

[1] Ich darf wohl die zahmen, wohl überall mit Vegetabilien gefütterten Albinoratten als Pflanzenfresser bezeichnen.

Ein ferneres Ergebniss meiner Versuche ist die Thatsache, dass verschiedene Fermente einer und derselben Drüse zu verschiedenen Zeiten auftreten. In Pankreas erscheint bald das tryptische, bald das diastatische Ferment früher; das eine kann schon sehr reichlich sein, während das andere noch gänzlich fehlt.

Daraus folgt, dass für die Entstehung beider verschiedene Bedingungen massgebend sind; und es wird auch dadurch nur noch ersichtlicher, dass, wie schon anderweitig betont wurde, die Bildung der verschiedenen Fermente einer Drüse nicht ein einheitlicher Vorgang, sondern das Resultat mehrerer nebeneinander einhergehender Processe ist.

Wahrscheinlich handelt es sich aber gar nicht um eine Fermentbildung in der Drüse selbst. Meine früheren Beobachtungen an Tauben mit unterbundenen Pankreasgängen, sowie die gleich mitzutheilenden Versuche an Embryonen, scheinen mir die Annahme immer wahrscheinlicher zu machen, dass, wenigstens für gewisse Fermente, der Entstehungsort ein ganz anderer, die Drüse aber nur der Ort ihrer Anhäufung und ihrer Ausscheidung sei.

Die Bedingungen für das erste Auftreten dieser Fermente wären also weit weniger in der anatomischen Ausbildung der Drüse, als vielmehr in den allgemeinen chemischen Verhältnissen des embryonalen Organismus zu sehen.

Die freilich nur sehr rudimentären Beobachtungen am Fötus, auf welche ich mich hier bezogen habe, sind folgende:

Es glückt zuweilen, zu einer Zeit, wo die Bauchspeicheldrüse noch keine Spur von Pankreatin enthält, diastatisches Ferment in anderen, der Fermentausscheidung sonst fern stehenden Organen nachzuweisen. So fand ich solches in mehreren Fällen in dem von Kopf und Baucheingeweiden befreiten Körper von ganz jugendlichen Schweinsembryonen; das Extract der Muskeln, sowie das der Lungen eines 155 ^{mm} langen menschlichen Embryo war deutlich diastatisch wirksam,[1] während das Pankreas auch nicht eine Spur eines solchen Enzyms enthielt.

Ich darf freilich nicht verschweigen, dass ich häufig genug auch negative Resultate zu verzeichnen hatte; indessen beweisen diese wenig gegenüber auch nur wenigem positiven Befunden. Durchweg negativ fiel die Untersuchung auf Pepsin aus. Enthielt der Magen nichts davon, so war auch in allen übrigen Organen keine Spur davon zu entdecken.

Mir scheint aus diesen Beobachtungen hervorzugehen, dass wenigstens das diastatische Ferment diffus im Embryonalkörper entsteht, diffus

---

[1] Der Zuckergehalt dieser Extracte, dem man durch wiederholte Alkoholextraction begegnen muss, ist der Untersuchung sehr hinderlich.

sich aufspeichert, um erst zu einer späteren Fötalzeit auf bestimmte Organe sich zu concentriren.[2]

Aufgefordert von Hrn. Prof. Heidenhain, habe ich auch mikroskopische Untersuchungen der fötalen Mägen unternommen. Der pepsinreiche, von Säure freie Magen menschlicher Embryonen bot dafür das beste Material. Doch scheinen mir meine Beobachtungen noch zu spärlich und zu unsicher, um zur Veröffentlichung reif zu sein.

[2] In seiner neuesten, mir nach Abschluss dieser Arbeit zugegangenen Mittheilung kommt Krukenborg zu sehr ähnlichen Folgerungen betreffs der phylogenetischen Entwickelung der Enzymfunction. *Untersuchungen d. physiologischen Institutes der Universität Heidelberg.* Bd. II, Heft 3.

Ueber optische Reflexhemmung.

Von

Oscar Spode,
stud. med.

Aus dem physiologischen Institut in Königsberg.

Setschenow's Annahme von Reflexhemmungscentren in den Vierhügeln des Frosches ist mit der Zeit ein Postulat geworden, das die Erklärung mancher physiologischen Thatsache in sich schliesst. Eine Reihe von Experimenten, die von Goltz ausgehen, sind geeignet, die Existenz jener Reflexhemmungscentra zu bestätigen, so sehr dieselbe auch von diesem Forscher bestritten wird. Sein bekannter Versuch, dass ein des Grosshirns beraubter Frosch das leise Streichen der Rückenhaut regelmässig mit Quaken beantwortet, hat in neuester Zeit durch Versuche, die Dr. Langendorff anstellte, eine Erweiterung erfahren. Langendorff fand, dass die Durchschneidung beider N. optici hinreiche, um regelmässig jenen Quakreflex eintreten zu lassen; er führte den Goltz'schen Versuch auf die gleichzeitig mit der Abtragung des Grosshirns erfolgte Blendung zurück.

Langendorff's Mittheilung[1] hierüber fand das lebhafteste Interesse Dr. von Boetticher's, derselbe hat unter Preyer's Leitung Langendorff's Versuche einer eingehenden Kritik unterzogen, dessen Resultate zum Theil bestätigt, zum Theil eine Anzahl neuer Thatsachen mitgetheilt[2], die ganz dazu angethan wären, das ganze Quakexperiment in ein neues Licht zu stellen. Die Mittheilungen, die von Boetticher auf Grund eigner Beobachtungen gemacht hat, sind kurz die: nicht nur Ausschaltung des Gesichtssinnes durch Durchschneidung der Sehnerven, Exstirpation der Bulbi, Aetzen der Cornea mit Argt. nitric. oder Zunähen

---

[1] Dieses *Archiv.* 1877, 4. und 5 Heft: Die Beziehungen des Sehorgans zu den reflexhemmenden Mechanismen des Froschhirns.

[2] *Sammlung physiologischer Abhandlungen*, herausgegeben von W. Preyer. II. Reihe. III. Heft: Ueber Reflexhemmung.

8

der Augenlider, sondern auch Zerstörung des Gehörsinnes, des Geruchs-
organs, ja sogar Vernichtung beliebiger spinaler Nerven sollen den bekannten Quakreflex nach langsamer Bestreichung des Rückens zur Folge
haben.

Angeregt durch diese überraschenden Angaben von Boetticher's,
habe ich auf Veranlassung des Herrn Dr. Langendorff alle von von
Boetticher angestellten Experimente wiederholentlich der schärfsten
und gewissenhaftesten Prüfung unterzogen und bin, ich sage es von
vornherein, zu Resultaten gelangt, die den von Boetticher'schen
mit einer einzigen Ausnahme direct entgegenstehen.

Eine ganze Anzahl von Fröschen bestätigte zunächst nach doppelseitiger Blendung durch Durchneidung der N. optici die von Langendorff gemachte Beobachtung; sie quakten mit der grössten Regelmässigkeit, sobald ihre Rückenhaut leise mit dem feuchten Finger bestrichen
wurde. Nie habe ich aber die von von Boetticher mitgetheilte Beobachtung machen können, dass dem Bestreichen der Kreuzbeingegend „in
der Regel eine Urinentleerung folgte". Den eigenthümlichen Krötengang
der geblendeten Thiere bestätigt von Boetticher; er sagt, dass bei
seinen Fröschen sich der eigenthümliche Gang längere Zeit nach der
Blendung einigermaassen verloren habe, und dass die Thiere wieder häufiger
springen. Ich muss nun gestehen, dass sich die vielen Thiere, die ich
operirt habe, in diesem Punkte sowohl unmittelbar nach der Operation
als später ganz gleich verhalten haben; sie kriechen gewöhnlich allerdings wie die ihnen stammverwandten Kröten, aber haben darum das
Springen nicht vergessen; so habe ich gefunden, dass, wenn ich eines
der geblendeten Thiere in die Hand nahm, es mir fast stets durch
Springen zu entkommen suchte. Fubini[1] sagt übrigens in Bezug auf
das Schreiten der blinden Fröschen: „diese Locomotionsweise wird ausgesprochener, wenn erst einige Tage seit der Blendung verflossen sind".

Dr. von Boetticher giebt ferner an, dass er die gewünschten Erfolge nicht nur bei Thieren gefunden, die geblendet waren durch Exstirpation der Bulbi oder Durchschneidung der N. optici, sondern auch durch
Aetzen der Cornea mit Argt. nitric. und durch Zunähen der Augenlider.
Ich muss dagegen sagen, dass ich nicht ein einziges Mal das Aetzen der
Cornea mit Argt. nitric. und das Zunähen der Augenlider wirkungsvoll
gefunden habe.

Von Boetticher fand auch, dass eine einseitige Blendung vollständig ausreiche, um den Quakreflex ebenso prompt und constant zu

---

[1] Moleschott's *Untersuchungen zur Naturlehre u. s. w.* 1876. Bd. XI, S. 586.

zeigen, wie vollständige Blendung. Fast ein volles Dutzend Frösche ist
von mir durch Durchschneidung eines N. opticus halbseitig geblendet,
aber von keinem einzigen der Untersuchungsthiere kann ich das behaupten, was von Boetticher versichert. Hin und wieder quakten die
Thiere allerdings, aber von Boetticher weiss, dass auch ganz intacte
Frösche sehr häufig das Streichen des Rückens mit Quaken beantworten.
Ein so maschinenmässiges, willenloses, regelmässiges Quaken, wie ganz
blinde Frösche zeigten einseitig geblendete nie.

Gegen die Beziehungen, die Langendorff zwischen seinem und
dem Goltz'schen Experimente sieht, gegen seine Behauptung, dass mit
der Abtragung der Grosshirnhemisphäre gleichzeitig die Tractus optici
durchtrennt werden müssen, dass also die Goltz'schen Frösche ebenfalls
blind seien, wendet sich von Boetticher mit grosser Entschiedenheit.
Er citirt zunächst Goltz selbst, der sich freilich dafür ausspricht, dass
seine operirten Frösche sehen; aber allein entscheidend für Goltz's Ansicht war der bekannte Versuch, durch den er nachwies, dass die Thiere
mit grösster Präcision Hindernisse vermeiden.

Ich muss an dieser Stelle das Wagniss unternehmen, mich gegen
Goltz selbst zu wenden. Die Beobachtung, die Dr. Langendorff und
ich hin und wieder zu machen die Gelegenheit hatten, dass Frösche, deren
beide N. optici durchschnitten waren, bei geöffnetem Käfig mit Geschick-
lichkeit durch die kleine Oeffnung desselben zu springen wussten, gab
den ersten Anlass, mit doppelseitig geblendeten Fröschen das Goltz'sche
Experiment zu wiederholen. Ich fand nun, dass diese durch Durchschneidung beider N. optici geblendeten Frösche mit ganz derselben Gewandtheit das ihnen gestellte Hinderniss zu vermeiden wussten wie die nach Goltz'scher Art operirten Thiere,
indem sie entweder seitwärts an dem Hinderniss vorbeisprangen oder
über dasselbe mit hohem Sprunge hinübersetzten. Das Experiment von
Goltz liefert also durchaus keinen Beweis für seine Behauptung, dass
seine Thiere das Sehvermögen besitzen.

Wie kommt es dann aber, dass ganz blinde Thiere die ihnen entgegen gestellten Hindernisse in einer oft staunenerregenden Weise vermeiden?

Ich will es wagen, an die Erklärung der Erscheinung zu gehen.
Fast jedesmal, wenn ich das Experiment mit enthirnten oder durch Durchschneidung der N. optici geblendeten Fröschen machte, fand ich, dass
die Thiere das erste Mal ziemlich regelmässig gegen das Hinderniss
sprangen, später dagegen dasselbe meist prompt und gewandt vermieden.
Die Erklärung ist jetzt nicht schwer, nachdem die Thiere sich das erste
Mal an dem Hinderniss gestossen, sind sie gewitzigt und springen von

8*

nun an nach der Seite. Für meine Erklärung spricht der Umstand, dass, sobald ich in die Richtung, welche die Thiere, um das ihnen zuerst gestellte Hinderniss zu vermeiden, gewöhnlich einschlugen, ein neues Hinderniss setzte, die Thiere fast ausnahmslos das erste Mal gegen dasselbe sprangen.

Wenn ich schliesslich noch bemerke, was Langendorff bereits gesagt, dass bei allen nach Goltz'scher Methode operirten Fröschen die Sehnerven durchschnitten oder mindestens vollständig zerquetscht gefunden wurden, so sollte diese Thatsache wohl alle Controversen über diesen Punkt übrig machen. Auch Setschenow, *Physiologische Studien über die Hemmungsmechanismen für die Reflexthätigkeit des Rückenmarkes im Grosshirn des Frosches*, S. 15, giebt an, dass ein Schnitt durch die Thalami optici den N. opticus stets durchtrennt.

Zu meiner Freude kann ich nun aber versichern, dass ich wenigstens nicht bei allen Experimenten das Gegentheil von dem beobachtete, was von Boetticher fand. Die Versuche, die ich vorgenommen, haben nämlich gezeigt, dass von Boetticher Recht hat, wenn er sagt, dass die Zerstörung des Grosshirns allein hinreiche, um den Quakreflex zu Stande zu bringen. Alle Frösche, denen ich nach vorhergegangener Zertrümmerung des Trommelfells die Paukenhöhle auskratzte, quakten mit einer gewissen Regelmässigkeit.

Mit Spannung wandte ich mich nun an die Prüfung der übrigen zahlreichen Experimente, die von Boetticher angiebt. Leider erhielt ich auch nicht bei einem einzigen derselben das Resultat, das von Boetticher so glücklich war bei allen zu erhalten.

Als ich die Vernichtung des Geruchsorganes ohne irgend einen Erfolg fand, wandte ich mich zur Untersuchung des spinalen Nervensystems ganz in der von von Boetticher angeführten Weise. Ich habe mit der grössten Gewissenhaftigkeit und der grössten Peinlichkeit die einschlägigen Experimente wiederholt. Ich habe sowohl einen als beide Ischiadici in der Mitte des Oberschenkels durchschnitten, aber auch nicht eine Spur eines Quakreflexes liess sich beobachten. Der ganze Plexus sacralis sogar wurde von mir z. Th. einseitig, z. Th. doppelseitig durchtrennt, auch nicht der geringste Quakreflex zeigte sich; ich versuchte das Experiment am N. brachialis, jedoch mit demselben Misserfolge.

Ein hierher gehöriger Versuch wirft übrigens auf diese ganze Operation ein eigenthümliches Licht. Ich durchtrennte nämlich Thieren, denen beide oder ein Ischiadicus oder Plex. sacralis durchschnitten war, und die auch nicht das geringste Zeichen eines Quakreflexes zeigten, die N. optici und fand, dass diese Thiere das Bestreichen der Rückenhaut jetzt ebenso wenig mit Quaken beantworteten wie vorher. Sollte nicht in diesem Falle die Durchschneidung der N. ischiadici als peripherer Reiz geradezu hemmend auf die bekannte Reflexerscheinung eingewirkt haben?

Ohne grosse Hoffnungen ging ich an die Prüfung der letzten von vornherein wenig Vertrauen erweckenden Boetticher'schen Experimente.

Die linke Hinterpfote eines grossen Frosches tauchte ich eine halbe Minute lang in verdünnte Schwefelsäure. Ein anderes Thier musste sich die Marter gefallen lassen, dass seine ganze linke untere Extremität eine halbe Stunde in concentrirte Schwefelsäure getaucht wurde. Weder bei dem einen noch bei dem anderen Thiere habe ich weder nach Verlauf einer noch mehrerer Stunden oder Tage auch nur das geringste Zeichen des Quakreflexes beobachten können.

Ich nehme an, dass von Boetticher beabsichtigte, durch dieses Verfahren einen Theil der sensiblen Hautnerven auszuschalten. Zur Erreichung dieses Zweckes, den auch ich in verschiedener Weise ohne Erfolg anstrebte, scheint die Anwendung der heftig destruirenden Schwefelsäure schon a priori sehr ungeeignet.

Das letzte der von von Boetticher angegebenen Experimente lieferte mir dasselbe Resultat wie fast alle übrigen; die Amputation des hinteren Theiles der Zunge eines grossen Frosches erwies sich als ebenso wirkungslos wie die vorher genannten Operationen.

Bei Deutung seines Experimentes hatte sich Langendorff dahin ausgesprochen, dass die Mechanismen, durch deren Wirksamkeit die Reflexhemmung stattfindet, „ihre äussere Anregung durch die Sinne, vornehmlich durch den Gesichtssinn erhalten." Es war ausdrücklich die Möglichkeit betont worden, dass auch andere Bahnen hemmende Impulse dem Centralorgane zuführen.

Von Boetticher erklärt kurzweg auf Grund seiner Versuchsresultate die Theorie Langendorff's für „vollständig hinfällig". Um so wunderbarer klingt es, wenn er einige Zeilen darauf sagt: „Es strömen sowohl durch die höheren Sinnes-, als durch die spinalen Nerven dem Centralnervensystem beständig Erregungen zu, welche einen hemmenden Einfluss auf das Zustandekommen der Reflexbewegungen ausüben." Das klingt doch zum mindesten den oben citirten Worten Langendorff's sehr ähnlich.

Die Differenz besteht darin, dass von Boetticher in den von hemmenden Einflüssen getroffenen Centralorganen nicht wie Langendorff Hemmungscentra zu sehen scheint, sondern sensorische Organe. Ich muss aber betonen, dass es mir nicht klar geworden ist, ob von Boetticher die Existenz der Setschenow'schen Centra gänzlich verwirft oder nicht. Preyer selbst spricht sich „Die Kataplexie", Samm-

lung physiolog. Abhandlungen, herausgegeben von W. Preyer II. Reihe, 1. Heft. 1878 mit Entschiedenheit zu ihren Gunsten aus.

Lässt aber auch von Boetticher sie zu, so ist seine eigenthümliche Schlussfolgerung folgende:

Durch die centripetalen Nerven erhalten sowohl reflexvermittelnde als reflexhemmende Apparate fortwährende Erregungen.

Für gewöhnlich sind beide Impulse im Gleichgewicht.

Nun vernichte ich einen Theil dieser centripetalen Erreger; es resultirt eine verstärkte Erregbarkeit für Reflexe.

Man sollte glauben, von Boetticher würde jetzt weiter schliessen: diese Verstärkung der Reflexe ist somit die Folge der Vernichtung der reflexhemmenden Impulse.

Er schliesst aber: diese Verstärkung ist die Folge des Fortfalls der reflexerregenden Nerven, dank dessen ein neuer, den Organismus treffender Reiz sich bequemer ausbreiten kann.

Wozu dann überhaupt noch die Annahme von reflexhemmenden Vorrichtungen?

Das Gemisch, das von Boetticher sich aus den Hypothesen von Setschenow, Goltz und Schiff-Herzen (welche letztere er übrigens nur unvollkommen zu kennen scheint, sonst hätte er nämlich nicht übersehen, dass bereits Herzen nach Durchschneidung grosser Nervenstämme die Reflexerregbarkeit bei Fröschen steigen sah: Herzen, *Expériences sur les centres modérateurs de l'action réflexe*. 1864. S. 47 u. ff.) zurecht macht, kann Niemanden befriedigen.

Ueber die Genauigkeit der Stimme.

Ein Beitrag zur Physiologie des Kehlkopfes.

Von

Dr. Ad. Klünder
aus Hennstedt.

Aus dem physiologischen Institut in Kiel.

—

(Hierzu Tafel IV.)

—

Die Frage nach der Genauigkeit, mit welcher unsere Stimme einen Ton zu treffen und zu halten vermag, ist bis jetzt kaum zum Gegenstand des Studiums gemacht worden. Zur Erledigung dieser Frage lege ich nachfolgend ein grosses Versuchsmaterial vor, welches selbstverständlich keine endgültige Erledigung schafft, dagegen doch den Physiologen in die Lage bringt, ein weit bestimmteres wissenschaftliches Urtheil in dieser Materie zu fällen, als es bisher möglich war.

Einleitend dürften die Verhältnisse zu berühren sein, welche sich an die Erledigung der hier aufgeworfenen Frage knüpfen.

Helmholtz[1] kommt gelegentlich seiner Erwägungen über die Nachtheile der temperirten Stimmung auf die Schulung der menschlichen Stimme zu sprechen und äussert sich ziemlich scharf über die Unsicherheit unserer Sänger in der genauen Abmessung der Tonhöhe. Diese Unsicherheit hält er nicht für geboten durch die Natur der Sache, sondern für erzeugt durch die temperirte Stimmung. Es fehlten ihm jedoch die genauen Maasse für die Feinheit der Schwingungen des Kehlkopfes. Wenn sich jetzt zeigt, dass selbst in der etwas ungünstigen Lage von *G* (96 Schwingungen) nach acht Versuchen und einer Zählung von etwa 8000 Schwingungen der mittlere Fehler ± 0·8885 Schwingungen in

---

[1] *Die Lehre von den Tonempfindungen.* 3. Abthlg., 16. Abschnitt.

der Secunde beträgt und wenn nach Helmholtz ein Sänger
bei Angabe eines Duraccords temperirter Stimmung um
fast ein Fünftheil eines Halbtons, also in diesem Fall um
etwa $1^2/_3$ Schwingungen „herumirren" kann, um sich in
Consonanz mit Quinte einerseits oder Terz andererseits zu
setzen, so darf damit für erwiesen gehalten werden, dass
Helmholtz mit vollständigem Recht eine präcisere Schulung verlangt.

Die Fragen, welche ich erledigen möchte, beziehen sich
theils auf das Ohr, theils auf die Stimme. Regirt unser
Ohr die Stimme, oder ist es das Spannungsgefühl im Kehlkopf, und wie gross ist der Antheil beider? Werden die
Stimmbänder in irgend einer Lage fixirt durch die Gelenke
oder hält sie der Muskeltetanus in labiler Spannung? Wie
fest also setzt die Stimme ein, sind ihre Schwankungen
derart, dass sie den Beweis des Gehorsams gegen das Ohr
liefern, dass gar das Auftreten von Schwebungen zur Regulirung der Stimme benutzt werden kann oder mischen
sich andere Beziehungen hinein? Wie fein sind die Leistungen der betreffenden motorischen Ganglien, Nerven und
Muskeln. Wie viel Spannungsgrade des Muskeltetanus sind
wir nach den Leistungen der vielleicht am feinsten von
allen Muskeln regulirten, jedenfalls sehr fein eingeübten
und scharf überwachten, Muskeln unseres Kehlkopfes anzunehmen berechtigt?

Dies etwa wären die Fragen, welche sich zur Beantwortung stellen und denen ich auf Vorschlag meines ver-
ehrten Lehrers, Hrn. Prof. Hensen, näher zu treten bemüht
gewesen bin.

Bereits in meiner Dissertation[1] habe ich einige Mittheilungen über die Leistungen des Kehlkopfes gemacht.
Anfänglich wurden nämlich dieselben aus den Schwebungen
der Stimme mit einer constanten Tonquelle bestimmt,
worüber dort berichtet ist. Es zeigte sich uns jedoch bald,
dass diese Bestimmung nicht ausreichend ist, namentlich
weil die Schwebungen häufig nicht zur vollen Ausbildung
kommen, sondern zum Unisono zurückgehen. Zur grösseren
Sicherheit wurde es nöthig, die beiden Toncurven

Fig. 1.   [1] *Ein Versuch die Fehler zu bestimmen, welche der Kehlkopf*
beim Halten eines Tons macht. Marburg 1872.

nebeneinander aufzuschreiben und auszuzählen. Als Beispiel einer solchen Schrift ist ein kurzer Abschnitt solcher Curve in vorstehendem Holzschnitte gegeben.

Der in Anwendung gezogene Apparat Fig. 1 bestand im Wesentlichen aus zwei abgestimmten Membranen, von denen die eine von einer Orgelpfeife, die andere von der Stimme in starke Schwingungen versetzt wurden. Die Membranen a waren Goldschlägerhäutchen und wurden über einen hohlen Metallcylinder b von etwa vier Centimeter Durchmesser gespannt. Ihre Abstimmung, die sehr genau sein musste, um starke Schwingungen zu erhalten, geschah dadurch, dass der Rand eines zweiten Hohlcylinders c durch Schraubenbewegung mehr oder weniger stark gegen den Membran angetrieben wurde. Die gelungene Abstimmung erkennt man daran, dass die Membran tönend schwingt, wenn der zugehörige Ton auf sie einwirkt. (Obertöne solcher Membranen liegen über dem Bereich der Stimme.) Auf diese Häute wurden mit Wachs und heissem Kitt geeignet geformte Drähte d von Aluminium befestigt.

Beide Cylinder wurden gegeneinander gerichtet, so dass zwischen den Spitzen der schwebenden Federn nur ein geringes Spatium blieb und die Federn (Aluminiumdräthe) wurden mit Hülfe von Schlitten und Schraube (Fig. 1 f e) gleichmässig und sorgfältig an einen rotirenden berussten Cylinder f mit schraubenförmiger Bewegung (von König) angelegt. Beide Federspitzen müssen möglichst in einer Ebene mit der Cylinderaxe sich befinden. Um eine genaue und feine Schrift zu erhalten, wird nothwendig ihre Entfernung von der Oberfläche des nie genügend gleichmässigen Papiers constant zu erhalten. Dies wird dadurch erreicht, dass die Unterlage, auf welcher die Hohlcylinder ruhen, um eine Axe x frei drehbar ist und auf dem rotirenden Cylinder durch eine Rolle Fig. 2 f g aufruht, welche verstellbar dicht neben den Federn steht und den Apparat hebt, wo das Papier zu dick ist, sinken lässt, wo es dünner ist oder der Unterlage straffer anliegt.

Nachdem der Apparat so orientirt ist, wird vor dem einen Hohlcylinder eine Orgelpfeife zum Tönen gebracht, in den anderen singt der Beobachter den Ton hinein.

Diese Methode hat zur Voraussetzung, dass der Ton der Orgelpfeife innerhalb der Beobachtungszeit sich constant erhalte. Um das zu erreichen, muss das Gebläse gut sein, darf sich während des Versuchs nur um eine kleine Quote seines Inhalts entleeren und muss frei herabsinken, es darf nicht getreten werden. Ferner darf in der Nähe der Orgelpfeife keine Bewegung stattfinden. Werden diese Bedingungen innegehalten, so ergiebt weder die graphische Vergleichung mit einer Stimmgabel, noch die feinere optische Vergleichung durch einen König'schen Brenner, der

sich in dem Spiegel einer gleichgestimmten Stimmgabel spiegelt, ein
Schwanken der Tonhöhe.

Es bleibt jedoch die Möglichkeit offen, dass der Ton der Orgelpfeife
durch den Ton der Stimme beeinflusst werde. Nicht etwa durch die
ausgeathmete Luft, diese trifft die Orgelpfeife nicht, auch ist ihr Strom
constant, sondern durch die Tonschwingungen. Es ist bekannt, dass zwei
auf demselben Gebläse stehende Pfeifen sich erheblich beeinflussen,
sobald ihr Ton nahe gleich geworden ist. Für die Unisonocurven wäre
eine solche Beeinflussung auch zu fürchten, jedoch natürlich in weit
geringerem Grade. Vergleichungen zwischen Stimmgabel und Orgel-
schrift, während unisono gesungen wurde, wiesen von einer solchen
Beeinflussung nichts nach und dieselbe darf umsomehr als unmerklich
betrachtet werden, als die Intervallcurven, z. B. Quint und Duodecime die Genauigkeit der Stimme fast gleich derjenigen in den Unisonocurven angeben.

Ehe die Curve geschrieben wird, liniirt man das Papier parallel mit der
Axe des rotirenden Cylinders; diese Linien im Holzschnitt 1 2 3 4 u. s. w.
sind eine grosse Hülfe bei der Auszählung und Vergleichung der Curven.

Das genaueste Verfahren, die Wellenlängen zu vergleichen, besteht
darin, dass man mit Hülfe des Ophthalmometers die beiden Wellen-
linien zur Deckung bringt. Für die vorliegende Untersuchung erschien
dies Verfahren aber weniger zweckmässig, weil die Form der Wellen
wegen der verschiedenen Klangfarbe keine identische ist. Ueberhaupt
ist die Untersuchung nicht bis an die Grenze der Genauigkeit geführt,
welche mechanisch zu erreichen gewesen wäre, sondern sie erstreckte
sich nur auf die Fälle, wo nach einer mehr oder weniger grossen Reihe
von Schwingungen $1/4$ Wellenlänge gegen den Ton der Orgelpfeife gewonnen oder verloren war. Es war zu bedenken, dass eine geringe
Aenderung der Resonanz der Mundhöhle eine Verschiebung der relativen
Intensitäten und der Lage der Obertöne zur Folge hat, dadurch dann
aber die Form der Welle so verändert wird, dass die Zählung der Wellen
ungenau werden muss, weil sie von der Voraussetzung, dass eine Welle
der anderen vollkommen ähnlich sei, ausgeht. Will man die Constanz
der Resonanz unserer Mundhöhle prüfen, wird man den Schreibapparat
noch sorgfältiger reguliren müssen, als das bei meinem Apparat geschehen ist.

Die Zählungsweise ergiebt sich am besten aus der Betrachtung der
Curven.[1] Bei der Linie β hat eine Verschiebung von $1/4$ Wellenlänge
gegen die Linie α stattgefunden, denn auf 13 Schwingungen der Orgel-

---

[1] Die Curven im Holzschnitt sind $1/4$ verkleinert worden, auch sind die Marken
natürlich nicht so genau wiedergegeben wie im Original.

pfeife kommen nur $12^3/_4$ Schwingungen der Stimme. Dies wird, wie die in den Originalzählungen angegebenen Zahlen zeigen, notirt als $13 \div \frac{1}{1}$. Für die nächsten 11 Schwingungen bis γ tritt Einklang ein, Notirung 11, für die nächsten 5 Schwingungen der Stimme bis δ giebt die Stimme $4^3/_1$, also Notirung $5 \div \frac{1}{1}$. Eine Verschiebung in demselben Sinne findet statt bis ε, Notirung $14 \div \frac{1}{4}$ u. s. w.

Es war nicht von vornherein zu wissen, wie solche Curven zu behandeln sein, die Erfahrung hat aber gelehrt, dass innerhalb der für meinen Zweck erforderlichen Grenze der Genauigkeit die Stimme so allmähliche Aenderungen macht, dass diese Art der Zählung ein richtiges Bild giebt. Es sind 41 Curven in dieser Weise gezählt worden, abgesehen von denjenigen, welche wegen ungewöhnlicher Fehler in der Stimme oder undeutlicher Schrift verworfen worden sind, deren Zahl eine etwas grössere sein mag.

Einige Beispiele dieser Originalzählungen sind im Anhang gegeben. Es schien nicht gerechtfertigt zu sein, sie alle zu geben, aber es wäre richtig gewesen, aus ihnen den Wechsel der Wellenlängen zu berechnen und dann, vielleicht unter Anwendung der Wahrscheinlichkeitsrechnung, den Fehler zu bestimmen.

Die grössere Richtigkeit dieses Verfahrens hat sich jedoch erst bei der Ausarbeitung herausgestellt und ich bin in Folge meiner Beschäftigung als praktischer Arzt nicht mehr in der Lage, die Arbeit von Neuem zu beginnen.

Die Curven rühren zum grösseren Theil von meiner eigenen Stimme her, der ich zwar nicht Sänger bin, aber in Folge einiger Uebung im Violinspiel ein scharfes Ohr habe. Die zweite Reihe der Curven rührt von einem Knaben Wr. her, der für mich aus dem Nicolaikirchenchor in Kiel von dem Hrn. Director wegen seines besonders guten Ohrs ausgesucht wurde. Eine Originalzählung (*Fr.*) habe ich einer Curve entnommen, welche ein Tenorist, der als langjähriges Mitglied einer Liedertafel sich eines guten Rufes als Sänger erfreute, auch hin und wieder in Concerten als Solist wirkte, sang. Seine Curven mussten wegen zu starker Schwankungen in der Tonhöhe verworfen werden, wie denn auch die von dem Knaben gesungenen Curven besser hätten sein können.

Zur genaueren Betrachtung sind die Originalzählungen nach Secunden addirt worden, was zulässig erschien, weil der Ton innerhalb einer Secunde nicht leicht positive und negative Schwankungen zugleich zeigte, sondern nur entweder das eine oder das andere. Man erkennt das Verhalten am leichtesten an der graphischen Darstellung, welche von dem Resultat einiger Curven in Fig. 3 gegeben worden ist.

Die Summe der aus dieser Reduction gewonnenen Fehlerquadrate durch die um Eins verminderte Anzahl der Beobachtungen dividirt und radicirt, giebt den mittleren Fehler, von welchem in Nachfolgendem die Rede ist. An diesen Fehlern betheiligt sich sowohl das Ohr, indem es den Ton nicht ganz genau hört, als auch die Stimme, die den gehörten Ton nicht genau in Bezug auf seine Tonhöhe wiedergiebt. Die Fehler der Stimme werden in positiven und negativen Schwankungen um eine mittlere Tonhöhe bestehen, das Ohr wird entweder zu hoch oder zu tief hören. Diese Schlussfolgerung aus dem Bau der Organe wird durch die Curven im Allgemeinen bestätigt. Es wäre ja denkbar, dass das Ohr im Verlauf der wenigen in Frage kommenden Secunden bald zu hoch, bald zu tief hörte. Ein solches Verhalten kommt in der That vor, rührt dann aber, wie z. B. in Curve 2 c' davon her, dass der Einsatz schlecht war und sogleich corrigirt wird. Die grosse Mehrzahl der Curven zeigt dentlich, dass das Ohr continuirlich entweder zu hoch oder zu tief hörte, es macht beinahe den Eindruck, als wenn es wirklich bald so, bald so verstimmt gewesen wäre. Jedenfalls kann man den Fehler des Ohres etwas eliminiren, indem man den Durchschnittston der Stimme, D in den Tabellen, bestimmt und daran den mittleren Fehler der Stimme sucht.

Die sämmlichen Resultate sind der Vergleichung halber auf den Ton g_2 in besonderen Tabellen reducirt worden.

Nunmehr kann der Beantwortung jener oben von uns aufgeworfenen Fragen näher getreten werden.

Werden die Stimmbänder in irgend einer Lage durch die Gelenkverbindungen fixirt oder hält sie der Muskeltetanus in labiler Spannung? Die letztere an sich wahrscheinlichere Alternative wird durch die Curven bestätigt. Eine Fixirung würde nämlich ein unsicheres Tasten der Stimme am Einsatz, und jedesmal, wenn eine Correction stattfindet, hervorrufen, dann, sobald die richtige Einstellung gefunden ist, ein ruhiges, nur von dem Druck im Thorax beherrschtes Forttönen. Von beidem zeigen namentlich die Originalzählungen nichts. Allerdings finden sich andererseits keine so regelmässigen Schwankungen, dass man sie auf den Muskelton des tetanisirten Muskels beziehen müsste, aber wir können solche Schwankungen in der Länge des Muskels ja auch sonst nicht constatiren.

Wie fest setzt die Stimme ein? sind ihre Schwankungen derart, dass sie den Beweis des Gehorsams gegen das Ohr liefern, so dass die Schwebungen zur Regulirung der Stimme benutzt werden können? Der Einsatz ist häufig z. B. Originalzählung für G, c, g, g' bewundernswerth genau, ausserdem ist sehr häufig der Einsatz maassgebend für die Richtung aller nachfolgenden Fehler und fällt mehr dem falsch Hören wie der Stimme zur Last. Dass das Ohr die Stimme regiert, ist ja selbstverständlich, die Frage kann nur sein, ob es sie unmittelbar, reflectorisch von Ganglie zu Ganglie regiere oder ob sich andere Mechanismen einschalten. Um einen so genauen Einsatz zu machen, muss doch wohl ein Gedächtniss für die verschiedenen Spannungsgrade der Stimmbänder vorhanden sein und damit verknüpft ein feines Gefühl für die Spannungsgrade. Wir dürfen nicht vergessen, dass das Ohr erst eine Anzahl von Tonwellen erhalten muss, ehe es den Ton genau hört, wahrscheinlich werden deren nicht zu wenige sein dürfen, wenn die Tonhöhe genau erkannt werden soll. Dass man die Tonhöhe mit Hülfe von Schwebungen corrigiren kann, ist selbstverständlich, aber aus den Originalzählungen dürfte hervorgehen, dass ein solches Verfahren für eine sichere Stimme nicht anwendbar ist. Wenn, wie dies vorkommt, auf 9, auf 7 und 6 Wellen $^1/_4$ Welle gewonnen wird, so ist dies ein schwerer Verstoss gegen die Richtigkeit des Tons, welcher prompt corrigirt werden muss. Dennoch kommt dabei entweder keine Schwebung zu Stande oder dieselbe vollendet sich erst in Folge von Fehlern, welche nach 10, 20, 40 weiteren richtigen Tonstössen gemacht werden, es ist also die Schnelligkeit der Schwebungen nicht das richtige Maass für die Correction einer besseren Stimme. So nahe also auch der Gedanke liegt, die Schwebungen für den Gesang nutzbar zu machen, er ist nicht richtig, sondern es muss das einfache Gefühl für die Richtigkeit des Tons ausgebildet werden.

Fragen wir endlich nach der Feinheit der Leistungen unseres Organs! Die Frage kann nicht ganz scharf auf die Stimmbandmusculatur zugespitzt werden, denn es kommt der Druck im Brustkorb sowie die Stellung des Kehlkopfs gegen den Resonanzraum mit in Frage, immerhin kommen die Stimmbandmuskeln in erster Reihe in Betracht.

Es wird nöthig sein, die Resultate im Einzelnen durchzugehen.

Meine Stimme hat für G (96 Schwingungen) nur ausnahmsweise einen Fehler von 1 Schwingung in der Secunde gemacht, meistens kommen viertel und halbe Schwingungen vor. Das Mittel der Fehler von Ohr und Stimme ist 0·3885 Schwingungen per Secunde mit einem Maximum von 0·5 und Minimum von 0·2 Schwingungen, der Fehler am Durchschnittston (Stimme) beträgt im Mittel nur 0·3281 Schwingungen, aber (in Folge schlechten Schlusses) findet sich ein Maximum von 0·50, das Minimum ist 0·19. Es haben also Ohr und Stimme zusammen kaum grössere Fehler gemacht wie die Stimme allein.

Für das c von 128 Schwingungen kommen bis zu 2·25 Schwebungen in der Secunde vor, auch sind einige Curven, z. B. die zweite, bedeutend schlechter wie die anderen. Dies scheint aber Schuld des Ohrs gewesen zu sein, denn der Fehler, welcher sich für die Stimme allein berechnet, ist dabei oft nur gering, z. B. in Curve 2 und 5.

Die durchschnittlichen Fehler für Stimme und Ohr betragen 0·95 mit einem Maximum von 1·68 und Minimum von 0·4. Für die Stimme allein ist der Durchschnitt 0·47, Maximum 0·59, Minimum 0·23

Für g von 192 Schwingungen findet sich ein Maximum von drei Schwebungen, eine Schwebung kommt häufig vor. Der durchschnittliche Fehler für Stimme und Ohr beträgt 1·27, Maximum 1·9, Minimum 0·8. Für die Stimme allein ist der Durchschnitt 0·6, Maximum 0·9, Minimum 0·37.

Für c' 256 Schwingungen liegen die Fehler innerhalb der einzelnen Curven noch in denselben Grenzen. Stimme und Ohr ergaben einen Durchschnitt von ± 1, mit einem Maximum von 2 und Minimum von 0·74. Stimme allein: Durchschnitt 0·59, Maximum 0·86, Minimum 0·38.

Die Zählungen der Stimme des Knaben sind weniger zahlreich und geben etwas weniger gute Resultate.

In Bezug auf das Singen der Intervalle ist die Curve der Octave von mir wohl schlechter wie nothwendig gesungen, ich bin aber nicht mehr in der Lage, einen neuen Versuch zu machen, da die Apparate, welche ich damals (vor acht Jahren) gebrauchte, jetzt nicht mehr zur Disposition sind. Die Quintencurven auf G haben einen mittleren Fehler für Stimme und Ohr von 0·7, dagegen ist der mittlere Fehler der Stimme allein genau derselbe, wie für die Unisonocurven von G. Die Duodecime gesungen auf g hat für Stimme und Ohr den Fehler 7·88 gegen unisono $g = 1·27$; für Stimme allein von 0·61 gegen unisono g 0·62, also auch hier grosse Uebereinstimmung.

In allen diesen Versuchen tönte die Orgelpfeife fortwährend, für eine Untersuchung der Tonhöhe ohne Begleitung der Pfeife fehlen die Mittel.

Um eine Uebersicht zu geben, habe ich die sämmtlichen mittleren Mittelwerthe auf den Ton g_2 768 Schwingungen reducirt, dabei finden sich die Fehler von Stimme und Ohr namentlich für Wr. gross, dagegen sind die Fehler der Stimme allein für die verschiedenen Tonhöhen von sehr bemerkenswerther Constanz.

Es scheint sowohl für mich wie für Wr. die Stimme ein wenig sicherer zu werden bei höherer Tonlage des betreffenden Stimmumfanges. Nur der Werth von c und e^2 fällt etwas aus der Reihe, dennoch ist, glaube ich, die Thatsache richtig.

Die Constanz der Stimme wird man vielleicht am besten würdigen, wenn ich ihre Fehler in Procenten berechnet hierhersetze und zugleich das Gewicht g der Mittel durch die Anzahl der gezählten Curven ausdrücke.

Gesungener Ton.	Mittlerer Fehler.	Fehler in Procenten F.	Anzahl der gezählten Curven g.	
G 96 Schwingungen.	± 0·3281	± 0·342	8	
c 128 „	„ 0·4703	„ 0·364	8	
g 192 „	„ 0·6195	„ 0·323	6	
c' 256 „	„ 0·5870	„ 0·230	5	A. Kl.
G Quinte (96)	„ 0·3309	„ 0·345	2	
c Octave (130)	„ 0·7097	„ 0·546	1	
g Duodecime (142)	„ 0·6099	„ 0·319	1	
g' 387 Schwingungen.	„ 1·7888	„ 0·462	1	
c'' 517 „	„ 2·0286	„ 0·392	2	
g'' 786 „	„ 2·8284	„ 0·360	1	Wr.
g' Octav (393)	„ 3·0150	„ 0·767	2	
c'' „ (516)	„ 1·4423	„ 0·280	2	
e „ (651)	„ 2·1328	„ 0·326	2	

$$\Sigma\, Fg\ 14·643 \qquad 41$$
mittlerer Fehler ± 0·357%

Hieraus ergiebt sich, dass eine gute Stimme einen Fehler von ± 0·357 Proc., also bei je 100 Schwingungen eines Tones $\frac{1}{3}$ Schwingungen mehr oder weniger machen wird. Es scheint berechtigt zu sein, die Aussage zu machen, dass Intervalle von 0·714 Proc. Schwingungsabstand von dem Stimmorgan getrennt wiedergegeben und getroffen werden können. Diess ist wenigstens das directe Ergebniss obiger Zählungen und die Anzahl der Bestimmungen dürfte eine genügende sein.

Hieraus kann jedoch noch kein Rückschluss auf die Leistung der Musculatur der Stimme gemacht werden. Betrachten wir nämlich noch einmal die Originalzählung z. B. der Curve 1 für G, so findet sich, dass die Stimme, die den Ton mit 95·84 gegen 96 Schwingungen recht genau traf, ziemlich plötzliche, aber kurz dauernde Schwankungen machte. Sie variirte um $\frac{1}{4}$ Wellenlänge im Verlauf von 9·5 — 20 — 10 — 25 — 15 — 18 u. s. w. Wellen. Dies entspricht, auf die Secunde umgerechnet, viel bedeutenderen Schwankungen als den soeben gefundenen. Rechnen wir aus jenen Schwankungen das arithmetische Mittel, so ergiebt sich, dass auf 16·2 falsche Schwingungen $\frac{1}{4}$ Wellenlänge Fehler kam. Dies ergiebt für den Ton von 95·84 Schwingungen einen Fehler von ± 1·48 Schwingungen oder von 1·54 Proc.

Wenn ein Spannungsgrad der Stimmbänder von einem zweiten

Spannungsgrad unzweifelhaft geschieden sein soll, darf die Stimme
bei den von ihr gewöhnlich gemachten Schwankungen nicht in den
gewöhnlichen Schwankungsbereich des benachbarten Spannungsgrades
hineingerathen. Diese Bedingung wird für die betrachtete Curve erfüllt,
wenn die beiden Töne um das Intervall von 3·08 Proc. der Schwingungs-
zahlen getrennt sind. Die Curve 1 von G hat ganz nahe das von uns
gefundene allgemeine Mittel der Schwankungen ergeben, wir dürfen sie
bei der nachgewiesenen grossen Uebereinstimmung der Mittel aller Curven
als typisch betrachten und für sie die Zahl der scharf geschiedenen
Spannungsgrade unseres Stimmapparates berechnen.   Nehmen wir für
den Umfang meiner Stimme F mit 88 bis d' mit 297 Schwingungen.
Es ergiebt sich $\frac{100 + 3·08}{100} = 1·0308$ als Coëfficient des Intervalls. Es
wird der Ansatz zu machen sein $297 = 88 \times 1·0308^x$ oder

$$\frac{\log 297 - \log 88}{\log 1·0308} = x$$

wo x die Anzahl der scharf getrennten Tonstufen angiebt. Diese Anzahl bestimmt sich auf 40 Stufen. Innerhalb der genannten Tonleiter
liegen 22 Halbtöne, die Stimme würde also kaum ein Intervall von
$1/4$ Ton ganz befriedigend auseinander halten können. Es ist bemerkenswerth, dass die Orientalen noch Vierteltöne singen.[1]

   Bei dieser Betrachtung ist der Fehler des Ohrs nicht mit hinein-
gezogen, wie ich glaube mit Recht. Nach vorliegender Untersuchung
erscheint das Ohr viel weniger feinhörig, als es nach den directen Bestimmungen von Preyer[2] ist. In unserem Fall ist, wie schon erwähnt,
das Ohr gezwungen, nach sehr wenig Schwingungen zu entscheiden, wie
hoch der gesungene Ton war, während bei Preyer dafür eine beliebige
und ungestörte Frist gegeben war. Fehler von 3 Proc. liegen weit
ausserhalb der Grenzen dessen, was mein Ohr zulässt, da ich nach einigen
Versuchen bei 100 Schwingungen kleine Tondifferenzen, die nicht weit
von $1/3$ einer Schwingung sein können, noch unterscheide. Innerhalb
des Verlaufs von 10 Schwingungen des G kann das Ohr nicht einwirken, denn es braucht gewiss mehr wie drei falsche Schwingungen,
um den Ton als falsch zu erkennen und dann die Reflexzeit, $1/10$ Sec.,
um ihn zu corrigiren!

   Es darf demnach bei dieser Betrachtung vom Ohre abgesehen werden,
es kann also der Stimmapparat nur 40 Spannungsstufen gut getrennt
halten. Zu dieser Beschränkung wirken mindestens zwei Factoren ge-

---

[1] Helmholtz, *Die Lehre von den Tonempfindungen* u. s. w. 1870. S. 419.
[2] Preyer, *Ueber die Grenzen der Tonwahrnehmung.* Jena 1876.

meinsam, nämlich die Druckschwankungen innerhalb des Thoraxraumes und die Spannungsschwankungen der Kehlkopfmuskeln. Es ist natürlich schwierig, dieselben auseinander zu halten. Die Druckschwankungen im Thoraxraum, welche durch die Volumensänderung des Herzens hervorgebracht werden, sind, wie die Betrachtung der Zählungen ergiebt, nicht bedeutend genug, um eine merkliche Aenderung der Stimmhöhe zu veranlassen. Es können also nur stärkere Schwankungen des Expirationsdruckes in Betracht kommen; eine Vergleichung von bei geringem und bei hohem Druck gesungenen Curven würde vielleicht gestatten, diesen Schwankungen näher zu kommen, jedoch konnte dazu der von mir gebrauchte Apparat nicht verwendet werden.

Da demnach die Schwankungen des Drucks im Brustkorb nicht ganz auszuschliessen sind, würden 40 Spannungsstufen die untere Grenze für die Feinheit sein, mit der der Tetanus der Stimmbandmuskeln graduirt ist. Als obere Grenze dürfte vielleicht der Werth des mittleren Fehlers der Stimmcurven aller Töne, welcher oben mit ± 0.357 Proc. gefunden wurde, zu benutzen sein. Aus dem Intervall von 0.714 Proc. berechnet sich die Zahl der Tonstufen innerhalb des hier genommenen Umfangs der Stimme zu 170.

Es würde sich demnach ergeben haben, dass ein sehr geübter Muskel des menschlichen Körpers mindestens 40, höchstens 170 verschiedene Spannungen im Tetanus innezuhalten vermag.

Tabellen der Zählungen.

1. Originalzahlen der Unisonocurven.
2. Berechnung aller Unisonocurven.
3. Reduction ders. auf g″.
4. Quinten, Octaven und Duodecime.
5. Reduction ders. auf g″.

Rubrik 1 giebt die Schwingungen der Orgelpfeife und der Stimme.
„ 2 „ die rohen Fehler.
„ 3 „ die Fehlerquadrate. D ist der Durchschnittston der Stimme.
„ 4 „ die Fehler am Durchschnittston.
„ 5 „ die Fehlerquadrate für D.

Originalzahlen der Unisonocurven.

$G = Sol.$ A.Kl. Curve 1.	$c = Ut_2.$ A.Kl. Curve 1.	$y = Sol_2.$ A.Kl. Curve 4.	$g = Sol_2.$ F.
9	37	36	24 -4
$9^1/_2 + ^1/_4$	$12^1/_2 + ^1/_4$	15 $+^1/_4$	17 -1
20	$18^1/_2 + ^1/_4$	12	14 $-^3/_5$
28	18 $+^1/_4$	10 $+^1/_4$	12 $-^1/_4$
$-32^1/_2$	17 $+^1/_4$	8	9 $-^1/_4$
20 $-^1/_4$	14 $+^1/_4$	$13^1/_2 + ^1/_4$	11 $-^1/_4$
11	-17	60	11
10 $-^1/_4$	8 $+^1/_4$	15 $+^1/_4$	9 $-^1/_4$
31	$28^1/_2$	10 $+^1/_4$	11 $-^1/_4$
-21	9 $+^1/_4$	-17 $+^1/_4$	11
34	11 $+^1/_4$	$95^1/_2$	10 $-^1/_4$
24	$28^1/_2$	$10^1/_2 + ^1/_4$	$8^1/_2 + ^1/_4$
35	7 $+^1/_4$	30	$9^1/_2$
-25 $-^1/_4$	13	$11^1/_2 + ^1/_4$	4 $-^1/_4$
18	9 $+^1/_4$	8	6 $-^1/_4$
-59	-21	$9^1/_2 + ^1/_4$	14
15 $-^1/_4$	5 $+^1/_4$	$-22^1/_2$	-12 $-^1/_4$
12	42	48	47
18 $-^1/_4$	25 $+^1/_4$	$12^1/_2 + ^1/_4$	$48^1/_2$
20 $-^1/_4$	18	77	$33^1/_2$

$G = Sol.$ A.Kl. Curve 1.	$e = Ut_2.$ A.Kl. Curve 1.	$g = Sol_2.$ A.Kl. Curve 4.	$g = Sol_2.$ F.
-51	-43	$15^3/_4 + ^1/_4$	$21 \quad -^1/_4$
69	$16 \quad +^1/_4$	$30^1/_4$	$24^1/_2$
-31	$9 \quad +^1/_4$	$-48^1/_2$	$9 \quad -^1/_4$
31	41	$31^1/_2 + ^1/_4$	$-10 \quad -^1/_4$
$15 \quad -^1/_4$	$7 \quad +^1/_4$	60	$15^1/_2$
-50	16	$35^1/_2 + ^1/_4$	$15 \quad -^1/_4$
24	$11 \quad +^1/_4$	-30	$9 \quad -^1/_4$
33	$-11^1/_2 + ^1/_4$	76	26
-29	$9^1/_2$	20	$19 \quad -^1/_4$
$18 \quad +^1/_4$	$7^1/_2 + ^1/_4$	$21 \quad +^1/_4$	$14 \quad -^1/_4$
$21 \quad +^1/_4$	$18^1/_2 + ^1/_4$	40	$25 \quad -^1/_4$
23	50	-40	12
-28	$8 \quad +^1/_4$	$22 \quad +^1/_4$	$12^1/_2 -^1/_4$
$18 \quad -^1/_4$	$8 \quad +^1/_4$	30	$16^1/_2 -^1/_4$
21	$8 \quad +^1/_4$	60	$10 \quad -^1/_4$
18	-37	$16 \quad +^1/_4$	$10 \quad -^1/_4$
-52	$13 \quad +^1/_4$	-60	-9
20	7	$21 \quad +^1/_4$	$9 \quad -^1/_4$
$7 \quad -^1/_4$	$6 \quad +^1/_4$	36	21
11	7	24	$16 \quad -^1/_4$
$16^1/_3 -^1/_4$	$7 \quad +^1/_4$	$36 \quad +^1/_4$	$19 \quad -^1/_4$
$13^1/_2$	$8^1/_2$	25	24
$-17 \quad -^1/_4$	$9^1/_2 + ^1/_4$	$24^1/_2 + ^1/_4$	$10 \quad -^1/_4$
$14 \quad -^1/_4$	$10^1/_2 + ^1/_4$	$-15^1/_2$	$9 \quad -^1/_4$
24	$9^1/_2$	98	$9 \quad -^1/_4$
	$16 \quad +^1/_4$	$38 \quad +^1/_4$	$7 \quad -^1/_4$
	$-11 \quad +^1/_4$	21	$17 \quad -^1/_4$
	9	-30	$16 \quad -^1/_4$
	$9 \quad +^1/_4$	43	$17 \quad -^1/_4$
	$11 \quad +^1/_4$	52	-27
	38	68	22
	$10 \quad +^1/_4$	20	$4 \quad -^1/_4$
	-63	-22	$11^1/_2 -^1/_4$
	$9^1/_2 + ^1/_4$	$15^1/_2 + ^1/_4$	$23^1/_3$
	$22^1/_2 + ^1/_4$	30	$16 \quad -^1/_4$
	67	$21 \quad +^1/_4$	$17 \quad -^1/_4$
	$-20^1/_2 + ^1/_4$	24	37
	$8^1/_2 + ^1/_4$	$20 \quad +^1/_4$	$16 \quad -^1/_4$

9*

$G = Sol.$ A.Kl. Curve 1.	$c = Ut_2.$ A.Kl. Curve 1.	$g = Sol_2.$ A.Kl. Curve 1.	$g = Sol_2.$ F.
	$11 \ +^1/_4$	$20^1/_2+^1/_4$	22
	$11 \ +^1/_4$	25	$-13 \ \ -^1/_4$
	$31^1/_2$	35	27
	$9 \ +^1/_4$	-12	25
	$7^1/_2+^1/_4$	15	$16 \ \ -^1/_4$
	$12^1/_2$	16	$8 \ \ -^1/_4$
	$14^1/_2+^1/_4$	$13^1/_2$	$8^1/_2$
	$5^1/_2+^1/_4$	33	$16 \ \ -^1/_4$
	$8 \ +^1/_4$	$17^1/_2+^1/_4$	50
	$-10^1/_2+^1/_4$	$36 \ +^1/_4$	$11^1/_2-^1/_4$
	49		$22^1/_2$
	$16 \ +^1/_4$		$-7 \ \ -^1/_4$
	$8 \ +^1/_4$		$17 \ \ -^1/_4$
	$9^1/_2$		$17^1/_2$
	23		$11^1/_2-^1/_4$
	9		13
			$10 \ \ -^1/_4$
			$13 \ \ -^1/_4$
			$18 \ \ -^1/_4$
			$15 \ \ -^1/_4$
			$14^1/_2$
			$6 \ \ -^1/_4$
			$7^1/_2$
			$15 \ \ -^1/_4$
			8
			u. s. w.

$c' = Ut_3.$ A.Kl. Curve 5.	$g' = Sol_3.$ Wr.	$c'' = Ut_4.$ Wr. Curve 1.
$28-1$	80	$29+2$
10	$80+1$	$39+1^1/_2$
$12-^1/_4$	81	$22+1$
$10-^1/_4$	76	$18+ \ ^1/_2$
51	45	53
$24-^1/_4$	-63	$25+ \ ^1/_2$
100	$55+1$	$74+1$
-25	$73+1$	40

$c' = Ut_3$. A.Kl. Curve 5.	$g' = Sol_3$. Wr.	$c'' = Ut_4$. Wr. Curve 1.
11— $^1/_4$	94	42+ $^1/_4$
15	56	48+ $^1/_2$
15— $^1/_4$	50+ $^1/_2$	33+ $^1/_2$
80	—56+ $^1/_2$	46+1
50	74+1	24+ $^1/_2$
40	49	—46+1
24— $^1/_4$	55	35+ $^1/_2$
—30	51+1	45+ $^1/_4$
76	—120	33+ $^1/_4$
14— $^1/_4$	59+1	43+1
100	49+1	42+1
—72	51+1	58+ $^1/_2$
21— $^1/_4$	76	20+ $^1/_2$
18	61	20+ $^1/_2$
17— $^1/_4$	61+1	126
106	—22+ $^1/_2$	23— $^1/_4$
22— $^1/_4$	61+1$^1/_2$	33+ $^1/_4$
—67	50+1	—34+ $^1/_2$
40	92+2	29+ $^1/_4$
10+ $^1/_4$	65	26
40	87+1	18+ $^1/_4$
32	—90	18+ $^1/_2$
12— $^1/_4$	202+2	24+ $^1/_2$
64		22+ $^1/_2$
—40		31+ $^1/_2$
—19— $^1/_4$		35+1
62		25+ $^1/_4$
14+ $^1/_4$		22+ $^3/_4$
16		68+1
17+ $^1/_4$		79+ $^1/_4$
121		82
10+ $^1/_4$		—55— $^1/_4$
—23		64
32		58+1
46		25— $^1/_4$
10		
21+ $^1/_4$		

2. Unisonocurven

$$G = Sol_1 = 96 \text{ Schwingungen.} \qquad \text{A.Kl.}$$

Curve 1. $D_4 = 95 \cdot 84.$

1.	2.	3.	4.	5.
$96:96\frac{1}{4}$	$+ 0 \cdot 25$	0.0625	$+ 0 \cdot 41$	$- 0 \cdot 1681$
$96:95\frac{1}{2}$	$- 0 \cdot 5$	$0 \cdot 25$	$- 0 \cdot 84$	$- 0 \cdot 1156$
$96:96$			$+ 0 \cdot 16$	$- 0 \cdot 0256$
$96:95\frac{3}{4}$	$- 0 \cdot 25$	0.0625	$- 0 \cdot 09$	$- 0 \cdot 0081$
$96:95\frac{1}{4}$	$- 0 \cdot 75$	$0 \cdot 5625$	$- 0 \cdot 59$	$- 0 \cdot 3481$
$96:96$			$+ 0 \cdot 16$	$- 0 \cdot 0256$
$96:95\frac{3}{4}$	$- 0 \cdot 25$	0.0625	$- 0 \cdot 09$	$- 0 \cdot 0081$
$96:96$			$+ 0 \cdot 16$	$- 0 \cdot 0256$
$96:96\frac{2}{4}$	$+ 0 \cdot 5$	$0 \cdot 25$	$+ 0 \cdot 66$	$- 0 \cdot 4356$
$96:95\frac{3}{4}$	$- 0 \cdot 25$	0.0625	$- 0 \cdot 09$	$- 0 \cdot 0081$
$96:95\frac{2}{4}$	$- 0 \cdot 5$	$0 \cdot 25$	$- 0 \cdot 84$	$- 0 \cdot 1156$
$51:50\frac{2}{4}$	10)	$1 \cdot 5625$	10)	$1 \cdot 2841$
		$\gamma\ 0 \cdot 1562$		$\gamma\ 0 \cdot 1284$
		$\pm 0 \cdot 3952$		$\pm 0 \cdot 3583$

Curve 2. $D = 96 \cdot 0$

1.	2.	3.
$96:95\frac{3}{4}$	$- 0 \cdot 25$	0.0625
$96:95\frac{1}{2}$	$- 0 \cdot 5$	$0 \cdot 25$
$96:96\frac{1}{4}$	$+ 0 \cdot 25$	0.0625
$96:96\frac{2}{4}$	$+ 0 \cdot 5$	$0 \cdot 25$
$96 \cdot 96$		
$96:96\frac{1}{4}$	$+ 0 \cdot 25$	0.0625
$96:96\frac{2}{4}$	$+ 0 \cdot 5$	$0 \cdot 25$
$96:96\frac{1}{4}$	$+ 0 \cdot 25$	0.0625
$96:95$	$- 1 \cdot 0$	$1 \cdot 0$
$16:15\frac{3}{4}$	8)	$2 \cdot 0000$
		$\gamma\ 0 \cdot 25$
		$\pm 0 \cdot 50$

Curve 3. $D = 96.34.$

1	2.	3.	4.	5.
96:96			− 0.34 − 0.1156	
96:96³/₄ + 0.75	0.5625		+ 0.41 − 0.1681	
96:96³/₄ + 0.5	0.25		+ 0.16 − 0.0256	
96:96¹/₄ + 0.25	0.0625		− 0.09 − 0.0081	
96:96			− 0.34 − 0.1156	
96:96³/₄ + 0.5	0.25		+ 0.16 − 0.0256	
96:96³/₄ + 0.5	0.25		+ 0.16 − 0.0256	
96:96¹/₄ + 0.25	0.0625		− 0.09 − 0.0081	
70:69¹/₄				

7)   1.4375   7)   0.4913

$\sqrt{}$ 0.2053 $\sqrt{}$ 0.0702

± 0.4529   ± 0.2649

Curve 4. $D = 96.03.$

1	2.	3.
96:07	+ 1.0	1.0
96:96		
96:96¹/₄	+ 0.25	0.0625
96:96		
96:96		
96:96¹/₄	+ 0.25	0.0625
96:95³/₄	− 0.5	0.25
96:95¹/₄	− 0.75	0.5625
96:96		
50:40³/₄		

8)   1.9375

$\sqrt{}$ 0.2421

± 0.4920

Curve 5. $D = 96 \cdot 31.$

1.	2.	3.	4.	5.
$96 \quad : 96^3/_4 + 0 \cdot 5$		$0 \cdot 25$	$+ 0 \cdot 19$	$- 0 \cdot 0361$
$96 \quad : 96$			$- 0 \cdot 31$	$- 0 \cdot 0961$
$96 \quad : 96^3/_4 + 0 \cdot 5$		$0 \cdot 25$	$+ 0 \cdot 19$	$- 0 \cdot 0361$
$96 \quad : 96^1/_4 + 0 \cdot 25$		$0 \cdot 0625$	$- 0 \cdot 06$	$- 0 \cdot 0036$
$96 \quad : 96^3/_4 + 0 \cdot 5$		$0 \cdot 25$	$+ 0 \cdot 19$	$- 0 \cdot 0361$
$96 \quad : 96^1/_4 + 0 \cdot 25$		$0 \cdot 0625$	$- 0 \cdot 06$	$- 0 \cdot 0036$
$96 \quad : 96$			$- 0 \cdot 31$	$- 0 \cdot 0961$
$96 \quad : 96^3/_4 + 0 \cdot 5$		$0 \cdot 25$	$+ 0 \cdot 19$	$- 0 \cdot 0361$
$96 \quad : 96^3/_4 + 0 \cdot 5$		$0 \cdot 25$	$+ 0 \cdot 19$	$- 0 \cdot 0361$
$96 \quad : 96^1/_4 + 0 \cdot 25$		$0 \cdot 0625$	$- 0 \cdot 06$	$- 0 \cdot 0036$
$96 \quad : 96^1/_4 + 0 \cdot 25$		$0 \cdot 0625$	$- 0 \cdot 06$	$- 0 \cdot 0036$
$96 \quad : 96^1/_4 + 0 \cdot 25$		$0 \cdot 0625$	$- 0 \cdot 06$	$- 0 \cdot 0036$
$51^2/_4 : 52$	11)	$1 \cdot 5625$	11)	$0 \cdot 3907$
		$\gamma \; 0 \cdot 1420$		$\gamma \; 0 \cdot 0355$
		$\pm \; 0 \cdot 3768$		$\pm \; 0 \cdot 1884$

Curve 6. $D = 95 \cdot 97.$

1.	2.	3.	4.	5.
$96 : 95^3/_4 - 0 \cdot 25$		$0 \cdot 0625$	$- 0 \cdot 22$	$- 0 \cdot 0484$
$96 : 96^1/_4 + 0 \cdot 25$		$0 \cdot 0625$	$+ 0 \cdot 28$	$- 0 \cdot 0784$
$96 : 95^3/_4 - 0 \cdot 25$		$0 \cdot 0625$	$- 0 \cdot 22$	$- 0 \cdot 0484$
$96 : 96^1/_4 + 0 \cdot 25$		$0 \cdot 0625$	$+ 0 \cdot 28$	$- 0 \cdot 0784$
$96 : 96$			$+ 0 \cdot 03$	$- 0 \cdot 0009$
$96 : 95^3/_4 - 0 \cdot 25$		$0 \cdot 0625$	$- 0 \cdot 22$	$- 0 \cdot 0484$
$96 : 96$			$+ 0 \cdot 03$	$- 0 \cdot 0009$
$96 : 96$			$+ 0 \cdot 03$	$- 0 \cdot 0009$
$96 : 96$			$+ 0 \cdot 03$	$- 0 \cdot 0009$
$88 : 88$	8)	$0 \cdot 3125$	8)	$0 \cdot 2956$
		$\gamma \; 0 \cdot 0390$		$\gamma \; 0 \cdot 0369$
		$\pm \; 0 \cdot 1974$		$\pm \; 0 \cdot 1921$

Curve 7. $D = 95 \cdot 97.$

1.	2.	3.	4.	5.
96:96³/₄	+ 0·5	0·25	+ 0·53	— 0·2809
96:96¹/₄	+ 0·25	0·0625	+ 0·28	— 0·0784
96:96			+ 0·03	— 0·0009
96:95³/₄	— 0·25	0·0625	— 0·22	— 0·0484
96:96			+ 0·03	- 0·0009
96:95³/₄	— 0·25	0·0625	— 0·22	— 0·0484
96:96			+ 0·03	— 0·0009
96:96¹/₄	+ 0·25	0·0625	+ 0·28	— 0·0784
96:95³/₄	— 0·25	0·0652	— 0·22	— 0·0484
96:95³/₄	— 0·5	0·25	— 0·47	— 0·2209
21:20³/₄		9) 0·8125	9)	0·8065
		γ 0·0902		γ 0·0895
		± 0·3031		± 0·2992

Curve 8. $D = 95 \cdot 78.$

1.	2.	3.	4.	5.
96:96¹/₄	+ 0·25	0·0625	+ 0·47	— 0·2209
96:95³/₄	— 0·5	0·25	— 0·28	— 0·0784
96:95³/₄	— 0·5	0·25	— 0·28	— 0·0784
96:95¹/₄	— 0·75	0·5625	— 0·53	— 0·2800
96:96			+ 0·22	— 0·0484
96:95³/₄	— 0·25	0·0625	— 0·03	— 0·0009
96:96¹/₄	— 0·25	0·0625	+ 0·47	— 0·2209
96:95³/₄	— 0·25	0·0625	— 0·03	— 0·0009
96:95³/₄	— 0·25	0·0625	— 0·03	— 0·0009
96:96			+ 0·22	— 0·0484
		9) 1·3750	9)	0·9790
		γ 0·1527		γ 0·1089
		± 0·3907		± 0·3300

Zusammenstellung der Zahlenmittel für $G = Sol.$

		D
Curve 1	0·3952	0·3583
„ 2	0·5000	0·5000
„ 3	0·4529	0·2649
„ 4	0·4920	0·4920
„ 5	0·3768	0·1884
„ 6	0·1974	0·1921
„ 7	0·3031	0·2992
„ 8	0·3907	0·3300
8)	3·1081	2·6249
	± 0·3885	± 0·3281

$$c = Ut_2 = 128 \text{ Schwingungen.}$$

Curve 1. $D = 129·19.$

1.	2.	3.	4.	5.
128 : $129^1/_4$	+ 1·25	1·5625	+ 0·06 — 0·0036	
128 : $129^1/_4$	+ 1·25	1·5625	+ 0·06 — 0·0036	
128 : $128^1/_2$	+ 0·5	0·25	— 0·69 — 0·4761	
128 : $129^1/_4$	+ 1·25	1·5625	+ 0·06 — 0·0036	
128 : $129^1/_4$	+ 1·25	1·5625	+ 0·06 — 0·0036	
128 : $129^3/_4$	+ 1·75	3·0625	+ 0·56 — 0·3136	
128 : $128^3/_4$	+ 0·75	0·5625	— 0·44 — 0·1936	
128 : $128^1/_2$	+ 0·5	0·25	— 0·69 — 0·4761	
128 : $130^1/_4$	+ 2·25	5·0625	+ 1·06 — 1·1236	
$122^1/_2 : 128^1/_4$				
	8)	15·4375	8)	2·5974
		ƴ 1·9297		ƴ 0·3249
		± 1·3891		± 0·5698

Curve 2. $D = 129 \cdot 46$.

1.	2.	3.	4.	5.
128 :129³/₄	+ 1·75	3·0625	+ 0·29	— 0·0841
128 :130¹/₄	+ 1·5	2·25	+ 0·04	— 0·0016
128 :129¹/₄	+ 1·25	1·5625	— 0·21	— 0·0441
128 :128¹/₂	+ 0·5	0·25	— 0·96	— 0·9216
128 :129³/₄	+ 1·75	3·0625	+ 0·29	— 0·0841
128 :130	+ 2·0	4·0	+ 0·54	— 0·2916
128 :129¹/₂	+ 1·5	2·25	+ 0·04	— 0·0016
119¹/₂:120¹/₄	—			
	6)	16·4375	6)	1·4287
	√	2·7396	√	0·2381
	±	1·6850	±	0·4879

Curve 3. $D = 127 \cdot 88$.

1	2	3	4.	5.
128:127	— 1·0	1·0	— 0·88	— 0·7744
128:127³/₄	— 0·25	0·0625	— 0·13	— 0·0169
128:127²/₄	— 0·5	0·25	— 0·38	— 0·1444
128:128¹/₂	+ 0·5	0·25	+ 0·62	— 0·3844
128:128			+ 0·12	— 0·0144
128:128²/₄	+ 0·5	0·25	+ 0·62	— 0·3844
19: 19¹/₄				
	5)	1·8125	5)	1·7189
	√	0·3625	√	0·3438
	±	0·6020	±	0·5863

Curve 4. $D = 127 \cdot 95$.

1.	2.	3.	4.	5.
128 : $127^{1}/_{2}$	− 0·5	0·25	− 0·45	− 0·2025
128 : $127^{3}/_{4}$	− 0·25	0·0625	− 0·20	− 0·0400
128 : $128^{1}/_{4}$	+ 0·25	0·0625	+ 0·30	− 0·0900
128 : $128^{1}/_{2}$	+ 0·5	0·25	+ 0·55	− 0·3075
128 : $128^{3}/_{4}$	+ 0·75	0·5625	+ 0·80	− 0·6400
128 : $128^{1}/_{4}$	+ 0·25	0·0625	+ 0·30	− 0·0900
128 : $128^{1}/_{4}$	+ 0·5	0·25	+ 0·55	− 0·3075
128 : $127^{3}/_{4}$	− 0·25	0·0625	− 0·20	− 0·0400
128 : $127^{3}/_{4}$	− 0·25	0·0625	− 0·20	− 0·0400
128 : $127^{1}/_{4}$	− 0·75	0·5625	− 0·70	− 0·4900
128 : $127^{1}/_{4}$	− 0·75	0·5625	− 0·70	− 0·4900
$54^{1}/_{2}$: $54^{3}/_{4}$	10)	2·7500	10)	2·6475
		$\sqrt{}$ 0·2750		$\sqrt{}$ 0·2647
		± 0·5244		± 0·5146

Curve 5. $D = 129 \cdot 17$.

1.	2.	3.	4.	5.
128 : $129^{1}/_{2}$	+ 1·5	2·25	+ 0·33	− 0·1089
128 : $128^{3}/_{4}$	+ 0·75	0·5625	− 0·42	− 0·1764
128 : $129^{1}/_{2}$	+ 1·5	2·25	+ 0·33	− 0·1089
128 : 129	+ 1·0	1·0	− 0·17	− 0·0289
128 : 129	+ 1·0	1·0	− 0·17	− 0·0289
128 : $128^{3}/_{4}$	+ 0·75	0·5625	− 0·42	− 0·1764
128 : $129^{1}/_{2}$	+ 1·5	2·25	+ 0·33	− 0·1089
128 : $129^{1}/_{2}$	+ 1·5	2·25	+ 0·33	− 0·1089
128 : 129	+ 1·0	1·0	− 0·17	− 0·0289
$47^{1}/_{2}$: 48	8)	13·1250	8)	0·8751
		$\sqrt{}$ 1·6406		$\sqrt{}$ 0·1094
		± 1·2809		± 0·3307

Curve 6. | $D = 127\cdot41$.

1.	2.	3.	4.	5.
128:128			+ 0.59	— 0.3481
$128:126^{1}/_{2}$	— 1·5	2·25	— 0·91	— 0·8281
$128:127^{1}/_{4}$	— 0·75	0·5625	— 0·16	— 0·0256
$128:128^{1}/_{2}$	+ 0·5	0·25	+ 1·09	— 1·1881
128:127	— 1·0	1·0	— 0·41	— 0.1681
128:128			+ 0·59	— 0.3481
$128:127^{1}/_{4}$	— 0·75	0·5625	— 0·16	— 0.0256
$128:127^{1}/_{4}$	— 0·75	0·5625	— 0·16	— 0·0266
$128:127^{1}/_{4}$	— 0·5	0·25	+ 0.09	— 0.0081
$128:127^{1}/_{2}$	— 0·5	0·25	+ 0·09	— 0·0081
$128:127^{1}/_{2}$	— 0·5	0·25	+ 0.09	— 0·0081
$128:127^{1}/_{4}$	— 0·75	0·5625	— 0·16	— 0·0256
$128:126^{3}/_{4}$	— 1·25	1·5625	— 0.66	— 0·4356
$41:\ 40^{3}/_{4}$	12)	8·0625	12)	3·4428
	$\sqrt{}$	0.6719	$\sqrt{}$	0·2869
	±	0·8197	±	0·5356

Curve 7. | $D = 128\cdot32$.

1.	2.	3.	4.	5.
128:128			— 0.32	— 0.1024
$128:128^{1}/_{4}$	+ 0·25	0·0625	— 0·07	— 0·0049
$128:128^{1}/_{4}$	+ 0·25	0·0625	— 0·07	— 0·0049
$128:128^{1}/_{4}$	+ 0·25	0·0625	— 0·07	— 0·0049
$128:128^{1}/_{2}$	+ 0.5	0.25	+ 0.18	— 0.0324
$128:128^{1}/_{4}$	+ 0.25	0.0625	— 0·07	— 0·0049
$128:128^{1}/_{2}$	+ 0·5	0·25	+ 0.18	— 0.0324
$128:128^{1}/_{2}$	+ 0·5	0·25	+ 0·18	— 0·0324
128:128			— 0·32	— 0·1024
$128:128^{3}/_{4}$	+ 0·75	0·5625	+ 0·43	— 0·1849
$128:128^{1}/_{4}$	+ 0·25	0·0625	— 0·07	— 0·0049
$2:\ 1^{1}/_{2}$	10)	1·6250	10)	0·5114
	$\sqrt{}$	0·1625	$\sqrt{}$	0·0511
	±	0·4031	±	0·2261

Curve 8.			$D = 127.23.$	
1.	2.	3.	4.	5.
$128:125^3/_4 - 2.25$		5.0625	$- 1.48 - 2.1854$	
$128:127^1/_2 - 0.5$		0.25	$+ 0.27 - 0.0729$	
$128:127^1/_2 - 0.5$		0.25	$+ 0.27 - 0.0729$	
$128:127^1/_2 - 0.5$		0.25	$+ 0.27 - 0.0729$	
$128:127 \quad - 1.0$		1.0	$- 0.23 - 0.0529$	
$128:127 \quad - 1.0$		1.0	$- 0.23 - 0.0529$	
$128:127^3/_4 - 0.25$		0.0625	$+ 0.52 - 0.2704$	
$128:127^1/_2 - 0.5$		0.25	$+ 0.27 - 0.0729$	
$128:127 \quad - 1.0$		1.0	$- 0.23 - 0.0529$	
$118:127^1/_4 - 0.75$		0.5625	$+ 0.02 - 0.0004$	
$128:127^1/_2 - 0.5$		0.25	$+ 0.27 - 0.0729$	
$128:127^1/_4 - 0.75$		0.5625	$+ 0.02 - 0.0004$	
$128:127^1/_2 - 0.5$		0.25	$+ 0.27 - 0.0729$	
$128:127^1/_4 - 0.76$		0.5625	$+ 0.02 - 0.0004$	
$9: \ 8$		$13) \quad 11.3125$	$13) \quad 3.0531$	
		$\gamma \ 0.8702$	$\gamma \ 0.2318$	
		$\pm \ 0.9328$	$\pm \ 0.4814$	

Zusammenstellung der Fehlermittel für $c = Ut_2$.

Curve 1.	1.3891	0.5698
„ 2.	1.6851	0.4879
„ 3.	0.6020	0.5863
„ 4.	0.5244	0.5146
„ 5.	1.2809	0.3307
„ 6.	0.8197	0.5356
„ 7.	0.4031	0.2261
„ 8.	0.9328	0.4814
8) 7.6371		3.7304
$\pm \ 0.9546$		$\pm \ 0.4663$

$$g = Sol_2 = 192 \text{ Schwingungen.}$$

Curve 1. $\hspace{4cm} D = 192\cdot81.$

1.	2.	3.	4.	5.
192:193	+ 1.0	1·0	+ 0·19 — 0·0361	
192:192			— 0·81 — 0·6561	
192:193½	+ 1·5	2·25	+ 0·69 — 0·4761	
192:192½	+ 0·5	0·25	— 0·31 — 0·0961	
192:193½	+ 1·5	2·25	+ 0·69 — 0·4761	
192:192½	+ 0·5	0·25	— 0·31 — 0·0961	
192:193½	+ 1·5	2·25	+ 0·69 — 0·4761	
192:192			— 0.81 — 0·6561	
150:150½	7)	8·25	7) 2·9688	
	1	1·1699	$\sqrt{}$ 0.4241	
	±	1·0816	± 0.6512	

Curve 2. $\hspace{4cm} D = 193\cdot37.$

1.	2.	3.	4.	5.
192:194	+ 2·0	4.0	+ 0·63 — 0·3969	
192:193½	+ 1·5	2.25	+ 0·13 — 0·0169	
192:192			— 1·37 — 1·8769	
192:194	+ 2·0	4·0	+ 0·63 — 0·3969	
81: 81¼	3)	10·25	3) 2·6876	
	$\sqrt{}$	3·4166	$\sqrt{}$ 0·8959	
	±	1·8484	± 0·9465	

Curve 3. $\hspace{4cm} D = 193\cdot62.$

1.	2.	3.	4.	5.
192:194	+ 2·0	4·0	+ 0·38 — 0·1444	
192:193	+ 1·0	1·0	— 0·62 — 0·3844	
192:193	+ 1·0	1·0	— 0·62 — 0·3844	
192:194	+ 2·0	4·0	+ 0·38 — 0·1444	
192:193½	+ 1·5	2·25	— 0·12 — 0·0144	
192:192½	+ 0.5	0·25	— 1·12 — 1·2544	
192:194	+ 2.0	4·0	+ 0·38 — 0·1444	
192:195	+ 3·0	9·0	+ 1·38 — 1·9044	
150:153	7)	25·50	7) 4·3752	
	$\sqrt{}$	3·6418	$\sqrt{}$ 0·6250	
	±	1·9083	± 0·7905	

Curve 4.

1.	2.	3.
192:193¹/₄	+ 1·25	1·5625
192:193	+ 1·0	1·0
192:192¹/₂	+ 0·5	0·25
192:192¹/₂	+ 0·5	0·25
192:192¹/₄	+ 0·25	0·0625
192:192¹/₂	+ 0·5	0·25
192:192³/₄	+ 0·75	0·5625
192:192¹/₄	+ 0.25	0·0625
192:192		
192:192	+ 1·0	1·0
150·150¹/₃		
	9)	5·0000
	γ	0·5555
	±	0·7453

$D = 192·60$

4.	5.
+ 0·65	— 0·4225
+ 0·40	— 0·1600
— 0·10	— 0·0100
— 0·10	— 0·0100
— 0·35	— 0·1225
— 0·10	— 0·0100
+ 0·15	— 0·0225
— 0·35	— 0·1225
— 0·60	— 0·3600
+ 0·30	— 0·0900
9)	1·2300
γ	0·1366
±	0·3695

Curve 5.

1.	2.	3.
192:192³/₄	+ 0·75	0·5625
192:194	+ 2·0	4·0
192:192³/₄	+ 0·75	0·5625
192:192³/₄	+ 0·75	0·5625
192:192¹/₂	+ 0·5	0.25
192:192³/₄	+ 0·75	0·5625
192:192¹/₄	+ 0·25	0·0625
192:192		
192:192		
192:192¹/₄	+ 0·25	0·0625
192:192		
192:193	+ 1·0	1·0
192:192¹/₄	+ 0·25	0·0625
125:125		
	12)	7·6875
	γ	0·6406
	±	0·8003

$D = 192·56$.

4.	5.
+ 0·19	— 0·0361
+ 1·44	— 2·0736
+ 0·19	— 0·0361
+ 0·19	— 0·0361
— 0·06	— 0·0036
+ 0·19	— 0·0361
— 0·31	— 0·0961
— 0·56	— 0·3136
— 0·56	— 0·3126
— 0·31	— 0·0961
— 0·56	— 0·3136
+ 0·44	— 0·1936
— 0·31	— 0·0961
12)	3·6443
γ	0·3037
±	0·5511

Curve 6. $D = 193 \cdot 0.$

1.	2.	3.	4.	5.
$192 : 192^1/_2$	$+ 0 \cdot 5$	$0 \cdot 25$	$- 0 \cdot 50$	$- 0 \cdot 25$
$192 : 193$	$+ 1 \cdot 0$	$1 \cdot 0$		
$192 : 193$	$+ 1 \cdot 0$	$1 \cdot 0$		
$192 : 193^1/_2$	$+ 1 \cdot 5$	$2 \cdot 25$	$+ 0 \cdot 50$	$- 0 \cdot 25$
$100 : 102$				

            $3)$ 4.50 $3)$ $0 \cdot 50$

            $\sqrt{}$ $1 \cdot 50$ $\sqrt{}$ $0 \cdot 1666$

            $\pm$ $1 \cdot 2247$ $\pm$ $0 \cdot 4081$

Zusammenstellung der Fehlermittel für $g = Sol_2$.

Curve	1.	$1 \cdot 0816$	$0 \cdot 6512$
„	2.	$1 \cdot 8484$	$0 \cdot 9465$
„	3.	$1 \cdot 9083$	$0 \cdot 7905$
„	4.	$0 \cdot 7453$	$0 \cdot 3695$
„	5.	$0 \cdot 8003$	$0 \cdot 5511$
„	6.	$1 \cdot 2247$	$0 \cdot 4081$

          $6)$ $7 \cdot 6086$ $3 \cdot 7169$

           $\pm$ $1 \cdot 2681$ $\pm$ $0 \cdot 6195$

$c = Ut_3 = 256$ Schwingungen.   A. Kl.

Curve 1. $D \pm 256 \cdot 13.$

1.	2.	3.	4.	5.
$256 \quad : 256^1/_4$	$+ 0 \cdot 75$	$0 \cdot 5625$	$+ 0 \cdot 62$	$- 0 \cdot 4844$
$256 \quad : 255^3/_4$	$+ 0 \cdot 25$	$0 \cdot 0625$	$- 0 \cdot 38$	$- 0 \cdot 1444$
$256 \quad : 256$			$- 0 \cdot 13$	$- 0 \cdot 0169$
$256 \quad : 256^1/_4$	$+ 0 \cdot 25$	$0 \cdot 0625$	$+ 0 \cdot 12$	$- 0 \cdot 0144$
$256 \quad : 256$		$.$	$- 0 \cdot 13$	$- 0 \cdot 0169$
$160^1/_2 : 160$				

            $4)$ $0 \cdot 6875$ $4)$ $0 \cdot 5770$

            $\sqrt{}$ $0 \cdot 1718$ $\sqrt{}$ $0 \cdot 1442$

            $\pm$ $0 \cdot 4078$ $\pm$ $0 \cdot 3797$

Curve 2. $D = 256.31.$

1.	2.	3.		4.	5.
$256 \; : 257^1/_2$	$+ 1.5$	$2 \cdot 25$		$+ 1 \cdot 19 - 1 \cdot 4161$	
$256 \; : 255^3/_4$	$- 0 \cdot 25$	$0 \cdot 0625$		$- 0.56 - 0.3136$	
$256 \; : 256^1/_4$	$+ 0 \cdot 25$	$0 \cdot 0626$		$- 0.06 - 0.0036$	
$256 \; : 255^3/_4$	$- 0 \cdot 25$	$0 \cdot 0625$		$- 0.56 - 0.3136$	
$91^1/_2 : \; 91^1/_2$					

3) $2 \cdot 4375$ 3) $1 \cdot 0469$

$\gamma \; 0 \cdot 8125$ $\gamma \; 0 \cdot 3490$

$\pm \; 0 \cdot 9013$ $\pm \; 0 \cdot 5908$

Curve 3. $D = 257.81.$

1.	2.	3.		4.	5.
$256:257$	$+ 1 \cdot 0$	$1 \cdot 0$		$- 0 \cdot 81 - 0 \cdot 6561$	
$256:259$	$+ 3.0$	$9 \cdot 0$		$+ 1 \cdot 19 - 1 \cdot 4161$	
$256:257^3/_4$	$+ 1 \cdot 75$	$3 \cdot 0625$		$- 0.06 - 0.0036$	
$256:257$	$+ 1 \cdot 0$	$1 \cdot 0$		$- 0 \cdot 81 - 0 \cdot 6561$	
$256:257^1/_2$	$+ 1 \cdot 5$	$2 \cdot 25$		$- 0 \cdot 31 - 0 \cdot 0961$	
$256:258$	$+ 2 \cdot 0$	$4 \cdot 0$		$+ 0 \cdot 19 - 0 \cdot 0361$	
$256:257^1/_2$	$+ 1 \cdot 5$	$2 \cdot 25$		$- 0 \cdot 31 - 0 \cdot 0961$	
$256:258^1/_4$	$+ 2 \cdot 25$	$5 \cdot 0625$		$+ 0 \cdot 44 - 0 \cdot 1936$	
$256:258^1/_4$	$+ 2 \cdot 25$	$5 \cdot 0625$		$+ 0 \cdot 44 - 0 \cdot 1936$	
$8: \;\; 8$					

8) $32 \cdot 6875$ 8) 3.3474

$\gamma \; 4 \cdot 0859$ $\gamma \; 0 \cdot 4184$

$\pm \; 2 \cdot 0213$ $\pm \; 0 \cdot 6468$

Curve 4. $D = 255 \cdot 50.$

1.	2.	3.		4.	5.
$256:255$	$- 1 \cdot 0$	$1 \cdot 0$		$- 0.50 - 0.25$	
$256:255^1/_4$	$- 0 \cdot 75$	$0 \cdot 5625$		$- 0.25 - 0.0625$	
$256:256$				$+ 0 \cdot 50 - 0 \cdot 25$	
$256:255^3/_4$	$- 0 \cdot 25$	$0 \cdot 0625$		$+ 0.25 - 0.0625$	
$74: \; 78^3/_4$					

3) $1 \cdot 6250$ 3) 0.6250

$\gamma \; 0.5416$ $\gamma \; 0.2083$

$\pm \; 0 \cdot 7859$ $\pm \; 0 \cdot 4564$

Curve 5.　　　　　　　　　$D = 255·59$.

1.	2.	3.	4.	5.
$256:254\frac{1}{4}$	− 1·75	3·0625	− 1·34	— 1·7956
$256:255\frac{1}{4}$	− 0·75	0·5625	− 0·34	— 0·1156
$256:255\frac{3}{4}$	− 0·25	0·0625	+ 0·16	— 0·0256
$256:255\frac{1}{4}$	− 0·75	0·5625	− 0·34	— 0·1156
$256:256\frac{1}{2}$	= 0·5	0·25	+ 0·91	— 0·8281
$256:256\frac{1}{2}$	+ 0·5	0·25	+ 0·91	— 0·8281
$131:131\frac{1}{4}$				
	5)	4·7500	5)	3·7086
	γ	0·9500	]	0·7417
	±	0·9746	±	0·8612

Zusammenstellung der Fehlermittel für $Ut_3 = c'$.

Curve	1.	0·4073	0·3797
,,	2.	0·9013	0·5908
,,	3.	2·0213	0·6468
,,	4.	0·7359	0·4564
,,	5.	0·9746	0·8612
	5)	5·0404	2·9349
	±	1·0081	± 0·5870

$g^1 = Sol_3 = 384$ Schwingungen.　　　　　Wr.

$D = 387·20$.

1.	2.	3.	4.	5.
$384:385$	+ 1·0	1·0	− 2·20	— 4·84
$388:386\frac{1}{2}$	+ 2·5	6·25	− 0·70	— 0·49
$384:386\frac{1}{2}$	+ 2·5	6·25	− 0·70	— 0·49
$384:388\frac{1}{2}$	+ 4·5	20·25	+ 1·90	— 1·69
$384:389\frac{1}{2}$	+ 5·5	30·25	+ 2·30	— 5·29
$274:276$				
	4)	64·0	4)	12·80
	γ	16·0	γ	3·20
	±	4·0	±	1·7888

10*

$$c'' + Ut_4 = 512 \text{ Schwingungen.} \quad \text{Wr.}$$

Curve 1.			$D = 518.85.$	
1.	2.	3.	4.	5.
$512 : 521\frac{1}{4}$	$+ 9 \cdot 25$	$85 \cdot 5625$	$+ 2 \cdot 9$	$- 8 \cdot 41$
$512 : 517\frac{1}{2}$	$+ 5 \cdot 5$	$30 \cdot 25$	$- 0 \cdot 85$	$- 0 \cdot 7225$
$512 : 518\frac{1}{4}$	$+ 6 \cdot 15$	$39 \cdot 0625$	$- 0 \cdot 10$	$- 0 \cdot 0100$
$196 : 100\frac{1}{2}$				
	2)	$154 \cdot 8750$	2)	$9 \cdot 1425$
		$\sqrt{\ } 77 \cdot 4375$		$\sqrt{\ } 4 \cdot 5712$
		$\pm 8 \cdot 7978$		$\pm 2 \cdot 1380$

Curve 2.			$D = 516 \cdot 66.$	
1.	2.	3.	4.	5.
$512 : 515$	$+ 3 \cdot 0$	$9 \cdot 0$	$- 1 \cdot 34$	$- 1 \cdot 7956$
$512 : 516$	$+ 4 \cdot 0$	$16 \cdot 0$	$- 0 \cdot 34$	$- 0 \cdot 1156$
$512 : 519$	$+ 7 \cdot 0$	$49 \cdot 0$	$+ 2.34$	$- 5 \cdot 4756$
$329 : 334$				
	2)	$74 \cdot 0$	2)	$7 \cdot 3868$
		$\sqrt{\ } 37 \cdot 0$		$\sqrt{\ } 3 \cdot 6934$
		$\pm 6 \cdot 0828$		$\pm 1 \cdot 9192$

Zusammenstellung für $c'' = Ut_4$.

Curve 1.	$8 \cdot 7978$	$2 \cdot 1380$
„ 2.	$6 \cdot 0828$	$1 \cdot 9192$
	2) $14 \cdot 8806$	$4 \cdot 0572$
	$\pm 7 \cdot 4403$	$\pm 2 \cdot 0286$

$$g'' = Sol_4 = 768 \text{ Schwingungen.} \quad \text{Wr.}$$

			$D = 786 \cdot 0.$	
1.	2.	3.	4.	5.
$768 : 784$	$+ 16 \cdot 0$	$256 \cdot 0$	$- 2 \cdot 0$	$- 4 \cdot 0$
$768 : 788$	$+ 20 \cdot 0$	$400 \cdot 0$	$+ 2 \cdot 0$	$- 4 \cdot 0$
$341 : 353$	1)	$656 \cdot 0$	1)	$8 \cdot 0$
		$\sqrt{\ } 656 \cdot 0$		$\sqrt{\ } 8 \cdot 0$
		$\pm 25 \cdot 6125$		$\pm 2 \cdot 8284$

3. Reduction der Resultate der vorstehenden Unisonocurven auf $g'' = Sol^4$.

$$\text{Wr.}\begin{cases} g^2 - 25 \cdot 6125 \\ c^2 - 11 \cdot 1604 \\ g^1 - 8 \cdot 0000 \end{cases} \quad \begin{matrix} 2 \cdot 8284 \\ 3 \cdot 0429 \\ 3 \cdot 5776 \end{matrix}$$

$$\text{A. Kl.}\begin{cases} c^1 - 3 \cdot 0248 \\ g - 5 \cdot 0724 \\ c - 5 \cdot 7276 \\ G - 3 \cdot 1080 \end{cases} \quad \begin{matrix} 1 \cdot 7610 \\ 2 \cdot 4780 \\ 2 \cdot 7978 \\ 2 \cdot 6248 \end{matrix}$$

4. Intervall.

Quinte $C : G = Ut_1 : Sol_1$.   A. Kl.

Curve 1. $D = 96 \cdot 65$.

1.		2.	3.	4.	5.
64:96	:97$^1/_3$	+ 1·5	2·25	+ 0·85 —	0·7225
96	:97	+ 1·0	1·0	+ 0·35 —	0·1225
96	:96			— 0·65 —	0·4225
96	:96$^1/_3$	+ 0·5	0·25	— 0·15 —	0·0225
96	:96$^3/_4$	+ 0·75	0·5625	+ 0·10 —	0·0100
96	:96$^3/_4$	+ 0·75	0·5625	+ 0·10 —	0·0100
96	:96$^1/_2$	+ 0·5	0·25	— 0·15 —	0·0225
96	:96$^3/_4$	+ 0·75	0·5625	+ 0·10 —	0·0100
77$^1/_4$:78					
		7)	5·4375	7)	1·3425
		γ	0·7767	γ	0·1918
		±	0·8813	±	0·4379

Curve 2. $D = 96 \cdot 28$.

1.	2.	3.	4.	5.
64:96:95$^1/_4$	+ 0·25	0·0625	— 0·03 —	0·0009
96:96$^1/_2$	+ 0·5	0·25	+ 0·22 —	0·0484
70:70				
	1)	0·3125	1)	0·0493
	γ	0.3125	γ	0·0493
	±	0·5590	±	0·2240

Zusammenstellung der Fehlermittel für die Quinte $C:G$.

Curve 1.	0·8813	0·4379
„ 2.	0·5590	0·2240
2)	1·4403	0·6610
	± 0·7201	± 0·3309

Octave $C:c = Ut_1 : Ut_2$.   A. Kl.

$$D = 130·02.$$

1.	2.	3.	4.	5.
64:128:131	+ 3·0	9·0	+ 0·98 — 0·9604
128:130½	+ 2·5	6·25	+ 0·48 — 0·2304
128:130	+ 2·0	4·0	− 0·02 — 0·0004
128:129½	+ 1·5	2·25	− 0·52 — 0·2704
128:130¼	+ 2·25	4·0625	+ 0·23 — 0·0529
128:129¾	+ 1·75	3·0625	− 0·27 — 0·0729
128:131	+ 3·0	9·0	+ 0·98 — 0·9604
128:130¾	+ 2·75	7·5625	+ 0·73 — 0·5329
128:129½	+ 1·5	2·25	− 0·52 — 0·2704
128:128¾	+ 0·75	0·5625	− 1·27 — 1·6129
128:129¾	+ 1·75	2·25	− 0.27 — 0·0729
124:124½			
	10)	50·2500	10) 5·0369
	γ	5·0250	γ 0·5037
	±	2·2400	± 0.7097

Duodecime $C:g$.   A. Kl.

$$D = 190·86.$$

1.	2.	3.	4.	5.
64:192:191	− 1·0	1·0	+ 0·14 — 0·0196
192:190	− 2·0	4·0	− 0.86 — 0·7396
192:190	− 2·0	4·0	− 0·86 — 0·7396
192:191	− 1·0	1·0	+ 0·14 — 0·0196
192:191¼	− 0·75	0·5625	+ 0·39 — 0·1521
192:191¼	− 0·75	0·5625	+ 0·39 — 0·1521
192:191½	− 0·5	0·25	+ 0·64 — 0·4096
87: 85¼			
	6)	11·3750	6) 2·2322
	γ	1·8958	γ 0·3720
	±	1·3768	± 0·6099

Quinte $c^1 - g^1 = Ut_3 : Sol_3$. Wr.

Curve 1. $D = 392 \cdot 22$.

1.	2.	3.	4.	5.
256:384:389	+ 5·0	25·0	− 3·22 − 10·3684	
384:388³/₄	+ 4·75	22·5625	− 3·97 − 15·7609	
384:392¹/₄	+ 8·25	68·0625	+ 0·03 − 0·0009	
384:394³/₄	+ 10·75	115·5625	+ 2·53 − 6·4009	
384:391¹/₄	+ 7·25	59·5625	− 0·97 − 0·9409	
384:394³/₄	+ 10·75	115·5625	+ 2·53 − 6·4009	
384:392¹/₄	+ 8·25	68·0625	+ 0·03 − 0·0009	
384:394³/₄	+ 10·74	115·5625	+ 2·53 − 6·4009	
384:392	+ 8·0	64·0	− 0·22 − 0·0484	
384:392	+ 8·0	64·0	− 0·22 − 0·0484	
6: 6		9) 717·9375	9) 46·3715	
		$\surd$ 79·7708	$\surd$ 5·1524	
		± 8·9314	± 2·2699	

Curve 2. $D = 393 \cdot 92$.

1.	2.	3.	4.	5.
256:384 :390	+ 6·0	36.0	− 3·92 − 15·3664	
384 :397¹/₂	+ 13·5	182.25	+ 3·58 − 12·8164	
384 :394¹/₄	+ 10·25	105·0625	+ 0·33 − 0·1089	
4¹/₂: 4¹/₂		2) 323·3125	2) 28·2917	
		$\surd$ 161.6562	$\surd$ 14·1458	
		± 12·7144	± 3·7611	

Zusammenstellung für die Quinte $c^1 - g^1$.

Curve 1.	8·9314	2·2699
„ 2.	12·7144	3·7611
	2) 21·6458	6·0310
	± 10·8229	± 3·0150

Octave $c':c'' = Ut_3:Ut_4$.   Wr.

Curve 1.				$D = 516 \cdot 25$.	
1.	2.	3.		4.	5.
256:512:515	+ 3·0	9·0		− 1·25	− 1·5625
512:516	+ 4·0	16·0		− 0·25	− 0·0625
512:519	+ 7·0	49·0		+ 2·75	− 7·5625
512:519	+ 3·0	9·0		− 1·25	− 1·5625
295:297					
		3) 83·0		3) 10.7500	
		γ 27·6666		γ 3·5833	
		± 5·2599		± 1·8924	

Curve 2.				$D = 517 \cdot 16$.	
1.	2.	3.		4.	5.
256:512:519	+ 7·0	49·0		+ 1·84	− 3·3856
512:517$^1/_2$	+ 5·5	30·25		+ 0·34	− 0·1156
512:516$^1/_2$	+ 4·5	20·25		− 0·66	− 0·4356
512:516$^1/_2$	+ 4·5	20·25		− 0·66′	− 0·4356
512:516$^1/_2$	+ 4·5	20·25		− 0·66	− 0·4356
512:517$^1/_2$	+ 5·5	30·25		+ 0·34	− 0·1156
240:241$^1/_2$					
		5) 170·25		5) 4·9236	
		γ 34·05		γ 0·9847	
		± 5·8352		± 0·9928	

Zusammenstellung für die Octave $c':c''$.

Curve 1.	5·2599	1·8924
„ 2.	5·8352	0·9923
2) 11·0951		2·8847
± 5·5475		± 1·4423

Octave $e' : e'' = Mi_3 : Mi_4$.   Wr.

Curve 1. $D = 653 \cdot 0$.

1.	2.	5.	4.	5.
$320:640:649$	$+ 9 \cdot 0$	$81 \cdot 0$	$- 4 \cdot 0 — 16 \cdot 0$	
$640:650\frac{1}{2}$	$+ 16 \cdot 5$	$272 \cdot 25$	$+ 3 \cdot 5 — 12 \cdot 25$	
$640:654$	$+ 14 \cdot 0$	$196 \cdot 0$	$+ 1 \cdot 0 — 1 \cdot 0$	
$640:654$	$+ 14 \cdot 0$	$196 \cdot 0$	$+ 1 \cdot 0 — 1 \cdot 0$	
$640:651\frac{1}{2}$	$+ 11 \cdot 5$	$182 \cdot 25$	$- 1 \cdot 5 — 2 \cdot 25$	
$13 : 18$				
	4)	$877 \cdot 50$	4)	$82 \cdot 50$
		$\sqrt{\ } 219 \cdot 3750$		$\sqrt{\ } 8 \cdot 1250$
		$\pm\ 14 \cdot 8111$		$\pm\ 2 \cdot 8504$

Curve 2. $D = 638 \cdot 76$.

1.	2.	8.	4.	5.
$320:640:646\frac{1}{2}$	$+ 0 \cdot 5$	$0 \cdot 25$	$+ 1 \cdot 74 — 3 \cdot 0276$	
$640:638\frac{3}{4}$	$+ 1.25$	$1 \cdot 5625$	$- 0 \cdot 01 — 0 \cdot 0001$	
$640:637\frac{1}{2}$	$+ 2.5$	$6 \cdot 25$	$- 1 \cdot 26 — 1 \cdot 5876$	
$640:637$	$+ 3 \cdot 0$	$9 \cdot 0$	$- 1 \cdot 76 — 3 \cdot 0976$	
$640:640\frac{1}{4}$	$+ 0 \cdot 25$	$0 \cdot 0625$	$+ 1 \cdot 49 — 2 \cdot 2201$	
$640:640$			$+ 1 \cdot 24 — 1 \cdot 5376$	
$640:639\frac{1}{2}$	$- 0 \cdot 5$	$0 \cdot 25$	$+ 0 \cdot 74 — 0 \cdot 5476$	
$166:163\frac{1}{2}$				
	6)	$17 \cdot 3750$	6)	$12 \cdot 0182$
		$\sqrt{\ } 2 \cdot 8957$		$\sqrt{\ } 2 \cdot 0030$
		$\pm\ 1 \cdot 7017$		$\pm\ 1 \cdot 4152$

Zusammenstellung für die Octave $e' : e''$.

Curve 1.	$14 \cdot 8111$	$2 \cdot 8504$
„ 2.	1.7017	$1 \cdot 4152$
2)	$16 \cdot 5128$	$4 \cdot 2656$
	$\pm\ 8 \cdot 2564$	$\pm\ 2 \cdot 1328$

Reduction der Zahlenmittel der Quinten, Octaven und Duodecime
auf $g'' = Sol_3$.

Stimme und Ohr.		$D.$
Quinten:		
$C:G$	$- 5\cdot7608$	2.6472
$c^1:g^1$	$- 21\cdot6458$	$6\cdot0300$
Duodecime:		
$C:g$	$- 5\cdot5072$	$2\cdot4396$
Octaven:		
$C:c$	$- 13\cdot4400$	$4\cdot2582$
$c^1:c^2$	$- 8\cdot3213$	$2\cdot1635$
$c^1:e^2$	$- 10\cdot9077$	$2\cdot5594$

Erklärung der Tafel.

Fig. 1a. Schreibapparat von oben und im Durchschnitt:

a Die Membranen, b Hohlcylinder, c Hohlcylinder zur Spannung der Membran, d die schreibenden Federn, e der rotirende Cylinder.

Fig. 1b. Derselbe Apparat von der Seite gesehen. Bezeichnungen dieselben:

x Die Axe, auf welcher der Schreibapparat ruht, e Schlitten, durch welchen die Lage der Feder d regulirt wird, g Rad, welches den Schreibapparat in fester Entfernung von der Oberfläche des Cylinders f hält, dasselbe ist durch Führungen und Trieb verstellbar gemacht.

Fig. 2. Curven über die Schwankungen der Stimme:

$O-O$ Abcisse, in welchen der Ton der Orgelpfeife verläuft, die Abtheilungen derselben entsprechen $1/4$ Sekunden. Jede Abtheilung der Ordinate entspricht $1/4$ Schwingung. Dargestellt sind Curve No. 5 von G, Curve No. 7 von c, Curve 1 von g und 1 von c' so wie die Curve g'.

Ein einfaches Verfahren zur Beobachtung der Tonhöhe eines gesungenen Tons.

Von

V. Hensen
in Kiel.

(Hierzu Tafel V.)

Vorstehende Arbeit des Hrn. Ad. Klünder fand ihren ersten Anlass durch das Auffinden eines Verfahrens, mit Hülfe der Lissajous'-schen, mit Spiegeln versehenen Stimmgabeln, die Schwankungen der menschlichen Stimmen unmittelbar zu beobachten.

Wenn von Seiten der Physiologen auf eine genauere Schulung der Stimme gedrungen wird, ist es auch ihre Sache, Apparate anzugeben, durch welche eine exacte Prüfung der erzielten Erfolge vorgenommen werden kann.

Die folgende Methode ist, wie ich glaube, neu und falls sie, was wegen der vielfachen Verwendung, welche die Lissajous'schen Stimmgabeln gefunden haben, möglich wäre, schon beschrieben ist, so ist sie jedenfalls nicht beachtet worden, während sie doch der hübschen Resultate und Bilder halber, welche sie giebt, wohl verdiente, in die grösseren Lehrbücher aufgenommen zu werden.

Man stellt vor einer mit Spiegel versehenen, horizontal schwingenden Stimmgabel, eine König'sche Kapsel mit Brenner in circa 20^{cm} Entfernung auf, an den Luftraum der Kapsel wird ein einfaches circa 1^{cm} weites Glasrohr mit Kautschukschlauch angesteckt. (Vgl. Fig. 1.) Die Flamme wird je nach Bedarf entweder so gestellt, dass dem Sänger ihr Bild im Spiegel entzogen ist, oder dass er es beim Singen beobachten kann. Man lässt nun entweder den Ton der angestrichenen Stimmgabel oder deren Duodecime, Octave, Quinte, Quarte, vielleicht auch Terz singen und beobachtet das Flammenbild. Wenn der Ton richtig getroffen und gehalten wird, treten die Flammenbilder auf, welche auf der Tafel mit Fig. 1 bis 6 gegeben sind. Keine Stimme kann auf die Dauer den Ton genau halten; sobald sie variirt bewegen sich die Flammenbilder in der einen oder anderen Richtung. Schwankt die Stimme um eine richtige Mittellage, so gehen die Flammen wechselnd vor und zurück, ist die Tonhöhe nicht genau getroffen, so rotirt das Bild um eine verticale Axe und zwar um so rascher, je weniger genau der Ton getroffen wurde, bei besserem Gehör kommen die Flammen häufiger zum Stillstand, um sich dann von neuem vor oder rückwärts zu bewegen; die stärkeren Bewegungen gehen stossweise vor sich, dazwischen verschiebt sich das Bild nur sehr langsam. Die Gipfel der, sagen wir, vorwärts geneigten Flammen gehen vorwärts wenn der Ton zu tief, rückwärts wenn er zu hoch ist. Schon ein sehr leiser Ton spricht an. Dies und die unmittelbare Beobachtung über den Sinn des Fehlers sind specielle Vorzüge des Apparates.

Der ganze Versuch beruht auf dem Zusammenwirken zweier, rechtwinklig aufeinander verlaufender, periodischer Bewegungen und bedarf in so fern nicht erst der Erklärung. Die besondere Form der Flammencurve erklärt sich wie folgt. Während die Tonbewegung das Ausströmen des Gases beschleunigt und verzögert, mischt sich der Verbrennungsvorgang, welcher in ersterem Fall verlangsamt, in letzterem beschleunigt wird, als maassgebender Factor ein. Bewege sich, Fig. 7, die Stimmgabel während einer halben Schwingung von a bis a', sei x die Lage der Flammenspitze bei ruhiger Verbrennung und werde die Octave gesungen, so wird bei entsprechender Phase $a\,y^1 : .. y^1\,a^1$ die Form des Flammenbildes sein.

Die Curve der Gasbewegung würde nicht als einfache Sinuscurve erscheinen, sondern wegen der pendelförmigen Bewegung der Stimmgabel, etwa die Form $a\,y \ldots y\,a'$ haben. Die Gasmoleküle werden aber nicht am Rande dieser Curve leuchtend, sondern wegen der Verdichtung des Gases in positiver Phase erst bei $z_1\,z_1{}^1\,z^2$ in der negativen Phase schon bei $z^7\,z^{11}\,z^{12}$. Während sie die Strecke $y\,z\,y_2\,z^1$ u. s. w. durchlaufen, bewegt sich die Stimmgabel von z nach y^1 von z^1 nach $y_2{}^1$ u. s. w. weshalb die Flamme jene etwas unregelmässige Curve zeigt, die man bei derartigen Versuchen stets wahrnimmt.

Dass es den Anschein gewinnt, als wenn die Flamme auf der Fläche eines senkrecht stehenden Cylinders rotirte, beruht auf der perspectivischen Verschmälerung, welche die Flammencurve erleidet, wenn sie in die Phasen langsamerer Schwingungsbewegung der Stimmgabel fällt. Wenn eine solche Flamme mit unveränderlicher Breite wirklich um einen Cylinder herum wanderte, würde sie genau dasselbe Ansehen darbieten.

Dies muss wohl der Grund sein, weshalb man hier gegen besseres Wissen mit einem Auge Tiefendimensionen wahrnimmt.

Man sieht auf der Stimmgabel den Grundton in Form einer einzigen Flamme, Octave giebt zwei, Duodecime drei, Doppeloctave vier u. s. w. Flammen, welche senkrecht stehen und rechtwinklige Zwischenräume bei rascher Rotation lassen. Quinte giebt 8 Flammen, weil auf 2 Schwingungen der Stimmgabel 3 Schwingungen der Stimme kommen, Quarte 4, Terz 5 Flammen. Diese Flammen liegen aber schräg, winden sich umeinander oder vielmehr um den Cylinder und lassen rhombische Lücken, weil jede Flamme fast während des Verlaufes einer ganzen Stimmgabelschwingung bestehen bleibt und daher stark geneigt steht.

Wenn man einige Stimmen mit dem angegebenen Apparat vergleicht, erkennt man augenblicklich, ob der Ton richtig eingesetzt und wie ruhig er gesungen wird. So genaue Zahlenangaben wie aus den Curven von Klünder lassen sich allerdings nicht gewinnen, aber dafür ist die Beobachtung beliebig oft für laute und leise Intonation zu machen und erfordert kaum soviel Sekunden wie jene Tage.

In jedem physiologischen Institut wird ein solcher Apparat leicht zusammengestellt sein, ich bin aber der Ansicht, dass eine solche Einrichtung auch für Directoren von Gesangvereinen u. d. m. brauchbar sein wird, theils zur objectiven Sicherung des eigenen Urtheils bei Auswahl und Zurückweisung ihres Personals, theils zum Beweise der Richtigkeit ihrer Ansicht, vielleicht auch als Mittel zur Einübung reiner Intervalle und des Treffens der Töne. Für Einübung der Intervalle ist die Anwendbarkeit auf die genannten Fälle beschränkt, auch habe ich keine Erfahrung darüber, ob die Einübung wirklichen Nutzen gewähren kann; sollte dies sein, so ist nicht zu bezweifeln, dass praktische und bequemere Einrichtungen von den Akustikern leicht herzustellen sein werden. Eine mit Spiegel versehene Stimmgabel etwa g mit 190—200 Schwingungen, eine Vokalkapsel von König und Gas sind übrigens Bedingungen, die nicht schwer sich erfüllen lassen.

Erklärung der Tafel.

Fig. 1. *a* Stimmgabel, *b* Spiegel derselben, auf welchem die Flammencurve für Unisono, *c* König'sche Vokalkapsel.

Fig. 2. Flammenbild der Octave.

Fig. 3. Flammenbild der Duodecime.

Fig. 4. Flammenbild der Quinte 2:3 und 3:2.

Fig. 5. Flammenbild der Quarte.

Fig. 6. Flammenbild der gr. Terz.

Fig. 7. Flammencurve.

$a\,a^1$ Excursionsbreite der Stimmgabel.

$y_1\,y_1^2\,y^7$ Linie der Toncurve.

$z\,z^1\,z^2\,z^{12}$ Höhe der Ordinate, bis wohin das Gas unverbrannt gelangt.

$y_1^1\,y_2^1\,y_4^1$ Scheinbarer Ort der Gasverbrennung.

Verhandlungen der physiologischen Gesellschaft zu Berlin.

Nachtrag zum Jahrgange 1877—78.[1]

XIX. Sitzung am 26. Juli 1878.

Herr SALOMON spricht „über das Vorkommen des Glykogens im Eiter".

Vor längerer Zeit habe ich, in weiterer Verfolgung eines von Hoppe-Seiler eingeschlagenen Weges, Untersuchungen über das Vorkommen von Glykogen im Eiter angestellt[2] und mich überzeugt, dass dieser Körper zu den gewöhnlichen Bestandtheilen des Eiters gehört. Die Anschauung von Hoppe-Seyler, dass das Glykogen nur den mit amöboider Bewegung begabten Rundzellen zukomme, musste somit modificirt werden; denn die grosse Mehrzahl der Eiterzellen zeigt ja die amöboide Bewegung nicht. Es lag darin für mich ein Hinweis darauf. dass das Vorkommen bez. die Erhaltung des Glykogens vielleicht nicht so streng an das Leben der Zelle gebunden sei, als man, ausgehend von der Leber mit ihren eigenthümlichen Fermentationsverhältnissen, gewöhnlich anzunehmen geneigt ist. Ich fand mich in dieser Ansicht bestärkt durch die Erfahrung, dass die winzigen Glykogenmengen des Blutes sich bis zu 9 Stunden in der Leiche zu halten vermögen[3], trotz der allmählich eintretenden Säuerung des Blutes, trotz der Nachbarschaft fermentationsfähiger Gewebe. Ebenso deutete das von mir sehr häufig beobachtete Vorkommen von Glykogen in dem faulen, sauren Eiter, den man bei Hunden durch subcutane Injection von faulem Blut erzeugt, darauf hin, dass das sonst so leicht veränderliche Glykogen eine nicht geringe Widerstandsfähigkeit gegen die Fäulniss besitzt; ein Verhalten, dass für reine Glykogenlösungen schon früher bekannt war, das aber beim Eiter in Anbetracht seines geringen procentischen Gehaltes an Glykogen doch einigermaassen auffallen musste.

Um nun zu erfahren, wie lange das Glykogen in einem unreinen Gemisch

[1] Durch ein Versehen ist der Bericht über diese Sitzung im vorigen Jahrgange des *Archiv* ausgefallen.
[2] Dies *Archiv*, 1878, S. 505 (Sitzung der physiologischen Gesellschaft am 9. Februar 1877).
[3] Dies *Archiv*, 1878, S. 625 (Sitzung am 27. Juli 1877).

sich zu erhalten vermag, wählte ich ein Material, das für die Conservirung
etwa vorhandenen Glykogens entschieden ungünstige Verhältnisse bietet, nämlich
die eitrigen Auswurfsmassen lungenkranker Individuen. Ich legte es keineswegs
darauf an, das Material möglichst frisch in Arbeit zu bekommen, sondern liess
die Sputa absichtlich erst 24 Stunden lang sich ansammeln. Während dieser
Zeit stehen sie, wie bekannt, in offenen Gläsern im Krankensaal und haben
zumal im Sommer reichliche Gelegenheit zur Bakterienentwickelung und zu Zer-
setzungen verschiedener Art. Bei der Auswahl der zu prüfenden Sputa wurde
nur auf eitrige oder schleimig-eitrige Beschaffenheit und auf Abwesenheit von
Speiseresten geachtet, auf die Natur der zu Grunde liegenden Lungenerkrankungen,
ob Bronchitis, ob Phthise, kein besonderer Werth gelegt. Das Verfahren bestand in Zerkochen der Ballen oder der schleimig-zähen Massen mit etwas Natronlauge; in der alkalischen Lösung wurde das Glykogen nach dem Brücke'schen
Verfahren aufgesucht. Der Erfolg der Untersuchungen lässt sich in wenigen
Worten zusammenfassen. Es fand sich Glykogen fast in allen Fällen; die wenigen
Ausnahmen, die mir begegnet sind, möchte ich für zufällig und durch das etwas
complicirte Verfahren bedingt erachten. Ueberraschend war es mir besonders,
das Glykogen sogar noch in typischen putriden und gangränösen Sputis aufzufinden. Die Mengen waren anscheinend nicht viel geringer als im gewöhnlichen eitrigen Sputum.

Natürlich hat die Widerstandsfähigkeit des Glykogens seine Grenzen. Dies
bestätigte mir ein Versuch, in welchem ich 200 ^{ccm} eitrige Sputa in zwei gleiche
Hälften theilte und die eine Hälfte sofort, die andere erst nach 48ständiger
Digestion in der Wärme verarbeitete. Die erste Hälfte enthielt Glykogen, die
zweite keines mehr.

Der Nachweis des Glykogens stützte sich auf die gewöhnlichen Reactionen:
Opalescenz der Lösung, Rothfärbung bei Zusatz von Jodkalium, Reduction von
alkalischer Kupferlösung nach Behandlung mit Speichel oder mit verdünnter
Schwefelsäure. In vielen Fällen konnte ausserdem eine Rechtsdrehung der
Polarisationsebene nachgewiesen werden.

In letzter Zeit habe ich in Gemeinschaft mit meinem Collegen an der
Klinik, Hrn. Dr. Ehrlich, das Vorkommen von Glykogen in Eiterkörperchen
auch mikrochemisch zu verfolgen angefangen. Nach einer Angabe von Ranvier[1]
treten aus den Eiterkörperchen bei Behandlung mit verdünnten wässrigen Me-
dien hyaline Tropfen aus, die bei Zusatz von wässriger Jodlösung sich braun-
roth färben, also eine Glykogenreaction ergeben. Wir haben in einem Falle
Ranvier's Versuch an einem eitrigen Sputum mit vollständigem Erfolge
wiederholt. Seitdem ist es uns indessen nicht wieder gelungen, die Reaction
zu erhalten, vermuthlich deswegen, weil die eigenthümliche Consistenz der Sputa
der Einwirkung von Reagentien auf die geformten Bestandtheile erhebliche
Widerstände entgegenstellt. Wir sahen weiter nichts als eine diffuse nicht
besonders intensive braungelbe Färbung der Zellen. Wir hoffen jedoch durch
zweckmässige Modification des Verfahrens mit der Zeit bessere Resultate zu
erzielen.

Hr. ADAMKIEWICZ hielt einen Vortrag: „Ueber den Einfluss des Ammoniaks auf den Stoffumsatz des Diabetikers".

Er geht von einer von Justus v. Liebig aufgestellten Theorie aus, nach

---

[1] *Progrès médical* etc., 1877, p. 422.

welcher man sich den „thierisch-organischen Grundstoff" als aus Ammoniak und
Zucker zusammengesetzt denken könne, weist auf eine grosse Reihe von Erfahrungen hin, welche dem Thierkörper synthetisches Vermögen zusprechen und
untersucht auf Grund derselben das Schicksal des Ammoniaks im diabetischen
Organismus, also unter denjenigen Bedingungen, welche einer Synthese im
Liebig'schen Sinne günstig sind. Zunächst stellte der Vortragende durch
Stoffwechselversuche fest, dass ein Theil des diabetischen Zuckers durch Spaltung aus Eiweiss entsteht. Dann verfütterte er Diabetikern Ammoniak in Gestalt von Salmiak, um durch das im Harn erscheinende Chlor die Grösse des
resorbirten Antheils des Salzes zu messen. — Er konnte unter Anwendung gewisser Cautelen einer diabetischen Person 10,0 bis 20,0 gr des genannten Salzes
im Laufe von 24 Stunden zuführen und dabei Folgendes feststellen:

Zur Resorption gelangten 30 bis 70 p. Ct. des verfütterten Salzes und
darüber. — Die Wasserausscheidung und die Bildung von Harnstoff wurden
durch dasselbe oder durch Zufuhr entsprechender Kochsalzmengen nicht gesteigert. — Von dem mit dem Salmiak dem Körper einverleibten Ammoniak sind
bis zu 80 p. Ct. im Organismus verschwunden, — während die Menge des mit
dem Harn ausgeschiedenen Zuckers abnahm.

Nachtrag aus der XVIII. Sitzung Dr. JULIUS WOLFF: „Ueber Schwankungen der Blutfülle der Extremitäten".

Fragen der praktischen Chirurgie haben mich zu Untersuchungen veranlasst,
welche zum Zweck hatten, möglichst genaue Zahlenwerthe für die Schwankungen
der Blutfülle eines bestimmten Körperabschnitts, zunächst je nach der verschiedenen Haltung des betr. Körpertheils, festzustellen. Ich suchte diesen Zweck
auf 5 verschiedenen Wegen zu erreichen: 1) durch Untersuchung des Füllungs-
grades der Radialis bei verschiedener Armhaltung mittels der Waldenburg'schen
Pulsuhr; 2) durch ophthalmoskopische Untersuchung der Netzhautgefässe bei
aufrechter und umgekehrter Kopfhaltung; 3) durch die Gröbenschütz'sche
Methode, nach dem Quantum der Flüssigkeit, die aus einem bis zum Rande mit
Wasser gefüllten Gefässe durch einen bestimmten Körperabschnitt verdrängt
wird, die verschiedene Blutfülle dieses Körperabschnitts unter verschiedenen
Bedingungen zu bestimmen; 4) mittels einer eigenen, nach dem Princip des
Mosso'schen Plethysmographen eingerichteten Apparats; 5) mittels Temperatur-
messungen der geschlossenen Hohlhand bei verschiedener Armhaltung.

Bis jetzt habe ich nur mittels der drei letzteren Methoden verwerthbare
Resultate gefunden.

Was zunächst die Temperaturmessungen betrifft, so ergab sich, dass der
Einfluss der Haltung des Armes auf die Temperatur der geschlossenen Hohlhand im Allgemeinen ein erstaunlich grosser ist. Beispielsweise fiel bei einem
8jährigen Knaben das Thermometer durch Elevation des Arms einmal in 50
Minuten zwar nur von 37,7° auf 36,8°, dagegen ein anderes Mal in 35 Minuten von 35,8 auf 31, 2°, also um 4,6° und ein drittes Mal in 1 Stunde von
34,8° auf 29,8° also um 5°. — Bei einem 22jährigen Manne war durch Elevation die Handtemperatur von 29,5 auf 28,6 gefallen. Als hierauf der Arm
in die herabhängende Lage gebracht wurde, stieg das Thermometer in 20 Minuten rapide auf 35,6°, also um volle 7°, und in den nächsten 45 Minuten
noch weiter bis auf 36,8°, um schliesslich — bei horizontaler Armhaltung —
in 20 Minuten wieder auf 36,0° zu fallen.

An sich schon — d. h. bei horizontaler Armhaltung — zeigen die Handtemperaturen bei verschiedenen Individuen sehr merkwürdige Verschiedenheiten. Bald steigt das Thermometer in der Hand in kaum 10 Minuten auf 37^0 und darüber; bald wieder dauert es 2—3 Stunden, ehe es langsam von c. 25^0 auf 37^0 steigt; bald endlich bleibt das Thermometer, wenn man auch noch so lange Zeit wartet, auf einem sehr niedrigen Temperaturgrad z. B. 26^0 stehen, ohne überhaupt weiter zu steigen.

Der Grund dieser Verschiedenheiten liegt, — abgesehen von hier obwaltenden individuellen Variationen, — darin, dass der Grad und die Dauer des Contractionszustandes der Gefässe der Hand je nach der verschiedenen Temperatur der Luft oder des Wassers, die vor der Messung auf die Hand einwirkt haben, ein sehr verschiedener ist.

Durch locale künstliche Erwärmung oder Abkühlung der Hand lässt sich der Contractionszustand der Gefässe der Hand bis zu gewissen Grenzen in einer vorher bestimmbaren Weise reguliren.

Starke Abkühlung der Hand durch Wasserbäder von 0—5^0 erzeugt eine nachfolgende derart vermehrte Erschlaffung der Gefässe, dass selbst die Elevation des Arms nicht das sehr schnelle Steigen der Handtemperatur auf 37^0 und darüber verhüten kann.

Dagegen kann man durch Luft von 12—15^0 oder durch Wasser von 15—20^0 C. öfters eine stundenlang andauernde Contraction der Gefässe erzeugen, die so bedeutend ist, dass selbst bei herabhängendem Arm das Thermometer nicht über 26^0 steigt.

Die Elevation erzeugt oft einen nahezu ebenso grossen und stets einen nachhaltigeren Temperaturabfall, als die Esmarch'sche Constriction, welche letztere immer eine rapide Temperatursteigerung im unmittelbaren Gefolge hat.

Die Elevation der Extremitäten in Verbindung mit vorausgeschickter Abkühlung derselben lässt sich, wie hier nur beiläufig erwähnt sei, als Blutersparungsmethode verwerthen.

Aus den nach der Groebenschütz'schen und nach der Mosso'schen Methode angestellten Untersuchungen ergab sich, dass bei elevirtem Arm die Hand eines Erwachsenen ungefähr 12^{ccm}, Hand, Vorderarm und unteres Drittheil des Oberarms ungefähr 30^{ccm} weniger Blut enthalten, als bei herabhängendem Arm. Doch bedürfen diese letzteren Zahlenwerthe noch weiterer Controle bei Anwendung von noch mehr vervollkommneten Apparaten.

Verhandlungen der physiologischen Gesellschaft zu Berlin.

Jahrgang 1878—79.

VI. Sitzung am 3. Januar 1879.

1. **Hr.** IMMANUEL MUNK hält den angekündigten Vortrag: „Ueber den Einfluss des Alkohols und des Eisens auf den Eiweisszerfall".

Die bisherigen Untersuchungen hatten bei Alkoholgebrauch die Harnstoffausscheidung bald vermindert (Smith, Obernier u. A.), bald ganz unverändert gefunden (Perrin, Parkes und Wollowicz), die Grösse der eingeführten Gabe schien keinen Unterschied zu bedingen. Für die CO_2-Ausscheidung und O-Aufnahme haben dagegen v. Boeck und Bauer[1] bei kleinen Dosen von Alkohol eine Verminderung, bei grösseren eine Steigerung constatirt und es war mithin einigermaassen auffällig, dass der Eiweisszerfall gar nicht oder stets in gleichem Sinne beeinflusst werden sollte, mochte die Alkoholgabe eine excitirende oder eine deprimirende und betäubende Wirkung zur Folge haben.

Der Vortragende hat im Laboratorium des Hrn. Prof. Salkowski mit den für Stoffwechseluntersuchungen nothwendigen Cautelen Fütterungsversuche mit Alkohol an Hunden angestellt. Es kam in erster Linie darauf an, die Dosen scharf abzustufen, die in Anwendung zu kommen hatten, um bald die anregende, bald die deprimirende und einschläfernde Wirkung hervorrufen zu können. Im Allgemeinen ergab sich, dass Gaben von $1—1\frac{1}{2}$ ccm absoluten Alkohols pro Kilo Thier und Tag eine entschiedene Excitation (lebhaftere Bewegung, kräftigerer Herzschlag, vermehrte Salivation) bewirken, während Gaben von 2 ccm Alkohol pro Kilo Thier schon eine deprimirende Wirkung (Speichelfluss, stierer Blick, Benommenheit, Schwäche der Hinterbeine, Abgeschlagenheit, schlafsüchtiger Zustand) äusserten. Nach noch grösseren Gaben $2\frac{1}{2}—3$ ccm absoluten Alkohols pro Kilo Thier fallen die Hunde in mehrstündigen Schlaf, erscheinen auch nach demselben noch benommen und sind erst nach $12—18$ Stunden wieder bei normalem Befinden.

---

[1] *Zeitschrift f. Biologie.* X. S. 361 ff.

Es wurden zunächst Hunde von 18—20 Kilo Körpergewicht mit einem aus 400^{grm} Fleisch und 50—70^{grm} Speck bestehenden Futter in N-Gleichgewicht gebracht, dann erhielten sie mehrere (3—5) Tage hindurch eine kleinere oder eine grössere Gabe von Alkohol und wurde in dieser Periode und an den darauf folgenden Tagen, an denen Alkohol nicht mehr gereicht wurde, die N-Ausscheidung durch Harn und Koth festgestellt. Die entsprechende Gabe in Form von Alkohol absol. wurde der mit 200—300^{ccm} Wasser hergestellten Abkochung des Fleisches (nach deren Erkalten) hinzugefügt, sodass die Thiere die ganze Dose in genügender Verdünnung mit dem täglichen Futter erhielten. Diese Methode, schlecht oder scharf schmeckende bez. riechende Stoffe Hunden in der von ihnen so gern genommenen Fleischbrühe beizubringen, erscheint besonders empfehlenswerth und der Einführung durch die Schlundsonde bei Weitem vorzuziehen. Wenigstens war selbst bei längere Zeit hindurch auf diesem Wege erfolgter Einverleibung grosser Alkoholgaben niemals Erbrechen oder eine erhebliche Alteration der Verdauung zu bemerken.

Zur Veranschaulichung der Verhältnisse der N-Ausscheidung seien aus zwei Versuchsreihen die Zahlenwerthe, auf die es hier ankommt, angeführt. Die erste Reihe umfasste drei Perioden von je drei Tagen, in der mittleren wurde täglich 25^{ccm} Alkohol abs. gegeben. Die Mittelwerthe für die tägliche N-Ausscheidung in den einzelnen Perioden betragen:

I.   12·2 N mit dem Harn, 0·42 N mit dem Koth, macht 12·62 N
II (Alkohol). 11·53 „ „ „ „   0·33 „ „ „ „ „ 11·86 „
III.   12·5 „ „ „ „   0·32 „ „ „ „ „ 12·82 „

Ferner in der zweiten Reihe, wo grössere Gaben von Alkohol gegeben wurden (Periode I, III, V ohne Alkohol):

          I.   13·29 N mit dem Harn, 0·32 N mit dem Koth, macht 13·61 N
je 40^{ccm} Alkohol. 13·81 „ „ „ „   0·47 „ „ „ „ „ 14·28 „
          III.   13·3 „ „ „ „   0·38 „ „ „ „ „ 13·68 „
je 50^{ccm} Alkohol. 14·57 „ „ „ „   0·42 „ „ „ „ „ 14·99 „
          V.   13·21 „ „ „ „   0·39 „ „ „ „ „ 13·6 „

Periode II umfasste fünf Tage, die übrigen je vier Tage. Aus der ersten Reihe ergiebt sich, dass mittlere Dosen, welche nur eine erregende, keine betäubende Wirkung ausüben, den Eiweisszerfall verringern und zwar um 6—7 Proc. gegen die Norm. Grössere Gaben, welche einen entschiedenen Depressionszustand erzeugen und noch grössere, die zu tiefem Schlaf mit nachfolgender stundenlanger Benommenheit führen, steigern dagegen die Eiweisszersetzung und zwar erstere (Periode II der zweiten Reihe) nur um 4—5 Proc., letztere um fast 10 Proc. Man kann diese Steigerung des N-Umsatzes nicht als die Folge der vermehrten Diurese betrachten, denn einmal hat in Periode IV die Menge des täglich entleerten Harns im Mittel nur um 25 Proc. zugenommen, während Salkowski und der Vortragende[1] bei einer Zunahme der Harnmenge um mehr als die Hälfte die Steigerung der N-Ausscheidung noch nicht 3 Proc. haben erreichen sehen, zweitens läuft die Grösse der N-Ausscheidung durch den Harn der Menge desselben durchaus nicht parallel, so betrug am ersten Tage von Periode IV

[1] Virchow's *Archiv*, Bd. 71. S. 508.

bei einer Harnmenge von 528^{ccm} die N-Entleerung 13·78^{grm}, am folgenden Tage bei 387^{ccm} dagegen 15·63^{grm}, weiter bei 483^{ccm} 13·94^{grm} und endlich bei 327^{ccm} 14·95^{grm}. Angesichts dieser Zahlenwerthe muss wohl die Steigerung des Eiweisszerfalls zum bei weitem grösseren Theil dem Einfluss des Alkohols als solchem zugeschrieben werden.

Es ist ferner bemerkenswerth, dass nach vorausgeschickten grossen Gaben von Alkohol nunmehr die Einführung kleinerer Dosen entweder gar keine oder nur eine viel geringere Herabsetzung des Eiweissverbrauchs zur Folge hat, als sonst.

Die Erfahrung, dass grosse betäubende Gaben von Alkohol den Eiweisszerfall steigern, dürfte vielleicht das Verständniss anbahnen für die beim chronischen Alkoholismus nicht selten auftretende Fettablagerung in den verschiedensten Organen. Wir kennen bereits eine Reihe von Stoffen, die als Gifte bezeichnet werden, welche einen nur noch viel intensiveren Eiweisszerfall und gleichzeitig Verfettungen zur Folge haben, so in erster Linie der Phosphor und das Arsen. A. Fraenkel[1] hat versucht die Steigerung des Eiweisszerfalls und die Verfettung der Organe bei der Phosphorvergiftung auf eine und dieselbe Ursache zurückzuführen, nämlich auf die dabei stattfindende, verminderte Sauerstoffzufuhr und es wäre möglich, dass das Nämliche für den Alkohol in grosser Dose und bei lange Zeit hindurch fortgesetztem Gebrauch zuträfe. Die weitere Ausführung und Begründung dieser Anschauung bleibt einer späteren Mittheilung vorbehalten.

Streng genommen ist der Alkohol, in kleiner und mittlerer Gabe genossen, als ein Nährstoff anzusehen, denn durch seine Zersetzung im Körper wird ein gewisser Antheil von Eiweiss (6—7 Proc.) vor dem Zerfall geschützt. Während aber die anderen Nährstoffe, die Fette, die Kohlehydrate und selbst der Leim, in steigenden Gaben eingeführt, innerhalb weiter Grenzen ziemlich proportional ihrer Menge den N-Umsatz verringern, ist das Gleiche beim Alkohol nicht der Fall. Grössere Gaben von Alkohol setzen den Eiweissverbrauch keineswegs herab, sie steigern ihn vielmehr bis auf 10 Proc. und darüber, und es dürfte gerade in Rücksicht auf dies durchaus abweichende Verhalten gerathen sein, den Alkohol, obwohl er in mittleren Gaben eine N-Ersparniss bewirkt, nicht unter die Nährstoffe zu classificiren, vielmehr ihm eine besondere Stellung im System der Nahrungs- und Genussmittel anzuweisen.

Es ist eine unzweifelhafte Thatsache, dass in einer grossen Reihe von Fällen mit Veränderung der Blutmischung einhergehende Zustände unter Eisengebrauch und zweckmässiger Ernährung eine entschiedene Besserung erfahren. Man hat sich aller Wahrscheinlichkeit nach vorzustellen, wenn auch die experimentelle Begründung dafür noch fehlt, dass durch die Zufuhr von Eisen die Bildung von Hämoglobin, also des wesentlichsten und für den Chemismus der Athmung wichtigsten Bestandtheils der Blutkörperchen befördert wird. Wenn, davon abgesehen, auf den Stoffwechsel sonst noch eine Einwirkung erfolgt, so könnte man vermuthen, dieselbe sei etwa derart, dass durch das Eisen eine Ersparniss im N-Umsatz erfolgt. Im Gegensatz hierzu will neuerdings Rabuteau[2]

[1] Virchow's *Archiv*, Bd. LXVI, S. 1 ff.
[2] *Comptes rendus* 1876. T. LXXXVI, p. 1169.

bei Eisengebrauch eine Steigerung des Eiweisszerfalls gefunden haben. Die vom Vortragenden durchgeführten Versuchsreihen, in denen Hunden bei N-Gleichgewicht täglich $^1/_3$ bis fast $^1/_2$ ^{grm} met. Eisen in Form von Eisenchlorid mit der Fleischbrühe, also in so genügender Verdünnung, dass von einer local reizenden Wirkung keine Rede sein konnte, einverleibt wurde, haben ein anderes Resultat ergeben. Auch hier mag zur Veranschaulichung der Verhältnisse der N-Ausscheidung ein Versuchsbeispiel kurz angeführt werden. Der Versuch umfasst drei Perioden, eine Vorperiode von fünf Tagen, eine Periode der Eiseneinführung und eine Nachperiode von je drei Tagen. Die Mittelwerthe für die tägliche N-Ausscheidung sind:

I.	13·17 N	mit dem Harn,	0·36 N	mit dem Koth,	macht	13·53 N
II (0·44 Fe).	12·93 „	„ „ „	0·41 „	„ „	„	13·34 „
III.	13·25 „	„ „	0·37 „	„ „	„	13·62 „

Es ist also die Zufuhr von Eisen auf den Eiweissverbrauch durchaus ohne Einfluss, die geringe Differenz in der N-Ausscheidung bei Eisengebrauch liegt innerhalb der Fehlergrenzen. Auch war weder eine Verminderung der Harnmenge, noch eine Zunahme des spec. Gewichts, wie Rabuteau angiebt, zu beobachten. Die Ausnutzung des Eiweisses der Nahrung erfolgt bei Eisengebrauch, wie der N-Gehalt des Koths zeigt, ziemlich ebenso vollständig, als in der Norm. Es hat also die Einführung von Eisen (in der Dose von etwa 0·02^{grm} pro Kilo Thier) in den Verhältnissen der Aufnahme und der Zersetzung des Eiweisses keine nachweisbare Veränderung zur Folge.

VII. Sitzung am 17. Januar 1879.

1. Hr. EHRLICH hielt den angekündigten Vortrag: „Beiträge zur Kenntniss der granulirten Bindegewebszellen und der eosinophilen Leukocythen".[1]

Vor mehreren Jahren hat Waldeyer (Archiv für mikrosk. Anatomie, Bd. XI) nachgewiesen, dass an den verschiedensten Stellen des lockeren Bindegewebes grosse, rundliche, grobgranulirte Zellen vorkommen. Waldeyer betont, dass diese Zellen in ihrem Habitus den Bildungszellen des embryonalen Körpers, den Zellen der Zwischensubstanz des Hodens, denjenigen der Steissdrüse, der Nebenniere, des Corpus luteum, endlich auch den Deciduazellen der Placenta ausserordentlich ähnlich sehen und glaubt deshalb die von ihm vereinzelt aufgefundenen Zellelemente als die versprengten Glieder einer grossen, morphologisch zusammengehörigen Gruppe auffassen zu müssen, für die er den Namen der Embryonal- oder Plasmazellen vorschlägt. Dem Umstande, dass die Plasmazellen in inniger Beziehung zu dem Gefässsystem stehen, wird Waldeyer durch die Bezeichnung „perivasculäres Zellgewebe" gerecht. Schliesslich hebt Waldeyer noch hervor, dass diese Zellen eine ausserordentliche Neigung zeigen Fett aufzunehmen und dass sie möglicherweise zum Theil in Fettzellen übergehen.

Kurze Zeit darauf wies der Vortragende nach (Archiv für mikroskop. Anatomie, Bd. XIII), dass gewisse Bindegewebzellen ein höchst auffälliges Verhalten

---

[1] Der am 17. Januar gehaltene Vortrag erschien zuerst in der Nummer der Verhandlungen vom 31. Januar (Nr. 5).

gegen viele Anilinfarbstoffe zeigen. Er ermittelte ferner, dass den so darstellbaren Elementen — die er in Folgendem als granulirte Zellen bezeichnen
wird — eine weite Verbreitung in der Reihe der Wirbelthiere zukommt. In
Rücksicht darauf, dass sämmtliche im Interstitialgewebe solitär vorkommende
Formen der Waldeyer'schen Plasmazellengruppe sich ebenso wie die granulirten
Zellen färbten, hatte der Vortragende damals beide Zellformen identificirt und
demnach die Anilinfärbung als Reagens auf Plasmazellen aufgefasst.

Allerdings hatte er schon damals darauf aufmerksam gemacht, dass einerseits die Mehrzahl der von ihm nachgewiesenen Elemente protoplasmaarm war
und demnach der rein morphologischen Definition Waldeyer's nicht entsprach
und dass andererseits mehrere von Waldeyer als Plasmazellen aufgefasste Elemente sich gegen Anilin indifferent verhielten. Diese Erfahrungen forderten
dringend auf, systematisch die gesammte Waldeyer'sche Plasmazellengruppe
auf ihr Verhalten gegen Anilinfarben zu untersuchen.

Zum Nachweis der granulirten Zellen sind alle basischen Anilinfarbstoffe,
die auch in ihrem übrigen tinctorialen Verhalten die auffälligste Uebereinstimmung unter einander zeigen, geeignet. Vortheilhaft ist es, die violetten und
rothen Farbstoffe zu wählen, da diese die granulirten Zellen metachromatisch,
d. h. in einer von dem angewandten Farbentone abweichenden Nüance färben.
Die Methode der Darstellung der granulirten Zellen weicht nur in einigen
nebensächlichen Punkten von der früher (a. a. O.) angegebenen ab.

An regelrecht hergestellten Präparaten sind nur die granulirten Zellen intensiv tingirt und zwar in der schon früher (a. a. O.) vom Vortragenden beschriebenen
Weise. Nicht gerade häufig findet man neben der körnigen Färbung des Protoplasma's auch den Zellkern diffus und in dem charakteristischen Farbenton tingirt.
Mehrfach hat der Vortragende constatirt, dass alle granulirten Zellen eines Organes
das eben beschriebene, auf Entwickelungszustände hindeutende Verhalten zeigten.

Die bei der Färbung dieser Zellen auftretenden Erscheinungen erklären
sich ungezwungen durch die Annahme, dass in den Körnungen ein specifischer,
in Alkohol unlöslicher, in starker Essigsäure löslicher Körper vorhanden sei,
der durch seine Verwandtschaft zu den basischen Anilinfarben ausgezeichnet
und mit diesen eine den Doppelverbindungen analoge Vereinigung eingehe. Besonders beweisend für diese Auffassung ist die Thatsache, dass unter dem Einfluss starker Essigsäure auf solche normal gefärbte Zellen sich eine schöne, in
der specifischen Farbennüance erfolgende, diffuse Kernfärbung zeigt, während
die Granula mehr oder weniger entfärbt werden. Diese Erscheinung, die an
die durch Essigsäure erfolgende Kernfärbung der rothen Blutkörperchen des
Frosches erinnert, wäre dann so zu erklären, dass die in den Granulis enthaltene Verbindung sich in der Essigsäure löst und dann in derselben Weise, wie
das Hämoglobin, in den Kern hineindiffundirt.

Der Vortragende hat nach dieser Methode zunächst die Organe untersucht,
welche nach Waldeyer reichlich oder ausschliesslich Plasmazellen enthalten
sollten. Es zeigte sich, dass weder die interstitiellen Hodenzellen, noch die
adventitiellen Beläge der Hirngefässe, noch die Zellen der anderen von Waldeyer
erwähnten Organe die für die granulirten Zellen charakteristische Reactions-
färbung erkennen liessen. Es konnte sogar die interessante Thatsache constatirt
werden, dass in dem Hodenparenchym sämmtlicher untersuchter Thiere granulirte Zellen vollkommen mangelten, während sie in der Albuginea öfters reichlich
vorhanden waren. Auch in der Nebenniere waren granulirte Zellen nur in dem

Gewebe der Bindegewebskapsel nachzuweisen. Es ergiebt sich hieraus, dass die
Zellen sämmtlicher von Waldeyer angeführten Organe nicht mit den granulirten Zellen identisch sind, und dass beide, wie aus dem Verhalten des Hodens
und der Niebenniere hervorgeht, sogar zu einander in einem Exclusionsverhältniss
stehen.

Ebenso negativ fielen die an Embryonen angestellten Untersuchungen aus,
indem sich bei diesen granulirte Zellen erst in den späteren Perioden der Ent-
wicklung und auch dann nur in geringer Anzahl und auf das relativ ausgebildete Bindegewebe beschränkt, nachweisen liessen. Fetttröpfchen hat der Vortragende in den granulirten Zellen niemals nachweisen können.

Ebensowenig gestattet die Vertheilung der granulirten Zellen sie als zu
einem perivasculären Zellgewebe zugehörig zu erachten. Es ist allerdings festgestellt, dass sie sich im lockeren Bindegewebe häufig an den Verlauf der Blutgefässe anschliessen, jedoch ist dies nicht das einzige Vertheilungsprincip. So
kann man finden, dass an manchen Schleimhäuten granulirte Zellen nur in dem
subepithelialen Bindegewebe vorkommen, oder dass in gewissen Drüsen nur die
Ausführungsgänge von granulirten Zellen umringt sind. Es scheint demnach,
dass diese Zellen die Neigung haben, sich besonders an den Stellen zu locali-
siren, an denen das Bindegewebe sich gegen irgend welche präformirte Fläche
oder Röhre absetzt. Diese Anschauungsweise macht die, gerade im lockeren
Bindegewebe gerade am häufigsten zu Tage tretende perivasculäre Lagerung
leicht verständlich.

In Rücksicht darauf, dass

1) die meisten der zu der Waldeyer'schen Plasmazellengruppe gehörigen
   Elemente (peritheliale, embryonale und fettbildende) die charakteristische
   Farbenreaction nicht geben;

2) dass die Mehrzahl der granulirten Zellen protoplasmaarme Gebilde darstellen; und dass

3) die granulirten Zellen sich in einer von dem Waldeyer'schen Vertheilungsschema abweichenden Weise gruppiren

glaubt jetzt der Vortragende die von ihm nachgewiesenen granulirten Zellen
scharf von den Waldeyer'schen Plasmazellen trennen und sie mit einen besonderen Namen belegen zu müssen.

Wenn der Vortragende zu den schon existirenden Typen der fixen Bindegewebszellen (Plattenzellen, Plasmazellen, Fett- und Pigmentzellen) nun noch eine
weitere Gruppe, die der granulirten Zellen hinzufügt, so geschieht dies
besonders in Rücksicht darauf, dass bei den höheren Wirbelthieren die Vertheilung der granulirten Zellen eine vollkommen constante ist. So wurden
z. B. bei mehr als zehn erwachsenen Hunden im Duodenum und der Leber
granulirte Zellen stets in gleicher Vertheilung, Zahl und Grösse vorgefunden.
Der Umstand, dass bei neugeborenen und halbwüchsigen Thieren sich die granulirten Zellen in anderer Gruppirung vorfinden, als bei dem vollkommen entwickelten Thiere, ist nicht geeignet, die Annahme zu widerlegen, da für jede
Altersstufe ein ganz bestimmtes Vertheilungsschema existirt.

Zum Schluss behandelt der Vortragende die Genese und die Bedeutung
der granulirten Zellen, die er fast ausschliesslich an pathologisch-anatomischem
Material studirt hat. Bei chronischen Entzündungen findet man ausserordent-

lich häufig eine bedeutende Vermehrung der granulirten Zellen. In geeigneten
Fällen gelang es nachzuweisen, dass diese Elemente nicht von den weissen
Blutkörperchen oder ihren von Ziegler geschilderten Metamorphosen deriviren,
sondern dass sie sich aus den fixen Bindegewebszellen entwickeln. Sehr
bald zeigte es sich, dass das vermehrte Auftreten dieser Zellen sich nicht allein an
die chronischen Entzündungen bindet, sondern überhaupt ein Attribut eines
local gesteigerten Ernährungszustandes ist, der bald durch chronische Entzündungen, bald durch Stauung (braune Lungeninduration), bald durch Neubil-
dungen (besonders Carcinome) hervorgerufen sein kann. Man kann von diesem
Standpunkt aus die granulirten Zellen gewissermaassen als Producte der Mästung
der Bindegewebszellen ansehen und sie dem entsprechend als Mastzellen bezeichnen. Mit dieser Auffassung verträgt sich recht gut die Beobachtung von
Korybutt-Daszkiewicz, das bei Fröschen die Zahl der in Anilin tingiblen
Zellen durch gute Fütterung vermehrt würde.

Der Vortragende erläutert schliesslich an einigen Beispielen seine physiologischen Anschauungen über die granulirten Zellen, sie gelten ihm als Indices
für die Topographie der Ernährungsverhältnisse des Bindegewebes im normalen
und pathologischen Zuständen.

2. Hr. ADAMKIEWICZ theilt im Anschluss an die Ergebnisse, welche er bei
Diabetikern nach Salmiakdarreichung erhalten hat (diese *Verhandlungen*,
Sitzung vom 26. Juli 1878, s. oben S. 117), die Resultate mit, welche Versuche mit
demselben Salz am gesunden Menschen geliefert hatten. — Bei Diabetikern
lässt der genossene Salmiak den grössten Theil seines Ammoniaks im Körper des
Kranken zurück, steigert aber weder die Diurese noch die Ausscheidung von Stickstoff durch die Nieren, während er die des Zuckers herabsetzt. — Im Körper des
gesunden Menschen war dagegen unter gleichen Verhältnissen die Ausscheidung
sowohl des Wassers, als die des Stickstoffs vermehrt, während ebenfalls das
mit dem Salz eingeführte Ammoniak zum grössten Theil verschwindet, wie es
in Uebereinstimmung mit den Angaben von Knieriems Salkowski am Kaninchen und I. Munk zuerst am Hunde festgestellt haben.

3. Hr. HIRSCHBERG spricht: „Ueber eine Modification des Spektro-
skops zur Prüfung der Farbenblinden".

Wenn Sie einen Blick auf die ophthalmologische Literatur des vergangenen
Jahres werfen, so werden Sie finden, dass dieselbe durch Arbeiten über Farbenblindheit wesentlich mit gekennzeichnet wird.

Die Physiologie ist bei dieser Frage ebenso interessirt, wie die Augenheilkunde: denn die physiologische Theorie der Farbenempfindung wurzelt wesentlich in der Lehre der Farbenerblindung; und andererseits sind alle Untersuchungen auf Farbenblindheit wesentlich als physiologische zu betrachten.

Zur Entdeckung und Kennzeichnung der Farbenblindheit wendet man jetzt
meistens das Aussuchen von Wollproben an, wie es nach einer Verbesserung
des alten Seebeck'schen Verfahrens besonders von Hrn. Holmgren in Upsala
ausgebildet worden ist, oder auch die pseudoisochromatischen Tafeln von Stilling u. A. Ausserdem werden zur Vervollständigung des Ergebnisses die
Simultancontraste in allen erdenklichen Formen, die Farbenmischung auf Dreh-
scheiben und der Rose'sche Apparat mit zu Hilfe gezogen.

Selbstverständlich ist aber zur genaueren Definition eines Falles von Farbenblindheit das Spektroskop unerlässlich. Ein Fall von angeborener Farbenblindheit bei guter Sehschärfe erscheint mir erst dann genügend definirt, wenn festgestellt ist, ob demselben an dem einen oder dem anderen Ende des Spektrums ein bestimmter Streifen fehlt oder ob ihm in der Mitte des Spektrums ein bestimmter Streifen farbios erscheint. Die Vierordt'sche Modification des Spektralapparates ist hierzu sehr bequem und vielfach verwendet: ein beweglicher Schieber im Ocular gestattet aus dem vollen Spektrum jeden beliebigen Streifen auszuschneiden und für sich dem untersuchten Auge zuzuführen. Die HH. Cohn und Magnus in Breslau haben im vorigen Jahre, bei der ebenso mühseligen wie dankenswerthen Untersuchung von mehreren Tausend Schulkindern auf Farbenblindheit, eine besondere Spektralwollprobe, die von Magnus herrührt, angewendet: sie fordern den Farbenblinden auf, das ganze Spektrum oder einzelne Theile desselben, namentlich gewisse Metalllinien, durch Wollproben nachzubilden. Dieses Verfahren ist gewiss praktisch brauchbar, aber physikalisch genau ist es nicht, weil von den beiden verglichenen Farbentönen nur der eine wissenschaftlich definirt ist. Genau wird der Vergleich, wenn man den Untersuchten in die Lage setzt, mit jedem Abschnitt eines Spektrums jeden Abschnitt eines zweiten identischen Spektrums direct und bequem zu vergleichen.

Zu diesem Behufe habe ich[1] von Hrn. Dörffel mit Benutzung einer früheren Idee von Helmholtz eine Modification des Vierordt'schen Apparates anfertigen lassen, welche ich Ihnen heute demonstriren möchte, da sie sich bei der praktischen Untersuchung auf Farbenblindheit bewährt und da sie gleichzeitig verschiedene physiologische Fragen bequem in Angriff zu nehmen gestattet.

Es ist das Vierordt'sche Spektroskop mit einem Prisma, aber mit zwei unter einem Winkel gegeneinander gestellten Collimatorröhren. Jede von beiden hat ihren Spalt, der durch einen Lichtquell, z. B. durch identische Gasflammen, beleuchtet wird. Wenn man will, kann man sich auch einer einzigen Lichtquelle bedienen, die in der Medianebene zwischen beiden Collimatorröhren steht, und durch je einen Planspiegel ein identisches Bild der einzigen Lichtquelle auf die beiden Spalten werfen.

Der eine Spalt ist zunächst in seiner oberen, der andere in seiner unteren Hälfte durch eine bewegliche Metallplatte verschlossen. Folglich erscheinen dem beobachtenden Auge die beiden Spektra übereinander, das brechbare Ende des einen nach rechts, das des anderen nach links gewendet. Mit Hülfe des Vierordt'schen Schiebers wird aus dem Doppelspektrum ein schmaler Streifen ausgeschnitten, der im Allgemeinen aus zwei verschiedenen Spektralfarben zusammengesetzt ist. Die obere Hälfte des Streifens kann mittels des Schiebers beliebig gewählt und dann festgestellt werden. Ihr mittlerer Brechungsindex, der mit Hülfe der einen Theilung des Apparates genau abzulesen ist, sei n_1. Nunmehr kann man die untere Hälfte des verticalen Farbenstreifens durch eine Mikrometerschraube, welche das zweite Collimatorrohr langsam dreht, von dem rothen bis zu dem violetten Ende des Spektrums beliebig variiren, ohne dass dieselbe aufhört, die directe Fortsetzung der oberen Hälfte des Farbenstreifs zu bilden. Somit bleibt immer der bequeme sinnliche Vergleich der beiden spektralen Farbentöne gewahrt. Der Untersuchte macht selber die Drehung der Mikrometer-

---

[1] Vgl. meine Notiz im *Centralblatt f. Augenheilkunde.* 1878. S. 248 ff.

schraube und wird, wenn er Daltonist[1] ist, wie ich mich bereits überzeugen konnte, eine gewisse Farbe vom Brechungsindex n_2 einstellen, welche ihm als gleichfarbig mit n_1 erscheint.

Auch n_2 kann durch eine zweite Theilung des Apparates abgelesen werden. Ich bemerke noch, dass die Helligkeit der Farbentöne abgestellt werden kann.

Die Untersuchung kann sofort dadurch modificirt werden, dass durch Umlegen der Schieber n_1, das vorher oben war, nach unten wandert, worauf wiederum, falls der Untersuchte richtig beobachtet, n_2 als identisch mit n_1 gefunden werden muss. Man kann auch zur Controle die Farbe n_2 feststellen; dann muss n_1 als identisch damit eingestellt werden.

Somit sind die beiden dem Farbenirren identisch erscheinenden Farben nach ihrem Brechungsindex physikalisch definirt; es ist auch das auf den subjectiven Angaben oder Handlungen des Untersuchten beruhende Verfahren durch den Controlversuch zu dem Werth einer objectiven Prüfung erhoben.

Für physiologische Zwecke ist der Apparat darum von besonderer Brauchbarkeit, weil man durch passende Drehung der beiden vor den Spalten befindlichen Metallplatten die beiden Spektra oder beliebige Streifen desselben ganz oder theilweise zur Deckung bringen kann.

VIII. Sitzung am 31. Januar 1879.

1. Hr. A. FRAENKEL hält den angekündigten Vortrag: „Ueber den respiratorischen Gasaustausch im Fieber".

Es ist eine relativ geringe Anzahl von Jahren darüber verflossen, seitdem man angefangen hat, mit Zuhülfenahme exacter Untersuchungsmethoden der Lösung der Frage näher zu treten, ob und in welchem Umfange die oxydativen Vorgänge im Fieber eine Steigerung erfahren. Die ersten Versuche nach dieser Richtung hin rühren von Hrn. Leyden her. Dieselben wurden mit Hülfe der von Lossen angewandten Methode der Messung der Kohlensäurescheidung beim Menschen angestellt und ergaben, dass im Fieber die Athemgrösse eine Zunahme von mehr als $1\frac{1}{2}:1$ und weniger als $1\frac{3}{4}:1$, der CO_2-Gehalt der exspirirten Luft dagegen eine procentische Abnahme im Verhältniss von $3:3\frac{1}{3}$ oder von $9:10$ erfährt. Aus beiden zusammen resultirt eine Steigerung der CO_2-Exspiration im Fieber von nahezu $1\frac{1}{2}:1$. — Weniger prägnant sind die Ergebnisse, zu denen Liebermeister gelangte, was zum Theil wohl daran liegt, dass seine Untersuchungen sich vorzugsweise oder fast ausschliesslich auf Intermittenskranke beziehen. Bei diesen constatirte Liebermeister gleichfalls constant eine Zunahme der CO_2-Ausscheidung im Fieberanfall und zwar betrug dieselbe auf der Akme des febrilen Processes, d. h. im Hitzestadium des Anfalls, etwa 19—31, bei ansteigender Temperatur bis zu 40 Procent. Dagegen erhielt Hr. Senator, welcher den Gasaustausch fiebernder Hunde untersuchte, nicht ganz constante Resultate. Während in dem „Initialstadium", d. h. dem der fiebererregenden Eitereinspritzung unmittelbar folgenden Zeitraume die Kohlensäureausscheidung der untersuchten Thiere gar keine Veränderung

---

[1] Natürlich nicht, wenn er nur einen schwachen Farbensinn besitzt.

gegenüber der Norm darbot, bisweilen sogar eine geringe Verminderung zeigte, wurde im weiteren Verlauf (auf der Höhe) des Fiebers meist eine Zunahme des Gaswechsels gefunden. Indess war auch die letztere nicht regelmässig vorhanden, da sie in dreien von den sieben mitgetheilten Versuchsreihen fehlt. Neuerdings hat ferner Werthheim Untersuchungen über das Verhalten der O-Aufnahme und der CO_2-Abgabe fiebernder Menschen mitgetheilt, auf Grund deren er den Beweis geführt zu haben meint, dass „das Fieber nicht als ein gesteigerter Verbrennungsproces, sondern vielmehr als eine Abminderung der Stofferneuerung im Gesammtkörper aufzufassen sei". Mit diesem Satz in Widerspruch steht eine Angabe von Colasanti, welcher bei Gelegenheit seiner Arbeit über den Einfluss der Umgebungstemperatur auf den Stoffwechsel an einem fiebernden Meerschweinchen eine Steigerung der O-Aufnahme um 18 und der CO_2-Abgabe um 24 Procent fand.

Aus dem eben Angeführten geht hervor, dass die Frage, ob das Fieber mit einer Steigerung der oxydativen Vorgänge verknüpft sei oder nicht, noch keineswegs als sicher entschieden zu betrachten ist. Selbst da, wo den einzelnen Autoren die Resultate ihrer Untersuchungen Ausschläge ergaben, welche regelmässig nach einer und derselben Richtung hin fielen, scheinen die zur Messung des Gaswechsels angewandten Methoden mit so augenscheinlichen Mängeln behaftet, dass mindestens über die absolute Richtigkeit der gefundenen Werthe ein berechtigter Zweifel gehegt werden kann. Diese Gründe bewogen Hrn. Leyden und den Vortragenden, nochmals die in Rede stehende Frage zum Gegenstande einer ausführlichen Untersuchung zu machen und zwar mit Hülfe eines Apparates, welcher im Wesentlichen ganz nach dem Vorbilde des von Pettenkofer in München aufgestellten construirt ist.

Der benutzte Apparat ist so gross, dass er Hunde von 20—40 ^{kg} Gewicht bequem aufzunehmen vermag. Die Ventilation wird von einem kleinen Schmidt'schen Wassermotor ($^1/_6$ Pferdekraft) besorgt, welcher die Trommel der zur Messung des Hauptstromes bestimmten Gasuhr in ähnlicher Weise bewegt, wie dies bei den kleinen neuerdings von Voit mehrfach benutzten Respirationsvorrichtung geschieht. In der Stunde gehen 7—8000 Liter durch den Apparat. Wegen der grossen Anzahl von Versuchen, welche die Verff. anstellten, beschränkten sie sich zunächst auf die Untersuchung der CO_2-Abgabe im Fieber. Ehe zur Lösung der Hauptaufgabe von ihnen geschritten wurde, führten sie, um den Apparat auf seine Leistungsfähigkeit zu prüfen, Controlbestimmungen mit Verbrennung von Stearinkerzen aus, welche befriedigende Resultate ergaben. Bei fünf derartigen Versuchen, wobei in 4—5 Stunden jedesmal circa 25—35 ^{grm} Stearin verbrannt wurden, betrug für den Kohlenstoff die Differenz des gefundenen und berechneten Werthes dreimal weniger als 1, einmal 2 und einmal etwas über 3 Procent.

Besondere Schwierigkeit verursachte die Auffindung einer zweckmässigen Methode der Fiebererzeugung, da es darauf ankam, die Thiere in einen möglichst lang dauernden febrilen Zustand mit beträchtlicher Temperatursteigerung zu versetzen. Die relativ besten Erfolge erzielten die Verff. mittels eines Verfahrens, welches im Wesentlichen darin besteht, dass mit Hülfe eines langen capillaren Troikarts ein grösseres Quantum frischen, nicht fauligen Eiters in die Oberschenkelmusculatur injicirt wird. Meist bewirkt dieser Eingriff die Entstehung eines Muskelabscesses, welcher, mit Unterminirung und Nekrose der um die Injectionsstelle belegenen Weichtheile einhergehend, den Ausbruch lebhaften, mehrere Tage andauernden Fiebers zur Folge hat. Um einen klaren Einblick in die Veränderungen, welche der Gaswechsel unter dem Einfluss des febrilen Processes erleidet, zu gewinnen, war es nothwendig, dieselben auch bei normalen Temperaturverhältnissen der Thiere zu untersuchen. Es wurde daher so verfahren, dass regelmässig in einer und derselben, meist 8—12 Tage während den Hungerreihe anfänglich an mehreren Tagen die Grösse der CO_2-Ausscheidung im fieberlosen, hierauf im fieberhaften Zustande bestimmt wurde. Ausserdem wurde des Vergleiches halber noch ein besonderer Normalhungerversuch angestellt, welcher sich über einen eben so langen Zeitraum forterstreckte, wie jede der Fieberversuchsreihen und daher einen Maassstab für das Verhalten der CO_2-Abgabe auch in den späteren Perioden der Inanition bei normaler Eigenwärme lieferte. Im Ganzen haben die Verff. sieben Fieberversuchsreihen angestellt, deren jede, wie angeführt, 8—12 Hungertage umfasst. Die einzelnen Versuche selbst hatten eine Dauer von durchschnittlich 5—7 Stunden. Um die Werthe derselben mit einander vergleichbar zu machen, wurden sie sämmtlich auf die gleiche Dauer von sechs Stunden umgerechnet.

Als Resultat nun der ganzen Arbeit ergab sich zunächst, dass in der That das Eiterfieber der Hunde ausnahmslos mit einer beträchtlichen Steigerung der CO_2-Ausscheidung einhergeht. Dieselbe ist so bedeutend, dass in fünf von den sieben ausgeführten Reihen selbst die an den spätesten Fiebertagen gewonnenen Zahlen noch um ein Erhebliches die des ersten Hungertages mit normaler Temperatur übertreffen, während doch, wenn die Thiere nicht gefiebert hätten, den Untersuchungen Voit und Pettenkofer's zufolge der Gaswechsel in jenem späten Zeitraum der Inanition unter allen Umständen eine deutliche Verringerung hätte erkennen lassen müssen. So betrug die Vermehrung bei Vergleich mit dem ersten Respirationstage in Reihe I am 7. Tage = $50^0/_0$, in Reihe II am 8. Tage = $17^0/_0$, in Reihe III am 11. Tage = $12^0/_0$, in Reihe IV am 8., bez. 12 Tage = $13^0/_0$ und endlich in Reihe V am 6. Tage = $3^0/_0$. Bei weitem schlagender aber noch gestalten sich die Resultate, wenn man die an den Fiebertagen gefundenen Werthe unmittelbar mit den entsprechenden des Normalversuches vergleicht, was dadurch ermöglicht wird, dass man die am ersten Hungertage einer jeden Reihe erhaltene Zahl = 100 setzt und danach die übrigen umrechnet. Alsdann zeigt sich, dass die Steigerung des Gaswechsels in jenen fünf Reihen unter dem Einfluss des Fiebers sich auf nicht weniger als $40—80^0/_0$ beläuft, während selbst für die beiden letzten sich der relativ geringe Ausschlag von 10, bez. $20^0/_0$ ergiebt. Weiterhin hebt der Vortragende hervor, dass die Zunahme der CO_2-Ausscheidung stets um so beträchtlicher war, je mehr die Eigenwärme der Thiere die Norm überschritt, ein Factum, welches zugleich die relativ geringe Steigerung in den letzten beiden Reihen, bei denen die betreffenden Versuchsobjecte nur mässige febrile Reaction darboten, erklärt.

In dreien der in Rede stehenden Reihen wurden die Hunde nach erfolgter Eiterinjection mit normaler Temperatur in den Apparat gesetzt und mit deutlich erhöhter aus demselben herausgenommen. Da auch bei diesen Versuchen eine ausgesprochene Zunahme der CO_2-Ausscheidung (einmal bis zu 50 Proc.) bestand, so ist es mehr als wahrscheinlich, dass schon in dem der fiebererregenden Einspritzung unmittelbar folgenden Zeitraum der Gaswechsel erhöht ist.

Im letzten Theile seines Vortrages wendete sich Redner, nachdem er noch
hervorgehoben, dass die nachgewiesene Vermehrung der CO_2-Abgabe nur aus
einer annähernd gleich grossen Bildung des in Rede stehenden Stoff-
wechselendproductes zu erklären sei, der Frage zu, inwieweit aus der Zunahme
der Verbrennungsprocesse die Erhöhung der Eigenwärme des fiebernden Organismus zu erklären sei. Er gelangte hierbei in Uebereinstimmung mit der von
Anderen schon geäusserten Meinung zu dem Schluss, dass die vermehrte Oxydation zwar einen wesentlichen Factor bei dem Zustandekommen der febrilen
Temperatursteigerung darstellt, aber nicht alleinige Ursache derselben ist. Dass
dem so ist, dafür lassen sich vor allem zwei Thatsachen beibringen. Erstens
werden unter dem Einfluss angestrengter Muskelthätigkeit die oxydativen Vorgänge nicht selten in noch viel erheblicherem Maasse gesteigert, als im Fieber,
ohne dass die Innentemperatur sich um mehr als Bruchtheile eines Grades zu
erheben braucht oder wenigstens je eine solche Steigerung wie bei hohem Fieber
erreicht. Dies muss um so mehr Wunder nehmen, als von der Gesammtsumme
der hierbei in lebendige Kraft umgesetzten chemischen Spannkräfte ein verhältnissmässig kleiner Antheil zu mechanischer Wirkung gelangt, der überwiegend grössere (nach Fick unter den für den mechanischen Effect günstigsten
Bedingungen nahezu dreiviertel) in Wärme übergeführt wird. — Zweitens erfährt, wie bekannt, bei reichlicher Nahrungsaufnahme gleichfalls der Gaswechsel
eine beträchtliche Zunahme und zwar auch in diesem Falle, ohne dass die
Eigenwärme die Grenzen der physiologischen Breite überschreitet. Der normale
Organismus besitzt also die Fähigkeit, Steigerungen der Wärmeproduction selbst
von bedeutendem Umfange, so weit dieselben nicht zur Deckung des Wärme-
verlustes dienen, durch entsprechend vermehrte Abgaba zu bewältigen. Dem
fiebernden ist — wenigstens bis zu einem gewissen Grade — diese Fähigkeit
abhanden gekommen. Er ist nicht mehr im Stande, das Plus an Wärme,
welches er über das zur Erhaltung der normalen Temperatur nöthige Maass erzeugt, an die Umgebung loszuwerden, daher nothwendiger Weise seine Eigenwärme eine Steigerung erfährt. Durch welchen Mechanismus aber das Ein-
greifen dieses zweiten bei dem Zustandekommen der febrilen Temperatursteigerung
betheiligten Factors, die Störung der Wärmeregulation, vermittelt wird,
ob es sich dabei vorwiegend um eine beträchtliche Zusammenziehung der die
Körperperipherie mit Blut versorgenden kleineren Arterien oder nur einen
lähmungsartigen Zustand der gefässerweiternden, sog. Hemmungsnerven der
Haut handelt, das muss vor der Hand noch in suspenso gelassen werden. Auf
diesen letzteren Punkt gedenkt übrigens der Vortragende bei nächster Gelegenheit nochmals ausführlicher zurückzukommen.

2. Hr. Lassar demonstrirt eine Lampe, welche sich ihm zu mikroskopischen Zwecken dienlich erwiesen hatte. Dieselbe beruht nicht auf
neuen optischen Hülfsmitteln, sondern ist lediglich aus dem Bedürfniss entstanden, unabhängig von günstiger Tagesbeleuchtung in einer Weise mikrosko-
piren zu können, welche bei genügender Helligkeit die für das Auge schädlichen Folgen ausschliesst. Eine derartige billige und handliche Beleuchtungs-
vorrichtung hat der Fabrikant Hr. Dannhäuser, Berlin SW, Zimmerstr. 95, I,
hergestellt. Mit Hülfe eines Neusilberreflectors wird ein sehr intensives Licht
erzielt, welches durch Abblendung mit einer kobaltblauen, planggeschliffenen Glas-
scheibe die Färbung des Tageslichtes erhält. Bei Untersuchungen, welche einen

leicht bläulichen Ton des Lichtes nicht vertragen sollten, kann man selbstverständlich durch Zusatz von etwas Kochsalz zu dem Petroleum der Flamme eine gelbere Nüance geben, die dann das überschüssige Blau vollständig compensirt. Um die lästige Licht- und Wärmestrahlung zu vermeiden, ist dem Reflector eine schornsteinförmige, den Lampencylinder umfassende Verlängerung aufgesetzt und ein mit Sammet (als schlechtem Wärmeleiter) überzogener Metallschirm angebracht.

Der Vortragende demonstrirte einige Präparate, um darzuthun, dass mit Hülfe dieser Lampe sowohl ungefärbte Präparate, wie tingirte Structurbilder in ihren feineren Einzelnheiten bei sämmtlichen Vergrösserungen eingehend studirt werden können. Es wäre schliesslich darauf hinzuweisen, dass sich die Lampe für Institute zur Abhaltung abendlicher histologischer Curse und zu ärztlichen Zwecken, welche scharfe Beleuchtung einer umschriebenen Fläche erfordern, empfohlen lässt.

Der Preis stellt sich einstweilen in eleganter Ausstattung auf Mk. 10·50, jedoch will der Fabrikant eine einfache Form auch billiger liefern.

3. Hr. L. LEWIN hält den angekündigten Vortrag: „Ueber eine Elementareinwirkung des Nitrobenzols auf das Blut".

Der Vortragende theilt mit, dass die von Starkow gemachte Beobachtung über das Auftreten eines Absorptionsstreifens im Roth in mit Nitrobenzol behandeltem Blute immer zu Stande komme, wenn Blut etwa 2—3 Stunden lang mit vollkommen säurefreiem Nitrobenzol in Verbindung ist, oder wenn dasselbe kürzere Zeit mit Nitrobenzol auf 40—45° erwärmt wird. Hierdurch wird die Angabe von Filehne widerlegt, der diesen Streifen gleich Starkow zwar im Blute von. Hunden, die mit Nitrobenzol vergiftet waren, nicht aber ausserhalb des Körpers erlangen konnte.

Es charakterisirt sich dieser Streifen, wie der Vortragende an der Hand von spektroskopischen Zeichnungen auseinandersetzte, nach dem jetzigen Stande unserer Kenntniss des Blutfarbstoffs sowohl hinsichtlich seiner Lage im Spectrum, als seiner Eigenschaften beim Behandeln mit chemischen Agentien vollkommen als Hämatinstreifen.

Man ist im Stande ein dem Nitrobenzolblute vollkommen analoges Spectrum hervorzubringen, wenn man zu normalem Blute so wenig Säure hinzufügt, dass der Hämatinstreifen neben den beiden Streifen des Oxyhämoglobins zu Tage tritt. In beiden Fällen erhält man, wenn D auf 47 und C auf 29 der Scala liegt, einen ziemlich gut begrenzten Streifen von 35—38. Daneben die Oxyhämoglobinstreifen, α 47—50 und β 57—64.

Behandelt man das säure- und nitrobenzolhaltige Blut mit Alkalien, so rückt der Hämatinstreifen von seiner ursprünglichen Stelle fort an α heran, so dass er zwischen 41 und 47 zu liegen kommt. Auf Einwirkung von reducirenden Substanzen, wie Schwefelammonium, verschwindet sowohl in dem mit Nitrobenzol als in dem mit wenig Säure behandelten Blute der Hämatinstreifen und es erscheint nur das breite Reductionsband von 47—64. Die Beobachtung Filehne's, dass bei Zusatz von Schwefelammonium zu nitrobenzolhaltigem Blute der Streifen im Roth nach rechts rücke, ist auf das Entstehen des dem Schwefelammonium sowie dem Schwefelwasserstoff angehörenden Sulfhämoglobinstreifens zurückzuführen.

Dieselbe Einwirkung wie das Nitrobenzol auf Blut zeigt u. A. das ganz unlösliche Binitrobenzol, der Aethyläther und der käufliche Petroleumäther.

Es liegt deshalb die Möglichkeit vor, dass das Nitrobenzol analog den obengenannten Körpern die Fähigkeit habe, Blutkörperchen aufzulösen, und dadurch neben unverändertem Oxyhämoglobin selbst in der Blutbahn Hämatin oder einen mit dem Hämatin in seinem spectroskopischen Verhalten vollkommen identischen Körper hervorzubringen im Stande sei.

Zu bemerken ist noch, dass die postmortale Sauerstoffzehrung im Blute, die nach Hoppe-Seyler durch allmähliches Entstehen reducirender Substanzen zu Wege gebracht wird, durch Nitrobenzol aufgehoben wird, und zwar so, dass man noch nach fünf Wochen die beiden Oxyhämoglobinstreifen constatiren kann. Da die Sauerstoffzehrung nur im Stadium der Blutfäulniss beobachtet wird, und wahrscheinlich auf die physiologische Thätigkeit von Fäulnisspilzen zurückzuführen ist, so ist dem Nitrobenzol in gewissen Grenzen eine fäulnisshemmende Kraft zuzuschreiben.

Die näheren Details der Untersuchung werden demnächst *in extenso* veröffentlicht werden.

4. Hr. E. STEINAUER spricht in einer vorläufigen Mittheilung: „Ueber eine im normalen Harn vorkommende gechlorte organische Substanz".

Vor mehreren Jahren hatte ich die Ehre in dieser Gesellschaft in einem Vortrage „über das Bromalhydrat und seine Wirkung auf den thierischen und menschlichen Organismus" darauf hinzuweisen, dass nach Einverleibung von Bromalhydrat sich Bromnatrium im Harn findet; in einem späteren Vortrage „über die physiologische Wirkung der Brompräparate", dass nach Einverleibung der gebromten Essigsäuren: der Mono-, Di- und Tribromessigsäure und ihres Natronsalzes gleichfalls Bromnatrium im Harn gefunden wird. Ferner hatte ich nach Einverleibung von Monobrombenzol durch die Destillation des Harns mit Säure Monobromphenol erhalten, während die Monobrombenzoësäure im Harn als solche nicht als Monobromhippursäure aufgetreten war.

Es lag nun nahe das Verhalten und die Schicksale derjenigen Körper im Organismus zu studiren, in welchen ein oder mehrere Wasserstoffatome statt durch Brom, durch Chlor substituirt sind. v. Mehring und Musculus haben inzwischen gezeigt, dass nach Eingeben von Chloralhydrat im Harn eine gechlorte organische Säure, die Urochloralsäure auftritt. Bei Versuchen die Urochloralsäure aus dem Harn darzustellen, bin ich nach dieser Richtung hin nicht glücklich gewesen, dagegen habe ich die Anwesenheit eines gechlorten organischen Körpers constatiren können, der weder Chloralhydrat war, noch Urochloralsäure sein konnte, da er sich in seinen Eigenschaften wesentlich von der letzteren unterschied.

Neuerdings habe ich bei Fortsetzung dieser Versuche im Laboratorium des Hrn. Prof. Salkowsky, dem ich für seine mir freundlichst ertheilten Rathschläge mich verpflichtet fühle, um über die erwähnten Schwierigkeiten hinwegzukommen, für nothwendig gehalten, auch den normalen Harn, der, soweit bislang festgestellt war, als frei von organischem Chlor galt, auf organisches Chlor zu untersuchen und habe constant 7 bis 19 Proc. der 24stündigen gesammten Chlorausscheidung durch den Harn organisches Chlor im normalen Harn gefunden.

Ich unterwarf den Harn der Dialyse, und es ist mir gelungen die übrigen Harnbestandtheile fast vollständig zu entfernen und so zu einer Substanz zu gelangen, welche frei von Chloriden 6,5 Proc. organisches Chlor enthält, Fehling'sche Lösung beim Erwärmen reducirt, das Kupferoxydul aber in Lösung hält. Die Reagentien, welche ich in Anwendung gezogen habe, wurden selbstverständlich vorher auf ihr Freisein von Chlor sorgfältig geprüft.

Die Frage, woher dieses organische Chlor im normalen Harn stammt, ob die organische gechlorte Substanz aus der eingeführten Nahrung herrührt, oder im Organismus selbst gebildet wird, beschäftigt mich gegenwärtig; ebenso habe ich das Verhältniss, in welcher diese Substanz zu der Urochlorsäure steht und eine Reihe anderer einschlägiger Fragen zu studiren angefangen.

Die Constatirung der Thatsache an sich, dass der normale Harn organisches Chlor enthält, schien mir wichtig genug, um sie, obgleich diese Specialpunkte nicht vollständig erörtert sind, der Gesellschaft mitzutheilen, wobei ich mir noch die Bemerkung erlauben möchte, dass ich mir die Weiterverfolgung dieses Gegenstandes ausdrücklich vorbehalte.

IX. Sitzung am 14. Februar 1879.

Hr. CHRISTIANI führte eine modificirte Wiedemann'sche Spiegelbussole vor und knüpfte an deren Demonstration folgende Bemerkungen: „Ueber Dämpfung und Astasirung an Spiegelbussolen."

Im vergangenem Sommersemester gelangten in den Vorlesungen des Hrn. Prof. E. du Bois-Reymond die feineren Versuche der Nervmuskelphysik (u. A. die thermischen Vorgänge am Muskel bei seiner Thätigkeit und die negative Schwankung des Nervenstromes) vor einem grossen Zuhörerkreise zur objectiven Darstellung.[1] Auf den nach der du Bois'schen Methode aperiodisirten Magnetspiegel der Wiedemann'schen Bussole fiel der Strahl einer elektrischen Lampe (System von Hofner-Alteneck), welche ihrerseits durch eine Siemens'sche dynamoelektrische Maschine gespeist ward. Der Abstand der neben dem Auditorium in der Demonstrations-Gallerie aufgestellten und somit dem Auge der Zuhörer entzogenen Lampe von der Bussole betrug $12^1/_2$ Meter. Der Spiegel der Bussole warf ein kreisrundes, helles, auch bei vollem Tageslicht durch den ganzen Hörsaal sichtbares Bildchen auf eine 3 Meter lange, von der Bussole um 4 Meter abstehende Scala. Einige geringe Aenderungen an der Bussole genügten, sie zu diesem Gebrauch dienstbar zu machen. Ich erwähne hiervon nur, dass das Spiegelhäuschen vorn weit aufgeschnitten und dass die erhaltene Schnittöffnung durch eine gegen die Verticale um 10^0 geneigte planparallele Glasplatte verschlossen ist. Dies dient dazu, dem Lichte

---

[1] E. du Bois-Reymond, Ueber ein Verfahren, um feine galvanometrische Versuche einer grösseren Versammlung zu zeigen. Poggendorff's *Annalen*, Bd. 95, S. 607 und *Gesamm. Abhdlg.*, Bd. I, S. 131.

freieren Ein- und Austritt zu gewähren, derart, dass auch bei einer Ablenkung des Spiegels von 45° das Lichtbildchen den Zuhörern noch sichtbar bleibt. Die Neigung der Platte gegen die Verticale bewirkt eine Deviation ihrer sich sonst in störender Weise dem Magnetspiegelbilde superponirenden Reflexbilder. Einige anderweitige leichtere Veränderungen an dem Instrumente sind von rein localem Interesse. Von allgemeinerer Bedeutung ist jedoch die von mir[1] vorgenommene Reduction der Dimensionen des Dämpfers und die Beseitigung einiger principiellen Fehler in der Construction dieses für die zeitlichen Verhältnisse bei der Beobachtung so wichtigen Theiles, eine Reduction, welche zur Folge hat, dass die Windungszahl der Rollen, bezüglich die Annäherung der Windungen an den strommessenden Magnet verdoppelt werden kann. Es bedarf nicht eines Eingehens auf die verwickelten Gesetze, nach denen die dämpfenden Inductionsströme durch die Kupfermasse sich ergiessen, um zu der aprioristischen Ueberzeugung zu gelangen, dass die jenseit der überflüssigen Durchbohrungen des bisherigen Dämpfers gelegenen Kupfermassen einen nahezu verschwindend kleinen Beitrag zur Dämpfung abgeben gegenüber derjenigen Dämpfung, welche die Ströme liefern würden, deren Zustandekommen gerade wegen dieser Durchbohrungen verhindert ist. In gleicher Weise in die Augen springend ist die Unzweckmässigkeit der mit der ganzen Breite des Magnetringes zur Kammer absteigenden Fortsetzung des „Schachtes", die ebenso wie die den Dämpfer hälftende Durchschneidung lediglich Bequemlichkeitsrücksichten bei der Aufstellung der Bussole ihr Dasein verdankt. Der Erfolg bestätigte die Richtigkeit aller dieser Ausstellungen, indem ein aus einem einzigen Stücke bestehender, nur von zweien nothwendigen Durchbohrungen durchsetzter Kupferdämpfer von ausserordentlich viel kleinerem Umfange dasselbe zu leisten vermochte, als der wuchtigen alten Dämpfer. Die Magnetringkammer an diesem neuen Dämpfer blieb ihrer Grösse nach unverändert: sie bildet die eine der beiden nothwendig bestehen bleibenden Durchbohrungen des Cylinders. Die zweite, in radiärer Richtung die Masse durchsetzende cylindrische Bohrung, welche für den Durchtritt des Fadens (bezüglich der Verbindungsstange zwischen Spiegel und Ring) nothwendig ist, hat einen kreisförmigen Querschnitt von nur 2ᵐᵐ Radius. Das Gewicht des neuen Dämpfers beträgt 280ᵍʳᵐ, das eines alten dagegen 600ᵍʳᵐ, also mehr als das Doppelte. Der Schacht ist durch ein cylindrisches Rohr (2ᵐᵐ Radius) ersetzt, an dem ein dünner Kupferring von 4ᵐᵐ Breite hängt. Dieser Ring ist über den Dämpfer gestreift und trägt denselben. — Das logarithmische Decrement eines meiner Magnetringe betrug für drei Dämpfer alter Construction im Mittel 0·59, das Decrement desselben Ringes für den neuen Dämpfer ist gleich 0·57. Beim Fallen aus einer Ablenkung von 15° ist die achte Schwingung kleiner als $\frac{1}{3}$ Scalentheil; der neue Dämpfer entspricht also in vollkommenster Weise den von Hrn. du Bois-Reymond[2] gestellten Anforderungen. Wie Sie sehen, kann ich durch Aufstellung eines Hauy'schen Stabes in einer Entfernung von 320ᵐᵐ vom Ringe denselben so vollkommen aperiodisch machen, dass er, aus einer Ablenkung von nahezu 90° fallen gelassen, sich schwingungslos in den magnetischen Meridian einstellt.

---

[1] Man vergleiche hierzu auch meine Abhandlung in Poggendorff's Annalen, Ergänzungsbd. VIII, S. 569.

[2] E. du Bois-Reymond: *Gesammelte Abhandl.* I, S. 372 u. *Monatsberichte der Akad.* 1874, S. 771.

Hieran knüpfe ich einige Bemerkungen, aus denen erhellen soll, wesshalb ich glaube annehmen zu dürfen, dass nunmehr aus doppeltem Grunde die Siemens'sche Glockenmagnetbussole nicht im Stande sei, für feinere Versuche die Wiedemann'sche Bussole mit der Bois'scher Aperiodisirung zu ersetzen. Der Siemens'sche kugelförmige Dämpfer besitzt ziemlich denselben Umfang wie der alte cylindrische unserer Bussole: bei Anwendung des neuen Cylinders, der zur Basis einen Kreis von nur 40 ᵐᵐ Durchmesser hat, wird daher die ohne Astasirung, durch blosse Vermehrung, bez. Annäherung der Windungen zu erzielende Empfindlichkeit der an den Siemens'schen Bussolen zu erreichenden mindestens gleich kommen, wofern sie nicht gar die letztere übertrifft, was gut denkbar ist, zumal da caet. par. das Drehungsmoment der Windungen in Bezug auf den strommessenden Magnet bei den actuellen Dimensionen für den Ring wohl ein grösseres ist, als für die Glocke. Hierzu kommt dann aber noch bei der von uns geübten Art des Aperiodisirens die Erhöhung der Empfindlichkeit durch Astasirung, welche bei Siemens'schen Glocken nicht möglich ist, da dort der Hauy'sche Stab entweder gar nicht, oder im umgekehrten, die Empfindlichkeit verringernden Sinne in Anwendung zu bringen ist. Andererseits ist zu bemerken, dass die elektrische Zeitmessung mittels des eben aperiodischen Magnetes,[1] sowie viele andere an den Zustand $\varepsilon = n$ geknüpfte Vorzüge die präcise Herbeiführung gerade dieses Zustandes in hohem Grade wünschenswerth erscheinen lassen. An Siemens'schen Glocken kann aber entweder nur schwierig und relativ ungenau, durch Herausheben der Glocke aus dem Dämpfer, oder aber unter Empfindlichkeitsverlust, bei Anwendung des umgekehrten Hauy'schen Stabes, $\varepsilon = n$ gemacht werden.

Unser neuer Dämpfer theilt überdies mit dem älteren den Vorzug vor dem Siemens'schen Kugeldämpfer, dass die Freiheit der Aufhängung des Magnetspiegelsystemes durch directe Inspection controlirt werden kann, während ein Anstreifen der Glocke an die Dämpferwandung nur indirect unter Fernrohrbeobachtung sich erschliesst.

Da ich der Astasirung als einer willkommenen, weil die Empfindlichkeit steigernden Zugabe der Aperiodisirung gedacht habe, so liegt es mir noch ob, einige Zweifel zu beseitigen, die hie und da gegen die Constanz der Empfindlichkeit von Bussolen mit Astasirung erhoben worden sind (Rosenthal,[2] Fick[3]). Angeschuldigt wurden als Ursachen solcher die Beobachtung störenden Schwankungen der Empfindlichkeit die Aenderungen, welche der Erdmagnetismus periodisch erfährt, und welche in der That zu solchen Missständen Anlass geben würden, wenn die Astasirung so hohe Werthe erreichte, dass die Aenderungen der erdmagnetischen Kraft nicht mehr verschwänden gegen die restirende Richtkraft, die auf den strommessenden Magnet wirkt. Zu so hohen Werthen der Astasirung sich zu versteigen wird man aber niemals Veranlassung fühlen, wenn man Messungen machen will, weil dann schon aus einem anderen Grunde die beobachteten Ablesungen fehlerhaft werden, indem bei so hochgradiger Astasirung die Geschwindigkeit, mit welcher sich wegen der Declinationsschwankungen der Nullpunkt der Scala verschiebt, nicht mehr verschwindet gegen die Ge-

---

[1] Christiani, Ueber absolute Graduirung elektrischer Inductionsapparate und über elektrische Zeitmessung. In Poggendorff's *Annalen*, Ergänzungsbd. VIII, S. 556—579.

[2] Poggendorff's *Annalen*, Bd. 160, S. 174.

[3] Pflüger's *Archiv*, Bd. 16, S. 64.

schwindigkeit, mit welcher der Magnet ablenkenden Strömen folgt. Es hat den Anschein, als ob man bisher im Allgemeinen sich eine übertriebene Vorstellung von der Kleinheit der Werthe gemacht hat, welche man erhalten würde, wenn man diejenigen Differenzen zwischen der horizontalen Componente des Erdmagnetismus (H) und der des Hauy'schen Stabes (S) numerisch darstellte, welche brauchbare Werthe der Astasie im eben ausgesprochenen Sinne abgeben. Ich will daher zunächst die numerische Bestimmung des Werthes von:

$$\alpha = \frac{H}{H-S}$$

ausführen, durch welche Grösse ich die Astasirung definiren kann und will.

Es bedeute:

F die Ablenkung durch einen constanten Strom innerhalb der brauchbaren Werthe der Astasirung,

E die elektromotorische Kraft und

W den Widerstand im Kreise,

μ das Drehungsmoment der Bussolenrolle auf den Magnetring für die Stromeinheit,

m das magnetische und

M das Trägheitsmoment des Magnetringes,

dann ist:

$$F = \frac{\mu \, E}{m \, (H-S) \, W}$$

und wenn H zu H' wird, wird sein:

$$F' = \frac{\mu \, E}{m \, (H'-S) \, W}$$

unter der Voraussetzung, dass sowohl der Ringmagnet als der Hauy'sche Stab gesättigt sind; nur dann dürfen wir nämlich die durch die Zunahme von H inducirten Magnetismen vernachlässigen. Unter diesen Umständen wird auch ferner sein:

$$F^{\infty} = \frac{\mu \, E}{m \, H \, W}$$

wenn F^{∞} die Ablenkung bedeutet, die bei ∞ grosser Entfernung des Hauy'schen Stabes vom Magnetringe stattfindet. Weiter haben wir, wenn T_0 die Schwingungsdauer des Ringes ohne Dämpfung und T_0^A und T_0^{∞} diese Schwingungsdauer für die Abstände des Hauy'schen Stabes A und ∞ bedeutet:

$$T_0^A = 2\pi \sqrt{\frac{M}{m \, (H-S)}} \; ; \; T_0^{\infty} = 2\pi \sqrt{\frac{M}{m \, H}};$$

Also ist:

$$\left(\frac{T_0^A}{T_0^{\infty}}\right)^2 = \frac{F}{F^{\infty}} = \frac{H}{H-S} = \alpha$$

Ist für $A = A' : \varepsilon = n$; $S = S'$; $\alpha = \alpha'$; so findet man an mustergültigen Bussolen älterer Construction mit Anwendung eines Magnetringes: $\alpha' = 4 \cdot 5$. Für den höchsten brauchbaren und bei gehörigem Fernrohrabstande zu den denkbar feinsten Untersuchungen hinreichenden Werth von α findet man:

$$\alpha_{max} = 10 \cdot 0$$

Wir haben ferner:

$$\frac{F}{F'} = \frac{H' - S}{H - S}$$

oder wenn: $H' = H \pm \varDelta H$ ist.

$$\frac{F}{F'} = 1 \pm \frac{\varDelta H}{H - S}$$

oder:

$$\frac{F}{F'} = 1 \pm \frac{\varDelta H}{H} \cdot \frac{H}{H - S}$$

Nach Neumayer[1] ist:

$$\left(\frac{\varDelta H}{H} \right)_{max} = 0 \cdot 0015$$

Unter Benutzung der Werthe für α' und α_{max} ergiebt sich, dass für

$$F' = 100^{Scalentheile}$$

F zwischen $100 \pm 0 \cdot 7$ und $100 \pm 1 \cdot 5$ liegen wird, dass also von einer Inconstanz der Empfindlichkeit der Bussole nicht wohl die Rede sein kann. Sind allerdings Ring und Stab magnetisch nicht gesättigt, so könnten schon bei niedrigeren Graden der Astasirung merkliche Störungen auftreten.

2. Hr. GAD hielt den angekündigten Vortrag: „Ueber einen neuen Pneumatographen".

Wer sich experimentell mit Fragen über die Mechanik der Athmung beschäftigt, wird bald das Bedürfniss empfinden, einen Apparat zu besitzen, welcher gestattet, die Athmung begleitenden Volumänderungen des Thorax aufzuschreiben. Mir selbst ist es so gegangen und da ich keinen geeigneten Apparat vorfand, habe ich mir einen derartigen Pneumatographen construirt. In der Form, welche ich ihm zuletzt gegeben habe, leistet er mir seit dreiviertel Jahren gute Dienste und da ich zu der Ueberzeugung gelangt bin, dass wesentliche Veränderungen nicht mehr angebracht zu werden brauchen, so will ich ihn der Oeffentlichkeit übergeben.

Mein Pneumatograph beruht auf dem Princip des Spirometers. Es wird aus einem Raum und in denselben zurückgeathmet, dessen übrigens feste Begrenzung zum Theil durch ein in Wasserverschluss bewegliches Stück hergestellt ist; die innerhalb jeden Zeitelementes erfolgenden Verrückungen dieses Stückes sind annähernd proportional den in demselben Zeitelement ein- und ausgeathmeten Luftmengen und können auf einer bewegten Zeichenfläche aufge-

---

[1] E. du Bois-Reymond, a. a. O., S. 376 (776).

schrieben worden. So erhält man Curven, welche die Volumänderungen des Hohlraumes der Lungen, bezogen auf eine der Zeit proportionale Abscisse, darstellen und der Effect der Athembewegungen ist auf absolutes Maass, Volum und Zeit zurückgeführt, mit einem für die erste Annäherung genügenden Grade von Genauigkeit.

Damit den im Princip ausgesprochenen Anforderungen genügt werde, ist erforderlich, dass das bewegliche Stück in jeder während des Versuches vorkommenden Stellung aequilibrirt sei und dass den Verrückungen desselben möglichst kleine Widerstände entgegentreten. Erstere Bedingung muss erfüllt werden, damit der bewegliche Theil bei jeder vorkommenden Stellung keinen anderen als Atmosphärendruck auf den abgeschlossenen Hohlraum ausübt, die zweite, damit jede beim Aus- oder Einströmen von Athemluft entstehende Druckdifferenz durch Ausweichen des beweglichen Theiles sich sofort ausgleichen und zu namhaften Werthen ausbilden kann. Vernachlässigung beider

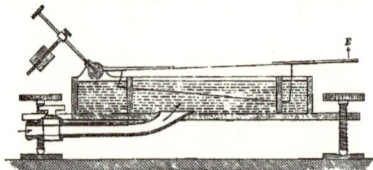

Fig. 1.

Bedingungen würde zu Compression oder Dilatation der abgeschlossenen Luftmenge führen, welche den zeitlichen Zusammenfall und die Proportionalität zwischen Verrückung und Athembewegung beeinträchtigen und durch Uebertragung von Druck- oder Zugkräften auf die innere Lungenoberfläche den Versuch compliciren würden.

Die den Verrückungen erwachsenden Widerstände können auf Trägheit der Massen oder auf Reibung beruhen. Letztere ist fast vollkommen dadurch eliminirt, dass dem beweglichen Theil wesentlich die Form eines rechteckigen Schachteldeckels gegeben ist (siehe den etwas schematisch gehaltenen Längsschnitt, Fig. 1), dessen Verrückungen in Drehung um eine in Kernern laufende horizontale Stahlaxe bestehen, mit welcher der Deckel durch 2 Aluminiumarme est verbunden ist. Weder die Reibung der Axe im Axenlager, noch die des Deckelrandes in dem Wasser des Wasserverschlusses erreicht einen merklichen Werth. Der übrige Theil des Widerstandes hängt ab von der Masse bez. dem Trägheitsmoment des Deckels und der demselben ertheilten Geschwindigkeit. Letztere erreicht darum nie bedeutende Werthe, weil wegen der gewählten Abmessungen des Deckels den mittleren Grössen der Athemvolumschwankungen nur relativ kleine Verrückungen der Hauptmasse des Deckels entsprechen. In eine für das Zeichnen brauchbare Grösse werden diese Verrückungen übertragen mittels eines leichten und entsprechend langen Armes aus Rohr, der der Oberfläche des Deckels parallel, fest mit diesem verbunden ist und an seinem Ende den Zeichenstift in Gestalt eines gekrümmten und zugespitzten Aluminiumblechstreifens trägt. Bei der Wahl der Abmessungen des Deckels ist ferner von Einfluss die Rücksicht, dass, nach dem Princip der hydraulischen Presse, den die Verrückung bewirkenden Druckkräften eine grosse Angriffsfläche gewährt werde. Länge und Breite des beweglichen Deckels sind durch diese Rücksichten bestimmt. Die Höhe wird man nicht grösser wählen, als dass die zu erwartenden Volumschwankungen bei den sonstigen gewählten Verhältnissen eben ihren Ausdruck in den entsprechenden Verrückungen finden können, ohne dass ein Austauchen des Deckels aus dem Wasserverschluss zu befürchten ist.

Die Wandstärke des Deckels muss möglichst gering sein, sowohl mit Rücksicht auf Einschränkung der Masse, als auch, soweit sie sich auf die Ränder bezieht, um die Veränderlichkeit des Auftriebes so klein zu halten, dass eine Aequilibrirung des Deckels in jeder Stellung auf einfache Weise zu ermöglichen ist. Da nämlich der Deckel mit seinen Rändern bei verschiedenen Stellungen mehr weniger tief in das Wasser des Wasserverschlusses eintaucht, so ist die Grösse des Auftriebes (d. h. des dem Gewicht des verdrängten Wassers gleichen Gewichtsverlustes) und dessen Veränderung bei veränderter Stellung des Deckels wesentlich von der Wandstärke der Ränder abhängig. Ein Material, welches bei der, in dieser Beziehung genügenden Dünne die nöthige Starrheit besitzt, ist der Glimmer, welchen ich sowohl wegen dieser Eigenschaft, als auch wegen seiner Durchsichtigkeit, leichten Bearbeitbarkeit und Dauerhaftigkeit zur Herstellung des Deckels gewählt habe. Bei genügend fein gespaltenem Glimmer ist die Veränderlichkeit des Auftriebes so gering, dass zur genügend annähernden Aequilibrirung des Deckels in jeder vorkommenden Stellung folgende einfache Anordnung ausreicht.

Das aequilibrirende Gewicht wirkt an einem Winkelhebel, dessen einer Arm senkrecht zur Stahlaxe des Deckels auf die Mitte desselben aufgeschraubt wird. Die Länge jedes der Arme des Winkelhebels und die Neigung des auf die Stahlaxe aufgeschraubten Armes gegen die Horizontale sind zu variiren. Hebt sich der Deckel, so verringert sich der Auftrieb, was gleichwerthig mit Vermehrung des Gewichtes des Deckels ist. Gleichzeitig verringert sich die horizontale Entfernung des Schwerpunktes des Deckels und vergrössert sich die horizontale Entfernung des Schwerpunktes der aequilibrirenden Masse von der Drehaxe und zwar geschieht letzteres in um so höherem Maass, je länger und je näher der Senkrechten die Hypotenuse des Winkelhebels ist. Durch passende Wahl der drei Variabelen ist in der That eine genügend annähernde Aequilibrirung des Deckels für jede vorkommende Stellung zu erreichen. Allerdings ändert sich die Grösse des Auftriebes proportional dem Bogen und die der Drehungsmomente proportional dem Cosinus des Drehwinkels, aber bei den kleinen vorkommenden Winkelbewegungen ist die Abweichung beider Functionen von einander praktisch nicht von Bedeutung.

Der Theil des Apparates, in dem sich der Deckel bewegt, ist ein rechteckiger Kasten mit doppelten Stirn- und Seitenwänden. Die Bodenplatte, sowie äussere und innere Stirnplatten sind von Messing; die äusseren Seitenplatten in ihrem hinteren Theil ebenfalls. Hier tragen sie das Axenlager; im Uebrigen sind die Seitenplatten von Glas. Die Bodenplatte ist im Bereich des inneren

Raumes durchbohrt für die Einmündung eines Bleirohrs, welches unter der Bodenplatte nach hinten geführt ist und jenseit der hinteren Stirnplatte in einen T-Hahn aus Messing endet, welcher zwei Ansätze für Kautschukverbindungen trägt. Da der Kasten auf Stellschrauben steht, so ist unter der Bodenplatte genügender Raum für das Bleirohr. Der Deckelrand bewegt sich in dem Raum zwischen den Doppelwänden, welcher mit Wasser gefüllt den Wasserverschluss darstellt. Da der Deckel der einzig bewegliche Theil der Raumbegrenzung sein soll, so muss die Bewegung der Wasseroberfläche gedämpft werden. Dies geschieht in ausreichender Weise dadurch, dass horizontale Glimmerstreifen in der beabsichtigten Niveauhöhe des Wassers derartig an die gegeneinandergekehrten Seiten der Doppelwände angekittet werden, dass zwischen ihnen ein für die Bewegungen des Deckels gerade genügender Platz bleibt.

Das in dem Deckelraum enthaltene Luftvolum ist so klein, dass schon bei wenigen Athemzügen daraus und darein Dyspnoe eintreten würde, weshalb eine genügend geräumige, überall luftdicht verschlossene Vorlage zwischen Thier und Deckelraum eingefügt werden muss. Dass bei allen hergestellten Verbindungen längere Rohrstücke, sowie namhafte Verengerungen des Lumens zu vermeiden sind, ist selbstverständlich. Aus letzterem Grunde empfiehlt es sich, wo T-Hähne nothwendig sind, diese nicht mit doppelter Durchbohrung, sondern mit seitlichem Ausschnitt des Stöpsels herstellen zu lassen.[1]

Die hauptsächlichsten Erfahrungen habe ich an einem Apparat gewonnen, dessen Abmessungen den bei den Kaninchen vorkommenden Athemvolumschwankungen angepasst sind. Der Glimmerdeckel ist bei einer Breite von 77 ^{mm} und einer Länge von 110 ^{mm}, vorn 30 ^{mm}, hinten 15 ^{mm} hoch. Der Schreibhebel überragt den vorderen Deckelrand um 237 ^{mm}, die Axe ist von dem hinteren Rand um 16 ^{mm} entfernt. Empirische Calibrirung ergab, dass bei jeder vorkommenden Stellung des Deckels einer Erhöhung der Zeichenspitze um 14·5 ^{mm} eine Volumänderung von 25 ^{ccm} entspricht. Die Volumdifferenz bei höchstem und tiefstem Stand des Deckels beträgt etwas über 100 ^{ccm}. Die Vorlage besteht aus einem Blechkasten von 18000 ^{ccm} Gehalt, welcher, um schnelle Lüftung zu erzielen, mit einem leicht zu öffnenden und wieder luftdicht zu schliessenden Deckel versehen ist. Die Verbindung mit der Trachealcanüle geschieht mittels eines luftdicht anschraubbaren trichterförmigen Stückes. Statt dessen kann ein anderes schräg cylinderförmiges angeschraubt werden, in dessen Vorderfläche der Kopf des Kaninchens mittels Kautschuklösung derart luftdicht eingefügt werden kann, dass kein Druck auf die Trachea oder die die Nase umgebenden Weichtheile ausgeübt wird. Die Vorderfläche des cylinderförmigen Ansatzstückes trägt ausser dem Ausschnitt für den Kaninchenkopf einen Tubulus zur Herstellung einer Verbindung mit dem Seitenrohr der Trachealcanüle mit T-Hahn.[2] Ist die angedeutete Combination hergestellt, so genügt eine Drehung an letztgenanntem Hahn um momentan statt der Nasenathmung Trachealathmung aufschreiben zu lassen. Auf diese Weise konnten die nöthigen Untersuchungen vorgenommen werden über den Einfluss der Einlegung der seitlich verschlossenen Trachealcanüle auf die Nasenathmung, über den Unterschied zwischen Nasen- und Trachealathmung, über den Einfluss der Chloral-Narkose auf die Athmung,

---

[1] Dies *Archiv*, 1878, S. 563.
[2] Siehe a. a. O.

über den Einfluss von Einfügung längerer Rohrstücke in die Verbindungen u. s. w. Die der Gesellschaft vorgelegten Resultate dieser, sowie der zur Kritik der Rosenthal'schen und Hering-Breuer'schen Theorie der Vaguswirkung vorgenommenen Untersuchungen werden in dem *Archiv für Anatomie und Physiologie* ausführlich mitgetheilt werden. Um eine Anschauung davon zu geben, wie sich die mit Hilfe des Apparates gewonnenen Curven darstellen, mag hier jedoch eine Curve Platz finden, die einem Versuch angehört, der zugleich ein Urtheil über die Grösse der durch den Apparat für die Athmung gesetzten Widerstände erlaubt.

Die Anordnung des Versuches ist folgende. Der Kopf des Kaninchens ist mit Kautschuklösung in das cylinderförmige Ansatzstück der Vorlage eingefügt. In die Trachea ist eine Trachealcanüle mit T-Hahn eingelegt, welcher so gestellt ist, dass der Weg zu Nase und zum Seitenrohr offen ist. Das Seitenrohr

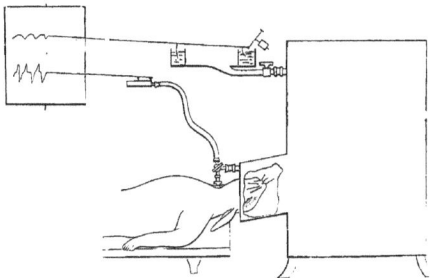

Fig. 2.

ist mit einem Schenkel eines zweiten T-Hahnes in Verbindung, von dessen beiden übrigen Schenkeln der eine mit dem Tubulus an der Vorderfläche des Ansatzes der Vorlage, der andere mit einem *Tambour enrégistreur* communicirt. Im Uebrigen erhellt die Anordnung aus der schematischen Darstellung Fig. 2. Steht der zweite Hahn so, dass der Weg zum Tubulus der Vorlage verschlossen ist, so wird durch den Pneumatographen Nasenathmung aufgeschrieben und durch den Tambour der dieselbe begleitende Seitendruck in der Trachea. Sind dagegen alle drei Wege des zweiten T-Hahnes offen, so athmet das Thier wesentlich durch das Seitenrohr in der Trachea, der Pneumatograph schreibt Trachealathmung auf und der Tambour die dieser entsprechende Seitendruckcurve. Fig. 3 giebt ein Beispiel der so gewonnenen Zeichnungen. Die obere Curve ist mit dem Pneumatographen gewonnen und stellt in ihrem ersten Theil bis * Trachealathmung, von da an Nasenathmung eines nicht narkotisirten, 1950^{gr} schweren weiblichen Kaninchens dar. Die der Zeit proportionale Abscisse wächst von links nach rechts (8·3^{mm} = 1^{sec}). Erhebung der Curve bedeutet

Exspiration (14·5 ^{mm} = 25 ^{ccm}). Die untere Curve stellt die entsprechenden
Seitendruckschwankungen in der Trachea dar. Da diese Schwankungen bei
Trachealathmung nur einen geringen Bruchtheil derjenigen bei Nasenathmung
ausmachen, so kann der durch die Anfügung des Pneumatographen eingeführte
Widerstand für den Athemluftstrom nur einen ungefähr ebenso kleinen Bruch-
theil des normalen Widerstandes in Glottis und Nasenöffnung betragen.[1]

Fassen wir zusammen, was der beschriebene Pneumatograph zu leisten im
Stande ist.

Genau zu bestimmen gestattet er die Factoren der Athemgrösse (Rosenthal), d. h. Tiefe und Zahl der Athemzüge in der Zeiteinheit.

Mit hohem Grade von Annäherung lässt er erkennen die übrigen Attribute
des Athemtypus (ausser Verhältniss von Thorakal- zu Abdominalathmung), d. h.

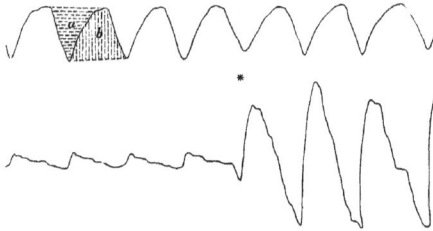

Fig. 3.

die absolute Dauer der Athemphasen, ihr Verhältniss zu einander und die Ge-
schwindigkeit, mit der die Athembewegung innerhalb jedes Theiles der einzelnen
Phasen sich vollzieht. Es ist hierbei zu berücksichtigen die geringe Deformation der Curven in Folge der Bewegung der Zeichenspitze auf dem Umfang eines
Kreises von grossem Radius (363 ^{mm}) und in Folge der zeitlichen Verschiebung
zwischen Athembewegung und Verrückung des Deckels, welche wächst mit der
Geschwindigkeit der Athembewegung und dem Inhalt der Vorlage. Numerische
Betrachtungen ergeben, dass diese zeitliche Verschiebung sehr gering bleibt,
wenn die Seitendruckschwankung in dem abgeschlossenen Luftraum einige Millimeter Wasser beträgt, und in der That bleibt die genannte Grösse bei dem
beschriebenen Apparat unter allen beim Kaninchen vorkommenden Verhältnissen
unter 3 ^{mm}, meist ist sie jedoch beträchtlich kleiner. Die erstgenannte Deformation besteht in einer kleinen Verringerung der Steilheit im ansteigenden
und Vergrösserung im absteigenden Theil der Athemcurve namentlich im oberen

---

[1] Es lag nah, die Aenderung der intrathorakalen Druckschwankung bei ab-
wechselnder Tracheal- und Nasenathmung in ihrem Einfluss auf die Athemschwan-
kungen des Blutdruckes zu untersuchen. Das Resultat dieser Untersuchung wird
besonders veröffentlicht werden.

Abschnitt derselben, die zweite Deformation ist eine Verringerung der Steilheit der steileren Partien der Curve. Von Einfluss auf die Beurtheilung der Curven behufs Beantwortung der zunächst zu discutirenden Fragen sind diese Deformationen nicht. Die Eigenschwankungen des Zeichners dürfen bei den gewöhnlich vorkommenden Geschwindigkeiten vernachlässigt werden.

Auf Grund der vorliegenden Curven wird es gestattet und zweckmässig sein, den Begriff der Athemgrösse nach zwei Richtungen hin zu erweitern. Unter Athemgrösse kann man einerseits ein Maass verstehen für den Nutzeffect der Athembewegungen. Dann ist zu bedenken, dass das Product aus Tiefe in Zahl der Athemzüge an sich noch kein Maass abgiebt für die Lüftung des Blutes in den Lungen, auf die es bei der Athmung doch ankommt. Es wird in dieser Hinsicht nicht gleichgiltig sein, den wievielten Theil der Dauer einer Athmung die Inspirationsluft in den Lungen verweilt. Bei den gewöhnlichen Athemverhältnissen wird die Ausnutzung der Inspirationsluft um so vollkommener sein, einen je grösseren Bruchtheil der Dauer der einzelnen Athmung sie mit dem Blut im Verkehr bleibt. Man wird also von diesem Gesichtspunkt aus dem Product aus Tiefe in Anzahl noch als Factor hinzufügen müssen, eine zunächst unbekannte Function des Quotienten aus dem Inhalt der complementären, durch die Athemcurve gegen einander und durch die Verbindungslinien der Maxima bez. der Minima der Athemcurve gegen den übrigen Raum abgegrenzten Flächen (in Fig. 3 durch a und b bezeichnet). Die so definirte Athemgrösse wird bei bestimmter Respirationstiefe und Frequenz unter sonst gleichen Umständen ein Maximum sein bei einem Werth dieses Quotienten $a:b$, welcher im Allgemeinen grösser als 1 sein wird.

Andererseits kann man die Athemgrösse definiren als ein Maass der bei der Athmung geleisteten Arbeit. In dieser Beziehung ist zu bemerken, dass die gewonnenen Curven auch die Aenderungen der Entfernung des Thorax aus seiner Gleichgewichtslage bezogen auf die Zeit darstellen. Je grösser diese Entfernung ist und je länger sie dauert, um so stärker und andauernder wird die tetanische Contraction der die Entfernung bewirkenden Muskeln, bez. die tetanische Wirkung der entsprechenden Centren sein, um so grösser also die in den Muskeln geleistete Arbeit, bez. die Erregung der zugehörigen Centren. Die gewonnenen Curven gestatten also zwar keine Messung der bei der Athmung geleisteten Arbeit, aber doch einen sicheren Schluss darauf, ob innerhalb eines Versuches die Arbeitsleistung in der Zeiteinheit zu- oder abgenommen hat und eine Schätzung der Grösse dieser Aenderung. Es sind in dieser Beziehung zu vergleichen die nach unten von der Curve, nach oben von einer zunächst willkürlichen Horizontalen begrenzten Flächenräume. Man hat aber auch ein Mittel in der Hand, die Entfernung dieser willkürlichen Horizontalen von der der Gleichgewichtslage des Thorax entsprechenden Horizontalen zu ermitteln. Durch eine geschickte Trennung des Rückenmarks an der unteren Grenze des vierten Ventrikels gelingt es, die Einwirkung aller Muskelkräfte auf den Thorax fast plötzlich und ohne stürmische Zwischenerscheinungen aufzuheben. Die von diesem Moment an gezeichnete Horizontale entspricht der Gleichgewichtslage des Thorax. Man sieht, dass man auf diese Weise ein neues und wichtiges Attribut des Athemtypus gewinnt, nämlich die mittlere Entfernung des Thorax von seiner Gleichgewichtslage während der Athembewegungen, welche unter Umständen beträchtlichen Schwankungen unterworfen ist. Man gewinnt ferner ein Kriterium dafür, ob Athempausen in Exspirations-, Inspirations- oder Gleichgewichtsstellung des Thorax verlaufen. Hier mag jedoch hervorgehoben werden, dass die mittlere Höhe des Zeichenstiftes auch Function der Temperatur des abgeschlossenen Luftraumes, des barometrischen Druckes und des respiratorischen Quotienten $\left(\dfrac{CO_2}{O}\right)$ ist. Da der Einfluss dieser Factoren jedoch immer ein sehr allmählicher ist, so wird man auf genügend eindeutige Resultate jedenfalls rechnen können, wenn man die Versuche so einrichten kann, dass sie in entsprechend kurzen Zeiträumen ablaufen.

Ueber den Grad der Zweckmässigkeit verschiedener Athemtypen wird man sich ein Urtheil bilden können, wenn man das Verhältniss betrachtet der oben definirten Grössen des Nutzeffectes und der Arbeitsleistung der Athmungsbewegungen.

Schliesslich möge darauf hingewiesen werden, dass der Pneumatograph auch wie ein Spirometer zur Bestimmung gewisser Constanten, namentlich der Menge der Residualluft und der Vital-Capacität eines Thieres benutzt werden kann.

Was den Namen des beschriebenen Apparates betrifft, so könnte es sachlich angemessen erscheinen, ihn nach dem Wesen der Wirkungsweise und nicht nach der speciellen Anwendung auf das Studium der Athmung zu wählen. Von diesem Gesichtspunkt aus würde ich den Namen „Aëroplethysmograph" vorschlagen.

Ausser dem für das Kaninchen bestimmten Apparat, dessen Hauptabmessungen oben angegeben sind, habe ich einen zweiten zu Untersuchungen über die Athmung des Menschen geeigneten construirt, welcher sich nur durch die Abmessungen von dem vorigen unterscheidet. Der Glimmerdeckel desselben ist 200^{mm} breit und 350^{mm} lang, der Erhebung des vorderen Randes nm 10^{mm} entspricht also eine Volumzunahme von 350^{cm}. Den zur Herstellung des Deckels verwandten vorzüglichen Glimmer in Platten von 20·13^{mm} verdanke ich der Güte des Hrn. Dew-Smith in Cambridge, welcher mir gleichzeitig die Adresse des Lieferanten angegeben hat. Die Lieferung fertiger Apparate nach meiner Angabe hat der Mechaniker Hr. O. Plath (Kanonierstr. 43) übernommen.

Nach Beendigung seines Vortrages demonstrirte Hr. Gad die beiden Apparate in Thätigkeit und gab den Anwesenden Gelegenheit, sich davon zu überzeugen, bis zu welchem Grade von Genauigkeit die Aequilibrirung für jede vorkommende Stellung bei beiden Apparaten erreicht ist, sowie davon, dass die Seitendruckschwankungen bei beiden unter allen bei den Versuchen vorkommenden Bedingungen weniger als 3^{mm} Wasser betragen, für gewöhnlich sogar kaum wahrnehmbar sind.

X. Sitzung am 14. Februar 1879.

1. Hr. Weber-Liel macht eingehende Mittheilungen über den ihm experimentell gelungenen „Nachweis einer freien Communication der endo- und perilymphatischen Räume des menschlichen Ohrlabyrinths mit extralabyrinthären intracraniellen Räumen.

Dass die endolymphatischen Labyrinthräume bei erwachsenen Säugethieren durch den Aquaeductus vestibuli mit einem intraduralen Sacke zusammenhängen, ist von Böttcher bereits vor acht Jahren gezeigt worden. Dass dasselbe oder ein ähnliches Verhältniss auch beim ausgewachsenen Menschen sich vorfinde, haben die bisherigen Untersuchungen zwar nahe gelegt, aber nicht bewiesen, Durch die vom Vortragenden so genannte Aspirationsmethode gelingt der Nachweis überzeugend. Zum Experiment wird bei einem möglichst frischen Präparat von nicht zu altem, am besten jüngeren Individuum der Canalis semicircularis super. geöffnet (unter Lupe auch Einschnitt in häutigen Canal), demselben ein Glasröhrchen übergekittet und dieses durch einen Kautschukschlauch mit einem Aspirator in Verbindung gebracht; dann Eröffnung des auf der hinteren Fläche des Felsenbeins zwischen den Durablättern gelegenen blindsackartigen Hohlraums (den der Vortragende seinen Untersuchungen gemäss als serösen Sack auffasst). Vorsichtig, mit Vermeidung der durchschnittenen Membranflächen wird in den Sack ein Tropfen nicht transsudirender Flüssigkeit, Beale's Blau, gebracht. Durch die Aspiration vom oberen Halbcirkelcanal aus schwindet der Tropfen sofort im Inneren des Felsenbeins; man träufelt nun in den Sack so lange blaue Flüssigkeit nach, bis man durch die sich folgenden Aspirationstractionen von der in das Labyrinth eingesogenen Farbflüssigkeit in das Glasröhrchen des Canal. semicirc. s. eintreten sieht. — Bei der makroskopischen Untersuchung gelungener Präparate, an welchen die Labyrinthhöhlen aufgefeilt, gewinnt man bereits den bestimmten Eindruck, dass nur die endolymphatischen Räume, beide Säckchen, alle häutigen Canäle, sowie der Ductus cochlearis mit aspirirter Flüssigkeit gefüllt worden sind, die perilymphatischen Räume erscheinen ganz frei. Den stricten Beweis für die Richtigkeit dieser Auffassung liefert erst die mikroskopische Untersuchung von Durchschnittsobjecten sowohl der häutigen Canäle (die in Verbindung mit dem Säckchen herausgenommen, in erhärtende Gummilösung gebracht worden waren) wie ganz besonders schön die der Schnecke. Die freie und leichte Verbindung des endolymphatischen Sackes mit dem Labyrinthe wird z. B. auch durch folgenden Versuch illustrirt: Drückt man nur leicht auf den der Felsenbeinfläche anliegenden nicht geöffneten Sack, so kann man Labyrinthflüssigkeit aus dem geöffneten Halbcirkelcanal zum Abfluss bringen, was doch nur durch Vermittelung einer capillaren, mit dem Utriculus in Zusammenhang stehenden Flüssigkeitssäule möglich ist. So werden wohl auch bei pathologisch gesteigertem intralabyrinthären Drucke, wie bei akustischen Druckschwankungen Bewegungen der endolymphatischen Flüssigkeiten nach dem intracraniellen Hohlraum hin statthaben können, wie andererseits intracranieller Ueberdruck auf den Sack (wie nicht selten) umgebende, ihn mitafficirende entzündliche Processe auf das Labyrinth einwirken müssen.

Die perilymphatischen Labyrinthräume sind durch den Aquaeductus cochleae mit einem intracraniellen — wie es scheint nicht dem arachnoidalen, sondern dem subarachnoidalen — Raume verbunden. Den Nachweis hierfür liefern die sich in ihren Ergebnissen gegenseitig controlirenden Untersuchungsmethoden mittels der Injection in den Arachnoidal-, beziehungsweise Subarachnoidalraum einerseits und andererseits mittelst der Aspiration. Dass der Aquaeductus cochleae es sei, welcher die gedachte Communication vermittle, wurde vom Vortragenden bereits im Jahre 1869 auf Grund von Injectionsversuchen dargelegt (*Monatsschr. f. Ohrenh.* No. 8. 1869). Nachdem nun die von anderen Forschern angestellten Einspritzungen in die Arachnoidalräume differente, aber keine positiven Resultate geliefert hatten, unternahm der Vortragende wiederum im verflossenen Jahre Control-Versuche theils an Thieren, theils an Menschen, die einfach eine Bestätigung der früheren Befunde lieferten: Eindringen der Farb-

flüssigkeiten durch den Aquaeductus cochleae in die Scala tympani der Schnecke;
Ausfliessen der Injectionsflüssigkeit in die Trommelhöhle bei vorher zerstörter
runder Fenstermembran. Hiermit war nun zwar der Nachweis gegeben, dass
Flüssigkeit aus dem Arachnoidalraum (gerade bei den gelungenen Versuchen
fand sich aber die Arachnoidea durch den zwischen den Hirnhäuten vorgeschobenen
Injectionscatheter verletzt, Farbflüssigkeit in den Subarachnoidalmaschen, besonders der Hirnbasis) in die Schnecke eingepresst werden könne — aber der
Einwurf nicht zurückgewiesen, dass durch den starken, stossweisen Injectionsdruck künstliche Wege neben dem „den Aquaeductus cochleae durchziehenden
Venenästchen" gebildet und so die Flüssigkeiten auf nicht präformirten Bahnen
in's Labyrinth gepresst worden seien. Zunächst wurde die Annahme als falsch
zurückgewiesen, dass der Aquaeductus cochleae eine Vene führe. An vorgelegten
Präparaten — durch die Aspirationsmethode war sowohl der Aquaeductus
cochleae, wie der von ihm durch ein $1^1/_3$ ^{mm} breites Knochenplättchen getrennte
Venencanal neben einander darzulegen gelungen — war ersichtlich, dass die
sogen. Vena aquaeductus cochleae zwar in die intracranielle Oeffnung des Aquaeductus eindringt, aber schon 1 ^{mm} von dessen oberer bogenförmiger Eingangs-
öffnung entfernt, einen parallelen gesonderten Weg nach der Scala tympani
einschlägt. Der Einwand, dass nur der starke Injectionsdruck es ermöglicht,
die Flüssigkeit durch die Schneckenwasserleitung in's Labyrinth zu treiben,
wurde durch die Befunde der Aspirationsmethode widerlegt: Eröffnung des
oberen Halbcirkelcanals mit Schonung des häutigen Röhrchens; die Oeffnung
wird mit dem Aspirator in Verbindung gesetzt, wie im früheren Versuch —
dann tauche man entweder die ganze vordere Fläche des Felsenbeins mit dem
Porus acustic. intern. und mit der intracraniellen Mündung des Aquaeductus
cochleae in Farbflüssigkeit, oder aber man träufelt bei entsprechender Lage des
Präparates Tropfen des zu aspirirenden Beale'schen Blau's in die intracranielle
Mündung des Aquaeductus so lange, bis in Folge der fortgesetzten Aspirationstractionen von der in's Felsenbein eingesaugten Flüssigkeit in das Glasröhrchen
des Can. semic. s. einzudringen anfängt. Bei der Eröffnung des Labyrinths
wird man dieses vollständig mit Farbflüssigkeit gefüllt finden, die, wie die
Untersuchung lehrt, nicht durch den Porus acust. intern., sondern durch eben
die Schneckenwasserleitung hineingelangt ist. Bei der nachfolgenden vorsichtigen Ausspülung des geöffneten Labyrinths unter Wasser scheint sich bereits
zu ergeben, dass der blaue Farbstoff nur in die perilymphatischen Räume gelangt ist (nicht selten sind übrigens auch die Schneckengefässe gleichzeitig
gefüllt worden, ebenso wie man durch eine modificirte Art der Aspiration von
den Durchschnittsflächen der Dura und des endolymphatischen Sackes aus auch
die wahrscheinlichen Lymphgefässe des Aquaeductus vestibuli und vom Sinus
transversus her die Gefässnetze des ganzen Labyrinths in überraschend schöner
Weise zur Anschauung bringen kann); die blaue Färbung löst sich nach und
nach von der Oberfläche der endolymphatischen Gebilde ab. Doch auch hier
giebt erst die mikroskopische Untersuchung an anderen nicht ausgespülten und
passend zugerichteten Präparaten die Bestätigung, dass eben nur eine Auflagerung
von Farbstoff die Färbung der endolymphatischen Gebilde bedingte; dass deren
Lumen durchaus frei, dagegen die Wände der knöchernen Canäle, des Vorhofes,
sowie der Scala tympani und vestibuli mit tiefblauem Niederschlag bedeckt sind;
dass an gut gelungenen Präparaten die Scala media durchaus frei von Farbstoff; hart an der Grenze der Membrana Reissn., die regelmässig bei Anfertigung

feinerer Durchschnitte einriss, an ihrem äusseren wie inneren Ansatz über der Zahnleiste pflegte die blaue Färbung scharf abzuschneiden. Die Bedeutung dieser Befunde wird illustrirt und erweitert durch einige andere Versuche, welche die durch den Aquaeductus cochleae gegebene ausserordentlich leichte Communicationsfähigkeit demonstriren und wonach sogar vom Trommelfell her (abwechselnde Einpressungen und Luftverdünnungen im äusseren Gehörgang) dem Labyrinth übermittelte Druck- und Saugwirkungen sich an der intracraniellen Mündung des Aquaeductus cochleae durch Auswärtsweichen oder Eingesogenwerden dort eingeträufelter Flüssigkeit geltend machen. Diese durch die Experimente gewonnenen Thatsachen eröffnen neue Perspectiven sowohl für die Betrachtung physiologischer und pathologischer Erscheinungen wie auch für die Therapie mancher Gehörleiden; so z. B. wird es nach der dargelegten Abhängigkeit intralabyrinthärer Spannungszustände von intracraniellen Drucksteigerungen erst begreiflich, wie manche Geisteskrankheiten, Apoplexien, Hirntumoren zuerst durch Erscheinungen am Gehörorgan, Schwindel, Empfindlichkeit gegen Geräusche, Ohrensausen signalisirt werden.

2. Hierauf spricht Hr. F. Busch: „Zur weiteren Begründung der Osteoblastentheorie".

In meinem Vortrage über die Osteoblastentheorie in der Sitzung vom 14. Juni 1878 (s. dies *Archiv* 1878, S. 333; — ausführlich abgedruckt in der *Deutschen Zeitschrift für Chirurgie*, Bd. X) sprach ich mich in Bezug auf die Bildung der Zahnsubstanz folgendermassen aus: So differenziren sich die Elfenbeinzellen aus dem embryonalen Bindegewebe der ersten Anlage der Pulpa und erlangen dadurch die Fähigkeit, aus dem allgemeinen Ernährungssafte des Blutes ganz bestimmte Stoffe aufzunehmen und dieselben nach der andern Seite als ein ganz bestimmtes Gewebe: das Elfenbein, zu verarbeiten. Eine Elfenbeinzelle kann zu Grunde gehen, sie kann erkranken und ein krankes Elfenbein bilden, aber sie flectirt nicht; nie kann sie ihre Thätigkeit dahin ändern, dass sie ein anderes Gewebe producirt als eben das Elfenbein. und ebensowenig haben wir Grund anzunehmen, obgleich ein Beweis in dieser Hinsicht kaum zu führen sein dürfte, dass in der nach-fötalen Zeit eine gewöhnliche Pulpenzelle einfachen bindegewebigen Charakters im Stande wäre, sich in eine Elfenbeinzelle umzuwandeln. — Ich fuhr dann fort:

Ganz ebenso nun steht es, wie ich glaube nachweisen zu können, mit dem Knochengewebe u. s. w. (S. 69).

Dieser Zusatz bedarf einer gewissen Modification. Um dieselbe zu begründen, bin ich gezwungen auf die allmähliche Entwickelung der Gewebe der Bindesubstanz, sowohl in der aufsteigenden Thierreihe, wie in der fötalen Entwickelung des Menschen einzugehen.

Aus dem einfachen hyalinen Protoplasma, aus welchem die Protozoen bestehen, differenziren sich in der aufsteigenden Thierreihe die vier grossen Gewebsgruppen: Epithel, Bindesubstanz, Nerv und Muskel.

Diejenige Form, unter welcher uns eine deutlich ausgeprägte Bindesubstanz zuerst entgegentritt, ist das Gallertgewebe, wie es unter den Coelenteraten besonders bei den Medusen in so ausgebreiteter Weise vorkommt.

Die nächste Form, unter welcher sich uns die Bindesubstanz zeigt, ist das fibrilläre Bindegewebe, wie wir dasselbe an gewissen Körpergegenden bei den Hirudineen, Cephalopoden und Echinodermen (Bänder des Kaugerüstes, Gekröse des Darms bei Echinus) finden (Leydig).

Die dritte Form der Bindesubstanz: das Knorpelgewebe, ist bei den Wirbellosen ausserordentlich spärlich vertreten. Am deutlichsten ausgeprägt ist es am Respirationsskelet der Kiemenwürmer und im Kopfskelet der Cephalophoren und Cephalopoden. Dagegen kommt bei den Wirbellosen häufiger ein Gewebe vor, welches als Uebergang des Gallertgewebes zum Knorpelgewebe gedeutet werden kann, wie das Gewebe im Mantel der Tunicaten (Leydig).

Knochengewebe findet sich im ganzen Reich der Wirbellosen nicht. Die festen Skelettheile werden theils durch Abscheidung von Kalk oder Kieselsäure gebildet, theils durch die eigenthümliche Metamorphose bindegewebiger Häute, welche unter dem Namen der Chitinbildung bekannt ist. Aus denselben Stoffen bestehen auch die Kauwerkzeuge bei denjenigen Wirbellosen, die damit ausgerüstet sind.

Mit Ueberschreitung der Grenze, welche die Wirbelthiere von den Wirbellosen trennt, findet das Knorpelgewebe durch das Auftreten der Chorda dorsalis mit ihren Umhüllungen eine weit grössere Verbreitung. Bereits bei den Knorpelfischen zeigt sich uns dann als neue und vierte Form der Bindesubstanz das Knochengewebe in Form von Knochenplatten, die der Haut eingelagert sind (Selachier und Ganoiden), und ebenfalls bei den Knorpelfischen erscheint auch die fünfte und letzte Form der Bindesubstanz: das Zahngewebe, welches nach dem Vorgange von R. Owen besser mit dem Namen der Dentine bezeichnet wird.

Knochen- und Zahngewebe der Fische bieten jedoch noch durchaus nicht denjenigen Grad typischer Anordnung und gegenseitiger Differenzirung dar, wie bei den höheren Classen der Wirbelthiere. Das Knochengewebe besteht aus einer hyalinen verkalkten Grundsubstanz, welche von einer ausserordentlich grossen Zahl röhrenförmiger, ziemlich weiter Canälchen durchzogen ist. Innerhalb derselben finden sich sparsame grosse Knochenkörperchen, aber demselben fehlt durchaus die typische Form und regelmässige Anordnung, wie wir dieselbe durch die übrigen Classen der Wirbelthiere allmählich ansteigend schliesslich bei den höheren Säugetthieren und speciell beim Menschen finden. Ebensowenig ist bei den Fischen die Regelmässigkeit in der Anordnung der Havers'schen Canäle und die Umgebung derselben mit concentrischen Lamellensystemen vorhanden. Kurz das Knochengewebe der Fische macht gegenüber dem Knochengewebe des Menschen den Eindruck einer ersten unregelmässigen Gewebsanlage gegenüber einem in allen seinen Einzelheiten mit der grössten Sorgfalt und Regelmässigkeit durchgebildeten Gewebe.

Aus dem Knochengewebe hat sich bei den Fischen die Dentine herausgebildet.[1] Es zeigt sich das ganz unzweifelhaft dadurch, dass die Dentine bei der Mehrzahl der Fische kaum von dem Skeletgewebe zu unterscheiden ist, und bei Fischen nur ausnahmsweise die eigenthümliche feste und widerstandsfähige Structur besitzt, die den vorherrschenden Charakter der Zähne der höheren Wirbelthierklassen bildet (Osteodentine); ferner dadurch, dass die Dentine bei den meisten Fischen von Blutgefässcanälen durchzogen ist, eine Modification des Gewebes, die von Owen mit dem Namen der Vaso-Dentine bezeichnet wurde.

---

[1] Die ganze Darstellung der phylogenetischen Entwickelung der Zähne geschieht im engsten Anschluss an R. Owen's *Odontography*. London 1840—45.

Diese Modification ist allerdings nicht auf die Classe der Fische beschränkt, sondern sie kommt als seltene Ausnahme auch bei Säugethieren und noch seltener bei Reptilien vor. — Knochen und Zahngewebe gehen daher bei Fischen allmählich ineinander über, so dass man von einer vollendeten Differenzirung zwischen ihnen, welche dieselben als zwei scharf getrennte Stufen in der Entwickelung der Bindesubstanz erscheinen lässt, nicht sprechen kann.

Erst bei den höheren Thierclassen, bei den Reptilien und besonders bei den Säugern vollendet sich die Trennung dieser beiden, bei ihrem ersten Entstehen so ähnlichen Gewebe. Die vascularisirte Dentine schwindet mehr und mehr und macht der unvascularisirten Dentine Platz. Die Zähne bestehen dann aus einer einzigen Pulpahöhle und einem einzigen System ausstrahlender Röhrchen, die unter rechtem Winkel zur Pulpahöhle stehen und von dort in paralleler Anordnung mit leicht geschwungenem Verlauf und dichotomischer Verzweigung nach der Peripherie des Zahnes ausstrahlen. Auf dieser Höhe der Durchbildung angelangt, stellt die Dentine ein Gewebe dar, welches von dem gleichfalls in seiner Organisation fortgeschrittenen Knochengewebe sich scharf und deutlich sondert.

Abgesehen von dieser feineren histologischen Durchbildung zeigt sich die zunehmende Specificirung der Zahnbildung auch durch die ungleich grössere Constanz, welche die Zähne durch Zahl, Form und Anordnung in der aufsteigenden Thierreihe gewinnen, und wodurch dieselben zu einem der charakteristischsten Merkmale der höheren Species werden.

Bei den Knorpelfischen sind die Zähne niemals in Alveolarhöhlen eingepflanzt, oder auch nur mit der Substanz des Kiefers verschmolzen, selbst wenn die äussere Kruste desselben verknöchert ist. Sie liegen vielmehr eingebettet in die fibröse Grundlage der Schleimhaut, welche die Kieferknorpel bedeckt. Bei Knochenfischen ist die gewöhnlichste Art der Fixirung der Zähne die durch directe Ankylose mit den Kinnbacken, so dass die Structur der Knochen allmählich in die der Dentine übergeht. Einige Arten haben die hohle Basis ihrer Zähne auf knöchernen Vorsprüngen fixirt. In wenigen Beispielen sind die Zähne in Höhlen des Knochengewebes implantirt, in denen sie durch die umgebenden fibrösen Gewebe fixirt werden.

Die Zahl der Zähne ist bei Fischen auf's Aeusserste wechselnd von einem bis zu jener unzählbaren Masse, welche die von Cuvier benannten Formen der dents en velours, dents en brosse und dents en râpe bilden.

In Bezug auf ihren Standort liegen die Zähne vielfach nicht nur in denjenigen Knochen, welche den oberen und unteren Rand der Mundöffnung bilden, sondern ausserdem auch in den Ossa palatina, dem Vomer, den Zungenbeinen, dem Os pterygoides und sphenoides und der unteren Fläche des Hinterhauptbeines. Bei allen Fischen werden die Zähne abgestossen und erneut; und dies nicht ein Mal, wie bei den Säugethieren, sondern häufig und während des ganzen Lebens des Individuums. Bei denjenigen Arten, deren Zähne in Alveolen fixirt sind, entsteht der neue Zahn in der Tiefe des Kiefers unter dem alten und tritt hervor, wenn der alte Zahn ausfällt. Aber bei der grossen Mehrzahl der Fische entstehen die neuen Zähne ebenso wie die alten, frei in der Mundschleimhaut.

In der Classe der Reptilien sind einige Arten zahnlos, andere haben an der Stelle der Zähne eine Hornscheide auf den Kiefern. Unter den mit Zähnen ausgestatteten Reptilien bewegt sich die Zahl derselben in engeren Grenzen als bei den Fischen. Ferner fixiren sich die Zähne mehr auf die Ränder der Kiefer, wenngleich auch hier noch andere Knochen vielfach Zähne tragen. In Bezug auf die Befestigung sind im Allgemeinen die Zähne mit den Knochen ankylosirt, welche sie tragen. Die Substanz der Zähne ist aus vier Geweben zusammengesetzt, aus: Dentine, Cement, Email und Knochen, aber Dentine und Cement sind in den Zähnen aller Reptilien vorhanden. Die Structur der Dentine ist bereits scharf vom Knochengewebe unterschieden und besteht ausschliesslich aus Zahnröhrchen. Die Entwickelung des Zahnes geschieht regelmässig von einer Pulpa, die sich in einen Follikel senkt und von einer Kapsel umschlossen wird. — Ist ein Zahn vollendet, so folgt schon die Vorbereitung für seinen Ersatz durch einen neuen Zahn, und die Fähigkeit, neue Zahnkeime zu entwickeln, haftet dem Individuum in der Classe der Reptilien durch das ganze Leben hindurch an.

Auch in der Classe der Säugethiere sind einige Arten zahnlos (Myrmekophaga, Manis, Echidna), andere haben Hornplatten statt der Zähne (Balaena, Balaenoptera und Ornithorhynchus). Bei den mit Zähnen ausgestatteten Säugethieren lässt sich bereits eine mittlere Zahl derselben angeben. Dieselbe beträgt 32, wie sie sich bei dem Menschen und den Affen der alten Welt findet. Nur bei wenigen Species sinkt dieselbe excessiv bis auf 2, oder steigt ebenso excessiv bis auf 100 und darüber. In ihrer Form, und dem entsprechend in ihrer Function, sondern sich die Zähne fast bei allen Säugethieren in Schneidezähne, Eckzähne und Mahlzähne. Ferner gliedern sich die Zähne der Säugethiere in drei bestimmte Theile: Wurzel, Hals und Krone. Die Befestigung der Zähne findet bei keinem Säugethier mehr durch directe Ankylose statt, sondern jeder Zahn sitzt in einer besonderen Alveole, in welcher er durch die feste Adhäsion des alveolaren Periosts fixirt ist. Eine scharf ausgesprochene Eigenthümlichkeit der Classe der Säugethiere sind die getheilten Wurzeln der Backzähne. In Bezug auf ihren Standort sind die Zähne der Säugethiere beschränkt auf das Os maxillare sup., das Os intermaxillare und die Mandibula, und in jedem dieser Knochen befindet sich nur eine einzelne Reihe von Zähnen. Die Substanz der Zähne besteht aus reiner, nicht vascularisirter Dentine, Email und Cement. Einigen Säugethieren fehlt das Email, bei einigen anderen findet sich vascularisirte Dentine. Die Zähne bilden sich von einer Pulpa, die in eine abgeschlossene Kapsel hineinragt, in der Tiefe der Kiefer, und die Krone des ausgebildeten Zahnes dringt durch die bedeckenden Gewebsschichten hindurch und tritt frei zu Tage, während die Wurzel sich in der Tiefe der Kiefer eine genau passende Alveole bildet.

Ein für alle Säugethiere, die mit Zähnen ausgestattet sind, gültiges Gesetz ist das der zwiefachen Zahnbildung: der temporären und der permanenten. Nach einer gewissen Zeit fallen die Zähne erster Bildung, „die Milchzähne", aus und werden durch die bleibenden Zähne der zweiten und letzten Bildung ersetzt. Früher glaubte man, dass die Cetaceen hiervon eine Ausnahme machten, indem sie nur eine Zahnbildung hätten. Spätere Untersuchungen stellten dagegen heraus, dass bei dieser Classe der Ausfall der Zähne erster Bildung schon in der Fötalzeit sich vollzieht.

Wir sehen also, wie die Zähne in der aufsteigenden Thierreihe von einem anfangs den grössten Verschiedenheiten unterliegendem Gebilde sich immer schärferen und engeren Gesetzen unterordnen, und wie sie dadurch aus einem anfangs für die betreffende Species wenig charakteristischen Theil schliesslich zu Gebilden werden, in denen sich die Eigenthümlichkeit der Species mit am schärfsten und deutlichsten ausprägt.

Dieselbe Wandlung, welcher der Zahn als Organ unterliegt, durchläuft auch sein hauptsächlichstes Constituens: die Dentine als Gewebe. Anfangs vom Knochengewebe kaum unterscheidbar und aus demselben unzweifelhaft metaplastisch entstanden, wird sie in der aufsteigenden Thierreihe mehr und mehr zu einem scharf charakterisirten Gewebe von eigenem Typus und zum Product complicirter Bildungsorgane (Zahnsäckchen und Papille), die mit besonderen gewebsbildenden Zellen: den Elfenbeinzellen, ausgestattet sind.

Denselben Weg, den wir die Gewebe der Bindesubstanz in phylogenetischer Beziehung haben durchlaufen sehen, durchschreiten dieselben in der Ontogenie jedes einzelnen Wesens. Uns interessirt in Rücksicht hierauf am meisten die Ontogonie des höchsten Wesens der Thierreihe: des Menschen.

Auch hier ist die erste Form, in welcher sich eine deutlich ausgeprägte Bindesubstanz zeigt, ein sehr zellenreiches Gewebe, dessen Zellen entweder ohne jede Zwischensubstanz einander unmittelbar berühren, wie bei der ersten Chorda-Anlage, eine Gewebsform, die von Leydig mit dem Namen des zelligen oder blasigen Bindegewebes belegt ist, oder die Zellen sind durch eine hyaline schleimige Intercellularsubstanz getrennt in der Form des gewöhnlichen Gallert-Gewebes. Aus diesen Anfängen entsteht dann ein fibrilläres Bindegewebe, wie es die häutige Wirbelsäule und das häutige Cranium bildet. — Im Anfang des zweiten Monats der Fötalzeit beginnt die Verknorpelung der Wirbelsäule, welcher kurz darauf die Verknorpelung des Primordialcraniums folgt. Am Ende des zweiten Monats, in der siebenten Woche, zeigt sich dann der erste Knochenkern in der Clavicula, und kurz darauf erscheinen die Knochenpunkte in der Wirbelsäule, dem Cranium und den Rippen. Die ersten Vorbereitungen zur Zahnbildung zeigen sich bereits im zweiten Fötalmonat, aber erst im fünften Monat sind die ersten Spuren von Dentine gebildet.

Sowohl in der phylogenetischen, wie in der ontogenetischen Entwickelungsreihe durchlaufen also die Gewebe der Bindesubstanz dieselbe Folge: Gallertgewebe, bez. blasiges Bindegewebe, fibrilläres Bindegewebe, Knorpel, Knochen und Dentine. Die ersten drei Gewebe, die nicht verkalken, können als die niedere Stufe, die letzten beiden verkalkenden Gewebe als die höhere Stufe der Entwickelung betrachtet werden.

Denselben Verlauf nimmt nun, wie ich glaube, auch die Specificität der Gewebsbildung. Die drei Gewebe der niederen Stufe bewahren die Fähigkeit der gegenseitigen Umwandlung „der Metaplasie" von den niedersten Formen der Thierwelt bis zu den höchsten, bis zum Menschen und bei diesem wieder nicht nur in der fötalen Entwickelung, sondern auch unter den normalen und pathologischen Verhältnissen des ausgewachsenen Alters, wenngleich diese Metaplasie nicht ganz so häufig ist, als vielfach angenommen wird. Ich habe mich über diese Verhältnisse in einem in dieser Gesellschaft gehaltenen Vortrage vom 12. Juli 1878 (dies *Archiv* 1878, S. 345) eingehend ausgesprochen.

Die beiden Gewebe der höheren Stufe: Knochen und Dentine verlieren die Fähigkeit der Metaplasie mehr und mehr, je höher sie in der Thierreihe aufsteigen. Dass auch sie in der Classe der Fische ursprünglich metaplastisch aus den niederen Geweben der Bindesubstanz entstanden sind, unterliegt natürlich keinem Zweifel, aber je höher sie in der phylogenetischen Entwickelung emporsteigen, um so mehr streifen sie die metaplastische Entstehung ab, und werden

13*

zum Product höher entwickelter, mit besonderen gewebsbildenden Fähigkeiten
ausgestatteter Zellen. — Die Dentine vollendet diesen Weg, sie ist bei den
höheren Wirbelthieren und speciell beim Menschen bis zur absoluten Specificität
durchgedrungen. Niemals bildet eine Elfenbeinzelle beim Menschen etwas Anderes
als Dentine, und nie entsteht Dentine anders, als durch Elfenbeinzellenbildung.
Nach beiden Richtungen hin ist die Specificität eine absolute. Selbst bei den
am Weitesten von den normalen Verhältnissen abliegenden pathologischen Processen, wie bei der Tumorbildung, bewahrt die Elfenbeinzelle ihre ererbten
Fähigkeiten. Die einzige Tumorbildung, die wir am Zahn (abgesehen von den
nicht hierher gehörigen Schmelz- und Cement-Tumoren) kennen, ist das Odon-
tom, d. h. die Bildung einer zwar unregelmässigen, aber in ihrem Grund-
charakter doch deutlich ausgesprochenen Dentine. Ebenso ist es ganz unzweifelhaft, dass beim Menschen niemals Dentine durch Metaplasie aus einem anderen
Gewebe der Bindesubstanzgruppe entsteht.

Das Knochengewebe hat auf der Scala der Entwickelung und dem entsprechend der Specificität zwar eine hohe Stufe erreicht, aber bis zur absoluten
Specificität hat es sich nicht erhoben. Wenngleich der bei Weitem grössten
Masse nach Product specifischer Zellen, der Osteoblasten, bewahrt es doch noch
atavistische, metaplastische Reminiscenzen und zwar nach beiden Richtungen,
denn einerseits kommt es vor, dass Osteoblastenzellen, wenigstens unter pathologischen Verhältnissen, ein anderes Gewebe bilden als Knochen, andererseits
entsteht aus der niederen Gruppe der Bindesubstanz bisweilen durch Metaplasie
ein Gewebe, welches mit dem eigentlichen lamellösen Knochengewebe zwar nicht
vollkommen identisch ist, doch aber demselben so nahe steht, dass es schwer
und vielleicht unmöglich ist, beide in jedem Falle deutlich zu unterscheiden.

Was den letzten Punkt betrifft, so habe ich mich bereits in meiner Anfangs citirten Arbeit genügend ausgesprochen. Ich sagte dort: „Wenn somit
auch ein Theil dieser so ausserordentlich seltenen Fälle isolirter Knochenbil-
dungen mitten in Weichtheilen eine Erklärung durch die Osteoblastentheorie
nicht zulässt und uns nöthigt, auf metaplastische Processe zurückzugreifen, so
sind diese seltenen Vorkommnisse doch durchaus nicht geeignet, um die Osteoblastentheorie zu stürzen und der metaplastischen Ossificationstheorie für normale und pathologische Knochenbildung als Stütze zu dienen" (S. 90).

Den ersten Punkt betreffend muss ich hier noch einige Bemerkungen hinzufügen: Ob unter normalen Verhältnissen, etwa durch sehr schnelles Wachsthum
in der fötalen Periode oder in den ersten Lebensjahren des Kindes, jemals eine
so lebhafte Gewebsbildung stattfindet, dass die osteogene Schicht des Periosts
zuerst ein kleinzelliges Knorpelgewebe bildet, welches dann erst in Knochengewebe übergeht, lasse ich dahingestellt; ich selbst habe nie etwas Aehnliches
gesehen.

Unzweifelhaft dagegen und längst bekannt ist es, dass bei der unter dem
Einfluss der Entzündung so lebhaft stattfindenden Knochenbildung durch Wucherung der osteogenen Schicht ein kleinzelliges Knorpelgewebe entsteht, welches
erst später in Knochengewebe übergeht. Ich habe die betreffenden Verhältnisse
auf S. 85 der oben citirten Arbeit abgehandelt. Die Thätigkeit der Osteoblastenzellen weicht also hier von dem stricten Wege der Specificität ab, aber
sie verlässt diesen Weg doch nur insofern, als sie das zugehörige Gewebe mit
Durchlaufung eines anderen Zwischenstadiums bildet.

Unter dem Einfluss der unbekannten Verhältnisse, welche zur Ausbildung

der malignen Tumoren Veranlassung geben, weicht die Thätigkeit der Osteoblastenzellen noch erheblich weiter von ihrem normalen Wege ab. Ich denke
hier besonders an die periostalen Sarkome. Dieselben entstehen wohl unzweifelhaft aus der osteogenen Schicht und nicht aus der membranösen Grundlage des
Periosts. Dem entsprechend zeigen sie auch vielfach in ihrem Bau ein aus
stalactitenförmigen Knochenbalken zusammengesetztes Gerüst neuer Bildung, und
in der Umgrenzungslinie des Tumors liegt dem alten Knochen vielfach ein nicht
unbedeutender Belag neugebildeter periostaler Knochenmasse auf, welche sich
von entzündlichen periostalen Auflagerungen nicht unterscheidet. Aber je weiter
man sich von der Basis der alten Knochengewebes entfernt, um so spärlicher
werden die Knochenbalken und um so reichlicher das weiche sarkomatöse Gewebe. Es macht dadurch den Eindruck, als hätte die Neubildung zuerst als
knöcherne periostale Auflagerung begonnen und wäre erst im weiteren Verlaufe durch unbekannte Ursachen zu einer solchen Hast getrieben, dass in der
Ueberstürzung der Bildung die Osteoblastenzellen nicht mehr ihre normalen
Fähigkeiten ausüben konnten, indem sie Knochengewebe bildeten, sondern nur
weiches schwammiges Gewebe hervorzubringen im Stande waren. Es soll das
natürlich keine Erklärung sein, sondern nur eine bildliche Darstellung.

Zum Schluss präcisire ich noch einmal meine Anschauungen dahin: Die
Gewebe der Bindesubstanz zerfallen in zwei Gruppen. Die niedere Gruppe besteht aus Gallertgewebe, fibrillärem Bindegewebe und Knorpel; die höhere aus
Knochen- und Zahngewebe. Die ersten drei Gewebe haben die Fähigkeit, sich
durch Metaplasie in einander umzuwandeln bis zu den höchsten Wesen der Thierreihe und speciell dem Menschen bewahrt, die letzteren zwei sind dagegen
bei den höheren Säugethieren und beim Menschen die Gebilde von Zellen, die
mit specifischen gewebsbildenden Fähigkeiten ausgestattet sind und haben nicht
mehr die Fähigkeit, durch Metaplasie aus anderen Geweben zu entstehen oder
sich in andere Gewebe umzuwandeln. Beim Zahngewebe ist diese Specificität eine
absolute; das Knochengewebe hat jedoch die letzte Höhe der Entwickelung nicht
erreicht. Obgleich der Hauptsache nach unzweifelhaft das Product specifischer
Gewebsbildung, haftet ihm doch selbst noch beim Menschen, wenigstens unter
pathologischen Verhältnissen, ein letzter Rest metaplastischer Fähigkeiten an.[1]

---

[1] In meiner Eingangs citirten Arbeit sagte ich S. 71: „Es ist mir nicht bekannt, dass sich im Leben eines Säugethieres unter normalen Verhältnissen ein
neuer Knochenkern bildet, der ganz ausserhalb irgend welcher Continuität mit dem
bei der Geburt bereits ausgebildeten Skelet stände und für den die obige Erklärung
nicht genügt." Es liegt hier ein Irrthum vor, da bekanntlich beim Menschen
zur Zeit der Geburt noch vollkommen knorplich sind: die Patella, die Knochen,
die Handwurzel, 5 Fusswurzelknochen und die Sesambeine. Alle diese Knorpel-
anlagen sind jedoch zur Zeit der Geburt bereits von Knorpelkanälen durchzogen
und gestatten somit dennoch eine Erklärung der späteren Knochenbildung durch
die Osteoblastentheorie.

Einfluss plötzlichen Temperaturwechsels auf das Herz

und

Wirkung der Temperatur überhaupt auf die Einstellung der Herzcontractionen.

Von

Al. Aristow.

(Aus dem pharmakologischen Laboratorium des Hrn. Prof. J. Dogiel in Kasan.)

Bekanntlich hat Temperaturerhöhung über die Norm eine Beschleunigung der Herzcontractionen, Temperaturverminderung eine Verlangsamung derselben zur Folge. Unter 0° oder zwischen + 36 bis + 40° C. geht die Verlangsamung der automatischen Herzcontractionen zum vollkommenen Stillstand über; wirkt von Neuem Normaltemperatur oder elektrischer Reiz auf das Herz ein, so erhält man wieder Contractionen desselben, wie Schelske[1] gezeigt hat. Nach Cyon's[2] Erfahrungen tritt Herzstillstand nicht immer bei 0° ein, zuweilen beobachtet man ihn erst bei — 4° C. Noch unbeständiger erfolgt Herzstillstand bei hoher Temperatur. Mittels eines besonderen, nach Ludwig's Rath construirten Apparates versuchte Cyon sorgfältig den Einfluss des Temperaturwechsels auf Zahl, Dauer und Kraft der Herzconcentrationen zu eruiren. Seine Beobachtungen jedoch beziehen sich mehr auf Bestimmung des Einflusses allmählich veränderter Temperatur auf das Herz, als auf die Wirkung eines schnellen Ueberführens des Herzens aus hoher Temperatur in niedrige und umgekehrt. Uebrigens findet man in seiner Arbeit über diese Frage folgendes: 1) „Kommt das Herz, welches bisher bei einer

---

[1] Ueber die Veränderungen der Erregbarkeit durch die Wärme. Heidelberg 1860.
[2] E. Cyon, über den Einfluss der Temperaturveränderungen auf Zahl, Dauer Stärke der Herzschläge. *Bericht d. Kön. Sächs. Gesellschaft d. Wissenschaften* 1866.

Temperatur von 20 bis 22⁰ schlug, plötzlich mit Serum und Luft von
0⁰ in Berührung, so sinken die Excursionen, die Bewegungen werden
wurmförmig und das Herz dehnt sich allmählich bedeutender aus, als
dies beim allmählichen Uebergang in die niedere Temperatur zu geschehen pflegt. Verweilt nun das Herz einige Minuten in der niederen
Temperatur, so wird der Umfang der Herzbewegungen wieder grösser,
so dass sich das Herz so verhält, als ob es allmählich abgekühlt wird."

2) „Wenn ein Herz, das längere Zeit auf oder unter 0⁰ gehalten
wurde, plötzlich mit Serum und Luft von 40⁰ berührt wird, so führt es
eine Reihe von so rasch aufeinander folgenden Schlägen aus, dass es
schliesslich in einen Tetanus verfällt; dieser Tetanus kommt dadurch zu
Stande, dass der jedesmal folgende Reiz früher erscheint, bevor die dem
Vorhergehenden entsprechende Zuckung wieder abgelaufen ist. Die aufeinander folgenden Zuckungen bringen ganz dasselbe Bild hervor, welches
ein Muskel bildet, der durch momentane Reize, die in kürzeren Zeiträumen aufeinander folgten, in Tetanus versetzt wurde. Dieser Tetanus
hält am Herzen höchstens 15 — 30 Secunden an. Bleibt von nun an
das Herz noch der höheren Temperatur ausgesetzt, so durchläuft dasselbe
in 1¹/₂ bis 2 Minuten alle diejenigen Schlagarten, welche es bei allmählicher Erwärmung darzubieten pflegt."

3) Wieder anders ist die Erscheinung, welche sich darbietet, wenn
das Herz von der Normaltemperatur aus, plötzlich mit Serum und Luft
von 40⁰ umspült wird. Statt dass die Schläge, wie es bei allmählicher
Erwärmung der Fall, sogleich häufiger und kürzer ausfallen, werden sie
nun gross und selten. Die Form der Curven, welche das Manometer
anschreibt, gleicht ganz derjenigen, die man durch Reizung des Vagus
bei der Normaltemperatur erhält. Die einzelnen Schläge laufen nämlich
viel rascher ab als diejenigen, welche das abgekühlte Herz ausführt, und
sie sind durch grosse Pausen voneinander getrennt. Diese Art zu schlagen
erhält sich 1 bis 2 Minuten hin. Ist diese Zeit verflossen und bleibt
alsdann das Herz noch in der hohen Temperatur, so durchläuft es wiederum die Bewegungsarten, welche uns von der allmählichen Erwärmung
her bekannt sind."

In einer Arbeit über das Herz hat Bowditsch[1] dem Bekannten
über dasselbe wenig hinzugefügt. Mehr Anhaltspunkte über dieses Thema
(Einfluss plötzlicher Temperaturänderung aufs Herz) geben uns die Untersuchungen Luciani's[2], aber auch er richtet seine Aufmerksamkeit mehr

---

[1] Ueber die Eigenthümlichkeiten der Reizbarkeit, welche die Muskelfasern des
Herzens zeigen. *Arbeiten aus der physiologischen Anstalt zu Leipzig.* 1872.
[2] Eine periodische Function des isolirten Froschherzens. *Arbeiten aus der
physiologischen Anstalt zu Leipzig.* 1873.

auf die Veränderungen des Rhythmus, der Kraft und der Dauer der
einzelnen Herzcontractionen, als auf andere Veränderungen des Herzens
in Folge schroffen Temperaturwechsels. Das ist Alles, was in der Literatur über diese Art von Veränderungen der Herzfunctionen bekannt ist.
Aus allen Arbeiten über diese Frage kann man den allgemeinen Schluss
ziehen, dass das Herz unter dem Einfluss höherer Temperatur als der
normalen schneller, und in niederer langsamer schlägt. Als Ausnahme
erscheint hier die Beobachtung Cyon's (§ 3), nach welcher beim schnellen
Uebergang von normaler Temperatur auf 40° C. statt, wie gewöhnlich,
eine Beschleunigung, zuerst eine Verlangsamung der Herzcontractionen
auftrat. Um die Veränderungen der Herzcontractionen durch schroffen
Temperaturwechsel näher zu studiren, nahm ich auf den Rath von Prof.
Dogiel in seinem Laboratorium eine Reihe von neuen Untersuchungen
mit Froschherzen vor; ausserdem wendete ich meine Aufmerksamkeit
auf den Herzstillstand in Folge Temperatureinwirkung. Meine Untersuchungen bestanden darin, dass ich die Brusthöhle des Frosches öffnete,
das Pericardium entfernte und das Herz ausschnitt, wobei ich mich be-
mühte, sowohl den Ventrikel und den Vorhof nicht zu verletzen, wie auch
einen Theil der grösseren Blutgefässe zum besseren Ergreifen des Herzens
behufs Uebertragungsversuche desselben zu erhalten. Das isolirte Herz
wurde nun plötzlich aus einer Temperatur in die andere übergeführt.
Zu diesem Zweck wurden Eis und erwärmtes Wasser benutzt. In ein
Eisstück machte ich gewöhnlich eine zur bequemeren Placirung des
Herzens dienende Vertiefung. Auf demselben Tisch, auf welchem sich
das Thier befand, wurde das Wasser in einer Porcellanschale mittels
einer Gaslampe erwärmt. Die Wassertemperatur konnte von 20°—67° C.
erhöht werden. Im Wasser befand sich ein gläserner Dreifuss mit einem
zur Aufnahme des Herzens bestimmten Uhrgläschen. Die Temperatur
des Wassers wurde mittels eines hunderttheiligen Thermometers, welches
Zehntelgrade anzeigte und vorher mit einem Geissler'schen verglichen war, bestimmt. Nachdem die Contractionen des isolirten Herzens gleichmässig geworden waren, tauchte ich es in bis zum bestimmten
Grade erwärmtes Wasser und beobachtete nun mittels eines Chrono-
meters, wieviel Secunden auf zwei Herzcontractionen kamen. Nachdem
eine bestimmte Zahl von Secunden bestimmt war, ergriff ich das Herz
mit einer Pincette an dem erhaltenen Theile der Aorta, legte es so
schnell wie möglich auf Eis und zählte wieder die Anzahl der Secunden
auf zwei Contractionen. Dasselbe wurde mit Herzen, welche sogleich
auf Eis gelegt waren, vorgenommen. Dabei beobachtete ich nicht nur
die Frequenz, sondern wendete meine Aufmerksamkeit auch auf Veränderungen der Kraft und Dauer der Pulsationen, auf Eintreten des

Stillstandes und auf vollkommenen Verlust der Contractionsfähigkeit, wobei ich die nächste Ursache aller dieser Veränderungen der Herzfunctionen aufzudecken versuchte. Das isolirte Froschherz in erwärmtes Wasser getaucht, schlägt schneller als in der normalen Temperatur; die Beschleunigung ist um so auffälliger, je wärmer das Wasser ist. Schnell fängt dagegen das auf Eis gelegte Herz langsamer an zu schlagen, wobei die Verlangsamung in Stillstand übergeht. Zuerst hören die Contractionen der Ventrikel und dann die der Vorhöfe auf. Die Frequenz der Herzcontractionen im erwärmten Wasser und auf dem Eise steht im umgekehrten Verhältniss zur Kraft und Dauer jedes einzelnen Herzschlages, ähnlich wie Cyon und Luciani es beobachtet haben. Das Herz, welches auf dem Eise seine Contractionen eingestellt hat, behält länger die Fähigkeit, in normaler Temperatur von Neuem zu schlagen, als das Herz, welches durch bis auf einen bestimmten Grad erwärmtes Wasser zum Stillstand gebracht ist. Das Herz, welches durch Eis oder erwärmtes Wasser zum Stillstand gebracht, noch nicht die Fähigkeit unter anderen Bedingungen zu schlagen verloren hat, befindet sich in mehr ausgedehntem Zustand — Diastole; dagegen steht das Herz, welches durch die angeführte Einwirkung die Fähigkeit zu schlagen verloren hat, in Systole (Tetanus). Durch erwärmtes Wasser kann man bei verschiedenen Subjecten nicht gleich schnell Herzstillstand bewirken. Der verschiedene Temperaturgrad des Wassers bedingt zum Theil die Zeit, in welcher der Herzstillstand erfolgt, wie folgende Zahlen zeigen:

Temperatur des Wassers in welchem das Herz sich befindet.	Aufenthaltsdauer des Herzens im Wasser, bis der Stillstand eintritt.
65—63⁰ C.	0''—10''
50⁰	24''—70''
45⁰	65''—80''
40⁰	125''—270''
35⁰	330''
30⁰	620''

Aus dieser Tabelle ersieht man, dass der Stillstand schneller bei Erhöhung der Temperatur von + 30 — 65⁰ C. und umgekehrt, langsamer bei geringerer Erwärmung des Wassers eintritt; doch auch diese Erscheinung hat ihre Grenze, über welche hinaus entgegengesetzte Resultate sich zeigen, nämlich: je mehr die Temperatur des Wassers sich 0⁰ nähert, um so schneller erfolgt Verlangsamung der Herzschläge und endlich Stillstand.

Der Herzstillstand kann eintreten in Folge der Einwirkung höherer oder niederer Temperatur auf seinen Hemmungsapparat, oder seine mo-

torischen Centra, oder auf sein Muskelgewebe, oder endlich auf die
motorischen Centra und das Muskelgewebe zusammen.   Wenn man annimmt, dass höhere oder niedere Temperatur, auf das Herz einwirkend,
die Thätigkeit des Hemmungsapparates gleich Muscarin bis zu einem
gewissen Grade erregt, so wird der Herzstillstand in solchem Falle verständlich; den Grund des Stillstandes kann man jedoch auch in herab-
gesetzter Thätigkeit der motorischen Nervencentra und der geschwächten
Contractionsfähigkeit der Muskelfasern des Herzens suchen.   Um sich
über die Richtigkeit der einen oder der anderen von diesen Voraussetzungen zu vergewissern, stellte ich auf den Rath von Prof. Dogiel
einige Versuche an.   Bevor ich jedoch von den Resultaten dieser Experimente spreche, finde ich es für nöthig, einige Worte über die Versuchsmethoden selbst zu sagen.

Der bei diesen Versuchen benutzte Apparat besteht aus einem kleinen
metallischen Tischchen, mit einer kleinen zur Aufnahme des isolirten
Froschherzens dienenden Vertiefung in der Mitte.   Von oben wird das
Herz mit einem ebenfalls metallischen Plättchen, welches mit einem
leicht beweglichen Hebel verbunden ist, bedeckt; so wird die geringste
Contraction des Herzens einem Hebel mitgetheilt, an dessen freiem Ende
eine feine Aluminiumnadel die Bewegung auf einer berussten Trommel
aufzeichnet.   Damit man mit verschiedenen Temperaturgraden auf das
in der Vertiefung des Tischchens befindliche Herz einwirken könne, ist
folgende Einrichtung getroffen. Das metallische Tischplättchen ist nicht
massiv, sondern hohl; es besteht aus einem Rohr, dessen eines Ende
mittelst eines gegabelten Kautschukschlauches mit zwei metallischen
2—3 Liter fassenden Gefässen verbunden ist. Jedes der Gefässe hat
an seinem Boden zwei Oeffnungen: eine für ein Thermometer, die zweite
für einen Hahn. Die Hähne der Gefässe sind mit den beiden Aesten
des gegabelten Kautschukrohrs verbunden. Am Tischplättchen befindet
sich noch ein Rohr zur Aufnahme eines empfindlichen Thermometers,
so dass die Quecksilberkugel von dem durch das Tischchen fliessenden
Wasser bespült wird. Vom anderen Ende des Tischplättchenrohrs führt
ein Kautschukschlauch in ein auf dem Fussboden stehendes Gefäss, worin
das aus dem einen oder anderen beschriebenen Reservoir abfliessende
Wasser aufgefangen wird.

In dem einen Reservoir wird das Wasser mittels einer Gasflamme
erwärmt, im anderen durch Eis oder eine Frostmischung abgekühlt.
Durch Aufdrehen des einen oder des anderen Hahnes kann man nach
Belieben kaltes oder warmes Wasser durch das Rohr fliessen lassen.
Temperatur des Heisswassergefässes, die Schnelligkeit des Stromes kann
man leicht durch die entsprechenden Hähne reguliren. Das Tischchen

erwärmt oder kühlt sich schnell ab und wirkt auf diese oder jene Weise
auf das in seiner Vertiefung befindliche Herz ein. Will man das Herz
elektrisch reizen, so bringt man das Tischchen mit einem Schlitteninductorium in Verbindung.

Auf die beschriebene Art erhaltene Veränderungen der Herzcontractionen lassen unschwer erkennen, dass der durch erhöhte Temperatur
bewirkte Herzstillstand nicht von verstärkter Thätigkeit des Hemmungsapparates abhängt, weil man im vorliegenden Fall durch elektrische
Reizung des Herzeus Tetanus erhält, wie Fig. 1 veranschaulicht.

Fig. 1.
Das Herz war durch Einwirkung einer Temperatur von + 41° C., zum 1' 20'' langen Stillstand in
Diastole gebracht (a), nach Reizung aber durch Elektricität, (b), erhielt man Tetanus.

Bei Betheiligung des regulatorischen Apparates dürfte dies nicht
eintreffen; vielmehr wäre hier auf Parese des letzteren zu schliessen.
Doch dadurch kann man sich wieder nicht den Herzstillstand in Folge
der Einwirkung erwärmten Wassers erklären, da in solchem Falle anstatt
des Herzstillstandes in Diastole, eine Beschleunigung der Contractionen
eintreten müsste. Folglich muss man Abwesenheit des Reizes seitens
der motorischen Herzganglien oder Verlust des Contractionsvermögens
der Muskelfasern des Herzens annehmen; letztere Voraussetzung jedoch
verliert durch den Eintritt des Tetanus (Fig. 1) an dem von erwärmtem
Wasser zum Stillstand in Diastole gebrachten und durch Elektricität
gereizten Herzen, ähnlich wie man es bei Skeletmuskeln bemerkt, an
Wahrscheinlichkeit. Auf Grund von dem Allen muss man die nächste
Ursache des Herzstillstandes in Folge der Einwirkung einer gewissen
Temperatur unweigerlich in einer Veränderung der motorischen Herz-
centra suchen, wie schon Schelske gethan hat. Ueber die Veränderung
der Thätigkeit des Hemmungsapparates zur Zeit des Herzstillstandes in
Folge höherer Temperatureinwirkung, sagt Cyon: „In der Periode
des Wärmestillstandes ist jedenfalls die Reizbarkeit des regulatorischen Apparates so gut wie aufgehoben. Dies wird
durch meine oben angeführte Beobachtung bestätigt. Hierzu kann ich
hinfügen, dass der Hemmungsapparat in diesem Falle früher als die
motorischen Centra angegriffen wird, was dadurch bewiesen werden kann,
dass man, ohne den Herzstillstand in Folge der Einwirkung höherer

Temperaturgrade abzuwarten im Moment, wo die Herzcontractionen stark
vermehrt sind, das Herz elektrisch reizt. Man erhält anstatt Verlangsamung oder Stillstand in Diastole noch stärkere Beschleunigung der
Herzschläge, wie aus Fig. 2 zu ersehen ist.

Fig 2.

Von a bis b Herzcontractionen bei 39·5° C. Von b bis c Herzcontractionen während elektrischer Reizung
des Herzens. Von c bis d Herzcontractionen nach Aufhebung der Reizung; bei d neue Reizung mit Elektricität und bei e Einstellung der Reizung.

Nach Aufhebung der Reizung erfolgt ein länger dauernder Herzstillstand wegen erschlaffter Thätigkeit der motorischen Centra oder
wahrscheinlicher auch des Herzmuskels in Folge elektrischer Reizung.
Reizt man das Herz nach längerer Einwirkung höherer Temperatur als
im vorigen Versuch mittels des elektrischen Stromes, so erhält man
statt einfacher Beschleunigung der Herzcontractionen sehr häufige schwache
Herzschläge, mit der Neigung, in Tetanus überzugehen — und endlich
Tetanus (Fig. 3).

Fig. 3.

Von a bis b Herzcontractionen während einer Temperatur von +41° C. in der 2. Minute; bei b elektrische
Reizung; von a bis d ohne Reizung; bei d elektrische Reizung.

Der Hemmungsapparat wird nicht nur in Folge der Einwirkung
hoher, sondern auch niederer Temperaturgrade auf das Herz paretisch;
so erfolgt durch Einwirkung von + 7·5° — 8° im Laufe von 14′ auf das
Herz Verlangsamung der Herzschläge, welche durch elektrische Reizung
beschleunigt werden, und nicht Stillstand, wie Fig. 4 uns zeigt.

Fig. 4.

Von a bis b Herzcontractionen bei + 8° C.; bei b Anfang der elektrischen Reizung des Herzens; bei c
ohne Reizung.

Stark erhöhte Temperatur, wenn auch nicht gleich schnell bei verschiedenen Subjecten, greift nicht allein das Nerven-, sondern auch das
Muskelsystem des Herzens an.

Es seien hier einige zur Bestätigung des Gesagten ausgeführten
Beobachtungen angegeben; sie zeigen, dass das Herz, welches in erwärmtem Wasser sich einige Zeit befunden, nicht mehr die Fähigkeit, sich
zu contrahiren erhält, wenn man es auf Eis oder in Wasser von niederer
Temperatur bringt, oder auch elektrisch reizt.

Wasser-temperatur nach Celsius.	Zeit des Aufent-haltes des Herzens in Secunden.	Veränderung des Herzens auf dem Eise.
65⁰	10″ Stillstand	Erneuerung der Contractionen.
63⁰	5″	Ebenfalls.
63⁰	10″	Ebenfalls.
63⁰	15″ }	Vollständige Einstellung d. Herzschläge.
63⁰	20″ }	
50⁰	60″	Erneuerung der Contractionen.
50⁰	60″ Stillstand 15″	Schwache Contraction der Vorhöfe.
50⁰	90″	Nur Contraction der Vorhöfe.
50⁰	180″	Keine Erneuerung der Contractionen.
45⁰	180″	Vollkommene Contr. des Herzens.
40⁰	300″	Ebenfalls.
40⁰	360″ Stillstand 5″	Schwache Vorhofscontractionen.

Nicht weniger interessant war die Untersuchung schroffen Temperaturwechsels auf das Herz. Lässt man, wie oben angegeben, das isolirte
Froschherz in dem bis auf einen gewissen Grad erwärmten Wasser und
legt es dann plötzlich auf Eis, so bemerkt man Veränderungen in der
Herzfunction, welche sich gänzlich von den Veränderungen der Function
durch normale oder allmählich veränderte Temperatur auf das Herz
unterscheiden. Anstatt der erwarteten Verlangsamung der Herzschläge
in Folge plötzlichen Uebertragens des Herzens aus erwärmtem Wasser
auf Eis, sieht man im ersten Moment Beschleunigung der Herzcontractionen eintreten, und umgekehrt; in Folge plötzlicher Ueberführung vom
Eis in erwärmtes Wasser fängt das Herz an seltener zu schlagen oder
steht im ersten Moment vollkommen still; hierauf tritt erst die Periode
der Beschleunigung ein. Solche unvorhergesehene Veränderungen in
Folge schroffen Temperaturwechsels auf das Herz kann man nicht nur
unter den oben von mir citirten Cyon'schen Bedingungen, sondern auch
bei anderen Temperaturgraden, wie man es deutlich aus den unten angeführten Zahlenwerthen ersieht, bemerken. Diese Ergebnisse sind in zwei
Tabellen vorgeführt: in der Tabelle A sieht man die Frequenz der

Herzschläge beim plötzlichen Uebergang der Temperatur von 0° zu höheren (von + 10° bis + 50° C.) und in der Tabelle B die Frequenz der Herzcontractionen beim plötzlichen Uebergang von höherer Temperatur (+ 50° bis + 10° C.) zum 0°.

Tabelle A.

Zahl der Herzschläge.	Zahl der Secunden.	Zahl der Herzschläge.	Zahl der Secunden.	Zahl der Herzschläge.	Zahl der Secunden.	Zahl der Herzschläge.	Zahl der Secunden.	Zahl der Herzschläge.	Zahl der Secunden.	Zahl der Herzschläge.	Zahl der Secunden.
0°		10°		0°		20°		0°		30°	
2	10''	2	11''	2	8''	2	10''	2	10''	2	30''
0°		40°		0°		50°					
2	10''	2	90'	2	10''	2	5'' Stillstand dauert 21''					

Tabelle B.

Zahl der Herzschläge.	Zahl der Secunden.	Zahl der Herzschläge.	Zahl der Secunden.	Zahl der Herzschläge.	Zahl der Secunden.	Zahl der Herzschläge.	Zahl der Secunden.	Zahl der Herzschläge.	Zahl der Secunden.	Zahl der Herzschläge.	Zahl der Secunden.	Zahl der Herzschläge.	Zahl der Secunden.	Zahl der Herzschläge.	Zahl der Secunden.	Zahl der Herzschläge.	Zahl der Secunden.	Zahl der Herzschläge.	Zahl der Secunden.
50°		0°		40°		0°		30°		0°		20°		0°		10°		0°	
2	3''	2	1''	2	7''	2	2''	2	5''	2	3''	2	5''	2	4''	2	6''	2	5½''

Aus den Tabellen geht also hervor, dass die Veränderungen der Herzfunction, obwohl nicht vollkommen proportional und bei allen Individuen gleich, um so mehr in die Augen springen, je mehr die Temperaturgrade unter sich differiren. Der allgemeine Charakter jedoch bleibt immer derselbe; beim plötzlichen Ueberführen des Herzens aus einer Temperatur in eine andere erhält man im ersten Moment der Einwirkung eine Verlangsamung oder Beschleunigung der Herzschläge, je nachdem man das Herz vom Eis in erwärmtes Wasser bringt, oder es umgekehrt macht. Sichtlich kommt die stärkste Verlangsamung oder Beschleunigung des Herzens auf den Uebergang von 0° zu + 40° C. und von + 40° zu 0° C. Die Functionsveränderung des Herzens während der Einwirkung des schroffen Temperaturwechsels wird durch die beifolgende graphische Darstellung (in der eine jede Säule von 2 Millimeter Höhe eine Secunde, und diese letztere zwei Herzcontractionen entspricht), noch anschaulicher gemacht.

Die Temperatur jeder Säule ist durch Verschiedenheit der Zeichen vermerkt, wie es die Fig. 5 uns zeigt.

Die eben beschriebenen Veränderungen des Herzens haben nicht nur physiologisches Interesse, sondern sind auch sehr wichtig für die experimentelle Pathologie und Therapie. Sie können theilweise erklären, weshalb man nützlich findet, nach heftiger Einwirkung von Kälte (Abfrieren von Körpertheilen), nicht warme Umhüllungen oder warmes Wasser u. d. m., sondern Friction solcher, noch nicht völlig verlorener Theile des Körpers mit Schnee oder Eis vorzunehmen.

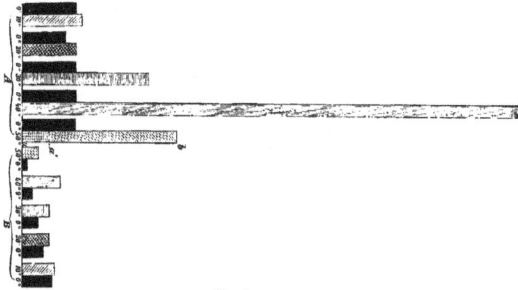

Fig. 5.

Was die nächste Ursache dieser Veränderungen der Herzcontractionen durch schroffen Temperaturwechsel anbetrifft, so bleibt sie noch unaufgeklärt. Die Erklärung von Cyon ist meiner Meinung nach gar nicht zutreffend. Er sagt: „Wenn aber die von 20° auf 40° C. plötzlich hereinbrechende Wärme die nervösen Herztheile reizt, so muss sie diese Wirkung vorzugsweise entweder auf den Vagus oder auf das regulatorische Organ ausüben; denn in der That ruft die plötzliche Steigerung der Temperatur Erscheinungen hervor, wie sie sonst nach Vagusreizen eintritt." Giebt man zu, dass hier der Vagus betheiligt ist, so müsste man beim plötzlichen Uebergang von + 40° C. zu 0° ebensolche Reizung des Vagus erwarten, und folglich sollte im ersten Moment der Einwirkung Verlangsamung der Herzcontractionen eintreten; nichtsdestoweniger erhält man aber Beschleunigung. Doch auch daraus, was über den Einfluss erhöhter Temperatur auf den Vagus gesagt war, ersieht man, dass dessen

Einfluss fast gänzlich vernichtet und nicht verstärkt wird, folglich die
Verlangsamung der Schlagfolge oder sogar der Stillstand des Herzens in
Folge plötzlichen Wechsels von ·0° mit höherer Temperatur nicht als
Wirkung des Vagusreizes aufgefasst werden kann. Eher könnte man
zugeben, dass die Beschleunigung der Herzschläge nach Einwirkung
schnellen Ueberganges aus höherer Temperatur (+ 40°) zu 0° durch verminderte Thätigkeit des Vagus bedingt wird; aber auch diese Voraussetzung wird kaum zutreffend sein. Der von Cyon zu diesem Zweck
vorgenommene Versuch mit Curare hat keine beweisende Kraft, da das
Atropin, welches ja den Hemmungsapparat des Herzens lähmt, nach
meiner Beobachtung keinen Einfluss auf die veränderten Erscheinungen
des Herzens in Folge plötzlichen Temperaturwechsels hat. Eine wahrscheinlichere Erklärung würde darin bestehen, dass erhöhte und niedere
Temperatur verschieden auf die motorischen Nervencentra und das Muskelgewebe des Herzens einwirken: erhöhte Temperatur setzt die Contractionsfähigkeit der Muskeln und die Thätigkeit der Nervenzellen des Herzens
herab; niedere Temperatur macht dagegen, obwohl die Contractionen
überhaupt verlangsamend, dieselben andauernder und kräftiger.

Ein Beitrag zur Physiologie des Nervi erigentes.

Von

W. Nikolsky
in Kasan.

Aus dem pharmakologischen Laboratorium des Hrn. Prof. J. Dogiel.

(Hierzu Tafel VI.)

Nach Eckhard[1] entspringen die Nn. erigentes einzeln oder zu zweien von jeder Seite aus dem ersten und zweiten, selten aus dem dritten Sacralnerven des Plexus ischiadicus. Diese Nerven gehen zum Plexus hypogastricus (Eckhard), zu welchem sich Ganglien und ein aus dem Plexus mesentericus. posterior kommender Nervenzweig hinzugesellen. Der Plexus hypogastricus entsendet Radialfasern zur Prostata, dem Intestinum rectum und zur Pars membranacea urethrae. Die erwähnten Fasern gehen zu den Seiten- und hinteren Theilen der Pars membranacea urethrae, wo sie sich in dem Grade in den Bindegewebsbündeln verlieren, dass Eckhard sie nur bis zur Harnröhrenzwiebel verfolgen konnte. Im Verlauf der Nn. erigentes an der Hinterfläche der Pars membranacea fand Eckhard keine besonderen Ganglienbildungen; nur seitlich vom genannten Theile konnte er eine unbedeutende Verdickung der Nervenfasern bemerken. Loven[2] constatirte, dass auf der vorderen (unteren) Fläche der Pars membranacea die vom Plexus hypogastricus kommenden Fasern sich mit denen der Nn. pudendi vereinigen; andere Fasern des

---

[1] *Beiträge zur Anatomie und Physiologie.* 1873. Bd. III, Abthlg. 7.
[2] *Berichte über die Verhandlungen der Königl. Sächs. Gesell. d. Wissensch. zu Leipzig.* 1866. Bd. 8.

Geflechtes begeben sich zur Pars bulbosa urethrae, und zwar an die Stelle, wo die A. profunda penis in die Urethrazwiebel eintritt; hier vereinigen sie sich ebenfalls mit den Fasern des N. pudendus und dringen in den cavernösen Körper der Urethra und in die Wandungen der stärkeren Zweige der A. profunda penis, ausserdem geht eine dritte Partie von Fasern, welche aus dem Plexus hypogastricus stammen, zum hinteren Theil der Pars membranacea, vereinigt sich hier mit gleichartigen Fasern der anderen Seite und geht zuletzt nach unten zum Bulbus urethrae. Ausser den erwähnten Nervenfasern fand Loven besondere Ganglien oder gangliöse Massen an folgenden Stellen: 1) auf dem hinteren Theile der Pars membranacea, 2) im festen Bindegewebe auf dem hinteren (oberen) Theile des Bulbus und 3) seitlich vom Bulbus am Anfange der A. profunda penis.

Nach der Entdeckung der Nn. erigentes durch Eckhard, fing man an, die Physiologie der Blutzufuhr während der Erection experimentell zu untersuchen, was den Bemühungen Eckhard's und Loven's zu verdanken ist.

Ersterer fand, dass elektrische Reizung der Nn. erigentes eine Zunahme, die Reizung des N. pudendus dagegen eine Verminderung des arteriellen Blutes in den Peniscavernen bewirkt. Da im N. pudendus vasomotorische Fasern sympathischen Charakters verlaufen, die ja die Gefässverengerung beherrschen, so ist seine Wirkung verständlich. Die Blutanfüllung des Penis erklärt Kölliker[1] durch Abnahme des normalen Tonus der Gefässe und Wandungen der cavernösen Körper des Penis. Loven beweist diese Hypothese experimentell. Er nimmt an, dass die Blutanfüllung der Cavernen auf zweierlei Weise zu Stande kommen kann: entweder werden die Arterienwände und die Cavernen passiv durch abnormen Blutdruck erweitert, oder sie haben eine active Rolle, d. h. sie erschlaffen und das Blut strömt passiv in die Cavernen. Die erste Erklärungsweise kann nach Loven im gegebenen Falle aus dem Grunde keine Anwendung finden, weil der Blutdruck in den Penisgefässen bei stärkerer Erection (durch elektrische Reizung des N. erigens) sechs Zehntel des Carotidendruckes erreicht; folglich genügt die Herzkraft, wenn die Gefässwände und Cavernen erschlafft sind, um eine Erection zu Stande zu bringen. Ausserdem durchschnitt Loven die feinen Arterienverzweigungen und Corpora cavernosa des Penis und bemerkte bei elektrischer Reizung der Nn. erigentes beständig eine Erweiterung der Arterien und der Cavernen und Zunahme des Blutausflusses; folglich kann ein Blutzufluss allein nicht die Ursache der Erection sein; so ist es z. B. unmöglich, beim Hunde die Erection nur durch die Thätigkeit des Houston'schen Muskels zu erklären, u. s. w. Bei der Erschlaffung des normalen Gefäss- und Cavernentonus betheiligen sich nach Loven besondere Ganglien, welche er im Verlauf der Nn. erigentes entdeckte. Nach Eckhard und Loven liegt der Beherrschungspunkt des Gefäss- und Cavernentonus im Rückenmark, da die Durchschneidung der Nn. pudendi schon für sich eine unvollständige Erection bewirkt, was für eine Trennung der Cavernen vom tonisirenden Centrum spricht. Auf welchem Wege die Erection im normalen Organismus entsteht, bleibt vorläufig dunkel.

Kölliker meint, dass die Erection durch Aufhebung des tonisirenden Einflusses des Rückenmarkes auf die Gefässe und Cavernen des Gliedes durch die Reflexwirkung, die von den sensiblen Nerven des Penis ausgeht, zu Stande kommt.

Nach meinen Beobachtungen (an 30 Hunden) gehen zum Plexus hypogastricus beim Hunde immer jederseits zwei Sacralnerven, welche von Eckhard die Benennung Nn. erigentes erhalten haben; dabei vereinigen sich oft die Nerven nach Austritt aus dem Sacralgeflechte, um nahe beim Plexus hypogastricus wieder auseinanderzugehen, weshalb das Bild eines Nerven erhalten werden kann. Sie treten gewöhnlich aus der ersten und zweiten Kreuzbeinöffnung, sehr selten aus der zweiten und dritten in Verbindung mit zum Plexus ischiadicus führenden Sacralnerven. Der aus der ersten Kreuzbeinöffnung tretende Nerv ist dünner als der hintere. Beim Isoliren des ersten feineren Nerven unter der Lupe, um ihn bis zur Austrittsöffnung zu verfolgen, wurde von mir bemerkt, dass der Ramus communicans des ersten Sacralganglions des sympathischen Geflechts in diesen Kreuzbeinnerven einen kleinen Zweig entsendet. Zum stärkeren konnte ich keinen Ramus communicans gehen sehen. Ausserdem fand ich an folgenden Stellen im Verlauf der Nn. erigentes Nervenzellen: auf der hinteren und den Seitenflächen der Pars membranacea urethrae, in ihrer Bindegewebshülle und in den Fasern, welche, aus dem Plexus hypogastricus kommend, zur Pars membranacea in der Nähe der letzteren treten. Die Zellen sind in den Nerven einzeln oder zu mehreren eingelagert in Form von Ganglien mit vielen Nervenzellen, so dass einige von den Knoten mit unbewaffnetem Auge zu sehen sind; sehr deutlich treten sie in der Gestalt dunkelgelber Punkte nach Bearbeitung des Präparates mit Essigsäure (0·5 Proc.) und Pikrocarmin zu Tage. Aus den beigegebenen Abbildungen lässt sich die Lagerung wie der Charakter der Ganglien am besten ersehen. Ganglion a (Fig. 1) wurde nach Maceration in mit schwacher Chromsäure angesäuertem Wasser und Bearbeitung des Präparates mit Essigsäure und Pikrocarmin isolirt. Fig. 2 stellt die Nerven des Penis und der Harnblase dar. Sie sind unter Wasser nach Einwirkung schwacher Essigsäure

14*

(0·5 Proc.) herauspräparirt. Der Buchstabe f zeigt den N. pudendus welcher zu den Corpora cavernosa geht; bei f'' gehen seine Zweige zu dem membranösen Penistheil, hier vereinigen sich einige von ihnen mit den Zweigen der Nn. erigentes b und c — beide Nn. erigentes, die sich bald in einen Nerv vereinigen; von ihnen ist b — der stärkere hintere, und c — der feinere vordere Nerv. Zum letzteren geht der communicirende Zweig des sympathischen Geflechts. Eine speciellere Beschreibung der Abbildung folgt am Schlusse dieser Arbeit.

In Anbetracht davon, dass der vordere der Nn. erigentes einen Verbindungsast sympathischen Charakters erhält, was beim hinteren nicht der Fall ist, machte ich einige Versuche mit isolirter Reizung des einen oder des anderen Nerven und beobachtete dabei den Grad der Cavernenfüllung mit Blut. Es erwies sich, dass bei elektrischer Reizung des dickeren hinteren Nerven, oder beider Nerven, an den Stellen, wo sie verbunden auftreten, man immer Erectionen unabhängig vom Alter des Hundes erhält. Dagegen beobachtet man bei der Reizung des dünneren vorderen Nerven niemals eine Verstärkung des Anfüllungszustandes der Cavernen mit Blut; im Gegentheil, es findet eine Verminderung desselben statt, so dass wenn durch die Reizung des stärkeren Nerven eine Erection erfolgt, dieselbe durch Reizung des feineren Stammes vermindert oder selbst aufgehoben wird.

Bei der Anordnung der Versuche wurde Folgendes in Betracht gezogen. Den Untersuchungen Eckhard's und Loven's zufolge geht der Volumzunahme des Penis die Menge des durch die Peniscavernen fliessenden Blutes parallel; folglich muss auch der Abfluss des Blutes aus den cavernösen Theilen stärker sein. Aus diesem Grunde schliesse ich nach der Menge des in einer Zeiteinheit aus den cavernösen Theilen fliessenden Blutes, vor und nach der elektrischen Reizung der Nn. erigentes, auf die Zu- und Abnahme des Volumens und den Spannungsgrad des Penis.

Die an Hunden ausgeführten Versuche wurden folgendermaassen angestellt. Dem gefesselten Thiere wurde auf dem Secirtische eine Rückenlage gegeben. Entsprechend dem Endstücke der cavernösen Körper und dem Anfange der Eichelzwiebel, wurde seitlich am Penis ein 5 cm langer Längsschnitt gemacht, und indem man bis zum Seitentheil der beschriebenen Gegend vordrang, fasste man den entblössten Theil des Gliedes mit einem Haken und drehte den Penis um seine Längsachse ein wenig nach innen. Auf solche Weise wird das Anfangsstück einer von den Dorsalvenen des Penis vollkommen freigelegt. Nachdem man die aus den cavernösen Theilen des Penis das Blut herausführende Vene (ihre Dicke ist in dieser Gegend bei Hunden von mittlerer Grösse ungefähr der eines Gänsekiels gleich) vorsichtig isolirt hatte, setzte man in sie ein etwas gebogenes Glasröhrchen, um das Blut bequemer auffangen zu können. Nach dieser Manipulation wurde die Vene durch eine kleine Klemmpincette verschlossen. Während des Versuches wurde das Blut in einer bestimmten Zeiteinheit, um dem Gerinnen desselben vorzubeugen, in Sodalösung von vorher bestimmter Menge (10 ᶜᶜᵐ) aufgefangen. Als nachher die Gesammtquantität der Flüssigkeit gemessen wurde, brauchte man nur die bekannte Menge der kohlensauren Natronlösung von der Gesammtsumme abzuziehen, und hatte so die Quantität des in einer gewissen Zeit aus der Vene geflossenen Blutes. Das Auffangen des Blutes konnte auf mehr als zwei Stunden ausgedehnt werden, wenn man die reine Glascanüle in die Vene an der Austrittsstelle derselben aus den cavernösen Theilen des Penis und nicht in die schon frei gewordene Vene setzte, weil im letzteren Falle das Blut sehr schnell gerann. Diese Anordnung der Versuche ist jedenfalls zweckentsprechender als die nach der Methode von Eckhard und Loven, nach welcher die Corpora cavernosa penis durchschnitten wurden, um die Kraft, mit welcher unter verschiedenen Bedingungen des Versuchs das Blut aus der Durchschnittsstelle hervorströmt, zu bestimmen. In meinen Versuchen konnte ich noch geringe Schwankungen in der ausgeflossenen Menge des Blutes feststellen. So z. B. floss aus der Dorsalvene des Penis des Hundes ohne elektrische Reizung des N. erigens 0·5 ᶜᶜᵐ Blut in 15″; nach elektrischer Reizung des N. erigens, bei einer Entfernung von 200ᵐᵐ zwischen den Rollen des du Bois-Reymond'schen Schlitteninductoriums, in dessen primärem Kreise sich eine Grove'sche Kette befand, schon 0·95 ᶜᶜᵐ Blut in 15″, und bei fortgesetzter Reizung, bei einer Entfernung von 150ᵐᵐ 1·7 ᶜᶜᵐ in 15″.

Ausserdem war in diesen Versuchen das Trauma gleich wie der Blutverlust zu gering (da die Vene zugeklemmt werden konnte), um einen Einfluss auf die Resultate ausüben zu können, während bei den Versuchen von Eckhard und Loven sowohl ein bedeutender traumatischer Eingriff, als ein Blutverlust vorhanden waren. Bei meinen Versuchen trat störend der Umstand ein, dass an jungen und kleinen Hunden das Experimentiren nicht länger als eine Stunde dauern konnte, weil das Blut nach Verlauf dieser Zeit gewöhnlich in der Vene gerann, da letztere in solchen Fällen sehr klein ist und folglich eine sehr dünne Canüle verlangt. Weiterhin konnten sehr geringe Quantitäten des Blutes durch Adhäsion an den Wandungen der Gefässe der Bestimmung entgehen, wodurch die weiter unten angeführten Zahlen um ein Geringes zu niedrig ausfallen mussten. Jedenfalls drücken sie die Schwankungen in der Quantität des aus den cavernösen Körpern des Penis ausgeflossenen Blutes recht genau aus.

Ausserdem könnten möglicher Weise gegen meine Methode noch folgende zwei Einwände erhoben werden.

Erster Einwand. Wird die das Blut aus dem cavernösen Körper führende Vene während des Versuchs zugeklemmt, so wird ja dadurch die Circulation im Penis beeinträchtigt und es kann Erection, in Folge von Blutanstauung, eintreten, wenigstens in jenem Theile des cavernösen Körpers, aus welchem das Blut in die andere nicht geschlossene Vene trat. Dieser Einwand verliert im gegebenen Falle seine Bedeutung durch den anatomischen Bau der cavernösen Körper des Penis und der Urethra, welche beim Hunde unter einander communiciren, so dass, wenn das Blut in der Region der einen Dorsalvene sich ansammeln sollte, es durch zwei tiefer gelegene Venen und die andere Dorsalvene des Penis einen Abfluss finden würde; folglich wird sich sehr leicht in diesem Falle ein collateraler Kreislauf bilden.

Zweiter Einwand. Während der Erweiterung der cavernösen Körper oder der Volumzunahme des Penis, besonders wenn es schnell geschieht, wird aus der Vene nicht mehr, sondern eher weniger Blut, als vor der Schwellung ausfliessen, da ja ein Theil des zufliessenden Blutes zur Schwellung der cavernösen Körper dienen muss. Ein gleiches Verhältniss zwischen dem Penisumfang und der Menge des ausfliessenden Blutes muss auch während der Volumabnahme der Corpora cavernosa eintreten, da das Blut aus denselben in die Venen getrieben wird und folglich ein grösserer Blutabfluss als vor der besagten Abnahme der cavernösen Körper stattfinden muss.

So wird man immer einen directen Zusammenhang zwischen der Grösse der Schwellung der cavernösen Körper bei elektrischer Reizung der Nn. erigentes und der Menge des ausfliessenden Blutes beobachten. Dagegen bemerkt man, dass bei der Reizung derjenigen Nerven, die die Abnahme des Volumens der cavernösen Körper beeinflussen, die Menge des ausfliessenden Blutes geringer wird.

In Betreff meiner Versuche, die die Erection zum Gegenstande hatten, habe ich hier noch hinzuzufügen, dass die Bestimmung der Quantität des aus den Corp. cavernosa ausgeflossenen Blutes unter folgenden Umständen stattfand: 1) ohne Anwendung von Elektricität und irgend welchen in das Blut eingeführten Substanzen; 2) bei elektrischer Reizung des Nn. erigentes und 3) bei Erstickung und bei Anwendung von Atropin, Muscarin und Campher.

I. Zwei Versuche ohne Anwendung von Elektricität und von in das Blut eingeführten Substanzen.

1) Die Tabelle zeigt das Resultat eines Versuches am grossen Hunde. Die Zahl in Cubikcentimetern zeigt die Blutmenge an, welche in 15´ aus der Dorsalvene des Penis ausfloss. Die Minutenzahl giebt die vom Anfange des Versuches verflossene Zeit an.

Vom Anfang des Versuches verflossen	15´	25´	35´	47´	55´	65´	75´
Zahlwerth in Cubikcentimetern	0·3	0·3	0·3	0·4	0·3	0·2	0·2

2) Der Versuch eben angeordnet, nur ist das Versuchsthier kleiner.

Vom Anfang des Versuches verflossen	20´	30´	33´	45´	48´	60´	75´
Zahlwerth in Cubikcentimetern	0·25	0·2	0·25	0·25	0·25	0·3	0·25

Wie man sieht, ist der Abfluss des Blutes durch die Dorsalvene des Penis ohne Anwendung von Elektricität oder von fremden Substanzen im Blute fast regelmässig.

———

II. Hund mittlerer Grösse.

Die Bauchwandungen wurden kreuzförmig durchschnitten wie bei Eckhard und die Nn. erigentes im Becken aufgedeckt. Der Rollenabstand am Schlitteninductorium (ein Grove im primären Kreise) betrug 100—150^{mm}. Die ausgeflossene Blutmenge wurde in der früher angegebenen Weise bestimmt.

1) Ohne Nervenreizung floss aus der V. dors. p. 0.1^{ccm} Blut in 15″.
2) Bei Reizung des hinteren, stärkeren Nerven floss aus 0.3^{ccm} in 15″.
3) Nach der Reizung des dünneren, vorderen Nerven — 0.1^{ccm} in 15″.
4) Nach der Reizung des hinteren Nerven — 0.3^{ccm} in 15″.
5) Nach der Reizung des vorderen Nerven — 0.05^{ccm} in 15″.
6) Nach der Reizung des hinteren Nerven — 0.4^{ccm} in 15″.
7) Nach der Reizung des vorderen Nerven — 0.05^{ccm} in 15″.

Die Rollen wurden von 150^{mm} auf 100^{mm} genähert.

Der zweite Versuch ist ebenso angeordnet, wie der erste.

1) Ohne Nervenreizung erhielt man 0.5^{ccm} Blut in 15″.
2) Bei der Reizung des vorderen Nerven 0.2^{ccm} in 15″.

3) Während der Reizung des hinteren Nerven $1 \cdot 2^{ccm}$ in 15".

4) Während der Reizung des vorderen Nerven $0 \cdot 25^{ccm}$ in 15".

5) Während der Reizung des hinteren Nerven $1 \cdot 0^{ccm}$ in 15".

6) Während der Reizung des gemeinschaftlichen Stammes der Nn. erigentes erhielt man $0 \cdot 9^{ccm}$ in 15".

Auf Grund ähnlicher Versuche glaube ich annehmen zu können, dass nur der aus der zweiten Sacralöffnung entspringende Nerv als N. erigens betrachtet werden kann und dass der aus dem ersten Sacralloch entspringende Nerv ein gemischter ist, indem er sympathische Fasern enthält. Dieser Umstand erklärt, aller Wahrscheinlichkeit nach, die Aussage Eckhard's, dass bei jungen Hunden durch elektrische Reizung des N. erigens keine Erection hervorgebracht wird.

Folgender Versuch spricht dafür, dass das Durchschneiden des N. erigens allein eine Contraction der Gefässe und Cavernen des Penis bewirkt, was auch in dem Falle eintritt, wo die Wandungen der letzteren sich in erweitertem Zustande in Folge vorausgegangener Durchschneidung der Nn. pudendi, befinden.

    Hund mittlerer Grösse.

1) Vor dem Nervenschnitt strömte aus der V. dorsalis penis $0 \cdot 05^{ccm}$ Blut in 15".

2) Nach Durchschneidung beider Nn. pud. 0.4^{ccm} in 15".

3) 20' nach dem Nervenschnitt (Nn. pud.) $0 \cdot 5^{ccm}$ in 15".

4) 35' nach dem Nervenschnitt $0 \cdot 5^{ccm}$ in 15".

5) Nach Durchschneidung beider Nn. erig. $0 \cdot 1^{ccm}$ in 15".

6) 25' nach dem Nervenschnitt $0 \cdot 05^{ccm}$ in 15".

7) 40' nach dem Nervenschnitt $0 \cdot 05^{ccm}$ in 15".

Folglich befinden sich die Corpora cavernosa unter beständigem Nerveneinfluss, wodurch mittels der Nn. erigentes eine beständige Erweiterung der Cavernen unterhalten wird.

Insofern kann die Wirkung des N. erigens in gewissem Sinne der Wirkung des N. vagus auf das Herz gleichgesetzt werden: durch Reiz des peripherischen Stumpfes des ersteren Nerven erhält man eine Erweiterung der Gefässe und der Cavernen des Penis und beim Durchschneiden erfolgt eine Verengerung desselben in Folge des Uebergewichts des die Gefässe und Cavernen contrahirenden Nerveneinflusses; durch Reizung des Vagus erhält man bekanntlich auch eine Diastole, nach der Durchschneidung aber Vermehrung der Herzschläge in Folge des Uebergewichts der die Herzcontractionen bewirkenden Nerven. Versuche an mit Atropin oder Muscarin vergifteten Thieren rechtfertigen noch mehr diesen Vergleich.

III. Versuche mit Atropin.

Folgende Versuche lassen erkennen, dass Atropin die Nn. erigentes lähmt.

Das Versuchsthier ist curarisirt. Die linke Carotis ist mit dem Kymographion in Verbindung gesetzt, der linke N. vagus ist am Halse so freigelegt, dass das periphere Ende einer elektrischen Reizung unterworfen werden konnte. Die Dorsalvene des Penis enthält eine Glascanüle. Es floss aus der letzteren in 15″ — 0·1^{ccm} Blut. Hierauf injicirte man 0.01^{grm} in 2^{ccm} Wasser gelöstes schwefelsaures Atropin in die V. saphena major.

10′ nach der Atropininjection erhält man 0·3^{ccm} Blut in 15″.

18′ nach der Atropininjection erhielt man 0·05^{ccm} Blut in 15″.

20′ nach der Atropininjection erhielt man 0·05^{ccm} Blut in 15″.

Während dieser Zeit bewirkte eine Vagusreizung nicht den gewöhnlichen Erfolg am Kymographion, folglich ist der N. vagus gelähmt. Hierauf durchschnitt man die Bauchwand kreuzförmig, suchte den N. erigens auf und reizte ihn (gewöhnlich bei einem Rollenabstand von 150—50^{mm} mit einem Grove'schen Element im primären Kreise).

30′ nach der Atropininjection erhielt man, während der N. erigens gereizt wurde, 0·3^{ccm} Blut in 15″.

35′ nach der Atropininjection erhielt man, während der N. erigens gereizt wurde, 0·05^{ccm} Blut in 15″.

45′ nach der Atropininjection erhielt man, während der N. erigens der anderen Seite gereizt wurde, 0·05^{ccm} in 15″.

50′ n. d. Atropininjection ohne Nervenreizung — 0·05^{ccm} in 15″.

70′ n. d. Atropininjection bei Nervenreizung — 0·05^{ccm} in 15″.

Zweiter Versuch wie früher angeordnet. Die Blutmenge aus der V. dorsalis penis betrug in 15″:

1) Vor der Atropinvergiftung — 0·05^{ccm}.

2) Nach Injection von 0·01^{grm} Atropin nach 5′ — 0·3^{ccm}; nach 10′ — 0·1^{ccm}; nach 20′ — 0·05^{ccm}. Hiernach blieb der elektrische Reiz ohne Wirkung auf den N. vagus.

3) Oeffnung der Bauchwand:

25′ nach Atropininjection, ohne Reizung, erhielt man 0·05^{ccm}.

30′ nach Atropininjection, mit Reizung der N. erigens — 0·05^{ccm}.

45′ nach Atropininjection, ohe Nervenreizung — 0·05^{ccm}.

50′ nach Atropininjection, mit Nervenreizung — 0·05^{ccm}.

Solcher Versuche sind sechs angestellt; das Resultat blieb gleich. Folglich wird der N. erigens, wie der N. vagus durch Atropin gelähmt. Ein Unterschied existirt in so fern, als der N. erigens später, nämlich 15—30′ nach der Vaguslähmung ergriffen wird.

IV. Versuche mit Muscarin.

Folgende Versuche, die mit schwefelsaurem Muscarin angeführt wurden[1] zeigen, dass dieser sich zum Vagus sehr indifferent verhaltende Körper in ebensolchem Verhältniss zum N. erigens steht.

a) Hund mittlerer Grösse. Die linke A. carotis ist mit dem Kymographion verbunden; in der Dorsalvene des Penis befindet sich eine Glascanüle; die V. saphena major ist behufs der Injection des Giftes herauspräparirt. Vom schwefelsauren Muscarin wurde eine 0·05% wässerige Lösung benutzt. Das Resultat ersieht man aus der Tabelle.

	Bis zur Muscarininjection.	Nach der ersten Muscarininjection von 0·002 gr.		Nach der zweiten Injection von 0·00 gr.		Nach der dritten Injection von 0·008 gr.	
Die nach der Muscarininjection verflossene Zeit	—	1′	8′	1′	5′	30″	3′
Zahl der Herzschläge in 15″ . . .	21	21	39	16	3	5	3
Seitendruck des Blutes in Millimetern	140 mm	80	99	52	66	55	45
Blutmenge, welche aus der Canüle floss in 15″	0·8 ccm	0·1	0·1	0·7	2.2	0·6	0·7

b) Der Versuch ebenso wie vorher angeordnet. Junger, grosser Hund.

	Bis zur Muscarininjection.	Nach der ersten Muscarininjection von 1·001 gr.			Nach der zweiten Injection von 0·002 gr Muscarin.	
Die nach Muscarininjection verflossene Zeit	—	15″	5′	10′	10″	4′
Zahl der Herzschläge in 15″ . . .	33	34	32	32	20	28
Blutdruck in Millimetern	159	84	128	145	54	85
Blutmenge, die aus der Vene in 15″ floss	1·0	0·3	0·3	0·0	1·4	1·0

[1] Das von mir benutzte schwefelsaure Muscarin war in dem pharmakologischen Laboratorium des Prof. Dogiel dargestellt und von demselben auf seine physiologischen Wirkungen geprüft worden.

Aus diesen Versuchen kann der Schluss gezogen werden, dass nach Muscarininjection, der Vagusbewegung parallel, eine Erregung des N. erigens stattfindet, was durch verstärkten Blutausfluss aus den Cavernen sich kennzeichnet.

V. Versuch mit Erstickung.

Aehnlich dem Muscarin wirkt auf Erection die Erstickung, wenn man nach der Blutmenge, welche während derselben aus der Dorsalvene des Penis hervorströmt, urtheilt. Als Beispiel sei hier ein solcher Versuch (Hund) angeführt.

	Vor der Erstickung.	Erstickung des Thieres.					
Die vom Anfange der Erstickung verflossene Zeit	—	40″	1′ 15″	1 30″	2′	2′ 20″	3′
Aus der Vene geflossene Blutmenge in 15″	0·1	0·6	1·7	1·0	0·6	0·3	0·1

VI. Einfluss des Camphers auf Erectionen.

Zum Theil auf klinische Erfahrungen gestützt, nimmt man an, dass der Campher die Erection beeinflusst. Da noch keine Experimentaluntersuchung dieser Frage vorliegt, entschloss ich mich, zur Aufklärung derselben einige Versuche vorzunehmen.

Mit Camphereinführung wurden sechs Versuche, die ein und dasselbe Resultat ergaben, ausgeführt. Bei kleinen Dosen, die beschleunigte Herzcontraction bedingen, erfolgt eine geringere Anfüllung der Corpora cavernosa mit Blut als bei grossen Dosen, welche die Zahl der Herzschläge vermindernd, stärkere Anfüllung der Corpora cavernosa mit Blut bewirken. Zur Bestätigung des Gesagten seien hier einige Versuche angeführt.

1) Junger Hund von mittlerer Grösse. Im Laufe einer halben Stunde nach der Einführung der Canüle in die Vene wurde vier Mal Blut aufgefangen; die Quantität betrug immer 0·1^{ccm}. Hierauf wurde Campher in wässeriger Lösung in die V. saphena eingeführt. Das Resultat zeigt die folgende Tabelle.

	Bis zur Anwendung des Camphers.	Erste Injection von einer kleinen Gabe Campher. 0·002 grm.					Zweite Injection einer grösseren Gabe Campher. 0·009 grm.					
Die seit der Campher-einführung verflossene Zeit	—	15'	18'	20'	22'	26'	15'	20'	27'	40'	50'	60'
Blutmenge, welche in 15'' aus der Vene strömte, in Cubic-centimetern . . .	0·1	0·1	0·05	0·01	0·01	0·05	0·2	0·15	0·2	0·4	0·3	0·5

2) Alter Hund von mittlerer Grösse. Dieser Versuch wurde in allen seinen Theilen in gleicher Weise wie der vorhergehende ausgeführt.

	Bis zur Anwendung des Camphers.	Erste Injection von einer kleinen Gabe Camphers. 0·002 grm.			Zweite Injection von einer grossen Gabe Camphers. 0·008 grm.			
Die seit der Campher-einführung verflossene Zeit	—	15'	20'	22'	12'	20'	30'	65'
Blutmenge, welche in 15'' aus der Vene strömte, in Cubiccentimetern .	0·2	0·2	0·1	0·05	0·2	0·4	0·4	0·3

Aus dem Angeführten über die Erection komme ich zu dem Schlusse, dass man zwei Arten von Nn. erigentes annehmen muss, eine den Blut-fluss zu den Cavernen vermehrende und eine denselben vermindernde (stärkere und feinere Zweige). Die angeführten Versuche sprechen ferner zu Gunsten einer Analogie in der physiologischen Function des N. erigens und des N. vagus. Ausserdem haben anatomische Untersuchungen ge-zeigt, dass im Verlauf des N. erigens ebenso wie in dem des N. vagus im Herzen Nervenzellen eingelagert sind.

Was die Wirkung des Camphers auf die Erection anbetrifft, so sprechen die von mir erlangten und hier zum Theil angeführten That-

---

[1] Während dieser zwei Beobachtungen floss in 15'' so wenig Blut aus der Vene, dass beim Ausmessen die Menge nicht festgestellt werden konnte.

sachen dafür, dass in der ersten Periode (oder bei kleinen Dosen) seiner Wirkung eine Verminderung in der Cavernenfüllung mit Blut zu beobachten ist. Diese Erscheinung fällt wahrscheinlich mit einer Erregung der die Gefässe des Penis verengernden Nerven zusammen. In der zweiten Periode der Camphereinwirkung (oder bei grossen Gaben), bemerkt man dagegen eine vermehrte Blutanhäufung in den Cavernen des Penis. Interessant dabei ist der Umstand, dass die erste Periode der Campherwirkung auf die Erection mit vermehrten, die zweite Periode aber mit verminderten Herzcontractionen zusammenfällt.

Zum Schlusse muss ich meinen aufrichtigen Dank Hrn. Prof. Dogiel für seine vielfache Unterstützung in dieser Arbeit darbringen.

Erklärung der Tafel.

Fig. 1. Ganglion aus der hinteren Fläche der P. membranacea urethrae. (Obj. 5, Oc. 3 von Hartnack.)

    a Gangliöse Nervenzellen.
    b Isolirt liegende Nervenzellen.
    c Nerven.

Fig. 2 stellt Ganglien dar, welche mit unbewaffnetem Auge zu sehen sind und im Vorlauf des N. erigens liegen; ausserdem ist das anatomische Verhältniss des letzteren zum Geschlechtsapparat aus der Figur zu ersehen. Das Präparat wurde mit $1/2\,^0/_0$ wässeriger Essigsäurelösung behandelt.

    A Intestinum rectum.
    B Vesca urinaria.
    C Pars membranacea.
    D Pars cavernosa urethrae.
    E Glans penis.
    F Praeputium.
    G Prostata.
    H Pars bulbosa urethrae.
    J Eichelbulbus nach Eckhard.
    a N. erigens und seine Fasern zum Pars membranacea verlaufend.
    a' Fasern zum Rectum.
    a'' Fasern zur Harnblase und Prostata.
    b Dicker hinterer Nerv, und
    c Feinerer vorderer Nerv von den Nn. erigentes.
    d Nervenzweig aus dem Plexus mesenterius inferior.
    ee Ganglien, die nach der Behandlung des Präparates mit Essigsäure hervortraten.
    f Nervus pudendus.
    f' Verbindungsfasern des N. pudendus mit N. orig.
    I V. dorsalis penis, die beim Versuch behufs Canüleneinstellung in das peripherische Ende durchschnitten wurde.
    II A. dorsalis penis.

Ueber die Ursache der Geldrollenbildung im Blute des Menschen und der Thiere.

Von

Johann Dogiel
in Kasan.

(Hierzu Taf. VII.)

Bekanntlich besitzen die Blutkörperchen verschiedener Thiere und des Menschen die Eigenschaft sich in Reihen anzuordnen, die unter dem Namen „Geldrollen" bekannt sind. Die vorliegende Arbeit hat zum Zweck die verschiedenen Aneinanderlagerungen der rothen Blutkörperchen genauer zu studiren und die Bedingungen, unter denen die genannten Figuren auftreten, aufzudecken.

Entnimmt man einen Tropfen Blut vom Frosch oder von einem anderen Thiere oder vom Menschen direct dem Gefässe und beobachtet unter dem Mikroskop (Syst. 7. Ocul. 3, Hartnack) die frei schwimmenden Blutkörperchen, so bemerkt man leicht, dass letztere sich zu verschiedenen Figuren aneinanderlagern. Eine ähnliche Geldrollenbildung bemerkt man auch an defibrinirtem Blute. Die Bildung solcher Figuren im Blute der Fische (Hecht), des Frosches und der Vögel (Taube), ist eine langsame und unvollständige. Fig. 2 und 3 stellt Froschblutkörperchen dar, die direct dem Herzen entnommen waren. Aus dieser Figur ersieht man, dass die Blutkörperchen so gruppirt sind, dass sie einander theilweise decken. Eine ähnliche Aneinanderlagerung bemerkt man im Blute der Vögel (Taube — Fig. 5). Die verschiedenen Gruppirungen der Blutkörperchen des Hundes und des Menschen sind in den Figg. 6 und 7 abgebildet. Aus dieser letzten Figur ersieht man, dass die Geldrollenbildung im Säugethierblut eine mannigfaltigere und vollständigere ist, als im Froschblut. Eine schwimmende Geldrolle des Säugethieres nimmt

manchmal eine Stellung ein, bei der sie nur aus einem Blutkörperchen
zu bestehen scheint. Die Geldrollen im nicht defibrinirten Blute des
gesunden Menschen, des Hundes und des Kaninchens erscheinen fast
momentan, nach Anfertigung des Präparats.

Der erwähnte Unterschied in der Geldrollenbildung bei verschiedenen
Thieren und beim Menschen, hängt zum Theil von der verschiedenen
Structur der Blutkörperchen ab. Die rothen Blutkörperchen der Fische,
des Frosches und der Vögel unterscheiden sich von den Blutkörperchen
der Säugethiere und des Menschen dadurch, dass erstere in der Mitte
eine dem Kern entsprechende Convexität besitzen (Fig. 1), während die
letzteren in der Mitte concav sind (Fig. 6a). Berücksichtigt man diesen
Unterschied in der Form der Blutkörperchen, so wird es klar, warum die
Geldrollenbildung im Blute des Frosches und der Taube eine andere ist,
als an den Blutkörperchen des Hundes und des Menschen. Es ist jedoch
unmöglich, durch die Unterschiede in der Form und in der Grösse der
Blutkörperchen die näheren Ursachen der Geldrollenbildung überhaupt
klar zu legen. Welcker und andere Forscher, die sich mit dieser Frage
beschäftigt haben, glauben eine Erklärung der in Rede stehenden Erscheinung gefunden zu haben in der physikalischen Eigenschaft frei
schwimmender kleiner Plättchen sich gegenseitig anzuziehen. Zu Gunsten
dieser Erklärung führt Ranvier[1] den Umstand an, dass die Geldrollenbildung auch in defibrinirtem Blute auftritt, die Blutkörperchen rücken
aber leicht auseinander sobald man einen Druck auf das Deckgläschen
ausübt, bei aufgehobenem Druck kleben sie wieder aneinander. Die
Wahrscheinlichkeit dieser Erklärung wird noch gestützt durch den Umstand, dass die Blutkörperchen des Hechtes, des Frosches und der Taube,
deren Form der Plättchenform nicht vollkommen entspricht, auch unvollständige Geldrollenbildung zeigen. Blutkörperchen des Menschen, die
durch Temperatureinflüsse oder andere Agentien ihre normale Form eingebüsst haben, verlieren mehr oder weniger vollständig die Fähigkeit sich
zu Geldrollen zu gruppiren. Rollet[2] hat gezeigt, dass die Elasticität
die Form der Blutkörperchen ändert und den Zerfall der Geldrollen bedingt.

Meine Untersuchungen überzeugten mich, dass die Grösse und die
Scheibenform der Blutkörperchen nicht genügen, um die Bildung der
Geldrollen im defibrinirten und nicht defibrinirten Blute zu erklären.
Diese meine Ansicht wird durch folgende Data gestützt.

[1] L. Ranvier's technisches Lehrbuch der Histologie. Uebersetzt von Dr. W.
Nicati und Dr. H. von Wyss in Zürich.
[2] Rollet, Ueber die successiven Veränderungen, welche elektrische Schläge
an den rothen Blutkörperchen hervorbringen. Sitzungsberichte der math.-naturwiss.
Classe der kaiserl. Akad. der Wissenschaften. Bd. L, Abth. II. 1865.

Wenn die Geldrollenbildung nur von der Grösse und Scheibenform der im Blutplasma frei schwimmenden Blutkörperchen abhinge, so müsste man erwarten, dass diese Erscheinung immer auftritt, so lange die oben erwähnten physikalischen Eigenschaften der Blutkörperchen erhalten sind. Diese Voraussetzung tritt aber nicht ein, weder beim Blut des Menschen, noch der einen oder anderen Thierspecies. Es scheint, dass die in Rede stehende Eigenschaft der Blutkörperchen von dem Geschlecht, von dem Alter und Gesundheitszustand des Menschen und der Thiere abhängt. Ausserdem erhalten sich die Geldrollen lange Zeit nachdem die Blutkörperchen ihre Form unter dem Einfluss der Luft oder anderer Agentien verändert haben (Figg. 6 und 7). Die im Blutpräparat schwimmenden Ketten der Blutkörperchen (Mensch, Hund) zerreissen nicht leicht, werden aber ausgezogen, verlängert (Fig. 7). Bei starker Zerrung einer solchen Kette zerreisst sie allerdings, dabei kommt aber ein dünner, die Blutkörperchen verbindender Faden zur Beobachtung (Fig. 7). Diese dünnen Fäden sind um so leichter zu beobachten, je rascher die Kettenbildung vor sich ging. Ausser der einfachen Attraction, die in Folge der physikalischen Eigenschaft der kleinen in einer Flüssigkeit schwimmenden Scheiben auftritt, muss noch eine klebrige Substanz zwischen den letzteren angenommen werden, was zum Theil bereits Robin[1] ausgesprochen hat. Dass die Substanz Fibrin ist, wird dadurch bewiesen, dass diese „Geldrollen" in defibrinirtem Blut nicht so rasch und nicht in solcher Menge erscheinen wie im Blut, das direct dem Gefässe entnommen ist. Ausserdem ist bekannt, dass auch aus defibrinirtem Blut Fibrin ausgeschieden werden kann. Alle Bedingungen, die die Fibrinbildung im Blut verlangsamen, verlangsamen auch die Geldrollenbildung. Wenn man z. B. einen Frosch in eine 10% wässerige Chlornatriumlösung bringt und so lange darin lässt, bis eine Linsentrübung (künstlicher Katarakt) eintritt und darauf das dem Herzen entnommene Blut untersucht, so erweist sich, dass die Blutkörperchen die Fähigkeit verloren haben sich zu Ketten aneinander zu lagern (Fig. 8). Wenn sich die in der Flüssigkeit schwimmenden Blutkörperchen manchmal berühren, so trennen sie sich wiederum sehr leicht, sobald sich die Flüssigkeit bewegt (Fig. 8a). Dasselbe geschieht mit dem Blute des Hundes und anderer Säugethiere, wenn man es direct aus der Carotis in eine Lösung von kohlensaurem Natron (in einer Concentration wie sie gewöhnlich bei manometrischen Versuchen über Blutdruck benutzt wird) fliessen lässt; es tritt weder Gerinnung, noch „Geldrollenbildung" ein (Fig. 9). Tödtet man einen Hund

---

[1] Robin, Sur quelques points de l'Anatomie et de la Physiologie des globules rouges du sang. *Archives de Physiologie de Brown-Séquard*. 1858.

durch Erstickung, so behalten die Blutkörperchen noch die Fähigkeit sich zu gewissen Figuren aneinanderzulagern; diese Figuren bilden sich aber langsam und nicht so vollständig, wie vor der Erstickung. Diese Erscheinung tritt übrigens schärfer hervor bei nicht ganz jungen Hunden, deren Blut nach der Erstickung gewöhnlich langsamer gerinnt. Untersucht man das Blut eines Hundes vor und nach der Vergiftung durch Alkohol (bis zur völligen Berauschung), so überzeugt man sich, dass die Geldrollenbildung im vergifteten Blut viel langsamer eintritt. Nach Rollet's Untersuchungen[1] behält das mit Kohlenoxyd vergiftete Blut die Fähigkeit zu gerinnen, ebensowenig büssen in diesem Falle die Blutkörperchen die Fähigkeit zur Kettenbildung ein. Die Elektricität zerstört, wie Rollet gezeigt hat, die Geldrollen, weil sie die Blutkörperchen zerstört. Leitet man Sauerstoff durch defibrinirtes Blut, so kann man die Bildung der Geldrollen beschleunigen, dasselbe geschieht durch Ozon, aber nur im Beginn der Wirkung, so lange Form und Grösse der Blutkörperchen erhalten sind.

Man sieht also, dass alle Bedingungen, durch welche die Gerinnbarkeit des Blutes erhöht wird, auch auf die Geldrollenbildung von Einfluss sind und umgekehrt.

Die Substanz, welche die Blutkörperchen aneinanderkettet, kann nichts anderes als Fibrin sein.

Wenn meine Erklärung richtig ist, so kann die in Rede stehende Erscheinung als diagnostisches Moment bei einigen mit Respirations- und Circulationsstörungen einhergehenden Krankheitsformen benutzt werden. In verschiedenen Krankheiten, wo die Ernährung und Oxydirung des Blutes gestört ist, muss die Geldrollenbildung ganz fehlen, oder die Aneinanderlagerung der Blutkörperchen im Blutpräparat eine andere sein. Die Literatur enthält schon einige Fingerzeige in dieser Richtung. Bei Heidenreich[2] findet man folgenden Passus: „Häufig beobachteten „wir, dass die rothen Blutkörperchen, statt sich zu Geldrollen zu ver-„einigen, in unregelmässigen Gruppen sich sammelten. Meistentheils „fand dieses bei fieberhaften Zuständen statt“. An einer anderen Stelle „citirt der genannte Autor Murchison, nach welchem „bei Typhus „exanthematicus das Blut sehr flüssig war, die rothen Blutkörperchen „gewöhnlich gefurcht erscheinen und unregelmässige Formen hatten. „Auch verloren sie die Eigenschaft. sich in Geldrollenform zu gruppiren“.

Einige Beobachtungen, die ich an Kranken in den Kliniken des

---

[1] A. a. O.

[2] *Dr. L. Heidenreich*, *Klinische und mikroskopische Untersuchungen über den Parasiten des Rückfallstyphus.* Berlin 1877, 8. 8 und 9.

Prof. Subotin und Winogradoff gemacht habe, bestätigen meine oben ausgesprochene Vermuthung über die Bildung der Geldrollen im Blut aus einer Stichwunde. Bei einem Kranken mit Lungenentzündung, aus der Klinik des Prof. Subotin, beobachtete ich eine fast momentane Bildung der Geldrollen mit rascher Ausscheidung von Fibrin, während bei einem an Lungentuberculose leidenden Patienten aus der Klinik von Prof. Winogradoff, die Blutkörperchen aus einer Stichwunde eine ganz andere Lagerung zeigten, als es beim gesunden Menschen der Fall ist. Solcher Beobachtungen an Kranken besitze ich vorläufig sehr wenige, sie können daher auch nicht zu Schlussfolgerungen benutzt werden.

Aus den hier niedergelegten Beobachtungen schliesse ich, dass die nächste Ursache der Geldrollenbildung im Blute des Menschen und der Thiere nicht von der Form und Grösse der Blutkörperchen, sondern hauptsächlich von einer klebrigen Substanz — dem Fibrin, abhängt.

Schliesslich scheint die „Geldrollenbildung" im Blute des Menschen von dem Gesundheitszustand abzuhängen und kann somit als diagnostisches Mittel bei gewissen Krankheitsformen benutzt werden.

Zur Lehre der Innervation der Lymphherzen.

Von

Dr. med. M. L. Scherhej
aus Russland.

———

Die Frage, wo das Centrum der Lymphherzen gelegen ist, ob im Centralnervensystem oder analog dem Blutherzen in den Lymphherzen selbst, kann durch die bisherigen Untersuchungen noch nicht als gelöst betrachtet werden. Der erste Versuchsweg zur Entscheidung dieser Frage wäre der, zu prüfen, ob die vom Centralorgan getrennten Lymphherzen ihre Bewegungen, analog dem Blutherzen, weiter fortsetzten oder einstellten. Im ersteren Falle wäre der Beweis geliefert, dass das Centrum im Centralnervensystem zu suchen sei. Dieser Versuch ist schon von Volkmann[1] gemacht worden; er durchschnitt die Medulla beim Frosch und beobachtete, dass die Lymphherzen unbehindert weiter pulsirten. Trennte er dagegen die Lymphherzen von jeder Verbindung mit dem Rückenmarke, so beobachtete er einen sofortigen Stillstand der vier Lymphherzen. Er zog nun hieraus den Schluss, dass das Centrum für diese Herzen im Rückenmark zu suchen sei. Eckhard[2] machte dann auf den von Volkmann übersehenen Umstand aufmerksam, dass der Stillstand nach Isolirung der Lymphherzen vom Rückenmarke nur ein vorübergehender sei, die Pulsationen kehrten nach kürzerer oder längerer Zeit wieder zurück. Eckhard behauptete daher, dass die Centren für die Lymphherzen in dem Herzen selbst liegen, ganz analog dem Blutherzen. Den Stillstand der Lymphherzen unmittelbar nach ihrer Isolirung vom Rückenmarke suchte er in der Weise zu erklären, dass im

[1] Dies *Archiv*, 1844, S. 419.
[2] Henle und Pfeuffer, *Zeitschrift für rationelle Medicin*. 1850. Bd. IX.

Rückenmarke Centren für die Herzen vorhanden seien, welche durch gewisse Nerven hemmend auf die Herzen wirken. Werden die Hemmungsnerven stark gereizt, wie bei der Trennung der Lymphherzen vom Rückenmarke, so erfolgt zunächst Stillstand der Herzen.

Diese wichtige Thatsache könnte aber nur dann beweisen, dass das Centrum für die Lymphherzen im Herzen selbst sich befinden, wenn nachgewiesen wäre, dass dieses Phänomen der wiederkehrenden Bewegungen bei jedem vom Rückenmarke getrennten Herzen wahrzunehmen sei und dass diese wiederkehrenden Bewegungen wirkliche Pulsationen und nicht etwa nur Zuckungen sind, wie dies Heidenhain behauptet. Kommen aber diese wiederkehrenden Bewegungen nur in seltenen Fällen vor und haben sie auch nicht den Charakter einer Pulsation, so würde dieses dafür sprechen, dass das Centrum im Rückenmarke zu verlegen ist.

Da demnach die Lehre von der Innervation der Lymphherzen noch nicht genügend aufgeklärt schien, habe ich unter gütiger Leitung des Hrn. Professor Munk, für dessen freundliche Unterstützung ich meinen besten Dank abstatte, in seinem physiologischen Laboratorium eine Versuchsreihe angestellt, deren Resultate in Kürze mitgetheilt werden sollen.

Behufs Lösung der Frage, ob jedes vom Rückenmarke getrennte Herz wieder zu pulsiren anfängt, nachdem es bereits stillgestanden hat, wiederholte ich zuerst die schon gemachten Isolirungsversuche.

Die vom Rückenmarke isolirten Lymphherzen standen in der Mehrzahl der Fälle still und blieben auch dauernd bewegungslos. In sehr seltenen Fällen traten jedoch kleine Bewegungen ein. Diese Bewegungen trugen mehr den Charakter einer Pulsation als einer Zuckung, wenn sie auch viel kleiner und unregelmässiger waren, als die Pulsationen vor Trennung der Herzen vom Rückenmarke. Dieses Resultat machte es wahrscheinlich, dass das Centrum der Herzen in das Rückenmark zu verlegen sei. Die erneuten Bewegungen, welche nach Aufhebung des Zusammenhanges der Lymphherzen mit dem Rückenmarke sich nur in der Minderzahl der Fälle einstellen, rühren, wie sich zeigen lässt, her von der Eintrocknung der Organe und von dem Reize der äusseren Luft auf die Nerven oder auf die Ganglien, die nach der Behauptung von Waldeyer in den Organen selbst oder in der Umgebung derselben sich befinden. Isolirt man nämlich die Lymphherzen und bringt sie sofort unter mit feuchtem Papier ausgelegte Glasglocken, so zeigte sich die Zahl der Lymphherzen, bei denen nach dem Stillstand Bewegungen wieder eintreten, ausserordentlich vermindert, gegenüber denen, welche bei trockener Luft ihre Bewegungen wieder aufnahmen. Dieses Resultat spricht mit grosser Wahrscheinlichkeit dafür, dass die wiederkehrende Bewegung durch äussere

Einflüsse hervorgerufen wird. Wir würden noch mehr zu dieser Annahme berechtigt sein, wenn wir den directen Beweis liefern könnten, dass die Lymphherzen, die nach der Aufhebung ihres Zusammenhanges mit dem Rückenmarke stillstanden, wieder zu schlagen anfangen, sobald man experimentell einen Reiz auf sie wirken lässt. Diesen Beweis zu liefern ist mir in der That gelungen.

Nachdem eine grosse Anzahl von Lymphherzen vom Rückenmarke isolirt und zur Ruhe gekommen waren und in diesem Zustande längere Zeit verharrten, wurden sie mit dem Finger oder mit der Sonde gereizt; sofort begannen die Pulsationen; auch ein Wasserstrahl hatte denselben Effect. Auf einen Reiz erfolgten gewöhnlich mehrere Pulsationen, bald darauf Stillstand, bei erneutem Reize wiederum mehrere Pulsationen und abermaliger Stillstand u. s. f. Selbst nachdem die Herzen 24 Stunden lang stillgestanden hatten, gelang es noch, in der angegebenen Weise, manche wieder in Bewegung zu versetzen. Ob in den Herzen wirklich Ganglien vorhanden sind, deren Reizung die Pulsationen zur Folge hat, oder ob es nur die peripheren Nerven allein sind, die durch einen sie treffenden Reiz die Lymphherzen schlagen machen, bleibt zunächst dahin gestellt. Es geht jedenfalls aus unseren Versuchen soviel hervor, dass, wenn Ganglien im Lymphherzen vorhanden sind, sie nicht automatisch wirken, sondern nur auf Reize functioniren. Auf einen schwachen Reiz erfolgen nur wenige unregelmässige Bewegungen der Lymphherzen und man kann sich wohl vorstellen, dass die Luft im Stande ist, auf die Ganglien oder die Nerven der Lymphherzen einen solchen Reiz auszuüben und diese so zu kleinen Bewegungen zu veranlassen; hat jedoch der Reiz eine gewisse Stärke erlangt, wie bei unseren Versuchen, so erhält man vollständig regelmässige Pulsationen. Die Centren, denen die Rolle zuzutheilen ist, einen andauernden starken Reiz auf die Lymphherzen auszuüben und so diese in stetiger rhythmischer Pulsation zu erhalten, sind demnach im Rückenmark zu suchen. Lymphherzen ohne Rückenmark wären also trotz ihrer selbständigen Centren vollständig wirkungslos, weil der vom Rückenmark ausgehende Impuls fehlt, der die Bewegung der Lymphherzen auslöst.

Auch eine andere Art des Versuches, nämlich der Versuch mit der Zerstörung des Rückenmarkes, den Volkmann gemacht hat und ich vielfach wiederholt habe, bestätigt zur Genüge die Richtigkeit meiner Behauptung. Auch hier waren es nur eine geringe Zahl von Herzen, die nach der Zerstörung des Markes wieder zur Bewegung zurückkehrten. Diese Zahl war aber grösser, als die Zahl der pulsirenden Lymphherzen bei den Isolirungsversuchen. Da dieser Widerspruch nur durch eine ungenügende Zerstörung des Rückenmarkes erklärlich schien, so zerstörte ich nochmals das Rückenmark mit der Sonde und es stellte sich heraus, dass jetzt nur in ungefähr eben so viel Fällen Bewegungen wieder eintraten, als bei der Isolirung. Diese Zahl liess sich noch verringern, wenn man die Präparate sofort nach der Zerstörung des Rückenmarkes unter eine mit feuchtem Papier ausgelegte Glocke brachte. Die Resultate bei der Zerstörung des Rückenmarkes stimmen also überein mit denen bei der Isolirung.

Wenn auch diese Versuche mit grösster Wahrscheinlichkeit ergeben, dass der Sitz der Bewegscentren im Rückenmarke gelegen ist, hielt ich doch die Frage erst dann für vollständig gelöst, wenn es gelang, einen directen Beweis für unsere Behauptung beizubringen. Hatten wir in unseren bisherigen Versuchen bei Zerstörung des Rückenmarkes Stillstand der Lymphherzen gesehen, so stand zu erwarten, dass bei Erregung des Markes die Lymphherzen in beschleunigte Pulsation versetzt werden würden. Die Erregung des Markes lässt sich einmal durch directen Reiz herbeiführen und zweitens durch Einbringung gewisser Gifte, z. B. Strychnin und Picrotoxin. Bekanntlich erhöht Strychnin die Reflexerregbarkeit, d. h. die Erregbarkeit der motorischen Centren des Rückenmarkes derart, dass beim geringsten, schliesslich selbst gar nicht nachweisbaren Reize, energischer Tetanus eintritt. Ist nun meine vorher aufgestellte Behauptung, den Sitz der motorischen Centren im Rückenmarke betreffend, richtig, so müssten bei einem Frosch, dem man Strychnin injicirte, die Lymphherzbewegungen beim Eintritt des Tetanus sich beschleunigen. Zur Veranschaulichung dieser Verhältnisse greife ich aus meinen Versuchsprotokollen ein Beispiel heraus. Beim Frosch werden die hinteren Lymphherzen frei gelegt, diese machen 18—20 Pulsationen in einer viertel Minute; alsdann Injection von mässigem Quantum Strychnin unter die Brusthaut, 8 Minuten darauf Tetanus, während desselben die Pulsationen der Lymphherzen äusserst beschleunigt, auch unmittelbar danach war die Beschleunigung der Pulse noch deutlich bemerkbar (ungefähr 27—28 Pulsationen in $^1/_4$ Minute), die Respirationen waren nach dem Tetanus ebenfalls noch sehr beschleunigt. So lange die Zuckungen schnell aufeinander folgten, so lange hielt die Beschleunigung der Lymphherzen und der Respiration ziemlich an. Als weiterhin nur auf Application von Reizen Zuckungen eintraten, nahmen die Pulsationen und Respirationen in dem Zeitraum zwischen einem Tetanus und dem nächstfolgenden ab, während die Pulsationen beim Tetanus und unmittelbar darauf stets beschleunigt waren. Die Respiration war immer nur nach dem Tetanus beschleunigt. Späterhin trat bei Fröschen, denen man eine ziemlich grosse Dose Strychnin injicirte, stets ein Stadium der Erschlaffung ein, in welchem der Frosch auf keinen Reiz in Tetanus verfiel, die Respiration war immer vollständig sistirt; der Frosch lag wie todt da, jetzt standen auch die Lymphherzen ganz still. Oeffnet man nunmehr die Brusthöhle, so sieht man das Blutherz in normaler Weise pulsiren. Lässt man einen solchen mit Strychnin vergifteten Frosch so lange liegen, bis er sich so weit erholt hat, dass er auf Reize wieder reagirt und in Tetanus verfällt, so treten auch die Pulsationen der Lymphherzen wieder ein. Man beobachtete verschiedene Grade von Erholung; der Frosch kann sich so weit erholen, dass er auch ab und zu von selbst eine Respiration macht, hier constatirt man auch hin und und wieder eine pulsirende Bewegung der Herzen. Uebt man auf einen solchen Frosch einen Reiz aus, so geräth er in starken Tetanus und die Lymphherzen pulsiren dabei energisch und frequent. Die Respiration ist auch nach dem Tetanus viel beschleunigter und deutlicher. Nach Aufhören des Tetanus standen die Herzen entweder ganz still oder machten nur hin und wieder eine sehr kleine Bewegung, gleichzeitig war auch eine kleine Respirationsbewegung wahrzunehmen. Bei anderen Fröschen besteht die Erholung nur darin, dass sie auf Reize reagiren und zwar jedesmal mit Tetanus. Pulsationen kamen in diesen Fällen auch nur während des Tetanus und unmittelbar darauf vor, ebenso treten hier die Respirationen nur nach dem Tetanus ein. Nach dem Tetanus bewegten sich die Lymphherzen eine kürzere oder längere Zeit, dann erfolgte Stillstand, bis irgend ein Reiz den Frosch von Neuem in Tetanus versetzte und die Lymphherzen und Respirationsorgane wieder ihre Thätigkeit aufnahmen. Diesen Versuch wiederholte ich ausnahmslos mit demselben Erfolg. Dieses verschiedene Verhalten in den drei verschiedenen Stadien eines mässig mit Strychnin vergifteten Frosches, nämlich: die beschleunigte Bewegung der Lymphherzen im ersten Stadium der spontan eintretenden Zuckungen, dann der Stillstand der Herzen im zweiten Stadium, dem Stadium der Erschlaffung, und endlich die wiederkehrende Bewegung im dritten Stadium, dem Stadium der Erholung, beweisen auf's Schlagendste, dass die Bewegungen der Lymphherzen von motorischen Centren im Rückenmark abhängig sind.

Eine weitere Bestätigung wird durch folgenden Versuch geliefert. Durchschneidet man das Kreuzbein bei strychninisirten Fröschen, nachdem ein einmaliger Tetanus eingetreten war, so erfolgte ein dauernder Stillstand der Herzen, sogar während eines stetig anhaltenden Tetanus.

Injicirt man, um eine sehr schnelle Vergiftung hervorzurufen, eine sehr grosse Dosis Strychnin, so bekommt der Frosch schon nach 1 Minute einen schwachen Tetanus, während desselben Beschleunigung der Lymphherzenpulsation. Danach liegt er wie leblos da; keine spontane Respiration mehr, keine Reaction auf Reize, dauernder Stillstand der Lymphherzen.

Dagegen sieht man das frei gelegte Blutherz normal und kräftig pulsiren. Bei so grossen Dosen Strychnin trat Erholung nicht mehr ein. Dieser Versuch zeigt also, dass bei einer grösseren Dose Strychnin, die das Rückenmark sehr schnell lähmt, die Lymphherzen nur während des Tetanus, der ein oder zweimal auftritt, pulsiren und nachher für immer stillstehen. Dieser schnell und für immer eintretende Stillstand der Lymphherzen kann doch wohl nur in Lähmung des Rückenmarkes seinen Grund haben.

Modificirt man diesen Versuch in der Weise, dass man dem Frosch nur ein sehr kleines Quantum Strychnin injicirt, in der Absicht, dem zweiten Stadium, dem der vollständigen Erschlaffung oder Lähmung, das bei einer grossen Dosis Strychnin eintritt, vorzubeugen, so beobachtet man ebenfalls drei verschiedene Stadien, aber diese sind von ganz anderem Charakter. Das erste Stadium nach der Injection, in welchem die Zuckungen von selbst, d. h. nicht durch einen nachweisbaren peripheren Reiz hervorgerufen, eintreten, möchte ich bezeichnen als das Stadium der selbständigen Zuckungen. In diesem Stadium sind die Pulsationen während und unmittelbar nach dem Tetanus sehr beschleunigt, ebenso sind die Respirationen bedeutend vermehrt. Später tritt ein zweites Stadium, das der unvollständigen Erschlaffung, ein. Hier treten Zuckungen nur auf nachweisbare Reize auf; der Frosch unterscheidet sich scheinbar in nichts von einem normalen Thiere; er ist aller seiner Functionen mächtig, nur in abgeschwächtem Grade; er athmet ruhig aber langsam, bewegt sich frei, nur nicht mit gleicher Energie, wie vor der Injection, auch die Lymphherzbewegungen sind deutlich verlangsamt. Im dritten Stadium der viel weniger vollständigen Erholung, zeigt sich zwar noch in so fern die voraufgegangene Strychnininjection von Wirkung, als der Frosch auf kräftige Reize noch immer mit Tetanus antwortet. Die Athmung und die Bewegung der Lymphherzen sind während dieses ganzen Stadiums beschleunigt.

Ziehen wir nun aus unseren Versuchen mit Injection von Strychnin den Schluss, so ergiebt sich, dass erstens volle Analogie zwischen Respiration und Lymphherzbewegungen besteht. dass zweitens bei Einwirkung einer kleinen Dose von Strychnin, welche die Erregbarkeit der Centren erhöht, die Lymphherzen in beschleunigte Pulsationen gerathen, während das Blutherz unbeeinflusst in normaler Pulsation beharrt, dass drittens, nachdem durch grösse Dosen von Strychnin eine vollständige Lähmung des Rückenmarkes erzielt worden, die Bewegungen der Lymphherzen gänzlich sistiren, das Blutherz ungehindert weiter pulsirt. Alles dies beweist unzweifelhaft, dass die motorischen Centren der Lymphherzen im Rückenmark ihren Sitz haben.

Einen zweiten directen Beweis für unsere Behauptung giebt folgender Versuch. Durchschneidet man nach Freilegung der hinteren Lymphherzen die Medulla ablongata, so stehen die Lymphherzen einige Augenblicke still, pulsiren aber dann mit grosser Beschleunigung, die jedoch nur einige Augenblicke anhält, um dann einem normalen Pulse Platz zu machen. Darauf fangen die Pulsationen an, nach und nach sich zu vermindern, wahrscheinlich durch die fortwährende Abnahme der Functionsfähigkeit des Rückenmarkes. Die Pulsationen nehmen von Stunde zu Stunde immer mehr ab, endlich erfolgt vollständiger Stillstand. Berührt man nunmehr eine Stelle der Schnittfläche von der Medulla mit der Sonde, so beginnen diese sofort zu pulsiren und zwar antworten die Herzen auf jeden Reiz mit je 4—5 kräftigen Pulsationen. Diese Versuche wurden stets mit demselben Resultate wiederholt. Bei manchen Lymphherzen, die sehr frühzeitig zu pulsiren aufhörten, kehrten die Bewegungen wieder, sobald die Medulla in der angegebenen Weise gereizt wurde, andere, die nie vollständig zu pulsiren aufgehört hatten, sondern nur schwächer, langsamer und unregelmässiger geschlagen hatten, fingen auf Berührung des Rückenmarkes mit der Sonde auf's kräftigste zu pulsiren an. Würden die motorischen Centren im Lymphherzen selbst liegen und nur die Hemmungscentren im Rückenmark ihren Sitz haben, so könnten doch unmöglich die in Stillstand versetzten Lymphherzen auf mechanische Reizung des Rückenmarkes hin in neue Bewegungen gerathen. Im Gegentheil müssten die noch pulsirenden Lymphherzen auf Reizung des Markes ihre Bewegungen sistiren.

Erwähnen wir schliesslich noch eines Experimentes, das von ganz anderen Principien ausgehend, uns genau zu demselben Resultat geführt hat. Die vorderen Lymphherzen werden bekanntlich vom Nervus brachialis versorgt. Ich durchschnitt nun den N. brachialis möglichst weit von der Wirbelsäule entfernt, in der Gegend der Achselhöhle; die Lymphherzen pulsirten weiter, sogar in beschleunigtem Tempo. Ich reizte alsdann das centrale Ende dieses Nerven; die Frequenz nahm noch zu. Als aber der N. brachialis unmittelbar neben der Wirbelsäule durchschnitten wurde, standen die Lymphherzen still und nahmen ihre Pulsationen nicht wieder auf. Die Erklärung für dies entgegengesetzte, sich scheinbar widersprechende Resultat bei Durchschneidung des N. brachialis an verschiedenen Stellen lässt sich nur in der Weise geben, dass bei Durchschnedung des N. brachialis an einer von der Wirbelsäule sehr entfernten Stelle, damit noch nicht der Zusammenhang der Lymphherzen mit dem Rückenmark aufgehoben ist, da der Zweig des Brachialis, der die Lymphherzen versorgt, schon vorher oberhalb des Schnittes zu ihnen getreten ist; die Lymphherzen stehen also noch

in Verbindung mit dem Rückenmark und die eingetretene Beschleunigung
rührt von dem Reize her, den der Nerv beim Durchschneiden erfährt. Aus
gleichem Grunde erfolgt auf Reiz des centralen Endes eine Beschleunigung
der Pulse. Geschieht aber die Durchschneidung noch an der Wirbelsäule,
so hat man damit den Connex der Lymphherzen mit dem Rückenmarke
aufgehoben; es erfolgt augenblicklicher Stillstand, ein neuer Beweis für
das Rückenmark als den Träger der motorischen Centren für die Lymphherzen. Ich will bemerken, dass ich, nachdem ich dies Experiment
häufig wiederholt hatte, nur bei der Mehrzahl der Fälle das geschilderte
Resultat erhalten habe; Stillstand erfolgt freilich in allen Versuchen, in
einigen zeigte jedoch das Herz kurze Zeit nach erfolgtem Stillstand er-
neute Bewegungen, die weit kleiner und unregelmässiger waren als vor
Durchschneidung des Nerven. Ich möchte diese wiedereintretenden Bewegungen vergleichen mit den zurückkehrenden Pulsationen der Lymphherzen nach Zerstörung des Rückenmarkes.

Ein Beitrag zur Physiologie der Athmung und der Vasomotion.

Von

Dr. Wilhelm Filehne,
ausserord. Professor an der Universität Erlangen.

— ·· ·

Aus dem physiologischen Institut zu Erlangen.

Im *Archive für experimentelle Pathologie und Pharmakologie* wird demnächst eine Arbeit von mir über die Wirkung des Morphins auf die Athmung erscheinen. Die betreffende Untersuchung hat mich zu einigen Thatsachen und Gesichtspunkten geführt, die ich gesondert an dieser Stelle mittheilen möchte. Da aber in der erwähnten Abhandlung auch der physiologische Theil ausführlich gehalten ist, so werde ich das hier zu bietende ganz kurz fassen dürfen und muss den sich für die Einzelheiten interessirenden auf jene Arbeit verweisen.

Bei Kaninchen lässt sich durch Einspritzung von 0·1 Morphinsalz in die Blutbahn in jedem Falle eine starke Verlangsamung der Athmung auf einige Zeit herbeiführen, was allgemein bekannt ist. Nach einiger Zeit und namentlich bald bei grösseren bez. wiederholt dargereichten Giftgaben wird aber die Athmung (bei normaler Blutcirculation bez. Blutdruck und Herzschlag) wieder frequent und anscheinend normal, was in den Lehrbüchern nicht angegeben ist. Nach der herrschenden Ansicht ist die Verlangsamung der Athmung bedingt durch die erregbarkeitsvermindernde Wirkung, welche das Gift auf das Athmungscentrum ausübt; ja, man hat sich gewöhnt, als die Folge eines jeden die Erregbarkeit jenes Centrums herabsetzenden Einflusses die Abnahme der Respirationsfrequenz und Athmungsgrösse zu fordern. Meine Versuche und deren experimentelle Analyse führen mich zu der Auffassung, dass jene Anschauung nicht richtig sein kann. Weder ist die spätere Wiederbeschleunigung der Athmung ein Beweis dafür, dass die Erregbarkeit nach-

her wieder zur Norm zurückgekehrt sei, noch beruht die vorhergehende
Verlangsamung auf der Verminderung der sogen. Erregbarkeit. Dass in
jenem späteren Stadium, in welchem die Athmung wieder anscheinend
normal ist, die Erregbarkeit enorm herabgesetzt ist, beweise ich dadurch,
dass dieselbe Serie von künstlichen Lufteinblasungen, welche am normalen
Thiere gar keine Apnoe herbeiführte, jetzt apnoische Pausen bis zu 30
Secunden veranlasst. Die zunehmende Dauer der Apnoeen bei zunehmender Vergiftung beweist die progressive Abnahme der Erregbarkeit, obwohl
die Respiration sich wieder beschleunigt. Ein genauerer Maassstab als
die Dauer der Apnoeen ist in dem Gaszustande des Blutes bei spontaner, nichtdyspnoischer Athmung gegeben: Nicht aus dem Rhythmus
und der Frequenz der Athmung, sondern aus der Bestimmung
des vorhandenen Reizes ceteris paribus ist die Erregbarkeit zu
bestimmen. Und dieser vorhandene Reiz ist bei normal blei-
bender Circulation ja ausschliesslich im Gaszustand des Blutes
gegeben. Schon die Ueberlegung a priori zeigt, dass bei Gleichbleiben
des O-Verbrauchs und der CO_2-Production eine einfache einmalige Er-
regbarkeitsverminderung des Centrums (wo dann aber die Erregbarkeit
constant bliebe) die Frequenz und Ausgiebigkeit der Athmung nicht
ändern kann. Denn das auf diese Weise bedingte Deficit der Ventilation
würde den Blutreiz (um einen kurzen Ausdruck für den vom Gaszustande
des Blutes herrührenden Athmungsreiz zu haben) vermehren und Dyspnoe
veranlassen; hierzu kann es aber in Wirklichkeit nicht kommen, da die
durch den stärkeren Reiz sofort in normaler Weise erregte Athmung
eine progressive Verschlechterung des Gaszustandes des Blutes nicht
eintreten lässt; dagegen muss eine constant bleibende Verschlechterung des Gaszustandes die Folge der verminderten Erregbarkeit sein,
da beispielsweise aus einer Apnoe heraus es länger dauert bis der Athem-
mechanismus (bei nunmehr constant bleibendem Gaszustande) zu spielen
beginnt, als bei normaler Erregbarkeit. — Aus dem Erörterten geht, wie
ich an der citirten Stelle des Weiteren ausführe, hervor, dass (bis herab
zu jener bekannten erforderlichen Minimalgrenze des O-Partiardruckes)
der O-Gehalt der spontan eingeathmeten Luft ohne Einfluss
auf den Gasgehalt des Blutes ist; vielmehr richtet sich dieser ausschliesslich nach dem Athmungsbedürfnisse i. e. Erregbarkeit
des respiratorischen Centrums.

In der Agone, die ja aber nur relativ kurze Zeit dauert, kommt es
dagegen zu einer progressiven Verschlechterung des Gaszustandes bei
rapid sinkender Erregbarkeit, wo dann das rapide Sinken gleichzeitig
Folge und Ursache der Blutverschlechterung ist.

Sonach sind die bisherigen Beweise für die erregbarkeitsvermindernde

Wirkung des Morphins auf das Athmungscentrum zwar entkräftet, die Wirkung selber aber durch neue Beweise sicher gestellt.

Falls irgend ein Eingriff den Athmungsreiz nicht verändert (durch Circulationsstörung, elementare Veränderung des Blutes, Behinderung des Gaswechsels, Veränderung des Athmungsbedarfes durch plus oder minus von Muskelthätigkeit u. s. w.), so ist weder eine Veränderung der Erregbarkeit des respiratorischen Centrums an und für sich von einer Veränderung des Athmungsrhythmus gefolgt, noch lässt das Vorhandensein oder Fehlen der letzteren irgend einen Schluss auf die Erregbarkeit des Centrums zu. Die Ursache einer Veränderung des Rhythmus ist daher nach unserer heutigen Kenntniss in den Aenderungen der Hemmung zu suchen, welche dem Erguss der Erregung des Centrums entgegensteht und in den Aenderungen derjenigen Factoren zu suchen, welche verstärkend oder abschwächend auf diese Hemmung einzuwirken vermögen. Diesen Zusammenhang bezüglich der Athmungsverlangsamung und späterer Beschleunigung bei Morphinvergiftung zu ergründen, habe ich bis zu einem gewissen Grade in eingangs erwähnter Veröffentlichung erstrebt. —

In jenem Stadium verlangsamter Respiration ist die Athmung oft scheinbar unregelmässig. Eine genauere Registrirung derselben jedoch zeigt, dass es sich um eine periodische Veränderung der Athmung handelt, die oft überraschend regelmässig wiederkehrt und am häufigsten eine decrescendo verlaufende ist: andere Formen sind: 1) die zusammen eine Gruppe bildenden Athemzüge sind ganz gleich, oder seltener: 2) es geht die Athmung crescendo oder 3) die Athmung verläuft in Form des Cheyne-Stokes'schen Phänomens, d. h. erst crescendo, dann decrescendo.

Gleichzeitig mit (und zwar über) der Athemcurve wurde auch die Curve des Blutdrucks aufgenommen. Am einfachsten gestalten sich die Bilder der Curven bei atropinisirten Thieren. Das Atropin wurde vor dem Morphin gegeben und zwar geschah die Atropinisirung zu dem Zwecke, um gewisse, später zu erwähnende Folgen einer dyspnoischen Vagusreizung zu eliminiren. Bei den atropinisirten Thieren steigt jedes Mal einige Zeit vor Beginn der Athmungsperiode der Blutdruck, ist über (d. h. gleichzeitig mit) dem Maximum der Athmung am höchsten und sinkt symmetrisch zum ansteigenden Theile der Curve nach Schluss der Athmung wieder ab, so dass die Druckcurve über den Athmungsperioden einen symmetrisch gekrümmten, etwas früher beginnenden und später endenden Bogen darstellt. Zuweilen macht der Blutdruck die gleiche Periode durch, ohne dass es unter jenem Bogen zu Athemzügen käme, während das Umgekehrte nicht statt hat. Da die Veränderungen des Druckes in meinen Curven sich sowohl mit als ohne gleichsinnige Veränderungen der Herzelevationen zeigen, so ist die Arteriencontraction

das primäre, während eine Verstärkung der Herzarbeit, wo sie überhaupt
nachweisbar, als secundär, als Reaction gegen die Drucksteigerung aufzufassen ist. Dass die Steigerung des Drucks vor Beginn der Athmung
eine dyspnoische ist und das die spätere Senkung als eine apnoische
aufzufassen ist, habe ich in jener Arbeit ausführlicher dargelegt; ein
Beweis jedoch sei hier erwähnt: Bei längeren Pausen zwischen den
Athmungsserien sieht man durch die Arterienwandungen hindurch das
Blut gegen das Ende der Pause dunkler und dunkler werden; während
der Athmung wird das Blut immer heller und zwar athmet dann das
Thier noch zu einer Zeit, zu der das Blut bereits viel heller
ist als gegen Schluss der letzten Pause, so dass also im Vergleich
hierzu das Thier vorher bei viel venöserem Blute nicht athmete.
Wenn aber gegen Ende der Athemperiode ein Thier trotz besser arteriali-
sirten Blutes und gesteigerter Triebkraft für den Blutzufluss (d. h. trotz
erhöhten Blutdruckes) Athmungsbedürfniss hat, während es vorher bei
schlechterem Blute und geringerer Triebkraft (Blutdruck) keinen Athmungsreiz empfand, so ist eine Erklärung hierfür in ungezwungener
Weise nur folgendermaassen herbeizuführen: um bei apnoischem Blute
Athembewegungen zu veranlassen, haben wir sehr viele Möglichkeiten;
aber alle derartigen Eingriffe haben (abgesehen von den hier nicht in
Betracht kommenden psychischen, z. B. Willensimpulsen) das gemeinsame,
dass sie den Zufluss des apnoischen Blutes zur Medulla oblongata vermindern. Wie kann aber bei gesteigerter Triebkraft (Blutdruck)
weniger Blut zur Medulla oblongata fliessen? Nur dadurch, dass die
von uns erwiesene, den Blutdruck steigernde Contraction der Arterien
sich besonders an den Arterien der Medulla oblongata geltend macht,
diese also verengt und so den Blutzufluss trotz gesteigerter Triebkraft
vermindert. Dass die Arterien des Athmungscentrums besonders früh
und stark in Folge des zunehmenden Blutreizes (Athmungsbedürfniss)
von ihren Centralapparaten zur Contraction veranlasst werden, muss als
eine von jenen vielen änsserst plausiblen und nützlichen Steuervorrich-
tungen des Organismus angesehen werden. Es wird auf diese Weise
das Athmungscentrum bei (überwindbaren) Erstickungszuständen schon
zu einer Zeit aufs höchste alarmirt und zu rettendem Dyspnoeathmen
veranlasst werden, wo der Gaszustand des Blutes noch gar nicht so
schlecht ist und an und für sich direct das Athmungscentrum noch nicht
ad. maximum erregen würde. Dass eine derartige Einrichtung dem Ge-
sammtorganismus nützt, leuchtet ein. — Unter dieser, wie mir scheint,
unabweisbaren Annahme, dass sich bei der dyspnoischen Gefässcontraction die Arterien der Medulla oblongata besonders stark betheiligen, wird
auch die crescendo verlaufende Athmung (wo sie gerade vorkommt)

verständlich. Trotz der durch die begonnene Athmung vorgenommenen
Verbesserung des Blutgaszustandes und trotz steigender Triebkraft für
die Blutzuleitung nimmt im Athmungscentrum der Reiz zu — was eben
nur erklärlich ist, wenn durch besonders starke Contraction der Arterien
des Centrums der Blutzufluss vermindert ist. —

Bei den nicht atropinisirten Thieren ist jenes symmetrische Verhalten
der Blutdruckscurve zuweilen zwar ebenfalls ausgesprochen; indessen
zeigt sich hier als häufig sehr störendes Moment zur Zeit der grössten
Athmungsleistung eine Verlangsamung des Pulsschlages, welche auf einer
dyspnoischen Erregung des Vaguscentrums beruht, wie aus dem
Fortfall der Erscheinung bei künstlicher Athmung oder ohne diese nach
Vagotomie oder Atropinisiren hervorgeht. Die durch diese zuweilen sehr
bedeutende Pulsverlangsamung repräsentirte Verminderung der Herzarbeit
kann nun mehr oder weniger die Blutdruckcurve sinken machen und da
dieses Sinken zeitlich zusammenfällt mit dem Maximum der dyspnoischen
blutdrucksteigernden Arteriencontraction, so resultiren aus diesem Zu-
sammentreffen die mannichfaltigsten Combinationen, wegen derer ich auf
meine mehrfach citirte Arbeit verweise. —

Wird die Eliminirung des oben erwähnten Vagusinflusses nicht
mittels Atropin, sondern mittels Durchschneidung beider Vagi bewirkt,
so sind die Curven denen der atropinisirten Thiere keineswegs gleich.
Namentlich ist eines ganz gegen die Erwartung ausgefallen. Da der
Eintritt der Athembewegungen nach der Vagotomie besonders verspätet
wird, so sollte man doch glauben, dass der Zeitraum vom Steigen des
Drucks an bis zum Eintritte der ersten Athmung sich verlängern müsste.
Aber gerade das Gegentheil tritt ein. Die Drucksteigerung ist noch
mehr verspätet als der Eintritt der Athmung und die Drucksteigerung ist steiler und bedeutender. Bei weiterer Verfolgung
dieses Gegenstandes bin ich zu der Ueberzeugung gekommen, dass im
Vagus Fasern enthalten sind, welche zum vasomotorischen
Centrum in demselben Verhältniss stehen, wie die inspiratorischen Vagusfasern zum Athmungscentrum. Während der
Apnoe verursacht die elektrische Reizung dieser Fasern keine Drucksteigerung; sobald sie aber gereizt sind, entladen sich die vom „Blut-
reize" (im oben erörterten Sinne) veranlassten Erregungen leichter und gelinder und nur bei nicht apnoischen Thieren bewirkt ihre Reizung eine
Drucksteigerung. Unter normalen Bedingungen besitzen sie ebenso wie
die inspiratorischen Vagusfasern einen Tonus. Was den Tonus dieser
inspiratorischen Fasern angeht, so glaube ich, wird es nicht genügen,
ihn, wie es allgemein geschieht, ausschliesslich von der Zerrung der
Lungenvagusenden durch die Erweiterung und das Collabiren der

Lunge (bei den Athembewegungen) abzuleiten: Gerade nach einer längeren Apnoe-Pause, wo also die Zerrung längere Zeit nicht stattgefunden hat und die Reizung längst verklungen sein müsste, sehen wir (nur bei intacten Vagis), worauf Traube zuerst aufmerksam machte, die Athmung von unmerkbaren Anfängen, ganz seicht beginnen. Demnach kommt die Erregung der Vagusendigungen auch ohne Zerrung zu Stande und da scheint denn doch die Venosität des Lungenblutes den Reiz für die Vagusendigungen abzugeben. Dass diese Vorstellung nichts mit der Reflextheorie zu thun hat, liegt auf der Hand. Vom teleologischen Gesichtspunkte aus muss es übrigens sehr zweckmässig erscheinen, dass das respiratorische Centrum seine Fühlfäden bis in's Lungenblut ausstreckt und dass der Eintritt seiner Thätigkeit schon dann befördert wird, wenn ungenügend arterialisirtes Blut in den Lungencapillaren sich befindet, also zu einer Zeit und an einem Orte, wo die sofort veranlasste Athembewegung die Störung rechtzeitig beseitigt. Das gleiche Moment dürfte als Reiz für den Tonus der von mir angenommenen, mit dem vasomotorischen Centrum verknüpften Vagusfasern zu beschuldigen sein.

Das Auftreten der periodischen Athmung beziehe ich darauf, dass das Morphin zuerst die Erregbarkeit des respiratorischen Centrums mehr schädigt, als die des vasomotorischen; die Periodicität verschwindet bei stärkerer Vergiftung, weil dann das vasomotorische Centrum eben so sehr gelitten hat wie das respiratorische.

—

Nachtrag.

Die mehrfach citirte Arbeit und das Vorstehende waren bereits abgeschlossen, als am 12. März d. J. in der *Zeitschrift für physiolog. Chemie* eine Arbeit von E. Herter: „Ueber die Spannung des Sauerstoffs im arteriellen Blut", sowie einige an diese Arbeit angeschlossene Betrachtungen Hoppe-Seyler's über die Ursache der Athembewegungen erschienen. Meine andere Arbeit war bereits zum Druck gegeben. Dass ich auch den Wortlaut des vorstehenden nicht änderte, hoffe ich in folgendem zu rechtfertigen:

Die überaus wichtige und interessante Beobachtung Herter's, dass das arterielle Blut eines spontan athmenden Hundes eine Sauerstoffspannung zeigen kann, welche grösser ist als jener Partiardruck des Sauerstoffs, der ein Gasgemisch befähigt venöses Blut mit Sauerstoff vollständig zu sättigen, darf in ihrer Tragweite nicht überschätzt werden. Freilich ist entgegen der allgemeinen Annahme trotz spontaner Athmung in Herter's Fällen das Arterienblut absolut mit O gesättigt. Ganz abgesehen indessen davon, dass von den 5 aufgeführten Versuchen nur 3 diese hohe Spannung beweisen (2 halten sich innerhalb der Pflüger'schen Zahlen), so ist es doch (um zunächst das formelle Substrat der Versuche zu discutiren) sehr fraglich, ob ein geknebelter, aufgebundener Hund, der aus psychischem Antriebe oder wegen erschwerten Zu- oder Abflusses des Hirnblutes bekanntlich sehr oft eine über das normale hinausgehende Athmung zeigt, zur Entscheidung der vorliegenden Frage ein zulässiges Material darstellt. Es steht fast zu vermuthen, dass jene Thiere nicht aus Gründen des Gaswechselbedürfnisses des Blutes, sondern aus psychischer Veranlassung oder wegen behinderter Hirncirculation oder aus sonstigen anderen Gründen ihre Lungen so ventilirten — kurz dass sie in diesen Versuchen ihr Blut apnoisch machten.[1] In diesem Gedanken werden wir nicht nur nicht wankend, sondern sogar bestärkt durch folgende Worte Herter's (S. 103, Anm.): „Es verdient hervorgehoben zu werden, dass in allen diesen Versuchen die Bedingungen für die Respiration durchaus keine besonders günstige waren; die Thiere wurden mit zugebundener Schnauze durch Fesselung der Extremitäten in Rückenlage erhalten". Das „Zubinden der Schnauze" bot nun entweder kein Respirationshinderniss dar, — und dann gilt das oben Gesagte ohne weiteres, oder es stellte ein compensirbares Hinderniss dar (dass es nicht zur Erstickung führte, also compensirt werden konnte, geht aus der guten Arterialisation des untersuchten Blutes hervor), — und dann gilt, was in Ludwig's Institut für die compensirbaren Respirationshindernisse bei Hunden durch Köhler gefunden wurde: nämlich, dass die inspirirten Luftmengen grösser als in der Norm sind, dass mit einem Worte das Hinderniss übercompensirt wird. Es ist also sehr wohl möglich, dass von den 5 Versuchen Herter's nur 2 Versuche solche Hunde betreffen, deren Arterienblut normal war, und dies sind die Fälle mit nicht nachweislich gesättigtem Blute, während die 3 anderen Versuche Hunde mit apnoischem, übermässig gelüfteten Blute betreffen. Um die Versuche beweisend zu machen, müssten sie an Hunden mit normaler, ruhiger Athmung angestellt werden, — die Hunde dürfen während der Blutentnahme nicht aufgebunden sein, sondern müssen sich unter möglichst normalen Bedingungen befinden und namentlich nicht die Angst-

[1] Und dass trotz apnoischen Blutes ein Thier athmet, sobald der Zufluss des Blutes zur Medulla oblongata auf irgend eine Weise direct oder indirect behindert ist, ist bereits im Vorstehenden und ausführlicher im *Archiv f. exp. Path.* discutirt worden.

und Zornathmung haben und es darf keinerlei Circulationsbehinderung
für das Hirn eingeführt werden.[1]

Aber selbst angenommen, dass auch unter solchen Umständen sich das
normale Arterienblut als absolut an Sauerstoff gesättigt erweisen sollte,
selbst dann sind meiner Meinung nach die Bedenken nicht zuzulassen,
welche Hoppe-Seyler aus der Beobachtung Herter's gegen die Rosenthal'sche Lehre zieht. Hoppe-Seyler will den Reiz zur Athmung
nicht im Gaszustande des Blutes gelegen wissen und die Apnoe nicht
davon abhängig sein lassen, dass mehr arterialisirtes Blut zum Athmungscentrum fliesst (ich gebrauche, aus Gründen die weiter unten zur Sprache
kommen werden, absichtlich diesen zweideutigen Ausdruck, der es zweifelhaft lässt, ob „mehr Blut" oder „mehr arterialisirt" gemeint ist).

Das einzige was in unseren Anschauungen zu ändern wäre, wenn
sich das normale Arterienblut wirklich im Zustande der O-Sättigung befinden sollte, wäre, dass wir die Erregbarkeit des normalen Athmungscentrums bisher unterschätzt hätten: selbst bei normalem Zuflusse von
O-gesättigtem Blute wäre der aus dem Gasbedürfnisse (direct oder indirect) für das Athmungscentrum gelieferte Reiz schon genügend, um
es zu erregen: die Scala des erforderlichen Reizes, mit der wir die Erregbarkeit messen, wäre also einfach nur etwas nach oben zu verschieben
(statt erst bei $^9/_{10}$ Sättigung an O käme schon bei voller Sättigung der
Punkt des Eintritts der Erregung) — das wäre die einzige Consequenz
des Herter'schen Befundes, falls er allgemeine Giltigkeit zu beanspruchen hätte. Minder schwierig ist es den Bedenken Hoppe-Seyler's
bezüglich des „Blutreizes" und des Wesens der Apnoe zu begegnen. Die
Zunahme des Athmungsreizes bei Venöswerden des Blutes, bei Erstickung,
bei Behinderung des Blutzuflusses zur Medulla oblongata, die klinischen
Bilder der verschiedentlichst bedingten Formen von Dyspnoe lassen
keinen Zweifel darüber, dass der Gasaustausch zwischen Blut und Medulla oblongata (und meinetwegen gewissen anderen centralen oder peripheren Nervenelementen) den Athmungsreiz in seiner Grösse bestimmt,
und da auch die (Herter'sche) Thatsache der O-Sättigung des normalen
Blutes sich diesem Schema fügen würde, sobald wir „die Scala verschieben, mit der die Erregbarkeit zu messen ist", so liegt gar kein Grund
vor, die Rosenthal'sche Anschauung zu verlassen. —

Hoppe-Seyler leitet die Apnoe, das Aufhören der Athmung nach
reichlichen Einblasungen von der Ermüdung der Athemmuskeln des sich

---

[1] Bemerkenswerth ist, dass (in demselben Hefte der betreffenden Zeitschrift)
Hüfner mittels seiner neuen spectrophotometrischen Methode in einem (allerdings
nur einmal angestellten) Versuche (Nr. 5) das Arterienblut nur zu $^{14}/_{15}$ mit O gesättigt fand, während $^1/_{15}$ des Hämoglobins sich als sauerstofffrei erwies.

gegen die Einblasungen sträubenden Thieres ab; er sieht in der stärkeren Ventilation eine Misshandlung und möchte nicht gelten lassen, dass während der Apnoe mehr arterialisirtes Blut zum Athmungscentrum fliesst, mit anderen Worten, dass der Gasaustausch zwischen diesem Centrum und dem Blute sich während der Apnoe im Sinne einer Reizverminderung geändert habe. Sehen wir zuerst zu, welches seine Anhaltspunkte für seine Bedenken sind, und bringen wir dann unsere Beweise zur Stütze der alten Auffassung.

Hoppe-Seyler's Hauptbedenken fliesst aus dem Herter'schen Funde, dass das normale Arterienblut an O gesättigt sei, und er meint, dass daher trotz reichlicher Ventilation eine nennenswerthe Bereicherung des Blutes an O nicht mehr möglich sei (die geringe Zunahme der Menge O's unter höherem Partiardruck durch einfache physikalische Absorption, komme nicht in Betracht). Wir haben bereits die Gründe angeführt, die uns diese Sättigung des normalen Arterienblutes als noch nicht bewiesen erscheinen lassen. Aber sie sei selbst zugegeben: Sehen wir doch dass in den Venen eines reichlich ventilirten Thieres das Blut mit hellrother, arterieller Farbe fliesst: also muss doch der Gasaustausch zwischen Blut und Geweben im Sinne einer Reizverminderung sich geändert haben. Worauf auch immer dieses Roth- bez. Arteriellbleiben des Blutes, nachdem es die Capillaren passirt hat, beruhen möge (ob auf einer Beschleunigung des Blutstroms oder auf einer Befreiung von CO_2 oder Bereicherung an O oder Verminderung des Gas- bez. Athembedürfnisses der Gewebe), — jedenfalls ist die Beschaffenheit des in der letzten Capillarstrecke fliessenden Blutes eine derartige, dass der „Blutreiz" vermindert ist. Und wir sehen, ganz entsprechend der alten Auffassung, dass das Thier erst wieder zu athmen beginnt, sobald jener „apnoische" Zustand des Blutes abgenommen hat. Hoppe-Seyler stützt sich in seinen Ausführungen auf die Zahlen, welche Pflüger (durch Ewald) an Thieren erhielt,[*] bei denen die apnoische Beschaffenheit des Blutes so unbedeutend war, dass, wie Pflüger später ausdrücklich sagt, das Venenblut nicht arteriell war. Es kann uns nicht befremden, dass in diesen Versuchen der O-Zuwachs des Blutes so sehr gering war, immerhin war er da, und überdies ist auch die bedeutende von Pflüger gefundene Verarmung an CO_2 für unsere Frage nicht zu vergessen.

Wenn wir nun ferner sehen, dass ein morphinisirtes Thier, welches viel weniger als ein normales Thier, oder sogar überhaupt nicht gegen die künstliche Athmung ankämpft, so leicht und für so lange Zeit in „Apnoe" zu bringen ist, — wie soll da die Ermüdung der Athemmuskeln zur Erklärung herangezogen werden? Wo ist da die Misshandlung?

Auch an uns selbst können wir beweisende Experimente anstellen.

16*

Wenn ich längere Zeit ruhig geathmet habe und versuche dann den
Athem anzuhalten, so gelingt mir dies für höchstens 15 Secunden. Habe
ich drei bis vier möglichst tiefe Athemzüge gethan, so kann ich den
Athem 35 Secunden anhalten. Nach zwanzig Secunden lang dauernder
forcirter Athmung gelingt es mir für 50—55 Secunden ohne Respiration
zu verbleiben. Damit ist aber die Grenze für mich erreicht. Ich habe
5 Minuten lang so tief als nur möglich geathmet, ich konnte vor Ermüdung, vor Schwindelgefühl, Flimmern nicht weiter athmen, — aber
nach einer Pause von 50—55 Secunden musste ich wieder respiriren.
Vom Standpunkte der Rosenthal'schen Auffassung sind diese Erscheinungen klar: drei vier Athemzüge machen eine unvollständige Apnoe;
eine forcirte Athmung von 20 Secunden Dauer macht eine vollständige
Apnoe, über die hinaus das Apnoisiren nicht zu treiben ist, und die
Muskelermüdung verlängert die Apnoe, d. h. die Athempause nicht. Wie
will aber Hoppe-Seyler diese Erfahrung erklären? Nach drei bis vier
tiefen Athemzügen habe ich keine Spur von Muskelermüdung und doch
habe ich danach weniger Athembedürfniss als bei ruhiger Athmung.
Nach 20 Secunden langer verstärkter Athmung habe ich nur eine geringe Ermüdung, nach einer mehrere Minuten dauernden eine sehr bedeutende Ermüdung und doch bleibt die Apnoe gleich lang bestehen.

Alles in Allem, glaube ich, sind die Bedenken Hoppe-Seyler's
gegen die herrschende Anschauung wohl zu beseitigen, während umgekehrt eine Unzahl von Bedenken nur schwierig aus dem Wege zu räumen
wären, wenn wir die alte Auffassung von der Ursache der Athembewegungen und von dem Wesen der Apnoe aufgeben und uns in der von
Hoppe-Seyler angedeuteten Richtung eine neue Theorie construiren
wollten.

Ueber die dunkle Farbe des „Carbolharns".

Von

E. Baumann und **C. Preusse.**

Aus dem physiologischen Institut zu Berlin.

Nach innerer oder äusserlicher Anwendung von Phenol nimmt der der Harn von Menschen und Hunden häufig eine grünliche bis schwarzbraune Farbe an. Zuweilen enthält solcher Harn gleichzeitig Eiweiss und Gallensäuren.[1] Fuller Henry[2] gab an, dass die Harnsäure in demselben fehle. Beobachtungen und Versuche über denselben Gegenstand liegen ferner vor von Lemaire,[3] Patchet,[4] Kohn,[5] Haaxmann,[6] Almén[7] u. A.; Bill[8] sprach die Vermuthung aus, dass die dunkle Farbe des Carbolharns durch eine Oxydation des Phenols (C_6H_6O) zu Chinon (C_6H_4O), die im Thierkörper stattfinde, bedingt sei. Auch andere Beobachter (Ultzmann, Salkowski[9]) waren der Meinung, dass die Ursache dieser Färbung auf die Bildung von Oxydationsproducten aus dem Phenol zurückzuführen sei. Es war aber auch diesen nicht gelungen, ein Oxydationsproduct des Phenols aus dem Harn zu isoliren.

---

[1] W. Hoffmann, Beiträge zur Kenntniss der physiolog. Wirkungen der Carbolsäure und des Camphers. *Inaug. Dissert.* Dorpat 1866.

[2] *Brit. med. Journ.* 1869. S. 160.

[3] Lemaire, *De l'acide phénique et de ses applications à l'industrie, à l'hygiène, aux sciences anatomiques et à la thérapeutique.* Paris 1864.

[4] *Lancet* II, 1872.

[5] *Arch. f. Dermatol. u. Syphilis* I, S. 232.

[6] *Journ. de méd.* Bruxelles 1871, S. 149.

[7] *Zeitschr. analyt. Chem.,* Bd. 10.

[8] *Americ. Journ. of med. Science.* 1870. p. 573.

[9] Pflüger's *Archiv* u. s. w. Bd. V, S. 356.

Maly[1] machte darauf aufmerksam, dass der „Carbolharn" eine Substanz enthalte, die erst ausserhalb des Thierkörpers eine Dunkelfärbung des Harns in Folge einer Oxydation bewirke. In dem von Maly beobachteten Harne bildete die Bräunung oder Schwärzung erst oben eine Zone, und schritt im ruhig stehenden Harn von oben nach abwärts fort. Wie wir später zeigen werden, ist diese Erscheinung, das Dunkelwerden des „Carbolharns" beim Stehen an der Luft, zu unterscheiden von der ursprünglichen grünen bis braunschwarzen Färbung, welche der frisch entleerte Harn nach Carbolsäuregebrauch zuweilen zeigt.

Man hatte geglaubt, dass die dunkle Farbe des Harns von der Menge des vom Thierkörper aufgenommenen Phenols abhängig sei und dass man aus der Intensität der Färbung letztere beurtheilen könne. Dagegen machte Kohn (a. a. O.) geltend, dass diese Farbe von verschiedenen Umständen abhängig sei, dass sie häufiger und schneller nach äusserer Anwendung von Phenol als nach innerer auftritt. Salkowski (a. a. O.) bestätigte die Angaben von Kohn und zeigte, dass auch bei innerem Gebrauche der Carbolsäure der Eintritt der dunkeln Färbung des Harns mehr abhängig sei von individuellen Verhältnissen als von der Menge der aufgenommenen Carbolsäure.[2] In Uebereinstimmung hiermit steht auch die gelegentliche Beobachtung von Hoppe-Seyler, dass die Harnblase eines mit Phenol tödtlich vergifteten Menschen „einen hellgelblichen Urin" enthielt.[3]

Die dunkle Farbe des Carbolharns steht nun in der That nicht in Beziehung zu den bisher bekannten Umwandlungsproducten des Phenols im Thierkörper,[4] sondern sie ist in erster Linie zurückzuführen auf die Bildung von Hydrochinon ($C_6H_6O_2$), welches wir als ein weiteres Umwandlungsproduct des Phenols im Thierkörper ermittelt haben. Ein stets kleiner, aber doch nicht unerheblicher Theil des dem Thierkörper zugeführten Phenols wird durch einen Oxydationsvorgang in Hydrochinon übergeführt, der ganz analog ist den Oxydationsprocessen, welche Hoppe-

[1] *Jahresber. Thierchem.* 1, S. 184.
[2] Eine richtige Beurtheilung der vom Thierkörper aufgenommenen Phenolmenge ergiebt sich aus dem leicht zu ermittelnden Gehalt des Harns an Aetherschwefelsäuren. Dieselben nehmen bis zu einem gewissen Grade, d. h. bis zum Verschwinden der schwefelsauren Salze aus dem Harn, entsprechend der resorbirten Phenolmenge zu. Unter sonst normalen Verhältnissen treten die Intoxicationserscheinungen dann ein, wenn die schwefelsauren Salze aus dem Harn ganz oder bis auf Spuren verschwunden sind.
[3] Pflüger's *Archiv* u. s. w. Bd. V, S. 477.
[4] Baumann, Pflüger's *Archiv* u. s. w. Bd. XIII, S. 291.

Seyler[1] in seinen bekannten Untersuchungen über die Wirkung des activen Sauerstoffes beschreibt, der aber ausserhalb des Thierkörpers noch nicht bewerkstelligt werden konnte. Das im Thierkörper gebildete Hydrochinon wird zu einem Theil zu gefärbten Producten weiter oxydirt, zum grösseren Theile erscheint es im Harn als Aetherschwefelsäure, die durch Erwärmen mit Salzsäure leicht in Hydrochinon und Schwefelsäure gespalten wird.

Zur Darstellung des Hydrochinons wird der betreffende Harn mit Salzsäure versetzt, auf die Hälfte seines Volumens eingedampft und nach dem Erkalten mit Aether extrahirt. Die ätherische Lösung wird, zur Entfernung freier Säure, mit verdünnter Sodalösung wiederholt geschüttelt und von der wässerigen Flüssigkeit sorgfältig getrennt. Der Aether wird nun abdestilirt, und der zur Trockene verdunstete Rückstand in wenig Wasser gelöst, von den unlöslichen harzigen Massen abfiltrirt und wieder mit Aether geschüttelt. Nach dem Verdunsten des Aethers hinterbleibt nunmehr eine noch gefärbte krystallinische Masse, die durch 1—2 maliges Umkrystallisiren aus heissem Toluol in farblosen Krystallen erhalten wird. Die Analyse der Substanz ergab die Zusammensetzung eines Bihydroxylbenzols $C_6H_4(OH)_2$.

0.1561^{grm} Substanz gaben 0.372^{grm} CO_2 und 0.0783^{grm} H_2O, diese Werthe geben für:

	Gefunden	Berechnet
C	65.1 %	65.4 %
H	5.3 „	5.4 „

Der Schmelzpunkt der Substanz lag bei 168—169°. Dieselbe ist in Wasser, Weingeist oder Aether sehr leicht löslich. Ihre Lösung wird mit Alkalien braun gefärbt, sie reducirt ammoniakalische Silberlösung in der Kälte sofort, und liefert beim Erwärmen mit Eisenchlorid und anderen oxydirenden Mitteln Chinon. Daraus geht mit Sicherheit hervor, dass die aus dem Harn gewonnene Substanz Hydrochinon ist.

Die leichte Veränderlichkeit des Hydrochinons, namentlich gegen oxydirende Agentien, unter Bildung braun gefärbter Producte, machte es wahrscheinlich, dass auch die Farbe des „Carbolharns" mit dem Auftreten desselben im Thierkörper in Zusammenhang stehe. Um dies zu prüfen, gaben wir einem mittelgrossen Hunde 0.5^{grm} reines Hydrochinon mit dem Futter. Der Harn des Thieres zeigte hierauf in exquisiter Weise die grünlich braune Färbung des „Carbolharns". Dieselbe trat also schon nach einer verhältnissmässig kleinen Gabe von Hydrochinon

[1] Zeitschr. für physiol. Chemie. Bd. II, S. 1 ff.

ein, während nach einer gleichen einmaligen Dosis von Phenol beim
Hunde (und wohl auch beim Menschen) die Farbe des Harns kaum
merkbar verändert wird, und zwar aus dem schon angeführten Grunde,
weil der grösste Theil des aufgenommenen Phenols in Form von Phenol-
schwefelsäure ausgeschieden wird, die keinen Einfluss auf die Farbe des
Harns hat, und stets nur der kleinere Theil des Phenols im Organismus
in Hydrochinon übergeht.

In dem nach Hydrochinonfütterung entleerten Harn fand sich kein
freies Hydrochinon, sondern in Uebereinstimmung mit den Untersuchungen
von Herter und dem einen von uns, Hydrochinonschwefelsäure.[1] Die
Lösungen dieser sowie der ihr ähnlichen Verbindungen sind aber ungefärbt. Es kann also die Gegenwart derselben in dem frischen „Carbolharn“ nicht die Farbe desselben bedingen. Die letztere beruht vielmehr
auf einer weiteren Oxydation, die ein Theil des Hydrochinons im Thierkörper erfährt, durch welche, wie es scheint, verschiedene, braun gefärbte
Producte gebildet werden, die selbst der Untersuchung schwierig zugänglich sind. Ein solcher Körper wird dem frischen, noch sauer reagirenden
Carbolharn durch Schütteln mit Aether entzogen. Der Rückstand der
ätherischen Lösung löst sich in Wasser mit bräunlicher Farbe und wird
auf Zusatz von Ammoniak schwarzbraun. Die Lösung desselben reducirt
aber nicht alkalische Silberlösung und giebt bei der Oxydation kein
Chinon; sie ist also frei von Hydrochinon.

Lässt man den nach Hydrochinonfütterung entleerten Harn stehen,
so tritt bald eine weitere Veränderung der Farbe desselben ein. Der
zuerst gleichmässig grünbraune Harn wird alsdann von der Oberfläche
aus allmählich schwarzbraun; zugleich wird die Reaction desselben neutral
oder alkalisch in Folge beginnender Harnstoffzersetzung. Es ist dies
genau dieselbe Erscheinung, welche Maly (a. a. O.) beim Stehen von
„Carbolharn“ beobachtete, und die man fast bei jedem solchen Harn
wahrnehmen kann. Sie beruht auf der Spaltung der Hydrochinonschwefelsäure und auf der Oxydation des Hydrochinons, die um so rascher
eintritt, je stärker die alkalische Reaction ist.

Demgemäss enthält der „Carbolharn“, der sich in der angegebenen
Weise von der Oberfläche aus dunkel färbt, freies Hydrochinon. Dasselbe
wird dem Harn durch Schütteln mit Aether ohne Weiteres entzogen;
der Rückstand dieses Aetherauszuges zeigte die Reactionen des Hydrochinons: Reduction alkalischer Silberlösung in der Kälte und Entwickelung von Chinon beim Erwärmen mit Eisenchlorid.

Fügt man zu frisch entleertem menschlichen Harn eine kleine

---

[1] *Zeitschr. für physiol. Chemie.* Bd. I, S. 244.

Menge von Hydrochinon, so wird die Farbe desselben zunächst nicht
verändert. Beim ruhigen Stehen dieses Harns tritt aber nach einiger
Zeit ganz dieselbe dunkle Färbung von der Oberfläche aus auf, die bei
der Zersetzung des „Carbolharns" beobachtet wird.

Die Dunkelfärbung des Harns nach Eingabe anderer aromatischer
Substanzen, wie Brenzcatechin, Anilin [1] und anderen, ist ohne Zweifel
auf die Bildung ganz ähnlicher Oxydationsproducte, wie bei dem Phenol,
zu beziehen.

---

[1] Schmiedeberg, *Archiv der exper. Pathol. und Pharmak.* Bd. VIII, S. 11.

Ueber das Latenzstadium des Muskelelementes und des Gesammtmuskels.

Von

Dr. Johannes Gad.

Aus dem physiologischen Institut zu Berlin.[1]

Als Helmholtz im Jahre 1850 mit seinen bahnbrechenden Untersuchungen über die Fortpflanzungsgeschwindigkeit der Nervenreizung beschäftigt war, hatte er Veranlassung, näher als es bis dahin geschehen war, auf die mechanischen Verhältnisse bei der einzelnen Zuckung des quergestreiften Muskels einzugehen.[2] Der Muskel diente gleichsam als Hilfsapparat bei Untersuchung der Vorgänge im Nerven und soweit für den vorliegenden Zweck die Wirkungsweise dieses Hilfsapparates in's Klare gesetzt werden musste, ist es damals geschehen. Es darf aber nicht übersehen werden, dass Alles was im Anschluss an die genannte Untersuchung über die zeitlichen Verhältnisse der Energieänderungen des Muskels („Energie" gleich „mechanische Aeusserung der Thätigkeit", Helmholtz) entdeckt worden ist, nur Bezug hatte auf die mechanische Thätigkeitsäusserung des Gesammtmuskels, namentlich des Gastroknemius des Frosches. Dies gilt in erster Linie von dem Latenzstadium, d. h. von der Zeit, welche verstreicht von dem Moment des Eintreffens des Reizes im Muskel bis zu der ersten wahrnehmbaren mechanischen Thätigkeitsäusserung desselben.

Seit den Arbeiten Aeby's über die Fortpflanzung der Contractions-

---

[1] Der wesentliche Inhalt gegenwärtiger Abhandlung wurde in der Sitzung der „Physiologischen Gesellschaft zu Berlin" am 14. März d. J. vorgetragen.
[2] Dies *Archiv* 1850, S. 71 u. 276; — 1852, S. 199.

welle[1] und noch mehr seit denen Bernstein's über die Fortpflanzung
der Reizwelle im quergestreiften Muskel[2] hat man sich an den Gedanken
gewöhnt, dass bei der Muskelcontraction die Zustandsänderung jedes
Muskelelementes zeitlich verschieden verlaufen kann von der der übrigen
Muskelelemente und dass die beobachtete Erscheinungsweise der Zustandsänderung des Gesammtmuskels nicht ohne Weiteres einen
Schluss gestattet auf das Gesetz nach dem die Zustandsänderung im
Muskelelement erfolgt. Einen wesentlichen Antheil an der Ausbildung dieser Vorstellungsweise hat das Studium der von E. du Bois-
Reymond in so meisterhafter Weise aufgeklärten Verwickelungen ge-
habt, unter denen sich die einfachen Gesetze des Längs-Querschnittsstromes
und der negativen Schwankung an complicirt gebauten Muskeln, wie dem
Gastroknemius darstellen.[3]

Nichtsdestoweniger und obgleich Helmholtz selbst es dahingestellt
liess, ob die Energie des Muskels nicht gleich vom Augenblick der
Reizung an steige,[4] hat sich im Allgemeinen doch die Ansicht behauptet,
dass das Latenzstadium ein wesentliches Attribut der Muskelcontraction
sei. Ja Bernstein, welcher entdeckte, dass das Latenzstadium der
elektrischen Zustandsänderung des Muskels, wenn überhaupt vorhanden,
jedenfalls nicht länger dauere als 0·001 Secunden,[5] warf nicht die Frage
auf, ob diese Thatsache, welche für das Muskelelement ebenso gut gilt
als für den parallelfasrigen Gesammtmuskel, nicht analoge Giltigkeit für
die mechanische Zustandsänderung des Muskelelementes habe, über welche
die Versuche am Gesammtmuskel direct nichts aussagen. Und doch
hätte diese Frage beantwortet sein müssen, ehe sich Theorien auf das
zeitliche Verhalten des elektrischen und mechanischen Latenzstadiums
des Muskelelementes gründen liessen, wie es Bernstein versucht hat.
Diese Vorsicht konnte um so nothwendiger erscheinen, als die Angaben
der Autoren über die Dauer des mechanischen Latenzstadiums weit aus-
einandergingen (0·02″ Bernstein, — 0·004″ Place).

Wenn wir nun die Frage nach der Dauer des mechanischen Latenzstadiums des Muskelelementes aufwerfen, so müssen wir diese Frage zu-

---

[1] Aeby, *Ueber Fortpflanzungsgeschwindigkeit der Reizung im Muskel.* Braunschweig 1862.

[2] J. Bernstein, *Untersuchungen über den Erregungsvorgang im Nerven- und
Muskelsysteme.* Heidelberg 1871.

[3] E. du Bois-Reymond, Ueber das Gesetz des Muskelstromes mit besonderer Berücksichtigung des M. gastroknemius des Frosches. Dies *Archiv.* 1863.
S. 521.

[4] A. a. O., 1850. S. 313.

[5] A. a. O., S. 58. — Vgl. *Fortschritte der Physik,* Jahrg. XXVIII, S. 1123.

nächst etwas näher präcisiren. Unter Muskelelement wollen wir verstehen
den zwischen zwei benachbarten, einander sehr nahen Querschnitten gelegenen Theil einer Primitivmuskelfaser. Wo, wie beim parallelfasrigen,
direct gereizten Muskel, die Annahme gerechtfertigt erscheint, dass die
zwischen denselben beiden Querschnitten gelegenen Theile der einzelnen
Primitivmuskelfasern in demselben Zeitmoment auch in demselben Zustand
sich befinden, soll unter Muskelelement der zwischen zwei Querschnitten
gelegene Theil des Gesammtmuskel verstanden werden. Diesen Fall wollen
wir als den einfachsten, mit einiger Annäherung realisirbaren, zunächst
in's Auge fassen. Es handelt sich hier vorläufig nicht um eine anatomische,
sondern um eine rein physico-mathematische Definition.

Aus Bernstein's Versuchen wissen wir, dass die Aenderung des
elektrischen Zustandes des Muskelelementes Function der seit dem Moment des Eintreffens des Reizes beim Muskelelement verflossenen Zeit
ist. Die Aenderung des elektrischen Zustandes äussert sich in der negativen Schwankung, welche weniger als 0·001 Secunden nach der Reizung
des Muskelelementes in diesem einen merklichen Werth erreicht, schnell
zu dem Maximum ihrer Grösse anwächst und (nach Bernstein) schon
0·004 Sec. nach ihrem Beginn im Muskelelement ihr Ende erreicht.
Was die Dauer der negativen Schwankung (des Muskelelementes) betrifft,
so ist L. Hermann zu einem von dem Bernstein'schen abweichenden
Resultat gekommen.[1] Nach ihm würde die Dauer wesentlich länger sein.
Auf Grund eigener, noch nicht veröffentlichter Versuche sehe ich mich
veranlasst, Hermann hierin beizustimmen. Ueber die Ursache der Abweichung der Resultate von Bernstein einerseits und Hermann und
mir andererseits kann ich mich an dieser Stelle nicht aussprechen, doch
glaubte ich die Thatsache hier nicht übergehen zu sollen, wo Vergleiche
zwischen dem zeitlichen Verhalten der elektrischen und mechanischen
Zustandsänderung des Muskelelementes einmal angeregt sind.

Fassen wir nun die mechanische Zustandsänderung des Muskelelementes ins Auge, so ist zu unterscheiden diejenige (passive) Aenderung,
welche dem Element dadurch aufgedrängt wird, dass es mit anderen in
Erregung befindlichen Elementen mechanisch verbunden ist, von derjenigen (activen), welche durch die in Folge der Reizung des Muskelelementes selbst in demselben ablaufenden Vorgänge bedingt wird. Letztere
wird für eine Theorie der, die Contraction des Muskels veranlassenden
Vorgänge innerhalb desselben allein von Interesse sein, erstere ist aber
zu berücksichtigen, weil sie, wie sich zeigen wird, auf die Erscheinungs-

---

[1] L. Hermann, Versuche mit dem Fallrheotom über die Erregungsschwankung
des Muskels. Pflüger's *Archiv* u. s. w. Bd. XV, S. 244.

weise der Muskelcontraction von wesentlichem Einfluss ist. Die aufge-
worfene Frage ist demnach so zu fassen: „Welches ist das Latenzstadium
der activen mechanischen Zustandsänderung des Muskelelementes?“ oder:
„Sind wir durch die bekannten Thatsachen gezwungen anzunehmen, dass
eine merkliche Zeit vergeht zwischen Eintreffen des Reizes beim Muskelelement und dem Beginn der activen mechanischen Zustandsänderung
desselben, und welches ist, wenn eine solche Zeit besteht, ihr wahr-
scheinlichster Werth?“ Zu bemerken ist noch, dass wir von den möglichen mechanischen Zustandsänderungen hier nur diejenigen behandeln
können, welche in einer Längeänderung des Muskels ihren Ausdruck
finden, da diese bei der graphischen Aufnahme der Muskelzuckung allein
in genügend exacter Weise zur Anschauung zu bringen ist.

Wollen wir der aufgeworfenen Frage näher treten, so dürfen wir
uns nicht verhehlen, dass wir wenig Aussicht haben, dieselbe in directer
Weise zu beantworten. Aber eine Analyse der Bedingungen, von denen
die Erscheinungsweise der Verkürzung des Gesammtmuskels abhängt, wird
uns dem Ziele immerhin etwas näher bringen. Es ist nun zunächst zu
untersuchen, welchen Einfluss auf den zeitlichen Verlauf der Verkürzung
des Gesammtmuskels die passive mechanische Zustandsänderung der
Muskelelemente hat und es ist hier sofort die Thatsache anzuführen, dass
an dem unmittelbar von seinem einen Ende aus gereizten parallelfasrigen
Muskel, der durch ein Gewicht im Sinne von Helmholtz belastet ist,
sich zeigen lässt, dass die von der Reizstelle entfernteren Theile des
Muskels, bevor sie in Contraction gerathen, in sehr merklicher Weise
gedehnt werden. Der Nachweis wird derartig geführt, dass auf der bewegten Zeichenfläche eines Myographions die Bewegung eines leichten
Zeichenhebels aufgeschrieben wird, welcher mit der Mitte des Muskels
verbunden ist, während der unmittelbare Reiz dem unteren Ende desselben zugeführt wird.

Der Zeichenhebel besteht aus zwei Theilen. Der eine ist ein Stück
Maurerrohr, welches an seinem einen Ende mit einer Stahlaxe fest verbunden ist, die sich in Kernen eines passenden Stativs dreht und in
dessen Höhlung am anderen Ende ein Stück festen Korkes eingepasst
ist. Der andere Theil ist ebenfalls ein Stück Maurerrohr, welches an
seinem einen Ende als Zeichenstift ein gebogenes und zugespitztes Streif-
chen Aluminiumblech trägt und an dessen anderes Ende eine starke
spitze Nadel befestigt ist. Diese Nadel wird zunächst durch die Stelle
des Muskels gestochen, deren Verrückungen untersucht werden sollen,
was ohne wesentliche Verletzungen des Muskels ausführbar ist, und dann
tief in den Kork des erstgenannten Stückes eingestossen.

Besondere Sorgfalt ist der Aufhängung des Muskels zuzuwenden, welche so einzurichten ist, dass ein Durchbiegen der den Muskel tragenden Theile bei den Bedingungen des Versuchs nicht vorkommt. Als ausreichend in diesem Sinne erwies sich eine Aufhängung, welche wesentlich nach dem bei dem Helmholtz'schen Myographion angewandten Princip ausgeführt war. Als Beweis für die genügende Starrheit der Aufhängung wurde angesehen, dass wenn die Nadel des Zeichenhebels durch den unmittelbar unter der Muskelklemme gelegenen Theil des Präparates gestossen war, nie Senkung der Zeichenspitze bei Contraction des Muskels eintrat. Als Muskelpräparat dienten die zusammen herauspräparirten und einerseits in Verbindung mit dem Becken andererseits mit der Tibia belassenen Mm. gracilis und semimembranosus nicht zu kleiner, curraresirter Winterfrösche (Rana esculenta). Die Tibia wurde in die Muskelklemme eingeklemmt, der die Belastung tragende Muskelhaken wurde durch die Pfanne des Beckens gestossen.

Die Zuleitung des reizenden Stromes geschah mittels in $\frac{3}{4}$ Proc. Kochsalzlösung getränkter Wollfäden, welche einerseits um den Muskel geschlungen, andererseits in Thonpfröpfe von du Bois' unpolarisirbaren Elektroden eingeknetet wurden und die zwischen Muskel und Thonpfropf in leichtem Bogen herunterhingen, so dass durch diesen Theil der Versuchsanordnung die mechanischen Bedingungen des Versuchs nicht wesentlich beeinflusst wurden. Als Reize dienten einzelne Oeffnungsschläge eines du Bois'schen Schlitteninductoriums. Die Reize waren übermaximale.

Das benutzte Myographion war ein neueres Federmyographion[1] von du Bois-Reymond. Dieser Apparat ist wegen der grossen Geschwindigkeit, welche der Zeichenplatte ertheilt werden kann und wegen des Umstandes, dass die Zeichenspitze der Platte schon während der Ruhe anliegt, besonders gut zu Versuchen über den Anfangstheil der Muskelzuckung geeignet. Die Schwingungsdauer der Stimmgabel des benutzten Exemplars beträgt $0 \cdot 00746$ Secunden, nach deutscher Bezeichnungsweise. Der oben beschriebene Zeichenhebel führte seine Bewegung in einer der Zeichenplatte parallelen Ebene aus und zwar derart, dass die Bewegung der Zeichenspitze eine der Bewegung der Platte entgegengesetzte gerichtete Componente enthielt.

Stellt man nun den Versuch in der Art an, dass die Nadel des Zeichenhebels etwa durch die Mitte des Muskels gestochen ist und der reizende Strom zwei ca. 1^{cm} von einander entfernten Stellen des unteren Endes zugeführt wird, so ist bei nicht zu kleinen Belastungen (ca. 50^{grm})

---

[1] Ueber das Federmyographion in seiner ursprünglichen Form siehe: E. du Bois-Reymond, Fortgesetzte Beschreibung neuer Vorrichtungen zu Zwecken der allgemeinen Nerven- und Muskelphysik. Poggendorff's *Annalen der Physik und Chemie.* Jubelband, S. 596.

der Erfolg ausnahmslos der, dass der Erhebung der Zeichenspitze eine
Senkung derselben vorangeht.

Die typische Erscheinungsweise des Versuchs stellt die in Fig. 1
gegebene, auf die Hälfte der natürlichen Grösse reducirte Abbildung einer
Originalcurve dar, zu deren völligem Verständniss Folgendes anzuführen ist.
Die im Anfang der Zeichnung (links) zu oberst verlaufende Linie ist die mit
der Zeit wachsende Abscisse, auf welche die Ordinaten der unmittelbar
darunter beginnenden Zuckungscurve zu beziehen sind. In diesem Fall verläuft die Abscisse fast streng geradlinig, was jedoch nicht in allen Versuchen
mit Sicherheit zu erreichen ist. Es ist dies ein Uebelstand, den ich bei dem
Exemplar des Federmyographions, welches mir zur Verfügung stand,
nicht ganz zu beseitigen gelernt habe, und welches in geringen Durch-
biegungen der die Bahn für die Zeichenplatte bildenden Stahldrähte
seinen Grund hat. Um mich von diesem Versuchsfehler so viel wie
möglich unabhängig zu machen, habe ich ein für allemal die Abscisse
genau unter denselben mechanischen Bedingungen gezeichnet wie die

Fig. 1.

Zuckungscurve, d. h. die Zeichenplatte wurde durch die Feder geschossen
(nicht mit der Hand bewegt) während gleichzeitig die Stimmgabel schrieb
und der Reizcontact am Myographion wie bei dem darauf folgenden
Versuch durch die Nase am Rahmen der Zeichenplatte geöffnet wurde.
Der einzige Unterschied bestand darin, dass beim Zeichnen der Abscisse
der Inductionsschlag durch einen Vorreiberschlüssel vom Muskel abge-
blendet war. Wie genau die mechanischen Bedingungen des Versuchs
in beiden Fällen übereinstimmten, erkennt man daran, dass die beiden
nach einander gezeichneten Stimmgabelcurven sich fast vollkommen decken.
Die Abscisse für die Stimmgabelcurven wurde bei Bewegung der Zeichenplatte mit der Hand gezeichnet und ist in allen Fällen fast genau geradlinig. Die Ordinate im Anfang der Zeichnung bedeutet den auf bekannte
Weise ermittelten Reizmoment; ca. 0·012 Sec. nach demselben verlässt
die Zuckungscurve die Abscisse nach unten, um dieselbe ca. 0·06 Sec.
nach der Reizung auf ihrer Bewegung nach oben zu schneiden. Der
weitere Verlauf der Curve ist hier von untergeordnetem Interesse.

Betrachtete man diese Versuche, von denen wir ein Beispiel vor
uns haben, an sich, ohne auf sonstige Erfahrungen Rücksicht zu nehmen,
so könnte man daran denken, dass ihr Resultat der Ausdruck davon

wäre, dass die Reizung des Muskelelementes eine Aenderung des Elastici-
tätscoefficienten und zwar eine Vergrösserung der Dehnbarkeit zur ersten
Folge hätte. In der That würde eine solche Annahme das beobachtete
Phänomen erklären. Dann müsste aber die der Verkürzung voraufgehende
Dehnung auch zur Erscheinung kommen, und zwar in verstärktem Maass,
wenn der Zeichenhebel mit dem unteren Ende des Muskels verbunden
ist, d. h. bei der bisher üblichen Weise der Aufzeichnung der Muskelcontraction. Bei genügend exacter Versuchsanordnung ist aber eine, der
Verkürzung voraufgehende Verlängerung des Gesammtmuskels soviel
mir bekannt bisher nie beobachtet worden, so dass die berührte Annahme
nicht gemacht werden darf.

Der eindeutige Sinn des geschilderten constanten Versuchsergebnisses
ist also der, dass die von der Reizstelle entfernteren Theile des parallelfasrigen, an seinem einen Ende direct gereizten, belasteten Muskels
eine Dehnung erleiden, ehe sie beginnen sich zu verkürzen. Dies Resultat
erscheint dem Wesen, wenn auch nicht dem Grade nach, als selbstverständlich, wenn man folgenden Versuch berücksichtigt. Entfernt man
von einer nicht zu groben Wage die eine Wageschale und bringt statt
derselben einen mit einem Gewicht belasteten Muskel an, dessen Nerv
derartig auf zwei Elektroden gelegt ist, dass er die freie Bewegung des
Wagebalkens nur sehr wenig beeinträchtigt und reizt, nachdem die Wage
gut äquilibrirt und beruhigt war, den Nerven durch einen einzelnen Inductionsschlag, so sieht man, wie der Wagbalken in demselben Moment,
in dem der Muskel zuckt und die Last sich hebt, nach der Seite des
Muskels ausschlägt. Muskel und Last üben also in dem Moment der Contraction einen stärkeren Zug auf den Aufhängungspunkt aus als während
der Ruhe. Ist der Aufhängungspunkt fest, so entzieht sich diese Zugänderung unserer Beobachtung, ist der Aufhängungspunkt Theil eines
Wagebalkens, wie in dem letzten Experiment, so äussert sich die Zugänderung in Ausschlag der Wage, befindet sich zwischen dem sich
contrahirenden Muskel und einem festen Aufhängungspunkt ein dehnbarer
Körper, wie der noch nicht in Contraction begriffene Theil des Muskels
in dem früheren Experiment, so ist die Folge der Zugänderung Dehnung
dieses Theiles.

Aus den beschriebenen Versuchsergebnissen folgt beiläufig, was für
die Versuchstechnik von Wichtigkeit ist, dass die Aufhängung in Bezug
auf Starrheit nicht nur wie Helmholtz es ausführt[1] bei Versuchen mit
Ueberlastung in Anspruch genommen wird (im Moment des Abhebens
der Ueberlastung von der Unterlage), sondern auch bei den Versuchen
mit Belastung.

[1] A. a. O., 1850. S. 316.

Der Grund für die Zugänderung, deren Wirkung wir uns durch den Versuch veranschaulicht haben, ist leicht einzusehen. In der Ruhe übt die Last durch den Muskel an dem sie hängt einen Zug auf den Aufhängungspunkt des Muskels aus, der gleich dem Gewicht der Belastung ist, also gleich dem Product aus seiner Masse in die beschleunigende Kraft der Schwere. Wird nun der Masse durch den Muskel eine Beschleunigung nach oben ertheilt, so wirkt gleichzeitig nach dem III. Newton'schen Satz die Last ausser mit dem bisherigen Zug mit einer nach unten gerichteten Kraft auf den Muskel und durch diesen auf den Aufhängungspunkt, welche gleich ist der Masse der Last mal der ihr ertheilten Beschleunigung. Will man also den Fall der Contraction mit in Betracht ziehen, so muss man als Ausdruck für den durch die Last auf den Aufhängungspunkt und auf jeden zwischenliegenden Querschnitt ausgeübten Zug aufstellen

$$p = m\left(g + \frac{d^2 l}{d t^2}\right)$$

wo m die Masse der Last, g die beschleunigende Kraft der Schwere und l die Länge des Muskels als Function der Zeit bedeutet. Wir vernachlässigen hier das Gewicht des Muskels gegen das der Last.

Experimentell ist also nachgewiesen, dass die passive Zustandsänderung gewisser Muskelelemente im Anfangstheil der Zuckung in einer nicht zu vernachlässigenden Dehnung ihren Ausdruck findet, und aus dem III. Newton'schen Satze folgt, dass der Zuwachs der auf das Muskelelement wirkenden dehnenden Kraft in jedem Zeitmoment gleich ist dem Product aus der Masse der Last mal der ihr in demselben Moment durch den Muskel ertheilten Beschleunigung.

Bezeichnen wir mit λ die Länge, mit q den Querschnitt, mit ε den Elasticitätscoëfficienten eines elastischen Körpers, welche zur Zeit t_0 die Werthe λ_0, q_0 und ε_0 haben mögen, ist ferner p ein, den elastischen Körper dehnendes Gewicht, dessen Grösse Function der Zeit sei und bezeichnen wir mit $d\lambda$ die Verlängerung des Körpers, welche dadurch hervorgebracht wird, dass das Gewicht um dp wächst, nehmen wir ferner an, dass die Aenderung von λ um $d\lambda$ zeitlich zusammenfällt mit der Aenderung von p um dp, was erlaubt ist, wenn sich p stetig mit der Zeit ändert, so gilt für den Moment t_0 die Gleichung:

$$\left(\frac{d\lambda}{d t}\right)_{t_0} = \frac{1}{\varepsilon_0}\cdot\frac{\lambda_0}{q_0}\left(\frac{d p}{d t}\right)_{t_0}$$

Analoge Gleichungen gelten für die folgenden Zeitmomente t_1 t_2 u. s. w., welche sich von der aufgestellten dadurch unterscheiden, dass in ihnen den Grössen λ, q, ε die entsprechenden Indices zugefügt sind. Dehnen

wir aber, wie wir hier thun wollen, unsere Betrachtungen nur auf so
kurze Zeiträume aus, dass sich innerhalb derselben die Werthe von λ,
q, ε nicht beträchtlich von ihrem Anfangswerth unterscheiden, so dürfen
wir für einen solchen Zeitraum schreiben:

$$\frac{d\lambda}{d t} = \frac{1}{\varepsilon}\frac{\lambda}{q}\frac{dp}{dt}.$$

Beziehen wir jetzt die Bezeichnungen λ, q, ε auf den Anfangszustand des
Muskelelementes und verstehen wir unter p den die Dehnung des Muskelelementes bewirkenden Zug, für welchen wir nach Obigem den Ausdruck haben

$$p = m\left(g + \frac{d^2 l}{d t^2}\right),$$

bezeichnen wir ferner mit $\left(\frac{d\lambda}{d t^2}\right)_p$ die Geschwindigkeit der passiven Längenänderung des Muskelelementes, so erhalten wir für diese, wenn wir
die Verkürzung eine positive, die Dehnung eine negative Längenänderung nennen:

$$\left(\frac{d\lambda}{d t}\right)_p = -\frac{1}{\varepsilon}\frac{\lambda}{q}\, m\, \frac{d^2 l}{d t^2}.$$

Um zu einem entsprechenden Ausdruck für die Geschwindigkeit der
durch die active Zustandänderung des Muskelelementes bedingten Längenänderung desselben zu gelangen, müssen wir Annahmen über die Natur
des Muskels und seiner Kräfte machen. Wir werden uns vorstellen
dürfen, dass die Verkürzung des Muskelelementes in Folge der Reizung
bedingt sei durch eine anziehende Kraft, welche zwischen den das Element
begrenzenden Querschnitten entsteht und die wir contrahirende Kraft
nennen wollen. Die Intensität dieser Kraft wird Function der seit dem
Eintreffen des Reizes im Muskelelemente verflossenen Zeit sein, eine Function über deren Natur Näheres zu erfahren von dem höchsten Interesse
sein würde. Hier beschäftigen wir uns mit der Frage, welche Zeit nach
dem Eintreffen des Reizes im Muskelelement vergeht, bis die Intensität
dieser Kraft einen merklichen Werth annimmt.

Die in den Querschnitten vereinigt zu denkenden Massen, auf welche
diese Kraft einwirkt, sind als sehr klein anzusehen im Verhältniss
zu den aus der Zähigkeit des Muskels gegen die Annäherung der Massen
entspringenden Widerständen. Die Kraft, durch welche die in den Querschnitten vereinigt gedachten Massen einander genähert werden, wird
also so lange ihre Intensität constant ist, nicht zu einer beschleunigten,
sondern zu einer gleichförmigen Bewegung der Massen führen und zwar
wird die Geschwindigkeit dieser Bewegung gleich sein dem Product aus der

auf die Einheit des Querschnitts bezogenen Intensität der Kraft (i) mal dem Querschnitt (q) mal einem Factor $\frac{1}{\alpha q}$, in welchem die Grösse α von der bewegten Masse, sowie von der Zähigkeit (und vielleicht auch der jeweiligen Spannung) des Muskelelementes abhängt.

Für die Bewegung einer Masse in einem widerstehenden plastischen Mittel unter dem Einfluss einer in der Richtung der x-Axe wirkenden Kraft i kann man nämlich die Gleichung aufstellen:

$$\frac{d^2 x}{d t^2} = i - \alpha \frac{d x}{d t} q$$

wo q die Projection der Oberfläche auf die x-Ebene und der Factor α eine von der Masse des bewegten Körpers umgekehrt und dem Reibungscoëfficienten direct proportionale Grösse ist. Erfahrungsgemäss tritt bei geringer Masse und grossen Reibungswiderständen sehr bald nach Beginn der Einwirkung der Kraft gleichförmige Bewegung ein (Flaumfeder in ruhiger Luft fallend), d. h. es wird $\frac{d^2 x}{d t^2} = 0$ und

$$\frac{d x}{d t} = \frac{1}{q \alpha} i$$

Wir machen nun die Annahme, dass die Verhältnisse beim Muskel derartig sind, dass der zuletzt definirte Bewegungszustand momentan eintritt, wenn i irgendwie geändert wird.

Die Berechtigung für die Annahme, dass ausser der Zähigkeit nicht noch eine innere elastische Kraft sich der Verkürzung des Muskelelementes entgegenstellt, ist daraus zu entnehmen, dass ein Muskel auf den keine äusseren dehnenden Kräfte wirken, wenn er sich auf einer Quecksilberfläche contrahirt hat, nach Aufhören der Erregung nicht wieder ausdehnt. Im Allgemeinen sind wir nicht zu der Annahme berechtigt, dass die Zähigkeit des Muskelelementes, mithin der Factor α bei fortschreitender Contraction constant bleibe, da wir die Betrachtung jedoch nur auf sehr kleine Theile der Contractionsdauer ausdehnen wollen, so wird die Annahme, dass α für diese kleine Zeit als constant zu betrachten sei, erlaubt sein.

Als Ausdruck für die Geschwindigkeit der durch die active Zustandsänderung des Muskelelementes bedingten Längenänderung desselben werden wir nach dem Voraufgeschickten aufstellen können:

$$\left(\frac{d\lambda}{dt}\right)_a = \frac{1}{\alpha} \cdot i.$$

Da wir annehmen dürfen, dass die wirkliche Längenänderung des Muskelelementes die Resultante aus der activen und passiven Längen-

17*

änderung desselben sei, so können wir schreiben, wenn wir mit $\frac{d\lambda}{dt}$ die
Geschwindigkeit der wirklichen Längenänderung des Muskelelementes
bezeichnen:

$$\frac{d\lambda}{dt} = \left(\frac{d\lambda}{dt}\right)_a + \left(\frac{d\lambda}{dt}\right)_p$$

oder mit Benutzung des Früheren

$$\frac{d\lambda}{dt} = \frac{1}{\alpha}\, i - \frac{1}{\varepsilon}\, \frac{\lambda}{q}\, m\, \frac{d^3\lambda}{dt^3}.$$

Die Geschwindigkeit der Verkürzung des Gesammtmuskels ist gleich
der Summe der Geschwindigkeiten der Verkürzungen aller einzelnen Elemente. Nennen wir erstere Geschwindigkeit g, jede der letzteren γ,
beachten wir, dass $\Sigma(\lambda)$ genommen über alle Muskelelemente gleich der
Länge des Gesammtmuskels (l) ist, so folgt aus

$$d\lambda = \gamma\, dt \text{ und } dl = g\, dt = \Sigma(d\lambda)$$
$$g = \frac{\Sigma(d\lambda)}{dt} = \frac{\Sigma(\gamma\, dt)}{dt} = \frac{dt\, \Sigma(\gamma)}{dt} = \Sigma(\gamma).$$

Danach ist der Ausdruck für die Geschwindigkeit der Verkürzung des
Gesammtmuskels

$$\frac{dl}{dt} = \frac{1}{\alpha}\, \Sigma(i) - \frac{1}{\varepsilon}\, \frac{l}{q}\, m\, \frac{d^3l}{dt^3},$$

wenn den früheren Voraussetzungen die neue hinzugefügt wird, dass die
Factoren $\frac{1}{\alpha}$ und $\frac{1}{\varepsilon}$ für alle Muskelelemente gleich sind.

Mit Rücksicht auf die Zuckung des durch Gewichte belasteten Muskels haben wir demnach als Maass für die Summe der in jedem Moment
thätigen contrahirenden Kräfte den Ausdruck

$$\Sigma i = I = \alpha \left[\frac{dl}{dt} + \frac{1}{\varepsilon}\, \frac{l}{q}\, m\, \frac{d^3l}{dt^3}\right],$$

welcher uns lehrt, wie wir uns aus der Betrachtung der empirischen
Zuckungscurve ein Urtheil über die jeweilige Grösse von I zu bilden
haben. Es ist hierbei zu beachten, dass $\frac{dl}{dt}$ proportional der Steilheit
und $\frac{d^3l}{dt^3}$ proportional der Krümmungsänderung der Zuckungscurve ist,
sowie dass die Anschauung der Zuckungscurve uns unmittelbar ein Urtheil über die Grösse der Steilheit und Krümmungsänderung an die Hand
giebt. Die Grössen l, q und m sind der directen Messung zugänglich,
schwieriger $\frac{1}{\varepsilon}$ und zunächst gar nicht α, aber es ist möglich und sogar
wahrscheinlich, dass α von derselben Grössenordnung ist wie ε. Nimmt

man dies an und bedenkt man, dass zu einer Zeit, wo die Hubhöhe die
für die Bestimmung des Latenzstadiums unvermeidliche Fehlergrenze
noch nicht überschritten hat, $\frac{dl}{dt}$ namentlich aber $\frac{d^2l}{dt^2}$ schon ansehnliche
Werthe erreicht haben können, so erhellt, dass l schon sehr beträchtlich
gewachsen sein kann in den späteren Theilen des nach den üblichen
Methoden beobachteten Latenzstadiums.

Ehe wir weitere Schlüsse aus dieser Einsicht ziehen, müssen wir
eingedenk sein, dass eine wesentliche Grundlage unserer Betrachtung
durch den experimentellen Nachweis merklicher Dehnung noch nicht in
Contraction begriffener Theile des mit Gewichten belasteten Muskels
durch die sich contrahirenden Theile gebildet wird. Der Nachweis wurde
geführt bei directer Reizung eines parallelfasrigen Muskels von einem
seiner Enden aus. Schon vor Jahren haben sich bedeutende Autoritäten
von der Aufnahme ähnlicher Betrachtungen, wie wir sie hier durchgeführt
haben, abhalten lassen durch die Erwägung, dass auch bei totaler directer
Reizung des mit Gewichten belasteten Gastroknemius ein Latenzstadium
von gewöhnlicher Dauer auftrete.[1] Man nahm an, dass bei totaler directer Reizung alle Querschnitte des Muskels gleichzeitig und in demselben Maass in Contraction geriethen und glaubte auf die Dehnbarkeit
der nicht in Contraction gerathenen Achillessehne sowie auf die Abweichung der Richtung der einzelnen Muskelfasern von der Zugrichtung des
Gesammtmuskels kein Gewicht legen zu sollen.

Um mich nun auf ganz directem Wege davon zu überzeugen, in
wie weit unsere Betrachtungen auch auf diesen gewissermaassen classischen
Fall Anwendung finden, liess ich Zuckungscurven durch den mit Gewichten belasteten Gastroknemius aufschreiben, indem ich ihn, die Achillessehne nach oben, aufhing und die Nadel des beschriebenen Zeichenhebels
12 mm von der Achillessehne entfernt durch den Muskel stiess. Der
reizende Inductionsschlag wurde dem Präparat an seinen äussersten Enden
zugeführt. Die Zuckungscurve zeigte nun regelmässig zuerst eine Senkung unter die Abscisse und dann erst Erhebung über dieselbe. Als
Beispiel diene Fig. 2, die Abbildung einer Originalcurve. Dass der
Aufhängepunkt bei der Zuckung unverrückt blieb, wurde durch besondere Versuche festgestellt. Es hatte also auch hier eine sehr merkliche Dehnung eines Theiles des Präparates im Anfangstheil der Zuckung
Statt. Ob der Grund hierfür darin liegt, dass die dehnbare Achillessehne

---

[1] Vgl. E. du Bois-Reymond, Ueber die negative Schwankung des Muskelstromes bei der Zusammenziehung. 3. Abthl. Dies *Archiv*. 1876. S. 350. — *Gesammelte Abhandlungen zur allgemeinen Muskel- und Nervenphysik*. Leipzig 1877.
Bd. II, S. 572.

an der Contraction keinen Antheil nimmt, oder darin, dass der Gastroknemius sehr unregelmässig gebaut ist, muss zunächst dahingestellt
bleiben. Soviel ist jedenfalls festgestellt, dass das Resultat unserer Betrachtung im Wesentlichen auch auf den direct total gereizten, mit
Gewicht belasteten Gastroknemius anwendbar ist.

Wir sind also berechtigt, allgemein auszusprechen, dass der Fehler,
welchen man gemacht hat, wenn man aus der Erscheinungsweise des
Latenzstadiums des Gesammtmuskels einen Schluss machte auf das Latenzstadium des Muskelelementes, grösser war, als man bisher angenommen
hat, und dass jedenfalls die kleinsten beobachteten Latenzstadien dem
wahren Werth des elementaren Latenzstadiums am nächsten kommen.

Fig. 2.

Wir müssen uns also nach Mitteln umsehen, das Latenzstadium des
Gesammtmuskels willkürlich zu verkürzen und wir werden sehen, dass
der von uns aufgestellte Ausdruck uns hierbei wesentliche Dienste leisten
wird. Wir schreiben ihn zu diesem Zweck wieder in seiner ursprünglichen Form:

$$\frac{d\,l}{d\,t} = \frac{1}{\alpha}\,I - \frac{1}{e}\,\frac{l}{q}\,m\,\frac{d^3\,l}{d\,t^3}$$

oder mit Vernachlässigung der Glieder höherer Ordnung:

$$\frac{d\,l}{d\,t} = \frac{1}{\alpha}\left[\,I - \frac{1}{e}\,\frac{l}{q}\,m\,\frac{d^3\,J}{d\,t^2} + \cdots\,\right]$$

und bedenken, dass das Latenzstadium um so kürzer erscheinen wird,
je früher $\frac{d\,l}{d\,t}$ einen merklichen Werth annimmt. Das erste Glied der
rechten Seite können wir dadurch beeinflussen, dass wir die Zahl der
gleichzeitig in Contraction gerathenden Muskelelemente möglichst vermehren. Dieses könnte dadurch geschehen, dass man möglichst lange
Muskeln wählte und diese total reizte, aber man sieht, dass man das
erste Glied nicht dadurch zu vergrössern suchen darf, dass man l vergrössert, weil man damit auch das zweite Glied mit negativem Vorzeichen
vergrössert. Man wird also weniger auf die Gesammtlänge des Muskels
als auf das Verhältniss der musculösen zu den dehnbaren, nicht musculösen Theilen des Präparates sowie auf die Möglichkeit unnachgiebiger

Befestigungen zu sehen haben und den ausgewählten Muskel total reizen. Was das zweite Glied betrifft, so haben wir den Factor $\frac{1}{\varepsilon}$ gar nicht in unserer Gewalt, auch q zu variiren ist nicht leicht, eine Aenderung von l ist nicht zweckmässig wegen ihres Einflusses auf das erste Glied, es bleibt also die Variation von m übrig. Nun kann man erfahrungsmässig die Länge des Latenzstadiums durch Variation des belastenden Gewichtes nicht derart beeinflussen, dass ein Gesetz zu erkennen wäre. Dies liegt offenbar daran, dass wenn man die Belastung dadurch vermindert, dass man ein kleineres Gewicht an den Muskel hängt, man gleichzeitig dem Muskel eine geringere Spannung ertheilt und dadurch zunächst den Factor $\frac{1}{\varepsilon}$ vergrössert, bei weiterer Verminderung des Gewichtes auch Gelegenheit zu zickzackförmiger Anordnung der Primitivmuskelfasern giebt. Man muss also auf ein Mittel sinnen, m, d. h. die durch den Muskel direct in Bewegung zu setzende, mit dem Zeichenhebel verbundene Masse zu variiren, ohne die Spannung des Muskels zu ändern. Dies gelingt auf sehr einfache Weise dadurch, dass man das belastende Gewicht einmal direct an dem mit dem unteren Ende des Muskelpräparates verbundenen Zeichenhebel anbringt, und dann dasselbe Gewicht durch Vermittelung eines genügend langen Kautschukfadens. Bei letzterer Anordnung ist die durch den Muskel direct zu bewegende Masse nahezu gleich Null und die Spannung des Muskels dieselbe wie bei der ersten Anordnung. Verfährt man auf diese Weise, so gelingt es nun in der That, die Dauer des Latenzstadiums in sehr merklicher und der Theorie entsprechender Weise zu beeinflussen. Als Beispiel führe ich folgende Versuche an:

28/5 77. II. Gracilis und Semimembranosus in der ganzen Länge gereizt; 25 grm an Kautschukfaden; Latenzstadium: 0·0104 Sec. 25 grm fest mit Zeichenhebel verbunden; Latenzstadium: 0·0148 Sec.

III. Gastroknemius direct in der ganzen Länge gereizt; 25 grm direct an Zeichenhebel; Latenzstadium: 0·0117 Sec. 25 grm an Kautschukfaden; Latenzstadium: 0·0074 Sec.

Es scheint nun am Platz zu sein, einen dem discutirten Ausdruck entsprechenden aufzustellen für den Fall der Belastung des Muskels durch gespannte Federn. Wir gelangen sehr einfach zu einem solchen, indem wir von denselben Voraussetzungen ausgehen wie bei Aufstellung des ersten Ausdruckes. Erinnern wir uns der für einen elastischen Körper angenommenen Beziehung

$$\frac{d\lambda}{dt} = \frac{1}{\varepsilon} \frac{\lambda}{q} \frac{dp}{dt}$$

und schreiben wir, wenn wir dieselbe auf den Muskel anwenden wollen, so, dass wir für λ setzen l und wenn auf die belastende Feder für λ, ε, q bez. l', ε', q', so erhalten wir:

und aus:

$$\left(\frac{dl}{dt}\right)_p = -\frac{l}{\varepsilon\,q}\frac{dp}{dt}$$

$$\frac{dl'}{dt} = -\frac{l'}{\varepsilon'q'}\frac{dp}{dt},$$

(wenn wir annehmen, dass die Spannungsänderung der Feder dp in jedem Zeitmoment gleich derjenigen des mit derselben verbundenen Muskels ist und wenn wir bedenken, dass jedenfalls

$$\frac{dl}{dt} = -\frac{dl'}{dt}\bigg):$$

$$\frac{dp}{dt} = \frac{dl}{dt}\frac{\varepsilon'q'}{l'}$$

und:

$$\left(\frac{dl}{dt}\right)_p = -\frac{dl}{dt}\frac{l}{\varepsilon\,q}\frac{\varepsilon'q'}{l'}.$$

In Bezug auf die active Zustandsänderung gilt dasselbe wie bei dem erstbetrachteten Fall, so dass wir nach einigen Umformungen haben:

$$\frac{dl}{dt} = \frac{1}{\alpha}\,I\left(\frac{1}{1 + \frac{l}{\varepsilon\,q}\cdot\frac{\varepsilon'q'}{l'}}\right).$$

Nennen wir nun den Factor $\frac{l}{\varepsilon\,q}$, d. h. die Länge, um die der elastische Körper gedehnt wird, wenn die dehnende Kraft um die Einheit der Kraft wächst, den Dehnungscoëfficienten desselben und bezeichnen ihn mit δ bez. δ', so nimmt der Ausdruck die Form an:

$$\frac{dl}{dt} = \frac{1}{\alpha}\,I\left(\frac{1}{1 + \frac{\delta}{\delta'}}\right),$$

aus welcher wir ersehen, dass das Latenzstadium um so kürzer erscheinen wird, je grösser cet. par. δ' gegen δ ist. Es ist nun zu beachten, dass δ von der Spannung, welche die Feder dem Muskel ertheilt, abhängig ist, aber es giebt bei jeder Art von Federn Mittel, δ' zu ändern, ohne gleichzeitig die Spannung zu ändern. Thut man dies, so gelingt es wiederum mit Sicherheit, das Latenzstadium in der theoretisch vorausgesagten Weise sehr merklich zu beeinflussen. Ja bei passender Wahl der Spannung und des Werthes von δ' ist es mir wiederholt gelungen, von dem total gereizten Gastroknemius Latenzstadien von nur 0·004 Sec.

Dauer zu Gesicht zu bekommen. Die Spannung durfte nicht zu klein und δ' musste möglichst gross sein, damit dieser Erfolg eintrat. Ich hebe dies ausdrücklich noch einmal hervor, weil Place[1] der Einzige, welcher angiebt, Latenzstadien von gleicher Kürze beobachtet zu haben, dies unter Bedingungen gethan haben will, bei denen δ' gerade kleiner gewesen sein muss, als bei den Versuchen, bei denen er längere Latenzstadien beobachtete. Aber die Versuchsanordnung des genannten Forschers war überhaupt kaum geeignet, um Zeitgrössen von dieser Kleinheit mit einiger Sicherheit zu erkennen. Die Zeichenfläche, auf der die Zuckungscurven aufgeschrieben wurden, hatte im Verhältniss zu der des Federmyographions eine sehr geringe Geschwindigkeit und der Reizmoment wurde nicht in üblicher Weise durch einen besonderen Versuch bei sehr langsamer Bewegung der Zeichenfläche, sondern bei dem die Zuckungscurve liefernden Versuch selbst mit Hilfe eines eingeschalteten Elektromagnetes bestimmt, ohne dass dem in dem Elektromagnet eintretenden Zeitverlust Rechnung getragen wurde. Ich lege hierauf nicht deshalb Gewicht, um für mich die Priorität der wichtigen Beobachtung so kurzer Latenzstadien in Anspruch zu nehmen, sondern um Einwürfen, welche aus den Versuchen von Place gegen meine theoretisch vorausgesagten und die Theorie bestätigenden Versuche entnommen werden könnten, entgegenzutreten.

Es ist oben gezeigt, dass das kürzeste zu beobachtende Latenzstadium des Gesammtmuskels dem wahren Werth des Latenzstadiums des Muskelelementes am nächsten kommt. Nach den bisher mitgetheilten Versuchen würde das mechanische Latenzstadium des Muskelelementes nicht grösser sein als 0·004 Sec. Der Unterschied in der Dauer des mechanischen und elektrischen Latenzstadiums muss also jedenfalls beträchtlich kleiner angenommen werden, als bisher geschehen ist, wenigstens was den willkürlichen Muskel betrifft, auf den allein sich unsere Versuche und Betrachtungen bezogen, aber es bleibt eine immerhin ansehnliche Zeitdifferenz bestehen und wir sind noch nicht in der Lage anzugeben, ob dieselbe ausgefüllt ist durch mechanische Zustandsgleichheit oder durch mechanische Zustandsänderungen, die entweder nicht mit Längenänderung verbunden sind, oder wenn sie es sind, noch nicht haben zur Anschauung gebracht werden können. Jedenfalls sind die Hilfsmittel, um der Verkürzung des Latenzstadiums des Gesammtmuskels günstige Bedingungen herbeizuführen noch nicht erschöpft, aber leider wurde ich vor jetzt einem Jahr durch äussere Umstände verhindert, die nach dieser Richtung

[1] T. Place, De contractie-golf der willkeurige spieren. *Nederlandsch Archief voor Genees- en Natuurkunde.* III, p. 177.

geplanten Versuche auszuführen. Ebenfalls durch äussere Umstände sehe
ich mich gezwungen, diese Untersuchung in ihrem jetzigen Zustand zu
veröffentlichen, ohne die Ausführung der angedeuteten sowie vieler anderer
sehr nahe liegender Versuche abzuwarten. Zu diesen Versuchen gehören
auch solche, welche Licht verbreiten könnten über Beobachtungen, bei
denen das mechanische Latenzstadium des Gesammtmuskels nicht länger
als 0·001 Sec. erschien, aber unter einer Form, für deren Erklärung mir
eine durch Experimente gesicherte Theorie noch nicht zu Gebote steht.
Ich kann diese Beobachtungen hier also nur andeuten, ohne Schlüsse aus
denselben zu ziehen.

Was nun die aufgestellten analytischen Ausdrücke anlangt, so muss
noch einmal hervorgehoben werden, dass bei ihrer Entwickelung, dem
vorliegenden Zwecke entsprechend, zunächst nur die in den Beginn der
Zuckung fallenden Vorgänge berücksichtigt sind. Für diese haben sich
die Ausdrücke insofern brauchbar gezeigt, als sie uns in den Stand gesetzt haben, die Versuchsbedingungen dem gesteckten Ziel entsprechend
und mit vorausgesagtem Erfolg einzurichten. Die Ausdehnung des Giltig-
keitsbereichs und den Grad der Giltigkeit innerhalb desselben zu discutiren, ist hier nicht am Ort. Es mag hier nur die Einfachheit der Form
des Ausdruckes für den Fall der Belastung durch gespannte Federn
gegenüber dem der Belastung mit Gewichten und die Zweckmässigkeit
einer derartigen Anwendung von Federn, dass Spannung und Dehnungscoëfficient unabhängig von einander variirt werden, hervorgehoben sein.

Es mag ferner hier nicht unerwähnt bleiben, dass man bei einem
genaueren Eingehen auf die sich hier darbietenden Fragen gut thun
wird, einem Vorgang Rechnung zu tragen, der meines Wissens bisher
nicht in den Kreis der Betrachtung gezogen ist und dessen Beachtung
nach mancher Richtung hin fruchtbar zu werden verspricht. Es handelt
sich um die Wellensysteme veränderter Spannung, welche bei der Contraction in dem irgendwie belasteten Muskel und bei Belastung mit
Federn auch in diesen entstehen müssen. Um den Vorgang, welchen ich
im Sinne habe, näher zu charakterisiren, will ich von einem grob wahrnehmbaren Phänomen ausgehen.

Hält man einen genügend langen Kautschukfaden in der Hand, an
dem ein Gewicht hängt, und bewegt die Hand plötzlich nach oben, so
wird der Kautschukfaden zunächst gedehnt und es vergeht eine deutlich
wahrnehmbare Zeit, bis das Gewicht in merkliche Bewegung geräth.
Der diesem Phänomen zu Grunde liegende Vorgang ist offenbar folgender.
Die mit der ersten Bewegung der Hand verbundene Spannungsänderung
und Dehnung des obersten Theiles des Fadens pflanzt sich als Welle mit
der Fortpflanzungsgeschwindigkeit des Schalles über den Faden fort. Bei

dem Gewicht angekommen wird sie reflectirt, aber nicht in ihrer ganzen Stärke, da ein Theil ihrer lebendigen Kraft dem Gewicht mitgetheilt ist. Wäre der Faden statt mit dem Gewicht mit einem im Raume festen Punkt verbunden, so würde die Welle in ihrer ganzen Stärke reflectirt. Besässe das Gewicht nicht mehr träge Masse als das letzte Element des Fadens, so würde von der Welle gar nichts reflectirt, sondern ihre ganze lebendige Kraft zur Bewegung des Gewichtes verwandt. Dasselbe würde Statt finden, wenn der Faden nicht dehnbar wäre. Das Verhältniss des Theiles der lebendigen Kraft der Welle, welcher in der reflectirten Welle enthalten ist zu dem, der zur Bewegung des Gewichtes verwandt wird, ist abhängig von der Masse der Längeneinheit des Fadens, der Masse des Gewichtes und von der Dehnbarkeit des Fadens.

Ist die theilweise reflectirte Welle bei der Hand wieder angekommen, so wird sie hier total reflectirt und läuft zum Gewicht zurück, um diesem einen neuen Bewegungsimpuls zu ertheilen und von ihm wieder geschwächt reflectirt zu werden und so fort, bis die Welle theils wegen der Reibung im Faden, theils wegen Abgabe von lebendiger Kraft an das Gewicht erlischt. Der ersten Welle waren, so lange die Bewegung der Hand dauerte, immer neue mit wesentlich gleichem Schicksal gefolgt, welche sich alle einander und der ersten Welle superponiren. Da jede Welle oft den Faden wird durchlaufen müssen, ehe sie die lebendige Kraft, welcher sie ihre Entstehung verdankt, an das Gewicht übertragen hat (bis auf den durch Reibung verloren gegangenen Theil), so ist erklärlich, weshalb trotz der so bedeutenden Fortpflanzungsgeschwindigkeit der Wellen eine direct wahrnehmbare Zeit vergeht, ehe das Gewicht in merkliche Bewegung geräth.

Analoge Vorgänge müssen in dem mit Gewichten belasteten Muskel eintreten, sobald aus inneren Gründen an einer oder mehreren Stellen desselben Spannungsänderungen entstehen. Aus dieser Betrachtung lassen sich zwei wichtige Schlüsse ziehen. Erstens folgt aus derselben, dass das Latenzstadium des mit Gewichten belasteten Gesammtmuskels wesentlich länger sein muss als das des Muskelelementes und dass es nicht nur, wie Helmholtz annimmt, möglich ist, dass „die Energie gleich vom Augenblick der Reizung an stiege, aber so langsam", dass die Geschwindigkeit ihres Ansteigens in den ersten 0·01 Secunden nach der Reizung verschwände gegen die in den nächsten 0·004 Secunden, sondern dass es auch möglich und sogar sehr wahrscheinlich ist, dass sie unmittelbar oder sehr bald nach der Reizung mit derselben Geschwindigkeit stiege wie später, aber eine Zeitlang in Gestalt der geschilderten Wellen sich der Beobachtung mittels der gewöhnlichen Methoden entzöge.

Zweitens wird es sehr wahrscheinlich, dass ein guter Theil der bei

der Contraction des mit Gewichten belasteten Muskels entstehenden
Wärme dem durch Reibung eintretenden Verlust dieser Wellen an lebendiger Kraft ihren Ursprung verdanke. Auch an den akustischen Phä-
nomenen des thätigen Muskels werden diese Wellen ihren Antheil haben.

Aehnliche Vorgänge werden in dem durch gespannte Federn belasteten Muskel bei der Contraction eintreten, doch wird sich hier jede Welle
als solche in die Feder selbst fortpflanzen. Das Verhältniss der Amplitude der an der Verbindungsstelle von Muskel und Feder reflectirten
und der in die Feder übergehenden Welle wird von dem Verhältniss
des Dehnungscoëfficienten des Muskels (δ) und der Feder (δ') abhängen
und zwar wird die Welle um so weniger durch Reflexion geschwächt
sich in die Feder fortsetzen, je grösser δ' gegen δ ist, und um so eher
wird auch die Bewegung eines mit dieser Stelle verbundenen Zeichenhebels merklich werden. Dieses ist der Fall, welcher bei denjenigen
meiner Versuche realisirt war, bei denen ich Latenzstadien von nur
0·004 Secunden beobachtete. Noch kürzere Latenzstadien würde man
wahrscheinlich zu sehen bekommen, wenn es gelänge, die Zeit, nach
welcher die vom festen Punkt der Feder reflectirte Welle bei dem Zeichenhebel wieder anlangt, wesentlich zu verlängern.

Fassen wir die Resultate, welche diese als Fragment zu betrachtende
Untersuchung als sicher ergeben hat, noch einmal zusammen:

1. Der belastete Muskel übt, so lange er bei seiner Contraction der
Last eine Beschleunigung nach oben ertheilt, einen stärkeren Zug auf
seinen Aufhängepunkt aus als in der Ruhe.

2. Die noch nicht in Contraction begriffenen Theile des Muskels
(auch Sehnen) erleiden aus diesem Grunde eine merkliche Dehnung.

3. Das mechanische Latenzstadium des Gesammtmuskels ist aus
demselben Grunde wesentlich länger als das mechanische Latenzstadium
des Muskelelementes.

4. Das kürzeste zu beobachtende Latenzstadium des Gesammtmuskels
kommt dem wahren Werth desjenigen des Muskelelementes am nächsten.

5. Das kürzeste Latenzstadium des Gesammtmuskels kam zur Beobachtung bei Belastung durch gespannte Federn, deren Dehnungscoëfficient
(siehe S. 264) möglichst gross ist im Verhältniss zum Dehnungscoëfficienten
des Muskels.

6. Das mechanische Latenzstadium des Elementes des
willkürlichen Muskels ist jedenfalls nicht länger als 0·004
Secunden.

Ueber die Construction und Verwendung des Capillar-Elektrometers für physiologische Zwecke.

Von

Dr. Ernst von Fleischl
in Wien.

Aus dem physiologischen Institut der Universität Wien.

Unter den zahlreichen aus der physikalischen Technik entlehnten Behelfen der Nerven- und Muskelphysiologie fehlte bis jetzt ein Instrument, welches die in einem Kreise vorhandenen Ströme nach ihrer elektromotorischen Kraft oder nach ihrer Intensität mit solcher Schnelligkeit und mit so geringer Einmischung der Trägheit der Massen anzeigte, dass der jeweilige Stand des Index immer als dem augenblicklichen elektrischen Zustande des Kreises entsprechend, und somit die Bewegungen des Index als ein getreues Abbild der elektrischen Bewegungen im Kreise angesehen werden durften. Bei allen bisher angewendeten Elektrometern, Galvanometern, Dynamometern u. s. w. war die Dauer der Schwingung des Magneten oder des Solenoids so gross, dass die Bewegung des Index schon aus diesem Grunde weit davon entfernt blieb, eine Vorstellung von dem zeitlichen Verlaufe der elektrischen Vorgänge im Kreise zu geben.

Bernstein hat bekanntlich diese Schwierigkeit durch die ungemein sinnreiche Construction seines Differential-Rheotoms zu überwinden gewusst und man verdankt der Anwendung dieses Apparates eine Reihe von Angaben über den zeitlichen Verlauf elektrischer Vorgänge im Nerven und im Muskel; doch liegt es in den Bedingungen dieses Instrumentes, dass die Resultate, die es ergiebt, erst nachträglich zur „punktweisen" Construction einer Schwankungscurve verwendet werden können.

In dem von Lippmann vor einigen Jahren, auf Grund eines — so viel ich weiss — von Erman im Beginn dieses Jahrhunderts zuerst bemerkten Principes, erfundenen Capillar-Elektrometer glaubte ich nun die Eigenschaften wahrzunehmen, welche nothwendig sind für ein Instrument, das elektrische Veränderungen mit fast verschwindender Verzögerung anzeigen soll.

Ich habe mich also seit einem Jahre mit dem Studium der Eigenschaften dieses schönen Instrumentes beschäftigt und einige, so viel ich weiss noch nicht beschriebene, aber gerade für den Physiologen wichtige Beobachtungen an demselben gemacht.

Auch schien mir manches an der Construction des Instrumentes wesentlicher Verbesserung fähig, ja bedürftig; und im Verlaufe meiner Erfahrungen gelangte ich endlich zur Annahme des im Folgenden beschriebenen Modelles, welches ich den Hrn. Mechanikern Meyer und Wolf[1] zur Ausführung überlassen habe.

Aus einer dicken kreisrunden Eisenplatte, die auf drei Stellschrauben steht, erheben sich zwei Säulen, von denen die eine das Elektrometer, die andere das Beobachtungs-Mikroskop trägt. Letzteres ist auf folgende Arten beweglich aufgestellt. Durch Lockerung der Schraube a erhält der wie ein Fernrohrauszug eingerichtete obere Theil der Säule seine Beweglichkeit. Hierdurch kann das Mikroskop in vertikaler Richtung um beträchtliche Strecken gehoben oder gesenkt werden. Der Zweck dieser „groben" Einstellung ist, das Mikroskop ungefähr in eine dem unteren Ende der Capillare entsprechende Höhe zu bringen. Die feine Einstellung in vertikaler Richtung geschieht durch Drehen an der Kreisscheibe A, welche auf ihrer oberen versilberten Fläche am Rande eine Eintheilung in 100 Theile trägt, die beim Drehen an der Spitze eines kleinen Index, der in der Zeichnung erkennbar ist, sich vorüberbewegt.

Die Verschiebung des Mikroskopes parallel mit sich selbst in der Horizontalebene wird durch Drehen der Schraube B bewerkstelligt. Wie sich aus dem Folgenden ergiebt sind in dieser Richtung niemals grosse Verschiebungen nöthig, weshalb auch auf die Anbringung einer groben Einstellung verzichtet wurde.

Die dritte Bewegung des Mikroskopes, die längs seiner Axe ist hingegen wieder mittels grober und feiner Einstellung möglich. Zur feinen Einstellung dient die Schraube C, die grobe Einstellung wird durch Verschiebung des Tubus in der Hülse aus freier Hand besorgt. Das Ocular des Mikroskopes ist ein Messocular, d. h. es trägt in der Ebene seines Diaphragma's eine in Glas geritzte Theilung, welche beim Gebrauche vertikal zu stellen ist.

---

[1] Wien, Beethovengasse.

Die andere Säule
besteht aus einem ge-
nau cylindrisch abge-
drehten Messingrohre
von 26 ^{mm} äusserem
Durchmesser, und
trägt drei verstellbare
Hülsen (von denen in
der perspectivischen
Zeichnung bloss ein
Theil der mittleren
sichtbar ist) und oben
eine Tasse mit Rand
zur Aufnahme einer
Flasche. Die Hülsen
sind der Länge nach
aufgeschnitten, und an
den Schnittflächen
Flanschen angebracht,
welche von Schrauben
durchbohrt sind, so
dass durch Anziehen
der Schrauben die Hül-
sen fest um die Säule
gepresst werden, ohne
letztere zu beschä-
digen.

Von der in der
Zeichnung theilweise
sichtbaren mittleren
Hülse geht ein Arm
zuerst nach unten, dann
nach der Seite, welcher
an seinem freien Ende
eine runde Tasse mit
niedrigem Rande
trägt. Diese Tasse
dient zur Aufnahme
des Gefässes D. Sie
wird angewärmt, mit
leicht schmelzendem

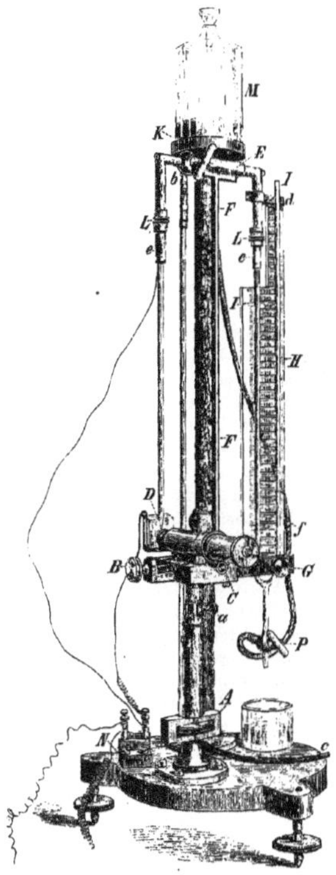

$\frac{1}{5}$

Fig. 1.

Kitt gefüllt und dann das Gefäss in passender Stellung hineingesetzt.
Das Gefäss wird so hergestellt, dass von einer im Querschnitt viereckigen
Flasche der obere nicht prismatische Theil abgeschnitten wird, dann
von den oberen Rändern zweier einander gegenüberliegender Flächen des
unteren Theiles her tiefe, breite Fenster aus diesen Flächen heraus-
geschliffen werden, welche Fensteröffnungen dann, die eine mit einem
Stücke eines Objectträgers, die andere mit einem grossen Deckglase, wie
es zum Bedecken mikroskopischer Präparate dient, verschlossen werden.
Diese beiden Stücke werden von aussen her auf die Ränder der Fenster
aufgekittet.

An der obersten Hülse ist das massive Querstück *E* befestigt, an
der untersten Hülse ein ähnliches; und diese beiden Querstücke sind
durch den vierkantigen starken Metallstab *F* starr miteinander verbunden, so dass sie ein System bilden, welches nur als Ganzes längs der
Säule verschoben werden kann. — Das mit der untersten Hülse verbundene Querstück ist nur nach einer Seite in einen Arm verlängert,
welcher an seinem äusseren Ende in zwei parallele Backen übergeht,
deren Entfernung von einander durch die Schraube *G* regulirt wird.
Diese, an ihren Innenflächen mit Sammt beklebten Backen fassen fest
zwischen sich und tragen das untere Ende der getheilten Glastafel *H*,
und den unteren Theil des Manometers *II'*.

Das mit der obersten Hülse verbundene Stück trägt ein fingerdickes
horizontales Messingrohr mit einer Bohrung von 1 ^{mm} Durchmesser; an
beiden Enden ist dieses Rohr rechtwinklig nach abwärts gebogen. In
seinem horizontalen Theile trägt das Rohr den kurzen nach unten gerichteten Ansatz *b* und an der Abzweigungsstelle dieses Ansatzes den
Hahn *K*. Dieser Hahn, welcher luftdicht eingeschliffen ist, wird von
einer ganzen und von einer auf diese senkrechten halben Bohrung durchsetzt, so dass er gestattet, entweder: die beiden Hälften des horizontalen
Rohres miteinander zu verbinden und gegen den Seitenansatz *b* abzuschliessen, oder: die eine oder die andere der beiden Hälften des horizontalen Rohres mit dem Ansatz *b* zu verbinden und gegen die andere
Hälfte abzuschliessen. Der Ansatz *b* wird durch ein kurzes Stück dick-
wandigen Kautschukrohres mit einem Glasrohre verbunden, welches man
in der Figur bis nahe auf die Grundplatte herabreichen sieht; mit dem
unteren Ende dieses Rohres wird dann im entsprechenden Falle ein Druckapparat mittels eines anderen Stückes Kautschukschlauch (*c*) verbunden.
Von dem einen absteigenden Schenkel des Messingrohres geht eine kleine
Vorrichtung (*d*) seitlich ab zur Befestigung des oberen Endes der getheilten Glasplatte *H*. Die beiden unteren Enden der absteigenden
Schenkel des Messingrohres sind ganz gleich gearbeitet. Sie sind zur

luftdichten Verbindung mit Glasröhren bestimmt, die an ihren oberen Enden in Messinghülsen (c, c) eingekittet sind. Die aufeinanderpassenden Enden des Rohres und der Hülsen sind so genau gearbeitet, dass, wenn zwischen sie ein gefettetes ringförmiges Lederplättchen gelegt ist und dann die Verschraubungen (LL) fest angezogen werden, ein selbst bei hohem Drucke luftdichter Verschluss erreicht ist. Jedem Apparate werden mehrere solche Hülsen (c) beigegeben. In eine derselben ist das kürzere Ende des Manometers ein für alle Male eingekittet, die übrigen Hülsen dienen zur Aufnahme verschiedener Capillaren, deren man sich so mehrere aufbewahren kann und die ohne weitere Vorbereitung in jedem Moment am Apparate gegen einander vertauscht werden können.

Auf die Tasse oben auf der Säule wird eine Glasflasche gestellt, welche über ihrem Boden eine seitliche Tubulatur hat. Von dieser

führt ein dickwandiger Kautschukschlauch herab, welcher mit seinem unteren Ende fest mit dem hohlen Fortsatze des Glashahnes P verbunden ist. Dieser Glashahn (Fig. 2) befindet sich in dem vertikalen Stücke Glasrohr, welches an die tiefste Stelle des Manometers angeschmolzen ist und mit dem Manometer communicirt. Der Glashahn hat eine ganze Durchbohrung senkrecht auf seine Axe. Wenn diese Bohrung vertikal gestellt wird, so läuft die Flüssigkeit aus dem Manometer in ein darunter stehendes Gefäss. Ferner hat der Hahn eine halbe Bohrung, welche aber

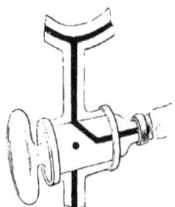

Fig. 2.

nicht mit der oben besprochenen ganzen Bohrung communicirt, sondern in jene axiale Bohrung übergeht, mit welcher, wie oben bemerkt, der Kautschukschlauch f communicirt. Steht diese halbe Bohrung nach oben, so tritt die Flüssigkeit aus der Flasche M in das Manometer. In dieser Stellung ist der Hahn in Fig. 2 gezeichnet.

Auf der eisernen Grundplatte ist ferner noch die Ebonitplatte N aufgeschraubt, welche zwei von einander isolirte, mit je zwei Schraubenklemmen versehene Messingklötze trägt.

Für die Zusammenstellung des Instrumentes zum Gebrauche ist nun folgendes nöthig. In eine der beigegebenen Hülsen c wird mittels Siegellack ein Glasrohr fest eingekittet. Entweder ist irgendwo unterhalb der Hülse in dieses Glasrohr ein dünner Platindraht so eingeschmolzen, dass sein eines Ende frei in das Lumen des Rohres hineinragt, oder es

wird derselbe Zweck dadurch erreicht, dass man den Draht in der iso-
lirenden Kittmasse zwischen Hülse und Glaswand hinaufgeben lässt, und ihn
um den oberen Rand des Rohres herum in dessen Lichtung hineinbiegt.
Dieses Rohr wird in einer Entfernung von ca. 300 ^{mm} vom oberen Ende
in eine feine Capillare ausgezogen, diese an ihrer engsten Stelle abge-
brochen und nun das Ganze vorsichtig bis oben mit reinem Quecksilber
angefüllt und nachgesehen ob sich die Quecksilbermasse selbst durch die
Spannung ihres unteren Meniscus trägt. Hat sich der Quecksilberfaden
in dem capillaren Theile des Rohres auf irgend einen Punkt eingestellt,
so halte man das Rohr vertikal, mit der Spitze nach unten und mache
dann mit dem ganzen Rohre, es in der Richtung seiner Axe verschiebend,
eine jähe Bewegung nach aufwärts. Hierbei tritt leicht ein Tröpfchen
Quecksilber aus der Spitze der Capillare aus, dieses Tröpfchen wächst
langsam und fällt, wenn es etwa die Grösse eines Stecknadelkopfes erreicht hat, von selbst ab. Ist dies geschehen, so muss sich der Quecksilberfaden mit seinem Ende wieder von der Spitze der Capillare zurück-
ziehen; dies ist ein sicheres Zeichen für die Brauchbarkeit der Capillare.
Ich rathe Jedermann, sich mit der Behebung von Schwierigkeiten, welche
sich beim Anfüllen oder Prüfen einer Capillare herausstellen, nie lange
aufzuhalten, sondern lieber das Quecksilber auszuleeren und eine frische
Capillare auszuziehen. Das Ausziehen und Füllen der Capillaren macht
nämlich gar keine Umstände, lästig ist nur das Einkitten in die Hülse,
welches aber sehr selten nothwendig wird. Ist das Rohr durch mehr-
maliges Ausziehen von Capillaren um ein paar Centimeter verkürzt worden, so stellt man die passende Länge durch Ausziehen einer etwas höher
gelegenen Stelle um den gewünschten Betrag leicht wieder her. Die
fertige Capillare wird dann, indem ihr der Verschraubungsring L von
unten her übergeschoben ist, mittels dieses Ringes fest mit dem Instrument verbunden. — Will man eine Capillare gegen eine andere ver-
tauschen, die erste aber aufbewahren, so umwickle man das Rohr an
einer Stelle fest mit mehreren Lagen Bindfaden, bilde so einen Wulst
auf demselben, schiebe von der Spitze her einen durchbohrten Kork über
das Rohr bis an den Wulst und verschliesse nun mit diesem das Rohr
tragenden Korke eine mit angesäuertem Wasser gefüllte Flasche. Die
Capillare austrocknen zu lassen ist nicht rathsam. Liegt einem daran,
sich eine unverwüstliche Capillare zu verschaffen, so kann ich immerhin
folgende allerdings etwas zeitraubende Procedur empfehlen. Ein dick-
wandiges Glasrohr (ein Barometerrohr) lässt man, nachdem es im Uebrigen
nach den oben gemachten Angaben behandelt ist, vor der Flamme an
einer Stelle zusammenlaufen, so dass eine dicke Glasmasse einen sehr
dünnen Canal umgiebt. In dem Moment, wo dieser Canal an der

heissesten Stelle sich ganz zu verschliessen beginnt, entfernt man das Rohr aus der Flamme und bringt unmittelbar ehe das Glas seine Plasticität verliert einen leisen axialen Zug an dem Rohre an, durch welchen eine correctere Kegelgestalt des Lumens erzielt wird. Unmittelbar über der Verschlussstelle wird nun das Rohr abgeschnitten (es kann an diesem Querschnitt leicht 3 ^{mm} Durchmesser haben), so dass die Capillare unten offen ist. Soll das Ganze auch zu feineren Beobachtungen dienen, so muss eine Facette angeschliffen werden, damit starke Vergrösserungen anwendbar und Verzerrungen des Bildes der Quecksilberkuppe vermieden werden. · Es ist vielleicht nicht überflüssig, auch über diese Procedur einige Worte zu sagen. Für diesen Zweck ist es besser, zunächst das Rohr so abzuschneiden, dass die Capillare nicht eröffnet wird, damit nichts vom Schleifmittel in sie eindringe. Dann wird mit Schmirgel am Rande einer dicken Glasplatte dem ausgezogenen Theile des Rohres eine seiner Axe parallele Fläche angeschliffen und hiebei soviel Glas weggenommen, dass der Canal nur etwa $^1/_2$ ^{mm} unter der Facette liegt. Die Facette muss nun noch polirt werden. Man spannt ein Stück Holz von mehreren Zollen Länge in die Drehbank, dreht daraus einen Cylinder von ca. 1 Zoll Durchmesser, bestreicht seine befeuchtete Mantelfläche mit gut geschlämmtem Colcothar und, während man den Cylinder rasch sich drehen lässt, führt man unter entsprechendem Drucke die zu polirende Fläche auf ihm hin und her bis die Facette ganz hell polirt ist. Sehr abgekürzt wird dieser lästigste Act der ganzen Procedur dadurch, dass man zuletzt auf der Glasplatte, ehe man zu poliren anfängt, mit möglichst feinem Schmirgel schleift. Ist alles dies beendigt, dann schneidet man nach soviel ab, dass die Capillare eröffnet wird. Der Querschnitt sieht dann so aus: ⌒. Nun wird das Rohr mit Quecksilber gefüllt und überhaupt damit nach den obigen Vorschriften weiter verfahren. Es ist allerdings langweilig, sich eine solche Capillare zu machen, doch stellt sie einen werthvollen Besitz dar, dessen Anschaffung ich wenigstens nicht bereut habe.

Ist nun eine brauchbare Röhre gewonnen und angeführt, so wird ihr von unten her der Verschraubungsring L übergeschoben und nun das Rohr fest mit dem Gestelle verbunden, so wie auf der anderen Seite das Manometerrohr. Dann füllt man das Gefäss D, indem man erst etwa 12 ^{mm} hoch Quecksilber und auf dieses dann bis zum Rande stark verdünnte Schwefelsäure hineingiesst. Dann wird das Gefäss durch zweckmässige Verschiebung der mittleren Hülse auf der Standsäule gehoben, bis die Capillare in dasselbe eintaucht und mit ihrer offenen Spitze in der Schwefelsäure endigt. Auch wird Sorge dafür getragen, dass die Capillare von innen dem Deckgläschen anliegt.

18*

Zwischen der Flüssigkeit im Gefässe und dem unteren Ende des Quecksilberfadens in der Capillare befindet sich jetzt noch ein Luftfaden, welcher den untersten Theil des Rohrs erfüllt. Um ihn zu entfernen wird der Hahn K mit seinen Flügeln vertikal, mit der Marke nach links gestellt; mit dem Ende des Kautschukschlauches c ein Druckapparat, eine Compressionspumpe, eine Spritze u. dergl. verbunden, und nun auf das Quecksilber im Rohr ein solcher Druck ausgeübt, dass ein Tröpfchen aus der Spitze der Capillare austritt. Nun lässt man mit dem Drucke nach, der Quecksilberfaden zieht sich zurück und zieht nach sich einen Flüssigkeitsfaden in das Rohr hinein. Der Platindraht, welcher in das im Rohre befindliche Quecksilber eintaucht, wird mit dem einen Messingklotze auf N verbunden; von dem anderen Klotze auf N geht ein Draht aus, welcher an seinem anderen Ende, mit Ausnahme der Spitze, mit Siegellack überzogen ist. Dieses andere Ende taucht durch die verdünnte Schwefelsäure im Gefässe D bis auf dessen Boden ein, stellt also eine leitende Verbindung des Quecksilbers im Gefässe D mit dem zweiten Klotze her. Die beiden Klötze werden dann mittels der beiden übrigen Klemmschrauben weiter an die beiden Backen eines du Bois-Reymond'schen Schlüssels verbunden — und nun ist das Instrument zum Gebrauche fertig.

Zunächst muss man nun den Betrag einer elektromotorischen Einheit, also z. B. des Stromes eines Daniell'schen Elementes am Instrumente feststellen. Ein Daniell'sches Element wird hierfür so mit dem du Bois-Reymond'schen Schlüssel verbunden, dass nach Entfernung des Vorreibers der Strom vom Kupfer in das Quecksilber des Gefässes D, aus diesem in das Quecksilber der Capillare und von da zum Zink der Kette geht. In dieser Richtung muss jeder Strom, den man messen will, durch das Instrument gehen. Einstweilen circulirt aber noch gar kein Strom im Instrumente, denn der Vorreiber des Schlüssels blendet denselben ab. Jetzt stellt man das Mikroskop unter Benützung einer mässigen Vergrösserung auf den Quecksilbermeniscus ein, so etwa, dass der mittelste Theilstrich der Ocularscala denselben tangirt. Vorher schon hat man aus der Flasche M etwas Quecksilber in das Manometer treten und durch Benutzung des Hahnes K dasselbe in beiden Schenkeln gleich hoch sich stellen lassen. Dann hat man den Hahn K mit den Flügeln horizontal und mit der Marke nach oben gestellt und nun öffnet man dem Strome den Weg durch das Instrument. Augenblicklich verschwindet der Quecksilberfaden aus dem Gesichtsfelde des Mikroskopes, indem er sich (im umgekehrten Bilde) nach unten zurückzieht. Während man nun das Auge am Mikroskope behält, dreht man langsam den Hahn P so weit, dass Quecksilber aus der Flasche M in das Manometer nachzufliessen anfängt. Nach kurzer Zeit erscheint der Quecksilberfaden wieder im Gesichtsfelde und in dem Momente, in welchem er mit seinem Meniscus den mittleren Theilstrich der Ocularscala tangirt, versperrt man dem Quecksilber den weiteren Zufluss zum Manometer durch eine leichte Drehung des Hahnes P. Dann liest man die Niveaudifferenz des Quecksilbers in den beiden Schenkeln des Manometers ab und kennt nun den Druck, welcher unter den gegebenen Verhältnissen der elektromotorischen Kraft eines Daniell'schen Elementes das Gleichgewicht hält. Für jede neue Capillare ist diese Bestimmung von Neuem auszuführen. — Will man nun das Instrument für eine zweite Messung berrichten, so lässt man erst das noch von der früheren Messung im Manometer befindliche Quecksilber aus dem Manometer in das darunter stehende Gefäss ausfliessen, bis die Niveaux in beiden Schenkeln gleich hoch stehen; und blendet dann den gemessenen Strom vom Instrumente ab. Man soll nicht in ungekehrter Ordnung verfahren, weil sonst möglicherweise in Folge des Druckes das Quecksilber aus der Spitze der Capillare austreten könnte. Auch ist es nothwendig einen du Bois-Reymond'schen Schlüssel und keinen anderen anzuwenden, denn der Ausschlag des Instrumentes fällt nur dann rasch und sicher auf Null zurück, wenn dasselbe in sich zum Kreise geschlossen wird; sind die beiden Quecksilbermassen des Instrumentes von einander isolirt nachdem der Strom aufgehört hat zu wirken, so findet nur sehr allmälig eine Einstellung auf den Nullpunkt statt, die eben darum auch nicht sehr genau ist, denn der Nullpunkt selbst wechselt binnen eines längeren Zeitraumes (eine Stunde und darüber) seine Lage, indem diese z. B. für Temperaturschwankungen ziemlich empfindlich ist.

Da bei einer elektromotorischen Kraft von etwas über 1 Daniell bereits Ausscheidung von Gas an der Grenze von Quecksilber und angesäuertem Wasser stattfindet, so kann das Instrument zur Messung grösserer elektromotorischer Kräfte nicht angewendet werden. Unter diesen Verhältnissen wäre es möglich gewesen das Manometer beträchtlich kürzer zu machen, da die messende Quecksilbersäule nicht 150 ^{mm} zu überschreiten braucht. Doch habe ich mich dafür entschieden ihm eine grössere Länge zu geben, welche gestattet, die elektromotorischen Kräfte der von Muskeln oder Nerven herrührenden Ströme durch Wasserdruck zu messen. Hierdurch wird natürlich eine beträchtlich grössere Genauigkeit der Messung ermöglicht. An der Capillare, mit welcher ich jetzt schon seit einigen Monaten arbeite, entspricht, wenn man mit Wasser misst, eine Niveaudifferenz von 1 ^{mm} einer elektromotorischen Kraft von $^1/_{1533}$ Daniell. Wenn man längere Zeit nicht mit dem Instrumente gearbeitet hat und will es dann wieder in Gebrauch ziehen, so empfiehlt es sich,

278   ERNST V. FLEISCHL:

vorher mehrere grössere Ausschläge hervorzurufen, etwa indem man die
Marke des Hahnes *K* nach links stellt und dann mit dem Munde abwechselnd Luft in den Schlauch *c* hineinpresst und aus ihm heraussaugt;
noch besser ist es einen so starken Druck anzuwenden, dass ein Tröpfchen aus der Spitze der Capillare herausfällt. Diese Vorsichtsmassregeln
dienen dazu, Fehler auszuschliessen, die von Beziehungen herrühren, welche
sich bei längerer Ruhe zwischen dem Quecksilber, besonders seinem
Meniscus und der Glaswand der Capillare auszubilden scheinen. Ueberhaupt sollte man sich jedesmal wenn man das Instrument in Gebrauch
ziehen will, vorher davon überzeugen, dass es sich nach erfolgtem Ausschlage ordentlich wieder auf Null einstellt. Ist alles in gutem Stande,
so wird man über die grosse Genauigkeit erstaunt sein, mit welcher die
Einstellung auf den Nullpunkt erfolgt.

Davon, dass die elektromotorische Kraft und keine andere Dimension
des Stromes gemessen wird, kann man sich leicht durch zwei aufeinanderfolgende Messungen des Stromes einer und derselben Quelle bei
verschiedenen Leitungswiderständen überzeugen. Ich schalte hier eine
Bemerkung ein, welche meines Wissens bisher noch nicht gemacht wurde.

Obwohl nämlich, wie gesagt, die elektromotorische Kraft von dem
Instrumente gemessen wird, so ist doch die Intensität des Stromes
nicht ganz ohne Einfluss auf die Veränderungen, die am Stande des
Meniscus vor sich gehen. Von ihr hängt nämlich die Geschwindigkeit ab. mit welcher diese Veränderungen sich vollziehen. Ich habe
das Gesetz dieser Abhängigkeit nicht genauer erforscht, da die exacte
Messung der Zeit hierbei einige Schwierigkeit darbieten dürfte. Die Einschaltung eines Widerstandes, wie ihn etwa ein Froschnerv darbietet, bedingt eine kaum merkliche Verzögerung. Sehr beträchtlich war aber
die Verringerung der Geschwindigkeit mit der sich der Meniscus bewegte
bei Einschaltung von $^3/_4$ Millionen S. E. Die Höhe der compensirenden
Flüssigkeitssäule ist jedoch dieselbe bei Einschaltung grosser und kleiner
Widerstände.

Die Geschwindigkeit, mit welcher die neue Einstellung erreicht wird,
hängt natürlich auch (bei gleichbleibender elektromotorischer Kraft des
Stromes) von der Länge des Weges ab, welchen der Meniscus zurückzulegen hat. Da bei Einwirkung eines Stromes ein bestimmter anderer
Querschnitt der Capillare vom Meniscus aufgesucht wird, so ist der
zurückzulegende Weg um so kleiner, je grösser der Kegelwinkel der Capillare ist. Derselbe Strom bedingt an einer stumpferen Capillare kleinere
Ausschläge als an einer spitzeren. Will man also sehr kleine elektromotorische Kräfte durch möglichst grosse Ausschläge recht sichtbar
machen, so muss man sich eine Capillare ausziehen von fast cylindrischer

Gestalt mit möglichst langsamer Verjüngung nach der Spitze zu; eine vollkommen cylindrische Capillare hingegen ist absolut unbrauchbar. — Es giebt zwei Mittel, um den Ausschlag, welcher zur Beobachtung kommt, gross zu machen. Eines besteht, wie eben bemerkt, in der Anwendung einer Capillare von kleinem Kegelwinkel — das andere besteht in der Anwendung einer starken Vergrösserung am Mikroskope. Bis zu einer gewissen Grenze ist es gestattet, sich des erstgenannten Mittels zu bedienen, von da ab soll man nicht weiter gehen mit der Verkleinerung des Kegelwinkels, sondern jede weitere Vergrösserung durch stärkere Linsen am Mikroskope bewirken — es wird sonst die Einstellung auf den Nullpunkt ungenau, indem das Gleichgewicht der Quecksilbermasse an Stabilität verliert. Capillaren, an denen die durch die elektromotorische Kraft eines Daniell'schen Elementes hervorgebrachte Verschiebung etwa 1 mm beträgt, sind für die meisten Zwecke die günstigsten.

Was nun die Grösse des Ausschlages am Capillarelektrometer betrifft, so geht aus dem Gesagten hervor, dass sie sehr von der Gestalt der Capillare abhängt, sie ist also zu einer Messung schon aus diesem Grunde nicht geeignet. Ferner existirt selbst innerhalb ziemlich enger Grenzen kaum eine annähernde Proportionalität zwischen ihr und der Kraft; man kann nichts von ihr sagen, als dass sie eine stetige und gerade Function der elektromotorischen Kraft ist. (Die allergeringsten elektromotorischen Kräfte, welche keine deutliche Verschiebung des Meniscus mehr bewirken, zeigen sich oft noch durch eine Veränderung der Form des Meniscus an.) Eine besondere Beachtung verdient das Verhalten des Ausschlages bei rasch aufeinanderfolgenden, intermittirenden Strömen. Ist die Frequenz keine zu hohe, so zeigt sich jeder Strom für sich an. Bei steigender Frequenz giebt es eine Art von Tetanus. Der Meniscus zeigt noch immer die Periode der Ströme durch seine oscillirenden Bewegungen an, doch werden die Amplituden der Bewegung um so kleiner, je rascher die Ströme aufeinander folgen und zugleich rückt die Gleichgewichtslage um die der Meniscus oscillirt mit steigender Frequenz der Ströme immer weiter vom Nullpunkt fort. Durch die rasche Bewegung des Quecksilberfadens, die übrigens als absolut gedämpft zu betrachten ist (man sieht nie ein Hinausschwingen über die Gleichgewichtslage) erscheint das freie Ende des Fadens verwaschen, als graue Fortsetzung des schwarzen Streifens, der den continuirlich von dem Bild des Quecksilbers erfüllten Theilen des Gesichtsfeldes entspricht. Man braucht aber nur eine stroboskopische Scheibe zwischen das Ocular und das Auge zu bringen und sie in Rotation von gehöriger Geschwindigkeit zu versetzen, um selbst bei ausserordentlich hoher Frequenz der Ströme an die Stelle des verwaschenen Endes des Fadens ein ganz scharfes sich bewegendes Bild der Kuppe treten zu sehen.

Obwohl nun die Geschwindigkeit, mit welcher der Meniscus den elektrischen Veränderungen eines Kreises folgt, sehr beträchtlich ist, so hat sie doch eine obere Grenze. Wie sich elektrische Vorgänge am Instrumente anzeigen, deren Geschwindigkeit jene Grenze überschreitet, muss die Erfahrung lehren. Nun wird jene Grenze aber offenbar von denjenigen inducirten Strömen, welche ihre Entstehung der Schliessung und Oeffnung eines primären Kreises verdanken, überschritten. Die Beobachtung lehrt nun, dass solche Ströme auch noch durch Ausschläge des Meniscus angezeigt werden, und dass diese Ausschläge im Allgemeinen grösser sind, wenn die Ströme — gleiche Widerstände vorausgesetzt — stärker sind. Lässt man z. B. einzelne Schliessungsinductionsströme eines Schlitten-Inductoriums durch das Instrument gehen, so entspricht jedesmal einem geringeren Rollenabstande ein grösserer Ausschlag. Lässt man aber bei einer bestimmten Stellung der Rollen gegeneinander einmal einen Schliessungsinductionsschlag und dann — natürlich in derselben Richtung — einen Oeffnungsinductionsschlag durch das Instrument gehen, so wird sich der der Schliessung entsprechende Ausschlag merkwürdigerweise als der grössere zeigen. Lässt man nun eine Reihe rasch aufeinanderfolgender Schliessungs- und Oeffnungs-Inductionsströme, wie sie der du Bois-Reymond'sche Apparat liefert, durch das Instrument gehen, so wird man eine Erscheinung gewahr, welche wegen der Complicirtheit ihrer Erklärung leicht zu Missdeutungen Veranlassung geben kann.

Was man direct beobachtet ist folgendes: Jedenfalls bewegt sich der Meniscus gegen die Spitze der Capillare zu und oscillirt um eine mittlere Lage, welche der Spitze näher liegt, als die Ruhelage des Meniscus im stromlosen Instrumente. Sind die Schliessungsschläge von der Spitze der Capillare nach ihrem dicken Theile zu gerichtet und die Oeffnungsschläge umgekehrt, so ist die Verschiebung kleiner und die Oscillationen um die mittlere Lage sind grösser, als wenn die Ströme die umgekehrte Richtung haben.

Um dies zu verstehen muss man wissen, dass ein und derselbe Strom einen grösseren Ausschlag am Elektrometer hervorbringt, wenn er in diesem vom dicken Theile zur Spitze der Capillare geht und also den Meniscus gegen letztere zu schiebt, als wenn er die umgekehrte Richtung hat, so dass also eine rasche Aufeinanderfolge von gleichen und entgegengesetzten Strömen den Meniscus immer gegen die Spitze der Capillare zu verschiebt. Will man die gleichen und entgegengesetzten Ströme mit Stössen vergleichen, welche einen Körper alternirend mit gleicher Stärke nach der einen und nach der entgegengesetzten Richtung fortzubewegen trachten, so muss man den Quecksilber-Meniscus mit einem Körper vergleichen, der sich in einem Medium bewegt, welches seiner Bewegung in zwei entgegengesetzten Richtungen verschiedene Widerstände darbietet. Von diesem Standpunkte ist wohl auch die Angabe eines englischen Physikers verständlich,[1] dass die in einem angesprochenen Telephone erregten Wechselströme den Meniscus eines Lippmann'schen Capillarelektrometers immer in einer Richtung verschieben. — Nur wenn die auf dem Meniscus lastende Quecksilbersäule sehr niedrig ist, dieser also sich auf einen relativ grossen Querschnitt der Capillare einstellt, tritt gelegentlich der Unterschied, den die beiden verschiedenen Richtungen in die Grösse des Ausschlages einführen, zurück gegen den Unterschied zwischen der Wirkung von Schliessungs- und Oeffnungsinductionsströmen, so dass dann eine Reihe rasch aufeinanderfolgender Wechselströme eines Inductionsapparates den Meniscus in einer Richtung und nach Umkehrung des primären Stromes in der entgegengesetzten Richtung verschiebt — immerhin ist die Verschiebung gegen die Spitze der Capillare die beträchtlichere. Auf die Untersuchung der Ursache, wegen welcher die Schliessungsinductionsströme stärker wirken, als die Oeffnungsinductionsströme, obwohl das Maximum der elektromotorischen Kraft bei letzteren höher ist, als bei ersteren, habe ich mich nicht weiter eingelassen: soviel scheint klar, dass die zeitlichen Verhältnisse hierbei eine Rolle spielen; vom Zeitintegral direct kann aber die Grösse des Ausschlages nicht abhängen, sonst müsste dieser für beide Arten von Strömen gleich sein, wenn man dafür Sorge trägt, dass er beidemale nach derselben Richtung erfolgt; vielleicht nimmt sich ein Physiker der wie ich glaube nicht undankbaren Aufgabe an, diese Verhältnisse genauer zu erforschen.

Wenn einem Leiter eine elektrische Masse genähert wird, so findet

---

[1] F. J. M. Page in *Nature*, Vol. 17, p. 283, 284. Daselbst wird auch eine Vermuthung des Dr. Burdon-Sanderson erwähnt, nach welcher sich der beobachtete Effect aus der verschiedenen Geschwindigkeit der Bewegung des Meniscus in beiden Richtungen erklärt; auch die Thatsache, dass die Wechselströme eines du Bois-Reymond'schen Inductoriums den Meniscus immer gegen die Spitze zu bewegen, wird erwähnt und als Beweis (?) für die vorgebrachte Erklärung angeführt. Es ist gewiss sehr schwer, die Geschwindigkeiten, mit denen sich der Meniscus in verschiedenen Fällen bewegt, zu messen, während die Thatsache, welche Hrn. Page und auch Hrn. Burdon-Sanderson unbekannt geblieben ist, dass gleiche Ströme sehr verschieden starke Ausschläge nach beiden Richtungen bedingen, sich sehr leicht experimentell constatiren lässt; so z. B. gab mir der äusserst constante Strom eines schwachen Thermoelementes einen Ausschlag von 14 Theilstrichen der Ocularscale in der Richtung gegen die Spitze und einen Ausschlag von 7·2 Theilstrichen in der entgegengesetzten Richtung.

im Leiter eine Vertheilung statt. Während dieses Vorganges ist
der Leiter als von einem Strome, dem Vertheilungsstrome, durch-
flossen anzusehen. Wie natürlich, werden auch diese Vertheilungs-
ströme vom Capillarelektrometer angezeigt und es eignet sich dieses Instrument also auch zum Studium gewisser Erscheinungen der statischen
Elektricität.

Hierbei kann das Instrument entweder isolirt sein oder man kann
dessen einen Pol zur Erde ableiten. Den anderen Pol verbindet man
zweckmässig durch eine Drahtleitung mit einer kleinen Metallkugel,
welche sich etwa um ein Meter vom Elektrometer entfernt befindet.
Nähert man dieser Kugel z. B. eine geriebene Glasstange, so sieht man
den Meniscus einen Ausschlag vollführen, dessen Grösse von der Stärke
der Ladung, von der Grösse und von der Geschwindigkeit der Annäherung abhängt. Dieser Ausschlag geht wie jeder Ausschlag in dem nicht
zum Kreise geschlossenen Instrumente langsam auf Null zurück. Der
Rückgang erfolgt etwas schneller, wenn das Instrument nicht zur Erde
abgeleitet ist. Ist der Meniscus wieder auf Null gekommen, so erfolgt ein
Ausschlag in der entgegengesetzten Richtung, sobald man die Glasstange
wieder entfernt. Die Richtungen der Ausschläge sind verkehrt, wenn man
statt der Glasstange eine Harzmasse anwendet. Bewegt man eine ge-
ladene Masse in einiger Entfernung von der Kugel rasch in kleinen
Schwingungen hin und her, so macht der Meniscus diese Bewegungen
mit. Die Empfindlichkeit des Instrumentes ist auch in dieser Beziehung eine sehr grosse.

Es ist bekannt, dass durch eine an einem Capillarelektrometer hervorgebrachte Verschiebung des Quecksilbers ein Strom erzeugt wird und auf
diesen Umstand ist die Construction eines Capillarelektromotors basirt.
Es beruht somit die Messung mit dem Capillarelektrometer auf Compensation — das Capillarelektrometer ist ein automatisch und mit der höchsten
Präcision arbeitender Compensator. Um dies einzusehen, mache man
folgenden Versuch. Ein Daniell'sches Element und ein Capillarelektrometer und ein äusserst empfindliches Galvanometer (in meinem Falle
ein für Nervenströme hergerichtetes) werden in einen Kreis gespannt.
Die beiden letzteren Instrumente sind vorläufig durch gute Neben-
schliessungen vor der Einwirkung des Stromes geschützt. Nun räume
man zuerst die Nebenschliessung vor dem Capillarelektrometer weg und
dann die vor dem Galvanometer; und man wird sehen, dass an letzterem
gar kein Ausschclag entsteht.

Einstweilen schliesse ich mit dieser flüchtigen Aufzählung der Eigen-
des Capillarelektrometers ab, um nicht die Veröffentlichung der Beschreibung der Einrichtung, welche ich diesem Instrumente gegeben habe,
zu sehr hinauszuschieben; bald soll eine Mittheilung über physiologische
Versuche, welche ich mit demselben angestellt habe, und welche ich
noch fortsetze, folgen.

Ein Apparat zu Erklärung der Wirkung des Luftdruckes auf die Athmung.

Von

Dr. G. von Liebig

in Reichenhall und München.

So lange auch schon der Aufenthalt in hochgelegenen Gegenden als volksthümliches Heilmittel im Gebrauche sein mag, so sind uns doch die Grundlagen für das Verständniss der Wirkungen, welche man den klimatischen Verhältnissen jener Gegenden zuschreibt, bis jetzt noch dunkel geblieben.

Die klimatischen Eigenthümlichkeiten, welche man mit Bezug auf Trockenheit und Feuchtigkeit, auf Wärme oder Abkühlung gewöhnlich als den hohen Lagen angehörig betrachtet, finden sich, mit der einzigen Ausnahme eines grösseren Unterschiedes in der Temperatur zwischen Sonne und Schatten, auch an geeigneten Orten des tiefer gelegenen Landes, und dieser Unterschied kann hier nicht in Betracht kommen. Es bleibt als wesentliche Verschiedenheit zuletzt nur die Verminderung des Luftdruckes, deren physiologische Wirkungen, in allen Zonen sich gleichend, uns in den Erscheinungen der Bergkrankheit vor Augen treten. Die Bezeichnung des „Bergasthma", welche ebenfalls dafür gebraucht wird, deutet schon darauf hin, dass die Lungen das Organ sind, dessen Thätigkeit dabei beschwert erscheint.

Eine Abnahme des Luftdruckes bedingt zugleich eine geringere Dichte der Luft, und entsprechend ihrer Verdünnung vermindert sich auch die Menge des in dem gleichen Raume enthaltenen Stickstoffs und Sauerstoffs. Durch Paul Bert's Arbeiten ist nun die Ansicht wieder in Aufnahme gekommen, dass die Ursache der Bergkrankheit nur in der Verdünnung des Sauerstoffs der Luft in grossen Höhen zu suchen sei, weil diese das Aufnahmsvermögen des Blutes für Sauerstoff herabsetze.

Diese Ansicht lässt die Möglichkeit ausser Acht, dass durch eine stärkere Verdünnung der Atmosphäre auch mechanische Veränderungen in der Lungenbewegung veranlasst werden könnten, hinreichend gross, um das Athmen zu erschweren, und dass solche Athembeschwerden eine sonst wohl mögliche Ausgleichung des verminderten Sauerstoffgehaltes der Luft, durch die Athmung, verhindern könnten.

Es ist mir wahrscheinlich, dass eine Verminderung im Sauerstoffgehalte der Luft für sich allein die wesentlichen Erscheinungen der Bergkrankheit nicht hervorrufen würde, wenn nicht zugleich auch der Luftdruck sich verminderte, denn unter unserem gewohnten Luftdruck verfügen wir über eine so bedeutende Athemgrösse, dass eine weitreichende Ausgleichung möglich erscheinen würde. Freilich ist es auch gewiss, dass bei zunehmender Verminderung, oder Verdünnung, des Sauerstoffs in der uns umgebenden Luft, endlich einmal ein Grad der Abnahme eintreten wird, welchen die Thätigkeit unserer Lungen auch unter den günstigsten Verhältnissen nicht mehr ausgleichen könnte; allein Bert's Versuche, auf welche ich zurückkommen werde, können die Behauptung nicht begründen, dass dieser Grad in Höhen von 5000 ^{m}, einem Luftdrucke von 416 ^{mm} entsprechend, in welchen Hirten noch verweilen, oder selbst in Höhen von 6000 ^{m} und darüber (370 ^{mm} bis 340 ^{mm}), welche von Reisenden erreicht worden sind, schon eingetreten sei, während die Bergkrankheit viel früher, in Höhen von 3000 ^{m} (530 ^{mm}) aufzutreten beginnt.

Eine Erklärung, welche die Wirkungen eines unter unsere gewohnten Druckgrade erniedrigten Luftdruckes verständlich machen soll, würde nicht vollständig sein, wenn sie nicht zugleich Rechenschaft über die Wirkungen des höheren Druckes gäbe, welche im Allgemeinen denen des verminderten Druckes entgegengesetzt sind.

Bei stärkeren Veränderungen des Luftdruckes treten unter den ersten Erscheinungen solche rein mechanischer Art hervor, welche durch die Anwesenheit von mehr oder weniger Sauerstoff nicht bedingt werden können, und ein oft bestätigtes Vorkommen dieser Art ist das nach beiden Richtungen des Druckes entgegengesetzte Verhalten der Athemweise, welches wir als die Grundlage für den grössten Theil der übrigen Erscheinungen betrachten können.

Beobachter, welche uns über die Bergkrankheit berichten, geben an, dass in grossen Höhen die Athemzüge häufiger und mühsamer werden, und damit stimmen die Versuche überein, welche v. Vivenot mit Dr. G. Lange im Jahre 1864 und Dr. Schyrmunski 1877 in verdünnter Luft gemacht haben. Die Ersteren, in der pneumatischen Kammer zu Johannisberg, verdünnten die Luft auf den Druck von 435 ^{mm}, entsprechend der Höhe des Mont Blanc von 4800 ^{m}, der Letztere, in der pneumatischen Kammer des jüdischen Krankenhauses zu Berlin, verdünnte die Luft um 300 ^{mm}, was nahezu der gleichen Höhe entspricht.

v. Vivenot fand eine Zunahme der Athemfrequenz, bei verschiedenen Personen um 1 bis 6 Athemzüge, und eine Abnahme in der sogenannten vitalen Athemgrösse um 300 bis 400 ^{ccm}. Schyrmunski beobachtete stark beschleunigtes und oberflächliches, zuletzt beschwerliches Athmen, neben anderen Erscheinungen der Bergkrankheit und Abnahmen der Athemgrösse bei verschiedenen Personen um 200 bis 300 ^{ccm}.

Wenn man dagegen den Luftdruck, anstatt ihn zu vermindern, um 300 ^{mm} erhöht, wie es für den Gebrauch der pneumatischen Kammern geschieht, so wird von allen Beobachtern eine Abnahme in der Zahl der Athemzüge, verbunden mit der längeren Dauer eines jeden, und eine Vermehrung in der Athemgrösse angegeben. Geht man unter dem erhöhten Drucke etwas näher auf die Zeitverhältnisse der Athemzüge ein, so zeigt sich, dass es nur die Ausathmung ist, deren Dauer verlängert wird, während die Einathmung etwas verkürzt erscheint, wenn auch in viel geringerem Verhältnisse.

Bei Gelegenheit von Bestimmungen über die Mengen der unter verschiedenem Drucke ausgeathmeten Kohlensäure (*Zeitschr. f. Biologie*, V, 1869) und des aufgenommenen Sauerstoffs (Pflüger's *Archiv* X, S. 479), wobei durch Müller'sche Wasserventile, in Verbindung mit einer Gasuhr, geathmet wurde, machte ich öfters vergleichende Zeitzählungen der Ein- und Ausathmung. Der Beginn des Wechsels in der Athembewegung wurde jedes Mal durch ein leichtes Geräusch, welches die ein- und austretende Luft an den Ventilen machte, deutlich angezeigt, und die Zeit bestimmte ich nach einer Secundenuhr, welche $^{1}/_{4}$ Secunden zu schätzen erlaubte.

Die so ausgeführten Athmungen gaben den Athmenden niemals das Gefühl einer Unbequemlichkeit, jedoch war nicht zu verkennen, dass selbst ein unbedeutendes Hinderniss im Wege der Luftleitung einen gewissen, wenn auch für den Athmenden unmerklichen Einfluss auf die Athemweise haben könne. Dieser musste aber bei meinen Versuchen alle Athmungen gleichmässig treffen, und konnte daher nicht die Veranlassung für Unterschiede geben, welche unter verschiedenem Drucke jedesmal in der gleichen Weise auftraten. Der Athmende war ganz theilnahmlos an dem Versuche und wusste nicht, wann gezählt wurde. Wenn auch diese Zeitbestimmungen im Einzelnen keinen Anspruch auf grosse Genauigkeit machen können, so geben doch ihre Durchschnitte gewisse, jedesmal wiederkehrende Verschiedenheiten deutlich zu erkennen, wie die folgenden Tabellen zeigen. Die Zählungen wurden an zwei Personen gemacht, von denen die eine, Hr. M., 4 bis 5 mal in der Minute, also sehr langsam, die andere rasch, 15 bis 17 mal in der Minute, athmete. Die durchschnittliche Tiefe der Athemzüge ist beigefügt.

Herr M. 1870.	Luftdruck	720 mm	1040 mm
31 Zählungen unter gewöhnlichem Druck, am 17. und 18. October, 42 Zählungen unter erhöhtem Druck, am 19., 20., 21. und 22. October.	Tiefe der Athmung . .	1331 ccm	1439 ccm
	Einathmung	4·48 Sec.	4·19 Sec.
	Ausathmung	8·74 „	11·59 „
	Dauer des ganzen Athemzuges	13·22 Sec.	15·78 Sec.

H. 1872.	Luftdruck	720 mm	1040 mm
72 Zählungen unter gewöhnlichem Druck, am 16., 17. und 18. November, 51 Zählungen unter erhöhtem Druck, 22. und 23. November.	Tiefe der Athmung . .	451 ccm	439 ccm
	Einathmung	1·54 Sec.	1·49 Sec.
	Ausathmung	2·25 „	2·72 „
	Dauer des ganzen Athemzuges	3·79 Sec.	4·21 Sec.

Man erkennt eine nicht unbedeutende Verlangsamung der Ausathmung unter dem erhöhten Drucke, auch wenn, wie bei H., nicht tiefer geathmet wurde, und die Verlangsamung ist nicht etwa einem verminderten Athembedürfnisse unter dem höheren Drucke zuzuschreiben, sondern sie ist eine unmittelbare Wirkung des Druckes. Diese Wahrnehmung war die erste, welche ich im Beginne meiner Arbeiten, im März 1867, zu meiner Ueberraschung gemacht hatte. Es wurde bei den damals angestellten Vorversuchen angestrebt, die gleiche Zahl der Athemzüge unter beiden Druckhöhen einzuhalten, aber es zeigte sich, dass dies für eine mittlere Häufigkeit nicht möglich war. Der Athmende, Hr. M., konnte die, ihm damals unter gewöhnlichem Drucke von 720 mm bequeme Zahl von 8 Athemzügen unter dem auf 1040 mm erhöhten Drucke nicht ohne grosse Unbequemlichkeit einhalten, weil er unwillkürlich mit der Vollendung der Ausathmung hinter der bestimmten Zeit immer etwas zurückblieb. Daraufhin wurde die Zahl von 6 genommen, welche leicht ausgeführt werden konnte, jedoch wurde diese Methode später aufgegeben, weil sie sich für die Bestimmung normaler Verhältnisse unbrauchbar erwies.

288 G. v. Liebig:

Meine Zählungen bestätigen die Angaben v. Vivenot's, welcher schon 1864 eine Verlängerung der Ausathmung und eine Verkürzung der Einathmung unter erhöhtem Luftdrucke gefunden hatte.

Es ist leicht einzusehen, dass auf mechanische Vorgänge, wie die oben betrachteten, das etwas grössere oder geringere Verhältniss des Sauerstoffs in der Luft keinen Einfluss haben kann. Wäre der Mangel an Sauerstoff in der Luft allein die Ursache der Bergkrankheit, so würde diese alle Menschen gleichmässig treffen müssen, was bekanntlich nicht der Fall ist, denn nicht alle Bewohner des Tieflandes sind ihr in dem gleichen Grade unterworfen, einige leiden nicht darunter. Die aber, welche darunter leiden, können sich gewöhnen, in verdünnter Luft zu leben. Nehmen wir einen Augenblick an, das Aufnahmevermögen des Blutes für Sauerstoff werde in Folge der Verminderung des Sauerstoffs in der Luft so weit herabgesetzt, dass so schwere Erscheinungen, wie man sie bei der Bergkrankheit bisweilen beobachten kann, daraus hervorgehen müssten, so würde die Thatsache, dass dieselben Menschen nach kurzer Zeit schon mit so viel weniger Sauerstoff auskommen können, die Grundlagen unserer heutigen physiologischen Wissenschaft in Frage stellen.

Aus der anschaulichen Schilderung Dr. Pöppig's von den Lebensverhältnissen in der 4300 m hoch gelegenen peruanischen Bergbaustadt Cerro de Pasco ist es uns bekannt, dass bei den aus dem Tieflande dorthin eingewanderten die schlimmsten Erscheinungen der Bergkrankheit nach 8—14 Tagen vorübergehen. Ganz arbeitstüchtig, so wie im Tieflande, wird nach dieser Zeit der Arbeiter noch nicht, weil starke körperliche Anstrengung die Erscheinungen wieder hervorruft. Es bedarf gewöhnlich einer längeren Zeit, bis die Athemweise des Ankömmlings sich den Verhältnissen des verminderten Luftdruckes vollständig angepasst hat.

Menschen, die in jenen Höhen geboren sind, befinden sich dort nicht weniger wohl, als wir in der Tiefe, und wenn Bert, gestützt auf die Mittheilungen von Jourdanet über die Bewohner der mexikanischen Hochebene in 2000 m Höhe, annimmt, dass die Bewohner hochgelegener Gegenden im Allgemeinen körperlich schwächer entwickelt seien, als die Bewohner des Tieflandes, so stehen diesem die Berichte von Boussingault, d'Orbigny, Pöppig und H. v. Schlagintweit entgegen, nach welchen in Gegenden von über 4000 m Höhe, in den Anden Südamerika's und in Hochasien, Bevölkerungen leben, die an kräftigem Körperbau und an körperlichen Leistungen keinem Volke nachstehen, wenn sie auch durchschnittlich nicht so gross sind wie die Menschen in Patagonien oder in Hindostan.

Woher kommt es nun, dass die Mehrzahl der unter einem höheren Luftdrucke aufgewachsenen Menschen eine Verminderung des Luftdruckes

um 300 ^{mm} nicht ohne Beschwerden ertragen kann? Nach dem bereits
Mitgetheilten kann der Grund nur darin liegen, dass bei ihnen die
Lungen nicht im Stande sind, unter einer solchen Druckverminderung
schon gleich Anfangs ihre Thätigkeit in normaler Weise fortzusetzen.
und zwar weist das Verhalten der Ausathmung unter dem erhöhten
Drucke darauf hin, dass es hauptsächlich die Spannkraft des Lungengewebes ist, deren Wirksamkeit durch den Luftdruck beeinflusst wird.

Das Lungengewebe ist aber bildsam und nachgiebig, dies wissen
wir sowohl aus dem Auftreten der Lungenblähung nach asthmatischen
Anfällen und aus ihrer Rückbildung, als aus der Nachwirkung eines
längeren Gebrauches des erhöhten Luftdruckes in den pneumatischen
Kammern auf die Athemweise. Es wäre also möglich, dass die Spannkraft der Lungen, wenn sie, wie bei dem Bewohner des Tieflandes. einem
höheren Drucke entspricht, unter vermindertem Luftdrucke sich den Verhältnissen der dünneren Atmosphäre gleichfalls anpassen werde, nachdem
eine den veränderten Umständen angemessene Gewöhnung der instinctiven
Thätigkeit der Athemmuskeln vorausgegangen ist. Ehe das geschehen
ist, wird die Lunge in grossen Höhen nicht in normaler Weise arbeiten
können, und dies dürfte den Erscheinungen der Bergkrankheit zu Grunde
liegen, welche nachlassen, sobald man wieder im Stande ist, richtig zu
athmen.

Erwägen wir zunächst, in welcher Weise der Luftdruck auf die
Ausathmung einwirken kann. Dies wird sofort deutlich, wenn man
berücksichtigt, dass für gewöhnlich die Ausathmung nicht mit Hülfe einer
unter dem Einflusse unseres Willens oder Bedürfnisses stehenden Muskelthätigkeit geschieht, sondern dass sie sich durch die Spannkraft des
Lungengewebes vollzieht, unterstützt durch die Spannkräfte der vorher
ausgedehnten Brust- und Bauchwände.

Die Wirkung dieser Spannkräfte ist mit der Thätigkeit eines elastischen Blasbalges zu vergleichen, der durch Anwendung äusserer Kräfte
ausgedehnt worden ist und der nun bei Nachlass dieser Kräfte vermittels
seiner eigenen Spannkraft sich wieder zusammenzieht und damit die
Luft aus seiner Mündung hinaustreibt. Die ausströmende Luft findet
aber in der Dichtigkeit der Atmosphäre einen Widerstand, welcher sie
zurückhält und ihre Geschwindigkeit vermindert, und dadurch muss sich
die Zusammenziehung der Lungen in demselben Verhältnisse verzögern.
Die Verzögerung wird geringer, wenn die Dichtigkeit der Atmosphäre
abnimmt und sie nimmt zu mit der wachsenden Dichtigkeit.

Die Dichtigkeit der Atmosphäre ändert sich aber in demselben Verhältnisse wie der Luftdruck, und was eben bezüglich der Dichtigkeit
gesagt wurde, gilt also auch für den Barometerstand.

In dem ersten Theile von Wüllner's *Lehrbuch der Physik*, 1870, ist S. 389 die Formel entwickelt, welcher man sich zur Berechnung der Geschwindigkeit v' einer Luftströmung, bedient, die, aus einem Raume kommend, worin die Luft unter dem Drucke p' steht, in einen anderen Raum ausfliesst, in welchem ihr der Widerstand oder Druck p'' entgegensteht. Sie lautet in abgekürzter Form

$$v = C \sqrt{\frac{p' - p''}{p'}},$$

worin C die Geschwindigkeit des Ausflusses in den leeren Raum bedeutet. Setzt man in dieser Formel den Druck, welcher während der Ausathmung in den Lungen herrscht, und der sich aus dem äusseren Luftdruck b und dem Drucke der Lungenspannung π zusammensetzt, gleich p', also $b + \pi = p'$, den äusseren Druck $b = p''$, so wird $p' - p'' = b + \pi - b = \pi$, und die Formel würde jetzt lauten

$$v = C \sqrt{\frac{\pi}{b + \pi}},$$

und wenn sich der Barometerstand von b auf b' und die Geschwindigkeit dadurch auf v' ändert, so ergiebt sich das Verhältniss

$$v : v' = \sqrt{b' + \pi} : \sqrt{b + \pi},$$

oder es verhalten sich die Geschwindigkeiten der ausströmenden Luft umgekehrt wie die Quadratwurzeln aus den um die Lungenspannung vergrösserten Barometerständen. Die zur Ausströmung nöthigen Zeiten, t, verhalten sich aber umgekehrt, wie die Geschwindigkeiten, also

$$t : t' = \sqrt{b + \pi} : \sqrt{b' + \pi},$$

oder geradezu wie die Quadratwurzeln aus den Barometerständen mit der Lungenspannung. Wenn wir nun für die Grösse π das Mittel nehmen zwischen der Spannung der Lungen in ausgedehnter Stellung, nach Donders gleich 30^{mm} Quecksilberdruck, und der Spannung in zusammengezogener Stellung, gleich 6^{mm}, so erhalten wir für die mittlere Lungenspannung $\pi = 18$^{mm}. Setzen wir jetzt die Geschwindigkeit der Ausathmung unter dem Normalbarometerstande von 760^{mm} gleich 100, so ergiebt die Berechnung, für Zu- und Abnahme des Barometerstandes um je 100^{mm}, folgende Verhältnisse der für die Ausathmung nöthigen Zeiten:

Barometerstand, Millim.	1060	960	860	760	660	560	460	435
Zeit der Ausathmung	118	112	106	100	93	86	78	76

Wenn also die Dauer der Ausathmung unter dem Drucke von 760 mm beispielsweise 10 Secunden betragen würde, so würde sie sich bei gleicher Tiefe der Athemzüge unter einem um 300 mm höheren Drucke auf 11·8 Sec. verlängern und unter einem um 300 mm geringeren Drucke auf 7·8 Sec., endlich unter dem Drucke von 435 mm, wie auf dem Mont Blanc, auf 7·6 Sec. vermindern.

Das Verhältniss zwischen der Ausathmung unter dem mittleren Drucke in Reichenhall, von 720 mm, und dem Drucke in der pneumatischen Kammer von 1040 mm würde bei gleicher Tiefe der Athemzüge wie 10:12 sein müssen. Bei den oben mitgetheilten Zählungen war das Verhältniss der Ausathmung unter diesen beiden Drucken bei Hrn. M. wie 8·74:11·59, oder wie 10:13·26, also etwas grösser als das berechnete, was aber erklärlich wäre, weil der Athemzug unter dem erhöhten Drucke um 100 ccm tiefer war, die Lungen also weiter ausgedehnt sein mussten. Bei H., dessen Athemzüge unter erhöhtem Drucke etwa die gleiche Tiefe hatten, wie unter dem gewöhnlichen, war das Verhältniss wie 2·25:2·72, oder 10:12·1, stimmte also mit der Berechnung überein.

Es war mir nun aber darum zu thun, die thatsächliche Geltung des theoretischen Verhältnisses für die Ausströmungsgeschwindigkeit der Luft auch auf andere Weise überzeugend durch den Versuch darzuthun, und ich sann darauf, einen Apparat zu finden und zu prüfen, an welchem man die Aenderungen in der Geschwindigkeit der ausströmenden Luft unmittelbar erkennen könnte. Diese Arbeit gestattete mir Hr. Professor v. Jolly in München, mein verehrter Freund, mit den Hülfsmitteln seines Laboratoriums auszuführen, und seinem erfahrenen und auf das Freundlichste gewährten Rathe folgend, ersetzte ich den Druck der Lungenspannung durch Quecksilberdruck.

Der Apparat besteht, wie die Abbildung zeigt, aus zwei unter einander verbundenen Hohlkugeln von Glas, von denen die eine, welche höher steht, einen mehrfach grösseren Inhalt hat, als die tiefer stehende, kleinere.

Die kleinere Kugel ist oben in eine feine Spitze, s, ausgezogen, und der Versuch besteht darin, dass man Quecksilber aus der grossen in die kleinere Kugel einströmen lässt, welches die in dieser befindliche Luft durch die Spitze hinaustreibt. Da die Spitze sehr fein ist, so erfordert dies eine gewisse Zeit, welche beobachtet wird.

Von beiden Kugeln gehen nach unten Röhrenfortsätze aus, die mittels eines Stückes doppelten Kautschukschlauches aneinandergefügt sind, und welche die Verbindung zwischen den beiden Kugeln vermitteln. Sie wird hergestellt, wenn man einen Glashahn öffnet, der in dem Verbindungsfortsatze der kleinen Kugel, kurz vor dessen Anschluss an diese angebracht ist. Die grössere Kugel, welche bis etwas über ihre Mitte mit Quecksilber gefüllt wird, ist gross genug, dass der Spiegel des Quecksilbers nur wenig sinken muss, wenn so viel davon abläuft, um die kleine Kugel zu füllen.

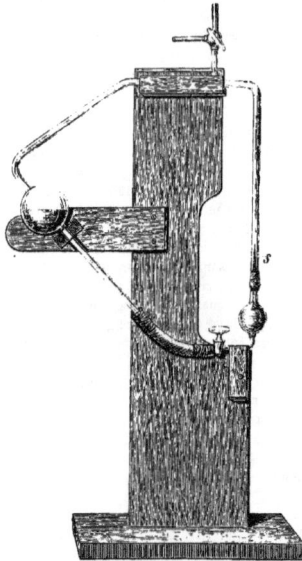

Um nun den Versuch unter verschiedenem Athmosphärendrucke zu ermöglichen, ist nur nöthig, dass man den Raum über dem Quecksilber in der grossen Kugel mit der Ausströmungsspitze der kleinen Kugel mittels einer Glasröhre verbindet, in welcher man die Luft verdünnen und verdichten kann. Diese Glasröhre ist, wie die Abbildung zeigt, in festem Zusammenhang mit der grossen Kugel, von deren oberem Ende sie ausgeht und sie legt sich dann, indem sie erst nach oben, dann horizontal, und endlich wieder nach abwärts gerichtet ist, mit ihrem freien Ende über die Spitze auf der kleinen Kugel, an deren Hals sie mit Siegellack luftdicht befestigt wird. An ihrem oberen horizontalen Theile trägt sie ein kurzes aufgesetztes Rohr, welches in zwei Arme ausgeht: einen der nach hinten gerichtet ist (auf der Abbildung nicht sichtbar), für den Ansatz eines Manometers, den anderen, nach der Seite gerichtet, für die Luftpumpe. Die Verbindung zwischen diesen Fortsätzen und dem inneren der Röhre lässt sich durch einen Gashahn abschliessen.

Der Versuch wird angestellt, indem man zuerst, durch Einpumpen oder Ausziehen von Luft, den Luftdruck im Inneren des Apparates auf die zu untersuchende Höhe bringt. Dann entleert man die kleine Kugel, indem man das darin enthaltene Quecksilber durch Neigen des ganzen Apparates auf die Seite in die grosse Kugel übertreten lässt, bis es einen bestimmten Punkt zwischen der kleinen Kugel und dem Hahne erreicht hat, den man sich an der Röhre bemerkt, und schliesst nun den Verbindungshahn. In dem Augenblicke, wenn dieser nach Geradestellung des Apparates wieder geöffnet wird, beginnt man nach einer schlagenden Secundenuhr zu zählen und endet die Zählung in dem Augenblicke, in welchem das Quecksilber in die äusserste Spitze der kleinen Kugel eintritt.

Es ergiebt sich nun jedesmal, dass die Zeit, welche nöthig ist, um die Luft aus der kleinen Kugel zu verdrängen, mit zunehmendem Luftdrucke länger, mit abnehmendem kürzer wird, und die Zu- und Abnahmen stimmen mit der Berechnung überein, wenn man einen kleinen Fehler berücksichtigt, der bei stärkerer Druckverminderung im Inneren des Apparates durch den Kautschukschlauch entsteht. Dieser wird nämlich, bei starkem Druckunterschiede zwischen Innen und Aussen, durch den äusseren Luftdruck merklich zusammengepresst, wodurch die Bahn für das Quecksilber verengt und die Ausfüllung der kleinen Kugel etwas verzögert wird.

Für die controlirende Berechnung des theoretischen Werthes der Zeit oder Geschwindigkeit wird an die Stelle der Grösse π, welche vorher die Lungenspannung bezeichnete, der Unterschied zwischen den mittleren Ständen der Quecksilberspiegel in der grossen und kleinen Kugel gesetzt, hier 134 ^{mm}. Der Luftdruck im Inneren des Apparates ergiebt sich aus dem Barometerstande, nach Zuzählung oder Abzug einer aus der Angabe des Manometers bekannten Grösse, um welche man den Druck im Inneren vermehrt oder vermindert hatte. Ich habe wiederholt in den Grenzen von 800 ^{mm} über, und ebensoviel unter dem herrschenden Barometerstande die zur Verdrängung der Luft aus der kleinen Kugel nöthige Zeit bestimmt, für Abstände von jedesmal etwa 100 ^{mm} im Drucke. Eine

Reihe dieser Bestimmungen, vom 8. Februar 1879, welche unter zunehmender Verminderung des Druckes gemacht wurden, will ich hier mittheilen. Die Zählung unter dem herrschenden Luftdrucke ergab bei mehrmaliger Wiederholung die Zeit von 106·2 Secunden und diese wurde zur Grundlage der Berechnung der theoretischen Werthe für die übrigen Bestimmungen nach der Gleichung

$$t : t' = \sqrt{b + \pi} : \sqrt{b' + \pi},$$

benutzt.

Für b wurde der mittlere Barometerstand während der Versuchszeit genommen, der 711·2 ^{mm} betrug. Alle Druckangaben sind auf 0° reducirt.

	b	$b-100$	$b-200$	$b-300$
Luftdruck im Apparat	711·2	604·5	508·9	411·6
Zeit der Anströmung in Secunden,				
berechnet . .		99·3	92·5	85·3
beobachtet . .	106·2	99·2	93·2	87·9

Es wurden drei Reihen von Beobachtungen, sowohl für die Verminderung, als für die Vermehrung des Druckes gemacht, bei welchen die an verschiedenen Tagen für den herrschenden Druck gefundenen Zeiten sich zwischen 106 und 108 Secunden bewegten. Um durchschnittliche Werthe in allgemeiner Form berechnen zu können, wurde nun die unter dem herrschenden Drucke gefundene Secundenzahl jedesmal gleich 100 gesetzt und die übrigen Werthe darauf bezogen. Dies konnte ohne Bedenken geschehen, da die einer bestimmten Abstufung des Druckes, wie bei b, $b-100$, $b-200$ u. s. w., angehörigen Druckgrössen so wenig untereinander abwichen, dass ihre Abweichungen das Ergebniss im Mittel nicht beeinflussen konnten.

Mittlere Ergebnisse unter vermindertem Drucke:

	b	$b-100$	$b-200$	$b-300$
Luftdruck . . .	b	b—100	b—200	b—300
Zeit in Secunden,				
berechnet . .	100	93·5	86·9	79·9
beobachtet . .	100	93·5	88·5	82·7

Man bemerkt unter den stärkeren Druckverminderungen die schon erwähnte und durch die Nachgiebigkeit der Kautschukverbindung entstehende Verzögerung des Ausflusses, die mit der Druckverminderung zunimmt. Sie beträgt unter $b-200$ 1·6 Sec., unter $b-300$ 2·8 Sec. Unter der Druckerhöhung kommt sie nicht vor.

Mittlere Ergebnisse unter dem erhöhten Drucke:

Luftdruck . . .	b	$b+100$	$b+200$	$b+300$
Zeit in Secunden,				
berechnet . .	100	106·0	111·1	117·2
beobachtet .	100	106·2	111·4	116·8

Die gefundenen Zahlen stimmen gut mit den berechneten überein, so dass eine Beeinflussung der Ausathmung durch den Luftdruck in gleicher Weise nicht mehr zweifelhaft sein kann, wenn man zugleich die oben mitgetheilten Zeitverhältnisse des Athmens berücksichtigt.

Mit Vermeidung des Fehlers, der aus dem Zusammenpressen des Kautschukschlauches entsteht, was bei Anfertigung eines neuen Apparates leicht geschehen kann, sind die Angaben genau genug, um schon für Höhenunterschiede von 1000 ᵐ den Einfluss auf die Athmung zu zeigen. Für die Vergleichung auf Höhen, oder in pneumatischen Kammern wird die Form eine einfachere, weil das obere Rohr wegbleiben kann und auch die Kautschukverbindung überflüssig wird. Den Apparat, welchen ich Pnoometer nennen will, da das bessere Wort Pneumatometer schon für etwas anderes angewandt wird, fertigt in gefälliger Form auf Bestellung Hr. Karl Berberich, Präparator am physikalischen Cabinet der Universität zu München.

Was nun die Einathmung betrifft, so haben wir gesehen, dass die darauf verwandte Zeit unter dem erhöhten Drucke etwas verkürzt war. Diese Veränderung, welche sich besonders bei Kranken als eine wohlthätige Erleichterung des Athmens fühlbar macht, lässt sich durch eine einfache Betrachtung als die Folge des zunehmenden Luftdruckes erkennen. Vergegenwärtigen wir uns zu diesem Zwecke, dass im normalen Zustande die Lungen mit den Brustwänden nicht zusammen hängen und dass deshalb die Zugkräfte, welche den Brustraum erweitern, nicht unmittelbar auf die Lungen wirken können. Ferner, dass die Lungen durch ihre eigene Spannkraft das Bestreben haben, sich auf ihre Wurzel zusammenzuziehen und damit einen Widerstand bieten, der überwunden werden muss, wenn sie ausgedehnt werden sollen. Dem gegenüber steht als ausdehnende Kraft der Luftdruck, welcher von Innen die Ausdehnung bewirkt, wenn der Brustraum erweitert wird. Ein Luftdruck von 760 ᵐᵐ ist viel stärker, etwa 22 mal so stark, als die mittlere Spannkraft der Lungen, weshalb deren Ausdehnung rasch und unmittelbar erfolgt, und ohne dass die Lungen ihre Berührung mit der zurückweichenden Brustwand aufgeben. Setzen wir nun den Fall, der Luftdruck wäre schwächer, und wäre z. B. ebenso stark, wie die geringste Lungenspannung, so würde er diese nicht überwinden können, und die Lunge würde bei der

Erweiterung des Brustraumes in Ruhe bleiben. Der Zug der Athemmuskeln würde in diesem Falle die Brustwände von den Lungen entfernen und zwischen beiden einen luftleeren Raum lassen. Einem etwas
grösseren Luftdrucke, von 30 mm, würden die Lungen gerade bis zur
Grenze ihrer gewöhnlichen Ausdehnung nachgeben, bei welcher ihre
eigene Spannung die Stärke von 30 mm erlangt. Aber rasch würde die
Ausdehnung bei diesem Drucke nicht erfolgen können, weil das Uebergewicht des Luftdruckes von Anfang an ein geringes wäre und der
Widerstand ein zunehmender. Auch keine Anstrengung der Athemmuskeln könnte die Ausdehnung beschleunigen, denn alles was der
Muskelzug erreichen würde, wenn er den Brustraum rascher erweitern
wollte, als die Lunge folgen kann, wäre eine Trennung der Brustwand
von der Oberfläche der Lunge.

Auch ohne die Gesetze der Mechanik zu Hülfe zu nehmen, wird es
klar sein, dass der Luftdruck die Lungenspannung um so rascher überwinden muss, je stärker er ist, und es wird hiernach als selbstverständlich erscheinen, wenn wir sehen, dass die Einathmung bei hohem Luftdruck sich etwas rascher vollzieht. Ebenso erkennen wir, dass eine
Verminderung ihrer Geschwindigkeit nothwendig eintreten muss, wenn
der Luftdruck abnimmt. Berechnet man die Unterschiede nach der
Formel, so erscheinen sie allerdings klein, allein in einer stärker verdünnten Luft muss die beständige Wiederkehr einer Verzögerung, welche
die vollständige Befriedigung des Athembedürfnisses erschwert, besonders
bei körperlicher Bewegung, endlich eine Ermüdung der vergeblich ange-
strengten Athemmuskeln hervorbringen, wie sie uns Lortet so anschau-
lich geschildert hat.

Die physiologischen Wirkungen des erhöhten wie des verminderten
Luftdruckes, soweit sie die Athmung und die Blutvertheilung im Körper
betreffen, lassen sich ohne Schwierigkeit aus dem Zusammenwirken der
Veränderungen ableiten, welchen die Athemweise unterliegen muss, es
würde jedoch den Zweck dieser Mittheilung überschreiten, wenn ich jetzt
darauf näher eingehen wollte. Mein Wunsch wäre erreicht, wenn es
mir gelungen sein sollte, den Weg für weitere Schritte zur Begründung
eines richtigen Verständnisses dieser Verhältnisse anzubahnen, wozu auch
Beobachtungen in grossen Höhen wünschenswerth erscheinen. Zu einer
Zeit, in welcher die Anwendung des verminderten Luftdruckes in der
Höhe und des erhöhten Luftdruckes in den pneumatischen Kammern
mit Vorliebe gewählt wird, bedarf die Heilkunde wissenschaftlicher Anhaltspunkte, um die Wirkungen des Luftdruckes beurtheilen zu lernen.

Ehe ich schliesse, möchte ich noch einem Bedenken zu begegnen
suchen, welches auf Grund der schönen Arbeiten von P. Bert erhoben

werden könnte. Indem ich eine Abnahme in dem Aufnahmsvermögen des Blutes für Sauerstoff unter stark vermindertem Luftdrucke als wahrscheinlich zugebe, wage ich es doch nicht, Bert's Schlüssen bezüglich der Grösse dieser Abnahme zu folgen, welche nach seiner Angabe (*Comptes Rendus* etc., t. 77, p. 532) so beträchtlich wäre, dass das Blut in der Höhe des Mont Blanc nur etwa $^3/_4$ seines normalen Sauerstoffgehaltes würde aufnehmen können. Versuche von der Art, wie sie Bert an Hunden unter vermindertem Luftdrucke machte (*Comptes Rendus* etc., t. 75, p. 88), bieten bedeutende Schwierigkeiten, die er mit grossem Geschicke überwand, allein selbst bei der sorgsamsten Ausführung scheinen sie mir nicht die wünschenswerthe Sicherheit für eine so weit gehende Schlussfolgerung zu gewähren.

Es wurde den Hunden die Art. carotis oder femoralis unterbunden, an der Unterbindungsstelle eine Röhre eingeführt und vor der Unterbindungsstelle eine Klemme angebracht. Röhre und Klemme führten durch die Wand des für den Versuch luftdicht geschlossenen Behälters nach Aussen. Bei dem Oeffnen der Klemme, was von aussen geschehen konnte, strömte das Blut in die Röhre ein, welche es einer in ihre Mündung eingesteckten Spritze zuleitete. Während des Versuches durfte eine Zerrung der Unterbindungsstelle nicht stattfinden und der Hund musste deshalb dicht an der Wand des Behälters durch eine besondere Vorrichtung nahezu unbeweglich festgelegt werden. Es wurde dann zuerst im Beginne des Versuches unter dem Luftdrucke von 760 ^{mm} eine Blutentziehung gemacht, die nach Verdünnung der Luft im Behälter in kurzer Zeitfolge ein- oder mehrmals wiederholt wurde.

Die Möglichkeit eines unbeeinflussten natürlichen Athmens allein könnte hier die Ueberzeugung begründen, dass die Hunde bei starker Verdünnung der Luft wenigstens so viel Sauerstoff aufgenommen haben würden, als die Verdünnung selbst es gestattete. Aber auch eine freie Bewegung der Hunde in dem Behälter würde nicht hingereicht haben, uns diese Gewissheit zu verschaffen, denn sie mussten, wie die Menschen, den mechanischen Einwirkungen der Luftverdünnung ausgesetzt sein, und es konnte in Folge derselben der eine mehr, der andere weniger an Athembeschwerden leiden, während ein dritter verschont blieb. Um so weniger wäre nun bei eingeengter Lagerung von den betroffenen ein ausgiebiges Athmen zu erwarten gewesen. D'Orbigny erzählt im I. Bande seines *Voyage dans l'Amérique*, dass in 4500 ^{m} Höhe nicht nur er selbst, sondern auch sein Hund und seine Maulthiere an Athembeschwerden und Schwäche gelitten hätten. Das Gleiche berichtet H. v. Schlagintweit von Kamelen und Pferden und nach mündlicher Mittheilung hat er dieselben Erscheinungen, neben welchen er noch die Verweigerung des Fressens hervorhebt, auch an Hunden beobachtet. Es wird uns daher nicht überraschen, wenn die Ergebnisse, welche Bert unter dem verminderten Drucke erhielt, Abweichungen untereinander zeigten, wie sie unter dem erhöhten Drucke nicht vorkamen und nicht vorkommen konnten, denn unter einem stärker erhöhten Drucke nehmen die Athembewegungen sehr bedeutend an Umfang ab, während dennoch die Sauerstoffaufnahme begünstigt ist.

Von drei Hunden, b, c und d ergab die unter der Druckverminderung auf 460^{mm}, der Höhe von 4200^m entsprechend, gemachte Blutentziehung bei dem ersten eine Abnahme des Sauerstoffgehaltes im Blute um 26 Proc., bei dem zweiten um 7 Proc., bei dem dritten um 37 Proc. Warum gelang es nun dem zweiten Hunde den Sauerstoffgehalt seines Blutes auf 93 Proc. sich zu erhalten, während von den beiden anderen der eine $^1/_4$, der andere $^1/_3$ seines Sauerstoffgehaltes verloren hatte?

Bert versucht nicht dies zu erklären, sondern er schliesst aus den Abweichungen selbst auf das Vorkommen einer verschiedenen Beschaffenheit des Blutes bei verschiedenen Individuen, welches unter Druckverminderung bei dem einen mehr, bei dem anderen weniger Sauerstoff aufnehmen könne, und indem er die gefundenen Abweichungen (différences) mit den verschiedenen Graden der Bergkrankheit bei dem Menschen vergleicht, sagt er von ihnen: „Différences, qui doivent exister entre les hommes, et qui indiquent une des raisons pour lesquelles certains hommes supportent presque impunément des diminutions de pression sous lesquelles d'autres sont malades et incapables de tout travail".

Um einen solchen Schluss mit Sicherheit ziehen zu können, wäre es nothwendig gewesen, Hunde zu nehmen, die an das Athmen unter stark vermindertem Drucke schon gewöhnt waren, bei denen man also gewiss sein durfte, dass ihnen die Druckverminderung das Athmen nicht erschwert haben würde. Dies liess sich aber unter dem Luftdrucke von Paris nicht erreichen.

Als Bert seine Versuche machte, war der Gedanke an einen mechanischen Einfluss der Luftverdünnung auf die Athemthätigkeit noch nicht in weiteren Kreisen aufgenommen und Bert konnte nicht vermuthen, dass unter einer Druckverminderung von 760^{mm} auf 460^{mm} die Ausathmung sich nahezu um $^1/_4$ rascher vollziehen würde, und dass die Einathmung etwas erschwert sein würde.

Es ist vorauszusehen, dass bei einer solchen Athemweise die Sauerstoffaufnahme beeinträchtigt werden müsse, weil bei gleicher Tiefe des Athemzuges die Luft in den Lungen weniger lange verweilen kann, und so bestätigen es auch die Erscheinungen der Bergkrankheit, wie sie im Anfange eines Aufenthaltes in grossen Höhen hervortroten. Einige

Menschen gleichen dies leichter aus, andere schwerer, alle fühlen sich bei rascherer Athemfolge, zu welcher die Druckverhältnisse an sich nöthigen, weniger gut als bei möglichst langsamem Athem, welches dann zugleich auch tiefer ist.

Man darf erwarten, es werde für Mensch und Thier um so schwieriger sein, die Athmung so einzurichten, dass sie die Druckverhältnisse überwinde, je plötzlicher eine Druckverminderung auftritt, und eine Uebergangszeit, die nach Minuten zählt, wie bei den Versuchen, wäre also der Ausgleichung keineswegs günstig gewesen.

Wenn nun Bert's Versuche auch nicht zum Beweise dienen können, dass unter Druckverminderung bei gesunden Menschen und Thieren so erstaunlich grosse Abweichungen in dem Aufnahmsvermögen des Blutes für Sauerstoff bestehen, wie er Abweichungen im Sauerstoffgehalte gefunden hat, oder dass eine Verdünnung des Sauerstoffes, so wie sie in den höchsten bewohnten Gegenden vorkommt, an und für sich schon hinreiche, um solche Abweichungen zu bedingen, so haben sie doch eine nicht zu unterschätzende Bedeutung. Sie liefern uns, auch wenn wir die Plötzlichkeit der Verdünnung und die gezwungene Lagerung in Anschlag bringen, einen Maassstab für die verschiedenen Verhältnisse der Abnahme im Sauerstoffgehalte des Blutes, wie sie bei der Bergkrankheit vorkommen können, und wie sie der Schwere der Erscheinungen in einzelnen Fällen zu entsprechen scheinen.

Ueber die Ursachen der in den quergestreiften Muskeln unter der Einwirkung constanter Ströme auftretenden Strömungserscheinungen.

Von

Prof. A. E. Jendrássik
in Budapest.

———— -

Die Strömungen, welche mit den sie sonst noch begleitenden Erscheinungen in den quergestreiften Muskeln der Frösche unter der Einwirkung constanter elektrischer Ströme auftreten, sind zweierlei Art. Die eine derselben ist seit Kühne's Beschreibung unter dem Namen des Porret'schen Phänomens am Muskel allgemein bekannt,[1] sie ist jedoch betreffs ihrer Ursachen bisher verschieden gedeutet worden. Dieselbe ist nur an parallel gefaserten ganzen Muskeln, besonders am M. sartorius, oder an grösseren Faserbündeln solcher Muskeln, aber schon mit freiem Auge wahrnehmbar. Die andere Art der Strömung tritt dagegen innerhalb des Sarkolemma's der einzelnen Muskelfasern auf und ist darum nur unter dem Mikroskop sichtbar. Zum Unterschiede von der vorigen bezeichne ich letztere als innere Muskelfaserströmung. Ich habe dieselbe schon vor Jahren kennen gelernt, aber von derselben, ausser mündlicher Besprechung gelegentlich meiner Vorlesungen, deshalb keine Mittheilung gemacht, weil ich vorher noch durch weitere Untersuchungen Aufklärung über einige Punkte erlangen wollte.[2]

---

[1] S. Kühne, in diesem *Archiv*, 1860, S. 542; — E. du Bois-Reymond in seiner Abhandlung: Ueber den secundären Widerstand, ein durch den elektrischen Strom bewirktes Widerstandsphänomen an feuchten porösen Körpern. *Monatsberichte der Berliner Akademie* u. s. w. 1860. S. 302 ff.; — *Gesammelte Abhandlungen zur allgemeinen Muskel- und Nervenphysik.* Leipzig 1875. Bd. I, S. 126 ff.

[2] Bei der nahen Beziehung, in welcher diese Strömung schon vermöge ihrer Oertlichkeit mit der inneren Structur der Muskelfaser steht, war es wünschenswerth,

Indem das Porret'sche Phänomen und die innere Muskelfaser-strömung, wie sich aus dem Folgenden ergeben wird, ihrem Wesen nach Erscheinungen verschiedener Art sind, so müssen dieselben getrennt abgehandelt werden.

I. Das Porret'sche Phänomen am Muskel.

Die Untersuchungen wurden theils an mit Curare vergifteten, theils an nicht vergifteten Thieren entnommenen Muskeln nach folgenden zwei Methoden ausgeführt.

Bei der einen Methode war durch das eine Muskelende eine nadel-förmige Elektrode gestochen, die entweder frei beweglich blieb oder auch fixirt werden konnte. Das andere Muskelende stand mit du Bois-Reymond's Muskeltelegraphen in Verbindung, während die Mitte des Muskels in einer Zange aus Elfenbein derart mit Schonung eingeklemmt ward, dass dadurch die Ausbreitung jeder Zerrung von dem einen Muskelabschnitte auf den anderen ausgeschlossen blieb. Auf der dem Muskel zugekehrten Seite des einen der 6 ^{mm} breiten Zangenblätter waren zwei Platindrähte in einem Abstand von 4 ^{mm} zu einander parallel, aber die Muskelrichtung krenzend, ausgespannt, von welcher der von der anderen — einfachen — Elektrode entfernter stehende mit der Stromleitung permanent verbunden blieb, während der andere mittels Schlüssels damit verbunden werden konnte, so dass dann beide Drähte zwei Zweige derselben Elektrode bildeten. In der Hauptleitung der aus 20 kleinen Grove'schen Elementen bestehenden Kette war ein Schlüssel, ein Commutator und ein Rheochord, in dem von letzterem zum Muskel geführten Stromzweig aber war noch eine Bussole eingeschaltet.

Das zweite Verfahren war vom vorigen nur darin verschieden, dass hier unpolarisirbare Elektroden benutzt wurden, auf welchen der zwischen einem festen Punkte und dem Telegraphen schwach ausgespannte Muskel frei anflag. Als Elektroden dienten hier zwei kleine knieförmig gebogene Glasröhrchen, aus deren horizontalem Aste mit 0·5 procentiger

---

ihre Erscheinungen mit den neueren histologischen Untersuchungsergebnissen einer vergleichenden Prüfung zu unterziehen. Bei Gelegenheit dieser Prüfung, welche Dr. Mezei im hiesigen physiologischen Laboratorium unternommen und deren Ergebnisse er in einer der ungarischen Akademie der Wissenschaften vorgelegten Abhandlung veröffentlicht hat, wurden von ihm auch die Richtung dieser Strömung, sowie einige darauf bezügliche Momente näher bestimmt, aber erst weitere Untersuchungen führten zu einem befriedigenderen Einblick in das Wesen dieser Erscheinungen und erlauben nun, dieselbe auf ihre bedingende Ursache zurückzuführen.

Kochsalzlösung angefeuchtete konische Papierröllchen hervorragten, über welche mit Eiweiss durchtränkte Membranen gebreitet waren; in dem aufrechtstehenden Aste der mit Zinklösung gefüllten Röhrchen tauchten Zinkdrähte ein.

Bei beiden Anordnungen war also der Muskel in einen durchströmten, intrapolaren und einen nicht durchströmten, extrapolaren Abschnitt getheilt, welche beide gleichzeitig beobachtet werden konnten.

In dem Gesammtcomplex des sogen. Porret'schen Phänomens sind folgende Einzelerscheinungen wohl von einander zu unterscheiden:

1. die bei der Stromschliessung in der ganzen Länge des Muskels plötzlich zuckungsartig auftretende Zusammenziehung, die sich auch auf den extrapolaren Abschnitt selbst dann miterstreckt, wenn der Muskel an der Stelle der beide Strecken scheidenden Elektrode eingeklemmt ist. Diese sich so einstellende Contraction dauert dann, neben ganz unregelmässigen, im intra- wie extra-polaren Abschnitt, anfangs häufiger und in vielen, später seltenen und nur in einzelnen Bündeln intercurrirenden Zuckungen, während der weiteren Stromdauer fortwährend, aber in abnehmendem Grade an, und hört falls nicht schon früher, in Folge übermässiger Stromdauer, Erschöpfung eingetreten wäre, erst mit der Oeffnungszuckung auf.

2. Entsprechend jener Zusammenziehung erstreckt sich auch die Verdickung des Muskels auf dessen beide Abschnitte. Bei ihrem Eintritte erfährt der, der Kathode zunächst liegende Abschnitt gleichsam einen Massenstoss gegen diese Elektrode hin, so dass derselbe der Elektrode zuzustürzen scheint, auch wenn letztere mit dem beweglich gelassenen Muskelende verbunden ist, falls nur dieses nicht gar zu beweglich ist, aber immerhin noch mit einigem Widerstand sich der fixirten Mitte nähern kann. Liegt aber der letzteren die Kathode auf, so drängen sich beide Muskelabschnitte dieser zu. Im interpolaren Theil ist dann die Verdickung gegen diese Elektrode hin stark ausgeprägt, während an der Anode der Muskel schlanker bleibt. Die locale Ungleichheit in der Verdickung ist natürlich bei ganz beweglichen Elektroden im intrapolaren Theil ebenso unbemerkbar, wie im extrapolaren, der mit dem freibeweglichen Telegraphen verbunden, in seiner Zusammenziehung unbehindert ist. Wird aber auch dieses Ende fixirt, so ist die Verdickung zu beiden Seiten der in der Mitte des Muskels liegenden Kathode deutlich ausgesprochen und falls der Muskel an dieser Stelle nicht eingeklemmt ist, sondern der Elektrode blos aufliegt, so sieht man, dass die Verdickung sich von da aus, sowohl intra- als extra-polar über eine gewisse Strecke hin ausdehnt, die Oberfläche des Muskels sich daselbst in Querfalten legt,

fortwährend hin und her wogt und auch die particllen Zuckungen sich hier am meisten wiederholen. Während der weiteren Stromdauer nimmt das unruhige Wogen allmählich ab, die ungleiche Vertheilung der Verdickung gleicht sich immer mehr aus, zugleich stellt sich im Bereiche der Kathode innerhalb des intrapolaren Abschnittes eine milchige Trübung ein, die im extrapolaren Theil nicht auftritt. Mit der Oeffnungszuckung wird die Muskelmasse nach der Anode zurückgeworfen und die vormalige Verdickung schwindet allmählich gänzlich. Ausgeprägter noch ist der Rückstoss bei plötzlicher Aenderung der Stromrichtung.

3. Die sogleich nach der Schliessungszuckung auftretende, von der Anode nach der Kathode gerichtete wellenartige Strömung bleibt stets nur auf den intrapolaren Abschnitt beschränkt. Anfangs in der ganzen Breite des Muskels erscheinend, aber in den einzelnen Bündeln desselben mit verschiedener Geschwindigkeit vorschreitend, beschränkt sich dieselbe später mehr und mehr blos auf einzelne Bündel und auf stets kürzere Strecken, so dass dieselbe in den einzelnen Bündeln bald auftretend, bald verschwindend, zugleich in verschiedener Entfernung von der Anode beginnt und ebenso näher oder entfernter von der Kathode wieder verschwindet. Anfangs werden die Bündel an den Stellen der eben durchschreitenden Welle merkbar gekrümmt, verbogen, vorgewölbt, hinterher wieder gerade gestreckt, während die Welle selbst so wogend gegen die Kathode hin weiter vorschreitet, bis sie an dem wallartigen Wulst daselbst gleichsam brandend, wieder eine Strecke weit nach der Anode hin zurückfluthet und die Biegungen der Bündel ausgleicht. Je mehr sich aber diese Strömung bei der weiteren Dauer des Kettenstromes verlangsamt, um so flacher und gestreckter werden auch die Ausbiegungen der Bündel unter der wellenartigen Strömung, bis diese sich endlich mehr und mehr zu einer sich gleichförmig ergiessenden Fluth umgestaltet; endlich aber schwindet auch diese Form der Strömung, um bei gewendetem Kettenstrom in der ursprünglichen Weise, aber in umgekehrter Richtung lebhaft wiederzukehren.

Diese Strömung tritt am stärksten bei einer gewissen mittleren Anspannung des Muskels auf, während sie aber bei einer noch stärkeren Anspannung, ebenso auch übermässigen Erschlaffung desselben sogleich aufhört, bei gehöriger Spannung aber allsogleich wieder erscheint.

Die unter 2 und 3 beschriebenen Erscheinungen sind es, deren Gesammtheit als Porret'sches Phänomen bezeichnet wird; sie müssen aber von einander durchaus unterschieden werden, weil ihre Ursachen wesentlich verschieden sind.

Was nun vor allem die wulstartige Verdickung in der Gegend der

Kathode anbelangt, so kann ich dieselbe ebensowenig wie Hr. du Bois-Reymond[1] von einer durch die scheinbare Strömung bewerkstelligten Ueberführung contractiler Muskelsubstanz nach der Kathode hin ableiten. Denn im Falle, wo im Inneren der einzelnen Muskelfaser, wie bei der später zu erörternden inneren Muskelströmung wirklich eine Fortbewegung des Faserinhaltes stattfindet, geht diese nach anderen Richtungen vor sich, als die scheinbare Strömung beim Porret'schen Phänomen; bei diesem aber ist unter dem Mikroskop von einer Fortführung ebensowenig eine Spur wahrnehmbar, als man auch an vorher durchströmt gewesenen Muskeln keinerlei Veränderungen in den Querstreifen nachträglich bemerken kann. Ferner bildet sich die Verdickung nicht blos auf der, dem intrapolaren Abschnitte zugekehrten Seite der Kathode aus, auf welchen die überführende Wirkung doch nur allein beschränkt sein müsste, sondern dieselbe erstreckt sich auch auf die extrapolare Seite aus. Auch stellt sich dieselbe sogleich mit dem Schluss des Kettenstromes ein, geht somit der fraglichen Strömung weit voran und statt zuzunehmen, nimmt dieselbe während der weiteren Dauer der Strömung ab, sowie das unruhige Wogen oberhalb der Kathode aufhört oder auch nur schwächer wird. Eben diese unregelmässige, hin- und herwogende Bewegung aber, die sich von der interpolaren Strömung sehr wohl unterscheiden lässt, ebenso wie die Querrunzeln auf der Oberfläche daselbst beweisen, dass die locale Anschwellung nur durch die, von dieser Elektrode aus sich wiederholende Reizung bedingt sei, in deren Folge noch nach der Schliessungszuckung nach beiden Abschnitten hin Contractionswellen auslaufen, die wohl für sich unsichtbar und nur in den intercurrirenden stärkeren Partialzuckungen angedeutet sind, unmittelbar am Reizungsorte jedoch eine länger andauernde sogen. Schiff'sche idiomusculare Contraction ebenso hervorrufen, wie dies auch anderweitige locale — mechanische oder durch Inductionsstösse ausgeübte — Reize thun.

Ich halte demnach in diesem Sinne die Deutung der an der Kathode auftretenden Anschwellung als örtlichen Tetanus, für welchen dieselbe anzusehen auch Hr. du Bois-Reymond[2] geneigt war, auch seinen späteren Zweifeln gegenüber aufrecht. Denn sowohl das über die Kathode hinaus sich erstreckende Wogen der Muskelmasse beim Schliessen, findet in der eben von der Kathode ausgehenden Contraction seine Erklärung, als auch der Rückschlag, mit welchem beim Oeffnen die extrapolare Muskelmasse nach der Kathode hinfährt; indem durch die beim Oeffnen eben von der Anode ausgehende Zuckung die alsdann an der Kathode

---

[1] *Gesammelte Abhandlungen*, a. a. O. S. 127.
[2] A. a. O. S. 129.

erschlaffte Muskelmasse nicht nur in der Ausdehnung der intrapolaren, sondern auch in der über die Kathode hinaus gelegenen extrapolaren Strecke einen plötzlichen Zug nach der jenseit gelegenen Anode hin erfahren muss.

Das die intrapolare Strömung nicht durch eine Ueberführung contractiler Muskelsubstanz, wofür sie Hr. Kühne[1] gedeutet hat, bedingt sein könne, habe ich bereits zu begründen gesucht. Aber auch die directe Beobachtung bietet für eine solche Annahme durchaus keine Anhaltspunkte. An hinreichend durchscheinenden Muskelpräparaten, wie z. B. an dünnen Hautmuskeln oder am Rande vom M. sartorius kleiner Frösche, an denen die Porret'sche Strömung mit freiem Auge gut sichtbar war, konnte ich wohl unter dem Mikroskope wahrnehmen, dass während einer intercurrirenden Zuckung die Fasern sich gerade streckten und breiter wurden, das Verhalten ihrer Querstreifen jedoch konnte dabei ebensowenig verfolgt werden, als während eine Strömungswelle vorüberflog; denn selbst wenn schon die einzelnen Zuckungen ganz aufgehört haben und auch die Strömung selbst bedeutend langsamer geworden ist, tritt mit jeder solchen Welle eine so schnelle Verrückung der Fasern aus dem Gesichtsfelde ein, dass so wie Hr. du Bois-Reymond auch ich nichts weiter als ein flüchtiges Schattenbild wahrnehmen konnte. Der Umstand jedoch, dass die während einer verhältnissmässig langen Dauer sich so oft nach gleicher Richtung wiederholenden Strömungswellen, falls sie sich wirklich auf den Faserinhalt beziehen sollten, doch auch in seiner inneren Anordnung eine Spur hinterlassen müssten, diese aber selbst an lange durchströmt gewesenen Muskelfasern, soweit in denselben blos das Porret'sche Phänomen aufgetreten war, durchaus nicht auffindbar ist, beweist nicht nur, dass jene scheinbare Strömung nicht auf einer Ueberführung des Faserinhaltes beruht, sondern zugleich, dass sie durch einen dem Jürgensen-schen Phänomen analogen Vorgang im Inneren der Faser auch nicht bedingt sein kann, selbst wenn wir hier davon absehen wollten, dass bei jenem Phänomen die Fortführung der festen Theilchen innerhalb des Stromcanals entweder zugleich nach zwei entgegengesetzten Richtungen oder ausschliesslich nach der Anode hin erfolgt, dies aber mit der Richtung der Porret'schen Strömung unvereinbar wäre.

Ich kann aber diese Strömung auch nicht wie Hr. du Bois-Reymond[1] „für den Ausdruck örtlicher Zusammenziehungen einzelner Bündel oder Bündelgruppen, welche von der Anode zur Kathode laufen", also für analog den fortgepflanzten sogen. Schiff'schen neuromusculären

[1] A. a. O. S. 542.
[1] A. a. O. S. 128.

Contractionen halten. Denn solche Contractionen könnten doch nur von Orten der unmittelbaren Reizung, also von der einen oder von beiden Elektroden ausgehen. Im Falle sie nun — wie dies im Sinne der bekannten Reizwirkung constanter Ströme zu erwarten stünde — bei der oder auch nach der Schliessung des Kettenstromes, von der Kathode allein ausgingen, so müsste die Strömung in entgegengesetzter Richtung erfolgen, als in der sie wirklich auftritt. Möge aber auch ihr Ausgangspunkt welche immer der Elektroden sein, oder mögen es auch beide zugleich sein, so müssten sich die Contractionswellen doch stets auch auf den extrapolaren Abschnitt ebenso überpflanzen, wie dies thatsächlich sowohl die Schliessungs- als die Oeffnungszuckung und ebenso die Partialzuckungen selbst über die eingeklemmte Stelle hinweg thun, und es ist weder ein Grund abzusehen, warum jene Contractionswellen bloss auf den intrapolaren Abschnitt beschränkt bleiben, noch weniger warum sie meistentheils nicht einmal unmittelbar an der Anode, sondern erst in einiger Entfernung von dieser beginnen und warum sie ohne die ganze intrapolare Strecke zu durchlaufen, schon in einiger Entfernung von der Kathode verschwinden.

Nachdem so die Porret'sche Strömung im Muskel weder als eine in derselben Richtung sich wiederholende, fortgepflanzte Contractionswelle, noch auch als eine Ueberführung contractiler Muskelsubstanz, sei es zu Folge solcher Contractionen, sei es nach Art des Jürgensen'schen Phänomens, gedeutet werden kann, sind wir trotz den von Hrn. du Bois-Reymond[1] angeführten gewichtigen Gegengründen genöthigt die Frage näher zu erörtern, ob jene Strömung nicht dennoch durch Elektrotransfusion bedingt sein könnte, die jedoch zu Folge der eigenthümlichen inneren Structur des Muskels sich hier in anderer Weise als sonst an anderen Körpern äussern muss.

In der That, wenn sich auch die kataphorische Kraft nur in Capillaraggregaten äussern kann, Elektrolyte vor sich hertreibend, denen eine benetzte Wand als Stützpunkt dient, so kann diese Wirkung auch im Muskel nicht ausbleiben, der in seinen Fasern und den aus diesen durch Vereinigung mittels Bindegewebe gebildeten Faserbündeln erster und höherer Ordnung, in den zwischen denselben eingelagerten, Blut und Lymphe führenden Gefässen und Interstitialräumen, endlich innerhalb des alle diese Elemente fascienartig umschliessenden Perimysiums, ein solches Canalsystem darstellt, in welchem ein constanter Strom unausbleiblich endosmotische Wirkung ausüben muss. Nachdem aber diese Wirkung mit Bezug auf die Wassertheile auch nach Hrn. du Bois-

---

[1] A. a. O., S. 128.

Reymond ausser Zweifel steht, so richtet sich unsere Frage näher dahin, in welchen Theilen, welchen Canälen des Muskels erfolgt die endosmotische Ueberführung des Wassers und wodurch gestaltet sich dieselbe zu dem eigenthümlichen Muskelphänomen?

Wären sämmtliche Flüssigkeitscanäle des Muskels einander parallel, so könnte die durch den Kettenstrom hervorgerufene Strömung nur so lange bestehen, als das Gleichgewicht zwischen der Triebkraft des Kettenstromes und der elastischen Anspannung der Canalwände in den stärker angefüllten und ausgedehnten Abschnitten noch nicht völlig hergestellt wäre, von da an aber müsste die Strömung ebenso aufhören — wie die Porret'sche Strömung thatsächlich aufhört, sobald der Muskel stärker angespannt wird, selbst wenn er dabei zuckungs- und überhaupt contractionsfähig verbleibt —, und jene Triebkraft könnte sich ebenso bloss als Flüssigkeitsdruck äussern, wie z. B. bei jenen Versuchen, bei welchen Hr. Wiedemann[1] den Druck der durch den Kettenstrom gehobenen Flüssigkeitssäule bestimmte. Sind aber jene Canäle statt gerade gestreckt und rigid zu sein, mannichfach gebogen und gewunden und bis zu einem gewissen Grade schlaff und nachgiebig, durch zahlreiche Seitenäste mit einander verbunden, stellenweise verengt oder ausgebuchtet, wie es die Blut- und Lymphräume besonders des contrahirten Muskels sind, wo bei verkürzten Fäsern jene Gefässe umsomehr Verbiegungen und Verengerungen erleiden, so ist wohl kaum vermeidlich, dass jene, den Raumverhältnissen sich anbequemenden, häutigen Canäle örtliche Verschiebungen erleiden, wenn ihr flüssiger Inhalt unter der Einwirkung des Stromes von der einen Elektrode zur anderen nach dem Orte des kleineren Widerstandes hingetrieben wird. Und während so die Füllung einzelner Abschnitte abnimmt, um sich nachher unter der ununterbrochenen Stromwirkung von den voranstehenden Abschnitten her abermals zu füllen, schreitet auch die Weiterbeförderung der Flüssigkeit von Abschnitt zu Abschnitt nur mit Unterbrechung und in dem Maasse vor, als es der Gegendruck in den weiter folgenden Abschnitten gestattet, wobei der an einem Orte etwa vorhandene Druck nicht allein von dem Drucke der zwei aufeinander folgenden Abschnitte, sondern von dem Gesammtdrucke sämmtlicher Nachbartheile abhängen wird. So muss der Flüssigkeitsstrom in seinem Laufe vielfach unterbrochen werden; am Orte eines Hindernisses wird er unter dem Einflusse der Wandelasticität auch theilweise zurückfluthen, um sich je nach dem aufgehobenen Localhinderniss bald da, bald dort wieder zu erneuern. In dem Maasse als mehr und mehr Abschnitte sich entleeren, während sich andere in der Stromrichtung ge-

[1] Wiedemann, *Die Lehre vom Galvanismus.* 1861. Bd. 1, S. 380.

20*

legene anfüllen, und jemehr sich Triebkraft und Gegendruck ausgleichen, wird auch die Strömung abnehmen und endlich ganz aufhören, trotzdem der Muskel unter der Fortdauer des Kettenstromes noch immer in einem gewissen Grade der Contraction verharren kann.

Hört der von der Anode her wirkende Druck, nach Unterbrechung des Kettenstromes auf, so wird der Inhalt, falls er noch flüssig geblieben ist, aus den überfüllten Gefässabschnitten, durch ihre elastische Zusammenziehung von der Kathode her zurückgedrängt werden, wohl nicht so stürmisch wie unter dem Antrieb des Kettenstromes, sondern der geringeren Kraft entsprechend, langsam, allmählich. Wird jedoch der Kettenstrom selbst plötzlich gewendet, so wird auch die Strömung aus den überfüllten Abschnitten in der neuen Richtung um so lebhafter wieder erscheinen.

So ist es erklärlich, dass selbst wenn die kataphorische Kraft auf die Wassertheile beschränkt wäre — wohl richtiger auf die gelösten Substanzen überhaupt, da, wie Hr. Wiedemann[1] nachgewiesen hat, der Strom auch diese weiter zu führen vermag —, bei den eigenthümlichen Verhältnissen, zu Folge welcher die verschiedenen Canäle des Muskels, indem sie dem Drucke nachgebend, abschnittweise eine örtliche Verschiebung erleiden können, dennoch auch jene optische Discontinuität nicht fehlt, welche nöthig ist, damit jene Strömung bei, dem freien Auge gestattetem grösserem Ueberblick, als dahinfluthende Welle, im beschränkten Sehfeld des vergrössernden Mikroskopes· aber doch wenigstens als flüchtiger Schatten wahrnehmbar sei.

Erklärlich ist es weiter, dass diese Strömung eben bei einer gewissen Anspannung des Muskels am lebhaftesten auftritt, dagegen ebenso wie bei stärkerer Anspannung, auch bei übermässiger Abspannung oder gar Zusammenfaltung desselben aufhören muss, indem im letzteren Falle auch die Stützpunkte fehlen, welche dem Druck gegenüber stellenweise den Gefässen zum Widerhalt dienen könnten.

Ebenso erklärlich ist es, warum im weiteren Verlaufe des Kettenstromes jene Strömung sich weder über die ganze intrapolare Strecke, noch auch über alle Bündel des Muskels gleichzeitig ausdehnt, sowie dass. sie schwächer werden, endlich ganz aufhören muss, ohne dass der Muskel aufgehört hätte reizbar zu sein, oder die Fähigkeit verloren hätte, bei geänderter Stromrichtung auch jene Strömung neuerdings zu zeigen. Sind aber bei längerer Dauer des einseitig oder abwechselnd gerichteten Kettenstromes, von der einen oder von beiden Elektroden her ausgedehnte Gerinnungen in jenem Canalsystem aufgetreten, so kann wohl alsdann

---

[1] Wiedemann, a. a. O. 383.

in diesen auch keine massenhafte Ueberführung der Flüssigkeit und darum auch keine Lage- und Formveränderung der Canäle mehr vorkommen, sondern höchstens noch eine durch die Poren hindurch geleitete, unsichtbare Diffusion. Wo dann der Muskel ebenso seine Reizbarkeit, wie die Fähigkeit für das Porret'sche Phänomen eingebüsst haben wird. Und so ist es erklärlich, dass obwohl dieses Phänomen nicht die Aeusserung einer Lebensfunction ist, dasselbe doch an eine bestimmte Beschaffenheit gebunden ist, wie solche nur der lebende und reizbare Muskel besitzt.

So ist es möglich ohne weitere Hilfshypothesen den ganzen Complex dieser Strömungserscheinungen im Zusammenhang zu erklären; experimentelle Belege freilich für die Richtigkeit der Erklärung vermag ich leider keine anzuführen. Meine Versuche, den Vorgang nach einer oder der anderen Richtung physikalisch nachzuahmen, blieben wohl schon darum ohne Erfolg, weil der in der eigenthümlichen Gesammtstructur des Muskels gelegene Hauptfactor nicht nachahmbar ist.

Nur in Bezug auf einen Umstand boten die Versuche doch eine Aufklärung. Es fragt sich nämlich, ob das frühzeitige Aufhören der Strömungserscheinung, während der Kettenstrom in unveränderter Richtung andauert und während das Contractionsvermögen des Muskels, sowie seine Fähigkeit, bei geänderter Stromrichtung die Strömung wieder lebhaft zu zeigen, noch unverändert fortbesteht, durch irgend welche Veränderung der Fähigkeit des Muskels zu solchen Strömungen oder aber durch eine Anhäufung von Stromleitungswiderständen in Folge der äusseren und inneren Polarisation, besonders aber des secundären Widerstandes bedingt sei? Diese Frage war insbesondere auch darum zu entscheiden, weil bei der bereits beschriebenen ersten Versuchsanordnung polarisirbare Elektroden angewendet wurden und demzufolge dort auch der secundäre Widerstand auftreten musste. Es war also eigentlich zu bestimmen, inwiefern etwa das Aufhören der scheinbaren Muskelströmung nicht allein durch die Stromschwächung in Folge der Leitungswiderstände, sondern auch noch anderweitig bedingt war?

Wenn nun der von der intrapolaren Strecke abgewendete Zweig der an der Muskelklemme angebrachten Doppelelektrode mit dem negativen Pole der Kette verbunden war, während der jener Strecke zugekehrte Zweig unterbrochen blieb, so nahm entsprechend der an der eingeschalteten Bussole erkennbaren Abnahme der Stromstärke, auch die Muskelströmung ab, und weder im Strom noch in der Strömung zeigte sich eine Verstärkung, wenn darauf auch der zweite Zweig der Doppelelektrode mit demselben Pole verbunden ward; wenn aber die Doppelelektrode der Anode entsprach, so erlangte der Strom, der schon bedeutend geschwächt war, während die Leitung bloss auf den äusseren Zweig beschränkt blieb, wieder seine ursprüngliche Stärke und die schon erloschene Strömung kehrte wieder zurück, sobald auch der andere Zweig eingeschaltet wurde. Indem wie Hr. du Bois-Reymond[1] nachgewiesen hat, der secundäre Widerstand sich nur auf die Gegend der Anode und auch da nur in geringer Ausdehnung einschränkt, so war aus dem obigen Versuch zu entnehmen, dass in der That das frühzeitige Verschwinden der Muskelströmung durch die Stromschwächung besonders in Folge des secundären Widerstandes bedingt sei.

Dass aber die Stromschwächung nicht die einzige Ursache des Verschwindens jener Strömung sei, das erwiesen die nach der zweiten Methode ausgeführten Versuche, bei welchen der Muskel unpolarisirbaren Elektroden mit Zwischenschaltung solcher Schichten auflag, welchen zufolge der secundäre Widerstand entweder ganz ausgeschlossen oder wenigstens auf ein Minimum beschränkt blieb. Denn obgleich die Stromstärke sich jetzt entweder gar nicht oder nur unbedeutend verminderte, so hörte die Strömung doch nur um weniges später als vorhin auf, während der Muskel sowohl seine Reizbarkeit, als auch die Fähigkeit beibehielt, bei geänderter Stromrichtung das Porret'sche Phänomen wieder zu zeigen.

Es erleidet also der durchströmte Muskel solche Veränderungen, welche denselben nicht so sehr für die Stromleitung, als vielmehr für das Porret'sche Phänomen und auch dafür nicht für immer, sondern bloss gegenüber dem in gleicher Richtung verbleibenden Strom untauglich machen, also dafür, dass derselbe die Strömung in derselben Richtung auch noch weiter fortsetze. Worin die Veränderungen liegen, habe ich bereits oben anzudeuten gesucht.

Die Grundlage der bisherigen Erörterung der Strömungsursachen bildete die Annahme, dass der Sitz dieser Strömung in den Flüssigkeitscanälen des Muskels überhaupt gelegen sei; nun aber ist noch zu bestimmen, ob sich an der Strömung sämmtliche Canäle, Blutgefässe, Lymphräume und Muskelröhren, oder aber nur Canäle einer bestimmten Art betheiligen?

Insofern die kataphorische Kraft in jedem Capillaraggregate sich äussern kann, das innerhalb benetzter Wandungen Elektrolyte einschliesst, möge es nun ein anorganischer Körper oder ein zusammengesetztes organisches Gewebe, also auch ein Muskel sein, so können von einer solchen Strömung wohl auch die Blutgefässe und Lymphräume nicht ausgeschlossen sein, sobald dieselben einen flüssigen Inhalt besitzen; und es kann auch der Umstand nicht als Gegengrund gelten, dass in jenen Ge-

---

[1] A. a. O. S. 89 u. 105.

fässen Strömungen unter dem Mikroskop nicht wahrnehmbar sind, denn der rasche Ablauf der durch die Strömung hervorgerufenen und dieselbe für das freie Auge wahrnehmbar machenden localen Veränderungen kann wohl kaum Gegenstand mikroskopischer Beobachtung sein. Doch will ich auch nicht unerwähnt lassen, dass ich in einzelnen Fällen an elektrisch durchströmten Muskelpräparaten unter dem Mikroskope gesehen habe, dass in den Faserzwischenräumen Flüssigkeit sich ergossen und weiter ausgebreitet habe, so wie auch dass in einzelnen Blutgefässen Blutkörperchen sich nach der Anode hin bewegten und mit jeder Stromwendung ihre eigene Richtung änderten. Ich muss es aber unentschieden lassen, ob diese Fortbewegung als analog dem Jürgensen'schen Phänomen anzusehen und daraufhin anzunehmen sei, dass auch das Blutplasma in jenen Gefässen, nur in entgegengesetzter Richtung als die Körperchen sich fortbewegt habe, oder ob der Gefässinhalt nur in Folge der stärkeren Muskelcontraction an der Kathode von da aus zurückgedrängt worden sei.

Liegt aber auch keine Beobachtung vor, welche als directer Beweis dafür gelten könnte, dass innerhalb der Blut- und Lymphgefässe eine elektrische Ueberführung stattfinde, so kann andererseits auch kein Gegenbeweis gegen jene an und für sich so wahrscheinliche Annahme angeführt werden. Es bleibt dann also nur noch die Frage übrig, ob die Diffusion innerhalb der Blut- und Lymphräume für sich allein schon genügt, um das Porret'sche Strömungsphänomen hervorzubringen oder ob es ausserdem noch nöthig und wahrscheinlich ist, dass auch noch die Muskelfasern selbst sich daran betheiligen? Falls aber letzteres sicher ausgeschlossen werden könnte, dann müssten auch jene Gefässe umsomehr als allein schon ausreichend anzusehen sein, als die Muskeln sowohl mit parallel ihren Fasern gestreckt verlaufenden Blutcapillaren, als auch mit Lymphräumen reichlich genug versehen sind, welche in dem die einzelnen Fasern und noch mehr die Faserbündel einhüllenden Bindegewebe eingeschlossen, auf Querschnitten wie auch im Längenprofil an ihren von einander abstehenden seitlichen Contouren überall dort erkennbar sind, wo dieselben Lymphe enthalten.

Insofern auch die Muskelfasern einen flüssigen Inhalt besitzen, kann wohl nicht geleugnet werden, dass die kataphorische Kraft in denselben ebenfalls wirksam sein könne. Mit Rücksicht auf ihre eigenthümliche Structur jedoch scheinen dort der kataphorischen Kraft viel grössere Widerstände entgegenzuwirken, als in den Blut- und Lymphgefässen. Können wir auch bei unbefangener Prüfung der bisherigen histologischen Resultate, noch weniger aber mit Rücksicht auf die später zu besprechenden Strömungserscheinungen, welche unter verschiedenen Einflüssen im Inneren

312   A. E. Jendrássik:

der einzelnen Muskelfaser auftreten, nicht geneigt sein, membranöse
Scheidewände innerhalb der Faser anzunehmen, so ist doch so viel sicher,
dass der Faserinhalt aus abwechselnd aneinander gereihten Querschichten
zusammengesetzt ist, die nicht nur in ihren optischen Eigenschaften,
sondern auch bezüglich der Consistenz und des wechselseitigen Anhaftens
ihrer Theile, von einander verschieden sind und eben darum auch zur
elektrischen Ueberführung verschieden geeignet sein müssen. Da nun
aber weder während der Porret'schen Strömung, noch auch nachher
eine Veränderung an den Querstreifen der Muskelfasern zu bemerken
ist, so folgt wohl daraus, dass jene zur Ueberführung weniger geeigneten
Schichten ihren Zusammenhang auch während der Porret'schen Strömung beibehalten; dann aber müssen dieselben auch die Fortführung
der hierzu sonst geeigneten Theile behindern; in demselben Maasse kann
sich dann auch die kataphorische Kraft nur als Druck äussern, welchem
zu Folge die flüssigeren Bestandtheile anstatt überhaupt oder gar ausschliesslich entlang der Faser vorzuschreiten, eher durch das Sarkolemma
hindurch in die Zwischenräume eindringen werden, die Flüssigkeit ver-
mehrend, deren Fortführung alldort weniger behindert ist. Dass in der
That ein solches Auspressen der Flüssigkeit aus den elektrisch durchströmten Fasern stattfindet, beweist theils der Augenschein, indem man
unter dem Mikroskop die weiterschreitenden Grenzen der aus den Fasern
herausgetretenen Flüssigkeit sehen kann, theils beweisen es die zahlreichen
Kreatininkrystalle, die sich nachher auf dem der Kathode zunächst gelegenen Abschnitte bilden.

Selbst wenn also eine elektrische Ueberführung von flüssigeren Bestandtheilen innerhalb der Muskelfasern auch nicht gänzlich ausgeschlossen werden müsste, so ist es doch durchaus nicht wahrscheinlich,
dass diese Fasern auch an der wellenartig fortschreitenden Strömung
activ theilnehmen; sie könnten aber wohl vermöge ihrer so leichten
Biegsamkeit passiv dazu beitragen, dass jene Strömung um so auffälliger
in die Erscheinung trete.

Als Hauptursache der Porret'schen Strömung müssen wir
aber nach alledem jene Form- und Lageveränderung ansehen,
welche die Blut und Lymphe enthaltenden Canalräume eines
ganzen Muskels oder einer aus mehreren Bündeln bestehenden
Partie desselben in Folge der durch den Kettenstrom in ihnen
bewirkten endosmotischen Ueberführung flüssiger Bestandtheile erleiden. Woraus sich dann auch ergiebt, dass jenes Strömungsphänomen nicht an einzelnen Muskelfasern, sondern nur an solchen
Faserbündeln auftreten kann, welche durch dichteres Bindegewebe
nach aussen umgrenzt, im Inneren mit Blut und Lymphe führenden

Canälen ausreichend versehen sind. In einer derartigen Ausstattung und Umhüllung mag wohl auch der Grund liegen, warum die Strömung so besonders augenfällig am M. sartorius auftritt.

Schon durch den eben hervorgehobenen Umstand unterscheidet sich die bisher besprochene Strömung von jener anderen, welche unter der Einwirkung eines elektrischen Stromes von bedeutenderer Dichte im Inneren der einzelnen Muskelfaser sich einstellt, zu deren Erörterung wir nun übergehen.

II. Die innere Strömung in der Muskelfaser.

Zur Beobachtung dieser Art Strömungen hat sich im Verlaufe der Untersuchungen als am geeignetsten ein Objectträger erwiesen, dessen Construction, die beistehende Abbildung andeutet.

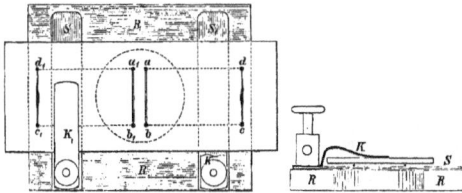

Die in zwei Reihen von je vier Löchern durchbohrte Glasplatte ist an der nach Oben gekehrten Seite zwischen a—b und a_1—b_1 in einem Abstande von 3 ^{mm} mit Furchen versehen. Durch je vier Löcher ist ein circa 0·6 ^{mm} dicker Platindraht so geführt, dass derselbe zwischen $a\,b$ und $a_1\,b_1$ in den dort befindlichen Furchen liegend, kaum über die Glasfläche emporragt; zwischen $a\,d$, $b\,c$ und $a_1\,d_1$, $b_1\,c_1$ verläuft derselbe an der nach unten gekehrten Seite der Platte, bei d und c, sowie bei d_1 und c_1 treten dann die Drahtenden wieder auf die obere Seite, wo sie mit einander verbunden sind. Diese Platte kann auf zwei, mit Drahtklemmen versehenen Metallschienen ($S\,S_1$), die an einem Rahmen aus Hartgummi R unterhalb zwei Federklammern $K\,K_1$ angebracht sind, einfach angeschoben werden, so dass dann die auf der unteren Seite verlaufenden Drahtstrecken in festem Contact mit den stromzuführenden Schienen stehen.

Die in den Furchen liegenden Drahtstrecken $a-b$ und a_1-b_1 werden mit dem aus 6—10 parallel verlaufenden Fasern bestehenden und mit Schonung angefertigten Muskelpräparat so überbrückt, dass die beiden Muskelenden sich noch ausreichend lang über die Drähte weiter hinaus erstrecken. Ohne irgend einen Zusatz wird dann das Präparat mit einem dünnen Glasplättchen bedeckt.

Bei Durchleitung eines elektrischen Stromes von mässiger Stärke, entsprechend 6—10 kleinen Grove'schen Elementen, treten folgende Erscheinungen auf.

Bald oder auch sogleich nach beendigter Schliessungszuckung stellt sich in den Fasern, in den einzelnen meistens ungleichzeitig, eine Strömung zunächst den beiden Elektroden und zu beiden Seiten derselben, also sowohl intra- als auch extra-polar derart ein, dass zuerst die allernächsten Querstreifen gegen die Elektrode hin in Bewegung gerathen, wobei dieselben sich wohl auflockern aber durchaus noch keinen völligen Zerfall erleiden; während so diese Auflockerung von Schichte zu Schichte auf immer entferntere übergreift, schreiten dieselben immer zahlreicher jener Elektrode zu, an welcher in der betreffenden Strecke dieser Vorgang angefangen hat. So breitet sich während der Andauer des Kettenstromes, die Strömungsstrecke innerhalb der Faser mehr und mehr auch auf entfernter von den Elektroden gelegene Strecken aus, welche in dem Maasse dann auch einen längeren Weg zurücklegen, als sie ursprünglich entfernter von der Elektrode standen. Die diesen zunächst gestandenen Querstreifen, kaum dass sie um ein Merkliches vorwärts geschritten sind, halten auch zuerst an, wobei sie zugleich sich so umwandeln, dass aus den ursprünglich breiten, in grösseren Intervallen abwechselnden Querstreifen sehr schmale, in der Richtung der Faserbreite jedoch entsprechend verlängerte, zugleich in sehr dichter Folge abwechselnd an einander gereihte Querstreifen entstehen. Und so wie vorher die Bewegung sich von Schichte zu Schichte auf immer entfernter von den Elektroden stehende ausbreitete, so tritt nun auch der Stillstand unter der eben erwähnten Umwandlung der Querstreifung in derselben Reihenfolge von Schichte zu Schichte ein.

Gewöhnlich hört diese Strömung nicht sogleich nach der Stromunterbrechung, sondern erst etwas später auf und erneuert sich ebenso mit dem Wiederbeginn des Stromes. Hat dieser überhaupt erst kurze Zeit gedauert und wird dann seine Richtung umgekehrt, so beginnen die zu allerletzt entstandenen, also von den Elektroden am meisten entfernten feinen Querstreifen nach einander sich gleichsam abzublättern und strömen nun, während sie zugleich wieder breiter werden nach der entgegengesetzten Richtung als vorhin, bis zu einer gewissen Entfernung von den Elektroden hinweg.

Dauert aber der Kettenstrom in dieser neuen Richtung noch länger fort, so hört die spätere Strömung doch wieder von selbst auf, noch bevor sich alle feinen Querstreifen zu breiten zurückverwandelt haben; nach einer kleinen Pause jedoch stellt sich die Strömung trotz der nun entgegengesetzten Stromrichtung, wieder wie zuerst in der den Elektroden zugekehrten Richtung her, und wieder wandelt sich die breite Querstreifung in die feine um. So kann diese Umwandlung und Wiederzurückverwandlung der Querstreifung innerhalb einer gewissen Strecke mehrmals nach einander mittels in mässigen Pausen wiederholter Stromwendung bewerkstelligt werden, nur darf der Kettenstrom eine gewisse Stärke nicht überschreiten.

Es kommt nicht selten vor, dass die Querschichten in eine schiefe Richtung zur Strömungsrichtung gerathen, wo dann auch die Umwandlung der einzelnen Querstreifen nicht gleichzeitig in seiner ganzen Länge stattfindet, sondern am voranschreitenden Ende beginnend, sich nach und nach gegen das andere Ende hin fortsetzt. Die neu entstandenen feinen Querstreifen sind meistens so schmal und so dicht an einander gereiht, dass ihre Beobachtung schon eine starke Vergrösserung erfordert.

Je stärker der Kettenstrom ist, desto prompter stellt sich in der Faser die Strömung ein, desto länger überdauert dieselbe aber auch die Stromunterbrechung, so wie sie auch ihre Richtung nach der Stromwendung um so später ändert. Ebenso behalten auch die in Strömung gerathenen Querstreifen ihre Continuität nicht mehr bei, sondern es zerfallen dieselben zu Molecülen, welche sich aber wieder zu feinen Querstreifen zusammenfügen, so wie sie an ihren Halteorten angelangt sind. Immer aber bleiben dann auch nachdem die Strömung ganz aufgehört hat, Molecüle in zerstreuter Lage auf einer um so ausgedehnteren Strecke zurück, je stärker der Kettenstrom ist; ja bei starken Strömen findet fast gar keine Bildung der feinen Querstreifen statt. Je stärker ferner der einwirkende Strom ist, auf einem desto längeren Abschnitte der intrapolaren Strecke schreitet die Strömung nach der Anode, auf einer um so kürzeren nach der Kathode hin. Bei einem Strome von 20 kleinen Grove'schen Elementen endlich dehnt sich die nach der Anode gerichtete Strömung fast auf die ganze Länge der intrapolaren Strecke aus und schreitet so rasch vorwärts, dass es dann nicht mehr möglich ist ihre Ausbreitung von Schicht zu Schicht zu verfolgen. In dieser Raschheit der Strömung mag auch die Ursache liegen, dass intrapolar

nach der Kathode hin kaum noch eine Strömung zu sehen ist, so wie
dass die nach der Anode hinströmenden Molecüle sich kaum noch spurweise zu feinen Querstreifen zusammen gruppiren.[1]

Insofern nun bei diesen Strömungen eine Fortführung fester oder
doch gegenüber dem übrigen Faserinhalte, festerer Theile stattfindet,
könnte man wohl veranlasst sein, darin eine Analogie mit dem Jürgensen'schen Phänomen oder noch mehr mit jenem zu vermuthen, das in
den Blättern der Valisneria von Hrn. Heidenhain[2] zuerst beobachtet
ward, das aber auch in anderen Pflanzentheilen, so namentlich nach
Hrn. du Bois-Reymond[3] an den Stärkekörnchen im Inneren der Kar-
toffelzellen unter der Einwirkung eines elektrischen Stromes auftritt.
Aber schon Hr. Heidenhain und Hr. Jürgensen[4] waren durchaus
nicht der Ansicht, dass in jener Erscheinung ein der Pflanzenzelle eigenthümliches Phänomen vorliege, weil ja damit die Functionen der Zelle
schon erloschen sind. Es dürfte demnach auch genügen, wenn wir hier
die innere Muskelfaserströmung dem Jürgensen'schen, als dem allge-
meineren Phänomen gegenüber stellen und beide vergleichend prüfen.

Ausser in der Fortführung festerer Theile innerhalb eines in Capil-
larräumen eingeschlossenen flüssigen Mediums, verhalten sich beide
Phänomene nur noch darin einander analog, dass bei mässiger Stärke
des Kettenstromes Strömungen gleichzeitig nach zwei verschiedenen
Richtungen bei beiden vorkommen. Aber schon diesbezüglich zeigt sich
ein wesentlicher Unterschied. Denn während beim Jürgensen'schen
Phänomen die Fortführung kleiner Theile gleichzeitig in der ganzen
Ausdehnung der intrapolaren Strecke so vor sich geht, dass wohl beide
Elektroden sowohl den Ausgangspunkt als auch das Ziel der Wanderung
bilden, die Rolle der beiden jedoch je nach der Wand und Mittel-
schicht insofern eine entgegengesetzte ist, als die Strömungsrichtung

---

[1] Die Richtung, nach welcher diese Strömungen sich innerhalb der Muskelfaser einstellen, hat zum Theil Hr. Dr. Mezei im hiesigen physiologischen Laboratorium klargestellt und im Zusammenhang mit den Resultaten seiner histologischen Untersuchungen der Muskeln in seiner bereits erwähnten ungarischen
Abhandlung mitgetheilt. Aus derselben hebe ich hier als bemerkenswerth noch
hervor, dass die innerhalb der isotropen Querschicht gelegene, aber nicht in jeder
Muskelfaser sichtbare dunkle Zwischenschicht, auch wo dieselbe vorhanden ist, die
Strömung durchaus nicht verhindert, sondern mit den übrigen Schichten zugleich
auch jene weiter schreitet; mit dem Entstehen der feinen Querstreifen aber verschwindet und auch dann nicht mehr wiederkehrt, wenn bei geänderter Strömungsrichtung die breite Querstreifung sich wieder zurückbildet.

[3] Jürgensen, in diesem *Archiv.* 1860. S. 674.

[3] A. a. O. S. 120. (Hr. Jendrássik drückt sich aus, als hätte ich einen Unterschied zwischen den Bewegungen der Stärkekörnchen und dem Jürgensen'schen
Phänomen gemacht, was aber nicht der Fall ist. — E. d. B.-R.)

[4] A. a. O. S. 675.

innerhalb desselben Capillarquerschnittes an der Peripherie und näher
der Mitte verschieden ist; erstreckt sich die Muskelfaserströmung nicht
gleichzeitig auf den ganzen intrapolaren Theil, sondern bloss auf einen,
bis zu einer gewissen Grenze von den Elektroden reichenden Abschnitt.
entlang dieses aber hält die Strömung in der ganzen Ausdehnung eines
jeden Faserquerschnittes nur eine einzige Richtung bei, die ursprünglich in dem Bereiche beider Elektroden diesen zugekehrt ist, nach einer
Stromwendung aber eine Weile in beiden Abschnitten sich von den
Elektroden wegwendet, um bald wieder denselben sich zuzukehren.
Ferner unterscheiden sich beiderlei Strömungen auch darin, dass während
die Jürgensen'sche mit dem Schlusse des Kettenstromes sogleich auftritt, mit der Unterbrechung sogleich aufhört, bei der Stromwendung
ihre Richtung sogleich ändert; die innere Muskelströmung dagegen je
nach der Stromstärke sich mehr oder weniger und verschieden in ihren
einzelnen Phasen verspätet. Endlich bleibt die Jürgensen'sche Strömung stets auf die interpolare Strecke eingeschränkt, die innere Muskelströmung aber tritt sowohl intrapolar, als auch in beiden extrapolaren
Strecken, hier gleichwohl in beschränkterer Ausdehnung, auf. Dieser
Umstand bildet aber einen Unterschied zwischen beiden auch für den
Fall, wo bei grösserer Stärke des Kettenstromes, sowohl die Jürgensen'sche Strömung nur einerlei Richtung — nach der Anode hin —
zeigt, als auch die innere Muskelströmung intrapolar fast nur dieser
Richtung, kaum mehr auch noch nach der Kathode hin folgt, denn
ausserdem treten auch dann noch die extrapolaren Strömungen auf.

Wir dürfen jedoch in dem Complexe der Erscheinungen, welche
unter der Einwirkung des Kettenstromes im Inneren der Muskelfaser
auftreten, auch von jenem Umstande nicht absehen, dass dabei nicht
blos eine Ueberführung der festeren Theilchen, sei es mit Fortbestand
der Querstreifung, sei es mit Zerfall derselben stattfindet, sondern dass die
überführten Theilchen, dort wo sie anhalten, auch in der neuen Ordnung der feinen Querstreifen sich wieder zusammenreihen und dass sie
nach einer Stromwendung ihre Reihen lockernd und zurückströmend
die ursprüngliche breite Querstreifung wieder herzustellen vermögen.
Diese Veränderungen in der Gruppirung der Muskeltheilchen müssen
wohl als Aeusserungen der noch lebenden Faser angesehen werden.
Andererseits jedoch berechtigt uns dies noch keineswegs, die durch den
Kettenstrom hervorgerufenen Erscheinungen für identisch zu halten, sei
es mit einer fortschreitenden einfachen Contractionswelle, sei es mit
einer durch Superposition mehrerer solcher Wellen erzeugten tetanischen
Contraction. Denn jener Annahme widerspricht sowohl der Unterschied,
welcher zwischen den Ausgangspunkten dieser Strömungen einerseits

und der Contractionswelle andererseits besteht, als auch der Unterschied
iu Bezug auf den zeitlichen Ablauf beider Erscheinungen. Letztere
Annahme aber widerlegt der Umstand, dass während der Tetanus sogleich mit der Unterbrechung des reizenden Stromes aufhört, die innere
Muskelströmung noch auffallend lange auch nach der Stromunterbrechung
andauern kann; ja dass schon während der Stromdauer diese Strömung
lange über jene Zeitgrenze hinaus sich hinschleppen kann, bei welcher
der Tetanus in Folge der erlahmenden Reizbarkeit von selbst aufhört.

Nachdem so keine jener Wirkungen, welche der Kettenstrom, sei
es sonst auf den Muskel, sei es auf einen unorganischen Körper auszuüben vermag, ausreicht, diese inneren Strömungen mit den sie begleitenden Erscheinungen zu erklären, sind wir angewiesen, nachzuforschen,
ob nicht ausser dem elektrischen Strome auch noch andere Einwirkungen
ähnliche Erscheinungen im Muskel hervorrufen können?

In dieser Beziehung lenkt unsere Aufmerksamkeit vor allem das
destillirte reine Wasser auf sich, dessen Wirkung auf die noch lebende
Muskelfaser Bowman[1] bereits vor vielen Jahren ausführlich beschrieben
hat. Wenn man ein dünnes Muskelfaserbündel vom Frosch rasch, aber
behutsam und ohne Wasserzusatz auf dem Objectträger zerfasert, es sodann bedeckt und die Enden der Fasern im Gesichtsfelde des Mikroskops
einstellt und nun erst reines Wasser vom Rande des Deckgläschens her
zum Präparate vordringen lässt, wird es leicht gelingen, sich zu überzeugen, wie genau Bowman's Beschreibung der nun sich einstellenden
Erscheinungen ist und wie sehr die durch Wasser hervorgerufene Strömung, mit der dieselbe begleitenden Umwandlung der Querstreifung,
mit jenen Veränderungen übereinstimmt, welche auch der Kettenstrom
bewirkt. Es wäre wohl zu wünschen gewesen, dass Bowman's Beschreibung auch von Seite der Histologen mehr wäre beachtet worden,
denn in der That, ein einziger Tropfen Wasser genügt, um so manchen
zierlichen Kunstbau mit seinen mannigfaltigen trennenden Etagen hin-
wegzuschwemmen, den die neuere Histologie, an Stelle des functions-
fähigen Organes, aus dem gebeizten Leibe der einstigen Muskelfaser auf-
zubauen bestrebt war. Es sei hier ferner auch der Starre gedacht, welche
eintritt, wenn in die Gefässe eines eben getödteten Thieres reines Wasser
eingespritzt wird. Auch habe ich zweimal zur Winterszeit die Beobachtung gemacht, dass der M. sartorius vom Frosch sich sehr stark,
jedoch mit auffallender Langsamkeit contrahirte, als dessen mit frischer

---

[1] Bowman, In *Philosophical Transactions*. 1840. Part I, p. 457. On the
minute structure and movements of voluntary muscle. — Siehe auch E. Weber,
in R. Wagner's *Handwörterbuch d. Physiologie*. Bd. III, 2. Abth., S. 57.

Schnittfläche versehenes Ende in destillirtes Wasser eingetaucht ward, und dass sich diese Contraction noch ein zweites Mal wiederholte, als derselbe sehr allmählich erschlaffend nach längerer Pause mit der Wasserfläche wieder in Berührung kam; hernach wohl auch noch erschlaffte, ohne jedoch seine ursprüngliche Länge wieder zu erlangen und ohne dass derselbe bei nochmaliger Berührung mit dem Wasser sich weiter contrahirt hätte. Ich habe leider sowohl bei jener, als auch noch bei einer zweiten Gelegenheit verabsäumt, den Muskel nachträglich unter dem Mikroskop zu untersuchen. Später wiederholte Versuche blieben stets ohne Erfolg.

Diese dem elektrischen Strome so analoge Wirkung des Wassers muss uns veranlassen, die Wirkung auch noch anderer, bereits als Muskelreize bekannter Substanzen zu prüfen. Insbesondere aber mit Rücksicht auf die Elektrolyse, die auch noch an so kleinen Muskelpräparaten, durch die an der Anode nachweisbare freie Säure, so wie durch die an der Kathode reichlich auftretenden Kreatininkrystalle leicht erkennbar ist, müssen wir prüfen, ob ähnliche Wirkungen, wie durch den elektrischen Strom und durch Wasser, nicht auch durch Säuren oder Basen im Muskel können bewirkt werden?

Zu dem Zwecke wurde auf dem Objectträger unter das eine Ende des aus nur wenigen lebenden Fasern bestehenden Muskelpräparates ein schmaler Streifen Löschpapier gebracht und derselbe von seinem über den Rand des Deckplättchens hinausragenden Ende her mit 1°/₀ Lösung von Essigsäure oder Salzsäure, Kali oder Natronlauge benetzt. Sobald das Reagens bis an das Muskelende vordrang, traten auch wirklich denjenigen analoge Erscheinungen auf — Strömung und weiter Bildung feiner Querstreifen — welche, wie wir bereits wissen, das Wasser und der Kettenstrom zu bewirken pflegen. Hierbei dürfen wir zugleich nicht ausser Acht lassen, dass auch die durch chemische Reize hervorgerufene Muskelcontraction weder so rasch eintritt, noch auch so schnell und regelmässig abläuft wie die Muskelzuckung auf elektrische Reizung, und dass an der Stelle, wo der chemische Reiz unmittelbar eingewirkt hat, der Muskel erstarrt zurückbleibt.

Diese Daten sind nun schon geeignet, uns als Leitungsfaden bei der Erklärung auch jener Erscheinungen zu dienen, welche der constante Strom in der Muskelfaser hervorruft. Es ist wohl klar, dass jene Erscheinungen nicht die unmittelbaren Folgen der Stromwirkung sind, sondern dass sie bedingt sind durch die, in Folge der Elektrolyte an der Anode auftretende freie Säure und durch die an der Kathode ausgeschiedenen Basen. Darum tritt die Strömung zu beiden Seiten beider Elektroden, also sowohl intra- als auch extrapolar, auf, wenngleich in

verschiedener Ausdehnung, wahrscheinlich zu Folge der ungleichen Wirksamkeit der beiderseitigen Elektrolyte; darum stellt sich auch die Strömung
nicht allsogleich beim Kettenschluss, sondern desto mehr verspätet ein,
je schwächer der Kettenstrom, je geringer demzufolge die Elektrolyse
und je langsamer die Elektrolyte in wirkungsfähiger Menge ausgeschieden werden. Aber je geringer ihre Menge bei schwachem Strom ist,
desto kürzer wird auch ihre Nachwirkung sein können und um so früher
wird nach der mit der Stromunterbrechung gleichzeitig unterbrochenen
Elektrolyse, die Strömung selbst aufhören. Dagegen wird die dem stärkeren Strom entsprechende stärkere Elektrolyse so viel Producte ablagern,
dass diese genügen werden die Strömung auch noch nach der Stromunterbrechung eine Weile aufrecht zu erhalten. Ebenso wird die Strömung der Stromwendung nicht plötzlich folgen können, sondern dann
erst, wenn schon die Producte des vorangegangenen Stromes durch die Producte des nachfolgenden, entgegengesetzt gerichteten Stromes neutralisirt
worden sind, was um so später stattfinden kann, je mehr Producte zufolge
des vorangegangenen stärker oder länger andauernden Stromes abgelagert
wurden, also auch je mehr neue Producte zu ihrer Neutralisation erforderlich sind. Wenn aber der spätere Strom auch noch über die erfolgte
Neutralisation hinaus weiter andauert und dessen sich ansammelnde
Producte in freiem Zustande zur Wirksamkeit gelangen, so wird auch
die Strömung wieder den Elektroden als jenen Stellen sich zuwenden,
von welcher die Wirkung des Elektrolytes, gleichviel ob es eine Säure
oder Basis sei, ausgeht.

Die Richtigkeit dieser Auffassung hat auch wirklich der folgende
Versuch erwiesen. Das aus wenigen Fasern bestehende Muskelbündel
ward auf dem Objectträger mit seiner Mitte kreuzweise auf einen schmalen Löschpapierstreifen gelegt, ein Deckgläschen darüber gebreitet und
dann das hervorragende Ende des Papierstreifens mit einem Tropfen einer
verdünnten Säure benetzt. Als diese im Papier bis zu den Muskelfasern
vorgedrungen war, stellte sich sogleich in dieser die bekannte Strömung
in der Richtung nach dem Papier hin ein und in ihrem Gefolge nach
die Bildung der feinen Querstreifen. Wurde hierauf bei Zeiten noch
die Säure neutralisirt, indem man den Papierstreifen mit einer schwachen
Kali- oder Natronlösung benetzte, so lockerten sich einige der zuletzt
gebildeten feinen Querstreifen auf und wandelten sich nach kurzer Rück-
wärtsströmung wieder in breite Streifen um.

Dieser Versuch ergänzt also die früheren, auf die Wirkung chemischer Substanzen bezüglichen Versuche. Jene haben gezeigt, dass solche
Substanzen, welche, den Inhalt der Muskelfaser umändernd, demselben
eine saure oder alkalische Reaction ertheilen, eine Strömung hervorrufen,

zufolge welcher die in grösseren Intervallen abwechselnden, breiten Streifen sich in dicht aneinander gereihte, sehr feine Streifen umwandeln, wobei, der grösseren Länge derselben entsprechend, an der Stelle auch die Faser breiter wird. Aus dem späteren Versuche ging aber hervor, dass nach Wiederherstellung der ursprünglichen — neutralen oder nahe neutralen — Reaction der Muskelfaser, die feine Querstreifung unter vorausgehender Auflockerung und Rückströmung sich wieder in die ursprüngliche, breite Streifung zurückverwandeln kann; woraus auch ersichtlich, dass zur Zeit der feinen Querstreifung die Muskelfaser noch keineswegs abgestorben war. Beide Versuchsreihen zusammen endlich erlauben den Schluss, dass die Art, in welcher die verschiedenen Theile im Inneren der lebenden Muskelfaser zusammengeordnet sind, keine permanente, durch irgend welche histologisch-präformirte Trennungsschichten bedingte sein kann, sondern vom chemischen Zustande abhängig, oder wenigstens auch von diesem mitbeeinflusst, eine veränderliche sei.

Diese Auffassung wird nun weiter noch wesentlich durch die Thatsache gestützt, dass ausser dem elektrolytisch wirkenden Kettenstrom auch noch andere Einflüsse, welche ebenfalls die thermische Reaction der Muskelfasern verändern, gleichfalls im Stande sind, Strömungen in demselben und Umwandlung seiner Querstreifung hervorzurufen.

Insofern die Wärme, wie bekannt, im Muskel eine Starre hervorruft, bei welcher derselbe sich verkürzt und sauer reagirt, stand zu erwarten, dass auch unter dem Einflusse der Wärme sowohl Strömungen in der Muskelfaser, als auch Umwandlung der Querstreifung auftreten werden.

Nun fand Hr. Kühne bei seinen sehr ausführlichen Untersuchungen, dass ein Muskel, der noch erregbar oder noch nicht todtenstarr ist, bei 40° C. starr werden kann. Derselbe reagirt dann sauer wie der todtenstarre Muskel und verhält sich einem solchen gegenüber nach Hrn. Kühne so sehr gleich, dass diese bei 40° C. eintretende und auch bis dahin so bezeichnete Wärmestarre wohl nur eine kleine quantitative Differenz gegenüber der Todtenstarre erkennen lassen dürfte, sonst aber beide identisch sind,[2] und so wie bei 40° C. wärmestarr gewordener Muskel bei 45° C. noch starrer wird, so zeigt auch ein allmählich todtenstarr gewordener Mukel von einem vor längerer Zeit getödteten Frosche bei jener Temperatur einen höheren Grad von Starre; und auch wenn die Todtenstarre nicht nur durch blosses Verweilen nach dem Tode eingetreten war, sondern auch wenn sie durch Einlegen in destillirtes Wasser oder durch Vergiftung mit Rhodankalium künstlich und schneller er-

---

[1] Kühne, *Myologische Untersuchungen*. 1860. S. 186.
[2] Kühne, a. a. O., S. 184.

zeugt worden war, trat die stärkere Starre bei der Erwärmung auf 45°C.
ein.[1] Die mit den letzteren Mitteln rasch zur Todtenstarre geführten
Muskeln zeigten bei 40° C. keinerlei Veränderungen mehr. Die bei 45°C.
eintretende Wärmestarre ist also nach Hrn. Kühne verschieden von der
Todtenstarre, da sie auch bereits starre Muskeln noch befallen kann.
Jeder Froschmuskel, auch der faulende, ganz weiche und mit Pilzen und
Vibrionen bedeckte, erstarrt beim Erwärmen auf 45° C. zu einer harten,
weissen und undurchsichtigen Masse.[2]

Nach den bisherigen Erörterungen ist es selbstverständlich, dass für
uns zunächst die bei der Erwärmung von 40° C. eintretende Starre von
Interesse ist, nicht aber jene, welche bei 45° C. auch in faulenden Muskeln noch eintreten kann. Indem die Veränderungen, welche allenfalls
bei der ersteren Erwärmung in der Muskelfaser auftreten, meines Wissens
bisher unbeobachtet blieben, so war ich hierdurch veranlasst, meine
Untersuchungen auch darauf auszudehnen.

Zu diesem Zwecke legte ich den Objectträger mit dem aus wenigen
parallelen Fasern bestehenden Muskelpräparate auf den heizbaren Schultze'-
schen Mikroskoptisch. Während die Wärme bis zu 40° C. stieg, blieb
das Innere der Faser vollkommen ruhig und ebenso weiter noch so lange,
als die Wärme 45° C. nicht erreichte; bei dieser Wärmestufe aber ge-
rieth der ganze Faserinhalt auf ausgedehnten Strecken plötzlich in Strömung. Weil jedoch das Präparat während der langsamen Erwärmung
in Folge von Verdunstung mehr weniger vertrocknen und absterben konnte,
änderte ich später das Verfahren dahin ab, dass ich das Präparat erst
dann auf das Tischchen legte, als dasselbe bereits auf 43—44° C. erwärmt war. Auch jetzt stellte sich die Strömung des Faserinhaltes in
grosser Ausdehnung jedesmal ein, sobald die Temperatur 45° C. erreichte.
Die Richtung der Strömung war in den einzelnen Fasern eine verschiedene, ja auch in derselben Faser zeigte sie mitunter gleichzeitig eine
entgegengesetzte Richtung, die aber stets gegen das, für den betreffenden
Abschnitt zunächst gelegene Faserende gekehrt war. Stieg dann die
Temperatur noch höher, so wurde die Strömung so stürmisch, dass der
Faserinhalt, indem er sich völlig auflöste und die Querstreifen in einzelne Molecüle zerfielen, innerhalb desselben Abschnittes ebenso zugleich
nach entgegengesetzten Richtungen hinwanderte, wie wenn eine stärkere
Lösung von Säure oder Alkali in grösserer Ausdehnung auf die Muskelfaser einwirkt. Ward jedoch die erwärmende Flamme sogleich entfernt,
als die Strömung bei 45° C. begann, so schritt letztere viel langsamer

---

[1] Kühne, a. a. O., S. 187 und 188.
[2] Kühne, a. a. O., S. 188.

vorwärts und hielt in einiger Entfernung wieder an, wobei von dieser Haltestelle aus die während der Strömung in Zusammenhang verbliebenen oder auch in Moleccüle zerfallenen Querstreifen sich von Neuem zu dicht gedrängten feinen Querstreifen ebenso zusammenordneten, wie unter der Einwirkung der vorerwähnten chemischen Substanzen oder eines Kettenstromes.

Obgleich diese Erscheinungen erst dann auftraten, wenn das Thermometer des Heiztischchens 45⁰ C. zeigte, so war doch kaum zu bezweifeln, dass dieselben doch jenem Erstarrungsvorgange entsprechen, welchen Hr. Kühne an dem in Oel oder Quecksilber eingetauchten ganzen Muskel schon bei 40⁰ C. beobachtet hatte, da ja ausser Zweifel das durch den schlechtleitenden gläsernen Objectträger vom Tischchen getrennte Muskelpräparat denjenigen Wärmegrad noch nicht erreicht haben konnte, welchen bereits das Tischchen besass. Und in der That als ich nachher mittels eines auf den Objectträger aufgelegten Thermometers, dessen berührende Kugel mit einem kleinen Papierschirme bedeckt war, die Temperatur daselbst prüfte, zeigte es sich, dass diese auf der Oberfläche des Objectträgers genau dann 40⁰ C. erreichte, als das Thermometer des Tischchens auf 45⁰ C. stand.

Dass nun aber jene Strömung und die in ihrem Gefolge auftretende Umwandlung der Querstreifung in den Muskelfasern nicht unmittelbar, sondern nur mittelbar dadurch durch die Wärme hervorgerufen werde, dass unter der Einwirkung der letzteren eine freie Säure im Muskel sich ausscheidet, dass beweist jene saure Reaction, welche auch Hr. Kühne an ganzen Muskeln beobachtete, als in diesen bei 40⁰ C. die Wärmestarre eingetreten war.

Für die Analogie dieser Starre und derjenigen Erscheinungen, welche in der erwärmten Muskelfaser sichtbar sind, spricht ferner auch noch der Umstand, dass wenn ein ganzer M. sartorius zwei Minuten hindurch in Quecksilber auf 40⁰ C. erwärmt wird und derselbe so in Wärmestarre verfiel, alsdann seine sämmtlichen Fasern statt der gewöhnlichen breiten Querstreifung nur die überaus feinen und dichten Querstreifen zeigten.

Während so bei der Erwärmung die freie Säure jene Veränderungen des Faserinhaltes bedingt, ruft der Kettenstrom dieselben durch die ausgeschiedenen Elektrolyte hervor, welche gleich wie eine freie Säure oder Lauge zu wirken vermögen.

Indem bei einem mässig starken Strome die Elektrolyse nur langsam vorschreitet, verläuft auch die Strömung, so wie die Umwandlung der Querstreifen langsamer, ihre Continuität erleidet dabei keine Unterbrechung, ihre Veränderungen lassen sich an beiden Elektroden mit dem

Auge verfolgen; mit der Zunahme der Stromstärke breitet sich aber auch die Strömung immer rascher auf um so längere Strecken aus, die Querstreifen, ihren Zusammenhang meistens einbüssend, zerfallen in einzelne Molecüle, welche sich aber noch immer, wenigstens in einzelnen Fasern, zu feinen Querstreifen zusammenreihen. Auch diese rasche Strömung tritt noch an beiden Elektroden auf, jedoch übertrifft die Länge des nach der Anode hin gerichteten Strömungsabschnittes mehr und mehr diejenige des der Kathode zuströmenden Abschnittes. Bei starkem Kettenstrome endlich stellt sich die nach der Anode gerichtete Strömung fast gleichzeitig im ganzen intrapolaren Abschnitte ein, so dass kaum noch eine Strömung in der Nähe der Kathode in der Richtung nach dieser hin intrapolar wahrzunehmen ist. Zugleich ist die Strömung eine so stürmische, dass der Faserinhalt, nun völlig zerfallend, die Bildung feiner Querstreifen gar nicht mehr zulässt.

Die bei stärkeren Strömen so ungleiche Ausdehnung der im intrapolaren Abschnitte nach den zwei entgegengesetzten Elektroden gerichteten Strömungen, scheint darauf hinzuweisen, dass die Anionen auf den Faserinhalt stärker einwirken als die Kationen, was mit dem Umstande, dass ein solcher Unterschied bei directer Einwirkung der Säuren und Alkalien in den angeführten Versuchen nicht auffiel, selbst dann noch in keinem Widerspruche zu stehen braucht, auch wenn beide Substanzen bei gleicher Verdünnung wirklich gleich stark einwirken sollten. Denn unsere Kenntniss reicht ja nur dahin, dass bei der Elektrolyse an der Anode freie Säure ausgeschieden wird, dagegen sind uns die an der Kathode ausgeschiedenen Producte — mit Ausnahme des Kreatinins — noch unbekannt, und immerhin ist es möglich, dass letztere wirklich schwächer einwirken, als dort die freie Säure oder sonst auch ein Alkali. Ja es scheint sogar, dass Alkalien auf den Muskelinhalt wirklich schwächer einwirken als Säuren; insofern schon Hr. Kühne[1] fand, dass während die HCl selbst bis zu 1 pro Mille verdünnt auf den frischen Muskelquerschnitt kräftiger Frösche noch reizend wirkt, und tetanische Zusammenziehung in zuckungsfähigen Muskeln hervorbringt, selbst wenn diese an keiner Stelle vorher verletzt und kein künstlicher Querschnitt angelegt worden war, dagegen auf Kali oder Natron bei gleicher Verdünnung die Zuckungen in der Regel ganz ausbleiben.

Ob nun aber die Strömung in der ganzen Ausdehnung, in welcher dieselbe auftritt, unmittelbar durch die locale Einwirkung der Elektrolyte bedingt sei, ist wohl schwer zu entscheiden; doch scheint einer solchen Annahme einerseits der Umstand zu widersprechen, dass, falls

[1] A. a. O., S. 7, 8 und 11.

man behutsam entlang eines längeren Papierstreifens, bloss im Wege der capillären Diffusion Säure oder Alkali an die Faserenden zutreten lässt, die Strömung in den Fasern in einer so grossen Länge und so rasch sich einstellt, dass wohl kaum anzunehmen ist, es habe sich das Reagens selbst so rasch innerhalb der Faser diffundirt; und andererseits auch die Annahme sich kaum rechtfertigen lässt, dass die Elektrolyte vom Orte ihrer Ausscheidung als wandernde Ionen in freiem Zustande entlang der Faser weiter geführt werden. Denn dann müssten Strömungen in den Muskelfasern durch den Kettenstrom auch dann noch hervorgerufen werden, selbst wenn jene nicht unmittelbar der Ort der Elektrolyse sind. Man kann aber solche Strömungen in den Muskelfasern nur dann erzeugen, wenn dieselben Metallelektroden unmittelbar anfliegen, der Faserinhalt also mit dem Orte der Elektrolyse in unmittelbarer Continuität steht; dagegen bleiben die Strömungen gänzlich aus, wenn zwischen den Muskelfasern und den Elektroden andere Theile, Muskel-, Haut oder Leberstücke eingeschaltet sind, selbst wenn hierbei bei passender Zusammenstellung die Stromintensität wesentlich kaum geschwächt worden wäre. Dies weist zweifellos dahin, dass alsdann Elektrolyte in den dazwischen liegenden Muskelfasern nicht vorhanden sind, sowohl darum, weil diese jetzt nicht den Ort der Elektrolyse abgeben, als auch weil die an den Elektroden ausgeschiedenen Producte nun weder als wandernde Ionen, noch auch durch Diffusion, bis zu den Muskelfasern gelangt sind, so lange sich letztere noch im lebenden Zustande befanden. Dadurch erklärt sich auch, warum Hr. du Bois-Reymond[1] selbst durch starke Kettenströme keine Strömung in den Muskelfasern hervorzurufen vermochte; eben weil diese den Elektroden nicht unmittelbar auflagen, sondern andere organische Theile zwischengeschaltet waren.

Wenn nun aber die Strömung sich auch noch über das eigentliche Bereich der ausgeschiedenen Elektrolyte oder der sonst zugeführten chemischen Substanzen hinaus zu erstrecken vermag, so lässt dies wohl kaum eine andere Deutung zu, als dass sobald zufolge der veränderten chemischen Reaction innerhalb auch nur einiger Querschnitte jenes Band sich gelockert hat, welches bis dahin die Muskelmolecüle in Form der dem Ruhezustande entsprechenden breiten Querstreifung zusammengefasst erhielt, und in Folge dessen diese Molecüle durch Aenderung ihrer Gruppirung zu feinen Querstreifen oder indem sie sonst eine Verschiebung erleiden, und so in der Längenrichtung der Faser Raum gewähren, alsdann auch der Zusammenhalt der weiterfolgenden Schichten

---

[1] A. a. O., S. 128.

nicht mehr genügt um jenem Drucke zu widerstehen, welchen der noch
lebende, demnach zum Fliessen befähigte Faserinhalt sowohl von Seite
des elastisch gespannten Sarkolemma's, als auch von Seite der gesammten
Umgebung erleidet und welcher darum jenen Inhalt in der ganzen
Strecke des gestörten Gleichgewichtes dahin verschieben wird, wohin
demselben die voranstehenden Schichten ein Ausweichen gestatten. Unter
solchen Umständen wird der Faserinhalt ebenso gezwungen sein seinen
Platz zu verändern, wie derselbe, solange er noch nicht geronnen ist,
auch bei mechanischer Verletzung des Sarkolemma's an der Rissstelle
oder am Schlauchende hervordringt, falls hier das verschliessende Gerinnsel durch Säure oder Alkali aufgelöst oder sonst wie entfernt
worden war.

Wenn nun aber auch durch die ausgeschiedenen Elektrolyte unmittelbar bloss der erste Beginn der Strömung veranlasst sein mag, so
muss doch andererseits die Umwandlung der breiten Querstreifen in die
feine Querstreifung oder auch die Bildung dieser letzteren aus schon
im Verlaufe der Strömung auseinander gewichenen Moleculen, ebenso
der durch die Elektrolyte veränderten Reaction des Faserinhaltes zugeschrieben werden, wie die Rückverwandlung der schmalen Streifen in
breite, der Wiederherstellung der ursprünglichen neutralen Reaction im
ersten Zeitabschnitte des umgelegten Kettenstromes. Denn beiderlei
Gruppirungen der Molecüle beschränken sich bloss auf jene Strecken in
der Nähe der Elektroden, bis auf welche die Elektrolyte vorgedrungen
sind. Die unmittelbare Wirkung dieser Elektrolyte scheint demnach
darin zu bestehen, dass die mit ihnen in Berührung tretenden Muskelmolecüle in ihren wechselseitigen Richtkräften, vermöge welcher sie sich
bis dahin, bei neutraler Reaction des Faserinhaltes, der breiten Querstreifung entsprechend zusammengruppirt erhielten, nun beim Auftreten
der sauren oder stärker alkalischen Reaction, eine derartige Abänderung
erleiden, dass dieselben, falls sie noch innerhalb ihrer gegenseitigen
Wirkungssphäre verblieben sind und also noch durch keinerlei, wie
immer bedingte Strömung, aus derselben heraus, von einander entfernt
worden sind, in neuer Ordnung als feine Querstreifen sich wieder zusammenreihen, hierbei so lange, als noch keine Gerinnung eingetreten
ist, das Vermögen beibehaltend, dass dieselben bei Wiederherstellung
der, dem Ruhezustande der Faser entsprechenden Reaction, auch ihre ursprüngliche Wirkungsweise wieder zurückgewinnen, und indem sie dieser
entsprechend sich gruppiren, auch die breite Querstreifung wieder
herstellen.

Dass diese Wiederherstellung der ursprünglichen Querstreifung von
den zu allerletzt gebildeten, also von den Elektroden am meisten ent-

fernten feinen Querstreifen aus beginnt und nicht von solchen, die jenen
zunächst stehen, obgleich doch die Neutralisation bei den letzteren sich
früher einstellt als davon weiter entfernt, dies dürfte wohl daraus zu
erklären sein, dass der für die breite Querstreifung in der Längenrichtung der Faser erforderliche grössere Raum nur durch eine Zurück-
schiebung des auf die neu zu gruppirenden Schichten folgenden Faserinhaltes gewonnen werden kann; einer solchen Verschiebung aber von
Seite der, auf die zuletzt gebildeten feinen Querstreifen folgenden, auf-
gelockerten Schichten weniger Hindernisse entgegenstehen, als gegenüber den, der Elektrode zunächst stehenden Querstreifen von Seite der,
auf letztere noch weiter folgenden, dicht zusammengedrängten, ähnlichen
anderen Schichten.

Eben in Anbetracht des an den Muskelfasern sowohl unter der
Einwirkung chemischer Substanzen, als auch des Kettenstromes beobachteten Vermögens der Zurückgruppirung ihrer Molecüle, kann auch
jener Faserabschnitt nicht als abgestorben angesehen werden, in welchem
sich die feine Querstreifung ausgebildet hat, sondern muss als analog
jenem Zustande der Contraction aufgefasst werden, welcher sich auch
auf mechanische Reizung, als locale sogenannte idiomusculäre Wulstung
einstellt, nach deren Verschwinden der Muskel am selben Orte weiter
noch reizbar zurückbleibt. Eben darum kann wohl auch die letztere
Contraction nicht mehr wie ehedem Hr. Kühne[1] hervorhob, gegenüber
dem Tetanus als die einzige ununterbrochene, stetige, beharrende
Muskelzusammenziehung angesehen werden. Denn so wie bei jener,
durch mechanische Reizung erzeugten Contraction, zeigen auch die,
durch Elektrolyte oder andere chemische Substanzen in örtliche Zusammenziehung versetzten Stellen der Muskelfaser, neben dem längeren
Beharrungszustande in der Contraction, die nachher noch ungestört ver-
bliebene Reizbarkeit. Den Contractionen derselben Art sind ferner wohl
auch jene Anschwellungen zuzuzählen, welche sich an dem, in eine
chemisch reizende Flüssigkeit eingetauchten Muskelende zeigen und
welche schon Hr. Kühne[2] mit Recht als eine local auf die Reizstelle
beschränkt bleibende, dauernde Contraction aufgefasst hat. Dass die
Herstellbarkeit des normalen Zustandes und der Reizbarkeit auch an
solchen Muskelenden, durch nachherige Neutralisation der vorher ein-
gedrungenen erregenden Flüssigkeit, unter sonst günstigen Umständen
nicht ausgeschlossen ist, kann nach den an abgetrennten Faserbündeln
gewonnenen Erfahrungen wohl kaum bezweifelt werden.

---

[1] A. a. O., S. 111.
[2] A. a. O., S. 107 und 108.

Die Analogie der durch die feine Querstreifung erzeugten Zusammenziehung, welche an den Faserbündeln unter der Einwirkung von Elektrolyten oder sonst von chemischen Substanzen, so wie unter dem Einflusse der Wärme sich einstellt, mit dem mechanisch hervorgerufenen sogenannten idiomusculären Wulste, kann auch kaum darunter leiden, dass, wie Hr. Kühne[1] beobachtet hat, der durch einen solchen Wulst geführte Querschnitt niemals sauer reagirt, sondern das auf die Schnittfläche gelegte rothe Lackmuspapier blau wird, entsprechend der Reaction des lebendigen Muskels, bei der Wärmestarre und also auch am Orte der damit verknüpften feinen Querstreifung dagegen der Muskel sauer reagirt. Denn nachdem wir bereits wissen, dass die mit der Wärmestarre einhergehende feine Querstreifung ohne jeden Unterschied sich auch ebenso zufolge der unmittelbaren Einwirkung einer Säure, wie auch eines Alkali's, ebenso zufolge der an der Anode, wie auch an der Kathode freiwerdenden Elektrolyte bilden kann, so kann auch die an der Stelle des idiomusculären Wulstes gefundene alkalische Reaction umsoweniger als Gegengrund gelten, als ja sonst der frische Querschnitt des Froschmuskels, wie schon vorher Hr. du Bois-Reymond[2] nachgewiesen hat, eben neutral oder eigentlich amphoter reagirt; und andererseits auch keineswegs noch nachgewiesen ist, dass jene alkalische Reaction, welche Hr. Kühne an der Stelle des idiomusculären Wulstes gefunden hat, nicht etwa dennoch stärkeren Grades ist als die Reaction des, dem lebenden, aber ruhenden Muskel entnommenen Plasma's, welches nach Hrn. Kühne[3] das rothe Papier vergleichsweise viel stärker blau, als umgekehrt das blaue roth färbt.

Ja, insofern die Erregbarkeit, also die Befähigung zu neuer Contraction, voraussetzt, dass die, der Contraction zu Grunde liegende, dichtere Querstreifung sich vorher schon in die, wie es nach alledem den Anschein hat, an die neutrale Reaction gebundene breitere Querstreifung zurückverwandelt habe, steht wohl auch von vornherein zu erwarten, dass solange die Stelle des idiomusculären Wulstes noch Erregbarkeit besitzt oder solche wieder zu erlangen vermag, auch die Reaction derselben, selbst zur Zeit des bestehenden Wulstes, von der normalen Art in keinem hohen Grade, weder als stark sauer, noch auch als stark alkalische wird abweichen dürfen, damit eben die neutrale Reaction ohne von aussen zugeführte neutralisirende Substanzen, allein schon vermöge der im Muskel selbst, auch nach Ausschaltung desselben aus dem Blut-

---

[1] A. a. O., S. 111 und 112.

[2] De Fibrae muscularis Reactione ut Chemicis visa est acida. Berolini 1859. 4. p. 12; — Gesammelte Abhandlungen u. s. w., Bd. II., S. 10.

[3] Lehrbuch der physiologischen Chemie. 1866. S. 273.

kreislaufe, noch vorhandenen chemischen Factoren, für eine gewisse Zeit-
frist wenigstens, wieder hergestellt werden könne. Ist dies aber z. B.
in Folge einer stärkeren Säureausscheidung nicht mehr möglich, so muss
auch der Muskel daselbst seine Erregbarkeit eingebüsst haben. Mit
dieser Auffassung steht auch in vollkommener Uebereinstimmung die
Beobachtung von Hrn. Kühne,[1] wonach (bei Warmblütern) die Geschwindigkeit, mit welcher die Contraction von der direct gereizten
Stelle aus fortschreitet, desto geringer wird, je mehr der Verlust der
Erregbarkeit an den Muskeltod, an die Todtenstarre sich annähert, und
wobei auf einem gewissen Punkte die direct gereizte Stelle sich nur
noch schwach erhebt und dann für immer so stehen bleibt, während
der Querschnitt an dieser Stelle nun mehr sauer reagirt und die Starre
daselbst Platz gegriffen hat.

Für die Analogie zwischen dem Zustande der Stelle der feinen
Querstreifung und demjenigen, der an der Stelle des idiomusculären
Wulstes vorhanden ist, erwächst weiter noch ein unterstützendes Moment
in der Beobachtung, die ich jüngst noch gemacht habe, bei welcher in
den auf einem Objectträger ausgebreiteten frischen Muskelfasern die
breiten Querstreifen sich stellenweise allmählich in feine umwandelten
und sich abermals in jene zurückverwandelten, als ich mittels einer
gestielten Nadel ruckweise einen behutsamen Druck auf das die Fasern
bedeckende Deckgläschen ausübte. Ich muss wohl die Frage ungelöst
lassen, ob in den Muskelfasern auch bei diesem Verfahren eine saure
Reaction sich eingestellt hat oder auch nur ob überhaupt die Reaction
des Faserinhaltes eine Veränderung erlitten hat? Andererseits jedoch
könnte wohl auch die ebenso berechtigte Frage aufgeworfen werden, ob
eine Veränderung in der Gruppirung der mit Richtkräften wechselseitig
auf einander einwirkenden Muskelmolecüle nicht nur zufolge einer Veränderung in der chemischen Reaction, sondern ebenso auch zu Stande
kommen könne, wenn diese Molecüle auf eine gewaltsame Weise, wie
oben bei einer auf die Faser ausgeübten mechanischen Einwirkung, eine
Lageveränderung erlitten haben? Und ebenso berechtigt und nahe-
liegend wäre wohl die noch allgemeinere Frage, in wiefern die Veränderung der chemischen Reaction — mit welcher zugleich ebenso bei
der Wärmestarre, als auch bei der unmittelbaren Einwirkung verschiedener chemischer Substanzen oder wenn solche in Folge der Elektrolyse
frei werden, eine solche Veränderung in der Querstreifung auftritt, bei
welcher der Muskel eine Verkürzung erleiden muss — als wenigstens
eines jener Zwischenglieder kann angesehen werden, welche auch unter

---

[1] A. a. O., S. 118.

den normalen Lebensverhältnissen einerseits zwischen der, an die Gestalts-
veränderung gebundenen mechanischen Leistungsfähigkeit des Muskels und
andererseits zwischen dem, mit der geleisteten Arbeit in directem
Verhältnisse gesteigerten Stoffverbrauche desselben, vermittelnd eingeschaltet sind?

Wir lassen es hier jedoch unerörtert inwiefern der gegenwärtige Stand
unserer Kenntnisse die nöthige Grundlage bietet, auf welcher die Lösung
aller dieser Fragen mit unbefangenem Urtheile schon jetzt versucht
werden könnte; doch wollen wir nicht auch unerwähnt lassen, dass,
wenn es auch ausser Zweifel steht, dass die zur mechanischen Kraftäusse-
rung geeignete Gestaltveränderung des Muskels, durch eine entsprechende
Umlagerung seiner, zwischen Schichten von abweichender physikalischer
Constitution eingelagerten festeren Molecüle bewerkstelligt wird, und
wenn auch die hier mitgetheilten Versuchsergebnisse entschieden dafür
sprechen, dass jene Molecüle Richtkräfte nach zwei verschiedenen, der
breiten und der schmalen Querstreifung entsprechenden Wirkungsweisen
gegenseitig auf einander ausüben, welche letzteren vom chemischen
Zustande der Faser derart abhängig erscheinen, dass eine Aenderung
dieses Zustandes auch eine Aenderung jener Wirkungsweisen zur Folge
hat, so ist einstweilen doch auch nicht ausgeschlossen, dass auf eben
jene wechselseitige Wirkungsweise der Molecüle auch noch ein oder
mehrere andere Factoren einwirken können, um selbst als unmittelbare
Vermittler zwischen der chemischen Veränderung und der Veränderung
der Richtkräfte bestimmend aufzutreten. Während für einen näheren
Zusammenhang der eben bezeichneten zwei Momente der Umstand zu
sprechen scheint, dass mit der Dauer der tetanischen Contraction auch
die freie Säure im Muskel entsprechend sich anhäuft und also den
Schluss gestattet, dass auch bei jeder einzelnen Contraction in den nach
einander folgenden Schichten entlang der ganzen Muskelfaser Säure frei
wird, so bildet doch andererseits, auch wenn wir von vielem anderen
absehen, ein nicht unwichtiges Gegenmoment jener bedeutende Unterschied, der zwischen dem so raschen Ablaufe der normalen Contractionswelle und jenem äusserst langsamen, schleppend dahinschreitenden Vorgange besteht, mit welchem bei der Einwirkung einer chemischen Substanz, z. B. einer stärker diluirten Säure, die Veränderung der Querstreifung von Schicht zu Schicht sich fortpflanzt.

Indem wir uns die Erörterung jener Factoren, welche unter den
normalen Lebensverhältnissen eine Aenderung in der Anordnung der
Molecüle im Inneren der Muskelfaser, während der einfachen und der
tetanischen Contractionswelle, hervorbringen, mit Berücksichtigung auch
der hier vorliegenden Untersuchungsresultate, für eine andere Abhand-

lung vorbehalten, wollen wir schon hier diejenigen Rückschlüsse verfolgen, welche sich aus jenen Ergebnissen in Bezug auf die Bedeutung
gewisser Vorgänge im Gesammtcomplexe der bei der Muskelstarre auftretenden Erscheinungen ziehen lassen, insbesondere auch die viel erörterte Frage betreffend, inwiefern die Verkürzung des erstarrten Muskels
noch als eine Lebensäusserung kann angesehen werden, oder ob dieselbe
die Folge des bereits eingetretenen Muskeltodes sei?

III. Folgerungen bezüglich der bei der Muskelstarre auftreten-den Contractionserscheinungen.

Ist es auch, wie schon Hr. Kühne[1] hervorhob, kaum erspriesslich,
bei einem solchen Vorgange, wie die Starre, nach einer vitalen und
physikalischen Action zu forschen und eine Scheidegrenze zwischen beiden
aufzusuchen, so kann doch immerhin der Sinn jener Frage näher dahin
abgegrenzt werden, inwiefern kann die Verkürzung des erstarrten Muskels
als durch einen, demjenigen analogen Vorgang hergestellt angesehen
werden, welcher durch bestimmte Einwirkungen auch in dem noch unveränderten, mit normalen Lebenseigenschaften begabten Muskel hervorgerufen kann werden und inwiefern ist dieser Vorgang der Verkürzung
auch im erstarrenden Muskel zunächst durch eben solche Einwirkungen
bedingt oder inwiefern waltet in der einen oder anderen Beziehung ein
Unterschied ob? Eine solche Frage ist gewiss umsomehr gestattet, als
ja die Muskelstarre ein Complex mehrfacher Erscheinungen ist, welche
nothwendiger Weise nicht brauchen alle gemeinschaftlich durch dieselbe
Ursache bedingt zu sein.

War es auch ungerechtfertigt, wenn von der einen Seite das Haupt-
gewicht bei der Muskelstarre auf die dabei wahrgenommene Contraction
gelegt wurde und musste darum auch der Versuch fehlschlagen, aus
dieser einen Erscheinung auch die übrigen abzuleiten; so dürfte andererseits, auch nachdem es gelungen ist, durch den von Hrn. Kühne ge-
lieferten Nachweis einer im Muskel enthaltenen Substanz, welche bei der
Starre im festen Zustande sich ausscheidet, die bei der Starre eintretende
Veränderung der Elasticität, der Durchsichtigkeit und der Consistenz
ausreichend zu erklären, doch noch immerhin die Frage geboten sein,
ob die Verkürzung, welche der Muskel bei der Starre mehr minder er-

[1] A. a. O., S. 138.

leiden kann, so wie Hr. Kühne[1] meint, nichts anderes als die Zusammenziehung sei, welches das Muskelgerinsel mit jedem anderen Coagulum theilt und alle Bewegungen, welche beim Eintritt der Starre oder während derselben an den Gliedern der Leiche vorgehen können, auch nur daher zu erklären seien?

Denn mögen auch jene Muskelgerinsel das Vermögen besitzen, sich nach und nach auf ein kleines Volumen zusammenzuziehen, so ist damit noch nicht der Nachweis geliefert, dass auch bei derjenigen Vertheilung, in welcher die gerinnbare Substanz, zu Folge des geschichteten Baues der Muskelfaser, in dieser enthalten sein kann, eine Verkürzung der Faser erfolgen müsse, wenn sich die gerinnbare Substanz, in den von einander durch anders zusammengesetzte Zwischenlagen getrennten Schichten, von einem auch bei der Gerinnung flüssig verbleibenden Bestandtheile abscheidet, und wenn dieselbe in solchen getrennten Schichten allenfalls auch auf ein kleineres Volum zusammenschrumpft, dabei aber doch das Volum der ganzen, aus dem Gerinsel und aus dem übrigen flüssigen Theile bestehenden Schicht unverändert verbleibt. Auch wäre ja für den Fall, dass die Verkürzung des erstarrenden Muskels nur durch jene Gerinnung bedingt wäre, damit nicht bloss die Möglichkeit gegeben, dass bei der Muskelstarre auch eine Verkürzung eintreten und Bewegungen in den Gliedern der Leiche hervorrufen oder auch nicht hervorrufen könne, sondern es müsste sich dann der durch die Gerinnung bedingten Muskelstarre nothwendigerweise auch die Verkürzung des Muskels jedesmal beigesellen.

Hr. Kühne[2] unterscheidet, wie wir bereits erwähnt haben, von der bei 45° C. eintretenden Wärmestarre diejenige Starre, welche schon bei 40° C. eintritt, und betrachtet letztere als identisch mit der Todtenstarre, von welcher sie vielleicht nur quantitativ derart differiren soll, dass bei derselben alle Erscheinungen der Starre nur um so ausgeprägter auftreten. Nun wissen wir aber bereits zufolge der vorher angeführten Untersuchungen, dass eben bei jener Starre, welche bei 40° C. auftritt, jedesmal auch die breite Querstreifung der Muskelfasern eine Umgestaltung in die überaus schmale Streifung erleidet, wobei zugleich die Fasern sich entsprechend verkürzen. Dass aber jene Umänderung der Querstreifung durch die dabei auftretende saure Reaction bedingt sei, dürfte wohl nach alledem um so weniger zu bezweifeln sein, als ja die Wärme für sich allein, wie auch Hr. Kühne[3] nachgewiesen hat, als Erregungs-

[1] A. a. O., S. 162 ff.
[2] A. a. O., S. 184—193.
[3] A. a. O., S. 177.

mittel der Muskeln auf der niedersten Stufe steht. Wenn sich nun eine
solche Aenderung der Reaction in der Muskelfaser auch bei der Todtenstarre einstellt, so steht wohl zu erwarten, dass falls nur die Beweglichkeit der Molecüle durch die völlig ausgebildete Gerinnung des Faserinhaltes noch nicht gänzlich aufgehoben ist, die Umänderung der
Querstreifung sich auch während der Ausbildung der Todtenstarre wird
einfinden und ebenso wie bei jener durch Wärme hervorrufbaren Starre
eine Verkürzung des Muskels zu Stande wird bringen. Und so wie wir
vorhin auf Grund der Beobachtung, dass die, bei Einwirkung chemischer
Substanzen entstehende Querstreifung bei Wiederherstellung der neutralen
Reaction sich wieder in die vormalige breite Streifung zurückverwandeln
kann, schliessen mussten, dass die Molecüle ihre normalen, wechselseitigen
Richtkräfte auch nach dem Zustandekommen der feinen Querstreifung
noch nicht eingebüsst haben, sondern vielmehr dass letztere eben unter
dem Einflusse jener Kräfte zu Stande gekommen sei, ebenso mussten wir
dies auch bei jener durch Wärme hervorgerufenen Starre annehmen und
können nun dasselbe auch bei der Todtenstarre voraussetzen. In diesem
Sinne könnte dann allerdings die Verkürzung des im Tode erstarrenden
Muskels auch noch als ein vitaler Act angesehen werden.

Dass die bei der Todtenstarre auftretende Säure in der That ebenso
wie eine von aussen zugeführte Säure oder ein Alkali im Stande sei
eine Umwandlung der Querstreifen zu bewirken, dafür hat sowohl Hr.
Schiff[1] — in dem auch von Hrn. Kühne erwähnten Versuche, bei
welchem in der ausgepressten Flüssigkeit eines erstarrten Kaninchen-
schenkels die Schenkel einer Kröte starr wurden, später aber die Starre
der Blutcirculation wieder gewichen war, — als auch Hr. Kühne[2] selbst
Beweise beigebracht, indem er beobachtete, dass die stark saure Flüssigkeit ganz verfaulter Muskeln bisweilen ebenso wie sonst eine verdünnte
Säure oder ein Alkali auf gesunde Muskeln als Reize einwirken, wobei
jene nach vorangehenden Zuckungen in einen Zustand der Starre verfallen. Die damit verbundene Verkürzung aber, welche oben zu Folge
der, auf solche Einwirkungen — wie wir bereits wissen — auftretenden
Umwandlung der Querstreifung sich einstellt, muss wohl als jenem Con-
tractionsvorgang analog angesehen werden, der an der Stelle des sog.
idiomusculären Wulstes stattfindet.

Nach den bisher gefundenen Thatsachen kann es uns auch keineswegs befremden, dass die aus ganz frischen Froschmuskeln ausgepresste,
also neutrale Flüssigkeit niemals auf andere Muskeln erregend zu wirken

---

[1] *Lehrbuch der Physiologie des Menschen.* Lahr 1858—59. Bd. I., S. 51.
[2] A. a. O., S. 146.

vermag; wohl aber wird die Annahme gestattet sein, dass wenn der
stark saure Muskelsaft eine Verkürzung in anderen gesunden Muskeln bewirken kann, die in einem Muskel freiwerdende Säure die gleiche Wirkung auch in ebendemselben wird hervorrufen können, vorausgesetzt,
dass jene Reaction des Muskelinhaltes sich zu einer Zeit einstellt, wo die
Gerinnung in demselben noch nicht so weit vorgeschritten ist, dass dadurch die Molecüle der Querstreifen ihre Beweglichkeit bereits gänzlich
eingebüsst haben.

Es würde sich also zunächst darum handeln, zu bestimmen, in
welchem Stadium der Erstarrung die freie Säure im Muskelsafte auftritt.
Leider jedoch lassen sich, wie genaue Beobachter übereinstimmend angeben,
weder diese Stadien so genau verfolgen, noch auch die Reihenfolge bestimmen, in der die Erscheinungen bei der Todtenstarre nacheinander auftreten.

So schreibt Hr. Kühne[1] die Verschiedenheit der Zeitangabe, wann
die Starre eintritt, zum Theil den mangelhaften Kriterien zu, an welchen
die verschiedenen Beobachter den sogenannten Muskeltod zu erkennen
glaubten. Und ebenso spricht sich Hr. du Bois-Reymond[2] eben mit
Bezug auf den uns hier interessirenden Umstand dahin aus, dass da der Anfang der Todtenstarre durch kein entscheidendes Merkmal bezeichnet ist,
es sich auch nicht mit Bestimmtheit behaupten lässt, dass die Säuerung
sich immer erst nach vollendeter Erstarrung bemerklich macht. Doch
hält er dies für den wahren Sachverhalt, so dass die Gerinnung des
Muskelfaserstoffes das ursprüngliche, die Säuerung des Muskels das secundäre Phänomen wäre. Andererseits jedoch führt derselbe Forscher
an,[3] dass beim Schlächter gekauftes Rindfleisch, welches eine sehr starke
saure Reaction besass, sodann noch freiwillig erstarrte. Woraus also folgt,
dass hier die Starre das secundäre Phänomen war. Hr. Kühne[4] aber
schliesst aus seinen an Kaninchen-, Hunde- und Froschmuskeln gemachten
Beobachtungen, dass der Act der Gerinnung bei der Todtenstarre kein
ganz plötzlicher ist, sondern dass ein grosser Theil der contractilen Substanz schon geronnen sein kann, während ein anderer noch in dem
flüssigen Zustand beharrt und die Reaction des Muskelsaftes schon in die
saure umgeschlagen ist. Und an einer anderen Stelle[5] giebt derselbe

---

[1] A. a. O., S. 148.

[2] *Gesammelte Abhandl.* Bd. II., S. 16 ff. — (Hr. Jendrássik hat mich miss-
verstanden. Es steht da: „Als ich beim Schlächter gekauftes Rindfleisch, welches
eine sehr stark saure Reaction besass, sodann freiwillig erstarrte und sauer gewordene
Froschmuskeln, endlich sogar Froschmuskeln, die durch fünf Minuten Aufenthalt in
45⁰ sauer gemacht worden waren, eine Viertelstunde lang kochte, blieben die Muskeln nach wie vor sauer." Die Worte: „sodann freiwillig erstarrte" beziehen sich
adjectivisch auf die Froschmuskel, nicht als Zeitwort auf das Rindfleisch. — E.d.B-R.)

[3] A. a. O., S. 18.   [4] A. a. O., S. 164.   [5] A. a. O., S. 144.

Forscher an, dass in der allergrössten Mehrzahl der Fälle der Eintritt
der sauren Reaction im Muskel zugleich den Beginn der Starre bezeichnet.

Unter so bewandten Umständen ist nun aber auch die Annahme
gestattet, dass im Allgemeinen bei dem frühzeitigen Auftreten der
freien Säure im Muskel, eine Umwandlung seiner Querstreifen und eine
durch letztere bedingte Contraction des Muskels in der Todtenstarre
keineswegs ausgeschlossen ist. Der geringe Grad, den diese Verkürzung
gewöhnlich erreicht, ebenso wie ihr gänzliches Ausbleiben in anderen
Fällen, findet wohl eine ausreichende Erklärung — ausser in dem Widerstande, welchen die Gliedmaassen vermöge ihrer Schwere der Lageveränderung derselben und dadurch auch der Muskelverkürzung entgegen-
setzen — im Allgemeinen in dem Umstande, dass ja wie Hr. du Bois-
Reymond[1] sowohl an den quergestreiften, als auch an den glatten
Muskelfasern verschiedener Thiere und bei verschiedener Behandlung derselben nachgewiesen hat, das Freiwerden von Säure im Muskel keine
nothwendige und unmittelbare Folge — (und also auch wohl keine bedingende Veranlassung) — der Gerinnung des Muskelfaserstoffes sei, sondern dass unter Umständen letztere allerdings stattfinden könne, ohne
erstere nach sich zu ziehen (und wohl auch ohne dass erstere ihr vorausgegangen wäre). Und trotzdem Hr. Kühne[2] den ersten Reactionswechsel
der Muskeln als auf das engste an den Eintritt der Starre geknüpft und
die Bildung von freier Milchsäure als einen Theil der eigenthümlichen
Veränderungen der Todtenstarre ansieht, so führt er doch auch die Beobachtung an, die er ganz constant bei Kaninchen, die man anderer
Versuche halber verhungern liess, machte, deren Muskeln erstarrten, ohne
dass ein Zeitpunkt eintrat, wo freie Säure darin nachgewiesen werden
konnte. Auch fand der genannte Beobachter bei Hunden und Kaninchen,
dass nachdem schon für den äusseren Eindruck die Starre in den Muskeln
begonnen hatte, diese doch noch bei jeder Art der Reizung langsam
fortschreitende Contractionen zeigten, und entgegen seinem oben angeführten Ausspruche findet er sich auch zu dem Schlusse veranlasst[3], dass
da die Starre bei den Warmblütern schon beginnt, während der Muskel
noch erregbar ist und da bei den Kaltblütern der Verlust der Erregbarkeit und der Eintritt der Starre zeitlich so bedeutend getrennt sind,
darum beide Vorgänge ganz unabhängig von einander seien.

Aus allen diesen Befunden und Angaben, trotzdem sie in manchen
Einzelheiten von einander abweichen, geht doch so viel in verlässlicherer

[1] A. a. O., S. 23.
[2] A. a. O., S. 144 ff.
[3] A. a. O., S. 166.

Weise hervor, dass indem die Säurebildung nicht nothwendig, weder als
Ursache noch als Folge, mit dem Gerinnungsvorgange bei der Todtenstarre verknüpft ist, sie auch ebensowenig an ein bestimmtes Stadium
dieses Vorganges gebunden zu sein braucht, sondern je nach uns unbekannten Umständen, bald früher, bald später eintreten kann, sie darum
auch je nach der mehr weniger vorgeschrittenen Gerinnung einen verschiedenen Grad der Verkürzung wird veranlassen oder aber dieselbe
auch ganz behindern wird können. Von unserem Standpunkte aus müssen
wir jedoch auch noch zugeben, dass selbst wo im Verlaufe der Todtenstarre gar keine Säuerung auftritt, die Reaction vielmehr eine ausgesprochen alkalische wird, sobald nur diese in einem hinreichend frühzeitigen Stadium eintritt, dadurch ebenfalls eine Muskelverkürzung
hervorgerufen werden könne.

Noch scheint aber einen gewichtigen Einwand gegen unsere Ableitung der Muskelverkürzung, welche im Verlaufe der Todtenstarre auftritt, der Umstand zu bilden, dass, wie Hr. Kühne[1] beobachtet hat, bei
den Muskeln der kaltblütigen Thiere ein Stadium vorkommt, wo sie durch
kein Mittel (elektrische Reizung, Säuren, Alkalien) mehr zur Contraction
gebracht werden können, wo sie aber noch lange nicht starr sind, sondern
durchsichtig bleiben und (wie sonst nach Kühne im normalen Zustande)
alkalisch reagiren. Ebendarum soll also die Todtenstarre bei den Fröschen
keine Contraction sein können, weil der Muskel selbst lange vorher schon
gar nicht mehr im Stande ist sich zu contrahiren und diese Zwischen-
stufe zwischen dem starren und dem reizbaren Zustande hier niemals
fehlt. Woraus dann auch folgen würde, dass selbst eine frühzeitig bei
der Starre auftretende Säure nicht mehr vermögend wäre, eine
Aenderung der Querstreifung und dadurch eine Contraction zu veranlassen,
insofern die Moleculé der hierzu erforderlichen Richtkräfte bereits schon
damals beraubt wären.

Jenen von mir unbezweifelten Thatsachen gegenüber kann ich mich
jedoch auf die wiederholt gemachte Beobachtung berufen, dass noch
solche Muskeln oder auch nur Muskelbündel, welche weder bei Berührung
ihres Querschnittes mit Säuren oder Alkalien, noch auch unter der Einwirkung von Inductionsströmen oder bei Schliessung und Oeffnung von
Kettenströmen, durchaus keine Zuckung mehr, nicht einmal unter dem
Mikroskope wahrnehmen liessen, dennoch falls nur ihr Faserinhalt noch
flüssig und durchsichtig verblieben war, eine Umwandlung ihrer breiten
Querstreifung in die schmale erlitten haben und sich dementsprechend
auf solchen Strecken zusammenzogen, wenn ich auf dem Objectträger

[1] A. a. O., S. 154 ff.

eine verdünnte Säure oder auch nur destillirtes Wasser zu ihnen zutreten
liess, oder wenn in ihnen unter der Einwirkung eines Kettenstromes
Elektrolyte frei wurden. Aus diesen Versuchen ergiebt sich also, dass
auch noch in jenen Muskelfasern, an welchen keine Reizbarkeit mehr
äusserlich wahrnehmbar war, die Molecüle noch immer das Vermögen
besassen, unter unmittelbar auf sie ausgeübten Einwirkungen, jene Gruppirung einzugehen, welche nothwendig eine Verkürzung der Muskelfaser
nach sich zieht. Dass sich aber trotz dieses Vermögens auf local beschränkte Reize doch keine Contraction zeigte, erklärt sich wohl daraus,
dass diese Muskeln nur des Vermögens verlustig waren, durch den Zustand der Contraction in der einen Schicht, in den gleichen Zustand
auch in den Nachbarschichten versetzt zu werden und denselben so von
Schicht zu Schicht weiter zu übertragen; jene Contraction aber, welche
sich unmittelbar am Orte des Reizes eingestellt hat und einzig darauf
beschränkt blieb, ihrer Geringfügigkeit wegen äusserlich nicht wahrnehmbar sein konnte.

Ebenso also wie Hr. K ü h n e [1] mit Recht die stärkere Erhebung des
sogenannten idiomusculären Wulstes gegenüber der fortgepflanzten Contraction, aus der grösseren Stärke des directen Reizes gegenüber demjenigen, welchen eine erregte Muskelquerschicht auf die nächstfolgende
ausübt, ableitet, und das Wegbleiben der fortschreitenden Contractionswelle, während der örtliche Wulst noch zu Stande kommt, aus dem Verlust des Leitungsvermögens für die Erregung erklärt; können auch wir
eine ausreichende Erklärung dafür geben, warum auf einem noch tiefer
gesunkenen Lebenszustande des Muskels, bei wie es scheint schon gänzlich erloschener Reizbarkeit, auf Einwirkungen, welche die gruppirungs-
fähigen Molecüle unmittelbar treffen, eine Zusammenziehung des Muskels
noch immer zu Stande kommen kann. Und so ist es begreiflich, dass
im Muskel auch bei der eben beginnenden Todtenstarre, nachdem derselbe bereits kein Zeichen einer Reizbarkeit mehr zeigt, die in ihm freiwerdende Säure, indem sie auf die Molecüle unmittelbar einwirkt und
dieselben zu neuer Gruppirung bestimmt, eine mehr weniger auffällige
Verkürzung bewirken kann.

Es ist wohl selbstverständlich, dass die im Verlaufe der Todtenstarre
entstandene dichtere Querstreifung in dem sich selbst überlassenen Muskel,
bei noch weiter zunehmender Säuerung und hinzutretender Gerinnung
des Muskelsaftes, also nachdem der Muskel hart und undurchsichtig geworden ist, nicht mehr wird rückgängig werden. Ob aber dann, wenn
sich die Starre bei eintretender Fäulniss löst und die Reaction, bevor sie

_____
[1] A. a. O., S. 113.

uoch alkalisch wird, den Neutralpunkt erreicht, auch die schmalen Querstreifen, so weit sich solche vorhin gebildet haben, sich in die ursprünglichen breiten Streifen zurückverwandeln, wie wir dies bei Neutralisation
der auf den Faserinhalt einwirkenden Elektrolyte oder der Säuren oder
Alkalien beobachtet haben, und ob dann zum zweitenmal wieder die feinen
Querstreifen sich bilden, wenn bei vorschreitender Fäulniss die Reaction
alkalisch wird, ob also die vom Charakter der Muskelreaction abhängigen
Richtkräfte der Molecüle durch alle Stadien des Absterbens hindurch
noch ausdauern können? darüber liegen mir wohl keinerlei Erfahrungen
vor; doch dürfte aus später noch zu besprechenden Gründen weder das
Fortbestehen jener Richtkräfte, noch weniger das Verbleiben der Molecüle im Bereiche dieser Kräfte, an das doch die Möglichkeit ihrer Gruppirung gebunden ist, zu erwarten sein; auch sind faulende Muskeln wohl
noch nie in contrahirtem Zustande vorgefunden worden.

Die Möglichkeit jedoch, dass wo — wie nach Gefässunterbindungen
am lebenden Thiere — schon in einem der ausgesprochenen Starre vorangehenden Stadium, in Folge des Auftretens freier Säure, eine dichtere
Querstreifung und mit dieser eine Contraction des Muskels sich einge-
funden hat, letztere nach wieder freigelassener Circulation unter dem
neutralisirenden Einflusse des Blutes, mit der Rückumwandlung der
Querstreifen sich wieder lösen könne, findet wohl keine Widerlegung in
den Erfahrungen, welche Hr. Kühne[1] anführt, wonach entgegen den
Angaben von Key, Brown-Séquard und Stannius, es niemals gelingt, den unzweifelhaft unerregbaren und völlig starren Muskel eines
warmblütigen Thieres durch den Blutstrom wieder in den leistungsfähigen
und reizbaren umzuwandeln, noch einen wirklich starren Muskel irgend
eines Kaltblüters aus dem starren Zustand in den normalen zurückzubringen. Denn so weit sich diese Erfahrungen auf ein schon vorgerücktes
Stadium der Starre beziehen, erweisen sie eben nur, dass die bereits ausgebildete Gerinnung auch bei wieder zutretendem Blut sich nur im Wege
der Fäulniss löst, welche wohl die saure Reaction umändern, nicht aber
auch die an die normale Gesammtconstitution des Muskels gebundene
Erregbarkeit wieder herzustellen vermag; so weit aber jene Erfahrungen
ein früheres Stadium betreffen, zeigen sie selbst, dass das wiederkehrende
Blut bei Warmblütern die bereits sinkende, bei Kaltblütern selbst die
schon erloschene Erregbarkeit wenigstens vorübergehend wieder herzustellen im Stande ist.

Eben darum kann auch jener, wohl voraussichtlich gewesene Befund
bei einem anderen, von Hrn. Kühne[2] angestellten Versuch, dass ein

---

[1] A. a. O., S. 148 u. ff. — 172.
[2] A. a. O., S. 147.

Muskel auf denselben Reiz, auf welchen er bei unterbundenen Blutgefässen zuckte, auch noch weiter zuckte, als die Ligatur wieder gelöst
war, allenfalls nur jener Ansicht gegenüber von widerlegender Kraft sein,
welche, indem sie in der Muskelstarre nichts anderes als eine permanent
bleibende Contraction findet, auch erwarten liesse, dass falls die Blutcirculation letztere zu lösen vermag, dieselbe auch wohl das Zustandekommen der Muskelcontraction wird verhindern können; keineswegs kann
aber jener Befund auch zur Widerlegung der Ansicht gelten, dass die
unter bestimmten Bedingungen bei der Muskelstarre mit auftretende Contraction die mittelbare Folge der dabei auftretenden freien Säure sei,
durch deren Neutralisation das Blut wohl auch im Stande sein könnte,
den contrahirten Zustand der Muskelfaser so weit zu beheben, als die
dazu erforderliche Umlagerung der Molecüle nicht etwa durch die bleibende Gerinnung verhindert wäre; und dass andererseits das Blut das
Freiwerden der Säure und die zu Folge dieser sonst eintretende Contraction ebenso wenig zu behindern vermag, wie es auch nicht verhindert,
dass der Muskelsaft bei tetanischer Reizung des Muskels eine saure Reaction erlangt.

Nach Erwägung aller bisher erörterten Momente scheint mir die Ansicht begründet zu sein: dass insofern, als es sich bloss um die
Anordnung der Muskelmolecüle im Contractionszustande und
um die Art der nächsten Bedingungen handelt, welche jene
herbeiführen, der auf mechanische Reizung sich örtlich
einstellende idiomusculäre Wulst, ferner die Aufwulstung
und Zusammenziehung des in eine chemisch reizende Flüssigkeit eingetauchten und alsbald erstarrenden Muskelendes,
die in der Muskelfaser durch Elektrolyte, durch verdünnte
Säuren und Alkalien, durch Temperaturerhöhung auf 40° C.
(bei Froschmuskeln) hervorgerufene, sowie endlich auch die
der Todtenstarre, unter gewissen Umständen, sich zugesel-
lende Contraction ein identischer Zustand sei. Und insofern jene
Molecularanordnung von bestimmten Richtkräften der Molecüle abhängt,
welche, wie bei einigen der aufgezählten Vorgänge nachgewiesen wurde,
eben im intacten Zustande der Muskelfaser vorhanden sind und auch an
denselben, wenigstens bis zu einem gewissen Grade, gebunden zu sein
scheinen, kann wohl auch jener Ansicht entsprechend, die bei der Todtenstarre sich einstellende Zusammenziehung noch für einen Lebensact angesehen werden. Demzufolge schliesst sich auch die vorgetragene Ansicht
in dem bestimmt umschriebenen Sinne der Schiff'schen Auffassung, der
gemäss die Contraction des todtenstarren Muskels der idiomusculären
Verkürzung entspricht, insofern an, als man unter dieser Bezeichnung

22*

bloss die, auf die Stelle der örtlichen Reizeinwirkung beschränkt bleibende
Zusammenziehung versteht.

Aber trotz allen bisher aufgezählten Gründen, auf welche sich die
erörterte Ansicht stützt, steht ihr noch ein gewichtiges Moment entgegen.

Durch die bereits genannten Forscher ist der Nachweis geliefert
worden, dass Säurung und Erstarrung des Muskels nicht nothwendigerweise an einander gebunden sind; es ist demnach auch erklärlich, dass
trotz der im Tetanus auftretenden sauren Reaction, der Muskel doch
nicht oder wenigstens nicht unmittelbar der Starre anheim zu fallen
braucht; wie kommt es aber und wie ist es mit jener Ansicht, der zufolge die Molecularanordnung im Muskel an eine bestimmte Reaction
des Muskelplasma's gebunden ist, und insbesondere die dem contrahirten
Zustande entsprechende Molecularanordnung durch eine freie Säure herbeigeführt wird, vereinbar, dass, trotz einer solchen Säure, der tetanisch
erregte Muskel nicht nur in der ihm gebotenen Ruhepause erschlafft,
sondern selbst schon während der Reizung allmählich in seiner Contraction nachlässt, anstatt dass letzterer entsprechend der entwickelten
Säure wachsen und die Reizung überdauern würde?

Dieser Einwurf verliert jedoch der Auffassung gegenüber, wonach
die den oben einzeln angeführten Contractionszuständen eigenthümliche
Molecularanordnung durch die Säurung des Muskelsaftes bedingt sei,
dadurch an Beweiskraft, dass ja Säuren und wie die kurz vorher erwähnten Versuche beweisen, auch jene Säure, die sich im Muskel selbst
sei's beim Absterben, sei's während des Tetanus entwickelt, auch con-
tractionsauslösende Muskelreize sind. Wenn also der tetanisirte Muskel
trotz seiner Säure doch erschlaffen kann, dann kann so wenig als dadurch die Reizwirkung der Säuren widerlegt wäre, auch ebensowenig
bloss dadurch die Richtigkeit unserer obigen Auffassung widerlegt sein.

Wir stehen hier vielmehr in Betreff beiderlei Eigenthümlichkeiten,
einem neuen Problem gegenüber, das wir, wie mir scheint, damit noch
nicht gelöst zu haben vermeinen dürfen, wenn wir etwa die Menge der
im tetanisirten Muskel ausgeschiedenen Säure für ungenügend erklärten,
um die der Contraction eigenthümliche Molecularanordnung herbeizuführen. Die Frage erheischt wohl ein tieferes Eingehen auf die Mole-
cularvorgänge und ihre Bedingungen, welche im Muskel bei seinen verschiedenen Contractionsweisen stattfinden.

Indem ich mir darum eine ausführlichere Erörterung dieses Gegenstandes für eine besondere Abhandlung vorbehalte, führe ich hier nur
noch zur Ergänzung des über die innere Muskelströmung bisher Mitgetheilten jene Veränderungen an, welche die Muskelfaser unter der
Einwirkung abwechselnd gerichteter Inductionsströme erleidet.

Bei mässiger Stärke solcher Ströme gelingt es nicht selten, auch in den Froschmuskelfasern denen in den Insectenmuskeln von selbst sich einstellenden ähnliche Contractionserscheinungen zu beobachten, die bald auf einer sehr beschränkten Strecke, manchmal gar nur über einige Querstreifen sich ausdehnend, hin und her schwanken, bald aber auch über längere Strecken wellenartig hinwegschreiten und auch wieder zurückfluthen. Stärkere Inductionsströme jedoch wühlen schon in sehr kurzer Zeit — mehr oder weniger ausgebreitet oder auch in der ganzen durchströmten Länge von 3—4 ^{mm}, das Innere der Muskelfaser derart auf, dass die Querstreifen gänzlich zerfallen, die sich dann nicht mehr wieder zu Reihen ordnen, sondern theils zerstreut bleiben, theils zu Klumpen von sehr verschiedener Grösse sich zusammenhäufen, an denen oft ein auffälliger Glanz bemerkbar ist. Schon nach ein, zwei Minuten erlangt so die Muskelfaser ein ähnliches Aussehen, wie es allgemein den sogenannten fettig entarteten Muskeln zugeschrieben wird.

Dass hier von einer derartigen Entartung nicht die Rede sein kann, steht wohl ausser jedem Zweifel. Indem aber, wie dieses Beispiel lehrt, der Muskel auch ohne eine solche Entartung sich dennoch ebenso verändert zeigen kann und man auch die Möglichkeit nicht auszuschliessen vermag, dass ausser den Inductionsströmen auch noch andere Einflüsse ganz ähnliche Veränderungen herbeiführen könnten, wäre es wohl gerathen, die fettige Entartung im Muskel nicht bloss nach dem mikroskopischen Befunde zu beurtheilen und dieselbe schon auf Grund von mehr oder weniger glänzenden Molecülen im zerfallenen Faserinhalte für erwiesen zu halten, sondern einstweilen wenigstens in jedem einzelnen Falle eines derartigen Befundes auch auf chemischen Wege nachzuweisen, dass der Fettgehalt des Muskels wirklich vermehrt sei.

Ueber den Blutdruck im Aortensystem

und die

Vertheilung des Blutes im Lungenkreislaufe während der In- und
Exspiration.

Von

Dr. C. Mordhorst
in Flensburg.

In einem Aufsatze von O. Funke und J. Latschenberger: „Ueber
die Ursachen der respiratorischen Blutdruckschwankungen im Aortensystem"[1], welcher mir leider erst vor Kurzem zu Gesicht kam, wird die
Theorie Einbrodt's — der Blutdruck im Aortensystem sei während
der Inspiration höher als während der Exspiration — aufrechtgehalten.
Darüber sind sich allerdings die neueren Forscher einig, dass der Druck
in der Aorta sein Maximum in der ersten Hälfte der Exspiration erreicht;
die einen verlegen ihn in den Anfang, die anderen in die Mitte derselben.
Ueber die Entstehung dieses Druckes und über die Höhe des mittleren Blutdruckes im Aortensystem während einer Athmung gehen ihre Meinungen
jedoch auseinander.

Einbrodt und Ludwig sind bekanntlich durch Experimente an
Thieren zu der Ansicht gekommen, dass der Blutdruck im Aortensystem
während der Inspiration im Ganzen höher ist als während der Exspiration.
Das Ansteigen des Blutdruckes bei der Einathmung erklärt Einbrodt
durch das Ueberpumpen einer grösseren Blutmenge in die Aorta, welche
durch den erhöhten negativen Lungendruck vom Ventrikel aspirirt war.
Andere Forscher sind der entgegengesetzten Ansicht. So sagt Hermann
in seinem *Grundriss der Physiologie*, 4. Auflage: „Die Wirkung der
Thoraxverhältnisse auf die Arterien zeigt sich ebenfalls in einer regelmässigen Schwankung des Blutdruckes (Erhöhung bei der Exspiration,

---

[1] Pflüger's *Archiv* u. s. w.

Verminderung bei der Inspiration) u. s. w." Waldenburg, der eine
grosse Reihe von sphygmographischen Experimenten an Menschen
gemacht hat, spricht seine Ansicht hierüber in seiner *Pneumatischen
Behandlung der Respirations- und Circulationskrankheiten* mit folgenden
Worten aus: „Bei der gewöhnlichen und noch viel mehr bei der tiefen
Inspiration wird, wie bekannt, der negative Lungendruck gesteigert, wodurch ein Zug auf alle intrathoracischen Organe ausgeübt wird. Die
Wandungen des Herzens werden gleichsam von allen Seiten nach aussen
gezerrt oder besser angesogen, und diesem Aspirationszug müssen sie bei
ihrer Contraction Widerstand leisten. So viel Kraftaufwand, wie die
Ueberwindung dieses Widerstandes erfordert, so viel geht an der Ge-
sammtkraft der Herzcontraction für die Ausstossung des Blutes verloren,
und das Resultat ist, wie das Kymographion zeigt, Herabsetzung des
Druckes im Aortensystem während der Dauer der Inspiration."
        Wer von diesen Forschern hat nun Recht?
        Dass während der Einathmung das Herz bluthaltiger sein muss als
bei der Exspiration, ist eine physikalische Nothwendigkeit; hierüber
herrscht auch nur eine Meinung. Ob aber nun der erweiterte Ventrikel
Kraft genug besitzt, den Widerstand zu überwinden, den der negative
Lungendruck der Zusammenziehung des Herzens entgegensetzt, ist fraglich.
Ist das aus den Versuchen von Hering und Breuer hervorgehende
Resultat, dass aus den Bewegungen der Lunge eine Selbststeuerung der
Athembewegungen hervorgeht, indem deren Ausdehnung eine exspiratorische, deren Zusammenziehung eine inspiratorische Reizung auslöst,
richtig, dann scheint es umsomehr gerechtfertigt, auch ein ähnliches
Verhalten bei der Regulirung der Herzbewegungen anzunehmen. Es ist
kaum denkbar, dass die Kraft der Herzmuskeln so genau bemessen ist,
dass sie nur eben hinreichen sollte, um die Contraction vollführen zu
können. Es ist im Gegentheil eher anzunehmen, dass die Herzmuskeln
einen Vorrath an Kräften besitzen, der nöthig ist, um den im Verhältniss
zu ihrer eigenen Mächtigkeit doch nur kleinen Widerstand (ich spreche
hier nur von der gewöhnlichen ruhigen Athmung) mit Leichtigkeit zu
überwinden.
        Wissen wir doch, dass unter Umständen, z. B. bei starker Bewegung,
bei gewissen Krankheiten, das Herz im Stande ist, eine übermässige
Arbeit zu verrichten. Um eine kräftige Contraction des Herzens zu bewirken, wie es zuweilen bei der physikalischen Untersuchung erwünscht
ist, lässt man die betreffende Person einige Mal schnell hin und her
gehen, und das Bezweckte ist erreicht; das Herz schlägt kräftiger, die
Herztöne sind deutlicher zu hören. Je stärker nun die Ventrikel ausgedehnt werden, desto stärker muss der Reiz sein, dem die im Sinus

venosus gelegenen Ganglienzellen (die Remak'schen Ganglienhaufen)
und die nahe dem Septum atriorum an der Basis des Ventrikels befindlichen „Bidder'schen Ganglienhaufen" durch die starke Ausdehnung
des Ventrikels ausgesetzt sind. Letztere bilden nach Rosenthal ein
accessorisches Centrum, welches nur bei stärkerem Anwachsen der Reizung in Thätigkeit geräth und dann die verstärkte Herzarbeit herbeiführt,
analog der accessorischen Thätigkeit des Athemapparates bei der Dyspnoe.
Auch haben die neueren Forschungen ergeben, dass die Erregung des
Vagus nicht automatisch, sondern reflectorisch, also für gewöhnlich vom
Herzen aus hervorgerufen werden. Dasselbe ist wahrscheinlich mit den
Sympathicuserregungen der Fall. Je stärker der Reiz an den Nervenenden am Ende der Diastole, d. h. je stärker die Erweiterung der Herzkammer, desto kräftiger muss auch die Contraction sein. Dies ist aber
der Fall bei der Inspiration, während welcher also das Herz wohl im
Stande ist, ein grösseres Quantum Blut in die Aorta überzupumpen.

Bei tiefen Inspirationen dagegen, wo nach Donders der
negative Lungendruck einer Quecksilbersäule von circa 40 ^{mm} das Gleichgewicht hält, ist eine Beeinträchtigung der Herzcontractionen durch denselben anzunehmen, zumal die Erhöhung des negativen Druckes bei gewöhnlicher Athmung nur 1—2 ^{mm} beträgt.

Zu erwähnen wäre noch ein Moment, welcher die Entleerung der
Ventrikel erleichtert. Ich meine die in der Aorta und seinen innerhalb
des Thorax befindlichen Verzweigungen während der Inspiration stattfindende Erniedrigung des Druckes, die durch Erhöhung des negativen
Lungendruckes bewirkt wird. Je niedriger aber der Druck im Aorten-
anfange, desto leichter die Herzarbeit. Fraglich ist es allerdings, ob die
durch die Erhöhung des Druckes im Abdomen während der Einathmung
bestehende Compression der Aorta descendens das erwähnte Moment nicht
compensirt.

Nach Vierordt und Ludwig ist bei gesunden Individuen die
Inspiration von viel längerer Dauer als die Exspiration. Sie kamen
durch viele Versuche an verschiedenen Personen zu folgendem Resultat:

Inspirationsdauer.	Exspirationsdauer.
8·2	22·7
13·4	26·3

Eine Pause zwischen In- und Exspiration wird nicht angenommen;
dagegen fanden sie im Mittel aus acht Versuchen, in welchen fast ohne
Ausnahme die Exspirationspause vorhanden war, dass diese sich zu einer
ganzen Athmung, die Pause mitgerechnet, wie 10 : 44 verhält. Riegel,
der auch eine grosse Anzahl Messungen gemacht, fand auch im Ganzen

die Inspiration kürzer als die Exspiration, die Differenz jedoch nicht so gross, wie die erwähnten Autoren. Wir kommen gewiss der Wahrheit am nächsten, wenn wir annehmen, dass die Inspiration für gewöhnlich nur die Hälfte der Zeit der Exspiration in Anspruch nimmt und die Pause wegfallen lassen oder zur Exspirationsdauer rechnen. Während der Dauer einer Respiration contrahirt sich das Herz durchschnittlich vier Mal; es kommt also nur gut eine Contraction auf die Inspiration. Findet die Entleerung des Ventrikels gleich im Anfange der Einathmung statt, so hat das Herz noch nicht Zeit gehabt, sich über die Norm zu füllen; es kann also von einer Erhöhung des Blutdruckes im Aortensystem noch nicht die Rede sein. Erfolgt die Contraction in der Mitte der Inspiration, dann wird vielleicht ein etwas grösseres Quantum Blut in die Arterien befördert als durch die vorhergehende Contraction. Doch auch dies ist fraglich, weil, bevor eine starke Füllung des Vorhofes in Folge der Inspiration stattfinden kann, die grössten Lungenvenen mit ihren viel dünneren Wänden so stark mit Blut gefüllt werden müssen, bis eine weitere Ausdehnung derselben mehr Kraft erfordert als die Dilatationen des Vorhofes. Bis dieser Moment eintritt, ist aber die Zeit der Inspiration wahrscheinlich fast verstrichen.

Auf alle Fälle ist kaum anzunehmen, dass das Mehr von Blut, welches durch eine Contraction während der Einathmung in die Pulmonalis befördert wird, so bedeutend sein sollte, dass dadurch die durch die Erhöhung des negativen Lungendruckes erfolgte Raumvergrösserung der Aorta und deren Verzweigungen compensirt wird. Erfolgen dagegen zwei Contractionen während einer Einathmung, dann wird muthmasslich ein so viel grösseres Quantum Blut in die Aorta übergepumpt, dass der Druck in derselben am Ende der Inspiration erhöht wird. Die durch die Erweiterung des Thorax in die grossen Lungenvenen und in den linken Vorhofe aspirirte Blutmenge kommt mehr den ersten Contractionen der Exspiration als denen der Inspiration zu Gute. Demgemäss muss der Blutdruck in der Aorta bei gewöhnlicher ruhiger Athmung immer in der ersten Hälfte der Ausathmung und zwar nach meiner Ansicht mehr in der Mitte als im Anfang derselben am höchsten sein.

O. Funke und J. Latschenberger setzen voraus, dass der Blutdruck im Aortensystem im Mittel während der Inspiration höher sei als während der Exspiration, obgleich die Richtigkeit dieser Voraussetzung, wie wir soeben gesehen haben, mehr als zweifelhaft ist. Die sphygmographischen Messungen an Menschen beweisen, wie oben schon erwähnt, gerade das Gegentheil. Sie fassen das Resultat ihrer Untersuchungen und Folgerungen dahin zusammen, „dass bei der natürlichen wie bei der

künstlichen Athmung die wesentliche Ursache der respiratorischen Druckschwankungen des Blutes im Aortensystem in dem Capacitätswechsel des
Lungencapillarsystems, welcher durch die wechselnde Erweiterung und
Verengerung der Lungen hervorgebracht wird, zu suchen ist, speciell,
dass die inspiratorische Drucksteigerung bei beiden Athmungsarten von
dem Auspressen des Blutes aus dem sich verengenden Capillarsystem der
Lunge nach dem linken Herzen, die exspiratorische Druckerniedrigung
von der Blutretention in den sich erweiternden Lungencapillaren herrührt."
Sie stützen sich hierbei auf eine Theorie von Quincke und Pfeiffer,
nach welcher die Erweiterung der Lunge eine Erschwerung der Blut-
strömung durch Verengerung der Lungencapillaren erzeugen müsse.

Als ich im Jahre 1874 in meiner Brochüre „Die Ursache, Vor-
beugung und Behandlung der Lungenschwindsucht" und in einer schrift-
lichen Mittheilung an Hrn. Professor L. Hermann in Zürich im Jahre
1876 die Ansicht aussprach, die Capillaren sowohl wie die kleinen Arterien und Venen der Lunge seien bei der Einathmung blutleerer als
bei der Ausathmung, war es mir wohl bekannt, dass Quincke und
Pfeiffer nachgewiesen hatten, dass die Durchflussmenge des Blutes
durch die ausgeschnittene Lunge bei der respiratorischen Erweiterung
abnimmt, wenn letztere durch positiven Druck von den Bronchien aus
herbeigeführt wird, dagegen zunimmt, wenn die Lunge durch negativen
Druck von aussen her erweitert wird. Ich wusste aber nicht, dass sie
die Theorie aufstellten, „dass auch im Leben in Folge des Umstandes,
dass auch das Herz und die Stämme der Pulmonalgefässe dem negativen
Inspirationsdruck ausgesetzt sind, die Erweiterung eine Erschwerung der
Lungenströmung erzeugen müsse, und dass sie das letztere bedingende
Moment in einer Zusammendrückung der Lungencapillaren, welche von
einem Ueberwiegen des auf ihre den Alveolen zugewendete Fläche wirkenden Druckes über den auf ihrer der Pleura zugekehrten Peripherie
ruhenden Druck herbeigeführt werde," eine Ansicht, die mit der meinigen ganz übereinstimmt und deren Richtigkeit ich meiner Meinung
nach durch folgende Schlussfolgerungen vollständig motivirte.

Bei demselben Blutdruck in den Gefässen ist der Blutgehalt derselben abhängig von dem Drucke, welchem sie von aussen ausgesetzt sind.
Dieser ist im Lungenkreislaufe sehr verschieden; er schwankt zwischen
dem Atmosphärendruck, der in den Luftwegen vorhanden ist und dem
negativen Lungendruck. Diejenigen Gefässe also, die den Luftwegen am
entferntesten liegen oder die zwischen sich und den Luftwegen am meisten
elastische Substanz haben, sind dem negativen Drucke am meisten ausgesetzt. Es sind das die grösseren Lungenarterien und Venen; je mehr
sie sich verjüngen, desto mehr nähern sie sich der Schleimhaut der

Bronchien, bis sie schliesslich, nachdem sie die elastischen Balken durchsetzt, ganz an die Oberfläche derselben treten. Es ist dies doch nur der Fall bei den feinsten Bronchien und den Alveolen; die grösseren Bronchien werden von den Bronchialarterien versorgt.

In den Alveolen sind die Capillaren dem atmosphärischen Drucke ganz ausgesetzt. Allerdings befinden sie sich auch in der Nähe der Pleura; zwischen dieser und den Capillaren liegt jedoch elastisches Bindegewebe, und da auch die Pleura von vielen elastischen Fasern durchsetzt ist, so kommt der negative Lungendruck hier am wenigsten zur Geltung.

Die Erschwerung der Lungenströmung wird aber ausserdem durch noch ein Moment vergrössert, welches ich in meinem erwähnten Schreiben dem Hrn. Professor Hermann mittheilte. Ich schrieb: „Wird eine Membran, welche mit Blutgefässen durchsetzt ist, nach allen Seiten hin, also in einem Plan gleichmässig ausgedehnt, so müssen auch die Blutgefässe in denselben Richtungen ausgedehnt werden. Sie werden länger und breiter. Das Volumen der Membran muss aber trotz der Ausdehnung in einer Ebene dasselbe bleiben. Was sie an Flächeninhalt gewonnen, hat sie an Dicke verloren. Die Membran ist also dünner geworden. In demselben Verhältniss nun, wie die Blutgefässe in die Breite und in die Länge ausgedehnt, sind sie auch flacher geworden; sie haben ihre Röhrenform eingebüsst. Der Durchschnitt derselben ist nicht mehr rund, sondern länglich oval. Bei hinlänglicher Spannung der Membran werden die Gefässwände sich sogar berühren, so dass das Gefäss kein Blut mehr enthält. Was hier von der elastischen Membran gesagt worden, gilt aber auch für die Alveolen und die feineren Bronchien (und für die Pleura pulmonalis). Sowohl diese wie jene sind sehr elastisch und sind mit Capillaren durchsetzt. Bei der Exspiration oder richtiger am Ende derselben sind sie beide am wenigsten ausgedehnt, ihre Wände also am wenigsten gespannt, der Durchschnitt der Capillaren rund oder rundoval. In diesem Zustande enthalten also die Capillaren der Alveolen und kleinen Bronchien, die von der Pulmonalis gespeist werden, das möglichst grösste Quantum Blut. Bei der Inspiration nimmt das Lumen eine mehr länglich-ovale Form an, der Blutgehalt wird geringer.

Werden die Alveolen, wie es bei gewissen Krankheiten der Lunge der Fall ist, zu stark ausgedehnt, ist durch eine krankhafte Schwellung der Schleimhaut der kleinsten Bronchien das Lumen derselben verstopft, die Entweichung der Luft aus den Alveolen also erschwert oder gar unmöglich, dann legen sich die Wände der Capillaren aneinander. Ist dieser Zustand von längerer Dauer, dann obliteriren Theile der Capillaren,

wie es bei Emphysem der Fall ist. Daher die Blutleere der emphyse-
matischen Partie der Lunge. Auf der Höhe der Inspiration fliesst, nach
dem oben Gesagten, sehr wenig Blut in die kleinsten Lungenvenen.
Am Anfange der Inspiration waren die Capillaren stark erweitert, enthielten das möglichst grösste Quantum Blut. Da eine rückläufige
Bewegung in die kleinsten Arterien durch den höheren Druck
daselbst verhindert ist, so wird das Blut der Capillaren während der Inspiration in die Venen gepresst. Die Inspiration
trägt auf diese Weise zur Blutbewegung bei."
     Ein Jahr später wurde diese meine Ansicht durch die Versuche von
J. Latschenberger bestätigt. Auf die Capacitätsverminderung der
Capillaren bei der Inspiration stützen Funke und Latschenberger
ihre neue Theorie. Sie sagen: „Während die inspiratorische Erweiterung
der Lungen vor sich geht, muss die Abnahme der Capacität ihrer Capillaren eine Auspressung des in ihnen enthaltenen Blutes bewirken.
Von den beiden Wegen, welche dem Blut für das Ausweichen aus dem
verengten Bezirk gegeben sind, ist der Rückweg zur Pulmonalarterie
durch den daselbst bestehenden höheren Druck und die Nachfüllung von
Blut durch die folgende Systole des rechten Ventrikels jedenfalls im
Nachtheil gegenüber dem Ausweg durch die Lungenvenen zum linken
Vorhof. Es ist daher in der Pulmonalarterie wohl ein Anwachsen des
Druckes durch die Rückstauung des Blutes bei der Inspiration zu erwarten u. s. w. u. s. w."
     Letzteres ist meiner Ansicht nach fraglich. Sollte die Volumver-
grösserung der Pulmonalis und der grossen Lungenarterien, hervorgerufen
durch den negativen Druck während der Inspiration, nicht so gross sein,
dass dadurch die Rückstauung des Blutes und das Mehr von Blut, welches die Systole eventuell in die Pulmonalis befördert, compensirt werde?
Ich bin geneigt, dies anzunehmen, zumal der Druck in den kleinsten
Venen bei der Einathmung bedeutend niedriger ist als während der
Ausathmung, der Abfluss aus den Capillaren also viel leichter stattfinden
kann. Ja, es wäre sogar möglich, dass dieses Moment allein genügte,
um eine starke Retention in den Lungenarterien zu verhüten. Wie der
negative Druck der mächtigste Beweger des venösen Körperblutes ist, so
muss er dies meiner Ansicht nach noch vielmehr sein für das Blut der
Lungenvenen, weil die Strecke von den Capillaren nach dem linken
Vorhof noch kürzer ist als der Weg durch die Körpervenen. Auch sind
die grossen Lungenvenen viel dünnwandiger als die Vena cava, sind also
noch mehr den Einflüssen des negativen Lungendruckes ausgesetzt als
diese. Hierdurch aber wird während der Inspiration der Druck in den
Lungenvenen negativ, so dass vielleicht bis in die Capillaren hinein, eine

aspirirende Wirkung sich geltend macht. Bei der Exspiration ist diese blutbewegende Kraft nicht so wirksam.

Wie die Vena cava für das rechte Herz, so sind die grossen Lungenvenen für das linke Herz ein Reservoir, aus welchem das Herz nach Bedarf schöpfen kann. Der Behauptung nun von O. Funke und Latschenberger, die Lungenvenen gäben bei der Inspiration ihren ganzen Blutvorrath dem Herzen zur Weiterbeförderung her und dadurch beginne der Druck im Aortensystem gleich im Anfang der Inspiration zu steigen, kann ich, wie früher erwähnt, nicht beipflichten. Bei offenem Thorax muss dies natürlich der Fall sein, weil der Einfluss des negativen Lungendruckes auf die Füllung der Hohlorgane im Thorax gänzlich wegfällt. Bei geschlossenem Thorax dagegen kann meiner Ansicht nach diese Behauptung nicht richtig sein. Funke und Latschenberger erwähnen auch der Saugwirkung der Lungenvenen als eines weiteren Vortheils für das Ausweichen des Capillarblutes durch die Lungenvenen, denken aber nicht daran, dass diese Saugwirkung auch ein Hinderniss für die sofortige Füllung der linken Vorkammer gleich am Anfang der Inspiration ist. Es ist doch einleuchtend, dass die dünnwandigen Lungenvenen leichter von dem negativen Lungendruck erweitert werden als der linke Vorhof. Dieser fängt erst dann an sich zu erweitern, wenn die Venen durch den negativen Lungendruck so stark dilatirt sind, dass ihre Wände einer noch weiteren Ausdehnung mehr Widerstand leistet, als diejenigen des Vorhofes. Dieses findet erst im Laufe der Inspiration statt. Aus diesem Grunde kann auch nicht der Blutdruck im Aortensysteme gleich am Anfang der Einathmung, sondern erst gegen Ende derselben zu steigen beginnen, um in der ersten Hälfte der Exspiration sein Maximum zu erreichen.

Ist das in den Lungenvenen aufgespeicherte Blut in die Aorta befördert, dann muss der Blutdruck wieder sinken und zwar in Folge der Rückstauung des Blutes in den erweiterten Lungencapillaren und kleinen Lungenvenen, in welchen die blutbewegende Kraft, die Aspiration, aufgehört hat zu wirken.

Bei tiefen Inspirationen, wo der negative Lungendruck von 7 ^{mm} Hg auf 40 ^{mm} erhöht werden kann, werden die intrathoracischen Arterien durch denselben so stark erweitert, dass sie wohl im Stande sind ein Mehr von Blut aufzunehmen, ohne den Blutdruck zu erhöhen. Es kann jedoch nicht gleichgiltig sein, ob die Inspiration langsam und tief oder schnell und tief ausgeführt wird. Ist Letzteres der Fall, dann erfolgen nur 1—2 Contractionen des Ventrikels, durch welche nicht so viel mehr Blut in die Arterien befördert werden, dass hierdurch die

durch den erhöhten negativen Lungendruck erfolgte Vergrösserung des
Lumens der Arterien innerhalb des Thorax ausgeglichen wird. Auch
kommt hier in Betracht, dass die während der tiefen Inspiration stattfindende Erhöhung des negativen Lungendruckes eine unvollkommene Contraction des Ventrikels
herbeiführen muss. Ist die Einathmung dagegen tief und langsam, dann ist eher anzunehmen, dass vor dem Ende der Inspiration
der Blutdruck in den grössten Arterien erhöht werde, und zwar
deshalb, weil das Herz Zeit hat sich 3—4 Mal oder noch häufiger zu
contrahiren.

Halten wir nur daran fest, dass die Blutdruckschwankungen unter
normalen Verhältnissen ganz abhängig sind von der Art und Weise, wie
geathmet wird, ob die Athmung oberflächlich oder tief, von kurzer oder
langer Dauer u. s. w., welches bei Menschen und Thieren
unter den verschiedensten Verhältnissen sehr verschieden
ist, dann sind die Widersprüche, die die Versuche der
vielen Experimentatoren ergeben haben, leichter zu erklären.

Um die Richtigkeit meiner schon im Jahre 1874 in
der erwähnten Brochüre ausgesprochenen Ansicht: die Blutmenge der Lunge sei während der Exspiration grösser als
während der Inspiration, zu beweisen, machte ich Anfang
October vorigen Jahres folgenden Versuch:

Nachdem ich einen Hund von 3½ Kilo Gewicht hatte
verbluten lassen, verband ich die Luftröhre desselben mit
einem Wassermanometer, um die Lungenelasticität nach
Ende der Exspiration zu messen. Nach Eröffnung der
Pleurahöhle stieg das Wasser 30 ᵐᵐ. Die Lunge eines 3½ Kilo
schweren Hundes sucht sich also mit einer Kraft von 60 ᵐᵐ Wasserdruck zusammenzuziehen.

Nachdem ich den Gummischlauch, der die Fortsetzung der Luftröhre
bildete und die Verbindung mit dem Wassermanometer herstellte, mittels eines starken Fadens luftdicht zugeschnürt und darauf von dem
Manometer getrennt, die Lunge also ungefähr die Ausdehnung behielt,
die sie nach Eröffnung der Pleurahöhle hatte, entfernte ich sie aus
dem Thorax, schnitt die Pulmonalis in der Nähe des rechten Ventrikels durch und spritzte ca. 50 ᶜᶜᵐ Wasser in die Lunge hinein, wovon
jedoch etwas sich in das linke Herz entleerte. Es war nun meine Absicht, sowohl die Pulmonalis wie die Mitralis mit einem Quecksilber-
manometer von der Form beistehender Zeichnung zu verbinden, und zwar
so, dass mit dem Einfliessen von Flüssigkeit in die Lunge keine Luft

mit einströmte. Die Verbindung der Röhre *a* des Manometers mit der Pulmonalis wurde nach Wunsch hergestellt. Als ich, nachdem ich die Mitralis blosgelegt hatte, diese mit dem zweiten Manometer verbinden wollte, brach die Glasröhre an der Verbindungsstelle mit dem Manometer ab; ich konnte also nur mit dem ersten experimentiren, was jedoch meiner Ansicht nach auch genügte, um den Zweck des Versuches zu erreichen. Ich fügte hierauf eine einfache Glasröhre in die Mitralis. Die Lunge wurde jetzt in eine Glasglocke gebracht, die Luftröhre durch den Hals derselben geschoben und da befestigt. Hierauf wurde die Oeffnung der Glocke mittels einer elastischen Membran, durch welche der verlängerte Schenkel des Manometers, und ein Saugrohr, welches die Verbindung der äusseren Luft mit dem Inneren der Glocke herstellte, gesteckt waren und die in die Mitralis eingefügte Glasröhre, luftdicht verschlossen. Der verlängerte Manometerschenkel, der zugleich die Fortsetzung der Pulmonalis bildete, wurde durch einen Gummischlauch mit einem an der Decke des Zimmers angebrachten Wasserbehälter, die Saugröhre mit dem Waldenburg'schen Apparat verbunden. Dadurch, dass ich die Pulmonalis mit einem so hoch sich befindenden Wasserbehälter verband, erreichte ich ein reichliches Vorhandensein von Wasser in den Lungengefässen, was ich ohne einen solchen Druck nicht in dem Grade erreicht haben würde, weil die Gefässe keine Flüssigkeit in sich dulden, die nicht unter einem Drucke steht, der wenigstens ebenso hoch ist, als die Kraft, womit sich zusammenzuziehen bestreben. Einen solchen Druck in der Pulmonalis herzustellen war jedoch nur möglich, wenn das Manometer mit Quecksilber und nicht mit Wasser gefüllt war. Das Quecksilber stieg 3 ^{cm}. Der Druck in der Pulmonalis entsprach also einem Drucke von 6 ^{cm} Hg. Nachdem ich durch Aufhängen von Gewichten die Luft in dem Waldenburg'schen pneumatischen Apparat verdünnt und den vom Wasserbehälter nach der Pulmonalis führenden Schlauch mit den Fingern zugedrückt und das Abfliessen aus der in die Mitralis eingefügten Röhre verhindert hatte, löste ich den Faden, der die Luftwege von der atmosphärischen Luft trennte. Je stärker ich nun die Luft in der Glocke verdünnte, je stärker also die Lunge ausgedehnt wurde, desto höher stieg das Quecksilber im Manometer, und umgekehrt.

Bei sehr starker Ausdehnung der Lunge stieg das Quecksilber noch 2 ^{cm}. Ich zeigte dies meinem Collegen Dr. Niemann hierselbst, der mich besuchte, um das Resultat meines Versuches kennen zu lernen, der also die Richtigkeit meines Experiments bestätigen kann.

Hiernach unterliegt es also keinem Zweifel, dass die Lunge wäh-

rend der Inspiration weniger Blut enthält als während der
Exspiration.

Ich hätte nun auch gern versucht, ob die Lunge während der
Einathmung oder während der Ausathmung für Flüssigkeit durch-
gängiger ist. Es war mir dies jedoch nicht möglich, weil ich nicht
einen so starken Druck in der Pulmonalis hervorrufen konnte, der erforderlich wäre, um einen gleichmässigen Strom aus den Pulmonalvenen
zu erzielen, ohne das Quecksilber aus dem circa 10 ^{cm} hohen Manometer
zu treiben. Leider konnte ich auch bei unbehindertem Zufluss des
Wassers in die Lunge die Capacität der Lungengefässe während der In-
und Exspiration nicht genau ermitteln. Der Wasserbehälter war nicht
so construirt, dass ein Sinken und Steigen des Wassers in demselben mit
Zahlen festgestellt werden konnte. Der Versuch jedoch war für mich
genügend, um zu demselben Resultat zu gelangen wie Quincke und
Pfeiffer, dass nämlich die Ausdehnung der Lunge durch Ansaugung
die Capacität der Lungengefässe in toto zunimmt, wenn der Zufluss
von aussen in die Lunge unbehindert ist. **Dieses ist aber im
natürlichen Zustande nicht der Fall.**

Das Steigen des Quecksilbers im Manometer hat eine doppelte Ursache. Nehmen wir vorläufig an, dass der Zufluss in die Pulmonalis
während der In- und Exspiration ein gleicher oder — wie in dem Versuche — der Zu- sowohl wie der Abfluss abgeschnitten wäre, so sind es
hier zwei Momente, die im natürlichen Zustande eine grössere Blutmenge
der Pulmonalis, in dem Versuche ein Steigen des Quecksilbers zur Folge
haben müssen. Das eine derselben ist durch die Lage der Pulmonalis
bedingt. Dadurch, dass letztere dem ganzen negativen Lungendruck ausgesetzt ist, während dieses mit den Arterien in der Lunge, namentlich
den kleineren, und den Lungencapillaren nur zum Theil der Fall ist, muss
die aspirirende Wirkung der Pulmonalis grösser sein als diejenige der
Lungenarterien und Capillaren. Die Pulmonalis wird erweitert und ist
so im Stande eine grössere Blutmenge während der Inspiration aufzunehmen.

Das zweite Moment ist in der Verkleinerung der Lumina der kleinsten Lungenarterien und Capillaren während der Ausdehnung der Lunge
zu suchen, weil hierdurch die Durchflussmenge eine geringere und und
eine Stauung in den grossen Lungenarterien und in der Pulmonalis eintreten muss, was gleichbedeutend ist mit dem Steigen des Quecksilbers
im Manometer.

Auf die Vertheilung und die Bewegung des Blutes in den
Lungenvenen haben die erwähnten beiden Momente einen noch weit-
grösseren Einfluss. Der während der Inspiration erhöhte negative Lungen-

druck übt von aussen einen Zug auf den linken Vorhof und die grossen
Lungenvenen aus, wodurch eine Volumvergrösserung der genannten Organe erzielt wird, die wiederum zunächst die Aspiration des in den
kleineren Lungenvenen vorhandenen Blutes zur Folge hat. Der erhöhte
negative Lungendruck ist die wichtigste bewegende Kraft des Lungen-
venenblutes. Als zweiter Motor desselben ist die während der Inspiration
stattfindende Verengerung der Lungencapillaren und kleinen Lungenvenen
zu bezeichnen. Das Blut wird hierdurch gewissermaassen aus der Lunge
herausgepresst.

Es geht deutlich hieraus hervor, dass die Lunge nicht, wie bis jetzt
angenommen wurde, sich einem Schwamme ähnlich während der Inspiration vollsaugt, sondern vielmehr bestrebt ist das Blut aus sich zu entfernen.

Am Ende der Ausathmung sind die kleineren und kleinsten
Arterien und Venen, sowie die Capillaren der Lunge ad maximum aus-
gedehnt, enthalten also das im normalen Zustande möglichst grösste
Quantum Blut; die Pulmonalis und grossen Lungenarterien, der linke
Vorhof und die grossen Lungenvenen sind einem relativ niedrigen negativen Druck ausgesetzt, sind wenig dilatirt und enthalten die möglichst
kleinste Blutmenge. Beim Beginn der Einathmung steigt der negative Lungendruck und erreicht am Ende derselben seinen Höhepunkt.
Im selben Verhältniss nun, wie die Lunge ausgedehnt wird, wird die
Capacität der kleinen Arterien, Venen und Capillaren geringer, so dass
sie am Ende der Inspiration ihr Minimum erreicht hat. Gerade
das Umgekehrte ist der Fall mit der Pulmonalis und den grossen Lungenarterien, dem linken Vorhof und den grossen Lungenvenen, welche in
Folge der Wirkung des erhöhten negativen Lungendruckes stark dilatirt
sind, also bei gewöhnlicher ruhiger Athmung das möglichst grösste Blut-
quantum enthalten. Mit dem Beginn der Exspiration verändert
sich der negative Lungendruck; der Blutdruck in der Pulmonalis und in
den Lungenarterien, sowie in dem linken Vorhof und den grossen Lungenvenen wird dadurch erhöht. Der in diesen Organen aufgespeicherte Blutvorrath wird bez. in die Pulmonalis und in die Aorta getrieben, wodurch
der arterielle Blutdruck in letzterer steigt. Ob dieses auch der Fall ist
in den Pulmonalarterien, ist schwer zu sagen.

Die mit dem Anfang der Exspiration eintretende Verminderung des
negativen Lungendruckes erhöht, die Vergrösserung der Lichtung der
kleinen Lungenarterien und Capillaren, welche eine leichtere Durchströmung des Blutes zur Folge hat, setzt den Blutdruck in der Pulmonalis
und in den grösseren Lungenarterien herab. Es ist ungewiss, welches
der beiden Momente das Uebergewicht behält, ob also der Blutdruck in

den Arterien des kleinen Kreislaufes während der Exspiration steigt oder fällt.

Wir setzten hierbei voraus, dass die Speisung der Pulmonalis mit Blut während einer Athmung die gleiche, oder wie bei dem Versuche der Zu- und Abfluss verhindert wären. In der Wirklichkeit wird jedoch meiner Ueberzeugung nach der Pulmonalis während der Exspiration mehr Blut zugeführt als während der Inspiration. Der Blutdruck in dem Pulmonalsystem erreicht demnach sein Maximum während der Ausathmung, wie es auch im Aortensystem der Fall ist. Ich werde die Gründe anführen, die mich zu dieser Ansicht gebracht haben. Die Vena cava und das Herz sind dem negativen Lungendruck ausgesetzt, welcher der Hauptmotor des Körpervenenblutes ist. Er wirkt wie eine Saugpumpe. Mit dem Anfang der Lungenerweiterung beginnt auch seine Saugwirkung auf die Körpervenen im Thoraxraume. Die nachgiebigsten derselben erweitern sich zuerst. Bevor also von einer Ueberausdehnung des rechten Vorhofes die Rede sein kann, füllt sich die dünnwandigere Vena cava. Erst wenn sie so stark dilatirt ist, dass ihre Widerstandskraft der des in Diastole sich befindenden Vorhofes gleich ist, kann von einer weiteren Ausdehnung des letzteren durch die Saugwirkung des negativen Lungendrucks die Rede sein. Bei gewöhnlicher ruhiger Athmung findet also erst gegen Ende der Inspiration eine stärkere Füllung des Vorhofes statt. Die während der Einathmung stattfindenden Herzcontractionen befördern also im Mittel weniger Blut in die Pulmonalis als diejenigen der Ausathmung. Darnach muss der Blutdruck in der Pulmonalis während der Ausathmung grösser sein als während der Einathmung, analog den Druckverhältnissen im Aortensystem.

Auch bei tiefen Inspirationen verhält sich der Blutdruck in der Pulmonalis wie der in der Aorta. Wird tief und schnell eingeathmet, steigt der Druck nicht; es ist im Gegentheil anzunehmen, dass er fällt, weil der hohe negative Lungendruck die vollständige Entleerung verhindert. Bei tiefer und langsamer Einathmung dagegen ist es möglich, dass gegen Ende derselben der Blutdruck zu steigen anfängt, weil das Herz Zeit bekommt sich häufiger zu contrahiren.

Bevor ich die Arbeit schliesse, erlaube ich mir noch auf die Consequenzen der hier ausgesprochenen Ansichten mit wenigen Worten aufmerksam zu machen.

Je mehr die Lunge sich der Exspirationsstellung nähert, desto blutreicher, je mehr sie sich der Inspirationsstellung nähert, desto blutleerer müssen die kleinsten Arterien und Venen und die Capillaren der Lunge sein. Bei oberflächlicher Athmung ist ersteres, bei tiefer letzteres der

Fall. Sollte demnach die Blutstauung in der Lunge bei oberflächlich athmenden Individuen nicht die Hauptursache verschiedener Lungenkrankheiten sein?

Auf diese Frage näher einzugehen ist jedoch hier nicht der Ort. Ich behalte mir vor, in einer pathologischen Zeitschrift sie eingehender zu ventiliren.

Flensburg, 8. April 1879.

Verhandlungen der physiologischen Gesellschaft zu Berlin.

Jahrgang 1878—79.

XII. Sitzung am 12. März 1879.[1]

1. Hr. GRUNMACH spricht: „Ueber Fortpflanzungsgeschwindigkeit der Pulswellen". Sein Vortrag wird in *diesem Archiv* erscheinen.[2]

2. Hr. FRITSCH hält den angekündigten Vortrag: „Notiz zum histologischen Bau der Leber" und demonstrirt die betreffenden Präparate.

Ueber wenige Organe haben wohl die histologischen Anschauungen in der neueren Zeit eine so radicale Umwälzung erfahren als über den Bau der Leber, und zwar dreht sich die Frage hierbei hauptsächlich um die Beziehung der Leberzellen zu den Gallenwegen. Die ältere Anschauung, welche noch in den Handbüchern von Kölliker (Gewebelehre) ihre Vertretung fand, betrachtete die Leberzellen gleichsam locker hineingestopft in die zu blasigen Hohlräumen erweiterten feinsten Gallenwege, so dass jene ein gewuchertes unregelmässig gelagertes Epithel dieser darstellen würden.

Solche Auffassung die heutigen Tages wohl als vollkommen verlassen zu bezeichnen ist, hat vom rein theoretischen Standpunkt den Vorzug der Einfachheit für sich und vielleicht liesse sich dieselbe in anderer Form aufrecht erhalten, während wir als eine unbestreitbare Errungenschaft der Histologie die Existenz feinster Gallenwege zwischen den Zellen als Gallencapillaren verzeichnen müssen.

Anordnung und Verlauf dieser Gallencapillaren ist bekanntlich durch die Arbeiten von Hering, Chrzouszcewsky, Eberth, Biesiadecki und Anderen näher festgestellt worden; doch ist auch Hering selbst (Stricker's Handbuch der Gewebelehre 1872) noch ziemlich zurückhaltend hinsichtlich der histologischen Natur der feinsten Gallengänge, indem er die entgegenstehenden Ansichten der Autoren wiedergiebt, ohne seine eigene Ansicht scharf zu präcisiren. Es handelt sich hierbei wesentlich darum, ob diese Gänge als selbständige Canäle

---

[1] Die in der XI. Sitzung am 14. März d. J. gehaltenen Vorträge (Hr. WEIL: „Ueber Tyrosin", und Hr. GAD: „Ueber das Latenzstadium des Muskelelementes und des Gesammtmuskels") sind anderswo veröffentlicht. Hrn. GAD's Arbeit findet sich in *diesem Archiv*, oben S. 250.

[2] S. unten S. 418 ff.

mit eigener Wandung oder als einfache Intercellularräume, als Eindrücke der Zellwandung oder der Zellkörpers und dadurch entstehende Bildung von Halbcanälen, die sich gegenseitig ergänzen, aufzufassen seien. Als Vertreter der ersteren Ansicht unter Annahme einer kernführenden Membrana propria erscheint bereits Budge und ihm hat sich M'Gillavry wesentlich angeschlossen, auf dem Standpunkt der letzteren Ansicht steht wohl noch die Mehrzahl der Autoren mit Hering selbst.

Einen Schritt weiter ging in neuerer Zeit Kupffer, welcher auf der Naturforscher-Versammlung in Wiesbaden 1873 berichtete, wie es ihm gelungen sei, von den Gallenwegen aus intracellulare Hohlräume an der Kaninchenleber zu injiciren, deren Verbindung mit der Gallencapillare durch kurze, äusserst feine Canälchen (Beobacht. durch Hartnack. Imm. Nr. 10) erfolge. Er betrachtet diese Hohlräume als „Secretkapseln", wie sie an manchen Drüsen der Insecten beobachtet worden sind. Die Regelmässigkeit des Auftretens der injicirten Räume bestimmte ihn, zufällige Extravasation auszuschliessen.

Die Rücksicht auf die angedeuteten Controversen veranlasst mich, eine Reihe von Präparaten vorzulegen und einige erläuternde Bemerkungen dazu zu machen, da ich glaube, dass dieselben weitere Einblicke in die Beurtheilung des histologischen Baues der Leber gewähren.

Die Injection der Gallenwege ist in höherem Maasse als andere solche Operationen launischer Natur und von wechselnden Erfolgen begleitet, wobei die Beschaffenheit des Objectes selbst, die Injectionsmasse und die Technik des Operirenden mannigfachen Einfluss ausübt.

Bei der Leber eines Kaninchens, welche mit einem anerkannt feinen aber mässig kräftigen Beale's Blau von den Gallengängen aus und nachher mit Carminleim von der Vena hepatica aus injicirt wurde, ergab sich das eigenthümliche Resultat, dass beide Massen, die blaue mit einer gewissen Häufigkeit, die rothe gelegentlich, in einzelne Leberzellen übertraten. Dieser Leber entnommene Schnitte, wie sie die vorliegenden Präparate darstellen, zeigen also ein blaugeflecktes Ansehen, hier und da mit eingestreuten rothen Flecken; die Flecke entsprechen aber unverkennbar dem Gesammtraum der Zellen, deren Kerne in der farbigen Masse noch kenntlich blieben, und nicht besonderen intracellulären Räumen. Das Vorkommen sowohl roth als blau injicirter Zellen (Vena hepatica und Gallenwege) lehrt unzweifelhaft, dass ein Durchbruch von den Blutbahnen wie von den Gallenwegen her nach den Zellen zu stattgefunden hat. Das isolirte Auftreten solcher injicirten Zellräume, welche gelegentlich ganz einzeln mit kaum zu bemerkenden Zuführungsgängen im Gesichtsfelde des Mikroskop erscheinen, beweist aber ebenso sicher, dass für die Gallenwege wie für die Blutbahnen ein bis in die feinsten Verzweigungen isolirtes Canalsystem besteht, da sich sonst die einmal extravasirende Masse unmöglich auf eine einzige Zelle in ihrer Ausbreitung beschränken würde.

Wie verhalten sich nun aber die Gallencapillaren im vorliegenden Object? Auch darüber lassen sich an den Präparaten besonders unter Benutzung der Zerzupfungsmethode interessante Aufschlüsse gewinnen. Das Bild derselben ist an den Zellgruppen ein doppeltes, entsprechend den beiden Ansichten der Leberzellen selbst: Die in der Aufsicht unregelmässig polygonalen Zellen erscheinen von dem Netzwerk der Gallencapillaren umzogen — die schmalere unregelmässig viereckige Seitenansicht der Zellen zeigt diese Capillaren im ovalen Querschnitt, die grösste Axe des Ovals senkrecht zur Richtung der Zellreihe gestellt.

Dabei ergiebt sich die bereits von Hering hervorgehobene Thatsache, dass die Capillaren beim Kaninchen als Regel, man möchte sagen, mit ängstlicher Genauigkeit in den Zellgränzen die Mitte zwischen den beiden benachbarten Blutcapillaren einhalten. Es folgt daraus, dass ein gewisser Antagonismus in der Vertheilung zwischen den Gefässen beider Systeme in dem Sinne stattfindet, dass bei freier, radiärer Ausstrahlung der Blutcapillaren von der Vena centralis aus die Gallencapillaren sich in den intercapillären Zellreihen aufsteigend verhalten; wo hingegen die letzteren zwischen den flach ausgebreiteten Zelllagen ihre Netze bilden, die ersteren vorherrschend im Querschnitt erscheinen. Somit kann man sich Gesichtsfelder im Mikroskop suchen, wo die Gallencapillaren in Aufsicht und andere wo sie im Querschnitt vorwiegend erscheinen; die Verhältnisse wechseln aber im Acinus so mannichfach, dass für diesen beim Kaninchen wenigstens sich eine allgemeine Anordnung nicht feststellen liess. Es ergiebt sich aus der beschriebenen Lagerung der Gallencapillaren an den Leberzellen, dass diese nicht, wie es neuere Histologen angeben, stets wenigstens um die Breite einer Leberzelle von der nächsten Blutcapillare entfernt sind, sondern als Regel nur um die halbe Dicke einer solchen Zelle.

Die beschriebene Anordnung der Gallenwege beim Kaninchen entspricht fast vollständig der von Hering gegebenen, nur dass er die Querschnitte der Capillaren drehrund fand, während ich sie von ovaler Gestalt beobachtete; im Allgemeinen kann ich Hering's Angaben über dieses System durchweg bestätigen.

Was die Frage nach der Selbständigkeit der Gallencapillaren anlangt, so findet man in den Zerzupfungspräparaten häufig vorstehende Stümpfe solcher Capillaren an der Grenze der Zellgruppen, seltener sieht man eine Capillare in grösserer Ausdehnung isolirt, oder sie umzieht noch eine freihervorstehende Zelle in ihrer ganzen Ausdehnung. Auch an den injicirten Zellen sieht man die Grenze der Capillare noch deutlich: alle diese Befunde sprechen für die Selbstständigkeit der Wandung der Gallencapillaren, welche ich somit für die berechtigtere Anschauung erklären muss; ob aber die structurlos erscheinende Wand als aus Endothelzellen gebildet zu betrachten sei, sowie ob sie kernführend ist, darüber geben die vorliegenden Präparate keinen Aufschluss.

Nach den soeben recapitulirten Beobachtungen erscheint die Vermuthung berechtigt, dass Kupffer doch seiner Meinung entgegen nicht präformirte Räume (Secretkapseln) der Zellen injicirt hat, sondern die extravasirende Masse, die Capillare an schmaler Stelle durchbrechend, dem gewählten Druck gemäss den weicheren Theil des Zellprotoplasmas vor sich herdrängend selbst die „Secretkapsel" in der Zelle schuf. Soll die Analogie zwischen den so genannten Organen der Insecten festgehalten werden, so würde das ganze System der Gallencapillaren als solches damit zu parallelisiren sein.

Die allgemeine histologische Auffassung der Leber als Drüse ist nach den neueren Untersuchungen, denen sich die vorstehenden Beobachtungen ergänzend anreihen dürften, nicht so einfach, als man früher glaubte; doch fehlt es nicht an Beispielen, dass auch andere früher für einfach acinös erklärte Drüsen in neuerer Zeit einen complicirteren Bau erkennen liessen. Ich erinnere bei dieser Gelegenheit an die von Bermann beschriebenen tubulösen Drüsen in den Speicheldrüsen der Kaninchen und anderer Säugethiere. Können die Verzweigungen der Gallenwege nicht die Grundlage des acinösen Baues der Leber abgeben, so bleibt noch das wenn auch schwache Stützgewebe zwischen den Zellen und die Capsula

Glissonii als mögliche Grundlage dafür, in welche sich das System der Gallencapillaren hineindrängt. Was die Function anlangt, so erscheint die sorgfältige Sonderung der Blutcapillaren von den Gallencapillaren darauf berechnet, die Möglichkeit eines Rücktrittes von Gallenstoffen in das Blut thunlichst zurückzuhalten.

3. Hr. L. Lewin macht folgende Mittheilung: „Ueber das Verhalten der Trisulfocarbonate, der Xanthogensäure und des Schwefelkohlenstoffs im thierischen Organismus".

I. Die trisulfocarbonsauren Alkalien.

Die Untersuchungen über das Verhalten des im Thierkörper erst zur Abspaltung gelangenden Schwefelwasserstoffs, das ich durch Einführung des Schlippe'schen Salzes constatirt habe, führte mich darauf, ähnliche geschwefelte Verbindungen nach der gleichen Richtung hin zu prüfen. Ich benutzte hierzu die trisulfocarbonsauren Alkalien, die, wie bekannt, Dumas in geistreicher Weise zur Unschädlichmachung der Phylloxera mit Erfolg anwandte. Werden in der hypothetischen Kohlensäure:

$$CO \begin{matrix} OH \\ OH \end{matrix}$$

sämmtliche Sauerstoffatome durch Schwefel ersetzt, so erhält man die Trisulfocarbonsäure,

$$CS \begin{matrix} SH \\ SH \end{matrix}$$

die selbst sehr unbeständig ist, deren lösliche Alkalisalze aber als rothbraune Flüssigkeit durch Zusammenbringen von Aetzalkali mit Schwefelkohlenstoff leicht erhalten werden können. Es war vorauszusetzen, dass gleichwie im Boden, auch im Thierkörper die Zersetzung dieser Salze in der Weise vor sich gehen würde, dass durch den Einfluss der Kohlensäure neben Schwefelkohlenstoff sich freier Schwefelwasserstoff nach folgendem Schema bilden würde:

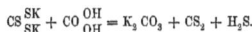

$$CS \begin{matrix} SK \\ SK \end{matrix} + CO \begin{matrix} OH \\ OH \end{matrix} = K_2 CO_3 + CS_2 + H_2S.$$

Trat dieser Fall ein, so musste auch eine Elementareinwirkung des Schwefelwasserstoffs auf das Blut in der von mir früher angegebenen Weise eintreten. Das Experiment bestätigte diese Annahme. Führt man Thieren, je nach der Grösse 0.5—1 ^{gr} trisulfocarbonsaures Alkali subcutan ein, so macht sich alsbald eine Ausscheidung von Schwefelwasserstoff aus den Lungen bemerkbar, und im Blute der etwa nach 1—3 Stunden, bei intravenöser Application schon nach einigen Minuten, zu Grunde gegangenen Thiere findet man bei der spektroskopischen Untersuchung zwischen C und D nahe am D liegend, einen Absorptionsstreifen, der weder durch Alkalien, noch durch reducirende Mittel in seiner Lage verändert, bezw. zum Verschwinden gebracht wird. Wenn die Natriumlinie auf 47, der α-Streifen des Oxyhämoglobin zwischen 46 und 50 und der β-Streifen zwischen 57 und 64 der Millimeterscala liegt, so befindet sich dieser Absorptionsstreifen zwischen 38 und 40. Durch diese Verhältnisse ist die

Identität dieses Absorptionsstreifens mit dem durch Schwefelwasserstoff ausserhalb des Thierkörpers im Blute erzeugten nachgewiesen. Es fragt sich nun, ob nicht auch dem sich gleichzeitig abspaltenden Schwefelkohlenstoff eine elementare Einwirkung auf das Blut zuzuschreiben ist. In der That ist dies, wie ich bald zeigen werde, der Fall. Diese Einwirkung ist jedoch durchaus anderer Art; denn der im Körper sich abspaltende Schwefelkohlenstoff bedingt das Auftreten eines Absorptionsstreifens, der dem Hämatin angehört, und sich also durch seine Lageverhältnisse sowie durch sein Verhalten gegen chemische Reagentien von dem durch Schwefelwasserstoff erzeugten unterscheidet. Weswegen nun durch Einführung von trisulfocarbonsauren Alkalien nicht diese beiden Absorptionsstreifen gleichzeitig sichtbar werden, darüber giebt vielleicht eine Beobachtung Hoppe-Seylers[1] Aufschluss. Derselbe fand, „dass der Absorptionsstreifen der sauren albuminhaltigen Albuminlösung beim Einleiten von Schwefelwasserstoff undeutlich wird, vielleicht endlich ganz verschwindet". Man könnte sich also vorstellen, dass bei der Zerlegung der Trisulfocarbonate im Blute der Einfluss des Schwefelkohlenstoffs, der sonst zu Tage treten würde, durch den gleichzeitig freiwerdenden Schwefelwasserstoff aufgehoben wird.

II. Die Xanthogensäure und der Schwefelkohlenstoff.

Es lag nach der eben berichteten Untersuchung nahe, einen Körper in den Bereich des Experimentes zu ziehen, der zu den Sulfocarbonaten in einer gewissen Beziehung steht. Werden in der hypothetischen Kohlensäure

$$CO \frac{OH}{OH}$$

nur zwei Sauerstoffatome durch Schwefel ersetzt, so entsteht die Trisulfocarbonsäure

$$CS \frac{OH}{SH};$$

und tritt an Stelle des Wasserstoffs in dem Hydroxyl die Aethylgruppe ein, so entsteht die Xanthogensäure:

$$CS \frac{OC_2 H_5}{SH}$$

Dieselbe lässt sich als schweres, gelbbraunes, in Wasser unlösliches Oel leicht aus xanthogensauren Alkalien darstellen. Die letzteren, z. B. das xanthogensaure Kalium erhält man durch Zusammenbringen von alkoholischer Kalilauge mit Schwefelkohlenstoff. Es ist von der Xanthogensäure bekannt, dass sie durch Wärme eine Zerlegung in Alkohol und Schwefelkohlenstoff erleidet:

$$CS \frac{OC_2 H_5}{SH} = CS_2 + C_2 H_5 (OH)$$

und es traten an mich die Fragen heran: 1) ob diese Spaltung in derselben Weise im Thierkörper vor sich geht, um 2) wenn dies der Fall war, ob eines der beiden Spaltungsproducte eine ihm sonst nicht zukommende Einwirkung auf Körperbestandtheile, insbesondere auf das lebende Blut auszuüben im Stande

---

[1] Hoppe-Seyler, *Medic.-chem. Untersuchungen.* Heft 1. S. 153.

wäre. Um die erste Frage zu beantworten, liess ich Thiere durch Müller'sche
Ventile athmen, von denen das Exspirationsventil als Sperrflüssigkeit farbloses
Triäthylphosphin enthielt, welcher mit Schwefelkohlenstoff eine rothe Verbindung
eingeht. Es gelang mir auf diese Weise, mit Sicherheit die Ausscheidung von
Schwefelkohlenstoff aus den Lungen darzuthun. Die mit Xanthogensäure (1—2 ^{gr})
behandelten Thiere gehen in einigen Stunden unter den Erscheinungen der Erstickung zu Grunde, nachdem zuvor eine vollkommene Anästhesie des ganzen
Körpers bestanden hat. Durch kleinere Dosen erzielt man besonders bei Meerschweinchen und Ratten Schlaf und Anästhesie, die nach einiger Zeit aufhören
können, mitunter ohne sichtbare nachtheilige Folgen zu hinterlassen. Diese Einwirkung der Xanthogensäure beruht nach dem vorher Auseinandergesetzten auf
dem combinirten Einfluss des Schwefelkohlenstoffs und des Alkohols.

Bei allen durch Xanthogensäure vergifteten Thieren findet man nun im
Blute einen Absorptionsstreifen im Roth des Spectrums, der in allen Beziehungen
mit dem des Hämatins in saurer Lösung übereinstimmt. Derselbe wird hervorgerufen durch die Fähigkeit des Schwefelkohlenstoffs die rothen Blutkörperchen
aufzulösen, in ähnlicher Weise wie dies auch das Nitrobenzol zu Wege bringt.
Der Schwefelkohlenstoff vermag in Blutlösungen ausserhalb des Thierkörpers,
wie dies schon Preyer nachwies, diesen Absorptionsstreifen im Roth hervorrufen — es ist mir jedoch nicht gelungen durch Vergiftung mit fertigem
Schwefelkohlenstoff — wie ich auch die Vergiftung einrichtete — denselben zu
erzeugen.

Hierdurch beantwortet sich die zweite Frage, die ich mir stellte, dahin,
dass der aus der Xanthogensäure im Thierkörper sich abspaltende Schwefelkohlenstoff eine energischere Wirkung auf das Blut auszuüben vermag als der
fertig eingeführte. —

Die Details dieser Untersuchung sowie Weiteres über die xanthogensauren
Alkalien behalte ich mir vor demnächst in einer grösseren Arbeit niederzulegen.

XIII. Sitzung am 18. April 1879.

1. Hr. GRUNMACH macht, im Anschluss an seinen in der vorigen Sitzung
gehaltenen Vortrag, folgende Bemerkung:

Gegen die von Hrn. Tripier[1] aufgestellte und von Hrn. Leyden unter-
stützte Hypothese, wonach die Zunahme des Verspätungsintervalles zwischen
dem Spitzenstoss und dem Carotispulse bei Kranken, welche an Insufficienz der
Aortenlappen leiden, dadurch bedingt sei, dass die mit dem Beginn der Systole
zuerst erzeugte Welle den Blutstrom im Rücklaufe treffe, lässt sich Folgendes
einwenden: Der Vortragende hat nicht allein bei Kranken mit Insufficienz der
Aortenklappen, sondern auch bei solchen mit Insufficienz der Mitralklappe, wo
der angenommene Rücklauf des Blutstromes nicht in Frage kommen kann, für
das Verspätungsintervall zwischen dem Spitzenstoss und dem Pulse der grösseren
peripheren Schlagadern Zahlenwerthe erhalten, die in demselben Verhältniss zu
den Normalwerthen stehen, wie dies bei der Insufficienz der Aortenklappen der

---

[1] *Revue mensuelle de médecine et de chirurgie.* 1877.

Fall ist. Zum Beweise dienen die aus einer grösseren Anzahl von Werthen berechneten Mittelwerthe der Zeitintervalle.

Dieselben betrugen bei einer mittelgrossen, normalen Versuchsperson im Alter von vierundzwanzig Jahren

zwischen dem Spitzenstoss und dem Pulse der Art. carotis   0·10 Sec.
   „   „   „   „ „ „ „ „   radialis   0·162 „
   „   „   „   „ „ „ „ „   pediaea   0·219 „

bei einer mittelgrossen, an Insufficienz der Aortenklappen leidenden Person im Alter von einundzwanzig Jahren

zwischen dem Spitzenstoss und dem Pulse der Art. carotis   0·131 Sec.
   „   „   „   „ „ „ „ „   radialis   0·20 „
   „   „   „   „ „ „ „ „   pediaea   0·271 „

und bei einer mittelgrossen, an Insufficienz der Mitralklappe leidenden Person im Alter von sechundzwanzig Jahren

zwischen dem Spitzenstoss und dem Pulse den Art. carotis   0·130 Sec.
   „   „   „   „ „ „ „ „   radialis   0·198 „
   „   „   „   „ „ „ „ „   pediaea   0·266 „

Dass die Differenzen zwischen den normalen und pathologischen Werthen in beiden Fällen ein gleiches Verhalten zeigen, ist durch die angegebenen Zahlen klar erwiesen.

Von Wichtigkeit für die Schlussfolgerung sind ferner die Werthe der Verspätungsintervalle, die bei Personen, welche an Arteriosclerose litten, gefunden wurden.

Bei einer solchen Person betrug das Zeitintervall

zwischen dem Spitzenstoss und dem Pulse der Art. carotis   0·076 Sec.
   „   „   „   „ „ „ „ „   radialis   0·132 „
   „   „   „   „ „ „ „ „   pediaea   0·178 „

Man ersieht aus diesen Zahlen, dass dieselben sich umgekehrt zu den Normalwerthen verhalten als dies bei den untersuchten Herzfehlern sich zeigte.

Die vom Vortragenden am Hunde und Menschen angestellten Versuche führten zu dem Ergebuiss, dass diejenigen Mittel, welche die Spannung im Aortensystem herabzusetzen geeignet sind, auch die Fortpflanzungsgeschwindigkeit der Pulswellen vermindern, dass dagegen diejenigen Mittel, welche den Blutdruck zu erhöhen im Stande sind, auch die Pulsgeschwindigkeit steigern. — Da nun aber bei den genannten Herzfehlern in der Mehrzahl der Fälle die Spannung im Aortensystem herabgesetzt, bei der Arteriosklerose dieselbe erhöht gefunden wird, so dürfte die Schlussfolgerung berechtigt sein, dass die verminderte Fortpflanzungsgeschwindigkeit der Pulswellen bei den untersuchten Herzfehlern durch die Abnahme der Spannung im Aortensystem, dass dagegen die gesteigerte Pulsgeschwindigkeit bei der Arteriosklerose durch die Zunahme der Spannung im Aortensystem zu erklären sei.

2. Hr. CHRISTIANI hält den angekündigten Vortrag: „Physikalische Mittheilungen" und spricht:

Ueber die Resonanz aperiodisirter Systeme.

I.

Das Interesse, welches heutzutage in so hohem Maasse Telephon, Mikrophon und Phonograph in Anspruch nehmen, wird mit Recht in ganz besonderer Weise von den Physiologen getheilt. In der That haben wohl die Hoffnungen, die sich an das Studium dieser Instrumente für den weiteren theoretischen Ausbau der physiologischen Akustik knüpfen, eine sehr weit gehende Berechtigung. Die genannten Apparate haben mit dem Ohre das gemeinsam, dass ihre Wirkung in erster Linie auf Mittönen beruht.

Denken wir uns einen Schallerreger E und zwar der Einfachheit halber einen schwingenden Punkt, dessen Elongation von der Gleichgewichtslage durch:

$$x_E = F \sin kt = f(t)$$

gegeben sein mag, worin $k = 2\pi h$, wenn h die Schwingungszahl des so entstandenen Tones ist, dann nennt man bekanntlich die Erscheinung der Uebertragung dieses Tones auf andere vorher ruhende Punkte oder Punktsysteme: Mitschwingen, Mittönen oder Resonanz. Bewegt sich das mitschwingende System R in einem Widerstand darbietenden Mittel und ist es durch eine elastische Kraft an seine Gleichgewichtslage gebunden, so wird seine Bewegungsgleichung, wenn wir uns dasselbe wiederum einfach punktförmig denken, und wenn m seine Masse x_R die Elongation aus der Gleichgewichtslage zur Zeit t bedeutet:

I)
$$m\,\frac{d^2 x_R}{dt^2} + b^2\,\frac{d x_R}{dt} + a^2 x_R - x_E = 0.$$

Als Lösung dieser Gleichung finden wir in der Literatur über Resonanz den Ausdruck:

II)
$$x_R = \frac{F}{m}\,\frac{1}{\sqrt{(n^2 - k^2)^2 + 4\varepsilon^2 k^2}}\,\sin\left(kt - \text{arc tang}\,\frac{2\varepsilon k}{n^2 - k^2}\right)$$
$$+ e^{-\varepsilon t}\,B\,\sin\left(\sqrt{n^2 - \varepsilon^2}\,t + c\right).$$

Die Theorie der Resonanz in ihrer einfachsten Form beruht auf der Discussion dieser Gleichung, in welcher:

$$\frac{b^2}{m} = 2\varepsilon; \quad \frac{a^2}{m} = n^2$$

gesetzt ist. Diese Lösung der Gleichung I) ist jedoch nur auf den Fall, dass $\varepsilon < n$, also dass die Wurzel:

$$r = \pm\sqrt{\varepsilon^2 - n^2} = \pm i\sqrt{n^2 - \varepsilon^2} = i\varrho$$

imaginär ist, zu beziehen. Die Fälle: $\varepsilon = n$ und $\varepsilon > n$, also die Fälle, wo Aperiodicität in der Bewegung des unter dem Einfluss nur der elastischen Kraft und des Widerstandes des Mittels sich bewegenden Punktes R herrscht, sind einer eingehenden theoretischen und experimentellen Behandlung bisher nicht unterzogen worden. Aus Gründen, auf die ich alsbald zu sprechen kommen werde, erscheint es aber von Interesse, auch diese Fälle der Discussion zugänglich zu machen, und ich will daher die Gleichungen für x_R, wenn $\varepsilon = n$ und wenn $\varepsilon > n$, hier ableiten und aufstellen. Ausserdem will ich noch der Vollständigkeit wegen die beiden Gleichungen für x_R hinschreiben, welche gelten, wenn entweder $\varepsilon = 0$ oder $n = 0$ ist. Es können die beiden letzteren als specielle Fälle von $\varepsilon < n$ und $\varepsilon > n$ betrachtet und daher unmittelbar hingeschrieben werden, indem man in der Gleichung II) $\varepsilon = 0$ und in der für $\varepsilon > n$ abzuleitenden Gleichung $n = 0$ setzt. Die Gleichungen für $\varepsilon = n$ und $\varepsilon > n$ bedürfen jedoch einer besonderen Ableitung, deren Umrisse ich ganz kurz andeuten will.

Man stütze sich auf das Verfahren von Lagrange zur Integration nichthomogener linearer Differentialgleichungen ν^{ter} Ordnung für den Fall, dass ν particuläre Integrale $y_1, y_2 \ldots y_\nu$ der homogenen linearen Differentialgleichung gleicher Ordnung bekannt sind. In unserem Falle, wo $\nu = 2$ ist und wo:

$$\text{III}_{\varepsilon > n} \begin{cases} y_1 = e^{-(\varepsilon + \tau)t} \\ y_2 = e^{-(\varepsilon - \tau)t} \end{cases} \qquad \text{IV}_{\varepsilon = n} \begin{cases} y_1 = e^{-\varepsilon t} \\ y_2 = t e^{-\varepsilon t} \end{cases}$$

gesetzt werden kann, erhält man dann aus:

$$x_R = y_2 \int_0^t \frac{f(t)}{m} \; \frac{dt}{\dfrac{dy_2}{dt} - \dfrac{y_2}{y_1}\dfrac{dy_1}{dt}} - y_1 \int_0^t \frac{y_2}{y_1} \frac{f(t)}{m} \; \frac{dt}{\dfrac{dy_2}{dt} - \dfrac{y_2}{y_1}\dfrac{dy_1}{dt}} \; ;$$

für den Fall $\varepsilon > n$:

$$x_R \atop {\varepsilon > n} = \frac{1}{2 m \tau} \left\{ e^{-(\varepsilon - \tau)t} \int_0^t e^{(\varepsilon - \tau)t} f(t)\, dt - e^{-(\varepsilon + \tau)t} \int_0^t e^{(\varepsilon + \tau)t} f(t)\, dt \right\} ;$$

worin τ ein reelles τ bedeutet.

Für den Fall $\varepsilon = n$ wird:

$$x_R \atop {\varepsilon = n} = \frac{1}{m} \left\{ t e^{-\varepsilon t} \int_0^t e^{\varepsilon t} f(t)\, dt - e^{-\varepsilon t} \int_0^t t e^{\varepsilon t} f(t)\, dt \right\} .$$

Um die beiden Integrale aufzulösen, setze man:

$$f(t) = F e^{ikt},$$

wodurch man in den sub III) und IV) gedachten Fällen zu folgenden complexen Lösungen gelangt:

$$\text{III}^a) \quad x_R \atop {\varepsilon > n} = \frac{F}{2\, m\, \tau} \left(\frac{(\varepsilon + \tau + ik)\,(e^{ikt} - e^{-\varepsilon t} e^{\tau t}) - (\varepsilon - \tau + ik)\,(e^{ikt} - e^{-\varepsilon t} e^{-\tau t})}{\varepsilon^2 - k^2 - \tau^2 + 2\,i\,\varepsilon\,k} \right)$$

$$\text{IV}^a) \qquad\qquad x_R \atop {\varepsilon = n} = \frac{F}{m} \left(\frac{e^{ikt} - e^{-\varepsilon t} - (\varepsilon + ik)\,t\,e^{-\varepsilon t}}{(\varepsilon + ik)^2} \right).$$

Setzt man den Zähler des eingeklammerten Bruches gleich $\mathfrak{a}$ und bildet man den Ausdruck:

$$(A - iB)\,\mathfrak{a}\,,$$

worin A und B zwei Constanten bedeuten, deren Werthe aus:

III^{b})
$$A\,(n^2 - k^2) + 2\,B\,\varepsilon\,k - \frac{F}{2\,\mathrm{r}} = 0\;.$$
$$2\,A\,\varepsilon\,k - B\,(n^2 - k^2) = 0$$

bezüglich aus:

IV^{b})
$$A\,(\iota^2 - k^2) + 2\,B\,\varepsilon\,k - \frac{F}{m} = 0$$
$$2\,A\,\varepsilon\,k - B\,(\iota^2 - k^2) = 0$$

zu entnehmen sind, so ist x_B gleich dem imaginären Theile des Ausdrucks $(A - iB)\,\mathfrak{a}$, wenn ursprünglich, wie wir es gethan haben, gesetzt war:

$$x_E = f(t) = F\,\sin k\,t.$$

Nimmt man aber als wirkende Kraft:

$$x_E = F\,\cos k\,t$$

an, so giebt der reelle Theil des genannten Ausdruckes die gesuchte Grösse, und diese letztere Annahme hat den Vorzug, dass man, wird $k = 0$ gesetzt, aus der resultirenden Gleichung unmittelbar die Bewegung ablesen kann, welche der betrachtete Punkt unter der alleinigen Wirkung einer constanten Kraft annehmen würde.

Für den Fall, dass:

$$x_E = F\,\cos k\,t,$$

lauten nunmehr die fünf Gleichungen der Resonanz:

1) $x_{\substack{R \\ \iota < \mathfrak{n}}} = \mathfrak{B}\left\{ \sin(k\,t + \psi) - e^{-\iota t}\,\frac{\sin\psi}{\sin\psi'}\,\sin(\varrho\,t + \psi') \right\};$

2) $x_{\substack{R \\ \iota > \mathfrak{n}}} = \mathfrak{B}\left\{ \sin(k\,t + \psi) - e^{-\iota t}\left[\sin\psi\left(\frac{\varepsilon + \mathrm{r}}{2\,\mathrm{r}}\,e^{\mathrm{r}\,t} - \frac{\varepsilon - \mathrm{r}}{2\,\mathrm{r}}\,e^{-\mathrm{r}\,t}\right) \right.\right.$
$$\left.\left. + \frac{k}{2\,\mathrm{r}}\,\cos\psi\left(e^{\mathrm{r}\,t} - e^{-\mathrm{r}\,t}\right)\right]\right\};$$

3) $x_{\substack{R \\ \iota = \mathfrak{n}}} = \mathfrak{B}\left\{ \sin(k\,t + \psi) - e^{-\mathfrak{n}\,t}\left[\sin\psi\,(1 + \mathfrak{n}\,t) - k\,t\,\cos\psi\right] \right\};$

4) $x_{\substack{R \\ \iota = 0}} = \mathfrak{B}\left\{ \cos k\,t - \cos \mathfrak{n}\,t \right\};$

5) $x_{\substack{R \\ \mathfrak{n} = 0}} = \mathfrak{B}\left\{ \sin(k\,t + \psi) - \sin\psi + \frac{k}{2\,\varepsilon}\,\cos\psi\left(e^{-2\,\varepsilon\,t} - 1\right) \right\};$

worin:

$$\mathfrak{B} = \frac{F}{m}\,\frac{1}{\sqrt{n^2 - k^2)^2 + 4\,\varepsilon^2\,k^2}}\;;$$
$$\sin\psi = \frac{n^2 - k^2}{\sqrt{(n^2 - k^2)^2 + 4\,\varepsilon^2\,k^2}}\;;$$

$$\cos \psi = \frac{2\,\varepsilon\,k}{\sqrt{(n^2 - k^2)^2 + 4\,\varepsilon^2\,k^2}} \; ;$$

$$\psi' = \text{arc tang } \frac{(n^2 - k^2)\,(n^2 - \varepsilon^2)}{\varepsilon\,(n^2 + k^2)} \; ;$$

Explicite lautet somit für $\varepsilon = n$ die Gleichung 3):

$$x_{\substack{R \\ \varepsilon = n}} = \frac{F}{m}\,\frac{1}{n^2 + k^2}\left\{ \sin\left(k t + \text{arc tang } \frac{n^2 - k^2}{2\,n\,k}\right) - e^{-nt}\left[\frac{n^2 - k^2}{n^2 + k^2}(1 + nt) - \frac{2\,nk}{n^2 + k^2}\,k\,t\right]\right\}$$

welche Gleichung für $k = 0$ in:

$$x_{\substack{R \\ \varepsilon = n \\ k = 0}} = \frac{F}{m\,n^2}\left\{ 1 - e^{-nt}(1 + nt)\right\}$$

übergeht. Entsprechend wird aus 2) für $k = 0$:

$$x_{\substack{R \\ \varepsilon \gtrless n \\ k = 0}} = \frac{F}{m\,n^2}\left\{ 1 - e^{-\varepsilon t}\left[\frac{\varepsilon + \tau}{2\,\tau}\,e^{\tau t} - \frac{\varepsilon - \tau}{2\,\tau}\,e^{-\tau t}\right]\right\} .$$

Es sind dieses zwei Gleichungen, die vollkommen übereinstimmen mit denen, die Hr. E. du Bois-Reymond für die aperiodische Bewegung eines Magnetes unter Einwirkung einer constanten ablenkenden Kraft aufgestellt hat.

Ist $f(t)$ als eine Summe von sin oder cosin gegeben, so gelten den obigen durchaus analoge Gleichungen.

II.

Ich will nunmehr den Resonanzbereich für ($\varepsilon = n$) aperiodisirte Resonatoren bestimmen.

Die lebendige Kraft des Mitschwingens ist:

$$L = \frac{F^2}{2\,m}\,\frac{\cos^2 \psi}{4\,\varepsilon^2} \; ;$$

und ihr Maximum, welches für $k = n$ eintritt, beträgt:

$$L_{\max} = \frac{F^2}{2\,m}\,\frac{1}{4\,\varepsilon^2} .$$

Für den Fall $\varepsilon = n$ hat man:

$$L_{\substack{k \lessgtr n \\ \varepsilon = n}} = \frac{F^2}{2\,m}\,\frac{k^2}{(n^2 + k^2)^2} \; ; \qquad L_{\substack{\max \\ \varepsilon = n = k}} = \frac{F^2}{2\,m}\,\frac{1}{4\,n^2} \; ;$$

so dass, wenn $k = \mathfrak{a}\,n$ ist,

$$\frac{L_{\substack{\max \\ \varepsilon = n = k}}}{L_{\substack{k = \mathfrak{a}\,n \\ \varepsilon = n}}} = \tfrac{1}{4}\left(\mathfrak{a}^{-1} + \mathfrak{a}\right)^2 \quad \cdots \quad \odot$$

wird. Betrachtet man nun z. B. bei der Variation von k, als den Umfang des Resonanzbereiches bestimmende Grenzwerthe, diejenigen Werthe von k, welche gerade noch den zehnten Theil der Intensität des Tones stärkster Resonanz caet. par. hervorzurufen vermögen, setzt man also:

$$a^2 - a\sqrt{40} + 1 = 0;$$

so findet man aus dieser für a quadratischen Gleichung die beiden Wurzelwerthe: $a_1 = 6{,}16225$ und: $a_2 = 0{,}16225$. Für n, den Ton stärkster Resonanz, sei:

$$n\,2^\omega$$

der terminus generalis der Octavenreihe, es bedeute also ω die Ordnungszahl der Octaven, dann erhält man aus:

$$k = n\,2^\omega = a\,n$$

$$\omega_1 = \frac{\log a_1}{\log 2} = 2{,}63$$

$$\omega_2 = \frac{\log a_2}{\log 2} = -2{,}63$$

und:

$$\omega_1 - \omega_2 = 5{,}26 .$$

Der Resonanzbereich für ($\varepsilon = n$) aperiodisirte Resonatoren beträgt also fünf und eine viertel Octave, wenn ein Zehntel der Intensität der Maximalresonanz als obere und untere Grenze gilt.

Der bekannte Satz[1]: „wenn der erregende Ton um irgend ein Intervall höher ist, als der eigenthümliche Ton des mittönenden Körpers, so ist das Mitschwingen gerade so stark, als wenn jener (bei gleicher Stärke) um dasselbe Intervall tiefer ist, als dieser" — lässt sich aus der Gleichung ⊙ für aperiodisirte Resonatoren ohne Weiteres ablesen, da dieser Ausdruck in Bezug auf a und dessen reciproken Werth symmetrisch ist.

III.

Von dem vorstehenden analytischen Material will ich nunmehr Gebrauch machen. Bekanntlich hat Hr. Helmholtz[2] das wesentliche Ergebniss seiner Beschreibung des Ohres dahin zusammengefasst, dass die Enden des Hörnerven überall mit besonderen theils elastischen, theils festen Hilfsapparaten verbunden gefunden werden, welche unter dem Einflusse äusserer Schwingungen in Mitschwingungen versetzt werden können, und dann wahrscheinlich die Nervenmasse erschüttern und erregen. Fragen wir uns, welches die Aufgabe der mitschwingenden Theile eines idealen Ohres sei, so lautet dieselbe zunächst dahin, dass die Dauer des Ausschwingens der mitschwingenden Theile eine möglichst kleine, womöglich gleich Null sei. Dieses ist nöthig, um eine möglichst vollkommene Perception der Tonfolge zu bewirken, d. h. zu bewirken, dass in möglichst kleiner Zeit eine möglichst grosse Zahl zeitlich getrennter, gleicher oder verschiedener Töne zur distincten, zeitlich getrennten Wahrnehmung gelangen. Gleichzeitig wird so das Entstehen intensiverer Dissonanzen beim Ausklingen vermieden. Dem Gesetz der specifischen Energie zu Gefallen müssen die so gearteten mitschwingenden Theile auf bestimmte Töne abgestimmt sein: sie dürfen nur auf möglichst wenig andere, vom Eigentone sehr wenig verschiedene Töne mitschwingen.

---

[1] A. Seebeck in Dove's *Repertorium*, Bd. VIII, S. 64.
[2] *Lehre von den Tonempfindungen*, S. 219.

Man sieht, diese Forderungen tragen einen schroffen Widerspruch in sich. Da, wie unsere Gleichungen 2) und 3) und das Experiment zeigen, ein Mitschwingen aperiodisirter Systeme in vollkommenster Weise möglich ist, so werden zwar aperiodisirte Systeme am geeignetsten, ja sogar einzig und allein geeignet erscheinen, die durch Nachklingen entstehenden Fehler total zu beseitigen, weil bei ihnen füglich weder von einem Eigentone, noch von einem Ausschwingen im Eigentone die Rede sein kann. Aber mit der Zunahme der Dämpfung wächst der Resonanzbereich, d. h. es wird um gleich starkes (im Vergleich zur Maximalresonanz eben noch merkliches) Mitschwingen zu erzeugen, die Differenz zwischen erregendem Tone und Eigentone des resonirenden Theiles um so grösser sein dürfen, je grösser die Dämpfung ist. Nehmen wir nun vollends einen so hohen Grad von Dämpfung an, dass Aperiodicität dabei erreicht wird, so erhält der Resonanzbereich nach unserer obigen Berechnung einen enormen Umfang, so dass die zweite Forderung auch nicht annähernd erfüllt wird. Die bildende Natur hat diesen Zwiespalt auf das Glücklichste gehoben, indem sie die Aufgabe zweien verschiedenartigen mitschwingenden Theilen überwiesen hat, Theilen, deren Function als Resonatoren wir daher auch principiell zu unterscheiden gezwungen werden.

Der eine Theil ist das Trommelfell, der andere wird von der membrana basilaris und den Corti'schen Bögen gebildet.

Wenn das Trommelfell, welchem nur in sehr beschränkter Weise eine grössere Anzahl von Tönen stärkster Resonanz zugesprochen werden kann, aperiodisch sich bewegt, so erfüllt es die vorgeschriebene Aufgabe in vollkommenster Weise, da es durch keine Rücksichten in Bezug auf das Gesetz der specifischen Energieen gebunden ist. Sein Resonanzbereich gewinnt dabei einen ausserordentlich grossen Umfang und, indem es frei von Eigentönen wird, gestattet es schnellste Tonfolge. Die Neuzeit hat Analoga für das Trommelfell in den manometrischen Kapseln von Hrn. R. König, in den Membranen des Phonautographen, des Phonographen und des Telephons und auch im Mikrophon. Das Trommelfell freilich übertrifft noch alle diese aperiodischen Resonatoren, indem eventuell die Anzahl seiner Töne stärkster Resonanz durch Accommodationsspannungen noch vermehrt werden kann, nach oben hin durch Contraction des Tensor tympani, nach unten hin durch Contraction des Stapedius. Wenn der dem höchsten erreichbaren Tone stärkster Resonanz zukommende Resonanzbereich bei ansteigender Höhe des erregten Tones überschritten wird, so muss die lebendige Kraft des Mitschwingens verschwinden. Ein solches Versagen der Resonanz bei zunehmender Höhe des Tonerregers ist für das Telephon von Hagenbach beobachtet und jüngst[1] publicirt. Mir war eine entsprechende Erscheinung schon seit Ende vorigen Jahres bekannt, und habe ich von derselben bereits in einer der Decembersitzungen der hiesigen physikalischen Gesellschaft Mittheilung gemacht. Meine Beobachtung war in sofern eine andere, als ich mit der Combination: Mikrophon — Telephon operirte. Das benutzte Mikrophon, von dem Mechaniker unseres physiologischen Institutes, Hrn. Pfeil, in sehr vollkommener Weise dem Hughes'schen Original nachgebildet, gestattet fast vollkommen reine Uebertragung von Stimmgabeltönen bei einer bestimmten Spannung der Feder, welche die Reibung in der Axe des Hebels vermehrt. Dieser Dämpfung entspricht ein Ton stärkster

---

[1] Wiedemann's *Annalen der Physik*. Bd. VI, S. 407 ff.

Resonanz, der Art, dass bei $k = 1400$, also bei einem auf jedem Clavier bequem zu erreichenden Tone die Resonanz versagt: von dort ab wird das Mikrophon taub für höhere Töne, jedoch so, dass es noch eine Zeitlang bei wachsendem k mit seinem höchsten Tone, also in constanter Schwingungszahl fortführt zu antworten.[1]

Ich habe mich im Vorstehenden überall des Ausdruckes: „Ton stärkster Resonanz" und nicht des Wortes: „Eigenton" bedient, weil ich wegen des Nichtvorhandenseins eines Ausschwingens im Eigentone anzunehmen berechtigt bin, dass bei diesen Mechanismen, falls sie gut justirt sind, Aperiodicität herrscht. Aus den angestellten Betrachtungen und den Beobachtungen am Mikrophon und Telephon schliesse ich, dass auch die obere Grenze des zeitlichen Hörens im normalen Zustande nicht gebunden ist an die absolute Höhe, bis zu welcher, um mich kurz auszudrücken, die Scala der inneren Resonatoren des Ohres ansteigt, sondern an die Höhe des zur Zeit durch Accommodation erreichbaren höchsten Tones stärkster Resonanz, an n_{max}. Nehmen wir Aperiodicität: $\varepsilon = n$ für das Trommelfell an, so würde ohne Accommodation sein Resonanzbereich $5\frac{1}{4}$ Octave betragen, wobei allerdings die höchsten und die tiefsten Töne pr. pr. $\frac{9}{10}$ der Intensität einbüssen würden. Das genannte Intervall entspricht übrigens sehr nahezu an Grösse dem, in welchem sich unsere musikalischen Compositionen gewöhnlich bewegen: die modernen Claviere umfassen sieben Octaven, die fünf höchsten und die fünf tiefsten Töne hiervon kommen jedoch nur selten in Anwendung. Die Unterscheidung der Höhe bei Tönen, die jenseit der Grenze der musikalischen Scala liegen, ist nur eine sehr unvollkommene.

Da mit wachsender Dämpfung die Intensität der Resonanz abnimmt, so involvirt die Annahme einer Aperiodicität bewirkenden Dämpfung des Trommelfelles die durch die Erfahrungen am Telephon bestätigte Voraussetzung einer besonders hohen Empfindlichkeit des nervus acusticus.

Ich füge noch einige Worte hinzu über die Dämpfung der zweiten Art mitschwingender Theile im Ohre, der Corti'schen Bögen mit der membrana basilaris.

Nach Hrn. Helmholtz (a. a. O. S. 611) ist anzunehmen, dass in dem Bruche:

$$\frac{2\varepsilon k}{n^2 - k^2} = \frac{2\varepsilon}{n\left(\frac{n}{k} - \frac{k}{n}\right)}$$

für gleiche Werthe von $\frac{n}{k}$ durch die ganze Scala der Corti'schen Fasern sehr nahezu gilt:

$$\frac{\varepsilon}{n} = \text{const.}$$

Auch hier läge die Annahme nahe, dass diese Constante $= 1$, d. h. dass: $\varepsilon = n$ sei für alle Bögen; dieselbe ist aber zu verwerfen wegen der zu grossen Ausdehnung des dabei stattfindenden Resonanzbereiches, also aus demselben Grunde, aus dem sie sich für das Trommelfell durchaus empfiehlt. Nach Hrn. Helmholtz's Schätzungen (a. a. O. S. 223) genügt eine Dämpfung von etwa:

$$\varepsilon = 0.4\, n$$

---

[1] Hr. Hagenbach fand die Grenze der Telephonwirkung bei ungefähr 8000 Schwingungen.

mit einem Resonanzbereich von einem Tone, um in Bezug auf Perception der
Tonfolge den nöthigen Grad von Feinheit und Reinheit zu erzielen.

Die Gleichungen für aperiodische Mitbewegung werden ersichtlich überall
da Berücksichtigung verdienen, wo Entstehung von Eigenschwingungen zu vermeiden ist, also zum Beispiel bei allen graphischen Apparaten, unter Anderem
aber auch bei der offenbar aperiodisch sich vollziehenden Accommodation im
Auge, wo Oscillationen um die zeitliche neue Gleichgewichtslage schon wegen
der Nachbilder sehr störend wirken würden.

3. Hr. ADAMKIEWICZ sprach: „Ueber das Verhalten der Salzsäure
und der fixen Alkalien im Körper des Menschen".

Der Vortragende wies zunächst darauf hin, dass man die Oxydationsvorgänge im lebenden Körper, die man in die Gewebe d. h. in das Protoplasma
der Zellen verlegt, mit Recht von der alkalischen Beschaffenheit der Körper-
säfte abhängen lässt. Denn er hat gefunden, dass das Eiweiss auch
ausserhalb des Körpers bei Gegenwart von Sauerstoff oxydirend
wirkt und dass diese Wirkung durch die Gegenwart von Alkali
erheblich gefördert wird. So verwandelt todtes Eiweiss Jod in $\left.{JO_3 \atop H}\right\}O$
und zwar in höherem Grade, wenn es $Na_2\,CO_3$ enthält, als ohne dasselbe. Auch
die Derivate des Albumin haben diese Eigenschaft mit Ausnahme des Harnstoffs.

Bei so wichtiger Beziehung zwischen der Alkalescenz der Säfte und der
Oxydationsfähigkeit der Zelle schien es dem Vortragenden des Interesses werth,
zu untersuchen, wie sich die Alkalescenz der Säfte im Körper des höchst orga-
nisirten Geschöpfes, des Menschen, gegen deletäre Einflüsse verhalte und ob sie
durch Darreichung von Säuren gemindert werde oder nicht.

Er bediente sich zur Untersuchung dieser Frage einer von ihm selbst er-
sonnenen acidimetrischen Methode, weil er gefunden hat, dass die allgemein geübten bei nicht stark ausgesprochener Reaction der Excrete nicht unter allen
Umständen anwendbar und verlässlich sind. Die seinige besteht im Wesentlichen darin, dass ein neutrales Extract von Lakmus in ähnlicher Weise wie
bei der Liebig'schen Methode der Harnstofftitrirung verwandt wird. — Man
kann mit ihrer Hilfe noch mit Sicherheit Tausendtheile Eines Grammes von
Säure und Alkali in beliebigen, selbst ganz dunklen Extracten (z. B. von Fäces)
bestimmen.

Als Säure wandte der Vortragende HCl an und gab sie, da er früher
(vergl. diese *Verhandlungen*, Sitzung vom 26. Juli 1878 und vom 17. Januar
1879) gefunden hat, dass das NH_3 in den Säften des Menschen verschwindet
und wahrscheinlich Harnstoff wird, in Form des $NH_4\,Cl$. — Aus dem Gehalt
des Harnes an Chlor und Ammoniak nach den Salmiakfütterungen konnte er
mit Leichtigkeit die Menge von Salzsäure berechnen, welche sich innerhalb der
Säfte vom Salmiak abgespalten hatte. Diese Menge verglich er mit der Acidität
des Harnes und fand, dass sie durch die in den Säften frei gewordenen Säure
nur um einen Bruchtheil derselben gesteigert wurde. Daraus muss gefolgert
werden, dass die Salzsäure, da sie neutralisirt im Harn erscheint, Alkali der Säfte
bindet, aber die Alkalescenz derselben nur unwesentlich ver-
ändert. Denn der Harn, dessen Acidität mit dem Alkaligehalt der Säfte steigt
und sinkt, gewinnt trotz Salzsäurezufuhr sehr wenig an Acidität.
Diese Thatsache kann nur so erklärt werden, dass die Säfte in gleichem Ver-

hältniss, als sie Alkali an die Salzsäure abgeben, neues Alkali aus den fixen Geweben auslaugen. Es besteht also hier eine Art von Alkaliregulirung.

Wenn diese Erklärung richtig ist, so muss den Geweben die Kraft innewohnen, fixes Alkali zu retiniren und aufzuspeichern.

Der Vortragende gab Versuchspersonen $Na_2 CO_3$ und konnte in der That feststellen, dass dasselbe nicht vollkommen in den Excreten wiedererschien.

4. Hr. IMMANUEL MUNK sprach: „Ueber die Resorption der Fettsäuren, ihre Schicksale und ihre Verwerthung im Organismus".

Wie gross der Antheil vom Nahrungsfett ist, welcher im Darmrohr nicht emulgirt wird, sondern der Spaltung durch das Pankreas- und Fäulnissferment unterliegt, ist noch eine durchaus offene Frage. Von dem Gesichtspunkte aus, der Lösung jener Frage vielleicht näher treten zu können, hat der Vortragende im Laboratorium des Hrn. Prof. Salkowski an Hunden abwechselnd mit Fett und mit Fettsäuren längere Fütterungsreihen unternommen und die Ausnutzung sowohl des Fettes als der Fettsäuren im Darmkanal, sowie ihre Einwirkung auf die Zersetzungsprocesse festgestellt. Es wurde durchgehends Schweinefett bez. die daraus (durch Verseifung und Zersetzung der gebildeten Seifen mittels Säuren) gewonnenen Fettsäuren in Anwendung gezogen; das Gemisch von Fettsäuren, das man so aus Schweinefett erhält, schmilzt bei 35—36° C., also unterhalb der Temperatur des Körpers.

Zur Entscheidung der Frage, ob überhaupt und in welchem Grade den Fettsäuren die physiologische Bedeutung des Fettes als eines vorzüglichen Sparmittels zukommt, welches den Eiweissverbrauch des Körpers wesentlich beschränkt, wurde ein Hund von circa 25^k Körpergewicht mit einem aus 800^{grm} Fleisch und 70^{grm} Fett bestehenden Futter in N-Gleichgewicht gebracht, in der nächstfolgenden Periode das Fett im Futter durch die aus je 70^{grm} Fett darstellbaren Fettsäuren ersetzt und während der ganzen Versuchsreihe die N-Ausscheidungen durch Harn und Koth festgestellt. Es entleerte der Hund im Durchschnitt

von 9 Tagen der Fettfütterung:

27·68 N mit dem Harn, 0·4 N mit dem Koth, macht 28·08 N,

von 6 Tagen der Fettsäurefütterung:

27·81 N mit dem Harn, 0·45 N mit dem Koth, macht 28·26 N.

Danach würde also — die Differenz, als unter 1 Proc. gelegen, kommt nicht in Betracht — durch Fettsäuren die gleiche Ersparniss im Eiweissverbrauch bewirkt werden, wie durch das entsprechende Fettäquivalent. Das Resultat musste um so gesicherter sein, wenn wo möglich bei einem sehr grossen Thiere der Nachweis gelang, dass man auch für längere Zeiträume, Wochen hindurch das Fett im Futter durch die entsprechende Menge von Fettsäuren ersetzen kann, ohne dass der Eiweissverbrauch dabei eine Steigerung erfährt. Zu diesem Versuche wurde ein sehr grosser Hund von fast 31^k gewählt; nach einer längeren Vorfütterung kam er mit nur 600^g Fleisch und 100^g Fett in N- und (annähernd auch) Körpergleichgewicht (Per. I). Alsdann wurden ihm durch 21 Tage hindurch die Fettsäuren aus je 100^g Fett gegeben (Per. II):

24*

eine Nachperiode (III) mit Verabreichung von Fett schloss die Reihe. Die durchschnittliche tägliche Ausscheidung betrug:

I.   20·06 N mit dem Harn, 0·42 N mit dem Koth, macht 20·48 N
II. 19·42 „ „   „   „   0·5 „   „   „   „   „   19·92„
III. 21·22 „ „   „   „   0·41 „ „   „   „   „   21·63 „

Das Körpergewicht, das in der Vorperiode nur zwischen 30·89 und 30·75 ^{k} schwankte, betrug am Ende der Fettsäurefütterung 30·85 ^{k}, in der Nachperiode fiel es auf 30.51 ^{k} herab. Es ergiebt sich somit aus dieser Versuchsreihe, dass ein **Hund, der mit einem Futter aus Fleisch und Fett in N- und Körpergleichgewicht sich befindet, im Gleichgewicht verharrt, auch wenn 21 Tage hindurch statt des Fettes nur die in letzterem enthaltenen Fettsäuren gegeben werden; es kommt also den Fettsäuren die gleiche Bedeutung als Sparmittel zu, wie dem Fett.**

Bezüglich der Form, in welcher die Fettsäuren der Resorption zugänglich gemacht werden können, hatte man bislang die Vorstellung, dass ihr Uebergang aus dem Darme in die Säfte nur nach vorgängiger Verseifung erfolgen könne. Von Hrn. Prof. Salkowski auf die Emulgirbarkeit der Oelsäure durch Sodalösung aufmerksam gemacht, hat der Vortragende durch Versuche festgestellt, dass, wie die Fettsäuren mit den resp. Fetten in einer Reihe physikalischer Eigenschaften übereinstimmen, so auch die Bedingungen für die Emulgirung derselben durch Eiweiss- und Alkalilösungen sehr ähnliche sind. Mit 20 ^{ccm} einer $^1/_4$ procentigen $Na_2 CO_3$ - Lösung kann man 1, ja sogar 2 ^{g} Fettsäuren in eine schöne, milchweisse Emulsion überführen [1]; nach stöchiometrischen Principien können, entsprechend 0·05 $Na_2 CO_3$, nur etwa 15—20 Proc. von den Fettsäuren verseift sein; die überwiegende Menge derselben ist von der Seifenlösung in Form freier Fettsäuren emulgirt. Ebenso kann man mit 20 ^{ccm} einer z. B. 7 procentigen Lösung von Serumalbumin $^1/_2$ ^{g} Fettsäure und darüber emulgiren; dann dem Gehalt der Eiweisslösung an freiem Alkali können hierbei höchstens 0·04—0·05 ^{g} von den Fettsäuren verseift sein. Da nun ähnliche Bedingungen, wie in den angeführten Versuchen sich im Darmkanal finden, so dürfte der Vorgang der Emulgirung freier Fettsäuren auch innerhalb des Darmrohrs ermöglicht sein. Der Beweis, dass die Resorption derselben in der That in Emulsionsform erfolgt, lässt sich aus der chemischen Zusammensetzung des Chylus nach Fettsäurefütterung direct führen.

Tödtet man ein Thier einige Stunden nach Fütterung mit Fettsäuren, so wird man von der prallen Injection der Chylusgefässe (des Mesenterium) mit einem milchweissen Inhalt, nicht anders, als es bei Verdauung von Fett der Fall ist, geradezu überrascht sein. Da aber Emulsionen fetter Säuren ebenso aussehen wie die reiner Fette und beide weder makro- noch mikroskopisch einen Unterschied darbieten, so wird man aus dem milchweissen Aussehen allein nicht schliessen dürfen, dass es sich um emulgirtes Fett handelt. Die Entscheidung darüber, ob es sich um Fett oder Fettsäuren event. um beides handelt, kann nur durch die genaue chemische Analyse des Chylus, welche Fettsäuren und

---

[1] Es ist selbstverständlich hierzu eine Temperatur erforderlich, bei der die Fettsäuren flüssig sind, also bei den Fettsäuren aus Schweinefett, 35—36 ^{0} C.

Fett von einander zu trennen gestattet, herbeigeführt werden. Es galt also bei Thieren nach Fütterung mit Fettsäuren eine bestimmte Zeit lang den Chylus aufzufangen und den Gehalt desselben an Neutralfett, Seifen und event. freien Fettsäuren zu bestimmen. Die nachfolgenden Versuche, in denen bei kräftigen Hunden von 17—38ᵏ (in tiefer Morphiumnarkose) der Chylus mittelst einer in den Ductus thoracicus, unmittelbar vor der Einmündung desselben in den Vereinigungswinkel der V. subclavia und jugul. commun. sin., eingelegten Canüle aufgefangen wurde, gelangten im physiologischen Laboratorium der hiesigen Thierarzneischule zur Ausführung.

Was die Fettmenge betrifft, die durch den Brustgang eines hungernden oder nur eiweissverdauenden Hundes in einer bestimmten Zeit hindurchgeht, so liegen darüber bisher keine Beobachtungen vor; allenfalls lässt sich hierfür eine Bestimmung von Zawilski[1] verwerthen, der in seinen schönen Untersuchungen über den Gang und den Umfang der Fettresorption gefunden hat, dass in der 30. Stunde nach Fettfütterung, zu einer Zeit, wo nach seinen Erfahrungen die Fettresorption als vollständig beendet anzusehen ist, in einer Stunde mit dem Chylus 0·06ᵍ Fett durch den Brustgang eines Hundes von 13ᵏ hindurchgeht. Bei einem mit 300ᵍ mageren Pferdefleisch gefütterten Hunde von fast 34ᵏ hat der Vortragende in dem Chylus, der während der 7. Verdauungsstunde aus dem Brustgang aufgefangen worden ist, im Ganzen 0·1ᵍ Fett und 0·147ᵍ Seifen gefunden.

In mehreren, bei verschiedenen Hunden und zu verschiedenen Zeiten nach der Fütterung mit Fettsäuren angestellten Versuchen fand sich im Chylus, auf die während einer, der angegebenen Stunde aufgefangene Menge bezogen:

	Hund von 18ᵏ. Fettsäuren von 70 grm. 1½—2½ Stund.[3]	Hund von 21ᵏ. Fettsäuren von 100 grm.[3] 6½—7½ Stund.[3]	Hund von 38ᵏ. Fettsäuren von 100 grm. 7. Stund.[3]	Grosser Hund. Fettsäuren von 120 grm Fett. 11. Stunde.[3]
Fett . . .	0·87	1·01	2·33	1·75
Fettsäuren .	0·14	0·07	0·41	0·101
Seifen[4] .	0·154	0·17	0·18	0·199

Aus diesen Versuchen geht zunächst hervor, dass die Curve der Resorption der Fettsäuren sehr ähnlich verläuft der von Zawilski für das Fett gefundenen: auch hier erfolgt der Uebertritt der Fettsäuren in den Chylus schon in der 2. Stunde nach der Fütterung, erreicht gegen die 7. Stunde seinen Höhepunkt, auf dem er, wie es scheint, noch in der 11. Stunde verharrt. Von Interesse ist ferner der regelmässig nach Fettsäurefütterung nachweisbare Gehalt des Chylus an freien Fettsäuren, der zwischen 0·07 und 0·41 ᵍʳᵐ pro Stunde schwankt. Nicht weniger bemerkenswerth ist der Umstand, dass der Gehalt des Chylus an Seifen nur sehr geringe Differenzen zeigt (0·154 — 0·199ᵍʳᵐ), gleichviel, welches die Grösse der Resorption der Fettsäuren ist. Ja, die Menge der nach Fettsäurefütterung in der gleichen Zeit durch den Brustgang strömenden

---

[1] *Arbeiten aus der physiolog. Anstalt zu Leipzig.* Bd. XI, S. 147—167.
[2] Nach der Fettsäurefütterung.
[3] Einen Theil der Fettsäuren erbrach der Hund in Folge der Morphiuminjection.
[4] Als Fettsäuren gewogen.

Seifen ist nicht erheblich grösser, als dies bei reiner Eiweissverdauung der Fall ist (0·147 ᵍʳᵐ pro Stunde). Daraus muss wohl gefolgert werden, dass die Fettsäuren überwiegend in emulgirter Form zur Resorption gelangen. Endlich zeigt sich der Fettgehalt des Chylus nach Fütterung mit Fettsäuren um das 9 — 23fache gegenüber reiner Eiweissverdauung vermehrt. Der hohe Gehalt des Chylus an Fett und sein viel geringerer Gehalt an Fettsäuren kann wohl nicht anders gedeutet werden, als dass die Fettsäuren nicht nur resorbirt, sondern auf dem Wege von der Darmhöhle bis zum Brustgang einer Umwandlung zu Fett, einer Synthese unterlegen sind. Woher der Organismus das zur Synthese erforderliche Glycerin nimmt, bleibt vor der Hand noch dunkel.

Die Darlegung der einzelnen in Anwendung gezogenen Methoden und die analytischen Belege sollen in der ausführlichen Mittheilung gegeben werden.

--- -- --

XIV. Sitzung am 2. Mai 1879.

Hr. E. Salkowski giebt eine kurze Mittheilung über eine von ihm in Gemeinschaft mit Hrn. Prof. H. Salkowski in Münster ausgeführte Untersuchung: „Ueber die Fäulnissproducte des Eiweisses und über die Bildung der Hippursäure im Thierkörper".

Es steht fest, dass die Hippursäure, wenn auch in geringer Menge, im Harn des Hundes vorkommt und zwar auch bei ausschliesslicher Fütterung mit Fleisch und bei vollständigem Hunger. Dass die Benzoësäure, welche der Hippursäure zu Grunde liegt, in diesem Falle aus dem Eiweiss stammt, ist vielfach angenommen, jedoch fehlt bisher jede nähere Einsicht in diesen Vorgang. Man musste daran denken, ob sich nicht bei der Pankreasfäulniss aromatische Säuren oder nahestehende Substanzen bilden könnten, welche im Organismus zu Benzoësäure oxydirt werden können. So viel Untersuchungen nun über die Producte der Eiweissfäulniss vorliegen, ist doch dieser Punkt noch nicht berücksichtigt. Die Untersuchungen der Verff. sind vorwiegend auf diesen Punkt gerichtet gewesen, doch ergaben sich bei denselben noch einige andere Resultate, welche Beachtung verdienten.

Was die Anstellung der Versuche betrifft, so leuchtet es ein, dass die Bedingungen für den Ablauf des Fäulnissvorganges — die Natur des Materials, seine mechanische Vertheilung, der Wassergehalt der Fäulnissmischungen, die Alkalescenz des Mediums, die Temperatur, die Zeitdauer der Fäulniss, die Natur der Fäulnissorganismen, der mehr oder weniger freie Zutritt von Luft — eine so grosse Zahl von Combinationen ergeben, dass an eine erschöpfende Bearbeitung des Themas einstweilen kaum zu denken ist. Die Verff. haben daher eine Reihe von Bedingungen constant erhalten. Es wurde stets auf 50 ᵍʳᵐ des Trockengewichtes des Eiweisskörpers 1 Liter Wasser genommen mit einem Zusatz von 15 ᶜᶜᵐ concentrirter Lösung von kohlensaurem Natron und eine Temperatur von etwa 40° eingehalten. Leicht fäulnissfähiges Material, wie Fleisch, wurde unter diesen Bedingungen sich selbst überlassen, schwieriger faulendes mit einigen Tropfen einer solchen Fleischmaceration, nachdem diese 24 Stunden bei 40° verweilt hatte, geimpft.

1) Blutfibrin, Fleischfibrin und frisches Fleisch liefert unter diesen Bedingungen stets Hydrozimmtsäure (Phenylpropionsäure) nur in einem Fall, der vierzehn Tage dauerte, nicht diese, sondern Phenylessigsäure Aus käuflichem Serumalbumin und Hornsubstanz (Wolle) wurde regelmässig. die letztere erhalten, doch dauerte die Fäulniss in diesen Fällen stets sehr lange (34 bis 60 Tage); aus der Hornsubstanz ausserdem noch eine neue aromatische Säure von der Zusammensetzung $C_9H_8O_3$, die in derben, glasglänzenden, prismatischen Krystallen auftritt vom Schmelzpunkt 148°. Sie ist mit keiner der bekannten isomeren Säuren identisch und vielleicht eine der noch unbekannten Oxyphenylessigsäuren.

Es war nun von vornherein sehr wahrscheinlich, dass die Hydrozimmtsäure im Organismus zu Benzoësäure oxydirt werden und diese in Hippursäure übergehen möchte. Diese Voraussetzung bestätigte sich in der That vollständig. Die Säure, in Quantitäten von 1.5 bis 2 ^{grm}, grösstentheils als Natronsalz einem Hunde eingegeben, geht vollständig in gewöhnliche Hippursäure über, ohne eine Spur einer isomeren Säure zu bilden. Damit ist für die so lange unaufgeklärte Hippursäureausscheidung bei Fleischnahrung eine befriedigende Erklärung gewonnen. Die Thatsache, dass auch ein hungerndes Thier Hippursäure bildet, spricht wiederum dafür, dass nicht nur im Darmkanal, sondern auch in den Geweben und Organen fäulnissartige Processe — neben anderen — verlaufen, welche zur Abspaltung aromatischer Substanzen aus dem Eiweiss führen.

Die Phenylessigsäure wird dagegen im Organismus nicht oxydirt, sie bleibt vielmehr unangegriffen, doch verbindet sie sich, wie die Benzoësäure, mit Glycocoll und bildet eine Säure, die man am richtigsten wohl Phenacetursäure benennt. Ihre Constitution wird durch die Formel

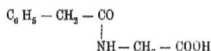

$$C_6H_5 - CH_2 - CO$$
$$|$$
$$NH - CH_2 - COOH$$

ausgedrückt.

2) Unter den Fäulnissproducten des Fleisches wurde in den ersten Tagen der Fäulniss Bernsteinsäure in verhältnissmässig beträchtlicher Menge gefunden. Die Bildung derselben ist von Interesse, wenn man sich an das Auftreten von Bernsteinsäure bei der Alkoholgährung und verschiedener anderen Gährungsprocessen erinnert.

3) Endlich konnten auch feste fette Säuren — hauptsächlich Palmitinsäure — unter den Fäulnissproducten des Serumalbumins und sorgfältig entfetteten Fleischfibrins festgestellt werden. Wir beabsichtigen, die Frage der Fettsäurebildung unter Anwendung eines ganz vorwurfsfreien Materials — Pepton — weiter zu verfolgen, sowie überhaupt unsere Versuche fortzusetzen.

Unter den bei der Destillation der Fäulnissgemische auftretenden Producten ist besonders eine flüchtige schwefelhaltige organische Verbindung und Skatol hervorzuheben.

Die erstere geht schon über, bevor noch die Flüssigkeit in's Kochen geräth; sie bildet ein schwach gelbliches, in Wasser untersinkendes Oel von mercaptanartigem Geruch. Ihre Menge ist sehr gering, sodass einstweilen nichts Weiteres über diese Substanz festgestellt werden konnte, doch verdient hervorgehoben zu werden, dass hiermit zum ersten Mal eine organische Schwefelverbindung als Spaltungsproduct des Eiweisses festgestellt ist.

Skatol, das bisher durch Fäulniss erst einmal von Nencki erhalten wurde und zwar nach fünf Monate langer Dauer bei gewöhnlicher Temperatur, haben wir öfters in ansehnlichen Mengen erhalten (schon nach 8 bis 10 Tagen bei 40°), doch sind die Bedingungen für die Bildung desselben an Stelle oder neben dem Indol noch nicht klar.

Endlich sei noch auf die grosse Quantität Phenol hingewiesen, die sich bei lange fortgesetzter Fäulniss findet. Muskelfibrin liefert — allerdings bei 30 tägiger Fäulniss — nicht weniger wie 2·7 Proc. Phenol. Bezüglich der Trennungsmethoden und weiterer chemischer Details verweisen wir auf das 6. Heft der *Berichte der deutschen chemischen Gesellschaft.*

XV. Sitzung am 16. Mai 1879.

1. Hr. A. AUERBACH hält den von ihm angekündigten Vortrag: „Zur Kenntniss der Ausscheidung des Phenols aus dem Thierkörper".

I. Ausgehend von den Untersuchungen Tauber's,[1] welche gezeigt haben, dass in den Körper des Hundes eingeführtes Phenol aus demselben nur zum Theil (30·5—55·6 Proc.) als solches wieder ausgeschieden wird, und von der Annahme, dass das Verschwinden des übrigen verfütterten Theils auf der Oxydation des Phenols im Thierkörper beruhe, hat der Vortragende im Laboratorium des Hrn. Prof. Salkowski den Einfluss von Alkalien auf die Ausscheidung des Phenols geprüft: zugleich in der Absicht, festzustellen, ob eine erhöhte Alkalescenz des Blutes die Oxydationen im Thierkörper steigere, die Phenolausscheidung also verringere. Es wurde an weibliche Hunde, welche durch eine Nahrung von Fleisch, Fett und Wasser auf Körpergleichgewicht erhalten wurden, mit der Nahrung an mehreren Tagen Phenol und an darauf folgenden Phenol und Alkali (bis zu 10 grm kohlensaures oder doppeltkohlensaures Natron: soviel dass der Harn der nächsten 24 Stunden alkalisch reagirte) verfüttert. In dem durch Catheterisiren erhaltenen Harn wurde das Phenol als Tribromphenol durch Destillation mit Salzsäure und Fällung mit Bromwasser bestimmt. Ebenso wurde mit den Faeces verfahren; es sei hier gleich bemerkt, dass sich in denselben niemals, weder an Normal- noch an Phenolfütterungstagen, Phenol nachweisen liess.

In der I. Versuchsreihe erhielt eine Hündin von 14·9 k Körpergewicht an 4 Tagen pro Tag 0·523—0·602 grm, zusammen 2·25 grm Phenol und schied davon wieder aus 1·2492 grm Phenol = 55·51 %. An 6 darauf folgenden Tagen erhielt dasselbe Thier täglich 0·602 grm, zusammen 3·612 grm Phenol und dazu täglich 6·5—10·0 grm kohlensaures Natron. Von dem eingegebenen Phenol wurden während dieser Periode wieder ausgeschieden 2·544 grm = 70·44 %. Die erhöhte Alkalescenz des Blutes während der zweiten Periode steigerte demnach die Ausscheidung des Phenols, verminderte seine Oxydation. Eine II. Versuchsreihe, an einem Hund von 15·3 k auf gleiche Weise wie die erste ange-

---

[1] *Zeitschr. f. physiol. Chem.,* Bd. II, S. 366 ff.

stellt, ergab das gleiche Resultat. In einer III. Versuchsreihe erhielt ein Thier von $31 \cdot 5^{k}$ Körpergewicht an 5 Tagen zusammen $3 \cdot 255^{grm}$ Phenol und täglich $1 \cdot 5 - 2 \cdot 0^{grm}$ der offic. Salzsäure in 10 procent. Lösung; von dem Phenol wurden wieder ausgeschieden $1 \cdot 8436^{grm} = 56 \cdot 06 \,^{0}/_{0}$. An 3 folgenden Tagen erhielt das Thier täglich $10 \cdot 0^{grm}$ Alkali und zusammen $2 \cdot 021^{grm}$ Phenol und schied von diesem wieder aus $1 \cdot 2924^{grm} = 63 \cdot 94 \,^{0}/_{0}$.

Die so gefundene Thatsache, dass die Phenolausscheidung durch Darreichung von Alkalien gesteigert wird, schien die Annahme, dass eine erhöhte Alkalescenz des Blutes die Oxydationsvorgänge im Thierkörper befördere, zu widerlegen. Jene Thatsache liess indess noch eine andere Deutung zu. Das giftige Phenol geht, wie Baumann gefunden, im Thierkörper in die ungiftige Phenolätherschwefelsäure über, von der Christiani's[1] Versuche an Kaninchen zu lehren schienen, dass sie, einmal gebildet, nicht wieder zersetzt wird. Man konnte sich nun vorstellen, dass durch Gaben von Alkalien die Bildung des unzersetzlichen phenoläthorschwefelsauren Salzes befördert und dadurch die Phenolausscheidung gesteigert werde. Es war dann zunächst die Voraussetzung dieser Annahme, dass das phenoläthorschwefelsaure Salz den Thierkörper unverändert wieder verlässt, für den Hund zu prüfen. Es zeigte sich, als an einem Hund phenolätherschwefelsaures Kalium verfüttert wurde, dass dasselbe im Körper dieses Thieres und zwar, wie Controlversuche ergaben, nicht etwa schon im Magen desselben zersetzt wird. Das Thier erhielt am 1. Tage $1 \cdot 177^{grm}$ phenolätherschwefelsaures Kalium ($= 0 \cdot 522^{grm}$ Phenol) und schied davon nur $0 \cdot 177^{grm}$ Phenol $= 33 \cdot 9 \,^{0}/_{0}$ wieder aus. Von an einem 2. Tag gereichten $0 \cdot 217^{grm}$ des Salzes ($= 0 \cdot 54$ Phenol) schied es $0 \cdot 1956^{grm}$ Phenol $= 36 \cdot 22 \,^{0}/_{0}$ und von $1 \cdot 1549^{grm}$ ($= 0 \cdot 5121$ Phenol), an einem 3. Versuchstag verfüttert, schied es $0 \cdot 3076^{grm}$ Phenol $= 60 \cdot 06 \,^{0}/_{0}$ wieder aus. Die Fütterungen mit phenolätherschwefelsaurem Kalium lassen sich sonach nicht verwenden, um die Steigerung der Phenolausscheidung bei Eingabe von Phenol und Alkali auf die Bildung jenes Salzes zurückzuführen.

II. Es wurden von dem Vortragenden Versuche angestellt, um zu ermitteln, was aus demjenigen Theil des Phenols wird, welcher nach Phenoleinführung im Körper des Hundes verschwindet bez. ob aus demselben, wie Salkowski[2] schon vor längerer Zeit angenommen, Oxalsäure wird. Die nach verschiedenen Methoden ausgeführten Oxalsäure-Bestimmungen im Harn und Blut normaler und mit Phenol gefütterter bez. vergifteter Hunde bieten der letzterwähnten Annahme keine Stütze.[3]

Die Details dieser Untersuchungen und die analytischen Belege werden in einer ausführlichen Mittheilung demnächst gegeben werden.

3. Hr. Preuss spricht: „Ueber die Anwendung des Telephons in der ärztlichen Praxis zur Erkennung einseitiger Taubheit".

Seit dem Bekanntwerden des Telephons, bez. Mikrophons ist man im Stande, Töne und Geräusche auf grosse Entfernungen hörbar zu machen.

---

[1] Zeitschr. f. physiol. Chem., Bd. II, S. 286.
[2] Pflüger's Archiv, Bd. V, S. 335 ff.
[3] Mit dem Oxalsäurenachweis im Harn nach Phenolfütterung hat sich in letzter Zeit auch Schaffer beschäftigt (Journ. f. prakt. Chem., Bd. 18, Heft 5 und 6). Des Vortragenden diesbezügliche Versuche sind beendet gewesen, bevor die Publication Schaffer's erschienen ist.

Operirt man mit nur einem Empfängertelephon, und legt dasselbe wechsel-
weise an das rechte oder linke Ohr, so werden auf elektrischem Wege übermittelte Gehörsempfindungen — gesunde Gehörsorgane vorausgesetzt — immer
nach der Seite des gerade benutzten Ohres hin verlegt. Schaltet man aber in
gehöriger Weise zwei Telephone in den Kreis einer galvanischen Kette und
legt sie gleichzeitig an beide Ohren, so tritt, wie Silvanus Thompson[1] gefunden hat, die eigenthümliche Erscheinung auf, dass die zu einem akustischen
Bilde vereinigte Gehörsempfindung in den Hinterkopf verlegt wird.

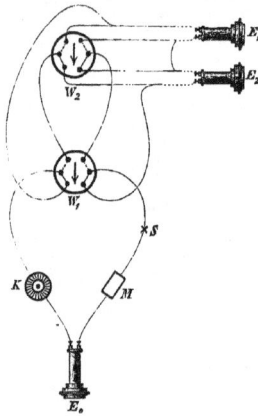

Diese Beobachtung lässt sich sehr wohl verwerthen, um unbewusste oder
bewusste Taubheit nachzuweisen; sie lässt sich aber auch dazu benutzen, das
Fehlen nicht vorhandener, vorgeschützter einseitiger Taubheit darzuthun.

Man bedarf dazu einer Vorrichtung, welche gestattet, den elektrischen
Strom beliebig durch jedes Telephon für sich oder durch beide zugleich zu
schicken. Wird dieser Wechsel in der Leitung vorgenommen, ohne dass der zu
Untersuchende Kenntniss davon erhält, so wird sich leicht der Thatbestand in
seinen Gehörsorganen feststellen lassen.

Der von mir benutzte Apparat, welchen ich in der physikalischen Abthei-

----

[1] S. den *Naturforscher von* Sklarek. 1879. No. 1, S. 5.

lung des physiologischen Institutes unter dankenswerther Mitwirkung des Hrn. Dr. Christiani zusammensetzte, besteht aus folgenden Theilen:

1) Einer Noë'schen Stornsäule (K, siehe Zeichnung),
2) einem Hughe'schen Mikrophon (M),
3) zweien Empfängertelephonen (E_1 und E_2) für die zu untersuchende Person.
4) einem Empfängertelephon (Eo) für den Untersucher zur Controle, ob der Apparat in gehöriger Thätigkeit ist,
5) zweier Pohl'schen Wippen (beide ohne Kreuz, W_1 und W_2), welche den Uebergang von einer Versuchscombination zur anderen ermöglichen,
6) einem du Bois-Reymond'schen Schlüssel (S) zur Unterbrechung und Schliessung des Stromes.

Die beiden Wippen sind durch ein System von Drähten, deren Anordnung am besten aus der beigegebenen Zeichnung ersichtlich ist, so geschaltet, dass mittels der einen Wippe (W_1) der Strom durch beide Telephone geleitet wird, wenn dieselbe in der Richtung des Pfeiles umgelegt ist. Wird dagegen W_1 in entgegengesetzter Richtung umgelegt, so kann der Strom nur durch eines der beiden Telephone (E_1 und E_2) gehen. Um nämlich den Strom beliebig durch E_2 oder durch E_1 zu schicken, braucht man nur der Wippe W_2 die in der Zeichnung durch den Pfeil angedeutete oder die entgegengesetzte Stellung zu geben.

Zieht man nun bei Prüfung einer auf beiden Ohren gesunden Person, welche behauptet, auf einem Ohre taub zu sein, die verschiedenen Combinationen in bunter Folge in Anwendung, so wird es unschwer gelingen, sie zu Angaben zu veranlassen, welche mit dem vorgeschützten Leiden in Widerspruch stehen.

Das Vorhandensein einer auf einseitige Taubheit gerichteten Simulation ist erwiesen, sobald die Gehörsempfindung in die Mitte des Hinterhauptes verlegt, oder sobald eine Gehörsempfindung angegeben wird, während nur das eine der angeblich tauben Seite zugehörige Telephon wirkt.

Eine Schwierigkeit für die Untersuchung dürfte aus niedrigem Bildungszustande des zu prüfenden Individuums kaum erwachsen, da schon bei einem elfjährigen Kinde vollkommen richtige und schnelle Angaben erzielt werden konnten.

Zur Untersuchung empfehlen sich nicht so sehr Töne als Geräusche.

Für das Zustandekommen der Gehörsempfindungen mittels Telephon genügt die Knochenleitung allein nicht, denn setzt man dasselbe an die Stirn, an die Zähne, an die Warzenfortsätze, so wird überhaupt nichts gehört; es müssen deshalb die schwingungsfähigen Membranen der Gehörorgane in Thätigkeit gesetzt werden.

Zum Gebrauche für die Praxis lässt sich der Apparat insofern vereinfachen, als zur Erregung von Geräuschen — unter Fortlassung des Mikrophons — ein einfacher du Bois-Reymond'scher Vorreiberschlüssel, und als Stromquelle ein Daniell'sches Element benutzt werden kann.

Hr. Hugo Kronecker demonstrirte: „Die Unfähigkeit der Froschherzspitze, elektrische Reize zu summiren".

Jüngst hat Hr. S. v. Basch aus einer Reihe von interessanten Reizversuchen am Froschherzen den Satz gefolgert: „Es ist demnach ein gemeinschaftliches Merkmal der periodischen Reflex- und Herzbewegungen, dass sie der

Summation von Reizen ihre Entstehung verdanken".[1] Diese Analogie zwischen der Thätigkeit der nervösen Centren im Rückenmarke und solchen im Herzen vorauszusetzen, ist Hr. v. Basch wesentlich bewogen worden durch die Untersuchungen, welche der Vortragende im Jahre 1874 mit W. Stirling im physiologischen Institut zu Leipzig *„Ueber die Summation elektrischer Hautreize"*[2] und bald nachher *„Das charakteristische Merkmal der Herzmuskelbewegung"*[3] angestellt hat. In der That ist auch die zweite der genannten Arbeiten damals aus der Annahme entstanden, dass zwischen Herzreiz und Puls sich ähnliche Beziehungen würden auffinden lassen, wie zwischen Hautreiz und Reflexcontraction. Der Vortragende sagte in dieser Arbeit[4]: „Die bisherigen Erfahrungen liessen die Frage offen, ob das abgekühlte Herz deshalb erst nach jedem zweiten Reize eine Contraction ausführe, weil es zweier summirter Anstösse bedürfe, oder ob der erste Reiz nur darum spurlos vorübergehe, weil er das träge Organ noch nicht pulsbereit finde, der zweite aber für sich wirksam sei. Wir haben gesehen, dass es schon mit schwachen Reizen gelang, die halbe Anzahl der Pulse (in 10″ Intervall) zu wecken, und dass erst sehr beträchtlich intensivere Stösse regelmässige Folge hatten. Dies schien die zweite der oben erwähnten Möglichkeiten wahrscheinlich zu machen. Andererseits sahen wir aber auch bei schnellerem Reiztempo (4″ Intervall) jedem zweiten Stosse einen Puls folgen. Dies schien für die erste Alternative in's Gewicht zu fallen".

Für die zweite Ansicht entschied folgendes Resultat mehrerer Beobachtungsreihen: „Jo kühler das Herz wird, desto langsamer wird seine Bewegung, desto seltener werden die Pulse, welche es auszuführen geneigt ist. Werden die Contractionen vom Herzen in Zeitintervallen verlangt, welche grösser sind, als die seinem jeweiligen Beweglichkeitszustande entsprechenden Pulsperioden, so lösen verhältnissmässig schwache Reize unfehlbar[5] Zusammenziehungen aus; treffen mässige Antriebe das Herz vor Beendigung seiner Pulsperiode, so bleiben sie effectlos.[6] Um die Dauer der dem Herzen zwischen zwei Schlägen nothwendigen Ruhe, oder mit anderen Worten, den ihm adaequaten Pulsrhythmus zu finden, kann man entweder das Reizintervall suchen, welches gerade noch unfehlbar wirkt, oder das Herz durch so schnell folgende Reize treffen, dass die Dauer des Intervalls nicht in Betracht kommt, und die Pulsfrequenz bestimmen". „Wird ein bedeutend abgekühlter Froschherzventrikel mit starken, relativ sehr frequenten Reizen (1″ Intervall) behandelt, so schlägt er in möglichst raschem, häufig ganz regulärem Tempo (10—9 Mal pro Minute) der Art, dass er nur

---

[1] Ueber die Summation von Reizen durch das Herz. *Sitzungsber. d. K. Akad. der Wissensch.* Bd. 79. III. Abthlg., Jan.-Heft. Jahrg. 1879.
[2] *Arbeiten aus der physiol. Anstalt zu Leipzig.* 1875. S. 223.
[3] *Beiträge zur Anatomie und Physiologie.* Als Festgabe Carl Ludwig von seinen Schülern gewidmet. 1874. S. 173.
[4] A. a. O., S. 181.
[5] Das „hinreichende" (minimale) Reize, in den mässigen Intervallen erfolgend, wie sie Bowditch (*Arb. aus d. physiol. Anst. zu Leipzig* 1871, S. 178) angewendet hat, „unfehlbar" sind, hat der Vortragende mit Hilfe des Capillarcontactes zeigen können (a. a. O. S. 176). Die aus äusseren Gründen aussetzenden Herzschläge sind daher nicht, wie es Hr. v. Basch im Eingange seiner besprochenen Mittheilung gethan hat, so zu betrachten, wie die in Folge abnehmender Erregbarkeit des Herzens ausfallenden Pulse.
[6] Ganz ähnliche Beobachtungen hat Marey, ohne diese Arbeit zu erwähnen, in den *Travaux du laboratoire de M. Marey*, Paris 1876, unter dem Titel: „Des excitations électriques du coeur." p. 72 ff. veröffentlicht.

auf jeden sechsten oder siebenten Reiz antwortet. Beträchtlich erwärmt (20—30°) folgt er willig auch schwachen Reizen im beschleunigten Tempo (1″ Intervall). selbst wenn ihm dies nicht gestattet, seine Diastolen zu vollenden.[1] „Lässt man die intermittirenden Reize, welche ein Inductionsapparat mit möglichst schnell und gleichmässig vibrirendem Wagner'schen Hammer aussendet, auf die warme Herzkammer viele Minuten lang fortwirken, so werden die Pulse gänzlich separat, endlich distant, wohl auch unregelmässig gruppirt, natürlich gleichzeitig niedriger, und zwar um so schneller, je frequenter sie sind. Schwache Reize haben gleich beim Beginn denselben Effect, wie starke in der Folge".

Hr. v. Basch hat diese Beobachtungen durch seine Versuche an nicht perfundirten Froschherzpräparaten, welche anstatt mit dem Ludwig'schen Manometer, mit einem neuen Fühlhebelapparat verbunden waren, bestätigt und deingemäss gefolgert: „Es hat also im Laufe der in Pausen von 0·5″ erfolgenden Reizung der Herzmuskel seine Fähigkeit sich zu contrahiren in keiner Weise eingebüsst, er hat nur die Fähigkeit verloren, rasch aufeinanderfolgende Reize mit ebenso häufigen Contractionen zu beantworten".[2]

Hiernach glaubt er aber die vom Vortragenden zurückgewiesene Summationshypothese annehmen zu müssen. Als Beweis dafür dient ihm eine Reihe von Versuchen, welche ergaben, dass die Erhaltung einer niederen Pulsfrequenz durch einzelne distante Reize grössere Stromstärken erfordert, als die Erhaltung einer mindestens ebenso grossen Pulsfrequenz durch rasch aufeinanderfolgende Reize.[3] Die Versuche wurden, nach dem auf S. 18 illustrirten Beispiele zu schliessen, derart angestellt, dass anfangs in längeren Intervallen (5″—20″) einzelne wirksame Inductionsschläge das Herz erregten, dass hierauf die secundäre Spirale des du Bois-Reymond'schen Schlitteninductorium so weit (9·1ᶜᵐ) von der primären entfernt wurde, bis die Reize unwirksam wurden, sodann in kurzen Intervallen (1″—1·5″) anfänglich Ströme wirksamer Intensität (in dem Beispiele Fig. 31 Rollenabstand 9·0ᶜᵐ) zugeführt. Nunmehr konnte bei dieser Reizfrequenz die Intensität weiter gemindert werden (bis Rollenabstand 9·4ᶜᵐ), bevor die Reize unwirksam wurden. In Tabelle V und VI giebt Hr. v. Basch die Resultate seiner „Reizversuche am Herzstumpfe" und „derer an der Herzspitze" in Form von Brüchen an, deren Zähler den grössten Rollenabstand — und das zugehörige Reizintervall (5″—20″) — deren Nenner den grössten Rollenabstand — nebst zugehörigem Reizintervall bedeuten (1.0″—1·5″) — bei welchem Reize, die einander in Intervallen von 1″ folgten, die Herzbewegungen noch unterhielten.

In dem abgebildeten Beispiele erfolgten bei seltenen Reizen (in 10″ Intervall) nach je 10″ ein Puls, bei häufigen Reizen (in 1″ Intervall) nach je 2″ ein Puls. Dieser Befund stimmt völlig überein mit der vom Vortragenden in der erwähnten Arbeit (S. 177—179) ausführlich erörterten Beobachtung, „dass ein Herzpuls für einige Zeit das Entstehen des nächsten erleichtert, während Herzruhe die Erregung erschwert."

Noch weniger passen zur Summirungshypothese die von Hrn. v. Basch angeführten[4] und durch Tabelle VI gestützten Beobachtungen, wonach „die

---

[1] A. a. O., S. 183.
[2] A. a. O., 11.
[3] A. a. O., 17.
[4] A. a. O., S. 26 und 27.

Herzspitze in Fällen wo rasch aufeinanderfolgende selbst sehr starke Reize erfolglos blieben, ihre Thätigkeit wieder aufnimmt, wenn man das Reizintervall
vergrössert".

Dass die Vorgänge, welche bei häufiger Reizung des Herzens den Schlag
erleichtern, nicht „Summationsvorgänge" im Sinne der Reflexreize sind, zeigte
der Vortragende der Gesellschaft durch folgenden Versuch: Eine mit verdünntem
Kaninchenblute gefüllte Herzspitze zeichnete mittels des Herzmanometers am
Trommelkymographion seine Pulse auf. Diese wurden durch Oeffnungsinductions-
schläge eines du Bois-Reymond'schen Schlitteninductorium in längeren Intervallen (5—10″) ausgelöst, sobald die Entfernung der secundären Spirale von
der primären 13·3 ^{cm} betrug; bei 13·5 ^{cm} Abstand waren die Reize unwirksam.
Wenn nunmehr die Reize im Intervall von 0·5″ gegeben wurden, so waren sie
ebenfalls unwirksam, bei 13·5 ^{cm} Abstand, und erst wirksam bei 13·3 ^{cm} Rollenabstand, genau wie die seltenen Reize. Dass auch die häufigen Reize constante
Intensität behielten, verbürgte der (im *Archiv für Physiologie*, Jahrgang 1879,
S. 571) beschriebene neue Tetanisirungsapparat.

Da sich nun aus der Stirling'schen Arbeit „über die Summation elektrischer Hautreize" ergeben hatte, dass die Vermehrung der Reizfrequenz ein
ungemein viel wirksameres Mittel ist, um die Reflexbewegungen auszulösen, als
die Vergrösserung der Reizintensität, so ist es nicht gerechtfertigt, die Herzpulse
als „Summationsvorgänge" zu betrachten, um so weniger als das Herz nach
Bowditch's fundamentaler Entdeckung stets maximale Contractionen vollführt,
und nach des Vortragenden Beobachtung[2] durch keine Reizhäufung in wirklichen
Tetanus zu versetzen ist, während die Reflexcontractionen einen tetanischen
Charakter haben.

5. Hr. A. FRÄNKEL sprach in der Sitzung vom 2. Mai d. J.: „Zur Lehre
von der Wärmeregulation".

Bekanntlich hat Heidenhain[2] den Nachweis geführt, dass reflectorische,
sowie directe Erregung der Medulla oblongata (letztere durch Suspension der
Athmung oder mässig starke elektrische Reizung bewirkt) ein Sinken der Bluttemperatur im Inneren des Körpers bei gleichzeitiger Steigerung der Hauttemperatur zur Folge hat. Die Erklärung dieser Thatsache aus den während
der genannten Eingriffe statthabenden Aenderungen am Circulationsapparat schien
anfänglich mit erheblichen Schwierigkeiten verknüpft. Doch gelangte bereits
Heidenhain auf Grundlage umfassender Versuche zu dem Schlusse, dass das
Sinken der Innentemperatur bedingt sei durch eine Beschleunigung des Blutstromes
in den peripherischen Theilen, wodurch 1) die Temperatur dieser nachweisbar gesteigert, 2) die Abgabe von Wärme durch Leitung und Strahlung vermehrt wurde.
Die Frage nach der Art des Zustandekommens der Circulationsbeschleunigung
wurde von ihm vor der Hand als eine offene angesehen. Nachdem später durch
Goltz dargethan worden war, dass in den zu den Extremitäten verlaufenden
Nervenstämmen neben Fasern, deren Erregung Verengerung der von ihnen versorgten Hautgefässgebiete zur Folge hat, auch solche enthalten seien, welche
gefässerweiternd wirken, hat Ostroumoff[3] den Beweis geliefert, dass die bei

[1] A. a. O., S. 185 u. ff.
[2] Pflüger's *Archiv*, Bd. III u. V.
[3] Pflüger's *Archiv*, Bd. XII.

Reizung eines sensiblen Nerven, sowie der Medulla oblongata statthabende Temperaturzunahme der Haut auf Erregung der Vasodilatatoren dieses Organes beruhe. Damit schien zugleich die letzte Schwierigkeit, welche sich der Erklärung des bei den Heidenhain'schen Versuchen beobachteten eigenthümlichen Sinkens der Innentemperatur entgegenstellte, weggeräumt.

Die Bedeutung dieser Thatsachen für die Lehre von der Wärmeregulation, soweit die Abgabe von Wärme dabei in Betracht kommt, liegt auf der Hand und ist seiner Zeit von Heidenhain und Ostroumoff auch hervorgehoben worden. Zugleich aber haben beide Autoren sich dahin ausgesprochen, dass die Resultate ihrer Arbeiten nur einen Beitrag zum Verständniss jenes complicirten Vorganges liefern und eine weitere Fortsetzung der von ihnen begonnenen Versuche nöthig sei. Dem Vortragenden nun schien es, dass zunächst dieselben in folgender Beziehung einer gewissen Erweiterung bedürftig seien.

Unter normalen Verhältnissen des Organismus kommt eine Ueberproduction von Wärme nur durch zwei Factoren bedingt vor: nämlich durch angestrengte Muskelthätigkeit oder gesteigerte Nahrungsaufnahme. In beiden Fällen findet neben der Mehrerzeugung von Wärme zugleich eine Zunahme der Kohlensäureproduction statt. Da nach den Beobachtungen Heidenhain's die Wärmeabgabe nicht blos bei reflectorischer, sondern auch bei directer Erregung des Halsmarkes gesteigert wird, die CO_2 aber ein Reiz für die in der Medulla gelegenen Centra ist, so liess sich annehmen, dass die Anhäufung dieses Gases in jenen beiden in Rede stehenden Fällen das die vermehrte Wärmeabgabe unter der Vermittlung des Nervensystems bedingende Moment sei. — In diesem Sinne wurde von dem Vortragenden eine Versuchsreihe unternommen, welche den Zweck verfolgte festzustellen, ob bei Einblasung kohlensäurereicher, dabei aber zugleich genügende Mengen von Sauerstoff enthaltender Gasgemenge in die Lungen von Thieren (Hunden) die Wärmeabgabe ähnliche Veränderungen erfahre, wie sie bei Heidenhain beispielsweise bei Unterbrechung der künstlichen Respiration beobachtet worden waren. Zugleich schien es von Interesse, denjenigen Procentgehalt des einzuathmenden Gemenges an CO_2 kennen zu lernen, bei welchem die beabsichtigte Wirkung überhaupt noch eintrat. —

Die Versuchsanordnung war eine einfache. Nachdem, den Vorschriften Ostroumoff's entsprechend, mehrere Tage vor dem eigentlichen Experiment den Thieren der eine N. ischiadicus durchschnitten worden war, wurden dieselben zunächst tracheotomirt, curarisirt und hierauf die künstliche Respiration mittels Handblasebalges nach dem Tacte eines Metronoms eingeleitet. Alsdann wurde je ein Thermometer zwischen die Zehen beider Hinterpfoten, sowie oben ein solches in das Rectum eingelegt, und nachdem an allen drei Punkten Temperaturconstanz eingetreten war, mit den Einblasungen des Gasgemenges begonnen. Die Vorrichtung hierzu war ganz die nämliche wie die, deren sich einst Traube[1] bedient hatte, um die erregende Wirkung der Kohlensäure auf das respiratorische Centrum zu beweisen. Was die Zusammensetzung der zu den Einathmungen verwandten, aus CO_2, reinem O und atmosphärischer Luft hergestellten Gemenge betrifft, so verdient hervorgehoben zu werden, dass der Gehalt an Sauerstoff stets um ein bedeutendes den der Atmosphäre übertraf. Der Procentgehalt von CO_2 variirte zwischen 7·5 und einigen 30 Procent.

Es zeigte sich nun, dass in der That auch bei Gegenwart genügender

---

[1] Ges. Abhandlungen, Bd. I.

Sauerstoffmengen die Kohlensäureanhäufung im Blute Temperatursteigerung derjenigen Hautbezirke zu bewirken vermag, welche noch im unversehrten Zusammenhange mit dem Centralnervensystem stehen. Die beträchtlichste Zunahme der Temperatur an der Pfote mit undurchschnittenem N. ischiadicus, im Betrage von 8° C., wurde bei einem jungen kräftigen Thiere beobachtet, dem ein Gemenge von 13 Proc. CO_2, 28 O und 59 N eingeblasen wurde. Andere Male betrug die Steigerung zwischen 0·5—4° C. Bei diesen Versuchen mit positivem Resultat zeigte sich aber bereits die eine Auffälligkeit, dass gar nicht selten ein und dasselbe Gasgemenge, welches kurz vorher wirksam gewesen war, d. h. eine deutliche Temperaturzunahme an der ungelähmten Pfote bewirkt hatte, bei einer etwa eine halbe Stunde später erfolgenden neuen Einblasung keinen Effect mehr ausübte. Auch das kam vor, dass in einem Falle, wo ein relativ geringer Procentgehalt an CO_2 im Anfange des Versuches ziemlich erhebliche Temperatursteigerung der Haut zur Folge gehabt hatte, im weiteren Verlaufe ein beispielsweise doppelt so starker Gehalt viel geringere Wirkung zeigte. Bei seinen weiteren Experimenten stiess alsdann der Vortragende auch auf Thiere, bei denen die stärksten von ihm angewandten Gemenge (30 Proc. CO_2) überhaupt keinen Effect äusserten. Er glaubt die Ursache für dieses inconstante Verhalten in einer Abnahme der Erregbarkeit der gefässerweiternden Nerven suchen zu müssen, welche vorwiegend durch zwei Momente herbeigeführt wird: erstens durch die lange Fesselung der Thiere und die damit selbst bei Anwendung genügender Cautelen eintretende Abnahme der Temperatur im Körperinnern, zweitens durch die anhaltende Einwirkung des Curaregiftes. Den Beweis für die Richtigkeit dieser Ansicht erblickt er darin, dass, wenn in jenen Fällen mit ungenügendem oder gänzlich mangelndem Erfolge unmittelbar nach den Einblasungen die Suspension der künstlichen Respiration vorgenommen wurde, diese zwar niemals bezüglich ihrer erregenden Wirkung auf die Hemmungsnerven der Gefässe gänzlich versagte, die Steigerung der Hauttemperatur aber erst nach minutenlangem Sistiren, i. e. zu einer Zeit, wo das Thier offenbar sich schon im Stadium der Asphyxie befand und die CO_2-Anhäufung im Blute einen ganz excessiven Grad erreicht hatte, eintrat.

Die Details dieser Arbeit mit den dazu gehörigen experimentellen Belägen werden in der demnächst erscheinenden Zeitschrift für klinische Medicin von Frerichs und Leyden veröffentlicht werden.

Die Wirkungen des Amylnitrits.

Von

Dr. Wilhelm Filehne,
ausserord. Professor an der Universität Erlangen.

Aus dem physiologischen Institut zu Erlangen.

Wer die Literatur über die Amylnitritwirkung durchgeht, wird die Bemerkung machen, dass die Autoren zwar in ihren Ansichten über das Wesen der Wirkungen weit auseinander gehen, dass aber bezüglich der wesentlichen Thatsachen und der Versuchsresultate kein Widerspruch besteht. Ein solches Auseinandergehen der Auffassungen bei gleichzeitig fehlendem Widerspruch bezüglich der Facta kann offenbar nur in der Lückenhaftigkeit und Vieldeutigkeit des Beobachtungsmaterials oder (bez. und) in der Verschiedenheit der physiologischen Standpunkte der einzelnen Forscher begründet sein. So erwächst denn die Aufgabe einerseits die Lücken so viel als möglich durch Experimentaluntersuchungen auszufüllen, andererseits die Widersprüche in der theoretischen Auffassung über die pharmakologische Wirkung unseres Mittels bis auf ihre physiologische Grundlage zurückzuführen und dann den möglichst elementar präcisirten physiologischen Standpunkt zur Discussion zu stellen.

Zur Lösung dieser doppelten Aufgabe möchte ich versuchen, einen kleinen Beitrag zu liefern. Die folgende Abhandlung wird, dem angedeuteten Bestreben entsprechend, den physiologischen Standpunkt, von dem aus ich die Angelegenheit in Angriff zu nehmen versucht habe, in etwas elementarerer und ausgeführterer Weise auseinander zu setzen haben, als dies in derartigen Arbeiten sonst zu geschehen pflegt.

So neu übrigens die Literatur über das Amylnitrit ist, so haben sich doch schon einige literarische Irrthümer in die neuesten Arbeiten und die Lehrbücher eingeschlichen, die ich in der folgenden Mittheilung auch dann zu berichtigen mir erlauben werde, wenn ich Gefahr laufe, in den unverdienten Verdacht zu kommen, dass ich Prioritätsansprüche erhebe.

Die Erscheinungen der Amylnitritwirkung am Menschen, wie sie zuerst von Guthrie beschrieben wurden, darf ich wohl als bekannt voraussetzen. Das Wesentlichste dabei ist das Erröthen und die Beschleunigung der Herzaction. Diese auffallende Wirkung veranlasste experimentelle Untersuchungen an Thieren und zwar wurde zuerst besonders der Ursache des Erröthens nachgeforscht. Es zeigte sich dabei, dass jenes Mittel an Kaninchen sehr schnell die Athmung verstärkt (Veyrières, Bourneville, Crichton-Browne, Filehne, Mayer und Friedrich[1]) und dass bald darauf allgemeine Krämpfe auftreten. Die Empfindlichkeit der Kaninchen gegen das Mittel ist eine sehr grosse. Es genügen, wenn man ein reines Präparat hat, ein bis drei Athemzüge des tracheotomirten Thieres aus einer mit Amylnitritdämpfen gesättigten Atmosphäre, um eine Wirkung zu erzielen, welche derjenigen entspricht, die am Menschen beobachtet wird: Ueberfüllung der Ohrgefässe mit Blut (Amez-Droz, Pick, Bernheim u. s. w.), ferner eine mehr oder weniger stark ausgesprochene Pulsbeschleunigung (meine Beobachtung), welche bei Hunden schon früher von Wood, Amez-Droz und Pick constatirt war; ferner eine Zunahme der Athmung; in diesem Stadium sind noch keine Krämpfe zu sehen. (Wegen der Empfindlichkeit der Nasenschleimhaut bez. des Trigeminus der Kaninchen müssen die Inhalationsversuche, wie ich hervorhob, an tracheotomirten Thieren gemacht werden, da sonst Reflexe auf die Athmung, den Herzschlag und die Vasomotion in die Erscheinung treten, welche mit der Allgemeinwirkung des Mittels nichts zu thun haben). Wird die Einwirkung weiter getrieben, so treten erst Krämpfe auf, dann später allgemeine Lähmung und so gehen die Thiere unter Braunwerden des Blutes (Wood) zu Grunde. Bei Fröschen sieht man nur Lähmung (Eulenburg und Guttmann); an diesen fehlt auch die Pulsbeschleunigung (Pick, ich).

Die Analyse der besprochenen Erscheinungen.

Die Wirkung auf die Gefässe.

Unbestritten und unbestreitbar, weil jeden Augenblick zu demonstriren, ist die Beobachtung Gamgee's, dass unter dem Einflusse unseres Mittels der Blutdruck im Arteriensystem bei Mensch und Säugethier abnimmt. Da die Herzthätigkeit während der Wirkung des Mittels an

---

[1] Hiernach ist die Angabe im *Handbuch d. Arzneimittellehre* von Nothnagel und Rossbach (S. 419 der 2. Aufl.), dass Mayer und Friedrich (sc. zuerst) die Zunahme der Athmung beobachteten, zu berichtigen.

Frequenz nachweislich zunimmt und eine Abschwächung des Herz-
impulses zweifellos nicht vorliegt, so beweist Gamgee's Beobachtung,
dass das Amylnitrit eine Erweiterung der peripherischen Arterien verursacht. Man kann diese Erweiterung auch direct mit dem Auge, z. B.
an den Ohrarterien des Kaninchen, beobachten; so ist also das Erröthen
nach Amylnitrit darauf zu beziehen, dass sich die kleinsten Arterien der
Haut, besonders des Gesichtes und Halses, übrigens auch der Pia (Schüller, Schramm) und des Hirns (wie ich indirect erschlossen habe), erweitern und dadurch mehr Blut in die Capillaren einströmen lassen.

Auf welcher Endursache aber diese Erweiterung zurückzuführen ist,
darüber sind die Autoren nicht einig geworden.

Bis zu dem Erscheinen der letzten Publicationen über diese Frage
war die allgemeine Verbreitung gefässerweiternder Nervenfasern (d. h.
solcher Fasern, deren nach der Peripherie laufende Erregung einen
Nachlass des Arterientonus bedingt) noch nicht sichergestellt, oder doch
jedenfalls noch nicht in's allgemeine Bewusstsein übergegangen. So können
wir uns denn nicht wundern, dass wir nirgend die Frage erörtert finden,
ob hierbei vielleicht eine Reizung des dilatatorischen Mechanismus, sei
es central oder peripher, vorliege, und ob dieser dilatatorische Mechanismus nicht irgend wie störend in jene Versuche eingegriffen habe, die
zur Ergründung der Amylnitritwirkung angestellt wurden.

Dieser Punkt wäre zunächst zu erledigen. Wir werden weiter unten
die Resultate kennen lernen, welche ich in dieser Beziehung erhielt und
welche mir die Ueberzeugung verschafft haben, dass der nervöse gefäss-
erweiternde Apparat bei unserem Gegenstande unbetheiligt ist. Die bisherige Discussion der Autoren (mich mit einbegriffen) über die Angriffs-
weise des Amylnitrits bei der Gefässerweiterung war dem damaligen Standpunkte entsprechend von der Voraussetzung ausgegangen, dass es sich nur
um einen Nachlass der Vasomotion oder, wie es manche prägnanter bezeichnen, der Thätigkeit im Bezirke der Vasoconstrictoren handle. Nach
der damaligen, inzwischen unverändert gebliebenen Anschauung gehören
zur normalen vasomotorischen Erregung drei organisch zusammenhängende
Apparate: 1) die glatte Muskelfaser der Arterienringmusculatur, 2) die
zu ihr tretende vasomotorische Nervenfaser und 3) eine mit letzterer an
deren anderem Ende verbundene Ganglienzelle. Die allgemeine Vorstellung ist nun, dass die Muskelfaser an und für sich erschlafft bleibt,
bis sie gereizt wird. Dieser Reiz kann entweder, und dies gilt durchweg für die normale, physiologische Vasomotion, durch eine
auf der Bahn der vasomotorischen Nervenfaser zufliessende Erregung auf
sie ausgeübt werden, oder es sind mechanische, thermische u. s. w. Reize,
welche die Muskelfaser direct erregen. Diese letzteren Reize wirken

25*

jedoch nur ausnahmsweise ein und sind daher für die Art, wie das
Amylnitrit die normale, physiologische Vasomotion abschwächt, bez. aufhebt, ganz ohne Bedeutung. In der Norm wird nach der allgemeinen
Auffassung auch die vasomotorische Nervenfaser weder durch in ihr entstehende, noch von aussen kommende Reize erregt, sondern sie empfängt
die Erregung ausschliesslich von der mit ihr in organischem Zusammenhange stehenden vasomotorischen Ganglienzelle, welche entweder „automatisch" erregt ist, oder von höher (centraler) gelegenen „automatischen"
Nervenzellen erregt wird. Unsere Frage spitzte sich daher für die Forscher dahin zu: wirkt das Amylnitrit (lähmend oder schwächend) auf
die Muskelfaser oder auf die vasomotorische Nervenfaser oder auf die
Ganglienzelle? Die Frage muss auch heute noch so gestellt werden, wenn
es sich noch anderweitig auch bestätigt, dass, wie ich schon oben andeutete, die Vasodilatatoren bei der Amylnitritwirkung nicht betheiligt sind.

So präcis diese Frage ist, so bietet sich doch bei ihrer experimentellen Prüfung eine Schwierigkeit dar. Wir können mit der einzelnen
Muskel-, Nervenfaser und Ganglienzelle nicht experimentiren. Wir
müssen daher grössere Complexe von Muskelfasern, in unserem Falle
eine ganze Arterienmusculatur, vasomotorische Nerven und Centren
benutzen. Der Ort, an welchem sich die Arterienmusculatur befindet,
ist bekannt, ebenso können wir die vasomotorischen Nerven. Wo ist
aber das „Centrum"? Darüber, dass in der Medulla oblongata und noch
etwas weiter aufwärts nach Pons und Vierhügel zu eine vasomotorische
Centralstätte sich befindet, kann nach den ausgedehnten und vortrefflichen Untersuchungen der Ludwig'schen Schule kein Zweifel sein.
Ob aber nach Ausschaltung dieses Centrums keine weitere centrale
Innervation den Gefässmuskeln zugeleitet wird, ist mehr als fraglich;
ja, nach den älteren Arbeiten von Goltz, Schlesinger, Vulpian,
sowie den neuesten Untersuchungen von Stricker findet dann so
gut wie sicher noch eine „centrale" Innervation statt. Dass das Rückenmark noch Reflexe von sensiblen Erregungen auf die Gefässmusculatur
vermittelt, ist sicher, ob es nicht noch einen Tonus unterhält, ist
zum Mindesten noch nicht widerlegt. Bis zur definitiven Feststellung
des Sitzes der vasomotorischen Centralstellen wird man bei der experimentellen Behandlung der uns beschäftigenden Frage die Möglichkeit
zu berücksichtigen haben, dass im Rückenmarke automatische vasomotorische Ganglienzellen vorhanden sein können, die freilich viel schwächeren Arterientonus verursachen, als der κατ᾽ ἐξοχήν vasomotorisches
Centrum genannte, in dem verlängerten Marke gelegene Apparat. Man
wird daher entweder der Sicherheit wegen das Rückenmark
auch ausschalten müssen, wenn man mit einem sicher von centralen

vasomotorischen Einflüssen befreiten Gefässapparate experimentiren will,
oder aber man lässt die Frage, ob das Rückenmark vasomotorischer
Centralapparat ist oder nicht, ganz aus dem Spiele, wenn man un-
zweideutige, beweisende Versuchsresultate haben will. Deshalb kann auch
für unsere Frage nicht verwerthet werden die von Lauder Brunton
gefundene (von Berger, Mayer und Friedrich bestätigte) Thatsache,
dass auch nach Eliminirung der Medulla oblongata die Einathmung von
Amylnitrit den Blutdruck noch weiter erniedrigt; denn wenn wir noch
einen organisch aus Ganglienzellen, vasomotorischen Fasern und Arterienmusculatur zusammengesetzten Apparat trotz Halsmarkdurchschneidung
oder Hirnausschaltung vor uns haben, so ist der Versuch um nichts weniger complicirt als der Blutdruckversuch am sonst intacten Thiere.
Minder unbequem, ja fast ganz zu vernachlässigen sind, beim heutigen
Stande der Dinge, jene hypothetischen, aber fast unabweisbaren peripheren, in oder an der Arterienwandung gelegenen Centralstätten, welche
einige Tage nach Durchschneidung vasomotorischer Nerven gewissermaassen die selbständige Pronvincialverwaltung der von der Central-
regierung abgeschnittenen Districte übernehmen und die ursprünglich
ad maximum erweiterten Arterien wieder verengern. Doch auch ihrer
werden wir bei unseren Erwägungen nicht ganz vergessen dürfen, und
wenn auch ihre Thätigkeit bei intacten Nerven eine gegen die Haupt-
innervation, die vom Centralnervensystem herfliesst, verschwindende ist,
so würden wir der grösseren Sicherheit wegen, abweichend von den übrigen
Autoren, die Frage zunächst nicht so stellen: lähmt das Amylnitrit die
Gefässmusculatur oder die vasomotorischen Nerven oder die Ganglienzellen? sondern zunächst: lähmt es die vasomotorischen Apparate des
Centralnervensystems oder lähmt es die Peripherie? Da wir aber sehen
werden, dass jene hypothetischen peripheren Centren in der That unter
normalen Verhältnissen für den Tonus der Arterien nicht in Betracht
kommen, so fällt der Unterschied in der Fragstellung fort.

Man sollte meinen, eine sichere Entscheidung über den Angriffs-
punkt des Amylnitrits zu geben, könne nicht schwerer sein, als zu entscheiden, ob ein Gift, welches die Motilität vernichtet, am Muskel, motorischen Nerven oder am Centralnervensystem angreift. Denn ob der
Muskel ein willkürlich benutzbarer ist, oder von einem automatischen
Centrum innervirt wird, kann ja an der Analyse des Versuchs für den
Experimentator nichts ändern. Aber die Mehrzahl der Autoren hat die
absolute Analogie, die zwischen den beiden motorischen Apparaten besteht, in ihrer Bedeutung nicht genügend berücksichtigt und hat mit
indirecten Beweisen die Sache zu erledigen gesucht. Nachdem
L. Brunton in seinen oben erwähnten Blutdrucksversuchen trotz (ver-

meintlicher) Eliminirung aller vasomotorischen Centralapparate bei Anwendung des Amylnitrits doch eine weitere Senkung des Blutdrucks erhalten hatte, nahm er eine directe Gefässlähmung an. Gegen ihn kam
ein auf das Experiment gestützter Widerspruch von Bernheim, welcher
fand, dass während der Wirkung des Mittels durch elektrische Reizung
der vasomotorischen Nervenstämme eine Verengerung der Arterien zu
erzielen sei und dass daher weder die Arterienmusculatur, noch die vasomotorischen Nerven gelähmt seien können. Hiergegen machte Pick den
zutreffenden Einwand, dass sehr wohl eine periphere Wirkung vorliegen
könne, ohne dass die Nerven und die Gefässmusculatur absolut unerregbar
zu sein brauchten, und der Versuch Bernheim's beweise nur, dass sein
elektrischer Reiz stärker war als die erschlaffende Wirkung des Amylnitrits. Gegen diesen Einwand ist nichts vorzubringen und es ist daher
wohl nicht ganz richtig, den Bernheim'schen Versuch noch weiter,
wie es die Lehrbücher und z. B. Mayer und Friedrich thun, in dem
Sinne fortbestehen zu lassen, dass sie Bernheim als einen Vertreter der
centralen Wirkung anführen.

　　Nun hatte schon Wood gezeigt, dass Amylnitrit als Flüssigkeit
und in Dampfform für entblösste Muskeln ein lähmendes Gift sei; Pick
machte analoge Beobachtungen, und so sehen Beide, Letzterer nach glücklicher Zurückweisung des Bernheim'schen Angriffes, die Gefässerschlaf-
fung bei Amylnitritwirkung als abhängig von einer directen Erschlaffung
der Musculatur an, freilich ohne einen directen Beweis zu liefern. Hiergegen zeigte ich, dass ein Beweis für die directe Lähmung nicht vorliege und theilte unter Anderem einen Versuch mit, welcher die centrale
Wirkung beweisen sollte. Ich schaltete für einen Gefässabschnitt das
vasomotorische Centrum mittels Durchschneidung des vasomotorischen
Nerven aus und statt dessen ein du Bois-Reymond'sches Schlitten-
Inductorium ein und zwar richtete ich die Reizstärke so ein, dass die betreffenden (Ohr-)Arterien eben eine deutliche Contraction zeigten, so dass
ich also eine Erregung den vasomotorischen Nerven hinabsandte, welche
schwächer war als das Maximum von Erregung, die das vasomotorische
Centrum zu ertheilen vermag, und welche nicht stärker war, als die
mittlere Erregung, die letzteres für gewöhnlich den vasomotorischen
Nerven übergiebt. Liess ich jetzt das Thier Amylnitritdämpfe einathmen,
so erweiterten sich die (Ohr-) Arterien der anderen (mit dem vasomotorischen Centrum in normaler Verbindung gebliebenen) Seite ad maximum,
während auf der Seite, welche statt vom natürlichen vasomotorischen Apparat
durch das künstliche (elektrische) Centrum innervirt wurde, die Arterien
ihr Lumen nicht änderten. Wie dieser Versuch anders als in dem Sinne
gedeutet werden könnte, dass Arterienmusculatur und vasomotorischer

Nerv normal erregbar geblieben sind, vermochte ich nicht zu sehen und
so musste ich denn dem Amylnitrit eine Wirkung auf das Centrum zusprechen. Dieser Versuch ist von den späteren experimentirenden Autoren
und von den Lehrbüchern weder discutirt[1], noch ist die Thatsache als
solche bestritten worden. Und doch ist dieser Versuch der fundamentale
in meiner damaligen Arbeit; dagegen finde ich sowohl bei Pick (welchen Mayor, S. 69, irrthümlich als Anhänger der centralen Wirkung
bezeichnet), als auch im *Handbuche der Arzneimittellehre* von Rossbach
und Nothnagel eine Kritik eines von mir angestellten und von mir
selbst als nicht beweiskräftig bezeichneten Vorversuches und merkwürdiger Weise ist diese gegen mich gerichtete Kritik Pick's, welche
Rossbach adoptirt, die einfache Wiedergabe dessen, was ich selber
(S. 479) ausgesprochen habe. Ich glaube daher meine von Pick bez.
Rossbach bezüglich ihrer Beweiskraft bekämpfte Beobachtung, dass die
Lungen nicht erröthen, hier nicht discutiren zu müssen.

Jener Versuch aber, in welchem das vasomotorische Centrum durch
einen constant bleibenden, von Amylnitrit nicht zu beeinflussenden Apparat ersetzt ist, beweist, falls die Thatsache richtig ist, fast unwider-
leglich die centrale Wirkung; denn die Vasomotion blieb unbeeinflusst,
sobald ein Centrum da war, welches sich nicht beeinflussen liess. Nur
ein einziger Einwand war hier möglich, allerdings ein bedenklich ge-
wagter Einwand. Der Nerv oder die Muskelfaser könnten in der Weise
durch das Gift verändert sein, dass sie zwar gegen den elektrischen Reiz
ihre normale Erregbarkeit behielten, während die Erregbarkeit gegen
den physiologischen (centralen) Reiz verloren gegangen wäre. Das ist
ja wohl eine logische Möglichkeit. Aber es wäre ein unerhörtes Ereig-
niss, ohne alle Analogie in der ganzen Toxikologie und Pharmakologie,
und eigentlich ist nicht derjenige, gegen welchen dieser Einwand gemacht wird, beweispflichtig, sondern derjenige, welcher den Einwand erhebt. Man könnte sich noch allenfalls gefallen lassen, dass der Nerv an
einer bestimmten Stelle oder im ganzen Verlaufe zwar elektrisch aber
nicht physiologisch erregt werden könne. Wenn er aber dann elektrisch

---

[1] Nur Pick spricht sich über ihn kurz aus und wundert sich, dass die zuweilen ausserhalb des Sympathicus verlaufenden vasomotorischen Fasern nicht ihre
Anwesenheit durch Lähmung ihrer Gefässe verrathen haben. Hierauf habe ich zu
erwiedern, dass ich oben nur solche Kaninchen zu Versuchen nahm, bei welchen die
vasomotorischen Fasern ganz oder doch so gut wie ganz im Sympathicus verliefen,
was man leicht daran erkennt, dass nach der Durchschneidung des Sympathicus die
Ohrarterien sich maximal erweitern. Wie aber Pick aus dem Umstande, dass auch
ausserhalb des Sympathicus Vasomotoren zu den Ohrarterien ziehen können, einen
Einwand gegen die Beweiskraft meines Versuches herleitet, verstehe ich nicht; im
Gegentheil würde dann doch höchstens mein Versuch a fortiori beweisend sein.

erregt ist, so ist doch gar nicht abzusehen, wie die hinablaufende Erregung Querschnitt nach Querschnitt der Nervenfaser und namentlich an der Muskelfaser anlangend diese anders als physiologisch errege, denn der elektrische Strom als solcher trifft ja die Muskelfaser nicht. Die missverstandene klinische Beobachtung, dass ein gelähmt gewesener Nerv für den Willensimpuls bereits durchgängig sein kann, während die elektrische Reizung wirkungslos ist und umgekehrt, hat die meiner Meinung nach irrthümliche Vorstellung erzeugt, als ob es qualitativ verschiedene Erregungen der Nerven gäbe. Es reicht das heute vorliegende Material an Thatsachen wohl hin, um alle Unterschiede in den Erregungen der Nervenfasern, welche qualitative Verschiedenheiten vortäuschen könnten, auf Unterschiede des zeitlichen Verlaufes der Erregung und auf quantitative Unterschiede der Erregungsstärke zurückzuführen. Die Erörterung jener missverstandenen klinischen Beobachtungen gehört nicht hierher, nur möchte ich erwähnen, dass ich bezüglich des Aufgehobenseins der elektrischen Reaction bei wiedergewonnener Motilität mich auf der Rostocker Naturforscher-Versammlung (1871) geäussert habe; das umgekehrte Verhältniss ist noch leichter zu erklären.

Der Einwand, dass möglicherweise während der Amylnitritwirkung der Nerv und die Muskelfaser zwar auf die „physiologische" Erregung nicht, wohl aber auf die elektrisch veranlasste „unphysiologische" Erregung reagiren könnte, ist mir in Wirklichkeit später offen von Samelsohn entgegen gehalten worden, und in verhüllter Weise von S. Mayer (welcher ihn als einen „schwer zu beseitigenden Einwand" bezeichnet) und gerade Letzterer, der mit diesem Einwande offenbar die Beweiskraft meines Versuches, den er sonst nicht discutirt, aufheben will, benutzt in derselben Arbeit (also nach mir) die von ihm bestätigte Bernheim'sche Beobachtung, dass man durch elektrische Reizung der vasomotorischen Nerven eine Arterienverengerung erziele, um zu beweisen, dass die vasomotorischen Nervenstämme durch das Mittel nicht gelähmt werden (S. 70 und 71). Und da er nun durch die nach der Brunton'schen Art (aber mit verbesserter wirklicher Ausschaltung des im Hirn gelegenen vasomotorischen Centrums) angestellten Blutdruckversuche zu der Ueberzeugung gekommen ist, dass das Amylnitrit auf die Peripherie wirke, so schliesst er jetzt, dass nicht die vasomotorischen Nervenstämme, sondern die Musculatur von dem Mittel gelähmt werde. Hierin liegt ein Fehlschluss, der, wenn allgemein acceptirt, bei seiner Verallgemeinerung zu grossen Unrichtigkeiten führen müsste. Woraus schloss Mayer, dass die Nervenstämme vom Gifte nicht leiden? Doch daraus, dass sich die Arterienmusculatur auf Reizung der Stämme contrahirte; wenn diese Arteriencontraction aber beweist (wie Mayer will), dass die Stämme intact sind, dann beweist sie auch, dass die Musculatur intact ist. Mayer hat also den Beweis, dass die Arterienmusculatur gelähmt wird, keineswegs erbracht. Aber selbst die Behauptung, dass die Peripherie, d. h. entweder Musculatur oder Nerven, gelähmt werden, ist durch Mayer's Blutdruckversuche als richtig nicht erwiesen, da er nur das Hauptcentrum, nicht aber das Rückenmark ausgeschaltet hat. Ja die Sache liegt für die Untersuchungsmethode ganz besonders interessant, denn es lässt sich erweisen, dass unsere Frage **durch Blutdruckversuche** beim heutigen Stande unseres Wissens zu Gunsten einer directen Muskelwirkung gar nicht entschieden werden **kann:** Angenommen es wären durch irgend ein Verfahren die Arterien von jedweder centralen Innervation befreit, so würden (und das lässt sich thatsächlich demonstriren) die betreffenden Arterien vollständig erschlaffen, denn die Musculatur contrahirt sich (unter physiologischen Verhältnissen) nur, wenn ihr auf der Bahn der Nerven Erregungen vom Centrum zugeleitet werden. Wenn jetzt Amylnitrit inhalirt wird, so kann dies, gleichviel, ob es central oder auf Nerv oder glatte Muskelfaser lähmend zu wirken im Stande ist, den Zustand völliger Erschlaffung nicht weiter steigern, denn weiter als „völlig" kann doch die Musculatur nicht erschlaffen. Daher können Blutdruckversuche (welche ja nur den höheren oder geringeren Grad der Arterienerschlaffung ermitteln können) die vorliegende Frage überhaupt nicht entscheiden. Dagegen ist umgekehrt aus den Versuchen Lauder Brunton's und seiner Nachfolger der physiologisch interessante Schluss zu ziehen, dass nach Eliminirung des Hirns die Körperarterien von centralen vasomotorischen Einflüssen noch nicht abgeschnitten sind, denn sonst könnte das Amylnitrit, gleichviel ob es central oder peripherisch wirkt, nicht eine weitere Erschlaffung der Arterien veranlassen. Wo diese vasomotorischen Centralapparate liegen, ist dann eine anatomische Frage. Aber dass auch die Versuche von S. Mayer und Friedrich den Beweis für die Lähmung der Arterienmusculatur durch Amylnitrit nicht erbracht haben, scheint mir sicher zu sein.

Dass die vorgetragene Anschauung richtig sei, lässt sich durch einen Versuch leicht zeigen. Wenn ein Kaninchen nach Sympathicusdurchschneidung eine maximale Erweiterung seiner Ohrarterien (derselben Seite) zeigt (was bekanntlich nicht immer der Fall ist, weil oft die vasomotorischen Fasern ausserhalb des Sympathicus verlaufen), so sind diese Arterien in Wirklichkeit der Einwirkung ihrer Centralapparate entzogen und sind dann auch völlig erschlafft. Lässt man jetzt Amylnitrit einathmen, so findet eine weitere Erschlaffung nicht mehr statt; es bleibt im günstigsten Falle alles in statu quo, oder zuweilen tritt sogar eine

Verminderung der Blutfüllung ein, die offenbar darauf zurückzuführen ist, dass die durch das Amylnitrit veranlasste Erniedrigung des Gesammtblutdrucks die Triebkraft vermindert, welche das Blut in die durch Sympathicusdurchschneidung gelähmten Ohrarterien strömen liess. Scheinbar in Widerspruch mit dieser thatsächlichen Angabe steht die Behauptung Schüller's, dass die durch Sympathicusdurchschneidung herbeigeführte Hyperämie des Ohres durch Amylnitrit noch gesteigert werde. Schüller hatte offenbar die Versuchsthiere nicht in der Weise, wie ich es that, so ausgewählt, dass er nur mit solchen den Versuch anstellte, deren vasomotorischen Fasern ganz oder fast ganz im Sympathicus verliefen (s. d. Anm. auf S. 391).

Auch Pick hat in einer späteren Mittheilung (1876) seinen früheren Standpunkt festzuhalten versucht und bringt zum Beweise dafür, dass das Amylnitrit die Musculatur der Arterien direct lähme, folgenden Doppelversuch: Einem Kaninchen wird die eine Carotis zugeklemmt; das Ohr derselben Seite wird hierdurch ganz blutarm; auf Einathmung von Amylnitrit ist dieses Ohr noch blass, wenn das Ohr der anderen Seite schon blutüberfüllt ist. An einem anderen Kaninchen wird die eine Carotis ebenfalls zugeklemmt, das Ohr derselben Seite wird wieder ganz blass. Hierauf wird der Sympathicus derselben Seite durchschnitten und die Ohrarterien erweitern sich alsbald. Also, schliesst Pick, Abschneiden der vom Centrum zum Gefäss verlaufenden Innervation bedingt trotz Carotisklemmung Erweiterung, Amylnitrit-Inhalation thut dies nicht, also ist Amylnitritwirkung nicht gleichbedeutend mit Aufhören der centralen Innervation, während Pick es begreiflich findet, dass bei Amylnitriteinathmung das Gefäss unerweitert bleibt, wenn der Zutritt des vergifteten Blutes zum Gefässe verhindert ist.

Auch diese Versuche beweisen das nicht, was Pick will. Fangen wir mit dem minder wichtigen Einwande an, den wir zu erheben haben. Der Doppelversuch ist von vornherein nicht beweisend, weil er an zwei verschiedenen Thieren angestellt ist. Dies Bedenken wäre ja beseitigt, wenn Pick diesen Doppelversuch sehr oft, an vielen Paaren angestellt hätte. Davon sagt aber Pick nichts. Nur von dem ersten Versuche mit Carotisklemmung und Amylnitrit-Inhalation giebt Pick an, dass er „mehrmals mit demselben Erfolge wiederholt wurde", von der zweiten Hälfte des Doppelversuches sagt er dies nicht. Aus den Erfahrungen, die ich weiter unten bei Besprechung der von mir angestellten Durchströmungsversuche mitzutheilen haben werde, geht überdies hervor, dass Pick seinen Doppelversuch nicht oft angestellt haben kann und dass auch sein mehrmals mit demselben Erfolge wiederholter Versuch noch nicht oft genug wiederholt worden ist. Denn in der grössten Mehrzahl der Fälle (von 21 war es 15 Mal) genügte in meinen Versuchen die

Carotisklemmung nicht, um das Ohr blutarm zu machen und das würde Pick natürlich nicht übersehen haben, wenn er den Versuch oft angestellt hätte. So ist also in Wirklichkeit gar nicht abzusehen, ob bei den zwei verschiedenen Thieren die Speisung der Ohrgefässe mit Blut als gleich anzusehen ist, und dann beweist der Versuch selbstverständlich von vornherein nichts; denn es steht mir frei zu behaupten, dass, wenn Pick die Rollen an die beiden Thiere umgekehrt ausgetheilt hätte, die Gefässe des Amylnitrit-Thieres sich erweitert haben würden, und beim anderen Thiere die Gefässe trotz Sympathicusdurchtrennung leer, eng blieben wären. Indessen selbst wenn wir zugeben, dass die Gefässvertheilung und alle sonstigen anatomischen und physiologischen Vorbedingungen bei beiden Thieren gleich waren, selbst dann beweisen die Versuche Pick's nichts gegen die centrale Wirkung des Amylnitrits, denn wir können, trotzdem wir die centrale Wirkung annehmen, die Richtigkeit der Pick'schen Beobachtung aus grobphysikalischen Gründen auch ohne eigenes Experiment als selbstverständlich deduciren. — Also kann sie auch nichts gegen unsere Annahme beweisen, sofern wir keinen logischen Fehler machen.

In beiden Thieren ist die Blutzufuhr zu den abgesperrten Bezirken wegen der Summe der Widerstände des Bezirks plus denen der sich bildenden Collateralbahnen sehr erschwert. Durchschneiden wir jetzt bei dem einen Thiere den Sympathicus, so vermindern wir die gesammten Widerstände und unter der Triebkraft des normal hohen Blutdrucks strömt mehr Blut ein, die Gefässe werden verbreitert. Bei dem Thiere, welches wir Amylnitrit einathmen lassen, vermindern wir, behaupte ich, ganz ebenso die Widerstände wie vorher, aber es wird auch die Triebkraft vermindert, denn der Druck sinkt z. B. von 150 auf unter 30^{mm} Hg., und da ist es mehr als begreiflich, dass weniger Blut einfliesst als im vorigen Falle. Hieraus geht hervor, dass die von Pick beobachtete Thatsache jedenfalls eintreten muss und also auch dann, wenn das Amylnitrit central lähmt, folglich kann sie nichts gegen die centrale Wirkung beweisen und folglich ist die directe Lähmung der Gefässmusculatur auch durch den angeführten Pick'schen Versuch nicht bewiesen.

Somit liegt überhaupt kein stichhaltiger Beweis für die periphere Wirkung vor und ich kann daher die Parteinahme des Rossbach'schen wie des Binz'schen Buches zu Gunsten der peripheren Wirkung nicht für richtig halten; der einzige annähernd stichhaltige Versuch ist der von mir mit Benutzung eines künstlichen vasomotorischen Centrums angestellte, welcher für die centrale Wirkung spricht. Auch dieser hat aber einem übermässig skeptischen Kritiker gegenüber eine schwache Stelle, — es könnte, wie oben erörtert ist, der unerhörte Fall vorliegen,

dass die physiologische Erregung Nerv oder Muskelfaser oder beide
nicht zu durchdringen vermag, während die normal starke Erregung,
sobald sie an einer Stelle des Nervenstammes faradisch erzeugt ist, nunmehr in normaler Weise die Nervenfaser und die glatte Muskelfaser
durcheilt. Ich glaube, dass wir uns nur im allerhöchsten Nothfalle,
d. h. wenn zwingende Beweisgründe uns dazu treiben, zu einer solchen
Annahme entschliessen dürfen; da aber, wie ich gezeigt habe, keine
einzige Beobachtung vorliegt, welche gegen eine centrale Wirkung
spricht, so glaube ich auch heute noch, dass durch meinen Versuch die
centrale Wirkung als genügend erwiesen angesehen werden muss.

Trotzdem muss aber die Methode zur Entscheidung derartiger Fragen
soweit vervollkommnet werden, dass derartige schwache Punkte in der
Deutung der Experimente nicht vorhanden sind.

Zwei, wenn ich mich so ausdrücken darf, klinische Gesichtspunkte
möchte ich erst noch geltend machen, bevor ich die absolut entschei-
denden Untersuchungsmethoden bespreche.

Pick beschreibt, und ich kann dies bestätigen, dass am Menschen
sehr häufig die Amylnitrit-Röthe auf der Brust in Form unregelmässiger
getrennten Flecken auftrete und dass die Haut der Beine sich nicht
röthet, während Gesicht, Hals und Brust stark geröthet sind. Wenn man
dieses sich plötzlich bei einem Menschen entwickeln sieht, von dem
man weiss, dass sein Blut gleichmässig mit einem Gifte geschwängert
ist, so kann man vom klinischen Standpunkte nicht verstehen, warum
sich nicht alle Arterien gleichmässig verhalten. Warum ist innerhalb
des rothen Flecken die Arterie durch das giftige Blut (direct) gelähmt,
während dicht daneben ausserhalb des Fleckens die Arterien vom gleichen
Blute noch ungeschädigt durchströmt werden? Warum sind die Arterien
des Kopfes so empfindlich gegen das gleiche giftige Blut, während die
Hautarterien der unteren Extremitäten so wenig darauf reagiren? Für
das centrale Nervensystem lassen wir uns eine feinere Differenzirung
in der Empfindlichkeit der einzelnen Apparate gern gefallen, denn dafür
haben wir zahllose Analogien; aber für ein so niedriges Gewebe, wie
die glatten Muskelfasern es sind, oder allgemein gesagt, für die kleinen
Arterien derartige Unterschiede der Empfindlichkeit je nach der Oertlichkeit anzunehmen, will mir bedenklich erscheinen, und doch müsste zur
Erklärung der Amylnitritröthe eine derartige Hypothese schlechterdings
aufgestellt werden, wenn die centrale Wirkung geleugnet wird.

Der andere Gesichtspunkt ist folgender: Wie von mir zuerst erwiesen
und von Mayer bestätigt, von Pick zugegeben ist, beruht die Pulsbeschleunigung, die gleichzeitig mit der Röthe auftritt, auf einer Aufhebung des Tonus im Vaguscentrum. Ist es nicht für eine klinische

Auffassungsweise äusserst plausibel, dass die gleichzeitige Arterienerschlaffung die Folge einer Aufhebung des Tonus des dem Vaguscentrum anatomisch und functionell so benachbarten vasomotorischen
Centrums und der diesem subordinirten vasomotorischen im Rückenmarke
oder sonst wo gelegenen Ganglienzellen ist? Wie viel unwahrschein-
licher, ja wie unglaublich ist es, dass die ebenso schnell und plötzlich
und gleichzeitig mit der Lähmung des Vaguscentrums auftretende und
mit ihr wieder schwindende Arterienerschlaffung auf einer directen Lähmung der Musculatur beruhe!

Doch gehen wir jetzt über zur Besprechung derjenigen Methode,
welche zur Entscheidung derartiger Fragen meiner Meinung nach vollständig und anstandslos geeignet ist.

Zwei Grundversuche fordere ich, wenn zweifellos die Sache entschieden sein soll:

Erster Versuch: Eine normale Arterie wird dauernd von unvergiftetem Blute durchströmt oder statisch erfüllt, während das vasomotorische Centrum zuerst mit unvergifteten, dann mit vergiftetem Blute gespeist wird.

Zeigt dieser Versuch, dass die Weite der von unvergiftetem Blute
durchströmten oder statisch gefüllten Arterie ungeändert bleibt, gleichviel ob das Centrum vergiftet wird oder nicht, so ist bewiesen, dass die
in Frage stehende sonst zu beobachtende Gefässerweiterung peripherisch
bedingt ist. Erweitert sich dagegen bei Vergiftung des Centrums die
Arterie, trotzdem sie von unvergiftetem Blute durchströmt wird, so liegt
zweifellos eine centrale Wirkung vor.

Zweiter Versuch: Das vasomotorische Centrum wird unvergiftet
erhalten, während durch die zu beobachtende Arterie zuerst unvergiftetes,
später vergifteter Blut unter gleichen Bedingungen fliesst. Die Deutung
einer etwaigen Veränderung oder des Unverändertbleibens der Arterien-
weite liegt auf der Hand.

Gegen die Methode, welche ich vorschlage, kann, wie ich glaube,
kaum ein Bedenken erhoben werden. Die Fragstellung ist klar, die
Deutung des erhaltenen Resultats ist zweifellos. Die Verwirklichung
dieser Vorschläge bot, um zunächst auf den ersten Grundversuch näher
einzugehen, grössere Schwierigkeiten als man erwarten sollte, und ich
bin weit entfernt zu glauben, dass ich unter den Verfahren, welche ich
einschlug, bereits das geeignetste gefunden habe. Hoffentlich wird mein
Vorschlag auch bei anderen Untersuchern eine eingehendere Berücksichtigung erfahren, so dass ein allgemein brauchbares Verfahren angegeben
werden kann. Immerhin habe ich doch schon jetzt einige wenige un-
zweideutige Versuche.

Um den Anforderungen des ersten Grundversuches zu genügen, habe ich an Kaninchen das Gefässgebiet eines Ohres künstlich mit (unvergiftet bleibendem) defibrinirtem auf 38° C. erwärmten Kaninchenblute durchströmt und dann das Thier Amylnitrit einathmen lassen. Zweierlei Verfahren befolgte ich. In der einen Versuchsreihe wurde die blutzuführende Canüle in die Arteria centralis des Ohres eingeführt; in der zweiten Reihe wurde das Blut in die Carotis communis getrieben, nachdem ich vorher mich versichert hatte, dass ohne künstliche Durchströmung nach Abklemmung der Carotis communis kein Blut durch Collateralen in die Ohrgefässe gelangen konnte. Hierbei war es, wo es sich zeigte, dass man meistens noch den rückläufigen aus dem Schädel durch die Carotis interna kommenden Blutstrom absperren müsse, um die Ohrgefässe nach Unterbindung der Carotis communis blutfrei zu haben; häufig musste noch die Carotis communis der anderen Seite oder auch noch die Subclavia incl. Vertebralis derselben Seite unterbunden werden. In beiden Versuchsreihen entstanden mehrere Uebelstände. Zunächst waren meistens bei der Durchströmung schon vor der Giftzufuhr zum Centrum (vor der Inhalation) die Ohrarterien völlig (durch den Eingriff selbst) gelähmt, so dass die Thiere für unseren Zweck natürlich unbrauchbar waren. Bei der Durchströmung von der Carotis aus gelang es ferner oft nicht, die Ohrgefässe zu füllen. Doch habe ich aus der ersten Reihe einen ziemlich gut gelungenen und aus der zweiten Reihe einen tadellosen und zwei ziemlich gut gelungene Versuche, in welchen die Ohrgefässe, obwohl sie von unvergiftetem Blute durchströmt wurden, sich dennoch schnell erweiterten, sobald das Thier das Gift eingeathmet hatte, sobald also das Gift zum vasomotorischen Centrum (nicht aber zu den Gefässen selber) gelangte, — was für die centrale Wirkung spricht.

Dann richtete ich noch Experimente ein, bei denen die Ohrgefässe statisch gefüllt waren und diese Versuche gingen besser. Zu dem Zwecke zog ich unter Vermeidung des Nerven zu beiden Seiten der Centralarterie des Ohres Fäden hindurch, welche ich theils mit, theils ohne Korkunterlage nach beiden Seiten hin zusammenschnürte, so dass das ganze Ohr excl. Nerv und Centralarterie abgebunden war. Alsbald entwickelte sich eine starke Stauung (die schon nach drei Stunden zu blutiger Gewebsinfiltration aber ohne Hämorrhagien führte). Nach 20 Min. bis 1 Stunde brachte ich das (tracheotomirte) Thier in ein kaltes Zimmer (0°), und hier contrahirte sich die Centralarterie vollständig, während die Venen und Capillaren überfüllt blieben. Da die Arterie wegen der Kälte constant contrahirt blieb und ein Abfluss nicht statthatte, so war in der Arterie nach etwa einer Stunde offenbar keine nennenswerthe

Circulation mehr und die Arterie enthielt unvergiftetes Blut und bekam bei der späteren Vergiftung gar kein oder doch sehr viel weniger Gift als die Arterie der nicht operirten Seite. Nichtsdestoweniger dilatirten sich die Arterien der beiden Seiten in demselben Augenblicke nach Amylnitriteinathmung und das blieb auch dann so, wenn ich so geringe Spuren von Amylnitrit einathmen liess, dass 20 Athemzüge nöthig waren, um die Wirkung eintreten zu lassen. — Dieser Versuch gelang jedesmal.

Wir wenden uns jetzt zur Besprechung des zweiten Grundversuches. Wenn der erste Grundversuch mit irgend einem bestimmten Gifte ein positives Resultat gegeben hat, wie in unserem Falle, so ist die Ausführung des zweiten eigentlich nicht mehr nothwendig. Der erste Versuch hätte entschieden, dass eine centrale Wirkung vorliegt, der zweite kann jetzt nur noch entscheiden, ob neben der centralen auch noch eine periphere Wirkung existirt. Bei einer Wirkung, welche so schnell und so plötzlich auftritt und so schnell vorübergeht, hat es keinen Sinn zu erwarten, dass die flüchtige Röthe sowohl auf einer centralen Lähmung, als auch auf einer directen peripheren Wirkung beruhen könne, um so weniger darf dies erwartet werden, als die vorliegenden Thatsachen (mein Experiment mit dem künstlichen vasomotorischen Centrum) zu der Annahme gezwungen haben, dass wenn wirklich eine Muskelwirkung noch besteht, sie jene sonderbare Eigenthümlichkeit haben müsste, dass die durch den physiologischen Reiz verursachte Erregung des Nerven, in der Muskelfaser ankommend, diese gelähmt findet, während die ausgeprobte eben so starke Erregung die Muskelfaser normal antwortend vorfindet, sobald jene Erregung von einer elektrisch gereizten, centraler gelegenen Stelle des Nerven herkommt.

Nichtsdestoweniger wünschte ich den zweiten Grundversuch (Ohrarterie von vergiftetem, Centrum von unvergiftetem Blute gespeist) auszuführen. Ich lasse unerwähnt die Schwierigkeiten, welche sich darbieten, sobald man künstliche Durchströmung zur Ausführung dieses zweiten Grundversuches anwenden will.

Indessen war der zweite Grundversuch praktisch vollständig ausführbar, sobald man auf die Durchströmung des Centrums mit normalem Blute verzichtete und nur dafür sorgte, dass das Centrum wesentlich später das vergiftete Blut erhielt, als die Ohrarterien. Dieses war erreichbar unter geeigneter Modification eines weiter unten genauer zu würdigenden, von Mayer und Friedrich zur Entscheidung einer anderen Frage angewendeten Verfahrens, nämlich zur Entscheidung, ob gewisse am Rumpfe zur Beobachtung kommende Erscheinungen (Pulsbeschleunigung, Krämpfe) cerebralen Ursprunges seien oder nicht. Die beiden Autoren klemmten zu diesem Zwecke vorübergehend (auf etwa

$^1/_2$ Minute) sämmtliche von der Aorta zum Kopfe führenden Arterien ab
und liessen während dessen das Amylnitrit einathmen. Da jene Erscheinungen am Rumpfe in dieser Zeit sich nicht zeigten, sondern erst,
als dem Blute der Zufluss zum Hirn gestattet wurde, so schlossen sie
auf cerebralen Ursprung derselben. Ohne Weiteres liess sich dies Verfahren für unser Bedürfniss nicht verwerthen, denn da wir die Ohrgefässe beobachten wollten, so durften wir die ganze Blutzufuhr zum
Kopfe nicht absperren. Auf folgende Weise liess sich jedoch das Verfahren für uns brauchbar machen. Und gerade das Resultat des jetzt
zu beschreibenden Versuchs dürfte das überzeugendste sein, überzeugender
als alle bisher mitgetheilten, besonders da er nie versagt und sich zur
Demonstration eignet. Einem tracheotomirten Kaninchen werden beide
Carotides internae unterbunden. Die Ohren zeigen eine ziemlich geringe Blutfülle. Die Arteria centralis, an einer bestimmten Stelle mittels einer gläsernen, in halbe Millimeter eingetheilten Scala gemessen,
hat eine Breite von $^1/_4$^{mm}. Auf Einathmung von Amylnitritdämpfen
während der Dauer von 4 Athemzügen zeigt sich nach Ablauf von
8 Secunden die Blutüberfüllung des Ohres, wobei die Arteria centralis
an der betreffenden Stelle eine Breite von 1^{mm} annimmt. Nachdem die
Wirkung vorüber ist, werden die beiden Subclaviae, welche schon vorher freigelegt waren, an ihren Ursprüngen (dicht an dem Arcus aortae,
resp. am Truncus anonymus) abgeklemmt. Unter Zunahme der Athmung
sieht man nach 30 Secunden eine deutliche Zunahme der Blutfüllung
an den Ohren auftreten, wobei die Arteria centralis an der erwähnten
Stelle sich von $^1/_4$ bis auf $^1/_2$^{mm} verbreitert. Sobald die Klemmung beseitigt wird, nimmt sofort die Blutanfüllung der Ohren ab und ist
nach 10 Secunden zur Norm zurückgekehrt.

Nachdem sich das Thier hiervon erholt hat, wird der eigentliche
Versuch angestellt: Die Subclaviae werden abgeklemmt und sofort mit
der Inhalation des Mittels begonnen. Obwohl das Thier stärker athmet
als in der Norm und obwohl es während der ganzen Klemmungszeit inhalirt, also mindestens 8 Mal so viel Gift erhält, als im ersten Versuche, so zeigt sich doch in den ersten 25 Secunden noch keine Zunahme der Blutfülle in den Ohren; jetzt wird die Inhalation unterbrochen; nach Ablauf von weiteren 5 Secunden beginnt, wie im vorhergehenden Falle, eine mässige dyspnoische Erweiterung (Verbreiterung jener
Stelle bis zu $^1/_2$^{mm}), sofort beseitige ich die Klemmung und diese
mässige Erweiterung geht zurück; die gemessene Stelle hat wieder nur
noch $^1/_4$^{mm}. Aber nach Ablauf von ferneren 8 Secunden tritt
an den Ohren die Blutüberfüllung ein, jene Stelle erweitert sich
wieder bis zu 1^{mm}.

Diese drei Versuche [1) Amylnitrit ohne Klemmung, 2) Klemmung ohne Amylnitrit, 3) Klemmung und Amylnitrit] wurden an demselben Thiere in gleichen Zeitintervallen und in verschiedener Reihenfolge wiederholt, um die Möglichkeit auszuschliessen, dass das Thier durch die vorhergehenden Eingriffe modificirt sei. Der Erfolg war stets der gleiche.

Dieser Versuch zeigt, dass an einem Thiere, welches sonst nach 8 Secunden an den Ohren die Amylnitritwirkung zeigt, noch nach 25 Secunden frei von derselben ist, sobald das selbst stärker vergiftete Blut zwar in die Ohrgefässe, nicht aber in's Centrum gelangen kann; die durch die Hirnanämie schliesslich bedingte geringere Blutanhäufung geht, ganz wie im unvergifteten Zustande, in den nächsten Secunden nach Aufhebung der Klemmung zurück und dann erst und wiederum nach 8 Secunden der Einwirkung des vergifteten Blutes auf das Centrum erscheint die Gefässwirkung.

Damit ist aber die centrale Wirkung, wie mir scheint, bewiesen.

Etwas weniger einwandfrei gegenüber einer allzustarken Skepsis ist folgender Versuch: An einem Kaninchen wird die Blutzufuhr zur Medulla oblongata abgesperrt und sobald der (graphisch verzeichnete) Blutdruck zu steigen beginnt, wird Amylnitrit eingeathmet: der Druck sinkt nicht; sobald aber (binnen 30 Secunden) die Klemmung der Hirnarterien aufgehoben wird, fällt der Blutdruck auf die für Amylnitrit charakteristische geringe Höhe und bleibt andauernd auf diesem niedrigen Stande, während an nicht vergifteten Thieren der nach Aufhebung der Hirnarterienklemmung sich zeigende Druckabfall ein kurz vorübergehender ist. Wird in einem zweiten Versuche die Inhalation vorgenommen, bevor der Druck in Folge der (durch Gefässklemmung herbeigeführten) Hirnanämie ansteigt, so sieht man zuerst ein geringes Sinken des Druckes, dann kommt aber eben so zeitig wie bei unvergifteten Thieren das Steigen, welches (innerhalb gewisser Grenzen) so lange anhält, bis man die Klemmung freigiebt, alsdann, d. h. circa 8 Secunden später, tritt das bedeutende Sinken des Druckes ein. Wir von unserem Standpunkte müssen in dem anfänglichen geringen Sinken des Druckes den Einfluss des Mittels auf das vor der Giftzufuhr nicht geschützte Rückenmark erkennen; das tiefe Absinken des Druckes tritt aber erst ein, wenn das Gift zur Medulla oblongata gelangen kann. Gegen ein naheliegendes Bedenken bemerke ich, dass ich durch Controlversuche und Abwechselung der Reihenfolge der Versuche an demselben Thiere mich vor dem Fehler bewahrt habe, die mechanische Verengerung des Strombettes durch die Klemmung als Innervationserscheinung aufzufassen u. s. w.

Obwohl wir oben wohl genügend beweisend gezeigt haben, dass die
Frage nach dem Angriffsort des Amylnitrits zu Gunsten einer Muskelwirkung durch Blutdruckversuche schlechterdings nicht entschieden
werden kann, so habe ich zur Bestärkung dieser Anschauung Blutdruckversuche nach Elimirung des Rückenmarks, d. h. nach völliger Befreiung
des Gefässapparates von allen centralen Einflüssen einzurichten erstrebt;
ich ging dabei von der Voraussetzung aus, dass, wenn alle centralen
Einflüsse eliminirt sind, die Arterien sämmtlich erschlafft sein müssen
und dass dann die Höhe des Blutdruckes nur noch von der Herzarbeit
abhängig sei, wenn nicht etwa jene hypothetischen in oder an den Gefässen gelegenen Centren einen irgendwie nennenswerthen Tonus veranlassten. Letzteres war zwar nicht sehr wahrscheinlich in Anbetracht
dessen, dass nach Durchschneidung vasomotorischer Nerven die von diesen
versorgten Gefässe anscheinend gar keinen Tonus mehr zeigen. Indess
könnte hier eingewendet werden, dass diese ihres cerebralen und spinalen
Tonus beraubten Gefässe doch noch einen nennenswerthen von peripheren
Centren veranlassten Tonus haben, welcher nur dadurch verdeckt werde,
dass der normale, hohe Blutdruck diesen Tonus zu überwinden im Stande
sei. Auch auf diese Frage — ob die hypothetischen Centren der Körperperipherie einen nennenswerthen Tonus zu unterhalten im Stande sind, —
könnte die Antwort erhalten werden durch Blutdruckversuche mit eliminirtem Centralnervensystem.

Dass die Excision oder Zerstörung des Rückenmarks bei Säugethieren eine schliesslich tödtliche Verletzung ist, geht implicite aus mehreren Aeusserungen in der Literatur, deren ich mich gerade erinnere,
deutlich hervor. Indess besinn ich mich nicht darauf, wo etwa näheres
über die Zeit zwischen Verletzung und Eintritt des Todes angegeben
worden ist (Legallois), und über die verschiedenen Arten, die vasomotorische Thätigkeit des Säugethier-Rückenmarks zu eliminiren. Und auf
die ziemlich grosse Gefahr hin, dass ich bereits Publicirtes namentlich
aus der älteren Literatur übersehen habe, seien hier die Resultate meiner
Versuche mitgetheilt.

Im Anfange verfuhr ich folgendermaassen: Bei Kaninchen oder Hunden wurde die Halswirbelsäule eröffnet, das Halsmark durchschnitten und
hierauf mit einem passenden Stabe das Rückenmark zermalmt. Dabei
ist es nöthig, sich davor zu hüten, nicht zwischen Dura und Wirbelsäule
zu gerathen, denn sonst bleibt selbst bei verhältnissmässig ziemlich dickem
Stabe das Rückenmark mehr oder weniger unzerstört. War das Rückenmark zerstört, so wurde das Thier, an welchem alles vorbereitet war,
mit dem Kymographion in Verbindung gesetzt. Aber schon in den
wenigen Secunden, die hierzu erforderlich waren, war der Druck auf Null

gesunken, das Herz schlug noch, das Thier machte einige tiefe allmählich
immer seltener und flacher werdende Respirationen und so starb es, ohne
dass eine Amylnitrit-Inhalation hätte gemacht werden können. Die Zermalmung des Rückenmarks ist ja nun freilich mehr als eine blosse
Eliminirung. Deshalb versuchte ich diese letztere auf andere Weise zu
erreichen. Bei einem grossen, kräftigen Kaninchen wurde das Halsmark
durchschnitten und die ganze Wirbelsäule in der Länge der Medulla
spinalis eröffnet. Hierauf wurde dem Thiere eine Erholungszeit von
circa zwei Stunden gelassen. Nachdem sich dann Herz und Arterien-
spannung als in genügend gutem Zustande befindlich gezeigt hatten,
wurde zur Durchschneidung der vorderen Wurzeln geschritten. Sobald
diese Procedur vorüber war, starb auch dies Thier wiederum im Laufe
von etwa einer Minute und unter den beschriebenen Erscheinungen.
Während der letzten Herzschläge und Athemzüge floss aus der eröffneten
Carotis-Canüle kein Blut aus. — Der gleiche ungünstige Ausgang zeigte
sich bei Excision des Rückenmarks. Diese Versuche scheinen mir zu
beweisen,

1. dass das Rückenmark der Säugethiere ein automatischer vasomotorischer Centralapparat ist;

2. dass Herzarbeit plus Thätigkeit der etwaigen unter physiologischen
Verhältnissen sich befindenden (hypothetischen) Peripheriecentren nicht
ausreicht, um einen nennenswerthen Blutdruck zu erzeugen, sobald sich
das Thier unter den angegebenen Bedingungen (Operation, Blutverlust
u. s. w.) befindet.

Im Anschluss an diese Versuche behaupte ich: würde es gelingen,
das Centralnervensystem auf weniger eingreifende Weise zu eliminiren,
so würde sich der Blutdruck so niedrig stellen, wie er bei stärkster
Amylnitritwirkung ist.

Dass das Ausserfunctiontreten der vasomotorischen Centra eine
directe Wirkung und keine von der Lunge her reflectirte (wofür die
Analogie gefehlt hätte) ist, geht daraus hervor, dass sie auch nach Vagusdurchschneidung auftritt, was zuerst Schüller erwähnt (und nicht, wie
Rossbach angiebt, Mayer und Friedrich). Dass sie nicht von einer
Depressivwirkung herrührt, also nicht etwa durch eine Reizung der
Herzinnenfläche durch das amylnitrithaltige Blut bedingt ist, habe ich
zuerst hervorgehoben (wonach die Rossbach'sche Angabe ebenfalls zu
corrigiren ist).

Oben habe ich bereits Versuche erwähnt, welche mir dafür zu sprechen scheinen, dass der vasodilatatorische Nervenapparat bei der Amylnitritwirkung nicht betheiligt sei.

Ueber den Verlauf der vasodilatatorischen Fasern am Kopfe finde ich nichts angegeben. Nur für die hintere Extremität sehe ich von Stricker ermittelt, dass die dilatatorischen Fasern in den hinteren Wurzeln des 4. und 5. Lumbalnerven zu treffen sind. Da aber gerade die hinteren Extremitäten anscheinend gar nicht bei der Amylnitritwirkung betheiligt sind, so schien es sich kaum der Mühe zu verlohnen, an diesen von Stricker gefundenen Dilatatoren der Hundepfote zu experimentiren. In Ermangelung von etwas Besseren machte ich trotzdem einige Vorversuche an den Hinterextremitäten intacter Hunde und fand dann öfters, namentlich bei kalter Zimmerluft (unter 13° C.), dass nach Amylnitrit-Inhalation die Temperatur der beiden Hinterpfoten (im Zwischenzehenraume gemessen) um 1—4 Grade stieg (z. B. von 15·5° auf 18·3). Zuweilen, namentlich bei wärmerer Zimmerluft, fiel im Gegentheil die Temperatur um 1° und mehr. Während die Fälle mit sinkender Temperatur aus der nachlassenden Triebkraft und der (bei Hunden übrigens sehr geringen) Abnahme der Innentemperatur erklärt werden können, ohne dass die Gefässe der Hinterpfote selber sich zu ändern brauchen, lässt das zuweilen beobachtete Steigen der Temperatur trotz der eben angeführten in entgegengesetzter Richtung wirkenden Einflüsse wohl kaum eine andere Auffassung zu, als dass auch die Arterien der Hinterpfote an der Erschlaffung, wenn auch in nur geringem Maasse, theilnehmen. Wenn dieser Vorgang der Erschlaffung auf einer Dilatatorenwirkung beruhte, so stand zu erwarten, dass der Gang der Temperaturen an den beiden Pfoten ein verschiedener werden würde, sobald auf der einen Seite die Dilatatoren durchschnitten wären. Dem entsprechend eröffnete ich bei einem Hunde den Wirbelcanal in der Höhe des 3.—5. Lendenwirbels und zwar so, dass ich nur die linke Hälfte der Wirbelbögen abtrug. Hierauf wurden die linken 4. und 5. hinteren Lumbalwurzeln von der Medulla abgetrennt und beide zusammen über zwei Elektroden gelegt und faradisch mit mittelstarken Strömen gereizt. Die Temperatur der Pfote stieg von 20° auf 25° C. (während die Pfote der rechten Seite keine Aenderung zeigte). Nachdem später die Temperatur wieder (auf 21·5°) gesunken war, erhielt das Thier Amylnitrit zu athmen und die Temperatur beider Hinterpfoten ging ganz gleichmässig um einen Grad herunter. In den nächsten Tagen wurde dieser Inhalationsversuch an demselben Thiere mehrmals wiederholt. Wenn die Temperatur der normalen Pfote unter Einwirkung des Mittels stieg, so geschah das gleiche auch auf der operirten Seite. Und so oft die Temperatur der gesunden Seite sank, war dies auch auf der operirten Seite der Fall. Dies Parallelgehen spricht dafür, dass die Vasodilatatoren nicht bei der Amylnitritwirkung betheiligt sind.

Indess haben diese Versuche wegen der wenn auch auf beiden Seiten gleichen, aber doch in den verschiedenen Prüfungen ungleichsinnigen Temperaturveränderungen etwas an sich, was sie nicht recht überzeugend erscheinen lässt.

Es musste daher wünschenswerth sein, analoge Versuche an der oberen Körperhälfte und zwar womöglich am Kopfe, an den Ohren des Kaninchen anzustellen.

Schon wollte ich mich auf die Suche nach dem Verlaufe der vasodilatatorischen Fasern des Kaninchenohrs begeben. Indess zeigte eine genauere Ueberlegung, dass dieser Excurs auf das rein physiologische Gebiet vermieden werden kann, ohne dass wir auf die Lösung unserer Frage verzichten.

In meinem öfter erwähnten älteren Versuche mit Reizung des peripherischen Hals-Sympathicus der einen Seite blieb auf Amylnitriteinathmung die Erweiterung der Ohrgefässe dieser Seite aus. Wären wir sicher, dass in jenem Sympathicus nur Vasoconstrictoren und keine Vasodilatatoren enthalten sind, so wäre unsere Frage beantwortet; denn obwohl alle Dilatatoren intact geblieben wären, so blieb doch die Dilatation aus, als die Vasoconstrictoren ihre normale Erregung beibehielten. Dann wäre das Nichtbetheiligtsein der Dilatatoren bewiesen. Es fragte sich nur, wie man im concreten Falle den Nachweis führen kann, ob im Sympathicus Dilatatoren enthalten sind oder nicht. Dass die Reizung des Sympathicus Contraction und nicht Erweiterung der Gefässe verursachte, bewies nur, dass die Constrictoren, sei es in der Wirkung, sei es in der Zahl, überwiegen, nicht aber, dass keine Dilatatoren vorhanden sind.

Die Probe wurde folgendermaassen angestellt: Der durchschnittene Sympathicus der einen Seite wurde faradisch mit ausgeprobter Stromstärke gereizt und unterdessen die Trachealcanüle verschlossen; nach etwa 40 Secunden trat ganz gleichmässig auf beiden Ohren die bekannte Cyanose mit Gefässerweiterung ein. Aus den bekannten Untersuchungen Heidenhain's (Ostrumoff) wissen wir, dass diese neben Blutdruckserhöhung bez. allgemeiner Gefässcontraction auftretende Gefässerweiterung der Körperoberfläche von einer dyspnoischen Erregung des vasodilatatorischen Apparates abhängt. Da dieser Vorgang in unserem Falle auf beiden Seiten sowohl der Zeit als der Intensität nach ganz gleichmässig auftrat, so waren im Sympathicus der einen Seite offenbar keine oder jedenfalls so gut wie keine Dilatatoren durchschnitten worden. Nachdem die Trachealcanüle wieder geöffnet war und das Thier sich

wieder ganz erholt hatte, wurde der Sympathicus in gleicher Weise
gereizt und Amylnitrit eingeathmet — und hierbei erweiterten sich die
Ohrgefässe nicht. Hieraus scheint hervorzugehen, dass das Mittel die
Dilatatoren nicht erregt.

Die Beschleunigung des Herzschlages durch Amylnitrit.

Die erwähnte Pulsbeschleunigung wurde zuerst von mir experimentell
auf eine Aufhebung des Tonus im Vaguscentrum zurückgeführt.[1] Pick,
der Verfechter der peripherischen vasomotorischen Wirkung, erkannte
die centrale Vaguswirkung des Mittels als durch mich bewiesen an.
Hierbei beging er eine Inconsequenz. Für ihn durfte meine Beweisführung nicht genügen. Denn jene centrale Vaguswirkung war von mir
nach derselben Methode erwiesen worden, wie die centrale vasomotorische Wirkung. War jene erwiesen, so war es auch diese. Auch
die Lähmung des Vaguscentrums hatte ich dadurch ermittelt, dass ich
dieses Centrum ausschaltete und statt dessen ein unveränderliches künst-
liches (elektrisches) Centrum einführte, dessen Wirksamkeit ich so aus-
probirt hatte, dass es genau dasselbe leistete wie das normale Vaguscentrum, d. h. dass die Pulszahl die normale war. Wurde jetzt Amylnitrit
eingeathmet, so änderte sich die Pulszahl nicht. Hieraus schloss ich,
dass sowohl der periphere Vagus als die übrigen auf das Herz wirkenden
Factoren durch das Mittel nicht beeinflusst würden und bezog die sonst
zu beobachtende Pulsbeschleunigung auf die Aufhebung der Thätigkeit
des Vaguscentrums. Aber auch hier blieb als letzter Einwand die Möglichkeit, dass die Vaguspheripherie zwar normal erregbar geblieben sei,
wenn die ihr zufliessende Erregung elektrisch veranlasst ist, dass sie
dagegen unerregbar sei, sobald dieselbe Erregung dem physiologischen
Reize ihre Entstehung verdankt. Ich gebe zu, dass auch hier dieser
Einwand kein glücklicher, sondern ein sehr gewaltsamer ist, aber er
musste gemacht werden, sobald die centrale vasomotorische Wirkung
geleugnet wurde. Inzwischen ist auch dieser letzte Zweifel durch einen
vortrefflichen Versuch von S. Mayer und Friedrich beseitigt worden.
Diese Forscher klemmten die vier Hirnarterien zu und liessen darauf
sofort Amylnitrit einathmen. Obgleich jetzt das mit dem Mittel im-
prägnirte Blut zur Vaguspheripherie gelangte, blieb die Pulsbeschleunigung

----

[1] Mit Unrecht schreibt dies Th. Husemann (*Archiv f. exp. Path. u. Pharm.*
Bd. VI, S. 439 und 443) Mayer und Friedrich zu.

aus, sie trat aber sofort ein, sobald man durch Aufhebung der Arterien-klemmung das Blut zum Hirn strömen liess.

Dieser Versuch erledigt auch eine Frage, auf welche dieselben beiden Autoren zuerst aufmerksam machten. Diese Frage lautet: ist die durch das Mittel bedingte Aufhebung des Vaguscentrumtonus eine directe oder eine reflectorische, von den Ausbreitungen des Lungenvagus her ver-anlasste? Da in dem erwähnten Versuche die Pulsbeschleunigung aus-blieb, trotzdem das Mittel mit der Lunge in die gewöhnliche Berührung trat und erst sich zeigte, als das Blut zum Hirn strömen konnte, so ist diese Frage in dem Sinne entschieden, dass die Erscheinung nicht reflectorischer Natur ist. Indessen ist hier ein Punkt noch zu erörtern, der von den Autoren, mich mit eingeschlossen, bisher übersehen ist.

Wir wissen, dass am **intacten** Thiere jede Steigerung des Blut-drucks (z. B. durch Compression der Aorta) eine Pulsverlangsamung bedingt und dass Blutverlust eine Beschleunigung veranlasst.[1] Und zwar beruhen diese Aenderungen des Pulsschlages auf Aenderungen des Tonus im Vaguscentrum. Es wäre daran zu denken, ob nicht vielleicht der Nachlass des Tonus im Vaguscentrum, welcher bei Amylnitriteins-einwirkung neben der Blutdrucksenkung sich zeigt, nur die indirecte Folge der Wirkung des Mittels und direct durch die Blutdrucksenkung veranlasst sei. Diese Möglichkeit ist um so mehr in's Auge zu fassen, da, wie Mayer und Friedrich zuerst angegeben haben, die Druck-senkung etwas früher beginnt als die Pulsbeschleunigung — eine Be-obachtung, die ich bestätigen kann. Man könnte hier vielleicht einwenden, dass jene Abnahme des Vagustonus bei Drucksenkung ohne Gift nur die Folge einer Verminderung des Reizes und nicht die einer Verminderung der Erregbarkeit sei, und dass ja Mayer und Friedrich gezeigt haben, dass während der Einwirkung des Mittels die Erregbarkeit des Vaguscentrums z. B. gegen Reflex, Venöswerden des Arterienblutes, ver-mindert sei. Indess ist, soviel ich weiss, nicht bewiesen, dass das Vagus-centrum im Zustande des Reizmangels (bei erniedrigtem Blutdrucke, ohne Gift und bei intactem Thiere) gegen jene Reflexe u. s. w. normal erregbar ist, so wahrscheinlich dies auch sein mag. Wollte man die oben von uns aufgestellte Frage zu Gunsten einer specifischen Lähmung des Vaguscentrums entscheiden, so wäre erst die soeben geäusserte Vor-frage zu erledigen.

Experimentell leichter zugänglich ist die directe Prüfung des Gegen-

---

[1] Die Pulsverlangsamung, welche neben Drucksenkung nach Halsmark-durchschneidung vorkommt und deren Ursache bekanntlich unbekannt ist, kommt hier nicht in Betracht, da wir hier nur die Vorgänge an intacten Thieren im Auge haben.

standes, wenn die Frage folgendermaassen formulirt wird: Würde das
Amylnitrit auch dann ein Aufhören des Vagustonus (Pulsbeschleunigung)
liefern, wenn die Blutdrucksenkung nicht zu Stande käme? Oder auch:
Ist während der Amylnitritwirkung durch Steigerung des Druckes (eventuell bis, zur oder über die normale Höhe hinaus) eine Verlangsamung
des Pulsschlages herbeizuführen?

Um diese beiden Fragen zu entscheiden, wurde folgender Versuch
angestellt.

Ein Kaninchen, tracheotomirt am Kymographion; schwache Amyl-
nitritvergiftung; sobald die Blutdruckscurve sinkt, wird die Aorta durch
die Bauchdecken hindurch dicht unterhalb des Diaphragma comprimirt;
in Folge hiervon steigt die Curve bis auf die normale Höhe. Zu
meiner Verwunderung nahm die Frequenz der Herzschläge sogar bis
etwas unter die Norm ab. Ich glaubte, obgleich dies zu meinen sonstigen Erfahrungen über die Wirkung unseres Mittels nicht gestimmt
hätte, dass die Vergiftung zu der Zeit der Pulsverlangsamung bereits
verschwunden war. Deshalb wiederholte ich den Versuch und liess das
Thier so lange die Amylnitritdämpfe einathmen, bis Krämpfe auftraten.
Wiederum war bei Compression der Aorta dieselbe Pulsverlangsamung
beobachten und zwar trat bei Nachlass der Compression unter Sinken
des Drucks die Pulsbeschleunigung wieder auf. Die Pulsverlangsamung
kam etwas später als das Steigen des Drucks, die Pulsbeschleunigung
etwas später als das Sinken. Wenn ich dann den Versuch in der Weise
fortsetzte, dass ich das Thier Minuten lang die Dämpfe einathmen liess
und unterdessen abwechselnd durch Aortencompression den Druck steigerte und durch Nachlass zum Sinken brachte, so war stets dort, wo die
Druckcurve niedrig war, die für Amylnitrit charakteristische Beschleunigung, und auf der Höhe der Curve die Verlangsamung. Bei einigermaassen starker Vergiftung liess sich der Druck durch Aortencompression
nicht mehr weit über und später kaum noch bis zur normalen Höhe
treiben. Da trotzdem eine Pulsverlangsamung bis zur oder doch bis
fast zur Norm zu erzielen war, so muss für eine unbefangene Beurtheilung
das Vaguscentrum als durchaus vom Gifte nicht gelähmt gelten, und
die am Normalthiere nach Amylnitriteinwirkung auftretende Pulsbeschleunigung wäre darauf zurückzuführen, dass in Folge der Blutdrucksenkung
(und nicht direct durch das Gift) der Tonus im Vaguscentrum erlischt.

Doch auch hier könnte ein übermässig skeptischer Sinn mit einem
Einwand kommen, der besser im Voraus beseitigt wird.

Es könnte jemandem denkbar erscheinen, dass die Vagusperipherie
durch den steigenden Druck erregt wurde, während das Vaguscentrum
doch, wie ich früher bewiesen zu haben glaubte, von dem Gifte gelähmt

sein könnte. Hiergegen liesse sich mit Erfolg auf Grund unserer physiologischen Kenntnisse deductiv ankämpfen, trotz Tschirjew, welcher neuerdings entgegen der grossen Zahl der Ergebnisse anderer Forscher bei Drucksteigerung auch nach Eliminirung des Vaguscentrums ein Seltnerwerden des Herzschlages fand; denn mit solcher absolut sicheren Regelmässigkeit und Proportionalität wie in dem Amylnitritversuche ist die Abhängigkeit der Pulsfrequenz vom Drucke bei wirklich eliminirtem Vaguscentrum nie zu demonstriren.

Indess viel überzeugender ist der besprochene Einwand durch ein einfaches Experiment zu widerlegen. Man durchschneide dem Thiere beide Vagi, und jene regelmässige Abhängigkeit der Pulsfrequenz vom Blutdrucke ist verschwunden, obwohl die Vagusperipherie den Einwirkungen der Druckveränderung ausgesetzt bleibt.

Sonach scheint mir nichts anders übrig zu bleiben, als zu erklären, dass das Erlöschen des Tonus im Vaguscentrum von der Blutdrucksenkung abhängig ist und dass die Erregbarkeit des Vaguscentrums in den geschilderten Stadien durch das Gift nicht tangirt werde.

Steht hierzu aber nicht in directem Widerspruche die Thatsache, dass die Erregbarkeit des Vaguscentrums sich während der Amylnitritwirkung vermindert zeigt gegen Reflex von der Nasenschleimhaut und gegen den Erstickungsreiz? Wie wir schon oben sagten, ist noch gar nicht bekannt, ob das unvergiftete normale Centrum gegen Reize nicht auch minder erregbar als in der Norm wäre, sobald der Blutdruck ebenso erniedrigt würde wie während der Amylnitritwirkung.

Uebrigens ist, wie auch Mayer und Friedrich angeben, die Erregbarkeit gegen Reflexe von der Nasenschleimhaut und gegen den dyspnoischen Reiz selbst bei ziemlich starker Vergiftung keineswegs ganz aufgehoben. Ja ich war bei Wiederholung dieser Versuche überrascht, wie wenig in dieser Beziehung das Vaguscentrum von seiner Erregbarkeit eingebüsst hat. Und selbst bei so starker Vergiftung, dass heftige Krämpfe auftraten, blieben jene Reize nicht erfolglos; allerdings musste namentlich der reflectorische Reiz ein ziemlich energischer sein. Für letztere Prüfung empfiehlt es sich, die von Gad[1] angegebene T-förmige Trachealcanüle anzuwenden. Das Thier athmet zuerst mit Abschluss des Nasen-Kehlkopf-Weges direct aus der Canüle die Amylnitritdämpfe ein; darauf wird die Canüle so geschlossen, dass das Thier durch die Nase athmen muss und dann bläst man ihm eine dichte Tabaksrauchwolke vor die Nase. Die in's Herz vorher schon eingestochene Acupuncturnadel zeigt bedeutende Pulsverlangsamung oder gar einen bis zu mehreren Secunden dauernden Herzstillstand selbst bei sehr starker Vergiftung.

[1] Verhandl. d. physiol. Gesellsch. zu Berlin. 1878/79. S. 83.

Um nun zu sehen, ob sich bezüglich der nöthigen Reizstärke das amylnitritvergiftete Vaguscentrum im wesentlichen anders verhält als sich ein normales Centrum bei gleich niedrigem Blutdrucke verhalten würde, wurden Parallelversuche angestellt mit Erstickung und Nasenschleimhautreizung einerseits bei amylnitritvergifteten Thieren, andererseits bei solchen, welchen gleichzeitig durch einen grossen arteriellen Aderlass der Blutdruck schnell erniedrigt wurde. Es zeigte sich, dass die Thiere in beiden Fällen sich durchaus gleich verhielten. Selbst dann noch reagirten die vergifteten Thiere wie die unvergifteten, wenn das Gift reichlicher zugeführt wurde als nöthig ist, um die Pulsbeschleunigung zu veranlassen. Hieraus folgt, dass der Nachlass des Vagustonus, welcher eben diese Pulsbeschleunigung verursacht, zu einer Zeit erfolgt, da das Vaguscentrum noch normale Erregbarkeit besitzt, d. h. dieselbe Erregbarkeit wie ein normales Vaguscentrum bei gleich niedrigem Blutdrucke.[1] Da aber bei höherem Blutdrucke die Reaction des Vaguscentrums prompter und bei geringeren Reizen eintritt, so geht hieraus hervor, dass auch das normale Centrum bei äusserst erniedrigtem Blutdrucke weniger leicht durch Reflexe und dyspnoischen Reiz in Erregung versetzt wird, als wenn es durch den mechanischen Reiz des normalen oder doch eines nennenswerthen Blutdrucks sich bereits in Erregung befindet.

Die soeben vorgetragene Anschauung, dass eine maximale Erregung des Vaguscentrums nur möglich sein dürfte, wenn dasselbe bereits durch den mechanischen Reiz eines gewissen Blutdrucks in Erregung gebracht ist, lässt eine Beobachtung S. Mayer's[2], welche zu bestätigen ich mehrfach Gelegenheit hatte, in einem neuen Lichte erscheinen, und zwar ist diese Beobachtung sogar ganz besonders geeignet, als Stütze für unsere Anschauung zu dienen. Die Worte Mayer's bei jener Gelegenheit: „Es ist mir bis jetzt nicht gelungen, einen befriedigenden Einblick in den Mechanismus zu gewinnen, durch den in den geschilderten Versuchen das zu erwartende Resultat — Pulsverlangsamung durch Vagusreizung — nicht in ausgeprägter Weise zum Vorschein kommt," müssen es als erfreulich erscheinen lassen, wenn wir für jene alsbald zu besprechende Erscheinung ein theoretisches Verständniss anbahnen können. Wie nämlich Mayer beobachtete, bleibt bei Kaninchen, denen man sämmtliche Hirnarterien abklemmt, die charakteristische dyspnoische Pulsverlang-

[1] Dass bei äusserst starker Vergiftung neben den Erscheinungen einer sich entwickelnden allgemeinen Hirnlähmung auch das Vaguscentrum an der specifischen, directen Lähmung betheiligt wird, darf natürlich nicht für die Genese der pulsbeschleunigenden Wirkung kleiner Dosen verwerthet werden.

[2] *Prager med. Wochenschr.* 1877, Nr. 25—28.

samung aus, während alle übrigen dyspnoischen Erscheinungen auf's deutlichste ausgeprägt sind. Auch hier ist also der Reiz des unterbrochenen Gasaustausches nicht im Stande, das Vaguscentrum zu erregen. Aber im Gegensatze zu allen übrigen dyspnoischen Zuständen ist hier der Druck in den Arterien des Hirns in Folge der Compression auf Null herabgesetzt und so erklärt sich vom Standpunkte der vorgetragenen Anschauung aus diese Thatsache mit Leichtigkeit.

Wie Hr. Sattler hier bei einer Discussion über diesen Punkt sehr zutreffend bemerkte, wird die mechanische Reizung des Vaguscentrums ceteris paribus um so grösser sein, je voluminöser die Hirnarterien sind, je stärker ihre Füllung ist. Hiermit stimmt ganz überein, dass, wie ich fand, die Pulsfrequenz bei einem Thiere in der Norm etwas grösser ist, als wenn während der Amylnitritwirkung der Druck durch Aortencompression auf die normale Höhe gebracht wird. Offenbar drücken hier bei gleicher Blutdruckhöhe die durch das Mittel erweiterten Arterien stärker auf das Vaguscentrum als die tonisch contrahirten, also engeren Arterien es in der Norm thun.

Die Veränderung der Athmung und die Krämpfe.

Die Dyspnoe und die Krämpfe, welche Kaninchen auf Einathmung sehr geringer Mengen unseres Mittel zeigen, sind offenbar unter einem Gesichtspunkt abzuhandeln.

Was die Vertiefung und Beschleunigung der Athmung betrifft, so habe zunächst ich (wonach die Rossbach'sche Angabe zu corrigiren ist) gezeigt, dass sie keine durch den Vagus vermittelte Reflexerscheinung ist, da sie auch nach Vagusdurchschneidung entsteht; und dass sie auch nach Abtragung des Grosshirns zu Stande kommt, also von dort aus nicht veranlasst sein kann. Mayer und Friedrich bewiesen, dass die Krämpfe vom Rückenmark und von der peripherischen motorischen Sphäre nicht ausgingen, sondern von den Krampfcentren des Hirns, denn bei Compression der Hirnarterien und gleichzeitiger Inhalation des Mittels blieben die Krämpfe aus, traten aber sofort ein, sobald die Gefässcompression aufgehoben wurde.

Bezüglich der Ursache der Reizung des Athemcentrums hatte ich die Vermuthung ausgesprochen, dass sie ausschliesslich in der plötzlichen Drucksenkung und in der veränderten Blutcirculation zu suchen sei. Diese Zurückführung ist in ihrer Ausschliesslichkeit nicht aufrecht zu erhalten, seitdem Mayer und Friedrich gezeigt haben, dass ebenso

starke, durch Depressorreizung veranlasste Drucksenkungen keine so
starke Reizung des Athemcentrums bedingen, wie sie sich nach Amylnitrit-Inhalation zeigt. Daher ist nur ein Theil der Reizung auf die
Drucksenkung zu beziehen. Dass aber die Drucksenkung in der That
ihr Theil zur Entstehung der Dyspnoe und der Krämpfe beiträgt, geht
aus folgendem Versuche hervor.

Wenn bei einem am Kymographion befindlichen Kaninchen durch
Amylnitrit starke Dyspnoe und Krämpfe erzeugt sind, so gelingt es (in
den früheren Stadien, bez. bei nicht zu starker Vergiftung) durch Com-
pression der Aorta (wobei der Druck in der Carotis steigt) sowohl die
Dyspnoe zu mildern, als auch die Krämpfe gänzlich zu beseitigen.
Sobald man mit der Compression nachlässt, kehren auch, ohne dass neues
Gift eingeführt wird, in demselben Maasse, als der Blutdruck sinkt,
die Krämpfe und die stärkere Dyspnoe in der früheren Gestalt wieder.

Es kann also kein Zweifel darüber sein, dass die Blutdruckerniedrigung das Auftreten von Dyspnoe und Krämpfen wesentlich begünstigt.

Mayer und Friedrich glauben sowohl für das Athmungscentrum
als für die Krampfcentren eine directe Reizung durch Amylnitrit
annehmen zu sollen. Diese Annahme scheint mir an und für sich oder
doch so ohne weiteres nicht zulässig zu sein. Einer Substanz, welche
am Kaltblüter nur lähmend auf das Centralnervensystem wirkt, wird
man ohne die allerzwingendsten Gründe, eine erregende Wirkung auf
Abschnitte des Centralnervensystem der Warmblüter zunächst nicht zu-
trauen. Mit der grössten Wahrscheinlichkeit sind von vornherein sowohl
die Dyspnoe als die Krämpfe als secundäre Erscheinungen zu deuten.
An die Möglichkeit dieses Zusammenhanges dachten auch Mayer und
Friedrich und erinnerten sich der Angabe (Wood), dass eine Veränderung der Blutfarbe unter Amylnitriteinwirkung auftrete; aber sie
weisen den Gedanken, dass die in Rede stehenden Erscheinungen nur
von einer dyspnoischen Blutbeschaffenheit abzuleiten seien, entschieden
zurück, denn „dann müssten wir auch am Circulationsapparate die bekannten dyspnoischen Erscheinungen wahrnehmen. Als solche aber sind
bekannt Pulsverlangsamung durch centrale Vagusreizung und Drucksteigerung durch Erregung des centralen Centrums für die Vasomotion."
Dieser Anschauung schliesst sich auch Rossbach's *Handbuch* an. Wie
mir scheint, kann man diese Betrachtungsweise wohl nicht gelten lassen.
Gewiss sind ja am Ende auch Dyspnoe und Erstickungskrämpfe sehr
charakteristische Symptome der dyspnoischen Beschaffenheit des Blutes.
Trotzdem wäre es durchaus unrichtig, zu behaupten, dass die an cura-
resirten Thieren bei Athmungssuspension auftretende Pulsverlangsamung
und Drucksteigerung keine dyspnoischen Erscheinungen seien, weil da-

neben keine Dyspnoe und keine Krämpfe aufträten. Man wird mir einwenden: es verstehe sich von selbst, dass ein Thier, dessen motorischer Apparat gelähmt ist, nicht Muskelbewegungen der Athmung und Krämpfe zeige. Ebenso versteht es sich aber auch von selbst, dass ein Thier. dessen vasomotorischer Apparat (gleichviel ob peripher oder nicht) und dessen Vaguscentrum (gleichviel wie) gelähmt sind, keine Blutdrucks-steigerung und keine Pulsverlangsamung zeigt, trotz dyspnoischer Be-schaffenheit des Blutes. Es können selbstverständlich nur diejenigen Apparate in Action treten, die noch actionsfähig sind. Dass diese Be-trachtungsweise richtig ist, beweist das Verhalten des Druckes und der Pulsfrequenz stark vergifteter Thiere bei der Erstickung. Denn obwohl hier zu dem langsamer und schwächer wirkenden Reize des durch Amyl-nitriteinwirkung irgendwie (ich behaupte: dyspnoisch) reizenden Blutes sich noch der maximale Reiz einer schnellen und vollständigen Erstickung hinzuaddirt, so sehen wir doch auch hier die normale Reaction nicht, sondern nur ein abgeschwächtes Bild derselben. Lassen wir an einem amylnitritvergifteten Thiere diesen maximalen Reiz nicht einwirken, so kann und muss die lähmende Wirkung des Mittels überwiegen über den Reiz des etwa dyspnoischen Blutes. Dann aber kann das Ausbleiben der Erregung gerade jener beiden Apparate nicht beweisen, dass das Blut nicht dyspnoisch ist; und es können andere nicht gelähmte Centren in Folge dieser Blutbeschaffenheit erregt werden.

Der Umstand, dass in den früheren Stadien, wie ich oben erwähnte, die Krämpfe und die Dyspnoe gemildert bez. aufgehoben werden durch künstliche Steigerung des Blutdrucks mittels Aortencompression, wobei doch die Blut-, also auch die Giftzufuhr zum Hirn zunehmen, spricht laut gegen die directe Erregung der resp. Centren.

Inzwischen ist der Zusammenhang der in Rede stehenden Erschei-nungen meiner Meinung nach ganz klar geworden durch eine Unter-suchung von Jolyet und Regnard. Zwar bringt Rossbach die Resul-tate dieser Untersuchung, verwerthet sie indess für die Theorie der Wirkung nicht, welche, wie er ausspricht, noch nicht zu geben ist; er stellt sich vielmehr trotz dieser Resultate auf den Standpunkt Mayer's.

Jolyet und Regnard fanden, dass ein Hund, welcher „avait subi les inhalations de nitrite d'amyle à peu près dans les conditions adoptées pour les malades que l'on y soumet" (und Hunde reagiren gegen das Mittel noch nicht so empfindlich in Bezug auf Dyspnoe und Krämpfe wie Kaninchen) trotz der verstärkten Athmung $\frac{1}{3}$ weniger Sauerstoff aufnahm, als vorher in der Norm, und dass sein Arterienblut nur die Hälfte des normalen Sauerstoffgehalts besass. Bei stärkerer, länger fort-gesetzter Inhalation wurden diese Unterschiede noch grösser. Eine Ver-

vollständigung bez. in gewissem Sinne eine Bestätigung dieser Befunde
ist in neuester Zeit durch eine unter Hoppe-Seyler's Leitung ausgeführte Arbeit von P. Giacosa geliefert worden, aus welcher hervorgeht, dass sich innerhalb der rothen Blutkörper unter dem Einflusse des
Amylnitrits Methämoglobin bildet, welches erst vom Organismus durch
einen Reductionsprocess in Hämoglobin zurückverwandelt werden muss.
Durch die Untersuchung Jolyet's und Regnard's ist die dyspnoische
Beschaffenheit des Blutes bewiesen und da wir gezeigt haben, dass das
Ausbleiben der Drucksteigerung und der Pulsverlangsamung nichts dagegen beweisen kann, dass die Athmungssteigerung und die Krämpfe
von der dyspnoischen Blutbeschaffenheit abzuleiten sind, so halten wir
auch diesen Punkt der Amylnitritwirkung für völlig aufgeklärt. Das
Amylnitrit wirkt nicht direct erregend auf das Athmungscentrum und
die „Krampfcentren", sondern verleiht dem Blute eine dyspnoische Beschaffenheit, welche zusammen mit der Senkung des Blutdrucks zu
Dyspnoe und Krämpfen führt. Die später folgende Abnahme der Athmung und das Aufhören der Krämpfe bei schwerster Vergiftung sind
eines Theiles auf die specifische, direct lähmende Wirkung des Mittels
zu beziehen, anderen Theils natürlich auch auf die Erschöpfung der vorher übermässig (aber secundär) gereizten Centralapparate.

Versuch einer einheitlichen Theorie der Amylnitritwirkung.

Von dem gewonnenen Standpunkte aus gestaltet sich die Theorie
der Amylnitritwirkung trotz der Mannichfaltigkeit der Erscheinungen
äusserst einfach und diese Eigenschaft möchte vielleicht eine ihrer besten
Stützen sein:

Das Amylnitrit hat erstens eine lähmende Einwirkung auf Apparate
des Centralnervensystems und zwar ist besonders empfindlich der centrale
Vasomotionsapparat; bei stärkerer und längerer Einwirkung wird später
das gesammte Centralnervensystem und das Herz gelähmt; und zweitens
hat das Amylnitrit eine eigenthümliche Wirkung auf den Blutfarbstoff,
wobei ein Theil desselben vorübergehend für den Blutgaswechsel unbrauchbar gemacht wird; hieraus resultirt eine dyspnoische Beschaffenheit des Blutes.

Aus der lähmenden Einwirkung auf die vasomotorischen Centren
(insbesondere auf das $\varkappa\alpha\tau'$ $\dot{\varepsilon}\xi o\chi\eta\nu$ sogenannte Centrum) erklärt sich
direct: Erröthen und Blutdrucksenkung; in Folge der Drucksenkung tritt

auf: Nachlass des Tonus im Vaguscentrum und dadurch bedingte Zunahme der Pulsfrequenz.

Aus der dyspnoischen Beschaffenheit des Blutes (welche hierin von der Blutdrucksenkung und der durch diese gesetzte Circulationsstörung unterstützt wird) erklärt sich das Auftreten von Beschleunigung und Vertiefung der Athmung und von (Erstickungs-)Krämpfen.

Nachdem im Vorstehenden das Herzklopfen, welches das Amylnitrit-Erröthen begleitet (oder streng genommen: etwas später auftritt als letzteres), nicht als specifische Wirkung des Amylnitrits auf das Vaguscentrum, sondern als eine indirecte Folge des Mittels und als directe Folge der Blutdrucksenkung erwiesen worden ist, wird es ganz ungezwungen erscheinen, das Herzklopfen, welches gewisse mit Blutdrucksenkung bez. mit Erröthen verbundene psychische Vorgänge begleitet, ebenfalls darauf zurückzuführen, dass in Folge der Blutdrucksenkung die Erregung des Vaguscentrums aufhört oder nachlässt. In einer früheren Arbeit habe ich bereits versucht, die Vorgänge der Amylnitritwirkung mit denen des Beschämtseins in eine ausgeführtere Analogie zu setzen, als dies von Ch. Darwin geschehen war und ich äusserte mich bei dieser Gelegenheit folgendermaassen: „es scheint ferner im Hirn eine ganz besonders enge Verknüpfung zwischen dem Vaguscentrum und demjenigen Abschnitte des vasomotorischen Centralapparates zu bestehen, welcher die Gefässe des Kopfes beherrscht, so dass die gleiche Ursache, welche den Tonus des ersteren aufhebt, auch mit Leichtigkeit die Thätigkeit des letzteren sperrt." So schwierig der Beweis und die nähere Erforschung einer derartigen Verknüpfung der beiden Centren von vornherein hätte erscheinen können, so überraschend einfach und leicht hat sich der Zusammenhang der beiden Erscheinungen — Erröthen und Herzklopfen — ermitteln lassen. Und die Durchsichtigkeit dieses Zusammenhanges wird es jetzt manchem weniger gewagt als bisher erscheinen lassen, wenn ich, meinen früheren Standpunkt festhaltend, die am Circulationsapparate zu beobachtenden Vorgänge des Beschämtseins für identisch halte mit denen der Amylnitritwirkung. Da ferner jede schnelle Blutdrucksenkung eine Vermehrung der Athmungsarbeit veranlasst, und da ein Theil der bei Amylnitritwirkung zu beobachtenden Athmungssteigerung, wie wir nachgewiesen haben, von der Drucksenkung herrührt, so wird die Analogie zwischen der Amylnitritwirkung und den Vorgängen bei dem Beschämtsein auch für die Athmung aufrechterhalten werden können.

Literatur.

Wegen der Literatur bis 1874 verweise ich auf die Monographie R. Pick's *Ueber das Amylnitrit* u. s. w., 2. Aufl., Berlin 1876, sowie auf meine frühere Arbeit: Pflüger's *Archiv* u. s. w. Bd. IX, S. 470 und auf die neueren Arbeiten folgender Autoren:

S. Mayer und J. J. Friedrich, *Archiv für experimentelle Pathologie und Pharmakologie.* Bd. V, S. 55.

R. Pick, *Deutsches Archiv f. klinische Medicin.* Bd. XVII, S. 127.

Jolyet et Regnard, *Gazette médicale* de Paris 1876, p. 340.

Bourneville, ibidem p. 150, 196 (mit vollständiger Unkenntniss der deutschen Literatur).

P. Giacosa, *Zeitschrift für physiologische Chemie.* Bd. III, S. 54.

Ueber die Fortpflanzungsgeschwindigkeit der Pulswellen.

Von

Dr. Emil Grunmach
In Berlin.

Aus dem physiologischen Institute zu Berlin.

Es ist bekannt, dass die von Erasistratus[1] zuerst gemachte Beobachtung, wonach der Pulsschlag in den dem Herzen näher gelegenen Schlagadern um ein kleines Zeittheilchen früher als in den peripherischen wahrgenommen werde, erst im Jahre 1734 von Josias Weitbrecht[2] bestätigt wurde. Dagegen behauptete Albrecht v. Haller,[3] dass er nur bei schon ermatteten Thieren jene Beobachtung constatiren konnte. In ein neues Stadium gelangte die Kenntniss von der Fortpflanzungsgeschwindigkeit der Pulswellen erst durch E. H. Weber,[4] der die Erscheinung der Pulsverspätung in den vom Centrum nach der Peripherie hin gelegenen Schlagadern nach physikalischen Gesetzen erklärte und zugleich den Versuch machte, die Zeitdifferenz zwischen den Pulsen zweier verschiedener Arterien möglichst genau zu bestimmen. Zu diesem Zweck betastete er mit jeder Hand einen der zu untersuchenden Pulse und beobachtete gleichzeitig die Schläge der Uhr. Beim Vergleich der Pulse der Art. maxillaris externa und axillaris fand er keinen Zeitunterschied. Dagegen vermochte er als Zeitintervall zwischen dem Pulse der Art. maxillaris externa und dem der Art. dorsalis pedis den sechsten oder

---

[1] Galen, *An in arteriis sanguis.* c. 2. — *Synopsis de puls.* c. 22.
[2] *Comment. acad. scient. Petropol.* T. VII.
[3] *Elementa physiologiae* etc. Tom. II.
[4] *De pulsu, resorptione, auditu et tactu.* Lipsiae 1834. — *Bericht über die Verhandl. d. Königl. Sächs. Gesellsch. d. Wiss. zu Leipzig,* math.-phys. Klasse. 1850. Bd. I, S. 164. — Dies *Archiv.* 1852. S. 497.

siebenten Theil einer Secunde festzustellen. Bedenkt man aber, wie äusserst schwierig es für die Palpation ist, so kleine Zeitdifferenzen mit Hülfe zweier verschiedener Hände zu bestimmen und noch dazu die Schläge der Uhr zu verfolgen, so wird man kaum zweifeln, dass Weber's Methode nur zu einer approximativen Schätzung der Verspätungsintervalle führen konnte.

Um den Einfluss zu studiren, den die Tension der Flüssigkeit in elastischen Röhren auf die Fortpflanzungsgeschwindigkeit der Pulswelle ausübe, bestimmte Weber[1] an einer Röhre von vulkanisirtem Kautschuk die Pulsgeschwindigkeit bei niedrigem und hohem Drucke. Seine Versuche führten zu dem Ergebniss, dass Abnahme der Pulsgeschwindigkeit bei Zunahme des Druckes einträte. Dagegen konnte Donders[1] bei verschiedenem Drucke an derselben Röhre einen Unterschied der Fortpflanzungsgeschwindigkeit der Pulswelle nicht nachweisen, änderte aber später seine Ansicht, da Rive,[3] der unter seiner Leitung arbeitete, zu Resultaten kam, die ganz im Sinne Weber's ausfielen. Marey's[4] Versuche ergaben jedoch, dass mit der Spannungszunahme der Röhre auch die Pulsgeschwindigkeit zunähme, ein Resultat, dass auch Weber erhielt, wenn er statt der Kautschukröhre sich eines Darmstücks bediente. In Bezug auf den Durchmesser der elastischen Röhre sprach Donders die Ansicht aus, dass derselbe keinen Einfluss auf die Fortpflanzungsgeschwindigkeit der Pulswelle habe, dagegen behaupteten Weber und Marey das stricte Gegentheil. Ueber den Einfluss der Elasticitätscoëfficienten der Röhrenwand auf die Pulsgeschwindigkeit waren die Ansichten der Experimentatoren ziemlich übereinstimmend. So führten die Versuche von Donders zu dem Ergebniss, dass die Pulsgeschwindigkeit um so kleiner, je grösser der Elasticitätscoëfficient wäre. Da aber Donders unter dem letzteren nicht das Gewicht verstand, welches nothwendig ist, einen Körper von der Quadrateinheit als Durchschnitt zum Doppelten seiner primitiven Länge auszudehnen, sondern den reciproken Werth dieser Grösse, so meinte also Donders, dass die Pulsgeschwindigkeit mit der Zunahme der Rigidität der Röhrenwand wachse. Valentin[5] kam auf Grund seiner Versuche zu dem Schlusse, dass sich die Fortpflanzungsgeschwindigkeit der Pulswelle wie die Quadratwurzel aus dem Elasticitätscoëfficienten der Röhrenwand verhalte. Ein ähnliches Resultat ergaben auch die Experimente von Marey, der ausserdem noch nach-

[1] *Bericht der Sächs. Gesellsch. d. Wissensch.* 1850.
[2] *Physiologie des Menschen.* 1859. S. 59.
[3] *De Sphygmograaf en de sphygmogr. curve.* 1866. Blz. 55—58.
[4] *Physiologie médicale de la circulation du sang.* Paris 1863.
[5] *Versuch einer physiol. Pathologie des Herzens und der Blutgefässe.* 1866.

wies, dass Zunahme der Wanddicke der Röhre auch Zunahme der Geschwindigkeit der Pulswelle involvire, dass dagegen Zunahme des specifischen Gewichts der Flüssigkeit mit Abnahme der Pulsgeschwindigkeit einhergehe. Nach den Versuchen von Onimus und Viry[1] soll die letztere in umgekehrtem Verhältniss zur Dehnbarkeit der Gefässwand, ferner zum Gewicht, zur Tension und Stromgeschwindigkeit des Blutes stehen.

Wenn Vierordt[2] in seinem Werke über den Arterienpuls keine selbständigen Versuche über die Fortpflanzungsgeschwindigkeit der Pulswelle mittheilte, so wies er doch auf die Wichtigkeit einer genauen Bestimmung der Pulsverspätung für die Pathologie hin und empfahl zu diesem Zweck die exacten chronoskopischen Hülfsmittel. Buisson[3] bediente sich zwar zweier Sphygmographen bei seinen Versuchen, seine Resultate sind jedoch als mangelhaft zu betrachten, weil sie mit unsicheren zeitmessenden Apparaten gewonnen wurden.

Czermak[4] war der erste, welcher in exacter Weise am gesunden Menschen das Zeitintervall zwischen den Pulsen zweier verschiedenen Arterien bestimmte. Von den drei zu diesem Zwecke benutzten Methoden, der mit dem Pulsspiegel, der elektrischen und sphygmographischen, möchte ich nur auf die letzte besonderes Gewicht legen, weil Czermak mit Hülfe derselben zu wichtigen Resultaten gelangte. Das Verfahren, dessen er sich bediente, bestand einfach darin, dass er zwei Marey'sche Sphygmographen an die beiden zu untersuchenden Arterien applicirte und auf die Täfelchen der Apparate über oder unter die Pulscurven noch regelmässige Zeitabschnitte markiren liess. Durch Vergleich beider Täfelchen konnte er mit Leichtigkeit bestimmte Werthe für die Pulsverspätung erlangen.

Landois'[5] Versuche über die Fortpflanzungsgeschwindigkeit der Pulswellen bezogen sich auch nur auf den gesunden Menschen. Er bediente sich zu diesem Zwecke dreier an einer senkrecht stehenden Platte über einander befestigter Elektromagnete, von denen jeder durch ein Daniell'sches Element erregt wurde. In die Kette des obersten Elektromagnetes, welcher zum Markiren der Zeitcurve diente, war ein Mälzel'scher Metronom, in jede Kette der beiden anderen Magnete ein Marey'scher Sphygmograph eingeschaltet. Die Einschaltung der letzteren wurde der Art bewerkstelligt, dass jeder Schreibhebel einen feinen

[1] Journal d'Anatomie. 1866.
[2] Die Lehre vom Arterienpuls in gesunden und kranken Zuständen. Braunschweig 1855.
[3] Meissner's Jahresber. f. 1861. S. 430.
[4] Mittheilungen aus dem physiol. Privatlaboratorium in Prag.
[5] Die Lehre vom Arterienpuls.

27*

420   Emil Grunmach:

Kupferdraht trug, der durch Eintauchen in ein Quecksilbernäpfchen die
Kette schloss. Nach Application der Sphygmographen an die zu untersuchenden Arterien wurden entsprechend der Pulsbewegung von den
Schreibspitzen der betreffenden Anker auf die Kymographiontrommel
unter die Zeitcurve Marken notirt, deren Abstände leicht berechnet
werden konnten. Um ferner die Zeitdifferenz zwischen dem ersten und
zweiten Herzton zu bestimmen, auscultirte Landois mit dem Stethoskop
die Versuchsperson und schloss mit der Hand beim Beginn des ersten
Herztons die Kette des einen Elektromagnetes durch Eintauchen eines
Drahtes in ein Quecksilbernäpfchen, während er beim Beginn des zweiten
Tones den Draht wieder aus dem Näpfchen heraushob. Auf ähnliche
Weise wurde das Zeitintervall zwischen den Herztönen und dem Pulse
der Art. radialis und dorsalis pedis bestimmt. Wie leicht jedoch diese
freie Markirung der Herztöne zu fehlerhaften Resultaten führen konnte,
gab Landois selber zu, abgesehen davon, dass die Dauer zwischen dem
ersten und zweiten Herztone selbst bei ruhigem Pulse ziemlich starken
Schwankungen zu unterliegen pflegt.

Mit Rücksicht auf die günstige Empfehlung, welche Czermak und
Landois der elektrischen Methode angedeihen liessen, begann auch ich
meine Versuche mit Hülfe dieser Methode. Zu diesem Zwecke benutzte
ich vier Lufttrommeln meines Polygraphen, von denen je zwei die Pulsbewegung an den zu untersuchenden Gefässstellen aufnehmen, je zwei,
mit einem Schreibhebel versehen, die Pulsbewegung verzeichnen sollten.
Die zwei Lufttrommeln verbindende Glas- und Gummiröhre wurde vollkommen gleich gemacht, und jede Trommel mit einer möglichst gleich
gespannten Membran versehen. Der an dem kurzen Arm des Schreibhebels befindliche Contact war zugleich mit einem schreibenden Elektromagnet in die Kette eines Daniell'schen Elementes eingeschlossen,
und die Contactschraube so eingestellt, dass beim Beginn des Pulses die
Kette geöffnet, beim Ende desselben geschlossen wurde. Als chronosko-
pisches Hülfsmittel diente mir eine elektromagnetische Stimmgabel, die
hundert Mal in der Secunde einen schreibenden Elektromagnet unter-
brach. Mit jeder Pulsbewegung wurden die Schreibhebel des Polygraphen in Bewegung gesetzt, zugleich damit verzeichneten die senkrecht
über einander gestellten Schreibspitzen der drei Elektromagnete auf das
feinbernsste Papier der Kymographiontrommel Marken, aus deren Abständen mit Hülfe der verzeichneten Stimmgabelschwingungen die Pulsverspätung leicht bestimmt werden konnte.

Anfangs schienen die am gesunden Menschen angestellten Versuche
ganz gut von Statten zu gehen; aber nach genauer Ausmessung der
Markenabstände stellten sich nur zu bald Differenzen heraus, die Zweifel

an der Güte der Methode aufsteigen lassen mussten. Während z. B. die
Zeitintervalle zwischen den Pulsen zweier gleichnamiger Arterien eine
Zeit lang gleich Null ausfielen, zeigten sich bei grösster Ruhe der Versuchsperson und genauer Berücksichtigung aller nothwendigen Cautelen
ab und zu Differenzen der Pulsverspätung, die erst nach veränderter
Stellung der Contactschrauben wieder schwanden. Welche Stellung ich
auch immer denselben geben mochte, nach längerer oder kürzerer Zeit
trat unerwartet derselbe Fehler ein. Es zeigte sich hier derselbe Uebelstand, der bei der Demonstration des Sphygmophons in der *Berliner
medicinischen Gesellschaft*[1] von mir ausführlich besprochen wurde.

Daher verliess ich nach kurzer Zeit die elektrische Methode und
bediente mich bei den folgenden Versuchen der sphygmographischen.
Nach Aufhebung der erwähnten Contacte wurden an den Enden der
Schreibhebel feine Glasfedern befestigt, die den Vorzug hatten, sowohl
einen leicht federnden Druck auf das berusste Papier auszuüben, als auch
vermöge ihrer abgerundeten Spitzen sich mit möglichst geringer Reibung
über die Russschicht fortzubewegen. Mit einer ähnlichen Feder wurde
auch der zur Stimmgabel gehörige, schreibende Elektromagnet versehen,
so dass alle drei Federn unter möglichst gleichen Widerständen ihre Excursionen verzeichneten. Bekam man bei der vorhergehenden Versuchsanordnung nur die Anfangs- und Endpunkte der zu vergleichenden Curven zu sehen, so erhielt man jetzt die vollständigen Curven verzeichnet
und konnte dieselben noch anderweitig diagnostisch verwerthen. Meistentheils wurde der schnellste Gang der Kymographiontrommel (1 cm in
0·13 Sec.) benutzt, um weniger zahlreiche, aber prägnante Pulsbilder zu
erhalten. Ferner hielt ich bei jeder Versuchsperson den Modus inne,
vor der Untersuchung ungleichnamiger Arterien zunächst die Pulsgeschwindigkeit an den beiden gleichnamigen zu prüfen. Endlich wurden,
um die Leistungsfähigkeit der correspondirenden Lufttrommeln zu er-
proben, dieselben an den zu untersuchenden Gefässstellen vertauscht und
nur bei gleicher Functionsfähigkeit der Trommeln die Versuche angestellt. Auch die Stimmgabel erfuhr zu wiederholten Malen im Verlaufe
der Versuche eine Prüfung auf ihre Schwingungszahl.

Bevor ich jedoch näher auf die Details meiner Versuche beim Menschen eingehe, sei zunächst einer Methode Erwähnung gethan, die sich
mir zum Studium der Pulsgeschwindigkeit beim Hunde sehr nützlich
erwiesen hat. Diese Methode beruht auf der combinirten Anwendung
der Cardio- und Plethysmographie. Dass ich beim Hunde nicht die beim
Menschen erprobte Methode anwandte, hatte seinen Grund darin, dass

---

[1] Sitzung vom 18. December 1878. „Ueber die Anwendung des Sphygmophons
und des verbesserten Polygraphen." *Berliner klinische Wochenschrift.* 1879. Nr. 7.

erstens die der Art. pedinea des Menschen entsprechende Schlagader zur
Erlangung ausgeprägter Pulscurven zu kleine Dimensionen hatte, ferner
wegen der Verschiebbarkeit der Haut die Application der Pelotte eine
zu unsichere war. Von der Benutzung der Art. carotis und cruralis
nahm ich deshalb Abstand, weil eine möglichst lange Gefässbahn zu den
Versuchen verwerthet werden sollte.

Der für die Hundepfote bestimmte Plethysmograph besteht im Wesentlichen aus einem Glasgefäss, einer mit diesem communicirenden Glasröhre
und einer Lufttrommel des Polygraphen. Die Pulsationen werden von
Wasser auf Luft und schliesslich auf die Membran der Trommel übertragen, an welcher der Schreibhebel befestigt ist. Das Glasgefäss, dessen
Länge 16^{cm} und dessen lichter Durchmesser 5$^{1}/_{3}$ ^{cm} beträgt, ist mit zwei
verschieden weiten Oeffnungen versehen. An der weiteren, durch welche
die Pfote eingeführt wird, befindet sich eine Gummimanchette, deren
äusseres Ende über den Rand des Gefässes festgebunden ist, während
das innere Ende, der Innenwand des Gefässes fest anliegend, einen zarten
Gummibeutel trägt, der den Zweck hat, einen möglichst dichten Verschluss zwischen dem im Gefässe befindlichen Wasser und der Haut der
Hundepfote herzustellen. Der genaue Verschluss zwischen der letzteren
und dem Glasgefäss wird durch einen $^{3}/_{4}$ ^{cm} dicken Gummistopfen bewerkstelligt, der nach einem Gypsabguss der Hinterpfote des Normal-
hundes geformt, für die betreffenden Theile so genau passt, dass ein
schädlicher Einfluss auf die Blutcirculation nicht zu befürchten ist. Zur
Sicherung des Verschlusses befindet sich an dem Rande des Gefässes
noch ein Blechkranz, der zur Befestigung von Schnüren dient, die mit
dem Gummistopfen fest verbunden sind. Wenn auch der Stopfen eigentlich nur für den Normalhund bestimmt war, so fand er doch noch anderweitige Verwendung, da nur solche Hunde zu den Versuchen gewählt
wählt wurden, deren Hinterpfotenumfang ungefähr der inneren Lichtung
des Gummistopfens entsprach; das Fehlende wurde durch einen Heft-
pflasterstreifen ausgeglichen.

Der Normalhund war durch wiederholte Uebungen so dressirt, dass
er unnarkotisirt stundenlang ruhig die linke Seitenlage innehielt. Es
wurde diese Lage absichtlich gewählt, um den Spitzenstoss deutlicher
fühlen und die Pulstrommel leichter appliciren zu können. War diese
vorschriftsmässig befestigt und mit der den Schreibhebel tragenden
Lufttrommel verbunden, so wurde der Gummistopfen der linken Hinterpfote angelegt, das Glasgefäss darüber geschoben und mittels des
Blechkranzes der sichere Verschluss bewerkstelligt. Darauf füllte man
das in Watte gehüllte Gefäss durch die enge Oeffnung mit Wasser
von Hauttemperatur, verband das Gefäss mit der erwähnten Glas-

röhre und diese mit einer zweiten Lufttrommel des Polygraphen. Nach vollständiger Verbindung sah man das Wasserniveau in der Glasröhre und zugleich damit den Schreibhebel dem Pulse isochrone Bewegungen machen. Liess man nun beide Schreiber übereinander ihre Excursionen zugleich mit den Schwingungen der Stimmgabel verzeichnen, so konnte man zwischen dem höchsten Punkte der Ventrikelelevation und dem Gipfel der Pfotenpulscurve Intervalle erkennen, die in ähnlicher Weise wie bei den Versuchen am Menschen genau berechnet werden konnten. Die Ausmessung der Curven und speciell die Feststellung der zu vergleichenden Punkte wurde durch ein auf das berusste Papier vor dem Fixiren der Russschicht gezeichnetes System rechtwinkliger Coordinaten erleichtert. Ferner wurden zur leichteren Berechnung die zur Hinterpfote und zum Spitzenstosse führenden Röhrentheile so lang gewählt, dass die Uebertragungszeit in beiden Apparaten vollkommen gleich war.

Bei den nun folgenden Versuchen hatte ich den Zweck im Auge, aus den Aenderungen der Fortpflanzungsgeschwindigkeit der Pulswellen auf Zustände im Gefässsystem maassgebende Schlüsse zu ziehen. Die Versuche mussten daher der Art eingerichtet werden, dass man diejenigen Bedingungen einführte, welche erfahrungsgemäss einen bestimmten Zustand des Gefässsystems verursachten, und dass man die hierbei gefundenen Daten als Function jenes Zustandes eruirte. Diese Zustände kann man im Wesentlichen nach zwei Richtungen hin unterscheiden: 1) nach der Zunahme, 2) nach der Abnahme der Füllung oder Spannung des Aortensystems im Vergleich zur Norm. Von den Mitteln, welche den Blutdruck herabzusetzen geeignet sind, benutzte ich

a) Die Lähmung der peripheren Gefässnerven durch toxische Mittel,

b) die Durchschneidung des Rückenmarks unterhalb der Rautengrube.

Von den Mitteln, welche den Blutdruck zu erhöhen im Stande sind, wurde die Reizung des Rückenmarks an der genannten Durchschneidungsstelle in Anwendung gebracht.

A. Bestimmung des normalen Werthes der Pulsverspätung.

Bei dem mittelgrossen, kräftig gebauten, etwa acht Monate alten Normalhunde betrugen die Zahlenwerthe des Verspätungsintervalles zwischen dem Spitzenstoss und dem Pfotenpulse:

0·16	Sec.	0·155	Sec.
0·16	„	0·16	„
0·15	„	0·155	„
0·165	„	0·16	„

also der Mittelwerth 0·158 Sec.

Bei drei anderen mittelgrossen, gesunden Hunden, die später zum Zweck der vorliegenden Untersuchung operirt wurden, ergaben die Normalwerthe:

0·155	Sec.	0·165	Sec.	0·15	Sec.
0·16	„	0·155	„	0·15	„
0·16	„	0·16	„	0·155	„
0·155	„	0·155	„	0·155	„
0·155	„	0·155	„	0·16	„
0·15	„	0·165	„	0·155	„

also als Mittelwerthe: 0·156 Sec.   0·159 Sec.   0·154 Sec.

Man ersieht aus den berechneten Mittelwerthen, dass die grösste Differenz 0·005 Sec., die kleinste nur 0·001 Sec. beträgt. Die Werthe zeigten keinen wesentlichen Unterschied, ob man die rechte oder linke Hinterpfote bei den Experimenten in Anwendung zog. Genaue Messungen an den operirten Hundeleichen ergaben als Mittelwerth des Weges vom Anfangstheil der Aorta bis zum Ende der Hinterpfote circa 75 ^{cm}. Demnach pflanzte sich die Pulswelle bei dem Normalhunde in 0·158 Sec. 75 ^{cm} und in 1 Sec. 4·746 ^{m} fort.

B. Bestimmungen des abnormen Werthes der Pulsverspätung.

Zur Lähmung der peripheren Gefässnerven wurden beim Normalhunde Aether sulfuricus, Chloralhydrat und Morphium muriaticum benutzt.

1. Versuch: Nach Inhalation von Aether bis zur vollständigen Narkose, die nach Verlauf von 20 Minuten eintrat, fand man für das zu suchende Zeitintervall folgende Werthe:

0·18	Sec.	0·175	Sec.
0·18	„	0·175	„
0·18	„	0·175	„
0·19	„	0·18	„
0·185	„	0·185	„

also als Mittelwerth: 0·180 Sec.,

oder mit anderen Worten, bei diesem Zustande des Thieres fand man die
Pulsgeschwindigkeit in 1 Sec. bis auf 4·11 ᵐ gesunken.

II. Versuch: Nach Verlauf von mehreren Tagen wurden demselben
Thiere 3·0 Chloralhydrat per os eingeführt. Ungefähr nach einer halben
Stunde befand sich der Hund in tiefer Narkose. In diesem Zustande
betrugen die Zeitwerthe:

0·195 Sec.	0·195 Sec.
0·195 ,,	0·185 ,,
0·190 ,,	0·19 ,,
0·195 ,,	0·185 ,,

also der Mittelwerth: 0·191 Sec.

d. h. die Pulswelle pflanzte sich in 1 Sec. nur 3·926 ᵐ fort.

III. Versuch: Wiederum nach einer Pause von mehreren Tagen,
an denen das normale Verspätungsintervall gefunden wurde, injicirte man
demselben Thiere 0·06 Morph. muriat. subcutan in die Bauchgegend.
Eine Viertelstunde darauf trat tiefe Narkose ein. Die Werthe des Ver-
spätungsintervalls hatten nun die ansehnliche Höhe von

0·235 Sec.	0·225 Sec.
0·23 ,,	0·22 ,,
0·23 ,,	0·225 ,,
0·235 ,,	0·22 ,,

erreicht. Demnach betrug der Mittelwerth 0·227 Sec. und die Fortpflanzungsgeschwindigkeit der Pulswelle in 1 Sec. nur noch 3·304 ᵐ.

Aus diesen Versuchen geht mit Evidenz hervor, dass die benutzten
Narcotica den bestimmten Einfluss auf die Pulsgeschwindigkeit haben,
durch Herabsetzung des Blutdrucks das Verspätungsintervall
zu vergrössern.

Es kam nun darauf an, dieses Intervall auch unter der Bedingung
kennen zu lernen, dass sich das Gefässnervencentrum ausser Thätigkeit
befände.

IV. Versuch: Zu diesem Zweck wurde ein mittelgrosser, kräftiger
Hund benutzt, dessen normales Verspätungsintervall 0·159 Sec., dessen
normale Pulsgeschwindigkeit also in 1 Sec. 4·716 ᵐ betrug.

Nach Injection von 0·03 Morph. muriat. subcutan, 0·008 Curare
in die rechte Vena jugularis und Einleitung der künstlichen Respiration
erhielt man folgende Werthe:

0·185 Sec.	0·20 Sec.
0·20 ,,	0·195 ,,
0·195 ,,	0·20 ,,
0·19 ,,	0·185 ,,

also als Mittelwerth: 0·195 Sec.

Nach der Durchschneidung des Rückenmarks unterhalb der Rauten-grube und bei künstlicher Respiration stellten sich folgende Zeitwerthe heraus:

0·25 Sec.	0·25 Sec.
0·25 ,,	0·235 ,,
0·24 ,,	0·25 ,,
0·235 ,,	0·245 ,,

also als Mittelwerth: 0·244 Sec.

und bei Suspension der künstlichen Athmung:

0·24 Sec.	0·25 Sec.
0·235 ,,	0·25 ,,
0·245 ,,	0·24 ,,
0·235 ,,	0·25 ,,

also als Mittelwerth: 0·243 Sec.

Demnach pflanzte sich im letzten Stadium des Versuchs die Puls-welle in 1 Sec. nur 3·086 ^{m} fort.

Ergab sich nun aus den vorhergehenden Versuchen, dass mit der Verminderung des Blutdruckes die Fortpflanzungsgeschwin-digkeit der Pulswelle abnehme, so war die zunächst liegende Auf-den Einfluss der Blutdruckerhöhung auf die Pulsgeschwindigkeit gabe, zu eruiren.

V. Versuch: Bei dem hierzu benutzten Hunde stellte sich das nor-male Verspätungsintervall auf 0·156 Sec., also die Pulsgeschwindigkeit in 1 Sec. auf 4·807 ^{m} heraus. Nach Injection von 0·03 Morph. muriat. subcutan, 0·006 Curare in die rechte Vena jugularis und Einleitung der künstlichen Athmung fand man folgende Werthe:

0·19 Sec.	0·195 Sec.
0·20 ,,	0·20 ,,
0·205 ,,	0·205 ,,
0·195 ,,	0·205 ,,

also als Mittelwerth: 0.199 Sec.;

' nach der Durchschneidung des Rückenmarks unterhalb der Rautengrube:

0·23 Sec.	0·24 Sec.
0·235 „	0·235 „
0·24 „	0·24 „
0·245 „	0·245 „

also als Mittelwerth: 0·238 Sec.

Während einer darauf folgenden, ziemlich starken Reizung des Rückenmarks an der Durchschneidungsstelle mit Hülfe des du Bois'schen Schlitten-Inductoriums und bei Suspension der künstlichen Athmung betrug das Zeitintervall

0·13 Sec.	0·135 Sec.
0·135 „	0·145 „
0·145 „	0·13 „
0·13 „	0·14 „

also der Mittelwerth 0·136 Sec.

Demnach war die Fortpflanzungsgeschwindigkeit der Pulswelle in diesem Stadium in 1 Sec. bis auf 5·514 m gestiegen. Eine halbe Stunde nach der Reizung fand man bei Suspension der künstlichen Athmung die Werthe folgendermaassen verändert:

0·195 Sec.	0·205 Sec.
0·205 „	0·20 „
0·205 „	0·205 „
0·19 „	0·205 „

also als Mittelwerth: 0·201 Sec.

Ebenso deutlich zeigte sich die Wirkung der Rückenmarksreizung bei dem nun folgenden Versuche, zu dem ein mittelgrosser, kräftiger Hund benutzt wurde, dessen normales Verspätungsintervall 0·154 Sec., dessen normale Pulsgeschwindigkeit in 1 Sec. 4·869 m betrug.

VI. Versuch: Um zugleich den Einfluss des Curare auf das Verspätungsintervall zu eruiren, wurde die Tracheotomie ohne Narkose gemacht, die künstliche Respiration eingeleitet und 0.0025 einer vorzüglichen Curaresorte in die rechte Vena jugularis eingespritzt. Etwa acht Minuten nach der Einspritzung betrugen die Werthe:

0·175 Sec.	0·17 Sec.
0·185 „	0·18 „
0·18 „	0·185 „
0·175 „	0·185 „

also der Mittelwerth: 0·179 „

Nach der Durchschneidung des Rückenmarks an der früher bezeichneten Stelle und bei Suspension der künstlichen Athmung waren die Werthe für das Verspätungsintervall:

0·195 Sec.	0·21 Sec.
0·195 „	0·205 „
0·205 „	0·21 „
0·205 „	0·21 „

also der Mittelwerth: 0·204 Sec.

Während der darauf folgenden, ziemlich starken Reizung des Rückenmarks an der Durchschneidungsstelle mit Hülfe des du Bois'schen Schlitten-Inductoriums und bei Suspension der künstlichen Athmung stellten sich folgende Werthe heraus:

0·130 Sec.	0·115 Sec.
0·125 „	0·12 „
0·125 „ ·	0·115 „
0·12 „	0·115 „

also als Mittelwerth 0·12 Sec.

Die Fortpflanzungsgeschwindigkeit der Pulswelle erreichte daher während der Rückenmarksreizung den ansehnlichen Werth von 6·25 ^{m} in 1 Sec.

Aus den beiden letzten Versuchen dürfte mit Sicherheit erwiesen sein, dass auch die Zunahme des Blutdrucks einen bestimmten Einfluss auf die Pulsgeschwindigkeit habe, und zwar den, dieselbe zu steigern.

Hierbei muss ich bemerken, dass die Resultate meiner Untersuchung bereits feststanden, als die Abhandlung von Moens[1] über die Pulscurve erschien, in der über die Fortpflanzungsgeschwindigkeit der Pulswelle in elastischen Röhren Experimente mitgetheilt werden, die in demselben Sinne wie die meinigen ausgefallen sind.

Bei einer genaueren Betrachtung meiner Pulscurven stellte sich ferner heraus, dass die Fortpflanzungsgeschwindigkeit der Pulswelle, abgesehen vom Blutdruck, auch von der Amplitude und Wellenlänge, ausserdem, wie zu vermuthen, von localen Aenderungen im Lumen der Gefässe beeinflusst werde. — Moens hat die Abhängigkeit der Pulsgeschwindigkeit vom Durchmesser, von der Elasticität und Wanddicke, endlich von dem Inhalt der elastischen Röhre in folgende Sätze zusammengefasst:

---

[1] *Die Pulscurve.* Leiden 1878.

1. Die Fortpflanzungsgeschwindigkeit des Pulses in einer elastischen Röhre verhält sich umgekehrt wie die Quadratwurzel aus dem specifischen Gewicht der Flüssigkeit.

2. Die Fortpflanzungsgeschwindigkeit verhält sich wie die Quadratwurzel aus der Wanddicke der Röhre bei demselben Seitendruck.

3. Die Fortpflanzungsgeschwindigkeit verhält sich umgekehrt wie die Quadratwurzel aus dem Durchmesser der Röhre bei demselben Seitendruck.

4. Die Fortpflanzungsgeschwindigkeit verhält sich wie die Quadratwurzel aus dem Elasticitätscoëfficienten der Röhrenwand bei demselben Seitendruck.

Dass diese Sätze keine unbedingte Gültigkeit für die sehr viel variableren Verhältnisse im lebenden Organismus beanspruchen können, liegt wohl auf der Hand. Jedoch lässt die durch viele Versuche geprüfte Abhängigkeit der genannten Factoren jedenfalls auf die Richtung ihres Einflusses Schlüsse ziehen.

Nachdem die Versuche am Hunde den Beweis geliefert hatten, dass die die Pulsgeschwindigkeit beeinflussenden Factoren sich immer in gleichem Sinne bewährten, schien es mir erlaubt, die Beweisführung umzukehren und den Zahlen der Pulsgeschwindigkeit, wie ich sie beim Menschen fand, Beweiskraft für die vorausgesetzten Aenderungen im Gefässsysteme zuzugestehen. Ich fühlte mich dazu umsomehr berechtigt, als sich aus meinen Versuchen ergab, dass bestimmte Mittel auf die Pulsgeschwindigkeit beim Menschen dieselbe Wirkung wie bei den Versuchsthieren hatten.

————

A. Bestimmung der Normalwerthe beim Menschen.

Als erste Versuchsperson diente mir ein 167 cm grosser, ziemlich kräftig gebauter junger Mediciner, im Alter von 23 Jahren, dessen Pulszahl in der Minute 68 betrug. Nachdem der gleichzeitige Eintritt des Pulses in beiden Arteriae carotides, radiales und tibiales posticae durch Curven festgestellt war, wurde der Carotispuls der einen mit dem Radialpuls der anderen Seite, ferner der erstere mit dem Pulse der Arteria tibialis postica, endlich der Radialpuls mit dem der letzteren Schlagader verzeichnet und die Gipfelpunkte der Pulscurven verglichen. Die aus einer grossen Zahl von Werthen berechneten Mittelwerthe betrugen für das Verspätungsintervall zwischen dem Pulse der Art. carotis und dem der Art. radialis . . . . . . 0·07 Sec.

„   „   „   „   „   „   „   „ tibialis postica . . 0·110 „

„   „   „   „ radialis „   „   „   „   „   „   . . 0·049 „

Als zweite Versuchsperson erbot sich mir ein mittelgrosser (168 cm), kräftig gebauter, junger Mediciner, im Alter von 24 Jahren, der 64 Pulse in der Minute und vor der ersten Versuchsperson den Vorzug eines ausgeprägten Spitzenstosses hatte. Daher konnten ausser den soeben erwähnten Versuchen noch solche zur Bestimmung des Zeitintervalls zwischen dem höchsten Punkte der Ventrikelelevation und dem Gipfelpunkte der Pulscurven angestellt werden. Hierbei fand man als Mittelwerth zwischen

dem Spitzenstoss und dem Pulse der Art. carotis . . . . 0·10 Sec.

„   „   „   „   „   „   „ radialis . . . . . . 0·162 „

„   „   „   „   „   „   „ pediaea . . . . . . 0·219 „

„ Pulse der Art. carotis und dem Pulse der Art. radialis . 0·076 „

„   „   „   „   „   „   „   „   „   „ pediaea . 0·114 „

„   „   „   „ radialis „   „   „   „   „   . 0·05 „

Nachdem noch bei zwei anderen Versuchspersonen des Jünglingsalters die Mittelwerthe der Pulsverspätung keine wesentlichen Differenzen gezeigt hatten, wurden zu den folgenden Versuchen Personen aus dem Kindes-, Mannes- und Greisenalter gewählt, um den Einfluss des Alters auf die Fortpflanzungsgeschwindigkeit der Pulswellen zu erfahren.

Bei einem zehnjährigen, normal gebauten (133 cm grossen) Knaben, dessen Pulszahl in der Minute 96 betrug, stellten sich folgende Mittelwerthe heraus:

zwischen dem Spitzenstoss und dem Pulse der Art. radialis . 0·165 Sec.

„   „   „   „   „   „   „ pediaea . 0·226 „

„   „ Pulse der Art. carotis und dem der „ radialis . 0·072 „

„   „   „   „   „ radialis „   „   „ pediaea . 0·055 „

„   „   „   „   „ carotis „   „   „   „   „   . 0·12 „

Bei dem Vater des Kindes, einem 172 cm grossen, kräftig gebauten, gut genährten Manne, im Alter von 38 Jahren, der in der Minute 64 Pulse hatte, fand man als Mittelwerthe zwischen

dem Pulse der Art. carotis und dem der Art. radialis . . . . 0·071 Sec.

„   „   „   „   „   „   „   „ pediaea . . . . 0·118 „

„   „   „   „ radialis „   „   „   „   „   . . . . 0·053 „

Bei einem 170 cm grossen, kräftig gebauten Manne im Alter von 74 Jahren, dessen Pulszahl in der Minute 68 betrug, ergaben die Mittelwerthe zwischen

dem Pulse der Art. carotis und dem der Art. radialis . . . . 0·074 Sec.
,,   ,,   ,,   ,,   ,,   ,,   ,,   ,,   ,, pediuea . . . . 0·116 ,,
,,   ,,   ,,   ,, radialis ,,   ,,   ,,   ,,   ,, ... 0·05 ,,

Wenn auch die gefundenen Mittelwerthe bei den Versuchspersonen verschiedenen Alters nur unbedeutende Differenzen zeigen, so darf man doch nicht vergessen, dass die untersuchten Gefässbahnen beim Kinde und Erwachsenen so verschieden lang sind, dass allein daraus eine Verschiedenheit der Pulsgeschwindigkeit wird resultiren müssen. Nach Messungen an Leichen, die mir Hr. Geheimrath Reichert bereitwilligst zur Verfügung stellte, betrug bei mittelgrossen (167—169 cm) Individuen der Weg vom Anfangstheil der Aorta bis zu der Stelle der Art. radialis, wo man die Pulstrommel zu befestigen pflegt, 83 cm, vom Anfangstheil der Aorta bis zur Arteria pediuea auf der Mitte des Fussrückens 145 cm. Die Pulswelle pflanzte sich daher bei der mittelgrossen Versuchsperson in der Richtung nach der oberen Extremität

in 0·162 Sec. . . .   83 cm und
,, 1   ,,   . . . 5·123 m,

nach der unteren Extremität

in 0·219 Sec. . . .   145 cm und
,, 1   ,,   . . . 6·620 m fort.

Aus diesen Zahlen folgt, dass die Pulsgeschwindigkeit in der Richtung nach der unteren Extremität eine grössere als nach der oberen ist.

Bei einem zehnjährigen Kinde hatte der Weg vom Anfangstheil der Aorta bis zur vorher bezeichneten Stelle der Art. radialis eine Länge von 60 cm, und bis zur Art. pediiaea eine Länge von 124 cm. Die Pulswelle durchlief also bei der zehnjährigen Versuchsperson in der Richtung nach der oberen Extremität

in 0·165 Sec. einen Weg von   60 cm und
,, 1   ,,   ,,   ,,   ,, 3·636 m,

nach der unteren Extremität

in 0·226 Sec. einen Weg von   124 cm und
,, 1   ,,   ,,   ,,   ,, 5·486 m.

Auch diese Werthe ergeben, dass die Pulswelle in der Richtung nach der unteren Extremität mit grösserer Geschwindigkeit als nach der oberen läuft. Ferner bestätigt der Vergleich
zwischen den beim Kinde und Erwachsenen erhaltenen Werthen die Behauptung von Czermak, dass die Fortpflanzungsgeschwindigkeit
der Pulswelle beim Kinde kleiner als beim Erwachsenen ist.

B. Bestimmung der abnormen Werthe beim Menschen.

I. Versuch. Um den Einfluss der Venencompression auf die
Pulsgeschwindigkeit zu erfahren, wurde auf die Mitte des zu untersuchenden Armes eine doppelwandige Gummimanchette geschoben und
diese so lange aufgeblasen, bis die oberflächlichen Venen ziemlich deutlich hervortraten. Nach Verlauf von zehn Minuten fand man bei dieser
Behandlung des Armes für das Verspätungsintervall zwischen dem Pulse
der Art. carotis und dem Pulse der Art. radialis folgende Werthe:

0·09	Sec.	0·095	Sec.
0·09	„	0·10	„
0·09	„	0·105	„
0·095	„	0·105	„

also als Mittelwerth: 0·096 Sec.,

während kurz vor dem Versuche der entsprechende Normalwerth 0·07 Sec.
betragen hatte.

II. Versuch. Zum Zweck der Arteriencompression wurde ein
Tourniquet auf der Art. brachialis in der Mitte des Oberarms befestigt.
Bei mässigem Drucke auf die Arterie stieg der Normalwerth des in Rede
stehenden Zeitintervalls von 0·071 Sec. nach Verlauf von fünf Minuten
auf folgende Werthe:

0.095	Sec.	0·10	Sec.
0·095	„	0·11	„
0·10	„	0·105	„
0·095	„.	0·105	„

also der Mittelwerth auf: 0·099 Sec.,

bei stärkerer Compression, wieder nach Verlauf von fünf Minuten, auf:

0.125 Sec.	0.135 Sec.
0.13 „	0.135 „
0.125 „	0.14 „
0.14 „	0.14 „

also der Mittelwerth auf: 0.133 Sec.

III. Versuch. Um den Einfluss der Gefässerweiterung auf die Fortpflanzungsgeschwindigkeit der Pulswellen zu erniren, bediente ich mich der Wärme. Zu diesem Zweck wurde der untere Theil des Oberarms und der obere Theil des Unterarms in Wasser von 33° R. getaucht und vor Abkühlung sowohl des Armes, als auch des Wassers Sorge getragen. Nach Verlauf von zehn Minuten, während der Arm dieselbe Lage innehielt, stellten sich für das Verspätungsintervall zwischen dem Pulse der Art. carotis und dem der Art. radialis folgende Werthe heraus:

0.09 Sec.	0.095 Sec.
0.095 „	0.095 „
0.095 „	0.105 „
0.10 „	0.10 „

also als Mittelwerth: 0.096 Sec.,

während der Normalwerth kurz vor der Erwärmung 0.07 Sec. gewesen war.

Diese drei Versuche zeigen deutlich, dass sowohl locale Verengerungen als auch locale Eweiterungen der Gefässlumina bei sonst gesunden Individuen mit Verzögerung der Pulsgeschwindigkeit einhergehen.

Dass aber auch die Veränderung des Blutdrucks beim Menschen dieselbe Wirkung wie beim Versuchsthiere habe, lehrt der nun folgende

IV. Versuch. Nach Application der einen Pulstrommel auf die Gegend des Spitzenstosses, der anderen auf die Arteria radialis liess ich die Versuchsperson nach tiefer Inspiration Mund und Nase schliessen und nun möglichst stark mit Hülfe der Bauchpresse exspiriren. Die Folge davon war, dass durch Hemmung der Herzthätigkeit der Blutdruck herabgesetzt und zugleich damit das zwischen dem Spitzenstoss und dem Radialpuls gelegene Zeitintervall abnorm verändert wurde. Man fand nämlich für dasselbe die Werthe:

0.185 Sec.	0.20 Sec.
0.19 „	0.195 „
0.195 „	0.20 „
0.195 „	0.195 „

also als Mittelwerth: 0.194 Sec..

während der Normalwerth kurz vor dem Versuche 0·162 Sec. betragen hatte. Demnach pflanzte sich die Pulswelle während der Blutdruckerniedrigung in 1 Sec. nur 4·278 ^{m} fort, während sie vor dem Versuche einen Weg von 5·123 ^{m} in derselben Zeit zurückgelegt hatte. Dass in der That während des letzten Versuchs eine Abnahme der Spannung im Aortensysteme Statt fand, das zeigte sehr schön die Betrachtung der erhaltenen Pulscurven. An denselben trat nämlich die sogenannte Rückstosselevation so stark ausgeprägt hervor, wie man sie nur in den seltensten Fällen zu sehen Gelegenheit hat.

Auf den letzten Versuch möchte ich noch deswegen besonderes Gewicht legen, weil Landois in seinem soeben erschienenen *Lehrbuch der Physiologie* (S. 158) es für zweifelhaft hält, ob sich beim Druckwechsel in den Arterien des lebenden Menschen eine deutliche Aenderung der Pulsgeschwindigkeit zeigen werde.

Da die Füllung des Gefässsystems bei irgendwie dauernd lebensfähigen Säugethieren sicherlich nur bedingt ist durch die Füllung des Herzens während der Diastole, so kommt bei denselben die Betrachtung der Herzkraft zur Beurtheilung der Pulsgeschwindigkeit nicht in Frage. Da wir ferner die Amplitude und Länge der Pulswelle durch den Sphygmographen, die Elasticität und Dicke der Gefässwand theils durch den Sphygmographen, theils durch die Palpation nachweisen können, so bleibt, falls die genannten Factoren keine Aenderung zeigen, die Fortpflanzungsgeschwindigkeit der Pulswelle Function des Blutdrucks im Aortensystem.

Die Resultate meiner Untersuchung über die Pulsgeschwindigkeit bei Herz- und Gefässkranken, sowie bei Intoxicationen des Menschen durch gewisse Narkotica werden an einer anderen Stelle ausführlich mitgetheilt werden.

Ich spreche hier Hrn. Geheimrath E. du Bois-Reymond, der mir gütigst die Hülfsmittel des physiologischen Instituts zur Verfügung stellte, ferner Hrn. Prof. H. Kronecker, in dessen Abtheilung unter seinem Beirathe die Versuche ausführt sind, meinen besonderen Dank aus.

Ueber den Einfluss gasartiger Körper auf die Function des Froschherzens.

Von

Ferdinand Klug.

Aus dem physiologischen Institut zu Budapest.

————

Den Einfluss verschiedener Gasarten auf das dem Körper entnommene Froschherz untersuchte Castell,[1] indem er den Verlauf der Herzschläge und deren Dauer beobachtete, wie auch prüfte, ob ein Herz, welches den Gasen ausgesetzt zu schlagen aufgehört hatte, in der freien Luft von Neuem zu pulsiren beginnt, beobachtete.

Da jedoch das Herz unter normalen Verhältnissen nur dem Einflusse von im Blute gelösten Gasen ausgesetzt zu sein pflegt, hielt ich es für zweckmässig, Versuche in dieser Richtung anzustellen; um so mehr, da diese Untersuchungen auch geeignet schienen, unsere Kenntniss von den die Herzaction anregenden und regulirenden Factoren zu erweitern. So viel mir bekannt, liegen bis jetzt ähnliche Versuche nur von M'Guire[2] vor, der seine Untersuchungen *Ueber die Speisung des Froschherzens* unter Leitung des Hrn. H. Kronecker ausgeführt hat. Wie M'Guire, so machte auch ich meine Untersuchungen an Froschherzen mit Hilfe des Kronecker'schen Froschherzmanometers.

Nur ausnahmsweise untersuchte ich das an die Canüle befestigte Froschherz, während es in defibrinirtes Blut oder Serum tauchte; meistens war dasselbe, wie bei den Versuchen von Goltz,[3] in Oel versenkt, um auf diese Weise den störenden Einfluss des Blutes auszuschliessen. Ferner leitete ich, bei den meisten Versuchen, in das Herz defibrinirtes

[1] Dies *Archiv*. 1854. S. 226.
[2] *Verhandlungen der physiologischen Gesellschaft zu Berlin. Dies Archiv.* 1878. S. 321.
[3] Virchow's *Archiv f. pathol. Anatomie u. Physiologie u. s. w.* Bd. 23, S. 487.

28*

Schweineblut und gebrauchte dasselbe nie mehr als einmal. Das Blut
war natürlich stets frisch und wurde oft noch warm in die Anstalt gebracht. Eben weil ein solches Verfahren viel Blut beansprucht, konnte
ich meine Versuche nur ausnahmsweise mit Froschblut, oder dem von
Anderen benützten Kaninchenblute machen; übrigens fand ich auch keinen
Unterschied in der Wirkungsweise dieser Blutarten auf das Froschherz.

_— — .—_

I. Einfluss des Blutes auf das Froschherz. Herzinnervation.

Luciani[1] fand, dass das durch eine um die Vorhöfe gelegte Ligatur
auf die Canüle gebundene und mit Serum erfüllte Froschherz nicht in
Intervallen folgende, sondern in Gruppen geordnete Schläge ausführt.
Nachdem Luciani auch gezeigt, dass gesteigerter diastolischer Druck die
Ermüdung des Herzens beschleunigt und die Pulscurven unregelmässig
macht, fand Rossbach,[2] „dass an dem mit centrifugirtem, möglichst
klarem Kaninchenserum gespeisten Herzen die Gruppenbildung sowohl
bei hohem, wie bei niedrigem systolischen Herzdruck auftrat", ferner
dass „das frische Herz nach seiner Füllung mit sehr rothem Serum oder
mit defibrinirtem Blute nie eine Spur von einer gruppenweisen Folge
der Schläge darbietet". Selbst wenn Rossbach in das mit Serum gefüllte Herz, bei welchem die Gruppenbildung in vollkommenster Weise
auftrat, an Stelle des Serums Blut leitete, verschwanden die Gruppen
und es erschien die regelmässige Pulsation des nicht unterbundenen
Herzens. Rossbach beobachtete Gruppenbildung an mit Blut gefüllten
Herzen erst dann, wenn das Blut so lange in demselben verweilte, bis
es seine hellrothe Farbe ganz verloren hatte.

Diese Erfahrungen scheinen anzudeuten, dass die Schlagfolge des
am Vorhof unterbundenen Herzens von dem Inhalte desselben abhängt.
Unter dem Einflusse des Blutes folgen die Pulsschläge in regelmässigen
Intervallen, unter dem des Serums ordnen sie sich in Gruppen, welche
kürzere oder längere Pausen von einander trennen; demnach waren wir
angewiesen, die unter dem Einfluss des Serums auftretende eigenthümliche Anordnung der Herzschläge auf dessen geringeren Sauerstoffgehalt,
oder auf den Mangel irgend eines anderen in den Blutkörperchen enthaltenen Körpers zurückzuführen.

Nun kann ich aber einen solchen Unterschied der Wirkung des
defibrinirten Blutes und des Serums, wie ihn Rossbach beobachtete,

[1] *Arbeiten aus der physiol. Anstalt zu Leipzig.* 1872. Bd. VII, S. 113.
[2] *Arbeiten aus der physiol. Anstalt zu Leipzig.* 1874. Bd. IX. S. 90.

absolut nicht bestätigen. Ob ich die Versuche mit defibrinirtem Blute. oder mit Serum machte, die Folge der Herzschläge blieb, bei einem einmal an die Canüle gebundenem Herzen, unverändert. Sie erschien entweder in Gruppen geordnet, oder in einzelnen, von einander gleichmässig getrennten, Pulsschlägen, ganz unabhängig davon, ob das Herz mit Blut oder mit Serum angefüllt war, ob es seine Contractionen unter Blut, Serum oder Oel ausführte. Bei gruppenweiser Herzaction wurden die Gruppen mit der Zeit, nachdem das Herz zu ermüden begann, gestört — Stadium der Krise (Luciani) — erlangten aber gewöhnlich, in Folge frischen Blutes oder Serums, ihre frühere Regelmässigkeit wieder.

Zur Verdeutlichung dieser und noch ferner zu erläuternder Verhältnisse mögen einige Tabellen dienen. Alle diese beziehen sich auf Herzen, die unter Oel schlugen. Wo ich nicht Schweineblut benutzte, findet sich dies in den Tabellen besonders verzeichnet, ebenso wenn ich bei Versuchen mit einem Herzen die in demselben enthaltene Flüssigkeit erneuert hatte. Die Zimmertemperatur schwankte zwischen 18—22°C.

Tabellen zur Erläuterung des Einflusses des Blutes auf das Froschherz.

Nr. des Versuches.	Zeit.	*a.* Anordnung des Versuches.	*b.* Zahl der Herzschläge einer Gruppe.	*c.* Höhe der Schläge einer Gruppe.[1] Millimeter.	*d.* Dauer der Gruppe. Sec.	*e.* Dauer der Pause. Sec.	*f.* Zahl	*g.* Höhe der isolirten Contractionen.[2]	*h.* Dauer	Bemerkungen.
I.	12° 0'	Ligatur den Vorhöfen entsprechend. Blut. Druck 5 mm Hg.	24	17·8—14·8	45	40				
			24	17·6—14·6	39	54				
			27	18—14·5	44	58				
			23	16—14·5	36	53				
			20	16—14·5	33	53				
			16	16—14·5	29	49				
			11	16—14·8	22	?				
			10	16—15	20	41				
			13	15·9—14·8	24	44				
			10	16—13	13	41				
			20	16—15	35	53				

[1] Die Höhen bedeuten Erhebungen über die Abscisse.
[2] Diese Reihen betreffen die der vorangegangenen Pause folgenden isolirten Contractionen.

No. des Versuches.	Zeit.	*a.* Anordnung des Versuches.	*b.* Zahl der Herzschläge einer Gruppe.	*c.* Höhe der Schläge einer Gruppe.[1]	*d.* Dauer der Gruppe. Sec.	*e.* Dauer der Pause. Sec.	*f.* Zahl	*g.* Höhe	*h.*[3] Dauer	Bemerkungen.
								der isolirten Contractionen.		
			20	16·8—14·5	38	51				
			21	16·5—14	35	53				
			22	16—14	40	55				
			24	13·5—12·5	41	59				
			26	13·5—11·3	45	63				
			28	12·8—10·5	46	66				
			33	12—10·5	53	71				
			39	12—10	63	80				
			46	11·5—9	74	83				
			48	12—9·5	85	?				
			42	10·2—6·2	98	93				
			39	7—2·8	144	89				
	1⁰ 9′		19	4·8—0·5	66					
II.	3⁰ 32′	Ligatur an der oberen Hälfte der Vorhöfe. Kaninchenblut. Druck 7ᵐᵐ Hg.	38	22—17·8	44	39				
			22	23·1—17·5	32	36				
			18	23—17	27	35				
			15	22·8—17·5	21	34				
			14	22·5—16·8	20	36				
			13	22·5—17	15	32				
			13	22·5—17	17	33				
			12	22·3—17	16	34				
			13	22·1—17	18	34				
			?	22—16·5	20	35				
			12	21·5—16·5	17	35				
			12	21—16·4	19	31				
			13	21—16·4	18	33				
			12	20·5—16·5	17	34				
			11	20·2—16·5	17	34				
			11	20—16·2	17	33				
			12	19·8—16·2	20	33				
			11	19·5—16·2	19	?				
			11	17·5—15	21	37				
			11	17·8—15·2	20	37				
			11	17·5—15	20	36				
			11	17—15	20	37				
			10	16·5—14·5	22	31				
			9	15·8—14·2	21	87				
			10	15·2—14·8	23	36	1	14·5		

Nr. des Versuches.	Zeit. *a.*	Anordnung des Versuches. *a.*	Zahl der Herzschläge einer Gruppe. *b.*	Höhe der Schläge einer Gruppe. Millimeter. *c.*	Dauer der Gruppe. Sec. *d.*	Dauer der Pause. Sec. *e.*	Zahl *f.*	Höhe der isolirten Contractionen. *g.*	Dauer *h.*	Bemerkungen.
			13	15—13·2	30	39	1	14·2		
			13	14—13	29	40	1	13·8		
			13	13·8—12·8	29	42	1	?		
			13	13·5—12·5	23	?	?	?		
		Kaninchen-serum. Druck 5mm Hg.					47	19·2—14·8	462	Folgen ungleiche Contractionen.
	4° 48′	Kaninchenblut. Druck 5mm Hg.					37	18—14	520	
III.	5°	Ligatur an den Vorhöfen.	7	12·5—12·5	14	43				
		Kaninchen-serum.	11	12·5—12·5	18	53				
			9	12·5—12	18	63				
		Druck 4·5mm Hg.	8	12·3—11·8	17	73				
		Kaninchen-serum.					4	11·5—10	227	
							2	14—13·5	108	
			3	12—14·5	6	59·5				
			2	13·9—14·9	3·9	56				
			2	14—14·5	3·5	52				
			3	13·8—15·3	5·6	?				
		Kaninchenblut.	6	13—13·5	14	46				
			2	13—13	3·5	34				
			5	13—13	13	39	1	13·3		
			6	13·5	15	35				
			6	13·5	15	35	1	13·5		
			4	13·5	11	22	1	13·5		
			3	13·3—13·5	9	15	31	13—13·5	329	Folgen einzelne Pulse.
	5° 54′	Kaninchenblut.					18	14—14	106	
IV.	10° 47′	Ligatur nahe dem Sulcus.	2	19	3·5	27				
			2	19	4	23				
		Schweineblut.	2	18·5	4	14				
		Druck 4mm Hg.	2	18·5	4	23				
			2	19	4	27				
			2	19	4	28				
			2	19	4	29				
			2	18·5	4	27				

Nr. des Versuches.	Zeit.	a. Anordnung des Versuches.	b. Zahl der Herzschläge einer Gruppe.	c. Höhe der Schläge einer Gruppe. Millimeter.	d. Dauer der Gruppe. Sec.	e. Dauer der Pause. Sec.	f. Zahl	g. Höhe. der isolirten Contractionen.	h. Dauer	Bemerkungen.
			2	17·9	4	29				
			2	18·5	4	?				
			2	18	4	33				
			2	18	4	29				
			2	18	4	30				
			2	18	4	29				
			2	17·5	4	30				
			2	17·5	4	29	2	17·8—17	79	
			5	17	16	82	1	16·8		
			6	16·8	18	?	?			
		Blut.	2	17·5	4	33				
			2	17·8	4	32				
			2	17·8	4	32	5	17·8—17·5	167	
			2	17	3	?				
			2	18·5	4	32				
		Blut.	2	18·5	4	32				
			2	18·5	4	32				
			2	18·5	4	32				
		Blut.	2	18·2—18	4	31				
			2	18	4	32				
			2	18	4	32				
			3	18·2—18	6	35				
			3	18·2—18	6	36				
			3	18	6	36				
			3	18—17·8	6	36				
			3	18—17·5	6	37				
			3	17·8—17·5	6	37				
			3	18—17·5	6	37				
			3	17·8—17	6	37				
			2	17·8	4	33				
			2	17·8	4	32				
			2	17·8	4	33				
			2	17·2	4	32	1	17		
			2	17	4	33				
			2	17·2	4·5	?				
		Serum.					3	19·5	85	
			3	19·5—19·2	6	39	6	19·8—19·5	182	
		Serum.	3	19—18·8	4	32				
			2	18·8	4	32				

Nr. des Versuches.	Zeit.	a. Anordnung des Versuches.	b. Zahl der Herzschläge einer Gruppe.	c. Höhe der Schläge einer Gruppe. Millimeter.	d. Dauer der Gruppe. Sec.	e. Dauer der Pause. Sec.	f. Zahl	g. Höhe der isolirten Contractionen.	h. Dauer	Bemerkungen.
			2	18·5	4	32				
			2	19—18·5	4	32				
			2	18·5	4	32				
			2	18·5	4	34	1	18—5		
			2	18·5	4	?				
		Serum.	2	19·5	4	35	2	19·5	83	
			2	19	4	33				
			2	19	4	33				
			2	18·8	4	33				
			2	18·5	4	35				
			2	18·5	4	34				
			2	18·2	4	33				
			2	17·8	4	34				
			2	17·8	4	33				
			2	17·2	4	?				
			2	16	4	36				
			2	16	4	38				
			2	16—16·3	4	33				
V.	9ʰ 5'	Ligatur über dem Sinus venosus. Blut. Druck 2ᵐᵐ Hg.					49	9—21	100	
							50	21·5—21·5	100	
							54	21·5—21·5	100	
							51	21·5—21·5	100	
							44	21·5—21·5	100	
							45	21—20·5	100	
							49	20·5—14	100	
							50	14—11	100	
							54	11—8	100	
							46	8—11	100	
							46	8—8·6	100	
							42	8—8·5	100	
							40	0—8	100	
							44	8·5—8·5	100	
							44	8·5—8	100	
							42	8—8	100	
							41	7·5—7	100	
							41	8—7	100	
							40	6·5—7	100	
							40	5—7	100	

Nr. des Versuches.	Zeit.	*a.* Anordnung des Versuches.	*b.* Zahl der Herzschläge einer Gruppe.	*c.* Höhe der Schläge einer Gruppe. Millimeter.	*d.* Dauer der Gruppe. Sec.	*e.* Dauer der Pause. Sec.	*f.* Zahl	*g.* Höhe der isolirten Contractionen.	*h.* Dauer	Bemerkungen.
							40	7—5	100	Ungleiche Pausen zwischen den einzelnen Herzschlägen.
							30	5—5	100	
							21	10—5	84	
			33	9—5	67	53				
			28	8—4·5	65	63				
			16	7·5—5	39	51				
			16	5·5—5	48					Erneuerte Blutzufuhr rief isolirte Contractionen hervor.
VI.	9° 54'	Ligatur 3mm über dem Sulcus. Froschblut. Druck 2·5mm Hg.					84	11·5—18	165	
			8	19—17·5	21	29				
			12	18·5—17	39	33				
			10	18—16·5	33	32				
			9	17·5—16	31	29				
			13	17·5—16	43	30				
			16	17—18·8	50	30				
			21	17—15	66	32				
			22	16·5—14·8	67	26				
			62	16·2—14·5	168	26				
			14	15·5—14·8	54	18				
			13	15·5—14·5	60	18				
			18	15—14	78	20				
			35	15—12·5	149	23				
			51	18—11	228	?				
			21	11·5—10·5	79	41				
			17	11—10·5	85	40				
			16	11—10·5	85	40				
			15	11—10·5	80	47				
			15	11—10·5	82	52				
			17	10—10·5	83	62				
			19	11—10·5	95	69				
			21	11—10·5	93	84				
			20	11—10·5	102	88				
			22	11—10·9	89	94				

Nr. des Versuches.	Zeit.	a. Anordnung des Versuches.	b. Zahl der Herzschläge einer Gruppe.	e. Höhe der Schläge einer Gruppe. Millimeter.	d. Dauer der Gruppe. Sec.	e. Dauer der Pause. Sec.	f. Zahl	g. Höhe der isolirten Contractionen.	h. Dauer	Bemerkungen.
			21	11—10	104	96				
			22	11—10	92	100				
			23	10·5—10	114	106				
			29	10·5—10	120	?				
			34	10·5—10	143	120				
			34	10·5—9·8	154	101				
			31	10·5—9·5	148	62	197	10—6	1154	
	11° 40'		9	5·5—	67					
VII.	4° 16'	Ligatur in dem Sulcus. Froschblut. Druck 2mm Hg.					32	19—17	100	
							28	17—15·5	100	
							28	15·5—16	100	
							21	16—16·5	100	
							21	16·5—16·5	100	
							21	17—18·5	100	
							26	18·5—17	100	
							26	18·5—17	100	
							25	17—17	100	
							20	17—15·5	100	
							19	15·5—15·5	100	
							15	16—15·5	100	
							12	15·5—16	100	
							9	16—17	100	
							9	17—17	100	
	4° 42'						6	17—15·5	112	
VIII.	2° 28'	Ligatur über dem Sinus venosus. Blut. Druck 2mm Hg.					44	9—20	100	
							42	20—19	100	
							40	18·5—18	100	
							55	18—14·5	136	
		Blut.					34	21·5—22	100	
							29	22	100	
		Ligatur an dem unteren Ende des Sinus venosus.					14	21—21·5	100	

Nr. des Versuches.	Zeit.	a. Anordnung des Versuches.	b. Zahl der Herzschläge einer Gruppe.	c. Höhe der Schläge einer Gruppe. Millimeter.	d. Dauer der Gruppe. Sec.	e. Dauer der Pause. Sec.	f. Zahl	g. Höhe der isolirten Contractionen.	h. Dauer	Bemerkungen.
		Blut. Druck unverändert.					12	21·5	100	
							10	21·5	100	
							8	21·5	100	
		Blut.					15	21·5	100	
							8	21	100	
		Ligatur 3mm über dem Sulcus. Blut. Druck unverändert.	10	21·5—20	23	35	1	21·5	?	
			9	21·5—20	25	52				
			9	21·5—20	24	53				
			11	21—20	25	51				
			11	21·5—20	24	54				
			12	21·5—20	29	61				
			12	21—19·5	30	62				
			13	21·5—20	32	62				
			15	21—19·5	34	?				
		Blut.	18	21—20	46	74				
			15	21—19·5	37	66				
			14	20·5—19	31	64				
			13	20—19	31	?				
		Ligatur im Sulcus. Blut. Druck unverändert.					33	15	100	
							28	15	100	
							41	15—14	100	
							39	14—14	100	
							40	14	100	
							31	14	100	
							23	14—13·5	100	
							18	13·5—13	100	
							10	13—13	100	
	4^n						7	13—12·5	100	

Nr. des Versuches.	Zeit.	a. Anordnung des Versuches.	b. Zahl der Herzschläge einer Gruppe.	c. Höhe der Schläge einer Gruppe. Millimeter.	d. Dauer der Gruppe. Sec.	e. Dauer der Pause. Sec.	f. Zahl.	g. Höhe der isolirten Contractionen.	h. Dauer.	Bemerkungen.
IX.	9h 56'	Ligatur 3mm über dem Sulcus. Blutiges Serum. Druck 2mm Hg.					19	23—21	138	
			8	23—22	32	33				
			8	22—21	29	34				
			8	22—21	26	38				
			7	21·5—20·5	23					
		Ligatur im Sulcus. Blutiges Serum. Druck 2mm Hg.					34	22—21·5	100	
							29	22—21·5	100	
							28	21·5—21	100	
							22	20·5—19	100	1 Min. wurden die Contractionen nicht gezeichnet.
							8	19—19	40	
							8	18—17	100	
							4	16—13·5	100	
		Ligatur im Sulcus gelöst. Blutiges Serum. Druck 2mm Hg.	8	22	20	89				
			14	21—20	42	83	1	21		
			10	20—19	35	68	1	17·5		
			10	18—18	31	73	2	17·5—17	58	
		Ligatur im Sulcus.	8	16—18	28					
							20	6	100	
	10h 34'						2	5—2	125	

Die ersten vier Tabellen zeigen entschieden, dass Blut das Herz ebenso zu gruppenweise auftretenden Contractionen anregen kann wie Serum. So sehen wir in der I. Tabelle die Thätigkeit eines mit defibrinirtem Schweineblut gefüllten Herzens verzeichnet, welches vom Anfang bis zum Ende in Gruppen geordnet functionirte. In der II. Tabelle ist ein ähnlicher, mit Kaninchenblut gemachter Versuch verzeichnet. Schliesslich weist die III. und IV. Tabelle die Pulsationen zweier Herzen auf, in welche Blut und Blutserum abwechselnd geleitet wurden, ohne dass dieser Wechsel des Herzinhaltes seinen Ausdruck in der Herzaction gefunden hätte.

Es kann demnach die Ursache der in Gruppen geordneten Herzcontractionen nicht das in das Herz geleitete Serum sein, wir müssen dieselbe vielmehr in der Ligatur selbst suchen.

Luciani[1] findet zwar, dass eine stricte Abhängigkeit der Gruppenbildung von dem Unterbindungsort nicht nachzuweisen ist, giebt aber auch an, dass „je höher über dem Atrioventricularsulcus die Ligatur angelegt worden, desto länger die Gruppen und dafür die Pausen desto kürzer werden." Ferner fand Luciani in einem Falle nach Unterbindung im Sulcus atrioventricularis statt der Gruppen nur einzelne Pulse, und dass Unterbindungen innerhalb der Grenzen zwischen dem Sinus venosus und der Atrioventricularfurche periodische Herzthätigkeit zur Folge haben. Es sind dies Angaben, welche jedenfalls zu einer eingehenden Untersuchung der Abhängigkeit der Gruppenbildung von dem Unterbindungsorte auffordern.

Die entsprechenden Versuche machte ich stets mit ganz frischem Blut, da abgestandenes hierzu unbrauchbar ist, auch liess ich die grossen Frösche wenigstens zwei Tage vor dem Gebrauch in das Zimmer bringen, da zu solcher Vorsicht sowohl die Angaben von Gaule[2] wie auch eigene Erfahrung mahnten.

Ich liess theils das an einer bestimmten Stelle unterbundene und mit Blut oder Serum angefüllte Herz bis zur vollkommenen Erschöpfung arbeiten, theils aber legte ich die Ligatur nach einander an verschiedenen Stellen an, füllte das Herz von Neuem und beobachtete dann dessen Thätigkeit. Einige der auf diese Weise gemachten Versuche sind in den obigen Tabellen verzeichnet.

So deutet zum Beispiel die V. Tabelle die Contractionen eines oberhalb des Sinus venosus unterbundenen Herzens an. Durch diese Ligatur blieb also sowohl der Sinus venosus, als auch das ganze Herz möglichst unversehrt. Das ununterbrochen pulsirende Herz zeichnete anfangs rasch steigende Contractionen, welche, nachdem sie ein gewisses Maximum ihrer Höhe erreicht hatten, auf demselben längere Zeit blieben. Schliesslich nahm die Intensität der in gleichen Zeitintervallen rasch auf einander folgenden Schläge ab, sie wurden ungleich und die Pausen immer länger. Nach diesen beinahe eine Stunde anhaltenden Contractionen traten wohl auch ungleiche Gruppen auf, welche jedoch, sobald das Herz

---

[1] A. a. O. S. 144.
[2] Dies *Archiv.* 1878. S. 299.

mit frischem Blute angefüllt wurde, gleichmässig nach einander folgenden Herzschlägen wichen.

Legen wir die Ligatur um den Sinus venosus oder unmittelbar an
dessen Einmündungsrande in den rechten Vorhof, dann beobachten wir,
dass die gleichmässige Folge der Herzcontractionen um so mehr gestört
erscheint, je mehr wir uns mit der Ligatur den Vorhöfen nähern; die
einzelnen Schläge werden oft durch längere Pausen getrennt, es treten
Gruppen auf.

Den entschiedenen Charakter in Gruppen geordneter Herzschläge
nimmt die Herzaction an, wenn die Ligatur 3—5 ^{mm} über den Sulcus
angelegt wird. Etwas näher dem Ventrikel als dem Sinus venosus unterbunden, zeigen die Herzschläge jene Anordnung, der die I. und VI.
Tabelle entsprechen; die Herzen der von mir benutzten grossen Frösche
2—3 ^{mm} über dem Sulcus atrioventricularis unterbunden, lieferten auch
constant in Gruppen geordnete Contractionen. Näher dem Sulcus rief
die Ligatur gewöhnlich aus verhältnissmässig wenig Einzelcontractionen
bestehende Gruppen hervor, zwischen welche oft einzelne Herzschläge
traten.

Die I., II., und VI. Tabelle zeigen den Verlauf in Gruppen geordneter Herzpulse während der Dauer einer ganzen Herzaction. Diese
Tabellen entsprechen zugleich Versuchen, welche mit dem Blute verschiedener Thiere gemacht wurden; so bezieht sich die I. Tabelle auf
Schweineblut, die II. auf Kaninchenblut, während die VI. die Contractionen eines mit dem eigenen Blut gespeisten Froschherzens wiedergiebt.
Alle diese Versuche deuten an, dass die Dauer der einzelnen Gruppen
und die sie trennenden Pausen schliesslich immer länger werden.

Tabelle VII zeigt uns, dass die Pulsationen eines in dem Sulcus
unterbundenen Herzens nicht in Gruppen geordnet auftreten. Um dieses
Resultat zu erhalten, ist die Ligatur mit grosser Vorsicht anzulegen;
fällt dieselbe nicht genau in den Sulcus, sondern etwas höher, dann
treten auch mehr weniger Gruppen auf. In diesem Falle ist die Herzaction nicht so vehement als bei der Unterbindung über dem Sinus
venosus, es fallen demnach auf die Zeiteinheit weniger Herzschläge; auch
werden die Pausen verhältnissmässig sehr bald länger.

Vergleichen wir die Zeitdauer der Herzaction nach der V., VI. und VII.
Tabelle, wo das Herz über dem Sinus venosus, den Vorhöfen entsprechend,
und im Sulcus atrioventricularis unterbunden wurde, so finden wir, dass das
Herz am längsten functionirte, als die Ligatur um die Vorhöfe gelegt war.
Auffallend kurz ist die Dauer der Herzpulsation bei der Unterbindung
im Sulcus; in dem Falle der VII. Tabelle schlug das Herz nur 26 Minuten, während das um die Vorhöfe unterbundene Herz der VI. Tabelle

1 Stunde 46 Minuten lang seine, in Gruppen geordneten, Contractionen
fortsetzte. Dieses Verhältniss war in allen den zahlreichen Versuchen,
die ich machte, ein gleiches.

Alle den Einfluss der Ligatur betreffenden Beobachtungen finden
auch ihre Bestätigung in Versuchen an einem Herzen, welches ich in
kleinen Zeitintervallen an verschiedenen Orten unterband. Auf diese
Weise erhielt ich die Versuchsresultate der VIII. Tabelle, indem ich das
Herz zuerst über dem Sinus venosus, dann an dessen Einmündungsort
unterband, und wir sehen, wie in dem letzten Fall die Herzschläge seltener wurden; dieser Unterbindung folgte die Ligatur 3 ^{mm} über dem
Sulcus atrioventricularis, mit in Gruppen geordneten Herzpulsen, und
schliesslich die Unterbindung im Sulcus, mit einzelnen getrenntstehenden
Pulsationen.

Sehr instructiv ist auch der Versuch der IX. Tabelle. Das Herz,
welches 3 ^{mm} über dem Sulcus unterbunden war und seine Contractionen
in Gruppen geordnet ausführte, machte sogleich isolirte Contractionen,
wenn die Ligatur dem Sulcus entsprechend angelegt wurde; löste ich
diese letztere Ligatur, dann traten auch von neuem Gruppen auf, ungeachtet der Verletzungen, welche die Ligatur etwa verursachte; unterband
ich das Herz zu wiederholten Malen im Sulcus, so traten abermals getrennte Contractionen auf. Uebrigens gelingt ein solcher Versuch nur
ausnahmsweise, da eine etwas fest angezogene Ligatur nicht nur die
Leitungsfähigkeit des Nerven an der betreffenden Stelle hemmt, sondern
denselben meistens auch stark verletzt, demnach die Lösung der Ligatur
nicht den früheren normalen Zustand zur Folge haben kann.

Indem wir nun den Einfluss der Ligatur kennend nach der Ursache
desselben fragen, müssen wir uns erinnern, dass durch jede nicht über
dem Sinus venosus angebrachte Ligatur ein Theil der die Herzaction
beeinflussenden Nervenganglien von dem Herzen getrennt wird.

Wir kennen in dem Froschherz ein Ganglion in der Wand des Sinus
venosus — Remak'sches Ganglion —, zwei Ganglienhaufen an der Atrioventriculargrenze — Bidder'sche Ganglien —, ferner Nervenzellenan-
häufungen in der Wand der Vorhöfe und schliesslich Nervenzellen, eingebettet zwischen die Muskelfasern des Ventrikel. Bezüglich der physiologischen Wirkung dieser Nervenelemente liegen, wie bekannt, sehr
abweichende Angaben vor.

So unterscheidet Bidder [1] automatisch und reflectorisch erregte

---

[1] Dies *Archiv* 1852, S. 163 und 1866, S. 23.

Herzcontractionen. Die Ganglienzellen, welche in dem beide Vorhöfe trennenden Septum enthalten sind, sollten die Herzaction automatisch hervorrufen, während die an der Atrioventriculargrenze befindlichen beiden Ganglienhaufen nur reflectorisch erregte Bewegungen veranlassen sollten. Bidder wurde zu dieser Annahme durch die Erfahrung geleitet, dass das durch Erregung des Vagus stillstehende Herz durch mechanische Reizung der Vorhöfe nicht zu neuer Contraction erregt werden kann, während mechanische Reizung des Ventrikels Herzschläge auslöst. Für die Automatie der Vorhofcentren spricht nach Bidder auch der Umstand, dass von den an der Grenze der Vorhöfe und des Ventrikels getrennten Herztheilen die mit dem Sinus venosus zusammengehenden Vorhöfe pulsiren, während der Ventrikel in Ruhe bleibt.

Diese Erklärung der Herzinnervation kann mit unseren Versuchsresultaten nicht in Einklang gebracht werden. Wir finden absolut keine Art und Weise, nach welcher, auf Grund der Hypothese von Bidder, die in Gruppen geordneten Herzpulsationen zu begreifen wären, welche nach der Ligatur in den oberen Partien der Vorhöfe auftreten, da nach dieser Ligatur der grösste Theil der automatischen Nervenzellen noch unversehrt dasteht. Selbst der Ausschluss eines Theiles der letzteren durch eine tiefer angelegte Ligatur kann die Sache nicht plausibler machen. Denn angenommen, dass alle diese erregenden Nervenzellen nach einander in bestimmter Reihenfolge die Herzaction auslösen, und dass demnach durch die Ligatur ein Theil der erregenden Reize aus der Reihe ausfällt, wird hieraus noch immer die veränderliche Dauer der Pause, wie auch die verschiedene Anzahl der Pulse einzelner Gruppen nicht verständlicher.

Bei dem an der Atrioventriculargrenze unterbundenen Herzen bleiben mit dem Ventrikel die beiden Bidder'schen Ganglien allein; das Herz pulsirt wohl kürzere Zeit als wenn die Ligatur höher angelegt wurde — siehe Tabelle VII —; allein die Herzaction hält doch beinahe eine halbe Stunde an, beginnt nicht vehement, sondern nimmt während ihrer Dauer an Raschheit zu, um dann langsam aufzuhören. Diese lange Dauer wie auch der Verlauf der Herzaction zeigen, dass nicht der durch die Ligatur veranlasste mechanische Reiz die Herzfunction so lange aufrecht erhält. Wir können daher auch die beiden Bidder'schen Ganglien nicht als im Sinne Bidder's reflectorisch wirkend betrachten, das heisst, nicht als solche, die allein in Folge äusserer Eingriffe Herzaction auslösen.

Goltz[1] verlegt das für die Herzaction wichtigste Nervencentrum an die Grenze des Sinus venosus und giebt zu, dass sich ähnliche Centren auch in der Wand der Vorhöfe und des Ventrikels befinden. Alle diese seien aber nicht automatisch, sondern reflectorisch reizende Nerven- elemente, welche unter normalen Verhältnissen das Blut in Erregung versetzt und die bei Ausschluss jedes Reizes das Herz auch ruhen lassen. Die rhythmischen Contractionen des Herzens findet Goltz dadurch er- klärbar, dass die Ganglien durch jede Herzcontraction blutfrei werden. Wenn demnach das Blut den Reiz für die Herzpulsationen abgiebt, so werden diese aufhören, sobald der Reiz entfernt wird, und auftreten, so- bald der Reiz wiederkehrt.

Wenn wir auch in der Folge die Ueberzeugung gewinnen werden, dass in der That ein Blutbestandtheil der constante Erreger der Herz- ganglien ist, so können wir doch der weiteren Annahme von Goltz nicht beipflichten; denn wollten wir auch bezüglich der Ventrikelwand noch zugeben, dass dieselbe während der Systole blutleer werde, so muss dies bezüglich der Vorhöfe und des Sinus venosus durchaus in Abrede gestellt werden. Auch können die während der Gruppenbildung auftretenden längeren Pausen und der Verlauf einzelner Gruppen durch diese Hypo- these keine Erklärung finden.

Nach den Versuchen von Stannius hört das Froschherz, nachdem der Sinus venosus entfernt worden, auf zu pulsiren, während der Sinus noch weiter schlägt; jedoch beginnt die Contraction des Ventrikels von Neuem, sobald auch die Vorhöfe entfernt werden. Wie bekannt, nahm Stannius[1] demzufolge in dem Herzen hemmende und erregende Nerven- centren an. Stannius selbst liess sich in weitere Erörterungen nicht ein, seine Versuche aber dienten als Ausgangspunkt der Untersuchungen anderer Forscher.

So unterscheidet z. B. auch Heidenhain[2] hemmende und erregende Nervencentren. Die hemmenden Ganglien befinden sich überwiegend in der oberen Grenze der Vorhofswand und in der des Sinus venosus, die erregenden aber in der unteren Vorhofs- und der Ventrikelwand. Daher unterbricht die unter dem Sinus venosus angelegte Ligatur für einige Zeit die Herzbewegungen, sie wirkt als starker mechanischer Reiz und erregt die an der Ligaturstelle befindlichen hemmenden Ganglien.

Dem entsprechend wären auch bei unseren Versuchen die die Grup- pen trennenden Pausen von der durch die Ligatur hervorgerufenen Er- regung hemmender Nervencentren abzuleiten. In diesem Falle müssten aber die Pausen immer kürzer werden und endlich ausbleiben, weil die

— —

[1] Dies *Archiv* 1852, S. 92.
[2] Dies *Archiv* 1858, S. 479 und *Disquisitiones de nervis organisque ceutralibus cordis*, Dissert. inaug. Berolini 2854.

durch die Ligatur veranlasste Erregung, wie Heidenhain selbst hervorhebt, bald — nach etwa 5—10 Minuten — abläuft, und die Wirkung der hemmenden Ganglien aufhört. Wie wir jedoch sahen, werden die Pausen, mit seltenen Ausnahmen, während einer stundenlang dauernden Beobachtung immer länger.

Auch nach Bezold[1] haben wir uns in dem Herzen erregende und hemmende Kräfte in steter Wirksamkeit vorzustellen. Die Herzbewegungen erregenden Kräfte haben vorzüglich im Sinus venosus und an der Grenze des Ventrikels ihren Sitz, während das Centrum der hemmenden Kräfte hauptsächlich die in der Wand der Vorhöfe befindlichen Nervenzellen bilden. Wird der Sinus venosus abgetrennt, dann bleiben noch die in der Vorhofswand und der Ventrikelgrenze enthaltenen Nervenganglien zurück, in welchen die erregenden und hemmenden Kräfte einander längere Zeit das Gleichgewicht halten. Während der Ruhe aber wächst immer mehr der erregende Krafttheil, der auch schliesslich das Gleichgewicht zum Vortheile der erregenden Wirkung stört. Werden auch die Vorhöfe vom Ventrikel getrennt, dann reizt dieser Eingriff den Ventrikel, entfernt zum grössten Theil die hemmenden Kräfte, der Ventrikel beginnt daher abermals lebhaft zu pulsiren.

Dieses Verhältniss der erregenden und hemmenden Kräfte können wir uns etwa in folgender Weise versinnlichen:

Fig. 1.

Möge die Linie abc der Länge vom Beginn des Sinus venosus bis zum Herzventrikel entsprechen, von a bis b reiche der Sinus venosus, von b bis c die Vorhöfe, dann folgt der Ventrikel, der hier nicht mehr angedeutet ist. Die Höhe der Linie JJ' über der Abscisse abc entspreche den erregenden, die der Linie GG' den hemmenden Kräften. Auch nehmen wir, gemäss der Theorie von Bezold, an, dass die von $aJJ'c$ und $aGG'c$ eingeschlossenen Räume einander gleich seien; nun

[1] Virchow's *Archiv f. pathol. Anatomie und Physiologie*. Bd. 14, S. 204.

29*

steigt aber die erregende Kraft durch den im Herzen fortwährend wirkenden Reiz, bekämpft schliesslich die Hindernisse und löst den Herzschlag aus.

Hieraus ist begreiflich, weshalb das Herz in gleichen Zeitintervallen
schlägt, wenn es an die Canüle über dem Sinus venosus befestigt wurde,
da ja alle erregenden und hemmenden Ganglien mit dem Herzen ver-
eint blieben.

Legen wir die Ligatur unter der Sinusgrenze um das Herz, demnach unter der in Fig. 1 mit *b* bezeichneten Stelle, so würden die iŋ
der Sinuswand vorwaltenden erregenden Nervenelemente ausgeschlossen
und die die Contraction hemmenden Factoren gelangen zu überwiegendem
Einfluss. Dieser Umstand kann wohl als Ursache längerer Pausen gelten,
erklärt aber nicht, weshalb die Herzcontractionen in Gruppen geordnet
auftreten.

Möge eine Hypothese wie die soeben besprochene auch noch so zutreffend erscheinen, sie erklärt uns die Gruppenbildung nicht und leidet
an der Annahme besonderer hemmender Vorrichtungen, die doch höchst
problematisch ist. Dass die in den Herzganglien entstehende Erregung
Hindernisse bekämpfen muss, wenn sie Herzpulse auslösen soll, ist ein
Umstand, der stets eintrifft, sobald ein Organ durch Nervenerregung in
den thätigen Zustand versetzt wird. Wenn wir etwa einen Muskel von
seinen Nerven aus durch elektrische Schläge zur Contraction anregen
wollen, dann muss der Strom auch von ganz bestimmter Intensität sein,
unter welcher er eben ungenügend bleibt Muskelcontraction auszulösen.
So muss auch die Erregung der Herzganglien einen bestimmten Grad
erreichen, um Herzpulse veranlassen zu können. Ich will daher in Folgendem den bescheidenen Versuch wagen, allein aus der Gegenwart erregender Ganglien die bei der Herzfunction beobachteten Erscheinungen
zu erklären.

Wie die histologischen Befunde lehren, befinden sich die meisten
Ganglien in der Sinus-venosus-Wand, schon weniger in der Ventrikelgrenze und die wenigsten in der Wand der Vorhöfe. Indem wir von
der Gegenwart hemmender Ganglien absehen, wird naturlicher Weise
auch das Schema, welches wir der Bezold'schen Theorie gemäss construirten, eine andere Form annehmen (Fig. 2).

Die verschiedene Höhe der Linie über der Abscisse JJ' möge die
gegenseitige Anordnung der Nervenelemente im Herzen andeuten; *a b*
entspreche dem Sinus venosus, *b c* den Vorhöfen und *c d* der Atrioveu-
triculargrenze.

Wir nehmen an. dass die Erregung der Ganglien eine bestimmte
Intensität erreichen müsse, um Contraction der betreffenden Herztheile

auslösen zu können. Da die grösste Menge der erregenden Centren in der Sinuswand enthalten ist, die zugleich an Muskelelementen am ärmsten ist, wird auch die die Herzpulse auslösende Erregung hier zuerst jenen Höhengrad erreichen, welcher zur Auslösung von Herzschlägen nöthig ist. Zugleich wird aber diese Erregung zuerst die Erregung der nervösen Elemente der angrenzenden Vorhöfe, dann jene des Ventrikels, durch Auslösung von Kräften auf jenen Grad erheben, welchen dieselben bedürfen, um die entsprechenden Herztheile auch in Contraction zu versetzen. Daher muss auch die Pulsation der Herztheile in jener Reihenfolge verlaufen, in der wir sie unter normalen Verhältnissen beobachten können.

Wird das Herz in der Höhe der Vorhöfe unterbunden — in Fig. 2 zwischen *b c* — und damit der beträchtlichste Theil der erregenden Centren entfernt, dann muss die gesammte Erregung der zurückbleibenden Theile, um Herzcontraction auslösen zu können, jenen Intensitätsgrad erreichen, zu dem sie früher mit Hülfe des auslösenden Einflusses der

Fig. 2.

Nervenelemente des Sinus venosus viel rascher gelangt war. Demnach wird auch die Herzaction in diesem Falle im Ganzen langsamer vor sich gehen, wie dies auch jener Umstand beweist, dass das Herz thatsächlich vor dem Anlegen der Ligatur unter dem Sinus venosus in der Zeiteinheit mehr Pulse ausführt, als nach derselben. Zugleich folgen aber die Herzpulse bei dieser Unterbindung nicht in gleichmässigen Zeitintervallen, sondern in Gruppen geordnet. Diese Erscheinung findet ihre Erklärung in der Beobachtung von Prof. H. Kronecker,[1] nach welcher ein Herzschlag für einige Zeit das Auftreten des folgenden erleichtert. Während nämlich die durch eine lange Pause bedeutend gesteigerte Erregung schliesslich einen Herzschlag auslöst, können auf diesen sogleich noch

---

[1] *Beiträge zur Anatomie und Physiologie.* Als Festgabe Carl Ludwig zum 25 jährigen Jubiläum gewidmet von seinen Schülern. Leipzig 1874. S. CLXXVII.

mehrere andere folgen; nach dem einmal erfolgten ersten Schlage ist eine schwächere Erregung genügend, um das Herz in Contraction zu versetzen.

Dass die Pausen des stundenlang schlagenden Herzens immer länger und die Schläge späterer Gruppen auffallend schwächer werden, findet wohl seine Ursache in der immer fortschreitenden allgemeinen Erschöpfung, welcher die Nerven- und Muskelelemente unterworfen sind. Wie dies auch der Umstand beweist, dass das bereits ermüdende Herz kürzere Pausen und kräftigere Schläge macht, wenn wir das in demselben vorhandene Blut durch frisches ersetzen — siehe Tabelle III.

Schliesslich fallen nach der Unterbindung im Sulcus auch die Vorhöfe weg, während der Ventrikel die Bidder'schen Ganglien behielt, daher das Verhältniss zwischen den erregenden Kräften und den durch diese zu bekämpfenden Hindernisse zum Vortheil der ersteren geändert wurde. Hier werden daher keine längeren Pausen nöthig sein, damit die Erregung der Nervengebilde jenen Grad erreiche, der nöthig ist, um die Ventrikelmusculatur zur Contraction anzuregen. Die Herzcontractionen werden, dem verhältnissmässig geringeren Gehalt an Nervenzellen entsprechend, weniger vehement sein als bei der Ligatur über dem Sinus, aber doch auch nicht in Gruppen geordnet auftreten. Auch werden die übrigbleibenden Ganglien rascher erschöpft, und die Function eines so unterbundenen Herzens dauert nur Verhältnissmässig kurze Zeit.

Wir waren bestrebt, die durch die Ligatur hervorgerufenen Veränderungen der Herzaction aus der Annahme erregender Ganglien zu erklären und werden in dem Folgenden weitere Daten finden, die uns die Annahme hemmender Nervencentren als überflüssig erscheinen lassen, auch werden wir einen Einblick in die unter normalen Verhältnissen die Herzaction aufrecht haltenden und regulirenden Factoren gewinnen. Der hemmende Einfluss der Nervi vagi bleibt erklärbar, auch wenn wir nicht annehmen, dass seine Nervenfasern in besonderen hemmenden Nervenzellen enden;[1] ich werde in einer weiteren Mittheilung auf diesen Gegenstand zurückkommen.

II. Wirkungen des Sauerstoffs und der Kohlensäure auf das Froschherz.

Nach den Erfahrungen von Castell[2] schlägt ein Froschherz bei einer Temperatur von 16—20 ° R. in der atmosphärischen Luft etwa

---

[1] Siehe: Goltz, Vagus und Herz in Virchow's *Archiv*, Bd. 26, S. 26.
[2] A. a. O. S. 226.

3 Stunden lang, in verdünnter Luft werden die Herzschläge bereits nach 10 Minuten seltener und bleiben bald ganz aus. Kräftige und rasche Schläge folgen der Einwirkung des Oxygens, welche auch über 12 Stunden andauern können. Das der Kohlensäure ausgesetzte Herz setzte bei Castell's Versuchen seine Pulsation etwa 6 Minuten lang fort, dann trat vollkommene Ruhe ein; an der Luft begann dies Herz nach 15—20 Minuten seine Contractionen von Neuem.

Nach diesen Untersuchungen würde das Oxygen die Herzaction günstig beeinflussen, während die Wirkung der Kohlensäure höchst schädlich zu sein scheint. In der Sitzung der physiologischen Gesellschaft zu Berlin am 3. Mai 1878 berichtete H. Kronecker über Untersuchungen, welche M'Guire[1] „Ueber die Speisung des Froschherzens" unter seiner Leitung ausgeführt hatte. Nach diesen scheint der Sauerstoff der in das Herz geleiteten Flüssigkeit gleichgiltig zu sein, da dasselbe bei entgastem Serum und Blut noch kräftig pulsirte. Auch Kohlenoxyd schwächte den erregenden Einfluss des Blutes auf das Herz nicht. „Dagegen erwies sich asphyktisches Blut ungeeignet, das Herz schlagfähig zu erhalten. Schon kleine Mengen Kohlensäure schwächen den Herzschlag merklich".

Um bei meinen Versuchen die Gase durch das Blut der Behälter des Froschherzmanometers leiten zu können, verschloss ich die letzteren mit je einem zweimal durchbohrten Korkpfropf, durch welchen zwei Glasröhrchen nach Art der Spritzflaschen in die Behälter führten. Das tief gehende Glasröhrchen brachte ich mit dem Gasometer in Verbindung, während das andere mit Hülfe eines Kautschukrohres das durch das Blut geleitete Gas nach aussen führte.

Den Sauerstoff gewann ich theils aus Braunstein und chlorsaurem Kali, theils auf elektrischem Wege; die Kohlensäure aus Kreide und Salzsäure. Das reine Gas sammelte ich in einem Glasgasometer an, aus welchem dasselbe nach Bedarf durch das Blut geleitet werden konnte. Mit diesem Blute füllte ich nun das Herz an und beobachtete die Herzschläge.

Die Wirkung dieser Gasarten ist im Allgemeinen in dem späteren Verlauf der Versuche deutlicher als zu Beginn. Es ist das Herz auffallend empfindlicher, wenn es längere Zeit bereits pulsirte und einen beträchtlichen Theil der in seiner Substanz enthaltenen Kräfte verbraucht hat, als wenn es frisch und leicht erregbar ist.

Von den vielen Versuchen, die ich machte, möge das Resultat einiger in folgenden Tabellen vorgeführt werden.

[1] *Verhandlungen der physiologischen Gesellschaft zu Berlin. Dies Archiv.* 1878. S. 321.

Tabellen zur Erläuterung des Einflusses des Sauerstoffs und der Kohlensäure auf das Froschherz.

Nr. des Versuches.	Zeit.	*a.* Anordnung des Versuches.	*b.* Zahl der Herzschläge einer Gruppe.	*c.* Höhe der Schläge einer Gruppe. Millimeter.	*d.* Dauer der Gruppe. Sec.	*e.* Dauer der Pause. Sec.	*f.* Zahl	*g.* Höhe der isolirten Contractionen.	*h.* Dauer	Verhältniss von *h:f* in Procenten.
I.	3⁰ 10′	Ligatur über dem Sulcus. Blut. Druck 4ᵐᵐ Hg.	11	24	27	38	1	24		
							592	24—13	1083	54
							1	14	15	
							1	14	12	
			5	14	24	104				
			2	11—10·5	3·5	22				
			2	10·5—11	3	72	2	10	21	
			2	9·8—10	3	22				
			2	9·8—10	3·5	24				
			2	9·8—10	3	24				
			2	9·8—10	3	19				
			2	10—10	3	18				
			2	10—10·5	3·5	20				
			2	10—10·5	3	26				
			3	10·5—9	4·5	28				
			4	10—9·5	5·5	28				
			2	10·5	3·5	21				
			2	10·5	3·5	22				
			2	10·5—11	3	21				
			4	10—11	6	32				
			2	10·5	3·5	22				
			2	10·5—11	3·5	20				
			2	10·5—11	3·5	?				
			2	10—10·5	3·5	22				
			2	10—10·5	3·5	?				
		Blut.	6	23·5	18	29				
			10	23·5—22	33	22				
							101	23·5—20·5	292	34
		Serum.					226	19—14	585	38
		do.					85	19—16—	498	17
		Sauerstoffserum.					113	19—9·5	848	32
		do.					77	1·5—0·1	177	34
		Blut.					1	4·5	5	20
							1	5·5	10	10
							1	7	23	4

Nr. des Versuches.	Zeit.	Anordnung des Versuches.	Zahl der Herzschläge einer Gruppe.	Höhe der Schläge einer Gruppe. Millimeter.	Dauer der Gruppe. Sec.	Dauer der Pause. Sec.	Zahl	Höhe der isolirten Contractionen.	Dauer	Verhältniss von h:f in Procenten.	Bemerkungen.
		a.	*b.*	*c.*	*d.*	*e.*	*f.*	*g.*	*h.*		
	5° 31'	Blut.					80	7·5—10·5	228	35	Der zeichnende Stift erreichte nach den einzelnen Pulsen oft die Abscissenlinie nicht.
		Sauerstoffblut.					165	20—19	287	57	
		do.					851	18·5—6·5	990	85	
II.	2° 52'	Ligatur an den Vorhöfen.	11	23—19·5	19	48					
		Blut.	2	23—22	3	25					
		Druck 4mm Hg.	16	23·17·5	26	51					
			2	18—20	3	22					
			15	20·5—16	28	57					
			2	20—19	3	22					
			16	20—15·5	33	?					
		Unter der Luftpumpe entgastes Blut.	24	18—13	41	66					
			21	21·5—14	41	68					
			19	22—13·5	39	71					
			18	18—14	38	?					
		Sauerstoffblut.	23	15·5—?	37	53					
			19	16—14	32	39					
			18	18·5—15	31	41					
			29	18—14	34	47					
			27	18—13·5	33	?					
		Entgastes Blut.	26	16·5—12	28	?					
			16	15·5—11·5	21	45					
			17	15·5—11	24	?					
		Entgastes Blut.	17	15—8·5	28	39					
			11	12—9	19	39	1	11	38	2	
			10	11—9	18	43	2	10	10	20	
			9	10·5	18	?					
		Sauerstoffblut.	11	17—16—	17	24	1	19	21	4	
			14	18—16	23	20	1	18	18	5	
			15	18—15	23	13					
			14	17—15	21	?					
		Entgastes Blut.					81	7—0·5	255	31	Der Stift des Manometers erreichte oft die Abscisse nicht.
		Sauerstoffblut.	4	12—11	5	2					

Nr. des Versuches.	Zeit.	*a.* Anordnung des Versuches.	*b.* Zahl der Herzschläge einer Gruppe.	*c.* Höhe der Schläge einer Gruppe. Millimeter.	*d.* Dauer der Gruppe. Sec.	*e.* Dauer der Pause. Sec.	*f.* Zahl	*g.* Höhe der isolirten Contractionen.	*h.* Dauer	Verhältniss von *h:f* in Procenten.	Bemerkungen.
			3	12—11	3·5	2					
			9	12--9	14	4					
			8	12—11	4	5					
			3	12—11	4	5					
			8	12—8	12	6					
			4	12—9	6	4					
			5	13—10	8	4					
			7	12—10	11	5	87	11—8	214	40	
		Sauerstoffblut.					86	13—12	182	47	
		Entgastes Blut.					40	10—0·5	78	51	Dauu anhaltende Ruhe.
		do.									Ruhe.
	4° 22'	Sauerstoffblut.					123	9—11—7	308	10	Folgen immer seltenere Pulse.
III.	30 2'	Ligatur an den Vorhöfen.	11	16	20	39					
		Blut.	11	16	21	54					
		Druck 5mm Hg.	11	15—16	21	54					
			10	15·5	19	52					
			11	15	21	?					
		10 ccm Kohlensäure durch 20ccm Blut geleitet.	14	15	24	63					
			9	15·5	18	54					
			7	15	15	47					
			8	15	20	48					
			8	15	21	?					
		Blut.	12	16	23	54					
			8	17	16	45					
			9	17	21	47					
			5	17	13	29					
			5	17	13	21					
			5	16·5	14	22					
			4	17	12	?					
		20 ccm Kohlensäure durch 20ccm Blut geleitet.	4	16·5	11	30					
			6	16	15	24					
			6	16·5	16	26					

a. Zeit.	Anordnung des Versuches.	b. Zahl der Herzschläge einer Gruppe.	c. Höhe der Schläge einer Gruppe. Millimeter.	d. Dauer der Gruppe. Sec.	e. Dauer der Pause. Sec.	f. Zahl	g. Höhe der isolirten Contractionen.	h. Dauer	Verhältniss von h:f in Procenten.	Bemerkungen.
		7	16·5	17	29					
		8	16·5	20	32					
		8	16·5	20	32					
		8	16·5	20	36					
		9	16·5	23	34					
		9	16	21	36					
		9	16· 15·5	23	?					
	Blut.	6	17·5—16·5	17	30					
		5	17·5—16·5	16	27					
		4	17·5—16·4	12	22					
		4	17—16	11	23					
		5	17—16·5	14	23					
		5	17—16·5	14	21					
		10	17—16·5	24	35					
		6	16·5	16	27					
		7	16·5	18	27					
		6	16	17	24					
		5	16·5—16	14	20					
		6	16·5—16	17	24					
		6	16	17	21					
		7	16	20	?					
	40 ccm Kohlensäure durch 20 ccm Blut geleitet.	5	14	15	29					
		2	14·5	6	25					
		7	14·5—14	19	38	9	14—13	85	10	
		10	15	26	?	5	14·5	60	8	
		3	13·5	8	15	7	16·5	86	8	
	Blut.	4	16			4	16	47	8	
		4	16·5	12	13					
		7	16—15	21	15					
		7	16—15	18	18					
		7	16—14·5	18	19					
		6	16—14·5	15	17					
		6	15·5—14·5	14	16					
		4	15—14·5	14	?					
	Blut.	4	16—14·5	10	14					
		5	16—15	12	16					
		5	16—15	11	14					

Nr. des Versuches.	Zeit.	a. Anordnung des Versuches.	b. Zahl der Herzschläge einer Gruppe.	c. Höhe der Schläge einer Gruppe. Millimeter.	d. Dauer der Gruppe. Sec.	e. Dauer der Pause. Sec.	f. Zahl.	g. Höhe der isolirten Contractionen.	h. Dauer.	Verhältnis von h:f in Procenten.	Bemerkungen.
			4	16—15	11	12					
			6	16—15	14	12					
			9	17—15	21	9					
			4	15·5—15	10	8					
			6	15—14·5	13	7					
			6	15—14·5	13	9					
			6	15—14	14	8					
			5	15—14	12	8					
			8	15—13·5	19	8					
			7	15—14	17	8					
			9	15—14	20	10					
			11	14·5—13·5	24	?	56	13—12·5	127	44	
		80 ccm Kohlensäure durch 20 ccm Blut geleitet. Blut.					92	12—14·5	414	22	
							26	16—15	102	25	
			5	15—14	7	7					
			8	15—14	8	8					
			9	15—14	8	8					
			13	15—13	3	3	72	14—10·5	144	50	
		Kohlensäureblut.					3	3·5	5	60	
							1	3	35	3	
							1	7	192	0·5	Folgt anhaltende Ruhe.
	6°	Blut.					191	15·5—13	706	26	
IV.	3° 1'	Ligatur über dem Sulcus. Blut.									
		Druck 5 mm Hg.					93	20·5—21	179	51	
		Blut.					22	22	170	13	
							10	22	83	12	
		Kohlensäureblut.					8	21	103	3	
			4	11	15	81					
			5	20·5	16	80					
			6	20·5	17	91					
			7	20	19	42					
			9	20	28	41					

Nr. des Versuches.	Zeit.	a. Anordnung des Versuches.	b. Zahl der Herzschläge einer Gruppe.	c. Höhe der Schläge einer Gruppe. Millimeter.	d. Dauer der Gruppe. Sec.	e. Dauer der Pause. Sec.	f. Zahl	g. Höhe	h. Dauer	Verhältniss von h : f in Procenten.	Bemerkungen.
								der isolirten Contractionen.			
		Blut.	7	20	22	?	18	18	153	12	
		Blut.					17	18·5	125	13	
		Kohlensäureblut.					23	17	193	11	
							16	18	198	8	
		Blut.					42	20	171	24	
		Kohlensäureblut.					21	17	144	14	
		do.					2	15·2	184	1	
			6	16—17	14	178					
			7	18—17	16	102					
			6	14—17	23	?					
		Blut.					207	22—18	629	33	
		Blut.					23	20	84	27	
		2/3 Kohlensäure 1/3 Sauerstoff durch Blut geleitet.					22	18—19	159	14	
		Blut.					18	21·5	85	21	
		2/3 Kohlensäure 1/3 Sauerstoff durch Blut geleitet.					25	12—14	76	33	Folgt anhaltende Ruhe.
		Blut.					16	20	92	17	
		Blut.					70	20	181	38	
V.	5° 36'	Ligatur über dem Sulcus. Blut.					127	17—19	188	67	
		Druck 4·5mm Hg. Sauerstoffblut.	17	22—20	24	9					
			15	22·5—20	21	7					
			16	22—20	24	7					
			19	22—20	27	?					
		2/3 Kohlensäure 1/3 Sauerstoff durch Blut geleitet.					40	18—19·5	110	36	

Nr. des Versuches.	Zeit.	a. Anordnung des Versuches.	b. Zahl der Herzschläge einer Gruppe.	c. Höhe der Schläge einer Gruppe. Millimeter.	d. Dauer der Gruppe. Sec.	e. Dauer der Pause. Sec.	f. Zahl	g. Höhe der isolirten Contractionen.	h. Dauer	Verhältniss von h:f in Procenten.	Bemerkungen.
		Sauerstoffblut.	14	21·5—20	25	6	46	21·5—20·2	129	35	
			31	22—19·5	47	8					
							77	21·5—19	127	60	
		²/₃ Kohlensäure ¹/₃ Sauerstoff durch Blut geleitet.									
		leitet.					64	16·9—19	177	36	
		do.					32	16—18·5	207	15	
		do.					10	19	115	8	
		Sauerstoffblut.					260	17—14	219	118	
		Kohlensäureblut.					1	15			Anhaltende Pause, die erst durch Sauerstoffblut unterbrochen wurde.
VI.	11⁰19'	Ligatur 3ᵐᵐ über dem Sulcus.									
		Blut.	9	24—23	25	71					
		Druck 3ᵐᵐ Hg.	6	25—23	21	60					
			4	24—23	14	50					
			4	24—23	13	46					
			4	24—23	12	?					
		Kohlensäureblut.	4	12	16	161					
			6	15—14	20	?					
		Kohlensäureblut. Blut.				420					Anhaltende Pause.
			4	19—19	15	138	1	22			
			6	22—20.5	24	101					
			5	21·5—21	22	72					
			5	21·5—21	19	68					
			5	21·5—21	19	71					
			4	21·5—21	15	?					
		Blut.	4	23—22	15	41					
			4	22·5—21·5	16	37					
			4	22·5—21	15	37					
			4	22·5—21	15	38					

| | | *a.* | *b.* | *c.* | *d.* | *e.* | *f.* | *g.* | *h.* | | |
Nr. des Versuches.	Zeit.	Anordnung des Versuches.	Zahl der Herzschläge einer Gruppe.	Höhe der Schläge einer Gruppe. Millimeter.	Dauer der Gruppe. Sec.	Dauer der Pause. Sec.	Zahl	Höhe der isolirten Contractionen.	Dauer	Verhältniss von *h:f* in Procenten.	Bemerkungen.
			4	22·5—21·5	15	37					
			4	22·5—21·5	14	36					
			5	22—21·5	20	38					
			5	22·5—21·5	17	34					
			8	22—21·5	27	35					
			6	22—21	18	32					
			7	22—21	22	?					
		Blut.	5	22·5—21·5	16	26					
			6	22·5—21·5	19	27					
			8	22—20·5	24	27					
			15	22—20·5	44	?					
			17	21—20	53	34					
			41	21·5—20	126	38					
			43	21—19	131	29					
			46	20·5—18·5	122	34					
			39	20—18·5	118	40					
			32	19·5—18	92	?					
		Blut.	9	20—18·5	26	39					
			8	19—17·5	26	36					
			7	19·5—18·5	21	36					
			7	19·5—19	23	35					
			8	19·5—18·5	27	37					
VII.	9º 40'	Ligatur in dem Sulcus.									
		Blut.					32	10—17	100		
		Druck 3mm Hg.					26	16—19	100		
				?			24	19—14	100		
							24	14—14	90		
		Kohlensäure-blut.					42	2—3·5	100		
							20	3·6—6	95		Anhaltende Ruhe.
		Blut.									
						335					
			33	20—20·5	85	135					
			29	21—20·5	97	?					
			27	21·5—20·5	105	96					
			29	21—20	116	74					
			30	20·5—19·5	99	74					

a. Anordnung des Versuches.	b. Zahl der Herzschläge einer Gruppe.	c. Höhe der Schläge einer Gruppe. Millimeter.	d. Dauer der Gruppe. Sec.	e. Dauer der Pause. Sec.	f. Zahl.	g. Höhe der isolirten Contractionen.	h. Dauer	Verhältnis von h.f in Procenten.
	33	20—18·5	122	73				
	35	20—18·5	112	73				
	43	19·5—18	155	?				
Blut.	28	20—19·5	98	46				
	32	20—19	118	39	29	20—18·5	100	
					25	18·5	100	
					25	18·5—18	100	
					29	18— ?	100	
					29	18—17·5	100	
					28	17·5	100	
Ligatur 4mm über dem Sulcus. Blut. Druck 3mm Hg.	37	17—17	112	45				
	29	18—16	80	57				
	26	18—16	74	59				
	21	18—15	66	?				
Kohlensäure-blut. Blut.	2	5·5	5	138	7	6—13	432	1·6
	18	16·5—14·5	51	?				
	14	16—14·5	49	50				
	16	15·5—14	53	48				
	14	15—13·5	48	?				
Ligatur in dem Sulcus. Blut. Druck 3mm Hg.					62	10	100	
					54	10—10·5	100	
					48	10·5	100	
Kohlensäure-blut.					52	3	100	
					45	3—3·5	100	
					35	3·5—4	100	
					22	4—5	83	
Blut.					14	12·5—12	100	

Wir wollen nun mit Hülfe dieser Tabellen den Einfluss des Sauerstoffs und der Kohlensäure auf das pulsirende Froschherz beobachten.

Aus Versuchen von Regnault wissen wir, dass Blut in reinem Sauerstoff von diesem nicht beträchtlich mehr aufnimmt, als wenn es der atmosphärischen Luft ausgesetzt ist. Daher dürfen wir in den Herzpulsationen keine bedeutenden Veränderungen erwarten, wenn wir in das Herz anstatt des frischen Blutes von Sauerstoff durchströmtes Blut — Sauerstoffblut — leiten. Da es für unsere Zwecke von Interesse zu sein schien die Wirkung des Sauerstoffblutes mit derjenigen des Serums, durch welches wir Sauerstoff geleitet hatten, zu vergleichen, so enthalm ich die I. Tabelle einer Versuchsreihe die diesen Vergleich gestattet.

Die Anfangs isolirten Schläge eines über dem Sulcus atrioventricularis unterbundenen Herzens wichen bald gruppenartig geordneten Contractionen, um schliesslich abermals langsam einander folgenden isolirten Herzschlägen Raum zu geben. Führen wir nun in das bereits ermüdende Herz reines Serum ein, dann steigt die Zahl der Schläge in 100 Secunden von 34 auf 38, während deren Höhe gleichmässig abnimmt. Erneuertes Serum vermehrt die Herzpulse nicht mehr, diese fallen als Zeichen der fortschreitenden Ermüdung in 100 Secunden auf 17 herab. Füllen wir jetzt das Herz mit von Sauerstoff durchströmtem Serum an, so steigt auch die Zahl der Herzpulse bald von 17 auf 32 bezüglich 34, während die Intensität derselben noch weiter abnimmt. Das von Sauerstoff durchströmte Serum regt demnach das Herz zu häufigeren Pulsationen an, scheint aber die zur grösseren Kraftentfaltung nöthigen Stoffe nicht in entsprechender Menge bieten zu können.

Unter dem Einflusse reinen defibrinirten Blutes beginnt dasselbe Herz wieder kräftiger zu schlagen, die Höhe der gezeichneten Curven wächst und bald werden auch die Herzschläge bedeutend rascher. Das unter dem Einfluss des Blutes sich immer mehr erholende Herz schlägt noch bedeutend intensiver, nachdem es mit Sauerstoffblut angefüllt wurde. Die Zahl der Herzschläge stieg nämlich in dem letzteren Fall von 35 auf 57 und bei erneuerter Sauerstoffzufuhr selbst auf 85, obgleich das Herz recht lange functionirte, indem es in 990 Secunden 851 Schläge machte. Die einzelnen Pulse erfolgten oft so rasch, dass der Zeichenstift des Manometers die Abscisse während der Diastole gar nicht erreichen konnte. Die Herzschläge wurden auch zugleich intensiver, die Pulscurven erreichten 20 mm Höhe.

Sauerstoffreiches Blut zeigt also zweifellos eine erregende Wirkung auf die Herzaction. Das Serum übt solchen Einfluss nur in sehr geringem Maasse und ist nicht fähig die fortschreitende Erschöpfung des Herzens aufzuhalten. Wir werden daher die Blutzellen, bezüglich den mit dem

Sauerstoff verbundenen Hämoglobin derselben, als den hauptsächlichsten Factor der Herzaction betrachten.

Noch auffallender wird die günstige Wirkung des Sauerstoffblutes,
wenn wir dasselbe Herz, einmal mit unter der Quecksilberluftpumpe
entgastem Blut, ein andermal mit Sauerstoffblut anfüllen. Einen solchen
Versuch zeigt die II. Tabelle. Während das Herz noch lebenskräftig
ist, finden wir in der Wirkung des entgasten Blutes noch keine Abweichung von jener des sauerstoffreichen, wenigstens nicht in auffallender
Weise; daher auch hier eben die am Ende der Versuchsreihe erhaltenen
Resultate von grösserer Bedeutung sind. Diese deuten aber die fördernde
Wirkung des Sauerstoffblutes zur Genüge an; auf 40—47 Pulse in 100
Secunden folgten unter dem Einflusse des entgasten Blutes im Ganzen
nur 51 immer matter werdende Herzschläge, dann anhaltende Ruhe,
welche neu eingeführtes ähnliches Blut nicht zu unterbrechen vermochte.
Diese Ruhe hörte aber unter dem Einfluss des Sauerstoffblutes sogleich
auf, die Herzschläge traten von Neuem mit steigender, dann abnehmender
Frequenz und Intensität auf. Bezüglich des Einflusses, welchen das
Sauerstoffblut auf die gruppenartig geordneten Herzpulse übt, zeigt die
II. Tabelle, dass die Pausen kürzer, die die Gruppen bildenden Herzschläge aber höher werden, als sie unter dem Einfluss des entgasten
Blutes waren. Ferner zeichnet das sich im Uebrigen in sehr regelmässigen
Gruppen contrahirende Herz unter dem Einfluss des Sauerstoffblutes häufig
Gruppen, deren Pulse einander auffallend rasch folgen, die Diastole der
vorangegangenen Herzcontraction ist, noch bei weitem nicht zu Ende
und schon beginnt das Herz von Neuem zu schlagen. Diese Herzpulse
sind ähnlich jenen, welche H. Kronecker[1] bei rascher elektrischer Reizung
auf 20—30 Grade erwärmter Froschherzen beobachtete.

Zur Wirkung der Kohlensäure. übergehend wird uns Tabelle III
auf den bedeutenden hemmenden Einfluss derselben aufmerksam machen.
Als ich bei dem entsprechenden Versuch durch 20 ^{cc} Blut 10—20 ^{cc} Kohlensäure leitete, zeigte dieses Blut noch keine auffallende Wirkung auf das
Herz, allein bereits sichtbar wurde die Abnahme der Zahl der Herzpulse
bei einer Durchleitung von 40 ^{cc} Kohlensäure. Als später die Gruppen
geordneter Herzcontractionen sich immer mehr in einander regellos folgende Pulse auflösten und ich durch das Blut auch mehr Kohlensäure
— 80 ^{cc} — führte, fiel die Zahl der Herzschläge in 100 Secunden von
44 auf 22. Frisches Blut beschleunigte wieder diese durch den Einfluss
der Kohlensäure verlangsamte Herzaction. Leitete ich schliesslich durch
das Blut längere Zeit recht viel Kohlensäure, dann nahm auch die Herzcontraction sehr rasch ab und hörte nach etlichen Pulsen ganz auf.

[1] A. a. O. S. CLXXXII.

Diese hemmende Wirkung der Kohlensäure stört die Gegenwart des Sauerstoffes durchaus nicht, denn dieselbe ist auch dann zu beobachten, wenn ich in das Blut ein Gasgemenge von $^2/_3$ Kohlensäure und $^1/_3$ Sauerstoff leite; wie dies aus Tabelle IV und V zu ersehen ist.

Diese, die Wirkung der Kohlensäure auf die Herzaction betreffenden Beobachtungen stimmen nicht nur mit den Angaben von Castell überein, sondern bestätigen auch die Befunde von Mc' Guire.

Die hemmende Wirkung der Blutkohlensäure auf die Herzaction gestattet, wenn wenn wir von der Annahme erregender und hemmender Nervenganglien ausgehen, eine doppelte Erklärung. Die Kohlensäure muss nämlich entweder reizend auf die hemmenden oder lähmend auf die erregenden Ganglien wirken. In beiden Fällen wäre das Resultat dieses Einflusses behinderte Herzaction. Auffallend ist auch, dass dasselbe kohlensäurehaltige Blut, welches die Athembewegungen beschleunigt, die Herzfunction hemmt. Wenn die Kohlensäure des Blutes die Athembewegungen aus dem Grunde beschleunigt, weil sie die erregenden Centren des verlängerten Markes reizt, so läge in der That der Schluss nahe, dass die Kohlensäure auch auf Herzganglien reizend, nicht lähmend wirke. Dies möchte demnach zu der Annahme führen, dass die Kohlensäure die hemmenden Herzganglien reizt. Betrachten wir jedoch die während des Einflusses des Kohlensäureblutes aufgezeichneten spärlichen Curven, so finden wir, dass die durch das Herz während der einzelnen Pulse entwickelte Kraft in fortwährender Abnahme begriffen ist; während, wenn wir zum Beispiel den Nervus vagus reizen, demnach die Herzfunction hemmen, die seltener auftretenden Herzschläge zugleich viel kräftiger werden. Diese Erscheinung spricht gegen die Annahme einer erregenden Wirkung der Kohlensäure auf hemmende Ganglien, und für lähmenden Einfluss auf erregende Herzcentren. Dass dies den bei der Athmung zu beobachtenden Erscheinungen nicht entspricht, kann hier nicht maassgebend sein, da noch nicht entschieden ist, ob der Mangel des Sauerstoffs oder die Anhäufung der Kohlensäure im Blute die Athmung auslöst und wohl auch denkbar ist, dass die Natur die verschiedenen Nervenapparate ihrer Bestimmung gemäss in der Weise versieht, dass sie durch die differentesten Reize in Erregung versetzt werden können.

In der lähmenden Wirkung der Kohlensäure finden auch ihre Erklärung die Resultate der in der VI., VII. und VIII. Tabelle verzeichneten Versuche.

Das 3^{mm} über dem Sulcus atrioventricularis unterbundene Froschherz der VI. Tabelle hörte in Folge des Kohlensäureblutes nach etlichen Schlägen auf zu pulsiren; während das direct in dem Sulcus unterbun-

dene Herz der VII. Tabelle unter dem Einfluss ähnlichen Blutes seine
schwachen Contractionen noch verhältnissmässig lange Zeit fortsetzte.
Aehnliches deutet auch die VIII. Tabelle an, wo bei dem entsprechenden
Versuch an einem Herzen beide Beobachtungen ausgeführt wurden.

Bei dem den Vorhöfen entsprechend unterbundenen Herzen nämlich
können die verhältnissmässig in geringer Anzahl vorhandenen erregenden
Ganglien das Herz überhaupt nur schwer in Action versetzen; werden
daher auch diese gelähmt, dann muss die Herzaction bald ganz aufhören.
Legen wir aber die Ligatur im Sulcus selbst an, und beseitigen damit
die Vorhöfe, so nimmt auch der durch die Erregung nun zu bekämpfende
Widerstand bedeutend ab; die lähmende Wirkung der Kohlensäure wird
daher im Vergleich zu dem früheren Falle nicht so leicht zur vollen
Geltung gelangen.

Die VII. Tabelle zeigt auch, auf welche Weise ein in dem Sulcus
unterbundenes und durch Kohlensäureblut gelähmtes Herz sich unter
dem Einflusse frischen Blutes wieder leicht erholt. Das Herz schreibt
anfangs in Gruppen geordnete Contractionen, die die Gruppen trennenden
Pausen werden immer kürzer, bis sie schliesslich verschwinden; hiernach
folgen die Pulse einander in gleichen Zeitintervallen. Es wird also die
lähmende Wirkung des Kohlensäureblutes durch frisches Blut langsam
aufgehoben.

Fassen wir nun das Resultat der Untersuchungen, die wir mit dem
Sauerstoff und der Kohlensäure gemacht, kurz zusammen, dann können
wir sagen, dass die Herzaction am lebhaftesten vor sich geht, wenn das
Herz mit sauerstoffreichem Blut angefüllt ist, dass ferner Sauerstoffmangel,
noch mehr aber Kohlensäureanhäufung im Blute, die Actionsfähigkeit
des Froschherzens lähmen. Der störende Einfluss des entgasten Blutes
gelangt, wie wir sahen, erst bei dem ermüdeten Herzen zum Ausdruck;
in diesem Umstande dürfte vielleicht das negative Resultat der Versuche
von Mc' Guire seine Ursache finden.

Diese fördernde bezüglich hemmende Wirkung der Blutgase ist
zweifelsohne auch bei normalen Lebensverhältnissen der Erhalter gere-
gelter Herzaction. Unsere Versuchsresultate berechtigen demnach vollkommen zu dem Schluss, den schon die Beobachtungen von Castell
andeuteten, dass nämlich der constante Erreger der Herzcontractionen
der Sauerstoff, bezüglich das Oxyhämoglobin der Blutkörperchen ist. Wir
finden daher im Wesentlichen bestätigt, was Goltz[1] als wahrscheinlich
andeutete, indem er sagte: „Darüber, welche Gase es sind, die dem Blute
seine reizende Eigenschaft geben, liegen noch keine Versuche vor. Nach

---

[1] Virchow's *Archiv für pathol. Anatomie u. s. w.* Bd. 23, S. 509.

Tiedemann's und Castell's Versuchen lässt sich indess mit der grössten Wahrscheinlichkeit annehmen, dass der Sauerstoff und die Kohlensäure dabei die wesentlichen Rollen, natürlich von entgegengesetzter Bedeutung, spielen". Wir fanden ferner keinen Umstand, der zur Annahme hemmender Ganglien berechtigt hätte.

Ich bemerke nur noch, dass auch die Annahme besonderer reflectorischer Ganglien überflüssig ist. Denn wenn auch die Pause, welche eintritt, wenn wir den Sinus venosus von dem rechten Vorhof trennen, durch die Berührung irgend eines Punktes des Herzens — mit Ausnahme des Bulbus arteriosus — unterbrochen wird, so beweist dies noch nicht die Gegenwart besonderer Reflexcentren. Denn es können dieselben Nervenelemente, die sonst die Erregung von den Ganglien zur Peripherie leiten, auch geeignet sein, Reflexbewegungen zu vermitteln; so wie etwa der eine Schenkel eines mit Strychnin vergifteten grossen Frosches zuckt, während die vorderen Rückenmarkwurzeln der anderen Seite möglichst weit vom Rückenmark gereizt werden.

II. Wirkung verschiedener indifferenter und irrespirabler Gase auf das Froschherz.

Unter den indifferenten Gasen beobachtete ich den Wasserstoff, den Stickstoff und das Leuchtgas.

Der aus Zink und verdünnter Schwefelsäure bereitete Wasserstoff zeigte keinen Einfluss auf die Herzaction; das Herz blieb bei vielen Versuchen über drei Stunden thätig.

Zu ähnlichem negativen Resultate führten auch meine Versuche mit Stickstoff, den ich aus der atmosphärischen Luft gewonnen hatte.

Nicht so ganz ohne Einfluss zeigte sich das von Leuchtgas durchströmte Blut auf die Herzaction. Im Beginn der Versuche war nämlich stets eine deutliche Beschleunigung der Herzaction unter dem Einflusse des Leuchtgasblutes zu beobachten, die später, da die Erregbarkeit des Herzens nachliess, nicht mehr zu beobachten war. Es wirkte also das von dem Blut aufgenommene Leuchtgas schwach erregend auf die Nervenelemente des Herzens, ohne jedoch, wie das Sauerstoffblut, deren Erregbarkeit zugleich zu steigern.

Zur leichteren Uebersicht dieser Verhältnisse schliesse ich zwei Tabellen an, von welchen die eine dem Versuche mit einem im Sulcus atrioventricularis unterbundenem Herzen entnommen wurde, demnach die gesteigerte Thätigkeit des in isolirten Contractionen functionirenden Herzens wiedergiebt, während die andere die Masse von gruppenartig geordneten Pulsen eines auf dem Sinus venosus unterbundenen Herzens enthält und die beschleunigende Wirkung des Leuchtgases zeigt.

Tabellen zur Erläuterung des Einflusses des Leuchtgases auf das Froschherz.

Nr. des Versuches.	Zeit.	a. Anordnung des Versuches.	b. Zahl der Herzschläge einer Gruppe.	c. Höhe der Schläge einer Gruppe. Millimeter.	d. Dauer der Gruppe. Sec.	e. Dauer der Pause. Sec.	f. Zahl	g. Höhe der isolirten Contractionen.	h. Dauer	Verhältniss von h:f in Procenten.	Bemerkungen.
I.	9⁰ 59'	Ligatur in dem Sulens.									
		Blut.					12	18—17	221	5·4	
		Druck 2ᵐᵐ Hg.					6	17·5—17	110	5·4	
		Leuchtgasblut.					10	16·5	74	13·4	
		Blut.					4	17—16·5	59	6·7	
							6	16	101	6	
		Blut.					6	16—15	98	6	
		Leuchtgasblut.					10	15—15	89	11·2	
		do.					13	15	96	13·5	
		Blut.					9	15—14·5	113	7·9	
		Blut.					25	15·5—15	309	8	
		Leuchtgasblut.					38	15·5	317	11·9	
							10	15·5	100		
							9	15·5—15	100		
							9	15	100		
							9	15	100		
							8	15—14·5	100		
II.	3⁰ 29'	Ligatur unter dem Sinus venosus.	4	25—24	8	30					
		Blut.	2	23·5—25	4	24					
		Druck 3ᵐᵐ Hg.	2	23·5—24·5	4	24					
			2	23—24	4	24					
			2	23—21·5	4	?					
		20ᶜᶜᵐ Leuchtgas durch 20ᶜᶜᵐ Blut geleitet.	2	25—23·5	4	26					

Zeit.	Anordnung des Versuches.	Zahl der Herzschläge einer Gruppe.	Höhe der Schläge einer Gruppe. Millimeter.	Dauer der Gruppe. Sec.	Dauer der Pause. Sec.	Zahl	Höhe der isolirten Contractionen.	Dauer	Verhältnis von h:f in Procenten.	Bemerkungen.
		2	24·5—23·5	4	22					
		2	24·5—23·5	4	23					
		2	24·5—23·5	4	21					
		2	24·5—23·5	4	19					
		2	24—23·5	4	20					
		2	24—23·5	4	22					
		2	24—23·5	4	?					
	Blut.	2	24·5—23·5	4	26					
		2	24·5—23·5	4	27					
		2	24·5—23·5	4	25					
		2	24—23·5	4	25					
		2	24—23·5	4	24					
		2	24—23·5	4	24					
		2	24—23	4	?					
		4	24—23	9	32					
		2	24—23·5	4	26					
		4	24—23	10	?					
	40ccm Leuchtgas durch 20ccm Blut geleitet.	2	24—23	4	26					
		2	23·5—22·5	4	25					
		2	23·5—22·5	4	22					
		2	23—22	4	22					
		2	23—22	4	24					
		2	23—22	4	23					
		3	23—20·5	6	23					
		5	23—22	11	27					
		2	23—21·5	4	?					
	Blut.	5	22·5—21·5	12	22					
		2	22·5—21	4	24					
		4	22—21	9	28					
		2	22—21·5	4	?					
	Blut.	3	22—20	5	28					
		3	22—20	6	26					
		3	21·5—19·5	6	26					
		4	21—19	10	27					
		2	21—20	4	?					
		3	21·5—19·5	6	26					
		4	21—19	10	27					

Nr. des Versuches.	Zeit.	a. Anordnung des Versuches.	b. Zahl der Herzschläge einer Gruppe.	c. Höhe der Schläge einer Gruppe. Millimeter.	d. Dauer der Gruppe. Sec.	e. Dauer der Pause. Sec.	f. Zahl	g. Höhe der isolirten Contractionen.	h. Dauer	Verhältnis von h:f in Procenten.	Bemerkungen.
			2	21—20	4	?					
			4	21—19·5	10	20					
			2	20·5—20	4	26					
			4	21—20	10	?					
		80ccm Leuchtgas durch 20ccm Blut geleitet.									
			3	20·5—19	5	27					
			3	20·5—19·5	6	26					
			2	20·5—?	4	22					
			2	20·5—20	6	22					
			3	20·5—19·5	6	27					
			2	20·5—19·5	4	?					
		80ccm Leuchtgas durch 20ccm Blut geleitet.									
			2	20·5—19·5	4	20					
			2	20·5—19·5	4	21					
			2	20·5—19·5	4	26					
			3	20—?	6	21					
			2	20—19	4	21					
			2	20—19	4	22					
			2	20—19	4	19					
			2	20—19	4	19					
			3	19·8—18·8	6	21					
			3	19·5—18·5	6	?					
		Blut.	2	20—19	4	29					
			2	20—19·5	2	24					
	5⁰ 10'		3	20—19	7	27					

Von den irrespirablen Gasen untersuchte ich die schwefelige Säure (SO₂), das Chlor (Cl), Schwefelwasserstoffgas (H₂S)) und das Kohlenoxydgas (CO). Von dem Einflusse dieser Gase auf das Froschherz geben folgende Tabellen ein deutliches Bild.

Tabellen zur Erläuterung des Einflusses des Chlorgases, des Stickstoffoxyd-, Schwefelwasserstoff- und Kohlenoxydgases auf das Froschherz.

Nr. des Versuches.	Zeit.	a. Anordnung des Versuches.	b. Zahl der Herzschläge einer Gruppe.	c. Höhe der Schläge einer Gruppe. (Millimeter.)	d. Dauer der Gruppe. (Sec.)	e. Dauer der Pause. (Sec.)	f. Zahl	g. Höhe (der isolirten Contractionen.)	h. Dauer	Verhältniss von h:f in Procenten.	Bemerkungen.
I.		Ligatur in dem Sulcus. Blut. Druck 2·5mm Hg.					68	8	183	37·5	
							27	8	68	39·7	
		Wenig Chlorgasblut.					18	7	50	36	
		Chlorgasblut.					38	7—6·5	80	47·5	
		do.					5	3·5—4	100		
							9	4·5—6·5	100		
							15	6·5—7	100		
							35	7·5	100		
							57	7·5	100		
							38	7·5	60	62·2	
		Chlorgasblut.									Anhaltende Ruhe.
		Blut.					51	9—8	65	78·5	
	11° 16'						11	8—7	150	7·3	
II.	8° 20'	Ligatur an den Vorhöfen. Blut. Druck 2·5mm Hg.	52	15—14·5	54	65					
			2	15	3	24					
			14	15—14	17	?					
		20ccm Chlorgas durch 20ccm Blut geleitet.	4	12—11·5	6	23					
			3	12	4	18					
			2	12·5—12	3	16					
			2	12·5—12	3	17					
			4	12—11·5	5	19					
			4	12—11·5	5	?					

Nr. des Versuches.	Zeit.	a. Anordnung des Versuches.	b. Zahl der Herzschläge einer Gruppe.	c. Höhe der Schläge einer Gruppe. Millimeter.	d. Dauer der Gruppe. Sec.	e. Dauer der Pause. Sec.	f. Zahl	g. Höhe der isolirten Contractionen.	h. Dauer	Verhältnis von h:f in Procenten.	Bemerkungen.
		40ccm Chlorgas durch 20ccm Blut geleitet.	2	11·5—11	2	16					
			4	11—10	5	18					
			4	11—10	5	19					
			4	11—10·5	5	18					
			5	11—10·5	6	?					
		Blut.	5	12	6	19					
			6	12	7	21					
			4	11·5	5	19					
			4	11·5	5	18					
			5	11·5—11·5	6	19					
			31	11·5	30	49					
			22	12	27	?					
		80ccm Chlorgas durch 20ccm Blut geleitet.	13	14—13·5	17	55					
			11	14—13	15	54					
			8	14—13·5	10	?					
		Chlorgasblut.	8	13·5—12	7	79					
			10	14—14	52	87					
			12	13·5—13	16	86					
			10	13·5—13	12	64					
		Blut.	3	13	4	19					
			4	13	3	20					
			4	13	1·5	18					
			3	13	3	17					
			2	13	2·5	18					
	9ʰ 8′		6	13—12·5	7	20					

Nr. des Versuches.	Zeit.	*a.* Anordnung des Versuches.	*b.* Zahl der Herzschläge einer Gruppe.	*c.* Höhe der Schläge einer Gruppe. Millimeter.	*d.* Dauer der Gruppe. Sec.	*e.* Dauer der Pause. Sec.	*f.* Zahl	*g.* Höhe der isolirten Contractionen.	*h.* Dauer Verhältniss von h:f in Procenten.	Bemerkungen.
III.	11°22'	Ligatur in dem Sulcus. Blut.					98	17·5—19	160	
		Druck 2mm Hg.					84	21—22	61	
		Schwefelwasserstoffblut.					62	17—6	100	
							54	6—4·5	100	
							30	4·5—6·5	100	
							29	7—5·5	100	
		Schwefelwasserstoffblut.					51	6·5—5	100	
							49	9·5—9	100	
							86	9—7·5	100	
							47	7·5—6·5	100	
							40	6·5—3·5	100	
							31	3·5—1	100	
IV.	9°31'	Ligatur in dem Sulcus. Blut. Druck 2mm Hg.					75	18—14·5	100	
							78	14·5—17	100	
							71	17—6·5	100	
							72	16·5—15·5	88	
		Blut.					49	17—17	100	
							24	17—17·5	94	
		10ccm Schwefelwasserstoff durch 20ccm Blut geleitet.					3	12·5	100	
							3	12·5—12	100	
		Blut.					4	14·5	100	
							5	14·5	100	
							5	14·5—13·5	100	
							6	13·5—13	100	
		5ccm Schwefelwasserstoff durch 20ccm Blut geleitet.					5	7—6	100	
							3	6—6·5	60	

Nr. des Versuches.	Zeit.	a. Anordnung des Versuches.	b. Zahl der Herzschläge einer Gruppe.	c. Höhe der Schläge einer Gruppe. Millimeter.	d. Dauer der Gruppe. Sec.	e. Dauer der Pause. Sec.	f. Zahl	g. Höhe. der isolirten Contractionen.	h. Dauer	Verhältnis von h:f in Procenten.	Bemerkungen.
V.	9⁰ 6′	Ligatur unter dem Sinus venosus.					49	26·5			
		Blut.					18	24—25·5	80		
		Druck 3ᵐᵐ Hg.							61		
		Kohlcnoxyd-blut.	8	27—25	18	42					
		do.	9	27—25	16						Anhaltende Ruhe.
		Blut.	2	23·5—23	3	28					
			6	23·5—23	15	31					
			2	23	3	21					
			7	23	18	30					
			6	23	16	29					
			7	23	17	28					
			8	23	18	35					
			7	22·5	16	32					
			7	22·5	16	?					
		Blut.	10	26·5—25	19	30					
			7	25	15	27					
			7	25	16	28					
			7	25—24·5	15	26					
			8	?	18	?					
		Wenig Kohlenoxydblut.	10	20—22·5	22	?					
			8	18·5—22	18	83					
			7	18·5—22	18	72					
			7	18—22	18	65					
			6	18—21	16	60					
			5	18—21	12	56					
			5	18—20·5	13	66					
			5	18—20·5	15	54	1	18·5			
			4	18·5—20·5	12	45	2	18·5	52		

Die schwefelige Säure, durch Erhitzen von Kupferspänen mit Schwefelsäure gewonnen, sistirt, in das Blut geleitet, die Herzschläge sogleich, sobald nur das Blut in das Herz gelangt. Das mit schwefeliger Säure getränkte Blut tödtet das Herz vollkommen; selbst reines Blut kann dasselbe nicht mehr in neue Contraction versetzen; daher schloss ich auch den obigen Tabellen keine die Wirkung der schwefeligen Säure bezeichnende an.

Nicht so rasch wirkt das aus Mangansuperoxyd und Salzsäure dargestellte Chlorgas. Es gelang nur durch wiederholtes Einleiten des Chlorgasblutes die Action des Herzens zu hemmen. Aber auch das nun ruhende Herz konnte unter der Einwirkung frischen Blutes sich von Neuem erholen. Leitete ich durch das Blut nur wenig Chlorgas, dann traten zwischen den Gruppen längere Pausen auf, während sich die einzelnen Schläge der Gruppen so rasch folgten, dass die Diastole der einzelnen Pulse noch nicht abgelaufen war, als schon eine neue Contraction begann.

Das Chlorgas wirkte demnach schädlich, zugleich aber auch reizend auf das Froschherz.

Schwefelwasserstoffgas, mit dem Blut in das Herz geleitet, schwächt und verlangsamt die Herzaction bedeutend, besonders wenn man es so lange durch das Blut leitet, bis dasselbe ganz dunkel wird. Die durch Schwefelwasserstoffblut rasch geschwächten Herzschläge kann aber solches Blut noch einige Zeit unterhalten — siehe Tabelle III. Im Allgemeinen kann Schwefelwasserstoffblut, selbst nach wiederholter Einfuhr in das Herz, dessen Action nicht so rasch aufheben, wie Lustgas oder Chlor; obgleich bereits wenig Schwefelwasserstoffgas die Herzschläge seltener und schwächer macht — Tabelle IV —, so dass dieselben selbst durch reines Blut jene Lebhaftigkeit nicht mehr erlangen, die sie besassen. Wir beobachten demnach bei Schwefelwasserstoffgas ausser der langsam lähmenden Wirkung keinen reizenden Einfluss auf das Froschherz.

Bezüglich des Kohlenoxydgasos, welches stets von Kohlensäure gereinigt in das Schweineblut übergeführt wurde, finden wir einen Versuch in der V. Tabelle wiedergegeben. Dieselbe zeigt, dass mit Kohlonoxydgas genügend versorgtes Blut die Function des Herzens unterbrechen kann. Während aber das Herz unter dem Einfluss des Chlor erst nach mehreren immer matteren Schlägen stille steht, hörten die Herzpulsationen, unter dem Einfluss des Kohlenoxydblutes, selbst nach zwei von kräftigen Pulsschlägen gebildeten Gruppen, schon auf.

Das durch Kohlenoxyd gelähmte Herz erlangt aber unter der Einwirkung frischen Blutes seine frühere Actionsfähigkeit wieder und gestattet, dass wir noch den Einfluss des mit wenig Kohlenoxyd gesättigten

478 FERDINAND KLUG: ÜBER DEN EINFLUSS GASARTIGER KÖRPER U. S. W.

Blutes beobachten. In diesem Falle nehmen die die einzelnen Gruppen trennenden Pausen wohl zu, die Zahl und Folge der die Gruppen bildenden Pulse aber scheint unverändert zu bleiben.

Viel Kohlenoxydgas wirkte demnach in dem von mir untersuchtem Schweineblut schädlich auf das Froschherz.

Wir sahen demnach ausser Sauerstoff und Kohlensäure auch andere Gase im Blute auf das Froschherz einwirken. Wir leiteten die Gasarten absichtlich in übrigens möglichst normales Blut, da wir eben den Einfluss des normalen Blutes während durch dasselbe verschiedene Gase geleitet wurden, beobachten wollten. Wir fanden auch unter diesen indifferenten und irrespirablen Gasen kein solches Gas, dessen hemmende Wirkung sich in selteneren und um so kräftigeren Schlägen manifestirt haben würde; sahen aber dass jene Gasarten, welche den Sauerstoff des Blutes binden und mit demselben andere schädliche Verbindungen — wie Schwefelsäure, Kohlensäure — bilden, auch die Herzaction sogleich unterbrechen. Demnach bekräftigen auch diese letzteren Untersuchungen, dass wir die an dem Froschherzen zu beobachtenden Erscheinungen ohne Annahme besonderer Hemmungsvorrichtungen zu deuten vermögen und dass die Herzthätigkeit in der That durch das Oxygen des Blutes erhalten wird.

Ueber den Einfluss des Blutgehaltes der Muskeln auf deren Reizbarkeit.[1]

Von

Dr. J. Schmulewitsch
aus St.-Petersburg.

Aus dem physiologischen Institut zu Erlangen.

A. Ueber das Verhalten des Blutes zur functionellen Thätigkeit der Muskeln überhaupt und insbesondere zu ihrer Reizbarkeit.

a. Literatur.

In der experimentellen Physiologie existirt ein Versuch, der den innigen Zusammenhang zwischen Blut und Muskelverrichtung beweist. Bekanntlich wird bei diesem Versuche der Bauchaorta eine Ligatur angelegt, wobei eine sehr bald eintretende Paralyse der hinteren Extremitäten constatirt wird, welche längere Zeit nur als Folge des verhinderten Zuflusses des Blutes zu den Muskeln betrachtet worden ist. Dieser Versuch wird allgemein als der Stenson'sche Versuch bezeichnet.

In der That hat Stenson in seinem 1667 herausgegebenen Werke[2] zur Vertheidigung seiner Meinung, dass nicht alle Processe des thierischen Organismus lediglich vom Gehirn (a solo cerebro) abhängen, unter anderen Umständen auch noch folgenden Beweis angeführt: „Possem alio

---

[1] Die Arbeit ist schon 1876 im physiologischen Laboratorium des Hrn. Prof. I. Rosenthal zu Erlangen begonnen und fast zu Ende gebracht. Ich war aber leider durch viele Umstände bis jetzt verhindert, die Arbeit ganz zu beendigen und zu veröffentlichen.

[2] Stensonius, *Elementorum Myologiae specimen seu musculi descriptio geometrica. Cui accedunt canis carchariae dissectum caput et dissectus piscis e canum genere.*

480   J. Schmulewitsch:

argumento cerebro officium hactenus a plerisque receptum in dubium
vocare, cum viderim ligata aorta descendente sine praevia sectione, par-
tium posteriarum omnium motum voluntarem toties cessare, quoties vinculum stringebam, iterumque tot vicibus redire, quot vicibus nodum
laxabam; id, quod aliquot ab hinc annis observatum variis in locis de-
monstravi, praecipue Florentiae, ubi sublato vinculo supervixit canis sine
ullo motus incommodo. Cum vero restent necdum tentati alii modi idem
experimentum peragendi, nihil amplius de illo hic addam".

    Aus diesem Citate ist zu sehen, dass Stenson es für nöthig hält,
anzuzeigen, dass er seinen Versuch schon einige Jahre vorher gemacht
hatte und dass er ihn schon an einigen Orten demonstrirte. Diese Aus-
führlichkeit Stenson's wird klar, wenn man die nachfolgende Literatur berücksichtigt.

    In seinem grossen Werke[1] sagt Haller unter der Ueberschrift:
„Simplicior theoria Cowperi" Folgendes: „Fibras etiam carneas sanguinem ab arteriis recipere et sanguinem in eas ipsas irruentem, neque
inde redeuntem, motum muscularem facere, Cowperus auctor fuit. San-
guini in arteriam impulso tribuit Stuartus ruborem et tumorem, quem
ponit in primo stadio motus musculi locum habere. Eadem sententia
fuit Johannis Swammerdam..... Qui Cl. viri ad ejus modi theorias
inclinarunt, potuerunt quidem experimento uti, quod vulgo Stensonio
tribuitur. Ligata nempe arteria aorta, resolvi artus posteriores et vicissim
redire vires, quando vinculum removetur. Multi Cl. viri idem periculum
repetierunt eventu simili."

    Bei der Anführung der Namen der Autoren, welche diesen Versuch
wiederholt haben, fügt Haller bei dem Namen Swammerdam's die
Worte hinzu: „ante Stenonium". In der That heisst es p. 61—62
des Swammerdam'schen Werkes[2]: „Omnes musculos fibrasque carnosas
in quacunque demum corporis parte sint praesertim ob continuatum spi-
rituum animalium influxum seu appulsum potius per Nervos (nam sanguinis in musculos influxus seu impulsus, ligata in thorace arteria magna,
quando sistitur, ipsos potissimum in calidioribus animalibus, motu orbari
observamus, quod experimentum ab eodem nostro amico aliquando insti-
tutum vidimus) etiam etc."

    Das Werk, aus dem das Vorhergehende citirt wurde, ist auch 1667
erschienen, aber, wenn man Haller glauben darf, vor dem Stenson'schen

---

[1] *Elementa physiologiae corporis humani.* T. IV. Lib. IV. Sect. m. XIX.
p. 544. 1762.

[2] Johannis Swammerdami *Tractatus physico-anatomico-medicus de Respi-
ratione usuque pulmonum.* 1667.

Werke. Es ist leicht möglich, dass der Freund, von dem Swammerdam spricht, Niemand anders als Stenson ist.

Wie dem nun auch sei, zweifellos ist es, dass man schon in dem
siebenten Decennium des 17. Jahrhunderts die directe Abhängigkeit der
Muskelthätigkeit von dem zufliessenden Blute experimentell bewiesen
zu haben glaubte, und dass man diese Abhängigkeit bei Weitem ausgeprägter fand bei warm- als bei kaltblütigen Thieren.

Der Stenson'sche Versuch wurde von sehr vielen Gelehrten wiederholt.[1] Die theoretischen Erklärungen entsprechen selbstverständlich den
Anschauungen jener Zeit. So sagt z. B. Lecat nach Haller in seinem
Mémoire p. 58: „Arteriolas in cellulas musculorum lympham nerveae
analogam effundere; hinc animalia robusta esse, quia plus sanguinis
habeant cum panco cerebro". Dieses verhinderte aber nicht einige Ge-
lehrte sehr richtige Beobachtungen zu machen.

So haben z. B. viele bemerkt, dass nach der Unterbindung der Arterie „verum non subito motus ejus partis perit". Weiter: „lente para-
lysis succedit, cum animal cum ligata aorta saepe diu pergat incedere";
Haller fügt hier hinzu: „est ubi non successit experimentum".

Nach Haller finden wir bei A. v. Humboldt[2] eine Untersuchung
über die Beziehung des Blutes zur Muskelthätigkeit. Die Untersuchung
betrifft die Herzmuskeln. Er füllte drei Uhrgläser mit Wasser, menschlichem venösem Blute, und arteriellem Blute vom Frosch; dann tauchte
er ein Froschherz abwechselnd in diese Flüssigkeiten ein und notirte die
Veränderungen der Herzschläge. Im Wasser und venösen Blute veränderte sich nicht die Zahl der Herzschläge; im arteriellen Blute wurde
der Herzschlag bedeutend vermehrt. So hat ein Herz, das schon ganz
zu schlagen aufhörte, nachdem es 10 Minuten in arteriellem Blute gelegen hat, in den 3 folgenden Minuten 22, 15 und 7 Schläge gegeben;
es wurde jetzt wieder in arterielles Blut eingetaucht, und es gab wieder
nach einigem Verweilen in diesem Blute 14 Schläge in der ersten
Minute; in den folgenden Minuten wurden wieder die Herzschläge seltener. Als es zu 8 gekommen war, wurde das Herz zum 3. Male in
das arterielle Blut eingetaucht, und nach einiger Zeit gab es wieder
15 Schläge in der ersten Minute. In einem zweiten Versuche wurde

---

[1] Ausser den hier reproducirten Stellen finden sich bei Haller a. a. O. noch
eine Menge Citate von Autoren, welche den Stenson'schen Versuch wiederholt
haben.

[2] *Versuche über gereizte Muskel- und Nervenfaser nebst Vermuthungen über
den chemischen Process des Lebens in der Thier- und Pflanzenwelt.* 1797. T. II,
§ 263 ff.

ein Froschherz, welches 6 Contractionen in der Minute machte, in das Pericardium, welches noch in der Brusthöhle eines anderen Frosches (dem das Herz entfernt wurde) sich befand, eingeschlossen. Die Zahl der Herzschläge stieg bis 19; herausgenommen aus der Brusthöhle und in kaltes Wasser eingetaucht, gab es nur 10 Contractionen; wieder in die Brusthöhle gebracht, gab es wieder 18 Contractionen in der Minute. Der 3. Versuch bestand darin, dass das Herz einer Kröte in Wasser von 4° R. eingetaucht wurde. Nicht nur hörten die Schläge auf, sondern das Herz büsste vollkommen die Reizbarkeit ein. Als es aber wieder in die Brusthöhle zurückgebracht wurde, war die Zahl der Schläge in den nächstfolgenden 4 Minuten 4, 6, 9, 8; in der Brusthöhle eines Frosches, dem das Herz ausgeschnitten wurde, gab das Krötenherz 28, 29, 32, 27, 26, 23 Contractionen in der Minute. Fischherzen wurden wieder lebens- und contractionsfähig in Eidechsenblut, Herzen der Maulwürfe im Blut der Mäuse; aber Mäuseherzen konnten nicht hergestellt werden durch das Blut von Kaltblütern. Als Wirkungsursache des Blutes betrachtet Humboldt nicht die Temperatur, sondern seine specifischen chemischen Bestandtheile. Auf die Skeletmuskeln übte das Blut in den Versuchen von Humboldt keinen solchen Einfluss aus. Das Blut besitzt, nach Humboldt, nicht nur die Fähigkeit, die Muskelthätigkeit aufrecht zu erhalten, sondern ist auch zugleich ein Erreger für die Muskeln.

In seinen Versuchen über die giftige Wirkung der Angustura virosa hat Emmert[1] auch die Bauchaorta unterbunden um die Frage zu entscheiden: ob sich das Gift durch das Blut oder durch die Nerven verbreitet. Er hat dabei bemerkt, dass die Muskeln der hinteren Extremitäten 10 Stunden nach der Aortenligatur noch sehr gut auf das Messer (mechanischer Reiz) reagirten.

Bei Wiederholung des Stenson'schen Versuches hat Bichat[2] in vielen Fällen eine unvollständige Paralyse gesehen und hat dies erklärt durch das Zustandekommen eines collateralen Kreislaufs. Er bezieht sich auf die Thatsache, dass der besondere Zustand (engourdissement), in dem sich die betreffenden Muskeln nach Unterbindung einer Arterie bei einem Aneurysma befinden, sogleich verschwindet, wenn der collaterale Kreis-

---

[1] Ueber die giftige Wirkung der unechten Angustura. Hufeland's und Harless's *Journal der praktischen Heilkunde*. 1815. Bd. III, S. 59.
[2] *Anatomie générale, appliquée à la Physiologie et à la médecine*. 1821. T. III. S. 352. Höchst wahrscheinlich hat Bichat über die Aortenligatur noch früher geschrieben, denn Treviranus citirt Bichat in seinem Werke, welches schon 1818 erschien.

lauf hergestellt ist. Weiter sagt Bichat, dass das Blut durchaus arteriell sein muss: denn venöses Blut, so wie viele andere Flüssigkeiten, vernichten die Contractionsfähigkeit der Muskeln.

In seinem bekannten grossen Werke sagt Treviranus[1] betreffend die Bedeutung des Blutes für die Muskeln, dass die erste Bedingung für die Muskelreizbarkeit ein vollkommen freier Zufluss des Blutes zu den innersten Muskeltheilen ist. Als Beweis führt er ausser den schon oben erwähnten Versuchen von Stenson, Bichat und Emmert noch die von Arnemann (Ueber die Reproduction der Nerven S. 26) an, welcher die A. iliaca unterbunden hat und dabei keine Paralyse der Extremität sah, und die Beobachtung von Fowler (Experiments and Observations relative to the influence discovered by M. Galvani, p. 122), dass die elektromusculäre Reizbarkeit viel rascher verloren geht nach Unterbindung der Arterie als nach Durchschneidung des Nerven.

Treviranus discutirt schon die Frage: ob die Wirkung der Ligatur von der Muskel- oder Nervenanämie abhängt? Nach Lallement[2] und Percy[3] ist die Paralyse nach der Unterbindung der Aorta eine Folge der Blutstockung in dem unteren Theile des Rückenmarks, von dem die Nerven der betreffenden Extremitäten ausgehen. Treviranus will dieser Meinung nicht zustimmen. Er weist erstens auf die anatomische Besonderheit hin, dass Grösse und Breite der Arterie eines jeden Muskels in directem Verhältnisse stehen zu der Thätigkeit des Muskels, so dass die Arterien der rechten (oberen?) Extremität entwickelter sind, als diejenigen der linken. Er will sogar einen bestimmten Zusammenhang sehen zwischen den langsamen Bewegungen einiger Thiere — Lemur tardigradus, Bradypus didactylus et tridactylus — und den eigenthümlichen Anastomosen der Arterien an ihren Extremitäten. Aus allen diesen Gründen denkt Treviranus, dass die gestörte Muskelthätigkeit nach Unterbindung der Arterien eine Folge der Entblutung des Muskels ist.

Ségalas d'Etchepare[4] fand, dass 8—10 Minuten nach Unterbindung der Aorta die Bewegungen der hinteren Extremitäten sehr schwach werden; nach der Unterbindung der Vena cava verschwinden die Bewegungen nicht,

[1] Biologie oder Physiologie der lebenden Natur. Göttingen 1818. Bd. V, S. 281.
[2] An actio muscularis a solis spiritibus. Paris 1785. Halleri Disput. anat. select. T. III, S. 426.
[3] In seinem Berichte über Le Gallois, Expériences sur le principe de la vie, S. 318.
[4] Notes sur quelques points de Physiologie. Journal de Physiologie par Magendie. 1824. T. IV, Janvier, S. 287.

aber die Extremität wird cyanotisch, und nach 4—6 Stunden kommt Oedem.
Gleichzeitige Unterbindung der Aorta und der Vena cava ruft Verlust
der willkürlichen Bewegungen hervor, aber später, als bei Unterbindung der Aorta allein, nach 16—20 und mehr Minuten. Ségalas
erklärt sich diese Thatsachen durch die Voraussetzung, dass bei Unterbindung der Vene das arterielle Blut nicht so rasch seine reizenden
Eigenschaften (auf den Muskel) verliert, und dass das venöse, wie das
arterielle, auch ein Reizerreger für die Muskeln ist, nur weniger intensiv wirkt.

Aehnliche Resultate wie Ségalas hat auch Kay[1] erhalten. Indem
er die Meinung von Bichat, als ob Erstickungsblut einen besonders
schädlichen Einfluss auf die Contractilität der Muskeln hat, für vollständig unrichtig erklärt, beweist Kay durch eine ganze Reihe von
Versuchen — durch die Ligatur der Aorta und der Aa. iliacae, durch Einspritzung venösen Blutes in diese Arterien und endlich durch gleichzeitige Unterbindung der Arterie und Vene — dass das Venenblut im
Gegentheil dazu mitwirkt, dass die Contractilität länger erhalten bleibt.
Sogar den Umstand, dass das rechte Herz länger als alle übrigen Herztheile contractionsfähig bleibt, erklärt sich Kay dadurch, dass im rechten
Herzen das Blut am längsten flüssig bleibt.

Engelhardt[2] legte eine Ligatur an der Aorta beim Frosche vom
Rücken aus an. Unmittelbar nach der Operation bemerkte er gar keine
Unregelmässigkeit der Bewegungen der hinteren Extremitäten, aber nach
7 Stunden konnte der Frosch nicht mehr springen, er schleppte die
hinteren Extremitäten nach. Bei Unterbindung einer A. iliaca war eine
Schwäche der Bewegungen nur an der entsprechenden Seite zu merken.
Als die Frösche 80 Stunden nach der Anlegung der Ligatur getödtet
wurden, hoben die Muskeln der Extremität, wo die Ligatur war, nur
$^3/_4$ desjenigen Gewichtes, welches die Muskeln der anderen Extremität
aufheben konnten. Ueberhaupt werden die Muskeln der unterbundenen Extremität viel rascher ermüdet als die anderen Muskeln. Engelhardt unterbindet die rechte Iliaca und reizt dann galvanisch beide
Extremitäten. Anfangs contrahiren sich die Muskeln beider Seiten vollständig gleich, aber schon nach 10 Minuten bleibt die rechte Extremität zurück, und nach einer halben Stunde ruft Reizung nur ein Zittern
der Muskeln hervor.

---

[1] Physiological experiments and Observations on the cessation of the contra-
tility of the Heart and Muscles in the Asphyxia of warmblooded animals. *Edinburgh
medical and Surgical Journal.* 1828. T. XXIX, p. 37—86.

[2] *De vita musculorum observationes et experimenta.* Bonnae 1841. (Nach
Valentin citirt.)

Marshall Hall hat die Behauptung ausgesprochen, dass Verstopfung der Aa. coronariae cordis einen plötzlichen Tod hervorrufen kann. Erichsen[1] hat nun eine Reihe von Versuchen an Hunden und Kaninchen unternommen, um den Einfluss der Unterbindung der Coronariae auf die Herzthätigkeit zu bestimmen. Es fand, dass die Herzthätigkeit (bei frischgetödteten Thieren unter künstlicher Athmung) nur 22 Minuten dauerte, wenn die Coronariae unterbunden waren; ohne Unterbindung der Arterien dauerten die Herzschläge $1\frac{1}{2}$ (nach Brodie sogar $2\frac{1}{2}$) Stunden. Die Herzcontractionen hören noch früher auf, wenn man die Kranzvene durchschneidet, so dass das Blut nicht im Herzen stockt, und das letztere in der That vollständig anämisch wird. Das entspricht vollkommen den oben schon erwähnten Versuchsresultaten von Kay. Unterbindung der Aorta, welche die Ueberfüllung der Coronariae zur Folge hatte, hat bedeutend die Dauer der Herzthätigkeit verlängert. So hat z. B. das Herz eines Kaninchens nach Unterbindung der Aorta 1 Stunde und 22 Minuten sich contrahirt; ohne Unterbindung der Aorta kaum mehr als 20—25 Minuten; in beiden Fällen war keine künstliche Athmung eingeleitet.

Valentin[2] hat einem 5wöchentlichen Kaninchen die rechte A. iliaca unterbunden und bemerkte dabei, dass das Thier zeitweise den rechten Fuss nachschleppte, zeitweise aber vollkommen regelmässige Bewegungen machte. Bei Froschversuchen hat Valentin keine so positiven Resultate bekommen, wie Engelhardt. Ein Frosch konnte auch wirklich 5 Stunden nach der Unterbindung der Aorta nicht mehr springen, aber zwei andere haben nach der Ligatur vollständig regelmässige Sprungbewegungen gemacht.

Brown-Séquard[3] hat folgende Versuche gemacht. In einer ersten Reihe öffnete er die Bauchhöhle bei getödteten Kaninchen und Meerschweinchen 10—20 Minuten nachdem die Todtenstarre eingetreten war, schnitt die Bauchaorta und die untere Hohlvene quer durch, setzte Röhrchen in beide Gefässe ein und brachte sie in Communication durch Kautschukschläuche mit der Aorta und Vena cava eines anderen lebenden Kaninchens. 6—10 Minuten nach dem der Kreislauf hergestellt war in

[1] On the influence of the coronary circulation on the action of the heart. The London medical Gazette. 1842. T. II, p. 501.

[2] Lehrbuch der Physiologie des Menschen für Aerzte und Studirende. 1847. Bd. II, Abthlg. 1, S. 106, 2. Ausgabe.

[3] Sur la persistance de la vie dans les membres atteints de la rigidité qu'on appelle cadavérique. Comptes rendus de l'Académie des sciences. 1851. T. XXXII, S. 885.

der unteren Hälfte des todten Kaninchens, verschwand die Muskelstarre,
und nach weiteren 2—3 Minuten kamen Contractionen bei Reizung der
Muskeln oder Nerven der hinteren Extremitäten. In einer zweiten Versuchsreihe durchschnitt Brown-Séquard ein Kaninchen in zwei Theile, so
dass beide Theile nur durch die Aorta und die untere Hohlvene mit einander
communicirten; jetzt legte er eine Ligatur um die Aorta. Die Muskelirritabilität minderte sich von nun an allmählich, und nach 15—40 Minuten trat
die Todtenstarre ein. Er liess die Starre während 10—15—20 Minuten
andauern, dann nahm er die Ligatur von der Aorta weg; wie nun der
Kreislauf hergestellt wurde, verschwand die Starre und die Reizbarkeit
kehrte wieder zurück. In einer dritten Versuchsreihe unterband er bei
Kaninchen die Bauchaorta unter dem Abgange der Nierenarterien. Die
Empfindlichkeit der hinteren Extremitäten verschwand schon nach 6—10
Minuten, nach 12 Minuten verschwanden die willkürlichen Bewegungen;
die Reizbarkeit der Muskeln dauerte fast noch eine Stunde nach der
Ligatur, nach einer Stunde und 20 Minuten kam die Starre. Er liess
die letztere während einer $1/4$ Stunde andauern und nahm dann die Ligatur weg. Die Resultate waren dieselben wie in den ersten Versuchsreihen: Verschwinden der Starre und Herstellung der Reizbarkeit.

Auf Grund aller dieser Versuche schliesst Brown-Séquard, dass starre
Muskeln noch nicht todt sind, dass sie noch die Fähigkeit besitzen
wieder hergestellt zu werden; dass auch die sensiblen und motorischen
Nerven, welche durch Anämie ihre Functionsfähigkeit eingebüsst haben,
bei neuem Blutzufluss wieder functionsfähig werden.

Nach Veröffentlichung der angeführten Versuche hatte Brown-
Séquard[1] Gelegenheit einen ganz analogen Versuch an einem Hingerichteten zu machen. Derselbe wurde enthauptet 8 Uhr Abends; 8 Uhr
25 Minuten war die Starre schon ganz ausgeprägt; 8 U. 40 M. wurde
die Einspritzung defibrinirten Blutes, welche vom Hingerichteten gesammelt wurde, in die A. radialis, angefangen; in 8—10 M. wurde
ungefähr $1/2$ Pfund Blut bei gewöhnlicher Zimmertemperatur (19° C.)
eingspritzt. Das arterielle Blut kehrte aus den Venen venös zurück,
woraus Brown-Séquard zu schliessen sich berechtigt glaubte, dass
todte Muskeln das Blut ebenso wie lebende verändern. Die Einspritzung
wurde einigemal wiederholt, die letzte wurde 9 U. 45 M. Abends gemacht. Um 9 U. 55 M. war die Reizbarkeit der Handmuskeln hergestellt, nur nicht in allen Muskeln gleichmässig. Einige Interossei behielten ihre Reizbarkeit bis 2 Uhr Nachts. Bluteinspritzung in die

---

[1] Recherches sur le rétablissement de l'irritabilité musculaire chez un supplicié.
Comptes rendus. 1851. T. XXXII, p. 897.

Cruralis den anderen Morgen blieb wirkungslos. Etwas später, aber vollkommen unabhängig von Brown-Séquard, machte Stannius[1] eine Untersuchung über die uns interessirende Frage. Von den ersten 3 Kaninchen, bei denen die Aorta unterbunden wurde, kam nur bei einem die Starre früh; bei den übrigen zwei trat sie erst den anderen Morgen ein. Es stellte sich später heraus, dass das Kaninchen, bei dem die Todtenstarre bald eingetreten ist, schwanger war, so dass keine Communication zwischen der Epigastrica und der Iliaca möglich war; bei den anderen zwei existirte diese Communication, so dass ein collateraler, wenn auch sehr unvollständiger Kreislauf in den Muskeln sich hergestellt hatte. In den nachfolgenden Versuchen hat Stannius deswegen ausser der Aorta noch die Cruralis unterbunden. — Er hat nun bewiesen, dass die elektromusculäre Reizbarkeit noch lange nach der Unterbindung existirt, obwohl die Thiere gleich nach der Unterbindung die Extremitäten nachschleppen wie einen fremden Körper. Im ersten Versuche waren die Muskeln der rechten Extremität noch nach $4\frac{1}{2}$, die der linken nach $8\frac{1}{2}$ Stunden reizbar. Im 2. Versuche gaben einige Muskeln Contraction noch nach 36 Stunden. Im 3. Versuche war die Empfindlichkeit der Haut noch nach 12 Stunden intact. Bei Unterbindung der Aorta und der Cruralis dauerte die Contractilität noch 3—6 Stunden. Die Venen contrahirten sich bei Reizungen noch dann, als die willkürlichen Muskeln schon vollständig paralysirt waren.

In seinem speciellen Werke über Muskel- und Nervenphysiologie behandelt Schiff[2] sehr ausführlich die Frage über das Verhalten des Blutes zur Muskelthätigkeit. Es finden sich bei ihm einige sehr interessante Details über diesen Gegenstand.

Bei Besprechung der Bedingungen der Muskelreizbarkeit sagt Schiff: Im Allgemeinen erfordern die Muskeln zur Erhaltung ihrer Thätigkeit eine gewisse Lebendigkeit des Stoffwechsels in ihrem Gewebe; dieser Stoffwechsel wird im Thiere durch die Blutcirculation vermittelt; die Aufhebung derselben bedingt daher nach kurzer Zeit den Tod des Muskels. Bei Kaninchen sah Schiff die Lähmung der Bewegung der Hinterextremitäten stets ganz unmittelbar nach der Ligatur der Aorta; bei Hunden hingegen bestand noch einige Minuten lang eine manchmal geschwächte Beweglichkeit fort, welche nach 10 Minuten verschwand. Uebrigens können, nach Schiff, die Bewegungen sich auch nach 10 Minuten zeigen, wenn der Hund sich nach der Unterbindung recht ruhig verhielt;

[1] Untersuchungen über Leistungsfähigkeit der Muskeln und Todtenstarre. *Archiv für physiologische Heilkunde.* 1852. Bd. XI.
[2] *Lehrbuch der Physiologie des Menschen.* 1858—1859. S. 45 u. ff., S. 102 u. ff.

bei stärkeren Muskelanstrengungen kann das Thier sehr bald nur ein
unmerkliches Zittern zu Stande bringen. Durch dieses verschiedene Verhalten verschiedener Thiere zur Unterbindung der Aorta erklärt Schiff
den Widerspruch der Schriftsteller bezüglich der Zeit des Eintretens der
vollständigen Paralyse. Nach den Beobachtungen von Schiff erfolgt
der Tod des Muskels nach Unterbrechung der Circulation früher bei
Vögeln als bei Säugethieren (bei diesen früher bei älteren, als bei jüngeren),
am spätesten bei Amphibien. Schiff meint, dass die Muskeln nach
Unterbrechung der Circulation so lange noch reizbar bleiben, als die im
Muskel vorhandene Flüssigkeit noch freie Materialien enthält, welche
den Stoffumtausch der eigentlichen Verkürzungsgebilde unterhalten können. Für die Richtigkeit dieser Schiff'schen Auffassung spricht die
schon früher angeführte Beobachtung, wonach bei Hunden die Contractilität rasch schwindet bei energischer Muskelthätigkeit nach Aortenunter-
bindung. Hier schwindet nämlich augenblicklich der ganze Kraftvorrath.
Entblutete Frösche verloren auch sehr bald ihre Fähigkeit zu springen,
wenn sie nach dem Entbluten gezwungen waren, stärkere Bewegungen
auszuüben; auch hier wurde also der Vorrath verbraucht, und nicht wieder
aus dem Blute ersetzt.

In Betreff der Frage, in wiefern bei dem Contractilitätsverlust in
Folge der Anämie der Nerv und der Muskel betheiligt sind, finden wir bei
Schiff an verschiedenen Stellen seines Werkes folgende Angaben.

Bei Unterbrechung des Blutkreislaufes bekommt man noch, nach
einiger Zeit, wie es schon vor Schiff bekannt war, Muskelcontractionen
bei unmittelbarer Reizung der Muskeln, während man vom Nerven aus
keine Contraction hervorrufen kann. Schiff erklärt diese Thatsache
durch die Voraussetzung, dass die motorischen Nerven viel rascher leiden
durch die Blutentziehung als die Muskeln. Für die Richtigkeit dieser
Erklärung spricht auch der folgende Versuch. Einem Kaninchen wurden
alle Gefässe der hinteren Extremitäten unterbunden, dann das vollkommene Verschwinden der Reizbarkeit abgewartet und nachher die Ligatur
von der Aorta entfernt. Schiff hat nun bei diesem Versuche beobachtet,
dass die Muskeln früher wieder reizbar wurden, als die Nerven. Schiff
bemerkte auch, dass die Unterbindung der Aorta allein nur eine Paralyse
der Nerven, aber keine Muskelstarre hervorruft. Damit letztere zu Stande
komme, müssen noch die Aa. crurales unterbunden werden. Uebrigens
genügte bei Mäusen und Ratten die Unterbindung der Aorta für sich
allein, um Lähmung und Starre in beiden Extremitäten hervorzurufen.

Die Irritabilität der Nerven dauert nach Verlust der willkürlichen
Bewegungen in Folge der Gefässunterbindung noch 10—20 Minuten.
Die physiologischen Eigenschaften der motorischen Nerven gehen dabei

verloren in der Richtung vom Rückenmark zur Peripherie; am längsten bleiben reizbar die Nervenendigungen in den Muskeln. Schiff spricht sich entschieden zu Gunsten der Meinung aus, dass die Paralyse bei der Unterbindung der Gefässe von den Nerven und nicht von den Muskeln ausgeht. Er führt als Beweise an: den Verlust der Sensibilität, die Möglichkeit bei unmittelbarer Reizung des Muskels noch lange eine neuromusculäre Contraction zu bekommen, während die Reizung des Nerven schon keine Contraction giebt, endlich auch die sehr lange Existenz der idiomusculären [1] Contraction. Schiff glaubt sogar, dass bei Unterbindung der Aorta nicht nur die Nervenstämme, sondern auch das Rückenmark paralysirt wird. Er fand, dass man bei Kaninchen, denen die Aorta hoch genug unterbunden ist, den hinteren Theil desselben bloss legen und direct reizen kann, ohne dass eine Spur von Empfindung entsteht.

Schiff spricht noch von einer Erscheinung, welche die Unterbindung der Gefässe begleitet — nämlich von den fibrillären Contractionen der Muskeln. Er bringt sie in Zusammenhang mit einer eigenthümlichen Erregung der motorischen Nerven, welche die erste Wirkung der Hemmung des Blutlaufes sein soll. Er erklärt diese Erscheinung nicht, behauptet aber, dass sie nicht durch die Venosität des Blutes hervorgerufen wird, da eine Circulation von venösem Blute im Muskel diese Contractionen nicht hervorruft.

Bei seinen Untersuchungen über die selbstständige Reizbarkeit der Muskeln, unabhängig von ihren Nervenendigungen, hat Kühne [2] auch Anaemie der Muskeln bei Fröschen hervorgerufen, indem er an den ganzen Schenkel, mit Ausnahme des Nerven, eine Ligatur angelegt hat. Auch er hat einen Moment eintreten sehen, in welchem man vom Nerven aus keine Contraction mehr hervorrufen konnte, in welchem auch das Thier keine willkürlichen Bewegungen vollbringen konnte, die Muskeln aber noch vollkommen reizbar waren. Kühne hat es zuerst ausgesprochen, dass ein wirklich starrgewordener Muskel nicht durch Blut hergestellt werden kann. Seine Untersuchungsmethode war derjenigen von Brown-Séquard gleich: er schnitt alles, ausser den Gefässen, durch, so dass die Extremität mit dem Körper nur mittels der Gefässe in Verbindung stand. Bei seinen Versuchen an Hunden und Kaninchen hat er eine Steigerung der Reizbarkeit bei gehemmten Blutzufluss gesehen.

---

[1] Ueber diese, allerdings von anderen Physiologen nicht angenommene Unterscheidung vergleiche man das angeführte Lehrbuch von Schiff.

[2] Untersuchungen über Bewegungen und Veränderungen der contractilen Substanzen. *Dies Archiv.* 1859. S. 564 u. 748.

In seiner Inauguraldissertation theilt Ettinger[1] Folgendes mit. Bei Unterbindung der Gefässe einer Extremität an Fröschen und bei Herausprossen des Blutes aus der anderen Extremität fand er nach 18—24 Stunden, dass die Muskeln der entbluteten Extremität reizbarer als die Muskeln der anderen Extremität waren. Dafür haben auch die ersteren früher ihre Reizbarkeit verloren, als die letzteren. Diesem entsprechend fand er auch eine sehr rasche Ermüdung der Muskeln der entbluteten Extremität. Ettinger erklärt diese Erscheinung durch eine Säurebildung im Muskel, welche ihn Anfangs reizt, später aber bei grösserer Anhäufung den Muskel tödtet.

Bei Vervollkommnung der Operationsmethode des Stenson'schen Versuches hat auch du Bois-Reymond[2] gesehen, dass nach Unterbindung der Arterie und Vene die Muskelcontractilität sich länger erhält, als bei der blossen Unterbindung der Arterie. Er erklärt es dadurch, dass bei Unterbindung der Arterie allein das Blut in Folge ihrer Elasticität und Contractilität, theilweise aber auch durch Contraction des Muskels selbst vollständiger herausgepresst wird. Uebrigens hat du Bois-Reymond auch ein sofortiges Verschwinden der Contractilität bei Unterbindung beider Gefässe gesehen.

Vulpian[3] spritzte in Wasser suspendirtes Pulvis sem. lycopod. in die Bauchaorta in der Richtung nach unten, und in die V. cruralis in der entgegengesetzten Richtung. Im ersten Falle kam der Verlust der willkürlichen Bewegungen nach einigen Minuten; nach 28 Minuten gab Reizung des N. ischiadicus keine Contraction mehr; die directe Reizung gab zu dieser Zeit noch starke Contractionen. Die Reizbarkeit der Nerven verschwand vom Centrum nach der Peripherie hin. Bei Einspritzung in die Cruralis traten sehr bald vollständige Paralyse und Anaesthesie ein.

In einer nachträglichen Arbeit hat Vulpian[4] bei Fröschen den Bulbus aortae unterbunden. Nach 4 Stunden waren keine willkürlichen Bewegungen mehr zu merken. Die Augen waren geschlossen. Das Herz

---

[1] *Relationen zwischen Blut und Erregbarkeit der Muskeln.* 1860.

[2] Abänderung des Stenson'schen Versuches für Vorlesungen. *Dies Archiv.* 1860. S. 639.

[3] Sur la durée de la persistance des propriétés des Nerfs et de la moelle épinière après l'interruption du cours du sang dans les organes. *Gazette hebdomadaire.* 1864. p. 365 et 411, No. 23 et 24.

[4] Sur l'abolition des propriétés et des fonctions des centres nerveux chez les grenouilles par suite de la ligature du bulbe aortique, et sur la relation de ces propriétés et de ces fonctions, lorsqu'on laisse la circulation se rétablir. *L'Institut* 1864, Nr. 1599, p. 271.

contrahirte sich, aber sehr langsam; die Kammer war blass, die Kammer-spitze nach oben gewendet. Elektromusculäre Reizbarkeit war noch zu sehen, aber bedeutend schwächer als im normalen Zustande; die Reflexe waren verschwunden. Nach 4¹/₄ Stunde wurde die Ligatur entfernt; nach Verlauf einer Stunde traten die Athembewegungen ein; nach 17 Stun-den war der Frosch in vollständig normalem Zustande.

Preyer[1] behauptet gegen Kühne, dass Muskeln, welche in Folge von Wassereinwirkung oder hoher Temperatur (Wärmestarre) starr ge-worden sind, wirklich bei Wiederherstellung des Blutkreislaufes voll-kommen hergestellt werden können.

Schiffer[2] spricht sich in seiner Untersuchung für die Meinung von Schiff und Anderen aus, dass die Paralyse der Extremitäten bei Unterbindung der Aorta von der Paralyse der Nervencentren im Rückenmarke abhänge. Er bringt zu Gunsten dieser Meinung folgende Beweise:

Bei Zuklemmung der Aorta schwindet nicht nur die Bewegung, sondern auch die Sensibilität; das Thier schreit nicht bei Reizung des Ischiadicus. Bei Herstellung des Kreislaufes kehrt mit den Bewegungen auch die Sensibilität zurück. Diese Erscheinung kann nicht durch die Paralyse der peripheren Nerven erklärt werden, da ein vollkommen von der Peripherie getrennter Nerv sehr lange reizbar bleibt. Die sensiblen Nerven reagiren also nicht bei dem Stenson'schen Versuch in Folge einer Paralyse ihrer Centren im Rückenmarke. — Wenn man die Aorta dicht über der Theilungsstelle unterbindet, so erscheint die Paralyse der willkürlichen Bewegungen erst nach einer Stunde. Diese Paralyse ist nach Schiffer peripheren Ursprungs, denn hier wird das Rückenmark nicht anaemisch. Ischiadicusreizung giebt hier keine Muskelcontraction, seine sensiblen Fasern aber reagiren noch lange auf elektrische Reize. Folglich werden beim Stenson'schen Versuche, wo die Paralyse sofort auftritt, auch die motorischen wie die sensiblen Ganglien im Centrum paralysirt. Schiffer hat auch durch Injectionen bewiesen, dass die Aorta an jener Stelle, wo sie bei dem Stenson'schen Versuch zuge-klemmt wird, Zweige an den unteren Theil des Rückenmarkes abgiebt.

Wir müssen noch hier hervorheben, dass Schiffer besonders den Umstand betont, dass sich die Lähmung ohne ein vorangehendes Stadium der Erregung ausbildet.

---

[1] Rétablissement de l'irritabilité des muscles roides. *Travaux de la Société médicale allemande de Paris*. 1865. S. 87—53.

[2] Ueber die Bedeutung des Stenson'schen Versuches. *Centralblatt für die med. Wissenschaften*. 1869. Nr. 37 u. 38.

Der Zeit nach die letzte unsere Frage betreffende Arbeit machten Rossbach und Hartenock[1]. Sie experimentirten an den Gastroknemien lebender Warmblüter. Sie liessen diese Muskeln arbeiten nach Unterbindung der Cruralis. Sie fanden dabei, dass die Ermüdungscurve nach der Gefässunterbindung rascher sinkt, als in einem Muskel mit normalem Blutgehalte. Sie bekamen vom Muskel aus noch eine ganze Reihe von Zuckungen, während die Nervenreizung schon keine Contractionen hervorrief. Pausen gaben keine Erhöhung der Hubhöhe bei Muskeln mit unterbundenen Gefässen. Von einer Erregbarkeitssteigerung erwähnen die Autoren nichts; — sie haben sie eben nicht gesehen.

Aus der kurzen Uebersicht der Literatur der uns beschäftigenden Frage ist zu sehen, dass Alle eine Paralyse der hinteren Extremitäten bei Unterbindung der Bauchaorta constatirt haben, und dass Viele diese Paralyse der Anaemie des Rückenmarkes zugeschrieben haben, da es bewiesen ist, dass die Contractilität der Muskeln noch lange erhalten blieb nach dem Eintreten der Paralyse. Bei Schiff und Ettinger finden wir ausserdem noch eine Angabe über die Erhöhung der Reizbarkeit bei Fröschen nach deren Entblutung; Schiffer leugnet im Gegentheil auf das Entschiedenste diese Erhöhung der Reizbarkeit.

b. Eigene Versuche.

Ich stellte mir die Aufgabe, den Gang der Reizbarkeit des Muskels vom ersten Moment an nach dem Aufhören des Blutzuflusses zu bestimmen. Dabei wollte ich die Reizbarkeit unmittelbar am Muskel und nicht bei Reizung des Nerven bestimmen.

Da es vollkommen unzweckmässig ist, den Einfluss des Blutes auf die Muskeln an Kaltblütern zu studiren, so habe ich alle Versuche an Kaninchen gemacht.

Um den Blutzufluss zu den hinteren Extremitäten aufzuheben, habe ich entweder die Bauchaorta oder die Aa. crurales unterbunden bez. zugeklemmt. Die älteren Forscher haben bei Ausführung des Stenson'schen Versuches die Bauchhöhle geöffnet, den Darm auf die Seite geschoben, dann der Aorta die Ligatur angelegt, die Bauchorgane wieder an ihre Stelle gebracht, und die Bauchdecken wieder zusammengenäht. Um nachzuweisen, dass die nun eingetretene Paralyse bei Wiederherstellung des Kreislaufes wieder verschwindet, wurden wieder die

---

[1] Muskelversuche an Warmblütern. Pflüger's *Archiv* u. s. w. Bd. XV, S. 1

Nähte von den Bauchdecken abgenommen, die Organe wieder verschoben, die Ligatur von der Aorta herunter genommen, die Därme reponirt, und dann wieder die Bauchhöhle zugenäht. Diese Methode war für meinen Zweck vollkommen unbrauchbar; ich musste ein Mittel besitzen, fast augenblicklich den Blutstrom zu sistiren und herzustellen. Schon Stan-nius hat eine Verbesserung der Methode eingeführt, indem er den Schnitt an der Dorsalseite machte, in die Bauchhöhle bei dem M. sacrolumbalis vorüber eindrang und die Aorta blosslegte ohne das Peritoneum zu be-schädigen. Noch mehr wurde die Operationsmethode durch du Bois-Reymond[1] vereinfacht. Er führte um den Lendentheil der Wirbelsäule eine krumme Nadel mit einem breiten Bändchen, welches er über den Dornfortsätzen zuschnürte. Diese Methode hat allerdings die Vorzüge der Schnelligkeit und Reinlichkeit der Operation; aber bei ihrem Ge-brauch wird nicht Anämie, sondern Stauung des Blutes in den Mus-keln hervorgerufen. Du Bois-Reymond unterbindet mit der Aorta gleichzeitig auch die Vene, da beide Gefässe beim Kaninchen in einer Rinne liegen, welche durch die inneren Ränder der Psoae gebildet wird. Nun wissen wir aber aus den Untersuchungen von Kay, Ségalas und Anderen, dass man andere Resultate bekommt, wenn man nur die Arterie, als wenn man die Arterie sammt der Vene unterbindet; dasselbe hat du Bois-Reymond auch beobachtet, wie schon oben mit-getheilt wurde.

Am geeignetsten für meinen Zweck war ein von Ludwig construirter Apparat zum Einklemmen der Aorta bei intacten Bauchdecken. In nebenstehender Abbildung der Ludwig'schen Klemme stellt A eine con-cave ausgehöhlte Platte vor, deren Concavität der Convexität der Dorn-fortsätze der Wirbelsäule, unter die sie zu liegen kommt, entspricht. Beim Herunterschrauben der Schraube B senkt sich der Knopf C, der mit einer Pelote umgeben ist, auf den Bauchdecken herab, und trifft gerade auf die Bauchaorta. Man schiebt die Eingeweide etwas bei Seite und drückt durch einige Drehungen der Schraube die Pelote und die

---

[1] S. oben. Schon J. C. Brunner führte, wie du Bois-Reymond bemerkt, eine Nadel um die Wirbelsäule, aber nur zur Unterbindung des Ductus thoracicus. Er führte die Nadel um den Brusttheil der Wirbelsäule zwischen der 9. und 10. Rippe, und hat dieselben Resultate bekommen, wie bei Unterbindung der Bauch-aorta. In seinem Werke: *Experimenta nova circa pancreas atque diatribe de lympha et genuino pancreatis usu* (1722, S. 186, im Capitel: De experimento circa motum musculorum) sagt er: „In originem et progressum vasorum lacteorum inquirens olim, canem inter secundam et tertiam costarum notharum acu longa filum cras-sius ducente trajeci, ut ligarem ductum thoracicum ... Constricto itaque vinculo fortiter supra spinam dorsi, canis claudicare, mox pedes posteriores post se raptare coepit".

unter ihr liegende Aorta an den Wirbelkörper so fest an, dass die Pulsationen in der letzteren vollständig aufhören. Die Feder *D* bewirkt ein schnelles Abspringen des Knopfes *C* bei Zurückschrauben der Schraube, wodurch der Kreislauf momentan wieder hergestellt wird. Auf die Cruralis legte ich die Ligatur so an, dass sie leicht herunter zu nehmen war; oder ich legte anstatt der Ligatur eine Serre-fine an, welche nicht gezahnt war, aber sehr stark federte.

Die Muskelreizbarkeit wurde bestimmt durch den elektrischen Reiz mittels des Inductionsstromes. Du Bois-Reymond's Schlittenapparat ist mit einem constanten Element verbunden; die Elektroden der secundären Spirale gehen zu einem du Bois'schen Schlüssel, von dem zwei

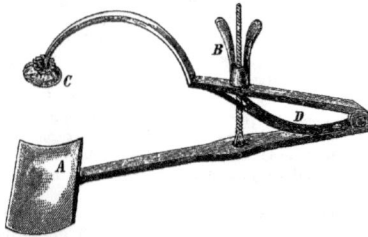

andere Elektroden, die in Nadeln endigen, ausgehen. Die Nadeln werden in den untersuchten Muskel gestossen, und dann die Stromstärke bestimmt, welche nöthig ist, um die erste Contraction des Muskels hervorzurufen. Da die Nadeln ziemlich lang waren, so äusserte sich schon die erste schwache Contraction durch eine ausgiebige Bewegung ihrer oberen Enden. Die Stromstärke, welche nöthig war, um die erste Contraction hervorzurufen, wurde selbstverständlich durch den Abstand der beiden Spiralen gemessen.

Erste Versuchsreihe,

welche beweist, dass die Muskelreizbarkeit überhaupt durch Anämie gesteigert, durch Hyperämie verringert wird.

I. Kaninchen liegt auf dem Rücken. Die Nadelelektroden sind in den linken M. gastroknemius eingestochen. Die Zahlen in der folgenden so wie in allen übrigen Tabellen bedeuten die Scalentheile des Schlittenapparates, um welche die zweite Spirale von der ersten entfernt war.

Zeit.	Scalentheile.	Bemerkungen.	Zeit.	Scalentheile.	Bemerkungen.
h m			h m		
11 1	190		11 12	190	
2	190		13	190	
3	190		14	190	
4	190	Klemme auf die Aorta.	15	190	Klemme auf die Aorta.
5	195		16	205	
6	195		17	200	
7	195	Klemme ab.	18	205	Klemme ab.
8	180		19	185	
9	185		20	185	
10	185		21	185	
11	190		22	185	

Die erste Zuklemmung der Aorta hat in diesem Versuch keine so deutliche Wirkung gehabt wie die zweite — wahrscheinlich in Folge dessen, dass die Aorta das erste Mal nicht ganz verschlossen war.

II. Kaninchen in Rückenlage. Nadeln in den rechten Adductores.

Zeit.	Scalentheile.	Bemerkungen.	Zeit.	Scalentheile.	Bemerkungen.
h m			h m		
10 27	250		10 48	250	
28	245		50	240	
29	245		51	—	
31	245		52	270	
33	—	Klemme auf die Aorta.	54	260	
34	290		56	250	
35	310		58	250	
36	300		11 1	250	
37	310		3	—	Klemme auf die Aorta.
38	320		4	270	
39	—	Klemme ab.	5	280	
40	260		6	280	Muskelzittern.
41	260		7	290	
42	260		8	260	Klemme ab.
43	260		10	—	
45	—	Serre-fine auf die linke	12	230	
		A. cruralis.	14	230	
46	260		16	230	

In diesem Versuche hat die Zuklemmung der Aorta das erste wie das zweite Mal sofort eine Erhöhung der Reizbarkeit hervorgerufen;

die Befreiung der Aorta vom äusseren Druck hat im Gegentheil eine Verminderung der Reizbarkeit verursacht. Die Zuschliessung der Cruralis an der entgegengesetzten Seite, welche unzweifelhaft einen gesteigerten Blutzufluss zur experimentirten Seite hervorrief, hatte zur Folge eine deutliche Abnahme der Reizbarkeit; die nachfolgende Oeffnung der Cruralis hatte den entgegengesetzten Erfolg. Das Muskelzittern hat die Reizbarkeit auf einmal und bedeutend heruntergesetzt.

III. Dieselbe Lage des Kaninchens, wie in Versuch I und II. Carotis und Cruralis rechts abpräparirt, in die linken Adductores die Nadeln eingestochen.

Zeit.	Scalentheile.	Bemerkungen.	Zeit.	Scalentheile.	Bemerkungen.
h m			h m		
10 54	250		11 14	210	
55	250		17	220	
56	250		21	230	
57	260		22	240	
58	250		23	230	
59	—	Serre-fine auf die rechte Cruralis.	24	230	Klemme auf die Aorta.
11 —	240		25	250	
2	230		27	260	Klemme ab.
3	230		28	250	
4	230	Serre-fine auf die rechte Carotis.	29	240	
			30	240	
5	230		31	240	
6	230		32	240	Klemme auf die Aorta.
7	225	Serre-fine ab von der Cruralis.	33	250	
			34	260	
8	230		35	260	Klemme ab.
9	225	Serre-fine ab von der Carotis.	37	230	
			38	240	

Die Hyperämie, welche durch die Einklemmung der Cruralis auf der anderen Seite hervorgerufen wurde, hat auch in diesem Versuche ein merkliches Sinken der Erregbarkeit hervorgerufen. Die Zuklemmung der Carotis bei zugeklemmter Cruralis hat keine merkliche Wirkung gehabt; die Erregbarkeit hat nur nach einiger Zeit ihre frühere Höhe erreicht. Die Zuklemmung der Aorta hat auch in diesem Versuche eine rasche Erhöhung der Erregbarkeit hervorgerufen, nur war die absolute Zahl der Erhöhung nicht so gross, wie in den früheren Versuchen. Wahrscheinlich kam es dadurch, dass die Cruralis vorher lange zugeklemmt war; diese Arterie hat ihre normalen Dimensionen nicht erreicht, sogar dann als die Serre-fine abgenommen wurde, es war also in den Muskeln noch vor der Einklemmung der Aorta eine relative Anämie, und deswegen konnte die Einklemmung keine sehr grosse Wirkung ausüben.

IV. Dasselbe Kaninchen, welches zum Versuch III diente. Rückenlage. Nadeln in die Adductores.

Zeit.	Scalentheile.	Bemerkungen.	Zeit.	Scalentheile.	Bemerkungen.
h m			h m		
4 30	275		4 50	260	
31	280		52	260	Klemme auf Aorta.
32	280		54	285	
33	280		55	290	
34	280		57	250	
37	270		58	245	
38	270		59	240	
39	270		5 —	240	
40	270		1	240	Klemme ab.
41	270	Klemme auf Aorta.	2	200	
42	295		3	195	
43	295		4	205	
44	285		5	215	
45	250		6	220	
46	255		7	220	
48	260		8	220	
49	260				

Auch dieses Mal gab die Zuklemmung der Aorta eine unzweifelhafte Erhöhung der Erregbarkeit; nur ist in diesem Versuche, besonders bei der zweiten Zuklemmung, eine sinkende Reizbarkeit schon während der Zuklemmung zu bemerken. Aber nach einigen Minuten hörte dieses Sinken auf, und nur als die Klemme heruntergenommen wurde, ist die Erregbarkeit wieder rasch gesunken und nur nachträglich allmählich gestiegen, aber nicht bis zur früheren Höhe.

V. Einem Kaninchen ist die Haut auf beiden Gastroknemien abpräparirt; die Elektroden wurden in diesem Versuche nicht in die Muskeln gestochen, sondern nur angelegt. Diese Untersuchungsweise ist nicht so sicher, da man nicht vollkommen überzeugt sein kann, dass die Elektroden wirklich jedesmal an eine und dieselbe Stelle angelegt wurden. Nun unterliegt es aber keinem Zweifel, dass verschiedene Stellen eines

und desselben Muskels verschiedene Reizbarkeit besitzen, je nach der
Nähe des Nerven und einigen anderen Bedingungen. In den Intervallen
zwischen zwei Bestimmungen wurden die Muskeln durch die abpräparirte Haut zugedeckt.

Zeit.	Scalentheile.		Bemerkungen.	Zeit.	Scalentheile.		Bemerkungen.
h m	Rechts.	Links.		h m	Rechts.	Links.	
11 5	250	250	Rechte Cruralis	12 5	270	190	
			unterbunden.	20	260	180	
20	255	210		35	250	190	
35	290	190		50	250	190	
50	300	200					

In diesem Versuche hat die Ligatur der rechten Cruralis eine Erhöhung der Erregbarkeit auf der rechten Seite hervorgerufen, welche
1 Stunde 45 Minuten anhielt; links ist die Erregbarkeit gesunken, und
stieg nicht mehr bis zur früheren Höhe.

VI. Kaninchen in Rückenlage. Zwei Paar Nadeln sind beiderseits
in entsprechende Stellen des M. extensor genu quadriceps und in gleicher
Entfernung unter einander gestochen, dann mittels Drähten, in denen
ein Commutator eingeschaltet war, mit der zweiten Spirale des Schlittenapparates vereinigt. Man konnte bei dieser Einrichtung die Reizbarkeit
beider Muskeln in 5—10 Secunden bestimmen.

Zeit.	Scalentheile.		Bemerkungen.	Zeit.	Scalentheile.		Bemerkungen.
h m	Rechts.	Links.		h m	Rechts.	Links.	
11 8	195	215		11 34	195	190	
10	190	215		36	200	190	Klemme ab.
12	190	210		38	200	195	
14	190	210	Serre-fine auf die	41	195	195	
			rechte Cruralis.	43	195	200	
16	205	205		45	190	195	
18	205	205		47	190	190	Klemme auf Aorta.
20	205	205		49	200	195	
22	205	210	Serre-fine ab.	51	205	185	
24	200	215		53	200	185	Klemme ab.
26	197	215		55	195	170	
28	195	215		57	195	180	
20	190	210		12 —	195	190	
82	200	215		3	190	190	

In diesem Versuche ist der Umstand beachtenswerth, dass beide
Muskeln sich verschieden zu der Einklemmung der Aorta verhielten: in

dem linken hat die Anämie nur eine sehr rasch vorübergehende Erhöhung hervorgerufen, welcher gleich ein Sinken folgte. Aller Wahrscheinlichkeit nach hängt dieser Umstand davon ab, dass das Kaninchen schon den Tag vorher zu einem Muskelversuche gebraucht wurde, und zwar wurde links experimentirt.

VII. Die Nadelelektroden sind in beide Gastroknemien eingestochen und mit dem Commutator in verbunden.

Zeit.		Scalentheile.		Bemerkungen.
h	m	Rechts.	Links.	
10	40	180	245	
	43	185	240	
	45	185	240	
	47	175	240	
	49	180	235	
	51	180	230	
	53	180	230	Serre-fine auf die linke Cruralis.
	55	180	225	
	57	175	230	
	59	175	230	
11	1	175	230	
	3	175	230	
	5	175	230	
	7	175	235	
	9	175	230	

Zeit.		Scalentheile.		Bemerkungen.
h	m	Rechts.	Links.	
11	11	170	235	
	18	—	—	Klemme auf Aorta.
	19	170	230	
	21	—	—	Zittern, fibrilläre Muskelcontractionen.
	23	—	—	Die Klemme niedriger. Zittern hörte auf.
	25	190	240	
	27	190	250	
	29	190	250	
	31	145	245	
	28	145	240	Klemme herunter.
	40	180	225	

Die Zuschliessung der Cruralis hatte in diesem Versuch fast gar keine Wirkung: bei der Präparation hat sich die Arterie nahezu bis zum Verschwinden (für das blosse Auge) contrahirt und blieb sehr lange in diesem Zustande. Die Muskeln links waren also schon anämisch — was sich durch die bedeutend grössere Reizbarkeit in Verhältniss zu den Muskeln der rechten Seite äusserte.

VIII. Versuch ganz wie VI.

Zeit.		Scalentheile.		Bemerkungen.
h	m	Rechts.	Links.	
11	12	280	220	Die bedeutende Differenz der Reizbarkeit der Muskeln
	15	289	190	beider Seiten wurde dadurch hervorgerufen, dass bei
	18	285	200	dem Präpariren der A. cruralis der N. cruralis
	21	280	200	mechanisch gereizt wurde.

Klemme auf die Aorta.

32*

Zeit.	Scalentheile.		Bemerkungen.	Zeit.	Scalentheile.		Bemerkungen.
h m	Rechts.	Links.		h m	Rechts.	Links.	
24	295	240		11 42	285	210	
27	280	235		45	280	180	
30	285	225	Klemme ab.	48	280	190	Serre-fine ab.
33	275	210		51	280	200	
36	275	210		54	270	190	
39	270	210	Serre-fine auf die rechte Cruralis.	57	275	190	
				12 —	270	185	

Die Anämie hat in diesem Versuche auf der rechten Seite eine viel kleinere Wirkung ausgeübt, als auf der linken — wahrscheinlich weil die Muskeln rechts schon anämisch waren, in Folge der Reizung des Nerven (seiner vasomotorischen Zweige) und der Präparation der Arterie.

Aus allen angeführten Versuchen ist klar, dass wenn auch die Paralyse der hinteren Extremitäten, welche sehr bald nach der Unterbindung der Bauchaorta eintritt, in der That einer Veränderung der Centren im Rückenmarke zuzuschreiben ist, nichtsdestoweniger die Unterbindung der Aorta auch im Muskel selbst eine Reihe von Vorgängen hervorruft, welche schliesslich zu einer vollständigen Functionsunfähigkeit führen. Die Reizbarkeit steigt bedeutend in den ersten Minuten, um nachher ziemlich rasch zu sinken.

Man könnte allerdings auch diese Erscheinung in Zusammenhang bringen mit der Veränderung der Nervencentren des Rückenmarkes; nämlich man könnte sagen, dass die Anämie Anfangs eine grössere Reizbarkeit der Rückenmarkscentren hervorruft, welche sich zum Muskel durch die Nerven fortpflanzt, und welche bei nachfolgender Paralyse durch eine verringerte Reizbarkeit ersetzt wird. Nur spricht gegen eine solche Voraussetzung schon der Umstand, dass bei Unterbindung der Cruralis, die gar keinen Einfluss ausübt auf den Blutgehalt des Rückenmarks, man dieselben Erscheinungen wie bei Unterbindung der Aorta in den Muskeln beobachtet. Die Erscheinungen sind nicht so ausgeprägt, wie bei Zuklemmung der Aorta, weil auch die Anämie keine so vollständige ist: schon vom Moment der Unterbindung der Cruralis an entwickelt sich ein Collateralkreislauf, welcher sehr bald die Wirkung der Cruralisligatur vollständig vernichtet.

Um aber sich zu überzeugen, dass auch bei Unterbindung der Aorta die Steigerung der Muskelirritabilität eine rein örtliche Wirkung der Anämie, und nicht eine Folge einer Reizung der Nervencentren ist, machte ich eine zweite Reihe von Versuchen an Thieren, bei denen früher die Nerven derjenigen Muskeln, welche dem Experimente unterworfen wurden, durchschnitten waren.

Zweite Versuchsreihe

welche beweist, dass die Steigerung der Erregbarkeit der Muskeln bei Unterbindung der Aorta nicht von einer Wirkung auf das Rückenmark abhängt.

IX. Kaninchen, welchem einen Tag vorher der linke Ischiadicus durchschnitten wurde. Versuchsordnung wie in den Versuchen erster Reihe. Die Nadelelektroden in den Gastroknemien.

Zeit.		Scalentheile.		Bemerkungen.	Zeit.		Scalentheile.		Bemerkungen.
h	m	Rechts.	Links.		h	m	Rechts.	Links.	
3	45	215	285		4	5	215	215	Klemme auf Aorta.
	47	215	190			7	225	220	
	48	210	190			8	240	225	
	49	215	190			9	240	235	
	50	215	190			10	245	240	
	51	220	190			12	250	255	
	52	220	190			13	250	255	
	53	220	190	Klemme auf Aorta.		14	240	245	
	54	230	195			15	240	240	
	55	240	195			16	230	230	
	57	225	190	In den linken Gastroknemius die Nadeln besser eingestochen.		18	220	225	
						20	225	225	
						22	225	225	
						24	225	225	
	59	225	210			26	225	220	
4	1	215	215			28	220	220	
	2	215	215			30	220	225	
	3	215	215						

In diesem Versuche hat die Zuklemmung der Aorta denselben Einfluss gehabt auf die Muskeln der Extremität mit durchschnittenem wie auf die mit nicht durchschnittenem Ischiadicus. Nach dem Versuch wurde die Reizbarkeit des N. ischiadicus untersucht: bei verhältnissmässig schwachem elektrischen Reiz des Nerven gaben die betreffenden Muskeln eine vollständige Contraction.

X. Kaninchen, bei dem Tags vorher der Cruralis durchschnitten wurde. Die Nadelelektroden in dem Rectus femoris.

Zeit.	Scalentheile.	Bemerkungen.	Zeit.	Scalentheile.	Bemerkungen.
h m			h m		
3 10	200	Serre-fine auf die Cruralis.	3 25	210	Serre-fine ab.
			30	180	
15	200		40	190	
20	220		50	200	

Die Reizbarkeit des N. cruralis bei nachfolgender Untersuchung zeigte sich niedriger als im normalen Zustande: um die Contraction der Muskeln vom N. cruralis aus hervorgerufen, musste man einen ziemlich starken Strom anwenden.

XI. Kaninchen, bei dem der rechte N. cruralis zwei Tage vor dem Versuche durchschnitten wurde. Die Nadeln in den Extensores cruris.

Zeit.	Scalentheile.		Bemerkungen.	Zeit.	Scalentheile.		Bemerkungen.
h m	Rechts.	Links.		h m	Rechts.	Links.	
10 17	240	220		10 31	235	234	
19	240	220		33	255	240	
20	240	220		35	255	240 Klemme ab.
21	240	220 Klemme auf Aorta.	37	210	215	
22	250	225		39	215	215 Klemme auf Aorta.
24	270	260 Klemme ab.	42	230	220	
26	225	225		44	245	230 Klemme ab.
28	225	220		48	220	195	
30	225	220 Klemme auf Aorta.				

Der N. cruralis zeigte sich bei der Untersuchung nach dem Versuche als vollkommen reizbar.

XII. Kaninchen, bei dem der linke N. ischiadicus drei Tage vor dem Versuche durchschnitten wurde. Nadeln in den Gastroknemien.

Zeit.	Scalentheile.		Bemerkungen.	Zeit.	Scalentheile.		Bemerkungen.
h m	Rechts.	Links.		h m	Rechts.	Links.	
4 24	235	145		4 45	235	140	
26	230	140		47	235	135 Klemme ab.
28	225	140		49	205	130	
30	225	140		51	295	185	
32	225	135		53	205	185 Klemme auf Aorta.
34	225	125		55	215	140	
37	225	135		57	240	140 Klemme ab.
39	220	135		59	215	135	
41	220	130 Klemme auf Aorta.	5 1	210	135	
43	220	130		3	215	130	

Die Untersuchung der Nerven nach dem Versuche zeigte, dass die Reizbarkeit des rechten N. ischiadicus vollkommen normal war; aber durch den linken N. ischiadicus konnte man mit keinem Strom eine Muskelcontraction hervorrufen: die Reizbarkeit war vollkommen verschwunden.

Die zweite Versuchsreihe beweist also auf das Bestimmteste, dass die Erhöhung der Reizbarkeit in den Muskeln nach verhindertem Blutzufluss auch bei vollständiger Abtrennung derselben vom Rückenmark stattfindet, dass also die Wirkung der Anämie eine rein örtliche ist. Gleichzeitig aber stellen die Versuche X und XII die Frage auf, worin diese örtliche Wirkung eigentlich besteht? Wir sehen, dass in diesen zwei Versuchen die Anämie eine verhältnissmässig sehr kleine Wirkung ausübte, wobei die Nerven in diesen Versuchen sich als wenig oder gar nicht reizbar herausstellten.

Die unbeträchtliche Wirkung der Anämie in den Versuchen X und XII kann auf dreierlei Art erklärt werden:

1. Die Anämie übt ihre Wirkung hauptsächlich auf die Nervenendigungen in den Muskeln. In den gegebenen Versuchen ist der anatomische Bau dieser Nervenenden in Folge der Durchschneidung schon verändert, und darum hat die Anämie keine volle Wirkung gehabt.

2. Die Anämie wirkt hauptsächlich auf die Muskelfaser selbst; in den gegebenen Versuchen ist der Ernährungszustand der Muskelfaser schon verändert und darum hat die Anämie keine volle Wirkung ausgeübt.

3. Die Anämie kann ihre volle Wirkung ausüben nur bei normalem Ernährungszustande der Gefässwände und bei der Lebensfähigkeit derjenigen Gruppe der Vasomotoren, welche die Gefässe verengern; nur bei diesen Bedingungen ist eine vollständige Entblutung der Muskeln möglich — und eine volle Wirkung der Anämie. In den gegebenen Versuchen ist in Folge der vorhergegangenen Durchschneidung des Nerven die Ernährung (ihre Elasticität) der Gefässwände verändert; hauptsächlich aber haben die verengerten Vasomotoren ihre Lebensfähigkeit eingebüsst. Darum hat auch die Anämie nicht ihre volle Wirkung geäussert.

Wir werden weiter unten sehen, welche von diesen Voraussetzungen die wahrscheinlichere ist.

B. Ueber das Verhalten der Vasomotoren zur Muskelirritabilität.

Alle Versuche der zweiten Reihe habe ich an Kaninchen gemacht, denen die Nerven wenigstens einen Tag vorher durchschnitten wurden. Die Nothwendigkeit dieses Intervalls zwischen der Operation und dem Versuche hat sich schon im ersten Probeversuche, den ich hier anführe, gezeigt.

XIII. Probeversuch.

Zeit. h m	Scalentheile.	Bemerkungen.	Zeit. h m	Scalentheile.	Bemerkungen.
10 55	40	N. cruralis durch-schnitten; Serre-fine auf die Art. cruralis.	11 20	65	Serre-fine wieder auf die Cruralis.
			30	70	
11 —	70		45	95	Serre-fine ab.
5	65	Serre-fine ab.	12 —	80	
10	70		20	70	

Es unterliegt keinem Zweifel, dass hier eine Steigerung der Erregbarkeit stattgefunden hat, aber man kann sie nicht ausschliesslich der Unterbindung der Arterie zuschreiben. Als ich die Serre-fine von der Arterie heruntergenommen habe, und die letztere vollkommen durchgängig wurde, war die Erregbarkeit noch nach einer halben Stunde sehr hoch. Aller Wahrscheinlichkeit nach spielte hier eine Rolle die eigentliche Durchschneidung des Nerven, dessen Wirkung sehr lange anhielt.

Das war aber eben noch zu beweisen. Bekanntlich haben sehr viele Physiologen den Einfluss der Durchschneidung der Nerven auf die Reizbarkeit studirt, aber dabei fast ausschliesslich nur das Nervenende untersucht und zwar nur bei Fröschen. Für Kaninchen giebt es gar keine Zahlen in dieser Hinsicht.

Ich habe darum eine Reihe von Versuchen gemacht, in denen ich Kaninchen verschiedene Nerven durchschnitten habe und dabei die Reizbarkeit unmittelbar am Muskel untersuchte.

Dritte Versuchsreihe,

welche beweist, dass die Reizbarkeit der Muskeln sich bedeutend vergrössert unmittelbar nach der Durchschneidung der betreffenden Nerven.

XIV. Vorversuch. Reizung wird ausgeübt nur durch Anlegung der Elektroden an die Gastroknemien; unter die Haut der linken Extremität ist ein empfindliches Thermometer eingeführt, unter den linken N. ischiadicus ist ein Faden durchgeführt.

Zeit.	Temperatur.	Scalentheile.		Bemerkungen.
h m		Rechts.	Links.	
10 45	27·0	—	—	
11 —	26·2	260	270	
30	24·8	—	- ·	Linker N. ischiadicus durchschnitten.
32	24·4	—	—	
35	24·8	260	380	
45	24·4	250	390	
12 —	28·5	240	400	
30	28·8	220	200	
45	29·2	220	270	

Aus diesem Versuche ist zu sehen, dass die Steigerung der Erregbarkeit der Muskeln der linken Extremität, wo der Nerv durchschnitten wurde, eine sehr bedeutende war, und eine Stunde anhielt. Es ist hier noch das zu bemerken, dass die Reizbarkeit schon im Abnehmen war, als die Temperatur noch immer stieg.

XV. Faden unter dem N. cruralis; Elektroden in dem M. extensor cruris.

Zeit.	Scalentheile.	Bemerkungen.	Zeit.	Scalentheile.	Bemerkungen.
h m			h m		
10 51	210		11 1	210	N. cruralis durch-
53	210				schnitten.
54	210		2	210	
55	210		3	210	
56	210		4	228	
57	210		5	215	
11 —	210		6	215	

XVI. Kaninchen in Bauchlage, unter dem N. ischiadicus ein Faden, in den Gastroknemien Nadelelektroden.

Zeit.	Scalentheile.	Bemerkungen.	Zeit.	Scalentheile.	Bemerkungen.
h m			h m		
11 41	200		11 48	225	
42	210		49	220	
43	210		50	215	
44	200		51	215	
45	200	Die Elektroden tiefer eingestellt.	52	215	
			53	215	
46	235		12 10	215	N. ischiadicus durch-
47	230				schnitten.

Zeit. h m	Scalentheile.	Bemerkungen.		Zeit. h m	Scalentheile.	Bemerkungen.
12	245			12 21	210	
13	250			22	205	
14	240			23	205	
15	225			24	205	
16	225			25	205	
17	220			26	205	
18	220			27	205	
19	215			28	205	
20	210			29	205	

XVII. Versuchsordnung wie XVI.

Zeit. h m	Scalentheile.	Bemerkungen.		Zeit. h m	Scalentheile.	Bemerkungen.
11 47	255			11 59	245	
49	255			12 —	240	
50	255			1	235	
51	255			2	235	
52	255	N. ischiadicus durch-schnitten.		3	235	
53	255			4	235	
54	270			5	235	
55	270			6	245	
56	265			7	235	
57	255			8	235	
58	255			6	230	

XVIII. Versuchsanordnung wie in XVI.

Zeit. h m	Scalentheile.	Bemerkungen.		Zeit. h m	Scalentheile.	Bemerkungen.
4 5	275	Beim Präpariren wurde		4 16	250	
6	275	der N. ischiadicus etwas		17	250	
7	275	gezerrt und dadurch ge-		18	250	
8	275	reizt, und das Eintreten		19	240	
9	270	der normalen Reizbar-		20	240	
10	275	keit musste nun erst ab-		21	240	N. ischiadicus durch-schnitten.
11	270	gewartet werden.		22	250	
12	270			23	285	
13	260			24	270	
14	255			25	270	
15	255					

Zeit.	Scalentheile.	Bemerkungen.		Zeit.	Scalentheile.	Bemerkungen.
h m				h m		
26	260			4 31	240	
27	250			32	235	
28	250			35	225	
29	240			40	225	

Da mich die vorhergehende Versuchsreihe überzeugte, dass bei Warmblütern die Durchschneidung der Nerven eine ähnliche Erregbarkeitssteigerung der Muskeln hervorruft, wie die künstlich erzeugte Anämie,
so entsteht bei mir die Frage, ob nicht ein Causalnexus zwischen
diesen beiden Erscheinungen existirt, oder, besser gesagt, ob nicht die
Erregbarkeitssteigerung bei Durchschneidung der Nerven durch Anämie
hervorgerufen wird?

Die herrschende Ansicht über die Gefässnerven erlaubte mir vorauszusetzen, dass nach Durchschneidung der Ischiadici eine vorübergehende Contraction der Gefässe, in Folge einer Reizung der gefässverengernden Nerven eintreten muss.

Wenn wir nämlich kurz den gegenwärtigen Stand der Frage über
die Vasomotoren resumiren, so müssen wir Folgendes sagen:

1. In den Gefässwänden selbst existiren Nervencentren, von denen
der Gefässtonus abhängt; die Thätigkeit dieser Centren verursacht eine
Verengerung der Gefässe.

2. Von aussen her gehen zu den Gefässen zweierlei Nerven. Die
einen verengern das Gefässlumen durch directe Wirkung auf die Kreis-
fasern, oder durch die Verstärkung der Thätigkeit der localen Centren.
Die anderen sind Hemmungsfasern, durch deren Wirkung die Local-
centren paralysirt werden. Es tritt eine Erweiterung der Gefässe ein
bei starker Reizung sogar sehr ermüdeter oder veränderter Nerven (in
diesen Fällen ist die Reizbarkeit verringert).

3. Die gefässverengernden Nerven sind weniger reizbar, als die
Hemmungsfasern; in Folge dessen bekommt man bei schwachem Reize
eine Erweiterung der Gefässe; aber die verengernden Nerven sind zahlreicher als die Hemmungsfasern, darum bekommt bei starkem Reiz die
Verengerung der Gefässe die Oberhand.

Dieser Theorie gemäss kann man den Einfluss der Nervendurchschneidung auf die Muskelreizbarkeit folgendermaassen erklären:

In den ersten Momenten nach der Durchschneidung, wenn die
Nervenreizung noch sehr stark ist, dominiren die Constrictoren; es tritt
Anämie ein und in Folge dessen eine erhöhte Erregbarkeit. Nach einiger

Zeit wird aber der Reiz immer schwächer, so dass er ungenügend ist, um auf die Verengerer zu wirken, aber vollständig hinreichend, um die Hemmungsfasern zu reizen: es tritt nun Hyperämie ein und Sinken der Muskelerregbarkeit.

Wenn meine Erklärung richtig ist, wenn die Nervendurchschneidung wirklich dadurch einen Einfluss ausübt auf die Reizbarkeit, dass sie das Lumen der Gefässe und den Blutgehalt der Muskeln verändert, so muss:

1. Bei Stockung des Kreislaufes in den Muskeln die Durchschneidung gar keinen Ausfluss ausüben,

2. Bei Curarisirung bis zur Paralyse der motorischen Nerven bei intacten Vasomotoren die Durchschneidung noch ihren Einfluss äussern.

Beides wird bestätigt durch meine letzte Reihe von Versuchen.

Vierte Versuchsreihe.

XIX. Vorversuch. Unter dem rechten N. ischiadicus ist ein Faden gelegt, unter die Haut der rechten Extremität ein Thermometer eingeführt.

Zeit.	Temperatur.	Scalentheile.		Bemerkungen.
h m		Rechts.	Links.	
10 45	26·8	200	180	
11 6	—	—	—	Unterbunden die Art. cruralis.
15	—	260	180	
30	—	240	180	
45	24·8	230	170	
12 9	24·7	—	—	Durchschnitten der rechte N. ischiadicus.
12	25·4	—	—	
15	24·8	230	180	
30	24·4	235	180	
45	24·4	235	190	

XX. Unter den rechten N. ischiadicus ein Faden untergelegt, Nadeln in die Gastroknemien.

Zeit.	Scalentheile.		Bemerkungen.	Zeit.	Scalentheile.		Bemerkungen.
h m	Rechts.	Links.		h m	Rechts.	Links.	
11 2	235	260		11 12	260	280	
4	245	260		13	265	305	
6	240	270		14	270	310	
7	240	270		15	270	315	
8	245	270		16	275	320	
9	245	270		17	275	330	
10	240	270	Klemme auf Aorta.	18	280	320	

Zeit.		Sealentheile.		Bemerkungen.	Zeit.		Sealentheile.		Bemerkungen.
h	m	Rechts.	Links.		h	m	Rechts.	Links.	
11	19	280	315		11	51	205	265	
	20	280	310			52	195	235	
	21	280	395			54	195	225	
	22	285	295			55	195	225	
	23	285	290			56	195	230	
	24	280	280			57	200	235	
	25	280	270	Klemme ab.		58	200	240	
	28	225	275			59	200	245	
	30	200	250		12	—	205	245	
	31	220	225			1	205	250	
	33	220	260			2	210	250	
	34	230	260			3	210	250	
	35	220	250	Klemme auf Aorta.		4	210	250	
	37	230	280			5	210	255	
	38	240	290			6	210	260	
	39	245	300			7	210	260	
	40	255	310			8	210	260	
	41	260	310			9	215	265	
	42	260	305			10	210	265	
	43	260	300	Rechter Ischiadicus		11	215	265	
				. durchschnitten.		12	215	265	
	45	240	260			13	215	265	
	47	250	250	Klemme ab.		14	210	270	
	48	245	225			15	210	265	
	49	220	280						

In diesem Versuche hat die Zuklemmung der Aorta beide Mal eine bedeutende Erhöhung der Reizbarkeit hervorgerufen; die Durchschneidung aber des rechten Ischiadicus hat nicht nur keine Erhöhung der Reizbarkeit hervorgerufen, sondern sogar ein rascheres Sinken derselben. Bei Abnahme der Klemme hat sich die Reizbarkeit des linken Gastroknemius Anfangs schnell und dann allmählich gehoben bis sie zur früheren Höhe kam; die Reizbarkeit aber des rechten Gastroknemius ging weiter, und nur nach einiger Zeit fing sie an sehr langsam zu steigen; die frühere Höhe hat sie nicht mehr erreicht. Man kann sich das Alles erklären durch den verschiedenen Blutgehalt in dem rechten und linken Muskel, bedingt durch den Zustand der localen Centren in den Gefässen.

XXI. Unter den rechten N. ischiadicus ist ein Faden durchgeführt, in die Gastroknemien sind Nadeln gestochen.

Zeit.	Scalentheile.		Bemerkungen.
h m	Rechts.	Links.	
10 39	200	205	
40	205	205	
42	205	205	
43	210	205	
44	210	205	
45	210	200	Klemme auf Aorta.
47	210	215	
48	—	225	
49	—	—	
50	—	—	} Muskeln zittern.[1]
51	—	—	
52	—	220	
53	226	215	
54	225	215	
55	230	210	
56	230	210	
57	230	210	
58	230	205	Rechter Ischiadicus durchschnitten.
59·5	235	205	
11 1	220	190	

Zeit	Scalentheile.		Bemerkungen.
h m	Rechts.	Links.	
2	220	185	Klemme ab.
4	225	195	
5	190	195	
6	185	195	
7	185	190	
8	185	190	
9	185	100	Unter den linken Ischiadicus ein Faden gelegt.
10	185	190	
15	190	190	
16	190	190	
17	190	190	Linker Ischiadicus durchschnitten.
18·5	195	215	
20	195	210	
21	195	205	
22	195	200	
23	195	200	
24	195	195	
25	195	195	.

Aus diesem Versuche ist die Differenz im Erfolge der Nervendurchschneidung bei offenem und geschlossenem Gefäss klar zu sehen.

XXII. Unter die linke A. cruralis sowie unter beiden Nn. ischiadici sind Fäden durchgeführt. Nadeln in den Gastroknemien.

Zeit.	Scalentheile.		Bemerkungen.
h m	Rechts.	Links.	
5 57	215	280	
59	215	280	
6 —	215	285	
2	220	290	
3	220	290	

Zeit.	Scalentheile.		Bemerkungen.
h m	Rechts.	Links.	
6 4	220	290	
5	220	290	Linke A. cruralis unterbunden.
8	215	320	
10	220	320	

[1] In der letzten Zeit hat Freusberg (Ueber das Zittern, *Archiv für Psychiatrie*, VI, S. 57—83) eine Untersuchung über das Wesen des Zitterns veröffentlicht. Er kam zu dem Schlusse, dass hier die Hauptrolle Kreislaufsstörungen in den Centren spielen. Meine Versuche bestätigen das, beweisen aber zugleich, dass es sich hier nicht um eine bedeutende Steigerung der Erregbarkeit handelt, sondern um eine unregelmässige Vertheilung des Reizes nach der Zeit.

Zeit.	Scalentheile.		Bemerkungen.		Zeit.	Scalentheile.		Bemerkungen.
h m	Rechts.	Links.			h m	Rechts.	Links.	
11	215	315			20	225	290	Rechter Ischiadicus
13	220	315	Linker Ischiadicus					durchschnitten.
			durchschnitten.		22	250	295	
15	220	295			24	250	290	
17	225	290			26	260	290	
18	225	290			28	250	295	
19	225	285			30	250	285	
					32	250	270	

An diesem Versuche ist hervorragend die Differenz zwischen der Durchschneidung des Ischiadicus bei freier und unterbundener A. cruralis.

Der nachfolgende letzte Versuch ist basirt auf der von vielen Forschern constatirten Thatsache, dass es eine Periode bei Vergiftung mit Curare giebt, in welcher der Sympathicus sowie überhaupt die Gefässnerven (auch Vagus) noch nicht paralysirt sind, während die motorischen Nerven schon auf die stärksten Reize nicht reagiren.

XXIII. Kaninchen, künstliche Athmung; in die V. jugularis eine Canüle eingestellt, in welche Curarelösung *in refracta dosi* eingespritzt wird, bis der abpräparirte Plexus brachialis bei Reizung keine Contraction der Muskeln gab. Vagus ist nicht paralysirt (Sistiren der künstlichen Athmung ruft Stillstand des Herzens hervor). Unter dem rechten N. ischiadicus liegt ein Faden. In die Gastroknemien sind die Nadelelektroden gestochen.

Zeit.	Scalentheile.		Bemerkungen.		Zeit.	Scalentheile.		Bemerkungen.
h m	Rechts.	Links.			h m	Rechts.	Links.	
5 13	160	170			5 29	210	230	
14	160	170			31	210	225	
15	160	180			33	205	230	
16	165	180			35	210	225	Klemme ab.
17	165	185			36	200	210	
18	165	190			38	195	210	
19	175	190			40	195	205	
20	185	190			41	185	205	Rechter Ischiadicus
23	180	195						durchschnitten.
24	—	—	Klemme auf Aorta.		42	240	205	
25	180	230			44	230	200	
27	200	235			46	230	205	

Gleich nach Beendigung des Versuches wurde der Ischiadicus untersucht; auch mit den stärksten Strömen erfolgten keine Contractionen.

Durchschneidung des Sympathicus am Halse gab die bekannte Erweiterung der Ohrgefässe; seine Reizung Verengerung dieser Gefässe. Die Vasomotoren waren also noch nicht ergriffen, während die motorischen Nerven schon vollkommen paralysirt waren.

Dieser Versuch beweist:

1. Dass die Anämie ihre Wirkung nicht auf die Nervenendigungen, sondern unmittelbar auf die Muskelsubstanz selbst ausübt;

2. dass die Durchschneidung der Nerven hauptsächlich (bei warmblütigen Thieren) den in letzteren erhaltenen Vasomotoren ihre Wirkung verdankt.

Ich halte es für eine angenehme Pflicht, Hrn. Prof. Rosenthal in Erlangen meinen innigsten Dank auszusprechen für die Liebenswürdigkeit und Bereitwilligkeit, mit denen er mir die Mittel seines Laboratoriums zur Verfügung stellte.

Ueber angeborene Farbenblindheit.

Von

Dr. v. Kries und **Dr. Küster.**

Aus der physiologischen Anstalt zu Leipzig.

Wenn wir mit den nachstehenden Zeilen die schon so reiche Literatur der angeborenen Farbenblindheit vermehren, so geschieht dies wesentlich im Hinblick auf die theoretischen Folgerungen, welche aus den hierher gehörigen Thatsachen gezogen worden sind.

Die Annahme, dass die Vielheit unserer Gesichtsempfindungen hervorgebracht wird durch das Zusammenwirken einer relativ geringen Zahl von Componenten hat in neuerer Zeit mehr und mehr Boden gewonnen. In überraschend einfacher Weise konnte man sich die angeborene vollständige Farbenblindheit erklären als hervorgebracht durch das gänzliche Fehlen einer solchen Componente, und die Thatsache, dass man diesen Farbenblinden alle Farbentöne aus zwei passend gewählten mischen kann während für ein normales Auge hierzu drei erfordert werden, wurde vollkommen verständlich. Es war aber weiter noch leicht zu sehen, dass das Sehen des Farbenblinden über die Beschaffenheit dieser hypothetischen Componenten einen Aufschluss zu geben versprach; denn je nach der Natur der Componenten, deren Fehlen die Abnormität bedingte, musste man erwarten, würden ganz verschiedene Paare ungleicher Farben für gleich gehalten werden. An die Feststellung dieser Componenten hat sich, wie bekannt, ein besonderes Interesse geknüpft, insofern die eine von Hering entwickelte Vorstellung eine bedeutungsvolle Umgestaltung der allgemeinen Nervenphysiologie postulirte. Seit geraumer Zeit nun wird für diese Frage die angeborene Farbenblindheit verwerthet; merkwürdigerweise aber hat es geschehen können, dass in ihr sowohl Vertreter der neueren Hering'schen Lehre, als auch die Anhänger der älteren Helmholtz'schen, welche in gewissem Sinne jener entgegengesetzt ist, Unterstützung zu finden meinten.

Wie wir glauben hat dieser Zwiespalt einestheils darin seine Veranlassung, dass man bei der Untersuchung nicht immer die theoretisch wichtigen Punkte vor Augen gehabt hat, anderntheils aber auch darin, dass man aus manchen Thatsachen unrichtige Schlüsse gezogen hat. Nachdem eingehende Erwägung uns zu dem Resultate geführt hatte, dass auf Grund des vorhandenen Beobachtungsmateriales keine ganz sicheren Schlüsse gemacht werden konnten, fingen wir an, selbst Untersuchungen zu machen. Die Natur unserer Untersuchungsmethode brachte es mit sich, dass zu ihrer Ausführung auch seitens der Farbenblinden grosse Aufmerksamkeit und Sorgfalt verwandt werden musste. Dieser Umstand machte es nothwendig, uns auf intelligente Leute, die selbst ein Interesse an der Sache hatten, zu beschränken. Die Zahl von Fällen, über welche wir berichten, ist dem entsprechend noch nicht gross; wir wünschen indessen nicht, die Mittheilung bis zu einer erheblichen Vermehrung hinauszuschieben, weil dies vielleicht sehr lange Zeit in Anspruch nehmen würde, und auch die kleine Zahl von Beobachtungen zu einer ziemlich sicheren Orientirung in der Frage im Grunde schon ausreichend ist.

I.

Wir setzen zunächst als bekannt voraus,[1] dass eine solche Untersuchung darauf gerichtet sein muss, Farben zu erhalten, welche den Farbenblinden genau gleich erscheinen, während sie für das normale Auge verschieden sind. Einzig so kann man sich von unbestimmbaren subjectiven Momenten unabhängig machen.

Solche „Verwechselungsgleichungen" ergeben sich nun auf Grund der beiden Theorien in verschiedener Weise; es handelt sich also darum, diesen Unterschied genau kennen zu lernen.

Gehen wir zunächst von der Helmholtz'schen aus. Wenn einem Individuum diejenige Componente fehlt, welche vorzugsweise durch die rothen Strahlen des Spectrums erregt wird und welche wir kurz als die rothempfindenden Elemente zu bezeichnen pflegen, so werden ihm zwei Lichter gleich erscheinen, wenn dieselben für das normale Auge nur hinsichtlich dieser Componente sich unterscheiden, und für die beiden übrigen gleich sind. Wir machen hierbei die Voraussetzung, dass die beiden bei

---

[1] Wenn einige Beobachter, wie z. B. Stilling und Cohn, diese Regel auch jetzt noch ausser Acht lassen und einfach aus den Benennungen Schlüsse ziehen, so kann dadurch nicht für andere Untersucher die Pflicht entstehen, die wohlbekannten Gründe, welche zur Aufstellung jenes Untersuchungsprincips führten, immer auf's Neue zu wiederholen.

den Farbenblinden vorhandenen Componenten sich genau oder wenigstens sehr annähernd, gleich verhalten, wie zwei des normalen Auges. Am einfachsten würde sich das Verhältniss für die Untersuchung darstellen, wenn es ein Licht gäbe, welches jene eine Componente allein, die anderen gar nicht erregte. Nennen wir dieses Licht R, so wäre für den Farbenblinden einfach

$$R = 0,$$

R vom Mangel alles Lichtes nicht zu unterscheiden. Aus einer solchen Gleichung ergeben sich ohne Weiteres alle überhaupt stattfindenden Verwechselungen. Wir brauchen nur zu erwägen, dass auch durch Zumischung des Lichtes R zu einer von zwei gleichen Farben die Gleichheit nicht wird aufgehoben werden können. Alle Verwechselungsgleichungen also werden sich auf die Form bringen lassen:

$$X + R = X,$$

wo X irgend ein beliebiges Licht bedeuten soll, oder auch:

$$X + R = X',$$

wenn X und X' zwei zwar objectiv verschiedene, aber auch für das normale Auge gleich erscheinende Lichter sind. Es brauchen die Verwechselungsgleichungen nicht gerade in dieser Form zu erscheinen; denn wir wissen aus den Grassmann'schen Sätzen, dass in einer Mischung beliebige einfache Lichter ersetzt werden können durch gleichaussehende Mischungen, oder Mischungen durch gleichaussehende einfache, oder endlich Mischungen durch gleichaussehende andere Mischungen. So werden auch Gleichungen, die im Grunde dasselbe bedeuten, in verschiedener Gestalt auftreten können, bei passender Reduction sich aber immer auf die obige Form bringen lassen.

Die Sache erleidet nur eine unwesentliche Modification, wenn es kein Licht giebt, welches im normalen Auge jene Componente isolirt erregt. Wenn das rothe Licht ausser den rothempfindenden auch noch schwach die violett- und grünempfindenden Elemente erregt, so wird bei Ausfall der ersteren nur die schwache Erregung der beiden letzteren übrig bleiben; dieselbe schwache Erregung dieser beiden wird auch zu erreichen sein durch irgend ein lichtschwaches Blaugrün. Es wird also nun ein helles Roth und ein lichtschwaches Blaugrün eine Verwechselungsgleichung darstellen. Bezeichnen wir dies mit Bg, so würde die Gleichung nun lauten

$$a R = b Bg,$$

wo a gross und b klein zu denken ist.

33*

Es muss in diesem Farbenpaar, weil beiderseits die grün- und violett-empfindenden Elemente gleich stark erregt werden, linkerseits aber die rothempfindenden weit stärker, für normale Augen die linke Seite heller sein als die rechte. — In ganz gleicher Weise, wie oben, zeigt sich wieder, dass diese Gleichung das Sehen des Farbenblinden vollständig charakterisirt. Jede andere Verwechselungsgleichung muss sich auf die Form bringen lassen:

$$X + n \cdot a \cdot R = X + n \cdot b \cdot Bg,$$

wo wieder X irgend ein Licht bedeutet, n aber einen beliebigen Zahlenwerth.

Nach der Theorie von Hering haben wir uns von der Farben-blindheit die folgende Vorstellung zu machen. Dieselbe ist bedingt durch den Ausfall der rothgrünen (bez. gelbblauen) Sehsubstanz. Es bleibt daher vom rothen wie vom grünen Lichte nur die Wirkung auf die schwarzweisse Sehsubstanz. Es werden daher ein rothes und ein grünes Licht, welche für das normale Auge gleich hell sind, d. i. gleiche Wir-kung auf die schwarzweisse Sehsubstanz haben, den Farbenblinden gleich hell erscheinen:

$$a R = c \, Gr,$$

wenn a und c für das normale Auge gleich helle Quantitäten sind.

Auch hier genügt die Kenntniss dieser Gleichung zur Ableitung aller Verwechselungen. Mischt man von zwei gleichen Lichtern dem einen eine Quantität Roth, dem anderen eine gleich helle Quantität Grün zu, so werden für das farbenblinde Auge nach wie vor beide identisch sein.

Der Unterschied lässt sich also kurz so angeben:

Eine für das farbenblinde Auge charakteristische Verwechselungs-gleichung besteht zwischen zwei Lichtern, welche dem normalen Auge

a) ausser in der Farbe auch an Helligkeit wesentlich verschieden sind (Helmholtz),

b) nur an Farbe verschieden, an Helligkeit aber gleich sind (Hering).

Derselbe Unterschied tritt sehr prägnant auch hervor in der bekannten Darstellung der Farben, welche auf der Newton'schen Schwerpunkts-construction beruht. Wie wir hier auch die Einheiten der verschiedenen Lichter wählen, immer liegen die Verwechselungsfarben auf geraden Linien. Der Helmholtz'schen Ansicht gemäss müssen sich alle diese geraden Linien in einem Punkte schneiden, und dieser entspricht dann der fehlenden Componente. Der Hering'schen Theorie nach müssen diese Linien alle einander parallel sein, falls wir als Einheiten solche Lichtmengen wählen, die dem normalen Auge gleich hell erscheinen.[1]

---

[1] Bezüglich des Beweises für den ersteren Satz verweisen wir auf Helmholtz, *Physiol. Optik*, S. 295 ff. Der letztere erweist sich einfach folgendermaassen. Es

Es könnte nun scheinen, als ob auf Grund bekannter Thatsachen schon zu Gunsten der Helmholtz'schen Theorie entschieden werden könnte. Denn alle Beobachter, die darauf geachtet haben, haben bisher Verwechselungsgleichungen zwischen ungleich hellen Farben angegeben, so Helmholtz, Maxwell, Raehlmann und vor Allem Holmgren, welcher Letztere auf Grund seiner zahlreichen Beobachtungen immer wieder den Unterschied zwischen Roth- und Grünblinden hervorhebt, nämlich dass bei sonst ähnlichen Verwechselungsfarben die Einen helles Roth mit dunklerem Grün, die Anderen umgekehrt dunkles Roth mit hellem Grün verwechseln.

Es darf nun aber nicht vergessen werden, dass wir bisher immer die, zwar wahrscheinliche, aber keineswegs bewiesene Voraussetzung gemacht haben, dass die beiden Componenten der Farbenblinden zweien des Normalsehenden genau oder wenigstens sehr annähernd entsprächen. Ist diese Voraussetzung nicht erfüllt, sondern, was ja auch denkbar ist, die Componenten verschiedener Individuen wesentlich und ohne bestimmte Regel von einander verschieden, so hat es überhaupt keinen Sinn mehr, von „einer fehlenden Componente" zu sprechen und diese bestimmen zu wollen. In den Verwechselungsgleichungen würde sich dies in der Weise kund geben, dass dieselben sehr grosse individuelle Schwankungen zeigen. Da wir nun jedenfalls schon wissen, dass sehr verschiedene Verwechselungsgleichungen zwischen Roth und Grün stattfinden, so können wir schon sagen, dass aus der Farbenblindheit sicher nichts für die Hering'sche Theorie folgt. Ob aber für die Helmholtz'sche Theorie etwas geschlossen werden darf, das hängt ab von der Frage, ob jene Differenzen der Verwechselungsgleichungen continuirlich regellos in einander übergehen (in diesem Falle bleibt die Frage offen), oder ob sie sich naturgemäss in zwei Gruppen, Roth- und Grünblinde, gruppiren,

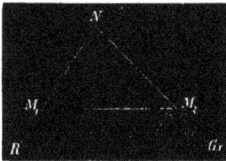

seien R und Gr die einander gleich erscheinenden Lichter, R der Ort des rothen, Gr der des grünen Lichtes; ferner N der Ort irgend eines beliebigen anderen Lichtes. Es werden dann zwei Verwechselungsgleichungen erhalten, indem wir zu irgend einer Quantität a des Lichtes N eine bestimmte Menge b einmal R, einmal Gr mischen. Die Orte dieser Mischungen, M_1 und M_2, erhalten wir, indem wir die Linien NR und NGr in demselben bestimmten Verhältnisse theilen, nämlich so, dass

$$N M_1 : R M_1 = N M_2 : Gr M_2 = b : a.$$

Nach einem bekannten Satze ist dann $M_1 M_2$ parallel $R Gr$.

sodass innerhalb jeder Gruppe die individuellen Differenzen nicht zu bedeutend sind.[1]

Für die Entscheidung unserer Frage ist es von grossem Nutzen, dass wir ausser den Helligkeitsdifferenzen auch noch einen anderen Unterschied der beiden Theorien zu erwarten haben. Es tritt dies am Deutlichsten hervor in der Newton'schen Farbentafel; es werden nämlich eine Verwechselungslinie, welche von der Rothcomponente ausgeht, und eine, welche von der Grüncomponente ausgeht, falls sie beide durch dasselbe Grün (Blaugrün) gehen, nicht dasselbe Roth, bez. Purpur treffen. Vielmehr wird dem Grünblinden ein blauerer Purpur mit dem betreffenden Blaugrün identisch scheinen müssen, dem Rothblinden ein reines Roth oder wenigstens ein rötherer Purpur.

Namentlich darauf also wird zu achten sein, ob diese beiden Unterschiede in den Verwechselungsgleichungen in der von der Theorie erwarteten Weise zusammen auftreten oder nicht.

Da es uns darum zu thun war, die Verwechselungsgleichungen in einer Form von allgemeiner Giltigkeit zu gewinnen, so verwandten wir zur Untersuchung Spectralfarben und als Lichtquelle Tageslicht. Es ist nun nothwendig, eine Farbe des Spectrums vergleichen zu lassen mit einer Mischung zweier anderen. Um dieses zu erreichen bedienten wir uns der Methode, welche der Eine von uns kürzlich beschrieben hat und verweisen betreffs derselben auf die dort gegebene Darstellung. Die Methode gestattete, gleichzeitig zwei aneinander stossende quadratische Felder sichtbar zu machen, welche unabhängig von einander mit einer, bez. einer Mischung von zwei Spectralfarben erleuchtet werden.[2]

Die Methode hat vor der der rotirenden Scheiben den grossen Vor-

---

[1] Man pflegte bis jetzt häufig in der Weise zwischen Roth- und Grünblinden zu unterscheiden, dass man sagte, den ersteren ist das rothe Ende des Spectrums verkürzt, den letzteren nicht. Auch dies bedeutet natürlich eine Differenz in den Verwechselungsgleichungen; ein Roth z. B. von der B-Linie erscheint dem einen nahezu schwarz, dem anderen noch in erheblicher Helligkeit. Aber gerade bei dieser Untersuchungsweise kann die Frage, ob ein continuirlicher Uebergang stattfinde oder zwei wohlgesonderte Gruppen, nicht wohl entschieden werden. Wir mussten uns vielmehr eines Roth bedienen, welches noch von Allen deutlich als hell wahrgenommen wird.

[2] v. Kries, Beitrag zur Physiologie der Gesichtsempfindungen. *Dies Archiv.* 1878. Auch die Bestimmung der Quantitäten ist dort (S. 514) angegeben. Es bedarf nur noch der Erwähnung, dass das Licht des einen Spaltes (S_2^r a. a. O.) welches nicht direct auf das Prisma fiel, sondern nach Reflexion von zwei Spiegeln, im Vergleich mit dem Licht der anderen Spalten erheblich geschwächt war. Diese durch die doppelte Spiegelung bewirkte Abschwächung konnte leicht empirisch bestimmt werden.

zug, dass sie gestattet, die Mischung der Lichter während der Beobachtung stetig zu ändern. Ein Mangel der Methode besteht dagegen
darin, dass die Farbenblinden ihr Auge dicht hinter den Spalt des
Helmholtz'schen Schirmes bringen müssen und demnach bei Verschiebungen des Auges die hellen Felder verschwinden. Es war indessen
dieser Uebelstand nicht gross, weil die meisten untersuchten Personen es
sehr schnell zu einer ruhigen und gleichmässigen Beobachtung brachten.

Der Gang einer Untersuchung gestaltete sich hiernach sehr einfach. Es
wurde zunächst nur das eine Feld erleuchtet und zwar mit Licht, welches
der F-Linie entsprach, also Cyanblau. Auf die Frage, wie gefärbt das helle
Licht erscheine, antworten dann alle Untersuchten ganz richtig „blau"
oder „bläulich". Der Spalt, welcher dieses Licht liefert, wird nun verschoben, so dass immer grüneres Licht in das Auge fällt; auf die wiederholte Frage, wie das Feld erscheint, erhält man dann die Antwort,
„nicht mehr blau", die Farbe sei unbestimmt, „keine rechte Farbe" und
dergleichen. Schon bei einem Licht, welches noch brechbarer ist, als
das der b-Linie, wird dann das Feld „etwas gelblich" oder grünlich genannt. Eine bestimmte Stelle jenes „unbestimmten" Stückes, wird übrigens, wie schon bekannt, mit weissem Licht verwechselt. Wir wählten
nun immer ein Grünblau von der Wellenlänge 501·5 (Milliontel Millimeter), um den damit identischen Purpur, bez. Roth, aufzusuchen, die
eigentliche Aufgabe der Untersuchung.

Es wurde zu diesem Zwecke das andere Feld erleuchtet mit einer
Mischung von Roth (Linie C) und Indigo (Mitte zwischen F und G).
Bei passender Abstufung dieser Mischung und richtiger Helligkeit des
Blaugrün erhielten wir nun in allen Fällen eine solche Verwechselungs-
gleichung. Die Gewinnung einer solchen erfordert natürlich oft ziemlich
viel Geduld; die Farbenblinden sehen oft, dass beide Felder zwar sehr
ähnlich, aber doch noch nicht ganz gleich sind, wissen aber den Unterschied nicht zu bezeichnen; man ist dann in Verlegenheit, auf welche
Art man die Zusammenstellung ändern soll. Ist es ja doch schon nicht
ganz leicht, für das eigene Auge eine genaue Farbengleichung, z. B. an
den Maxwell'schen Scheiben zu gewinnen. Selbstverständlich muss man
den zu Untersuchenden das Auge häufig ausruhen lassen, auch eine einmal für richtig erklärte Zusammenstellung nicht sogleich benutzen, sondern mindestens nach einigen Minuten der Ruhe noch einmal contro-
liren lassen.

Die auf diese Weise erhaltenen Gleichungen sind nun folgende; wir
ordnen sie zugleich in die beiden Gruppen, in welche sie unserer Meinung
nach zerfallen. Sie sind alle reducirt auf 100 Theile rothen Lichtes.

Die meisten Farbenblinden haben wir zweimal untersucht; aus den

beiden gewonnenen Gleichungen ist in der folgenden Zusammenstellung
das Mittel aufgeführt, sowohl bezüglich des Blauzusatzes, als der gleich-
hellen Quantität von Blaugrün.

I. Rothblinde.

1)   100 Roth + 7 Indigo = 20 Blaugrün.
2)   100 „ + 4 „   =   4 „
3)   100 „ + 4 „   =   4 „

II. Grünblinde.

4)   100 Roth + 22 Indigo = 146 Blaugrün.
5)   100 „ + 79 „   = 110 „
6)   100 „ + 31 „   = 187 „
7)   100 „ + 38 „   = 87 „
8)   100 „ + 30 „   = 106 „
9)   100 „ + 100 „   = 288 „
10) 100 „ + 38 „   = 155 „
11) 100 „ + 22 „   = 100 „

Es ist hier noch zu bemerken, dass in der ersten Gleichung das
gewählte Blaugrün etwas blauer als das in den anderen Fällen benutzte
war, dem entsprechend der Blauzusatz etwas zu hoch ausgefallen sein muss.

Der erste Eindruck von diesen Gleichungen ist unstreitig der, dass
sie untereinander wenig übereinstimmen. Dennoch scheint es uns gerechtfertigt, sie so, wie wir gethan haben, zu ordnen und in soweit die
Annahme für unterschiedene Roth- und Grünblindheit in ihnen bestätigt
zu sehen. Erwägen wir nämlich, dass die drei Fälle, welche die geringe
Helligkeit des Blaugrün ergeben, auch den geringen Blauzusatz zum Roth
verlangen, dass also, ob man nach dem einen oder dem anderen Kriterium
verfährt, man zu derselben Beurtheilung geführt wird, so werden wir
uns nicht leicht entschliessen, diese Uebereinstimmung für zufällig zu
halten. Ferner müssen wir, in dem einen Sinne, annehmen, dass die
geringe Erregbarkeit der rothempfindenden Elemente für grünes, der grünempfindenden für rothes Licht um das 4—5fache in den verschiedenen
Fällen schwankte, in dem anderen Sinne dagegen, dass das Verhältniss
der Erregbarkeiten der schwarzweissen Sehsubstanz für roth und blaugrün
in den einzelnen Fällen um das 70fache variiren. Dass somit die Ergebnisse gewiss überwiegend für die Helmholtz'sche Theorie sprechen,
scheint uns zweifellos. Wie gross aber die Sicherheit des Beweises anzu-
schlagen sei, das zu bemessen, wollen wir dem Urtheil des sachkundigen
Lesers überlassen. Zweifellos könnte sie viel grösser sein, wenn die indi-

viduellen Differenzen geringer wären. Es lag uns daran, gerade auf die
Wichtigkeit dieser letzteren die Aufmerksamkeit zu lenken, da sie bisher
nicht hinreichend beachtet worden sind.

Ehe wir diesen Punkt verlassen, sei es gestattet, noch einige Bemerkungen hinzuzufügen.

Es ist nicht unmöglich, dass die Differenzen einigermaassen vergrössert erscheinen lediglich in Folge von Mängeln der Methode. Die
drei Spalten, welche als Lichtquelle dienen, erhalten ihr Licht von etwas
verschiedenen Stellen des Himmels; auch bei anscheinend gleichmässig
bedecktem Himmel kann die Helligkeit der einzelnen wohl etwas verschieden gewesen sein. Ferner war auch die Genauigkeit der Vergleichung der beiden Felder, namentlich hinsichtlich ihrer Helligkeit,
gewiss keine sehr grosse; denn wir hatten keine sehr grossen Gesichtsfelder und ungeübte Beobachter.

Ob zukünftige Untersuchungen die individuellen Schwankungen geringer ergeben werden, bleibt abzuwarten.

Maxwell fand gerade hinsichtlich der Helligkeit des Lichtes in der
Nähe von F (verglichen mit den übrigen Theilen des Spectrums) eine
nicht unbedeutende Verschiedenheit zwischen sich und einem anderen
Beobachter. Er war geneigt, die Veranlassung hiervon darin zu suchen,
dass dieses Licht je nach der Stärke der Pigmentirung des gelben Flecks
verschieden starke Absorption erleide. Ein solcher Umstand müsste
ebenso wirken, wie eine bei verschiedenen Individuen verschieden hohe
Erregbarkeit aller Componenten gegen dieses Licht.

III.

Alle unsere Farbenblinden haben wir auch nach der Holmgren'-
schen Methode untersucht. Wir fanden hierbei zu unserer nicht geringen
Ueberraschung, dass fast die Hälfte von Allen sich nach den Ergebnissen dieser Untersuchung als „unvollständig farbenblind" quali-
ficirte, während doch die Untersuchung mit abstufbaren Farben am
Spektralapparat die „Vollständigkeit" der Farbenblindheit documentirt
hatte oder später documentirte. Man versteht bekanntlich unter unvollständiger Farbenblindheit einen Zustand, bei dem die eine Componente
nicht ganz fehlt, aber eine abnorm geringe Erregbarkeit besitzt. Man
nimmt an, dass dann Farben mit einander verwechselt werden, welche
sich hinsichtlich dieser Componente unterscheiden, dass aber der Unterschied ein gewisses Maass nicht überschreiten dürfe, ohne die Verwech-
selung zu verhindern. Es soll sich also, symptomatisch ausgedrückt, handeln, um eine zu geringe Unterschiedsempfindlichkeit gegen Farben-

unterschiede einer besonderen Kategorie. Die Empfindlichkeit gegen Farbenunterschiede anderer Art soll dagegen normal sein.

Genauer untersucht ist bis jetzt kein solcher Fall. Die Diagnose hat sich immer darauf gestützt, dass gesättigte Farben stets richtig benannt und zu den Holmgren'schen Proben II und III keine falschen Verwechselungsfarben herausgesucht wurden. Uns hat nun die oben erwähnte Erfahrung zu der Ueberzeugung geführt, dass man aus diesen Thatsachen durchaus noch nicht auf „unvollständige Farbenblindheit" zu schliessen berechtigt ist.

Das Holmgren'sche Wollensortiment ist zwar recht gross, doch bleibt es ein Zufall, wenn für Jemand irgend eine Wolle sehr nahe mit einer Probewolle übereinstimmt. Daher kommt es, dass die Farbenblinden, welche gewohnt sind, sehr geringe Unterschiede zu beachten, oft zu den gesättigten Mustern keine Verwechselungsfarben hinzulegen. Hierbei blieb es auch, wenn wir sie aufforderten, auch leicht verschiedene Farben hinzuzunehmen.

Nachdem Helmholtz die Nothwendigkeit, Farbenblinde mit abstufbaren Farben zu untersuchen, so stark betont hatte, hat man sich in neuerer Zeit von der Strenge dieser Forderung mehr und mehr emancipirt. Auch die Holmgren'sche Methode ist ja nur eine Modification der älteren Seebeck'schen, welche Helmholtz „doch noch sehr unzureichend" findet. Dies hat nun offenbar seine Berechtigung in der Bequemlichkeit der Methode, welche sie für Massenuntersuchungen so angenehm macht. Es ist hierbei auch nur eine Forderung zu stellen, nämlich, dass keine Abnormitäten des Farbensinnes unbemerkt bleiben. Dieser Forderung genügt, wie wir glauben, die Holmgren'sche Methode, mit Aufmerksamkeit angewandt, vollkommen. Man kann oft aus einer Handbewegung des Untersuchten nach einem falschen Gebinde hin, oder daraus, dass er eine behufs genauerer Besichtigung vornimmt, dann aber wieder weglegt, die Diagnose annehmen. Aber es beschränkt sich dies, wie gesagt, gar nicht selten auf die ungesättigte Farbe der Probe I.

Zur weiteren Untersuchung, auch zur Unterscheidung der vollständigen und unvollständigen Farbenblindheit, halten wir eine Methode mit Farbenabstufung für unerlässlich; und die hohen Zahlen, mit welchen in den statistischen Angaben die unvollständige Farbenblindheit figurirt,[1] scheinen uns nicht ganz vertrauenswürdig; die genauere Untersuchung eines unvollständig Farbenblinden hätte festzustellen, ob wirklich eine herabgesetzte Unterschiedsempfindlichkeit besteht, ob diese vorhanden ist für alle oder nur für gewisse Farbenunterschiede, oder ob es sich nicht

---

[1] Sie soll den meisten Angaben nach häufiger als die vollständige sein.

blos um eine Unbeholfenheit im Benennen und Erkennen einzelner
Farben handelt. Dass eine solche Untersuchung sehr mühsam sein würde,
ist gewiss, aber nur auf diesem Wege können wir Aufklärung erwarten.

III.

Von besonderem Interesse erschien es, von Farbenblinden die verschiedenen Theile des Spectrums in Bezug auf ihre Sättigung vergleichen
zu lassen. Das Spectrum zerfällt den Farbenblinden in zwei Theile,
welche in einem ganz schmalen ungefärbten Striche zwischen b und F
zusammenstossen. Nach beiden Seiten nimmt die Sättigung der Farbe
zu. Vergegenwärtigen wir uns die Verhältnisse zuerst für Rothblinde.
An ihrer Uebergangsstelle ist Violet- und Grüncomponente in gewissem
Verhältniss erregt. Weiter nach dem Grün zu nimmt die Grüncomponente zu, die Violetcomponente ab. Wenn wir uns dem rothen Ende
des Spektrums mehr nähern, so nimmt nun auch die Grüncomponente
ab. Wir können nun feststellen, ob im Verhältniss zur Grüncomponente
die Violetcomponente bis zum Ende des Spectrums sinkt, oder wieder
ansteigt, mit anderen Worten, ob das äusserste Roth des Spectrums als
rein weisslicher, als gelber, oder als blauer als die Rothcomponente zu
betrachten ist. Die betreffenden Versuche haben wir mit einem unserer
Rothblinden angestellt. Es zeigte sich zunächst, dass, wie zu erwarten war,
zwischen reinem Gelb und Grün (D und b) keine Gleichung zu erhalten
war; eine solche war ohne Schwierigkeit herzustellen, wenn dem Gelb
Weiss zugemischt wurde. Gingen wir nun weiter gegen das rothe Ende
des Spectrums, so zeigte sich immer die dem Ende näher gelegene Partie
gesättigter als die brechbarere; es war eine Gleichung immer nur durch
Weisszumischung zu erhalten. Dies konnten wir fortsetzen bis nahe der
Linie C. Von da ab wurden die Bestimmungen unmöglich wegen zu
geringer Helligkeit. So weit es sich also bestimmen liess, war das
Spectralroth noch im physiologischen Sinne etwas gelblich. Der analoge
Versuch am violetten Ende des Spectrums ergab, ebenfalls in Ueberein-
stimmung mit der Theorie, auch eine Zunahme der Sättigung bis zur
Linie G. Darüber hinaus haben wir sie nicht bestimmt.

Interessanter noch ist der Versuch an Grünblinden über das violette
Ende des Spectrums. Es lässt sich hier nämlich zur Entscheidung bringen,
ob das Violet als die dritte Componente anzusehen ist oder Blau. Im
ersteren Falle muss für den Grünblinden die Sättigung bis in's Violet
zunehmen, oder mindestens gleich bleiben, im letzteren Falle dagegen
von einem gewissen im Indigo gelegenen Punkte an abnehmen. Die
Versuche, welche einer unserer Grünblinden anstellte, sprachen für erstere

Alternative. Von Indigo (Mitte zwischen F und G) ab bis weit über G hinaus konnte kein Sättigungsunterschied constatirt werden. (Der Helligkeitsunterschied ist sehr bedeutend.) Geht man mit dem einen Licht noch näher an F, so erscheint dies weniger gesättigt. Bei F war der Unterschied schon sehr deutlich und keine Gleichung mehr ohne Weisszusatz zwischen diesem Licht und dem der G-Linien zu erhalten.

Was also die Frage anlangt, ob Farbenblinde verschiedene Theile des Spectrums unter einander verwechseln, so ist sie dahin zu beantworten, dass dies nur vorkommt zwischen solchen Theilen, welche nicht sehr weit von einander liegen, bei denen daher die Sättigungsunterschiede noch nicht merkbar sind. Allerdings können solche für das normale Auge an Farbe schon sehr verschieden sein.

Ueber die Fortpflanzungsgeschwindigkeit der elektrotonischen Vorgänge im Nerven.

Von

Dr. S. Tschirjew.

Aus dem physiologischen Laboratorium zu Berlin 1877—1878.

(Hierzu Tafel VIII, Fig. 1—6.)

I. Geschichte und Experimentalkritik der früheren Beobachtungen.

Eine der interessantesten Fragen, deren Beantwortung für die richtige Auffassung des elektrotonischen Zustandes der Nerven von grosser Wichtigkeit ist, ist die nach der Fortpflanzungsgeschwindigkeit der Erregbarkeits- und elektrischen Schwankungen, welche an den elektrotonisirten Nerven beobachtet werden.

Wir besitzen darübers: einerseits die zwei klassischen Versuche von Hrn. Helmholtz und von Hrn. Pflüger; andererseits für die Erregbarkeitsveränderungen, die directen Messungen von Hrn. Wundt und von Hrn. Grünhagen.

Die Helmholtz'sche[1] Versuchsanordnung war folgende. Er nahm ein Nervmuskelpräparat vom Frosch und reizte dessen Nerven bald direct, durch Schliessung eines constanten Stromes, bald indirect, durch die elektrotonische Stromschwankung eines anderen ihm anliegenden Nerven, indem er durch diesen letzteren einen constanten Strom von gleicher Stärke schloss. Der Muskel zeichnete seine Zuckungen auf dem rotirenden Cylinder eines Myographions.

---

[1] Ueber die Geschwindigkeit einiger Vorgänge in Muskeln und Nerven. *Bericht über die Verhandlungen der Königl. Preuss. Akademie d. Wissenschaften zu Berlin.* 1854. S. 328.

Hr. Helmholtz konnte dabei keinen merklichen Unterschied zwischen den Zeiten finden, welche in beiden Fällen zwischen der Schliessung des constanten Stromes und dem Anfange der Muskelzuckung verflossen. Auf Grund dieses Ergebnisses schloss er, dass der „elektrotonische Zustand des Nerven nicht merklich später eintritt, als der ihn erregende elektrische Strom".

Der bekannte Versuch von Hrn. Pflüger[1] besteht in Folgendem. Man legt neben einander (jedoch isolirt) die Nerven zweier Froschschenkelpräparate und überbrückt sie mittels zweier Stücke Platindraht (Taf. VIII, Fig. 1, *a*). Wenn man jetzt in einem dieser Nerven (N'), 4—6^{mm} oberhalb der angelegten Platindrähte, einen aufsteigenden Strom (6 kleine Grove) schliesst, so bleibt bei der Schliessung der Schenkel des direct gereizten Präparates (M') in Ruhe, der andere Schenkel (M'') dagegen zuckt.

Daraus schloss Hr. Pflüger, dass die elektrotonische Erregbarkeitsschwankung sich wenigstens nicht mit kleinerer Geschwindigkeit fortpflanzt, als die elektrotonische Stromschwankung. In der That zeigt die in dem benachbarten Schenkel eintretende Zuckung, dass die elektrotonische Stromschwankung an der überbrückten Stelle zu einer bestimmten Zeit vorhanden war. Wenn sie aber in dem direct gereizten Präparate keine Zuckung auszulösen vermag, so kann dies nur dadurch bedingt sein, dass zu dieser Zeit die Erregbarkeit an dieser Stelle schon abgenommen hatte.

Ich habe sowohl den Helmholtz'schen, als auch den Pflüger'schen Versuch wiederholt.

Was die Helmholtz'sche Messung anbetrifft, so wurde sie folgendermaassen angestellt. — Der Nerv des Präparates wurde an einer Stelle (Taf. VIII, Fig. 2, *a*) gereizt, welche ebenso weit (ungefähr 5^{mm}) von der Berührungsstelle (*c*) beider Nerven entfernt war, wie die polarisirende Strecke (*b*); gereizt wurde durch einen Oeffnungsinductionsschlag.

Bei dieser Versuchsanordnung konnte ich auch keinen sicheren Unterschied zwischen den Zeitintervallen finden, welche zwischen dem Anfange der Reizung und dem Beginn der Muskelzuckung in beiden Fällen verflossen: bei der directen Reizung des Nerven *N*, und bei seiner Reizung durch die im Nerven *N'* hervorgerufene elektrotonische Stromschwankung.

Die bei Wiederholung des Pflüger'schen Versuches von mir gewählte Anordnung unterschied sich von der ursprünglichen nur dadurch, dass ich anstatt der Platindrähte kleine schmale, mit dreiviertelprocentiger Kochsalzlösung getränkte Fliesspapierbäusche benutzte.

---

[1] *Physiologie des Electrotonus.* Berlin 1859. S. 442.

Der Pflüger'sche Versuch gelingt fast immer. Bei Schliessung eines starken aufsteigenden Stromes im Nerven N' beobachtet man wirklich Ruhe im Schenkel M' und Zuckung im Schenkel M'''.

Gegen die Beweiskraft des Helmholtz'schen Versuches lässt sich ein sehr gewichtiger Einwand machen. Es ist nämlich einerseits die Länge der ableitenden Strecke (Abstand zwischen der polarisirenden, Fig. 2, b, und der abgeleiteten, c) auf welche man dabei aus bekannten Gründen angewiesen ist, so klein, — andererseits wird die Bestimmung des Anfangsmomentes der Muskelzuckung bei grosser Geschwindigkeit der Zeichenplatte so unsicher, dass die Messung zuweilen ganz illusorisch werden kann. In der That handelt es sich bei diesen Versuchen um den Vergleich zwischen den Zeiten, welche beide zu vergleichende Vorgänge brauchen, um eine ungefähr 5^{mm} lange Nervenstrecke zurückzulegen. Nehmen wir 27^{m} in der Secunde als Fortpflanzungsgeschwindigkeit der Nervenerregung beim Frosche an, so würden sie eine Nervenstrecke von 5^{mm} in 0·00018″ durchlaufen. Vorausgesetzt also, dass die elektrotonische Stromschwankung an allen Stellen des Nerven im Augenblick der Schliessung des polarisirenden Stromes eintritt, so wäre nur auf einen Zeitunterschied von höchstens 0·00018″ zu rechnen.

Bei der Wiederholung des Helmholtz'schen Versuches bediente ich mich des Federmyographions von E. du Bois-Reymond mit der Feder III[1], welche der Zeichenplatte eine Geschwindigkeit von 2522^{mm} in der Secunde mittheilt. Bei dieser Geschwindigkeit entspricht dem Zeitunterschied von 0·00018″ nur eine Strecke von 0·47^{mm}.

Wenn man jetzt die Schwierigkeit einer genauen Bestimmung des Anfangsmomentes einer Zuckungscurve bei solcher Geschwindigkeit der Platte in Betracht zieht, so wird man begreifen, wie wenig sicher diese Methode für eine derartige Messung ist. Aus diesem Grunde kann der Helmholtz'sche Versuch kaum als entscheidend für die in Rede stehende Frage angesehen werden.

Was den Pflüger'schen Versuch betrifft, so erhob Czermak folgenden Einwand[2] gegen seine Beweiskraft: Da nach v. Bezold[3] bei

[1] E. du Bois-Reymond, *Gesammelte Abhandlungen zur allgemeinen Nerven- und Muskelphysik.* Leipzig 1876. Bd. I, S. 275.
[1] Joh. Nep. Czermak, Ueber Pflüger's Versuch, die Abhängigkeit des elektrotonischen Erregbarkeitszuwachses vor der Zeit zu bestimmen und über einen neuen Versuchsplan zur exacten Ermittelung derselben. Vorläufige Bemerkungen. Dies Archiv. 1863. S. 65. — Vergl. Czermak's *Gesammelte Schriften.* Leipzig bei Engelmann. Bd. I. 1879. II. Abthl., S. 650.
[2] A. v. Bezold, *Untersuchungen über die elektrische Erregung der Nerven und Muskeln.* Leipzig 1861. S. 279.

der Schliessung schwacher Ströme im Nerven die Erregung nicht sofort eintritt, erst nur nach einer gewissen Zeit, so könnte sein, dass die Erregbarkeitsabnahme sich mit einer viel kleineren Geschwindigkeit fortpflanzt, als die elektrotonische Stromschwankung und doch könnte sie, in Folge der Verzögerung der secundären Erregung, noch die Zuckung des primär erregten Präparates hindern.[1]

Die Untersuchungen von Hrn. Wundt[2] sind mehr geeignet, uns einen Aufschluss bezüglich des ganzen Verlaufes der Erregbarkeitsschwankungen in den extrapolaren Strecken eines elektrotonisirten Nerven zu geben, als genaue absolute Werthe in Bezug auf die Zeit zu verschaffen, welche zwischen der Schliessung des polarisirenden Stromes und den ersten Spuren dieser Schwankungen an einer bestimmten Nervenstelle vergeht. Für letzteren Zweck ist nämlich sein Versuchsverfahren nicht empfindlich genug. Er bediente sich eines Pendelmyographions und bestimmte das erste Eintreten der Erregbarkeitsschwankungen im Nerven nach den Anfangsmomenten der Zuckungscurven.

Hr. Wundt kommt auf Grund dieser Untersuchungen zu folgenden Schlüssen: Es entstehen im Nerven bei der Schliessung eines constanten Stromes an der Anode normalerweise zwei Wellen: Erregungs- und Hemmungswelle. Bei schwachen Strömen breitet sich die anodische Hemmungswelle mit abnehmender Intensität und Geschwindigkeit (80—500^{mm} in 1″) aus; so dass die Erregungswelle, vermöge ihrer grösseren Geschwindigkeit, plötzlich in den entfernten Nervenstellen hervorbricht. Bei starken Strömen ist die Hemmungswelle beschleunigt (bis 1500^{mm} in 1″) und die Erregungswelle verlangsammt.

Was endlich die Versuche von Hrn. Grünhagen[3] betrifft, so waren seine Methoden zu mangelhaft, um die Erlangung brauchbarer Resultate zu gestatten.

Hr. Grünhagen kommt auf Grund dieser Versuche unter Anderem zu folgendem Schlusse: Der Beginn des Anelektrotonus fällt ebenso wie der des Katelektrotonus mit dem Einbruchsmomente des polarisirenden Stromes zeitlich zusammen.

Die Versuche betreffend der Katelektrotonus bestanden im Folgenden.

---

[1] [Es ist indess zu bemerken, dass Hr. Jul. König seitdem in Hrn. Helmholtz' Laboratorium zu Heidelberg die Unhaltbarkeit der v. Bezold'schen Lehre und die volle Gültigkeit meines „allgemeinen Gesetzes der Nervenerregung durch den elektrischen Strom" für jede überhaupt noch reizende Stromdichte nachgewiesen hat. *Wiener Sitzungsberichte.* 1870. Bd. LXXII, Abth. II, S. 587. Damit fällt Czermak's Einwand gegen Hrn. Pflüger's Versuch.   E. d. B.-R.]

[2] *Untersuchungen zur Mechanik der Nerven und Nervencentren.* Erlangen 1871.

[3] Ueber das zeitliche Verhalten von An- und Kat-Elektrotonus während und nach der Einwirkung des polarisirenden Stromes. *Pflüger's Archiv.* 1871. S. 647.

Durch den tetanisirten Nerven eines Nervmuskelpräparates oberhalb der gereizten Strecke wurde ein absteigender Strom geschlossen. In Folge dessen zeigte die vom Muskel auf „dem rotirenden Cylinder eines Foucault'schen Regulators" gezeichnete Tetanuscurve eine Erhebung. Nun wurde vermuthlich das Zeitintervall zwischen der Schliessung des polarisirenden Stromes und dem Anfange der Erhebung bestimmt. Hr. Grünhagen sagt, dass diese Erhebung „stets momentan mit dem Schlusse des polarisirenden Stromes" eintritt und fügt gleich hinzu: „d. h. sie wird in der Curve nach Ablauf desjenigen Zeitintervalls bemerkbar, welcher der latenten Reizdauer des Muskel-Nerven-Präparats bezüglich des Abstandes der gereizten Nervenstrecke vom Muskel entspricht" (?!, S. 548). Abgesehen von dieser letzteren Unklarheit, leuchtet ein, dass die Rotationsgeschwindigkeit des angewandten Zeichencylinders zu klein war, damit die hier in Betracht kommenden Zeitmomente deutlich genug von einander getrennt werden konnten.

Hrn. Grünhagen's Schluss bezüglich des Anelektrotonus basirt auf folgenden Versuchen. Es wurde ein Zweig des primären Stromes eines Inductoriums, dessen inducirter Strom zur Reizung diente, als polarisirender Strom benutzt. Das Resultat war das folgende: „Bei vereinigter Wirkung beider (des reizenden und des polarisirenden) stellte sich heraus, dass bei empfindlichen Präparaten die Ordinatenhöhe der Inductions-Schliessungs-Zuckung eine Abnahme gegenüber derjenigen erlitt, welche bei ausschliesslicher Wirkung des Inductions-Stromes erhalten worden war". Daraus hat Hr. Grünhagen seinen oben citirten Schluss bezüglich des Elektrotonus gezogen. Nun hat er dabei einen Umstand übersehen, welcher diese seine Versuche vollständig werthlos macht, und zwar, dass bei vereinigter Wirkung beider Ströme der inducirte Reizstrom nothwendigerweise schwächer ausfallen muss, als in dem anderen Falle, weil jetzt ein Theil des ihn inducirenden Stromes mittels eines Rheochords in den Nerven abgeleitet wird. In Folge dessen muss natürlich auch der Reizeffect im ersteren Falle schwächer sein.

An Vervollkommnung des Verfahrens beim Helmholtz'schen Versuche war nicht zu denken: jede Vermehrung der Geschwindigkeit der Platte vergrössert auch die Unsicherheit der Bestimmung des Anfangsmomentes der Zuckungscurve. Es blieb also nur übrig, die vorliegende Frage auf irgend einem anderen Wege zu prüfen. Zu diesem Zwecke habe ich eine Reihe von directen Messungen der Fortpflanzungsgeschwindigkeit sowohl der elektrotonischen Stromschwankung, als auch der anelektrotonischen Erregbarkeitsabnahme unternommen und sie im alten physiologischen Laboratorium der Berliner Universität ausgeführt.

II. Fortpflanzungsgeschwindigkeit der elektrotonischen Stromschwankung im Nerven.

Die Versuchsanordnung bei Messungen der Fortpflanzungsgeschwindigkeit der elektrotonischen Stromschwankung war folgende. Es wurde ein frisch herauspräparirter Ischiadicus vom Frosch *NN* (Taf. VIII, Fig. 3) mit seinen beiden Enden an zwei isolirten Unterlagen (gefirnissten Korkstücken an einem Glasstabe) befestigt und in der Luft ein wenig angespannt. In einem gewissen Abstande von einander berührten ihn die Spitzen zweier Paare unpolarisirbarer Elektroden. Eines dieser Elektrodenpaare (*a*) leitete den Nerven von zwei ungefähr symmetrisch zum elektromotorischen Aequator liegenden Punkten ab, und war mit einer Wiedemann'sche Spiegelbussole (*S B*) verbunden; dieser Kreis wird der Bussolkreis heissen. Das andere Elektrodenpaar stand durch eine Pohl'sche Wippe (*W*) mit einer Säule (*k*) von 4—6 kleinen Grove in Verbindung; dieser Kreis heisst der Kettenkreis.

Der Bussolkreis blieb vor dem Beginne der Beobachtung durch einen Contactschlüssel (*s*) geschlossen, und alle in diesem Kreise vorhandenen elektrischen Ungleichheiten wurden durch einen mittels des runden Compensators von einer Noë'schen Sternsäule abgeleiteten Stromzweiges compensirt. Der Kettenkreis dagegen blieb offen und konnte nur durch das Eintauchen eines am Rahmen des Federmyographions (*MM*) befestigten, amalgamirten Kupferplättchens *p* in die Quecksilberrinne *Hg* eine gewisse Zeit lang geschlossen werden.

Der Schlüssel (*s*) und die Quecksilberrinne (*Hg*) waren an der gusseisernen Grundplatte des Myographions so befestigt, dass der Rahmen bei seiner Bewegung einerseits das Kupferplättchen *p* in die Quecksilberrinne eintauchte und dadurch den polarisirenden Strom im Nerven schloss; andererseits, mittels des Daumens *q*, den Hebel des Schlüssels traf und dadurch den Bussolkreis öffnete.

Die Quecksilberrinne war unbeweglich befestigt: dagegen konnte der Schlüssel längs der Grundplatte des Myographions verschoben werden. Durch diese Verschiebung konnte bewirkt werden, dass der Rahmen des Myographions in seinem Fluge zuerst das Plättchen *p* in die Quecksilberrinne eintauchte, dann den Schlüssel öffnete und darauf das Plättchen *p* wieder aus dem Quecksilber entfernte.

Das Zeitintervall zwischen dem Momente der Schliessung des polarisirenden Stromes im Nerven und dem Momente der Oeffnung des Bussolkreises konnte durch die verschiedene Einstellung des Schlüssels beliebig variirt werden. Eine Theilung erlaubte, die jedesmalige Stellung des Schlüssels genau abzulesen.[1]

Da es sich bei diesen Versuchen darum handelte, von einem sehr kurze Zeit dauernden Strom einen merklichen Ausschlag zu erhalten, so musste die Dämpfung an der Bussole so klein wie möglich gemacht werden. Zu diesem Zwecke und um zugleich den Ausschlag des Magnetes zu vergrössern, wurde der massive Dämpfer durch ein Paar kleiner Rollen von 15000 Windungen feinen Drahtes ersetzt. Diese Hülfsrollen waren ihren Dimensionen nach dem entfernten Dämpfer vollständig gleich. Das Gerüst jeder Hülfsrolle bestand aus einer Kupferhülse, an deren Endränder kupferne Scheiben angelöthet wurden. Die Hülfsrollen wirkten noch so stark dämpfend auf den Magnet, dass dieser, insbesondere bei geschlossenen Rollen, in seiner Gleichgewichtslage ruhig blieb.

Als Magnet diente ein stark magnetisirter dünner Stahlring mit einem ihm angeklebten Spiegelsplitter. Das Trägheitsmoment des Magnetes wurde auf diese Weise auch bedeutend verkleinert. Bei 264 mm Abstand des Hauy'schen Stabes betrug die Beruhigungszeit des von 500 cc fallenden Magnetes 30 Sec.; der Magnet vollzog dabei sechs Elongationen.

Obschon, in Folge grosser Annäherung des Hauy'schen Stabes, die täglichen Variationsschwingungen ziemlich bedeutend waren,[1] war es doch immer leicht, sie von den stossartigen Ausschlägen in Folge der Einwirkung der elektrotonischen Stromschwankungen zu unterscheiden.

Bei der Beobachtung befanden sich immer beide Rollenpaare, die eben beschriebenen Hülfsrollen von 15000 Windungen und die gewöhn-

[1] Sowohl der Gedanke, zu den Messungen sehr kleiner Zeiten das Federmyographion anzuwenden, als auch dessen praktische Ausführung gehören gemeinschaftlich mit mir Hrn. Dr. J. Gad an, der damals auch eine Reihe von Versuchen unternommen hatte, bei denen er analoger zeitmessender Vorrichtungen bedurfte. (S. oben S. 256.) Auch sonst ist das Federmyographion zu vervollkommnet, mit einem verbesserten Schreibapparat und einer Vorrichtung zur Belastung und Ueberlastung des Muskels im Helmholtz'schen Sinne versehen u. d. m. Federmyographien dieser Art liefert die Sauerwald'sche Werkstatt (O. Plath, Berlin W., Kanonierstr. 43) und werden dieselben auf Verlangen mit den in dieser Abhandlung beschriebenen Hülfsvorrichtungen versehen. Die Möglichkeit, das Federmyographion so zu gebrauchen, beruht darauf, dass der Erfinder dasselbe jetzt mit einer Stimmgabel versehen hat, welche durch einen von ihm construirten Mechanismus in demselben Augenblick in Schwingungen versetzt werden kann, wo die Zeichenplatte ausgelöst wird. Die Stimmgabel verzeichnet auf der Zeichenplatte ihre Schwingungscurve unter dem Myogramm. Da die Gabel etwa 250—300 einfache Schwingungen in der Secunde macht, von denen jede noch mehrere Millimeter auf der Platte einnimmt, so hat es keine Schwierigkeit, dergestalt Zeiten bis zu 0·0001 und nöthigenfalls noch weit kleinere zu messen. Am besten geschehen die Messungen unter dem Mikroskop mit einem Objectivmikrometer bei schwacher Vergrösserung.

[1] E. du Bois-Reymond, *Gesammelte Abhandlungen* u. s. w., Bd. I, S. 376 ff.

34*

lichen zwei Hydrorollen hinter einander im Bussolkreise. Die Hydrorollen waren ganz aufgeschoben.

Man konnte im Voraus erwarten, dass die zu messenden Zeiten sehr klein ausfallen würden. Es war deshalb unbedingt nothwendig, die Zeiten kennen zu lernen, welche bei jeder Stromstärke in Folge der Trägheit des Magnetes verloren gehen, d. h. die Zeiten, während welcher Ströme von bestimmter Stärke mindestens anhalten müssen, damit eine deutlich erkennbare Ablenkung des Magnetes erfolge.

Zu diesem Zwecke waren diese verlorengehenden Zeiten im Voraus für eine Reihe von Stromstössen bestimmt, welche der Grösse ihrer ersten Ausschläge nach am Häufigsten den zu beobachtenden ersten Ausschlägen elektrotonischer Stromschwankungen entsprechen; dies waren die Ausschläge von 150, 200, 250, 300, 350, 400, 450 und 500 ^{sc}.

Diese letzteren Bestimmungen waren auch mit Hülfe des Federmyographions gemacht. Die Versuchsanordnung war dabei folgende: Der Bussolkreis, in welchem sich aber natürlich kein Nerv befand, blieb vor dem Beginne der Beobachtung durch den Contactschlüssel geschlossen. In diesen Kreis wurde mittels eines einfachen Rheochords ein Stromzweig von der gewünschten Stärke eingeführt. In den Haupt- oder Batteriekreis, der diesen Stromzweig hergab, war die Contactstelle zwischen p und Hg eingeschaltet, so dass der Strom erst durch Eintauchen des Blättchens in das Quecksilber der Rinne geschlossen wurde.

Liess man die Zeichenplatte MM des Federmyographions ihre Bahn durchfliegen, so tauchte sie zuerst das Plättchen p in das Quecksilber ein und öffnete nachher den Contactschlüssel s. Wenn der erfolgte Ausschlag noch ziemlich bedeutend war, wurde der Schlüssel s dem Nullpunkte[1] so lange genähert, bis der Ausschlag gleich 1 ^{sc} wurde. Als Zeichen für die beginnende Ablenkung des Magnetes wurde immer ein Ausschlag von 1 ^{sc} genommen. — Aus der Entfernung der gefundenen Stellung des Schlüssels vom Nullpunkte konnte ganz genau die entsprechende Zeit bestimmt werden.[2]

---

[1] Unter dem Nullpunkt ist die Stellung des Schlüssels s zu verstehen, bei welcher seine Oeffnung durch den Daumen q in demselben Momente geschieht, wie das Eintauchen des Plättchens p in das Quecksilber, — bei welcher wenigstens die langsamste Bewegung des Rahmens mit der Hand diese beiden Momente nicht zu trennen vermag und also auch bei relativ starken Stromzweigen im Bussolkreise keinen Ausschlag giebt.

[2] Die Bestimmung der Zeiten, welche zu den notirten Stellungen des Schlüssels s gehörten, geschah in folgender Art. Es wurden dem Schlüssel folgweise alle diese Stellungen, wie auch die dem Nullpunkt entsprechende gegeben, und der Rahmen langsam mit der Hand vorgeschoben. Jedesmal, wenn der Daumen q den Schlüssel s in seiner Stellung eben öffnete, wurde auf der Zeichenplatte mittels des

Wir gehen jetzt zur Beschreibung der Versuche selbst über.

Als constante Batterie diente uns eine Kette von 4—6 kleinen Grove. Den Verbindungsdrähten des Kettenkreises wurde eine solche Richtung gegeben, dass die Schliessung und Oeffnung des constanten Stromes an und für sich von keinem Einflusse auf den Magnet war.

Der Nerv mit den beiden Paaren von unpolarisirbaren Elektroden befand sich in einer feuchten Kammer. Die Länge der ableitenden Nervenstrecke, d. h. der Strecke zwischen beiden Elektrodenpaaren, variirte zwischen 6—14 mm, je nach der erhaltenen Stärke der elektrotonischen Stromschwankung; sie wurde immer möglichst gross genommen.

War Alles vorbereitet, der frisch herauspräparirte Froschischiadicus in der oben beschriebenen Weise mit den Elektroden verbunden, und der Magnet durch einen Compensationsstrom in seine Gleichgewichtslage zurückgeführt, so bestimmte ich die Grösse des ersten Ausschlages durch die elektrotonische Stromschwankung. Darauf wurde der Rahmen des Federmyographions ausgelöst und der dabei erfolgte Ausschlag beobachtet. Durch Wiederholung dieser Operation (übrigens mit möglichster Schonung des Nerven) und jedesmalige Veränderung der Stellung des Contactschlüssels *s* wurde endlich eine solche Stellung des letzteren aufgefunden, bei welcher der Ausschlag gleich 1 sc war. Die Grösse des ganzen ersten Ausschlages, wie auch die Vollkommenheit der Compensation wurden während dieses Suchens von Zeit zu Zeit controlirt.

Später wurden, in analoger Weise wie es bei der Bestimmung der verlorenen Zeiten geschah, die Zeiten bestimmt, welche allen so gefundenen Endstellungen des Schlüssels *s* entsprechen.

Von diesen Zeiten wurden die Zeiten abgezogen, welche nach der oben erwähnten Tabelle, je nach dem ersten Ausschlage, in Folge der Trägheit des Magnetes verloren gegangen sein müssten. Die Differenzen gaben uns die gesuchten Zeiten, d. h. die Zeiten, welche die elektrotonische Stromschwankung in jedem beobachteten Fall für ihre Fortpflanzung durch die ableitende Nervenstrecke brauchte.

Diese Untersuchungsmethode war jedoch nicht ganz correct, für den Fall, dass die elektrotonische Stromschwankung wirklich mit kleinerer Geschwindigkeit im Nerven entsteht oder sich darin fortpflanzt, als der elektrische Strom. Die nach Maassgabe der Tabelle abgezogenen Zeitverluste in Folge der Trägheit müssen natürlicherweise etwas kleiner sein, als die wirklichen hier in Betracht zu ziehenden Zeitverluste. In

---

Schreibhebels eine Ordinate gezogen. Dann wurde der Rahmen zurückgezogen, und bei schreibender Stimmgabel (s. S. 529, Anm.) seiner Bahn entlang geschossen. Die dabei aufgezeichnete Zeitcurve erlaubte in der angegebenen Weise die Zeiten zu bestimmen, welche den Abständen jeder Ordinate von der Nullordinate entsprechen.

Folge davon müssen die nach Abzug der Zeitverluste gefundenen Zeiten
etwas grösser ausfallen, als sie in der Wirklichkeit gewesen waren. Doch
müsste dieser Fehler desto kleiner sein, je stärker der erste Ausschlag
war. Und in der That hat es sich herausgestellt, dass die gefundenen
Zeiten desto grösser waren, je kleiner der erste Ausschlag war.

Schon dies letztere Factum deutet darauf hin, dass die elektrotonische Stromschwankung mit kleinerer Geschwindigkeit im Nerven entsteht und darin sich fortpflanzt, als der polarisirende elektrische Strom.

Aus dem eben erwähnten Grunde führe ich hier nur diejenigen
Zahlen an, welche den grössten ersten Ausschlägen entsprechen.

Tabelle A.

Länge der ableitenden Nervenstrecke in Millimetern.	Gefundene Zeit	Zeitverlust in Folge der Trägheit des Magnetes	Differenz	Berechnete Zeit für $\nu = \dfrac{27^m}{1^{\prime\prime}}$
		in Secunden.		
6	0·00186	0·00141	0·00045	0·00022
7·5	0·00187	0·00141	0·00046	0·00028
8	0·00187	0·00141	0·00046	0·00030
7	0·00225	0·00189	0·00036	0·00026
11	0·00523	0·00452	0·00071*	0·00040
7·5	0·00188	0·00141	0·00047	0·00028
7	0·00231	0·00189	0·00042	0·00026
6	0·00787	0·00706	0·00081**	0·00022

Im Falle * war der erste Ausschlag von 300 ᵃᶜ, im Falle ** nur
von 160 ᵃᶜ. Man sieht, dass die Zahlen der beiden letzten Spalten,
absolut genommen, sich von einander um keine beträchtliche Grösse
unterscheiden. Erinnert man sich aber, dass die nach dieser Methode
gefundenen Zeiten auch bei so starken ersten Ausschlägen (400—500 Sec.)
doch aus dem erwähnten Grunde etwas grösser ausfallen müssen, so wird
man den Schluss gerechtfertigt finden, dass der gefundene Unterschied
zwischen den Zahlen der beiden letzten Spalten in Wirklichkeit noch
kleiner ist. Mit anderen Worten, man gelangt auf diese Weise zu folgendem Schlusse: die Fortpflanzungsgeschwindigkeit der elektrotonischen Stromschwankung im Nerven unterscheidet sich

nicht viel von derjenigen der Nervenerregung; sie ist jedenfalls kleiner als die Geschwindigkeit, mit welcher der polarisirende elektrische Strom im Nerven entsteht.

Dabei muss noch zugefügt werden, dass kein constanter Unterschied
in dieser Beziehung zwischen der katelektrotonischen und anelektrotonischen Stromschwankung sich nachweisen liess.

III. Fortpflanzungsgeschwindigkeit der anelektrotonischen Erregbarkeitsabnahme im Nerven.

Der Versuchsplan,[1] nach welchem die Messungen der Fortpflanzungsgeschwindigkeit der anelektrotonischen Erregbarkeitsabnahme im Nerven
auszuführen waren, lag auf der Hand; er bestand nämlich im Folgenden:

Für eine Stelle des Nerven eines Froschgastroknemiuspräparates
wurde die minimale Reizstärke aufgesucht, welche Zuckung auslöste.
Dann wurde in der dem centralen Ende näher liegenden Partie des
Nerven, in einem bestimmten Abstande von der geprüften Stelle, ein starker
aufsteigender Strom geschlossen. Die Schliessung des Stromes gab natürlich in diesem Falle keine Zuckung. Eine gewisse, sehr kurze Zeit
nachher wurde die Erregbarkeit des Nerven an der früheren Stelle wieder
geprüft. Erzeugte die früher gefundene minimale Reizstärke noch merkliche Zuckung, so wurde der Moment dieser Reizung in der Zeit von
dem Momente der Schliessung des polarisirenden Stromes entfernt und
der Versuch wiederholt. Damit wurde so lange fortgefahren, bis die minimale Reizung ohne Erfolg blieb.

Der dann sich ergebende Zeitunterschied zwischen den beiden Momenten musste die Zeit geben, welche für die Fortpflanzung der Erregbarkeitsabnahme von der intrapolaren Strecke bis zur gereizten Stelle
nöthig war. War dieser Abstand bekannt, so konnte daraus die gesuchte
Fortpflanzungsgeschwindigkeit bestimmt werden.

Die Anordnung, deren ich mich bei Ausführung dieses Versuchs-
planes bediente, war folgende. Es wurde ein Froschgastroknemiuspräparat
mit seinem Nerven frisch bereitet, wobei der Muskel mit der Haut bekleidet und der Nerv mit einem Theile der Wirbelsäule in Verbindung

---

[1] Obschon obiger Versuchsplan ganz selbständig bei mir entstand, wie er bei
jedem Forscher entstehen würde, der sich die uns interessirende Frage vorgelegt
hätte, so halte ich es doch für angemessen, zu erwähnen, dass ich später einen
ganz analogen Versuchsplan in der oben angeführten vorläufigen Mittheilung von
Czermak (S. 528, Anm.) angedeutet fand.

blieb. Dies Präparat wurde in einem Pflüger'schen Myographion befestigt. Das eingeklemmte Femur wurde durch eine Kautschukplatte
sorgfältig von der Klemme isolirt. Auf dem Tische des Myographions
wurde ein aus Glas und Kork gefertigter allgemeiner Träger befestigt,
welcher zwei Paare unpolarisirbarer Elektroden trug. Die Elektroden
konnten sehr bequem mit dem Nerven in Berührung gebracht und längs
desselben verschoben werden. Auf dem Glasstabe des Trägers befand
sich ferner ein gefirnisstes bewegliches Korkstück, an dem das centrale
Nervenende, bez. das Stück Wirbelsäule befestigt werden konnte. Zwischen diesen Korkstück und dem Muskel blieb somit der Nerv in der
Luft ausgespannt. Das Ganze wurde mit einem Glaskasten bedeckt,
dessen Wände mit feuchtem Fliesspapier bekleidet waren.

Es wurde dabei besondere Aufmerksamkeit auf gute Isolirung aller
Theile von einander verwendet. Das eine Elektrodenpaar (Taf. VIII,
Fig. 4, a), welches den Nerven etwa 10 ^{mm} entfernt von seinen centralen
Ende berührte, stand in Verbindung mit einer Kette von 4—6 kleinen
Grove (K); das andere Elektrodenpaar (b) wurde mit der secundären
Rolle eines Schlitteninductoriums verbunden.

Zur Schliessung des polarisirenden Stromes, wie auch zur Oeffnung
des Stromes in der primären [Rolle des Inductoriums diente derselbe
Siemens'sche Fallhammer (F), der von Dr. Gad in seiner Arbeit über
Zeichenwechsel u. s. w.[1] beschrieben wurde. Da die Contactschlüssel
dieses Fallhammers, als Nebenschliessung eingeführt, den Strom einer
Kette von 4—6 Grove nicht vollständig abblendeten, zog ich es vor,
auch hier den polarisirenden Strom einfach durch einen Quecksilbercontact
zu schliessen. Dies erzielte ich dadurch, dass ich das eine Ende des
Kettenkreises mit dem Axenlager des Hammerstiels, das andere mit dem
Quecksilbernäpfchen verband. Beim Fall des Hammers tauchte der an
dem Hammerstiele leitend befestigte Metallstift (p) in das Quecksilbernäpfchen (Q). Das untere Ende des Metallstiftes p wurde amalgamirt,
und die Quecksilberfläche des Näpfchens Q mittels einer Schicht Alkohol
möglichst rein gehalten. Endlich wurde im Batteriekreise noch ein Vorreiberschlüssel s eingeschaltet.

Zur Unterbrechung des Stromes in der primären Rolle des Inductoriums benutzte ich den einen Contactschlüssel des Fallhammers c.

Durch Verstellung der Mikrometerschraube m, die beim Falle des
Hammers den entsprechenden Contactschlüssel öffnete, konnte der Zeitunterschied zwischen dem Momente der Schliessung des polarisirenden

---

[1] Dr. Joh. Gad, Ueber Zeichenwechsel der Stromesschwankung innerhalb des
Latenzstadiums u. s. w. *Dies Archiv.* 1877. S. 37.

Stromes und dem Momente der Reizung des Nerven beliebig variirt werden. Die auf der Peripherie des Schraubenkopfes befindliche Theilung erlaubte jede Stellung der Schraube zu notiren.

Um die kleinen Zeiten, welche verschiedenen Stellungen der Mikrometerschraube *m* entsprachen, genau messen zu können, erdachte ich gemeinschaftlich mit Hrn. Dr. H. Gad folgende Vorrichtung: An den Kopf des Hammers (*KH*) wurde ein besonderer Messingrahmen (*R*, Fig. 5, Taf. VIII) geschraubt, wie aus der Zeichnung ersichtlich ist. Dieser Rahmen trug eine kleine Glasplatte. Die Länge dieser Platte war etwas grösser als der von ihr beim Falle des Hammers beschriebene Bogen, so dass eine zeichnende Spitze, die bei der hohen Stellung des Hammers die Glasplatte nahe ihrem unteren Rande berührte, nach dem Falle des Hammers ihren oberen Rand nicht überragte.

Die zeichnende Spitze war eine feine, an der Zinke einer speciell dazu verwandten Stimmgabel befestigte stählerne Feder; an der anderen Zinke der Stimmgabel wurde ein gleiches Gegengewicht angebracht. Die Stimmgabel wurde an einem Holzklotze befestigt, der noch eine Spannvorrichtung trug. Diese letztere war im Princip dieselbe, welche Hr. E. du Bois-Reymond an seinem Federmyographion angebracht hat. (S. oben S. 529, Anm.) Sie bestand nämlich aus einem elliptischen Knopfe, der mit seinem kleineren Durchmesser zwischen den Zinken der Stimmgabel geschoben werden kann, aber die Zinken auseinanderdrückt, wenn er um einen rechten Winkel gedreht wird, so dass sein längerer Durchmesser sich zwischen den Zinken befindet. Plötzliches Herausziehen des Spanners mittels eines Hebels versetzt dann die Stimmgabel in Schwingungen.

Die zeichnende Feder wurde mit zweien über einander in einer verticalen Linie angebrachten Schräubchen befestigt. Entsprechend dem oberen der letzteren wurde in der Feder ein querer Schlitz gemacht. In Folge dessen konnte, wenn beide Schräubchen etwas gelöst waren, die Feder um das untere Schräubchen wie um eine Axe seitlich gedreht werden. Diese kleine Vorrichtung hatte zum Zweck, mittels derselben zeichnenden Federspitze, welche später die Zeitcurve aufzeichnete, die Stellungen des Hammers notiren zu können, die den Momenten der Schliessung des Kettenkreises und der Oeffnung des inducirenden Stromes bei jeder Stellung des Metallstiftes *p* und der Mikrometerschraube *m* entsprachen.

Die Notirung dieser Hammerstellungen geschah auf folgende Weise. Man verband den Quecksilberschlüssel (*pQ*) und den Contactschlüssel (*c*) mit den beiden einander gegenüberliegenden Paaren von Klemmschrauben an einer Pohl'schen Wippe mit ausgenommenem Kreuze. Die beiden mittleren Klemmschrauben der Wippe verband man mit dem Bussolkreise, in den ein Stromzweig von bestimmter Stärke abgeleitet wurde. Zuerst wurde der Bussolkreis mit dem Quecksilberschlüssel verbunden. Man liess jetzt die zeichnende Feder die berusste Glasplatte berühren und senkte ganz allmählich den Hammer. Bei einer gewissen Stellung des letzteren tauchte der Metallstift p in das Quecksilber Q, was sich durch Ablenkung der Bussole kundgab. Nachdem die Stellung des Hammers, bei welcher der Contact des Metallstiftes mit dem Quecksilber eben eintrat, mittels der Bussole genau ermittelt worden war, wurde die abgelöste Feder der Stimmgabel zur Seite geschoben.

Auf diese Weise konnte der Moment der Schliessung des Batteriekreises, d. h. des polarisirenden Stromes auf das Genaueste notirt werden. Darauf legte man die Wippe um und verband dadurch den Bussolkreis mit dem Contactschlüssel c. Man fuhr fort den Hammer allmählich weiter zu senken und notirte auf der Glasplatte auf ganz analoge Weise die Momente der Oeffnung dieses Schlüssels bei verschiedenen Stellungen der Mikrometerschraube m.

Waren alle nöthigen Momente auf der berussten Glasplatte des Fallhammers notirt worden, so wurde die Feder an der Stimmgabel fest angeschraubt und der Hammer wieder gehoben, wobei natürlich die Federspitze einen Bogen, als künftige Abscisse der Zeitcurve, zeichnete. Nun versetzte man die Stimmgabel in Schwingungen und liess den Hammer fallen. Die schwingende Feder zeichnete eine Wellencurve, mittels welcher die Grösse der Abstände zwischen den früher notirten Linien mit Hülfe eines Mikroskops sehr genau in Theilen einer Welle ermittelt werden konnte. Unsere Stimmgabel wurde beiläufig ganz genau mit einer König'schen Stimmgabel von 512 einfachen Schwingungen in der Secunde abgestimmt. Sie war an den Tisch geschraubt. Auch für die Stabilität des Fallhammers wurde ausreichend gesorgt.

Endlich bei der Wahl der Stellung des Metallstiftes p und der Mikrometerschraube wurde immer darauf Rücksicht genommen, dass die Schliessung und die Oeffnung mit dem von allen störenden Einflüssen freien Theile der Fallbahn des Hammers zusammenfielen.

Noch ist Einiges über das Fallenlassen des Hammers zu bemerken. Es ist leicht einzusehen, dass dies hier ein Punkt von grosser Wichtigkeit ist. Der Siemens'sche Fallhammer hat bekanntlich einen Elektromagnet, um ihn in der Höhe halten zu können. Diese Vorrichtung ist sehr bequem; sie erfordert aber für die Gleichheit der Anfangsgeschwindigkeit des Hammers 1) dass der Strom im Elektromagnet immer dieselbe Stärke besitze; 2) dass die Oeffnung des Stromes immer mit derselben Geschwindigkeit geschehe (wegen der Induction der Elektromagnetrolle auf sich selbst). Diesen beiden Bedingungen immer Genüge zu leisten, ist in der Praxis sehr umständlich; insbesondere ist dies bei so verwickelten Versuchen kaum ausführbar. In Folge dessen zog ich es vor, nach dem Beispiele von Hrn. Dr. Gad,[1] den Hammer einfach aus der Hand fallen zu lassen. Es wurde der Hammer mittels eines starken Fadens gegen die Pole des unmagnetischen Elektromagnetes angezogen und dann durch Loslassen des Fadens fallen gelassen. Bei gewisser Uebung kann man auf diese Weise sehr gute Resultate erzielen; wenigstens konnte ich immer eine Reihe von minimalen Zuckungen bekommen, die sich der Höhe nach kaum von einander unterschieden.

Die zeichnende Feder des Hebels schrieb auf dem an der Glasplatte des Myographions befestigten berussten Papier.

Verlauf eines Versuches.

Nachdem ein frisches Froschgastroknemiuspräparat mit seinem Nerven auf die obenbeschriebene Weise am Myographion befestigt wurde, und alle Verbindungen, die auf der Fig. 4 (Taf. VIII) schematisch angedeutet sind, zusammengestellt waren, wurde der Vorreiberschlüssel s geöffnet und zur Bestimmung der minimalen Reizung geschritten. Als minimale Reizung wurde eine solche betrachtet, welche eine Zuckung von ungefähr 1^{mm} Höhe gab. Nachdem die minimale Reizung gefunden war,[2] und bei wiederholtem Fall des Hammers immer Zuckungen von gleicher Höhe erfolgt waren, wurde Schlüssel s auf einmal geschlossen und jetzt der Hammer wieder fallen gelassen. Dann wurde Schlüssel s wieder geöffnet und die minimalen Reizungen noch 2—3 mal wiederholt.

Die Operation wurde so oft wiederholt und dabei jedesmal die Schraube m des Hammerkopfes verstellt, bis endlich eine solche Schraubenstellung getroffen war, bei der die früher vorhandene minimale Zuckung bei gleichzeitiger Schliessung des polarisirenden Stromes eben verschwand.

Man bekommt so die in Fig. 6 dargestellten Myogramme.

Die Stellungen der Schraube m, bei welchen sich die erste Spur von der Erregbarkeitsabnahme zeigte, wurden notirt und später für sie auf die oben beschriebene Weise die Zeiten bestimmt, welche jedesmal zwischen den Momenten der Schliessung des polarisirenden Stromes im Nerven und der minimalen Reizung des letzteren verflossen.

---

[1] A. a. O.

[2] Um die Erregbarkeit der Nerven durch öftere Wiederholung der Reizung nicht zu sehr zu beeinflussen, wurde zuweilen mit einer etwas stärkeren, doch jedenfalls untermaximalen Reizung angefangen.

In folgender Tabelle sind einige von den Resultaten dieser Bestimmungen zusammengestellt.

Tabelle B.[1]

Abstand der gereizten Stelle von der intrapolaren Strecke des Nerven in Millin.	Gefundene Zeit	Berechnete Zeit für $v = \frac{27^m}{1''}$	Abstand der gereizten Stelle von der intrapolaren Strecke des Nerven in Millin.	Gefundene Zeit	Berechnete Zeit für $v = \frac{27^m}{1''}$
	in Secunden.			in Secunden.	
10	0·00025	0·00037	12	0·00033	0·00044
12	0·00029	0·00044	10	0·00033	0·00037
11	0·00021	0·00040	12	0·00055	0·00044
11	0·00031	0·00040	10	0·00024	0·00037
13	0·00043	0·00048	15	0·00073	0·00055
13	0·00057	0·00048			

In der ersten Spalte finden sich die Abstände zwischen der gereizten Stelle und der intrapolaren Strecke des Nerven; in der zweiten die kürzesten Zeiten zwischen der minimalen Nervenreizung und der Schliessung des polarisirenden Stromes, bei welcher die erste Spur von der anelektrotonischen Erregbarkeitsabnahme wahrgenommen wird. Mit anderen Worten es sind die Zeiten, welche die anelektrotonische Erregbarkeitsabnahme für ihre Fortpflanzung von der intrapolaren Strecke bis zur gereizten Stelle des Nerven braucht. Die dritte Spalte zeigt, der leichteren Uebersicht halber, die Zeiten, welche für die Fortpflanzung der Nervenerregung bei den in der ersten Spalte angegebenen Abständen nothwendig gewesen wären, die Fortpflanzungsgeschwindigkeit der Erregung zu 27^m in der Secunde angenommen.

Addirt man alle Zahlen der zweiten Spalte und dividirt die Summe mit der Summe aller Werthe der ersten Spalte, so bekommt man als mittleren Werth eine Fortpflanzungsgeschwindigkeit von 31·9^m in der Secunde, also eine Geschwindigkeit, die derjenigen der Nervenerregung jedenfalls sehr nahe steht.

Die Veränderung der Abstände der gereizten Stelle vom Muskel (4—30^{mm}) bei demselben Abstande der ersteren von der intrapolaren

---

[1] Einige von den in dieser Tabelle angeführten Zahlen sind Mittelzahlen aus einer Reihe von Bestimmungen, welche an demselben Nerven hintereinander gemacht wurden.

Strecke war von keinem contanten Einfluss auf die Resultate. Dies ist ein sehr wichtiges Factum, welches mit unseren Ergebnissen in vollkommenen Einklange steht. Würde sich die anelektrotonische Erregbarkeitsabnahme mit einer bedeutend grösseren Geschwindigkeit fortpflanzen, als der Erregungsprocess, so müsste ein gewisser Einfluss des Abstandes vom Muskel wahrgenommen werden, und zwar eine Verminderung der Zeiten der zweiten Spalte, ja sogar ein Wechsel ihres positiven Zeichens in ein negatives im Falle einer bedeutenden Entfernung der Reizstelle vom Muskel.

Andererseits weist das Zustandekommen der starken Reaction bei Reizung eines Nerven mit einem starken aufsteigenden Strome darauf hin, dass die anelektrotonische Erregbarkeitsabnahme sich nicht mit einer kleineren Geschwindigkeit fortpflanzen kann, als der Erregungsprocess.

Zur Controle wurde manchmal die Reizung in der Zeit noch weiter von der Schliessung des polarisirenden Stromes verlegt. Dabei wurde immer beobachtet, dass nicht nur die minimalen Reizungen ohne Erfolg blieben, sondern auch, dass die Reizung, je nach der Vergrösserung dieser Zwischenzeit, sehr bedeutend verstärkt werden konnte, ohne Zuckung hervorzurufen.

Endlich wurde nach Oeffnung des polarisirenden Stromes immer, wie es sich auch auf dem Myogramm Fig. 6 zeigt, eine Erregbarkeitserhöhung während der ersten Secunden constatirt.

Auf Grund dieser Resultate muss man annehmen, dass die beiden elektrotonischen Processe sich im Nerven mit einer Geschwindigkeit fortpflanzen, welche der Fortpflanzungsgeschwindigkeit des Erregungsprocesses im Nerven sehr nahe liegt. Nach unseren bisherigen Versuchen pflanzt sich anelektrotonische Erregbarkeitsabnahme im Nerven mit einer etwas grösseren, die elektrotonische Stromschwankung mit einer etwas kleineren Geschwindigkeit fort als der Erregungsprocess.

Ich begnüge mich hier mit der einfachen Mittheilung dieser unmittelbaren Versuchsergebnisse, ohne auf ihre Bedeutung für die Theorie des Elektrotonus einzugehen. Bei der Kleinheit der hier in Betracht kommenden Zeiten, der relativen Unvollkommenheit unserer

Untersuchungsmethoden und endlich der Abhängigkeit der hier in Rede stehenden Eigenschaften der Nerven von verschiedenen Bedingungen, die wir noch nicht alle zu beherrschen im Stande sind, — können meiner Ansicht nach diese Resultate an und für sich noch keine entscheidende Bedeutung beanspruchen; wohl aber dürften sie als Zwischenglied in der Kette aller übrigen Thatsachen bereits ein gewichtiges Wort mitsprechen.

Edinburgh, Juni 1879.

Nachtrag zur Abhandlung

Ueber die Fortpflanzungsgeschwindigkeit der elektrotonischen Vorgänge im Nerven.

Von

Dr. S. Tschirjew.

———

(Hierzu Tafel VIII, Fig. 7 u. 8.)

Eine vorzügliche Eigenschaft des Lippmann'schen Capillar-Elektrometers besteht bekanntlich in der grossen Geschwindigkeit, mit welcher der Quecksilbermeniscus den Stromzuwachsen folgt. Diese Eigenschaft sowohl als die Bequemlichkeit der Handhabung, welche das Capillarelektrometer in der ihm von Hrn. Dr. E. v. Fleischl[1] neulich gegebenen Form darbietet, veranlassten mich, meine früheren Messungen über die Fortpflanzungsgeschwindigkeit der elektrotonischen Stromschwankungen im Nerven mit diesem Apparate zu prüfen.

Um nun die Methode noch mehr zu verschärfen, habe ich ihr die Bernstein'sche Multiplicationsmethode zugesellt.

Der allgemeine Plan dieser Messungen bestand, wie früher, im Folgenden: zuerst wurde der Kreis, in welchem sich die abgeleitete Strecke eines Nerven und ein Capillar-Elektrometer befanden, geschlossen und es wurden die etwa darin vorhandenen elektromotorischen Kräfte compensirt,[2] dann folgte der Schluss des polarisirenden Stromes im Nerven, und kurz darauf wurde der erstere Kreis wieder geöffnet. Man bestimmte nun die minimale Zeit, welche zwischen diesem letzteren Moment und dem Mo-

———

[1] Ueber die Construction und Verwendung des Capillar-Elektrometers für physiologische Zwecke. S. oben S. 269.

[2] Ein Capillar-Elektrometer compensirt nämlich von selbst jeden ihn durchfliessenden Strom auf das Vollständigste (siehe die oben citirte Abhandlung von Hrn. Dr. E. v. Fleischl).

meute des Schliessens des polarisirenden Stromes verfliessen musste, damit die erste Spur der elektrotonischen Stromschwankung noch am Elektrometer erschiene. Dieser Process wurde durch Einschaltung eines Bernstein'schen Differential-Rheotoms in leicht verständlicher Weise multiplicirt und dadurch die Schärfe der Beobachtung sehr vergrössert.

Die Versuchsanordnung war folgende (Taf. VIII, Fig. 7):

Zwei Paare von Fleischl's unpolarisirbaren Pinselelektroden berührten einen in der Luft zwischen zweien isolirten Korkstücken ausgespannten Froschischiadicus (NN). Eines dieser Elektrodenpaare (a) berührte den Nerven in zwei zum elektromotorischen Aequator möglichst symmetrisch liegenden Punkten. Dieses Paar wurde zur Ableitung der elektrotonischen Stromschwankung im Nerven benutzt. Das andere Elektrodenpaar (p) leitete dem Nerven den polarisirenden Strom zu. Der Nerv mit den beiden Elektrodenpaaren befand sich in einer feuchten Kammer.

Das ableitende Elektrodenpaar (a) wurde in folgender Weise mit dem Capillar-Elektrometer verbunden. Eine der beiden Elektroden stand durch Drähte und durch eine Pohl'sche Wippe mit ausgenommenem Kreuze (III) mit der rotirenden Schneide (k) eines Bernstein'schen Differential-Rheotoms (DR) in Verbindung (eigentlich mit einer Klemmschraube, die durch eine kreisrunde Quecksilberrinne und einen an dem rotirenden Theile des Apparates befestigten Draht mit jener Schneide verbunden ist). Die andere Elektrode wurde durch Drähte und gleichfalls durch eine Pohl'sche Wippe mit ausgenommenem Kreuze (II) mit einer der beiden Quecksilbermassen eines Fleischl'schen Capillar-Elektrometers (CE) verbunden; die andere Quecksilbermasse des letzteren befand sich in Verbindung mit einer kleinen Quecksilberrinne q des Rheotoms, welche die Stelle des sonst daran gebräuchlichen Platindrahtes vertrat. Auf diesem Wege wurde noch ein Bois-Reymond'scher Vorreiberschlüssel (s'') eingeschaltet und zwar als Nebenschliessung zum Capillar-Elektrometer, wie aus der Zeichnung deutlich hervorgeht.

Es ist klar, dass dieser ableitende oder Elektrometerkreis nur beim Eintauchen des Metallstiftes k in das Quecksilber der Rinne q geschlossen werden konnte.

Das zuleitende Elektrodenpaar p stand zunächst in Verbindung mit einer Pohl'schen Wippe (I) als Stromwender. Eine Klemmschraube dieser letzteren wurde durch die Drähte und die Wippe III mit einer der beiden Quecksilberrinnen q' des Rheotoms in Verbindung gesetzt; von der anderen Klemme ging ein Leitungsdraht zu einem Vorreiberschlüssel (s') und von da zur Batterie B, deren zweiter Pol durch einen Draht und die Wippe II mit der anderen Quecksilberrinne q' des Rheotoms verbunden wurde. — Beim Eintauchen der Schneiden k' in die Rinnen q' konnte der Kreis des polarisirenden Stromes geschlossen werden. Durch Verschiebung der Quecksilberrinnen q und q' konnte solche Stellung derselben gegen einander getroffen werden, dass bei der Rotation des Rheotoms in der Richtung des Stieles zuerst der Ableitungskreis durch das Eintauchen der Schneide k in die Rinne q geschlossen wurde; dann folgte der Schluss des polarisirenden Stromes im Nerven durch das Eintauchen der Schneiden k' in die Rinnen q'; endlich eine gewisse kurze Zeit danach wurde der Ableitungskreis durch das Austauchen der Schneide k aus der Rinne q wieder geöffnet.

Um die Zeit zwischen den Momenten der Schliessung des polarisirenden Stromes und der Oeffnung des Ableitungskreises genau ermitteln zu können, musste man Mittel besitzen, den Nullpunkt, d. h. die relative Stellung der Quecksilberrinnen q und q', bei welcher die beiden eben genannten Momente zusammenfallen, bestimmen zu können und zwar für dieselbe Umdrehungsgeschwindigkeit des Rheotoms und dieselbe Stärke des Ausschlages des Elektrometers, bei denen die Messung am Nerven angestellt wurde. Da überdies der Nullpunkt wegen des Verspritzens des Quecksilbers aus den Rinnen seine Lage verändern konnte, musste dessen Bestimmung nach jeder Messung am Nerven wiederholt werden können, und zwar mit so kleinem Zeitverlust, dass an demselben Nerven noch mehrere solche Messungen möglich waren.

Dies alles erreicht man bei unserer Versuchsanordnung auf das Einfachste auf folgende Weise. Das dritte, freigebliebene Paar der Klemmschrauben der Wippe *II* wurde mit einem Daniell'schen Elemente e verbunden und zu dessen Nebenschliessung zu dem letzteren wurde ein Rheochord (R) eingeschaltet.[1] Die entsprechenden zwei Klemmschrauben der Wippe *III* waren mit einander durch einen Draht verbunden.

Durch das Umlegen der Wippen *II* und *III* in der Richtung r' wurde also der ganze nach rechts von den Wippen liegende Theil der Verbindungen mit dem Nerven auf einmal aus dem Elektrometer-Kreise gebracht, und statt dessen dieser letztere mit dem Daniell'schen Elemente e verbunden. Aus der Zeichnung ist klar, dass diese letztere Verbindung nur durch das Eintauchen aller Schneiden k und k' in die entsprechenden Quecksilberrinnen bewerkstelligt werden konnte.

---

[1] Als Rheochord benutzte ich ein Glasrohr mit einer Reihe von kleinen seitlichen Ansatzröhrchen gefüllt mit gesättigter Kupfervitriollösung.

Versuchsverlauf.

Der Schlüssel s' geöffnet, der Schlüssel s'' geschlossen, die Wippen II und III in der Richtung r umgelegt. Nachdem der frisch präparirte Froschischiadicus (von der Kniekehle bis zur Wirbelsäule, von der ihm ein Stück gelassen war) in der oben erwähnten Weise befestigt worden war, wurden die Ableitungselektroden a dem Nerven möglichst symmetrisch zu seinem elektromotorischen Aequator angelegt. Die zuleitenden Elektroden berührten in einiger Entfernung davon den dünneren (peripherischen) Theil des Nerven. Jetzt wurden die Quecksilberrinnen q und q' diametral gegeneinander gestellt und die Schneiden k und k' in diese letzteren eingetaucht.

Nun öffnete man den Schlüssel s'' und schloss den Schlüssel s'. Die elektromotorische Kraft des dabei erfolgten Ausschlages des Elektrometers wurde gemessen; sie entspricht der elektromotorischen Kraft der dabei stattgefundenen elektrotonischen Schwankung des Nervenstromes. Dann öffnete man wieder den Schlüssel s' und legte die Wippen II und III in der Richtung r' um. Jetzt wurde mittels des Rheochords R ein Stromzweig in den Elektrometerkreis abgezweigt, der ungefähr dieselbe elektromorische Kraft besass, wie die vorher gemessene elektromotorische Stromschwankung.

Nachdem dies gelungen war, wurde der Schlüssel s'' geschlossen, die Wippen II und III wieder in der Richtung r umgelegt und endlich die Quecksilberrinne q[1] so lange in der in der Rotationsrichtung u des Rheotoms entgegengesetzten Richtung u' verschoben bis das Austauchen der Schneide k aus der Rinne q früher geschah, als das Eintauchen der Stifte k' in die Rinne q'. Jetzt wurde das Rheotom in Gang gesetzt[2] und erst nachdem seine Rotationsgeschwindigkeit constant geworden war, wurde der Schlüssel s' geschlossen und der Schlüssel s'' geöffnet. Bei fortwährender Beobachtung des Quecksilbermeniscus des Elektrometers durch das Mikroskop wurde die Rinne q langsam mit der Hand oder der Mikrometerschraube so lange in der Richtung der Rotation (u) verschoben, bis man die erste Spur der Bewegung des Quecksilbermeniscus im Sinne der zu beobachtenden elektrotonischen Stromschwankung wahrnahm. Dann wurde der Schlüssel s' geöffnet, der Schlüssel s'' geschlossen,

---

[1] Die Rinne q wurde nämlich statt der kleinen Vorrichtung mit dem Platindrahte an dem längeren der drei beweglichen Arme des Rheotoms befestigt; dessen Lage kann bekanntlich mit Genauigkeit am getheilten Kreise des Apparates abgelesen werden.

[2] Es wurde durch eine Helmholtz'sche elektromagnetische Kraftmaschine getrieben.

und nach der Ablesung der so ermittelten Stellung der Quecksilberrinne q wurden die Wippen wieder in der Richtung r' umgelegt. — Jetzt schob man die Rinne q wieder etwas zurück, in der Richtung n', öffnete den Schlüssel s'' und durch langsames Verschieben der Rinne q in der Richtung n ermittelte man den Nullpunkt, d. h. die Stellung der Rinne, bei welcher die erste Bewegung des Quecksilbermeniscus jetzt schon unter der Wirkung des Stromzweiges des Daniell'schen Elementes sich zeigte. — War dies geschehen, so schloss man wieder den Schlüssel s'', hielt das Rheotom auf und las die gefundene Stellung der Rinne q ab.

Damit war die eine Messung abgeschlossen. Nun legte man die Wippen in der Richtung r um und machte wieder eine solche Doppel-messung.

Nach einer Reihe solcher Doppelmessungen wurde die elektromoto-rische Kraft der elektrotonischen Stromschwankung wieder bestimmt und die Länge der Nervenstrecke zwischen beiden Elektrodenpaaren notirt.

Man veränderte nun die Grösse dieses letzteren Abstandes, d. h. die Länge der ableitenden Nervenstrecke und stellte wieder eine Reihe von Messungen an.

Um das Verspritzen des Quecksilbers aus den Rinnen möglichst zu vermindern, wurde mit nicht allzugrosser Rotationsgeschwindigkeit ge-arbeitet. Das Rheotom machte nämlich 6.74 oder 7.01 Umdrehungen in der Secunde. Doch schon bei dieser Rotationsgeschwindigkeit ent-sprach ein Tausendstel des getheilten Kreises des Rheotoms, d. h. einer Umdrehung dem Zeitraume von 0.00015'' oder 0.00014''. Ein an dem beweglichen Arme, an welchem die Rinne q befestigt wurde, angebrachter Vernier erlaubte nöthigenfalls die Zeitbestimmung noch weiter zu ver-schärfen; doch hatte eine solche Genauigkeit der Bestimmung im gegen-wärtigen Falle wegen gewisser unvermeidlicher Fehlerquellen keinen be-sonderen Werth, und ich ging in meinen Bestimmungen nur bis zur Hälfte eines Tausendstels des Kreises, d. h. bis zur Zeit von 0.000075'' oder 0.00007''. Andererseits wurde der Quecksilbermeniscus mit einem Objectiv N 5 und einem Ocular-Mikrometer N 2 von Hartnack be-obachtet, wobei die Verschiebung des Quecksilbermeniscus des Capillar-rohres um ein Millimeter anfangs einer elektromotorischen Kraft von etwa 0.0006 Daniell entsprach; da dabei eine Verschiebung des Me-niscus um einen Zehntel Millimeter noch ganz gut unterschieden werden konnte, so betrug also die Genauigkeit einer derartigen Bestimmung etwa 0.00006 Daniell.

Zieht man nun die Grössen der elektrotonischen Stromschwankungen in Betracht, mit denen gearbeitet wurde (0.096—0.592 eines Daniell's), ferner die Multiplication der Wirkungen durch das Rheotom, so wird

35*

man eingestehen müssen, dass die von uns angewandte Methode empfindlich genug war, um den in der folgenden Tabelle angegebenen Resultaten
einer wirklichen Werth zuschreiben zu können.

Die angewandte constante Batterie B bestand aus 4 kleinen Grove.
Um den Contact zwischen den Metallschneiden und dem Quecksilber
der Rinnen bei der Rotation mehr zu sichern, wurden nach dem Beispiele von Hrn. E. du Bois-Reymond die eisernen Spitzen der ersteren
durch verquickte Kupferplättchen ersetzt. Endlich um die Gleichmässigkeit der Rotation des Rades am Rheotom mehr zu sichern, wurde an dem
Rade eine Metallmasse, im Ganzen von etwa 48 ^{grm}, symmetrisch befestigt.

Am häufigsten wurden die Bestimmungen auf der Anodenseite der
intrapolaren Nervenstrecke gemacht, da die anelektrotonische Stromschwankung ceteris paribus immer bedeutend grösser war (siehe unten),
als die katelektrotonische, und ausserdem haben wir einige mit dieser
letzteren gemachte Messungen keine irgendwie in Betracht kommende
constante Differenz ergeben.

Tabelle A.

Länge der ableitenden Nervenstrecke in Millimetern.	Gefundene Zeiten in Secunden.	Mittel in Secunden.	Elektromotorische Kraft der elektrotonischen Stromschwankungen in Theilen eines Daniell.	Fortpflanzungsgeschwindigkeit in 1 Secunde in Meter.
4·0	0·00022 0·00015	0·00018	0·592	22·2
4.5	0·00022 0·00022 0·00030 0·00022	0·00024	0.145	18·7
5·5	0·00028 0·00035 0·00028 0·00028	0·00030	0·387	18·3
5·5	0·00037 0·00030 0·00030 0·00030	0·00032	0·257	17·1

Länge der ableitenden Nervenstrecke in Millimetern.	Gefundene Zeiten.	Mittel	Elektromotorische Kraft der elektrotonischen Stromschwankungen in Theilen eines Daniell.	Fortpflanzungsgeschwindigkeit in 1 Secunde in Meter.
	in Secunden.			
6·5	0·00043	0·00039	0·202	16·6
	0·00036			
	0·00043			
	0·00036			
	0·00036			
6·5	0·00042	0·00041	0·151	15·9
	0·00037			
	0·00037			
	0·00042			
	0·00049			
7·0	0·00080	0·00037	0·250	18·9
	0·00037			
	0·00045			
7·0	0·00052	0·00050	0·196	14·0
	0·00052			
	0·00045			
	0·00052			
7·5	0·00050	0·00052	0·301	14·4
	0·00058			
	0·00050			
	0·00050			
8·5	0·00063	0·00058	0·267	14·7
	0·00056			
	0·00056			
	0·00058			
9·0	0·00067	0·00060	0·296	15·0
	0·00060			
	0·00045			
	0·00067			

Länge der ableitenden Nervenstrecke in Millimetern.	Gefundene Zeiten	Mittel	Elektromoto- rische Kraft der elektrotonischen Stromschwan- kungen in Theilen eines Daniell	Fortpflanzungs- geschwindigkeit in 1 Secunde in Meter.
	iu Secunden.			
9·0	0·00077 0·00067 0·00063	0·00067	0·172	13·4
11·0	0·00063 0·00091 0·00091 0·00077 0·00077	0·00080	0·116	13·7

Die in dieser Tabelle angeführten Messungen gehören zu den besseren sowohl in Bezug auf die Erregbarkeit der angewandte Nerven, als auch in Bezug auf die Genauigkeit der Beobachtung. Unter dem letzteren verstehen wir Folgendes. Es kam nämlich zuweilen vor, dass der Queck- silbermeniscus des Elektrometers noch vor dem Eintritt der stossartigen Wirkung der elektrotonischen Stromschwankung aus nicht zu ermit- telnden Gründen eine langsame, stetige Bewegung zeigte.[1] Zuweilen gelang es einfach durch Veränderung der Richtung des Stromes im Elektrometer diese Bewegung aufhören zu lassen. Gelang es aber nicht und war die Bewegung sehr langsam, so konnte man doch noch arbeiten, indem man die elektrotonische Stromschwankung in entgegengesetzter Richtung im Elektrometer wirken liess. Diese letzteren Beobachtungen rechne ich zu den weniger genauen und gebe in der Tabelle Zahlen, die sich meistentheils auf Beobachtungen beziehen, wo der Quecksilber- meniscus sich ruhig verhielt.

Diese Resultate stimmen verhältnissmässig sehr gut mit den früheren überein. Da sie aber nach einer mehr sicheren Methode erhalten und andererseits viel vollständiger sind, so bekommen sie natürlicherweise einen grösseren, mehr bindenden Werth, als die früheren. — Aus der Tabelle A folgt:

---

[1] Das Elektrometer, eigentlich das Capillarrohr, mit welchem ich arbeitete, war so empfindlich, dass es genügte sogar, dessen von den Quecksilbermassen isolirte Theile, wie z. B. das Mikroskop, beim geöffneten Schlüssel *s"*, zu berühren, um einen bedeutenden Ausschlag zu erhalten; daher während der Beobachtung jede Be- rührung des Apparates sorgfältig vermieden ward.

1) dass die Fortpflanzungsgeschwindigkeit der elektrotonischen Stromschwankung im Nerven, obschon sie in gewissen Fällen derjenigen des Erregungsprocesses sehr nahe tritt, doch im Allgemeinen kleiner ist, als diese letztere;

2) dass diese Fortpflanzungsgeschwindigkeit mit der Verlängerung der ableitenden Nervenstrecke abzunehmen scheint.

Dieser zweite Schluss ist jedenfalls noch nicht bindend. Diese scheinbare Abnahme könnte erstens durch die gleichzeitige Abnahme des absoluten Werthes der elektrotonischen Stromschwankung mit der Entfernung von der intrapolaren Strecke bedingt sein, worauf ein gewisser Parallelismus zwischen diesen Werthen und den Werthen der gefundenen Fortpflanzungsgeschwindigkeit hinweist; und sie liesse sich zweitens durch die sehr ansprechende Annahme erklären, dass die Steilheit, mit welcher die elektrotonische Stromschwankung ihr Maximum erreicht, mit der Entfernung von der intrapolaren Nervenstrecke abnimmt. Diese beiden Momente fallen nämlich bei unseren Messungen deswegen in's Gewicht, weil der Nullpunkt mittels eines immer mit derselben Steilheit sein Maximum erreichenden galvanischen Stromes ermittelt wurde. Ob diese beiden Momente auch genügen, um die in Rede stehende Abnahme der Fortpflanzungsgeschwindigkeit vollständig zu erklären, müssen wir für jetzt dahin gestellt lassen.

Gelegentlich dieser Untersuchungen habe ich eine Reihe vergleichender Messungen der Stärke anelektrotonischer und katelektronischer Stromschwankungen bei derselben Entfernungen von der intrapolaren Strecke und überhaupt unter gleichen Bedingungen angestellt. Ueber diese Messungen will ich hier kurz berichten.

Um die gedachte Gleichheit der Bedingungen zu erreichen, liess ich die Lage der zu- und ableitenden Elektroden unverändert, wechselte aber die Richtung des polarisirenden Stromes im Nerven.

Diese Messungen sind auch mittels des oben erwähnten Capillar-Elektrometers ausgeführt, und die Stärken der elektrotonischer Stromschwankungen sind in Theilen eines Normal-Daniell's ausgedrückt. — Die dabei angewandte constante Batterie bestand aus 4 kleinen Grove. Die Länge der intrapolaren Nervenstrecke variirte zwischen 9 und 10^{mm}.

Tabelle B.

Länge der ableitenden Nervenstrecke in Mm.	Stärke der anelektrotonischen Stromschwankung	Stärke der katelektrotonischen Stromschwankung	Länge der ableitenden Nervenstrecke in Mm.	Stärke der anelektrotonischen Stromschwankung	Stärke der katelektrotonischen Stromschwankung
	in Theilen eines Daniells.			in Theilen eines Daniells.	
5·0	0·184	0·091	7·0	0·067	0·034
5·0	0·179	0·062	8·0	0·125	0·047
5·0	0·104	0·064	8·0	0·094	0·039
6·0	0·185	0·073	8·0	0·045	0·023
6·0	0·130	0·041	8·5	0.124	0·068
6·5	0·236	0·139	8·5	0·109	0·053
6·5	0·105	0·040	9·0	0·114	0·061
7·0	0·292	0·120	10·0	0·267	0·075
7·0	9·220	0·073			

Anmerkung. Die absoluten Werthe dieser elektrotonischen Stromschwankungen sind verhältnissmässig klein ausgefallen, weil diese Messungen meistentheils am dickeren Theile des Froschischiadicus (seinem sog. Plexus) angestellt wurden. Dazu kam noch, dass die Frösche schon seit geraumer Zeit in Gefangenschaft gelebt hatten.

Endlich theile ich in Fig. 8 (Taf. VIII) zwei Curven mit, welche das Gesetz der Abnahme des Anelektrotonus (AA') und des Katelektrotonus (kk') mit der Entfernung von der intrapolaren Strecke darstellen, wie schon Hr. Dr. E. v. Fleischl eine solche publicirt hat.[1] Nur die notirten Punkte der Curven wurden direct bestimmt, im Uebrigen wurde graphisch interpolirt. Je 5ᵐᵐ der Abscisse entsprechen 1ᵐᵐ Entfernung von der intrapolaren Strecke (0). Je 1ᵐᵐ der Ordinaten entspricht einer elektromotorischen Kraft von 0·0121 eines Daniell's. Da diese Curven in 1ᵐᵐ Abstand von der beiläufig 9ᵐᵐ langen intrapolaren Strecke den Anfang nahmen, zeigen sie, dass der Unterschied zwischen Anelektrotonus und Katelektrotonus in Bezug auf die Stärke bis zu der intrapolaren Strecke bestehen bleibt.

Diese Untersuchungen sind im hiesigen physiologischen Laboratorium angestellt, und ich bin dem Hrn. Prof. E. v. Brücke für die Liberalität, mit welcher er mir alle nöthigen Apparate sowohl, wie die übrigen Versuchsmittel zur Verfügung stellte, zum innigsten Danke verpflichtet. Meinen besonderen herzlichen Dank spreche ich hier auch dem Hrn. Dr. E. v. Fleischl aus. Durch die freundliche Bereitwilligkeit, mit welcher er mir mehrere seiner privaten experimentellen Hülfsmittel zu Gebote stellte, hat mir bei der Durchführung dieser verwickelten Versuche die wesentlichste Hülfe geleistet.

Wien, August 1879.

[1] *Wiener Sitzungsberichte.* Bd. LXXVIII. 3. Abth. Dec. 1878.

Verhandlungen der physiologischen Gesellschaft zu Berlin.

Jahrgang 1878—79.

XVII. Sitzung am 20. Juni 1879.

Hr. GAD machte: „Einige kritische Bemerkungen, die Pneumatographie betreffend".

In dem am 5. Juni ausgegebenen Heft des Pflüger'schen *Archivs* ist eine Arbeit aus dem physiologischen Institut der Universität Strassburg enthalten, welche eine in mancher Beziehung abgeänderte Methode zur Aufzeichnung der Athemdruckschwankungen bringt. Der Verfasser der Arbeit, Hr. R. Ewald, hat sein Augenmerk darauf gerichtet, die Curve des Athmungsdruckes unter Bedingungen aufzunehmen, welche die normale Athmung selbst möglichst wenig stören. Er hat dies dadurch erreicht, dass er den Widerstand für den Athemluftstrom, welcher immerhin erforderlich ist, um Druckschwankungen zur Erscheinung zu bringen, möglichst klein und den zwischen diesem Widerstand und der Nasenöffnung als Seitendruckschreiber an der Leitung angebrachten registrirenden Apparat möglichst empfindlich gemacht hat. Die so vom Menschen gewonnenen und vom Verfasser als normal bezeichneten Curven bieten einiges Interesse dar, insofern sie, in Curven der Volumschwankungen übersetzt, den allgemeinen Typus der mit directer Methode gewonnenen Volumschwankungscurven wieder erkennen lassen. In der beigegebenen Figur stellt Nr. 1 einen Theil der von R. Ewald als normale Druckschwankungscurve mitgetheilten dar (zum besseren Vergleich in umgekehrter Richtung), die zweite Curve ist gewonnen durch Uebersetzung der Druckschwankungen in Volumschwankungen, unter der Voraussetzung, dass die im Zeitelement aus- oder einströmende Luftmenge dem während desselben bestehenden Werthe des positiven oder negativen Seitendruckes proportional ist. Bei Vergleich beider Curven ist zu berücksichtigen, dass wo die Ordinaten der ersten den grössten Werth haben, die Steilheit des Verlaufs der zweiten Curve ein Maximum zeigen muss, denn wo der Ueberdruck in der Leitung über den Aussendruck am grössten war, muss die Geschwindigkeit des Luftstroms, also die Geschwindigkeit der Volumänderung am grössten gewesen sein. Curve 3 reproducirt die erste Vierordt'sche Abdominalathemcurve[1] (und zwar zum besseren Vergleich um-

---

[1] *Archiv für physiologische Heilkunde.* Bd. 14.

gekehrt). Curve 4 ist die Wiedergabe einer schon einmal von mir mitgetheilten (s. oben S. 181, Sitzung am 14. Februar d. J.), mit dem Aëroplethysmographen vom Kaninchen gewonnenen Curve. In zwei Beziehungen stimmt Curve 2 mit den Curven 3 und 4 überein. Die Exspiration dauert länger als die Inspiration und das Ende der Exspiration ist weniger gekrümmt und weniger gegen die Horizontale geneigt als das Ende der Inspiration. Dies Verhalten kann durchaus als typisch für die normale Athemcurve bezeichnet werden, denn es kehrt bei allen übrigen Autoren, die mit überhaupt in Betracht kommenden Methoden untersucht haben, constant wieder. Ohne auf Vollständigkeit

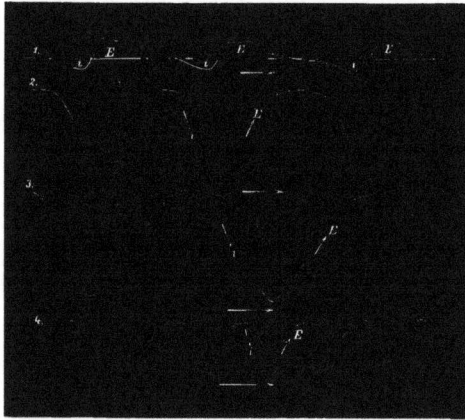

Anspruch zu machen, seien hier nur genannt Marey,[1] P. Bert,[2] Panum,[3] Mosso.[4] Als nicht typisch muss in Curve 2 bezeichnet werden, dass die grösste Steilheit der aufsteigenden (exspiratorischen) Linie die grösste Steilheit der absteigenden an Grösse übertrifft und dass die Curve beim Uebergang aus Inspiration in Exspiration eine Stetigkeitsunterbrechung 2. Ordnung (einen Knick) zeigt. Dies Verhalten der Volumcurve, welches den Eigenschaften der

---

[1] *Journal de l'anatomie et de la physiologie*, t. II, p. 431.
[2] *Leçons sur la physiologie comparée de la respiration*. 1870. p. 306.
[3] Pflüger's *Archiv*, Bd. I, S. 155.
[4] *Dies Archiv*. 1878. S. 449.

Druckcurve entspricht, dass in ihr der exspiratorische Theil sich weiter von
der Abscisse entfernt als der inspiratorische und dass sie beim Uebergang aus
Inspiration in Exspiration die Abscisse unter einem Winkel schneidet, kehrt bei
allen Autoren zu häufig unmittelbar neben anderem Verhalten wieder, als dass
sein Ausbleiben einem Fehler in der Methode zur Last gelegt werden könnte.
Etwas Neues über den normalen Athemtypus hat uns also die „normale" Curve
von R. Ewald nicht gelehrt. Man hätte seine Druckcurve aus schon früher als
in der Breite des Normalen liegend betrachteten Volumencurven construiren
können mit Hülfe desselben Verfahrens, welches uns zur Construction der Volumcurve 2 aus der Druckcurve 1 verholfen hat. Aber etwas Anderes ist es, eine
Curve zu construiren, als sie durch directen Versuch zu gewinnen, und es ist
anzuerkennen, dass R. Ewald der Erste gewesen ist, der Athemdruckcurven
zur Aufzeichnung gebracht hat, die sich in eine einigermaassen befriedigende
Beziehung zu den auf anderem Wege gewonnenen Athemcurven setzen lassen.
Seine Methode wird in Anwendung zu ziehen sein, wo es sich um specielle
Verhältnisse gerade der Druckschwankungen handeln wird, und wir wollen hoffen,
dass sie dann einer immerhin noch nothwendigen genaueren Controle Stich halten
möge. Es muss nämlich befremden, dass in R. Ewald's „normaler" Druckcurve
die negativen (inspiratorischen) Flächenräume kleiner sind als die positiven
(exspiratorischen), was der Autor ganz richtig so in Worten ausdrückt, dass
die Exspiration stärker sei und länger daure als die Inspiration, ohne den
Widersinn zu merken der hierin liegt. Ist das Zeitintegral des Druckes genommen über die Dauer der Exspiration grösser als genommen über die Dauer
der Inspiration, so muss bei der Exspiration mehr Luft aus- als bei der Inspiration einströmen und wenn dies „normale" Verhältniss andauert, so muss eine
Entleerung der Lungen von Luft die Folge sein. Dass der grösste absolute
Werth des Druckes, der bei der Exspiration vorkommt, grösser ist als jeder
bei der Inspiration vorkommende, tritt, wie schon hervorgehoben ist, oft genug
ein, der Mittelwerth des Exspirationsdruckes muss aber, da die Exspiration
länger dauert wie die Inspiration, stets kleiner sein als der Mittelwerth des
Inspirationsdruckes (bei constanten Widerständen) und die Zeitintegrale des
Druckes müssen für beide Athemphasen gleich sein. Das angedeutete Paradoxon,
welches in der Curve des Autors enthalten ist, hätte von ihm aufgeklärt werden
müssen, wenn er Vertrauen zu seiner, manchen Einwendungen zugänglichen,
Methode erwecken wollte.

R. Ewald macht auf Grund seiner Curve gegen Vierordt geltend, dass
der normale Athemtypus keine Athempause enthalte. Er sagt: „Dadurch ist
denn zugleich die Frage der Athempausen abgethan. Es giebt keine Pause
nach der Exspiration und vollends nicht nach der Inspiration wie sie Vierordt
und Ludwig angenommen". (In dem Citat fehlt die Initiale „G" des Vor-
namens des zweiten Autors, die in diesem Fall nicht gleichgültig ist.) Die
Originalstelle, auf die es ankommt, lautet: „Bei den Athembewegungen unterscheiden wir: 1) Zeit der Einathmung, 2) Pause, 3) Exspirationszeit und
4) Exspirationspause. Die Pause zwischen In- und Exspiration ist
nur sehr selten vorhanden und auch dann jedesmal nur von kürzester Dauer. Die Berge[1] unserer Athemcurven zeigen fast immer eine
deutliche Spitze, welche In- und Exspiration scharf trennt. Die Pause fehlt

---

[1] Das sind in unserer Reproduction (Curve 3) die Thäler.

durchaus bei irgend etwas frequenteren Athemzügen. Fixiren wir
aber am Ende einer Inspiration unsere Aufmerksamkeit plötzlich auf einen
Gegenstand, so kann die Inspirationspause etwas länger werden. — — Anders
verhält es sich mit der Exspirationspause. Sie fehlt nur bei frequenten Athemzügen".

Was die Inspirationspause betrifft, so bleibt nur hinzuzufügen, dass Vierordt
bei umfangreicherer Erfahrung und reiferem Urtheil Fälle gesehen hat, die er
als in die Breite des Normalen gehörig anzusehen sich für berechtigt hielt und
bei denen Inspirationspausen vorkamen. Das Vorkommen von Exspirations-
pausen hätte aber R. Ewald nicht nur als normal, sondern sogar als typisch
bezeichnen müssen, wenn die Zahl seiner Beobachtungen überhaupt erlaubte
ein Urtheil über Norm und Typus zu fällen.· Denn in der als normal bezeichneten Curve [1] sind 4 Exspirationen durch absolute Pausen in beträchtlicher
Länge von den folgenden Inspirationen getrennt, was sich durch Zusammenfallen
der Druckcurve mit der Abscisse markirt, und die übrigen zwei Mal schneidet
die Curve zwischen Ex- und Inspiration die Abscisse unter sehr spitzem Winkel.
Das Zusammenfallen der Curve mit der Abscisse sieht der Autor als durch einen
Fehler des Apparates bedingt an und zwar durch die Trägheit des Hebels.
Mindestens mit demselben Recht könnte man aber sagen, dass der Hebel wegen
seiner Trägheit auf seinem Wege schräg zur Abscisse diese in den zwei Fällen
überschritten hat, ehe der Druck negativ geworden war. Auf Grund meiner
ziemlich zahlreichen Versuche mit dem Aëroplethysmographen am Kaninchen
muss ich der von Vierordt für den Menschen gegebenen Beschreibung im
Allgemeinen zustimmen. Die Belege hierfür, welche der Gesellschaft in der
Sitzung vom 14. Februar d. J. vorgezeigt wurden, werden bald veröffentlicht
werden. Zu diesen Belegen gehören auch die Curven, welche beweisen, dass
man von tracheotomirten Kaninchen ganz normale Athemcurven gewinnen kann.
Ich führe dies deshalb hier ausdrücklich an, weil R. Ewald, den seine Versuche an einem einzigen tracheotomirten Hunde nicht zum gewünschten Ziel
führten, derartige Versuche überhaupt verdächtigt. Absolute Pausen auf der
Höhe der Exspiration kommen freilich nicht so oft vor, wie es nach der Darstellung von Vierordt scheinen könnte, aber immerhin häufig genug unter
normalen Bedingungen, um sie, wie Vierordt gethan, als charakteristisch gerade
für das wenig frequente Athmen zu bezeichnen. Unbedingt typisch für das
normale Athmen ist aber die auffallende Abflachung des letzten Theiles der
exspiratorischen Curve, welche sich so deutlich gegen den übrigen steileren
Verlauf absetzt, dass Vierordt sehr berechtigt war, ihr einen besonderen
Namen zu geben. Ob man die von Vierordt getroffene Wahl dieses Namens
für glücklich halten will, darüber kann man streiten, man darf aber nicht vergessen, dass man dann um Worte streitet und nicht um Thatsachen,
wie dies auch P. Bert [2] schon vor R. Ewald vergessen hat. Das thatsächliche
Verhalten hat schon Vierordt gerade so gut gesehen wie alle Späteren, denen
er erst die Bahn gebrochen hat, dessen sind die von ihm mitgetheilten Curven Zeuge.

Zur Geschichte der Pneumatographie führt R. Ewald an: „Dieselben
Schwierigkeiten, die sich der Bestimmung des normalen Athmungsdrucks ent-
gegenstellen,·haben es bewirkt, dass die Volumenveränderungen der Brusthöhle

---

[1] Siehe die Originalcurve in Pflüger's *Archiv.* [2] L. c. p. S. 335.

während des normalen Athmens noch nicht untersucht worden sind. — Bert gehört streng genommen nicht hierher, da er nur an Thieren seine Untersuchungen machte, doch erwähne ich ihn, da er die Methode zu verbessern bemüht war". Nicht erwähnt aber wird Panum,[1] der zuerst eine directe Methode zur Aufzeichnung der Volumänderungen der Brusthöhle anwandte, indem er, im Versuch am Menschen, die Bewegungen des Spirometers aufschreiben liess, und es scheint auch R. Ewald entgangen zu sein, dass diese directe Methode in neuerer Zeit eine derartige Ausbildung erfahren hat, dass von ihr, wie ich in der schon angeführten Mittheilung am 14. Febr. gezeigt zu haben glaube, auf die zunächst zu stellenden Fragen eine genügend präcise Antwort zu erwarten ist. Das schweigende Hinweggehen über die betreffende Arbeit muss einigermassen auffallen, da die bezügliche unserer *Verhandlungen* rechtzeitig dem Director des Institutes, in dem R. Ewald gearbeitet hat, zugesandt und das Heft des *Archivs für Anatomie und Physiologie*, in welchem dieselbe abgedruckt steht, am 18. April ausgegeben ist.

Es ist oben gezeigt worden, wie R. Ewald's Druckcurve benutzt werden kann, um daraus eine Volumcurve zu construiren. Daraus darf man aber nicht schliessen, dass R. Ewald's Methode die directe Methode zur Gewinnung von Volumcurven ersetzen kann. Die von Panum zuerst angewandte Methode bietet nämlich zwei Vortheile dar, welche sie vor anderen Methoden auszeichnet, und welche mich gerade veranlasst haben, an ihrer Ausbildung so lange zu arbeiten, bis ich sie für exact genug hielt, um sie meinen Studien über die Athmung zu Grunde zu legen. Der erste Vortheil ist der, dass es die einzige Methode ist, bei der für die Athmung auf absolutes Maass, Volum und Zeit zurückgeführt wird, so dass Versuche, die zu verschiedenen Zeiten oder an verschiedenen Thieren angestellt sind, quantitativ direct mit einander verglichen werden können. Der zweite Vortheil der Methode ist der, dass man bei ihr, wie ich gezeigt habe, es erreichen kann, mit einem Schreibapparat zu arbeiten, der in jeder seiner Stellungen im indifferenten Gleichgewicht sich befindet, so dass, wenn er periodische Bewegungen zeigt, aus diesen mit Sicherheit auf entsprechende periodisch wirkende Kräfte zu schliessen ist, und wenn er ruht, auf das Fehlen einwirkender (in Bezug auf den Apparat äusserer) Kräfte. Der Werth dieser Vortheile wird durch die mit ihrer Hilfe zu erreichenden Resultate auch für weitere Kreise einleuchtend gemacht werden, jedenfalls gehen dieselben der Methode von R. Ewald ab, so dass diese nicht im Stande ist, für die directe Methode zur Gewinnung von Volumcurven einzutreten. Ja der Methode der directen Athemdruckzeichnung haftet der Natur der Sache nach eine Unvollkommenheit an, von der mehrere andere Methoden, namentlich aber diejenige der directen Volumänderungszeichnung frei sind. Sie giebt nämlich nur sehr indirecten Aufschluss über die Aenderungen der Entfernung des Thorax aus seiner Gleichgewichtslage und keinen über die Lage der Gleichgewichtsabscisse selbst. Solchen Aufschluss braucht man aber wenn man die Athmung von umfassenderem Gesichtspunkt aus studiren will nothwendig, weil er, wie ich in der Sitzung vom 14. Febr. gezeigt habe (S. oben S. 187), zu einer Beurtheilung der Grösse der bei der Athmung aufgewandten Arbeit vor-

---

[1] L. Panum, Untersuchungen über die physiologischen Wirkungen der comprimirten Luft. Pflüger's *Archiv*, Bd. I, S. 125.

hilft. Die Methode von R. Ewald kann also für specielle, die Athemdruck-schwankungen betreffende Fragen vielleicht einmal von Werth werden, allgemeinere Methoden, namentlich die der directen Volumänderungszeichnung, zu ersetzen ist sie aber nicht im Stande.

Dass die absoluten Werthe, die R. Ewald für den normalen Athmungsdruck angiebt, willkürliche, von gewissen in absolutem Maass nicht angegebenen und wohl kaum angebbaren Constanten seines Apparates abhängige Werthe sind, sollte kaum einer Auseinandersetzung bedürfen. Als normalen Athemdruck bezeichnet der Autor den Druck, unter dem die Luft den Körper verlässt. Da dieser Druck, wenn in den unbegrenzten Raum geathmet wird wie in der Norm, sich in demselben Maasse der Null nähert wie der Widerstand gegen den Luftstrom, so kann er normaler Weise überhaupt nicht zur Anschauung gebracht werden. Um eine der Messung zugängliche Grösse zu erhalten, führt also R. Ewald für den Luftstrom, nachdem er die Nase passirt hat, einen künstlichen Widerstand ein, den er so klein macht, dass er eben Druckschwankungen, die messbar sind, zu sehen bekommt. Diese Druckschwankungen sind abhängig von der Geschwindigkeit des Athemluftstromes und von dem eingeführten Widerstand, letzterer aber ist eine in weiten Grenzen willkürliche Grösse. Bleiben die Constanten dieses (von der Geschwindigkeit des Luftstromes selbst in verwickelter Weise abhängigen) Widerstandes ungeändert, so können die beobachteten Druckschwankungen vielleicht den Geschwindigkeiten, mit dem erforderlichen Grade von Annäherung, proportional gesetzt und dann zur directen Gewinnung von Athemdruckcurven verwandt werden. Der absolute Werth der maximalen und minimalen Drucke ist aber nicht nur von dem Organismus und seinem normalen Process, sondern in hohem Grade von einer willkürlich eingeführten, nicht gemessenen und kaum messbaren äusseren Bedingung abhängig. Von normalem Athemdrucke zu reden hat überhaupt nur einen Sinn, wenn man darunter den Seitendruck versteht, der an einer bestimmten Stelle des thorakalen Hohlraumes oder seiner Leitungen besteht. Je näher nach der äusseren Mündung der Leitung (Nase, Mund oder Tracheafistel) um so kleiner müssen die Differenzen des Seitendruckes gegen den Aussendruck sein. Der Versuch von Valentin, von dem R. Ewald sagt, (S. 463) dass er ihn nicht versteht, und über dessen Ausführung er sich, aus diesem Grunde, willkürliche Annahmen erlaubt, hat den Sinn, dass Valentin den Seitendruck im Pharynx bei Nasenathmung misst und dabei das Manometer mit der Mundöffnung verbindet. Dass die Widerstände für den Athemluftstrom auf dem Wege vom Pharynx bis zur vorderen Nasenöffnung bedeutend genug sind, um Seitendruck in der von Valentin beobachteten Grösse zu erzeugen, kann allerdings in Erstaunen setzen, aber gerade wegen des Ueberraschenden der Grösse des Einflusses der normalen Widerstände jenseits der Trachea, habe ich es für zweckmässig gehalten, das wie ich glaube lehrreiche Vorlesungsexperiment zu organisiren, welches ich der Gesellschaft in der Sitzung vom 29. Nov. v. J. vorgeführt habe[1] und dessen Beachtung R. Ewald wohl hätte in den Stand setzen können, das Experiment von Valentin zu verstehen.

---

[1] Gad, Einige zu Vorlesungsversuchen geeignete Experimente, die Athmungsschwankungen des intrathorakalen Druckes betreffend. Diese *Verhandlungen*, 29. Nov. 1878. *Dies Archiv*, 1878, S. 559.

2. Hr. GAD spricht hierauf: „Ueber die Bewegungserscheinungen an den Blüthen von Stylidium adnatum".[1]

Die mannigfaltigen Bewegungen, welche an den verschiedenen Pflanzentheilen im Laufe der Zeiten bekannt geworden sind, lassen sich, wenn man von den reinen Wachsthumsbewegungen absicht, wesentlich in drei Gruppen ordnen. Erstens giebt es solche Bewegungen, welche in ihrer Richtung deutliche Beziehungen und in ihrer Intensität annähernde Proportionalität zu bestimmten äusseren Lebensbedingungen (namentlich zur Bestrahlung) zeigen. Diese Gruppe ist die umfangreichste, zu ihr gehört die grosse Erscheinungsreihe des Heliotropismus. Wir wollen die Bewegungen dieser Gruppe Reactionsbewegungen nennen. Die zweite Gruppe umfasst die scheinbar spontanen periodischen Bewegungen, deren Prototyp die Bewegung der Seitenblättchen von Desmodium gyrans ist. Diese Bewegung ist, was ihre Intensität und die Dauer ihrer Periode betrifft, freilich auch sehr merklich abhängig von der Intensität äusserer Bedingungen (Temperatur, Licht, Sauerstoff), aber die scheinbare Unabhängigkeit des Bewegungstypus liegt darin, dass die Periodicität der Bewegung keine periodischen Schwankungen der äusseren Bedingungen nach Intensität oder Richtung zur Voraussetzung hat. Die dritte Gruppe, in welche die Reizbewegungen gehören, wird mehr oder weniger umfangreich, je nachdem man den Begriff der Reizbarkeit enger oder weiter fasst. Thun wir letzteres, so gehören hierher alle Fälle, bei denen geringfügige Veranlassungen Bewegungen von grosser Ausgiebigkeit und Geschwindigkeit zur Folge haben und wir sind dann genöthigt, noch zwei wesentlich verschiedene Unterabtheilungen der dritten Gruppe aufzustellen. Die erste Unterabtheilung soll die Fälle umfassen, in denen die Existenz reizbarer Zellen und die einer Erregungsleitung nachgewiesen werden kann oder wahrscheinlich ist. Die hierhergehörigen Bewegungen sollen wahre Reizbewegungen genannt werden, als ihr Prototyp kann man die Schliessbewegung der Blätter von Dionaea muscipula ansehen. Als charakteristisch für diese Bewegungen kann noch bezeichnet werden, dass die in Folge der Reizbewegung von dem betreffenden Organ eingenommene Stellung keine bleibende ist, sondern dass Rückkehr in die ursprüngliche Stellung und Wiederausbildung der Reizbereitschaft eintritt. Ferner entspricht bei ihnen die Geschwindigkeit der ausgeführten Bewegung der Geschwindigkeit der, in Folge des Reizes und unter Vermittelung reizbarer Zellen, eintretenden Aenderung in der Gewebespannung. Zu unterscheiden sind hiervon die Fälle scheinbarer Reizbewegung, bei denen besonders reizbare Zellen nicht anzunehmen sind und bei denen die die plötzliche Bewegung vornlassende Gewebespannung sich, Dank einer vorhandenen Arretirung, allmählich bis zu dem Grade ausbildet, dass zum Ueberwinden der Arretirung und zur Auslösung der plötzlichen Bewegung eine geringfügige, oft nicht nachweisbare Veranlassung genügt. Ein Beispiel dieser Bewegungsart ist das Auswärtsschlagen der Staubfäden von Parietaria.

---

[1] Obgleich der wesentliche Inhalt dieses Vortrages schon veröffentlicht ist (*Sitzungsberichte des botanischen Vereins der Provinz Brandenburg*, XXI, S. 84), so hat der Vortragende, der an ihn ergangenen Aufforderung folgend, ihn auch an dieser Stelle drucken lassen, namentlich weil sich ihm die Gelegenheit bot, eine Zeichnung beizugeben und Manches, was bei den Botanikern als bekannt vorausgesetzt werden musste, ausführlich zu beschreiben. Was die Literatur und die Berücksichtigung der Angaben früherer Autoren betrifft, so wird auf die erste Publication verwiesen.

Die scheinbaren Reizbewegungen sind sämmtlich ausgezeichnet durch Ausgiebigkeit und Plötzlichkeit, es sind wahre Schleuderbewegungen. Die Geschwindigkeit der wahren Reizbewegungen ist eine wesentlich geringere, weil, wie es scheint, die Geschwindigkeit der Gewebespannungsänderung bei den Pflanzen, welche in diesen Fällen auf Turgescenzänderungen, also Wasserbewegung beruht, keinen hohen Werth annehmen kann.

Die Bewegungserscheinungen, welche an den Blüthen von Stylidium adnatum beobachtet werden, gehören zu den lebhaftesten Schleuderbewegungen, welche im Pflanzenreiche vorkommen und es war deshalb a priori zu vermuthen, dass sie nicht als wahre Reizbewegungen im definirten Sinne aufgefasst werden dürfen, wie es bisher geschehen war. Eine genauere Untersuchung des Bewegungsvorganges und seiner wesentlichsten Bedingungen hat diese Vermuthung bestätigt, einen sehr interessanten organischen Mechanismus kennen gelehrt und die Gesichtspunkte für vergleichende Untersuchung auf diesem Gebiete vermehrt.

Die oberständige Blumenkrone der Blüthe bei den Arten der Gattung Stylidium ist fünfzählig, aber der eine Saumabschnitt ist in ein an Grösse den übrigen weit nachstehendes Labellum (Rob. Brown) umgewandelt. Dieses Labellum ist bei verschiedenen Arten wesentlich verschieden gebildet. Bei St. adnatum ist dasselbe folgendermaassen gestellt und geformt. Zwischen den beiden grössten der vier grösseren Saumabschnitte der Blumenkrone ist ein grösserer Zwischenraum als zwischen den übrigen und hier ist auch die Röhre der Corolla tiefer ausgeschnitten. In dem Grunde dieses Ausschnittes liegt das sehr kleine Labellum (von nur $\frac{1}{3}$ der Länge der übrigen Abschnitte) in Gestalt einer fleischigen Zunge mit scharfer Spitze und scharfen Rändern, welche in kurzem Bogen gegen die Corollenröhre zurückgebogen ist. Ränder, Spitze und Unterseite tragen den Charakter und zeigen die (rothe) Färbung der übrigen Abschnitte, die Oberseite, gleichsam der Rücken der Zunge, ist eingenommen von einem stark gewölbten, grün durchscheinenden, glänzenden Polster.

Der histologische Bau des Labellums ist ganz analog dem der übrigen Saumabschnitte, nur dass da, wo sich das Polster befindet, die (chlorophyllhaltigen) Parenchymzellen in zahlreichen Schichten vorhanden sind und dass sein Bündel von Spiralgefässen stärker entwickelt ist. Das so aus zahlreichen Parenchymzellenschichten gebildete Polster ist überzogen von einer Lage cylindrischer, vollsaftiger Zellen mit deutlichem Kern und klarem Inhalt, welche sich polygonal gegen einander abplatten, palissadenförmig senkrecht zur Oberfläche des Polsters gestreckt und zwar in der Mitte des Polsters länger, an den Rändern desselben kürzer sind, doch auch hier sich deutlich gegen die Epidermiszellen des übrigen Labellums absetzen. Der Ueberzug des Polsters ist drüsiger Natur und repräsentirt ein Nectarium.

Aus dem Schlunde der kurzen Röhre der Blumenkrone erhebt sich der mit den zwei Staubfäden zu einem „Säulchen" verwachsene Griffel. Das Säulchen trägt die Narbe und an deren Peripherie vier einfächerige Staubbeutel, das ganze so gebildete Organ nennt man das „Gynostemium" und dieses ist es, welches die interessante Schleuderbewegung zeigt.

Das Säulchen des Gynostemiums stellt einen abgeplatteten Cylinder dar, an dem man zwei Ränder und zwei Flächen unterscheiden kann. Von den Flächen wollen wir die eine die rothgefärbte, die andere die ungefärbte (grüne) nennen, letztere ist dem Labellum zugewandt, erstere schaut nach der entgegengesetzten Seite. Die Färbung erstreckt sich nicht auf die ganze gefärbte Fläche, sie beginnt mit einem nach unten concaven Bogen über der Stelle, an der das Säulchen die Blumenröhre verlässt und dehnt sich, nach oben diffus verlaufend, bis zum obersten Drittel des Säulchens aus. Sie greift, namentlich unten, etwas um die Ränder herum auf die ungefärbte Seite über. Die Färbung ist bedingt durch einen rothen, in dem Zellsaft der Epidermiszellen gelösten Farbstoff, ganz ebenso, wie wir ihn in den Epidermiszellen der gefärbten Stellen der Blumenblätter antreffen.

Das Säulchen des entwickelten Gynostemiums zeigt eine constantbleibende Knickung mit nach der ungefärbten Seite offenem, stumpfen Winkel in der Gegend des oberen Endes der Färbung, sonst ist dasselbe in der frisch entfalteten Blüthe meist gerade gestreckt. In dem Maasse jedoch, als sich die Staubbeutel ihrer Reife nähern, krümmt sich das Säulchen in der Gegend des unteren Endes

Fig. 1. (4:1)   Fig. 3. (6:1)   Fig. 2. (4:1)

der Färbung derartig, dass die gefärbte Seite convex wird und dass bei vollständig ausgebildeter Krümmung der unter dem constanten Knick gelegene Theil der ungefärbten Fläche zur Anlagerung an das Polster des Labellums gelangt. In dieser Stellung des Gynostemiums öffnen sich die Antheren und zu dieser Zeit ist das Organ zum ersten Mal schleuderbereit. Theilt man jetzt der Blüthe auf irgend eine Art eine leichte Erschütterung mit, so tritt eine plötzliche Bewegung ein, bei der die mehr als einen halben Kreisbogen beschreibenden Antheren ihren Pollen weit von sich schleudern. Bei dieser Bewegung wird der unterste Theil der rothgefärbten Seite des Säulchens, welcher bisher convex war, concav, die Narbe, welche mit den seitlich stehenden vier Antheren in der schleuderbereiten Stellung den Himmel ansah, kehrt jetzt ihre Rückenseite demselben zu, das Säulchen, welches vorher in dem Zwischenraum zwischen den beiden grösseren Saummabschnitten lag, liegt jetzt in demjenigen zwischen den beiden kleineren. Die beiden beschriebenen Stellungen sind in Fig. 1 und 2 dargestellt.

Beobachtet man dieselbe Blüthe andauernd weiter, so sieht man, dass nach einiger Zeit das Gynostemium eine rückgängige Bewegung beginnt. Die Geschwindigkeit dieser Bewegung, bei welcher sich der gekrümmt gewesene Theil des Säulchens zuerst streckt und dann wieder so krümmt, dass die rothgefärbte Seite convex wird und der obere Theil der grüngefärbten zur Anlagerung an das Polster des Labellums gelangt, ist zu Anfang sehr gering, nimmt aber allmählich zu, erreicht ihr Maximum bei erreichter Streckung des Säulchens und ist dann so gross, dass die Bewegung eben direct als solche wahrgenommen werden kann, ohne dass man aus dem in längerer Zeit erzielten Effect auf dieselbe zu schliessen braucht. Unter günstigen Bedingungen ist der Rückgang etwa in einer halben Stunde vollendet. Das Gynostemium ist dann wieder in der Stellung der Schleuderbereitschaft, es ist aber noch nicht wieder schleuderbereit. Bis zur Ausbildung der vollen Schleuderbereitschaft ist ungefähr noch einmal soviel Zeit erforderlich wie der Rückgang in Anspruch genommen hatte. Bei kräftigen Blüthen und unter passenden Bedingungen (namentlich der Temperatur und Insolation) tritt aber Schleuderbereitschaft sicher wieder ein und der ganze beschriebene Vorgang lässt sich dann an derselben Blüthe von Neuem und mehrmals hintereinander beobachten.

Der Mechanismus dieses Vorganges ist folgender. Das Gynostemium von Stylidium adnatum ist nicht reizbar, dem Gynostemium an sich kommt weder wahre noch scheinbare Reizbewegung zu, sondern nur eine scheinbar spontane periodische Bewegung, als deren Prototyp wir die Bewegung der Seitenblättchen von Desmodium gyrans bezeichnet haben. Die Aenderungen der Gewebespannungen, in Folge deren der gelenkige Theil des Säulchens einmal an der gefärbten und das andere Mal an der ungefärbten Fläche convex wird, erfolgen mit sehr geringer Geschwindigkeit, mit einer Geschwindigkeit, welche auch in ihrem Maximum eine Grösse ganz anderer Ordnung ist, als die Geschwindigkeit der Schleuderbewegung. Die rückgängige Bewegung erfolgt mit einer Geschwindigkeit, welche derjenigen entspricht, mit der sich die diese Bewegung bewirkende Gewebespannung ausbildet. Ist aber das Säulchen bei seinem Rückgange zur Anlagerung an das Polster des Labellums gelangt, und beginnt dann die Gewebespannung in dem Sinne der Schleuderbewegung sich auszubilden, so haftet das Säulchen an dem Polster (Nectarium) so lange bis die Gewebespannung in dem Sinne der Schleuderbewegung einen hohen Werth erlangt hat. Tritt dann eine geringfügige äussere Veranlassung hinzu, in folge deren die der Haftkraft beinah gleiche Spannkraft erstere einen Augenblick übertrifft, so wird die allmählich angesammelte Spannkraft in eine plötzliche und ausgiebige Bewegung umgesetzt. Der Beweis für die Richtigkeit dieser Vorstellung von dem Mechanismus der Bewegungen des Gynostemiums von S. adnatum liegt in folgenden Experimenten und Beobachtungen.

Dass dem Gynostemium von S. adnatum an sich nur eine scheinbar spontane periodische Bewegung zukommt, wird durch folgendes Experiment einleuchtend. Man löst die Schleuderbewegung eines Gynostemiums aus und wartet ab, bis das Säulchen bei seinem Rückgange sich dem Labellum nähert. Dann bringt man ein kleines Stückchen Papier auf das Polster, welches manchmal ohne Weiteres an demselben haften bleibt, sicher aber durch das zurückgelangte Säulchen fest angedrückt wird. Von jetzt ab beobachtet man die Blüthe unverwandten Auges mit der Loupe. Ohne dass ein äusserer Anlass zu constatiren ist, beginnt dann das Säulchen ganz allmählich sich von dem Papier abzuheben, es richtet sich mit langsam zunehmender Geschwindigkeit ganz auf und geht wohl auch etwas über die aufrechte Stellung hinüber, nie jedoch so weit wie bei einer Schleuderbewegung. Nach einiger Zeit beginnt dann wieder der Rückgang und, wenn das Papier in seiner Lage geblieben oder durch ein neues ersetzt ist, wiederholt sich das allmähliche Auf- und Niedergehen, ist dagegen das Labellum frei, so entwickelt sich wieder Schleuderbereitschaft. Dieses Experiment, welches dem Vortragenden ausnahmslos den beschriebenen Erfolg gezeigt hat, kann man durch einfache Beobachtung ersetzen. Man wird hierbei unterstützt durch die ausserordentliche Neigung der Blüthen von Stylidium adnatum zum Variiren. Eine nicht seltene Variation ist die, dass das Labellum zu einem vollkommenen Saumabschnitt entwickelt ist, welcher dann dem Gynostemium ebenso gegenübersteht, wie sonst das Labellum. Fig. 3 stellt eine solche Blüthe dar. Der mittlere Saumabschnitt rechts ist derjenige, welcher in der normalen Blüthe zum Labellum entwickelt sein würde. Hat sich eine solche Blüthe frisch entfaltet, so legt sich das Säulchen aus der ursprünglich aufgerichteten Stellung ebenso gegen das fünfte Blumenblatt zurück wie in der normalen Blüthe gegen das Labellum, der weniger widerstandsfähige Saumabschnitt wird hierbei deutlich niedergedrückt. Eine Schleuderbewegung ist bei einer solchen Blüthe nie zu erreichen, das Gynostemium zeigt vielmehr, so lange seine Antheren stäuben, sehr langsames periodisches Auf- und Niedergehen (in $^1/_2$- bis 1 stündigen Perioden). Eine deutliche Beschleunigung dieser Bewegung durch irgend welchen mechanischen Reiz konnte der Vortragende nicht erzielen.

Zu analogen Beobachtungen lassen sich andere Variationen benutzen, wenn bei denselben das Labellum fehlt, oder aus irgend einem Grunde die Anlagerung des Säulchens an das vorhandene Labellum verhindert ist. Es gehört jedoch einige Aufmerksamkeit dazu, um sich bei diesen Beobachtungen nicht täuschen zu lassen. Im Beginn seiner Untersuchung wäre der Vortragende selbst an seiner Ansicht beinahe irre gemacht worden durch das Verhalten einer Blüthe, welche scheinbar ziemlich regelmässig gebaut war, bei der jedoch das Gynostemium in dem etwas zu breiten Ausschnitt zwischen den grösseren Abschnitten deutlich neben dem typisch entwickelten Labellum lag. Der Vortragende erwartete langsame periodische Bewegungen, wurde jedoch durch eine deutliche, wenn auch nicht sehr ausgiebige Schleuderbewegung überrascht, welche ohne ersichtliche Veranlassung erfolgt war. Genaue Besichtigung der Blüthe ergab nun das Vorhandensein eines zweiten, kleineren Labellums, dem sich das Säulchen bei seinem Niedergang auch wieder anlegte. Der Fall war nun insofern gerade lehrreich, als der Kleinheit des Labellums und seines Polsters entsprechend auch die Schleuderbewegung wenig ausgiebig war. Es fand ein Losreissen des Säulchens vom Polster schon statt, wenn die Spannung im Sinne der Schleuderbewegung noch verhältnissmässig unbedeutend war. Es sei übrigens noch erwähnt, dass der Versuch mit dem zwischengelegten Papierstreifchen auch bei dieser Blüthe in normaler Weise gelang. Was die Brauchbarkeit abnormer Blüthen für die geschilderte Beobachtung betrifft, so erscheint es nicht überflüssig, darauf hinzuweisen, dass das Vorkommen eines doppelten Labellums ziemlich häufig ist, dass der fünfte Saumabschnitt, selbst wenn er die Form eines gewöhnlichen Blumenblattes hat, Träger eines Nectariums sein kann und dass es Blüthen von S. adnatum giebt, bei denen ein Labellum an der richtigen Stelle steht und diesem gegenüber ein überzähliger sechster Saumabschnitt.

Dass bei dem normalen Vorgang ein zeitweiliges Haften des Säulchens an

36*

dem Polster des Labellums stattfindet, ist schon nach dem Vorgetragenen sehr wahrscheinlich und wird es noch mehr, wenn hinzugefügt wird, dass der Vortragende seit Beginn seiner Beobachtungen an S. adnatum (in der vorjährigen Blüthezeit) bei jeder Blüthe, an der er versuchte, die Schleuderbewegung auszulösen, vorher genau die Lage des Gynostemiums untersucht und ausnahmslos, wenn nachher Schleuderbewegung erfolgte, vorher das Säulchen dem Polster des Labellums anliegend gefunden hat. Ganz klar wird aber die Rolle, welche das Haften des Säulchens am Labellum beim normalen Vorgang spielt, durch folgenden Versuch.

Ist das Gynostemium durch die Schleuderbewegung in die Stellung übergegangen, bei der es in der Lücke zwischen den beiden kleineren Abschnitten liegt und versucht man unmittelbar darauf, es in die ursprüngliche Lage zurückzubringen, so gelingt dies nur durch Ueberwindung eines erheblichen elastischen Widerstandes und losgelassen schnellt dasselbe, wie Morren auch für S. graminifolium angiebt, in die jetzige Gleichgewichtslage zurück. Bei S. adnatum gelingt es aber manchmal, das Gynostemium selbst aus der extremsten Stellung zwischen den kleineren Abschnitten in die schleuderbereite Stellung zwischen den grösseren überzuführen und darin zu erhalten, wenn man nur das Säulchen wieder zur Anlagerung an das Polster des Labellums bringt. Hat hier ein Haften stattgefunden, so verhält sich die Blüthe wieder wie unmittelbar vor der Auslösung der Bewegung, der geringste Anlass bewirkt eine neue Schleuderbewegung von derselben Ausgiebigkeit wie die erste war. In dieser Vollkommenheit ist das Experiment dem Vortragenden allerdings nur selten gelungen; in folgender Form ist jedoch mit Sicherheit zu demonstriren, worauf es ankommt. Man wählt eine Blüthe aus, bei der das Gynostemium, nachdem es die Schleuderbewegung ausgeführt hatte, seit einiger Zeit wieder in die ursprüngliche Stellung zurückgekehrt ist. In der ersten Zeit nach dem beendeten Rückgange ist es nur mit Ueberwindung einigen Widerstandes möglich, das Säulchen von dem Polster abzuheben und, losgelassen schleudert es gegen dasselbe zurück. Nach Verlauf einer Viertelstunde etwa hat sich schon einige Spannung im Sinne der Schleuderbewegung entwickelt und berührt man jetzt das Säulchen, so schnellt es von dem Polster ab in eine mehr oder weniger aufgerichtete Stellung. Aus dieser kann man es nun ziemlich leicht gegen das Labellum zurückbeugen und meist sofort, manchmal erst nach längerem Druck zum Haften bringen. Ein neuer gelinder Anstoss bewirkt dann wieder ein Emporschnellen in die jetzige Gleichgewichtslage. Durch dieses Experiment, welches der Vortragende sehr häufig mit gleichem Erfolg wiederholt hat, gewinnt man die Ueberzeugung, dass die Gewebespannung, welche das Zurückgehen des Gynostemiums bedingte, noch einige Zeit nach erreichter Anlagerung des Säulchens an das Polster in beträchtlicher Zunahme begriffen ist, dass dann diese Gewebespannung allmählich in die entgegengesetzte übergeht und dass eine dieser Spannung entsprechende Bewegung durch das Haften des Säulchens am Polster verhindert wird. Man kann auch an einer abgeschnittenen Blüthe beobachten, von der man die vier grösseren Abschnitte entfernt hat. Hier sieht man mit der Loupe deutlich, wie das Labellum unmittelbar nach der Anlagerung des Säulchens durch dieses gegen die Blumenröhre zurückgebogen und dann nach einiger Zeit von diesem wieder in die ursprüngliche Stellung, auch wohl darüber hinaus, mitgenommen wird.

Es ist für die Untersuchung sehr wichtig, dass nicht nur die abgeschnittene und in beschriebener Art vivisecirte Blüthe überlebt, sondern auch das über dem Fruchtknoten abgeschnittene Säulchen. Bringt man ein solches auf den Objectträger, so sieht man, dass es meist mehrmals hintereinander dieselbe Bewegung ausführt wie in der Blüthe, nur in kürzeren Perioden. Beobachtet man das auf einem seiner Ränder liegende Säulchen, von dem auch die Narbe entfernt ist, trocken ohne Deckglas, bei mittlerer Vergrösserung, so sieht man, wie die Epidermiszellen an der concav werdenden Seite des gelenkigen Theiles papillös werden und dadurch der Oberfläche ein runzliges Aussehen ertheilen, während die Aussenflächen der Epidermiszellen an der gerade convexen Seite in einer Flucht liegen, so dass hier die Oberfläche vollkommen glatt erscheint.

Dem Vortragenden ist es bei wiederholt darauf gerichteten Versuchen nie gelungen, durch solche mechanische Reize, wie sie die Bewegung der Staubfäden von Berberis auslösen, eine Schleuderbewegung an dem herausgeschnittenen Säulchen von S. adnatum herbeizuführen. War das Säulchen gerade in Ruhe, so blieben Reize oft ohne jeden Erfolg, manchmal begann bald nach dem Reiz eine Bewegung. Da jedoch auch spontan Bewegungen erfolgten, so beweist dieser Ausfall des Versuches Nichts für die von früheren Forschern behauptete Reizbarkeit. Eine gerade bestehende Bewegung wurde durch Reiz nie in die entgegengesetzte übergeführt. Manchmal hatte es den Anschein, als wenn die Bewegung in Folge des Reizes beschleunigt werde, da jedoch auch die spontane Bewegung nicht mit gleichbleibender Geschwindigkeit abläuft, so kann man auch auf diesen Anschein keinen Schluss gründen. Offenbare Insulte brachten allerdings ein ziemlich schleuniges und sehr ausgiebiges Einkrümmen hervor, jedoch immer in der der normalen Schleuderbewegung entgegengesetzten Richtung und in dem so eingekrümmten Zustand starb das Organ ab, ohne sich wieder zu strecken.

Ueber den histologischen Bau des Säulchens von S. adnatum kann der Vortragende zur Zeit Folgendes mittheilen. Das Säulchen wird durchzogen von zwei in der Nähe der Ränder verlaufenden Gefässbündeln mit eingewundenen Spiralgefässen; zwischen den beiden Bündeln und dieselben allseitig umgebend erstreckt sich durch die ganze Länge des Säulchens ein Gewebe aus langgestreckten, schrägabgeschnittenen Zellen mit dicken, stark glänzenden Wandungen und engem Lumen (Kollenchym), in dem auch der Griffelcanal verläuft. An den Rändern liegen diesen Zellen die Epidermiszellen unmittelbar auf, an den Flächen liegen zwischen Epidermis und Kollenchym mehrere Schichten Parenchymzellen. Der gelenkige Theil unterscheidet sich von dem übrigen dadurch, dass in ihm die Epidermiszellen kürzer und dünnwandiger sind. In Form von Papillen vorgewölbt sind dieselben nur, wenn die betreffende Seite bei der Krümmung concav ist, oder wenn wasserentziehende Mittel eingewirkt haben. In letzterem Falle hebt sich der gelenkige Theil scharf gegen den übrigen ab, indem der gelenkige eingesunken, runzlig und papillös, der andere ganz glatt erscheint. Die Stelle des Säulchens, mit welcher dasselbe sich dem Polster des Labellums anlagert, scheint durch keine besonderen Eigenschaften der Epidermis ausgezeichnet zu sein. Ein zweiter Unterschied zwischen dem gelenkigen und dem übrigen Theil des Säulchens besteht in dem Inhalt der Parenchymzellen. Während dieser in dem ganzen übrigen Säulchen mit wenig Ausnahmen sich klar darstellt und nur spärliche Chlorophyllkörner zeigt, sind die Parenchymzellen und auch die peripherischen Kollenchymzellen an dem gelenkigen Theile so dicht mit Stärkekörnern erfüllt, dass diese die Structur fast vollständig verdecken. Ausser den

Stärkekörnern nehmen auch anscheinend solche Körner an der Erfüllung der Zellen Theil, welche sich mit Jod nicht blau, sondern braun färben und daher wohl eiweissartiger Natur sein dürften. Die centralen Kollenchymzellen sind immer von körnigem Inhalt frei, so dass die beiderseitigen dunklen Massen stets durch ein helles Band getrennt erscheinen. Etwas darüber auszusagen, in welcher Weise die einzelnen Gewebe activ oder passiv an der Bewegung betheiligt sind, scheint noch nicht an der Zeit zu sein.

Die dem Gynostemium von Stylidium adnatum als solchem an und für sich zukommende Bewegung ist oben mit derjenigen der Seitenblättchen der Hedysareen verglichen worden. Dieser Vergleich erscheint um so treffender, wenn man berücksichtigt, dass es auch bei letzterer nicht selten vorkommt, dass die Bewegung eines Blättchens durch irgend ein zufälliges Hinderniss zeitweise gehemmt wird, sodass es zur Ansammlung von Spannkraft und bei Ueberwindung des Hindernisses zu einer plötzlichen ausgiebigen Bewegung kommt. Der Vortragende hat im vorigen Herbst Gelegenheit gehabt, sehr kräftige Exemplare von Desmodium gyrans im botanischen Garten zu Kew zu beobachten und wiederholt Fälle der geschilderten Art zu constatiren. Was nun für das Blättchen von Desmodium dem Zufall überlassen und ganz unwesentlich ist, ist für das Gynostemium bei Stylidium adnatum, durch eine besondere Vorrichtung an einem anderen Blüthentheil, zu hohem Grade der Constanz erhoben und derart zur Norm geworden, dass es dem Gynostemium selbst eigenthümlich erscheinen konnte. Es kann dies nicht Wunder nehmen, wenn man bedenkt, wie die durch die vereinigte Wirkung des Labellums und Gynostemiums bedingte Schleuderbewegung eine ganz andere Rolle im Haushalte der Pflanze spielen muss, als die ohne Mitwirkung des Labellums allein zu Stande kommende sehr allmähliche periodische Bewegung, welche zu dem Verstäuben des Pollens nichts beiträgt.

Die Schleuderbewegung des Gynostemiums hat gewisse Analogien mit dem Emporschnellen der Staubfäden bei Pilea, Parietaria und anderen Pflanzen, auch hier handelt es sich nicht um eine wahre Reizbewegung wie bei den Staubfäden von Berberis, Centaurea und anderen, bei ihnen ist jedoch die Ansammlung der Spannkraft nicht wie bei Stylidium adnatum durch periodische Aenderungen der Gewebespannung, sondern durch Eigenthümlichkeiten des Wachsthums und der Evolution bedingt, und die Schleuderbereitschaft, nachdem sie einmal zur Schleuderbewegung geführt hat, bildet sich nicht von Neuem aus.

Man kann die Schleuderbewegung an der Blüthe von Stylidium adnatum als eine Reizbewegung, die Blüthe selbst als reizbar bezeichnen, muss dann aber bedenken, dass das Attribut der Reizbarkeit weder dem Gynostemium, noch dem Labellum an sich, sondern dem aus beiden gebildeten Apparat zukommt. Wir haben es mit einem reizbaren Apparat zu thun, ohne dass wahrscheinlich reizbare Zellen vorhanden sind. Der Fall von Stylidium adnatum ist gerade deshalb von ganz besonderem Interesse, weil bei ihm die Ursachen der periodischen und der Reizbewegung, welche bei Mimosa pudica z. B. so schwer zu trennen sind, weil sie wahrscheinlich in verschiedenen Eigenschaften derselben Zellen liegen, in so grob wahrnehmbarer Weise auseinander gehalten werden können. Nach der Beschreibung von Morren ist es wahrscheinlich, dass sich die Verhältnisse bei St. graminifolium mehr denjenigen bei Mimosa pudica nähern und man wird mit einiger Spannung an die genauere vergleichende Untersuchung herantreten, wenn es sich herausstellen sollte, dass bei nahestehenden Arten die Reizbarkeit einmal an die Zelle geknüpft, das andere

Mal in einen complicirten Apparat gelegt sein sollte. Der Director des hiesigen botanischen Gartens, Hr. Professor Eichler, welcher dem Vortragenden schon jetzt in dankenswerthester Weise die im Garten vorhandenen Arten von Stylidium zur Untersuchung bereit gestellt hat,[1] hofft auch St. graminifolium, welches zur Zeit nicht vorräthig ist, für künftige Jahre beschaffen zu können. Auch wird es sich empfehlen, die vergleichende Untersuchung womöglich etwas weiter auszudehnen. Vortragender erinnert in dieser Beziehung nur daran, dass nach Rob. Brown bei Loeuwenhoekia das Labellum reizbar sein, in Folge einer mechanischen Berührung sich aufrichten und das unbewegliche Säulchen mit seiner löffelförmigen Spreite umfassen soll.

Da wir den Begriff der Reizbarkeit nur mit der Zelle oder mit den aus Zellen hervorgegangenen Gewebselementen zu verbinden gewohnt sind, so mag noch ein Wort der Rechtfertigung für den gebrauchten Ausdruck „reizbarer Apparat" gestattet sein. In der That lässt sich zwischen dem Bewegungsapparat in der Blüthe von Stylidium adnatum und einer reizbaren Zelle eine, wie mir scheint, wesentliche Analogie bei Betrachtung von einem umfassenderen Gesichtspunkte aus aufstellen. Der beschriebene Zustand der Schleuderbereitschaft lässt sich nämlich charakterisiren als einen solchen, bei dem zwei sich das Gleichgewicht haltende Kräfte auf das bewegliche Organ wirken, welche beide in ihrer Intensität Function der Entfernung des Organs aus der schleuderbereiten Stellung sind, von denen jedoch die eine (die das Haften bewirkende Kraft) sehr schnell mit der Entfernung abnimmt, während die andere (die Gewebespannung im Organ selbst) erst bei grosser Entfernung nicht mehr wirksam ist. Eine analoge Definition kann man für den Zustand eines explosiblen Moleculs oder einer Bolognesrer Glasthräne aufstellen und mutatis mutandis auch für den Zustand einer reizbaren Zelle.

Den Hrn. Professor Eichler und Dr. P. Magnus sagt Vortragender auch an dieser Stelle seinen herzlichsten Dank für die ihm bei der Untersuchung freundlichst gewährte Unterstützung.

Hr. H. KRONECKER demonstrirte in Gemeinschaft mit Hrn. M. PH. MEYER: „Den Gebrauch der in der Sitzung dieser Gesellschaft am 15. November 1878 (s. *dies Archiv*, 1878, S. 546) beschriebenen verschluckbaren, kugelförmigen Maximalthermometer, sowie neuer cylinderförmiger, welche geeignet sind, im Blutgefässsystem lebender Thiere zu circuliren".

Hunde konnten nicht nur ohne jeglichen Nachtheil mehrere Kapseln mit Thermometerkugeln verschlucken und längere Zeit im Verdauungscanale behalten, sondern auch in die Venen (V. jugulares ext. oder femorales) oder Arterien (A. carotides) eingeführte nackte Cylinder bei anscheinend ungestörtem Befinden beherbergen. Die in die Venen gebrachten Cylinder gerathen zumeist in ziemlich periphere Aeste der Lungenarterie; zuweilen aber fallen sie in die Vena azygos, V. renalis u. s. w. oder bleiben im rechten Vorhofe, in seltenen Fällen im rechten Ventrikel. Die in das centrale Ende der Carotis eingeführten und durch nachgespritztes Blut zur Aorta beförderten Thermometer werden in ent-

---

[1] Ausser Stylidium adnatum hat der Vortragende bisher S. Knightii und juniperinum untersuchen können und bei beiden Arten keinen wesentlichen Unterschied gegen das Verhalten von St. adnatum constatirt.

fernte Arterienzweige getrieben. Da im Blutstrome stets das schwere dicke Ende voranbleibt, so verletzt die ausgezogene Spitze nicht die Gefässwandungen und veranlasst auch keine Gerinnung des Blutes am Haftorte. Nur im rechten Vorhof oder Ventrikel wurden zuweilen kleine Gerinnsel des Endocards bemerkt, und einmal entstand in einer Tasche der Semilunarklappen der Pulmonararterie, in welche die Spitze sich eingebohrt hatte, grössere Verletzung und festes Fibringerinnsel.

Mit Hilfe dieser thermometrischen Methode wurde bei grossen Hunden:

I. die Wärmeentwickelung bei der Thätigkeit der Verdauungsorgane untersucht,

II. ein erster Einblick in die Wärmevertheilung im Blutgefässsysteme gewonnen,

III. die Aussicht auf den Ort der höchsten Wärmebildung im Körper eröffnet.

I. Aus dem Vergleiche der Temperatur des ruhenden mit derjenigen des thätigen Darmcanals ergab sich Folgendes:

Bei mittlerem Fütterungszustande des Thiers ist die mittlere Temperatur im Magen (gemessen durch am Faden versenkte und wieder herausgezogene Verschluckthermometer) um $0 \cdot 5^0$ niedriger als im Rectum. Während die maximale Temperatur, durch die verschluckten und per anum entleerten Kugeln bestimmt, im Mittel um $0 \cdot 5^0$ höher, d. h. etwa $40 \cdot 0^0$ war.

Am ersten Hungertage sinkt die Temperatur im Magen beträchtlich (oft um $1 \cdot 0 — 1 \cdot 5^0$), viel weniger im Rectum. In den folgenden Hungertagen wird der Magen wieder wärmer: bald gleich dem wenig abgekühlten Rectum. Die Maximaltemperatur bleibt lange fast ganz constant $(39 \cdot 0 — 39 \cdot 2)^0$. Dieselbe sank erst vom 14. Hungertage ab auf $38 \cdot 5^0$.

Nahrungszufuhr steigerte bald die Temperatur im Magen um $0 \cdot 5 — 1 \cdot 3^0$, im Rectum um $0 \cdot 3 — 0 \cdot 8^0$ und wahrscheinlich auch die maximale Darmwärme nicht unbeträchtlich. So ergab z. B. die Thermometrie

Am Ende eines Hungertages: im Magen $38 \cdot 7^0$, im Rectum $39 \cdot 3^0$; nach Fütterung mit 250grm Speck: „ „ $40 \cdot 0^0$, „ „ $40 \cdot 0^0$.

Die Maximaltemperatur betrug, zufolge den Angaben der 12 Stunden danach entleerten Kugel, $40 \cdot 5^0$.

Der Nahrungszufuhr ähnlich wirkt auf Magen und Rectum chemischer Reiz:

Ein Gramm zweifach kohlensaures Natron in Pastillenform in den Magen gebracht, erhöhte dessen Temperatur sogleich um $0 \cdot 8^0$ (von $37 \cdot 5^0$ auf $38 \cdot 3^0$), die Temperatur des Rectum um $0 \cdot 8^0$ (von $38 \cdot 0^0$ bis $38 \cdot 8^0$).

Die zunächst constatirte maximale Darmtemperatur betrug $39 \cdot 6^0$.

Auch mechanischer Reiz (starkes Lufteinblasen in den Magen) steigerte die Magenwärme um $0 \cdot 3^0 — 0 \cdot 4^0$, die Rectaltemperatur um $0 \cdot 4^0 — 0 \cdot 5^0$. Die maximale Binnenwärme blieb constant $(40 \cdot 0^0)$.

Sogar psychischer Reiz, blosses längeres Vorhalten von Speck (wobei freilich Speichelschlucken nicht verhütet war) veranlasste im Magen wie im Rectum des gierigen Hundes sogleich eine Temperaturerhöhung von $0 \cdot 6^0$, welche durch wirkliches Fressen nur um fernere $0 \cdot 2^0$ (bis auf $40 \cdot 4$ im Magen) gesteigert wurde. Die maximale Darmtemperatur wurde nachträglich zu $40 \cdot 4^0$ bestimmt. —

Im gereizten Magen wird durch Drüsenthätigkeit die Temperatur wohl in ähnlicher Weise gesteigert, wie, nach C. Ludwigs Entdeckung, in der Unterkieferspeicheldrüse, welche auf Reiz nicht nur reichlicher Speichel secernirt, sondern auch (bis um 1·5⁰) wärmer wird.

Der bemerkenswerthe Zusammenhang zwischen den Wärmeänderungen in Magen und Rectum ist sicherlich nicht auf Schwankungen der Gesammtkörperwärme zurückzuführen. Hiergegen spricht die Schnelligkeit der auf locale Reize folgenden Temperatursteigerungen und das Verhalten der maximalen Darmtemperatur.

II. An verschiedenen Stellen des Blutgefässsystems wurde die Temperatur durch Schwemmthermometer bestimmt, deren Daten an zugänglichen Stellen (Venenstämmen, rechtem Vorhof, rechtem Herzkammern) durch Normalthermometer controlirt wurden. Die niedrigste Bluttemperatur innerer Theile ergab sich einmal in der Ven. azygos (37·7⁰), während im rechten Ventrikel des Herzens 38·3⁰, im mittleren Lappen der rechten Lunge (in tiefem Aste der Pulmonalarterie) 38·4⁰, in der linken Ven. renalis 38·2⁰ gefunden wurde. Bei diesem seit 24 Stunden hungernden Hunde betrug die Magentemperatur 38·6⁰, die Rectumtemperatur 39·5⁰.

Bei einem anderen hungernden Hunde fand sich als niedrigste innere Bluttemperatur, 37·8⁰ im unteren Lappen der linken Lunge; in der Vena azygos 38·0⁰, im oberen Lappen der linken Lunge 38·6⁰, in der Vena subclavia 38·5⁰; im rechten Vorhof 39·0⁰, in der rechten Herzkammer 39·2⁰, in der Klappentasche der Art. pulmonalis 39·5⁰. Zu gleicher Zeit betrug die Temperatur des Magens in diesem Thiere 37·3⁰, im Rectum 39·5⁰, die maximale Darmtemperatur 40·1⁰.

Ein fernerer Befund der minimalen inneren Bluttemperatur war unter ähnlichen Bedingungen: In der Vena azygos 39·0⁰; im rechten Ventrikel 39·2⁰, in der Art. femoralis (an der Abgangsstelle der Profunda) 39·6⁰, im unteren Lappen der linken Lunge 40·2⁰, im mittleren Lappen der rechten Lunge 41·0⁰; im Magen 40·0⁰, im Rectum 39·4⁰, maximale Darmtemperatur 41·2⁰.

Aus diesen Beispielen ist ersichtlich, dass auch im nüchternen Darmcanale nur der Magen beträchtlich kühler als das Blut im kleinen Kreislaufe wird.

Weitere Versuche sollen die noch fehlenden wichtigen Aufschlüsse über die Temperaturen im Pfortadersysteme geben.

Hr. M. WOLFF spricht: „Ueber Blutuntersuchungen bei infectiösen Wundkrankheiten".

Gestützt auf eine Reihe von Blutuntersuchungen bei pyämischen Menschen und bei septisch inficirten Thieren war der Vortragende in früheren Jahren (s. Virchow's *Archiv* 1873, Bd. 59) zu dem Resultate gelangt, dass es Fälle von ganz acut verlaufender Pyämie und Septicämie giebt, bei denen nach den damals angewandten Methoden der Nachweis von lebenden Organismen im Blute der inficirten Individuen nicht geliefert werden konnte. Die Methoden, nach denen damals die Blutuntersuchungen angestellt wurden, waren dreifacher Art: die directe mikroskopische Untersuchung, die Züchtung und die Impfung mit dem Blute der inficirten Individuen auf die Cornea gesunder Thiere.

Trotz der nach den genannten Methoden mehrfach erhaltenen negativen Ergebnisse wird selbstverständlich die Existenz von mikroskopischen Organismen überhaupt im Blute bei den genannten Wundkrankheiten nicht in Abrede gestellt und der Vortragende leugnet das Vorkommen um so weniger, als er in den Jahren 1874 und 1875 mehrfach positive Resultate nach den genannten Methoden mit dem Blute septischer Thiere und Menschen bekommen hat.

Seit Anfang dieses Jahres wurden nun die Blutuntersuchungen nach den ausgezeichneten neuen Methoden von Koch (Anilinfärbung, Abbo'sche Beleuchtung am Zeiss'schen Mikroskop) wieder aufgenommen.

Hinsichtlich des Beleuchtungsapparates hebt der Vortragende zunächst hervor, dass er mit Hrn. Dr. Hartnack vielfach conferirt und dass schliesslich nach Abbe'schen Principien eine combinirte Beleuchtungslinse construirt worden ist, die den für uns wesentlichen Zweck des Abbe'schen Apparates ebenfalls erreicht, nämlich das Structurbild der ungefärbten Theile des Objects zu beseitigen, im Licht zu ertränken, und somit die Erkennung kleinster gefärbter Körper zu ermöglichen. Ausser den Zeiss'schen eigens dafür construirten Stativen gestatten nur die grossen englischen Stative die Anbringung des Abbe'schen Condensors verhältnissmässig leicht; an die jetzt gebräuchlichen Hartnack'schen Stative ist der Abbe'sche Beleuchtungsapparat nicht anzubringen und es ist daher die oben erwähnte neu construirte und ohne Schwierigkeit anzubringende Beleuchtungslinse den Besitzern Hartnack'scher Mikroskope für vorliegenden Zweck zu empfehlen.

Die Blutuntersuchungen wurden mit beiden Arten von Beleuchtungslinsen vorgenommen. Dem Enthusiasmus gegenüber, dass nach der neuen Methode jeder Zweifel an der Diagnose auf „Pilz" gehoben sei, und der Annahme gegenüber, die der Vortragende vielfach im persönlichen Verkehr angetroffen, jetzt jedes runde und gleichmässige Körnchen, das sich mit Anilin färbt, für einen Mikrococcus zu stempeln, muss hervorgehoben werden, dass es Körnchen und Kugeln in den mit Anilinfarbstoffen behandelten Blutpräparaten giebt, die in Bezug auf Färbung, gleichmässige Gestalt und Grösse den Einzelindividuen von Mikrococcen vollkommen gleichen und die doch keine Mikroorganismen sind.

Das Vorkommen von solchen mit Anilinfarbstoffen gefärbten „Pseudococcen" wird ausführlich erörtert an Präparaten „normalen" Blutes, das organismenfrei ist; auch nach der Richtung der „Stäbchenformen" werden sodann die Fehlerquellen aufgeführt.

Man muss also schliesslich auch nach der neuen Methode, wie nach den alten zur Sicherung der Diagnose auf „Pilz" Elemente verlangen, die sich ohne Weiteres morphologisch durch besondere andersartige Gestalt (deutliche Kettenform, dichte Zoogloeaform, zweifellose Stäbchen oder Stäbchenhaufen) als Organismen documentiren; isolirte im Gewebe zerstreute Körnchen und Kugeln, sowie lockere Körnchenaggregate, wenn dieselben auch noch so deutlich die Anilinfärbung angenommen haben und wenn sie auch noch so gleichmässig an Gestalt und Grösse erscheinen, sind auch nach der neuen Methode, ebenso wie nach den alten als unsichere Befunde ausserhalb der Discussion zu lassen. Das grosse Verdienst Koch's besteht darin, die auch nach den alten Methoden, aber weniger leicht erkennbaren Organismen, jetzt leichter im Gewebe aufzufinden.

Der Vortragende hat nun, nachdem er sich von den Fehlerquellen im normalen Blute eingehende Kenntniss verschafft hat, das Blut unter pathologischen Verhältnissen untersucht. Es dienten hierzu 7 Fälle von accidentellen Wundkrankheiten und zwar 3 Fälle von Pyämie (Embolie), 2 Fälle von Septicämie, 2 Fälle von Erysipel, die während des letzten halben Jahres zur Beobachtung kamen. Das Blut wurde methodisch in Dutzenden von Präparaten intra vitam und post mortem untersucht, bei den Pyämischen auf die Zeit der

Schüttelfröste, bei den Erysipelatösen auf den Erysipelrand besonders Rücksicht genommen.

Als Resultat ergab sich, dass das Blut 3 mal mit positivem Erfolg; 1 mal intra vitam ohne Erfolg, post mortem aus analoger Stelle mit Erfolg, in 3 Fällen hingegen ganz resultatlos auf Mikroorganismen untersucht worden ist. Die mikroskopisch negativen Ergebnisse werden durch Züchtungsversuche mit demselben Blut unterstützt.

Der Satz, den ich im Jahre 1873 auf Grund der damaligen Methoden ausgesprochen, „dass es Fälle von acut verlaufender Pyämie und Septicämie giebt, bei denen der Nachweis von lebenden Organismen im Blute nicht geliefert werden kann", behält also auch nach der neuen Methode seine Berechtigung.

Die Formen der Organismen, die zur Beobachtung gelangten, sind kürzeste, feinste Stäbchen und Kugelbacterienformen, theils in langen Ketten, theils in Haufen; die feinsten Stäbchen, die an Grösse und Aussehen vollkommen den Septicämiebacillen Koch's gleichen, haben wir mehrfach intracellulär gesehen.

Hervorzuheben ist das gleichzeitige Vorkommen beider Pilzformen bei demselben Individuum.

Der Vortragende schliesst damit, dass er den mikroskopischen Organismen eine sehr grosse Bedeutung beilegt für die accidentellen Wundkrankheiten und die Bekämpfung derselben mit allen nur möglichen Mitteln für dringend geboten erachtet; er ist aber, nicht blos auf Grund der vorstehenden Blutuntersuchungen, sondern nachdem er seit Jahren sich mit diesen Organismen beschäftigt, der Meinung, dass die Organismen bei den genannten Wundkrankheiten nur als „Giftträger" functioniren, die Entstehung des Giftstoffes aber noch in dubio bleiben muss.

Die ausführlichere Mittheilung wird demnächst erfolgen.

5. Hr. Ehrlich sprach am 16. Mai d. J.: „Ueber die specifischen Granulationen des Blutes".

Zur Bezeichnung der Beschaffenheit zelliger Gebilde wird schon seit den Anfängen der Histologie das Wort „granulirt" mit Vorliebe gebraucht. Die Wahl dieses Ausdruckes ist keine ganz glückliche, da sehr viele Umstände den Schein einer Körnung des Protoplasma hervorrufen können. So haben die modernen Untersuchungsmethoden gezeigt, dass viele Elemente, die von früheren Autoren als granulirt beschrieben wurden, diesen Eindruck der Anwesenheit eines netzartig gefügten Protoplasmagerüstes verdanken. Mit nicht mehr Recht darf man Zellen, in denen, sei es spontan bei der Starre, sei es unter dem Einflusse gewisser Reagentien (Alkohol), körnige Eiweissfällungen entstehen, als granulirt bezeichnen, sondern müsste diesen Namen für die Elemente reserviren, denen schon im lebenden Zustande in körniger Form Substanzen eingelagert sind, die sich chemisch von den normalen Eiweissstoffen der Zelle unterscheiden. Nur wenige dieser Körnungen sind wie Fett und Pigment leicht erkennbar; die bei weitem grösste Zahl liess sich durch die jetzt üblichen Mittel nur ungenau oder gar nicht charakterisiren. Man begnügte sich zumeist damit, die Anwesenheit von Granulis in gewissen Zellen festzustellen und dieselben, je nachdem sie mehr oder weniger lichtbrechend waren, bald als Fetttröpfchen, bald als Eiweisskörnchen anzusprechen.

Frühere Erfahrungen, insbesondere die über Mastzellen, liessen mich erwarten, dass diese der chemischen Untersuchung wohl noch lange unzugänglichen Körnungen sich durch die Farbenanalyse, d. h. durch ihr Verhalten zu gewissen Tinctionsmitteln, in genügend scharfer Weise charakterisiren lassen würden. Ich fand in der That derartige Körnungen, die durch ihre Election für gewisse Färbemittel ausgezeichnet waren, und hierdurch durch die Thier- und Organreihe mit Leichtigkeit verfolgt werden konnten. Weiterhin konnte ich nachweisen, dass gewisse der von mir aufgefundenen Körnungen nur ganz bestimmten Zellelementen zukämen und dieselben etwa in der Weise charakterisirten, wie das Pigment die Pigmentzellen, das Glykogen die Knorpelzelle (Neumann) u. s. w. Ebenso wie für die Diagnose der so vielgestaltig auftretenden Mastzellen nur der Nachweis der in Dahlia sich färbenden Körnung, d. h. eine mikrochemische Reaction, maassgebend ist, ebenso gelang es auf tinctorialem Wege andere gekörnte, morphologisch von einander nicht zu trennende Zellen in mehrere, leicht zu definirende Untergruppen einzutheilen. In Beziehung auf diese differenciren den Eigenschaften möchte ich vorschlagen, derartige Körnungen als specifische Granulationen zu bezeichnen.

Die folgenden Untersuchungen wurden nach Koch in der Weise angestellt, dass die Flüssigkeiten (Blut) oder das Parenchym der Organe (Knochenmark, Milz u. s. w.) in möglichst dünner Schicht auf Deckgläser ausgebreitet, bei Zimmertemperatur getrocknet und sodann nach beliebig langen Fristen gefärbt wurden. Ich hatte diese anscheinend etwas rohe Methode besonders in Rücksicht darauf gewählt, dass zum histologischen Nachweis von neuen, möglicherweise bestimmten chemischen Verbindungen entsprechenden Körnungen alle Stoffe, die wie Wasser oder Alkohol als Lösungs- oder, wie die Osmiumsäure, als Oxydationsmittel wirken können, vermieden werden müssen und dass hier nur solche Verfahrungsweisen gestattet seien, die wie das einfache Antrocknen die chemische Individualität möglichst ungeändert liessen. Ich fand jedoch bald, dass auch vom rein descriptiven Standpunkt die Methode ausgezeichnete Resultate ergab, indem nicht nur die gröbere Form, sondern auch gewisse feine und feinste Structurelemente (Kernnetze) auf's trefflichste conservirt werden. Als einen weiteren Vortheil dieses Verfahrens möchte ich noch den Umstand anführen, dass bei dem schnellen Eintrocknen eine Coagulation der Zellalbuminate ausgeschlossen und hierdurch ihr natürliches Färbungsvermögen erhalten bleibt, während dasselbe bei den sonst üblichen Behandlungsweisen, sei es durch einfache Coagulation der protoplasmatischen Zellbestandtheile (Alkohol), sei es durch eine mit Oxydationsprocessen verbundene (Chromsäure, Osmiumsäure) bald vermehrt, bald verringert, in jedem Fall also modificirt wird.

Die Untersuchungen wurden nur an Wirbelthieren (Frosch, Triton, Kaninchen, Meerschwein, Hund, Kalb, Mensch) gemacht und beschränkten sich auf das Blut und die blutbereitenden Organe. Insgesammt wurden hier fünf verschiedene specifische Körnungen aufgefunden, die ich in Ermangelung einer rationellen Benennung vorläufig als α, β, — ε - Körnungen bezeichnen werde.

Die bei Weitem wichtigste dieser Körnungen ist die eosinophile oder α-Granulation, über welche ich schon am 17. Januar d. J. vor der Gesellschaft berichten konnte. Die α-Granulation ist durch ihre Verwandtschaft zu der grossen Reihe der sauren Theerfarbstoffe charakterisirt, d. h. solchen, in denen wie im picrinsauren Ammon das färbende Princip eine Säure darstellt. Die Farbstoffe zerfallen, entsprechend ihrer Verwandtschaft zu den α - Granulationen, in zwei Gruppen. Die erstere umfasst saure Farbkörper von hohem und höchstem Färbevermögen und tingirt die α-Granulationen auch in einer mittels concentrirten Glycerins hergestellten Lösung; die zweite Gruppe enthält minder gesäuerte Stoffe, die die Körnungen nur in wässerigen Lösungen anfärben.

Die Gruppe I umfasst:

A) Die stark sauren Körper der Fluoresceïnreihe (Eosin, Methyleosin, Coccin, Pyrosin J und R).

B) Stark saure Nitrokörper, wie das Aurantia (Hexanitrodephenylamin).

C) Die in zwei Unterabtheilungen zerfallenden Sulfosäuren. Die eine umfasst schwer diffundirende Farbstoffe und enthält insbesondere die unter verschiedenen Namen (Indulin, Bengalin, Nigrosin) im Handel vorkommenden, wasserlöslichen schwarzen Farbstoffe, die zweite die erst jüngst hergestellten Azofarbstoffe (Tropacolin, Bordeaux, Ponceau).

In entsprechender Anordnung enthält Gruppe II:

A) Fluorescëin und Chrysolin.

B) Picrinsaures Ammon und Napthylamingelb.

C) Orange und Aechtgelb.

Die Wichtigkeit dieser Verhältnisse ist dadurch gegeben, dass nicht die Färbbarkeit in einem der genannten Farbstoffe, sondern erst der Nachweis der Verwandtschaft zu sämmtlichen Farbkörpern die Diagnose auf α-Granulationen gestattet. So färben sich, um ein Beispiel anzuführen, die Krystalloide des Froscheies ebenso stark in Eosin und Methyleosin wie die α-Granulationen. Der Umstand aber, dass die ersteren in Anilinschwarz gar nicht und von Orange nur schwach gefärbt werden, genügt, um eine principielle Differenz zwischen beiden aufzustellen. Es ist wohl selbstverständlich, dass man in jedem Einzelfalle nicht die Gesammtheit der Farbkörper in Anwendung zu ziehen braucht, sondern dass es genügt, sich aus jeder Gruppe einen typischen Vertreter auszuwählen. Nach meinen Erfahrungen genügt die combinirte Anwendung der folgenden Flüssigkeiten, um α-Granulationen mit absoluter Sicherheit nachzuweisen:

1) Stark rothes Eosin-Glycerin,
2) ein mit Indulin gesättigtes Glycerin,
3) eine concentrirte wässerige Lösung von Orange.

Zur weiteren Controle ist noch die Anwendung einer vierten, bei der Beschreibung der β-Granulationen zu erwähnenden Lösung, nämlich eines Eosin-Indulin-Glycerin geboten, in welcher sich die α-Granulationen purpurroth färben.

Zur weiteren Charakterisirung der Körnungen habe ich untersucht, ob und in welcher Weise ihr Tinctionsvermögen durch verschiedene Agentien beeinflusst werde. Ich fand, dass selbst wochenlang fortgesetzte Behandlung mit absolutem Alkohol ihrer Färbbarkeit keinen Abbruch thut und dass mithin der sie bedingende Körper in Alkohol vollkommen unlöslich sein muss. Im Gegensatz hierzu genügt schon ein kurzer Aufenthalt der Präparate in Wasser oder ein etwas längerer in Glycerin, um die electiven Eigenschaften der Körnungen vollständig aufzuheben. Auch an den Präparaten, die noch vor dem Austrocknen mehrere Stunden in einer mit 1% Osmiumsäure beschickten feuchten Kammer verweilt hatten, liessen sich die α-Granulationen nicht mehr darstellen.

Ich gehe nun zur Besprechung derjenigen Punkte über, welche die α-Granulationen von anderen schon bekannten Körnungen unterscheiden. Mit den in den Mastzellen enthaltenen Körnungen stimmen sie nicht überein, da weder die Mastzellen (nach Versuchen an getrockneten Froschzungen) in Eosin, noch die eosinophilen Zellen in Dahlia tingirbar sind. Ebenso wenig entsprechen die α-Granulationen feinvertheiltem Fett, wie aus folgenden Gründen hervorgeht:

1) dem Umstand, dass sie in Wasser und Glycerin löslich,
2) der nicht eintretenden Schwärzung durch Osmiumsäure,
3) der Persistenz in absoluten Alkohol und
4) den sonstigen Erfahrungen über die Tinction der Fette.

Mit derselben Sicherheit lässt sich nachweisen, dass die α-Granulationen nicht aus Hämoglobin bestehen.[1] Gegen diese Annahme sprechen neben dem Umstande, dass ich mich von einer dem Hämoglobin entsprechenden Farbe der α-Granulationen nicht überzeugen konnte, noch folgende tinctorale Erfahrungen. An normal behandelten Präparaten, d. h. solchen, die bei Zimmertemperatur getrocknet und dann in Eosinglycerin gefärbt waren, findet man, dass die rothen Blutkörperchen kein Eosin aufgenommen, sondern im Gegentheil ihr Hämoglobin an die Farbflüssigkeit abgegeben hatten, während die α-Granulationen intensiv roth tingirt waren.

Noch beweisender sind die Schlüsse, die man aus dem tinctorialen Verhalten des Hämoglobins ziehen kann. Da, wie schon erwähnt, das unveränderte Hämoglobin in den üblichen Färbungsmenstruen (Glycerin, Wasser) löslich ist und in denselben ohne weiteres hineindiffundirt, war es nothwendig, dasselbe vorher durch irgend ein coagulirendes Mittel (Erhitzen in der später anzugebenden Weise, Behandlung mit Carbolglycerin u. s. w.) zu fixiren. Es zeigte sich nun, dass das so veränderte Blutroth in seinen electiven Eigenschaften durchaus von denen der α-Granulationen abweicht, indem es sich in den schwer diffusiblen Sulfosäuren (Indulin, Nigrosin, Bengalin) nicht färbte. Ferner kann man nachweisen, dass das Hämoglobin zu den Nitrokörpern eine viel höhere Verwandtschaft hat als die α-Körnungen. Schon der Umstand, dass ein mit picrinsaurem Ammon oder Naphtylamingelb gesättigtes Glycerin die Granulationen vollkommen ungefärbt lässt und die rothen Blutkörperchen intensiv tingirt, beweist das in genügendem Maasse. Folgende hierauf basirende Versuchsanordnung ist geeignet, die Verschiedenheit beider Körper in helles Licht zu setzen. 5 °/₀ Carbolglycerin wird mit Eosin und picrinsaurem Ammon gesättigt und dieso Lösung auf die keiner weiteren Vorbereitung bedürfenden Trockenpräparate angewandt. Es färben sich hierbei die rothen Blutkörperchen rein gelb, die α-Körnungen schön roth. Aus diesen Versuchen geht hervor, dass das Eosin mit Unrecht als Reagens auf Hämoglobin aufgefasst wird und dass die nitrirten Farbkörper mit mehr Recht diese Benennung verdienen.

---

[1] Es scheint, dass die von Hayem (*Progrès medical* 1879, p. 274) beschriebenen und als Hämoglobinkügelchen aufgefassten Elemente den α-Körnungen entsprechen. Ich entnehme dies nicht sowohl dem mir nicht verständlichen Originalreferat, als den folgenden Worten der Rauvier'schen Replik: „C'est faire une hypothèse gratuite que d'appeler hématoblastes les granulations des globules blancs qui se colorent par l'inosine". Auch die von Pouchet (*Journal de l'Anatomie* 1879, p. 20) im Tritonenblute aufgefundonen und als Semmer'sche Leucocyten (leucocytes à grosses granules de substance hémoglobique) bezeichneten Gebilde dürften eosinophilen Zellen entsprechen.

Die beschriebenen Eigenschaften der α-Granulationen lassen die chemische Natur des in ihnen enthaltenen Stoffes nicht erkennen; es lässt sich nur wahrscheinlich machen, dass derselbe kein Eiweisskörper sei. Gegen diese Annahme spricht der Umstand, dass die uns hier beschäftigenden Körnungen in 8% Carbolsäure-Glycerin löslich sind, während die Albuminate durch dasselbe coagulirt werden. Ausserdem kann man sich durch folgenden Versuch davon überzeugen, dass auch tinctoriell die α-Granulationen principiell von den in Zellen und Kernen vorhandenen Eiweissstoffen verschieden sind. Breitet man auf einer Kupferstange, deren eines Ende durch eine Flamme erhitzt wird, eine Reihe von Trockenpräparaten aus und unterwirft diese so einer länger andauernden stufenweise abfallenden Erwärmung, so wird man finden, dass durch gewisse (hohe) Temperaturen die Färbbarkeit der Albuminate, auch die des Hämoglobins, vollkommen vernichtet wird, während die der α-Granulationen ungeändert bleibt. Diese überhitzten Präparate sind, beiläufig bemerkt, zum Studium des Blutes wenig geeignet; dagegen liefern minder erhitzte Objecte bei der Behandlung mit den verschiedenen Farblösungen (insbesondere Eosin-Naphtylaningelb-Indulin-Glycerin) prachtvolle Bilder (Hämoglobin gelb, Kerne schwarz, α-Granula roth, β-Körnung schwarz).

Zur Darstellung der Granulationen verfuhr ich gewöhnlich in der Weise, dass ich die concentrirten Farblösungen mehrere Stunden auf die Trockenpräparate einwirken liess, mehrere Minuten in fliessendem Wasser spülte, die von Glycerin vollkommen befreiten Präparate bei gelinder Wärme trocknete und in Canadabalsam einschloss. An Präparaten, die in solcher Weise mit Eosinglycerin behandelt wurden, findet man die Kerne schwach rosa und die α-Granulationen intensiv purpurroth tingirt. Man überzeugt sich bald, dass die eosinophilen Körnungen nur im Leibe der Zelle, nie aber im Kern nachzuweisen sind. Diese auch bei den anderen von mir gefundenen Granulationen wiederkehrende Thatsache steht mit den schon früher an Pigment-, Fett- und Mastzellen gemachten Erfahrungen in guter Uebereinstimmung.

Die Form der Körnungen ist sonst stets eine vollkommen kuglige, einige Male fand ich sie kurzen an den Enden abgerundeten Stäbchen gleichend. Vielleicht dürfen wir hierin ein Analogon zu den von Naegeli beschriebenen Sphaero- und Cylindrocrystalloiden sehen.

Im Gegensatz zu der gleichmässigen Form ist die Grösse der Körnungen eine ausserordentlich wechselnde; bald erscheinen sie auch bei starken Vergrösserungen (Zeiss, Immers. J) als feine Punkte, bald bei schwächeren Systemen (Zeiss, D) als grössere, an gröbere Fetttropfen erinnernde Gebilde.

Der Habitus der sie führenden Zellen bietet morphologisch keinerlei typische Eigenthümlichkeiten dar und ist es daher nicht möglich, ohne Zuhülfenahme der Färbung eosinophile Zellen zu diagnosticiren. Die Umstände, die es unmöglich machen, auch die unter möglichst einfachen Verhältnissen, d. h. die frei im Blute vorkommenden Zellen einer einheitlichen Beschreibung unterzuordnen, sind wesentlich folgende:

1) Beträchtliche Differenzen in Grösse und Form der Zellen.
2) Die wechselnde Zahl der meist grossen Kerne (häufig 1 und 2, selten 5 und 6) und wechselnde Lagerung derselben (häufiger excentrisch).
3) Die durch die verschiedene Grösse, Zahl und Vertheilung der Granula bedingten Unterschiede. Man constatirt, dass eine Zelle bald vollkommen ebenmässige Körnungen, bald auch solche von den verschiedensten

Dimensionen führt. Ebenso schwankend findet man die Zahl der in den Zellen enthaltenen Körnungen, indem bald das gesammte Protoplasma oder bestimmte Partion desselben auf's Dichteste von ihnen durchsetzt sind, bald aber auch die Körnungen durch weite Zwischenräume von einander getrennt und deshalb leicht zählbar sind. Ebenso prägnant sind auch die verschiedenen Lagerungsverhältnisse der Körnungen, die einerseits bald diffus durch den Zelleib zerstreut, bald aber in einer mehr weniger ausgedehnten Calotte der kugelig gedachten Zelle localisirt sind und andererseits bald bis dicht an den Kern heranreichen, bald von ihm durch einen hellen Hof geschieden sind.

Aus den gegebenen Daten geht hervor, dass sich die eosinophilen Zellen des Blutes in sehr verschiedenen Aspecten präsentiren können. Ich begnüge mich daher, einen im Froschblut vielfach vorkommenden und als Morulaform zu bezeichnenden Typus etwas eingehender zu schildern. Es handelt sich im Allgemeinen um rundliche Zellen, die bis auf ein schmales Kugelsegment dicht von meist grossen und gleichmässigen Körnungen erfüllt sind. In dem polaren hyalinen Protoplasma findet sich häufig ein grosser länglicher und der Kugelinnenfläche anliegender Kern. Besonders in den Fällen, in welchen die Körnungen recht gross und zahlreich sind und sich bei Einstellung auf die Zellcontour als regelmässige Buckelungen präsentiren, ist die Aehnlichkeit mit einer Brombeere eine geradezu überraschende. Nach meinen Erfahrungen ist übrigens die Morulaform durchaus keine specifische Eigenthümlichkeit der eosinophilen Zellen, sondern zeigt sich überall da, wo voluminöse und von groben Körnungen irgend welcher Art (Fett, Pigment u. s. w.) durchsetzte Zellen in einem nicht formbestimmenden Gewebe (Blut, Knochenmark) gelagert sind.

Indem ich nun zur Schilderung der Verbreitung der eosinophilen Zellen übergehe, möchte ich bemerken, dass ich dieselben bei keinem der von mir untersuchten Thiere vermisst habe. Ich begnüge mich hier, die bei Frosch und Kaninchen gefundenen Verhältnisse etwas eingehender zu schildern.

Im Froschblut lassen sich nach meinen Erfahrungen constant eosinophile Leucocyten nachweisen. Ihr Verhältniss zu den rothen Blutkörperchen und den sonstigen Elementen ist ein wechselndes, von individuellen Verhältnissen abhängiges; im Ganzen grossen hatte ich den Eindruck, dass sie bei Winterfröschen etwas zahlreicher seien als bei frisch gefangenen Thieren.

Es trat nun die Frage an mich heran, ob die eosinophilen Zellen im circulirenden Blute durch eine progressive (bez. regressive) Metamorphose der gewöhnlichen Leucocyten gebildet, oder ob sie von bestimmten Organen geliefert würden. Schon meine ersten diesbezüglichen Untersuchungen lehrten mich im Knochenmark einen derartigen Bildungsheerd kennen. Man überzeugt sich leicht, dass das gesammte Knochenmarksystem des Frosches zahlreiche, dicht von α-Körnungen durchsetzte Zellen enthält. Diese Zellen sind bald klein und rundlich, bald grösser und mehr plattenförmig. Der Kern, welcher in den runden Elementen häufig durch darüber liegende Granula verdeckt ist, liegt meist central.

Die Milz enthält im Gegensatz hierzu nur eine geringe Anzahl solcher Elemente. Dieselben sind voluminös, führen ein, zwei und mehr grosse, nicht selten excentrisch gelegene Kerne und eine relativ geringe Körnermenge.

Es erscheint bemerkenswerth, dass beim Frosch diese Elemente nicht an bestimmte Organe gebunden, sondern dass sie im gesammten interstitiellen Gewebe nachzuweisen sind und nur in Sehne und Cornea vollkommen fehlen. Allerdings findet man sie in den meisten Organen (Zunge, Lunge, Blase, Herz, Musculatur) nur in einer sehr spärlichen Vertheilung; nur an einem Ort, nämlich im Mesenterium, fand ich sie in grossen Massen angehäuft. Ihre Lagerung war hier eine wechselnde, indem sie bald an den Venen localisirt, bald durch das Gewebe zerstreut waren. Die hier vorkommenden Elemente glichen durchaus nicht den in den Blutgefässen vorkommenden Leucocyten, sondern entsprachen vollständig dem Typus der Bindegewebszellen, den ich vor Jahren (*Archiv f. mikrosk. Anatomie,* Bd. XIII) anlässlich der Mastzellen geschildert habe. Bei Anwesenheit von vielen Granulationen erscheinen die Zellen als vollkommen platte Elemente von wechselnder Gestalt, die durch die dichte rothe Körnung und den centralen hellen Kernfleck leicht zu erkennen sind. Im Gegensatz hierzu ist es in den Fällen, in welchen die Körnungen spärlich sind, oft ganz unmöglich sich eine Vorstellung von der Grösse und Begrenzung der Zelle und der Situation des Kernes zu bilden. Uebergänge zwischen beiden Formen sind häufig anzutreffen, insbesondere in der Art, dass in der Nachbarschaft einer gut conturirten Zelle einzelne Körnungen oder Körnchenhaufen vorhanden sind. Ganz dieselben Verhältnisse finden sich, wie ich nochmals hervorheben will, auch an den in den serösen Häuten vorkommenden Mastzellen; die einzige morphologische Differenz ist dadurch gegeben, dass die eosinophilen Zellen häufig eine exquisite Gleichmässigkeit der Körnung aufweisen.

Beim Kaninchen finden sich ganz entsprechende Verhältnisse, indem auch hier das Blut constant eosinophile Zellen führt, wenn auch in geringer Menge. Dagegen bietet hier das Knochenmark eine geradezu überraschende Fülle von eosinophilen Zellen der verschiedensten Grösse. Die in ihnen enthaltenen Granula sind sehr zahlreich, klein, gleichmässig und intensiv tingibel; die Kerne sind einerseits bald gross und bläschenförmig, bald klein und verschiedengestaltet, andererseits bald einfach bald mehrfach. In den Riesenzellen waren α-Granulationen nie nachweisbar. In der Milz waren die eosinophilen Zellen constant, wenn auch in einer nur geringen Menge vorhanden, in den Mesenterialdrüsen fehlten sie fast vollkommen.

Als ich gelegentlich anderer Untersuchungen ein mehrere Wochen altes Trockenpräparat (Rippenmark Kaninchen) mit Eosin-Indulin-Glycerin behandelte, konnte ich in dem Präparat, das eine schöne blauschwarze Kernfärbung aufwies, in den eosinophilen Zellen neben zahlreichen rothen Granulationen noch vereinzelte intensiv schwarz tingirte Körnungen nachweisen. Das weitere Studium dieser in dem genannten Farbengemisch sich schwärzenden Körnungen, die ich in Folgendem als β-Granulationen bezeichne, wurde dadurch sehr erschwert, dass dieselbe in ihren Reactionen (insbesondere in ihrem Verhalten gegen Wasser, Glycerin etc.) fast vollständig mit den α-Granulationen übereinstimmten. Der einzige charakterisirende Unterschied, der zwischen beiden aufgefunden werden konnte, bestand eben darin, dass die einen zum Eosin eine grössere Affinität hatten, als zum Indulin und die andern gerade das umgekehrte Electionsvermögen zeigten. Allerdings konnte ich mir in Rücksicht auf die sonstige Uebereinstimmung der Körnungen nicht verhehlen, dass eine solche relative, nur durch gleichzeitige Combinationsfärbung aufzufindende Differenz der Tinctionsvermögens nicht genüge, um zwischen beiden eine principielle Scheidung eintreten zu lassen. Es lag näher, beide Körnungen als Modificationen einer Substanz aufzufassen und sie in einen genetischen Zu-

sammenlung zu bringen. Es gelang mir in der That durch folgende Versuchsanordnung letztere Vermuthung wahrscheinlich zu machen.

Frisch hergestellte Blutpräparate wurden, sobald sie trocken geworden,
durch mehrere Stunden einer stufenweis abfallenden Erhitzung ausgesetzt. Zur
Färbung wurde ein dickes Glycerin verwandt, welches durch stundenlanges
Schütteln mit Indulin und Eosin gesättigt war. Es zeigte sich nun, dass in
den, hohen Temperaturen ausgesetzten, Präparaten die Zellen intensiv und rein
roth gefärbte Körnungen führten; während in den minder erhitzten die Granula dunkelschwarz waren. Aus dieser Beobachtung geht hervor, dass die α-
Granulationen je nach dem Wassergehalt ein verschiedenes Färbevermögen
haben, indem für die wasserreichere Modification das Indulin, für die wasser-
ärmere das Eosin der Prädilectionsfarbstoff ist.

Diese Erfahrung genügt, um einiges Licht auf die β-Granulation zu werfen.
Wenn in einem Präparat, das lange Zeit in trockener Atmosphäre verweilt
hat, die Körnungen sich zum Theil eosinophil, zum Theil indulinophil erweisen,
so können diese Differenzen nicht durch die Behandlungsweise erzeugt sein,
sondern müssen durch präexistirende Unterschiede (z. B. im Wassergehalt) bedingt sein. Leider gestattet der Raum nicht, auf die vorhandenen Möglichkeiten des Näheren einzugehen, ich begnüge mich daher, die mich am meisten
befriedigende dahin zu definiren, dass die β-Granulationen schon im lebenden
Körper mehr Wasser enthalten, als die α-Granulationen und dasselbe auch
beim Eintrocknen mit grösserer Energie zurückhalten. Eine Consequenz dieser
Betrachtung ist die Annahme, dass die α-Granulationen dichter sind, als die
β-Granulationen, d. h. dass in den ersteren die Molekülgruppen (Micellen Naegeli, Syntagmen Pfeffer) grösser und die intermicellaren Räume kleiner seien,
als bei den letzteren. Diese Anschauungsweise erklärt ungezwungen die bei der
Färbung mit Indulin-Eosin-Glycerin constatirten Verhältnisse. In die schmalen,
diosmiomotisch maassgebenden Capillarräume der α-Granulationen dringen die
Moleküle des leicht diffundirenden Eosin viel schneller ein, als die des schwer
diffundirenden Nigrosin und sind so die Micellen der Granulationen schon mit
Eosin gesättigt, noch ehe überhaupt der zweite Farbkörper an sie heranzutreten
konnte. Im Gegensatz hierzu kann durch die breiteren intermicellaren Räume
der β-Granulation auch das Molecül des Nigrosin mit Leichtigkeit eintreten
und so zur tinctoriellen Geltung kommen.

Ich bin auf diese scheinbar transcendentalen Verhältnisse besonders darum
eingegangen, weil sie uns einen gewissen Aufschluss über den Zusammenhang
der α- und β-Granulationen geben. In der That wird für jeden, der weiss,
dass bei der Reifung des Stärkekorns die Amylummicellen sich auf Kosten der
intermicellaren Räume (resp. des Wassers) vergrössern, es nicht zweifelhaft sein,
dass die weniger dichten, wasserreicheren β-Granulationen einer unfertigen, die
α-Granulationen aber einer zur vollkommenen Entwickelung gelangten, organischen
Körnung entsprechen. In der That steht die Annahme, dass die β-Granula-
tionen eine Vorstufe der α-Granulationen seien, mit den histologisch zu beobachtenden Thatsachen in bester Uebereinstimmung; insbesondere erklärt sich
hierdurch ungezwungen das gleichzeitige Vorkommen beider Körnungen in derselben Zelle.

Für die hier vertretenen Anschauungen sprechen auch die Beobachtungen,
die ich an einem Falle von Leukämie machen konnte. Es fanden sich in diesem

Blute neben vereinzelten kernhaltigen rothen Blutkörperchen in reicher Fülle folgende uns hier interessirenden Formen.

1) Elemente verschiedenster Grösse die nur α-Granulationen führten.

2) Zellen mit zahlreichen α- und spärlichen β-Granulationen.

3) Andere die aufs dichteste von feinsten α- und β-Körnungen durchsetzt waren und deren Protoplasma daher violett erschien.

4) Grosse Zellen, die einen voluminösen, plumpen Kern hatten und β-Granulationen der verschiedensten Dimensionen führten.

Die Deutung dieser Verhältnisse kann einem Zweifel wohl kaum unterliegen. Aus der geradezu überraschenden Anzahl der geschilderten Elemente lässt sich ohne weiteres folgern, dass in diesem Falle üppige Wucherungsvorgänge in den die eosinophilen Zellen bereitenden Organen, d. h. insbesondere im Knochenmark Platz gegriffen haben müssten. Dass bei der raschen Ueberproduction nur ein Theil der Zellen zur vollkommenen Entwickelung gelangt, andere aber (wie die sub 3 und 4 erwähnten) in noch unfertigem Zustande in die Blutbahn gelangen, dürfte nicht Wunder nehmen. Es liegt nahe diese unreifen indulinophilen Zellen mit den kernhaltigen rothen Blutkörperchen in Parallele zu bringen.

An die Darlegung des thatsächlichen Materials möchte ich noch die folgenden Schlüsse anknüpfen.

1) Die α- und β-Granulationen sind in den sie führenden Zellen entstanden und als die Producte einer eigenartigen secretorischen Thätigkeit der Zellen anzusehen.

2(Die eosinophilen Zellen des Froschblutes entstammen nicht insgesammt dem hämatopoëtischen System, sondern leiten sich zum Theil von einer progressiven Metamorphose der fixen platten Bindegewebszellen ab.

Hr. SCHÖLER sprach in der Sitzung vom 30. Mai d. J.: „Ueber Flüssigkeitsausscheidung aus dem Auge. Experimentelle Studien auf Grundlage von Anbrennungsversuchen mit manometrischen Messungen".

1) Verbrennt man mit einer glühenden Stricknadel bei punktueller oder flächenhafter Berührung der Augapfeloberfläche den Limbus und seine Nachbarschaft, so entwickeln sich, je nach der Intensität der Verbrennung mehr oder minder ausgeprägt, die Symptome des Glaucoms. Bedeutende Drucksteigerung bis zur Steinhärte — Blässe der Papille — Unterbrechung im Blutstrom der Retinalvenen bis zum völligen Unsichtbarwerden aller Retinalgefässe — tiefe Excavation der Papille — rauchige Trübung der Linse und der Hornhaut, wie Anästhesie der letzteren treten auf. Die gleichen Erscheinungen werden auch bei partieller Verbrennung des Limbus und seiner Nachbarschaft beobachtet. Auch nach Umschnürung oder Verbrennung der Sehnerven, wie der ihn umgebenden Ciliarnerven und Gefässe und auch am enucleirten Auge kommt es zu einer Drucksteigerung und rauchigen Trübung der Hornhaut nach Verbrennung des Limbus und seiner Nachbarschaft.

Nach Punktion der Cornea wie der Sclera bis auf den Glaskörper bleiben dieselben trotz Verbrennung desselben aus. Die Dauer der Drucksteigerung schwankt zwischen 10 Minuten bis zu 2 Stunden, je nach der Intensität der Verbrennung.

2) Circuläre Verbrennung der Hornhaut wie der Sclera (die Breite des

37*

Brandschorfes betrug meist 2—3 ^{mm}) ruft die gleichen Erscheinungen und Veränderungen in abgeschwächter Intensität hervor.

Die constringirenden Eigenschaften der Brandnarbe genügen demnach, um
obigen Symptomencomplex zu erzeugen.

3) Manometrische Messungen im Glaskörper wie in der vorderen Kammer
oder in beiden zugleich mit einer der von Prof. Leber angegebenen (s. *Archiv
für Ophthalmologie*, Bd. XIX, Abthlg. 2) analogen Vorrichtung ergaben bei
vergleichender Beobachtung nach Verbrennung der Sclera, bez. der Hornhaut
wie des Limbus, dass ausser der rein mechanischen Einwirkung in Folge der
Verbrennung dem Verschlusse des Limbus ein den Flüssigkeitswechsel aus dem
Auge verlangsamender Effect, wie ihn schon Leber demselben vindicirt, in her-
vorragendster Weise zukommt.

4) Sowohl am lebenden wie am todten Kaninchenauge ergiebt sich aus
einer sehr grossen Zahl von Versuchen als völlig gleiche Verhältnisszahl (trotzdem der Abfall beim todten Auge rascher erfolgt) für die austretende Flüssigkeitsmenge bei verschlossenem Limbus zum offenen $\frac{1}{1\cdot6}$ in der gleichen Zeiteinheit.
Demnach beträgt die durch den Verschluss des Limbus erzielte Verlangsamung
circa $^1/_3$—$^1/_2$ der ganzen austretenden Flüssigkeitsmenge.

5) Beim todten menschlichen Auge und ebenso beim lebenden (wenn wir
die Erfahrung am Thierauge hier verwerthen dürfen) beziffert sich die durch
den Verschluss des Limbus erzielte Verlangsamung in der Flüssigkeitsausscheidung aus dem Limbus auf circa $^2/_3$ der ganzen austretenden Masse. (Einzelne
der Versuche waren zwei Stunden nach dem Tode des Individuums angestellt.)

6) Die Unterbindung der Venae vorticosae steigert den intraoculären Druck
so gut wie gar nicht. Im Mittel wurde nur ein Ansteigen um 3 ^{mm} und auch
dieses nur vorübergehend beobachtet. (Nach Prof. Adamük beträgt die Drucksteigerung circa 80 ^{mm} Hg.) Durch die Verbrennung der Ven. vort. an ihren
Austrittsstellen kommt zwar eine Drucksteigerung von circa 19 ^{mm} Hg. im
Mittel zu Stande, jedoch ist davon noch der mechanische Effect der Verbrennung in Abzug zu bringen.

7) Werden künstliche Drucksteigerungen beim lebenden Kaninchen und
bei offenem Abfluss durch die Ven. vort. und sonst geschlossenen Abführwegen
oder bei offenen Abführwegen und geschlossenen Venae vorticosae im Bulbus
erzeugt, so ergiebt die manometrische Messung nur eine Verlangsamung nm
circa $^1/_4$—$^1/_8$ von der gesammten Ausflussmenge in der gleichen Zeiteinheit.

8) Beim todten Kaninchen- wie menschlichem Auge ist bei obigen Versuchen (s. Nr. 7) das Resultat ein negatives.

9) Durch Verschluss des Sehnerven und seiner Scheiden durch Verbrennung, wie Unterbindung am thierischen wie menschlichen Auge ist keine Veränderung in der Ausscheidungsgeschwindigkeit von Flüssigkeit aus dem Auge
zu erzielen. Hintere um den Sehnerv gelegene Lymphräume, von deren Verschluss die Entstehung eines Glaucoma posticum abzuleiten wäre (s. v. Wecker,
Stilling u. A.) existiren functionell demnach nicht.

10) Die Druckhöhe, welche erforderlich ist, um den Ausfluss aus den Venae
vorticosae zu hemmen, beträgt beim Kaninchenauge circa 215 ^{mm} Hg. im Mittel,
während die Retinalgefässe schon durch einen circa halb so starken Druck zum
Verschluss gebracht werden.

11) Vergleichende Drucksteigerungen im Glaskörper und in der vorderen Kammer zeigen, dass in beiden der Druck ein gleicher ist.

12) Eine tropfförmige Durchfeuchtung der Cornea ist niemals beobachtet worden, sondern selbst bei der stärksten Drucksteigerung ist dieselbe auf ihrer Oberfläche stets trocken geblieben (Leber).

Die nähere Begründung dieser auf Grundlage zahlreicher Experimente gewonnenen Anschauungen, wie eine eingehendere Beschreibung der dabei verwandten Versuchsmethoden, behalte ich mir bis auf das Erscheinen der Arbeit selbst im *Archiv für Ophthalmologie* vor.

XVIII. Sitzung am 4. Juli 1879.

1. Hr. HERMANN MUNK trägt vor: „Weiteres zur Physiologie der Sehsphäre der Grosshirnrinde".[1]

Der Fortschritt in der Kenntniss der Grosshirnrinde, über welchen ich Ihnen heute zu berichten vorhabe, betrifft die Sehsphäre und insbesondere die Sehsphäre des Hundes.

Wie Sie sich von meiner ersten Mittheilung vom März 1877 her erinnern, ist der Ausgangspunkt meiner Untersuchungen die Erfahrung gewesen, dass nach beiderseitiger Exstirpation einer nahe der hinteren oberen Spitze des Hinterhauptslappens gelegenen Rindenstelle A_1 — selbstverständlich hier und in der Folge immer, wenn nach einigen Tagen die entzündliche Reaction und damit die Functionstörung in der Umgebung der Exstirpationsstellen vorüber — der Hund seelenblind ist, d. h. wohl noch Gesichtswahrnehmungen hat und Alles sieht, aber die Gesichtsvorstellungen, welche er besass, seine Erinnerungsbilder der früheren Gesichtswahrnehmungen, verloren hat, so dass er Nichts kennt oder erkennt, was er sieht. Es ergab sich weiter, dass diese Seelenblindheit mit der Zeit sich verliert, und zwar dadurch, dass der Hund mittels seiner neuen Gesichtswahrnehmungen von Neuem Gesichtsvorstellungen gewinnt; da es ganz in die Hand des Experimentators gelegt ist, ob der Hund gewisse Gesichtsvorstellungen überhaupt wiedergewinnt, und ob dieselben früher oder später sich wieder einstellen, unterliegt es keinem Zweifel, dass der Hund wirklich von Neuem sehen lernt, d. h. das Gesehene kennen lernt. Ich schloss damals aus diesen Erfahrungen, dass an der Grosshirnrinde „ein der Gesichts-

---

[1] Die vier früheren Mittheilungen, an welche sich die vorliegende anschliesst, finden sich an folgenden Orten:
 I. *Diese Verhandlungen*, 1876—77, Nr. 16; 17. — *Deutsche med. Wochenschr.*, 1877, Nr. 13; 15. — *Dies Archiv*, 1878, S. 599.
 II. (*Diese Verhandlungen*, 1876—77, Nr. 24.) — *Berl. klin. Wochenschr.*, 1877, Nr. 35.
 III. *Diese Verhandlungen*, 1877—78, Nr. 9 u. 10. — *Dies Archiv*, 1878, S. 162.
 IV. *Diese Verhandlungen*, 1878—79, Nr. 4 u. 5. — *Dies Archiv*, 1878, S. 547.
Auf die Abbildungen, welche der dritten und der vierten Mittheilung beigegeben sind, ist mit den Bezeichnungen A und A_1 hier Bezug genommen.

wahrnehmung dienender Abschnitt, eine Sehsphäre, von grösserer Ausdehnung als die Stelle A_1 existire, dass in dieser Sehsphäre die Erinnerungsbilder der Gesichtswahrnehmungen in der Reihenfolge etwa, wie die Wahrnehmungen dem Bewusstsein zuströmen, gewissermaassen von einem centralen Punkte aus in immer grösserem Umkreise deponirt werden, und dass nach Exstirpation der zur Zeit alle oder die meisten Erinnerungsbilder beherbergenden Stelle A_1 der Rest der Sehsphäre in der Umgebung von A_1 mit neuen Erinnerungsbildern besetzt werde". Indess vermochte ich diesen Schluss zunächst gar nicht weiter zu stützen, und auch noch in meiner zweiten Mittheilung vom Juli 1877 konnte ich nur entzündliche Erscheinungen, welche unter Umständen an seelenblind gemachten und restituirten Hunden auftreten, dafür geltend machen. Aber in meiner dritten Mittheilung vom März 1878 war ich im Stande, Ihnen gewisse Sehstörungen als regelmässige Folgen der in der Umgebung von A_1 ausgeführten Exstirpationen vorzuführen, Sehstörungen, welche keine andere Deutung zuliessen, als dass mit jeder solchen Exstirpation gewissermaassen ein zweiter blinder Fleck an der Retina des Hundes gesetzt war, jedesmal die Gesichtswahrnehmung für eine circumscripte Stelle der Retina erloschen, der Hund für diese Stelle, wie ich es nannte, rindenblind war. So liess sich die Ausdehnung der Sehsphäre (A) über den ganzen Hinterhauptlappen, die der Falx zugekehrte Seite des Gyrus medialis eingeschlossen, nachweisen. Auch war es mir zweimal gelungen, Hunde, welchen ohngefähr in dieser Ausdehnung die Rinde einer Hemisphäre exstirpirt war, längere Zeit am Leben zu erhalten: beide Hunde waren anfangs auf dem gegenseitigen Auge nicht blos seelenblind, sondern ganz rindenblind, und die Restitution innerhalb vier Wochen ging nur so weit, dass die Thiere beim langsamen Gehen die Hindernisse vermieden, während die Wiederkehr von Erinnerungsbildern sich nicht constatiren liess.

In derselben dritten Mittheilung konnte ich auch für den Affen die Rinde des hier scharf abgegrenzten Hinterhauptslappens als die Sehsphäre nachweisen. Beiderseitige gleiche partielle Exstirpationen hatten regelmässig Störungen der Gesichtswahrnehmung, manchmal auch den Verlust einzelner Gesichtsvorstellungen zur Folge. Einseitige totale Exstirpation der Rinde an der convexen Fläche machte den Affen für die Dauer hemiopisch, rindenblind für die der Verletzung gleichseitigen Hälften beider Retinae. Endlich durch beiderseitige ebensolche Exstirpation wurde der Affe ganz rindenblind, und selbst in Monaten besserte sich sein Sehen nicht weiter, als dass er beim langsamen Gehen nicht mehr anstiess.

Bin ich auch in meiner vierten Mittheilung vom November v. J. auf die Sehsphäre nicht zurückgekommen, so habe ich dieselbe doch keinen Augenblick aus den Augen verloren. Ihre weitere Verfolgung, mochte sie auch zur Zeit nicht gerade die dringendste Aufgabe in Betreff der Grosshirnrinde sein, bot doch den besonderen Vortheil, dass sie in mehrfacher Hinsicht gewissermaassen die Probe auf das Exempel zu machen gestattete, dass sie die Richtigkeit des Vorgehens, welches zu den eben flüchtig skizzirten Ergebnissen geführt hatte, und die Richtigkeit dieser Ergebnisse selbst prüfen liess durch die Lösung der sich unmittelbar anschliessenden Aufgaben, wie ich sie in meiner dritten Mittheilung bereits angedeutet hatte.

Um das Nächstliegende zuerst zu nehmen, so war mit der beiderseitigen Hemiopie des Affen als Folge der Exstirpation der Rinde eines Hinterhauptslappens die Verbindung jeder Hemisphäre mit beiden Retinae zum ersten Male durch den Versuch erwiesen und die physiologische Bedeutung der partiellen

Sehnervenkreuzung im Chiasma der höheren Säugethiere, wie sie auf Grund anatomischer und klinischer Erfahrungen längst vielfach behauptet war, nunmehr durch den Versuch aufgehellt. Aber im Widerspruche damit stand, dass ich beim Hunde jeder Sehsphäre die ganze Retina der entgegengesetzten Seite zugehörig gefunden hatte, da doch Hrn. v. Gudden's Untersuchungen auch für den Hund eine unvollständige Kreuzung der Sehnerven, nur mit beträchtlicherer Grösse der gekreuzten Bündel ergeben hatten. Dieser Widerspruch, welcher mich schon zur Zeit meiner dritten Mittheilung so beschäftigte, dass ich, trotz der gedrängten Kürze dieser Mittheilung, dem Vergleiche der Sehsphären des Affen und des Hundes die Bemerkung hinzuzufügen nicht unterliess: „ich habe wenigstens trotz aller Mühe von einer der Verletzung gleichseitigen Sehstörung nie beim Hunde mich überzeugen können", — dieser Widerspruch war also zu beseitigen.

Zweitens hatte ich in den Ergebnissen der Exstirpationsversuche, welche die um A_1 gelegenen Stellen betrafen, den Nachweis des anatomischen Substrates für die Localzeichen der Gesichtsempfindungen gesehen. Denn wenn, sagte ich, „mit der Exstirpation einer zusammenhängenden Rindenpartie immer die Wahrnehmung für eine zusammenhängende Partie der lichtempfindlichen Netzhautelemente ausfällt, so kann es nicht anders sein, als dass die centralen Elemente der Sehsphäre, in welchen die Opticusfasern enden und die Gesichtswahrnehmung stattfindet, regelmässig und continuirlich angeordnet sind wie die lichtempfindlichen Netzhautelemente, von welchen die Opticusfasern entspringen, derart dass benachbarten Netzhautelementen immer benachbarte wahrnehmende Rindenelemente entsprechen." Demnach galt es nunmehr, die relative Lage der lichtempfindlichen Netzhautschicht einerseits, der wahrnehmenden Rindenschicht andererseits genauer festzustellen.

Was die erste Aufgabe betrifft, so sind mittlerweile einschlägige Versuche schon von anderen Seiten beigebracht worden.

Hr. Nicati hat an jungen Katzen — zwischen Katze und Hund kann hinsichts der fraglichen Verhältnisse kein wesentlicher Unterschied bestehen — die mediane Halbirung des Chiasma ausgeführt und danach constatirt, dass die Thiere sahen. Wie sie sahen, ist nicht ermittelt oder wenigstens nicht angegeben.

Andere Versuche haben die Hrn. Luciani und Tamburini mitgetheilt. Dieselben nehmen, in Folge nicht genügend sorgsamer Untersuchung, das Sehcentrum des Hundes in der zweiten äusseren Windung (d. i. im Gyrus supersylvius R. Owen) gelegen an, und zwar in einer langen Rindenzone, welche sich von der Frontalregion bis zur Occipitalregion erstreckt. Einseitige Zerstörung dieser Zone oder auch nur ihres parietalen Theiles (welcher in meine „Fühlsphäre des Auges" und meine „Sehsphäre" fällt) sahen sie fast vollkommene Amaurose des gegenseitigen Auges und leichte Amblyopie des gleichseitigen Auges mit sich bringen, von welchen die letztere rasch verschwand, die erstere nur langsam sich besserte. Führten sie die gleiche Operation auch auf der zweiten Seite aus, so fanden sie, auch wenn die Sehstörungen in Folge der ersten Operation sich bereits ausgeglichen hatten, fast vollkommene beiderseitige Blindheit; und diese Blindheit besserte sich nur sehr langsam, so dass noch nach Wochen Sehstörungen bestanden.

Endlich hat hierhergehörige Versuche ganz neuerdings Hr. Goltz veröffentlicht. Hr. Goltz eifert gegen die Angabe der vorgenannten Herren, dass er gleich mir eine vollständige Kreuzung der Sehnerven beim Hunde angenom-

men haben sollte — ich muss bemerken, dass bis heute von der Kreuzung der
Sehnerven bei mir überhaupt gar nicht die Rede gewesen ist —, und er betont,
dass er schon 1876 seine „Ueberzeugung" dahin ausgesprochen hat, dass bei
Hunden jede Grosshirnhälfte mit beiden Augen in Verbindung steht. Jetzt nun
bringt Hr. Goltz zwei Versuche zum Beweise bei. Einem Hunde wurden
5 ^{qrm} Rindensubstanz des linken Hinterhauptslappens herausgespült und das linke
Auge ausgeschält. Nach 5 Monaten waren die Sehstörungen wesentlich zurück-
gebildet. Nun wurden $4^1/_2$ ^{qrm} des rechten Hinterhauptslappens fortgenommen.
Danach war es über 14 Tage hinaus überhaupt zweifelhaft, ob der Hund sah,
und erst nach 3 Wochen folgte er der Bewegung der Hand mit dem Auge und
dem Kopfe. Ein analoger Versuch an einem zweiten Hunde lieferte ähnliche
Ergebnisse.

Sie beachten vielleicht beiläufig, dass Hr. Goltz diese Versuche, bei welchen die Exstirpationen immer am Hinterhauptslappen vorgenommen sind, dort
berichtet, wo er gerade die Existenz insbesondere der Sehsphäre bekämpft und
die ganze Grosshirnrinde zu dem Sehen in Beziehung setzt. Doch thut das
hier Nichts weiter zur Sache. Dass jede Hemisphäre des Hundes mit beiden
Augen in Verbindung steht, dafür kann die linksseitige Amblyopie, welche die
Hrn. Luciani und Tamburini als die Folge ihrer linksseitigen Exstirpation
angeben, als Nachweis nicht gelten; denn diese Amblyopie that sich ihnen nur
darin kund, dass die Hunde in der ersten Zeit nach der Operation, mochten
beide Augen offen oder das rechte Auge verschlossen sein, langsam und vorsichtig gingen, und das sieht man bei jedem normalen Hunde, welchen man auf
ein Auge beschränkt, so lange er sich an diese Beschränkung noch nicht gewöhnt hat. Dagegen ist durch die Versuche von Hrn. Nicati, wie durch diejenigen Versuche einerseits der Hrn. Luciani und Tamburini, andererseits
des Hrn. Goltz, bei welchen der linksseitigen Exstirpation später die rechts-
seitige folgte und nunmehr neue Sehstörungen am rechten Auge bemerklich
waren, jener Nachweis wohl geführt.

Ich bin inzwischen in anderer Weise vorgegangen. Mir kam es darauf an,
wenn eine Beziehung jeder Sehsphäre zu beiden Retinae auch beim Hunde bestand,
diese Beziehung sogleich genauer zu bestimmen. Dazu bot die totale Exstirpation
einer Sehsphäre das Mittel dar, eine Operation allerdings, deren Misslichkeit
ich Ihnen schon wiederholt zu erwähnen Gelegenheit gehabt habe. Nicht nur
ist die Exstirpation an sich schwierig, weil sie die der Falx zugekehrte Rinde
des Gyrus medialis und das ganze hintere Ende der Hemisphäre mit umfassen
muss, sondern es gehen auch, wie bei der grossen Ausdehnung der Verletzung
und der Nachbarschaft der Sinus nicht zu verwundern, in Folge von Blutung,
Entzündung, Eiterung, Durchbruch in den Ventrikel u. s. w. die operirten
Thiere sehr häufig in früher Zeit zu Grunde. Trotz alledem bin ich durch Ausdauer
und Uebung der Operation gut Herr geworden, und ich habe nach wohl aus-
geführter Exstirpation, bei welcher ich sogar die Rinde auf eine grössere Tiefe
als sonst, in der Dicke von 3 ^{mm} und darüber, abgeschnitten hatte, 7 Hunde
weit über die Zeit der Verheilung hinaus, bis 13 Wochen am Leben erhalten.
Die Ergebnisse aller Versuche stimmten überein und waren, immer unter der
Voraussetzung der linksseitigen Exstirpation, im Wesentlichen folgende.

Wenn nach 3—5 Tagen das Fieber vorüber, fällt an dem sich freiwillig
gut bewegenden Hunde blos auf, dass er, vor sich hingehend, häufig sich im
Bogen linksum dreht; auf besondere Veranlassung dreht er sich auch gut rechtsum,

nur stösst er bei solcher Drehung hin und wieder mit der rechten Seite des Kopfes an einen Gegenstand an. Der Hund sieht und erkennt Alles, und, was bei meinen Versuchen immer schon von selber sich versteht, Hören, Riechen, Schmecken, Empfinden, endlich alle Bewegungen sind normal. Hat man dem Hunde das rechte Auge verbunden, so ist Alles ebenso, und von einer Amblyopie ist Nichts zu bemerken. Hat man ihm dagegen das linke Auge verbunden, so bewegt sich der Hund nicht freiwillig, und wenn er durch Hunger und Durst oder durch Lockung zum Gehen veranlasst ist, so geht er langsam mit vorgestrecktem Kopfe, dreht sich sehr häufig im Bogen linksum und stösst auch häufig an Gegenstände mit der rechten Seite des Kopfes an; dabei kennt oder erkennt er Nichts, nicht die Fleischschüssel, nicht den Eimer, nicht den Menschen u. s. f. So erscheint der Hund, so lange man nicht auf besondere Prüfungen verfällt, wie ich es früher von zwei ähnlichen Versuchen angab, linkerseits normalsichtig, rechterseits vollkommen blind; und in den nächsten Wochen ändert sich das Verhalten nur so weit, dass der Hund mit verbundenem linken Auge mit der Zeit immer besser und schliesslich sogar beim langsamen Gehen recht gut die Hindernisse vermeidet, auch einzelne Objecte, z. B. die geschwungene Peitsche, wohl erkennt. Indess verfeinert man die Prüfungen, so zeigt sich sogleich bei der ersten Untersuchung, dass der Hund mit verbundenem linken Auge vor seinem rechten Auge und zu seiner rechten Seite allerdings gar Nichts sieht, dass er aber aufmerkt, sobald man vor seine Nase oder vor sein linkes Auge die Finger, ein brennendes Streichholz, den Peitschenstock und dergleichen bringt, und auch ein wenig das rechte Auge dreht, wenn man die vorgehaltenen Objecte bewegt. Der Hund sieht also mit der äussersten lateralen Partie der rechten Retina. Doch erkennt er das Gesehene nicht; denn nicht blos lassen das Streichholz und der Stock ihn im Uebrigen unbewegt, er greift auch nicht zu, so hungrig und durstig er ist, wenn man Fleisch oder ein Wassergefäss obendort vorhält. Führt man dann ein Fleischstück und die Wasserschale, nachdem man sie vor dem linken Auge gehalten hat, an den Mund des Hundes und lässt ihn fressen und saufen, so schnappt der Hund fortan zu, wenn man wiederum die Hand, ob mit oder ohne Fleisch, dort vorhält, und dreht sich und schickt sich zum Saufen an, wenn man wieder die Schale oder ein ähnliches Gefäss, ob mit oder ohne Wasser, vor das linke Auge bringt. Das Streichholz und der Stock lassen den Hund auch ferner noch ganz kalt; aber brennt man ihn einmal mit dem ersteren an der Nase, oder schlägt man ihn mit dem letzteren, so zuckt später der Kopf zurück, wenn wieder ein Streichholz, bez. der Stock vor das linke Auge gebracht wird. Wirft man, während man, in der Fütterung des Hundes begriffen, gerade vor diesem steht, ein Fleischstück, das man vor dem linken Auge des Hundes gehalten, vor eben diesem Auge vorbei, so folgt der Hund ausnahmslos, indem er sich rasch dreht, dem Fleischstücke und nimmt es gut auf, höchstens dass er es einen Moment zu suchen hat. Wirft man dagegen das Fleischstück von derselben Anfangsstellung aus vor dem rechten Auge vorbei, so schaut der Hund verdutzt darein, ohne sich zu rühren, oder sucht vor sich auf dem Boden nach. Alles dies ändert sich dann durch Wochen und durch Monate gar nicht weiter, als dass der Hund mit Hülfe des rechten Auges allein immer freier sich bewegen und desto mehr Objecte kennen lernt, je öfter und je länger man sein linkes Auge verbunden hält und sich mit ihm beschäftigt.

Damit wäre dargethan, dass die äusserste laterale Partie der Retina nicht der gegenseitigen Sehsphäre zugehört, bliebe nicht das Bedenken, dass doch möglicherweise die volle Exstirpation dieser Sehsphäre nicht gelungen wäre. Das Bedenken zu beseitigen, kann man die Exstirpation noch grösser, besonders nach vorn und nach aussen und unten ausgedehnter vornehmen, in welchem Falle man dasselbe Resultat erhält; oder man kann später noch eine einfache kleine Exstirpation hinzufügen, die der lateralen Partie der rechtsseitigen Sehsphäre, eine Operation, deren Bedeutung für die vorliegende Frage die Folge ergeben wird. Indess ist überhaupt gar kein neuer Versuch nöthig; denn die Widerlegung des Bedenkens übernimmt unser in Rede stehender Versuch selber, wenn wir auch noch das linke Auge so genau wie das rechte untersuchen. Da finden wir, dass, so viel von der rechten Retina der linken Sehsphäre nicht zugehört, gerade so viel von der linken Retina eben dieser Sehsphäre zugeordnet ist. So normalsichtig unser Hund auf dem linken Auge anscheinend ist, er sieht, wenn ihm das rechte Auge verbunden ist, keinen Gegenstand, den man vor seiner Nase oder seinem rechten Auge hält oder dort bewegt, und er merkt erst auf, wenn der Gegenstand vor das linke Auge gekommen ist. Und wechselt man mit dem Verbinden des rechten und des linken Auges ab, so ist es überraschend zu sehen, wie genau der Defect des Gesichtsfeldes des linken Auges in Lage und Ausdehnung dem Reste des Gesichtsfeldes des rechten Auges entspricht. Auch giebt sich der linksseitige Defect schon im Groben darin kund, dass unser Hund mit verbundenem rechten Auge, wenn man Fleischstücke wirft, die man vor seinem linken Auge gehalten, diesen nur folgt, wenn sie an dem linken, nicht aber, wenn sie an dem rechten Auge vorbeigegangen sind. Durch Wochen und durch Monate erhält sich dann der Defect des linken Auges ganz unverändert: während der Hund mit der äussersten Partie seiner rechten Retina allmählich wieder die Objecte kennen lernt, bleibt er unverändert rindenblind für die äusserste Partie der linken Retina.

Es ist also jede Retina zum grössten Theile mit der gegenseitigen Sehsphäre und nur zu einem kleinen Theile, nämlich mit ihrer äussersten lateralen Partie, mit der gleichseitigen Sehsphäre in Verbindung. Die letztere Partie ist, nach dem Gesichtsfelddefecte des einen und dem Gesichtsfeldreste des anderen Auges zu schliessen, bei den verschiedenen Hunderacen von etwas verschiedener Grösse und zwar, wie mir aufgefallen ist, dort grösser, wo die Divergenz der Augen geringer ist; aber auch in den günstigsten Fällen dürfte sie nicht mehr als etwa ein Viertheil der Retina ausmachen.

An die Lösung der zweiten Aufgabe bin ich ganz systematisch mit partiellen Exstirpationen der Sehsphäre gegangen, habe — immer bei anderen Hunden — die einen Male die innere, die anderen Male die äussere, weiter die vordere und dann wieder die hintere Hälfte der Sehsphäre fortgenommen, habe dazu kleinere Exstirpationen im Bereiche der Sehsphäre gemacht und habe jedesmal die Sehstörung möglichst genau zu bestimmen mich bemüht. Die Ergebnisse der gleichartigen Versuche kamen überein, und die der ungleichartigen reihten sich gut aneinander; ich stelle die wesentlichsten zusammen, indem ich immer die linke Hemisphäre als von der Exstirpation betroffen annehme.

Ist die innere oder mediale Hälfte der Sehsphäre exstirpirt, so bewegt sich der Hund, wenn das rechte Auge verbunden ist, ganz ungenirt, er sieht und erkennt aller Orten Alles in normaler Weise, und geworfenen Fleischstücken, sie mögen am rechten oder am linken Auge vorbeigegangen sein, folgt er sehr gut und gerade so gut wie ein unversehrter Hund. Hat man dagegen das linke Auge verbunden, so bewegt sich der Hund von freien Stücken nur wenig und immer nur langsam, auch bevorzugt er auffällig die Linksdrehung, und manchmal, besonders wenn er rechtsum sich zu drehen veranlasst ist, stösst er mit der rechten Kopfseite an. Wirft man Fleischstücke, so folgt der Hund blos dann gut, wenn der Wurf am linken Auge vorbei erfolgte, während er gar keine Bewegung macht oder höchstens vor sich auf dem Boden nachsicht, wenn das Fleischstück am rechten Auge vorüberging. Nähert man ein Fleischstück dem rechten Auge von seiner rechten Seite her, so fällt es auf, wie spät der Hund es erst bemerkt, aber er folgt danach der Bewegung gut mit dem Auge und dem Kopfe, so dass er das Fleischstück nicht aus dem Gesichte verliert. Nähert man umgekehrt das Fleischstück von der linken Seite her, so bemerkt es unser Hund so früh wie der normale Hund, aber er folgt dann der Bewegung nur eine Weile gut, und plötzlich ist ihm das Fleischstück verschwunden. Nähert man ein brennendes Streichholz oder die Peitsche von der linken Seite her, so merkt der Hund auf und zuckt auch meist sofort zurück sobald nur überhaupt das Bild auf der Retina entsteht; dagegen kann man dieselben Objecte von der rechten Seite her ganz nahe an das Auge herum und sogar etwas vor das Auge bringen, und der Hund bleibt unbewegt. Und so kann man weiter noch durch Fleisch und andere Objecte, welche man vor dem ruhig liegenden Hunde an verschiedenen Orten niederlegt, sicherstellen, dass der Hund kein Object sieht, dessen Bild auf der inneren Hälfte seiner rechten Retina entsteht, während er Alles sieht und meist auch gut erkennt, das auf der äusseren Hälfte derselben Retina sich abbildet. In Monaten ändert sich Nichts, als dass der Hund mit verbundenem linken Auge mit der Zeit immer freier sich bewegt.

Ist nicht die ganze innere oder mediale Hälfte der Sehsphäre exstirpirt, sondern blos etwa ihr innerstes Drittheil — noch nicht der ganze in den Gyrus medialis fallende Theil der Sehsphäre —, so ist Alles nahezu ebenso. Nur bewegt sich der Hund mit verbundenem linken Auge von vornherein sichtlich freier, und er folgt auch dem Fleischstücke, das man am rechten Auge vorbeiwirft, erst eine Weile mit dem Kopfe, ehe er es verliert, oder dreht sich sogar ein wenig rechtsum und fängt an seiner rechten Seite zu suchen an. Bei der genauen Prüfung mittels vorgehaltenen oder vorgelegten Fleisches habe ich mich hier wiederholt deutlich zu überzeugen vermocht, dass die rindenblinde mediale Partie der Retina nicht bis zur Mitte der Retina sich erstreckte.

Ganz anders sind die Beobachtungen, welche man macht, wenn die äussere oder laterale Hälfte der linken Sehsphäre exstirpirt ist. Zunächst ergiebt sich bei verbundenem rechten Auge Alles gerade so, wie wenn die ganze linke Sehsphäre exstirpirt wäre: der Hund sieht keinen Gegenstand, der vor seiner Nase oder seinem rechten Auge sich befindet, die äusserste laterale Partie der linken Retina ist rindenblind. Verbindet man dann das linke Auge, so sieht der Hund die Objecte, welche man vor seine Nase oder sein rechtes Auge bringt, sehr wohl, nur erkennt er sie nicht, und er sieht auch Alles und erkennt es meist, was an der rechten Seite des rechten Auges sich befindet. Aber wenn man, während der Hund das rechte Auge ruhig hält, diesem Auge von vorn und etwas von links her Objecte nähert oder die Objecte so vor dem Hunde hinlegt, dass ihr Bild auf der inneren Partie der lateralen Hälfte der Retina entsteht, so sieht der Hund die Objecte nicht. Die Lücke, welche demnach unser Hund inmitten des Gesichtsfeldes seines rechten Auges hat, und

welche er für die Dauer behält, giebt sich auch in der ersten Zeit ganz im
Groben kund, wenn das linke Auge verbunden ist. Bewegt man nämlich ein
Object, nachdem der Hund aufgemerkt hat, mässig rasch von rechts nach links
oder von links nach rechts, so folgt der Hund wohl eine Weile gut mit dem
Kopfe, hat dann aber plötzlich das Object aus dem Gesichte verloren. Führt
man ferner bei der Fütterung des Hundes die Fleischstücke immer von seiner
linken Seite heran und lässt den Hund zuschnappen, so schnappt der Hund
regelmässig zu weit nach links, so dass das Fleischstück an seiner rechten Seite
bleibt. Wirft man endlich Fleisch bald am rechten, bald am linken Auge vorbei, so folgt der Hund zwar jedesmal, aber ungleich gut: gehen die Fleischstücke am linken Auge vorbei, so dreht sich der Hund rasch linksum, ist sogleich an der richtigen Stelle, an welcher das Fleischstück zu Boden gekommen,
und hat dieses im nächsten Momente gefunden; gehen die Fleischstücke am
rechten Auge vorbei, so erfolgt die Rechtsdrehung langsam und unzureichend,
und der Hund fängt, noch weit von der richtigen Stelle entfernt, das Fleisch
zu suchen an. Schon in der zweiten Woche haben diese Abnormitäten sich
verloren: offenbar hat das Thier die neue Lücke im Gesichtsfelde durch Erfahrung ebenso überwinden gelernt, wie die normale Lücke des blinden Flecks.

Hat die Exstirpation nicht die ganze äussere oder laterale Hälfte, sondern
etwa nur das äusserste Drittheil der linken Sehsphäre betroffen, so ist die
äusserste laterale Partie der linken Retina ebenso, wie vorhin, rindenblind,
dagegen ist am rechten Auge nunmehr gar keine Abnormität zu constatiren.
Es ist also die äusserste laterale Partie der Retina gerade der äussersten lateralen Partie der gleichseitigen Sehsphäre zugeordnet, und das an jene äusserste
Partie nach innen anstossende Stück der lateralen Retinahälfte gehört dem an
die äusserste Partie nach innen angrenzenden Stücke der gegenseitigen Sehsphäre zu.

Hunde, welchen die vordere, und andere Hunde, welchen die hintere Hälfte
der linken Sehsphäre exstirpirt ist, bieten, wenn man ihnen das linke Auge
verbunden hat, aber auch schon ohnedies, einen auffallenden Gegensatz in der
Haltung und den Bewegungen ihres Kopfes dar. Die ersteren tragen den Kopf
abnorm vorgestreckt und tief, manchmal fast am Boden, die letzteren abnorm
zurückgezogen und hoch. Den Menschen, der vor ihnen steht, oder das Fleischstück, das etwas hoch ihnen vorgehalten wird, fixiren die ersteren, indem sie
nur wenig die Schnauze heben, die letzteren, indem sie den Kopf ganz in den
Nacken zurückwerfen und oft dabei auch rückwärts gehen. Um ein Fleischstück vom Boden aufzunehmen, schieben die ersteren den Kopf langsam und
nahezu horizontal, dem Boden fast parallel, heran, die letzteren schiessen gewissermaassen auf das Fleischstück los, indem sie den Kopf steil von oben nach
unten führen. Ist das linke Auge verbunden, so finden die letzteren Hunde
vorgeworfenes Fleisch sofort, auch wenn sie es vorher nicht gesehen haben;
die ersteren Hunde dagegen finden es gar nicht oder erst nach langem Suchen,
auch wenn man sie vorher es fixiren liess. Und was dies Alles schon erwarten
lässt, das lehrt dann auch die genaue Untersuchung: die Hunde, welchen die
vordere Hälfte der linken Sehsphäre exstirpirt ist, sehen keinen Gegenstand oder
verlieren den Gegenstand aus dem Gesichte, sobald sein Bild auf die obere
Hälfte der rechten Retina mit Ausschluss ihrer äussersten lateralen Partie oder
auf die obere Hälfte der äussersten lateralen Partie der linken Retina fällt,
sie sind rindenblind für diese oberen Retinaabschnitte; den anderen Hunden, an

welchen die hintere Hälfte der linken Sehsphäre zerstört ist, geht es ebenso
mit den entsprechenden unteren Retinaabschnitten, — nur von dem Verhalten
der äussersten lateralen Partie der linken Retina habe ich mich hier noch nicht
sicher überzeugen können.

Alles zusammengenommen ergiebt sich also Folgendes: Jede Retina ist mit
ihrer äussersten lateralen Partie zugeordnet dem äussersten lateralen Stücke der
gleichseitigen Sehsphäre. Der viel grössere übrige Theil jeder Retina gehört
dem viel grösseren übrigen Theile der gegenseitigen Sehsphäre zu, und zwar so,
dass man sich die Retina derart auf die Sehsphäre projicirt denken kann, dass
der laterale Rand des Retinarestes dem lateralen Rande des Sehsphärenrestes,
der innere Rand der Retina dem medialen Rande der Sehsphäre, der obere
Rand der Retina dem vorderen Rande der Sehsphäre, endlich der untere Rand
der Retina dem hinteren Rande der Sehsphäre entspricht.

Die Figg. 1 und 2 werden dies Ergebniss veranschaulichen. In Fig. 1
ist ein Frontalschnitt durch beide Sehsphären etwa in der Mitte der Stelle A_1
gelegt, und man sieht von vorn auf die hinteren Hälften der Sehsphären; die
Augen sind horizontal querdurchschnitten. In Fig. 2 sieht man auf beide
Retinae (das Centrum jeder ist mit c bezeichnet) von hinten, auf beide Sehsphären von oben. Die rechte Sehsphäre (A) ist punktirt, die linke (a) mit
Linien ausgeführt, und die Stellen (A_1 und a_1), deren Exstirpation Seelenblindheit zur Folge hat, sind dunkler gehalten. Ebenso punktirt, bez. linirt sind
dann die zugehörigen Partieen der beiden Retinae (R r), und ausserdem sind
die correspondirenden Punkte von Sehsphäre und Retina durch Linien verbunden, welche entsprechend punktirt, bez. ausgezogen sind. Mit B und b sind die
an die Sehsphären sich anschliessenden Hörsphären bezeichnet.

Erinnern Sie sich nun, dass beim Hunde die Stelle des deutlichsten Sehens
an der äusseren Hälfte der Retina gelegen ist und nach den Bestimmungen der
Hrn. Grossmann und Mayerhausen der Winkel zwischen der Gesichtslinie
und der Hornhautaxe nahe $30°$ beträgt, so gehört, wie Sie sehen, die Stelle
A_1 der Sehsphäre demjenigen Theile der Retina zu, welcher die Stelle des
deutlichsten Sehens enthält. Mit dieser Erkenntniss ist die thatsächliche Unterlage gewonnen für die im März v. J. von mir versuchte Lösung des Räthsels,
dass trotz der grossen Ausdehnung der Sehsphäre die Erinnerungsbilder der
Gesichtswahrnehmungen so gesammelt in der Stelle A_1 sich finden. Nachdem
ich für die Localzeichen der Gesichtsempfindungen den Nachweis des anatomischen Substrates geliefert hatte, meinte ich damals, das Räthsel fände „einfach dadurch seine Lösung, dass die Stelle A_1 der Sehsphäre coordinirt ist der
Stelle des deutlichsten Sehens der Retina, welche beim Hunde an der äusseren
Hälfte der Retina gelegen ist. Immer diese selbe Stelle der Retina wird für
deutliches Sehen in Anspruch genommen; darum wird die deutliche Wahrnehmung der Objecte immer der zugehörigen Stelle A_1 der Sehsphäre zufallen,
und darum werden hier — wie ich ohne Ahnung des Zusammenhanges bereits
in meiner ersten Mittheilung es aussprach — die Erinnerungsbilder der Gesichtswahrnehmungen in der Reihenfolge etwa, wie die Wahrnehmungen dem
Bewusstsein zuströmen, gewissermaassen von einem centralen Punkte aus in
immer grösserem Umkreise deponirt werden". Nichts, scheint mir, kann besser
darthun, wie berechtigt das experimentelle Vorgehen auf Grund der einfachsten
Annahmen auch auf dem Gebiete der Grosshirnphysiologie ist, als die Entwickelung, welche jener erste Versuch über die Seelenblindheit soweit genommen hat.

Werfen wir schliesslich noch einen Blick auf die Sehnervenfasern, welche die correspondirenden Netzhaut- und Sehsphärenpunkte, die zusammengehörigen lichtempfindlichen Netzhautelemente und wahrnehmenden Rindenelemente verbinden.

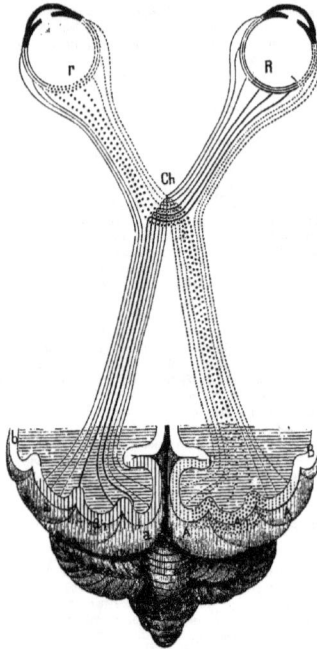

Mit der beiderseitigen Hemiopie des Affen nach der einseitigen Sehsphärenexstirpation und mit den Ihnen heute vorgelegten Ergebnissen am Hunde ist der Streit über die vollständige oder unvollständige Kreuzung der Sehnerven im Chiasma der höheren Säugethiere durch den Versuch zu Gunsten derer entschieden, welche, wie besonders Hr. v. Gudden, auf Grund der anatomischen Untersuchung des Chiasma und der Nervi und Tractus optici jedem Sehnerven ein gekreuztes und ein ungekreuztes Faserbündel zugeschrieben haben, von welchen das erstere Bündel vom Menschen zum Kaninchen hin immer grösser, das letztere Bündel entsprechend immer kleiner wird. Unsere Versuche lehren dann weiter, dass das ungekreuzte Bündel der Sehnerven die von der äussersten lateralen Netzhautpartie zur äussersten lateralen Sehsphärenpartie ziehenden Fasern enthält. Aber unsere Versuche lehren ferner noch, dass im Verlaufe des gekreuzten Bündels des Sehnerven eine Verschiebung oder Umsetz-

Fig. 1.

ung aller Fasern desselben der Reihe nach zu Stande kommt, derart dass die Fasern gerade so, wie sie anfangs von rechts nach links auf einander folgen, später von links nach rechts an einander gereiht sind. Ich sage: eine Verschiebung oder Umsetzung der Fasern; denn eine Drehung oder ein Umschlag des Bündels im Ganzen ist dadurch ausgeschlossen, dass für solchen Fall die anfangs unteren Fasern später zu den oberen und umgekehrt die anfangs oberen Fasern spä-

ter zu den unteren werden müssten, wogegen die gefundenen Beziehungen der oberen Netzhauthälften zu den vorderen Sehsphärenhälften und der unteren Netzhauthälften zu den hinteren Sehsphärenhälften entschieden sprechen. Wo im Verlaufe des Bündels die Umsetzung seiner Fasern statthat, das lassen unsere Versuche freilich ganz unbestimmt, indess ist es doch am wahrscheinlichsten, dass dieselbe zugleich mit der Kreuzung der ganzen Bündel im Chiasma vor sich geht. Demgemäss habe ich in Fig. 1 die Kreuzung und die Umsetzung der Fasern im Chiasma für eine Horizontalschicht der Fasern dargestellt. Ich habe dabei wieder die einfachsten Annahmen gemacht, dass in allen Horizontalschichten des Chiasma, von der Zahl der Fasern abgesehen, Alles im Wesentlichen gleich ist, dass von den Fasern derselben Horizontalschicht nirgends mehr als zwei über einander zu liegen kommen, und dass überhaupt die Verwickelung der Fasern das unumgängliche Maass nicht

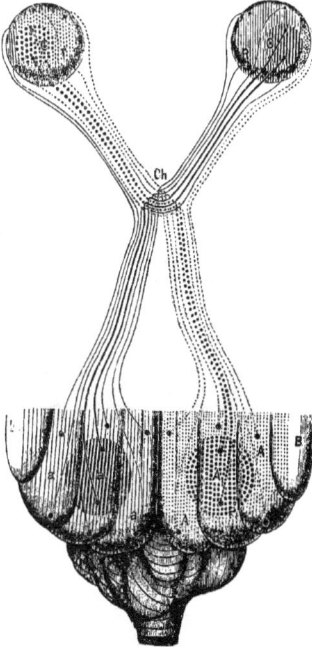

Fig. 2.

überschreitet. Diese Annahmen brauchen in der Natur sich nicht erfüllt zu finden, und leicht lassen sich auch verwickeltere Anordnungen herstellen. Aber alle Anordnungen kommen in einem Punkte überein, und diesen hervorzuhoben, darum ist es mir zu thun: damit das Postulat unsere Versuche erfüllt werde, dass die Reihenfolge der Fasern des gekreuzten Bündels von rechts nach links in die entgegengesetzte umgewandelt wird, muss eine so eigenthümliche mattenartige Verflechtung der Fasern der beiden gekreuzten Bündel zu Stande kommen, wie sie Fig. 1 zeigt und noch besser ein danach aus farbigen dicken Wollenfäden hergerichtetes Schema, an welchem die jederseitige Verflechtung der Fasern deutlicher hervortritt.

Für den Affen habe ich in Folge der Seltenheit des Materiales die Untersuchung der Sehsphäre mittels partieller Exstirpationen noch nicht durchzuführen vermocht, und ich kann vorerst nur sagen, dass mit den Abweichungen, welche nach den verschiedenen Erfolgen der totalen einseitigen Exstirpation sich von selbst verstehen, beim Affen Alles analog sich zu verhalten scheint wie beim Hunde. Hoffentlich bin ich bald in der Lage, Ihnen auch über den Affen genauere Auskunft zu geben.

XIX. Sitzung am 18. Juli 1879.

Hr. Lassar legte der Gesellschaft mikroskopische Präparate vor, welche die anatomischen Einwirkungen der Erkältung auf den thierischen Organismus demonstriren. Während die bisherigen experimentellen Untersuchungen auf diesem Gebiete sich vorwiegend mit den Verhältnissen der Eigentemperatur und des Blutdruckes beschäftigten, hat der Vortragende seine Aufmerksamkeit in erster Reihe auf die einer jähen Schwankung der Aussentemperatur folgenden krankhaften Erscheinungen und pathologisch - anatomischen Veränderungen gerichtet. Mit Schwefelcalciumhydrat enthaarte Kaninchen, die in erwärmten Räumen 24—36 Stunden lang gehalten waren, dann plötzlich bis zum Hals in Eiswasser getaucht und hier einige Minuten festgehalten wurden, zeigten übereinstimmend nach einigen Tagen eiweisshaltigen Harn und fieberhafte Temperatursteigerung. Gleichzeitig etablirten sich interstitielle Entzündungen in einer grossen Reihe von Organen, vorwiegend in Nieren, Leber und Lungen, aber auch im Herzfleisch, der Körpermusculatur und der Nervenscheiden. Am Gefässsystem hatten sich Veränderungen der Intima, verbunden mit stellenweiser enormer Dilatation des Lumen herausgebildet. Analog dem Eiweissgehalt im Secret der entzündeten Niere konnte auch in der Galle bei Entzündung der Leber Eiweiss constatirt werden.

XX. Sitzung am 25. Juli 1879.

Hr. H. Kronecker theilt, unter Vorlage von Originalcurventafeln, die Resultate einer von ihm in Gemeinschaft mit Hrn. Max Marckwald ausgeführten Untersuchung: „Ueber die Athembewegung des Zwerchfells" mit:

Nach älteren Angaben von Budge (1855) können Kaninchen nach Durchschneidung der beiden Phrenici Monate lang fortleben, indem nunmehr die unter normalen Verhältnissen bei diesen Thieren latente Brustathmung in Wirksamkeit tritt. Dies gilt nur für ältere Thiere. Junge (im Lebensalter von einigen Wochen stehende) sterben sogleich nach der Durchschneidung des zweiten Phrenicus asphyktisch. Im Alter von einigen Monaten können sie jedoch die Operation mehrere Tage überleben.

Die registrirten Athemcurven lehrten uns, dass die Dauer einer Athmungsphase von etwa 1·5 Sec. bis auf etwa 2·0 Sec. zunimmt, wenn der abdominale Typus in den thoracalen übergeht.

Mit Rücksicht auf die neuerdings geltend gemachten Zweifel an der Discontinuität des willkürlichen und des reflectorischen Tetanus erschien es uns wünschenswerth, zu entscheiden, ob die einfache Athembewegung des Zwerchfells als eine Zuckung oder als ein kurzer Tetanus aufzufassen ist. Wir haben die Synthese und die Analyse des Vorganges versucht. Zum ersteren Zwecke wurden die beiden Phrenici durch einzelne Inductionsschläge erregt. Mittels eines kleinen Doppelhebels, dessen eines spatelförmiges Ende am Processus xiphoideus durch die Bauchdecken zum Zwerchfell eingeführt und diesem angelegt wurde, dessen anderes mit einem belastbaren Schreibhebel verbunden war, konnten die Contractionen des Zwerchfells ziemlich getreu auf eine Kymographiontrommel aufgezeichnet werden. Die Leber verhindert, dass das Hebelende vom Zwerchfell abspringe.

Dieses einfache Verfahren, welches durch keinen tieferen Eingriff das Leben des Thieres gefährdet, gab übereinstimmende Werthe für die Dauer der einfachen Zwerchfellzuckung. Sie betrug am unermüdeten Präparate von 0·125″ bis 0·3″, beim ermüdeten bis 0·5″, also ¹/₃ bis ¹/₄ einer normalen Athmung. Die Zuckungsdauer änderte sich nicht wesentlich, gleichviel ob Schliessungs- oder Oeffnungs-Inductionsschläge, ob durch schnelles Nähern und Entfernen der secundären an die primäre Rolle erzeugte Inductionsströme, ob Ein- und Ausschalten eines Widerstandes im Kreise eines constanten Stromes als Reizmittel dienten. Wenn während dieser Einzelerregungen die Brustathmung fortdauerte, so setzten sich die Zuckungscurven als spitze Zacken auf die Athmungscurve. Tetanisirende Reize mässiger Intensität überwanden die natürliche Athmung. — Wenn Durchschneidung der Medulla der natürlichen Athmung ein Ende gemacht hatte, so konnte durch rhythmische Tetanisirung der peripheren Enden der beiden Phrenici ein dem natürlichen analoger Athemmodus herbeigeführt werden, also eine künstliche Respiration durch directe elektrische (Nerven-)Reizung viele Minuten lang das Thier vor Asphyxie schützen. Die Reizfrequenz, welche nothwendig war, um den normalen ähnliche Athemcurven zu erzeugen, wurde auf etwa 20 Reize in der Secunde bestimmt. 15 Reize ergaben noch deutliche Zähnelung auf den Inspirationsgipfeln.

Nun erhob sich die für die Kenntniss der Reizübertragung in Centralnervensysteme fundamentale Frage: Wie viel und welcher Art Reize sind nothwendig, um das Athemcentrum zum Aussenden der Ladung (4 bis 8 Impulse in ¹/₂₀″ Intervall) für eine Respiration zu veranlassen?

Wir trennten beim Kaninchen die Medulla oblongata dicht oberhalb des Athmungscentrum von dem Gehirne ab, derart, dass die Athmung nicht wesentlich gestört wurde, und reizten durch einzelne starke Oeffnungs-Inductionsschläge die Medulla oblongata. Solche Einzelreize konnten, zu rechter Zeit eingreifend, die Inspirationen verstärken oder die Exspirationen verzögern, oder wohl auch zwischen die normalen Athemcurven künstlich ausgelöste einschalten, welche den normalen ganz ähnlich waren.

Wenn unter solchen Verhältnissen das Thier durch künstliche Respiration apnoisch gemacht war, so vermochten stärkste Schläge keine Athemzüge auszulösen. Wenn es gelang, durch theilweise Abtrennung des Athemcentrum lange Athempausen mit eingeschobenen Athemkrämpfen (Cheyne-Stokes'sches Phänomen) zu erhalten (Luciani), so konnte in den Pausen durch Reizung der Medulla oblongata von jedem starken Inductionsschlage eine einfache Respiration ausgelöst werden, welche an Tiefe und Dauer einer normalen glich.

Derart gelang es durch rhythmische elektrische Reizung auf reflectorischem Wege künstliche Respiration zu unterhalten.

Hierbei ergab sich eine Analogie mit den von Bowditch und dem Einen von uns am elektrisch gereizten Froschherzventrikel beobachteten Veränderungen der Erregung. Die in Intervallen von einigen Secunden erfolgenden Reize gewinnen an Effect, so dass zuvor eben hinreichende unter Umständen beträchtlich geschwächt werden dürfen, bevor sie völlig unwirksam werden, dann aber wieder auf den früheren hohen Werth gebracht werden müssen, um Erfolg zu haben.

Während künstliche Athmung unterhalten wurde, blieben die Athemkrämpfe aus und die Medulla war jetzt gegen Einzelreize unempfänglich. Intermittirende Reize lösen häufig unregelmässige, lange Athembewegungen aus.

Ganz ähnliche Effecte wie durch Reizung der Medulla mit einzelnen Inductionsschlägen haben wir, unter günstigen Verhältnissen, vom centralen Ende der beiden gleichzeitig gereizten Vagi erhalten.

Aus diesen Beobachtungen schliessen wir:
1) dass ein einfacher elektrischer Reiz für sich das Athemcentrum nicht in Thätigkeit versetzen kann, sondern nur dann, wenn seine Wirkung durch andere (chemische) Reize verstärkt wird.
2) Dass die kürzeste merkliche Bewegung, in welche das Athmungscentrum versetzt werden kann, den Nn. phronicis 4 wirksame einfache Reize im Intervall von etwa $1/_{20}''$ zusendet.

III. Senator spricht: „Ueber das Vorkommen von Producten der Darmfäulniss bei Neugeborenen".

Er hat im Urin von lebendgeborenen Kindern, welche noch keinerlei Nahrung genossen hatten, kein Indigo (bez. indigobildende Substanz), dagegen ohne Ausnahme gepaarte (Aether-)Schwefelsäuren gefunden, während im Urin von Neugeborenen, welche bereits getrunken hatten, nach 2—4 Tagen sich ausserdem auch Indigo fand. — Auch im Fruchtwasser fanden sich gepaarte Schwefelsäuren. Die möglichen Quellen derselben, sowie etwa daraus zu ziehende Schlüsse, werden erörtert.

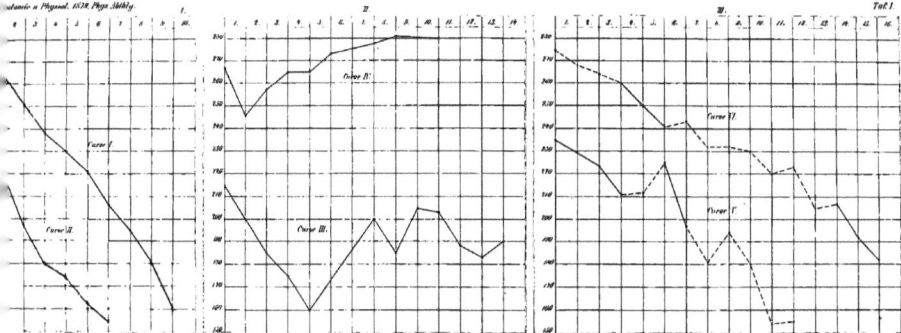

Curve I. Curve II. Curve IV. Curve III. Curve VI. Curve V.

Archiv f. Anat.u. Phys.1879.Phys. Abthlg.

Taf.II

Fig. 1.

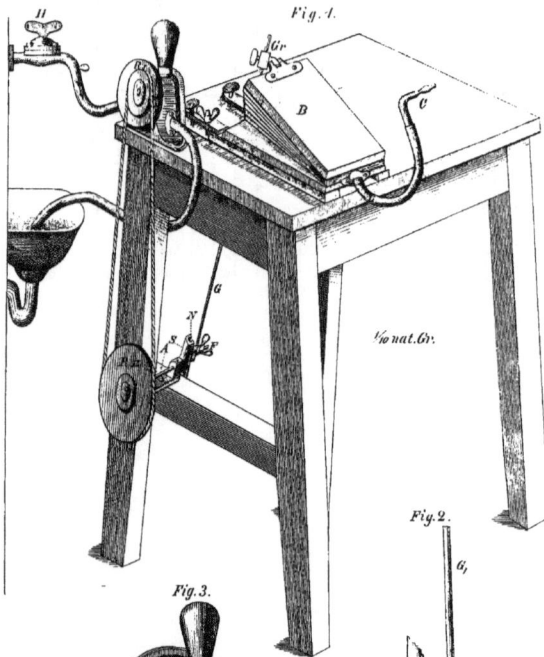

¹/₁₀ nat. Gr.

Fig. 3.

¹/₃ nat. Gr.

Fig. 2.

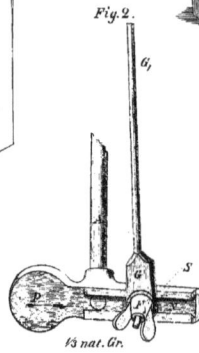

¹/₃ nat. Gr.

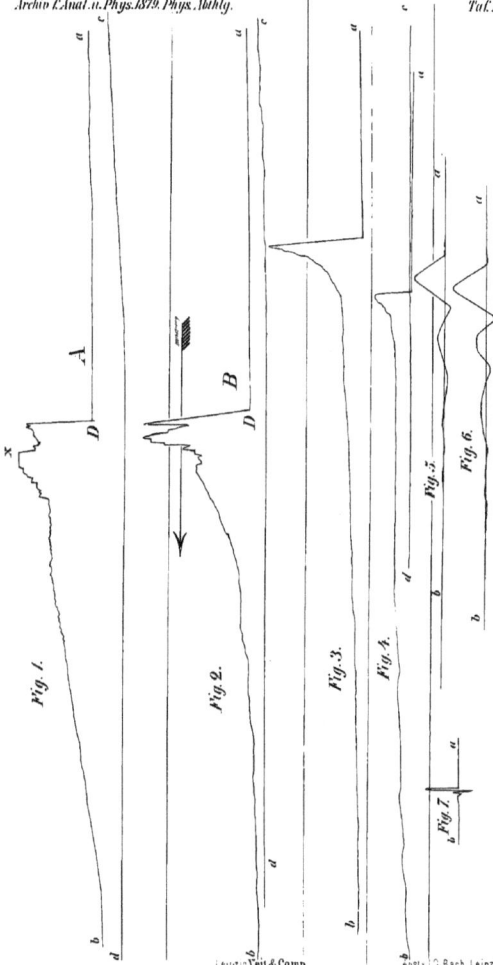

Fig. 1.

Fig. 2.

Fig. 3.

Fig. 4.

Fig. 5.

Fig. 6.

Fig. 7.

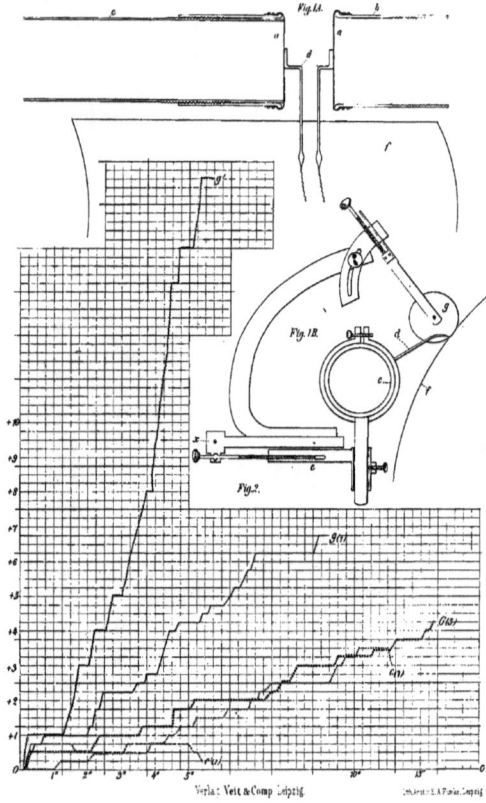

Fig.1A.

Fig.1B.

Fig.2.

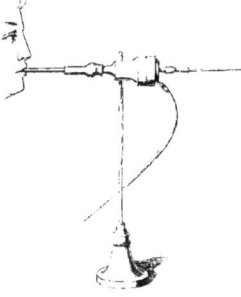
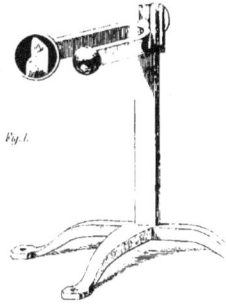

Fig. 1.

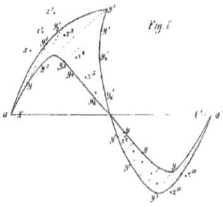

Fig. 3.

Fig. 2.

Fig. 3.

Fig. 4.   Fig. 5.   Fig. 6.

Verlt de Coup.

Fig.2.

Velt & Comp.

Fig. 4.

Fig. 5.

Fig. 6.

Fig. 7.

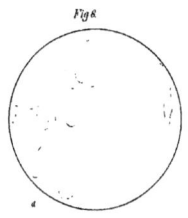

Fig. 8.

Fig. 9.

Verlag v. Veit & Comp.

Fig 1

Fig 2

Fig 3

Fig 4

Fig 5

Fig 6

Fig 7

Physiologische Abtheilung.   1879. I. u. II. Heft.

ARCHIV

FÜR

ANATOMIE UND PHYSIOLOGIE.

FORTSETZUNG DES VON REIL, REIL u. AUTENRIETH, J. F. MECKEL, JOH. MÜLLER,
REICHERT u. DU BOIS-REYMOND HERAUSGEGEBENEN ARCHIVES.

HERAUSGEGEBEN

VON

Dr. WILH. HIS UND Dr. WILH. BRAUNE,
PROFESSOREN DER ANATOMIE AN DER UNIVERSITÄT LEIPZIG,

UND

Dr. EMIL DU BOIS-REYMOND,
PROFESSOR DER PHYSIOLOGIE AN DER UNIVERSITÄT BERLIN.

JAHRGANG 1879.

=== PHYSIOLOGISCHE ABTHEILUNG. ===

ERSTES UND ZWEITES HEFT.

MIT FUNF ABBILDUNGEN IM TEXT UND FUNF TAFELN.

LEIPZIG,
VERLAG VON VEIT & COMP.
1879.

Zu beziehen durch alle Buchhandlungen des In- und Auslandes.
(Ausgegeben am 18. April 1879.)

Physiologische Abtheilung.   1879. III. u. IV. Heft.

ARCHIV

FÜR

ANATOMIE UND PHYSIOLOGIE.

FORTSETZUNG DES VON REIL, REIL u. AUTENRIETH, J. F. MECKEL, JOH. MÜLLER,
REICHERT u. DU BOIS-REYMOND HERAUSGEGEBENEN ARCHIVES.

HERAUSGEGEBEN

VON

Dr. WILH. HIS und Dr. WILH. BRAUNE,

PROFESSOREN DER ANATOMIE AN DER UNIVERSITÄT LEIPZIG,

UND

Dr. EMIL DU BOIS-REYMOND,

PROFESSOR DER PHYSIOLOGIE AN DER UNIVERSITÄT BERLIN.

JAHRGANG 1879.

=== PHYSIOLOGISCHE ABTHEILUNG. ===

DRITTES UND VIERTES HEFT.

MIT SIEBEN ABBILDUNGEN IM TEXT UND ZWEI TAFELN.

LEIPZIG,

VERLAG VON VEIT & COMP.

1879.

Zu beziehen durch alle Buchhandlungen des In- und Auslandes.
(Ausgegeben am 25. Juni 1879.)

Mit einer Beilage von F. C. W. Vogel in Leipzig.

Inhalt.

Die Herren Mitarbeiter erhalten *vierzig* Separat-Abzüge ihrer Beiträge gratis.

Beiträge für die anatomische Abtheilung sind an

Professor Dr. **W. His** oder Professor Dr. **W. Braune**

in Leipzig, beide Königsstrasse 17,

Beiträge für die physiologische Abtheilung an

Professor Dr. **E. du Bois-Reymond**

in Berlin, N.W., Neue Wilhelmstrasse 15,

portofrei einzusenden. — **Zeichnungen zu Tafeln** oder zu Holzschnitten sind auf **vom Manuscript getrennten** Blättern beizulegen. Bestehen die Zeichnungen zu Tafeln aus einzelnen Abschnitten, so ist, **unter Berücksichtigung** der Formatverhältnisse des Archives, denselben eine **Zusammenstellung**, die dem Kupferstecher oder Lithographen als Vorlage dienen kann, beizufügen.

Physiologische Abtheilung. 1879. V. u. VI. Heft.

ARCHIV

FÜR

ANATOMIE UND PHYSIOLOGIE.

FORTSETZUNG DES VON REIL, REIL u. AUTENRIETH, J. F. MECKEL, JOH. MÜLLER,
REICHERT u. DU BOIS-REYMOND HERAUSGEGEBENEN ARCHIVES.

HERAUSGEGEBEN

VON

Dr. WILH. HIS UND Dr. WILH. BRAUNE,
PROFESSOREN DER ANATOMIE AN DER UNIVERSITÄT LEIPZIG,

UND

Dr. EMIL DU BOIS-REYMOND,
PROFESSOR DER PHYSIOLOGIE AN DER UNIVERSITÄT BERLIN.

JAHRGANG 1879.

=== PHYSIOLOGISCHE ABTHEILUNG. ===
FÜNFTES UND SECHSTES HEFT.
MIT ZEHN ABBILDUNGEN IM TEXT UND EINER TAFEL.

LEIPZIG,
VERLAG VON VEIT & COMP.
1879.

Zu beziehen durch alle Buchhandlungen des In- und Auslandes.
(Ausgegeben am 12. November 1879.)

Mit zwei Beilagen: Antiquarischer C ᵗᵃˡog von S. Calvary & Cie. in Berlin
und Verl— ⸱ ⸱ ⸀ ᴮ—ᵗ ʰandlung ebendaselbst.

Inhalt.

Die Herren Mitarbeiter erhalten *vierzig* Separat-Abzüge ihrer Beiträge gratis.

Beiträge für die **anatomische Abtheilung** sind an

Professor Dr. **W. His** oder Professor Dr. **W. Braune**

in Leipzig, beide Königsstrasse 17,

Beiträge für die **physiologische Abtheilung** an

Professor Dr. **E. du Bois-Reymond**

in Berlin, N.W., Neue Wilhelmstrasse 15,

portofrei einzusenden. — **Zeichnungen** zu Tafeln oder zu Holzschnitten sind auf **vom Manuscript getrennten** Blättern beizulegen. Bestehen die Zeichnungen zu Tafeln aus einzelnen Abschnitten, so ist, **unter Berücksichtigung** der Formatverhältnisse des Archives, demselben eine **Zusammenstellung,** die dem Kupferstecher oder Lithographen als Vorlage dienen kann, beizufügen.

ATLANTEN

von

Professor Dr. Wilhelm Braune in Leipzig.

Verlag von VEIT & COMP. in Leipzig.

Braune, Dr. Wilhelm, Professor der topographischen Anatomie zu Leipzig,
Topographisch-anatomischer Atlas. Nach Durchschnitten
an gefrornen Cadavern. Nach der Natur gezeichnet und lithographirt
von C. Schmiedel. Colorirt von F. A. Hauptvogel. Zweite Auflage.
33 Tafeln. Mit 49 Holzschnitten im Text. - (II u. 56 S.) Imp.-Fol.
1875. geb. in Halbleinw. M. 120. —
Mit Supplement: **Die Lage des Uterus** etc. (s. u.) M. 165. —

———— **Topographisch-anatomischer Atlas.** Nach Durchschnitten an gefrornen Cadavern. (Kleine Ausgabe von des Verfassers
topographisch-anatomischem Atlas mit Einschluss des Supplementes
zu diesem: „Die Lage des Uterus und Foetus" etc.) 34 Tafeln in
photographischem Lichtdruck. Mit 46 Holzschnitten im Text. (218 S.)
Lex.-8. 1875. in Carton. M. 30. —

———— **Die Lage des Uterus und Foetus am Ende der
Schwangerschaft.** Nach Durchschnitten an gefrornen Cadavern
illustrirt. Nach der Natur gezeichnet und lithographirt von C. Schmiedel.
Colorirt von F. A. Hauptvogel. Supplement zu des Verfassers topographisch-anatomischem Atlas. 10 Tafeln. Mit 1 Holzschnitt im Text.
(4 S.) Imp.-Fol. 1872. in Mappe. M. 45. —

Auch mit englischem Text unter dem Titel:

———— **The position of the uterus and foetus at the end
of pregnancy.** Illustrated by sections through frozen bodies. Drawn
after nature and lithographed by C. Schmiedel. Coloured by F. A.
Hauptvogel. Supplement to the authors topograph.-anatom. Atlas.
10 plates. With 1 woodcut in the text. (4 S.) Imp.-Fol. 1872.
in Mappe. M. 45. —

———— **Der männliche und weibliche Körper im Sagittal-
schnitte.** Separat-Abdruck aus des Verfassers topograph.-anatom.
Atlas. 2 schwarze Tafeln in Lithographie. Mit 10 Holzschnitten im
Text. (32 S.) 1872. Imp.-Fol. (Text in gr. 8.) in Mappe. M. 10. —

———— **Das Venensystem des menschlichen Körpers.**
Erste und zweite Abtheilung. Imp.-4. 1873. cart. M. 20. —

Einzeln:

I. Abtheilung. Die Oberschenkelvene in anatomischer und klinischer Beziehung.
Zweite Ausgabe. 6 Tafeln in Farbendruck. (28 S.) M. 10. —
II. Abtheilung. Die Venen der menschlichen Hand. Bearbeitet von Wilhelm
Braune und Dr. Armin Trübiger. 4 Tafeln in photographischem Lichtdruck.
(20 S.) M. 10. —

Zu beziehen durch alle Buchhandlungen des In- und Auslandes.

Das

ARCHIV

für

ANATOMIE UND PHYSIOLOGIE,

Fortsetzung des von **Reil, Reil** und **Autenrieth, J. F. Meckel, Joh. Müller,
Reichert** und **du Bois-Reymond** herausgegebenen Archives,

erscheint jährlich in 12 Heften von zusammen 66 Bogen mit zahlreichen in
den Text eingedruckten Holzschnitten und 25—30 Tafeln.

6 Hefte entfallen auf den anatomischen Theil und 6 auf den physiologischen Theil.

Mit dem **anatomischen** Theil ist die **„Zeitschrift für Anatomie und
Entwickelungsgeschichte"**, welche als selbständiges Organ zu erscheinen
aufgehört hat, verschmolzen, in dem **physiologischen** Theil kommen auch die
Arbeiten aus dem physiologischen Institut der Universität Leipzig
zur Veröffentlichung, welche seither besonders erschienen.

Der Preis des Jahrganges beträgt 50 M.

Auf die **anatomische** Abtheilung (Archiv für Anatomie und Entwickelungsgeschichte, herausgegeben von His und Braune), sowie auf die **physiologische**
Abtheilung (Archiv für Physiologie, herausgegeben von E. du Bois-Reymond)
kann **separat** abonnirt werden, und es beträgt bei Einzelbezug der Preis der
anatomischen Abtheilung 40 M., der Preis der physiologischen Abtheilung 24 M.

Bestellungen auf das vollständige Archiv, wie auf die einzelnen Abtheilungen nehmen alle Buchhandlungen des In- und Auslandes entgegen.

Die Verlagsbuchhandlung:

Veit & Comp. in Leipzig.

Druck von Metzger & Wittig in Leipzig.

www.ingramcontent.com/pod-product-compliance
Lightning Source LLC
Chambersburg PA
CBHW020852210326
41598CB00018B/1645